科学出版社“十四五”普通高等教育本科规划教材
“十三五”江苏省高等学校重点教材（编号：2019-2-257）
园艺植物栽培学系列教材

丛书主编　缪旻珉　陈学好

蔬菜栽培学

主　编　缪旻珉　汪李平
副主编　尚庆茂　范淑英　裴孝伯　许学文
审　稿　高丽红

科学出版社
北　京

内 容 简 介

本教材共 22 章，包括总论 10 章和各论 12 章。总论部分，首先在绪论中介绍了蔬菜栽培学的概念、特点，蔬菜的起源，我国蔬菜栽培的历史、现状与发展趋势，以及世界蔬菜生产的现状及趋势等；然后讲述了蔬菜分类、蔬菜栽培的生物学基础、蔬菜栽培技术基础、蔬菜种子与育苗等相关原理与技术；此外，由于目前蔬菜栽培面积中设施栽培的比例较高，且机械化生产需求迫切，本教材还简要介绍了蔬菜栽培设施和蔬菜生产机械化；同时，为了避免各类蔬菜病虫害防治的文字重复，本教材把蔬菜病虫害绿色防控归纳为一章，统一论述；最后，就蔬菜的采收及商品化处理、蔬菜周年供应与栽培制度进行了讲解。各论 12 章，分别为根菜类、白菜甘蓝类、绿叶类、茄果类、瓜类、豆类、葱蒜类、薯蓣类、水生蔬菜、多年生蔬菜与杂类、常见食用菌和芽苗类蔬菜，这些章节一般先介绍各类蔬菜的栽培概况和栽培通性，然后分别介绍其中的各种重要蔬菜。每种蔬菜一般又按照概述、生物学特性、品种类型与栽培季节、栽培技术等顺序讲述。大多数章节中，以二维码的形式提供了扩展阅读的内容。

本教材可作为高等院校植物生产类专业本科教材使用，也可供各级农技人员阅读参考。

图书在版编目（CIP）数据

蔬菜栽培学/缪旻珉，汪李平主编．—北京：科学出版社，2021.11

科学出版社“十四五”普通高等教育本科规划教材 “十三五”江苏省高等学校重点教材（编号 2019-2-257） 园艺植物栽培学系列教材/缪旻珉，陈学好主编

ISBN 978-7-03-070123-7

Ⅰ．①蔬… Ⅱ．①缪… ②汪… Ⅲ．①蔬菜园艺-高等学校-教材 Ⅳ．①S63

中国版本图书馆 CIP 数据核字（2021）第 211678 号

责任编辑：丛 楠 马程迪/责任校对：宁辉彩

责任印制：赵 博 / 封面设计：迷底书装

科学出版社 出版

北京东黄城根北街 16 号

邮政编码：100717

http：//www.sciencep.com

北京天宇星印刷厂印刷

科学出版社发行 各地新华书店经销

*

2021 年 11 月第 一 版 开本：787×1092 1/16

2025 年 1 月第四次印刷 印张：37 1/4

字数：1 000 000

定价：138.00元

（如有印装质量问题，我社负责调换）

《蔬菜栽培学》编写人员

第一章　扬州大学　陈学好

第二章　淮阴工学院　任旭琴

第三章　扬州大学　缪旻珉　姜慧茹

　　　　山西农业大学　李梅兰

第四章　扬州大学　缪旻珉

　　　　淮阴工学院　任旭琴

第五章　中国农业科学院蔬菜花卉研究所　董春娟　尚庆茂

第六章　扬州大学　李良俊

　　　　江苏大学　倪纪恒

第七章　农业农村部南京农业机械化研究所　陈永生　杨雅婷　管春松　高庆生　崔志超

　　　　江苏农林职业技术学院　张东凤　吴玉娟　刘永华

第八章　扬州大学　周福才　陈夕军

第九章　华中农业大学　汪李平

第十章　华中农业大学　汪李平

第十一章　南京农业大学　柳李旺

　　　　　中国农业科学院蔬菜花卉研究所　庄飞云

第十二章　北京市农林科学院　张凤兰　赵岫云

　　　　　江苏省农业科学院　李建斌　王神云

　　　　　上海市农业科学院　谢祝捷　姚雪琴　李光庆

　　　　　华中农业大学　万正杰　杨文杰

第十三章　安徽农业大学　裴孝伯　胡克玲　吕钊彦

　　　　　江西农业大学　范淑英

第十四章　上海市农业科学院　朱为民

　　　　　江苏省农业科学院　王述彬　潘宝贵

　　　　　扬州大学　杨　旭

第十五章　扬州大学　许学文　陈学好

　　　　　江苏省农业科学院　羊杏平　陈龙正　苏小俊　徐锦华　刘晓宏　宁　宇

　　　　　广东省农业科学院蔬菜研究所　江　彪

　　　　　上海交通大学　牛庆良

　　　　　东北农业大学　屈淑平

第十六章　江苏省农业科学院　陈　新　陈华涛

　　　　　中国计量大学　徐　沛

第十七章　平顶山市农业科学院　尹守恒　马培芳
辽宁省农业科学院　崔连伟　杨国栋
江苏徐淮地区徐州农业科学研究所　杨　峰　樊继德
连云港市农业科学院　陈振泰
第十八章　山东农业大学　徐　坤
云南农业大学　郭华春
江苏徐淮地区徐州农业科学研究所　李　强　唐忠厚　孙厚俊
江苏省农业科学院　殷剑美　张培通
第十九章　扬州大学　李良俊
浙江大学　郭得平
第二十章　江西农业大学　范淑英　周庆红
江苏省农业科学院　陈艳萍
第二十一章　上海市农业科学院　鲍大鹏
第二十二章　上海交通大学　黄丹枫　章竞瑾

从 书 序

2010 年我国园艺产业总产值首次突破 1 万亿元大关并一举成为种植业中的第一产业。园艺产业在提高人民生活水平、乡村振兴和出口创汇中发挥着日益重要的作用。在园艺产业快速发展进程中，无论是园艺作物新品种选育还是优质高产高效栽培技术创新研发与应用都取得了日新月异的进步，带动了园艺产业高质量可持续发展。园艺植物栽培涉及基地选择与规划、耕作制度、设施配套与环境控制、品种选择与种子种苗生产、植株生长发育与调控、营养吸收与肥水管理、生产过程机械化及智能化、病虫害绿色防控等技术要素，要求园艺专业学生充分掌握相关基础理论、基本技能和发展动态，能灵活运用所学知识从事高质量园艺作物栽培与管理。园艺作物种类繁多，生长特性差异显著，栽培管理技术复杂，需要具有扎实理论基础和丰富实践经验的专家分工协同才能完成高质量的教材编写任务。

在此背景下，扬州大学联合了（按照单位汉语拼音顺序）安徽农业大学、北京林业大学、北京农学院、东北农业大学、福建农林大学、海南大学、河北农业大学、河南农业大学、华南农业大学、华中农业大学、淮阴工学院、江苏大学、江西农业大学、南京农业大学、山东农业大学、山西农业大学、上海交通大学、沈阳农业大学、西北农林科技大学、西南大学、西南林业大学、云南农业大学、浙江大学、浙江农林大学、中国农业大学和中南林业科技大学等高校，以及北京市农林科学院、北京市园林科学研究院、广东省农业科学院、广州市林业和园林科学研究院、河南平顶山市农业科学院、江苏省农业科学院、山东省农业科学院、上海市农业科学院、四川省农业科学院、云南省花卉技术培训推广中心、云南省农业科学院和中国农业科学院等单位的相关专家，编写园艺植物栽培学（果树、蔬菜、花卉和园林树木）系列教材，以反映我国园艺领域的科技进步，满足园艺专业人才培养的迫切需求。

参加本系列教材编写的人员长期从事某一园艺作物育种、栽培和绿色防控研究与实践，其中包含了国家级或省级农业产业技术体系的岗位专家，他们不仅理论基础扎实，而且对现代园艺产业发展现状及趋势具有清晰、深刻的认识和研判。因此，本系列教材既体现了园艺作物栽培的相关基础理论知识，又充分呈现出现代园艺产业技术创新、进步及应用现状与发展趋势。在《果树栽培学》教材中增加了果园绿色防控技术、信息化和机械化等内容，在具体果树栽培技术方面，同时介绍了南方和北方主栽品种，打破南北区域隔阂，使学生能够全方位了解我国果树栽培及生产相关信息，拓宽了学生的知识面，完善了学生知识结构。在《蔬菜栽培学》教材中增加了蔬菜栽培机械化，水肥一体化，主要蔬菜病虫害绿色防控技术，物联网在蔬菜栽培中的应用，蔬菜采收、分级与预处理，蔬菜园区规划等相关章节，这些内容有助于拓宽学生的知识面，从整个产业链的角度对蔬菜栽培进行总体把握。在《花卉栽培学》教材中，针对目前大部分花卉相关教材重分类轻栽培和花卉产业快速发展的现状，拓展、更新了部分内容，如花卉的分类突出了对种和品种的介绍和应用中常见的问题，从而提出了花卉栽培的分类基础；阐述了花卉的生长发育和栽培环境，花卉栽培设施及设备，花卉繁殖和花卉栽培，紧扣花卉栽培，重点突出，内容更加精炼；在各论部分，选择了在中国花卉产业中有重大影响力、具有一定栽培和产业化规模的盆花和切花，从而使教材顺应时代的需要，实用性和可操作性强。在《园林树木栽培学》教材中，针对目前国内外园林树木栽培与养护的现状，拓展教材内容，增加园林树木病虫害防治、园林养护机械等章节，添加了大量古树名木栽培与养护管理实例，更加关注国内外园林树木栽培的最新研究成果及实践成果，尤其是充分吸纳国内外园林树木栽培与养护的新理论、新技术、新材料、新机械等内容，这些内容的更新与拓展有助于扩大学生在树木栽培养护领域的知识面，从总体上了解和掌握树木栽培与养护行业的前沿理论与技术。

编写团队于 2018 年 12 月召开了教材编写启动会，科学出版社丛楠编辑应邀做了“教材编写要求与规范”的培训讲座，确保教材编写的规范性和正确性。之后各分册主编多次召开分册教材编写研讨会和协调会，确定基本框架结构，细化相关章节编写方案。

系列教材入选了科学出版社“十四五”普通高等教育本科规划教材。在教材组稿和编写过程中，各分册也积极申报教材立项，《蔬菜栽培学》和《果树栽培学》先后入选了江苏省高等学校重点教材，《花卉栽培学》入选了第二批普通高等教育农业农村部“十三五”规划教材，“蔬菜栽培学”课程于 2020 年被评为国家级线上线下混合式一流课程、2021 年被评为江苏省线上一流课程。

教材编写过程中得到科学出版社、扬州大学及相关参编单位领导及同行的关心与支持，在此表示诚挚的感谢。由于收集整理的资料及编写水平的限制，教材中无疑会有疏漏和不足，敬请各位读者提出宝贵意见。

缪旻珉　陈学好

2021 年 9 月

序

改革开放以来，我国蔬菜产业规模、质量和出口创汇均取得了长足的发展和进步，蔬菜栽培科技也与产业发展同步，取得了举世瞩目的成就。随着栽培面积的扩大和栽培年限的延长，优质安全高效蔬菜生产面临的问题和挑战也日益增多。一方面，菜区人力成本的增加和适龄劳动力的短缺需要蔬菜生产快速向智能化、机械化方向转变；另一方面，生态文明建设和人民生活水平的提高对蔬菜肥水精确管理和病虫害绿色防控提出了更高的要求。

2018 年 6 月 21 日，新时代全国高等学校本科教育工作会议在成都召开；2019 年 6 月 28 日，新农科建设安吉研讨会召开，发布了《安吉共识——中国新农科建设宣言》，对新农科建设做出了总体部署；同年 9 月 19 日，“北大仓行动”奏响了新农科建设的“第二部曲”，从中观层面推出了深化高等农林教育改革的“八大行动”新举措；同年 12 月 5 日，新农科建设的“第三部曲”——“北京指南”工作研讨会召开，让新农科在全国高校全面落地生根；2019 年 9 月 5 日，习近平总书记给全国涉农高校的书记、校长和专家代表回信，为新时代高等农林教育创新发展指明了前进方向。在新农科建设和乡村振兴背景下，传统蔬菜栽培技术与现代信息、绿色植保、人工智能、机械作业、园艺康养等技术和概念深度融合，产业链进一步向上下游延伸，已经成为新时代蔬菜栽培技术发展与人才培养的必然要求。

在此背景下，扬州大学组织了全国 25 家单位的 70 余位蔬菜学专家，编写了这本《蔬菜栽培学》教材，适逢其时。编写队伍组成的创新性，使得该教材能更好地协调基础理论、基本技术和产业发展的统一。

与以往编写出版的其他相关教材相比，该教材在以下几方面体现了创新：①教材编写力量雄厚，有为数众多的国家蔬菜产业体系岗位专家和各省蔬菜产业技术体系岗位专家，应邀编写了各自研究领域的内容。②参编人员不仅有来自高等农林院校的教授，还有全国各大农科院所的蔬菜专家。这些专家长期从事相关蔬菜品种选育或栽培技术的研究工作，对全国蔬菜产业十分了解。他们的加盟，使该教材更接“地气”，有更多来自生产一线的、拥有自主知识产权的图片和视频资料，使该教材更适用于复合应用型园艺人才的培养。③教材中增设了“蔬菜生产机械化”“蔬菜病虫害绿色防控”“蔬菜采收及商品化处理”等符合产业发展和趋势的内容，并在相关章节增设了肥水智能化管理、蔬菜花园、蔬菜疗法、蔬菜与疾病等内容，以适应新农科建设学科交叉融合的需要。④该教材将很多内容转化为二维码形式，学习者可通过扫码获取，在提升教材容量的同时，还为相关内容的及时更新提供了更加便捷的途径。⑤该教材配套有 MOOC 课程，学习者可以将两者结合起来一起学习，显著提升学习效果和效率。

在蔬菜栽培技术快速发展、产业升级的今天，相信该教材的出版，可以为广大复合应用型农林高校园艺专业的学生提供知识更为丰富、技术更为全面的新型蔬菜栽培学教材，期待该教材在新农科建设和教学中发挥其应有的作用。

喻景权
Jing Quan Yu

前　言

国家“十三五”规划以来，我国蔬菜栽培技术正经历着一系列深刻的变化，蔬菜大生产、大市场、大流通的格局已经形成，蔬菜生产的集约化、机械化、绿色高品质的发展趋势日益明显。新编园艺植物栽培学系列教材之《蔬菜栽培学》试图反映这些新的趋势和技术。

本教材突破了高校本科教材编写人员的束缚，编写队伍既包括国家双一流大学、双一流学科以及普通本科院校的专业教师，也包括对某一蔬菜作物及其栽培技术长期进行研究并取得重要成果的科研院所专家，其中有不少国家或省级蔬菜产业体系岗位专家，据统计共有 25 家单位的 72 名学者参加了本教材的编写，具体名单和编写任务详见编写人员名单。因此，本教材更好地协调了基础理论、基本技术和产业发展的统一，不仅适用于全国各农林相关高校植物生产类专业的本科生，同时也可以作为农科院所系统科研生产人员的参考书。

与之前编写出版的同类教材相比，本教材新增了“蔬菜生产机械化”“蔬菜病虫害绿色防控”等章节，并在“蔬菜栽培技术基础”中增加了肥水精确智能管理的相关内容。部分内容以数字化资源形式呈现，读者可以通过扫码获取。随着蔬菜栽培技术的发展，这些电子资源将会进行定期更新。我们相信，这将有助于延长教材的使用年限。同时，本教材还有一门配套的 MOOC 教程，目前已在中国大学 MOOC 平台在线开放（https://www.icourse163.org/course/YZU-1206624844），两者之间配合使用将有助于读者更加有效、深入地学习“蔬菜栽培学”课程。

本教材编写过程中引用了大量国内外相关的资料，参阅了多本其他《蔬菜栽培学》教材，限于篇幅原因未能在参考文献中一一列举，在此谨致歉意；由于参编人员众多，各章节的文风难以完全统一，对于书中存在的这些缺点和其他可能疏漏，恳请读者批评指正。本教材的出版得到了科学出版社的指导与支持，在此一并表示感谢。

编　者

2021 年 9 月 14 日

目　　录

第一章　绪论 …… 1
　第一节　蔬菜与蔬菜栽培学的概念、特点 …… 1
　第二节　蔬菜的起源 …… 1
　第三节　我国蔬菜栽培的历史、现状及发展趋势 …… 2
　第四节　世界蔬菜生产的现状及趋势 …… 8
　第五节　蔬菜的营养价值 …… 14
第二章　蔬菜分类 …… 16
　第一节　植物学分类 …… 16
　第二节　食用器官分类 …… 27
　第三节　农业生物学分类 …… 29
第三章　蔬菜栽培的生物学基础 …… 31
　第一节　蔬菜的生长与发育 …… 31
　第二节　蔬菜生长发育与环境条件 …… 38
　第三节　蔬菜产量形成与调控 …… 47
　第四节　蔬菜品质形成与调控 …… 53
第四章　蔬菜栽培技术基础 …… 62
　第一节　菜田土壤耕作 …… 62
　第二节　直播与定植 …… 65
　第三节　灌溉与施肥 …… 68
　第四节　植株调整 …… 74
第五章　蔬菜种子与育苗 …… 80
　第一节　蔬菜种子 …… 80
　第二节　蔬菜育苗的意义与质量评价 …… 90
　第三节　蔬菜育苗技术形式与分类 …… 101
第六章　蔬菜栽培设施 …… 108
　第一节　蔬菜设施栽培的历史与现状 …… 108
　第二节　蔬菜栽培设施的类型、结构及应用 …… 113
　第三节　蔬菜栽培设施的覆盖材料 …… 137
　第四节　蔬菜栽培设施的环境特点及其调控技术 …… 141
第七章　蔬菜生产机械化 …… 152
　第一节　概述 …… 152
　第二节　蔬菜种植标准化与机械化 …… 153
　第三节　蔬菜生产机械化技术装备 …… 154
第八章　蔬菜病虫害绿色防控 …… 170
　第一节　概述 …… 170
　第二节　蔬菜病虫害绿色防控原理与技术 …… 171
　第三节　蔬菜主要病虫（螨）危害及绿色防控技术 …… 174
第九章　蔬菜采收及商品化处理 …… 195
　第一节　蔬菜的采收 …… 195
　第二节　蔬菜采后的商品化处理 …… 197
第十章　蔬菜周年供应与栽培制度 …… 210
　第一节　蔬菜生产和供应的特点 …… 210
　第二节　我国蔬菜生产分区 …… 212
　第三节　蔬菜项目园区规划 …… 215
　第四节　蔬菜栽培制度 …… 226
第十一章　根菜类 …… 231
　第一节　概述 …… 231
　第二节　萝卜 …… 233
　第三节　胡萝卜 …… 243
　第四节　根用芥菜 …… 252
　第五节　芜菁 …… 254
　第六节　牛蒡 …… 255
　第七节　甜菜 …… 257
　第八节　美洲防风 …… 258
　第九节　辣根 …… 259
第十二章　白菜甘蓝类 …… 261
　第一节　概述 …… 261
　第二节　大白菜 …… 261
　第三节　普通白菜 …… 273
　第四节　结球甘蓝 …… 276
　第五节　花椰菜 …… 281

第六节 青花菜……285
第七节 茎用芥菜……290
第八节 叶用芥菜……297
第十三章 绿叶类……302
第一节 概述……302
第二节 莴苣……303
第三节 芹菜……309
第四节 菠菜……314
第五节 茼蒿……317
第六节 苋菜……320
第七节 冰菜……322
第十四章 茄果类……327
第一节 概述……327
第二节 番茄……327
第三节 辣椒……339
第四节 茄子……347
第十五章 瓜类……354
第一节 概述……354
第二节 黄瓜……356
第三节 西瓜……363
第四节 甜瓜……368
第五节 南瓜……375
第六节 丝瓜……382
第七节 苦瓜……388
第八节 冬瓜……394
第十六章 豆类……399
第一节 概述……399
第二节 豇豆……400
第三节 菜用大豆……405
第四节 菜豆……413
第五节 豌豆……417
第六节 扁豆……419
第七节 蚕豆……421
第十七章 葱蒜类……423
第一节 概述……423
第二节 韭菜……424
第三节 洋葱……439
第四节 大蒜……447
第五节 大葱……451
第十八章 薯蓣类……461
第一节 概述……461
第二节 马铃薯……461
第三节 山药……469
第四节 芋……475
第五节 姜……481
第六节 甘薯……490
第十九章 水生蔬菜……499
第一节 概述……499
第二节 莲藕……500
第三节 茭白……507
第四节 荸荠……514
第五节 慈姑……517
第六节 水芹……521
第七节 芡实……526
第八节 菱……529
第九节 莼菜……531
第十节 蒲菜……532
第二十章 多年生蔬菜与杂类……535
第一节 概述……535
第二节 芦笋……535
第三节 百合……540
第四节 黄秋葵……543
第五节 菜用玉米……548
第二十一章 常见食用菌……557
第一节 香菇……557
第二节 平菇……563
第三节 黑木耳……566
第四节 草菇……569
第二十二章 芽苗类蔬菜……573
参考文献……583

第一章　绪　　论

第一节　蔬菜与蔬菜栽培学的概念、特点

一、蔬菜

蔬菜是指可以做菜、烹饪成为食品的植物或菌类的统称，是人们日常饮食中必不可少的食物之一，常言曰:“三天不吃青，嘴上冒火星。”蔬菜二字的含义是，“凡草菜可食者，通名为蔬”（《尔雅》），而“菜”则源自动词“采”，意指用手收获植物，“艹”指草本植物，与“采”结合后演化为名词的“菜”，《说文解字》也将草之可食者称为菜。可见，蔬与菜在释义上有区别，但本质上其实并无不同。当然，草之野生可食者实为野生蔬菜，如生长于江河湖边、山脚之下或山坡之上的一些植物、菌类，它们以野生状态生存，但人们可以采之食用；经人工驯化栽培者则为栽培蔬菜。另外，还有一些作物属于粮菜兼用型，如马铃薯、玉米、大豆和甘薯等，其中，马铃薯已经上升为第四大主粮作物，但同时又是一种重要的蔬菜作物。因此，蔬菜可以定义为：一二年生或多年生的草本植物，以不同的器官（根、茎、叶、花、果实、种子）供食用。一些木本植物、菌类、藻类、蕨类和调味类植物、花卉类植物因其某些器官可作为蔬菜食用也被称为蔬菜，如竹笋、香椿、枸杞、食用菊花和玫瑰等。

二、蔬菜栽培学

蔬菜栽培学是研究蔬菜生长发育与环境、栽培措施之间关系的一门科学。蔬菜栽培从较为原始的自给性生产逐渐向商品菜生产转化，从小农经济逐渐向规模化、集约化基地生产形式转变。随着经济社会的快速发展，设施栽培迅速兴起，因此蔬菜栽培由完全依赖自然环境生产逐渐向改变环境、创造条件的设施栽培转变，促使蔬菜的市场供应由原来的周期性波动（春缺和伏缺）向周年均衡高质量供应转变。蔬菜栽培需要经历播种、育苗、移栽、生长期肥水管理、植株调整、病虫害防控、环境调控、采收和储藏等一整套流程，蔬菜虽好，但栽之不易。

第二节　蔬菜的起源

按照苏联学者瓦维洛夫（1935）的理论，世界的栽培植物有 8 个起源中心，后来达林顿又加了一个北美中心，一种蔬菜可以有两个甚至更多的起源中心。

1. 中国中心　包括中国的中西部山区和低地。是许多温带、亚热带重要蔬菜的起源地，包括大豆、竹笋、山药、草石蚕、萝卜、牛蒡、荸荠、莲藕、茭白、蒲菜、慈姑、菱、芋、百合、白菜、芥蓝、乌塌菜、芥菜、金针菜、苋菜、韭菜、葱、莴苣、茼蒿、食用菊花、紫苏等。

2. 印度中心　又细分为印度-缅甸中心和印度-马来西亚中心，包括印度东部并延伸至马来西亚和菲律宾东南方向的大片区域，起源的蔬菜主要有黄瓜、苦瓜、茄子、葫芦、丝瓜、蛇瓜、刀豆、豇豆、扁豆、芥菜、黑芥、姜、冬瓜、黄秋葵等。

3．中亚细亚中心　包括印度西北部及中亚地区，起源的蔬菜主要有豌豆、蚕豆、芥菜、芫荽、胡萝卜、亚洲芜菁、四季萝卜、洋葱、大蒜、菠菜、甜瓜、葫芦等。

4．近东中心　包括小亚细亚内陆、外高加索、伊朗和土库曼斯坦，起源的蔬菜主要有甜瓜、胡萝卜、芫荽、莴苣、韭菜、芸薹、芥菜、洋葱、香芹菜等。

5．地中海中心　包括欧洲和非洲北部的地中海沿岸，起源的蔬菜主要有芸薹、甘蓝、芜菁、黑芥、白芥、朝鲜蓟、石刁柏、芹菜、菊苣、茴香、豌豆、独行菜等。

6．非洲中心　包括埃塞俄比亚和索马里等，起源的蔬菜主要有豇豆、豌豆、西瓜、葫芦、扁豆、芫荽、甜瓜、胡葱、黄秋葵、独行菜等。

7．中美中心　包括墨西哥南部和安的列斯群岛等，起源的蔬菜主要有菜豆、刀豆、黑籽南瓜、灰籽南瓜、佛手瓜、辣椒、樱桃番茄等。

8．南美中心　包括秘鲁、厄瓜多尔、玻利维亚，起源的蔬菜主要有马铃薯、秘鲁番茄、树番茄、普通多心室番茄、笋瓜、辣椒、菜豆、莱豆等。

9．北美中心　主要为美国的东北部，起源的蔬菜主要有菊芋等。

第三节　我国蔬菜栽培的历史、现状及发展趋势

一、我国蔬菜栽培的历史

我国是世界上最大、最古老的主要蔬菜起源中心之一。我国蔬菜栽培的历史可以追溯到6000年前的新石器时代，至春秋战国时期，蔬菜栽培渐趋旺盛，孔子曾称栽培蔬菜为“圃”，意指在有藩篱围栏的条件下栽培蔬菜，实际上这反映了当时蔬菜生产已经具有一定的经济地位和消费需求。西汉晚期著名的农学著作《氾胜之书》描述了种植蔬菜要注重田间的肥水管理，多施肥、勤浇水有利于获得好的产量。《齐民要术》成书于北魏末年（533—544年），是中国杰出农学家贾思勰所著的一部综合性农学著作，也是世界农学史上最早的专著之一，是中国现存最早的一部完整的农书。全书共10卷92篇，系统地总结了6世纪以前黄河中下游地区劳动人民农牧业生产经验、食品的加工与贮藏、野生植物的利用，以及治荒的方法，详细介绍了季节、气候和不同土壤与不同农作物的关系，被誉为“中国古代农业百科全书”，该书中共记载蔬菜30余种。

元朝时期的《王祯农书》在中国古代农学生产中占有重要地位，它兼论中国北方农业技术和中国南方农业技术，这源于王祯自己是山东人，在安徽、江西两省均做过地方官，又到过江浙一带，他常常深入各地农村进行实地观察记录，因此《王祯农书》里无论是记述耕作技术，还是农具的使用，或是栽桑养蚕，均兼顾南北农事作业的特点和差别。《王祯农书》在前人著作基础上，第一次对所谓的广义农业生产知识进行了较全面系统的论述，提出中国农学的传统体系。全书分《农桑通诀》《百谷谱》《农器图谱》三大部分，其中《百谷谱》中已有食用菌培育相关记载。《农政全书》由明代农学家徐光启（1562—1633年）所著，该书基本上囊括了中国明代农业生产和人民生活的各个方面，而其中又贯穿着一个基本思想，即徐光启治国治民的“农政”思想。与王祯的经历相似，徐光启出生于上海，不仅在本地进行农业试验，从农业生产实践中总结提高，还两次赴天津进行农业试验，因此他对我国南北方农业生产方式、栽培经验等有了比较全面的认识。《农政全书》不仅仅在于阐述生产技术和知识，更在于总结、阐述农政思想，特别是水利、屯垦对农业生产的指导作用。该书中可以看到关于蔬菜病虫害防治的描述。

明代杰出的医药学家李时珍（1518—1593年）所著的《本草纲目》，历时27载，三易其稿，含52卷，共190多万字，载有药物1892种，收集医方11 096个，绘制精美插图1160幅，阐发药物的性味、主治、用药法则、产地、形态、采集、炮制、方剂等，并载附方10 000余。《本草纲目》是李时珍在继承和总结以前本草学成就的基础上，结合长期学习、采访所积累的大量药学知识，经过实践和钻研而编成的一部巨著。此书也是一部具有世界性影响力的博物学著作。今天很多蔬菜的健康医疗价值正在逐步得到发掘利用，也源于《本草纲目》这部传世巨著的很多阐述和思想。明代王象晋特别热爱种植花卉、果树、蔬菜等园艺作物，专门开辟了一块园地，自己动手，督率佣仆培育花木，试种农作物。经过长期的农业生产实践，王象晋积累了丰富的农业生产知识，又从古代农书中汲取了很多宝贵资料，在此基础上，他用10多年的时间编撰了一部40余万字的农业重要著作《二如亭群芳谱》，其中辣椒作为观赏植物后来逐步演化为蔬菜。《植物名实图考》是由清代吴其濬于19世纪中期编著的植物学著作，共38卷。作为我国首部以"植物"为名的学术专著，《植物名实图考》共收集古代与植物有关的文献800余种，记述植物12类1700多种。该书全面记载了每种植物的文献渊源，以及它们的别名、产地、形状、习性、用途等，也记载了很多蔬菜栽培的方法。

我国著名的园艺蔬菜学家、中国近代园艺事业的奠基人之一吴耕民先生于1936年编著了我国最早的蔬菜栽培学专著《蔬菜园艺学》。该书融合了吴耕民先生丰富的栽培实践和在日本、欧洲的学习、考察经历，体现了当时欧亚两洲蔬菜栽培的新成果，为我国现代蔬菜产业的发展奠定了基础。

二、我国栽培蔬菜的来源

1．原产我国的蔬菜 我国幅员辽阔，气候类型丰富，地形地貌复杂，雨水、光照资源分布不均，自古以来，各地拥有多种多样的野生植物资源，古代蔬菜均采自野生植物。《诗经》中就记载了很多蔬菜，如蒲、芹、瓠、荠、荷（莲藕）、菲（萝卜）、蒿、瓜（甜瓜、菜瓜）、菽（豆类）、葵（冬寒菜）等；先秦时期有葱、小蒜、芸（芸薹）、芋、薯蓣、姜、蘘荷等；1500年前在黄河流域栽培的蔬菜有甜瓜、冬瓜、越瓜、茄子、瓠、芋、葱、韭、芸薹、姜、蒜等；西晋嵇含所著《南方草木状》，记载了我国南方栽培较为普遍的蔬菜种类，有刀豆、越瓜、冬寒菜、白菜、芥菜、荠菜、苋菜、蕹菜、茼蒿、紫苏、百合、姜、芋、韭菜、莲藕、慈姑、荸荠、菱、水芹、竹笋、食用菌等。上述蔬菜基本都是我国原产。

2．引进栽培的蔬菜 秦汉时代中国开始与周边国家进行贸易往来，特别是与东南亚各国的海路及陆路交往日渐增多，很多蔬菜陆续传入我国栽培，如大蒜、芫荽、苜蓿、黄瓜、蚕豆、豌豆等。晋唐以后，通过陆路——古丝绸之路，中国逐步加强了与中亚国家及欧洲、非洲的经济文化交流，多种蔬菜植物引入我国栽培，如茄子、甜瓜、豌豆、菠菜、莴苣、胡萝卜等；明朝末年以后，海洋交通逐渐发达，从美洲引进了番茄、辣椒、南瓜、马铃薯、菜豆等蔬菜，从地中海沿岸引进了甘蓝、洋葱、莴苣、根甜菜等蔬菜。汉唐至宋元时期经"丝绸之路"引进的蔬菜，其名称一般都冠以"胡"字，如胡萝卜、胡瓜（黄瓜），明清以后的蔬菜因多数从海路引入，蔬菜名称前大多冠以"番"或"洋"等字，如番茄、洋葱、番瓜（南瓜）、洋白菜（结球甘蓝）、洋生姜（菊芋）等。

三、我国蔬菜栽培的现状及其在国民经济中的作用

2017年我国蔬菜种植面积达3.47亿亩（1亩≈666.7m^2），总产值突破2万亿元，占整个种植业

的39.46%。农村人口中有近1亿农民直接从事蔬菜生产，对农民的人均贡献达到2000元。1997年以前，全国蔬菜供应的整体状况是供不应求；1998～2010年，全国蔬菜供应是供需基本平衡；2010年以后则是供大于求。我国蔬菜（包括瓜类）人均占有量超过643.2kg，其中蔬菜（不包括瓜类）人均占有量已经达到571.3kg，优质安全蔬菜需求日益旺盛，其生产压力也随之增大。2014年，我国内地的蔬菜生产规模分别占世界蔬菜收获总面积的24.6%、总产量的32.1%，比位居世界第二的印度收获面积多1.4倍、产量高2.7倍；我国蔬菜出口规模同样位居世界第一，2011～2013年，在联合国粮食及农业组织（FAO）统计的世界出口量≥100万t和出口额≥10亿美元的国家中，中国（不含港澳台地区）均居首位。

（一）我国栽培的主要蔬菜种类

我国栽培的蔬菜主要包括葫芦科、茄科、豆科、十字花科、百合科、菊科、伞形科和睡莲科等。葫芦科蔬菜主要包括黄瓜、丝瓜、冬瓜、南瓜、西葫芦、苦瓜等；茄科蔬菜主要包括番茄、茄子、辣椒等；豆科蔬菜主要包括豇豆、菜豆、豌豆、蚕豆等；十字花科蔬菜主要包括大白菜、普通白菜、结球甘蓝、花椰菜、萝卜、青花菜、芥菜等；菊科蔬菜主要包括莴苣、茼蒿等；伞形科蔬菜主要包括胡萝卜、芹菜；百合科蔬菜主要包括大蒜、洋葱、韭菜等；睡莲科蔬菜主要包括莲藕和芡实等；禾本科蔬菜主要包括茭白；食用菌类蔬菜主要包括木耳、平菇、香菇等（表1-1）。

表1-1 我国栽培的主要蔬菜及其占比

科名	名称	占比（%）	科名	名称	占比（%）
十字花科	大白菜	8.02	葫芦科	冬瓜	1.34
	普通白菜	5.91	伞形科	胡萝卜	1.91
	结球甘蓝	3.60		芹菜	2.98
	花椰菜	1.75	豆科	菜豆	2.97
	青花菜	0.60		豇豆	2.59
	萝卜	4.82	藜科	菠菜	2.68
	芥菜	0.99	旋花科	蕹菜	0.79
茄科	番茄	5.92	菊科	莴苣	2.53
	辣椒	9.13	百合科	洋葱	0.48
	茄子	3.74		大葱	2.61
葫芦科	黄瓜	5.28		韭菜	1.76
	苦瓜	0.53	姜科	姜	0.96
	丝瓜	0.57	睡莲科	莲藕	1.49
	南瓜	1.04	其他		16.66
	西葫芦	1.49			

注：引自孙日飞于2019年10月19日在江苏省农业科学院蔬菜所建所40周年学术报告会的报告《中国蔬菜科技展望》

（二）制约我国蔬菜产业竞争力提升的主要问题

1．比较效益提升的难度加大 虽然蔬菜是我国种植业中比较效益较高的种类，但由于总量及生产投入成本上升，比较效益呈下降趋势，且提升难度越来越大。主要原因在于：一是劳动力成本大幅上涨，同时蔬菜价格虽有所上涨，但年均上涨幅度保持在 5%左右，致使蔬菜生产效益大幅下降。二是综合机械化率较低，目前，我国小麦、水稻的收获机械化分别达到84%和56%，而蔬菜种类繁多、种植方式多样、茬口复杂、生产地域性强，单个种类栽培规模偏小，蔬菜机械难以发挥其应有的作用。三是种子种苗、化肥、农药、薄膜等农资价格不断上涨均对蔬菜比较效益提高产生抑制作用。此外，蔬菜初级加工和深加工相对落后，产业链条短、流通运输成本高、损耗大等因素也严重制约蔬菜比较效益的持续提升。

2．质量安全水平提高遭遇瓶颈

（1）*产业基础差，抗灾能力薄弱* 这是我国蔬菜高质量生产的基本限制因素，一旦遇到灾害性天气，我国蔬菜生产就会受到一定程度的影响。例如，2016 年 2 月全国月均菜价能达到创历史的 7 元/kg，主要是受三大灾害性气象因子的影响，分别是 2015 年初冬的一场 30～40 年不遇的严寒雨雪天气、2016 年大寒季节（1 月 20～25 日）全国范围内的极端严寒天气以及环渤海地区 2015 年 11～12 月为期 40d 的重雾霾天气，导致相当一部分设施蔬菜生产减产甚至绝收，造成 2015 年冬至 2016 年春的蔬菜供给量显著不足，价格高位运行，可见我国蔬菜产业的抗灾能力很弱。产业基础差，抗灾能力薄弱，主要表现为：①菜田基础设施薄弱，土壤有机质含量低；②温室制造业落后，设施结构性能差，不能实现安全越冬生产；③简易设施比例大，改造升级难度极大，抗灾能力差，劳动力强度高。

（2）*生产分散，产品质量安全难有保证* 我国蔬菜生产主要是以家庭承包经营为主的小生产格局，其经营规模小、生产分散、流通快速，加上农户的责任意识和安全意识较差，致使化肥超量使用、农药残留超标等问题较为突出。特别是前几年，由于缺乏统一严格的产地准出、市场准入制度，在一些地方政府出台的高额、全覆盖设施建设补贴驱动下，大批劣质设施建成，致使蔬菜产品质量安全事件屡有发生。我国蔬菜标准体系建设与执行相对滞后、分散生产方式及农民科学文化素质的限制、蔬菜标准化生产难度大也是影响蔬菜产品质量提升的重要因素。

（3）*市场平稳运行阻力较大* 目前，我国蔬菜流通体系建设已取得长足进步，批发市场、冷链物流、电子商务等快速发展和不断完善，但多渠道、多环节、低组织化水平和低效率等问题仍较为突出，加上不同农产品间价格联动性增强，而波动的不确定性增加，市场平稳运行的难度依然很大。一是局部供需矛盾仍然突出。我国蔬菜供需总体平衡，但生产的结构性、季节性、区域性均衡供应问题仍然突出，加上市场信息不对称等因素，致使生产盲目性和市场灵敏性间的矛盾加剧，菜价大幅波动和滞销卖难现象屡有发生。二是产销区联动协调难度较大。当前，蔬菜生产向生产优势区域集中趋势愈发明显，而大中城市郊区蔬菜生产保有量稳定难度越来越大，同时应急储备调运能力不足，产销区利益补偿、协同调配机制尚未建立，致使蔬菜供应时空分布不均、产销流通不畅，局部地区、个别品种出现价格异常波动等现象。三是风险分散机制不健全。我国蔬菜依然面临自然和市场双重风险，但无论是以自然风险为对象的传统保险，还是以市场风险为对象的价格保险，都以地方试点方式陆续推进，国家层面的蔬菜产业风险尤其是价格波动引起的市场风险的分散机制尚不完善，给市场的稳定运行带来了明显的不确定性。

四、我国蔬菜生产的发展趋势

1．提升设施抗灾生产性能 鼓励引导现有连栋温室、日光温室和老旧、简易蔬菜园艺设施升级改造，提升其结构性能，增强抗御极端严寒、大雪、风暴等气象灾害的性能，并便于机械化作业。大力加强设施蔬菜园区的排涝工程建设，保证在大暴雨量级下雨水不倒灌、园区不出现大面积积水。新建的大型蔬菜园艺设施，其设计科学合理、建材选用合理、施工质量优良。发展高标准现代化温室制造业，研制示范推广超低能耗的现代化温室园艺及其配套技术与装备，大幅提升设施产能。未来的设施及相关材料、技术发展趋势如下。

（1）新型超低能耗现代化温室　应用日光温室的合理采光时段原理设计采光屋面，实现阳光利用最大化；采用高效热交换技术，冬春利用中深层地下热能量、夏季利用浅层地下冷能量直接优化蔬菜作物根区温度，既可有效防止蔬菜因根际温度逆境生长不良，又能减少石化能源消耗及CO_2、SO_2和氮氧化物排放；通过设置遮阳除雪一体化装备确保雪灾零风险。

（2）高透光漫散射功能膜　雾度值40%～75%、垂直光源透过率≥90%的高透光漫散射功能膜，在国外已大面积应用。我国此项技术研发相对滞后，目前正在加快研发高透光漫散射功能膜。

（3）设施补光技术　冬季设施栽培，补光已成为设施蔬菜优质高产主要途径。目前，LED（发光二极管）系列的补光灯在设施蔬菜生产上正迅速得到应用。兼具补光和杀菌效果的UVB（紫外线B段）灯也逐步进入应用阶段。

2．推进高标准菜田建设　所谓高标准菜田，就是在一定时期内，通过土地整治形成的集中连片、设施配套、高产稳产、生态良好、抗灾能力强、与现代蔬菜生产和经营方式相适应的基本农田。高标准菜田的标准，一是土地平整。根据整治区实际地形地貌，结合土地翻耕和土壤培肥措施，局部找平，尽可能保护原有耕作层。耕作田块规模要根据地形条件、耕作方式等综合确定。在标准化菜田土地平整单元规模上，平原菜田的单元规模应≥$133.3hm^2$，山区菜田的单元规模应≥$3.3hm^2$。耕作层不足20cm的田块应通过覆盖客土、提升有机质等措施提高耕作层厚度。土壤有机质含量应逐步提升至4%以上。二是旱涝保收。以地表水为主、地下水为辅，严格控制开采深层地下水，禁止使用未经无害化处理的污水进行灌溉。充分利用水资源，保证灌溉率≥95%。以管道输水灌溉为主，减少灌溉管道级配，合理确定田间灌溉管道布局和密度。在沥涝严重或具有承泄区的地区，可设置强排水系统。三是道路配套。田间道路的路面宽度以3～6m为宜，村与村之间的主要道路、与交通干线连接的田间道路应为硬化路面。田间生产通道的路面宽度≤3m，可采用素土路面。田间道路应尽量减少占地面积，路面高出地面的高度一般不应超过30cm，常年积水区可适当提高。四是生态友好。菜田防护应与蔬菜生产相结合，结合整治区的菜田实际情况，实施必要的防洪、防水土流失等防护措施，菜田防护林走向应与田、路、渠、沟有机结合，树种的选择和配置应以乡土品种和适合当地条件的树种为主。

3．推进机械化智能化生产　未来的蔬菜产业将越来越依赖机械化并迅速提高智能化生产水平。只有用机械化、自动化、智能化取代千百年以来“面朝黄土背朝天”“扛着锄头种菜”的劳作方式，才能吸引更多有专业背景、有农业情怀、有经济实力的年轻人投身蔬菜产业。这就要求耕整作业、播种、育苗、移栽、田间管理、采收、采后处理、病虫害防治等农事作业全面机械化，并通过发展物联网、信息化技术，逐步实现无人驾驶农机和农用无人机作业。

4．提升集约化育苗技术　种苗生产集约化是蔬菜生产现代化的第一要素。我国每年育苗移栽蔬菜的种苗需求量为6800亿～7300亿株，目前全国全年的集约化育苗量仅有1000多亿株。需要加快研发、引进、推广应用现代种子技术，包括种子检验、种子加工、种子引发等先进技术；在大力示范推广常规穴盘育苗、漂浮育苗的同时，加快研发潮汐灌溉育苗、电热膜加温育苗以及水培育苗等集约化育苗新装备、新技术。

5．强化病虫草害绿色防控　必须按照不同目标食品（优质、绿色、有机食品）的产地环境标准，对蔬菜产地环境先行评估和定期复查，对污染物超标地块，坚持先治理修复，然后再投入或恢复蔬菜生产，依法、科学、及时划定蔬菜禁止生产区域。在此基础上，因地制宜，综合应用各种科学、先进、实用的绿色防控技术，确保蔬菜质量安全。病虫草害绿色防控措施包括：①综合应用农业防治措施，包括优选品种，如针对当地主要蔬菜病害，选用高抗、多抗优良品种；耕作改制，如建立科学合理的蔬菜耕作制度，确定合理的轮作年限，有条件的地区应实行水旱轮作；优化农田生态，包括调整播期，避开病虫为害高峰，嫁接换根，防止土传病害，深沟高畦，严防渍涝，地面全覆盖，微灌或暗灌，设施微环境调控，合理株行距，优化群体结构；利用秸秆和秸秆源肥料恢复地力，水、肥、气、热协调促控，促进蔬菜健壮生长，增强蔬菜对虫害的抵抗力。②综合应用物理防治措施，包括设施防护，如采用薄膜避雨棚、遮阳网棚室、防虫网棚室进行蔬菜生产，冬春茬设施蔬菜选用长效流滴消雾功能膜或PO（polyolefin，聚烯烃）涂敷膜、漫散射功能膜；采用诱杀、趋避策略和方法，如利用黄板、蓝板、频振式杀虫灯、黑光灯、高压汞灯、双波灯、糖醋酒进行诱杀，覆盖银灰膜、银灰网等；物理消毒，如采用温汤浸种、高温闷棚、土壤高温消毒、土壤高频消毒、土壤化学熏蒸等措施。③采用生物防治措施，如利用天敌、抗生素、植物源农药、昆虫激素、性诱剂等进行生物防治。④利用化学防治措施，包括优选农药，如选用高效、低毒、低残留农药，不得超限使用农药，禁止使用高毒、高残留农药；优选剂型，即优先选用粉尘剂、烟雾剂（设施内），尽可能少用水剂；优选药械，如选用雾化度高、作业效率高的药械，选用高质量药械，杜绝跑、冒、滴、漏现象，提高防治效果，减少用药量，降低防治成本；对症用药，应在做好病虫害预测预报和准确诊断的基础上，适时对症施药防治，严格按照农药使用说明书要求的安全使用间隔期用药，不得超量使用农药，并在安全间隔期采收产品。

6．打通蔬菜全产业链经营中的关键节点 从最大限度地满足销售商对蔬菜数量、质量和安全保障要求入手，通过订单实现产销无缝衔接；通过帮助优秀蔬菜生产商优选良种和定制农资服务，实现蔬菜生产与农资供给无缝衔接；通过智库专家团队，按照市场机制为蔬菜产业链关键环节引入优质科技资源，并提供科技支撑服务。

（1）直销配送与优质基地建设 按照经销商需求合理布局蔬菜生产基地。针对专业化蔬菜批发商对货源数量需求大、质量大众化、供给均衡等特点，在不同的农业气候区域选定大规模、专业化、季节性蔬菜生产基地，为其提供个性化、全方位服务。针对直销配送蔬菜商对货源产品质量标准、卫生安全要求严，对品质及新鲜度要求高与包装特异和绝对保障供给等特点，选定质量安全意识强，组织化、标准化生产水平高，采后商品化处理和保鲜条件好的蔬菜生产基地，为其提供个性化、全方位服务。

（2）培育优秀蔬菜生产商 首先要提高组织化程度，优先培育蔬菜专业合作社、蔬菜专业生产公司、蔬菜家庭农场和专业大户等新型经营主体；其次要做好市场定位和产品定位，即按照当地的气候条件、生产设施、技术水平和地理位置等，选定最适宜的目标市场，确定是以一般安全蔬菜为主，还是以绿色食品蔬菜为主，抑或是以有机蔬菜为主；再次根据产品定位，完善标准化生产技术体系，建立质量安全保障体系和可追溯体系，实行订单生产；第四要通过组建智库专家团队，为选定的新型蔬菜经营主体提供在线咨询、现场指导与应急处置等一站式技术服务；最后要帮助新型蔬菜经营主体与直销商或配送商直接对接，实现优质优价。

（3）优选良种实行农资定制服务 根据规模化、专业化生产基地种植的蔬菜种类和生产、生态条件，为其推荐最佳良种，再依据基地选定的良种特性，选择具有核心技术的专业农资产品，如专用肥、缓控释肥、特效药品、优质农机具、经济实用的功能膜等，实现农资服务定制化。

（4）电子商务 电子商务平台立足于为不同消费人群提供多样的订购模式，满足顾客差异性的需求。通过采购、检测、加工、包装、配送的流程实现农产品的标准化生产、实现操作过程可控制、农产品可追溯，让顾客放心选购。通过前期宣传、咨询，让顾客了解整体流程图，并提供会员卡办理，在选购的每个环节都进行信息处理和数据分析，力求让每个顾客满意。客户下单的方式多样，主要有电话订购、网上商城订购、社区现场订购、手机快捷下单。

第四节　世界蔬菜生产的现状及趋势

全球蔬菜生产主要分布在亚洲、欧洲、美洲和非洲。2014 年，亚洲蔬菜收获面积约占世界总额的 68%，欧洲占 18.3%，美洲占 9.8%，非洲占 4%，中国和印度是亚洲最主要的蔬菜生产国。中国大陆蔬菜收获面积和产量分别占世界总额的 24.6%（表 1-2）和 32.1%，均居世界第一位。

表 1-2　2014 年世界主要蔬菜生产国蔬菜收获面积及占比（张真和，2017a）

地区	收获面积（$\times 10^3 hm^2$）	占比/%	地区	收获面积（$\times 10^3 hm^2$）	占比/%
全球总量	96 630.13	100.0	阿曼	1 083.73	1.1
中国①	23 780.53	24.6	俄罗斯	975.20	1.0
印度	10 049.00	10.4	美国	889.80	0.9
尼日利亚	9 242.87	9.6	伊朗	850.40	0.9
埃塞俄比亚	1 267.67	1.3	喀麦隆	827.93	0.9
印度尼西亚	1 228.67	1.3	埃及	808.27	0.8
土耳其	1 205.67	1.2	墨西哥	788.73	0.8
越南	1 201.53	1.2	菲律宾	754.53	0.8
科特迪瓦	1 119.73	1.2	加纳	731.27	0.8

① 中国数据不含港澳台地区

经济社会较为发达的国家，其蔬菜生产方面有很高的机械化、专业化和标准化程度，可以实现蔬菜从生产到后期加工过程的机械化操作，在某些环节可以实现自动化操作，人工操作仅仅是对机械化操作的一种补充。在蔬菜质量管理上，通过标准化生产、社会化信息服务和法律监管体系，提高蔬菜的安全性和竞争力。

一、生产环节

1．基地选择　因地制宜，合理规划生产布局。由于市场竞争激烈、自然条件复杂以及交通、通信设施的发展，发达国家的蔬菜生产区域化程度高，各基地或蔬菜农场一般只生产少数几种最适宜当地气候条件的蔬菜供应到全国各地。美国主要有中南、西南、东南和北部 4 个蔬菜产区，其中，中南部和西南部是冬季蔬菜的生产基地，东南部是冬春早熟蔬菜的生产基地，北部是冷凉蔬菜的生产基地。西班牙的蔬菜产区主要分布在地中海沿岸、安达卢西亚西部、加那利群岛、内陆地区和北大西洋沿岸 5 个区域。日本的蔬菜产区逐渐由中心城市向偏远郊区过渡。由于日本政府对食品安全问题要求比较严格，为了确保蔬菜在生产过程中不会受到污染，在选址时会进行大气、土质和水分等项目的检测。

2．品种选择　采用生物育种技术，普遍使用优质高产的品种，如抗病虫害、抗寒、抗除草剂的蔬菜品种。利用转基因技术培育新品种比例逐渐增长，美国主要蔬菜种子公司将选育新品种视为公司发展的关键。荷兰抗虫蔬菜品种的培育技术比较先进，成为世界四大蔬菜种子出口国之一。日本很重视蔬菜新品种的研究，每年通过先进的生物育种技术，蔬菜品种迅速改良换代。

3. 科学管理 在蔬菜生产过程中，最重要的是对植物生长过程的管理，包括化肥、农药及灌溉等。化肥：科学研究表明，施肥是影响水土流失及养分损失的重要因素，因此发达国家在对蔬菜生产基地土壤进行检测的基础上，科学施用浓缩复合肥和有机肥。日本政府也提倡农户在收获蔬菜时只收获具有商品价值的那部分，将其余部分直接留在地里，这样一方面可以减少收获的成本，另一方面可以增加土地的有机质含量。日本还通过轮作或者休耕措施，以达到增加土壤肥力、改善土壤结构和降低蔬菜对化肥的依赖等作用。农药：美国通过采用包衣种子、吸虫机器等方法控制农药的使用。其中，包衣种子的包衣剂必须明确化学成分，不含有导致农药残留超标的农药成分。在蔬菜种植前地面覆膜，蔬菜生产过程中使用植物萃取液、提取液和矿物油防治病虫害，使用微生物除草剂或采取人工、机械的方法除草。同时，为了减少农药的使用，还通过释放天敌、植物趋避等生物物理的方法来防治病虫害，利用有色地膜控制杂草繁殖。灌溉：蔬菜生长过程中，必须满足生长发育必需的水分。在连续干旱少雨条件下，叶色变暗，叶片略有萎蔫时必须人为地给作物补充水分，可以采用喷淋、沟灌、滴灌等方法。

另外，发达国家蔬菜生产过程的档案记录、数据储存、土壤测试和分析、化肥成分计算和组合、作业计划和计算等工作均采用电子化方法完成，并逐步利用大数据分析平台进行相关数据的分析、归纳和总结。

二、流通环节

蔬菜成熟后采收，主要涉及加工、包装、运输等流通过程以及销售环节。为了能够追根溯源，包装材料上标注蔬菜品名、规格、产地、生产者名称和条形码等商品标识。流通销售的组织模式通常是以强大的联合体出现在国际市场，美国的蔬菜供应主要是由几家大公司负责，这些公司规模庞大，子公司分布在世界各地，不仅在蔬菜的流通、保鲜和加工技术上有着雄厚的实力，更便于在全球市场上经营管理。荷兰75%～95%的蔬菜都由合作社销售。日本蔬菜也以分散生产、集中销售为特征，产品交易由日本农业协同工会（简称农协）统一上市，日本蔬菜的流通方式分为市场内流通和市场外流通。市场内流通过程包括生产、上市、接收货物和批发、零售及消费，日本80%以上的蔬菜产品由批发市场中转，并建立了从中央到地方3层批发市场，能够承担大批量蔬菜产品的冷藏、配送和加工业务，在实施蔬菜交易时，高价蔬菜会采取现货拍卖的方式，参加竞拍的蔬菜样品或货物在传送带上供购买者观察竞拍，采用这样的方式，可以极大地减少交易时间，增加了市场效率；市场外流通是指不通过中间渠道，食品商店直接与蔬菜产地沟通，即直营直供销售方式，这种流通方式的优点在于能够减少流通成本、缩短流通时间，同时也减少了蔬菜在流通中的质量安全风险。但是，这种方式需要农户与商店/客户有长期而稳定的合作关系，因此大多数农户仍采取市场内流通。

三、蔬菜生产到销售全程标准化体系

为了提高蔬菜产业的竞争力，发达国家在蔬菜生产、储存、运输和销售等环节都执行严格的操作标准。美国在20世纪60年代初就颁布了《果蔬质量标准》，其对蔬菜不同品种的大小、质量、色泽、成熟度等方面都进行了很详细的规定，并且与国家法规相结合。美国还制定了蔬菜产品和服务相关标准，包含蔬菜从生产到流通的每一个环节。这些标准规定蔬菜在种植过程中必须限制使用化肥、农药等化学合成物质；在流通环节必须按照一定要求使用防腐剂、食品添加剂等化学物质；在消费者拿到最终的蔬菜产品时，必须可以直接通过包装了解到蔬菜的产地、质量、采摘时间和成熟度等相关信息。蔬菜质量安全管理的标准主要有由美国食品药品监督管理局

（FDA）发布的《蔬菜识别标准》——其主要目的是让消费者在购买蔬菜时能通过标签识别出不同品质的蔬菜，不受到误解或者欺骗；由美国农业部（USDA）发布的《蔬菜质量分级标准》是一项推荐性分级标准，其目的是为蔬菜进行分级检验和认证提供法律上的依据。该标准的适用对象为美国农业部农产品分组员、蔬菜从业人员、州联邦检验服务人员以及大众消费者。它的作用是通过建立一种质量控制标准，实现对所有批次货物的分组估价，从而达到买卖双方便利、促进市场规范的目的。政府官员、专家学者以及包括生产、加工、营销和市场在内的业界人士共同参与了该标准的制定，因此，制定出来的标准更符合消费者的不同需求，为以后的实施和推广奠定了重要基础。日本政府对蔬菜的出售也进行了标准化，其中规定了 31 种蔬菜在外观质量方面的国家级标准，具体内容包括形状、色泽、是否干净、有无病虫伤害、是否腐败变质、有无沙土等异物。

四、社会化信息服务

发达国家的各种服务机构建设得比较完善，贯穿蔬菜生产流通的各个环节，还能为农户提供保险服务。同时，由于发达国家高度重视信息化建设，方便了蔬菜行业人员和消费者，也减少了蔬菜质量安全问题的发生。

美国由各类服务机构提供产前、产中和产后的多方位社会化服务。由种子公司、肥料农药销售商、运输公司、加工厂和农业协会等服务机构分工合作，提供土壤测试、农资供应、生产作业、购销信息、技术咨询、法律、会计等服务，保证蔬菜产业链的正常运行。产前服务提供农业物资和农业信息咨询；产中服务有专业人员对农户进行技术指导，并直接参与蔬菜种植过程；产后服务包括蔬菜的加工、包装、运输和销售等环节。日本蔬菜生产服务的中心是日本农业协同组合（简称农协），农协不但可以提供蔬菜生产所需要的各种技术，它还有着自己的金融体系，通过吸收大量的流动资金，以优惠的条件向农户提供借贷服务。此外，各级农协组织还会和政府协作制定蔬菜生产的发展目标、重点投资计划和实施方案等。

由于蔬菜生产对气候的依赖性强，加拿大积极发展农业保险。为了带动农民参加保险，加拿大政府会为农民承担一部分参保费用，即采取联合共保、风险分担的形式。美国农业部风险管理局采取净收益波动保险的形式来保证投资者的利益。在农作物受灾减产时，投保者的损失将得到补偿，即使没有参加投保的生产者，也能获得年平均产量水平 40%的赔偿。当农作物出现产量过剩时，为了避免生产者的利益遭受损失，美国农业部采用统一收购的措施维持蔬菜价格的稳定。

美国大力开展信息化建设，其农业部建立了一项长期的“水果和蔬菜计划”，该计划提供新鲜和加工果蔬产品的定级和检验服务、产品流动和价格信息，监督有关贸易法律、法规是否公平实施等，为果蔬生产者提供多方面的帮助。同时，美国政府还非常重视蔬菜安全风险信息的发布和交流，并加强蔬菜可追溯制度，以确保消费者能够及时获得蔬菜质量安全信息，减少蔬菜安全事故。有关食品质量安全的信息通过《联邦公报》公告、公众集会、全球电子通信系统以及互联网等渠道，向蔬菜生产者和消费者发布。随着电子信息技术的发展，日本在蔬菜流通方面的电子信息化也有了长足的进步。其中，销售终端（POS）系统在便利连锁店和大型零售店迅速普及。POS 系统能够提供每种蔬菜的销售情况和需求情况，如某蔬菜是否畅销、需求对象、需求时间等，可以极大地提高蔬菜的库存周转效率。迄今为止，自动定货（EOS）系统在日本的大规模零售店已经被广泛应用，该系统通过附加值通信网（VAN）将蔬菜生产者、加工者与批发者直接联系起来，极大地提高了蔬菜的流通效率。而且，批发市场借助较为发达的信息系统，实现了与国内以及世界主要批发市场的联网。基于发达的交通网络、有效的保鲜措施和快速的信息化处理网络，蔬菜实现了顺畅流通。

五、蔬菜质量安全法规及监管体系

发达国家很重视政府职能的合理分工、各司其职。通常是由一个部门管理蔬菜的生产、流通、储藏和加工，政出多门和行政损耗得到了有效的消除。并且，有关蔬菜的各种法律法规在发达国家比较完善，出现问题能够做到有据可查、有法可依。

美国的食品安全监管体系分为联邦、州和地区 3 个层次，由联邦机构实行垂直管理方式，对于管辖范围内的事务实行从上到下的“一揽子”管理。欧洲联盟（简称欧盟）为对食品安全进行统一监管，成立了独立行使职能的欧洲食品安全局，该管理局是欧盟的直属机构。日本是农林水产省、劳动厚生省和食品安全委员会三方制衡的食品质量安全监管体系。

在美国，与蔬菜质量安全管理有关的法律很多，如《食品质量保护法》《联邦杀虫剂、杀真菌剂和杀鼠剂法》《食品卫生运输法》《公共卫生服务法》《公平包装和标签法》《产品责任法》等，这些法律对蔬菜从种植到销售中的每个环节都进行了明确的规定，并且有着详细严格的监管程序。有些法律法规并没有蔬菜等农产品质量安全直接相关的内容，如空气质量、污水排放等，但蔬菜质量安全有关管理部门也必须遵守，对蔬菜质量安全保障也具有重要支撑作用。此外，还有一些规程，颁布后也具有法律效力，生产者必须按照其规定执行。某些法律条款随着社会的发展已不再适用，在此情况下，相关法律部门要根据实际情况对其进行修改并及时颁布。法律的修订程序是公开的，其相关规章的制定、修订和颁布过程允许且鼓励消费者、蔬菜行业人员和其他人员参与。此外，美国一直以危险性分析为基础来制定这些安全条例、法规和政策，并通过邀请具有公信力的健康专家及相关科学家，采用恰当的科学技术方法对法律法规的制定以及修改给出合理的建议。日本政府对蔬菜的产销制定了法律法规，《批发市场法》《蔬菜生产上市安全法》等近 10 项法律和法规正式颁布并实施。《蔬菜生产上市安全法》明确规定了蔬菜的品种、产地和消费地。政府对大众需求量多的蔬菜品种、名优蔬菜品种及其上市时间以政令的形式公布出来，并根据市场的需求变化及时做出调整。

六、蔬菜生产经营风险管理

蔬菜生鲜易腐、不耐储藏的特性使蔬菜产业面临更高的自然风险与市场风险。美国和加拿大是世界蔬菜生产和消费大国，日本蔬菜的小规模经营更利于中国借鉴，这 3 个国家均形成了相对完善的蔬菜产业风险管理体系。

1. 美国蔬菜生产经营主体风险管理

（1）*规划蔬菜生产布局，降低风险集中度* 美国气候类型多样，幅员辽阔，不同作物有专属生产带。为了降低蔬菜生产的自然风险和集中上市产生的市场风险，美国的蔬菜生产基地根据气候、土壤条件选择最适宜的蔬菜品种进行种植，并利用遥感、遥测等农业信息网络监测蔬菜种植与生长情况。在蔬菜生产布局的科学规划下，美国有 37 个州从事商品蔬菜生产，有四大主产区，其蔬菜产量占到美国蔬菜产量的 90%。与此同时，蔬菜农场根据蔬菜生产过程中制种、育苗、嫁接、培育等不同过程也进行了专业化分工，从而实现了从地域到生产各个环节的风险分散。

（2）*完善蔬菜产业技术服务，有效降低产量风险* 为提高蔬菜产量与产品质量，美国农业部及所属科研机构为蔬菜种植农场提供完善的产业技术服务。一是技术推广、咨询服务与田间管理指导，对不同品种蔬菜耕地整理、播种、移植、采收等环节提供技术服务，为防范蔬菜生产过程中由化肥与农药的不当使用所导致的蔬菜质量风险，科研机构采用叶片营养诊断和土壤分析指导蔬菜合理施肥与安全用药，从而稳步提高蔬菜产量和质量。二是信息服务，为了减少蔬菜生产过程中农场主对蔬菜种植、生态环境、农资供应信息的不完全与不对称的情况，美国相关部门利用网络优势，向蔬菜种植基地提供农资供应、病虫害预测、天气预报、市场需求等多种信息服务。

（3）*完善农村金融服务，有效实现风险转移* 美国有健全的农业金融支持服务体系，包括农村信用体系、商业银行、政府信贷、保险公司及其他金融机构等提供的农业信贷与农业保险服务。商业银行、保险公司与系统机构的贷款占农业金融支持的60%，其中发放商业性农业贷款的中小银行将近6000家。美国的政策性农业保险自20世纪30年代开办，并成立了联邦农作物保险公司（FCIC），目前提供包括蔬菜保险在内的30余种农作物政策性农业保险，保险责任包括病虫害、干旱等15种灾害，保险保障50%～75%的产量水平。

（4）*严格质量安全管理，有效降低蔬菜储运风险* 蔬菜生鲜易腐的特性使蔬菜采摘后由于运输、储藏不当而产生较大的损耗，为此，美国农业部通过对蔬菜分级整理、初级加工、储藏运输和销售等环节的严格监管，降低蔬菜储藏与运输风险。一是蔬菜采收后的初级加工服务。蔬菜采收后在农场进行初级包装，并在冷库进行蔬菜预冷以延长保鲜期，再对蔬菜进行清洗与杀菌后，按品种对蔬菜进行打蜡或薄膜包装，从各个环节保证蔬菜质量安全。二是完善的产地追溯体系。所有蔬菜包装材料均印有条形码，包括蔬菜的生产日期、产地、类别等信息，以此建立蔬菜档案，保证信誉。三是健全的冷链物流体系。蔬菜运输采用适于蔬菜生理要求的低温“冷链”，即田间采后预冷，冷藏车运输，批发站冷库存储，超级市场冷柜销售，使美国蔬菜在储藏和运输环节的损耗率仅为1%～2%，而中国蔬菜在流通环节的损耗率高达20%～30%。

2．加拿大蔬菜生产经营主体风险管理

（1）*广泛推广设施蔬菜，降低经营主体产量风险* 加拿大蔬菜经营主体以蔬菜农场为主，2010年加拿大共有9829家蔬菜农场，占全部农场总数的4%。由于加拿大气温较低，为预防低温霜冻等自然灾害风险，加拿大设施蔬菜比例达30%以上。虽然加拿大蔬菜农场数量与种植面积并不高，但通过设施蔬菜的错季与反季种植，以及先进的温室系统和现代化的储存方法，实现了新鲜蔬菜的全年稳定供应。加拿大的蔬菜温室产业通过提高覆盖材料透光技术、优化棚室结构及热能的多用途利用和余热回收技术，在提高单位能量作物产出率的同时，减少了自然灾害对蔬菜产业的不利影响。

（2）*农场多样化蔬菜种植，降低市场风险* 由于不同的作物与品种的价格水平不存在完全正相关关系，因此加拿大蔬菜农场还通过多样化种植方式，用高收益作物来弥补低收益作物的损失。为了应对由于蔬菜产业供求失衡而引发的市场风险，加拿大蔬菜品种多样，同时不断引进更多的品种。蔬菜新品种的引进需要对蔬菜的抗风险性、是否适应当地生长条件及是否有利于当地农业多样性发展等问题进行综合考查。加拿大凉爽的气候条件和较高的安全等级提高了其蔬菜的国际竞争力，近年来，蔬菜农场遵循国际市场的要求进行蔬菜种植，当国内蔬菜供过于求时通过国际市场外销蔬菜以维持国内蔬菜价格，稳定经营主体收益水平。

（3）*冷链物流储运，减少蔬菜污染与损失* 加拿大拥有世界上最完善的食品管理系统，加拿大食品检验署（CFIA）负责全国蔬菜的卫生安全和质量等级管理，对蔬菜的分级、包装要求非常严格，同时在温室和新鲜蔬菜交易场所中随机抽取样品进行检验，也会检查生产者和包装者是否符合特定产品标签条例。CFIA还规定蔬菜的储存和运输必须采用冷链物流，减少运输过程中的污染与损失，在蔬菜产业的各个环节保证产品的质量。通过冷链物流运输和储存蔬菜，加拿大的蔬菜损耗仅为5%，约是中国的1/6；物流成本约是中国的1/2。

3．日本蔬菜生产经营主体风险管理

（1）*提供蔬菜生产经营专项补贴，实现经营主体损失控制* 日本蔬菜常年种植面积约为

44.3 万 hm^2，占全国耕地面积的 9.2%，基本满足本国的蔬菜消费需求。受土地资源的限制，日本的蔬菜种植以家庭小规模经营为主。日本政府制订“生产和销售促进计划”和“指定蔬菜生产区生产和运输现代计划”，为蔬菜生产经营者提供经费支持，主要目的是稳定蔬菜种植户的收入水平，当风险事件发生时进行有效的损失控制。日本蔬菜生产补贴包括设施蔬菜建设、机械购买、蔬菜分类与包装等方面。2011 年日本福岛核电站因为冷却系统发生故障导致核泄漏，核辐射超标，福岛核电站附近的蔬菜受到核污染，日本政府在禁止福岛县、枥木县、茨城县与群马县生产的菠菜、青菜流通与销售的同时，对各蔬菜种植农户提供经济损失补助。

（2）推广蔬菜与园艺设施保险，稳定经营主体收入　日本于 1979 年开始推行旱田作物与园艺设施保险。目前对马铃薯等种植面积较大的大田作物和设施蔬菜均提供农业保险补助，防范自然灾害对大田蔬菜和大棚设施的破坏。日本农业保险采用强制保险与自愿保险相结合的方式，为保证粮食的稳定供给，国家对水稻、麦类作物实施强制保险，对蔬菜等园艺作物以及园艺设施采取自愿保险方式。政府通过对蔬菜类保险提供保险补贴方式，蔬菜投保率达到 50%以上，为园艺设施提供 50%的保费补贴，为园艺作物提供 55%的保费补贴。日本政府通过防范自然风险的蔬菜保险补助政策、分类包装补贴政策、蔬菜价格风险补偿政策及蔬菜贸易保险政策等，降低了日本蔬菜种植农户的生产经营风险，稳定了农户收入。

（3）维护蔬菜价格稳定，降低经营主体市场风险　日本早在 1966 年即颁布《蔬菜生产和销售稳定法》，此后逐渐形成了以蔬菜销售调整制度、订单蔬菜价格补贴制度及蔬菜应急管理制度为主的蔬菜价格稳定体系。一是每 5 年进行一次蔬菜需求与供给预测来确定市场状况，并授权日本农林水产省规定蔬菜生产和消费区域，使指定区域蔬菜供给能够满足预期需求，实现蔬菜价格的稳定与可控。二是自 2002 年开始实行订单蔬菜价格补贴制度，用于降低蔬菜生产经营主体与销售商签订合同面临的契约风险，一旦经营主体因自然灾害不能履约时，政府按市场价与协议价差额的 70%～90%进行补贴。三是自 2009 年开始实施蔬菜应急供求管理对策，当突发事件或自然灾害导致蔬菜供求波动时，对卷心菜、洋葱、白菜等重要蔬菜提供价格补贴。

七、蔬菜跨界

1. 蔬菜花园　蔬菜花园就是以蔬菜为主的景观式花园，将蔬菜、花卉、花灌木、香草、微型果树等符合搭配应用的景观植物糅合在一起，既是格局鲜明的蔬菜园，同时它也是一个景观花园式的蔬菜园。因此它也有一个别称，叫作“可食用地景”，既有繁花似锦，也有蔬果飘香，既独特，又充满了实用性，能看又能吃。早有“白菜开花似牡丹”的说法，今有“黄玫瑰白菜”成为情人节的礼品。

作为一种景观，蔬菜花园本身就具备观赏价值。蔬菜的生长周期短，景观呈现占地小，而且蔬菜品种多样，一方面便于农户充分利用自家的田块、院落进行建设，另一方面也可以在造型和设计上拥有更大的发挥空间。例如，从设计上来讲，可以选用盆栽的方式，在地面平铺出丰富多彩的图案；也可以采用传统的花坛形式；还可以通过搭架牵引，栽植高大型和攀缘型蔬菜，进行立体设计。从蔬菜的品种上来说，可以选择具有花色或叶色艳丽、植株高度较一致的蔬菜进行布置，如地肤、生菜、五彩苋等；如果有水塘，可以做一片“水生蔬菜园”，如种植莲藕、千屈菜、蒲菜、豆瓣菜、菱、茭白、慈姑；还可以专门利用一些山野菜品种，搭建“野菜园”；或者种植“新、奇、特”品种，如红色的樱桃萝卜、黑色的辣椒和番茄、紫色的小白菜和甘蓝、红甜菜、紫花菜等。

2. 蔬菜雕刻　蔬菜雕刻又称餐桌上的艺术。以蔬菜初级产品为原料，通过切、旋、削、戳、刻等手法，把蔬菜变成玲珑剔透、栩栩如生的花卉、走兽、人物、风景等新形态的产品，将观赏、美化和品尝食用完美结合，使得大宴小酌面目一新。萝卜、土豆和大头菜比较适合雕刻，雕刻的主要造型有花、鸟、昆虫、鱼、龙、人物，并且雕刻出来的造型可以用食用色素着色；冬瓜、西瓜和南瓜一般保持它们的原状，然后在瓜皮表面雕刻各种图案，切下内部的瓜瓤后，可以制成各种杯子、盒子、篮子、小船和灯等造型，它们有时也用来盛放菜肴。番茄、黄瓜等经常在雕刻以后直接进行拼盘食用。

雕刻的技法主要包括以下两种。

（1）平雕　主要采用色泽鲜艳、可直接食用的原料，如萝卜、黄瓜等，首先用菜刀将原料切割成简单的几何立体形状，然后以更仔细的方式雕刻图案。较小的圆弧部分可以用槽刀修整，最后用菜刀切成片。有时图形很复杂，可以先进行部分雕刻，然后进行组装。如果条件允许，可以预先制作一些模型刀具，直接切割原材料，方法更为简单。

（2）阴阳纹雕　又称凹雕和凸雕，是浮雕中比较简单的一种方法，一般以西瓜、冬瓜和南瓜为原料。首先，把图案画在瓜皮上，用刀沿着图案的线条，刻出适当的深度，然后仔细剥去不必要的瓜皮，如果是阳纹，就剥去图案之外的瓜皮，如果是阴纹，就剥去图案内的瓜皮。剥完了以后，只剩下凹面或者凸面时，图案就会出现。

3．蔬菜疗法园　蔬菜疗法园是园艺疗法园的组成部分之一，以园艺活动作为治疗患者的一种手段，借由实际接触和运用园艺材料，维护美化植物或盆栽和庭园，通过接触自然环境而减缓压力与复健心灵。园艺疗法园与一般的植物园不一样，它是“医院”的一部分。园艺疗法适合的对象除了希望预防身心疾病或者提高生活质量的正常人群外，主要针对身心已存在某种障碍、需要进行恢复的人群。最关键的是，接受这种疗法的人，不是自发、自主地进行园艺活动，而是必须在园艺疗法师的指导下进行活动。园艺疗法师好比医生，需要做出诊断，针对不同患者，选用不同植物和园艺操作活动，并在治疗结束后做出评价。园艺疗法的基本作用包括：减缓心跳速度、改善情绪、减轻疼痛。1699 年，李那托·麦加在《英国庭园》中对园艺的治疗效果进行记述：在闲暇时，您不妨在庭园中挖挖坑，静坐一会，或者拔拔草，这都会使您永葆身心健康。1973 年，美国园艺治疗协会成立，逐步建立健全了园艺疗法师的登录认定制度。该协会通过考核，为合格者授予园艺疗法师的职称，此职称已被美国社会作为专门职称所公认，其声誉极高。中国现代的园艺疗法主要流行于香港和台湾地区，大陆起步比较晚。相较于美国、欧洲、日本这些园艺疗法发展成熟的国家和地区，国内面临的一个突出问题是，园艺疗法专类园非常缺乏。

第五节　蔬菜的营养价值

蔬菜是人民生活中的重要副食品，蔬菜中含有大量水分，通常为 70%～90%，此外还含有很少的蛋白质、脂肪、糖类、维生素、无机盐及纤维素，这些物质的含量越高，蔬菜的营养价值也越高。1990 年联合国粮食及农业组织统计人体必需的维生素 C 的 90%、维生素 A 的 60%来自蔬菜，可见蔬菜对人类健康的贡献之巨大。此外，蔬菜中还有多种植物化学物质是被公认的对人体健康有益的成分，如类胡萝卜素、二丙烯化合物、甲基硫化合物等，许多蔬菜还含有独特的微量元素，对人体具有特殊的保健功效，如番茄中的番茄红素、洋葱中的前列腺素（一类有生理活性的不饱和脂肪酸，其基本结构是前列腺烷酸，天然的前列腺素含有 20 个碳羧酸、羟基脂肪酸）等。蔬菜中还含有丰富的无机盐，如钙、钾、镁、钠等，这些无机元素，在体内最后代谢物为碱性，所以蔬菜对人体内酸碱平衡的维持是非常重要的。不同蔬菜种类与营养健康的关系可以分析如下。

一、蔬菜与疾病防控

甘蓝类蔬菜如青花菜、花菜、甘蓝、叶甘蓝、芥蓝等含有吲哚类（C_{13}）萝卜硫素、异硫氰酸盐、类胡萝卜素、维生素C等，对预防肿瘤、心血管病有较好的作用，特别是青花菜。芦笋含有丰富的谷胱甘肽、叶酸，这些物质对预防新生儿脑神经管缺损、预防肿瘤有良好作用。胡萝卜中含有丰富的类胡萝卜素及大量可溶性纤维素，有益于保护眼睛，可降低血胆固醇，减少癌症与心血管病发病概率。豆类中，如大豆、毛豆、黑豆等所含的类黄酮、异黄酮、蛋白酶抑制剂、肌醇、大豆皂苷、维生素B等，对降低血胆固醇、调节血糖、减少癌症发病及预防心血管和糖尿病有良好作用。葱蒜类蔬菜有丰富的二丙烯化合物、甲基硫化物等多种功能植物化学物质，有利于预防心血管疾病，常食可预防癌症，还有消炎、杀菌等作用。茄果类蔬菜，如番茄中丰富的番茄红素，为高抗氧化剂，能抗氧化，降低前列腺癌及心血管疾病的发病率；茄子中含有多种生物碱，有抑癌、降低血脂、杀菌、通便等作用。辣椒、甜椒含丰富的维生素、类胡萝卜素、辣椒多酚等，能增强血凝溶解，有“天然阿司匹林”之称，而且辣椒中维生素C的含量在蔬菜中居第一位。芹菜中含有芹菜油和丰富的维生素，除作蔬菜外，中医上还有止血、利尿、降血压等功能。黄瓜所含的蛋白酶有助于人对蛋白质的吸收。大白菜、南瓜含微量元素钼，可阻止体内致癌物质亚硝胺的合成，南瓜还含有分解亚硝胺的酶。蘑菇所含的纤维素能吸收胆固醇和防止便秘，使体内有害物质能及早排出体外，对预防高胆固醇血症、便秘和癌症，有一定效果。

二、蔬菜与美容

黄瓜中含有的丙醇二酸，有助于抑制各种食物中的碳水化合物在体内转化为脂肪。白萝卜含有辛辣成分芥子油，可促进脂肪新陈代谢，避免脂肪在皮下堆积；还含有丰富的维生素C，维生素C为抗氧化剂，能抑制黑色素合成，防止脂褐质沉积。花椰菜含丰富的高纤维成分，配合番茄、洋葱、青椒等材料可煲成瘦身汤。扁豆配合绿叶菜食用，可以加快身体的新陈代谢。冬瓜可以利尿，每天用冬瓜适量烧汤喝可以减肥，同时冬瓜内也含丙醇二酸，可阻止体内脂肪堆积。芹菜含有维生素A及维生素C，但大部分为水分及纤维素，所以热量很低，多食用有益健康。紫菜除了含有丰富的维生素A、维生素B_1及维生素B_2外，还蕴含丰富的纤维素及矿物质，可以帮助排走身体内的废物及积聚的水分。西芹一方面含有大量的钙质，可以补“脚骨力”（意指脚部力量会得到明显提高，人体缺乏钙元素时会出现全身乏力、骨质疏松，通过食用蔬菜补钙也是食疗的一种），另一方面含有钾，可减少身体的水分积聚。蘑菇中含有人体难以消化的粗纤维、半粗纤维和木质素，可保持肠内水分平衡，还可吸收余下的胆固醇、糖分，将其排出体外，对预防便秘、肠癌、动脉硬化、糖尿病等都十分有利。胡萝卜所含的β-胡萝卜素可以抗氧化和美白肌肤，还可以清除肌肤的多余角质，对肌肤有镇静舒缓的功效。豌豆含有丰富的维生素A原，具有润泽皮肤的作用。

第二章 蔬菜分类

我国是世界栽培植物的资源中心之一，据不完全统计，我国栽培和食用的蔬菜种类（包括种、亚种及变种）有近 70 科 300 多种，其中普遍栽培的有 50～60 种。蔬菜种类繁多，除了一二年生草本植物、多年生草本植物和木本植物外，还有许多真菌、地衣和藻类植物。它们的生物学特性、生态适应性、繁殖和栽培方法千差万别，给蔬菜生产和科学研究带来诸多不便，因此科学系统地进行蔬菜分类意义重大。蔬菜常用的分类方法主要有植物学分类、食用器官分类和农业生物学分类。

第一节 植物学分类

一、分类依据及命名

传统植物学分类主要以形态学和解剖学为依据，按照植物间亲缘关系的远近和进化过程进行分类，其理论基础是达尔文的进化论和自然选择学说。植物分类的等级为界（kingdom）、门（division）、纲（class）、目（order）、科（family）、属（genus）、种（species），其中界为最大分类单位，种是基本的分类单位。分类等级越高，区别越明显；分类等级越低，区别越细微。

种是生物分类学上的基本单位，是具有相同形态学、生理学特征和一定自然分布的生物群，种内个体间能自然交配产生正常可育的后代，种间存在生殖隔离。如果种内一些个体之间出现显著差异，可视差异大小在种名以下设亚种（subspecies）、变种（variety）或变型（form）等。亚种是指一个种内的类群形态上有区别，分布上、生态上或季节上有隔离的类群；变种是形态上产生了变异，并比较-稳定，其分布范围比亚种小的种内变异类群；变型是指仅有微小形态学差异的相同物种的不同个体，其分布上无规律可循；品种（cultivar）不是植物分类中的一个分类单位，它是人类在生产实践中，经过培育或人类发现的有经济价值的变异，不存在于野生植物中，实际上是栽培植物的变种或变型。

按照《国际植物命名法规》，每种植物只有一个合法正确的学名，学名采用双名命名法，包括属名和种加词。属名采用名词或名词化的形容词，第一个字母必须大写，种加词采用形容词或作为形容词用的名词，种加词一律小写。属名和种加词书写时用斜体。为了便于查证，在双名之后还应附加命名人的姓名，命名人缩写的第一个字母必须大写。

如果种名之下还有亚种、变种、变型，命名时要在其种名后加上亚种、变种或变型的全称或缩写（subsp.、var.或 f.），然后再加上种加词，最后附加命名人的姓氏或缩写。

二、主要蔬菜的植物学分类

中国的蔬菜绝大多数属于高等植物的种子植物门，包括双子叶植物纲和单子叶植物纲。双子叶植物以十字花科、豆科、茄科、葫芦科、伞形科和菊科为主；单子叶植物以百合科和禾本科为主。此外，还包括食用菌、藻类、地衣和蕨类等植物，如下所示。

Ⅰ真菌门（Eumycophyta）

担子菌纲（Basidiomycetes）

（一）木耳科（Auriculariaceae）

1．黑木耳［*Auricularia auricula*（L. ex Hook.）Underw.］

2．毛木耳［*Auricularia polytricha*（Mont.）Sacc.］

（二）银耳科（Tremellaceae）

银耳（*Tremella fuciformis* Berk.）

（三）蘑菇科（Agaricaceae）

1．蘑菇（*Agaricus campestris* L. ex Fr.）

2．双孢蘑菇［*Agaricus bisporus*（Iange.）Sing.］

3．大肥菇［*Agaricus bitorquis*（Quei.）Sacc.］

（四）口蘑科（Tricholomataceae）

1．口蘑（*Tricholoma mongolicum* Imai.）

2．松口蘑［*Tricholoma matsutake*（Ito et Imai.）Sing.］

3．凤尾菇［*Pleurotus sajorcaju*（Fr.）Sing.］

4．金针菇［*Flammulina velutipes*（Curt. ex Fr.）Sing.］

5．蜜环菌［*Armillaria mellea*（Vahl. ex Fr.）Karst.］

6．香菇［*Lentinus edodes*（Berk.）Sing.］

7．平菇［*Pleurotus ostreatus*（Jacq. ex Fr.）Quel.］

（五）侧耳科（Pleurotaceae）

1．白灵菇［*Pleurotus nebrodensis*（Inzengae）Quel.］

2．杏鲍菇［*Pleurotus eryngii*（DC. ex Fr.）Quel.］

（六）光柄菇科（Pluteaceae）

草菇［*Volvariella volvacea*（Bull. ex Fr.）Sing.］

（七）粪锈伞科（Bolbitiaceae）

茶树菇（茶薪菇）［*Agrocybe aegerita*（Brig.）Sing.］

（八）齿菌科（Hydnaceae）

猴头菇（猴头菌）［*Hericium erinaceus*（Bull. ex Fr.）Pers.］

（九）红菇科（Russulaceae）

1．松乳菇［*Lactarius deliciosus*（L. ex Fr.）Gray］

2．白菇［*Russula lactea*（Pers. ex Fr.）Fr.］

3．正红菇（*Russula vinosa* Lindbl.）

（十）鬼伞科（Coprinaceae）

鸡腿蘑［*Coprinus comatus*（Muell. ex Fr.）S. F. Gray］

（十一）鬼笔科（Phallaceae）

1．长裙竹荪［*Dictyophora indusiata*（Vent. ex Pers.）Fischer］

2．短裙竹荪［*Dictyophora duplicata*（Bosc）Fischer］

（十二）球盖菇科（Strophariaceae）

滑菇（*Pholiota nameko* Ito ex Imai.）

（十三）灵芝科（Ganodermataceae）

灵芝［*Ganoderma lucidum*（Curtis）P. Karst］

（十四）多孔菌科（Polyporaceae）

茯苓［*Poria cocos*（Schw.）Wolf.］

（十五）鹅膏科（毒伞科）（Amanitaceae）

鸡枞［*Termitomyces albuminosus*（Berk.）Heim.］

（十六）牛肝菌科（Boletaceae）

美味牛肝菌（*Boletus edulis* Bull. ex Fr.）

（十七）羊肚菌科（Morohellaceae）

羊肚菌［*Morchella esculenta*（L.）Pers.］

（十八）块菌科（Tuberaceae）

黑孢块菌（*Tuber melanosporum* Vitt.）

（十九）革菌科（Thelephoraceae）

干巴菌（*Thelephora ganbajun* Zang）

（二十）鸡油菌科（Cantharellaceae）

鸡油菌（*Cantharellus cibarius* Fr.）

Ⅱ红藻门（Rhodophyta）

（一）红毛菜科（Bangiaceae）

紫菜属（*Porphyra*）

1．坛紫菜（*Porphyra haitanensis* Chang et Zheng）

2．条斑紫菜（*Porphyra yezoensis* Veda）

3．甘紫菜（*Porphyra tenera* Kjellm.）

（二）石花菜科（Gelidiaceae）

石花菜（*Gelidium amansii* Lamx.）

Ⅲ褐藻门（Phaeophyta）

（一）海带科（Laminariaceae）

海带（*Laminaria japonica* Aresch.）

（二）翅藻科（Alariaceae）

裙带菜（*Undaria pinnatifida* Suringar）

Ⅳ蓝藻门（Cyanophyta）

念珠藻科（Nostocaceae）

地软（*Nostoc commune* Vauch.）

发菜（*Nostoc flagelliforme* Born. et Flah.）

Ⅴ地衣植物门（Lichenes）

子囊衣纲（Ascolichens）

（一）石耳科（Umbilicariaceae）

石耳［*Umbilicaria esculenta*（Miyoshi）Minks］

（二）梅衣科（Parmeliaceae）

冰岛衣［*Cetraria islandica*（L.）Ach.］

Ⅵ**蕨类植物门（Pteridophyta）**

薄囊蕨纲（Leptosporangiopsida）

（一）凤尾蕨科（Pteridaceae）

1．蕨菜［*Pteridium aquilinum*（L.）Kohn var. *latiusculum*（Desv）Underw.］

2．西南凤尾蕨（*Pteris wallichiana* Agardh）

（二）水蕨科（Parkeriaceae）

水蕨［*Ceratopteris thalictroides*（L.）Brongn.］

（三）金星蕨科（Thelypteridaceae）

毛蕨［*Cyclosorus interruptus*（Willd.）H. Ito.］

（四）球子蕨科（Onocleaceae）

荚果蕨［*Matteuccia struthiopteris*（L.）Todaro］

（五）蹄盖蕨科（Athyriaceae）

菜蕨（食用双盖蕨）［*Callipteris esculenta*（Retz.）J. Sm. ex Moore et Houlst.］

（六）紫萁科（Osmundaceae）

1．紫萁（*Osmunda japonica* Thunb.）

2．分株紫萁（桂皮紫萁）［*Osmundastrum cinnamomeum*（Linnaeus）Presl（syn. *Osmunda cinnamomea* L. var. *asiatica* Fernald）］

Ⅶ**种子植物门（Spermophyta）**

一、双子叶植物纲（Dicotyledoneae）

（一）藜科（Chenopodiaceae）

1．菠菜（*Spinacia oleracea* L.）

（1）刺子菠菜（var. *spinosa* Moench）

（2）圆子菠菜（var. *inermis* Peterm）

2．叶恭菜（*Bete vulgaris* L. var. *cicla* Koch.）

3．根恭菜（红菜头）（*Beta vulgaris* L. var. *rapacea* Koch.）

4．榆钱菠菜（*Atriplex hortensis* L.）

5．地肤［*Kochia scoparia*（L.）Schrad.］

（二）番杏科（Aizoaceae）

番杏［*Tetragonia tetragonioides*（Pall.）Kuntze（syn. *Tetragonia expansa* Murray）］

（三）落葵科（Basellaceae）

1．红花落葵（*Basella rubra* L.）

2．白花落葵（*Basella alba* L. ）

3．藤三七［*Anredera cordifolia*（Ten.）Steenis］

（四）苋科（Amaranthaceae）

苋菜（*Amaranthus mangostanus* L.）

（五）豆科（Leguminosae）

1．菜豆（*Phaseolus vulgaris* L.）

矮生菜豆（var. *humilis* Alef.）

2．红花菜豆（荷包豆）（*Phaseolus coccineus* L.）

3．白花菜豆（*Phaseolus albiflora* var. *albus* Alef.）

4．菜豆（棉豆）（*Phaseolus lunatus* L.）
5．大菜豆（*Phaseolus limensis* Macf）
（1）矮生大菜豆（var. *limenanus* Bailey）
（2）矮生小菜豆（var. *lunoanus* Bailey）
6．普通豇豆（矮豇豆）[*Vigna unguiculata*（L.）Walp.]
（1）矮豇豆（ssp. *sinensis* Endl.）
（2）长豇豆［ssp. *sesquipedalis*（L.）Verd.］
7．蚕豆（*Vicia faba* L.）
8．薇菜（*Vicia sativa* L.）
9．毛豆（大豆）[*Glycine max*（L.）Merr.]
10．豌豆（*Pisum sativum* L.）
（1）粮用豌豆（紫花豌豆）（var. *arvense* Poir.）
（2）菜用豌豆（var. *hortense* Poir.）
（3）软荚豌豆（var. *macrocarpon* Ser.）
11．刀豆（*Canavalia glabiata* DC.）
12．矮刀豆（直生刀豆）（*Canavala ensiformis* DC.）
13．黎豆（*Stizolobium capitatum* Kuntze）
14．四棱豆（*Psophocarpus tetragonolobus* DC.）
15．扁豆（*Dolichos lablab* L.）
16．苜蓿（金花菜）[*Medicago polymorpha* L.（syn. *Medicago hispida* Gaertn.）]
17．葛［*Pueraria montana* var. *thomsonii*（syn. *Pueraria thomsonii* Benth.）］
18．豆薯（*Pachyrhizus erosus* L. Urb.）
19．绿豆（芽）（*Phaseolus radiatus* L.）
20．刺槐（花）（*Robinia pseudoacacia* L.）

（六）锦葵科（Malvaceae）

1．黄秋葵［*Abelmoschus esculentus*（L.）Moench］
2．冬寒菜（冬苋菜）（*Malva verticillata* L.）

（七）十字花科［Brassicaceae（Cruciferae）］

1．芸薹［*Brassica campestris* L.（syn. *B. rapa* L.）］
（1）白菜［ssp. *Chinensis*（L.）Makino］
普通白菜（var. *communis* Tsen et Lee）
乌榻菜（var. *rosularis* Tsen et Lee）
菜薹（var. *utilis* Tsen et Lee）
薹菜（var. *taitsai* Hort.）
分蘖菜（var. *multiceps* Max.）
（2）大白菜［ssp. *pekinensis*（Lour）Olsson］
散叶大白菜（var. *dissoluta* Li）
半结球大白菜（var. *infacta* Li）
花心大白菜（var. *laxa* Tsen et Lee）
结球大白菜（var. *cephalata* Tsen et Lee）

（3）芜菁［ssp. *rapifera* Matzg.（syn. *B. rapa* L.）］

2．芥菜（*Brassica juncea* Coss.）

（1）叶用芥

小叶芥（var. *foliosa* Bailey）

大叶芥（var. *rugosa* Bailey）

结球芥（var. *capitata* Hort. ex Li）

宽柄芥（var. *latipa* Li）

长柄芥（var. *longepetiolata* Yang et Chen）

分蘖芥（雪里蕻）（var. *multiceps* Tsen et Lee）

卷心芥（var. *involute* Yang et Chen）

叶瘤芥（var. *strumata* Tsen et Lee）

花叶芥（var. *multisecta* Bailey）

白花芥（var. *leacanthus* Chen et Yang）

凤尾芥（var. *linearifolia* Sun）

（2）榨菜（茎用芥菜）［var. *tumida* Tsen et Lee（syn. *tsatsai* Mao）］

笋子芥（var. *crassicaulis* Chen et Yang）

茎瘤芥（var. *tumida* Tsen et Lee）

抱子芥（芽用芥）（var. *gemmifera* Lin et Lee）

（3）籽用芥［var. *gracilis* Tsen et Lee（syn. *scelerata* Li）］

（4）薹用芥［var. *utilis* Li（syn. *scaposus* Li）］

（5）大头菜（根用芥菜）［var. *megarrhiza* Tsen et Lee（var. *napiformis* Pai. et Bois.）］

3．甘蓝（*Brassica oleracea* L.）

（1）羽衣甘蓝（var. *acephala* DC.）

（2）结球甘蓝（var. *capitata* L.）

（3）赤球甘蓝（var. *rubra* DC.）

（4）皱叶甘蓝（var. *bullata* DC.）

（5）抱子甘蓝（var. *gemmifera* Zenk.）

（6）球茎甘蓝（苤蓝）（var. *caulorapa* DC.）

（7）花椰菜（var. *botrytis* L.）

（8）青花菜（var. *italica* Plenck）

4．芥蓝（*Brassica alboglabra* Bailey）

5．芜青甘蓝（*Brassica napobrassica* Mill.）

6．白芥（*Brassica carinata* L.）

7．黑芥（*Brassica nigra* L.）

8．萝卜（*Raphanus sativus* L.）

（1）中国萝卜（长羽裂萝卜）（var. *longipinnatus* Bailey）

（2）四季萝卜（樱桃萝卜）（var. *radiculus* Pers.）

9．辣根［*Armoracia rusticana*（Lam.）Gaertn. et Schreb.（syn. *Cochlearia armoracia* L.）］

10．山葵（*Eutrema wasabi* Maxim.）

11．豆瓣菜（*Nasturtium officinale* R. Br.）
12．荠菜［*Capsella bursapastoris*（L.）Medic.］
13．甘蓝型油菜（*Brassica napus* L.）
14．沙芥［*Pugionium coruntum*（L.）Gaertn.］
15．蔊菜｛*Nasturtium montanum* Wall. ex Hook. et Thomson［syn. *Rorippa indica*（L.）Hiern］｝

（八）葫芦科（Cucurbitaceae）

1．黄瓜（*Cucumis sativus* L.）
2．甜瓜（*Cucumis melon* L.）
（1）普通甜瓜（var. *makuwa* Makino）
（2）网纹甜瓜（var. *reticulatus* Naud.）
（3）硬皮甜瓜（var. *cantalupensis* Naud.）
（4）哈密瓜（var. *saccharinus* Naud.）
（5）越瓜（var. *conomon* Makino）
（6）菜瓜（var. *flexuosus* Naud.）
（7）冬甜瓜（var. *inodorus* Naud.）
（8）观赏甜瓜（var. *dudain* Naud.）
（9）柠檬瓜（var. *chito* Naud.）
3．冬瓜（*Benincasa hispida* Cogn.）
节瓜（var. *chiecqua* How.）
4．瓠瓜［*Lagenaria siceraria*（Molina）Standl.］
（1）长瓠瓜（var. *calvata* Makino）
（2）圆瓠瓜（var. *depresa* Makino）
（3）细腰葫芦（var. *gourda* Makino）
（4）长柄葫芦（var. *caugouda* Makino）
（5）观赏葫芦（var. *microcarpa* Makino）
5．中国南瓜［*Cucurbita moschata*（Duch. ex Lam.）Duch. ex Poiret］
6．笋瓜（*Cucurbita maxima* Duch. ex Lam.）
7．西葫芦（*Cucurbita pepo* L.）
8．黑籽南瓜（*Cucurbita ficifolia* Bouché）
9．灰籽南瓜（*Cucurbita mixta* Pang）
10．西瓜｛*Citrullus vulgaris* Schrad. ex Kckl. et Zeyh.［syn. *C. lanatus*（Thunb.）Matsum. et Nakai］｝
11．普通丝瓜（丝瓜）（*Luffa cylindrica* L. Roem.）
12．有棱丝瓜（*Luffa acutangula* Roxb.）
13．苦瓜（*Momordica charantia* L.）
14．佛手瓜（*Sechium edule* Sw.）
15．蛇瓜（长栝楼）（*Trichosanthes anguina* L.）

（九）伞形科（Umbelliferae）

1．胡萝卜（*Daucus carota* var. *sativa* Hoffm.）

2. 美洲防风（欧防风）（*Pastinaca sativa* L.）

3. 芹菜（旱芹）（*Apium graveolens* L.）

（1）西洋芹菜（var. *dulce* DC.）

（2）根芹（var. *rapaceum* DC.）

4. 小茴香（*Foeniculum vulgare* Mill.）

5. 大茴香（球茎茴香）（*Foeniculum dulce* Mill.）

6. 芫荽（*Coriandrum sativum* L.）

7. 香芹（*Petroselinum hortense* Hoffm.）

8. 水芹｛*Oenanthe stolonifera* DC. [syn. *Oenanthe javanica*（Bl.）DC.]｝

9. 鸭儿芹（*Cryptotaenia japonica* Hassk.）

10. 孜然芹（*Cuminum cyminum* L.）

（十）菱科（Trapaceae）

1. 四角菱（*Trapa quadrispinosa* Roxb.）

2. 两角菱（*Trapa bispinosa* Roxb.）

3. 无角菱（*Trapa natans* L. var. *inermis* Mao）

4. 乌菱（*Trapa bicornis* Osbeck）

（十一）茄科（Solanaceae）

1. 茄子（*Solanum melongena* L.）

（1）圆茄（var. *esculentum* Nees）

（2）长茄（var. *serpentinum* Bailey）

（3）矮茄（var. *depressum* Bailey）

2. 番茄（*Lycopersicon esculentum* Mill.）

（1）樱桃番茄（var. *cerasiforme* Gray）

（2）梨形番茄（var. *pyriforme* Alef.）

（3）普通番茄（var. *commune* Bailey）

（4）大叶番茄（var. *grandifolium* Bailey）

（5）直立番茄（var. *validum* Bailey）

3. 辣椒（*Capsicum annuum* L.）

（1）灯笼椒（甜椒）（var. *grossum* Bailey）

（2）长辣椒（牛角椒）（var. *longum* Bailey）

（3）樱桃椒（var. *cerasiforme* Irish）

（4）簇生椒 [var. *fasciculatum*（Sturt.）Irish]

（5）朝天椒（圆锥椒）[var. *conoides*（Mill.）Irish]

4. 马铃薯（*Solanum tuberosum* L.）

5. 枸杞（*Lycium chinense* Mill.）

6. 酸浆（菇茑）（*Physalis alkekengi* L.）

7. 树番茄（*Cyphomandra betacea* Send.）

（十二）唇形科（Lamiaceae）

1. 甘露子（草石蚕）（*Stachys sieboldii* Miq.）

2. 薄荷 [*Mentha canadensis* L.（syn. *Mentha arvensis* L.）]

3．罗勒［*Ocimun basilicum* L. var. *pilosum*（Will）Benth.］

4．紫苏［*Perilla frutescens*（L.）Britt.］

5．荆芥［*Schizonepeta tenuifolia*（Benth.）Briq.（syn. *Nepeta tenuifolia* Benth.）］

6．银条菜（*Stachys floridana* Schuttl. et Benth.）

7．牛至（*Origanum vulgare* L.）

8．百里香［*Thymus mongolicus* Ronn.（syn. *Thymus serpyllum* L.）］

9．薰衣草（*Lavandula angustifolia* Mill.）

（十三）楝科（Meliaceae）

香椿（*Toona sinensis* Roem.）

（十四）旋花科（Convolvulaceae）

1．蕹菜（*Ipomoea aquatica* Forsk.）

2．甘薯［*Ipomoea batatas*（L.）Lam.］

（十五）菊科（Compositae）

1．莴苣（*Lactuca sativa* L.）

（1）皱叶莴苣（var. *crispa* L.）

（2）散叶莴苣（var. *intybacea* Hort.）

（3）直立莴苣（var. *longifolia* Lam.）

（4）结球莴苣（var. *capitata* L.）

（5）莴笋［var. *angustana* Irish.（syn. var. *asparagina* Bailey）］

2．茼蒿（*Chrysanthemum coronarium* L.）

3．菊芋（*Helianthus tuberosus* L.）

4．苦苣（栽培菊苣）（*Cichorium endivia* L.）

5．牛蒡（*Arctium lappa* L.）

6．蒜叶婆罗门参（*Tragopogon porrifolius* L.）

7．菊牛蒡（*Scorzonera hispanica* L.）

8．菊花脑（*Chryanthemum nankingense* Hand.-Mazz.）

9．紫背天葵（红凤菜）［*Gynura bicolor*（Willd.）DC.］

10．朝鲜蓟（*Cynara scolymus* L.）

11．蒲公英（*Taraxacum mongolicum* Hand.-Mazz.）

12．蒌蒿（*Artemisia selengensis* Turcz. ex Bess）

13．食用菊（*Chrysanthemum sinense* Sab.）

14．马兰［*Kalimeris indiea*（L.）Sch.-Bip.］

15．款冬（syn. *Tussilago farfara* L.）

（十六）芸香科（Rutaceae）

1．红花椒（*Zanthoxylum bungeanum* Maxim）

2．青花椒（*Zanthoxylum schinifolium* Sieb. et Zucc.）

（十七）蔷薇科（Rosaceae）

草莓（*Fragaria ananassa* Duch.）

（十八）蓼科（Polygonaceae）

食用大黄（*Rheum officinale* Baill.）

（十九）五加科（Araliaceae）

辽东楤木［*Aralia elata*（Mig.）Seem.］

（二十）仙人掌科（Cactaceae）

霸王花（量天尺）［*Hylocereus undatus*（Haw.）Britt. et Rose］

（二十一）马齿苋科（Portulacaceae）

马齿苋（*Portulaca oleraca* L.）

（二十二）车前科（Plantaginaceae）

车前草［*Plantago major* L. var. *asiatica* Decne.］

（二十三）桔梗科（Campanulaceae）

1. 桔梗［*Platycodon grandiflorum*（Jacq.）A. DC.］
2. 羊乳［*Codonopsis lanceolata*（S. ex Z.）Trautv.］

（二十四）三白草科（Saururaceae）

蕺菜（*Houttuynia cordata* Thunb.）

（二十五）睡莲科（Nymphaeaceae）

1. 莲藕（*Nelumbo nucifera* Gaertn.）
2. 花莲（*Nelumbo lutea* Pers.）
3. 芡实（*Euryale ferox* Salisb.）
4. 莼菜（*Brasenia schreberi* Gmel.）

二、单子叶植物纲（Monocotyledoneae）

（一）泽泻科（Alismataceae）

慈姑（*Sagittaria sagittifolia* L.）

（二）百合科（Liliaceae）

1. 韭菜（*Allium tuberosum* Rottl. ex Spr.）
2. 葱（*Allium fistulosum* L.）
   （1）大葱（var. *giganteum* Makino）
   （2）分葱（var. *caespitosum* Makino）
   （3）楼葱（var. *viviparum* Makino）
3. 洋葱（*Allium cepa* L.）
4. 蒜（*Allium sativum* L.）
5. 南欧蒜（*Allium ampeloprasum* L.）
6. 薤（藠头）（*Allium chinensis* G. Don）
7. 细香葱（*Allium schoenoprasum* L.）
8. 胡葱（*Allium ascalonicum* L.）
9. 韭葱（*Allium porrum* L.）
10. 薤白（*Allium macrostemon* Bunge）
11. 石刁柏（芦笋）（*Asparagus officinalis* L.）
12. 金针菜（黄花菜）（*Hemerocallis citrina* Baroni）
13. 萱草［*Hemerocallis fulva*（L.）L.］
14. 卷丹（*Lilium tigrinum* Ker.）
15. 白花百合（*Lilium brownii* var. *colochesteri* Wils.）

16．兰州百合［*Lilium davidii* var. *willmottiae*（Wils.）Raffill］

（三）莎草科（Cyperaceae）

荸荠［*Eleocharis tuberosa*（Roxb.）Roem. et Schult］

（四）薯芋科（Dioscoreaceae）

1．山药（*Dioscorea batatas* Decne.）

2．大薯（参薯）（*Dioscorea alata* L.）

（五）姜科（Zingiberaceae）

1．姜（*Zingiber officinale* Rosc.）

2．蘘荷（*Zingiber mioga* Rosc.）

（六）禾本科（Gramineae）

1．毛竹（*Phyllostachys pubescens* Mazel. ex J. Houz）

2．早竹（*Phyllostachys praecox* Chu et Chao）

3．石竹（*Phyllostachys nuda* McClure）

4．红哺鸡竹（*Phyllostachys iridenscens* Yao et Chen）

5．白哺鸡竹（*Phyllostachys dulcis* McClure）

6．乌哺鸡竹（*Phyllostachys vivax* McClure）

7．花哺鸡竹（*Phyllostachys glabrata* Chen et Yao）

8．尖头青竹（*Phyllostachys acuta* Chu et Chao）

9．甜笋竹（*Phyllostachys elegans* McClure）

10．曲竿竹（*Phyllostachys flexuosa* A. et C. Rivere）

11．麻竹［*Slnocalamus latiflorus*（Munro）McClure］

12．绿竹［*Slnocalamus oldhami*（Munro）McClure］

13．吊丝箪竹（*Slnocalamus variostriatus* Ling）

14．大头典竹［*Dendrocalamopsis beecheyana*（Munro）Keng f. var. *pubescens*（F. F. Li）Keng］

15．马尾竹（吊丝球竹）（*Slnocalamus beecheyanus* M.）

16．鱼肚腩竹（*Bambusa gibboides* Lin）

17．篲竹｛*Pseudosasa hindsii*（Munro）Chu et Chao［syn. *Pleioblastus hindsii*（Munro）Nakai］｝

18．玉米（*Zea mays* L.）

（1）甜玉米（var. *rugosa* Bonaf.）

（2）糯玉米（var. *sinensis* Kulesh）

19．茭白（菰）［*Zizania latifolia* Turcz.（syn. *Zizania caduciflora* Hand.-Mazz.）］

20．茭儿菜（*Zizania aquatica* L.）

（七）天南星科（Araceae）

1．芋（*Colocasia esculenta* Schott.）

2．花魔芋（魔芋）（*Amorphophallus konjac* Koch.）

3．白魔芋（*Amorphophallus albus* Liu et Chen）

4．田阳魔芋（*Amorphophallus corrugatus* Brown）

5．西盟魔芋（*Amorphophallus krausei* Engler）

6．攸乐魔芋（*Amorphophallus yuloensis* Li）

7．勐海魔芋（*Amorphophallus kachinensis* Engl. et Gehrm.）

（八）香蒲科（Typhaceae）

蒲菜（*Typha latifolia* L.）

（九）美人蕉科（Cannaceae）

蕉芋（*Canna edulis* Ker.）

三、植物学分类的特点

植物学分类能够反映植物界的亲缘关系和由低级到高级的系统演化关系，每种蔬菜都可以找到其适宜的分类地位；统一的拉丁名称避免了俗名的混乱，便于国际交流；通过植物学分类法能系统了解蔬菜间的亲缘关系。例如，结球甘蓝与花椰菜，虽然产品器官不同，但两者同属一种，栽培技术相近，有共同的病虫害，不宜轮作，且因为同属一种，容易自然杂交，在杂交育种和留种时需要相互隔离；榨菜（茎用芥菜）、大头菜（根用芥菜）和雪里蕻，都属于芥菜一种，可以相互杂交；番茄、茄子和辣椒同属茄科，它们在生物学特性、栽培技术和病虫害防治方面也有共同之处；西瓜、甜瓜、南瓜、黄瓜都属于葫芦科蔬菜，需要轮作防病。

植物学分类法也有其不足之处。有的同科蔬菜在产品形态和栽培技术上相差很大，如番茄和马铃薯，同属茄科，但前者为果菜，后者为地下块茎菜，它们的生物学特性、栽培技术和繁殖方法差别很大；菜豆和豆薯同为豆科，但前者为果菜，后者为根菜，栽培管理方法也大不相同。有的亲缘关系远的蔬菜，其栽培技术却很相似，如马铃薯和菊芋。

植物学分类法在蔬菜栽培上的主要应用，一是可以指导蔬菜栽培制度中的轮作倒茬，蔬菜轮作制度要求在同一地块上不同年份种植不同科的蔬菜，如结球甘蓝与花椰菜、白菜与萝卜、番茄与马铃薯，以及各种葫芦科蔬菜，由于它们容易产生相同的病虫害，因此栽培种不适宜轮作。二是可以指导种子生产中隔离措施的制定，尤其是异花授粉作物。为防止生物学混杂，在杂交制种或种子生产时，亲缘关系近的蔬菜一定要采取适宜的隔离措施。

第二节 食用器官分类

这种分类方法是根据食用器官的不同进行分类的，而不考虑植物学分类与栽培技术等其他方面。根据蔬菜作物的植物学器官不同，将蔬菜分为根菜类蔬菜（root vegetable）、茎菜类蔬菜（stem vegetable）、叶菜类蔬菜（leafy vegetable）、花菜类蔬菜（flower vegetable）、果菜类蔬菜（fruit vegetable）和种子类蔬菜（seed vegetable）六大类。

一、根菜类蔬菜

根菜类蔬菜是以肥大的肉质直根或块根为产品器官的一类蔬菜，分为肉质直根类蔬菜（fleshy tap root vegetable）和块根类蔬菜（tuberous root vegetable）。

1．肉质直根类蔬菜　是由直根膨大成为产品器官的一类蔬菜，如萝卜、胡萝卜、大头菜（根用芥菜）、芜菁、芜青甘蓝、根用甜菜等。

2．块根类蔬菜　是由侧根或不定根膨大成块状作为产品器官的一类蔬菜，如红薯、豆薯、葛等。

二、茎菜类蔬菜

茎菜类蔬菜是以植物学茎或变态茎为产品器官的一类蔬菜，分为地下茎类蔬菜（subterranean stem vegetable）和地上茎类蔬菜（aerial stem vegetable）。

1. 地下茎类蔬菜 包括块茎（tuber）类蔬菜、根茎（rhizome）类蔬菜和球茎（corm）类蔬菜3种类型。

（1）块茎类蔬菜 是以肥大的地下块茎为产品器官的一类蔬菜，如马铃薯、菊芋等。

（2）根茎类蔬菜 是以地下的肥大根茎为产品器官的一类蔬菜，如莲藕、生姜等。

（3）球茎类蔬菜 是以地下的球茎为产品器官的一类蔬菜，如荸荠、芋、慈姑等。

2. 地上茎类蔬菜 包括肉质茎（succulent stem）类蔬菜和嫩茎（tender stem）类蔬菜。

（1）肉质茎类蔬菜 是以肥大的地上肉质茎为产品器官的一类蔬菜，如茭白、莴笋、茎用芥菜、球茎甘蓝等。

（2）嫩茎类蔬菜 是以萌发的嫩芽为产品器官的一类蔬菜，如石刁柏、竹笋等。

三、叶菜类蔬菜

叶菜类蔬菜是以叶片、叶球、叶丛、变态叶为产品器官的一类蔬菜，分为普通叶菜类（common leaf vegetable）、结球叶菜类（heading leaf vegetable）、香辛叶菜类（aromatic and pungent leaf vegetable）和鳞茎菜类（bulbous vegetable）。

1. 普通叶菜类 是以叶丛为产品器官的一类蔬菜，如小白菜、叶用芥菜、菠菜、芹菜等。

2. 结球叶菜类 是以叶球为产品器官的一类蔬菜，如结球甘蓝、大白菜、结球莴苣、包心芥菜等。

3. 香辛叶菜类 是以具有香辛风味的植物学叶为产品器官的一类蔬菜，如葱、韭菜、芫荽、茴香、薄荷、荆芥、罗勒等。

4. 鳞茎菜类 是以叶片肥大形成的鳞茎为产品器官的一类蔬菜，如洋葱（叶鞘基部膨大）、大蒜（侧芽上无叶身的叶鞘膨大而形成蒜瓣）、百合等。

四、花菜类蔬菜

花菜类蔬菜是以花器、肥大的花茎或花球为产品器官的一类蔬菜，分为花器类和花枝类。

1. 花器类蔬菜 是以花蕾或花器为产品器官的一类蔬菜，如金针菜、朝鲜蓟等。

2. 花枝类蔬菜 是以肥大变态的花枝为产品器官的一类蔬菜，如花椰菜、青花菜、菜薹、芥蓝等。

五、果菜类蔬菜

果菜类蔬菜是以植物学果实为产品器官的一类蔬菜，包括幼嫩果实或成熟果实。根据果实的植物学类型分为浆果类蔬菜（berry fruit vegetable）、荚果类蔬菜（legume vegetable）、瓠果类蔬菜（pepo fruit vegetable）等。

1. 浆果类蔬菜 是以肉质浆果为产品器官的一类蔬菜，如番茄、茄子、辣椒等。

2. 荚果类蔬菜 是以脆嫩豆荚或豆粒为产品器官的一类蔬菜，如菜豆、豇豆、毛豆、豌豆、蚕豆、扁豆等。

3. 瓠果类蔬菜 是以肉质瓠果为产品器官的一类蔬菜，如黄瓜、南瓜、冬瓜、丝瓜、蛇瓜、西瓜、佛手瓜、瓠瓜等。

4．其他果类蔬菜 是以其他类型的果实为食用产品，如黄秋葵、草莓、玉米笋、菱角等。

六、种子类蔬菜

种子类蔬菜是以种子为产品器官的一类蔬菜，如莲子、芡实等。

食用器官分类对掌握蔬菜的关键栽培技术有一定的意义，因为要想获得丰产，必须满足蔬菜食用器官生长发育所需的环境条件。一般来说，食用器官相同的，生物学特性和生理上有一定的相似性，栽培技术及其对环境的要求也比较相近。例如，根菜类中的萝卜和胡萝卜，虽然在植物学分类中分别属于十字花科和伞形科，但它们对栽培条件的要求却很相似。

食用器官分类法是按照高等植物的植物学器官进行分类，只适用于高等植物，食用菌、藻类和地衣等低等植物没有分类地位。有的蔬菜按食用器官分类虽是同类，如菜花与金针菜、姜和藕、莴笋和茭白等，但它们的生长习性和栽培技术却相差甚远；而结球甘蓝、花椰菜与球茎甘蓝，虽然食用器官大不相同，但它们的栽培技术和对环境的要求却很相似。

第三节 农业生物学分类

一、分类依据

根据生物学特性和栽培技术要求基本相似的原则，对蔬菜作物进行分类的方法，称为农业生物学分类，又称栽培学分类。分类很多，但比较实用，对蔬菜的栽培和研究有一定的指导意义。

二、分类体系

1．根菜类蔬菜（taproot vegetable） 以肥大的肉质直根为食用产品的一类蔬菜，如萝卜、胡萝卜、芜青甘蓝、芜菁、根用芥菜、根用甜菜、根用芹菜、牛蒡、美国防风、辣根、婆罗门参等。这类蔬菜起源于温带地区，喜温或较冷凉气候和充足光照，耐寒不耐热。根菜类均为二年生蔬菜，种子繁殖，发芽快，不易育苗移栽。第一年形成肉质根，贮藏大量水分和糖分，要求耕层深厚、质地均匀、疏松肥沃的土壤。

2．白菜甘蓝类蔬菜（Chinese cabbage vegetable） 十字花科芸薹属的蔬菜，以柔嫩的叶片、叶球、花薹、花球及肥大肉质茎为食用产品的一类蔬菜，如大白菜、结球甘蓝、球茎甘蓝、花椰菜、青花菜、抱子甘蓝、结球芥菜、茎用芥菜、抱子芥菜等。它们大多数起源于温带南部，要求温和的气候条件，耐寒不耐热。种子繁殖，可育苗移栽。根系较浅，对氮肥要求较高。除采收花球或菜薹（花茎）外，还要避免未熟抽薹。

3．绿叶菜类蔬菜（green leaf vegetable） 以幼嫩的绿叶、叶柄或嫩茎为食用产品的一类速生蔬菜，如莴苣、芹菜、菠菜、茼蒿、苋菜、蕹菜、落葵等。这类蔬菜的起源和植物学分类比较复杂，对环境条件的要求也差异甚大，如菠菜、芹菜比较耐寒，苋菜、蕹菜、落葵等比较耐热。一般生长期较短，多数植株矮小，生长迅速，对氮肥和水分要求高，以速效氮肥为主。种子繁殖，除芹菜外，一般不进行育苗移栽。

4．茄果类蔬菜（solanaceous fruit vegetable） 茄科中以果实为食用产品的一类蔬菜，如番茄、茄子、辣椒等。这类蔬菜起源于热带地区，喜温暖不耐寒，只能在无霜期生长。均为一年生蔬菜，种子繁殖，适宜育苗移栽。根系发达，要求深厚土层，喜强光或中光以上光照，对日照长短要求不严。环境适宜时结果期长，可以树化栽培。

5．瓜类蔬菜（cucurbitaceous vegetable） 葫芦科中以瓠果为食用产品的一类蔬菜，如黄瓜、南瓜、西瓜、甜瓜、冬瓜、丝瓜、苦瓜、蛇瓜、瓠瓜、菜瓜等。多起源于热带，一年生植物，喜温怕霜不耐寒冷，生育期要求较高的温度和充足的光照，只能在无霜期生长。多为雌雄同株异花，茎蔓生，要求支架栽培并进行整枝，多数根系发达，要求深厚的土层。种子繁殖，多育苗移栽。

6．豆类蔬菜（legume vegetable） 豆科植物中以嫩豆荚或种子为食用产品的一类蔬菜，如菜豆、豇豆、毛豆、刀豆、扁豆、豌豆、蚕豆等。除蚕豆和豌豆为半耐寒二年生蔬菜外，其他为一年生蔬菜，一般都要求温和的气候条件，喜温怕霜不耐寒。豇豆和扁豆较耐高温。种子繁殖，不耐移栽，直播或短苗龄育苗。根系发达，有不同程度的固氮能力，根系易老化和木栓化。蔓生种需要支架。

7．葱蒜类蔬菜（allium vegetable） 百合科葱属中以鳞茎或叶片为食用产品、具有香辛味的一类蔬菜，如洋葱、大蒜、大葱、韭菜、细香葱等。二年生或多年生，生长速度慢，根系不发达，要求土壤湿润肥沃，耐寒和抗热性都很强。种子繁殖或无性繁殖，鳞茎形成需要长日照条件。洋葱和大蒜在盛夏时进入休眠。

8．薯芋类蔬菜（tuber vegetable） 以肥大的地下块茎或地下块根为食用产品的一类蔬菜，如马铃薯、芋、姜、山药、豆薯、草石蚕、银条菜、魔芋、葛等。生产上采用营养器官繁殖，产品器官富含淀粉，也是主要的繁殖器官，繁殖系数较低。除马铃薯不耐炎热外，其余都喜温、耐热，要求土层深厚、疏松肥沃的土壤。

9．水生蔬菜（aquatic vegetable） 适于在池塘或沼泽地栽培或野生，其产品可作为蔬菜食用的一类维管束植物，如莲藕、茭白、菱、荸荠、慈姑、水芹、芡实、蒲菜、莼菜、豆瓣菜等。起源于热带沼泽地区，需在池塘或水中生长；大部分采用无性繁殖，为多年生植物。每年在温暖和炎热季节生长，气候寒冷时地上部枯萎；根系不发达，体内具有发达的通气系统，能适应水下空气稀少的环境。

10．多年生蔬菜（perennial vegetable） 种植一次可多年生长和收获的一类蔬菜，如竹笋、金针菜、石刁柏、百合、香椿、枸杞、草莓、朝鲜蓟、蕨菜、紫萁等。有木本有草本，多数对土壤要求不严，栽培管理比较简单；温暖季节生长，冬季休眠；产品器官多样。

11．芽苗类蔬菜（sprout vegetable） 以种子或营养体长出的幼芽（幼嫩的下胚轴、子叶，有的带有真叶）为食用产品的一类蔬菜，如豌豆芽、萝卜芽、苜蓿芽、荞麦芽、绿豆芽、黄豆芽等。芽苗菜产品柔嫩多汁，一般要求在温暖或凉爽、湿润、弱光或黑暗条件下生长，生长快，周期短。

12．食用菌（edible fungi） 一类可以食用的低等植物，包括食用菌类，如蘑菇、草菇、香菇、平菇、金针菇、猴头菌、竹荪、木耳、银耳等，以及食用藻类，如紫菜、海带、石花菜、地软，还有食用地衣，如石耳、冰岛衣。菌藻类蔬菜一般用孢子、菌丝进行繁殖。食用菌类多要求温暖或凉爽、湿润、黑暗或弱光条件，食用藻类一般在海水中生长。

三、农业生物学分类的特点

农业生物学分类整合了植物学分类和食用器官分类的优点，强调充分考虑生物学特性和栽培技术相似性的基本原则，更符合蔬菜栽培的生产实际。但是，农业生物学分类的分类体系不是十分严密，有的种类难以归类，也存在同一类蔬菜在生物学特性和栽培技术上缺乏相似性等缺点。

第三章 蔬菜栽培的生物学基础

高产优质是蔬菜栽培的重要目标。与大田作物不同，蔬菜的产品器官丰富多样，其中既有正常的根、茎、叶、花、果、种子等器官，又包括由根、茎、叶、花等产生的各种变态贮藏器官。这些器官的发生、生长、内含物的积累与转化，最终形成了蔬菜的产量与品质。蔬菜的产品器官与其他器官之间存在着密切关系。产量与品质的形成既是蔬菜作物自身生物学特性的体现，同时又受到温、光、水、气、土、生物等环境条件的影响。

第一节 蔬菜的生长与发育

一、生长与发育的概念

生长是指已有器官体积和重量增加的现象。蔬菜器官体积的增加，依赖细胞数目的增多、细胞体积的膨大和细胞间隙的膨大。有些蔬菜的产品器官先进行细胞分裂，生长到一定阶段后细胞数目不再增加，此后的生长主要依赖细胞和细胞间隙的膨大，如黄瓜、番茄等蔬菜的果实，细胞分裂主要发生在开花之前，开花之后则以细胞膨大为主。这类蔬菜的果实，往往可以通过子房的大小预测最终果型的大小。而另一些蔬菜的产品器官，细胞分裂与细胞膨大在相当长的时间内同时进行，如某些大果品种的南瓜果实。器官重量的增加，则主要依赖于从源叶运来的同化物以及从根系运来的水分在产品器官中的积累。

大多数蔬菜产品器官的生长呈现“S”形曲线。在器官形成的前期，主要以细胞分裂为主，器官体积扩大速度较缓慢；细胞开始快速膨大以后，器官体积进入指数增长期；此后，器官生长速率又会逐渐减缓，器官的体积和重量不再显著增加，主要以内部物质的转化为主，该时期是很多蔬菜产品器官品质形成的关键期。

虽然在整个生长过程中，产品器官的生长规律一般符合“S”形曲线，但在每个昼夜中，器官的生长又会呈现周期性变化。在合适的生长温度以及合理的昼夜温差下，白天的光合产物会在傍晚至前半夜快速向产品器官运输，导致前半夜的生长速率往往大于白天。夜间高温或低温会显著改变这一规律。此外，多年生蔬菜的某些器官，还会呈现季节性生长波动，在冬季低温或夏季高温等不合适的温度条件下，会出现生长缓慢甚至休眠现象。

器官在不同方向上的生长速率可能不同，这会导致器官的形状发生改变。例如果实或肉质根，如果纵向生长速度大于横向，则形状会变得细长；反之，则会变得粗短，甚至扁圆。在不同的生长阶段，同一器官不同方向的相对生长速度会发生变化。例如，某些品种的茄子果实，先纵向生长变长，再横向生长变粗。即使是同一物种的同一器官，不同品种中该器官的形状也会有较大差异。这种差异主要由遗传因素决定，但也会受到环境的影响。

在蔬菜栽培学中，我们把发生新器官的现象称为发育。这些新器官，既可能是花、果实、种子等生殖器官，也可能是叶球、块茎、肉质根等变态贮藏器官。发育是一个质变过程，往往要求特定的诱导因素，如温度、光周期等，各种蔬菜器官的发育，将在下面章节中详述。

二、蔬菜生长发育的类型

除去菌藻类，蔬菜按生长发育周期可分为以下几个类型。

1．一年生蔬菜 一年生蔬菜是指幼苗长成后不久即开花结果的蔬菜，其本质特征是花芽分化不需要低温春化，短日照有利于开花。这类蔬菜因为在北半球自然条件下通常会在一年内完成生命周期，故称为一年生蔬菜。这类蔬菜营养生长与生殖生长同时进行的时间往往较长，多次结果、多次采收。瓜类、茄果类，以及除蚕豆、豌豆以外的豆类，都属于典型的一年生蔬菜。

2．二年生蔬菜 二年生蔬菜是指营养生长与生殖生长分阶段进行的蔬菜，其本质特征是需要经过低温春化，长日照有利于开花。这类蔬菜因为在北半球自然条件下通常会在第一年秋季进行营养生长，在第二年春季进行生殖生长，在两年内完成生命周期，故称为二年生蔬菜。这类蔬菜中，有些以正常的茎叶作为产品器官，如一些耐寒的绿叶菜类；有些会在营养生长阶段以叶球、膨大的叶鞘或根茎作为产品器官，如白菜类、根菜类及葱蒜类中的一些蔬菜；还有一些会以花球、花薹等为产品器官，需要春化后才能形成，如花椰菜、青花菜、菜薹等。

3．多年生蔬菜 多年生蔬菜是指一次播种或栽植，可连续采收多年的蔬菜，如韭菜、竹笋、石刁柏、金针菜、食用大黄等。目前，一些木本植物，如香椿、枸杞等，它们的嫩茎叶也被开发为蔬菜来食用，这些植物，也可归入多年生蔬菜。而茄果类、瓜类等传统的一年生蔬菜，如果环境条件合适，连续生长，采收的时限也可以跨越数年，演变成多年生蔬菜。因此，多年生蔬菜这个类别比较复杂，其中既有多年生宿根草本植物，也有多年生常绿草本植物，还有多年生落叶木本植物，栽培时应根据各自的生物学特性采取相应的技术措施。

4．无性繁殖蔬菜 有一些蔬菜，由于长期的人工选择，已不能开花形成种子，只能利用无性器官进行繁殖；有些虽然能形成种子，但因为种子发芽率低或实生苗形成产品器官的周期长，生产上一般不采取种子繁殖。其中有些用块茎繁殖，如马铃薯等；有些用根状茎繁殖，如莲藕、生姜等；有些用球茎繁殖，如芋、慈姑等；有些用块根繁殖，如红薯、山药等；有些用地下宿根繁殖，如茭白等；还有一些用普通的茎段就可以繁殖，如藜蒿、水芹等。从变态根茎形成到下季发芽繁殖，往往需要经历休眠期。无性繁殖蔬菜的繁殖系数低、遗传相对稳定，也易因病毒积累等因素导致种性退化，生产中通常采用组织培养脱毒的方法加以解决。需要指出的是，一些正常以种子繁殖的蔬菜，如番茄，由于其茎节易生不定根，特殊情况下也可以进行无性繁殖。从细胞全能性理论的角度，所有蔬菜都可以用组织培养的方法进行无性繁殖。

三、蔬菜生长发育周期

蔬菜的生长发育周期，总体可分为营养生长期和生殖生长期。其中营养生长期又可以进一步细分为种子发芽期、幼苗期、营养生长旺盛期、营养贮藏器官形成期和营养休眠期，生殖生长期又可进一步分为花芽分化期、开花期、结果期、种子成熟期等。每一时期都有其固有的生理特征，对环境条件也有特定的要求。具体到某类蔬菜，可能只会经历这些时期中的某几个时期。各个时期的主要特征以及部分蔬菜的生长发育周期如表 3-1 所示。

表 3-1　蔬菜的生长发育周期

生长发育时期		特征	茄果类、瓜类、豆类、绿叶菜类	根菜类、结球叶菜类	块茎、鳞茎、球茎、根茎类、无性繁殖蔬菜
营养生长期	种子发芽期	生长所需养分来源于种子，种子饱满程度至关重要。温度、氧气、水分适宜时发芽			
	幼苗期	养分需求小，但根系吸收能力和光合能力也低，子叶的完整、初级根系的建立对幼苗及今后植株的生长非常重要			
	营养生长旺盛期	养分、水分需求迅速增加，要求形成强健根系和充足光合面积，为产品器官形成打好基础			
	营养贮藏器官形成期	养分、水分需求进一步增加，根系和光合面积达到最大，光合产物向营养贮藏器官积累			
	营养休眠期	一些块茎、鳞茎、球茎、根茎类蔬菜产品器官形成后会进入休眠期。这些根茎在进化过程中形成，以渡过严寒、酷暑、干旱等不良条件			
生殖生长期	花芽分化期	二年生和某些多年生蔬菜需要特定温光条件			
	开花期	授粉、受精的关键期，对温度和水分要求严格			
	结果期	果菜类产品器官形成期，养分、水分需求量大			
	种子成熟期	有性繁殖蔬菜种子产量与质量的形成期，依赖养分从果实向种子积累、转化，有些蔬菜要求后熟过程			

注：阴影表示不同蔬菜种类具有的生长发育阶段

四、蔬菜开花机制

开花是蔬菜生长发育过程中必须高度关注的重要节点。对于以花果为食用器官的蔬菜，我们需要创造有利条件，促使植株在适当的时候开花结果，形成产量；而对于那些以营养贮藏器官为产品的蔬菜来说，在产品器官形成期则要设法阻止开花进程，避免养分从贮藏器官向生殖器官流失，造成减产降质，甚至绝收。

目前关于植物开花的研究已非常深入，但这方面所积累的丰富知识主要来自拟南芥等模式植物，直接来自蔬菜作物的较少。现已知在拟南芥中至少存在光周期、春化、温度、赤霉素、自主及年龄 6 个既相互独立又相互联系的调控途径。这些途径涉及的具体信号分子及其传导顺序已有大量文献可供参考，在此不一一详述。从自然起源的角度，植物主要感受光和温度两种信号。但各种蔬菜在长期驯化和选育过程中，有些种类对温光信号已不太敏感，其开花主要由其他途径调控。表 3-2 列出了部分蔬菜花芽分化的主要环境诱导因子。

表 3-2　常见蔬菜花芽分化的主要环境诱导因子

花芽分化主要环境因子			蔬菜种类
温度	低温	种子春化	白菜、芥菜、萝卜
		绿体春化	甘蓝类、花椰菜类、芹菜、大葱、洋葱、大蒜、胡萝卜、牛蒡
	高温		莴苣
日照长度	短日照		晚熟毛豆、佛手瓜、扁豆
	长日照		菠菜、茼蒿、韭菜、豌豆、蚕豆
营养			茄果类、黄瓜、菜豆、豇豆

1．光周期与蔬菜开花 叶片是植物感受光周期的器官。对长日照植物来说，叶片感受到有利于开花的光周期后，通过调控*CONSTANS*（*CO*）的表达促进FT（FLOWERINGLOCUS T）蛋白的合成。FT蛋白可通过韧皮部由叶片向生长点运输。现已证明，长期以来生理学家假设的“成花素”就是FT蛋白。FT蛋白与茎尖FD蛋白结合，启动*SOC1*（*SUPPRESSOR OF OVEREXPRES-SION OF CO1*）、*LFY*（*LEAFY*）、*AP1*（*APETALA 1*）等下游基因的表达，引发开花。短日照植物与长日照植物的不同之处在于在上述机制中，CO与FT之间的调节关系，与长日照植物相反。

2．春化作用与蔬菜开花 低温对植物开花的诱导作用，称为春化作用。从起源的角度，二年生蔬菜都需要通过低温春化才能开花。根据通过春化的时期或方式，春化作用可分为种子春化和绿体春化两大类。

种子春化是指从萌动的种子阶段就可以感受低温，通过春化，主要蔬菜有白菜、芥菜、萝卜等。春化所需的温度以及持续时间随种类和品种有所不同，一般在0～8℃和0～30d。一般把对低温处理要求严格的称为冬性强的品种，而把要求不严格的称为春性强的品种。冬性、春性是萝卜、白菜等二年生蔬菜在不同栽培季节选择合适品种的重要依据。一些以花薹为产品器官的蔬菜，如菜心、紫菜薹等，则很容易通过春化。

绿体春化是指植物营养体长到一定大小后才能感受低温，通过春化，主要蔬菜有甘蓝类、洋葱、大蒜、大葱、芹菜等。甘蓝类一般在茎粗达0.6cm，叶宽达5cm以上时才能通过春化，洋葱一般在假茎直径1cm以上才能感受低温诱导。绿体春化所要求的低温比种子春化略高，一般为5～10℃，对于花椰菜和青花菜的某些品种，20℃即有春化的效果。

与感应光周期不同，植株的叶片和生长点均可以感受低温，通过春化。目前春化的机制在拟南芥、甜菜、小麦等植物中研究得比较深入，其中在拟南芥中的研究成果可为十字花科蔬菜提供重要参考。拟南芥叶片或生长点感受低温后，会促进多梳蛋白复合体PRC2合成，并进一步通过甲基化组蛋白H3的27位赖氨酸（表观遗传修饰），抑制*FLC*（*FLOWERINGLOCUS C*）的表达。FLC对*FT*的表达具有负调控作用，并由此促进*SOC1*等下游基因的表达，促进开花。PRC2对*FLC*的这种表观遗传修饰具有积累效应，当未达临界状态时，春化作用尚可逆转，称为脱春化；超过临界状态后，春化不可逆转，即使冬去春来温度回升，*FLC*表达仍维持低水平，开花进程仍然进行。而对多年生植物来说，这种表观修饰则是暂时性的，夏季温度回升后*FLC*表达量又升至正常水平，等待下一个冬季低温的诱导。

目前，种子春化和绿体春化在分子机制上的具体差异尚未被研究清楚。植物体内可能存在春化作用的激活因子和抑制因子。绿体春化型蔬菜种子萌动期抑制因子较强，激活因子较弱，即使感受低温春化过程也无法启动，随着植株的生长，抑制因子逐步减弱，激活因子逐步增强，春化得以进行；而种子春化型蔬菜的抑制因子在苗期才出现，因此种子期低温处理可促进早开花，苗期低温处理虽然也能通过春化，但开花会比种子期低温处理的植株晚（图3-1）。

3．其他开花途径 对日照长度不敏感的一年生果菜类蔬菜，其开花机制显然受温光以外的其他途径调节。以营养积累、糖信号为主要机制的自主途径和微RNA（microRNA）156介导的年龄途径可能都在其中起作用。高温有利于莴苣类蔬菜开花抽薹，但其具体机制是否和拟南芥中的温度途径一致，还有待研究。大白菜、紫菜薹等蔬菜，赤霉素可在没有春化的条件下代替春化作用，诱导花芽形成。

4．先期抽薹及防控措施 以营养贮藏器官为产品的二年生蔬菜，如过早通过春化，在产品器官形成之前即已抽薹开花，使本来应该流向产品器官的养分转而流向生殖器官，这种现象称为先期抽薹或未熟抽薹。先期抽薹每年给这些蔬菜的生产带来巨大损失，通常由品种选用不当、反常天气条件等原因引起。生产中，防止先期抽薹的技术措施主要如下。

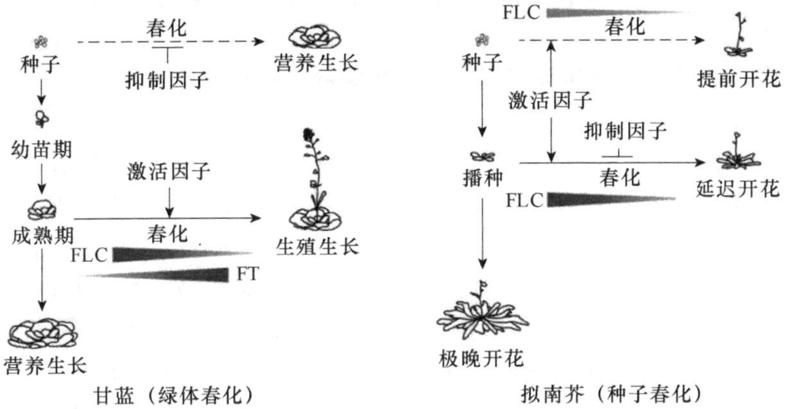

图 3-1 绿体春化与种子春化（Lin et al.，2005）

虚线表示种子春化；实线表示绿体春化

1）在合适的栽培季节选用合适的品种。冬春茬口是先期抽薹最容易发生的季节。这个季节需要选用冬性强、耐抽薹的品种。

2）对绿体春化型蔬菜来说，可通过合理的定植期来调控冬前幼苗的大小，以免在低温来临之前幼苗达到可感受低温的临界状态。

3）还可以通过合适的肥水管理来控制绿体春化型蔬菜冬前幼苗的大小。洋葱栽培时，最好按苗的大小分级别分区域定植，对大苗区的植株应进行适当的肥水控制，以免达到临界大小。

4）可利用保护设施提高冬季温度，避免通过春化。春季温度回升后，幼苗恢复生长，如达到临界大小后又遭遇“倒春寒”，则非常容易通过春化，造成先期抽薹，这种情况更需要注意保温设施的使用。

5）通过春化后，利用一些生长延缓剂控制抽薹，可以挽回一定的产量损失。

五、蔬菜的性别分化

大多数在栽培过程中经历有性过程的蔬菜，其花器官均表现为完全花，如十字花科、茄科、百合科的蔬菜。但也有一些蔬菜存在雌雄异花或雌雄异株现象，如葫芦科蔬菜和甜玉米主要表现为雌雄异花同株，而菠菜与石刁柏则表现为雌雄异株。

葫芦科植物植株上有时也存在两性花，因此瓜类植株的性别表现有全雌、全雄、雄全同株、雌全同株、两性花株、雌雄两性花同株等多种形态。两性花的比例随不同种类和不同品种而异。黄瓜、西瓜、南瓜等的主要栽培品种中，两性花比例很低；而冬瓜的某些品种中，两性花的比例较高；厚皮甜瓜和薄皮甜瓜栽培品种则主要依靠两性花坐果（雄全同株）。不同性别的花在植株的不同部位分布不一。对黄瓜等主蔓结果型的作物来说，往往自下而上，雌花比例逐步升高；而甜瓜大多数品种的两性花主要分布于子蔓和孙蔓，主蔓上基本都是雄花。

目前关于上述蔬菜的性别分化机制，已取得不少研究成果。葫芦科植物中，黄瓜、甜瓜中决定性别的主要基因已被证实是乙烯合成途径中的关键酶（ACS）基因，因此乙烯在葫芦科植物的性别分化中起着决定性的作用。玉米的性别决定基因与赤霉素（GA）合成有密切关系。石刁柏的性别由单遗传位点 *M/m* 决定，由于雄株与雌株相比在生产上具有更高的经济价值，育种时常

运用 *M/M* 作为亲本选育全雄品种（*M/m*）。菠菜的性别是由 X/Y 性染色体系统决定的。除了这些基因组层面的决定因素外，甲基化、微 RNA（microRNA）等表观遗传修饰机制在植物性别决定中也有重要作用。

除遗传因素外，环境因子和栽培措施也能影响葫芦科作物的性别分化。对于黄瓜等单果重相对较小的瓜类蔬菜来说，植株上的雌花比例对最终产量形成的影响很大；对于西瓜、南瓜等大果型瓜类作物来说，虽然不需要在植株上存在太多的雌花，但雌花出现的早晚（节位的高低），直接决定了早期产量。因此栽培中我们需要采取措施增加雌花的比例，或降低第一雌花的节位。合适的短日照和低温（特别是合适的低夜温）有利于雌花分化，已在多种葫芦科植物中被证实。营养充足、植株健壮往往也有利于雌花的形成，反之则雄花比例提高。生长调节剂和相关化学试剂是生产中人为调控葫芦科作物性别分化的重要手段，乙烯利可以被用来诱导黄瓜雌花分化，而硝酸银则可以诱导黄瓜雄花分化。其他生长调节剂，如 GA、吲哚乙酸（IAA）、油菜素内酯、多胺等也能影响葫芦科植物性别分化，但生产中并不常用。由于乙烯在葫芦科植物雌花分化中的中心作用，上述环境或试剂处理，均是通过各种信号途径影响了乙烯信号，继而影响性别分化。

生产中运用上述手段控制瓜类作物性别分化时，有三点需要注意：第一，不同瓜类作物对各种生长调节剂的反应不一，如 GA 对黄瓜、瓠瓜等具有诱雄作用，但对苦瓜却表现为诱雌；外源乙烯对西瓜性别分化的影响相当复杂，一般来说有诱雌效果，但特定的浓度和品种组合可以表现为诱雄。第二，同样的物质，不同浓度使用效果不一，如低浓度的矮壮素可以诱雄，而高浓度则诱雌。第三，生产中通过化学方法调控瓜类作物的性别，一般在 2～3 叶幼苗期进行，这样可以从 9～10 节开始影响花的性别。

六、蔬菜的生长相关性及调控

蔬菜植株的不同器官之间既有不同分工，又存在密切联系。根系从土壤中吸收水分和矿质营养供全株需要，而根系和花果等器官的生长又依赖叶片光合作用所合成有机物的供给。茎往往是上述物质长距离运输的通道，水分和矿质营养主要通过木质部向地上部运输，而同化物则通过韧皮部由源向库运输。除了这些营养物质外，维管束还是各种信号物质长距离运输的通道，这些信号物质包括糖、激素、活性氧、钙离子、氢离子，以及各种 RNA 和蛋白质等，广泛地参与开花、贮藏器官形成、源库关系、根系形态建成、叶片生长与同化、防御反应等一系列生理过程。从蔬菜栽培的角度，我们需要借鉴中国传统哲学中联系、整体的观念，在理解上述联系的基础上，采取各种措施，促使产品器官的形成和品质的提高。生产过程中，尤其需要注意以下几个相关关系。

1. 根系与地上部 蔬菜植株的根系与地上部在水分、矿质营养、同化物等方面相互依存。因此，促进根系与地上部同时健康地生长、维持合适的根冠比，是取得高产优质的重要保证。除此之外，根系与地上部之间还存在着广泛的信号联系。当根系感受到土壤水分或矿质元素过多或缺乏时，就会产生一系列的信号物质向地上部运输，调控地上部的生长发育和生理反应。其中较经典的例子就是根系缺水产生脱落酸（ABA），诱导叶片气孔关闭；最近有研究表明，黄瓜根系受到涝害胁迫时，会产生信号促使胚轴产生不定根，增加根系吸收；一般来说，土壤中矿质元素比较丰富，根系会产生信号至地上部，促进生长，反之则抑制生长。与此同时，地上部感受到环境变化时，也会形成信号传递至根系，影响根系的生长，如叶片光合产物充足或不足时，会以糖信号的形式传递至根系，促进或抑制根系的生长。

目前嫁接技术已在瓜类和茄果类蔬菜育苗中广泛应用。砧木会通过产生细胞分裂素、ABA或乙烯前体ACC（1-氨基环丙烷-1-羧酸）等信号向地上部运输，增强地上部对低温等非生物胁迫的抗性；也可以通过microRNA等信号分子，改变地上部的性状，如叶型、果型、果实蜡粉、刺瘤等性状。因此，我们在嫁接育苗时，要充分考虑砧木对接穗的有利影响和不利影响，合理筛选砧木。

2．光合器官与贮藏器官 地上部的成熟叶片是整个植株的源器官，而贮藏器官既可能是叶球、花球或变态的膨大根茎，也可能是果实。因此，在贮藏器官形成之前，需要植株形成充足的光合面积，才可能保证以后的同化物供应；但如果叶片生长过旺，形成徒长，那也会对贮藏器官的形成产生负面影响。另外，在合理的范围内增加果实负载，会起到提高叶片光合作用的效果，但如果果实负载太多，同化物供应无法满足，果实的产量和品质都会受到影响。相反，如果库器官不足，同化物就会被浪费，并且还会反馈抑制叶片的光合作用（图3-2）。瓜类、茄果类、豆类等蔬菜，营养生长与生殖生长同时进行的时间很长，其间始终存在彼此间的养分竞争，维持好两者之间的平衡关系就显得尤为重要。

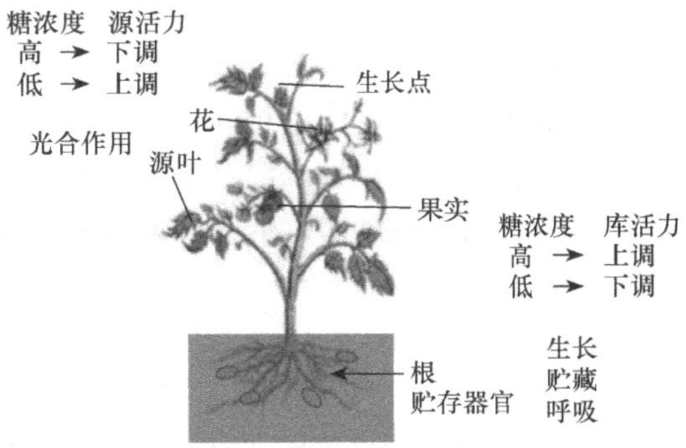

图3-2 同化物运输与源库关系

光合器官与贮藏器官之间的这些生长关系，也是通过两者之间的信号传递来维系的，其中糖信号起主导作用。总的来说，在源端，同化物充足，糖浓度高，会下调源活力（如光合作用）；而在库端，如果同化物充足，糖浓度高，则会上调库活力，如加快生长、促进积累等。

3．不同库器官之间 不同库器官之间的关系主要是养分竞争关系。一年生蔬菜的不同果实之间、二年生蔬菜的营养贮藏器官与花果之间、地上部的库器官与根系之间、果实与生长点之间，都存在着激烈的养分竞争，蔬菜栽培时同样需要处理好它们之间的关系。一年生蔬菜往往连续坐果，先存在于植株上的果实会抑制后续坐果，栽培中要求“及时采收”“根瓜提前采收”“疏花疏果”的原因就在于此；二年生蔬菜营养贮藏器官与花果生长一般会分阶段进行，但如果处理不当，营养贮藏器官尚未形成就已通过春化开始花果进程，那养分就会流向花果，贮藏器官无法形成；地上部果实负载太大，也会影响根系生长和生长点的延伸，西瓜坐果后一般无须再进行摘心工作，就是这个道理。在这些库器官的彼此抑制过程中，糖信号同样起着重要作用。

4．主枝与侧枝 由于顶端优势，主枝会抑制侧枝生长，去除主枝（摘心）则会促进侧枝生长。蔬菜栽培过程中，有些场合需要维持主枝生长，抑制甚至去除侧枝生长，如在高大温室中栽培瓜类或茄果类时（有时会保留几条主枝）；而在另一些场合，则需要去除顶端优势，促进侧枝生长，如以侧枝结果为主的甜瓜栽培，或是以嫩茎叶为产品器官的香椿、枸杞等木本蔬菜栽培。有研究表明，生长素、细胞分裂素和独脚金内酯等植物激素参与了顶端优势的调节过程。

5．蔬菜生长相关的调控 调控生长相关，维持上述生长平衡的栽培手段包括环境管理、肥水运筹、植株调整等。例如，合理的昼夜温差有利于同化物向库器官积累；较弱的光照、较多的氮肥和水分有利于减小根冠比，而较强的光照、较多的磷钾肥或较少的水分，则有利于增加根冠比；摘心或打杈可调整主侧枝之间的生长关系；疏花疏果或保花保果是改变源库比例的常用方法；利用GA或矮壮素等生长调节剂降低或增加根冠比、改变植株株型也是蔬菜生产中的常用手段。具体的调控技术，将在有关章节中详述。

第二节　蔬菜生长发育与环境条件

影响蔬菜生长发育的环境条件包括非生物因子和生物因子两类，非生物因子主要包括温度、光照、水分、气体、土壤、肥料等，生物因子主要包括昆虫、微生物、菜田中的其他植物以及群体内植株之间的相互作用。这些环境因子相互作用，对蔬菜生长发育的影响往往是多因子综合作用的结果。蔬菜生长发育对温、光、水等环境条件的要求，多少会保留其起源地环境条件的一些烙印，但在长期的驯化和选育过程中，又逐步形成了适合目前栽培环境的一些特点。

一、温度

1．不同蔬菜对温度的要求　温度是栽培蔬菜时首先需要考虑的环境因子。只有了解了某种蔬菜对温度的大致要求后，才能进一步安排栽培茬口，或选择设施类型。各种蔬菜对温度的要求，基本与其起源地的温度条件一致。在长期选育过程中，育种家可能会选育出一些耐冷或耐热品种，但不会改变这种蔬菜对温度要求的基本特征。温度影响蔬菜生长发育的所有过程，包括光合作用、呼吸作用、蒸腾作用、根系养分和水分吸收、物质运输等。温度“三基点”（最低温度、最适温度、最高温度）是关于植物生长对温度要求的传统说法，但由于蔬菜植物在不同的生育期、不同品种、根据不同的栽培目的及在与其他环境因子的复杂互作中，温度“三基点”都会发生变化，因此大家在参考这些数据时，应具体情况具体分析，不宜生搬硬套。

根据蔬菜对温度的要求，可以将其分为以下几类（表3-3）。

表3-3　不同蔬菜对温度的要求

分类	主要种类	最适温度	温度高限	栽培季节
耐寒多年生蔬菜	多年生宿根草本、多年生木本蔬菜	12～24℃	30℃左右	绝大多数区域露地越冬
耐寒一二年生蔬菜	菠菜、大葱、大蒜、白菜甘蓝类中的耐寒品种	15～20℃	30℃左右	黄河以南露地越冬
半耐寒蔬菜	萝卜、胡萝卜、芹菜、莴苣、豌豆、蚕豆、白菜甘蓝类中的主要品种	17～20℃	30℃左右	长江以南露地越冬
喜温蔬菜	黄瓜、番茄、辣椒、茄子、菜豆等	20～30℃	35～40℃	北方春播；长江以南春秋均可播种
耐热蔬菜	冬瓜、南瓜、丝瓜、西瓜、甜瓜、苦瓜、豇豆、刀豆、芋、苋菜等	28～30℃	40～45℃	春播，夏秋收获

注：由于反常气候概率增加，以及区域性小气候的不同，以上栽培季节仅供大致判断参考；同一类中的不同蔬菜，对温度的要求也会稍有差异，如辣椒、茄子比番茄要耐热一些

2．昼夜温差　蔬菜植物在长期进化过程中已经适应自然界的昼夜温差，这种温度的周期性变化如被打破，就会给蔬菜生长发育带来不良影响。较高的昼温有利于提高光合速率，而较低的夜温在降低呼吸消耗的同时，还有利于根系合成细胞分裂素。因此，适合的昼夜温差有利于同化物的积累，增加根冠比，促使植株矮壮，提高产品品质。此外，较大的昼夜温差还可以有效提

高瓜类蔬菜的雌花比例，促进一年生蔬菜的花芽分化，降低这些蔬菜的开花节位，提高早期产量。有研究表明，昼夜温差对花芽分化和性别分化的影响可能与糖信号有关，是同化物积累导致生长点糖水平升高的间接效果。

蔬菜栽培时，其昼夜温度管理往往根据当天的光照条件来协同加以考虑。一般来说，光照条件适合光合作用时，昼温和前半夜的温度要分别维持在适合光合作用或同化物运输的水平，如果是阴天，昼夜温度也要随之下降。自然条件下，从早到晚，光照强度会经历弱—强—弱的变化过程，温度的管理也要随之而变化。对不少蔬菜作物来说，如图 3-3 所示的昼夜温度管理模式，都是值得参考的。

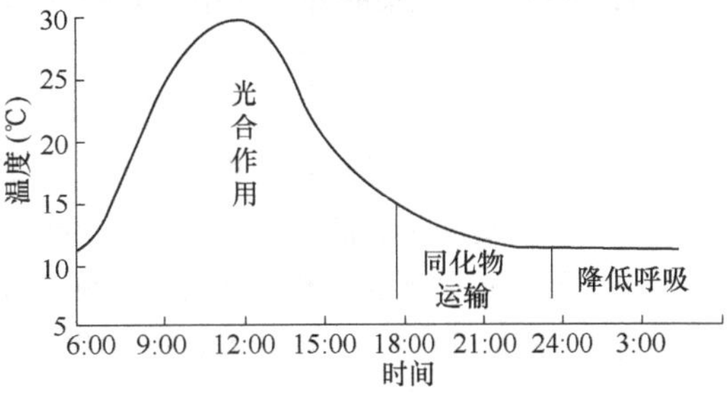

图 3-3 不同光照下的温度管理

3．根温 与气温相比，根温变化幅度相对较小，深度越大，根温越平稳。采用容器进行基质或营养液栽培，如果容器放置于地面之上，根温的变化就会与气温变化趋同，此时要求栽培设施具备较强的温度调节能力，维持气温和根温的平稳，否则蔬菜很难正常生长。根温会显著影响细胞分裂素、ABA 等激素的合成以及养分和水分吸收等重要生理过程。一般而言，蔬菜根温比适宜的气温低 5℃左右时，有利于上述过程的进行。生产中，一方面可以通过嫁接置换更耐温度逆境的根系，另一方面也可通过一些栽培措施调节根温，如通过覆盖地膜、培土、深沟高畦、有机物发酵等方法提高地温，或通过夏季井水浇灌降低根温。营养液栽培时，可以通过调节营养液的温度来获得合适的根温。

4．蔬菜不同生育期对温度的要求 通常所说的蔬菜适宜生长温度，一般是针对营养旺盛生长期而言。实际上，同一种蔬菜的不同生长发育时期对温度的要求不同。一般来说，发芽期直至幼苗出土前，要求较高的温度；出土后应适当降温，以避免徒长形成高脚苗；移栽前，可以进一步降低管理温度，进行“蹲苗”，提高菜苗适应大田的能力；分苗或移栽后，需要提高管理温度，促进尽快缓苗；蔬菜营养生长要求的温度比幼苗期稍高；二年生蔬菜如白菜、甘蓝、萝卜，在营养贮藏器官形成期（营养生长前期），温度需要低些，以促进同化物积累，提高产量品质；营养贮藏器官休眠期（营养生长后期），要求低温，以降低贮藏器官的呼吸作用，延长保存时间；开花结果期，要求较高的温度；种子成熟时，则需更高的温度（图 3-4）。

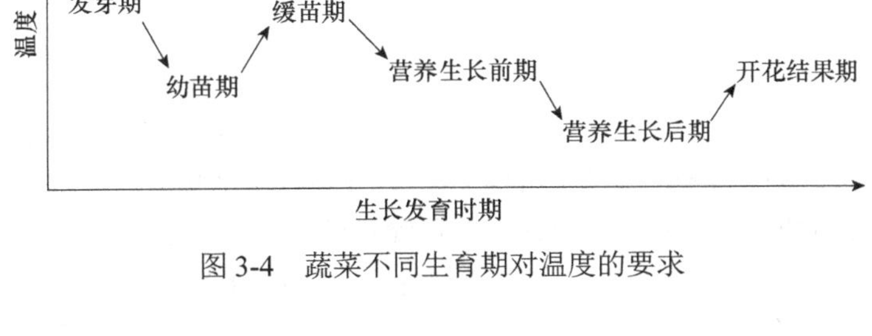

图 3-4 蔬菜不同生育期对温度的要求

二、光照

光是植物光合作用的能量来源。除此之外，植物体内还有多种光信号受体，能将光信号传递入植物体内，在形态建成和器官分化过程中起重要作用。由于人为控制光照的难度较大，长期以来，人们在光对蔬菜生长发育影响方面的知识积累得不多。近年来设施园艺，特别是 LED 补光技术的发展，极大地提高了人们在蔬菜生产领域对光信号系统的认知。光对蔬菜生长发育的影响，可以从光强（光照强度）、光周期和光质三个方面来讲述。

1．光强 蔬菜的光合作用与光强密切相关。在我国不同的地理区域，光强差异十分明显。总的来说，西北、华北地区在各个季节都比长江中下游和东南沿海地区的光强要高。光强在一年四季和昼夜周期中的变化也十分明显，夏季高于冬季，中午大于早晨和傍晚。设施中的光强往往会低于露地，冬季经常会处于果菜类蔬菜的光补偿点之下，这是此类蔬菜反季节栽培的重要限制因子。相反，夏季晴天的中午，不少地区的光强会超过大多数蔬菜的光饱和点，其中不少蔬菜会发生午休及光抑制现象，整个光合效率和光系统Ⅱ的最大光化学效率会显著下降。过度强烈的光照还可能灼伤蔬菜的叶片或果实，此时我们可以采用遮阳网降低光照，使植物免受伤害。栽植密度、行向、间套种等因素会影响植株实际接受的光强，需要我们在实践中收集数据，总结经验，不断优化。对采取搭架吊蔓栽培的蔬菜来说，上层叶片对下层叶片的遮光作用不可忽视。一方面，我们可以通过植株调整优化群体冠层结构；另一方面，也可以采取散射膜（玻璃）或反光膜的方法，增加下层叶片接收的光强，提高整个群体的光合效率。

除光合作用外，光强还会影响蔬菜植株的形态建成，如叶片的大小与厚薄、叶肉组织的结构、茎间的粗细与长短等。这些因素都关系到幼苗的质量、植株的生长以及产量的形成。

根据生长发育对光照强度的要求，可将蔬菜作物分为以下 3 类（表 3-4）。

表 3-4 不同需光类型的蔬菜种类

需光类型	蔬菜类别	蔬菜种类
强光类型	瓜类、茄果类	西瓜、甜瓜、南瓜、黄瓜、番茄、茄子等
	部分耐热的薯芋类	芋、豆薯等
中光类型	白菜类、根菜类、大多葱蒜类	白菜、甘蓝、萝卜、胡萝卜、芜菁
弱光类型	绿叶蔬菜等	莴苣、菠菜、茼蒿等

需要指出的是，某些芽苗菜生产时，以及对一些蔬菜进行软化栽培时，需要在极弱甚至完全黑暗的条件下进行。这些特殊的栽培方式是为了获取柔嫩的产品，与植物本身对光照强度的要求无关。另外，一些食用菌的生产也需要在弱光甚至无光条件下进行。

2．光周期 光周期指一天中日出至日落的理论日照时数。光周期除了会影响蔬菜开花外，还会对其他器官的发生和生长产生显著影响。洋葱、大蒜在较短的日照条件下营养叶生长旺盛，在长日照条件下则促进鳞茎形成。马铃薯、菊芋、芋等薯芋类蔬菜和茭白、慈姑、荸荠等水生蔬菜产品器官的形成一般要求短日照条件。不同品种的蔬菜生长对光周期的反应差异很大，一般早熟品种对日照长短的要求相对不敏感。目前，关于短日照诱导马铃薯块茎形成的机理已经研究得比较透彻，马铃薯也是通过 CO、FT 光信号系统感受短日照信号，FT 蛋白经韧皮部运输至地下部匍匐茎的顶端后，启动一系列下游基因的表达，最终导致块茎膨大。

3．光质 光质即光的波长及其比例。不同波长的光对植物的生长发育有着不同的影响，其范围可从紫外区一直延伸至红外区。一般来说，280～320nm 的紫外线（UV）对植物有害。320～400nm 的近紫外线对植物生长发育具有重要的调节作用，是紫外线受体的重要感应区。有研究表明，这个区段的少量光照有利于花青素、类黄酮和维生素的合成。400～500nm 是叶绿素 a、叶绿素 b 和类胡萝卜素的重要吸收区，对光合作用有着至关重要的作用，这个区段同时也是隐花色素和向光素的重要感应区，植物对光周期是否做出感应很大程度上取决于是否感受到这个区段波长的光照。有研究表明，这个区段的光照有利于马铃薯和球茎甘蓝贮藏器官的形成，抑制幼茎伸长、刺激气孔张开。500～600nm 的光具有较强的穿透力，对叶面积指数较大的植株被遮阴叶片的光合作用有较好效果。600～700nm 的橙红光是光合色素的又一吸收高峰，蓝紫光区的同化效率仅为这一区段的 14%，是自然弱光条件下人工补光的首选波长区段。同时，吸收峰位于 660nm（P_R）和 730nm（P_{FR}）的光敏色素是调节植物光形态建成的重要因子。光强和光质对植物生长的效应有时难以区分，因为弱光常常伴随着较多的远红光，这种条件下上述光敏色素系统会通过激活 GA 信号促进细胞伸长。蔬菜栽培中，有时我们需要利用这一效应，如通过密植某些绿叶菜类获得细长柔嫩的产品器官，甚至人工遮光进行软化栽培；而更多的时候，这种效应会导致植株徒长，生产上需要采取增光、降温、控水等措施加以避免。

自然界中，光线的波长随地区、季节、昼夜及不同设施类型而发生变化。据测定，光合有效辐射（400～700nm）占地球太阳总辐射的比例为 45%～50%。一般来说，夏季、中午的紫外线比例会比冬季、早晨和傍晚高些。海拔较高的地区，紫外线含量较高，会诱导花青素、维生素 C 或其他次生代谢产物的合成，是某些高山“特产”蔬菜特殊品质形成的重要原因。蔬菜设施的采光材料目前主要有塑料膜、玻璃、塑料板等，通常会阻止很大一部分紫外线的透入，从而对内部的植物生长产生影响。在太阳散射光中，红光和黄光占 50%～60%，而直射光中，红光和黄光只占约 37%。所以弱光条件下散射光比直射光对蔬菜生长更有利。通过合理选择母剂或灵活添加各种辅剂改变设施采光材料光线透过后的组成，使之更适合蔬菜的生长，是今后设施采光材料的重要研发方向。目前采用 LED 光源补光，甚至完全依赖 LED 光源进行蔬菜生产的技术越来越多。为了从光合作用的角度提高光能利用率，一般采用红、蓝两色 LED 光源。但是，由于光质对植物生长发育的影响不仅仅局限于光合作用，还可通过上述各种光受体感受光信号，对光形态建成、次生代谢物质合成等各种生理代谢途径进行调节。另外，其他波长的光也不可被过分忽视。考虑到光照下对植物生长状态的肉眼判断及植物工厂操作工人的健康，少量绿光是必需的。我们期待随着光信号研究的深入，各种蔬菜的最适光谱会得到进一步的优化，从而达到光合作用、形态建成、特殊营养风味物质含量的完美统一。

三、水分

大多数蔬菜以柔嫩多汁的产品器官供食用，含水量通常在 90%以上。因此，水分除了在植物光合、蒸腾、呼吸、运输等生命活动中的基本功能外，对蔬菜产品器官形成而言，还有其特殊的重要性。

（一）不同蔬菜对土壤水分的要求

土壤是蔬菜水分的主要来源。蔬菜对水分的需求主要由吸收和消耗两者之间的平衡决定。吸水能力主要取决于根系分布的深广度和根毛的发达程度，耗水量则主要取决于叶片蒸腾面积和速率，以及植株和产品器官的体积和含水量。根据对土壤水分的要求，蔬菜可分为以下 5 类。

1. 吸水力弱但耗水快的蔬菜 如白菜甘蓝类、绿叶菜类、黄瓜等。这些蔬菜叶面积较大、组织柔嫩，但根系入土浅，要求较高的土壤湿度。栽培时应选择保水能力强的土壤，经常灌溉。

2. 吸水能力强但耗水不多的蔬菜 如西瓜、甜瓜、苦瓜等。这些蔬菜的叶片往往有裂缺或表面有茸毛，能减少水分的蒸腾，同时又具有强大的根系，能深入土中吸收水分，抗旱性强，需水量相对较小。

3．吸水力很弱、耗水也少的蔬菜 如葱、蒜、石刁柏等。这些蔬菜的叶面积很小，且叶表皮被有蜡质，蒸腾作用很小。但它们根系分布范围也小，入土浅且几乎没有根毛，所以吸收水分的能力弱，对土壤水分的要求也比较严格，要求稳定地维持一定的土壤湿度。

4．吸水力和耗水量均中等的蔬菜 如茄果类、根菜类、豆类等。这些蔬菜的叶面积比白菜甘蓝类、绿叶菜类小，组织较硬，且叶面常有茸毛，所以水分消耗量较少；而根系的发达程度也在上述第一类和第二类之间，因此抗旱性不是很强。栽培中要求中等程度的灌溉。

5．吸水力很弱而耗水很快的蔬菜 主要是藕、荸荠、茭白、菱角等水生蔬菜。这些蔬菜的茎叶柔嫩，在高温下蒸腾作用旺盛，但它们的根毛退化，根系不发达，吸水的能力弱，因此这些植物通常需要在水中生长。

（二）不同蔬菜对空气湿度的要求

空气湿度会影响叶片气孔的开闭和蒸腾作用，并可能继而对光合作用、根系对水分和矿质元素的吸收及物质从根系向地上部运输等生理过程产生微妙的影响。目前关于空气湿度对蔬菜生长发育影响研究的实际数据极少。蔬菜对空气湿度的要求与其叶片形态之间存在一定的关系。一般来说，叶片面积较大、表面缺少保护的种类，适宜在较大空气湿度条件下生长，而叶片面积相对较小，表面有茸毛、蜡质等保护的种类，则能忍耐干燥的环境。据此可将蔬菜大体分为四类（表 3-5）。

表 3-5 不同蔬菜种类适宜的空气相对湿度

类型	蔬菜种类	适宜的空气相对湿度
喜湿润性蔬菜	白菜甘蓝类、绿叶菜类和水生蔬菜等	85%～90%
喜半湿润性蔬菜	马铃薯、黄瓜、根菜类等	70%～80%
喜半干燥性蔬菜	茄果类、豆类等	55%～65%
喜干燥性蔬菜	西瓜、甜瓜、南瓜和葱蒜类蔬菜等	45%～55%

（三）蔬菜不同生育期对水分的要求

蔬菜不同生育期对土壤水分的要求也有所不同。种子发芽期要求土壤含水量维持在 90%以上，促进种子吸胀，保证发芽；出土后应降低湿度、防止徒长和苗期病害；幼苗期植株的需水量小，但吸水能力也弱，要求保持稳定的土壤湿度；营养生长旺盛期，植株的需水量和吸水能力都显著增加，灌溉量也应随之增加；营养生长向生殖生长或贮藏积累的转变期，应适当控制水分，促进植株生长重心转移尽早完成；进入果实或贮藏器官快速膨大期后，又需要较多的水分供应；膨大结束、进入物质转化期后，应减少甚至终止水分供应，否则可能会影响产品品质和耐贮性（如西瓜、甜瓜和大白菜等）。

四、气体

1．二氧化碳（CO_2） CO_2 是光合作用的原料，其浓度在 0～2000mg/L，都有提高光合作用的作用。据国家气象局数据，我国目前大气中 CO_2 的平均浓度已达 400mg/L，并呈现出一定的季节和昼夜周期变化。一般来说，一天中中午 CO_2 浓度最低，凌晨最高；北半球一年四季中春季较高，夏季较低。CO_2 浓度的变化规律与具体的小环境关系密切，不可一概而论。因为植物光合作用的消耗，密闭设施环境中的CO_2浓度会在晴天日出后迅速下降，需要通风或人为补充CO_2，否则就会严重影响设施内蔬菜的生长。人为补充的CO_2浓度应控制在800～1200mg/L，这一方面是考虑到长期过高的CO_2浓度会导致植物适应此环境而不再提高光合作用甚至下调，有时还会导致早衰现象；另一方面也考虑到成本和设施内操作工人的健康问题。全球CO_2浓度仍有不断升高的趋势。仅从光合作用的角度，这对蔬菜的生长发育是有利的。但这种升高对整个菜田生态系统的综合影响以及由此产生的对蔬菜生产的次级影响，还有待详细研究。

2. 氧气（O_2） 氧气是植物呼吸并维持新陈代谢的基本保证。空气中的氧气浓度相对稳定，对蔬菜生长发育的影响不大，但蔬菜根系经常会遭遇缺氧胁迫。根系健康生长并维持正常的吸水吸肥功能，需要在通气良好的土壤中进行。另外，土壤中的不少有益微生物是好气性的，土壤空气中氧气充足时，有利于这些有益微生物活动，促进土壤有机物分解，提高土壤供肥能力。土壤排水不良、板结、未腐熟有机肥发酵等都可能造成蔬菜植株根部缺氧。因此，必须保证菜田排水良好和土壤透气。水培设施不合适或管理不当也会造成蔬菜根系缺氧，要通过改进设施或在营养液中充氧气等手段来提高蔬菜根际的氧浓度。缺氧时，有机质分解缓慢且不彻底，常会积累一些有害物质（如硫化氢等），对植株产生二次伤害。

五、矿质营养

1. 蔬菜需肥共性特点 蔬菜需要从土壤或营养液中吸收生长发育必需的各种矿质元素，其中大量元素包括氮、磷、钾、钙、镁、硫，微量元素包括铁、硼、锰、锌、铜、钼等。不同矿质元素在蔬菜生长发育中的生理功能和缺素症状可归纳为表3-6。

表3-6 不同矿质元素在蔬菜生长发育中的生理功能和缺素症状

（张振贤，2003；中国农业科学院蔬菜花卉研究所，2010）

元素	生理功能	常见缺素症状
N	细胞膜、原生质组成元素，蛋白质、核酸、激素等组成成分	首先表现在老叶，植株矮小，叶片黄绿色
P	用于能量代谢、呼吸作用、光合作用，核蛋白、磷脂、辅酶和ATP组成成分	分枝减少，茎叶变细，生长迟缓，叶片呈暗绿色或紫红色
K	酶的活化剂，促进物质转运，增强抗性	茎秆柔弱，易倒伏，抗性降低，叶缘焦枯，生长缓慢，库器官发育受阻
Ca	细胞壁组成成分，酶的活化剂，信使物质，提高抗性	心叶或果实顶端焦枯或发黄
Mg	叶绿素组分，酶激活剂	老叶脉间失绿
S	氨基酸等组成成分，参与生化反应	新叶均一失绿，呈黄白色并易脱落
Fe	酶的辅基，参与叶绿素合成、氮代谢	叶脉间失绿，仅叶脉保持绿色，最后全部变成黄白色
Mn	用于光合作用，酶活化剂	新叶脉间失绿
B	生殖器官形成、尿嘧啶形成等	茎尖端坏死，根系不发达，花而不实
Cu	超氧化物歧化酶（SOD）等酶、质蓝素的成分	叶片变色并扭曲等
Zn	酶的成分和激酶的活化剂	缺少IAA而使生长受阻
Mo	固氮，有机磷合成，抗病等	新叶畸形，有斑点，植株矮小

对于大多数蔬菜而言，无论按单位面积还是单位产量计算，其对主要矿质元素的吸收量均远远大于禾本科大田作物。以番茄为例，按 $300t/hm^2$ 量计算，磷钾的吸收量是水稻的 3～5 倍。这一方面是由于蔬菜作物生长快，生物量积累多，干物质中主要矿质元素的含量高；另一方面是蔬菜养分向产品器官转移的比例相对较低，不可食用部位同样含有较多的矿质元素，这就要求蔬菜植株吸收更多的养分才能形成目标产量（表 3-7）。与较强的根系吸收能力相适应，蔬菜根系的盐基代换量一般也远远高于大田作物。大多数蔬菜作物根系的盐基代换量都为 40～60cmol/kg（干根），高于 60cmol/kg（干根）的蔬菜有黄瓜、草莓、莴苣、茼蒿、鸭儿芹等，低于 40cmol/kg（干根）的蔬菜有洋葱和葱。禾谷类作物根系的盐基代换量都比较低，其中小麦只有 14.2cmol/kg，玉米为 19.2cmol/kg，水稻略高，也只有 23.7cmol/kg。

表 3-7 茄果类蔬菜与禾本科作物养分含量及其比例的比较（谢建昌等，1997）

作物种类		籽粒或果实养分含量及其比例				茎叶养分含量及其比例			
		N（%）	P（%）	K（%）	N∶P∶K	N（%）	P（%）	K（%）	N∶P∶K
禾谷类	水稻	1.200	0.600	0.402	1.00∶0.50∶0.34	0.521	0.085	1.910	1.00∶0.16∶3.67
	小麦	1.770	0.825	0.415	1.00∶0.47∶0.23	0.363	0.058	1.940	1.00∶0.16∶5.34
	玉米	1.340	0.610	0.480	1.00∶0.46∶0.36	0.880	0.173	1.580	1.00∶0.20∶1.80
	平均	1.440	0.678	0.432	1.00∶0.47∶0.30	0.588	0.105	1.810	1.00∶0.18∶3.08
茄果类	番茄	3.350	1.140	5.120	1.00∶0.34∶1.53	2.590	0.695	1.930	1.00∶0.27∶0.75
	辣椒	3.460	1.270	4.080	1.00∶0.37∶1.18	3.100	0.699	2.400	1.00∶0.23∶0.77
	茄子	2.580	1.060	3.140	1.00∶0.41∶1.22	2.160	0.506	0.910	1.00∶0.23∶0.42
	平均	3.130	1.160	4.110	1.00∶0.37∶1.31	2.620	0.633	1.750	1.00∶0.24∶0.67

除根系外，叶面也具有吸收矿质元素的功能。当然叶片的吸收量远低于根系，适合施用微量元素、地上部迫切需要的元素，或在根系吸收能力尚未恢复时救急使用。不少蔬菜具有面积较大的叶片，很适合通过叶面施肥，作为根系施肥的有效补充。

与禾本科大田作物相比，各种元素中蔬菜尤喜硝态氮、钙、钾、硼等元素。大多数蔬菜在氮肥为 100% 硝态氮的水培条件下能够生长良好，而在氨态氮水溶液中则生长不良；生育期中，单位面积的萝卜、甘蓝对钙、钾和硼的吸收量是小麦的 10 倍以上。

矿质元素除了影响蔬菜产量外，还会对其他生长发育环节和品质产生影响。例如，增施氮肥有利于瓜类蔬菜雌花分化，但同时也可能造成某些蔬菜产品器官苦味增加，或风味变淡等。

2．蔬菜科学施肥的生物学基础 根据各种蔬菜在不同生长发育时期干物质的积累速度，以及表 3-6 中各种元素在植物体内行使的功能，我们大致可以推断出不同蔬菜各生育期的需肥规律。一般来说，种子发芽期，植株生长主要依靠种子自身的营养，从外界吸收肥料极少；幼苗生长期，植株生长量仍较小，总需肥量少，因为此期以营养生长为主，故三要素中应以氮肥比例最高；值得一提的是，不少一年生果菜类蔬菜幼苗期即已开始花芽分化，故该时期也应注重磷肥的施用；营养生长进入旺盛期后，生物量越来越大，需肥量也越来越大，仍以氮肥为主；果菜类蔬菜营养生长与生殖生长同时进行的时间很长，这段时期应该氮、磷、钾并举，维持好两种生长的平衡关系；而进入某些二年生蔬菜贮藏器官养分积累期之后，钾的需求量将会大增，氮的需求则有所降低；对于以花为食用器官的蔬菜来说，在产品器官形成的关键期，还需要注重硼等微量元素的施用。

需要指出的是，蔬菜对肥料的需求与其根系吸肥能力之间并非完全一致。葱蒜类蔬菜生长旺盛期同样需要较多的养分，但因其根系分布浅，根毛少，吸收能力差，往往要求在土壤中维持较高的肥料浓度，而南瓜等深根性蔬菜则较耐贫瘠的土壤。

六、非生物逆境

通过前面数节，我们了解了最适合各类蔬菜生长发育的环境条件。但由于自然气候变化无常，即使在合适的地区、合适的季节栽培合适种类的蔬菜，甚至加之以设施保护，蔬菜的生长发育也不可避免地会在某个阶段遭遇不合适的环境条件。其中，不适合的温度会导致冷害（0℃以上）、冻害（0℃以下）或热害；不合适的光强会导致强光危害或弱光胁迫；不合适的土壤水分会导致涝渍或旱害；氨、二氧化硫等有害气体达到一定浓度也会给蔬菜造成危害；而不合适的矿质元素浓度则可能导致离子毒害、缺素症或盐害。这些对蔬菜生长发育不利的各种非生物环境因素的总和，称为非生物逆境。通常我们把机械损伤、不合理施用化学药剂造成的伤害、化学污染物等也纳入非生物胁迫的范畴。由非生物胁迫造成的生长发育障碍，我们有时也称为生理病害。植物在长期系统发育中逐步形成了对非生物逆境的适应和损伤后的恢复能力。

由于非生物胁迫是造成作物减产降质的重要原因，作物对非生物胁迫的感应、适应和损伤修复机制一直是植物生理学家研究的热点，目前已经在这方面积累了非常丰富的知识。胁迫来临时，细胞膜上受体蛋白首先感受到环境刺激，通过一系列信号转导，依次启动或调整相关基因表达，对逆境进行适应。植物激素、糖、氧自由基、一氧化氮、钙离子等信号系统广泛地参与了植物对各种非生物逆境胁迫的反应。如果逆境胁迫的强度或持续时间超出了植物自身适应机制所能调整的范围，植物就会受到损伤，主要表现为细胞结构破坏、膜结构损坏、光合系统受损、呼吸代谢失调、根系活力下降等。

植物对各种非生物逆境适应的信号系统之间存在交叉，有不少共同的节点和机制。例如，干旱、盐害、极端温度往往相互关联，对植物造成相似的伤害，并产生氧化胁迫；干旱和盐害主要表现为渗透胁迫，扰乱细胞内的离子含量和分布平衡等。

我们冬季栽培蔬菜的设施目前大多缺少增温补光设备，蔬菜常会遭遇低温弱光胁迫；相反，夏季生长的蔬菜常会遭受高温强光胁迫。我国西北部分地区灌溉水资源十分稀缺，蔬菜遭遇干旱胁迫的可能性很大；而在东南沿海的某些地区，地下水位很高，涝渍灾害十分普遍。此外，不合理的施肥常会导致有害气体的产生、缺素症和离子毒害；如长期过量施肥，还会导致次生盐渍化。目前我国设施内的次生盐渍化主要由硝酸钙引起，以区别于由氯化钠引起的初生盐渍化。环境因子变化得越剧烈，对蔬菜的危害就越大，如久旱大雨、雨后或雪后暴晴等情况下，蔬菜更易受到伤害。近年来，这些逆境对我国蔬菜生产的危害日益突出，研究如何克服和缓解这些逆境，保证蔬菜健康生长显得十分必要。

蔬菜生产中减少逆境对生长发育影响的常见措施如下。

1．选用抗逆品种　旨在提高抗逆能力的蔬菜品种选育工作近年来取得了一些进展，目前已有一些耐低温弱光的冬季设施专用品种投入使用；同样也有一些耐热的二年生蔬菜品种被用来进行夏季反季节栽培。

2．改良环境　设施栽培是改良蔬菜生长环境的重要措施。随着设施园艺产业的发展，目前我国蔬菜生产设施调控温光水气等环境的能力得到了很大的提高。蔬菜基地排灌系统必须完善，以避免蔬菜遭遇干旱或涝渍灾害。

3．肥水管理　适当控水或减少氮肥比例，可以增加植株的抗逆性。

4．抗逆锻炼 用适度的低温、高温、干旱锻炼蔬菜植株，可以提高其忍耐相应逆境的极限。研究表明，这种适应性可能与表观遗传机制有关。如上所述，植物在各种非生物逆境胁迫下的信号路径存在交叉，因此用一种温和逆境对蔬菜进行锻炼可能会提高蔬菜对多种逆境的抗性。

5．化学调控 生长调节剂经常被用来增加作物的抗逆性。多效唑等生长延缓剂可促进植株矮壮，提高抗性；ABA、褪黑素、油菜素甾醇、可溶性糖、氨基酸或微肥等已被证实可提高某些蔬菜的抗性；一些抗蒸腾剂可以降低蒸腾失水，提高抗旱性。

6．嫁接 强大、抗逆的根系一方面自身抗逆性强，逆境下仍能保持根系活力；另一方面可通过向地上部运输较多的水分、养分或激素，提高地上部的抗性。

七、生物因子

蔬菜作物生活的环境，除了上述非生物因子外，还包括生物因子，主要包括微生物、以昆虫为代表的动物和其他植物。这些生物有些天然存在于菜田，而有些是种植者出于某种考虑人为添加的。生物因子与非生物因子之间、各种生物因子之间，以及这些环境因子与蔬菜植株之间相互作用，共同构成一个复杂的生态系统。蔬菜栽培的重要任务之一就是运用各种手段，使得这个生态系统向着有利于蔬菜高产优质的方向发展，而这首先有赖于深刻地认识系统中的各种因子。

1．有益微生物 土壤中某些微生物能分解或转化土壤中的有机质或化学肥料，使之有利于植物吸收，减少流失；根瘤菌和菌根能起到共生固氮或促进养分吸收的作用；土壤或植物表面的一些微生物还具有抑制病害发生的作用。土壤中的有益微生物与有害微生物总是处于一个此消彼长的关系中，我们需要通过合理的土壤耕作和肥水管理，将上述有益微生物在整个群落中的比例维系在一个较高的水平上，才能营造出有利于蔬菜生长发育的根系微生物环境。这同时说明，利用灭生性的消毒方法处理土壤是不合适的，因为这些方法将有益和有害的微生物不加区分地全部杀死，对土壤微生物生态系统的破坏作用是巨大的。当有益微生物的比例不足时，我们可以通过人为添加的方法来进行补充。目前，生物菌肥已在蔬菜生产中被广泛使用。我们还可以利用白僵菌等微生物来防治蔬菜虫害，利用放线菌等来防治蔬菜病害。总之，有益微生物在蔬菜生产中的应用，已成为今后一段时间绿色蔬菜生产的重要方向之一。此外，还有一种独特的蔬菜——茭白，其肉质茎由菰植株与菰黑粉菌共生而膨大形成，因此菰黑粉菌也可以算是一种有益生物。

2．有害微生物 导致植物发病的微生物统称为有害微生物，主要有真菌、细菌、病毒三类。

3．昆虫及其他动物

（1）有益昆虫及其他动物 以蜜蜂为代表的昆虫可通过采蜜传播花粉，从而促进蔬菜授粉受精。园艺设施中缺少天然的授粉昆虫，为了提高授粉效率，我们可以进行人工投放。熊蜂是一种授粉专用蜜蜂，目前已经在茄果类、瓜类等果菜类蔬菜生产中应用得越来越普遍。另一些昆虫，如瓢虫、寄生蜂、捕食螨等，是许多害虫的天敌，能有效减少害虫的发生。

（2）有害昆虫及其他动物 另一些昆虫和线虫可以为害蔬菜，其中蚜虫、粉虱等刺吸性口器的害虫还可以传播病毒。

4．植物

（1）有益作用 菜田中植物之间彼此有益的事例不少。例如，间套种时，高秆植物可以为低矮植物起到遮阴降温的作用；前茬豆科植物或绿肥固定的氮素可供下茬作物利用；大蒜等植物的分泌物具有抑制病虫害的作用，可对间套种植物产生有利影响；一些植物的挥发物能起到趋避害虫的作用等。

（2）有害作用 同样是间套种植物，如处理不当，则两者之间存在养分竞争。养分竞争不仅存在于间套作植物之间，还可能存在于蔬菜与杂草，甚至蔬菜群体之内。因此，及时防除杂草、合理控制种植密度和合理进行肥水管理就显得非常重要。蔬菜群体之间还会彼此遮挡阳光，需要我们合理地安排好行向和株行距。病虫会从有病虫株向无病虫株传播。蔬菜连作障碍的现象已为人们所熟知，根系分泌物的自毒作用、病虫害在前后茬之间的延续、土壤微生物生态失衡是造成连作障碍的主要原因。

第三节　蔬菜产量形成与调控

一、产量的概念

蔬菜产量是指在单位土地面积上一个生长周期内所收获的产品器官的数量。蔬菜的产量有生物学产量（biological yield）和经济产量（economic yield）之分，也有个体产量（单株产量）和群体产量（单位面积产量）之别。

生物学产量是指植物从种子萌发至收获一生中由根系吸收和光合作用生产积累的全部物质的量，常用鲜重或干重表示。就植物学器官而言，生物学产量包括根、茎、叶、花、果实等器官。就物质来源而言，以干物质表示的生物学产量中，根系吸收同化的矿物质占生物学产量的5%～10%，光合作用吸收同化的有机物质占生物学产量的90%～95%。

蔬菜的生物学产量包括菜食和非菜食两部分。菜食部分因蔬菜种类不同而异，有的为叶，如绿叶菜和结球叶菜；有的为茎，如球茎甘蓝、芦笋；有的为花，如花椰菜、黄花菜；有的为果实或种子，如茄果类、瓜类、豆类蔬菜。无论作为菜食的器官是什么，对于菜农来说，它们都是具有经济意义的蔬菜器官。因此，在蔬菜生物学产量中，具有经济价值的菜食部分的产量称为蔬菜的经济产量。

经济产量与生物学产量的比例，称为“相对生产率”（或称“经济系数”），用K表示：

$$K=经济产量/生物学产量$$

蔬菜种类不同，其K值差异很大。绿叶菜的K值最高，可达90%～95%及以上。有少数绿叶菜如菠菜、苋菜、小白菜等，它们的生物学产量几乎就等于经济产量。薯芋类的K值也较高，为55%～75%。果菜类的K值最小，为25%～35%。遗传因素也影响K值的大小，同一种蔬菜不同品种，其K值也不同，如果菜类中早熟品种的K值要大于晚熟品种。栽培技术和外界环境条件对K值也有很大的影响，如进行植株调整的比放任生长的K值要大；果菜类秧果关系协调的，K值比徒长株的要大；在北方阳光充足、昼夜温差大、干燥地区生长的果菜，比在南方高温、潮湿、弱光地区生长的果菜K值要大。

一般来讲，生物学产量高，经济产量也高；生物学产量低，经济产量也低。因此，要想获得根菜类肉质根的高产，则必须使其地上部的莲座叶生长旺盛；要使果菜类的果实产量高，则茎叶的生长就要旺盛。只有在徒长的情况下，即茎叶生长过旺时，果实的产量才会受到影响，经济产量降低。需要指出的是，产量一般应该用干重来表示，但生产上计算产量的鲜重则更方便。就每一种蔬菜来讲，它们的干物质含量通常有一定的范围，所以知道鲜重以后，可以估算其干物产量。

与大田作物不同，蔬菜包含大量的水分，含水量占产量的88%～98%，但种类和品种之间有一定差异，含水量高的鲜物产量也高，如大白菜；含淀粉高的则鲜物产量低些，如马铃薯；而含脂肪及蛋白质都高的，鲜物产量又更低些，如菜豆，但其干物产量则相差不是很大（表3-8）。

表 3-8 几种蔬菜的经济产量与干物产量的比较（张振贤，2003）

种类	经济产量（鲜物重）(t/hm²)	含水量（%）	干物产量（t/hm²）
大白菜	75.0～112.5	95	3.75～5.63
番茄	60.0～90.0	94	3.60～5.40
黄瓜	82.5～112.5	96	3.30～4.50
洋葱	45.0～52.5	92	3.60～4.20
菜豆	22.5～30.0	90	2.25～3.00
马铃薯	22.5～30.0	79	4.73～6.30

在蔬菜生产中，经常还会涉及毛菜产量和净菜产量的概念。所谓毛菜产量，一般是指某种蔬菜群体结构中所有菜用器官的田间收获产量，甚至包括一些为保护产品器官而保留的非菜用器官，如大白菜和甘蓝的部分外叶、菜花的部分花茎叶等。而净菜产量一般是指田间采收的产品器官经过一定的采后分拣、分级至包装等处理后的商品产量。

二、产量的构成

产量的构成即构成产量这一性状的各组成成分。这些成分是作物品种能否获得高产的决定因子。产量的构成依作物类型的不同而不同，如对叶菜类，一般是单位面积株数、单株叶数和单叶重（或结球率和单叶球重）；而对果菜类，则通常是单位面积株数、单株果数和单果重。各项因素的乘积便构成该作物的理论产量。

对于果菜类：单位面积产量＝单位面积株数×平均单株果数×平均单果重

单株果数＝开花数×坐果率×商品果率

对于根菜类：单位面积产量＝单位面积株数×平均单株肉质根重×商品率

对于普通叶菜，如菠菜、芹菜：单位面积产量＝单位面积株数×平均单株重

对于结球叶菜：单位面积产量＝单位面积株数×平均单球重×商品球率

产量构成因素的各个方面在产量的形成过程中都是相互联系、相互制约的。实践证明，当作物产量水平比较低时，针对产量的构成成分进行选择对提高产量是有效的。但这种对产量成分各分量进行的选择不一定就比对产量本身的选择更为有效。因为在作物产量的各构成因素之间，往往呈负相关关系。如果单位面积株数增加，单株结果数可能会减少；如果单株结果数增多，单果重就会减少。因此，在生产上要有一个合理的群体、合理的坐果数，才能获得较高的产量。

三、产量形成的生理学基础及影响因素

植物的干物质有 90%～95%是通过光合作用形成的，因此在蔬菜栽培中，蔬菜产量的形成最终取决于光合作用的规模和效率。光合产物的多少取决于光合面积、光合速率与光合时间 3 个因素，光合产物的积累量还和光合产物的消耗（净同化率）有关。而产品器官的产量即经济产量在生物产量中所占的比例则取决于经济系数的高低，也就是光合产物分配利用的情况。构成产量的生理因素有 5 个：光合面积、光合速率、光合产物的消耗、光合时间和光合产物的分配，这 5 个方面统称为光合性能。光合性能是决定蔬菜产量高低和光能利用率的关键。光合性能除受遗传的影响以外，还受外界环境条件的影响。如何最大限度地利用太阳辐射进行光合作用，以及更有效地促进光合产物向产品器官运输和分配对于产量的形成非常重要。

（一）光合面积

植物体所有的绿色部分，包括叶片、茎、果实等都可以进行光合作用，但叶片是主要的光合场所。在一定范围内，叶面积和产量呈正相关关系，扩大叶面积是增加产量的基本保证。从个体叶片分析，叶面积增大扩大了光合面积，而群体叶面积大小与光合强度之间的关系比较复杂，不能用单叶面积的大小衡量群体的光合强度。群体的叶面积用叶面积指数（leaf area index，LAI）来表示。

$$LAI=叶面积（m^2）/土地面积（m^2）$$

通常，我们将光合生产效率最大时的叶面积指数称为最适叶面积指数。每种蔬菜都有其最适LAI值，这个数值的大小及增长动态与植株密度、栽培措施和环境条件有关。一个群体的栽培密度越大，叶面积指数的增加越快，达到LAI最大值的时间也就越早；稀植的群体，LAI增加较慢，达到最大值的时间也较迟。一些蔓生瓜类蔬菜，如冬瓜，无支架栽培时，LAI值一般为2，但在有支架栽培时，可达到4～6。一般的果菜类如番茄、茄子等，LAI在3～4，而支架栽培的可达5～6。在这一范围之内，LAI增加，产量也增加。但当LAI增加超过这一范围时，由于叶层的相互遮阴，植株下部叶层的光照强度就会下降。

影响叶面积生长的因素主要有光照强度、温度、水分、土壤肥力及栽培管理技术等。要取得高产，必须在生长初期使叶面积迅速生长，使叶面积指数较快达到该作物的最适叶面积指数，然后稳定下来，维持尽可能长的同化时期，以达到最大的光合速率，并使这个最大叶面积生长在最适宜的季节里。当然，叶面积增加，叶片的呼吸作用也增加。所以叶面积指数越大，呼吸消耗的物质越多，这也是LAI达到一定数值以后，净同化率会降低的一个原因。

（二）光合速率

光合速率是反映光合能力的主要指标。不同蔬菜种类之间光合速率差异很大。一般光合速率高的蔬菜，光饱和点也较高，利用强光的能力强，如茄果类、黄瓜、甘蓝、白菜、薹菜、萝卜等；而光合速率低的蔬菜，光饱和点也较低，利用弱光的能力较强，如生姜、莴苣、结球莴苣、菠菜、大葱、大蒜等。同一种蔬菜的不同品种间光合能力也有差异，在生产上可以利用这些差异选育出耐弱光的保护地专用品种。

除了遗传因素以外，影响光合速率的因素比较复杂，有植株本身的内部因素，又有外部的环境因素。内部因素包括叶片的年龄、叶片的受光角度、叶片的生长方向、植株的吸水能力及物质转运的库源关系等。外部因素包括光照强弱、温度高低、水分、二氧化碳的含量及矿质营养等。以下对影响光合速率的几个主要环境因素进行讨论。

1. 光强与光合速率的关系 光合速率的大小，受光照强度的影响很大。在光照比较弱的时候，光合速率随着光强的增加而增加，达一定光强后，光合速率不再随光强增加，此时的光照强度，称为光饱和点。因此，光合速率与光强不呈直线关系，而是双曲线关系。

$$P=ABI/(A+BI)$$

式中，P为光合速率；I为光照强度；A、B对于某种作物来说是常数，A为光合速率最大值，即饱和光照强度，B为弱光下光合速率的光强系数，即每增加一个单位的光强时光合速率增加的数值。

从上式看出，当光照较弱时，分母中的BI值很小，可以忽略不计，则$P \propto BI$，即光合速率与光强成正比；当光照很强时，分母中的BI值很大，A值相对较小，可以忽略不计，此时$P \propto A$，即光合速率达到极限时，光合速率不再随着光强的增加而增加。在田间作物群体的光饱和点比单叶的大许多，因为当光不断增加时，上层叶片虽然已达到光饱和点，光合速率不能再增加，但处于下层遮阴处的叶片，却能因此不断增加光合速率。所以从群体出发，增加光照强度，一般来说对增加光合速率有好处。但生产中又常因强光伴随高温，反而会降低光合速率，所以实际情况比较复杂。

2．温度与光合速率的关系 在一定范围内温度与光合速率呈正相关，超过一定范围后，光合速率便不随温度的升高而增加，反而降低。不同蔬菜种类光合作用的适温（简称光合适温）不同，黄瓜和番茄的光合适温为28～33℃。即使同一种类不同品种的光合适温也不相同，耐热品种的光合适温较高，而热敏品种光合适温较低。在生产上，对一个栽培作物来说，强调通风透光除了能改善光照条件外，降低田间的温度也是一个重要方面。在温室栽培中，更应该注意温度对光合和呼吸的双重作用，所以白天温度可以适当高一些，晚上则需要降低温度，减少呼吸消耗，有利于有机物的积累。

3．二氧化碳与光合速率的关系 二氧化碳（CO_2）是光合作用的重要原料。在一定范围内，田间 CO_2 浓度与光合速率呈正相关。一般情况下，空气中的 CO_2 浓度对作物光合作用来说略为偏低，尤其在设施中和蔬菜光合作用旺盛时，空气中 CO_2 浓度则成为光合速率的限制因素。因此，提高空气中 CO_2 的含量可增加光合作用强度。在空气中 CO_2 浓度极低的情况下，叶片光合吸收与呼吸释放的 CO_2 达到动态平衡时的 CO_2 浓度称为 CO_2 补偿点。当空气中 CO_2 浓度超过补偿点后，叶片开始吸收 CO_2；外界 CO_2 浓度越高，叶片吸收的速率越快，光合强度也越大。但当 CO_2 浓度继续上升时，则 CO_2 的吸收量会越来越少，最后停留在一定水平上，此时的 CO_2 浓度称为 CO_2 饱和点。各种蔬菜作物的 CO_2 饱和点和补偿点因种类而异。饱和点一般在 1300～1622mg/L，补偿点一般在 42～69mg/L。在饱和点时，各种蔬菜的光合速率差别比较大，此时光合速率较高的蔬菜利用 CO_2 的能力较强，在保护地栽培中增加 CO_2 浓度利于提高产量。需要强调的是，增加田间 CO_2 浓度，还可弥补光强不足和温度过低造成的光合作用下降。

4．水分与光合速率的关系 水分是植物光合作用的原料之一，水分的多少直接影响到光合速率。植株轻度缺水就能引起光合速率的降低。而缺水对光合作用的影响要远远大于对呼吸作用的影响。水分对光合作用的影响与植物的蒸腾密切相关。当水分缺少时，植株随蒸腾失水，膨压降低，导致气孔张开度减少，光合强度降低。此外，叶片中水分含量的变化，也直接影响叶绿体的水分含量，进而影响叶绿体膜的结构，缺水会导致叶绿体光化学活性明显降低。轻度缺水时，供水能使光合能力在较短的时间内恢复到原来的水平。此时，光合作用的变化与叶片水势的变化大体平行。当严重缺水时，供水虽然能使叶片水势得到恢复，但光合作用却恢复不到原来的水平。由此可见，保持水分的正常供应，是保证光合作用正常进行的必要条件。

5．矿质营养与光合速率的关系 许多矿质元素是光合系统酶的组成部分，或是光合器官生长的重要营养物质，矿质营养供应不足时，叶片的光合作用就会下降。氮是核酸、蛋白质、叶绿素等有机物质的组成部分，对光合作用的影响很大。许多研究认为，叶片中含氮量与光合作用呈正相关。植株缺氮时，首先引起叶绿体结构、光合电子传递链、色素等发生变化。同时氮供应不足还会降低植株的光饱和点。磷参与光合作用的暗反应，通过光合磷酸化作用将光能转化为化学能。叶片中钾含量高，可以促进气孔开放和物质转运，增强希尔反应和光合磷酸化活性，从而促进光合作用。当植株缺钾时，希尔反应和光合磷酸化活性降低，叶片中光合产物的转运受阻，有机物积存于叶片中，叶片加速老化，光合能力降低。缺钾还会使叶片中核酮糖-1,5-双磷酸（RuBP）羧化酶的活性降低，进而使光合强度减弱。镁是叶绿素的组成成分，镁含量的多少与叶绿素含量和活性密切相关。据研究，叶片中含镁量在 50～200μg/g 时，光合速率随镁含量的增加而提高。

镁还是一些参与光合作用重要酶（如 RuBP 羧化酶等）的活化剂。所以植株体内镁含量高的，光合速率就高。光合作用还与锰、钼、硼等微量元素有关。

（三）光合产物的消耗

光合产物的消耗主要包括呼吸消耗和病虫消耗等。据研究，在一昼夜内，整个植株（包括光合组织和非光合组织）的呼吸消耗占光合生产的 20%～30%或者更多一些。如果环境条件好，肥水充足，昼夜温差大，呼吸消耗的量还会少些。呼吸作用的适温（30～40℃）比光合作用的适温（25℃左右）高，所以在保护地生产中减少消耗的主要措施是根据天气情况调节温度。在冬季和阴雨天光合作用不能顺利进行以及夜间不进行光合作用时，温度不可过高。露地栽培时注意通风透光，如果密度过大、通风不良、夜间散热慢等导致群体内温度偏高也会增加呼吸的消耗。

作物除了一般的正常呼吸（也称暗呼吸）以外，还有光呼吸。光呼吸是一个氧化过程，被氧化的底物是乙醇酸，它把叶绿体在光合过程中形成的乙醇酸氧化分解成 CO_2 释放出去，把光合中刚刚同化的产物又消耗了一部分。光呼吸释放的 CO_2 量占光合固定 CO_2 量的 20%～30%，也就是把光合作用固定的 1/4 左右的碳又变成 CO_2 释放出去。

一般测定光合速率的方法都没有把叶片的呼吸作用考虑在内，所以测定的结果实际是光合作用减去呼吸作用的差数，为净光合速率，它是指单位叶面积在一定时间内，由光合作用形成的干物质重量。

（四）光合时间

其他条件相同时，适当延长光合时间会增加光合产物，对增产有利，光合时间与内外条件相关。在外界条件中，光合时间主要取决于一天中光照时间和生长期的长短。在蔬菜生产中，掌握适宜的播种期、采用育苗移栽技术使产品器官的形成期处于适宜的生态条件下，以及利用秋延后栽培技术等延长作物的生育期都是行之有效的措施。为了充分利用一天中的有效光合时间，生产中要注意畦的方向和形式。保护地栽培中当阳光不足或日照时间过短时，还可以利用人工补光延长光合时间，增产效果显著。

从作物本身考虑，光合时间与叶片寿命，特别是壮龄叶的寿命密切相关。因此，生产上防止生育后期叶片早衰也是延长光合时间的有效措施。

（五）光合产物分配

光合产物分配与经济产量关系密切。在有较多光合产物积累的基础上，改善光合产物的分配利用是提高经济产量的重要途径和最经济的途径。

影响光合产物分配的内因主要包括作物遗传性、叶位、库的大小、代谢调节、激素调节、基因表达调节等，外因主要包括温度、光照、矿质元素、水分、栽培措施等。

1．内因

（1）作物遗传性　光合产物的合理分配与经济系数相关，而同一作物不同品种的经济系数也不相同。育种工作应将经济系数作为选育高产品种的重要指标之一。果菜类蔬菜中，如该品种连续坐果性能好，坐果率高，通常光合产物的分配比较合理，有较多的光合产物分配到果实中去。

（2）叶位　植株不同叶位的叶片，在碳水化合物的分配与运输中起着不同的作用。番茄靠近花序的叶片，其同化产物主要运输到花序中，其他果菜类也有类似的研究报道。

（3）库的大小　果菜类蔬菜果实发育时，对光合产物的分配有明显的影响，如茄果类蔬菜结果后，随着果实生长速率的加快，茎、叶的生长速率则降低。如田间管理不当，一则肥水过大可能引起植株茎叶徒长，造成落花落果；二则肥水不足，结果后可引起坠秧。

（4）代谢调节

1）蔗糖浓度。叶内蔗糖浓度对输出速率有明显的调节作用。研究发现，若叶内蔗糖浓度高于某一阈值时，其输出速率明显增加，若低于此阈值，则输出速率显著降低。因此有人推测，叶内蔗糖分为可运态与非可运态两种，低于阈值的蔗糖属于非可运态，很难输出，凡能影响这一阈值的因素都影响同化物的输出率。例如，通过提高光强或增施 CO_2 的方法来提高叶片内蔗糖的浓度，短期内可以加速同化物从功能叶的输出速率。但从长期看，叶片中同化物的积累会抑制光合作用。

2）能量代谢。由于分配中心呼吸强度的变化与同化物运输和分配的趋势相似，由此可以认为植物体内同化物的运输与分配受到分配中心的代谢强度控制。同化物的主动运输需要消耗代谢能量，膜 ATP 酶的活性与物质运输关系密切，物质进、出膜都需要 ATP。ATP 的作用可能有两个方面：一是作为直接的动力；二是通过提高膜透性而起作用。利用代谢抑制剂，如氰化物（KCN）、叠氮化物（NaN_3）和敌草隆（DCMU）以及解偶联剂二硝基苯酚（DNP）等进行试验显示，很可能光合作用与呼吸作用都是物质运输的调节者。

（5）激素调节　植物激素对同化物的运输与分配有着重要影响。用 ^{14}C 和 ^{32}P 进行示踪试验证明，植物激素有调节同化物运输和分配的作用，并且有累加效应。例如，用去顶的豌豆和菜豆进行试验发现，生长素（IAA）刺激根系从营养液中吸收 ^{32}P，促进 ^{14}C-蔗糖在植株体内运输。在开花后用赤霉素（GA）点涂棉花花朵，或在盛花期对棉花植株喷施 GA 和矮壮素（CCC）混合液，对促进叶片同化物向棉铃运输和增加产量有一定效果。将细胞分裂素（CTK）施用于叶片，其施用点会成一个库，诱导同化物向其运输。另外有试验表明，植物激素可能会影响质外体装载和卸出途径中质膜上的主动运输载体。蓖麻的蔗糖装载能被外施 IAA 促进、脱落酸（ABA）抑制；而甜菜主根吸收蔗糖被外施 ABA 促进、IAA 抑制。液泡膜上的载体、进行糖代谢的酶、细胞壁的延展性以及胞间连丝的通透性等都可能是激素的调节位点。

（6）基因表达调节　植物的光合作用是同化物的根本来源，但叶片的生长及其各种生理活动的正常进行离不开从根运来的矿物质和水；同时，也必须有足够的光合产物运往根系以支持根的生长及其生理活动的需要。在任何特定时刻，可利用的有机营养必须以适当的比例在不同库之间进行分配。实际上，一株植物不同部分的生长速率是平衡的，这也反映出有机营养的分配是精确控制的。因此，在源和库之间一定有信号的传递。除了上面提到的植物激素外，重要的信号分子之一可能就是蔗糖本身。在生长区域，蔗糖促进参与生长和呼吸的有关基因表达；在光合叶片，蔗糖抑制与光合有关的基因表达，包括编码核酮糖-1,5-双磷酸羧化酶/加氧酶（Rubisco）小亚基的基因。因此，蔗糖对基因表达的调控也可能是影响同化物运输的一个重要方面。

2．外因

（1）温度　温度影响同化物运输速率。糖的运输速率在 20～30℃时最快，高于、低于这个温度时，运输速率都会下降。低温对运输的影响，一方面是由于低温降低了呼吸速率，减少了能量供应；另一方面是低温提高了筛管内含物的黏度，减慢了溶液流动速度；同时低温还会导致筛孔堵塞，阻碍运输。高温对运输的影响，一方面是筛板出现胼胝体，其积累使筛孔缩小，运输减慢；另一方面高温会使呼吸作用增强，消耗物质增多；此外，高温还会使酶钝化或被破坏，从而影响运输速率。

温度除影响运输速率外，还影响运输方向。当土温高于气温时，同化物向根部分配的比例增大；反之，当气温高于土温时，光合产物向冠部分配较多。因此，对于块根、块茎作物，适当提高地温有利于更多的同化物运向地下部分。

在蔬菜设施生产中，如果温度尤其是夜温过高，则分配到非同化器官茎和叶柄中的光合产物相对增多，造成徒长。如果植株处于刚开始坐果期，温度过高，光合产物大量分配到非同化器官中去，就会形成茎秆粗壮的徒长植株并造成大量落果。

（2）*光照*　光与同化物的运输和分配有着密切关系，主要通过影响光合作用而发挥作用。通常，同化物白天的输出速率高于夜间。例如，玉米植株从黑暗转入光下，^{14}C-同化物输出速率迅速增加，2～3h 后达到最大值；再转入黑暗时，同化物输出速率又明显下降。产生这种现象的原因可能是由于光下蔗糖浓度升高，合成 ATP 多，运输速率加快。不过，在光下有机物质的运输并非处于平稳状态，而是处于动态的变化之中。

（3）*矿质元素*　影响同化物运输的矿质元素主要是磷（P）、硼（B）、钾（K）、氮（N）等。磷肥能促进同化物的运输，可能的原因是：①磷促进光合作用，形成较多的同化物；②磷促进蔗糖合成，提高可运态蔗糖浓度；③磷是 ATP 的重要组分，而同化物运输离不开能量。所以，作物成熟期追施磷肥可以提高产量。硼能促进植物对蔗糖的吸收和运输，其机理可能是硼和蔗糖能结合形成容易通过原生质膜而运输的复合物。此外，硼还能促进蔗糖合成，提高可运态蔗糖浓度。例如，将蚕豆的离体叶片或番茄植株浸在 ^{14}C-蔗糖溶液中，加入硼后，可加强对蔗糖的吸收与运输。在作物灌浆期叶面喷施硼肥有利于光合产物输入籽粒，有增产效果。钾对同化物的运输与分配有利，表现在两个方面：一方面是促进同化物的运输；另一方面是促进运入库中的蔗糖转化为淀粉，以利于维持韧皮部两端的压力势差。氮的供给必须适量，使 C/N 维持在适宜的比例。若氮肥过多，较多的糖类用于形成植物营养体，不利于同化物向外输出；但若氮过少，则使同化物向根部的运输增强，显著减少向茎和叶的分配，引起功能叶早衰。

（4）*水分*　水既是光合作用的原料，又是物质运输的介质。水分不足，气孔关闭，光合速率降低，使得叶肉细胞内可运态蔗糖浓度降低，结果从源叶输入韧皮部内的同化物质减少；在缺水条件下，筛管内集流运动的速度降低，所以水分不足必定影响同化物的运输与分配。

（5）*栽培措施*　果菜类蔬菜的整枝、摘心可以减少幼嫩器官发育的消耗，延长壮龄叶的寿命并使光合产物更多地分配到产品器官中去。支架形式和绑蔓方法都影响叶片的受光状态，进而影响干物质的生产和分配，特别是植株下部叶片的受光状态，关系到根系分配干物质的多少。

光合作用是取得丰产的主要生理基础，一切增产措施都要从改善光合性能着手。上述光合性能的 5 个方面是相互联系的。在分析光合性能时，既要全面考虑、综合研究，又要分析在不同条件下影响产量的主次因素，以解决关键问题。在光合性能分析中要防止表面性。从经济产量与光合性能关系的总体上看，光合面积、光合速率、光合时间和光合产物的分配，与产量呈正相关，彼此之间也是相辅相成的。

第四节　蔬菜品质形成与调控

蔬菜品质是由蔬菜的产品外观和众多的内在因素构成的复合性状。外在品质为商品品质，侧重于外观的商品性状，如大小、形状、色泽、质地和整齐度等，是商品分级的主要依据。内在品质为营养品质，主要是指营养成分，如维生素、矿物质、特殊芳香物质、蛋白质、脂肪及有机酸等的含量，以及有害物质残留量的有无和高低等，对人体健康具有重要的意义。

一、感官品质及其调控

蔬菜的感官品质是指可以通过人的视觉、嗅觉、触觉和味觉进行综合评价的品质特性，即蔬菜总品质中可凭借人类感觉器官体察的那一部分，它包括外观品质、风味和质地。蔬菜品质既受遗传因素的制约，也受环境条件和栽培技术等因素的影响。

（一）外观品质

外观指产品大小、形状、色泽、表面特征、鲜嫩程度、整齐度、成熟一致性、有无斑痕和损伤等。具体指标因蔬菜种类、产地或供应地区食用习惯、食用方法及贮藏加工的不同要求而异。它是衡量蔬菜质量普遍的标准，也是产品质量分级的基本依据。现从大小、形状、色泽等方面分别加以描述。

1. 大小 蔬菜种类和品种不同，产品的大小有很大的差异，如冬瓜、南瓜、萝卜等品种有大型、小型之分。同一种类蔬菜和品种由于栽培技术的高低，其产品大小也有差异。蔬菜大小的标准可用长度、周长、直径、宽度以及重量、体积来衡量，如瓠果类黄瓜等、根菜类萝卜等可用长度和直径，浆果类番茄、茄子等用果径和果高，豆类用荚长、荚宽、荚厚和直径，叶菜类如结球叶菜用球高和球径。产品应该符合品种特性，大小适宜而匀称、整齐度高的产品是高质量的产品。

2. 形状 蔬菜产品形状随蔬菜种类和品种而定，如番茄果实有圆形、扁圆形、高圆形、长圆形等；黄瓜果实有长果类、中长果类、短果类和圆果类等；白菜有卵圆形、平头形、直筒形等；结球甘蓝有尖头、圆头、平头等；冬瓜有扁圆形、短圆柱形、长圆柱形等；茄子有细长形、圆形、圆棒形等。蔬菜产品对形状的要求必须符合其品种的特征特性，忌畸形歪扭。

3. 色泽 色泽是光的特性，决定蔬菜色泽的因素主要是各种色素的含量。蔬菜产品的主要色素有四类。

（1）叶绿素 叶绿素是形成绿色的色素，是蔬菜进行光合作用所必需的物质，集中分布在绿色蔬菜细胞的叶绿体中，叶绿素又有叶绿素 a 和叶绿素 b 两种。叶绿素在叶菜类中普遍存在，但不见光时，如大白菜、甘蓝的叶球及作为软化栽培的韭菜，则很少或检测不到叶绿素。叶绿素在许多绿叶菜如菠菜、油菜中含量很多；未成熟的果实中也含有较多的叶绿素，但当果实成熟时，随着水解酶的分解叶绿素逐渐消失，而同时使原来共存于叶绿体中的类胡萝卜素呈现出红色或黄色，使果实具有美丽的色泽。叶绿素本身并不是营养物质，但叶绿素与胡萝卜素一起存在于叶绿体内，一般叶绿素多的蔬菜，其体内的胡萝卜素也较多，而胡萝卜素是有营养价值的。所以，叶色浓绿的蔬菜，如乌塌菜的叶片为深浓绿色，它的叶绿素含量比一般的白菜品种要高，且它的胡萝卜素含量也较高。

（2）类胡萝卜素 类胡萝卜素是从浅黄到深红色的脂溶性色素，在蔬菜中广泛存在。蔬菜中的类胡萝卜素按其组成可分为胡萝卜素类和叶黄素类两类。

1）胡萝卜素类。这类色素又称叶红素，包括番茄红素、α-胡萝卜素、β-胡萝卜素和γ-胡萝卜素等。它们在蔬菜中呈现红色、红黄色、橙红色。α-胡萝卜素、β-胡萝卜素、γ-胡萝卜素被人体吸收后能转变为维生素 A，因此富有胡萝卜素的蔬菜可以供给人体较多的维生素 A，如胡萝卜、南瓜中就含有丰富的胡萝卜素。番茄红素是决定番茄成熟时呈现红色的色素，对人体具有保健的作用。此外，在西瓜、辣椒、南瓜中也含有番茄红素。

2）叶黄素类。叶黄素类多呈现浅黄、黄、橙等色，在蔬菜中常见的叶黄素类主要是叶黄素，还有玉米黄素、隐黄素、番茄黄素等。叶黄素呈黄色，在蔬菜中分布很普遍。它与叶绿素和胡萝卜素同时存在于蔬菜的绿叶中，而与胡萝卜素共存于黄色的番茄中。当叶绿素分解失去绿色时，叶黄素则成为绿叶蔬菜发生黄化的主要色素。

（3）花青素　花青素多以花青素苷的形式存在于各类蔬菜中，它是形成蔬菜果实叶片红和紫红等颜色的色素，主要存在于果皮或叶肉细胞中。花青素可以提高人体的抗氧化能力。

（4）黄酮类色素　这类色素是水溶性的黄色色素，与葡萄糖、鼠李糖、半乳糖、木糖、芸香糖等结合成配糖苷类形式而存在。属于此类色素的主要有黄酮、黄酮醇、黄烷酮和黄烷酮醇。这类色素主要分布在洋葱和柑橘的果实中。

每种蔬菜均有特有的颜色，如叶菜要求色浓绿，即叶绿素含量高；软化栽培蔬菜要求色黄白或乳白而鲜嫩；花椰菜要求花球洁白或翠绿，表面圆正饱满，忌开花和变黄褐色；各地对茄果类蔬菜外观品质的要求随习惯和嗜好而异，有些地区对番茄喜粉红果，而有些地区则喜大红果；茄子有喜紫圆茄的，有喜紫、绿色长茄的。总之，对蔬菜色泽的总体要求是色正而纯。

4．外观品质调控　对于蔬菜感官品质而言，养分的供应状况对其产生直接影响。一系列因养分不足或过量而产生的蔬菜品质问题首先表现在蔬菜的形状、大小、颜色等外观指标上。例如，氮供应不足的直接后果是蔬菜生长不良、个头变小、叶片发黄；钙和硼缺乏导致果实畸形等。另外，环境因素也会影响色泽的形成，番茄由青绿转为红色或橙黄，最适宜的温度是20～24℃，如果温度过低或过高（超过30℃），番茄红素就不能形成，番茄便呈现乳白或黄色。影响花青素的环境因素包括氧气、光线（特别是紫外线）、温度及抗坏血酸含量。低温和强光有利于花青素的合成。

（二）风味

蔬菜中的风味由糖、酸、盐、苦味化合物如生物碱或类黄酮和芳香挥发物组成，取决于味道（甜味和酸味或酸度之间的平衡以及涩味少或无）和香气（气味活性挥发性化合物的浓度）。虽然味道和香气很好地融合了它们对整体风味的贡献，但香气通常被认为在风味中起主导作用。以下针对芳香物、糖和酸进行分述。

1．芳香物　蔬菜中挥发性化合物主要是酯、醇、醛和酮。挥发物生物合成的代谢途径，包括氨基酸、脂肪酸和类胡萝卜素的代谢途径，是多种多样的，并且通常与初级和次级代谢的其他部分高度整合。具有气味活性的挥发物通常有助于食物风味形成。一般认为，当化合物以高于其气味阈值的浓度存在于食品中时，该化合物有助于食品风味形成。

2．糖　有助于风味形成的糖包括葡萄糖、果糖、蔗糖和极少数情况下的山梨糖醇。在这些糖中，果糖被认为是最甜的，其次是蔗糖，然后是葡萄糖。甜度主要由糖的浓度决定，起主要作用的糖为果糖＞蔗糖＞葡萄糖，这三种糖的含量因品种而异。

3．酸　蔬菜中的主要有机酸包括柠檬酸、苹果酸、酒石酸和某些情况下的草酸。不同的酸可以根据其化学结构影响酸味感知。酸度主要由有机酸的浓度决定，起主要作用的有机酸为柠檬酸（1.0）＞苹果酸（0.9）＞酒石酸（0.8）。除此之外，某些氨基酸，如天冬氨酸和谷氨酸，也可能导致酸味；钙、磷和钾等矿物质与有机酸结合，会影响其缓冲能力和酸度感。可溶性糖和有机酸通过改变pH和用作酚类化合物的结构单元间接地促进酚类代谢。

4．风味品质调控　蔬菜加热后，经常出现酸味加重的现象，这是因为加热使蔬菜组织内的蛋白质和各种缓冲物质凝固，失去了缓冲作用。蔬菜的次生代谢产物在人体保健，如抗氧化、抗病、抗癌变、调节肌体免疫系统，或其他生理功能中发挥着重要作用。以广泛存在于十字花科芸薹属蔬菜中的硫代葡萄糖苷为例，其作为一类含硫、氮的次生代谢物，含量不仅与蔬菜体内受大多数矿质营养调节的碳水化合物的代谢有关，而且与氮素、硫的供应有密切关系。氮素供应量的降低可明显提高花椰菜、青花菜等蔬菜中硫代葡萄糖苷的含量，而硫供应量的增加也会提高该物质的含量；另外，包括铜、锌及硼等微量元素的供应也影响到蔬菜体内硫代葡萄糖苷含量。对广泛存在于葱、蒜类蔬菜中的风味物质硫化物而言，其更是直接与硫素的供应有密切的关系。对青花菜的研究结果表明，生长在含硫丰富的土壤中的青花菜比生长在含硫低的土壤中的含有更高的类黄酮。

养分的供应与否也直接影响到决定蔬菜风味形成物质的形成。例如，黄瓜的苦味与氮肥过量密切相关，过量施氮会造成瓜叶中总氮及氨态氮含量增加，通过促进氮代谢而促进葫芦素形成，从而引起叶片及果实变苦；氮肥施用还会对决定辣椒辛辣味的物质辣椒素和二氢辣椒素的合成产生重要影响。钾素供应不足造成西瓜、甜瓜等口感下降，其直接原因是养分不平衡造成果实中糖分累积减少。球茎甘蓝中决定其特殊风味的异硫氢酸盐、有机氰化物、硫化物和乙醛等物质的形成受到氮、钾和硫等多种养分的调节。对番茄红素而言，在 20 世纪 70 年代就有研究表明高钾素供应水平会增加番茄红素的含量。类胡萝卜素含量与氮素供应状况有密切的关系，氮素供应量的降低导致着色变差及与着色有关的类胡萝卜素含量的下降，而氮素供应的增加则会引起青花菜 β-胡萝卜素含量的增加。

随着分子生物学技术的发展，目前了解了一些与风味相关的代谢调节，如通过下调编码蔗糖水解酶的基因来增加果实的蔗糖含量。番茄果实品质 QTL（数量性状基因座）分析表明，少数染色体区域能够控制感官性状的变异，并检测到了果实重量、直径、颜色、硬度和香气挥发物等的主效 QTL。乙烯合成或感知的下调可以延长果实的保质期，但是这通常会导致芳香化合物的产量降低。

（三）质地

产品质地的综合评定一般用食用感官评定法，主要依据齿感、舌感等评定。蔬菜质地包括硬度、坚韧度、弹性、摩擦性、多汁性、黏度及有无胶状物等，是蔬菜食用时的感官指标之一。不同的蔬菜品种给人的口感往往不同，即使具有相同的营养成分，当质地不同时，消费者对品质的反应也是不同的。下面分别介绍与质地相关的一些性状。

1．水分　水分是影响蔬菜新鲜度、脆度和口感的重要成分，与风味有着密切关系。新鲜蔬菜的含水量很高，大多在 75%～95%，少数蔬菜，如黄瓜、番茄、西瓜等含水量可高达 96%，甚至 98%。含水量高的蔬菜细胞膨压大、组织饱满脆嫩、食用品质好、商品价值高。但采后由于水分的蒸发，蔬菜大量失水，失水后的蔬菜会变得疲软、萎蔫，品质下降。另外，很多蔬菜采后一旦失水，就难以再恢复新鲜状态。

2．硬度与脆性　蔬菜硬度的大小，一方面取决于产品细胞组织的结构和水分含量，如薄壁细胞的多少和排列以及细胞间隙的含水量；另一方面取决于成壁物质化学组成的变化，尤其是淀粉及糖的转化与纤维素、果胶物质的变化。

植物细胞的排列、细胞的大小和分布及壁的厚薄等特点与产品器官品质的特性具有密不可分的关系。与蔬菜的脆性关系比较密切的细胞学特点有 4 个方面：一是表皮细胞不宜过厚。厚的表皮口感不好，但过薄的表皮对维持产品良好商品状态的贮运不利，黄瓜一般以 8～10μm 较适宜。二是近表皮细胞的薄壁细胞由小到大的递增快慢。递增快的，产品多表现为脆。三是内薄壁细胞的形状及大小。细胞形状规则，近圆形细胞多且细胞平均体积比较大的脆性强，细胞大小不均，形状各异的则产品不脆；同时对规则的细胞而言，圆形比长形细胞对脆性的作用大。在白菜类蔬菜中，细胞形状以正方体或短柱体多的品种质地品质为好。四是次生木质部导管。导管粗大则细胞机械强度大，破坏该结构所需要的力增大，从而不利于脆性的提高。叶菜类蔬菜质地品质与输导组织细胞大小、密度有密切关系。输导组织细胞密度越大，则输送水分及养分的能力越强，从而使养分的含量增加而改善质地品质。总之，蔬菜产品的细胞密度越大、细胞越小、壁越薄，则质地品质越好。

3. 果胶物质　果胶物质沉积在细胞初生壁和中胶层中起着黏结细胞个体的作用。分生组织和薄壁组织富含果胶物质，根据性质与化学结构的差异可将果胶物质分为原果胶、果胶及果胶酸三种。

原果胶存在于未成熟果蔬的细胞壁内的中胶层中，不溶于水，常和纤维素结合使细胞黏结，形成果胶纤维素，使未成熟的果蔬组织坚硬。随着果蔬的成熟，在果实中原果胶酶的作用下，酯化度和聚合度变小，分解为果胶（图 3-5）。

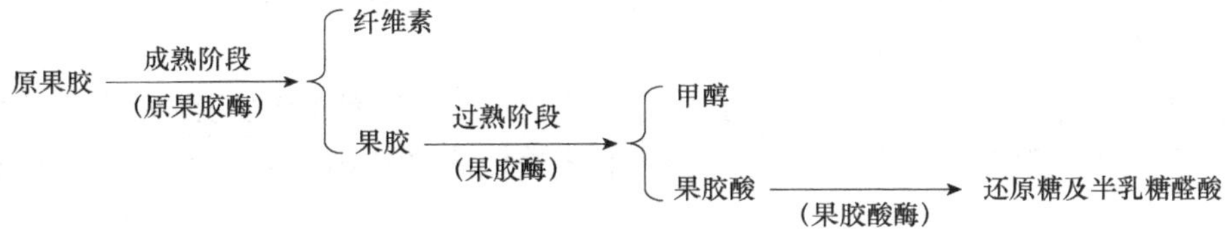

图 3-5　果胶代谢过程

果胶易溶于水，存在于细胞液中，原果胶与纤维素分离变成了果胶，使细胞集合松弛，且具有一定黏性，所以成熟后的果蔬质地发软，在瓜类蔬菜中还表现为发绵。

果胶酸是一种多聚半乳糖醛酸，也少量聚合了一些糖分。成熟的果蔬向过熟转化时，果胶在果胶酶的作用下水解为果胶酸，果胶酸无黏性，在水中溶解度小，因而过熟果蔬呈软烂状态。

4. 纤维素和半纤维素　随着生活水平的不断提高，肉、蛋等动物产品食用量增加，蔬菜在人们日常膳食中的作用也日趋重要。膳食纤维主要是不能被人体利用的多糖，即不能被人类的胃肠道中消化酶所消化的，也可称为非淀粉多糖，即非α-葡聚糖的多糖。其包括纤维素、半纤维素、果胶及亲水胶体物质（如树胶及海藻多糖等），另外还包括植物细胞壁中所含有的木质素。人体所需的膳食纤维主要来自果蔬。

纤维素和半纤维素在植物界分布极广，数量众多，它们是植物的骨架物质，是细胞壁和皮层的主要成分，对果蔬形态起支持作用。其含量与存在状态决定着细胞壁的弹性、伸缩强度和可塑性。蔬菜中纤维素含量为0.2%～2.8%，其中根菜类为0.2%～1.2%，西瓜和甜瓜为0.2%～0.5%。

5. 质地调控　水分是影响许多蔬菜脆性的重要因素，细胞间隙可能主要通过含水量对产品脆性产生影响，当细胞间隙内水分含量充足时，产品脆性强；当蔬菜呈轻度失水或水分供应不足时，细胞间隙内果胶质变多，尤其是失水状态下常在细胞间隙出现气泡，导致产品物理性质变化，从而降低脆性，使质地变差。因此，生产中水分充足和收获后保水是蔬菜生产和销售过程中一个重要的因素。

在生产中，硬度是影响果蔬贮运性能的重要因素。人们常常借助硬度来判断某些果蔬（如番茄）的成熟度，从而确定其采收期。在番茄的生产中，要根据收获后的销售渠道决定其采收期，如异地销售的番茄宜在变色期采收，坚熟期上市。

采后钙处理可抑制草莓果实中原果胶的降解和水溶性果胶的产生，延缓细胞壁的水解，5%

$CaCl_2$＋100mg/L GA_3＋1.2%壳聚糖浸果比其他处理效果更为明显。

纤维素和半纤维素是影响果蔬质地与食品品质的重要物质，同时也是维持人体健康不可缺少的成分。青豌豆、甜玉米、豌豆、豆薯、菜豆都是以食用其幼嫩组织为主的蔬菜，糖含量多、淀粉含量少时采收的风味品质好；如果纤维含量增多，组织粗硬，品质则下降，纤维素含量越高，产品越硬，品质越差。例如，芹菜、菜豆等老化时纤维素增加，品质变劣。因此在生产中要及时采收，不能太晚，否则口感会下降。

二、营养品质及其调控

蔬菜的主要营养成分包括维生素、类黄酮、硫代葡萄糖苷、矿物质、生物碱、特殊芳香物质、蛋白质、脂肪及有机酸等。

（一）维生素调控

蔬菜中维生素合成代谢功能的强化对人类饮食健康的改善有重要意义。主要的调控方式有生物工程调控、栽培技术调控和环境调控。

1. 生物工程调控 生物工程调控技术主要是利用代谢工程提高维生素的含量，主要有三种策略，即代谢支路限速基因的转化工程、整个代谢途径调控因子的转化工程和异源代谢基因的转化工程。这三种工程从理论上讲，对于提高蔬菜的营养价值更具潜力，可以利用遗传改良的方法增加维生素的含量。

2. 栽培技术调控 栽培技术是指通过化学调控和源-库关系调控等手段来提高初生和次生代谢途径中的一些营养成分积累的技术。对于果菜类蔬菜，通过整枝和疏果等措施来促进光合产物向特定产品器官分配，通过去除老叶减少遮阴，促进果实或叶片中一些与光相关色素合成，使蔬菜中维生素含量增加。现在蔬菜嫁接技术已经成形，许多果菜、西瓜果实碳水化合物积累和维生素含量的提高在一定程度上受砧木的影响，筛选优异砧木提高瓜果蔬菜品质是一种有效途径。

3. 环境调控 温度、光照、水分、养分（盐分）和 CO_2 浓度是影响蔬菜品质的主要环境因子，通过调控这些因子提高蔬菜品质具有一定的可操作性。蔬菜中的营养成分积累大多需要一个外界环境特别是逆境的诱导，许多营养物质大多是抗氧化物质，只有在植物遭遇逆境的条件下，在植物光能得不到有效利用等环境下其合成才得到提高，如在短时间强光、低温、干旱和高盐条件下植物组织的叶黄素、维生素 C、维生素 E、类胡萝卜素、花青素等物质升高 30%～200%。通过创造一个植物相对不适宜的环境，从而促进植物中一些特殊代谢成分更高的积累，来提高蔬菜的维生素含量。

（二）类黄酮调控

影响类黄酮含量的因素如下。

1. 温度 温度会对植物产生多种影响，当然也会影响类黄酮的生物合成。适当频率的高、低温转换能够诱导类黄酮化合物合成，低温不是促进类黄酮合成的直接原因，所以生产中应该保证适宜的低温和较大的温差。

2. 水分 短期土壤内水分不足能够促进类黄酮代谢前体的合成，激发类黄酮合成途径关键酶 PAL（苯丙氨酸氨裂合酶）、C_4H（肉桂酸-4-羟基化酶）的活性，催化类黄酮物质的合成，所以生产中可以对植物进行短期的干旱处理以提高类黄酮化合物的含量。

3. 光照 光质、光强对类黄酮的合成也有影响。蓝光、紫外线 A 和紫外线 B 下培养小豆芽菜苗都比白光、黑暗下培养的类黄酮含量高，其中紫外线B对类黄酮含量的影响最大。不同强度的光照对类黄酮化合物的合成也有影响，弱光条件下，植物生成类黄酮化合物的含量最少，强光下含量多。所以要想增加蔬菜中类黄酮化合物的含量，在光强较弱的条件下可以使用外部光源，使光照强度增加，类黄酮合成量增加。

4. 植物生长激素 脱落酸常被用于引发次级代谢产物的产生，而使用外源脱落酸处理植株，可以促进类黄酮的积累。

（三）硫代葡萄糖苷调控

硫代葡萄糖苷（硫苷）是一类广泛存在于十字花科芸薹属蔬菜中的次生含硫化合物，其含量丰富的蔬菜有甘蓝、花椰菜、芥菜、油菜等，这些蔬菜中种子部位的含量通常最多，萝卜及辣根的情形较为特殊，它们的硫苷种类、含量和分布与其他植物都有所不同。此两种植物的4-亚甲硫丁烯基硫苷含量最高，而其他较为常见类型的硫苷含量要低得多，如甲基亚磺酰丙基硫苷等。硫代葡萄糖苷化合物化学性质稳定，然而随着组织的破裂，与芥子酶相接触就会发生降解。它的主要功能产物有硫氰酸酯、腈以及异硫氰酸酯化合物，具有抗癌、抗病、抗虫及抗氧化功能，近几年得到普遍关注。至今已分离鉴定到100多种硫代葡萄糖苷类化合物，根据硫代葡萄糖苷类化合物侧链取代基的不同，大致分为三类：具有一个烷基或烯基侧链的脂肪基类、芳香基类、吲哚基类。

到目前为止，硫苷的生物合成途径已经基本阐明，许多调控因子也得到鉴定。研究表明，许多生物与非生物因素都可以影响硫苷的组分和含量，如氮、硫等营养元素以及植物激素等非生物因素。在小白菜幼苗期增施硫肥可以显著提高植物体内硫苷的积累。外源植物激素的喷施也有利于十字花科硫苷含量的增加，不同浓度脱落酸（ABA）处理对小白菜单个硫苷和总硫苷含量及组成具有不同的影响。用10mg/L的ABA处理时总脂肪族硫苷含量显著降低，然而5mg/L和10mg/L的ABA处理显著诱导了总吲哚族硫苷和1-甲氧基吲哚-3-甲基硫苷含量的提高；20mg/L的ABA处理显著增加了芳香族硫苷含量，但是10mg/L和20mg/L的ABA处理显著抑制了小白菜总硫苷含量的增加。有研究表明，在小白菜幼苗期喷施10mg/L萘乙酸（NAA），4d后原浓度再喷施NAA一次，NAA处理过的小白菜的总硫苷含量达到最高，比对照提高4倍左右。通过环境调控增加蔬菜中硫苷含量的研究很少，要因地制宜加强环境调控的研究，达到人类的预期目标。

（四）矿物质调控

影响蔬菜中矿物质含量的因素主要如下。

1. 土壤的含水量 土壤中的水分对矿物质的存在状态有较大影响，从而影响植物根系对矿质元素的吸收。当土壤中含水量较低时，土壤中的矿物质不能呈溶解态或离子态，植物无法吸收，导致矿物质含量降低。

2. 土壤的pH 土壤的pH对矿质元素的形态也有较大影响。pH影响元素的溶解度。有些元素在酸性条件下溶解，而另外一些元素则相反，易在碱性条件中溶解。例如，铁、硼、锌、铜在pH4.5之前溶解度随着pH的下降显著提高，pH接近中性或趋向碱性时有效性下降，钼则与此相反。大量元素对pH反应一般比较迟钝，但其中磷是例外，磷的适宜pH范围极窄，严格说仅在pH6.5左右。

3. 土壤的吸附固定 营养元素被土壤中无机物或有机物所吸附固定，而不能为植物根系吸收，从而影响植物中矿物质的含量。各元素的吸附固定与土壤或成土母质有密切关系。

4．元素间的不协调 有些元素含量过高或过低会影响植物对另一种元素的吸收。例如，施用过量的钾和磷都影响对氮的吸收；缺硼不利于氮的吸收；增加锌可减少对磷的吸收；增加硼促进对钾的吸收，锌可减少对钾的吸收；钾影响钙的吸收等。

5．外源矿物质补充 对植物叶面喷施叶面肥或者对根系施肥也会影响蔬菜中矿物质的含量，如通过对植物叶面喷施叶面肥或对根部施富硒肥可使植株硒含量增加。

（五）生物碱调控

生物碱是一类重要的天然有机化合物，广泛存在于植物中，以双子叶植物最多，蔬菜中茄科所含的生物碱种类较多，含量也较高。生物碱引起人们的关注是因为其生理活性，许多生物碱化合物已广泛用作药物。但是许多蔬菜中的生物碱有一定的毒性，如不好好处理，对人体健康有很大影响。

1．蔬菜中常见生物碱

（1）苦瓜中的生物碱 苦瓜中的苦味来源于生物碱中的奎宁，苦瓜中含有大量的奎宁，其具有清热解毒作用。

（2）辣椒中的生物碱 辣椒碱又称椒素或辣椒素，辣椒果实中所含的辛辣成分主要为辣椒素。辣椒碱可作为食品添加剂和防腐剂，被广泛应用于食品工业。辣椒碱对细菌有着广泛的抑菌谱，但对霉菌的抑制作用较弱。具有镇痛、消炎、杀菌等药理作用（王莹等，2014）。

（3）香菇中的生物碱 香菇嘌呤最早从香菇中发现并提取得到，在众多的食用菌中只有香菇含有较多的香菇嘌呤。香菇嘌呤对人体有多种益处，具有降低血脂、抗病毒、防脱发及解毒等作用（王淑蕾等，2012）。

（4）莲子心中的生物碱 莲子心中含有莲心碱、甲基莲心碱和异莲心碱等，其中莲心碱含量最多。莲心碱既具有抗氧化又具有抗炎症的作用，还具有降压和抗心律失常等作用（陈朝阳等，2018）。

（5）马铃薯中的生物碱 发芽后的马铃薯中含有马铃薯毒素即茄碱，茄子和青番茄中也含有大量的茄碱，茄碱口服毒性比较低，引起中毒可能是与其他成分共同作用的结果。茄碱对胃肠道黏膜有较强的刺激性和腐蚀性，对神经中枢有麻痹作用，尤其对呼吸和运动中枢作用显著。对红细胞有溶血作用，可引起急性脑水肿、胃肠炎等。当青番茄变红以后，即成熟以后，就不会再含茄碱了。

（6）金针菜中的生物碱 金针菜又名黄花菜，鲜黄花菜中含有秋水仙碱，秋水仙碱含有剧毒，进入人体后，会使人嗓子发干、口渴、胃有灼烧感并伴有恶心、呕吐、胃痛等症状。为预防鲜黄花菜中毒，每次不要多吃，而且吃时应先将鲜黄花菜用开水焯过，再用清水浸泡 2h 以上，捞出后用水洗净再吃。

2．影响蔬菜中生物碱含量的因素

（1）外施肥料 钾对植物次生代谢产物如茄子茄碱的影响有一定的相对性，将茄子种植于对照、低量钾水平、中量钾水平、高量钾水平环境下，结果显示钾肥能够降低采果期茄子茄碱的含量。所以，想获得低茄碱含量的茄子可通过外施钾肥来调节。

（2）光照 不同品种马铃薯暴露于阳光下，随时间延长块茎中的茄碱含量都会增加，因为光照可促进马铃薯中茄碱的快速合成，在黑暗条件下 4d，马铃薯中茄碱含量几乎没有变化。所以在马铃薯的运输及储存中可以通过遮光处理来抑制茄碱含量的升高。

（3）温度 研究表明，马铃薯中茄碱的含量与储藏温度有关，在 24℃环境下块茎中茄碱含量比 4℃时积累的更多，通常高温会使块茎更早地渡过休眠期而增加代谢活动，促进茄碱的生成。

所以马铃薯储藏中可以降低其储藏温度，以期减少茄碱的合成。

三、流通与加工品质

蔬菜产品器官采收之后呼吸与衰老过程持续进行，水分丧失，风味质地发生变化。蔬菜的流通品质是指在蔬菜贮藏、运输和销售过程中对各种外观和营养品质的保持程度。例如，番茄果实肉质较硬，则耐贮运的能力较强。大范围流通的蔬菜，对流通品质的要求较高。蔬菜的加工品质是指蔬菜适合某种加工工艺、有利于生产高质量加工产品的相关性状。例如，用于制酱的番茄，要求有较高的可溶性固形物和番茄红素含量等。蔬菜加工专用品种应针对这些性状开展针对性的选育。

四、安全品质

安全品质一般是指对蔬菜食用营养价值产生副作用的物质，主要包括蔬菜中的生物污染物，如病菌、寄生虫卵，以及化学污染物，如亚硝酸盐累积、重金属富集、农药残留等。近年来，随着经济的发展和人们生活水平的提高，消费者对蔬菜等农产品的安全性提出了更高的要求。蔬菜安全品质作为蔬菜品质的基本要素，同时也得到了政府部门的高度重视。我国农业农村部对蔬菜的品质要求、生产操作过程以及产地要求等进行了一系列的规范，制定了相应的标准，其中包括各种蔬菜生产的产地标准、农药化肥使用标准、蔬菜品质标准等，随后各个省（自治区、直辖市）均根据当地的条件制定了相应的省级标准。具体可参照国家《食品安全国家标准 食品中污染物限量》（GB/T 2762—2017）。

第四章　蔬菜栽培技术基础

第一节　菜田土壤耕作

土壤是蔬菜作物生长发育的基础，作物所需的水分、养分、空气、热量等都与土壤直接相关。为了满足蔬菜作物不同生育阶段对土壤的要求，菜田土壤需具备以下条件：质地砂黏适中，富有团粒结构，保水、保肥和通气性能较好；耕作层深厚，一般在 25cm 以上，土层最好能深达 1m 以上；pH 适度，大多数蔬菜作物以中性或微酸性土壤为宜；地下水位不太高，且土壤中不含过多的重金属及其他有毒物质。

一、土壤耕作

土壤耕作是指使用农具以改善土壤耕层构造和表面状况的技术措施的总称。土壤耕作主要有以下几个方面的作用：改良土壤耕作层的物理状况，创造一个良好的土壤表面状态和适宜的耕层结构；建立土壤中水分、空气、热量等因素与外界环境之间的动态平衡；控制土壤微生物的活动性和生物学活性；正确地翻埋肥料，使土、肥混合均匀；减轻病、虫、杂草对蔬菜作物的危害。

1．土壤耕作时期　土壤的耕作时期，应依据各地的土壤情况、气候条件和栽培制度等进行判断。“耕地过冬，虫死土松”“秋耕深，春耕浅”“春耕如翻饼，秋耕如掘井”“伏里刺破皮，胜似秋后犁几犁”等农谚是农民群众长期实践经验的很好总结。

生产上比较简便的方法是选择土壤水分最适宜的时期。不同土壤要求的水分含量比较一致，为其田间持水量的 40%～60%，此时耕翻质量较好。一般表现为脚踏土块散碎，抓一把 5～10cm 耕层土，手握能成团，但不出水，手无湿印，落地即散碎。

中国北方单主作区以秋耕为主，双主作区有秋耕（或冬耕）、春耕和夏耕；南方地区大都随收随耕，菜地很少或没有休闲时期。秋耕可以使土壤经过冬季冰冻，增加土壤疏松度和吸水、保水性能，消灭土壤中的病菌和虫卵，并可提高翌年春季地温。因此，秋耕应在作物收获后，土壤冻结前进行。一般准备在早春播种或栽种的田块，都应争取秋耕，秋耕时可以进行深耕。春耕大多指在已秋耕过的地块上进行耙耱、镇压、保墒或给未秋耕地进行补耕，目的在于为春播、春种做准备。春耕时间一般掌握在土壤化冻 5cm 左右时进行，为了保墒，补耕不宜深耕，且要随耕随耙。蔬菜因栽培茬次多，还需要经常进行夏耕，特别是秋菜播种前的翻耕。夏耕以灭茬整地及疏松土壤为目的，往往由于前作收获晚，为了不误农时，一般多浅耕。无论何时翻耕，即使耕后不立即播植，也应及早耕作，有利于土壤熟化，也利于土壤养分的积累、转化、释放和蓄水保墒。一年多作地区，需要在一年中多次耕翻。

2．土壤耕作方法　土壤耕作包括耕翻、深松耕、旋耕、耙地与耱地、中耕与培土等。单一的土壤耕作措施作用有限，根据作物生产需要，可以将若干土壤耕作措施相互配套有序地用于土壤，组成一种特定的土壤耕作类型，称为土壤耕作法。通常的耕作方法是先进行耕翻和整地，在作物生长过程中再进行几次中耕，完成除草、松土、保墒、追肥及培土等作业。也可分为基本耕作和表土耕作。基本耕作入土较深，达整个耕作层，能显著改善耕作层的物理性状，是后效较长的一类耕作措施，主要包括耕翻、深松耕、旋耕、犁耕等。表土耕作一般为基本耕作后的辅助作用，入土较浅，作业强度小，包括浅耕灭茬、耙地、耱地、镇压、作畦、中耕与培土等。

（1）耕翻　耕翻是最基本的传统耕作措施，也是应用最广泛的一种耕作法，适用于多种作物。耕翻的原则是：熟土在上，生土在下，不乱土层。因为不管深耕如何，作物根系50%以上分布在0～20cm的土层里，20cm以下土壤氧气含量很少，微生物活性低，下层肥料和土壤矿质不易分解，对根系生长不利。

耕翻的适宜深度，以作物根系密集分布的20cm左右为宜。耕层深厚肥沃、土质黏重，可适当深耕，土层较浅，土质疏松，可适当浅耕；根菜类、果菜类可深耕，叶菜类可浅耕。

耕翻的作用在于改善土壤结构，加厚活土层，增加土壤底墒；消除病虫草害，促进根系发育，增加产量；防止和克服土壤盐渍化。“深耕细耙，旱涝不怕”“耕地深一寸，强过施遍粪”，充分说明了深耕的重要性。然而，深耕也有它的不足之处。虽然加深耕层有一定的增产效果，但因耗能多，效益并不与之相应；深度一成不变地经常耕翻，会使犁底层致密增厚，妨碍作物根系伸展和降水入渗；不断地耕翻会加速有机质矿化，不利于农田土壤有机质积累和动态平衡。因此，要结合茬口有计划地安排深耕和浅耕，这样既减轻了劳动强度，又避免形成僵硬的犁底层；要结合耕翻施用大量有机肥，加速深层土壤熟化；耕翻后要及时耙细，收墒保墒，避免跑墒。

（2）深松耕　耕翻的蓄水保墒作用是有限的，在坡耕地也不利于保持水土。采用只松土、不翻土的深松耕法，在耕深30～45cm的部位对土壤进行全面或局部疏松，可以打破犁底层，利于降水入渗和作物根系伸展，增加降水入渗量，利于土壤水分的自然梯度分布，散墒失水少。加上耕后残茬留在地面有一定的保墒作用，从而使土壤水分状况比耕翻法要好。

深松耕的耕作原则是：①分层深松，不乱土层，根据土壤种类和深松深度，安装1或2层深松铲，使耕作层一次加深到适宜深度，而各层上的位置不变。②间隔深松，虚实并存，这是深松耕的主要特点，间隔深松在耕层中创造了纵向或横向“虚实并存”的耕层构造。③耕种结合，耕管结合，可省去一次成本较高的深翻耕作用，同时还缓和了单独深耕造成的农时紧迫矛盾，使生产单位所有土壤每年都有深松的机会。

深松耕后地面留下一定数量的残茬，同时也打破了犁底层，有利于保持水土，增强抗旱能力，在山区、坡地有利于水土保持，在盐碱地增产效果明显。但是深松耕法也有一些问题，如难以翻埋有机粪肥、残茬和杂草，容易发生草荒。因此，深松耕法一般还不能取代耕翻。

（3）旋耕　旋耕是利用旋耕机旋转的刀片切削土壤、疏松耕层、破碎土块的一种耕作方法。旋耕集基本耕作和表土耕作措施为一体，也可称为一种“少耕法”。它和耕翻相比具有碎粒性强、旱耕细碎，水耕表土松软起浆、耕后地面平整等特点，而且一次就能完成犁、耙、平、压等作业，省工省时，利于争取季节。但旋耕的耕深通常仅10～14cm，对残茬、杂草的覆盖度较差，长期旋耕会使耕层变浅，杂草增多。带水浅层旋耕还会破坏土壤结构，久而久之使水田通透性变差，产生次生盐渍化。为此，应提倡耕翻与旋耕轮换运用，深浅耕搭配，并与化学除草、全层施肥相结合，方能取长补短。

（4）耙地与耱地　耙地是主要的表土耕作措施，其作用是平整土地、耙碎土块、混拌土肥、疏松表土、消除杂草和促进根茎繁殖，为作畦及播种打好基础。耙地的时间主要取决于墒情及气候条件。耕翻后的耙地，应与耕翻连续进行。北方秋耕后的春耙，越早越好，应在土壤解冻时顶凌耙地，以防旱保墒。耙地的深度要根据耙地目的、气候条件及土壤情况而定。一般浅耕灭茬，一年生杂草多时为5～6cm，多年生杂草多时为10～12cm；覆盖肥料时为8～10cm；雨后或播种前耙地为4～5cm。耙地主要用钉齿耙或圆盘耙进行。

耱地也叫盖地、擦地或耢地，起重要的保墒作用。常在犁地、耙地后进行，用以平整地面、耱实土壤、耱碎土块，一般作用于表土 3cm 左右，是一项减少蒸发、保蓄土壤水分的良好表土耕作措施。一般情况下，耙地和耱地经常一起连接作业，先耙后耱，成为同一措施的两个部分。在土壤疏松、土块小，耕地质量好，水分适宜时，耱地可以代替耙地。耱地的作用跟耙地相似，通过耱地也可以打破板结，以达到苗齐、苗全、苗壮的目的。播种后的耱地，有覆土和轻微镇压的作用。

（5）中耕与培土　中耕有疏松表层土壤，保蓄水分，消除杂草，促进根系发育和产品器官形成等作用。中耕深度在土壤表层下 5～10cm，不宜过深。俗话说“头遍浅，二遍深，三遍五遍不伤根”，要适时中耕，经常保持土层疏松，没有杂草。特别是在灌溉后或雨后要及时中耕，以破除土块，防止板结，保蓄水分。对需要中耕的蔬菜应尽量提早中耕，一般搭架蔬菜应在设立支架前，不搭架蔬菜在封行（垄）前，需中耕 2 或 3 次。中耕要尽量与开沟、灌溉或排水、培土、追肥相结合。

培土是在植株生长期间将行间土壤分次培于植株根部的方法，一般结合中耕除草进行。培土除了具有防止植株倒伏、防寒、防热、利于排水等作用外，还可以使大葱、韭菜、芹菜、石刁柏等的产品器官软化，促进马铃薯、芋、姜等薯芋类的地下茎形成和肥大，促进番茄、南瓜的不定根发生，对早春定植的蔬菜，培土也可提高土温，促进生长。

二、作畦

1. 畦的形式　栽培畦的形式，视各地的气候（主要是雨量和雨季）、土壤条件、栽培方式和蔬菜作物种类而异，常见的有平畦、低畦、高畦、垄和沟等。

（1）平畦　地面平整后，不筑成畦沟、畦埂的栽培畦形式，畦面与带间通道的地面相平。平畦适宜于排水良好，雨量均匀，不需要经常灌溉的地区，或采用喷灌、滴灌、渗灌等现代灌溉方式的地块。雨水多或地下水位高的地区，除了倾斜地块外，不宜采用。其优点是土地利用率和单位面积产量高，节省人力。

（2）低畦　地面平整后，畦间走道比畦面高，畦面低于地面的栽培畦形式。低畦便于蓄水和灌溉，适宜于地下水位低、排水良好、少雨、干旱、以畦灌为主的地区和季节。在中国主要用于秦岭淮河以北地区。

（3）高畦　地面平整后，在平畦基础上，按照一定距离在地面上挖平行的排水沟，使畦面凸起的栽培畦形式。适于降水较多、地下水位较高或排水不良的地区，长江以南地区大多采用这种高畦方式。在耕层较浅的地区，高畦也是增厚耕土层的一种有效方法。高畦的优点是便于排水，水分蒸发快，可防止田间积水，增加土壤温度。适宜栽培瓜类、茄果类和豆类等喜温作物，好冷凉喜湿润的大白菜也常采用高畦栽培，能降低软腐病的发生。一般畦宽 180～200cm，畦高 23～26cm，北方干旱地区采用高畦栽培时，一般畦宽不宜超过 120cm，畦高 15cm。畦面过窄，畦沟数目会增加，土地单位实际利用面积减少；畦面过宽，排水不良，操作也不方便。

（4）垄和沟　垄是一种较窄的高畦，顶部呈圆弧形，一般垄底宽 60～70cm，垄高 15～30cm，垄间距离根据蔬菜种植的行距而定，蔬菜作物种植在垄上。北方地区春季栽培时，为了保证成活和提高地温，常采用这种栽培畦。根菜类和薯芋类特别适合垄栽，大白菜、大型萝卜、结球甘蓝、瓜类、豆类也经常采用垄作。

沟是指在平整好的畦面上按照一定行距开沟，将蔬菜作物种植在沟内的栽培形式。例如，芹菜软化栽培时，可将芹菜定植在沟内，便于软化和后续培土；大葱采用沟栽，通过多次培土可使葱白细长，商品率提高。

2．畦的走向　畦的走向取决于蔬菜种植的行向，蔬菜种植的行向不同，其光照、空气、热量和地表水分均有所不同。特别对于高秆和搭架的蔓生蔬菜，行向的影响作用较大。在风力较大的地区，当植株的行向与栽培畦的走向平行时，畦的走向以与风向平行为宜，这样有利于行间通风，减少风害。在地势倾斜地块，以有利于保持土壤水分和防止土壤冲刷来确定畦向。

我国地处北半球，冬季和早春太阳辐射偏向南面的时间居长，且期间的太阳高度角低，所以冬春季蔬菜栽培宜采用东西向，这样植株的受光较好，冷风为害较轻，夏季宜采用南北向，有利于田间植株采光及通风。但在南方地区，为了减少夏季强日光对蔬菜的灼伤，宜作东西向的畦。

第二节　直播与定植

一、蔬菜播种期和定植期的确定

确定蔬菜播种期和定植期，从自然因素的角度，主要需要考虑温度。具体来说，需要考虑蔬菜对温度的要求、生育期的长短、种植地点的温度条件和设施调节温度的能力等。除自然因素外，还需要考虑市场、价格、人力资源等社会因素。

在没有设施的前提下，种植地的外界温度需要和蔬菜对温度的要求相适应，否则无法正常生长。因此，在确定蔬菜茬口时，需要仔细查阅当地的温度和所种蔬菜对温度的要求。另外，我们还可以利用设施来提高或降低温度，在原本不适合的季节开展蔬菜生产。各种设施中，中小棚（棚内温度较露地提高 1～2℃）约能提早或延后生育期 7d，大棚（棚内温度较露地提高 5℃）可提早或延后生育期 15～20d，双层棚（大棚内部套一层小棚，棚内温度较露地提高 7～10℃）可提早或延后约 30d，而内棚覆盖保温被的双层棚则可提高温度 15℃以上，日光温室的保温增温效果更优于双层棚，在北纬 40°以南，可保证喜温蔬菜顺利越冬。而夏季的遮阳网，则使夏季栽培喜冷凉蔬菜成为可能。

二、直播

对于栽培期间条件适宜、生育期短、植株根系较弱、移植后不易成活、移栽工作量大等蔬菜种类，宜采取直播方式进行栽培，如豆类、部分绿叶菜类和根菜类等。

1．播种

（1）播种方式　根据播种方式，蔬菜播种可分为撒播、条播和点播三种方式。

撒播是将种子均匀地撒在平整好的畦面上，然后覆土镇压。一般用于生长期短、营养面积小的速生蔬菜。如果是特别细小的种子，如小白菜、生菜、荠菜、苋菜和紫苏等，需要把种子和细土混匀后再撒种。撒播的优点是蔬菜密度大，单位面积产量高，可经济利用土地面积；缺点是种子用量大、间苗费工，对撒籽技术、覆土厚度、畦面整理等要求较高，不利于机械化的耕作管理。

条播是将种子均匀撒在播种沟内，然后覆土镇压。一般用于单株占地面积较小、生长期较长的蔬菜，如菠菜、胡萝卜、大葱等，速生小菜通过缩小株距和宽幅多行也可进行条播。条播地块行间较宽，土壤透气性较好，便于机械化的耕作管理，灌溉用水量经济，用种量较少，覆土方便。

点播又称穴播，是将种子播在规定的穴内。一般用于营养面积大、生长期较长的蔬菜，如豆类、茄果类、瓜类、薯芋类等。点播能够为发芽创造局部的水、温、气条件，有利于在不良条件下播种出苗。例如，在干旱炎热时，可以按穴浇水后点播，再加厚覆土保墒防热，待要出苗时再扒去部分覆土，以保证出苗。点播用种量少，植株营养面积均衡，便于机械化的耕作管理，但存在播种用工多、穴间播种深度不均匀、出苗不整齐和易缺苗等缺点。

（2）播种方法　根据播种前是否浇水可分为干播和湿播两种方法。

干播是播种前不灌水，将干种子播于墒情适宜的土壤中，播后镇压覆土，使土壤和种子紧紧贴合以助种子吸水和发芽。一般用于湿润地区或多雨季节。这种方法操作简单、速度快，但如遇土壤墒情不足，播后管理不当，容易造成缺苗，如播后连续浇水，则易造成土壤板结。

湿播是在播种前先打底水，待水渗下后将种子播于湿润的土壤中，然后依种子大小覆土。1～2d 后，用耙轻轻耙平和镇压上面。炎热的天气和盖土薄的种子，还要注意遮阴防热和保墒。湿播播种质量好、保苗率高、土面疏松不板结，但操作复杂、工效较低。

播种深度（覆土厚度）要根据种子大小、土壤质地、土壤温度、土壤湿度及气候条件而定。种子小，贮藏物质少，顶土能力差，宜浅播；反之，大粒种子可深播。砂质土壤，土温高，易干燥，宜深播；黏重土、地下水位高的地方宜浅播；高温干燥时宜深播，天气阴湿时宜浅播。覆土厚度一般以种子直径的 2～6 倍为宜，小粒种子覆土 0.5～1cm，中粒种子覆土 1～1.5cm，大粒种子覆土 3cm 左右。另外，菜豆种子发芽时易腐烂，应适当浅播；瓜类种子发芽时种皮不易脱落，播种时除了种子要平放外，还要保持一定深度；芹菜种子喜光，宜浅播。

（3）播种量　播种量应根据蔬菜的种植密度、单位重量的种子粒数、种子的使用价值及播种方式、播种季节来确定。撒播和条播的播种量可参考点播法进行确定，但精确性不如点播法高。主要蔬菜的直播播种量见表 4-1。

表 4-1　主要蔬菜的直播播种量（杨忠仁和刘金泉，2017）

蔬菜种类	种子千粒重（g）	用种量（g/亩）	蔬菜种类	种子千粒重（g）	用种量（g/亩）
大白菜	0.8～3.2	125～150	菠菜	8～11	3000～5000
小白菜	1.5～1.8	1500	茼蒿	2.1	1500～2000
萝卜	7～8	200～250	苋菜	0.73	4000～5000
小萝卜	8～10	1500～2500	菜豆（矮生）	500	6000～8000
胡萝卜	1.0～1.1	1500～2000	菜豆（蔓生）	180	4000～6000
芫荽	6.85	2500～3000	豇豆	81～122	1000～1500

2．间苗　为了保证全苗，蔬菜直播时，根据种子发芽率，常常取田间应有植株 2～5 倍及以上的播种量进行播种。出苗后易出现植株拥挤而引起秧苗徒长，必须及时间苗，使秧苗保持适当的营养面积。

苗距根据蔬菜种类、品种和预定的密度来确定。间苗时掌握“间早不间晚、先轻后重、间病留健、间弱留强”的原则，将多余的小苗、弱苗、杂苗、病苗和畸形苗及时拔除或剪除。直根类蔬菜应注意使子叶与行向垂直，因为子叶的方向与将来肉质根两侧的吸收根方向相一致。播种后必须保证出苗所需水分。每次间苗后浇“合缝水”，必要时可进行追肥，以促进植株迅速生长。浇水后 2～3d，待土层表面干结时，可进行中耕。

3．定苗　对于直播蔬菜，最后一次间苗也称定苗，一般萝卜定苗在 4 或 5 片叶时，白菜在 7 片叶前后。定苗时除与前几次间苗作业要求相同外，还应保证株间距离大致相同。定苗最好在晴天中午前后进行，此时气温高，水分蒸发快，容易发现异常苗，特别是根部有问题的幼苗。如出现连续断畦（垄）现象，在最后定苗时，应选择间除的部分健壮幼苗进行补苗。对补栽的秧苗，应“偏吃、偏喝”，使小苗赶大苗，达到苗齐、苗壮。

三、定植

1．定植前的准备 将长到一定大小的幼苗适时栽到大田里去，称为定植。蔬菜定植前要做好土地和秧苗的准备。整地工作要尽早完成，包括整地、施基肥和作畦等，尤其是早熟栽培。整地作畦之后，定植前要开沟（穴）和施基肥，还要做好定植时的灌溉等准备工作。一般情况下，基肥可以是有机肥或化肥，但是由于复合肥、尿素、碳酸氢铵等化肥对幼苗根系刺激较大，极易烧苗，最好避免施用；商品有机肥、生物肥、腐殖酸和氨基酸类肥料所含养分全面，且不易烧根，可作基肥施用，穴施时一般以每穴 30～40g 为宜。注意肥料不要过量，要避免与定植苗根系直接接触，可在施肥后撒一层细土或与土拌匀，然后再栽苗。

培育壮苗是移栽成活的关键，除了要准备足够的健壮秧苗外，还要做好秧苗的蹲苗锻炼。在起苗、运苗时尽量不要扭伤秧苗茎叶，要轻拿轻放，避免散坨伤根。定植时秧苗的大小要根据季节和蔬菜种类有所区别。寒冷季节，苗龄可适当大些，叶菜类以 5～8 片真叶为宜，果菜类可带蕾定植。温暖季节，苗龄可适当小些，叶菜类以 4 或 5 片真叶为宜；豆类秧苗根系再生能力弱，侧根较少，叶面积增加快，应在 2 片真叶期定植；瓜类的根系再生力弱，叶面积增加快，应在秧苗小时定植，而且要做好根系保护措施；茄果类蔬菜幼苗根的再生力强，移栽适应期较长，但应避免带花或带果定植。

2．定植方法 蔬菜秧苗的定植方法，一般是开穴或开沟后，按预定距离栽苗，覆土，适当压紧，然后按畦或地块统浇定植水。如采用微灌方式时，在主管上进行水分分路控制，可以分区浇水，栽完一区后，即可开始浇水。这种定植方法省工且速度快，但容易引起土壤板结和裂缝，保墒能力差，在早春时会因土壤水分蒸发量大，引起地温降低，不利于缓苗，适于高温季节蔬菜定植。也可采用“坐水栽”法，即在开穴（沟）后，先引水灌溉，随水将苗栽下，水渗完后覆土。这种方法用水量小，土壤表层不易板结、幼苗发根和缓苗好，适于早春夏菜定植。

采用地膜覆盖时，有先覆膜后栽植和先栽植后覆膜两种方法。先覆膜后栽植是在畦面按株行距打定植穴，灌水后立即放苗，待水渗下后，用细土填实孔穴，封严地膜封口，使其不漏风。先栽植后覆膜是先在畦上按株行距挖穴定植，栽后覆膜，挖孔引苗并封严引苗孔，在畦两边压紧地膜，然后立即浇透水。

秧苗定植的深度一般应比原苗床稍深些，以不淹没子叶为宜。但定植时也应充分考虑栽培季节、土壤质地、栽培方式、作物根系深浅及其对养分的需求等因素。北方地区，春季土温低，定植过深容易造成发棵慢，宜浅栽；干旱地区或高温季节，宜深栽；地下水位高、地势低洼的地区，不宜定植过深；土质过于疏松，地下水位偏低的地方，应适当深栽，以利于保墒。黄瓜、洋葱根浅，适宜浅栽，番茄、茄子根深，需要培土防止植株倒伏，可适当深栽。大白菜根浅，茎短缩，深栽易烂心，大葱深栽有利于葱白加长。徒长苗可进行斜栽，使其茎的下端连同根部一起斜卧在定植沟或定植穴内。

秧苗定植的质量好坏与定植时的气候和天气条件有关。北方春季栽苗，适宜在无风的晴天进行，因为晴天气温和土温较高，有利于缓苗；南方或高温季节宜选在阴天无风的日子，以避免烈日暴晒，减少地上部的蒸腾；一般的天气，下午定植比上午好。越冬前气温低时，不宜勉强栽植，要保证栽植的秧苗越冬时已成活，有一定数量的新根发生，否则植株的抗寒力减弱，容易受霜冻危害。另外，栽植过浅或过深，苗坨散开，根系破坏，浇水过多或过少，栽后覆土封苗不及时等都会影响秧苗成活和缓苗速度。

3．定植密度 定植密度因蔬菜种类、熟性、茬次、土壤肥力、栽培方式等不同而异。蔓生茎植物，爬地生长的定植密度应小，搭架栽培的密度应大；直立茎植物，分枝能力强的定植密度小，分枝能力弱的定植密度大；丛生的叶菜类和根菜类密度应小；果菜类适当稀植，增加光照，有利于维生素合成，增加品质；土壤肥力高，定植密度大，反之，定植密度小；早熟品种定植密度大，晚熟品种定植密度小。

合理密植能增加根系吸收面积、提高光能利用率，是蔬菜增产增收的重要措施，如胡萝卜、青花菜等一次采收蔬菜，密植可提高单位面积产量，茄果类、瓜类等多次采收的蔬菜，适当增加密度可明显增加早期产量，绿叶菜类密植的增产效果也非常明显。密植还有助于提高蔬菜产品品质，如芹菜、茼蒿、菠菜等可以利用密植进行软化，萝卜、胡萝卜等根菜类适当密植可减少歧根等。

推行密植必须与深耕、施肥、适时灌溉、及时搭架、整枝、压蔓和摘叶等栽培技术措施相互配合，加强田间管理，改善通风透光条件，才能收到良好的效果。例如，早春栽培番茄可以改不整枝搭架为整枝搭架，改双干整枝为单干整枝。瓜类和豆类也大致如此。此外，合理密植还应注意加强病虫防治。对于高温多雨地区或季节，不提倡密植；在没有灌溉条件，土壤肥力又低的地区，也不宜密植。

4．缓苗期的管理 秧苗定植后，因根部受伤，妨碍水分和养分的吸收，会停止生长一段时间，直到新根发生后，才恢复生长，这一过程称为缓苗。可采取一些临时性的田间保护措施，保证秧苗快速缓苗甚至不需要缓苗。当遇气温降低时，进行简易覆盖以提高地温；偶遇霜冻，可用覆土防寒、熏烟火、灌水等防冻措施；栽植后阳光过于猛烈时可设法遮阴，增加空气湿度，降低光照度等。另外，缓苗前应注意浇水，促进成活，缓苗后，再浇一次缓苗水。

缓苗与否可通过新根（特别是根毛）是否发生、新叶是否展开和植株生长是否恢复等来进行判别。缓苗后，应及时采取正常的肥水管理、土壤管理和病虫草害防治，以促进植株迅速生长。

第三节 灌溉与施肥

科学化的水肥管理是实现蔬菜高产、优质、高效生产的重要保证。在蔬菜生产过程中，根据蔬菜作物不同生育阶段的生长特点及其对水肥的需求规律，利用现代灌溉施肥设备，通过合理水肥管理促控蔬菜生长，协调群体与个体、地上与地下、营养生长与生殖生长之间的关系，实现蔬菜作物高产优质与水肥利用效率的同步提高。目前，我国菜田肥水利用率还比较低，过量灌溉施肥的现象还相当普遍，造成土壤理化性质恶化，有时还会造成严重的肥水渗漏，污染地下水源和周边水体。因此，在国家生态文明建设和可持续利用土地的大背景下，提升菜田灌溉施肥技术，向精确化、智能化方向发展，已成为今后一段时间蔬菜肥水管理技术发展的重要趋势。

一、灌溉

灌溉是人为补充作物正常生育期所需水量与该期降水量的差值，满足作物生理需水和生态需水，实现高产优质的重要栽培措施。

（一）灌溉时期的确定

植物体内生长发育活跃部分的含水量达到80%以上，没有水便无法进行正常的光合作用，代谢过程受阻。一般来说，蔬菜产品的含水量为80%～95%，水分供应不足就会出现萎蔫现象，大大降低产品的商品价值，适时灌溉对蔬菜生长发育非常重要。

不同蔬菜种类由于生育特性、环境因子、栽培条件不同等原因，其适宜灌溉期之间存在着差异。蔬菜作物生长发育过程中，什么时间进行灌溉，灌多少水，除依据作物需水特点和关键时期外，还应考虑当地的气候条件、土壤含水量、蔬菜形态指标及生理指标、耕作措施等因素，适时进行补水灌溉。

1. 气候条件　在我国大多数的地区，雨季和旱季非常分明，在雨季以排水为主，在旱季以灌溉为主。长江流域的梅雨季节，要及时清沟排水，雨后及时中耕松土，避免土壤板结，还能散失一部分土壤中的水分；干旱少雨的季节要及时灌水。高温、强光和高风速条件下，作物蒸腾作用加大，需水量增加。高温期浇水要避开晴天正午高温时段，选择早晚浇水。低温季节，气温较低，光照较弱，作物生长缓慢，根系吸水和叶片蒸发蒸腾量较小，应少浇水或不浇水，可通过勤中耕来保持土壤水分。必须浇水时，要在冷尾暖头的晴天进行，最好在午前浇完。水生蔬菜定植之初要深灌水防寒护苗，成活后宜保持浅水层，以利于增温发苗，夏天要深灌水防高温。

2. 土壤含水量　作物生产中有时根据土壤含水量指标来进行灌溉，根据土壤墒情决定是否需要灌水。一般作物在土壤含水量为田间持水量的60%～80%时生长较好，土壤既有充足的水分供应，也有足够的空气供根系生长。但这个数值随作物种类和不同的生育期而有所不同。耐旱蔬菜可适当低些，湿生蔬菜要适当高些。作物苗期土壤含水量指标可低些，中期需水较多，土壤含水量指标可适当高些。目前已经明确部分蔬菜灌水始点的土壤含水量，如大白菜在幼苗期为90%田间持水量，莲座期为80%田间持水量，结球期为80%田间持水量，辣椒的灌水始点在结果前期为80%田间持水量，盛果期为70%田间持水量。

张力计常用于监测土壤水分状况，是目前应用较广泛的水分监测设备。张力计测定的是土壤水的基质势，并非土壤的含水率。张力计观测值以所对应水银柱高度（cm）的负对数（pF）表示。在灌溉管理中，水分张力上升到灌溉下限时开始灌水，直至灌水上限。张力计观测较为直观、方便，可以满足一般土壤水分的监测，但对砂土、过黏重的土壤和盐土，张力计不能发挥作用。目前，已经研究出一些蔬菜pF管理标准，如番茄在pF1.5～2.0，辣椒在pF1.9～2.1，甜瓜在生育初期pF2.0、授粉期pF2.4、现纹期pF2.7、成熟期pF2.4～2.7等开始进行灌水，在灌溉自动化管理中效果明显。

3. 蔬菜形态指标　作物枝叶生长对水分亏缺甚为敏感，较轻度缺水时，光合作用还未受到影响，生长就已受到严重抑制，导致茎叶生长速率下降。当水分供应不足时，细胞膨压下降，叶片萎蔫，当只有中午短暂发生萎蔫时，并不代表土壤缺水，这可能是由于中午作物蒸腾作用失水大于根系吸水速率，但如果下午4:00以后萎蔫仍没有恢复，说明土壤水分不足。缺水时作物生长缓慢，叶绿素浓度相对增加，叶色变红，这是由于作物受旱时糖类分解大于合成，细胞中累积较多的可溶性糖并转化成花青素。因此，叶片外形、色泽、茎节长短、蜡粉厚薄等常常作为灌溉判断标准的方法。例如，温室青韭，早晨要看叶尖有无溢液；露地黄瓜，早晨时看叶的上翘与下垂，中午看叶的萎蔫与否以及轻重，傍晚看萎蔫恢复得快慢；番茄、黄瓜、胡萝卜等，叶色变暗，中午稍有萎蔫，或甘蓝、洋葱叶片蜡粉较多且变脆时，说明植株缺水，要及时灌溉；如出现叶色淡，中午毫不萎蔫，茎节拔长，说明水分过多，要及时排水除湿。

4. 蔬菜生理指标　伴随着植物水分生理学的发展，出现了许多植物水分状况诊断指标，如叶片相对含水量、叶水势、气孔导度、净光合速率、蒸腾速率、茎干直径微变化、液流速率、叶温或冠层温度、声波发射速率、内源激素含量等。其中，叶水势和土壤水分状况存在高度的相关性，水势是指每偏摩尔体积的水在一个系统中的化学势与纯水在相同温度和压力下的化学势之差，是植物体内水自由能的一种度量。叶水势是一个灵敏反映作物水分状况的指标。当植物体内缺水时，叶水势下降。

但是，不同作物发生干旱危害的叶水势临界值不同，不同叶片、不同取样时间测定的叶水势也会有所不同。尽管叶水势受许多内部和外部因素影响，但土壤水分是影响水势长期变化的重要因素，叶水势总是随着土壤含水量的不断减少而下降，因此许多学者主要用叶水势指示土壤水分亏缺。

5. 耕作措施 灌水要与其他栽培措施相结合。在苗床起苗之前要浇水，便于带土护根；间苗之后要浇一次“合缝水”；分苗或定植之后要浇“定根水”。施肥后一般要结合灌溉做到肥水相融。棚室蔬菜冬春季灌水后要进行大通风，让蔬菜上的水滴和棚内湿气及时散失，然后闭棚升温。要贮藏的蔬菜采收之前需节制灌溉，以免蔬菜产品含水多，易腐烂。莲藕、荸荠等水生蔬菜采收前要排干水，以便于采收。割韭菜、掐菜薹之后要过两三天再浇水，以利于伤口愈合。酸性土壤，要“加粪泼浇”；盐碱地，要明水大灌，防止返盐；低洼地块，可采用窄畦、短畦、深沟高畦，小水勤浇，防止积水；保水能力差的砂壤土，可结合有机肥改良土质，多浇水、勤中耕；保水能力强的黏壤土，灌水量及灌水次数要少，浇暗水，忌灌大水。

（二）灌水量和灌溉制度

灌水量包括灌水定额和灌溉定额。灌水定额是指单位面积上灌溉一次所需的水量，灌溉定额是指蔬菜整个生育期内单位面积上应灌溉的水量，即各次灌水量之和，也叫总灌水量（通常以 m^3 或 mm 表示），是灌溉管理中需要量化的指标。灌溉定额、灌水定额、灌水时间、灌水次数共同构成作物的灌溉制度。

在实际生产中，灌水次数、灌水日期和灌水定额需要根据当年的降水和作物生长情况进行调整。灌水一般在土壤含水量降到灌溉下限时进行，灌水定额一般可用下列公式计算。

$$W=s\times r\times p\times h\times Q\times(\theta_{max}-\theta_{min})/\eta$$

式中，W 为灌水定额；s 为灌溉面积；r 为土壤容重；p 为土壤湿润比；h 为土壤湿润层深度；Q 为土壤最大持水量；θ_{max} 为土壤灌溉上限，以占田间持水量的百分数表示（%）；θ_{min} 为土壤灌溉下限（灌水始点）；η 为灌溉水利用系数。

土壤湿润比（p）是在计划湿润土层深度内，所湿润的土体与灌溉区域总土体的比值。一般以地面下 20～30cm 处的平均湿润面积与作物种植面积的百分比近似地表示，一般滴灌取 60%～90%，微喷灌取 40%～70%。

土壤湿润层深度（h）则取决于根系密集深度，并与土壤剖面水分的消失深度有关。不同蔬菜作物根系有深根性的和浅根性的，同一作物的根系在不同生长发育时期的分布深度也不同。制定灌溉制度时，应尽可能根据作物的根系特点计划灌溉的湿润深度，使灌溉水分布在作物根系层，减少深层的渗漏损失。一般蔬菜适宜的土壤湿润层深度为 0.2～0.3m。

土壤灌溉上限（θ_{max}）是指计划湿润层内适宜土壤含水量上限。在微灌设计中，一般采用田间持水量的 85%～95%为土壤灌溉上限。土壤灌溉下限（θ_{min}）为计划湿润层内适宜土壤含水量下限。对大多数作物来说，当土壤含水量下降到土壤田间持水量的 55%～65%时，作物生长就会受到阻滞，可以此作为土壤灌溉下限的指标依据。

灌溉水利用系数（η）取决于灌溉方式、灌水设备、栽培管理水平等因素，一般取 0.7～0.9，滴灌可取 0.9～0.95。

土壤容重（r）和土壤最大持水量（Q）要在灌溉菜田中取样测定。

（三）灌溉技术

1. 地面灌溉技术 地面灌溉具有所需设备少、投资小、技术简单、水头要求低、能源消耗少等优点，是我国目前应用最广泛的传统灌溉方法。按照田间工程和湿润土壤的方式主要分为畦灌、沟灌和漫灌等几种形式，适用于水源充足、土地平整的地块。地面灌溉投资小、易实施，适用于露地大面积蔬菜生产，但费工费水，均匀度差，土壤易板结，灌水后需要及时中耕松土。

（1）畦灌　畦灌是在平整土地的基础上，用畦埂将灌溉土地分隔成一系列小畦。灌水时，将水引入畦田后，在畦面上形成薄水层，沿畦田坡度（畦长）方向流动，借重力作用逐渐湿润土壤。畦灌适用于密植窄行、小型的蔬菜，如菠菜、芹菜、油菜、四季萝卜等。畦灌的技术要点是：把大畦改小畦，长畦改短畦，宽畦改窄畦。畦灌属于漫灌，用水量大，土地平整时，灌溉才比较均匀。随着田面平整精度的改善，畦灌系统性能评价指标显著提高。

（2）沟灌　沟灌是在作物行间开挖灌水沟，水从输水沟进入灌水沟后，在流动的过程中，主要借毛细管作用湿润土壤。和畦灌相比，其明显的优点是不会破坏作物根部附近的土壤结构，不会导致田面板结，能减少土壤蒸发损失，较畦灌节水，适用于宽行距的中耕蔬菜。沟灌须在每块田的四周开挖输水沟，灌水沟与输水沟垂直，输水沟稍深于灌水沟，便于排水，灌水的深度以保持在沟深的2/3或3/4为宜。

2．设施化灌溉技术

（1）喷灌　喷灌利用机械和动力设备与管道系统，在一定压力下，使水通过喷头（或喷嘴）射向空中，以雨滴状态降落田间。喷灌对地形、土壤等条件适应性强，特别适于山地、丘陵等地形复杂的地区和局部有高丘、坑洼的地区。喷灌可根据作物的需要及时适量地灌水，可以控制喷灌强度，使地面不发生径流，具有省水、省工、保土、保肥，不破坏土壤结构，调节地面小气候及不受地形限制的优点，并能冲掉作物茎、叶上的尘土，有利于植株的呼吸和光合作用。喷灌的灌溉水利用系数可以达到0.72～0.93，一般比地面灌溉节水30%～50%。但喷灌设备投资高，能耗大，运行费用高，风力对灌水质量的影响较大，一般风力达到3级以上时，喷灌的均匀度就会大大下降。

（2）微喷灌　微喷灌是借助一套专门的设备，将低压小流量的灌溉水，喷到离地面不高的空中，散成微小的水滴，均匀地喷洒在植物根区地面上的一种节水灌溉技术。微喷灌是一种介于喷灌和滴灌之间的先进的节水灌溉技术，它吸收了喷灌抗力低，可节省动力能源等优点。微喷头的工作压力与滴头大致相同，但喷洒孔口稍大，出水流速比滴头大，堵塞的可能性大大减小。微喷灌在设施育苗、芽菜、叶菜类生产中应用较多，可采用地面式及悬挂式微喷灌系统，既省水，又可以实现灌水、施肥自动化控制，能够给设施生产制造一个最佳水分、养分及空气温湿度条件。

（3）滴灌　滴灌是通过输水管道和滴灌管上的滴孔或滴头，使灌溉水缓缓滴到蔬菜根际，然后渗入土壤并浸润作物根系主要分布区域的灌溉方法。滴灌技术目前在果菜类蔬菜上应用效果显著，在设施蔬菜生产中得到了大面积推广应用。

滴灌属于局部灌溉，只湿润作物主要根系分布区域和部分地表，减少了下渗损失和地面蒸发；滴头的灌水速率小于土壤入渗速率，避免了地表径流；水不在空中运动，不打湿叶面，没有水分的漂移损失和输送及喷洒中的蒸发损失。所以滴灌能够比地面灌溉节约用水30%～50%，有些作物可达80%左右，比喷灌省水10%～20%，灌溉水利用系数可达0.95。滴灌系统为低压灌水系统，能耗较低，便于实现自动化控制，还可以实现水肥一体化，减肥增效作用明显，比常规施肥节省50%以上。在节水省肥的同时，滴灌还可以降低设施内空气湿度，减少病虫害的发生。目前，滴灌系统在经济价值高、劳动力需求多的蔬菜生产上有较多应用，但造价较高，毛管滴头容易堵塞，滴灌的均匀度不宜保证，也成为滴灌系统在生产上大面积推广的障碍。

（4）渗灌　渗灌是一种地下灌溉技术，缩短了灌溉的过程，它通过埋设在地下的结构独特的渗水管，直接把水、肥、气输入作物根区土壤，借渗透压和土壤毛细管作用，人为调控适度的土壤水、肥环境，满足作物需求。渗灌将水直接送到作物根区，地表不见水，棵间蒸发很少，水利用率高，可达95%以上；土壤不板结，土壤透气性较好，改善生态环境，节约肥料；工作压力远低于滴灌和喷灌，节能效果更显著。但是抗堵塞能力差，检查和维护不方便，均匀性低，限制了渗灌的大面积应用。

（5）膜下滴灌　膜下滴灌是在地膜下开沟或铺设滴灌带进行灌溉，可使土壤蒸发量降至最低，可有效改良农田的土壤结构，防止土壤次生盐碱化，低温期还可减少地温的下降，适用于设施蔬菜栽培。在盐碱地上应用膜下滴灌技术，可使农作物根系周围形成盐分淡化区，在湿润峰外围及膜间形成盐分积累区，有利于幼苗成活和生长。

3. 自动化控制灌溉技术　自动化控制灌溉技术是将自动控制与灌溉系统有机地结合起来，使灌溉系统在无人干预的情况下通过控制器按规定的程序或指令自动进行灌溉。自动化控制灌溉技术适于喷灌、滴灌、渗灌等多种灌溉技术的灌溉。

目前自动化控制灌溉主要有两种基本思路：①基于作物需水模型，该模型往往包括温、光、湿、风速等气象因子，土壤质地、耕作方式等土壤因子，作物类型、品种、生育期等植物因子，定植密度、植株调整方式等栽培因子，在综合上述因子的基础上，计算出单位面积植物的日耗水量，根据计算结果制定灌溉计划，指挥自动灌溉系统按程序执行。这种方法的全面推广实施有赖于我国常见蔬菜在各种栽培条件下的需水模型的建立。②基于土壤水分传感器，即根据土壤水分传感器测定的土壤含水量或水势数据，在达到灌溉下限时通过电磁阀自动开启灌溉，直至达到灌溉上限，这种方法的准确性主要取决于传感器测定的准确性及电磁阀是否能被精确控制。

（四）排水技术

1. 明沟排水　明沟排水是国内外大量应用的传统排水方法，即建立一套完整的地面排水系统，把地上、地下和土壤中多余的水排走，控制适宜的地下水位和土壤水分。在较大的种植园区可设主排、干排、支排和毛排渠4级，组成网状排水系统。明沟排水具有排水速度快、排水效果好等优点，但也有工程量大、占地面积大、不利于交通和机械化耕作、易塌方堵水、排水不畅等缺点。

2. 暗沟排水　暗沟排水是在菜田里按一定距离埋设带有小孔的水泥或陶瓷暗管（沟），上面覆土后种植蔬菜。暗沟排水的优点是排得快、降得深，排水、排盐效果好，工程量小、养护负担轻，土地利用率高，便于机械化作业等优点。缺点是容易被泥沙沉淀所堵塞，植物根系也容易伸入管内阻碍水流，成本较高。

3. 井排　井排是在菜田边上按一定距离开挖深井，通过地表渗漏把水引入深井中。井排具有较好的排水效果，由于它的地下水位降深大，特别适宜于防治土壤次生盐碱化，可以加大冲洗或灌溉水的入渗速度和淋洗作用，使表层土壤脱盐，而且不容易再度返盐。同时，在旱涝相间出现的地区，抽水以后可在地下水面以上形成一个库容较大的地下水库，雨涝季节能容纳较大的入渗水量，起到减轻涝、渍灾害的作用，又为旱季抽水灌溉提供了一定的水源。但是井排需要消耗大量的能源且运行费用高，同时对水文地质条件要求较高，排水的成本较高。

此外，机械排水和输水管系统排水是目前比较先进的排水方式，但由于技术要求较高且不完善，所以应用较少。

二、施肥

作物的高产优质栽培离不开科学施肥。蔬菜的养分管理是科学施肥的核心，其理论依据是作物营养需求、吸收与利用规律，以及农艺措施对改善作物营养的效应。养分管理必须以养分作用规律与施肥效应为前提，针对不同肥料种类和作物种类提出相应的施用技术，服务于高产、优质、高效的蔬菜生产。

（一）施肥方式

主要分为土壤施肥和根外追肥。土壤施肥分为基肥和追肥。基肥是在作物播种或定植前整地作畦作垄时施入，可以为作物根系生长创造良好的土壤环境。一般为有机肥或少量无机肥，撒施后翻入土中即可。追肥是在蔬菜生长发育期间依生育周期不同而相应补充营养的施肥方式，有穴施、条施、随水追施等方式。追肥一般用速效性肥料。追肥一般结合灌水进行。一般的肥料种类在施入4～5d后才开始产生效果。

土壤理化性质不良或施肥不足时，常出现植株根系营养吸收不够，这时可进行根外追肥。通过叶面对营养元素进行吸收，速度快，一般在1～2d后即可呈现效果。根外追肥所用的浓度不宜过高，否则将引起植株体内养分吸收和光合产物代谢的失调。根外追肥只能作为土壤追肥的有效补充，在土壤中养分不过分缺乏时才可采用。

（二）施肥方法

1. 普施 多用于作为基肥的有机肥的施入。将肥料均匀撒施在土壤表面后，结合深翻和耙耱，混入土壤耕层中。这种方法在为作物提供养分的同时，对土壤的改良作用更大。

2. 条施和沟施 条施和沟施均可有效地节省施肥量，增进肥效。条施是在播种或定植后，在行间成条状撒施肥料，行内不施肥。条施后一般要耕翻混入土壤。沟施是在开好播种沟或定植沟后，将肥料施入沟中的施肥方法。条施和沟施多用于化肥或肥效较高的有机肥的追肥。在行间较大或宽窄行栽植的蔬菜上应用时，操作简便、易行。

3. 穴施 穴施是在点播或定植时随穴施入肥料，或者在栽培期间，于植株根茎附近地面开穴施入肥料的方法。

4. 随水冲施 随水冲施是结合灌溉作业，将一定量肥料加入灌溉水中的施肥方法。随水冲施主要应用在畦灌、沟灌的无机肥的追肥。

5. 水肥一体化 水肥一体化是根据作物水肥的需求特点、土壤环境、养分状况，进行全生育期水肥需求设计，将肥料溶于灌溉水中，利用滴灌、渗灌等方式，通过管道在浇水的同时施肥，将水和肥料均匀、准确地输送到作物根部土壤。这种方式将灌溉与施肥融为一体，是精确施肥与精确灌溉相结合的产物，它的肥料利用率高、劳动效率高、均匀性好，是施肥的高级形式。

（三）施肥量

1. 蔬菜作物养分吸收量的确定 各种蔬菜养分含量的确定主要根据实验数据获得。

扩展 4-1

2. 肥料施用量 一般根据养分平衡法计算肥料施用量。根据目标产量计算生长期作物从土壤中需要吸收的养分总量，减去土壤供肥量，并考虑肥料养分含量和利用率，即可计算出合理施肥量，如下式所示：

$$\text{施肥量（kg/亩）}=\frac{\text{蔬菜单位产量养分吸收量（kg/t）}\times\text{目标产量（t/亩）}-\text{土壤测试值（mg/kg）}\times 0.15\times\text{土壤有效养分利用系数（\%）}}{\text{所施肥料养分含量（\%）}\times\text{肥料利用率（\%）}}$$

$$\text{土壤有效养分利用系数（\%）}=\frac{\text{缺素区蔬菜产量（t/亩）}\times\text{蔬菜单位产量养分吸收量（kg/t）}}{\text{土壤测试值（mg/kg）}\times 0.15}\times 100$$

$$\text{肥料利用率（\%）}=\frac{\text{施肥区作物吸收养分量（kg/hm}^2\text{）}-\text{缺素区作物吸收养分量（kg/hm}^2\text{）}}{\text{肥料施用量（kg/hm}^2\text{）}\times\text{所施肥料养分含量（\%）}}\times 100$$

目标产量可以按照前 3 年平均单产并考虑一定的增幅。目标产量所需养分总量通过单位产量所需养分量确定。土壤测试值可通过土壤取样和测定获得。0.15 是将 mg/kg 换算成 kg/亩的系数。每亩 20cm 耕层的土壤重量约为 150 000kg。土壤有效养分利用系数与土壤肥力、土壤的理化性质、蔬菜的种类与品种、栽培方式等有关，需要通过不施肥试验获得。单种化合物组成的肥料，其有效养分含量可通过分子量计算，如根据分子式可计算尿素的 N 含量为 46%。复合肥的有效养分含量出厂会注明，一般商品肥料会印刷在外包装上，而有机肥则需要测定。肥料利用率是当季作物从所施入肥料中吸收的养分占施入肥料总养分量的百分数。肥料利用率因土壤、栽培方式、肥料种类、气候等各种条件的不同差异较大，需要通过施肥试验获得。如果没有进行试验，可采用经验数值估算施肥量。一般土壤碱解氮、有效磷和有效钾的有效养分系数为 0.5～0.7，土壤肥力越高，土壤有效养分利用系数往往越低。而一般菜田氮肥的利用率为 30%～50%，磷肥的利用率为 14%～30%，钾肥的利用率为 50%～60%。有机肥中氮磷钾的肥料利用率一般为 20%～30%。

扩展 4-2

3. 用于改良土壤的有机肥施用量计算 根据有机肥中有机质含量、矿化率和土壤有机质含量的需求来确定。首先设定土壤有机质含量的目标值，测定土壤中现有有机质含量水平，统计每年土壤的矿化率，然后进行计算，得出施用量。需要指出的是，这种计算方法只是考虑了对土壤有机质的补充，并没有考虑有机肥中的肥料含量。如果有机肥中的速效养分含量过高，按照以上方法施用有机肥，则容易造成养分渗漏。

4. 基于数学模型的精确施肥技术 根据蔬菜的种类、品种、生育期，土壤的理化性质，根系分布深度，施肥的方式，水肥一体中耦合灌溉等诸多因素，建立肥水数学模型和决策系统，利用物联网等现代信息技术，开展蔬菜智能化肥水管理，是今后蔬菜浇水施肥的发展方向。

第四节 植 株 调 整

植株调整是通过对植株采取物理和化学调节措施，人为地调整植株的生长和发育，使其营养生长和生殖生长、地上部和地下部生长达到动态平衡，植株达到最佳的生长发育状态，促进产品器官的形成，从而实现蔬菜高产、优质、高效的栽培目的。

一、整枝、打杈、摘心

整枝、打杈、摘心是调整果菜类蔬菜结果枝数、结果数的重要技术，主要用于茄果类、瓜类和豆类蔬菜。

整枝是根据蔬菜作物生长特性和栽植密度，剪去部分枝（蔓），并将留下的枝（蔓）引到一定位置的一项植株调整技术。整枝是果菜类蔬菜作物常用的植株调整技术之一，如番茄的单干式整枝，只留主干，摘除所有的侧枝；双干式整枝则保留靠近第一花序下面的一个侧枝和主干，并将两干摆放均匀，避免影响通风透光，摘除其余所有的侧枝。晚熟露地西瓜的三蔓整枝，除保留主蔓外，在主蔓基部选留两个生长基本一致的侧蔓，摘除其余所有的侧蔓。

打杈是摘除无用的侧枝（蔓）或腋芽的植株调整技术，是整枝的配套技术。打杈可以改善植株通风透光条件，减少营养物质的消耗，促使营养物质向花果方向输送，保证留下来的所有结果枝正常生长和开花结果，可以大大提高果菜类蔬菜的产量和品质。打杈时，除选留的主枝或侧枝外，当其余侧枝长到1～2cm时就应及时去掉。例如，西葫芦以主蔓结瓜为主，应保持主蔓生长优势，尽早打杈，抹去侧芽。西瓜、甜瓜进行整枝时必须配合打杈，及时除去无用的侧蔓。西瓜坐瓜前及时抹去各条蔓上的侧芽，进入膨大期应及时打杈。

摘心即摘除顶端生长点，也叫闷尖、打尖或打顶。对于甜瓜、瓠瓜等以侧蔓结实为主的果菜类蔬菜，应在主蔓长出不久即进行摘心，促使其早分枝、早开花结实；另一种情况下，则是为了控制营养生长，定向促进生殖生长。例如，早熟番茄一般在第三穗果坐住后，即进行摘心，抑制不必要的营养生长，使养分集中用于果实发育和成熟。

二、摘叶和束叶

摘叶是指摘除老叶、黄叶和病叶的措施。不同年龄的叶片光合效率是不同的。幼叶虽有一定光合作用能力，但还不能满足自身需要，需要借助其他部分提供营养物质进行生长；成年叶光合作用旺盛，能够积累大量的光合产物；衰老叶光合作用微弱，光合产物不能满足自身消耗。因此，蔬菜生产中及时摘除老叶、黄叶、病叶，有利于改善植株下部通风透光，减轻病虫害发生和蔓延、减少养分消耗，保证植株的正常发育。

束叶是用谷草和绳子将外叶束住，是大白菜和花椰菜等叶球类和花球类蔬菜生产中的一项管理措施。一般是在大白菜生长后期，将其外叶束起，促使其包心紧实、叶球软化，并能保护心叶免遭冻害。在花椰菜花球成熟之前，将部分叶片捆起来或折弯一部分叶片盖在花球上，使花球避免受强光照射后变黄、老化，以提高花球品质。束叶还可以达到增加光照、提高地温、促进根系吸收水肥的作用。束叶不宜过早进行，以免影响光合作用。

三、茎蔓调整

1. 支架 对于黄瓜、番茄、菜豆等不能直立生长的蔬菜，用竹竿或木棍支架供蔬菜作物攀缘或绑缚其上进行栽培，可增加栽植密度，充分利用空间和土壤。

常见的支架形式有单竿架、人字架、四脚架、篱形架、直排架、棚架等。单竿架比较简单，但牢固性差，适用于植株较矮小和产品较小的蔬菜，如豆类、辣椒、茄子和有限型番茄；人字架较牢固，承受重量较大，适合番茄、黄瓜等果实重量较大的蔬菜；篱形架上下交叉呈篱笆状，支架较费工，适用于分枝能力较强的菜豆、豇豆、黄瓜等；直排架适用于设施果菜类蔬菜，上部开展，通风透光好，但支架较费工；棚架支架复杂，稳定性和牢固性好，适用于生长期长、枝叶繁茂的苦瓜、丝瓜、佛手瓜和扁豆（八月豆）等蔬菜。

2. 绑蔓 对于黄瓜、番茄等攀缘性较差的蔬菜，利用麻绳、稻草、塑料绳等材料将其茎蔓整齐合理地绑缚固定在支架上称为绑蔓。对于攀缘性和缠绕性强的豆类蔬菜，通过一次绑蔓或引蔓上架即可；对于攀缘性和缠绕性弱的番茄等蔬菜，则需多次绑蔓。一般采用“8”字形绑蔓，绑蔓时松紧要适度，既要防止茎蔓在架上随风摆动，又不能使茎蔓受伤或出现缢痕。另外，应注意植株茎叶在支架上分布均匀，果实朝向架的外侧，植株间秧蔓高度尽量一致，以保证植株充分受光和果实正常发育。

3. 吊蔓和落蔓 吊蔓是在设施栽培中，为减少架竿遮阳，用尼龙线或麻绳一端固定在植株根颈部或插于根部土壤的木楔上，另一端用活结固定在种植行上方的棚架或铁丝上，随着植株生长，将茎蔓缠绕在绳上，使其保持直立生长。落蔓是当吊蔓栽培的蔬菜长到棚顶或超过人们田间操作的正常高度时，就要剪掉植株基部的老叶，将缠绕在茎蔓上的吊绳松开，顺势把茎蔓落于地面，使基部茎蔓有顺序地向同一方向逐步盘绕于栽培垄的两侧。盘绕茎蔓时，要顺着茎蔓的弯打弯，不要硬打弯或反方向打弯，避免扭裂或折断茎蔓。每次落蔓以使植株生长点约至人体高度为宜。吊蔓和落蔓适用于设施栽培的黄瓜、甜瓜、西瓜、番茄、茄子和辣椒等无限生长型蔬菜，其作用是保证茎蔓有充分的生长空间，改善通风透光条件，延长蔬菜采收期，提高产量和品质。

4．压蔓 压蔓是将爬地生长的蔓生性蔬菜（如西瓜、南瓜、冬瓜等）的部分秧蔓用泥土或枝条压住或固定的方法。在压蔓部位可以产生不定根，有固定秧蔓、增加根系吸收面积的作用，同时可使植株在田间排列整齐，茎叶均匀分布，充分利用光照，提高产量和品质，且便于管理。压蔓有明压、暗压、阴阳压蔓等方式。明压法就是隔一定距离（30～40cm）用一土块或插一带杈的枝条将蔓固定，而不把瓜蔓压入土中的方法，适用于早熟、生长势较弱的品种。在土质黏重、雨水较多、地下水位高的地区，多采用明压法。暗压法就是连续将一定长度的瓜蔓全部压入土内，适用于生长势旺、容易徒长的品种。在砂性土壤或丘陵坡地栽培早瓜，一般要用暗压法。阴阳压蔓法是将瓜蔓隔一段埋入土中一段。在平原或低洼地栽培旱瓜，压阴阳蔓较好。

四、疏花疏果和保花保果

合理适当地疏花疏果可以保证植株有一定结果数量，避免因结果数过多而引起营养不足，同时加快果实膨大，增加单果重，提高果实的整齐度，改善品质，提高商品性。疏花疏果的措施因蔬菜种类和栽培目的不同而有差异。对于以营养器官为产品的蔬菜，疏花疏果可减少养分消耗，促进产品器官形成，如大蒜、马铃薯、莲藕、百合、豆薯等。对于以较大型果实为产品的蔬菜，增加有效结果数是实现高产的基础。因此在植株营养状况分配紧张的情况下，及时疏掉一部分花蕾和幼果，可提高留存果实的单果质量和品质。对一些畸形、有病或机械损伤的果实，也应及早摘除。

对于设施栽培中易落花落果的蔬菜，为提高坐果率，宜采取适宜的保花保果措施，如番茄、菜豆等。保花保果的措施主要有使用化学药剂处理、人工辅助授粉、植株调整等。常用的保花保果化学药剂有硼砂（酸）、磷酸二氢钾、防落素（PCPA）等。摘心、疏侧枝和过旺枝蔓等植株调整技术也可防止落花落果，如地冬瓜一般每株留 1 个瓜，在瓜前留 6 叶打顶，架冬瓜在瓜前留 4～5 叶打顶，都可以控制营养生长过旺，促进果实发育。人工辅助授粉还可促进西瓜、甜瓜、冬瓜和南瓜等坐果及其果实发育。

五、蔬菜化学调控技术

蔬菜化学调控技术就是在蔬菜生产中使用植物生长调节剂，克服生产中的不利因素，调节植物的生长发育，从而提高生产效率，达到高产、稳产、优质高效的目的。化学调控技术对于提高蔬菜的光合作用，改变光合产物的分配方向，增产增收，提高品质，提高贮藏性等具有重要作用。

1．调控休眠和萌发

（1）打破休眠，促进发芽　　种子收获后往往由于胚发育不全、胚在生理上不成熟、种皮透性不好及有萌发抑制物质存在等，需要经过一段时间休眠后才能萌发。生长调节剂可以打破休眠促进萌发。马铃薯在二季作地区应用效果较好。马铃薯夏季收获后，用 0.5～1mg/L 赤霉素（GA_3）处理切块 10min，捞出后晾干，放在潮湿的砂床上进行催芽，当芽长 3cm 时取出置于散光下绿化处理 1～3d 后，即可栽植，可有效提高秋薯产量。莴苣发芽需要一定的光照，用 GA_3

处理可提高其发芽率。乙烯利（2-氯乙基膦酸）对打破休眠促进发芽也有作用，如用 20～200mg/L 乙烯利浸种马铃薯，可使其芽数增多，并延缓退化。乙烯利也能促进生姜的萌发与分株。

（2）抑制发芽，延长休眠　利用生长调节剂还能有效地抑制蔬菜贮藏器官，如块茎、鳞茎等在贮藏期中发芽。用萘乙酸甲酯（MENA）抑制马铃薯在贮藏期间发芽是极其有效的，使用浓度为 100mg/L，在薯面上直接喷洒后，可使马铃薯在 10℃下贮藏 1 年，室温下贮藏 3～6 个月。另外，用 2,4-D 甲酯或马来酰肼（MH）处理马铃薯块茎也有效果，如在马铃薯收获前 3～4 周用 MH 500mg/L 叶面喷洒，可破坏顶芽，使其在 1 年内不发芽。甜菜、胡萝卜、芜菁等肉质根也可以用类似的方法处理以抑制发芽。洋葱、大蒜等鳞茎用萘乙酸甲酯处理对防止贮藏期中的萌芽没有效果，需用 MH 处理才有效，但留种用的鳞茎不能用此法处理。

2. 促进枝条或叶芽的扦插生根　蔬菜采用扦插繁殖，可以增加繁殖系数，提高自交不亲和系或雄性不育系的繁殖率，并能保持品种纯度。应用吲哚乙酸（IAA）、吲哚丁酸（IBA）、吲哚丙酸（IPA）、萘乙酸（NAA）等均能促进插枝生根，提高成活率。1000～2000mg/L 的 NAA 或 IBA 可促进白菜和甘蓝扦插生根；2000mg/L NAA 或 IBA 处理黄瓜和瓠瓜侧蔓茎段，可有效促进植株发根成活；用 50mg/L NAA 或 100mg/L IAA 处理番茄插枝基部，能够促进其生根。

3. 控制生长和器官发育

（1）抑制徒长，培育壮苗　高温期育苗以及结果前期，仅靠常规的栽培管理措施难以控制徒长时，用植物生长抑制剂喷洒或浇灌土壤，能够获得比较好的抑制徒长效果。常用的有矮壮素（CCC）、比久（B_9）、多效唑（PP_{333}）、整形素、乙烯利等。无限生长型的果菜类，如番茄和黄瓜等品种发生徒长时，可用 250～500mg/L CCC 浇施土壤，每株 100～200ml，5～6d 后茎生长减缓，叶片浓绿增厚，植株长势减弱，20～30d 后又可恢复正常生长。在菜豆盛花期和结实期，喷施 B_9 能增加豆荚品质，减少纤维含量。在多肥密植条件下，三碘苯甲酸（TIBA）也能抑制大豆的徒长。马铃薯在块茎形成时，叶面喷施 3000mg/L B_9，能抑制地上部生长，使大部分花蕾和花脱落，促进中小型薯块的形成，可增产 37%。用 50～100mg/L PP_{333} 喷洒现蕾期的马铃薯叶面，也可控制其茎叶徒长，促进块茎增大，产量可提高 25%以上。此外，一定浓度的整形素能够抑制马铃薯幼苗徒长和提高块茎产量，对番茄、黄瓜的茎叶生长也有明显的抑制作用。乙烯利也有这种抑制作用，如豌豆、四季豆等在发育早期喷洒 400～1000mg/L 乙烯利能抑制生长，降低株高，但也会干扰豆荚发育引起减产。芹菜、胡萝卜、萝卜、茄子、番茄、南瓜和甘蓝等在 1～4 叶期喷洒乙烯利 240～960mg/L 也会使植株生长速度减缓后停止生长。

（2）促进营养生长，增加产量　GA_3 最明显的作用是促进茎的伸长，增加植株高度。许多绿叶蔬菜，如芹菜、菠菜、茼蒿、苋菜、莴苣、蕹菜和荠菜等，应用赤霉素处理，均可加速生长，增加产量。用 20mg/L GA_3 田间喷洒芹菜植株，可使其增产 26.7%；在莴笋 10～15 片叶时用 40mg/L GA_3 喷洒植株，莴苣增产 44.8%，采收期提早 10d；普通白菜在 4 叶期用 50mg/L GA_3 处理 2 次，20d 后收获可增产 40%；用一定浓度 GA_3 叶面喷洒茼蒿和芫荽，可使其产量提高 90%以上。经过赤霉素处理的植株，叶色较淡，有一时失绿现象，几天后即可恢复正常，但促进生长的作用随之消失，需要再喷药才能保持其促进作用。

（3）刺激鳞茎、块茎的产生和发育　在洋葱鳞茎开始膨大时，用 500～1000mg/L 乙烯利处理，可加速鳞茎生长，促进成熟，但鳞茎有些变小。马铃薯栽培过密，土壤过于肥沃或施肥过多，茎叶容易过旺生长或徒长，用 1～10mg/L 整形素喷洒生长后期的马铃薯植株，能控制地上部的生长，增加马铃薯块茎产量。在马铃薯现蕾期和初花期，用1000～4000mg/L B_9分次处理马铃薯，可抑制茎叶生长，引起落花落蕾，增加块茎数目和产量。

（4）控制抽薹开花　二年生蔬菜一般要求经过一段低温条件和一定长度的光期与暗期交替之后才会抽薹、开花。在蔬菜生产上，对产品器官如丛生叶、叶球、肉质根和鳞茎等形成之前，要抑制抽薹开花，以利于提高产量和品质。然而，作为采种栽培时，又要促进抽薹开花，以提高种子的产量和质量。除了通过各种栽培技术措施及环境调节等手段来提早或延迟植株抽薹开花外，使用不同的植物生长调节剂也可以达到此目的。

在不经过低温春化条件下，植株喷洒50～500mg/L GA_3或用其浸生长点，可促进胡萝卜、白菜、甘蓝、叶用芥菜、芹菜等抽薹开花；每隔1～2d用500mg/L GA_3滴一次花椰菜的花球，可促进其花梗生长和开花；用100mg/L GA_3喷洒甜菜、菠菜和莴苣的植株，可使其在短日照期开花并采种。

100mg/L 邻氯苯氧乙酸（CIPP）可抑制芹菜抽薹开花；用250mg/L CIPP喷洒4～5叶期的甘蓝植株，可防止先期抽薹；在莴苣开始伸长生长时，用6000mg/L的B_9喷洒植株2或3次，每隔3～5d一次，可明显抑制先期抽薹，增加茎的粗度和品质。春季大白菜栽培时，容易受早春低温影响，造成先期抽薹，可在花芽分化初期用1250～2500mg/L MH每株喷洒30ml，可以有效抑制花芽分化和抽薹开花，促进叶的生长和结球。

（5）控制瓜类的性别分化　瓜类蔬菜是雌雄同株异花植物，各种类间的遗传基础基本相同，它们的性别分化在于不同基因的表达和雌雄性基因的活性。不同发育时期，在植株不同部位的表现不同，如黄瓜先开雄花后开雌花；瓠瓜在主蔓上开雄花而在侧蔓上开雌花。瓜类作物的性别分化受环境条件影响较大，如增施氮肥、提高湿度、低温短日处理、CO_2处理，均可增加雌花。除此之外，激素和植物生长调节剂也可以控制瓜类蔬菜的性型分化，如100～200mg/L 乙烯利喷在黄瓜、南瓜、蒲瓜等幼苗的叶子上，可以促进雌花的发生而减少雄花着生。相反，喷洒50～100mg/L GA_3可以大大增加雄花的数目而减少雌花的数目。在生产上可以用乙烯利来增加雌花数，提早结果。但种类及品种间有很大差异，因为雌花增加以后，结实率往往下降。对于雌性系黄瓜，可用GA_3处理促进开雄花，使其成为雌雄同株，给生产杂种一代种子创造有利的条件。

（6）防止器官脱落　蔬菜作物的许多器官，如花、果实、叶、种子等在遇到逆境如干旱、过湿、温度过高或过低、营养不足、机械损伤、病虫危害以及有害气体存在的条件下，往往出现脱落现象，这是植株对环境条件做出的适应性反应及现象。应用防落素（PCPA）、NAA、GA_3及2,4-D等可有效防止茄果类、瓜类及豆类的落花落果，同时对防止落叶也有效果。番茄在保护地或早春露地栽培时，可用10～15mg/L 2,4-D或25～35mg/L 防落素蘸花或用毛笔蘸药液涂抹花柄离层处来提高其坐果率。春季低温季节，开花后用50mg/L NAA溶液喷花，也可以有效防止辣椒落花落果。用10～15mg/L PCPA或15mg/L NAA喷洒豆类蔬菜的花序，可防止落花落荚。

（7）促进果实发育和成熟　果实在自然成熟过程中，其本身会产生乙烯。而乙烯可以调节果实中酶、核酸及呼吸代谢等系列活动，促进果实的成熟。促进各种果实成熟的有效生长调节剂是乙烯利。乙烯利溶液渗入植物体以后，随着细胞液pH的不同，会以不同的速度释放乙烯，加速果实的成熟。果菜类在低温栽培时，用生长促进剂处理有助于促进果实膨大和成熟。在辣椒果皮变色时采收，用1000～4000mg/L 乙烯利浸果，可加速果实成熟和转色，用1000mg/L 乙烯利在田间喷洒亦可催熟，但易引起落叶。用2000～4000mg/L 乙烯利给转色期的番茄果实浸果，可提早2～3d转红；以同样的浓度给植株上未转红的番茄果实涂果，可提早4～6d红熟；在果实转色前，用500～1000mg/L 乙烯利喷洒植株，可以提早红熟5～6d，但浓度过高容易引起黄叶及落叶。用 200～500mg/L 乙烯利处理西瓜或用 500～1000mg/L 乙烯利处理收获前 5～7d 的甜瓜可达到催熟作用。用植物生长调节剂可促使瓜类蔬菜形成无籽果实，如用 1% NAA 加 1% IAA 羊毛脂涂抹西瓜雌花，可获得无籽西瓜，并促进果实的膨大生长。

4. 蔬菜保鲜　蔬菜产品采收后，呼吸和水分散失仍在进行，保鲜剂可以通过防止产品叶绿素分解、抑制呼吸作用、减少核酸和蛋白质降解，达到防止蔬菜组织的衰老变色和腐烂变质，延长蔬菜保鲜期的作用。例如，甘蓝收获后，立即用 30mg/L 的 6-苄氨基腺嘌呤（6-BA）喷洒或浸蘸叶球，可有效延长其贮藏期；在莴笋采收当天用 10～100mg/L B_9 或 CCC 喷洒处理，可在 8～22℃条件下延长其贮藏期；用 5～10mg/L 的 6-BA 处理莴苣、菠菜、萝卜、胡萝卜等，均能保持这些蔬菜采收时的新鲜状态，提高商品价值；新采收的食用菌用 10～1000mg/L B_9 浸泡 10min，然后沥干，2h 后用塑料袋包装，可保鲜 4～8d。

第五章 蔬菜种子与育苗

第一节 蔬 菜 种 子

一、蔬菜种子概念与分类

（一）蔬菜种子的概念

《中华人民共和国种子法》定义种子是指农作物和林木的种植材料或者繁殖材料，包括籽粒、果实、根、茎、苗、芽、叶、花等。

蔬菜生产从播种开始，种子是最基本的蔬菜生产资料。携带优异遗传基因、健康、营养物质丰富的优质种子将为蔬菜优质高效生产提供前提保证。为此，包括我国在内的世界各国均十分重视蔬菜新品种选育及种子质量检测等工作。我国每年蔬菜用种量在 4×10^4～5×10^4t，市场总值超过 120 亿元，预测到 2020 年蔬菜种子市场总值将达到 160 亿元。

（二）蔬菜种子分类

蔬菜种类繁多，种子组成结构和形态各异，因用途或大小等，分类也不同。

植物学意义上的种子，也称“真种子”，指受精后的胚珠发育而成的繁殖器官，是有性生殖过程的产物；农业生产所述种子，也称“广义种子”，泛指播种材料，即凡用来作为繁殖再生的器官或营养体，统称农业种子，包括真种子和类似种子的果实、营养器官、人工种子等。

按繁殖器官，种子可分为：①由胚珠发育而成的“真种子”，如豆类、茄果类、白菜类、甘蓝类、瓜类大多数蔬菜等。②胚珠和子房形成的果实，又包括瘦果型，如莴苣；坚果型，如菱果；双悬果型，如胡萝卜、芹菜、芫荽等；聚合果型，如根甜菜、叶甜菜。③营养器官型种子，如大蒜、百合等的鳞茎；生姜、莲藕等的根茎；马铃薯、山药、菊芋等的块茎；荸荠、慈姑、芋的球茎等。④食用菌孢子或菌丝体，如灵芝、香菇、金针菇、草菇、木耳等。

按千粒重，种子可分为：①大粒种子，千粒重 100～1000g，如扁豆、菜豆、豌豆、印度南瓜、中国南瓜等。②中粒种子，千粒重 10～99.9g，如青皮冬瓜、网纹甜瓜、黄瓜等。③小粒种子，千粒重 1～9.9g，如圆叶菠菜、四季萝卜、辣椒、茄子等。④特小粒种子，千粒重小于 1g，如苋菜、豆瓣菜等（表 5-1）。然而，即使同一种类蔬菜，不同品种之间存在差异，如西瓜种子就有大粒、小粒之分；即使同一品种，由于个体发育原因，也会产生明显差异。

扩展 5-1

按生产用种，种子可分为：①原原种，或称育种家种子，育种家育成的遗传性状稳定的品种或亲本种子的最初一批种子，用于进一步繁殖原种种子。②原种，用育种家种子繁殖的第一代至第三代，或按原种生产技术规程生产的达到原种质量标准的种子，用于进一步繁殖生产用良种种子。③栽培种，俗称良种，用常规种原种繁殖的第一代至第三代和杂交种达到良种质量标准的种子，用于大田生产。

表 5-1 蔬菜种子按千粒重分类（葛晓光，1995）

分类	种类	平均大小（mm）			千粒重（g）	每克种子粒数
		长	宽	厚		
大粒种子（千粒重 100～1000g）	扁豆	6.15	8.10	6.75	606.06	1.65
	菜豆	18.50	9.50	4.50	425.00	2.35
	印度南瓜	17.10	10.20	3.10	341.65	2.93
	豌豆	8.42	6.81		325.00	3.08
	中国南瓜	15.20	8.40	2.30	245.00	4.08
	美洲南瓜	13.70	7.30	2.10	165.00	6.06
	棱角丝瓜	12.00	7.40	3.20	220.00	4.55
	豇豆	9.45	5.20	3.25	150.00	6.67
	苦瓜	12.66	7.12	3.65	139.00	7.19
	普通丝瓜	12.75	8.25	2.90	110.50	9.05
	大籽西瓜	12.32	7.81	2.31	100.00	10.00
中粒种子（千粒重 10～99.9g）	番杏	8.80	8.70	6.00	91.66	10.91
	瓠瓜	12.00	6.00	2.25	86.72	11.53
	黄秋葵	5.45	4.75	4.55	60.00	16.67
	小籽西瓜	8.12	4.73	2.12	40.93	24.43
	蕹菜	5.40	4.40	3.10	38.40	26.04
	青皮冬瓜	9.25	5.15	3.10	36.00	27.78
	节瓜	10.75	6.10	2.00	30.78	32.49
	网纹甜瓜	10.20	4.10	1.93	25.74	38.85
	落葵	中轴 4.55	直径 3.45		23.11	43.27
	黄瓜	10.00	4.25	1.40	23.00	43.48
	芦笋	3.80	3.00	2.40	22.50	44.44
	普通甜瓜	7.00	3.30	1.40	19.60	51.02
	牛蒡	6.55	3.00	1.45	13.66	73.21
	根菾菜	3.37			13.26	75.41
	叶菾菜	3.51			13.00	76.92
	中国萝卜	3.53	2.72	1.40	13.00	76.92
	尖叶菠菜	4.45	3.80	2.15	12.59	79.43
小粒种子（千粒重 1～9.9g）	圆叶菠菜	3.75	3.20	2.20	9.50	105.26
	四季萝卜	2.95	2.64	2.11	8.50	117.65
	芫荽	4.20	2.30	1.15	8.05	124.22
	茄子	3.40	2.90	0.95	5.25	190.48
	辣椒	3.90	2.30	1.00	5.20	192.31

续表

分类	种类	平均大小（mm）			千粒重（g）	每克种子粒数
		长	宽	厚		
小粒种子（千粒重 1～9.9g）	芜菁				3.75	266.67
	结球甘蓝	2.05	2.00	1.85	3.75	266.67
	冬寒菜	2.45		1.55	3.67	272.48
	洋葱	3.00	2.00	1.50	3.50	285.71
	韭菜	3.10	2.10	1.25	3.45	289.86
	花椰菜	2.05	1.75	1.60	3.25	307.69
	大白菜	1.90	1.85	1.60	3.25	307.69
	番茄	5.00	4.00	1.08	3.25	307.69
	小茴香	5.40	1.45	1.00	3.20	312.50
	美国防风	6.50	5.00	0.55	3.16	316.46
	球茎甘蓝	2.20	2.05	1.90	2.90	344.83
	大葱	3.00	1.85	1.25	2.90	344.83
	白菜	1.41	1.30	1.21	2.65	377.36
	韭葱	3.00	2.00	1.35	2.50	400.00
	樱桃番茄	3.20	2.51	0.51	1.80	555.56
	苦苣	2.15	顶端直径 1.40	基部直径 0.80	1.65	606.06
	茼蒿	2.90	顶端直径 1.50	基部直径 0.80	1.65	606.06
	胡萝卜	4.00	1.40	0.65	1.25	800.00
	莴苣	3.80	1.30	0.55	1.15	869.57
特小粒种子（千粒重小于 1g）	芥菜	1.30	1.20	1.10	0.5952	1680.11
	苋菜	1.22	1.10	0.91	0.5500	1818.18
	马铃薯	1.71	1.32	0.31	0.5000	2000.00
	芹菜	1.35	0.75	0.65	0.4700	2127.66
	荠菜	1.10	0.92	0.50	0.1415	7067.14
	豆瓣菜	1.00	0.75	0.60	0.1358	7363.77

二、蔬菜种子寿命与贮藏

（一）种子寿命的概念

种子寿命是指种子群体在一定环境条件下保持生活力的期限，即种子能存活的时间。种子群体内每粒种子因发育状况而寿命不同，因此某一种子群体的寿命，通常是按照一定时段、连续随机取样，测定发芽率获得。农业上常用保持 90%以上发芽率的期限作为种子寿命。

种子寿命主要受种子自身结构以及与寿命相关的关键基因调控，同时还受制于母株在种子成熟过程中的环境条件和收获后的贮藏条件。种子在生长发育过程中，气候条件的改变以及病虫害、农药对母株造成的损伤，收获、运输、脱粒过程中的机械损伤等，将直接影响种子质量或种子完整度，使种子的功能和结构发生变化，导致种子寿命缩短。此外，种子收获后在贮藏过程中随着时间延长或受到环境胁迫影响，造成种子内生物大分子的损伤积累，如蛋白质、脂类、核酸的损伤积累等，影响种子质量和衰老速率，最终影响种子寿命。种子寿命的缩短不仅影响种子的萌发，还会导致出苗时间的延长及出苗不齐，幼苗成活率降低，并会影响株高等植物学特性，甚至会有畸形苗的产生。

根据种子寿命长短，可分为长寿命种子、中等寿命种子和短寿命种子。①长寿命种子，在常温干燥条件下可保存 4～5 年及以上，如番茄、西瓜、茄子等。②中等寿命种子，在常温干燥条件下可保存 2～4 年，如萝卜、大白菜、小白菜、黄瓜、南瓜、甘蓝、结球莴苣、辣椒、豌豆、菠菜等。③短寿命种子，在常温干燥条件下可保存 1～2 年，如韭菜、大葱、洋葱、胡萝卜等（表 5-2）。

表 5-2　蔬菜种子寿命和使用年限参考值（葛晓光，1995）

蔬菜种类	寿命（年）	使用年限（年）	蔬菜种类	寿命（年）	使用年限（年）
大白菜	2～4	1～2	番茄	4～5 年及以上	1～3
甘蓝	2～4	1～2	辣椒	2～3	1～3
球茎甘蓝	3～4	1～2	茄子	4～5 年及以上	1～3
花椰菜	3～4	1～2	黄瓜	2～3	1～3
芥菜	3～4	1～2	冬瓜	2～3	1～2
萝卜	2～4	1～3	瓠瓜	5～6	1～3
芜菁	3～4	1～2	丝瓜	5	1～2
菠菜	2～4	1～2	白菜	4～5	1～2
芹菜	2～3	1～3	菜豆	2～4	1～2
胡萝卜	1～2	1～3	豌豆	2～4	1～2
结球莴苣	2～4	1～2	茴香	2～3	1～2
大葱	1～2	1	洋葱	1～2	1
韭菜	1～2	1	茼蒿	2～3	1～2

（二）蔬菜种子贮藏

根据种子劣变衰老失活的生物学特性，将精选后的种子包装封口，放置于适宜的生物（无菌、无虫、无啃食动物等）和非生物（湿度、温度、气体等适宜）环境条件，尽可能延长种子寿命，对蔬菜持续高效生产至关重要。当然，根据贮藏目的，对贮藏环境条件的要求不同，如刚收获、等待精选入库的种子，属于短期临时贮藏，只要不潮湿、无腐蚀性物质等即可；而对于需要长期保藏的种质资源，则要求低温、干燥、空气净化等。

1. 蔬菜种子贮藏特性　蔬菜种子贮藏，必须考虑蔬菜种类或品种特有的种子结构和内含物以及对环境因子的敏感性。例如，大白菜、结球甘蓝、萝卜等十字花科蔬菜的种子，种皮脆薄，子叶嫩，胚部占种子的比例大，容易吸湿回潮；种子收获后，须通过一段后熟期，这段时期种子生理代谢作用特别旺盛，放出大量热能，内部热能积累起来就很快引起种子发热霉变；这些种子含油分高，胚细胞中所含的氧化酶活性很强，在高温高湿条件下，引起强烈的氧化作用，使油脂发生酸败，结果游离脂肪酸显著增多，含油迅速降低，种子生活力也随之丧失。相反，瓜类蔬菜如西瓜、瓠瓜的种子，由于有坚固的种皮保护，机械应力和环境应力较强，贮藏相对容易。葱蒜类蔬菜如大葱、洋葱、韭菜的种子，富含芳香油，豆类蔬菜如菜豆、豇豆的种子，富含蛋白质，贮藏期间种子容易失活。

不同类型的蔬菜种子对贮藏环境特别是温度和湿度的敏感性差异也较大，因此可将种子分为正常型种子、顽拗型种子、中间型种子 3 类。①正常型种子，耐干燥，在含水量降低到较低水平时不会受到伤害，种子的寿命一般随着含水量和贮藏温度的下降而延长。正常型种子含水量为2%～6%，高于此含水量的上限时，种子寿命与种子含水量之间呈负对数关系。种子含水量恒定时，种子寿命与贮藏温度呈负相关，即贮藏温度越低，种子寿命越长。②顽拗型种子，是指不耐干燥和零下低温的种子，即对脱水干燥和低温高度敏感的种子。种子干燥过程中发生脱水损伤，当种子含水量降至某一临界值，一般为 12%～35%时，种子即死亡。鉴于种子高含水量，遭遇零下低温，种子内部细胞形成较大冰晶，破坏细胞结构和功能完整性，导致种子失活。顽拗型种子通常贮藏寿命很短，有时仅数月，甚至数周。③中间型种子，介于正常型种子和顽拗型种子之间。在风干贮藏条件下，当种子含水量降到一定程度，种子寿命与种子含水量的负相关关系会发生逆转，即种子生活力会降低，这类种子都有一个最佳风干贮藏条件。

2．蔬菜种子贮藏基本程序 蔬菜种子贮藏可划分为贮前准备和贮藏期间两个阶段。

（1）贮前准备

1）种子晾晒和风干。新收获的种子含水量大，贮藏时极易发生生理和化学变化，通过晾晒等措施进行干燥以达到贮藏标准水分以下。降水时不同种子采取不同方法。小粒种子或少量种子不直接摊在水泥晒场在阳光下暴晒，以免高温伤害种子，可放在帆布或席子上晾晒，同时少量种子也可采取自然风干方法，将种子置于通风室内，令其自然干燥。种子粒较大或数量较多时，在水泥晒场上晾晒，但不要摊过薄，要经常翻动，同时要防止午间温度过高伤害种子。

2）种子精选。蔬菜种子的精选对种子安全贮藏非常重要。蔬菜种子粒小、重量轻，不易清选。有些种子种皮带有茸毛短刺、黏附一些杂质，贮藏期间极易吸湿回潮，传播病虫草，还掺杂一些病粒、霉粒和破碎粒，贮藏期间极易变质。因此种子入库贮前要精选达到贮藏标准的种子。

扩展 5-2

3）种子包装。选用正确包装方法及物品可以保持种子发芽率、发芽势及延长种子寿命。大量种子的贮藏可选用麻袋、布袋包装，而金属罐、盒适于少量种子或大量种子小包装，也适用于寿命短或价格较贵的包装。纸袋、聚乙烯铝箔复合袋用于种子小包装或短期贮藏。密封容器包装种子，含水量比标准含水量稍低一些。

（2）贮藏期间 贮藏方法主要有以下几种。

1）普通贮藏。适用于麻袋或布袋包装大量种子的贮藏。这种贮藏仓库须具有安全性、通风性、防潮性、干燥性、防鼠防虫性。库内整洁完好，无腐蚀性、挥发性化学物质。贮藏时采用分品种堆垛方法，垛高与垛宽应根据种子状况而定。堆垛高一般不宜超过 6 袋，宽度不宜超过 4 袋，细小种子高度不超过 3 袋。堆垛与墙壁留 0.5m 的距离，垛间留 1m 操作道，底部垫高 0.2m，利于防潮通气。此法只能贮藏 1 年左右短期种子。贮藏时须经常检测库内温度，种子温度须在 10℃以下，气温在 20℃以下，相对湿度不超过 50%，如超过温、湿度指标，要通风、降温、降湿。温度高、湿度大、种子呼吸强，代谢旺盛，会使种子丧失生活力而变质，从而降低发芽率和发芽势。一般情况下，温、湿度夏季每天观测一次，冬季 15d 观测一次，春、秋季 7d 观测一次。种子水分一般 30d 检测一次，水分大时马上晾晒。种子发芽率 60d 检测一次，出库前 10d 查一次。蔬菜种子贮藏期极易遇虫鼠危害，一般 15d 检查一次。

2）整株和带荚贮藏。将成熟后尚未自行开裂的短角果、长荚果，整株捆扎成把挂在阴凉通风处，逐渐干燥，到种植脱粒。这种贮藏方法适宜于少量农家自留种，此方法保存时间短，优点是贮藏简单。

3）常温干燥贮藏。将精选晒干的种子包装后放在阴凉干燥、密封的自然环境条件下贮藏，防止吸湿回潮，同时放上干燥剂。这种贮藏方法保存时间长，发芽率高，一般能保存 1～2 年。

4）低温干燥贮藏。将精选并已干燥至安全含水量以下的种子装入密封防潮金属罐或铝箔薄膜袋内，放于干燥、低温处贮藏。这种贮藏仓库的仓顶和墙壁应设有隔热层和防潮层，仓内应有冷冻机和干燥除湿装置，仓内温度为－10～1℃，相对湿度为 30%～50%。适宜品种资源长期保存。

5）真空贮藏。将经充分干燥的种子密封，在近乎真空的条件下贮藏。种子与外界环境基本隔绝，抑制种子呼吸，强迫种子进入休眠状态，从而达到延长种子寿命的目的。

（三）种子贮藏影响因素

1．内在因素　影响种子贮藏效果的内部因素如下。

（1）种子本身的遗传性　不同种类蔬菜种子寿命长短有明显差异，且同一种蔬菜种类不同品种之间也存在一定差异。子代的寿命受亲代的影响，种子寿命有遗传特性。

（2）种皮结构　种皮是空气、水分、营养物质进出种子界面，也是微生物侵入种子的天然屏障。凡种皮结构致密、坚韧、具有蜡质和角质的种子，贮藏寿命较长，反之，种皮薄、结构疏松、无保护结构的种子，寿命相对较短。

（3）种子内含物　脂肪、蛋白质、碳水化合物是种子三大内含物质。脂肪，特别是油酸、亚油酸等不饱和脂肪酸含量高的种子，较其他两类物质更容易水解和氧化，常因酸败而产生大量有毒物质，进一步损害种子活力。含油量高的种子比高淀粉和高蛋白质种子较难贮藏。

（4）种子的物理性质　种子的大小、硬度、完整性、吸湿性等因素均影响种子寿命。小粒或瘦粒种子呼吸强度明显高于大粒、饱满和完整的种子，贮藏寿命相对较短。

（5）种子的生理状态　种子若处于活跃的生理状态，耐藏性是很差的。生理状态活跃，表明种子呼吸强度较高，内含物异化作用强烈，活力衰减快。未充分成熟的种子，或者受潮受冻的种子，或者已处于萌动状态的种子，或者发芽后又重新干燥的种子，均由于旺盛的呼吸作用而寿命大大缩短。因此，尽量将种子生理代谢维持在低水平，这是延长种子寿命的必要条件之一。

（6）种子胚的性状　在相同条件下，大胚种子或胚占整个种子比例较大的种子，寿命较短。

2．环境因素　种子生命活动是在一定的温度、湿度、气体和光照条件下进行的，这些外部环境因素的变化直接影响种子的生理生化代谢，进而影响种子寿命。此外，种子寿命还与微生物有关。

（1）湿度　如果种子贮藏环境湿度较高，种子将会吸湿而使含水量提高，种子呼吸和内含物异化作用加剧，加速种子活力衰减。当种子含水量在 5%～14%时，含水量每提高 1%，种子寿命缩短一半。最低含水量是指种子在贮藏期间所必须保持的含水量。最低含水量并不是越低越好，含水量低于 5%会发生脂质自动氧化。安全含水量指贮藏时维持种子生命力所必需的含水量。

扩展 5-3

（2）温度　温度是影响种子寿命的另一个关键因素。在湿度得到控制的情况下，贮藏温度越低，正常型种子的寿命就越长。在 0～55℃，种子的呼吸强度随着温度上升而增加。升高温度，会加速种子内含脂质的氧化变质，有利于微生物和害虫活动。若温度进一步升高，则会引起蛋白质变性和胶体的凝聚，使种子的生活力迅速下降。在 0～50℃，温度每上升 5℃，种子寿命缩短一半。种子含水量偏高又处于高温条件下，种子会很快失活，丧失生命力，这是我国南方种子贮藏过夏较为困难的原因。

（3）气体　氧气会促进种子呼吸和劣变，氮气、氦气、氩气和二氧化碳会延缓低含水量种子的劣变进程，加速高含水量种子劣变和失活。

（4）光照　过度紫外线对种胚有杀伤作用，且通常强光与高温相伴，种子经强烈而持久的日光照射后，也容易丧失生活力，这与种子的特性和水分有关。一般室内散射光长期作用于种子，则影响不显著。

（5）微生物及仓库害虫　真菌和细菌的活动能分泌毒素并加剧种子呼吸作用，加速物质代谢过程，进而影响种子活力。害虫破坏种子结构的完整性。微生物和害虫进行生命活动，放出热量，释放代谢产物，可能促进种子呼吸作用和种子发热，直接或间接影响种子寿命。

（6）化学物质　化学物质处理种子以保持种子在贮藏期间的活力，效果依化学物质处理方法和剂量而定。

三、蔬菜种子质量与检验

种子质量好坏直接关系到育苗与栽培的成败。目前，大多数蔬菜，如茄果类蔬菜、瓜类蔬菜、白菜类蔬菜、甘蓝类蔬菜、根菜类蔬菜等，多采用植物学意义上的种子播种。因此，此处描述的种子，主要是植物学意义上的种子，即“真种子”。

（一）蔬菜种子质量

种子质量，传统上主要包括纯度、净度、饱满度、发芽率、发芽势等。

种子纯度是指某一品种一致性程度，是种子质量的重要指标。在生产中若种子纯度不高，会导致产品异质性增强，致使产品形状不整齐和收成减少，直接影响到农户经济利益。净度是指在一批样本中所需种子重量占整个样本重量的百分比，种子生产过程中不可能完全干净，往往含有破籽、烂籽、变质籽以及杂草种籽和砂砾土块等，净度高不仅有利于降低购种成本，而且有利于精量播种，保证发芽率和出苗率。饱满度是指种子内含物高低，种子粒大而饱满，无秕子、瘦子，通常种子饱满，发芽率高，出苗整齐，长势和抗逆性强。发芽率是指种子在适宜发芽的条件下发芽种子数占全部供试种子数的百分比，发芽率高表明种子的使用价值高，这是判断种子是否合格、优良的最基本指标。发芽势不同于发芽率，是指种子在适宜条件下一定天数内发芽种子数占供试种子数的百分率。发芽势高，反映了种子健康，代谢旺盛，生命力强，是幼苗健壮整齐生长的基础，也是优质种子的一个重要特征。其实，随着蔬菜生产要求的提高和科技的进步，蔬菜种子质量指标体系已发生较大变化，涵盖的信息更多、更全面，如种子加工后种子质量。

扩展 5-4

（二）蔬菜种子质量检验

蔬菜种子质量检验必须严格按照国家相关标准进行。此外，国际种子检测协会（International Seed Test Association，ISTA）对各类种子也提出了具体要求。

1. 常规性检验　主要是纯度、净度、水分、发芽率和发芽势检验，但是除了以上标准规定的方法外，许多项目的检测还有多种方法，有时采用多种方法综合检测，更简便，或者更准确。例如，进行种子纯度检测时，可以采用形态、物理学、化学、生理生化及分子生物学鉴定法等。

（1）形态鉴定法　根据某一种蔬菜或某一品种特定的可见的形态特征鉴定基因型，这是最古老、最经典的种子纯度鉴定方法，包括种子形态鉴定、幼苗形态鉴定和植株形态鉴定等。

（2）物理学鉴定法　利用某些蔬菜作物品种对物理因子的响应或敏感性鉴定品种纯度，如不同基因型品种，对温度、光照有异常的敏感性差异。

扩展 5-5

（3）化学鉴定法　根据蔬菜作物品种对某些化学物质如除草剂、生长调节剂、金属元素等的不同反应来鉴定品种差异。

（4）生理生化鉴定法　利用同工酶电泳和蛋白质电泳等生化鉴定技术进行纯度鉴定的方法，是 20 世纪 80 年代发展速度快、应用面广、准确度较高的种子纯度鉴定方法，它在分子水平上对不同遗传特性的种子给予辨别，比较准确、可靠。

（5）分子生物学鉴定法　直接检测品种携带的 DNA 遗传信息，目前常用的分子标记检测技术有限制片段长度多态性（restriction fragment length polymorphism，RFLP）、扩增片段长度多态性（amplified fragment length polymorphism，AFLP）、简单重复序列标记（simple sequence repeats，SSR）及原位杂交等，克服了种子纯度形态鉴定和同工酶及种子蛋白质电泳鉴定中的许多难题。

2. 生产性检验　当某一类或某一批次种子具体应用到某地或某一茬口生产时，必须进行生产性检验，主要是适用性、可靠性、经济性检验。三者相辅相成，缺一不可，只有同时满足三者的要求才能真正发挥良种的作用。

（1）适用性　主要是指该蔬菜种子在当地能够正常生长，或者当地能够为蔬菜生长发育提供适宜的土壤、气候条件。

（2）可靠性　主要是指作物的种子经过明确的试验或是多年的种植经验，可以确保能够生长或是有一定的产量。

（3）经济性　主要是指利用该种子能够获得较高的生物学产量和经济效益，品种丰产性要好，还要有销售市场。目前社会上有很多高新技术或是优良生长条件培养出来的高质量种子，经济性不高同样也不能作为选择的依据。

四、蔬菜种子萌发及影响因素

（一）种子萌发过程

通常，蔬菜种子萌发需要经历吸水、萌动和发芽 3 个阶段。

吸水，可分为吸水膨胀（或称物理吸水）和生理吸水两个过程，其中生理吸水又有吸水滞缓期和重新大量吸水期两个时期（图 5-1）。吸水膨胀是一种纯物理作用，而不是生理现象，与种子是否具有生活力没有太大关系，吸收的水分主要到达胚的外围组织，吸水速度快，数小时就可完成。种子吸水膨胀不能作为种子开始萌动的标志。之后，进入生理吸水阶段，即依靠胚的生命活动吸水。首先，种子内胶体物质吸水达到饱和，种子吸水速率变小，呈持续缓慢增加态势，然后，随着种子胚细胞开始分裂，代谢活性增强，种子重新开始大量吸水。蔬菜种子内的贮藏物质主要是淀粉、脂肪、蛋白质三种。一般蛋白质含量高的种子吸水速度快，吸水量也大，脂肪较多的种子次之，淀粉含量较多的种子吸水速度较慢。

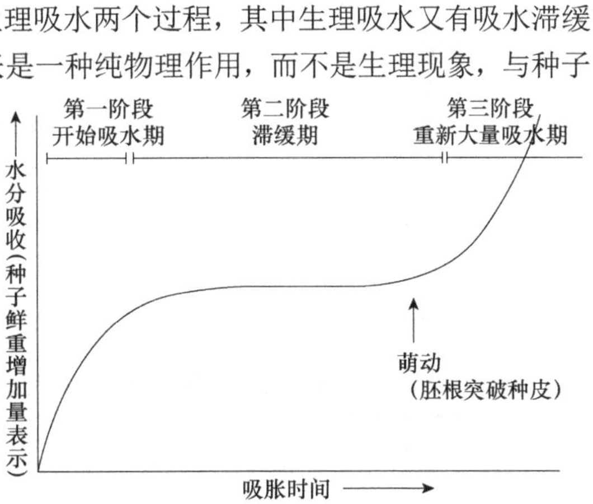

图 5-1　种子萌发过程中水分吸收的典型模型（Bewley and Black，1978）

萌动，即有生活力的种子，随着水分吸收，种子内各种酶类活性提高，贮藏的营养物质开始分解、转化和运输，胚部细胞开始分裂、伸长，胚根突破种皮从种孔显露，称俗“露白”或“破嘴”。

发芽，即种子胚组织细胞继续分裂、伸长，胚根完全突出种皮，并达到一定长度。种子在发芽期间新陈代谢作用旺盛，如氧气供给不足，无氧呼吸产生乙醇，会发生自毒伤害以至死亡。此外，内含物少、不饱满的种子，自身营养物质较少，发芽时能量不足，发芽迟缓。

（二）影响种子萌发的因素

1．自身因素

（1）种子结构　主要是种皮结构的致密性，种皮薄、软，水分容易渗入种子内部，种子吸水速度快，如十字花科、豆科蔬菜；种皮坚硬、厚或者有其他保护组织，透水性差，种子吸水缓慢，如茄果类、部分瓜类和叶菜类蔬菜等。

（2）种子成熟度　种子成熟度越高，发芽率越高，这是因为正常成熟的种子能为其萌发提供充足的营养物质，而未正常成熟的种子则不能。

（3）种子含水量　在一定的含水量范围和相同的萌发条件下，种子本身含水量越高越有利于萌发，特别是种子烘干时间过长或水泥地暴晒，种子水分急剧下降而形成僵籽，降低萌发率。

（4）种子休眠　大多数种子成熟后，遭遇适宜的环境条件即可萌发，但有些种子却有休眠期，结束休眠期或打破休眠后，种子才可启动萌发过程。

（5）药害　种子加工过程中药剂质量不过关，或药种比过大，或时间过长，会导致种子药害，种子活力全部或部分丧失，萌发时间会延长，或萌发率会降低。

（6）机械损伤或热伤　采收、脱粒、加工、精选等操作造成种子机械损伤，致使种子破碎、种胚或胚乳受损，降低发芽率；烘干或晾晒过程中，温度超过种子可以耐受的极限温度，种子内蛋白质或酶失活，也会影响萌发。

2．环境因素　水分、温度、氧气是种子萌发的三个基本条件，部分种子对光照等还有一定要求。

（1）水分　水分是种子萌发的首要条件，种子萌发的第一步就是吸水。所以说无论是室内催芽，还是田间直播，保持充足的水分供应是种子萌发的首要条件。生产中往往由于播种过浅，表层水分蒸散变干，使种子得不到应有的水分，导致种子不能正常萌发或停滞。

（2）温度　温度为种子萌动、生理代谢、细胞分裂和组织分化等一系列活动所必需。种子萌发对温度最为敏感。不同蔬菜种子萌发要求的温度不同（表 5-3）。一般而言，耐寒性的根、茎、叶菜类蔬菜发芽的最低温度为 2～4℃，适宜温度为 18～25℃，超过 28℃则萌发不良，所以在炎夏播种耐寒性蔬菜时，遮阴育苗比露地直播育苗发芽快且整齐；喜温性的果菜类蔬菜，种子萌发最低温度为 8～12℃，尤其是较喜高温的辣椒、茄子、瓜类等，低于 10℃很难发芽，适宜温度为 20～30℃及以上，所以在早春育苗时，若土壤温度低于 10℃，往往造成发芽停顿，烂籽缺苗。

表 5-3　蔬菜种子萌发温度三基点（最低、最适和最高温度）

种类	最低（℃）	最适（℃）	最高（℃）	种类	最低（℃）	最适（℃）	最高（℃）
油菜	0～3	15～35	40～41	黄瓜	12～15	30～35	40
西瓜	20	30～35	45	甜瓜	16～19	30～35	45
辣椒	15	25	35	葱蒜类	5～7	16～21	22～24

续表

种类	最低（℃）	最适（℃）	最高（℃）	种类	最低（℃）	最适（℃）	最高（℃）
萝卜	4～6	15～35	35	番茄	12～15	25～30	35
胡萝卜	5～7	15～25	30～35	芹菜	5～8	10～19	25～30
菠菜	4～6	15～20	30～35	莴苣	0～4	15～20	30
茼蒿	10	15～20	35	菜豆	10	32	37
蚕豆	3～4	25	30	豌豆	1～2	25～30	35～37

（3）氧气　种子贮藏期间，呼吸微弱，需氧量极低，但种子一旦吸水萌动，则对氧气的需求急剧增加。种子萌发需氧浓度在10%以上，无氧或氧气不足，种子不能萌发或萌发不良。含脂肪类物质较多的种子，萌发时需要较多的氧气供应。实践中往往忽视氧气的作用，如将种子集中催芽时，若不能每日用清水洗去种子表面的黏液，或去除种子表面的水膜，即使环境中有充足的氧气，但因黏液或水膜阻碍氧气吸收，也常常会造成种子萌发缓慢，甚至出现种子腐烂等现象。这些现象归根结底是由于缺氧造成的。

（4）光照　根据种子萌发对光的要求，可将蔬菜种子分为需光型种子、嫌光型种子和中光型种子三类。①需光型种子是指种子萌发时需要一定的光照，在黑暗条件下萌发不良，如莴苣、紫苏、芹菜、胡萝卜等。②嫌光型种子是指种子要求在黑暗条件下萌发，有光照时萌发不良，如芥菜、葱韭及一些百合科蔬菜种子等。③中光型种子，即在有光或黑暗条件下均能正常发芽，大多数蔬菜种子为中光型种子。此外，波长小于280nm的紫外光也可提高种子的发芽率。

扩展 5-6

（5）矿质离子　高浓度矿质营养液，或者高EC值，降低水分渗透势，抑制种子对水分的吸收，对蔬菜种子萌发有一定的抑制作用。1.5～7.5mmol/L K^{+}处理对于番茄种子的萌发有抑制作用。适当浓度的稀土金属元素La^{3+}处理对于番茄种子萌发有一定的促进作用。在水培条件下，金属元素铜（Cu）、铬（Cr）、铅（Pb）对莴苣种子萌发、幼苗生长的影响有明显的作用，Cu^{2+}、Pb^{2+}在低浓度（≤50mg/L）下与对照组相比，对莴苣种子萌发影响无显著差异，随着浓度的增高则逐渐转变为抑制作用，Cr^{6+}对莴苣种子萌发有明显的抑制作用。Zn^{2+}、Cr^{6+}对菜花和甘蓝种子的萌发均有抑制作用，随着Zn^{2+}、Cr^{6+}浓度的增加，对菜花种子萌发的抑制作用也逐渐增加，且Cr^{6+}的毒性较Zn^{2+}大。不同浓度的Zn^{2+}、Cr^{6+}均使萌芽后甘蓝幼芽的抗氧化活性降低，且浓度越大，降低程度也越大。而Cr^{6+}为50mg/L时，对菜花种子的抗氧化活性有一定的促进作用，200mg/L时对菜花种子的抗氧化活性有抑制作用，且随浓度的增加，抑制作用越来越明显。

（6）腐殖酸　腐殖酸是由动植物残体在微生物以及地球物理化学作用下，通过不断分解和合成，最终形成的一类天然大分子有机弱酸，主要包括黄腐酸、黑腐酸和棕腐酸。腐殖酸是有机质中最活跃、最有效的部分。高活性腐殖酸稀释液处理可显著提高NaCl胁迫下西葫芦种子发芽率、发芽指数、活力指数、鲜质量、根长、下胚轴长、一级侧根数及下胚轴与根中超氧化物酶和过氧化物酶活性，并降低下胚轴与根中丙二醛含量。

环境因素对蔬菜种子萌发的影响，绝对不是孤立的单因素，各因素之间存在显著的相互作用，常常表现为协同促进或相互拮抗作用。

第二节 蔬菜育苗的意义与质量评价

一、蔬菜育苗的概念和意义

1. 蔬菜育苗的概念 蔬菜育苗是指从播种到成苗定植的过程，即将种子播入基质，在一定的环境条件下，通过人为操作管理，如灌溉施肥，温、光、水、气、肥因子调控，植株密度调整，使幼苗达到定植所需生理苗龄，并定植至栽培田。育苗是蔬菜生产的第一步，也是蔬菜丰产优质高效种植的重要环节。育苗（俗称养苗）可谓蔬菜生产的特色之一，也是我国精耕细作传统农业的代表。农谚“苗好三成收”，浅显、明确地表明健壮幼苗与蔬菜产量效益的关系。

2. 蔬菜育苗的意义 “狭隘之地面，可得养成多数之苗，且保护之，亦极容易”，道出蔬菜育苗的核心或实质。

1）蔬菜苗期植株开展度小，可以高密度培育，人工创造适于蔬菜幼苗生长发育的环境条件，投入产出比高，经济核算。

2）蔬菜苗期生长速度快，组织柔嫩，含水量高，对环境敏感，需要严加呵护。

3）蔬菜幼苗质量，特别是生理状态，与定植后环境适应性及产量形成关系密切，如幼苗干物质积累少，组织自由水含量高，定植后遭遇极端温度，缓苗慢，甚至死亡；蔬菜苗期花芽分化过早或不良，直接影响定植后生殖生长。

4）蔬菜整个生育期或每个生育阶段，理论上应有一定的有效积温数，通过育苗增加有效积温，可以提前满足达到一定生育阶段的积温数，起到提早成熟和采收的作用。

5）通过创造适宜环境条件高密度育苗，将最适合生长的环境条件或季节充分给予蔬菜产品器官形成，可提高蔬菜产量，或缩短蔬菜种植占用耕地时间，提高土地、气候资源利用率，或增加种植茬口，或提早采收，或有利于“适地育苗，异地栽培”，或有益于蔬菜周年化供给等。

二、蔬菜育苗主要技术内容

（一）种子处理

种子处理是采用物理、化学、生物学手段，提高种子萌发率和出苗整齐度，杀灭种带病原微生物，增强种子的机械适播性，确保蔬菜作物正常萌发和生长发育。常用的种子处理方法有浸种、消毒、机械处理等。

1. 浸种 在适宜水量和水温条件下，用水溶液浸泡种子一定时间，提高种子吸水速率和种子个体间吸水均匀性，缩短种子吸水和萌发所需时间。浸种，一般涉及3个基本要点：水量、水温和浸种时间。

（1）水量 准确说是种/水比（或种/液比），种/水比过低，种子吸水不充分；种/水比过高，要求浸种容器大，增加劳动强度。浸种用水量通常为种子容积的5～10倍。

（2）水温 适当提高浸种水温，有助于软化种皮、提高种子吸水速率，钝化或杀灭种带病原菌。根据浸种水温，浸种可分为常温浸种、温汤浸种、热水烫种。①常温浸种，水温一般为20～30℃。使种子吸胀，但无杀菌和促进吸水的作用，适用于种皮薄、吸水快、易发芽，不易受病虫侵染的种子，如白菜、甘蓝等。②温汤浸种，水温50～55℃，这是一般病原菌的致死温度，需保持10～15min，并不断搅拌，使水温均匀，随后使水温自然下降至室温，按要求继续浸泡。温汤浸种具有灭菌作用，适用于瓜类、茄果类、甘蓝类等蔬菜种子。③热水烫种，水温可达 70～85℃，可有效控制种传病害，并快速软化致密、坚硬的种皮。先用常温水浸湿种子，再倒入热水，来回倾倒，直至温度下降到 55℃左右时，用温汤浸种法处理。适用于种皮厚、透水性差的种子，如蕹菜、落葵、黄秋葵、瓠瓜、冬瓜等。近年来试验表明，用间歇浸种法可提高发芽率，如茄子用 30℃温水浸种 10～12h，捞出晾 6～12h，再浸种 4～6h，再晾 8～12h，然后再催芽，效果更佳。包衣或丸粒化的种子，不进行浸种催芽，直接播种即可。

（3）*浸种时间*　根据蔬菜种类和种子吸水速率而定。

2．种子消毒　种子消毒，目的在于杀灭或钝化种子表面及内部携带病原菌，预防苗期乃至后期生长病害发生和蔓延。根据消毒原理等，种子消毒主要有热消毒法、药剂消毒法。

扩展 5-7

（1）*热消毒法*　除了前所述温汤浸种、热水烫种外，还有干热消毒。干热消毒是将干燥的种子置于 70℃的干燥箱中处理 2～3d，可将种子上附着的病毒钝化，使其失去活力，还可以增加种子内部的活力，促使种子萌发整齐一致。例如，将瓜类、番茄、菜豆等蔬菜种子在 70～80℃下进行干热处理，就可杀死种子表面及内部的病菌，还可减少苗期病害的发生。在 70℃条件下，处理 5h 可防治甜瓜枯萎病；处理 3d 可防治黄瓜、西瓜的绿斑花叶病；处理 5d 可防治西瓜炭疽病、番茄溃疡病。干热处理的种子，如瓜类、番茄等，不仅发芽率高，而且有明显的增产作用。

（2）*药剂消毒法*　主要分为药剂浸种和药剂拌种两种。采用药剂浸种消毒时，必须严格掌握药剂浓度和浸种时间。用药剂浸过的种子，用清水冲洗后，方可继续用温水浸种或播种。

扩展 5-8

3．种子机械处理　对于种皮（果皮）坚硬、带有种毛、正常吸水困难的种子，可采用划破种子表壳、摩擦去皮或去毛等方法，改变种子吸水特性，促进种子吸水。砂纸摩擦和去除种皮处理高葶韭，观察其种子吸水特性，砂纸摩擦和去除种皮处理的种子在 0～12h 快速吸水，12～60h 吸水速率减慢，72h 以后几乎不吸水，而对照种子吸水速率慢，吸水量小，吸水量仅为种皮破损处理的 50%，吸水速率和吸水量变化曲线始终滞后。西瓜种子可采用机械划伤种皮或嗑种的方法，促进种子吸水和萌发。

4．种子包衣　种子包衣是指将通过胶体稳定性等原理制备的具有良好溶释性、通透性、高生物活性的种衣剂（内含杀虫剂、填充剂、种子生长调节剂等促进种子生长的相关药剂）附在种子的外表面，形成一层均匀的药膜。当种子播入土壤后，种子遇水，种衣只吸胀不溶解，在种子周围形成保护性屏障，防止土传病菌的侵染和土壤中害虫的危害。随着种子的萌发，种衣剂中的营养元素和生长调节剂等活性组分被根系缓慢吸收，逐步传导至地上部分，从而继续发挥促进蔬菜生长和病虫害防治的作用。

种衣剂是指由相关药剂、营养元素、成膜剂、分散剂和助剂加工而形成的具有一定强度和通透性的可直接包覆于种子表面的物质。由于各地农业生产的气候、土壤、耕作制度等因素的差异，种衣剂的类型呈现多样化，利于更好地适用不同蔬菜种子处理需要。种衣剂在土壤中遇水不易快速溶解，药剂缓慢释放，利于种子健康萌发。优良的种衣剂降低了蔬菜栽培成本，且药效持久，可以有效防治病虫害的侵袭，在一定程度上保持和提高了种子的活力。

种衣剂的化学组成可以分为活性组分和非活性组分。

（1）*活性组分*　主要是指杀虫剂、生长调节剂、矿物元素等起着药理和营养效果的部分。活性组分与种衣剂的应用效果有着直接关系，活性组分的研发水平决定了种衣剂应用空间和种子活力提高程度。在精准农业快速推广，亟待种子包衣取得技术突破的背景下，种衣剂活性组分正向着多组分、多功能、低毒性、高效率、专用型等需求方向多元化发展。

(2)非活性组分　是活性组分的辅助药剂，它与活性组分一起保证种衣剂的药效，提高种衣剂的成膜性、稳定性、牢固性等，利于包衣种子的安全贮藏和有效成分的效应发挥，所以非活性组分也是种衣剂研发的关键环节和重要技术。

种子包衣利于蔬菜壮苗形成，为获得高产量奠定前期生物学基础。包衣中的肥料使种子在生长的初期得到充分的养料供给，并且持水性材料使种子在干旱环境下仍能保持水分，药剂也能对外部的虫卵和细菌等有害微生物产生明显的防治和杀害效果。这些因素提升了种子的播种品质，提高出苗率，促进壮苗、齐苗、发达根系的形成，为日后植株的健康生长、产量的大幅增加打下了坚实的生物学基础。种子包衣还可减少土壤与环境污染，实现生态效益良性循环。种子包衣是隐蔽式施药，使化肥、农药的使用大大减少，省工省药，保护了天敌，促进生态平衡，减少牲畜农药中毒的现象，促进土地的长期利用，保护了环境。并且包衣在干燥的时候不会产生大量的粉尘，不会对运输和包装人员健康造成影响。

5. 种子丸粒化　种子丸粒化，类似于种子包衣，主要不同之处在于种子丸粒化包被材料多、厚，种子成为一个表面光滑、形状大小一致的圆球形，增加种子粒径和重量，改变种子外观形态，便于机械化精量播种。种子丸粒化包被材料以硅藻土为主，还可选用蛭石粉、滑石粉、膨胀土、炉灰渣等。常用的可溶性胶有阿拉伯胶、树胶、乳胶、聚乙酸乙烯酯、乙烯吡咯烷酮、羟甲基纤维素、甲基纤维素及糖类等。种子丸粒化时也可加入杀菌剂、杀虫剂、营养物质、种子活化剂、微生物菌种、吸水性材料等。

6. 种子引发　种子引发是指在可控条件（如低渗透势）下，种子经过几小时到几天的缓慢定量吸水和逐步回干等过程，完成水分吸收、内含物代谢活动，种子的膜系统得到较好的完善和修补，提高种子萌发的整齐度，增强种子萌发期间的抗逆性。目前，种子引发的方法主要有液体引发、固体基质引发、生物引发和膜引发等。

(1)液体引发　以溶质为引发剂，将种子置于溶液湿润的滤纸上或浸于溶液中，通过控制溶液的水势或吸水时间调节种子吸水量。溶质主要有无机盐小分子（硝酸钾、硝酸钠、硝酸钙、氯化钠等）和有机大分子（聚乙二醇、交联型丙烯酸钠、聚乙烯醇等），其中应用最多的是聚乙二醇。盐溶液处理具有简易、通风好、成本低以及处理后容易从种子上除掉等优点。但是，其不足之处是无机盐离子可以在处理的过程中渗入种子并在种子中积累，从而降低种子的渗透势，导致种子吸收更多的水分从而降低发芽率。与无机盐比较，聚乙二醇具有优于无机盐的特点，主要表现在聚乙二醇为大分子化合物，不易渗入种子和对种子造成伤害。但是聚乙二醇也存在一定的局限性，如成本较高、处理过程中通气性差、处理后难以从种子上除去等。

(2)固体基质引发　引发体系中种子、固体基质颗粒和水是3个基本组分。目前常用的固体基质有砂、蛭石、珍珠岩、多孔黏土、软烟煤、聚丙酸钠胶、合成硅酸钙等。固体基质引发在蔬菜种子处理上已被广泛应用。

(3)生物引发　引发期间控制种子吸水的同时，采用植物促生真菌或细菌或二者同时使用作为种子保护剂，让其大量繁殖，布满种子表面，可使幼苗免遭有害菌的侵袭。采用加压融合生物引发可提高种子吸湿速率，并使金色假单胞菌在甜玉米种子表面大量繁殖而明显提高田间出苗率。

(4)膜引发　将种子与一种具有内、外两个表面的半渗透性膜的外表面接触，引发溶液直接与膜的内表面接触，种子通过半渗透性膜从溶液中吸取水分。在种子吸水过程中，种子和半渗透性膜不断地相互作用，以使种子吸水均匀，从而完成对种子的引发。此方法的优点是引发后不需要进行种子分离，适用于表面有黏液的种子。

此外，种子引发是一个复杂的种子播前处理过程，影响引发效果的因素很多，主要包括引发渗调剂的种类、渗透势、引发时间、温度、引发期间通气状况、光照、蔬菜品种与种子的初始质量，以及引发后的回干、贮藏和萌发条件等，并且上述诸多因素间通常相互作用，为了取得最佳的引发效果，必须在反复试验基础上，形成良好的操作规范。

（二）种子催芽

种子充分吸水后，创造适宜温度、充足氧气和保持接近饱和的空气相对湿度，促使种子中的养分迅速分解运转，供给幼胚生长，提高种子萌发速度。催芽按时间早晚分为播前催芽和播后催芽。

1. 播前催芽　将充分吸水的种子或种子批，摆放在发芽盘，或者用纱布等包裹，一同置于适宜种子萌发条件下，如光照培养箱、人工气候室等，促进种子萌发。种子萌发后，再进行播种。以胚根露出种孔即可，多用于试验研究和小规模生产。缺点是催芽后难以机械播种。

2. 播后催芽　浸种后的种子，或干种子，或吸水后种子表面回干，播种至育苗容器，然后将育苗容器一同置于适宜种子萌发环境中，如人工气候室、育苗温室、催芽室等，进行催芽。

（三）育苗基质配制

育苗基质是固定并支撑幼苗、提供营养和水分、维护根系正常生长发育环境的重要物质。蔬菜育苗基质要求具有良好的理化性状，如较小的容重、适宜的通气孔隙和持水孔隙、较强的保水保肥能力、不携带病虫害和杂草等。

可对基质进行如下分类：①按基质的来源分类，可分为天然基质、人工合成基质两类。例如，泥炭、椰糠、木屑、河沙等为天然基质，而岩棉、泡沫塑料等为人工合成基质。②按基质的组成分类，可分为有机基质和无机基质两类。泥炭、椰糠、树皮等是以有机残体组成的，为有机基质；砂、石砾、岩棉、蛭石和珍珠岩等以无机物组成的，为无机基质。③按基质的性质分类，可分为惰性基质和活性基质两类。所谓惰性基质，是指本身分解作用不明显、对养分供给作用较小的基质；所谓活性基质，是指具有明显的分解倾向和养分供给能力的基质。砂、石砾、岩棉、泡沫塑料等本身既不含养分也不分解，属于惰性基质；而泥炭、蛭石等含有植物可吸收利用的养分，并具有较高的阳离子交换量，属于活性基质。④按基质配制组分分类，可分为单一基质和混合基质两类。所谓单一基质，是指使用的基质是以一种原料为生长介质的，如砂培、砂砾培使用的砂、石砾，岩棉培的岩棉，都属于单一基质；混合基质是指由两种或两种以上的原料按一定比例混合制成的基质。现在，生产上为了克服单一基质可能造成的容重过轻、过重、通气不良或通气过盛等弊端，常将几种原料混合形成复合基质来使用。⑤按基质有土或无土，分为营养土基质和无土基质。此处，主要介绍营养土基质、有机育苗基质、无机育苗基质和有机无机混合育苗基质。

1. 营养土基质

（1）基本要求　营养土必须具有良好的物理结构，适宜、稳定的化学性质，以及含有足够的养分。试验表明，播种床营养土的容重应为0.5～0.7g/cm^3，总孔隙度应在70%～80%，化学性质必须稳定，对幼苗无毒，pH应以中性略偏酸为宜，还要求不携带病原菌、虫卵和杂草种子等生物源有害物。

（2）主要原料及比例　生产上常用的营养土由肥沃的田园土、腐叶土、堆肥、煤灰、炭化谷壳等组成，有时还加入石灰、过磷酸钙、矿物肥和其他复合肥，以调节酸碱度和增加养分含量。①田园土是配制营养土的主要成分，一般占30%～50%。选用园土时一般不要使用同科蔬菜地的土壤，以种过豆类、葱蒜类蔬菜的土壤最好，如果选用其他园土时，一定要铲除表土，掘取心土。

园土最好在 8 月高温时掘取，经充分烤晒后，打碎、过筛，筛好的园土应贮存于室内或用薄膜覆盖，保持干燥状态备用。②有机肥，如粪肥、堆肥、蚯蚓粪、秸秆腐熟物等，占营养土的 20%～30%。这些有机肥充分发酵腐熟后才能使用，或者将其与园土混合堆积起来，等到充分腐熟以后使用。③炭化谷壳或泥炭，能增加钾素，使土壤疏松、透气，颜色变深，能多吸收太阳光能，提高土温。含量占营养土的 20%～30%。谷壳炭化时应掌握好适宜的温度，一般应使谷壳完全炭化，但又基本保持原形为标准。④在土质偏酸的地区，配制营养土时要加适量的石灰，提高营养土 pH。石灰还有增加钙元素和促进形成土壤团粒结构的作用。⑤磷肥对促进幼苗根系生长有明显的作用。在配制营养土时施入适量的过磷酸钙，对培养壮苗有良好的效果。

（3）营养土消毒处理　为了杀灭营养土残存的病原微生物，可进行日光消毒、热蒸汽消毒、药剂熏蒸、药剂拌土或喷洒等。①日光消毒，是在配制好的营养土中加入一定量水分使含水量达到 60%左右，用塑料薄膜覆盖，利用日光下暴晒产生的高温杀灭病原微生物。②热蒸汽消毒，是采用专业的热蒸汽消毒设备，将营养土装入一定容积的密闭容器中，加热消毒，或者将热蒸汽输入营养土堆，并覆盖塑料膜、帆布等，高温消毒。③药剂熏蒸，是采用熏蒸剂，如甲醛溶液、碘甲烷、氯化苦、异硫氰酸甲酯、1,3-二氯丙烯、二甲基二硫、硫酰氟、棉隆及威百亩等，使药剂在营养土孔隙间弥漫，杀灭残存的病原微生物。每 1000kg 营养土，用 40%甲醛溶液 250g，兑水 60kg 喷洒拌匀，用塑料薄膜覆盖一昼夜，揭膜后 10～15d，播种育苗，可杀灭多种病原菌。④药剂拌土或喷洒，是蔬菜生产中应用最多的一种方法。在播种前一周，将农药配成一定浓度的水溶液，喷洒或拌入培养土。将营养土和金雷多米尔均匀混合，用量为 5～7g/m^2，1/3 铺到苗床上，剩余的 2/3 均匀地盖到种子上，对苗期常见的立枯病和猝倒病都有很好的防治效果。

2．有机育苗基质　有机育苗基质是用泥炭、椰糠、树皮、稻壳、菇渣、泡沫塑料、秸秆、花生壳、木屑、糠醛渣、甘蔗渣、沼渣、松鳞、蚯蚓粪、苜蓿粉、豆粉，以及其他一些有机废弃物等配制的基质。

（1）泥炭　泥炭是死亡的湿地植物残体在积水还原环境中分解转化的产物，属于生物沉积矿产。按照科学分类，泥炭可以划分为草本泥炭、藓类泥炭和木本泥炭三大类。我国是草本泥炭聚集区，西北欧、俄罗斯、加拿大等寒温带地区是世界藓类泥炭主要分布区，印尼、马来西亚是世界木本泥炭主要聚集区。按照泥炭分解程度和利用价值，还可以把藓类泥炭划分为白泥炭、棕泥炭和黑泥炭，属于泥炭的应用分类，只用于评价泥炭价值和利用方向。作为蔬菜育苗基质原料的泥炭，主要是草本泥炭、藓类棕泥炭和藓类黑泥炭，它们具有较高的有机质、腐殖酸含量，纤维丰富，疏松多孔，通气透水性好等特点。与基质相关的泥炭主要理化特性有水物理性质、有机质含量和营养成分含量。

1）水物理性质。其与残体类型、灰分含量、分解度等有关。我国泥炭含水量平均值为 72.59%，常见值为 60%～80%。泥炭在育苗基质中，能起到改善保水性能的作用。我国泥炭大多为低位草本类型，持水量在 300%～600%。在水分含量低的情况下，泥炭还可以从空气中吸收 20%左右的水分。这种水物理性质，是泥炭及其制品在农业上利用的重要条件之一。

2）有机质含量。包括未被完全分解的植物残体和已完全分解的腐殖质两部分。植物残体包括根、茎、叶、种子、孢子和花粉等，腐殖质则为植物残体分解中所形成的结构复杂的有机化合物。我国泥炭有机质平均含量为 56%。

3）营养成分含量。泥炭中的氨基酸是不可忽视的营养成分。近年来的研究结果表明，泥炭中存在 22 种氨基酸。氨基酸含量与泥炭全氮含量有明显的相关关系，即全氮含量高的泥炭，氨基酸含量也高。泥炭中磷、钾含量较低，且大多数以有机态形式存在。但是，它们也都是植物的潜在营养成分。

（2）椰糠　为椰子食用或加工后剩余的椰壳后加工产物。椰壳必须经过脱水、粉碎、淋洗和缓冲等处理，才能成为可供使用的椰糠。包括椰壳纤维和粉状物。国内育苗基质用椰糠主要有海南、云南、广东、广西、台湾等省（自治区）的国产椰糠和印度、孟加拉国、菲律宾等的进口椰糠。

扩展 5-9

（3）树皮　树皮是木材加工过程中的下脚料。在盛产木材的地方，如加拿大、美国等常用来代替泥炭作无土栽培基质。树皮的化学组成因树种不同差异很大。松树皮的有机含量为98%，其中蜡树脂 3.9%、单宁木质素 3.3%、淀粉果胶 4.4%、纤维素 2.3%、半纤维素 19.1%、木质素 46.3%，灰分为 2%，C/N 比为 135，pH 为 4.2～4.5。有些树皮含有毒物质，不能直接使用。大多数树种含有较多的酚类物质，这对于植物生长是有害的。树皮的 C/N 比都比较高，直接使用会引起微生物对氮素的竞争作用。为了克服这些问题，必须将新鲜的树皮进行堆沤，堆沤时间应在 1 个月以上。因有毒的酚类物质分解至少需要 30d。经过堆沤处理，树皮有毒的酚类物质被分解，C/N 比降低，而且可以增加树皮的阳离子交换量，可以从堆沤前的 8mEq/100g 提高到堆沤后的 60mEq/100g。经堆沤后的树皮，其原先有的病原菌、线虫和杂草种籽等大多会被杀死，在使用时不需要进行额外消毒。利用树皮作为基质时，如果树皮中氯化物含量超过 2.5%，锰含量超过 20mg/kg，则不宜使用。

（4）稻壳　稻壳是稻米加工时的副产品，育苗使用的稻壳通常是进行过炭化的，称为炭化稻壳或炭化砻糠。炭化稻壳容重为 0.5g/cm^3，总孔隙度为 82.5%，其中大孔隙为 57.5%，小孔隙为 25%，含氮 0.54%，含速效磷 66mg/kg，速效钾 0.66%，pH 为 6.5。如果炭化稻壳使用前没经过水洗，炭化形成的 K_2CO_3 会使其 pH 升到 9 以上，因此使用前宜用水洗。炭化稻壳因经高温炭化，如不受外来污染，则不带病原菌。炭化稻壳含营养元素丰富，价格低廉，通透性良好，但持水孔隙度小，持水能力差，使用时需经常浇水。另外，稻壳炭化过程中不能过度，否则堆肥和运输时受力极易碎化。

（5）菇渣　菇渣是食用菌栽培的下脚料。不宜直接作基质使用，可以加水至含水量约 70%，再堆成一堆，盖上塑料膜，堆沤 3～4 个月，取出风干，然后粉碎，过 5mm 筛，筛去菇渣中粗大颗粒、石灰块和杂物。菇渣容重为 0.41g/cm^3，总孔隙度为 45%，大小孔隙比 0.24，持水量为 60.8%。菇渣的氮、磷含量较高，单独作为基质使用不适合，应与泥炭等原料按一定比例混合使用。混合时菇渣的所含比例不应超过 40%（以体积计）。

扩展 5-10

（6）泡沫塑料　现在使用的泡沫塑料主要是聚苯乙烯、尿甲醛和聚甲基甲酸酯，尤以聚苯乙烯用得最多。国外有专门出售供栽培用泡沫塑料的厂家。泡沫塑料的容重小，为 0.1～0.15g/cm^3。有些泡沫塑料几乎不吸水，而有些可以吸收大量的水，如 1kg 的尿甲醛泡沫塑料能吸持 12kg 的水。泡沫塑料非常轻，用作基质时必须用容重较大的颗粒如砂来增加重量，否则无法固定幼苗。由于泡沫塑料的排水性能良好，也可作为栽培床下层的排水材料。

3. 无机育苗基质　无机育苗基质是以岩棉、蛭石、珍珠岩、砂、煤渣等无机物料配制的基质。

（1）岩棉　岩棉由 60%辉绿石、20%石灰石和 20%焦炭混合，然后在 1500～2000℃的高温炉里熔化，将熔化物喷洒成直径为 0.05mm 的细丝，再压成容重 80～100kg/m^3 的片，然后在冷却至 200℃左右时，加入一种酚醛树脂以减少表面张力，使产生出的岩棉能够吸持水分。岩棉制造经过高温煅烧，不含病原菌和其他有机物。经压制成型的岩棉块在整个育苗乃至种植过程中不会产生形态的变化。

（2）*蛭石*　蛭石是云母类硅酸盐质矿物，呈片层结构，片层之间含有少量的水，在1000℃的炉中加热时，片层中的水分变为蒸汽，把片层爆裂开，形成小的、多孔的海绵状的核。经高温膨胀后的蛭石，其体积是原来矿物的16倍，容重很小，为0.09～0.16g/cm^3，总孔隙度大，达95%。蛭石的pH因产地、组分而稍有差异。一般为中性至微碱性，也有些是碱性的（pH在9以上）。当其与酸性基质如泥炭等混合使用时不会出现问题。如单独使用，需加入少量酸进行中和。蛭石的阳离子交换量（CEC）很高，达100mEq/100g，并含有较多的钾、钙、镁等营养元素，这些养分是幼苗可以吸收利用的。且蛭石的吸水能力超强，每立方米可以吸收100～650g水。但蛭石较容易破碎，而使结构受到破坏，孔隙度减少，因此在运输、种植过程中不能受重压。蛭石一般使用1或2次，其结构就变差，需重新更换。

（3）*珍珠岩*　珍珠岩由一种灰色火山岩（铝硅酸盐）加热至1000℃膨胀而成。它是一种封闭的轻质团聚体，容重小，为0.03～0.16g/cm^3，总孔隙度约为93%，其中空气容积约为53%，持水容积约为60%。珍珠岩没有吸收性能，阳离子交换量＜1.5mEq/100g，pH为7～7.5。珍珠岩是一种较易破碎的基质，在使用时主要有两个问题：一是珍珠岩粉尘污染较大，使用前最好用水喷湿，以免粉尘纷飞；二是珍珠岩在种植槽或复合基质中，在淋水较多时会浮在水面上。

（4）*砂*　砂是无土育苗应用最早的一种基质原料。不同粒径的砂粒对作物生育有不同的影响，砂粒过大，保持的水分不足而容易缺水，但通气条件较好；砂粒过小，保水力较强，但透气性稍差。砂的pH为6.5～7.8，容重为1.5～1.8g/cm^3，总孔隙度为30.5%，气水比为1∶0.03，几乎没有阳离子交换量，电导率为0.46mS/cm。育苗时以选用0.5～3mm粒径的砂粒为宜。

（5）*煤渣*　煤渣为烧煤后的残渣，工矿企业的锅炉、食堂等都有大量煤渣。其容重为0.7g/cm^3，总孔隙度为55%，持水孔隙度为33%，含氮0.183%、速效磷23mg/kg、速效钾203.9mg/kg，pH为6.8。煤渣如未受污染，不带病原菌，不易产生病害，含有较多的微量元素，可与其他基质混用。

4. 有机无机混合育苗基质　单一物料或单一类物料，性状各异，难以达到蔬菜育苗理想的理化、生物学指标。因此，实际生产中，通常是将两种或两种以上的单一物料按一定比例混合，配制成有机无机混合基质使用，如泥炭、蛭石、珍珠岩、无机肥料，甚至植物促生菌，混合而成育苗基质。一般来说，混合基质达到容重0.5g/cm^3左右，总孔隙度为60%左右，大小孔隙比为0.5左右，pH为6.8～7，电导率小于2.5mS/cm，基本可以满足育苗需要。常用的混合基质配方有泥炭∶蛭石∶珍珠岩＝3∶1∶1（*V/V*），泥炭∶蛭石＝1∶1（*V/V*）、泥炭∶珍珠岩＝3∶1（*V/V*）、泥炭∶砂＝1∶1（*V/V*）、椰糠∶砂1∶1（*V/V*）等。

扩展5-11

（四）播种量

播种前，应根据蔬菜种类、种子质量、播种方式、播种密度、播种季节、育苗环境等确定适宜的播种量。单位面积播种量过大，或单穴播种粒数过多，浪费种子，增加用种成本，幼苗瘦弱，还增加出苗后疏苗间苗工作量。反之，若单位面积播种量过小，或单穴播种粒数过少，出苗稀疏，栽培密度不够，严重影响蔬菜单位面积产量和收益。

通常，单位栽培面积需播种面积和单位面积播种量参照下列公式计算：

$$\text{单位栽培面积需播种面积}(m^2)=\frac{\text{单位面积播种量}(g)\times\text{每克种子粒数}\times\text{每粒种子所占面积}(cm^2)}{10000}$$

$$\text{单位面积播种量}(g)=\frac{\text{单位面积定植苗数（穴数}\times\text{每穴种子粒数）}}{\text{每克种子粒数}\times\text{种子使用价值}}\times\text{安全系数}(1.2\sim1.5)$$

$$\text{种子使用价值}=\text{种子净度}(\%)\times\text{种子发芽率}(\%)$$

（五）苗床管理

根据幼苗生长发育规律和形态特征，可将幼苗整个生长期人为地划分为四个时期：①出苗期，从播种到幼苗拱出显露；②子叶平展期，从幼苗拱出到子叶完全平展；③真叶生长发育期，从子叶平展到成苗所需真叶数；④炼苗期，从成苗所需真叶数到定植。各时期的管理既有相似之处，又各有侧重和区别。

1. 出苗期 出苗期包括种子萌发（未催芽播种的种子）、胚根和胚轴伸长，甚至子叶拱出基质表面。出苗期长短依蔬菜种类和品种以及基质特性、管理水平而异，一般需3～5d。管理上以促为主，即维持较高的温度、湿度，播种后一般不通风，使空气相对湿度达80%以上，还可增加覆盖，显著减少水分蒸发。如见底水不足，应根据情况及时补水。温度控制比催芽时略低3～4℃。一般茄果类蔬菜种子出苗时的高温为30℃，低温为18℃；瓜类蔬菜的高温为28℃，低温为16℃。当外界气温过低时，可适当采取加温、保温措施。

在出苗期还要防止种皮不脱落，即“带帽”拱出。幼苗“带帽”会严重阻碍子叶的光合作用，种皮机械阻力使子叶变形。产生“带帽”的原因有：表土或空气湿度过小，使种皮干燥发硬不易脱落；覆土太薄，机械阻力太小，使子叶带壳出土；种子太嫩，幼苗出土势较弱，不易将种皮冲破；种皮吸水不均匀也难以脱落。根据这些原因，主要应采取以下措施：播种后覆盖营养土或基质应达到一定厚度，及时补充水分保持表土湿润，或提高空气湿度。如发现小苗“带帽”较多，可用喷水壶浇温水或撒些湿润的细土，以增加湿度，促进幼苗“脱帽”，或及时采取人工剥落的方法。

2. 子叶平展期 这个时期一般需一周左右，甚至更长一些。其生长特点是下胚轴伸长，子叶逐步展开并由黄白色转绿，由异养转为自养，生长速度减慢，子叶开始光合作用，有适量的碳水化合物和干物质积累。子叶平展期管理要点是由促转为适当的控，保证幼苗稳健生长，防止形成徒长苗。

（1）延长光照时间 光照充足是提高绿化期幼苗素质的重要保证，因此在保证绿化的适宜温度条件下，采取“早揭晚盖”，应尽可能延长光照时间。上午尽量早揭覆盖物，下午尽可能延迟覆盖。覆盖材料要经常冲洗干净，以增加透光率，有条件的可适当进行人工补光。但是，由于根系尚不发达，子叶柔嫩，一定要防止强光辐射，以免灼烧子叶。

（2）控制基质温度和空气温度 温度过高，下胚轴伸长过快，会形成徒长苗或高脚苗。一般而言，辣椒和茄子白天气温控制在18～25℃，夜间控制在15～18℃；黄瓜和番茄白天气温控制在16～23℃，夜间控制在15～20℃。但在降温的同时，要严防幼苗受冻，因在子叶平展期的幼苗一旦受冻就很难恢复，甚至形成“秃顶苗”。

（3）降低基质（包括营养土）湿度 若基质过湿，则幼苗须根少，易引起幼苗倒伏或诱发病害。床土湿度一般应控制在60%左右。床土湿度大时，可采取通风，控制灌水，撒干细土等措施来降低湿度，甚至可使床土表面“露白”，这样既可以抑制下胚轴的伸长，又可以促进根系向下深扎。空气湿度也不能过高，一般以相对湿度60%～70%为宜。降低空气湿度的主要方法是通风，通风时注意通风口要设在背风向。

（4）及时间苗 以防幼苗拥挤形成瘦弱苗。

3. 真叶生长发育期 这个时期包括上胚轴伸长和幼苗真叶发育以及节间伸长，多数蔬菜的花芽分化也在这个时期进行。幼苗以营养生长为主，相对生长率较高，尤其是根质量增加迅速。这一时期的长短，除瓜类外，茄果类一般需20～30d。管理的基本原则是：在经历了子叶平展期

“控”的管理后，又要转入适度“促”的管理。

1）适当提高温度，真叶生长发育期基质温度宜选择在16～23℃，但为降低能耗，生产中的基质适宜温度可为17～20℃，并最好采取变温管理，即白天温度偏高，晚间温度稍低。同时，对于茄果类蔬菜要充分考虑花芽分化质量，最低气温一般不低于12℃；对于甘蓝类蔬菜，最低气温不宜低于8℃，避免通过绿体春化，定植后先期抽薹。

2）在真叶生长发育期，幼苗要大量积累养分，必须增加光照强度、延长光照时间以加强光合作用。一般在无人工补光的情况下，遇晴天应尽可能通风见光。阴雨天也要选中午前后适当通风见光。

3）在水分管理上要保证基质表面呈半干半湿状态。这就要求在基质表面还没有完全干燥时及时灌水。正常晴朗天气，每2～3d灌水一次，每次每平方米浇0.5～2L，这样能保证基质表面湿中有干，干湿交替，对预防猝倒病及立枯病能起到较好作用。

4）要增加养分供给。基质混配时肥料添加少或未添加肥料，基质养分不足，幼苗叶色浅，生长细弱，应结合灌水追施2或3次肥料。肥料尽量选择大量元素、中量元素、微量元素比较齐全、配比适当的完全水溶性肥料。除根际补充养分外，真叶生长发育期还可以适度采用叶面施肥、CO_2施肥等措施促进幼苗健壮生长。

5）通常分苗也在真叶生长发育期进行。分苗的作用是防止幼苗拥挤，扩大株间距，增加营养生长面积，促进株间通风透气，满足幼苗生长发育所需的光照和营养条件，促进幼苗更进一步地生长和发育。分苗尤其是对幼苗根系的生长有显著影响。一方面分苗会产生不同程度的断根，降低根系吸收能力，抑制幼苗正常生长；另一方面因分苗损伤了主根，从而促进侧根生长，使根系分布在以主根为中心的浅土层内，有利于定植取苗，减少根系伤害。

分苗时间、分苗后株间距等，依蔬菜种类和定植条件而定。分苗后株间距与产量关系极大，尤其是影响前期产量。一般加大幼苗株间距，前期产量提高。因此，在苗床充裕的情况下，分苗后幼苗株间距可达7～10cm，以便培育出健壮幼苗。

分苗时应在分苗前半天浇水于苗床，以便取苗。取苗时切勿碰伤嫩芽，对子叶也应小心保护，瓜类蔬菜幼苗尤为重要。幼苗取出后应立即栽植，防止根部被太阳晒干或被风吹干。分苗时最好将大小苗分开，以方便管理。分苗时栽植宜浅，保留子叶下部1～2cm露出床面。栽植后要把根部土壤培紧，并及时浇压根水。分苗应选择晴朗无风的日子，抓紧在中午前后快速完成。如果用营养钵分苗，其直径要求在8～10cm。黄瓜、番茄生长速度快，根系发达，应选用直径为10cm的营养钵。辣椒和茄子则选用直径为8cm的营养钵。用营养钵分苗时，钵与钵之间的空隙一定要用土充满，以减少土壤蒸发和热量散失，提高保温和保湿效果。

分苗后的幼苗可分生长恢复期、旺盛生长期两个阶段进行管理。

第一，生长恢复期。分苗后，幼苗根系受到一定程度的损伤，需要一段时间才能恢复，这段时期需4～7d。生长特点是：地上部分基本无明显生长量变化，根系逐步恢复吸收机能，并开始发生新根。为有效地缩短恢复期的时间，应尽可能地创造适宜的环境条件，如适当提高温度，保证基质温度为18～22℃，气温白天保持在25～30℃，夜间保持在20℃。加强覆盖，采取闷棚。一般分苗后要闷棚5～7d，并基本上不通风。这样，不仅能提高保温效果，同时也能提高空气相对湿度，抑制植株蒸腾，有效地防止幼苗因失水过多而严重萎蔫，促进伤口的愈合和新根发生。在浇足压根水的前提下，缓苗期内一般不要浇水，以防基质湿度过大引起烂根。

第二，旺盛生长期。在这一时期，幼苗的生长量最大，生长时间也较长。其特点是生长速度快，叶面积增长迅速，营养生长与生殖生长同时进行。在管理上要提供适宜的温度、较强的光照、充足的水分和养分，并体现促中有控，控中有促，使之稳健生长。幼苗恢复生长后，温度应适当降低，即日平均气温控制在 20～25℃，基质温度控制在 16～20℃。多通风见光，提高幼苗光合效率，促进幼苗光合产物积累。

4．炼苗期　炼苗是为了提高蔬菜幼苗对定植后环境的适应能力，缩短定植后的缓苗时间，因此是否需要炼苗或炼苗的程度，取决于蔬菜种类和定植环境条件。炼苗通常在定植前一周进行。主要措施如下。

（1）降低温度　白天气温可降至 15～20℃，夜间降至 13～15℃，并相应地降低基质温度。

（2）降低湿度　湿度包括基质湿度和空气湿度。炼苗期尽量不灌水或少灌水，并加大通风，降低空气湿度。

（3）增加光照　包括光照时间和光照强度，露地定植的幼苗，要逐步完全撤去覆盖物，直至撤除全部覆盖物，使之完全适应定植环境。

（六）苗期常见问题及预防措施

1．沤根　沤根表现为长时间不发新根，不定根少或完全没有，原有根皮发黄呈锈褐色，逐渐腐烂。初期，幼苗叶片变薄，阳光照射后萎蔫，叶缘焦枯，逐渐整株枯死，病苗极易从土中拔起。沤根原因主要是根际湿度过高，或遇连阴雨雪天气，光照不足，根际温度长时间低于12℃，即由根际低温、高湿、缺氧造成。防止沤根，宜选择地势高、排水良好、背风向阳的地段作苗床，床土需增施有机肥兼配磷钾肥。出苗后注意天气变化，做好通风换气，可撒干细土或草木灰降低基质湿度，同时采用多层覆盖增强保温性。采用营养钵、穴盘床架育苗等也可减少沤根的发生。

2．烧根　主要症状是根系弱而黄，不长新根，但不烂根，地上部分生长缓慢，叶片小，叶面皱，边缘焦黄，植株矮小等。烧根多发生在出苗期和幼苗刚拱出的一段时间，多与床土肥料种类、性质、多少紧密相连，有时也与基质水分和播后覆盖厚度有关，如育苗基质施肥过多，肥料浓度高则容易产生生理干旱性烧根；若施入未腐熟有机肥，经灌水和覆膜，有机物发酵，基质温度骤增，也易导致烧根；施肥不匀、灌水不均以及苗床表面凹凸不平也会出现局部烧根；播种后覆盖太薄，幼苗根系暴露于基质表层高温区，也易形成烧根。因此，苗床应施用充分腐熟的有机肥，氮肥特别是尿素施用不得过量。肥料要与基质混拌均匀，苗床平整，播种后覆盖紧实度一致，并浇足底水。刚出苗后晴天中午及时补水，稀释土壤溶液，随后覆盖细土，封闭苗床，中午注意苗床遮阴，促使增生新根。

3．倒伏苗　主要症状是幼苗生长瘦弱，茎叶柔嫩，体内干物质少，表面角质层和机械组织不发达，幼苗软化或根茎处收缩，以及苗期病害等引起的幼苗倒伏。倒伏苗分生理性和病理性的。生理性倒伏主要是由于高温高湿、光照不足、幼苗生长瘦弱、根冠比失衡，这种情况与播种过密、施肥不当、出苗后揭膜不及时，以及长期阴雨天突然强光照射等有关。病理性倒伏主要是由病原菌侵染引起，如猝倒病、立枯病、枯萎病等。防止倒伏苗的措施是掌握好出苗标准，有 50%种子出苗时，及时撤除遮阳网或草帘，加大昼夜温差，基质湿度控制在 60%～70%，加强通风，及时防治病虫害。

4．徒长苗　徒长苗也叫“高脚苗”。主要表现为叶色淡、叶面积大、茎过度伸长、组织柔嫩、含水量高、机械组织不发达等。徒长苗抗逆性差，极易遭受病原菌侵染，同时发育延缓，花芽分化及开花期后延，容易造成落蕾、落花及落果。定植后缓苗慢，最终导致减产。徒长苗发生的原因主要是高温高湿、光照不足、灌水和氮肥施用过量，因此应依据幼苗生长发育进程和环境条件，及时通风降湿，加大幼苗间距，必要时可以喷施生长抑制剂。例如，用 0.2g/kg 矮壮素进行叶面喷雾，苗期喷施 2 次，可控制徒长，增强茎粗，并促根系发育。矮壮素喷雾宜早晚间进行，处理后可适当通风，禁止喷施生长抑制剂后立即喷灌，避免生长抑制剂从叶片冲淋进入根际基质，造成药害，或生长抑制过度。

5．闪苗 闪苗是因苗床管理不善，尤其是通风不良造成幼苗生长环境突变而引起的一种生理失衡的现象。主要症状是幼苗很快萎蔫，叶缘上卷，叶片局部或全部变白干枯，但茎部尚好，严重时也会造成幼苗整株干枯死亡。闪苗常见于育苗设施长期密闭，突然放风，放风口过大，或风口直对幼苗，或外界温度过低，放冷风。当育苗设施或幼苗多层覆盖内外温差较大，幼苗小环境温度超过 30℃时，猛然大量通风，空气流动加速，引起叶片蒸腾剧增，失水过多，形成生理性干枯。因此，注意及时通风，当床温上升到 20℃时，要适当正确掌握放风量，一般随气温升高放风量由小渐大，放风口由少渐多。放风量的大小应使苗床温度保持在幼苗生长适宜范围内为准，并且应使通风口安排在背风一侧，切忌放风口在迎风面一侧。

三、蔬菜壮苗标准与评价方法

（一）蔬菜壮苗标准

壮苗是指苗龄适宜、生长健壮、生长势强、无病害、能适应定植环境条件的优质丰产苗。对于果菜类幼苗还要求花芽分化质量高，花芽数多，花芽发育良好。因此，壮苗主要包括以下内容。

1．形态学特征 例如，根系白色，主根和侧根发达，根毛密布，无锈根（黄色或黄褐色）；茎节间短，粗壮，有韧性；叶柄粗短，叶色正常，无病斑和卷曲；植株开展度与株高比例适当，为 1.0～1.3。

2．解剖学特征 幼苗机械组织和保护组织发达，茎叶角质化程度高，叶片表面有蜡粉等。

3．生理学特征 幼苗组织器官干物质含量高，自由水含量少，叶片叶绿素含量高，根系活力强，养分、水分吸收能力强，光合代谢、呼吸代谢和蒸腾作用旺盛，抗逆性强。

（二）壮苗评价方法

综合现行国家标准、行业标准、地方标准中涉及的蔬菜壮苗标准条款，壮苗评价应该从苗龄、外观、量化指标和生理指标进行综合评定，而不能使用单一指标评定。

1．苗龄 幼苗苗龄，包括日历苗龄和生理苗龄。日历苗龄是指幼苗生长发育所经历的日历时间，即播种至成苗出圃所经历的天数。生理苗龄是指幼苗的生理年龄，表示幼苗实际生长发育的形态阶段或生育程度，如子叶苗、四叶苗、现蕾苗。日历苗龄与生理苗龄有显著的相关性，但不完全相同。幼苗在一定的环境条件下，经历一定时间后达到所要求的形态阶段或生育程度，且生长发育正常，称为适宜苗龄。以番茄为例，穴盘育苗条件下 60d 大龄幼苗，根系老化，素质较差，前期产量虽高，但总产量偏低，30d 小龄苗总产量最高，但前期产量低，45d 中龄苗则表现幼苗素质好，前期产量较高，且总产量与小龄苗相比差异不显著，具有较高的生产力。选择适宜苗龄的壮苗对定植后植株生长发育以及丰产起关键性作用，所以掌握适宜苗龄、及时定植十分重要。

2．外观 具体到特定蔬菜或品种，壮苗外观形态有一些差异，如茄果类蔬菜，番茄壮苗标准为冬季大棚冷床育苗苗龄 90～100d，夏秋季苗龄 30d 左右；株高 8～12cm，茎粗 0.5～0.8cm，节间短，呈紫绿色；叶片 7 或 8 片，叶色深绿带紫，叶片肥厚；第一花穗现花蕾；根系发达；植株无病虫害，无机械损伤。茄子壮苗标准为冬季大棚冷床育苗苗龄130d，夏秋季苗龄35d左右；株高10～15cm；长7或8片真叶，叶片大而厚，叶色浓绿带紫；根系多无锈根；全株无病虫害，无机械损伤。辣椒壮苗标准为冬季大棚冷床育苗苗龄60～80d；株高15cm左右，茎粗0.4cm以上；8～10片真叶，颜色浓绿；根系发育良好，无锈根；无病虫害和机械损伤。夏季定植的生理苗龄常小于冬季。

3．量化指标　主要是将幼苗形态指标数量化或综合化：①简单指标，单项性状指标包括株高、茎粗、叶片数、叶面积、叶色、根质量、第一花序节位、全株干质量。②相对指标，指两种单项性状的综合，如茎粗/茎高、根冠比。③复合指标，两个以上的单项指标组成一个整体的复合指标，如壮苗指数。

$$\text{壮苗指数}=\frac{\text{茎粗（mm）}}{\text{株高（mm）}}\times\text{全株干重（g）}$$

4．生理指标　包括生理生化指标分析测定和抗逆性观测，如叶片光合强度、蒸腾速率、呼吸速率、根系活力、叶片叶绿素含量，以及极端温度、弱光、干旱等不良环境条件下耐逆生长能力和相关生理生化指标（电解质渗漏率、丙二醛含量、活性氧含量、抗氧化酶活性等）。

第三节　蔬菜育苗技术形式与分类

近年来，蔬菜育苗技术取得长足进步，涌现出许多新资材、新设备，如育苗设施有小拱棚、塑料大棚、日光温室、连栋温室等；育苗基质有营养土、营养块、育苗专用基质等；育苗容器有纸钵、营养钵、多孔连体穴盘等；育苗设备有精量播种机、基质混拌机、压缩基质加压机、传送运输设备、嫁接机等；育苗类型有自根苗和嫁接苗等；育苗材料有实生苗、扦插苗、组培苗等；经营方式有农户自用小规模零散育苗、多家农户合作育苗、企业化大规模商品性育苗等。技术、资材、设备和经营方式等多要素交叉集成融合，最终形成若干育苗技术形式。

一、按育苗基质分类

（一）营养土育苗

以营养土为基质进行的育苗，目前主要有营养土畦面育苗、纸筒育苗、营养钵育苗等，因容重较大，不宜穴盘育苗。

（二）基质育苗

以有机、无机、有机无机混合物料为基质进行的育苗，主要有营养钵育苗、穴盘育苗、营养块育苗等。

（三）营养液育苗

营养液育苗是指不用任何固体基质，营养液直接接触幼苗根系并提供水分、养分，辅以支撑物进行的育苗形式。营养液育苗，减少了育苗基质消耗和购置成本，水分、养分供应充足，幼苗生长速度快，根系发达，有利于缩短苗龄；比较容易实现蔬菜育苗的科学化、标准化管理；蔬菜幼苗根部无基质，成苗后是裸根，便于运输。

目前，营养液育苗主要有两种：以海绵块和开口泡沫板材为支撑，种子播种于海绵块，底部供给少量营养液，平盘培养达到一定苗龄后，将幼苗连同海绵块插入泡沫板开口处，泡沫板覆盖在盛有营养液的栽培槽或育苗床上，根系从营养液吸收水分和矿质养分，营养液液面与泡沫板之间有一定孔隙，孔隙间生长的根系可以吸收空气中的氧气。根据营养液消耗，不断补充。结构简单，营养液也不需要加氧装置。

扩展 5-12

另一种是北京市农林科学院蔬菜研究中心开发的播种纸和覆盖纸固定种子的无基质营养液育苗新技术。系统主要由营养液育苗槽、育苗格板、播种纸和覆盖纸、育苗床架、催芽箱、营养液循环系统、营养液温度调节系统组成。

二、按育苗容器分类

（一）土壤畦面育苗

土壤畦面育苗是指整地作畦，将种子撒播或条播于畦面，不用育苗容器的育苗方式。优点是简单，根际温、湿度相对稳定；缺点是幼苗分布不均匀，有疏有密，出苗不齐，根系没有保护，取苗时根系易受损伤。

（二）营养钵育苗

营养钵育苗，是以纸质、椰壳纤维、塑料等钵状容器进行的护根育苗的一种形式。营养钵因口径、高度和颜色等有多种规格，内部填装营养土或人工混配基质。最常用的是聚乙烯塑料营养钵。钵的口径为 8～13cm，高度为 8～13cm，底部的直径较口径相对小 1～2cm，钵底中央有一小圆孔，孔径约 1cm，俗称排水孔。

冬春季选择黑色营养钵（图 5-2），可以吸收更多的太阳能，有利于提升根际温度。夏季或初秋，可选择银灰色的营养钵，以反射较多的光线，避免根际温度过高。白色营养钵一般透光率较高，会影响根系生长，所以很少选择白色营养钵。

图 5-2 各种规格的黑色营养钵

营养钵育苗一般单株育苗，否则空间小，光照不足，容易形成徒长苗，影响幼苗质量。装营养土或基质时不要装得过满，一般以距钵口 1.5cm 为宜，否则，不便于浇水。营养钵育苗的水分管理非常重要，钵中营养土干燥时要及时浇水，浇水要慢，否则不易浇透，每次浇水最好来回浇 2 或 3 遍，必须浇透，切不可天天浇而又次次浇不透。

（三）平盘育苗

以塑料、木质平盘为容器进行的育苗。不同规格的育苗盘大小、深浅不同，国内外常用的蔬菜育苗平盘规格长×宽×高为 60cm×30cm×5cm 或 40cm×30cm×5cm，底部有细孔透水、透气。使用时，装入基质，刮平，撒播种子，覆盖基质，灌水或灌溉营养液育苗。平盘育苗可以一次成苗，但大多作为分苗前小苗培育（图 5-3）。

图 5-3 各种规格的塑料平盘

（四）穴盘育苗

穴盘育苗，是以多孔连体式穴盘为育苗容器、以草炭、蛭石、椰糠、珍珠岩等轻质材料作育苗基质、一次成苗的护根育苗方式。穴盘育苗出苗率高，可以大大节约种子，使种苗产业可以放心采用价值很高的优质种子。穴盘的穴与穴之间相对独立，独立成株，减少了定植取苗时根系损伤；采用人工混配轻型基质，杜绝了土传病虫害的发生和蔓延。穴盘育苗密度数倍高于传统育苗，节省了育苗所需的设施面积。穴盘苗便于存放，适宜远距离运输。穴盘育苗，每穴1株，成坨性好，特别适于机械化移栽，也是目前国际上较先进的育苗方式。

在生产实际中，穴盘种类繁多，穴盘大小也千差万别。根据材质可以分为聚乙烯、聚苯乙烯（图5-4）、聚苯乙烯泡沫塑料（图5-5）、聚氯乙烯和聚丙烯等；根据穴盘孔穴形状可以分为倒四锥形、子弹头形、锥形等；根据穴盘颜色可以分为黑色、白色、灰色等；根据穴盘孔穴数可以分为50孔、72孔、98孔、105孔、128孔、200孔、288孔、392孔、512孔等不同规格。

图5-4　聚苯乙烯吸塑塑料穴盘

图5-5　聚苯乙烯泡沫塑料穴盘（也称漂浮盘）

聚苯乙烯泡沫穴盘在欧洲国家使用较多，具有热绝缘性较好、支持力强、搬运过程中不易变形、使用寿命长等特点，并且白色反射光效果好，有利于改善育苗温室的光照，但是贮放不能叠置、占用空间大、价格较高，在我国这种穴盘应用较少。

选择穴盘是穴盘育苗的关键步骤，也是关乎育苗成败的重要因素。面对种类繁多的穴盘，最应关注的是每穴体积的大小，穴体积对幼苗生长几乎起到决定性作用。在选择穴盘时，应考虑到植株特别是根系的发育状况、生长速率、苗龄大小、管理水平等因素，将生产效益与幼苗质量有机统一起来，综合考虑（表5-4）。

表5-4　常用蔬菜穴盘推荐（范双喜和刘超杰，2014）

蔬菜种类	穴盘类型（孔）	苗龄（d）	成苗标准（叶片数）	蔬菜种类	穴盘类型（孔）	苗龄（d）	成苗标准（叶片数）
春黄瓜	50	20～25	2～3	南瓜	72	12～15	2～3
伏秋黄瓜	72	12～15	2～3	苦瓜	72	12～15	2～3
甜瓜	50	30～35	3～4	芦笋	128	40～45	3～5（分蘖数）
春辣椒	72	60～70	8～9	花菜	128	25～30	5～6
夏辣椒	72	25～30	6～7	抱子甘蓝	128	25～30	5～6
春茄子	50	60～70	6～7	结球甘蓝	128	25～30	5～6
秋茄子	72	25～30	4～5	大白菜	128	50～55	5～6
春番茄	72	35～40	4～5	西芹菜	128	50～55	5～6
夏秋番茄	72	20～25	4～5	生菜	128	35～40	4～5

穴盘使用后可能会感染残留一些病原菌、虫卵，所以一定要进行清洗、消毒。方法是先清除苗盘中的残留基质，用清水冲洗干净、晾干，并用多菌灵 500 倍液浸泡 12h 或用高锰酸钾 1000 倍液浸泡 30min，还可用甲醛溶液、漂白粉溶液进行消毒。消过毒的穴盘在使用前必须再次冲淋晾干。

三、按灌溉方式分类

（一）顶部喷灌育苗

顶部喷灌是将灌溉水用泵或利用水源的自然落差加压后，经管道输送至喷头，并由喷头将水射出，均匀地散成细小水滴从蔬菜幼苗茎叶进入基质进行灌溉。与普通地面漫灌相比，可节约用水 30%～50%。

顶部喷灌，可以用喷壶或者人工花洒喷灌，或者采用喷灌机行走式喷灌。采用喷灌机喷灌可大大提高灌溉机械化程度和自动化程度，减轻劳动强度，节省劳动力；便于控制灌溉量，减少养分冲淋；同时，可以调节育苗设施湿度，在炎热季节还起到降低叶面温度，冲掉茎叶上的尘土，有利于作物光合作用。

蔬菜育苗用喷灌机，多是全自动双轨悬臂自走式喷灌机，一般由四大部分组成：轨道部分、主机部分、供水部分和控制部分。

扩展 5-13

（二）漂浮灌溉育苗

漂浮育苗，是将装有轻型育苗基质的泡沫穴盘漂浮于营养液面，营养液从穴盘排水孔进入基质，幼苗在育苗基质中生长，并从基质和营养液中吸收水分和养分的育苗方式（图 5-6）。与顶部喷灌育苗比，具有投资少、管理简便、节省育苗用地和用工、水肥利用高、利于培育壮苗、提高成苗率，并适于自动化控制等优点。缺点是漂浮育苗的根系易从穴盘底部排水孔长出，定植取苗时容易伤根，不便于机械化移栽。蔬菜漂浮育苗关键技术如下。

图 5-6　蔬菜漂浮育苗操作现场

1．苗床场地选择　应选择避风向阳、地势平坦、地下水位低、远离建筑物、交通方便、靠近水源（自来水、井水，不能是未经消毒处理的稻田水、池塘水）的场地建棚。育苗棚四周必须设置隔离带，禁止闲杂人员和禽畜进入。

2．漂浮池设计与施工　漂浮池（或漂浮苗床）规格一般根据育苗穴盘规格来规划，多为长方形，可根据育苗数量进行加长改建，但千万不能过长，否则不利于营养液池温度调控和操作。

漂浮池壁材可选用混凝土、空心砖、实心砖、木板材料或直接地面下挖而成，尽量做到四壁平整笔直，无突出异物，然后用加厚塑料膜作底衬，覆盖漂浮池底部、四周，并延伸至池外，压紧固定。为了避免绿藻发生，最好采用黑色薄膜。漂浮池建好后，一定要灌水检查是否有渗漏，如有渗漏之处，必须彻底修补。

3. 育苗盘的选择　根据蔬菜种类、育苗季节、苗龄长短等，选择适宜规格特别是孔穴容积的发泡塑料穴盘。目前市场销售的泡沫穴盘有 84 孔、144 孔、200 孔和 162 孔等。初次使用的漂浮穴盘可直接冲洗干净后使用，重复使用的漂浮穴盘必须进行消毒处理，首先清除盘上的残留物，消毒，再用清水冲洗干净备用。

4. 漂浮育苗基质的选择　基质要求具有良好的物理性能、通透性好、化学性质稳定。同时，特别要求容重小、质量轻、容易漂浮。

5. 营养液配制　按照蔬菜幼苗养分需求规律，配制养分全面、EC 值和 pH 适宜的营养液。

具体到各地生产实践，蔬菜漂浮育苗也出现多种形式，如云南昆明番茄漂浮育苗采用了营养液间歇供给的漂浮育苗，贵州遵义辣椒育苗采用了浅畦、塑料膜作底衬的浅液层营养液漂浮育苗，河南结球甘蓝育苗则采用了下挖式深液层漂浮育苗等。

（三）潮汐灌溉育苗

潮汐灌溉育苗，与漂浮灌溉育苗相似，是一种底部灌溉育苗方式。潮汐灌溉以底部进水，毛细管吸水为主要技术特点，配套自动控制系统、循环管路系统，易于实现水肥闭合循环利用“零排放”和水肥智能精准供给，非常切合现代绿色发展理念和节水、减肥、减药“一节双减”技术的需要。

扩展 5-14

相对于顶部喷灌，潮汐灌溉育苗表观上只是改变了水分进入基质的方向，由顶部变为底部，实际上随着大量现代装备的融合配套，已展示出显著的综合技术优势。

四、按实生或嫁接分类

（一）实生育苗

实生苗指直接由植物学意义上的“真种子”，经播种和苗期管理，培育而成的幼苗。即大多数情况下的育苗过程。前面所述蔬菜育苗多指实生苗培育。

（二）嫁接育苗

将具有优良商品性状的接穗与具有抗病、耐逆、水肥强吸收能力的砧木接合一起，形成完整植株的过程，即嫁接。由嫁接而成的苗，即嫁接苗。嫁接育苗的原理是接穗、砧木的切口细胞受切伤的刺激，形成层和薄壁细胞旺盛分裂，在接口处形成愈伤组织，使接穗和砧木结合生长。同时，两者切口处输导组织的相邻细胞也分化形成同型组织，使输导组织相连，形成新个体。砧木吸收的养分及水分输送给接穗，接穗又把同化后的物质输送到砧木，形成共生关系。

蔬菜嫁接的主要目的是利用砧木的抗病性，减轻土传病害的发生；利用砧木的耐逆性，如耐热性、耐冷性、耐旱性、耐涝性等，提高蔬菜的抗逆性；利用砧木强壮的根系，提高土壤水肥的利用率；利用接穗与砧木良好互作，改善蔬菜产品外观商品品质和内在营养品质。

嫁接育苗主要包括以下因素或过程。

1. 砧木品种选择　基于嫁接的主要目的，应选择与接穗亲和力和共生性强，抗生物逆境和非生物逆境，根系发达的砧木品种。

2．嫁接前接穗和砧木幼苗的培养 应培养健壮、适龄、无病原菌和虫害的接穗幼苗和砧木幼苗。

3．嫁接方法 常用的嫁接方法有靠接法、顶插接法、劈接法、贴接法等。可根据蔬菜种类、嫁接熟练程度等选用合适的嫁接方法。

（1）靠接法 砧木与接穗幼苗形态相近。削除砧木生长点并在下胚轴靠近子叶处用刀片向下斜削，深及胚轴的2/5～2/3，然后在接穗的相应部位向上斜削一刀，深及胚轴的1/2～2/3，长度与砧木所切相等，将二者切口嵌入，嫁接夹或捆扎固定。靠接法多用于瓜类蔬菜嫁接。

（2）顶插接法 在砧木顶部（生长点）把接穗插进去，以达到嫁接目的。先用刀片削除砧木生长点，然后用竹签在砧木口斜戳深约1cm的孔，取接穗在子叶以下削长0.8～1cm的楔形面，插入砧木孔中即成。嫁接时砧木苗以真叶出现时为宜，接穗苗以子叶充分开展为宜。顶插接法多用于瓜类蔬菜嫁接。

（3）劈接法 去除砧木苗的生长点，将其主轴一侧（纵轴）用刀片自上而下劈深1～1.5cm；接穗胚轴削成楔形，削面长1～1.5cm，将接穗插入劈口，使砧木和接穗表面平整，用嫁接夹固定即可。劈接法多用于茄果类蔬菜嫁接。

（4）贴接法 取大小、粗细相近的砧木、接穗苗，将砧木苗从心叶处向下斜切一刀，除去砧木生长点及一片子叶，长度1～1.5cm，然后将接穗在子叶下1～1.5cm处斜削一刀，长度1～1.5cm，将接穗和砧木结合部用嫁接夹固定。

4．愈合期管理 刚刚嫁接后，上部接穗根系缺失，无法吸收足够的水分，极易萎蔫，再者，接穗和砧木接合处要经历细胞脱分化、分裂、再分化过程，需要适宜的温度。此外，嫁接后接穗、砧木切削口容易感染病害。因此，嫁接后1～10d是嫁接愈合的关键时期，通常需要创造适温、高湿、弱光、微风、避雨、洁净的环境条件。例如，茄果类蔬菜，嫁接后3～5d，白天温度保持在25～28℃、夜间保持在16～20℃，空气相对湿度保持在95%以上，并遮挡直射光；3～5d以后，逐渐增加见光量和见光时间；7～10d后逐步恢复正常管理。

（三）扦插育苗

扦插育苗是利用某些蔬菜的组织或器官容易产生不定根的特点，取这些组织或器官，用植物生长调节剂处理，并在适宜的环境条件下培养，促使其发根抽芽，形成新的幼苗的育苗方法。蔬菜扦插育苗可增加蔬菜的繁殖系数，加速育种的进程，并能保持品种的纯度；扦插育苗较播种育苗节省种子，育苗时间短，管理方便，成本低并可进行立体育苗，节省空间，在生产上具有一定的推广应用价值。

凡易于产生不定根的蔬菜均可进行扦插育苗，如番茄、无籽西瓜、茄子、辣椒、黄瓜、白菜、豆瓣菜、人参果等。目前茄果类蔬菜、瓜类蔬菜双断根嫁接也包括扦插育苗技术。

扩展 5-15 扩展 5-16

五、按发展阶段分类

随着社会进步和产业发展，蔬菜育苗技术和经营方式也不断变化，传统小规模、零散、自育自栽、利用简易保护设施、依靠手工和经验的育苗方式，不断转变为环境可控条件下机械化、规模化商品育苗方式，支撑了蔬菜产业现代化发展。

（一）传统个体育苗

传统个体育苗是我国农民在长期的蔬菜生产实践中总结出来的一套手工作业育苗方式，如木箱育苗、纸袋育苗、土方育苗、简易土方育苗、营养块育苗、温床育苗等。育苗设施比较简易、长期以来已被人们广泛应用并且仍在沿用。采用土壤畦面、营养土块或营养钵育苗，一次性投资比较低，农户分散育苗，育苗周期长，不能满足现代蔬菜生产集约化和规模化要求。传统个体育苗主要特征：①土壤为基质。营养土配制缺乏标准，理化性状、营养状况难以控制。②苗床浇水。土温低、湿度大、病虫草害发生蔓延难以控制，水肥利用率较低。③人工播种，密度不均，育苗工序难以简化。④苗期环境可控性差，温、光、水、肥等难以量化，苗期病害多发。

（二）集约化育苗

蔬菜集约化育苗是在相对可控环境条件下，以多孔连体穴盘或护根盆钵为育苗容器，以轻型材料混配基质，综合应用现代生物学、工程学原理，采用机械设备批量化、标准化生产商品苗的育苗方式。

蔬菜集约化育苗有 3 个重要特征：①集成。集成技术、资金和装备，实行规范化、科学化、工艺化生产管理。②集中。大规模批量化生产，企业化经营，商品化运作。③节约。节约用种、省工、减肥减药、节能，节本增效。

（三）工厂化育苗

工厂化育苗是在完全可控的环境条件下，基于订单采用机械化、智能化手段，像工业标准件一样批量生产标准化商品苗的方式。是蔬菜育苗和农业生产的最高形态。工厂化育苗不但强调工艺流程上的工厂化特点，而且在环境的调控上更是要求智能精准化，幼苗整个生长过程都处于最适温、光、水、气、肥、风速等环境条件，摆脱了自然气候等因素对育苗的束缚。幼苗标准化，包括根系全部整齐一致，定植后可望获得相同采收期。工厂化生产出的苗，规模大，质量好，整齐度高，有利于对种子质量进行监控，便于远距离运输，从而使蔬菜种苗产业化成为可能。

第六章 蔬菜栽培设施

第一节 蔬菜设施栽培的历史与现状

一、蔬菜设施栽培的发展

蔬菜设施栽培是我国蔬菜生产现代化的重要组成部分，是保证了蔬菜周年供应的重要措施。目前我国蔬菜设施栽培面积占世界蔬菜设施栽培总面积的90%以上，位居世界第一。从其发展历史来看，先后经历了萌芽阶段、传统农业阶段和现代农业阶段。

（一）历史

1. 萌芽阶段 我国是世界上蔬菜设施栽培技术历史最悠久的国家之一，最早的文字记载见于《汉书·召信臣传》中，记有“太官园种冬生葱韭菜茹，覆以屋庑，昼夜燃蕴火，待温气乃生。”唐朝诗人王建的《宫前早春》中记载“内园分得温汤水，二月中旬已进瓜”，说明唐朝时人们就已经知道利用温水作为热源进行蔬菜设施栽培。《资治通鉴》中记载了河北省易县利用半地下式加温温室生产蔬菜的情况。元朝《王祯农书》记载：“冬至移根藏以地屋荫中，培以马粪，暖而即长”，又说“就归畦内，冬月以马粪覆之，于向阳处，随畦用蜀黍篱障之，遮北风，至春，疏芽早出”“十月将稻草灰盖三寸，又以薄土覆之，灰不被风吹，立春后，芽生灰内，即可取食”。说明700多年前，已有阳畦、风障等简易设施栽培。该书还记述了以马粪为热源栽培韭黄的软化栽培法，“不见风日，其叶黄嫩，谓之韭黄”“比常韭易利数倍，北方甚珍之”。这是与屋内生火增温不同的生产韭黄的方式，是这一时期的一项重要园艺技术发明。明朝王世懋在《学圃杂疏》中写道：“王瓜，出燕京者佳，其地人种之火室中，逼生花叶，二月初，即结小实，中官取以上供。”由此说明400多年前，北京就有利用温室进行黄瓜的促成栽培。清朝时，北京人创造了“北京式土温室”，即前窗用纸糊成直立状的土温室，室内较高，进深较大，专供木本花卉越冬之用。黄土岗一带栽培的供熏茶之用的茉莉花，就是使用此类温室。

由于受到传统思想的束缚，《论语》中就有“不时不食”的论述；《左转》中认为“天反时为灾，地反物为妖”。传统思想认为食用设施栽培生产出的反季节蔬菜对身体有害。因为这些原因，设施栽培尽管经过了几千年的发展，一直处于萌芽状态。

2. 传统农业阶段 20世纪初至1949年，由于农业科学研究院和专业农场的建立，真正意义上的蔬菜栽培设施开始出现，主要为原始温室和实验用温室。

（1）原始温室 此类温室出现于北京郊区，以北京右安门外的草桥、万福寺最为集中。最初由北方农民的民居演变而成。温室屋面向北倾斜，南面铺纸。温室跨度2.7m，分为前中后三个区域。靠窗的区域种植黄瓜，黄瓜采用支架盆栽。中间区域是火炕，采用火炕加温。后面区域为气温缓冲带。这种温室最初南面窗户为直立，导致光线不强。后来将窗户改为倾斜式，窗纸改为油漆过的纸窗。这种改进增加了透光率，提高了产量。后来经过进一步改良，将窗纸改为玻璃，进一步提高了透光率，产量也随之增加。

（2）实验用温室　1912～1949 年，各地农科大学和农业试验场的建立和留学生回归，将西方的玻璃温室技术引进到中国。例如，北京农业专门学校 1916 年的温室即双屋面的玻璃温室，河南农业专门学校在 1923 年也建有 2 栋玻璃温室。

3. 现代农业阶段　此阶段从 20 世纪 50 年代开始至现在。这一时期，由于我国气候条件和经济发展各地差异较大，蔬菜栽培设施呈现出类型多样的特点，总体上来说分为四个阶段。

（1）简易设施阶段　新中国成立初期，我国农业科技人员对我国农村传统的简易覆盖、阳畦和土温室等保护地栽培进行了总结、改良和推广，形成了以风障、阳畦等为主的保护地栽培体系，对改善我国北方冬春季节蔬菜供应起到了一定的补充作用。

（2）塑料大棚及地膜覆盖阶段　从 20 世纪 50 年代开始，由于塑料薄膜的引进以及我国塑料工业的发展，塑料大棚和地膜覆盖迅速发展。1965 年吉林省诞生了我国第一个竹木骨架的塑料大棚，由于经济效益显著，迅速在全国推广。在推广过程中，逐渐采用热镀锌管代替竹木骨架，为塑料大棚的高大化、规模化发展奠定了基础。目前我国塑料大棚面积达到 126 万 hm^2。

地膜覆盖在促进作物早种早收、保水保肥、防除病虫害和杂草方面具有显著的效果。1979 年日本人石本正一向我国推荐了地膜覆盖技术，经 14 个省市试验示范后，从 1982 年开始迅速向全国范围推广，至 2000 年，推广面积超过 240 万 hm^2。

（3）日光温室和遮阳网栽培阶段

1）日光温室阶段。为了从根本上解决北方冬季吃菜难的问题，20 世纪 80 年代中期，辽宁省大连市的科技工作者对原有的塑料大棚进行改造，研发出高效节能型日光温室及其配套栽培技术。这种日光温室在北纬 41°左右的高纬度地区，完全实现了冬季不加温栽培，为解决我国北方地区冬季鲜食蔬菜的供应，提供了新途径。后来农业部（现为农业农村部）组织科技工作者对日光温室的结构进行优化改进，然后在我国北方大面积推广，至 2018 年全国塑料日光温室面积达到近 58 万 hm^2。

2）遮阳网栽培阶段。与日光温室同时期，为了解决我国南方夏季鲜食蔬菜的供应，1987 年江苏武进首先采用遮阳网代替传统的芦帘荫棚，进行遮阳网栽培。由于遮阳网栽培较传统的覆盖栽培省工省力，成本降低和简单易用，迅速在浙江、上海、江苏和广州等南方地区推广，基本缓解了南方夏季蔬菜供应的问题，目前已经成为设施蔬菜夏季生产的重要技术措施，在全国范围内得到推广应用。

（4）高级现代设施栽培发展阶段

1）高级现代化温室。从 1979 年开始，我国先后从日本、荷兰、美国等国家引进现代温室，管理经验不足导致这些现代温室连年亏损。1995 年中国、以色列合作农场从以色列引进现代化大型塑料温室，1996 年上海从荷兰引入文洛型现代化温室，经 3 年运营，基本取得了成功。通过对引进温室硬件的学习、消化和吸收，我国蔬菜栽培设施的科技含量大大提高，进一步带动了国产连栋温室的发展。“十三五”以来，以企业为主体进行的规模化连栋温室建设与生产呈现了一个快速增长趋势，但实现高效生产还存在一定困难。随着新技术、新材料的应用，温室从品种到栽培生产全过程建立了一套优化的综合技术体系，其中现代化大型温室和植物工厂为此阶段的杰出代表。现代化大型温室在环境控制方面，温度、湿度、二氧化碳浓度以及营养液浓度、EC 值、pH 均实现了计算机管理。代表设施栽培最高水平的植物工厂，采用全封闭生产、人工补充光照、立体栽培，全部使用电脑监测，使植物生产可以像工厂一样进行蔬菜栽培，完全摆脱了自然条件的束缚，为未来非耕地和极地等条件下的农业生产提供了可行性。

2）无土栽培。无土栽培学的发展建立在植物营养和植物生理学的基础上。经过长期研究，科学家发现了植物生长发育所必需的 9 种大量元素（C、H、O、N、P、K、Ca、Mg、S）和 7 种微量元素（Fe、Cl、Mn、B、Zn、Cu、Mo）。19 世纪中叶，无土栽培学的奠基人德国科学家萨切斯和克诺普首次采用营养液成功地培养了植物。1929 年美国科学家格雷克成功地利用营养液种植番茄，单株结果达 14kg。在第二次世界大战期间，美英军队利用这种方法给部队生产蔬菜，真正地把这种栽培模式应用于农业生产。目前世界上采用无土栽培技术以荷兰、以色列等国家最为先进。我国的无土栽培研究起步于 1976 年的山东农业大学。20 世纪 80 年代后，无土栽培作为一项新技术引起了农业科技界和各级领导的高度重视，目前已成为我国设施栽培发展的重要方向。

扩展 6-1

（二）现状

改革开放以来，随着农业产业结构的不断调整，我国设施栽培发展迅猛，呈现出生产面积快速增加、作物种类逐步增多、设施类型日趋多样、管理水平逐渐提高的好势头。据农业农村部农业机械化管理司统计，2018 年我国设施栽培总面积为近 190 万 hm^2（不包括中小棚），其中，连栋温室 5.4 万 hm^2，日光温室 57.75 万 hm^2，塑料大棚 126.24 万 hm^2。其中连栋温室主要集中在江苏省，日光温室辽宁省、山东省面积较大，而塑料大棚面积最大的为江苏省。我国设施蔬菜发展的现状可概括如下。

1．生产规模大，类型丰富

（1）我国设施栽培面积不断增加，总面积位居世界首位　从 20 世纪 80 年代开始，我国设施栽培面积不断增加，至 2015 年达到 213 万 hm^2，随后略有减少，2018 年设施栽培面积为 190 万 hm^2。如计算中小棚面积，我国设施总面积已达 400 万 hm^2 左右。

（2）设施栽培地域范围不断扩大　目前我国所有的省（自治区、直辖市）都有设施蔬菜生产，从我国海南三沙市永兴岛到素有北极之称的黑龙江漠河县北极村，从东端的抚远市到西端的新疆乌恰市都在大力发展设施蔬菜，其是通过人为地采用设施，构造出适合植物生长环境的农业产业。目前我国既有现代化温室、植物工厂等科技含量高的栽培设施，又有塑料大棚、小拱棚等实用性强的栽培设施，形成了多种蔬菜栽培设施并存的现象。

2．蔬菜栽培设施装备水平显著提高，高新技术广泛应用　随着我国设施栽培面积的不断增加，越来越多的现代工业技术应用在设施栽培中。通过对国外先进技术的引进、吸收和消化，逐步形成了具有自主知识产权的环境调控、采摘运输、物联网等智能管理的装备系统。例如，基于臭氧和紫外线消毒的余液回收系统、温室内物流系统和植物生长信息采集系统等温室设施装备；小型耕作机、水肥一体化灌溉机、精确播种机及温室用移栽系统。这些装备的研发和推广有力地提高了设施栽培的机械化水平，推动了设施栽培的健康发展。采用分子与生物遗传技术筛选优良种质资源，采用分子生物工程技术、细胞融合技术改良品种性状，利用基因工程技术、辐射诱变技术选育适合我国设施栽培的优良品种的工作，正逐步开展。

3．以设施栽培为主体的农业科技园区建设成为我国设施栽培技术推广的主要平台　农业科技园区作为政府、学校、科研院所和市场的中枢纽带，在成果转化、技术示范推广、产业升级等方面发挥着越来越重要的作用。我国农业园区经历了从弱到强，从低级到高级的转变，对提高我国设施栽培水平，加快农业现代化步伐发挥着越来越重要的作用。到目前为止，我国已在全国 31 个省（直辖市、自治区）建立了现代农业园区。

4．都市农业、旅游观光农业异军突起　进入 21 世纪以来，我国东部沿海发达地区（一开始主要在上海）率先在城郊发展观光农业、生态农业等都市型观光农业。经过短短十余年的发展，我国都市型生态农业已初具规模，基本具备了农产品供应、社会服务、生态保护、休闲观光、文化传承等多种功能。设施栽培是都市农业的主要载体和技术支撑，都市农业的建设发展需要温室、大棚等设施和现代农业栽培技术作为依托，设施蔬菜作物的创意性栽培又为都市农业增添观赏性和经济效益。近年来，我国在都市型设施蔬菜关键技术方面进行了积极的探索，在设施蔬菜墙式栽培（立体栽培）、空中栽培、蔬菜树栽培、植物工厂化栽培、栽培模式与景观设计等关键技术和配套设备研究方面取得了一些重要进展，满足了人们对都市农业园艺产品新奇特和观光休闲的要求。

虽然我国近年来设施栽培在装备、技术、环境调控和物联网等方面取得了飞速的进展，但与国外设施栽培强国相比，我国的设施栽培还存在如下不足。

（1）*设施装备水平低，环境调控能力差*　我国蔬菜设施栽培的主体是塑料大棚和日光温室，里面的环境调控装备缺乏，导致温、光、水、气等小气候调控能力不足。同时可以专门在设施中应用的设施机械目前市场上少见，导致我国蔬菜设施栽培劳动强度大，人均管理面积仅为国外的十几分之一。例如，在环境调控方面，我国设施栽培生产上调节设施内温度仍主要依靠人工打开窗户，拉开薄膜进行自然通风散热，而国外则可以达到24h无人操作。

（2）*专门应用于设施栽培的品种和技术不够*　目前我国蔬菜设施栽培中的栽培品种一般来自露地栽培品种，栽培品种对设施环境适应性差，无法充分发挥设施栽培的潜力。设施蔬菜栽培的标准化和规范化有待提高。

（3）*土壤连作障碍严重，产品质量安全性低*　我国设施栽培中蔬菜种类单一，大量施用化肥且大多数采用土壤栽培，随着栽培年份的增加，造成土壤养分不平衡、次生盐渍化和病虫害发生频繁，导致土壤连作障碍逐年加重，使蔬菜生长不良，产量和品质下降，目前连作障碍已成为我国设施蔬菜发展的瓶颈。同时，由于栽培设施内的农药使用不科学，导致蔬菜产品的安全性降低，农药残留和环境污染严重。据估计，我国常年发生的重要设施作物病虫害达100种以上，而造成严重危害的有50余种，产量损失超过25%。

（三）发展趋势

蔬菜设施栽培是多学科技术综合支持的技术密集型产业，以高投入、高产出、高效益及可持续发展为特征。随着科学技术的迅速发展，蔬菜设施栽培的内涵越来越丰富，技术含量越来越高，集约经营越来越高效，已成为现代农业的重要标志之一，主要向以下几个方向发展。

1．蔬菜栽培设施趋向于大型化、现代化，管理趋向于智能化　由于大型温室具有土地利用率高，便于实行机械化自动管理和产业化规模化生产，室内温度相对稳定、日温差较小，便于环境控制等优点，因此设施蔬菜温室类型有向大型化、超大型化方向发展的趋势，温室单栋规模将会从不足0.1hm^2向几公顷甚至几十公顷发展。目前，随着现代工业技术向农业领域的渗透，未来的人工智能环境控制系统不仅能够做到栽培环境全自动控制，而且与市场、气象站、种苗公司、病虫害测报等相连接，形成环境调控综合网络智能系统，进行产量、产值的预测，为生产者提供更为广泛的信息情报和确切的决策依据。温室环境控制调节的方向将会实现由单一的环境因子向耦合复杂的综合因子及高层次的自动化、智能化方向发展。随着设施蔬菜产业的深入发展，愈发重视设施作物专用品种的选育，一些具有耐低温、耐高温、耐弱光、耐高湿、优质高产的设施专用品种将会被选育出来，满足人们的需求。

2．设施结构不断优化，功能性复合材料应用越来越普遍，能耗减少　我国幅员辽阔，各地气候千差万别，因此根据我国不同地域自然条件和经济水平，对目前生产上运行成本高的温室结构进行优化，使之更适应本地的气候条件，并形成标准化生产技术体系，将是今后栽培设施发展亟须解决的共性问题。

随着我国工业化进程的加快，越来越多的新材料应用于蔬菜栽培设施。例如，为了解决由于温室内辐射不均匀的问题，越来越多的温室、大棚采用漫反射玻璃、薄膜作为覆盖材料，将进入温室、大棚的直射光转化为漫反射光，使温室内光照更加均匀，作物生产更加一致；在温室补光方面，将传统的高压钠灯补光改为植物更容易吸收和节能的LED光源。在外保温覆盖材料方面，厚无纺布、物理发泡材料以及复合保温材料正逐步取代传统的草苫。

3．无土栽培和环境友好型生产将成为现代设施蔬菜的重要栽培形式 无土栽培技术具有产量高、品质优、安全等优点，目前全球已有100多个国家将无土栽培技术用于设施生产。随着未来人口数量的不断增长、可耕地面积锐减，无土栽培技术在提高作物产量、拓展土地利用空间以及保护自然生态环境方面具有广阔的应用前景。与土壤栽培相比，无土栽培、营养液灌溉可以大幅提高水肥利用率，减少水肥用量。在生产过程方面，大力发展以生物防治、生态防治和物理防治相结合的病虫害综合防治技术，可大大节省设施内农药的用量，易于控制有害化学物质向外界环境排放。同时大力发展如嫁接换根抗逆促长、营养液闭路循环系统、增施有机肥、昆虫授粉等一系列适合于温室安全生产的环境友好型新技术，使设施蔬菜产业得到可持续发展。

4．设施栽培机械化是未来的发展趋势 有调查显示，劳动力成本已经成为设施蔬菜经营的主要成本，在蔬菜生产企业能占到总支出的40%～60%，有的甚至更高。而目前我国蔬菜生产的综合机械化率仍较低（30%左右），设施蔬菜更低，生产用工多不可避免，劳动力价格上涨造成比较效益下滑。因此，全力推进机械化，是发展设施蔬菜标准化生产、大幅度降低劳动成本、提高生产效益的最有效途径。

二、蔬菜设施栽培的意义

1．农民增收的重要途径 与蔬菜露地栽培相比，蔬菜设施栽培经济效益高。2008年，我国设施蔬菜栽培面积为344万hm^2，产量2.5亿t，产值6769.7亿元，净产值5248.9亿元，在园艺产业中所占的比例为51%。结合大田作物的数据，设施蔬菜栽培用22%的播种面积，创造了36.8%的产量、63.1%的产值、61.5%的净产值。与露地栽培相比较，具有较高技术含量的设施栽培通过对生产环境的调控，能够大幅提高单产效益。以大棚黄瓜为例，平均每公顷每年产量为73.7t，与露地种植相比较，产量增加22.3%；由于能够提前上市且品质较好，所以与露地种植相比，销售收入提高了61.5%，净利润增加35.3%。切实增加了农民的收入。

2．有助于提高我国的粮食安全和食品安全，促进设施栽培可持续发展 我国是一个拥有13亿多人口的大国，人均耕地面积仅为世界平均耕地面积的一半。随着我国工业化和城镇化进行，耕地面积进一步缩小。如何在人多、地少、人增、地减的条件下满足人们日益增长的需求，成为目前我国农业发展的主要问题。而蔬菜设施栽培可以打破蔬菜生产区域和季节限制，延长蔬菜生长季节，增加蔬菜产品的种类、产量，保证主要蔬菜的稳定供应、足够供给，满足人们“菜篮子”的需要。

3．有利于解决农业生产中后继无人的问题 目前我国从事农业人口中普遍存在年龄偏大的现象，大城市郊区菜农的平均年龄在60岁左右，远离大城市的农区菜农年龄以55岁居多，且多数是妇女。劳动力不仅结构劣化，而且成本持续上涨。

蔬菜设施栽培的高级阶段是以环境可控的园艺设施和无土栽培为主，是生物技术、工程技术、环境控制技术和信息技术的综合集成。它打破了传统的蔬菜种植模式，通过将土地、资金和劳动力进行优化配置，进而达到高产、优质、高效和可持续发展的目的。蔬菜设施栽培将无土栽培技术、自动化控制、物联网等高新技术应用于栽培设施内，完全颠覆了传统农业“面朝黄土背朝天”的印象，工作环境得到了极大提高，可以吸引年轻人回归蔬菜生产中。

4. 有助于推动我国与设施蔬菜相关的产业升级 设施栽培生产是一个系统工程，包含种子、专用肥、农药、建筑材料和控制系统等产业。通过发展蔬菜设施栽培，可以带动一大批相关的产业进行升级，进一步提高这些产业技术内涵和产品的竞争力。例如，目前我国设施栽培中采用的覆盖材料主要为聚氯乙烯、聚乙烯和乙烯-乙酸。这些材料透光性、耐候性和使用寿命均不能很好地满足蔬菜设施栽培的需要。从事覆盖材料生产的公司在原有的覆盖材料中加入防老化剂、保温剂和防雾滴剂等多种助剂，增加了覆盖材料的功能，大大提高了薄膜的保温性、耐候性和使用寿命。针对蔬菜设施栽培中光照弱的不足，覆盖材料公司生产出专门用于设施栽培的散光膜，可以将设施内的直射光转变为散射光，改善了设施内的光环境等。

第二节 蔬菜栽培设施的类型、结构及应用

随着经济社会发展与科技进步，我国形成了具有中国特色的以简易实用、节能高效为特点的一系列蔬菜栽培设施。主要包括风障、阳畦（也称冷床）、温床、地膜覆盖（mulch）、浮面覆盖（floating mulch）、中小拱棚（low tunnel）等简易保护设施；塑料薄膜大棚（plastic greenhouse）、高效节能日光温室（solar greenhouse）和现代化温室（greenhouse）等大型栽培设施，以及能全天候自动化环境控制的植物工厂（plant factory）、无土栽培（soilless culture）设施、工厂化穴盘育苗（plug transplant）设施等。

一、塑料薄膜棚

我国蔬菜栽培应用的塑料薄膜棚按体积大小分，有大、中、小型塑料棚三种类型；设施蔬菜发展初期，中、小型塑料薄膜棚因搭建简单、建造成本低而应用面积较大，随着我国经济社会的发展和设施技术的快速提升，中、小型塑料薄膜棚的应用面积已呈快速下降的趋势，取而代之的是大型塑料薄膜棚，而且大型塑料薄膜棚（塑料薄膜大棚）的结构、性能也将不断改善和提升。

（一）中、小型塑料薄膜棚

中、小型塑料薄膜棚是指以塑料薄膜作为透明覆盖材料的拱形或其他结构形式的棚。小棚棚高一般在1～1.5m，内部不能直立行走；中棚则就其覆盖面积和空间来说，介于小棚和大棚之间，棚高一般在1.5～1.8m。塑料薄膜中、小拱棚，在我国应用初期约占设施面积的40%以上，且绝大部分用于蔬菜生产，少部分生产花卉和育苗。

1. 塑料薄膜小拱棚

（1）塑料薄膜小拱棚的类型和结构 我国蔬菜栽培应用的小拱棚大致有拱圆简易棚、拱圆形小拱棚和双斜面塑料棚三种。拱圆简易棚俗称“小地龙”，高度与宽度多为0.5m左右，由于棚体矮小，多用荆条、细竹竿、竹片等作骨架，不需要设立支柱；此棚多为蔬菜提早定植用，待气候转暖植株长大后即拆除，只用于短期临时性覆盖。拱圆形小拱棚是生产上应用最多的类型，主要采用毛竹片、竹竿、荆条或直径6～8mm的钢筋等材料，弯成宽1～3m、高1～1.5m的弓形骨架，骨架用竹竿或8#铅丝连成整体，上覆盖0.05～0.1mm厚薄膜，外用压杆或压膜线等固定薄膜，棚的长度多为10～30m（图6-1）。双斜面塑料棚在覆盖畦的中央纵向设一排立柱，柱顶拉紧一道

图 6-1 拱圆形小拱棚

8#铅丝，用不易弯曲的芦竹等作骨架，上面覆盖塑料薄膜，建成不等面的双斜面塑料棚，一般棚宽 2m，棚高 1.5m，目前生产中应用已较少。

（2）塑料薄膜小拱棚的性能　塑料薄膜小拱棚的透光性能较好，光照比较均匀，但当作物长到一定高度时，因植株相互遮阴，不同部位蔬菜的受光量则有较大差异。一般条件下，塑料薄膜小拱棚内的气温增温速度较快，最大增温能力可达 20℃左右，在高温季节容易造成高温危害；但其体积小，降温速度也快，棚内温度的下降幅度与棚内外温差呈显著的正相关，低温季节保温性能差。由于塑料薄膜的气密性好，在密闭的情况下，地面蒸发和作物蒸腾所散失的水汽不能逸出棚外，从而造成棚内高湿，一般棚内相对湿度可达 70%～100%；白天通风时，相对湿度可保持在 40%～60%，平均比外界高 20%；棚内的相对湿度变化随外界天气的变化而变化，通常晴天湿度低，阴天湿度高。

（3）塑料薄膜小拱棚的应用　塑料薄膜小拱棚一般可用于较耐寒的蔬菜，如芹菜、青蒜、白菜、香菜、菠菜、甘蓝等春提前、秋延后或越冬栽培；也可用于番茄、辣椒、茄子、西葫芦、矮生菜豆、草莓等果菜类蔬菜春季提早定植；也常用于薄膜大棚或露地栽培的春茬蔬菜及西瓜、甜瓜等育苗。

2．塑料薄膜中拱棚　塑料薄膜中拱棚的面积和空间比小拱棚大，人可在棚内直立操作，是小棚和大棚之间的中间类型。

（1）塑料薄膜中拱棚的结构　常用的塑料薄膜中拱棚主要为拱圆形结构，一般跨度为 3～6m、棚高 1.7～1.8m、肩高 1m 左右。长度可根据需要及地块形状确定。按拱架材料不同，可分为竹木结构、钢架结构，以及竹木与钢架混合结构。竹木结构中拱棚用 2～5cm 宽的竹片作拱架，竹片插入土中深度为 25～30cm，拱架间距为 0.6～1m，跨度一般为 4～6m，拱架竹片用铅丝绑缚形成拱圆形骨架，南方多用此棚型（图 6-2）。钢架结构中拱棚跨度通常较大，拱架也常有主架与副架之分。跨度为 6m 时，主架一般用 DN20 钢管作上弦、直径 12mm 钢筋作下弦制成桁架，副架也用钢管制成；一般主架 1 根、副架 2 根，相间排列，拱架间距 1～1.1m；钢架结构设 3 道横拉杆，用直径 12mm 钢筋制成。横拉杆设在拱架顶部中间及其两侧约 1/2 处，钢架结构不设立柱。混合结构的拱架也有主架与副架之分，主架为钢架，副架通常用双层竹片绑紧做成；主架 1 根，副架 2 根，相间排列，拱架间距 0.8～1m；设 3 道横拉杆，横拉杆用直径 12mm 钢筋做成，与钢架结构相同。

图 6-2 竹木结构中拱棚

（2）塑料薄膜中拱棚的性能与应用　塑料薄膜中拱棚的性能介于小拱棚与塑料薄膜大棚之间，可用于果菜类蔬菜的春早熟、越夏或秋延后生产，也可用于育苗。在我国南方地区，塑料薄膜中拱棚曾普遍应用，近年来也逐渐被结构和性能更优的塑料薄膜大棚替代。

（二）塑料薄膜大棚

塑料薄膜大棚，生产上简称塑料大棚，通常是指不用砖石结构围护，只以竹木、水泥、钢材或镀锌薄壁钢管等杆材作棚架，覆盖塑料薄膜的全屋面透光保护设施（图6-3）。和温室相比，它具有结构简单、建造和拆装方便、一次性投资较少等优点；与中小拱棚相比，又具有坚固耐用、使用寿命长、棚体空间大、便于环境调控、有利作物生长等优点。由于棚内空间大，作业方便，且可进行机械化耕作，提高生产效率，所以是中国蔬菜设施生产中重要的设施类型，尤其是南方地区蔬菜等园艺植物栽培的主要设施类型。

图6-3　塑料薄膜大棚

1．塑料大棚的类型　我国蔬菜栽培的塑料大棚有单栋大棚和连栋大棚两种类型。生产上绝大多数使用的是单栋大棚，棚面有拱形和屋脊形两种。它以竹木、钢材、钢筋混凝土、镀锌薄壁钢管等作骨架材料，其棚面积各地不一，一般为333～667m^2，为便于管理，单栋大棚面积不宜过大。棚向一般南北走向，有利于采光均匀。连栋大棚是由两栋或两栋以上的拱形或屋脊形单栋大棚连接而成，单栋宽度为8～12m，一般面积为1334～6670m^2。连栋大棚虽然具有覆盖面积大、土地利用率高、棚内温度较平稳、便于机械化耕作等优点，但往往因面积大而导致通风不良，而且天沟积雪也不易清除。因此，设计连栋大棚时需要充分考虑大棚强度和通风以及合理的栋数。

2．塑料大棚的结构　塑料大棚应具有采光性能好，光照分布均匀，保温性好，较有利于环境调控、蔬菜作物生长发育和人工作业，土地利用率高等特点。

早期的塑料大棚多为竹木结构。竹木结构大棚通常跨度为8～12m、脊高2.4～2.6m、长40～60m、拱杆间距0.8～1m，每栋面积333～667m^2，由立柱（竹、木）、拱杆、拉杆、压杆（或压膜线）和地锚等构成（俗称“三杆一柱”，这是塑料大棚最基本的骨架构成，其他形式都是在此基础上演化改进而来）。立柱起支撑拱杆和棚面的作用，纵横成直线排列，纵向每隔2或3拱设1根立柱，横向每隔2m左右设1根立柱，立柱的直径为5～8cm，中间最高，向两侧逐渐降低，形成自然拱形。拱杆是塑料薄膜大棚的主骨架，决定大棚的形状和空间构成，还起支撑棚膜的作用；拱杆可用直径3～4cm的竹竿或宽3～5cm、厚约1cm的毛竹片按照大棚跨度要求连接成拱形；拱杆两端插入土中30～40cm，通常每隔0.8～1m设1道拱杆。通常用直径3～4cm的竹竿作为拉杆，拉杆长度与棚体长度一致；拉杆纵向连接拱杆和立柱，固定压杆，使大棚骨架成为一个整体。压杆（压膜线）位于棚膜之上、两根拱架中间，起压平、压实、绷紧棚膜的作用，压杆（压膜线）压膜后应稍低于拱杆，使棚面压紧后呈瓦垄状（波浪式），以利抗风和排水，压杆两端用铁丝与埋入大棚两侧土壤中的地锚相连；压杆可用光滑顺直的细竹竿为材料，也可以用8$^{\#}$铅丝或直径3～4mm的尼龙绳代替，目前多用专用压膜线，专用压膜线为扁平状厚塑料带，宽约1cm，带边内镶有细金属丝或加强尼龙丝，既柔韧又坚固，且不损坏棚膜，易于压平绷紧。大棚两端各设供出入和通风用的门，门的大小要考虑作业方便，太小不利于进出，太大不利于保温，寒冷季节多将迎风面的门封死，以保温防寒。这种竹木结构的大棚立柱较多，遮阴面积大，作业也不方便。

钢架结构大棚是用钢筋或钢管焊接而成，因骨架结构不同可分为：单梁拱架、双梁平面拱架、三角形（由三根钢筋组成）拱架。通常大棚宽 10～15m、高 2.8～3.5m、长 50～60m，单栋面积多为 667～1000m^2。钢架结构大棚多用直径 12～16mm 圆钢或直径相当的金属管材为拱架。双梁平面拱架由上弦、下弦及中间的腹杆连成桁架结构，三角形拱架则由三根钢筋及腹杆连成桁架结构。钢架结构大棚强度大，钢性好，中间无柱或只有少量支柱，空间大，便于蔬菜作物生长和人工或机械作业，耐用年限可长达 10 年以上；但钢材用量大，且需注意维修、保养，每隔 2～3 年应涂防锈漆，防止锈蚀，一次性投资和使用成本较高。

钢竹混合结构大棚是为了减少钢材用量、降低成本而用竹片或竹竿部分替代钢材的大棚类型。一般每隔 3m 左右设一钢材拱架，钢材拱架间架设竹拱杆，与钢拱架相间排列；用钢筋或钢管约每隔 2m 一道作为纵向拉杆，将拱架连接在一起。其他如棚膜、压杆（或压膜线）及门窗等均与竹木或钢架结构大棚相同。混合结构大棚用钢量少，棚内无柱，既可降低建造成本，又可减少立柱遮光，改善作业条件，是一种较为实用的结构。

镀锌薄壁钢管装配式大棚是 20 世纪 80 年代以来，我国在引进、消化、吸收国外同类产品的基础上，研制出的定型设计的大棚结构类型。这类大棚采用热浸镀锌的薄壁钢管为骨架建造而成，虽然造价较高，但由于它具有强度高、耐锈蚀、重量轻、易于安装拆卸、棚内无柱、采光好、作业方便等特点，同时其结构国家已制定规范标准，可大批量工业化生产，所以在经济条件较好的地区大面积推广应用。目前，国内推广应用的镀锌薄壁钢管装配式大棚主要有 GP 系列、PGP 系列等。GP 系列镀锌薄壁钢管装配式大棚由中国农业工程研究设计院研制，并在全国各地推广应用，其骨架采用内外壁热浸镀锌钢管制造，抗腐蚀能力强，使用寿命为 10～15 年，抗风荷载 31～35kg/m^2，抗雪荷载 20～24kg/m^2。代表性的 GP-Y8-1 型大棚，其跨度 8m、高度 3m、长度 42m，面积 336m^2，拱架以 1.25mm 薄壁镀锌钢管制成，纵向拉杆（纵梁）也采用薄壁镀锌钢管，用卡具与拱架连接，薄膜采用卡槽及蛇形钢丝弹簧固定，还可外加压膜线，作辅助固定薄膜之用；该棚两侧还附有手摇式卷膜器，取代人工扒缝放风。PGP 系列镀锌薄壁钢管装配式大棚由中国科学院石家庄农业现代化研究所设计，其性能特点是结构强度高，设计风荷载为 36～37.5kg/m^2，棚面拱形，矢跨比为 1∶（4.6～15.5），棚面坡度大，不易积雪；PGP 系列大棚用钢量少，比一般钢架大棚每公顷耗钢量少 1.5～2.5t；钢管骨架及全部金属零件均采用热浸镀锌处理，防锈性好，拱杆落地部分用热收缩聚氯乙烯薄膜套管保护，可避免土壤中酸、碱、盐对拱杆入土部分的腐蚀；薄膜用塑料压膜线和 Ω 形塑料卡及压膜扣固定，牢固可靠，装拆省工、方便；并附有侧部卷膜换气天窗和保温幕双层覆盖保温装置，便于进行通风、换气、去湿、降温和保温等环境调节管理。此外，还有山西太原生产的 GG-7.5-2.6B 型、江苏产的 WX-6 型、JGP-6 型等多种定型塑料大棚产品，均已在不同地区推广应用。

3．塑料大棚的性能　塑料大棚内的光照强度、温度（气温、地温）、湿度、气体（CO_2）等受棚外的气象状况、大棚的方位和结构以及覆盖采光材料的种类和质量等因素的影响。因此，存在着明显的棚内外差异、棚内垂直和水平差异、日变化和季节变化等，具体参见本章第四节。

4．塑料大棚的应用　塑料大棚在中国蔬菜生产中应用普遍，在各地都有很大的生产面积。主要用途如下。

（1）蔬菜育苗　冬春季在大棚内加保温幕、小拱棚、小拱棚上再加防寒覆盖物等多层覆盖，或采用大棚内设置电热温床等，为春季早熟栽培进行果菜类蔬菜育苗，育苗期通常为 12 月中下旬至 2 月上中旬；夏季利用塑料大棚骨架覆盖防雨棚、遮阳网、防虫网等，为秋冬季蔬菜栽培进行育苗，育苗期通常为 7 月中下旬至 9 月上旬。

（2）*蔬菜春季早熟栽培* 该栽培方式是蔬菜设施栽培最经典的栽培方式。冬春利用温室、大棚育苗，早春大棚提前定植，一般果菜类蔬菜上市期可比露地提早 20～40d，主要栽培的蔬菜作物有番茄、辣椒、茄子、黄瓜、菜豆等。

（3）*蔬菜越夏栽培* 我国南方热带、亚热带气候区，夏季高温、多雨、台风等灾害性气候频繁，病虫害多发、重发，对蔬菜等园艺作物的生产常造成不利影响，甚至导致毁灭性灾害，严重影响蔬菜的市场供应。针对这一气候特点，利用塑料大棚骨架开发应用的夏季遮阳降温的遮阳网覆盖栽培技术、能避雨防湿的防雨棚覆盖栽培技术、能阻隔害虫危害的防虫网覆盖栽培技术等蔬菜越夏栽培技术日益完善和快速发展，在夏季蔬菜的生产和市场供应中起到了重要作用。主要栽培的蔬菜作物有小白菜等叶菜类，以及番茄、辣椒、茄子、黄瓜、豇豆、菜豆等。

（4）*蔬菜秋季延后栽培* 大棚秋季延后栽培也主要以果菜类蔬菜为主，定植期不同地区有较大差异，一般为 7 月下旬至 8 月下旬，可使果菜采收期延后 20～30d。主要栽培的蔬菜作物有黄瓜、番茄、菜豆等。

（5）*蔬菜春到秋长季节栽培* 在气候冷凉的地区可以采取春到秋长季节栽培，这种栽培方式的早春定植及采收与春早熟栽培相同，但蔬菜作物可在大棚内越夏，其采收期可延续到 9 月末至 11 月中旬。栽培的蔬菜作物种类主要有黄瓜、茄子、辣椒、番茄等。

二、温室

温室是各类蔬菜生产用保护设施中结构、性能较为完善的类型，在寒冷地区唯有温室可以进行蔬菜的冬季生产。尤其是大型现代温室由于有各种先进设备和技术保证，因此基本上可以不受自然气候的限制，进行全天候生产。

（一）温室的分类

温室分类方法多种多样，常见的有以下几种。

1．按温室透明屋面的结构分 按温室透明屋面结构的不同，可将温室分为单屋面温室、双屋面温室、连接屋面温室、多角屋面温室等。其中，单屋面温室又分为一面坡温室、立窗式温室、二折式温室（北京改良式）、三折式温室、半拱圆形温室；双屋面温室又分为等屋面温室、不等屋面温室（3/4 温室、马鞍形屋面温室）、拱圆屋面温室；连接屋面温室又分为等屋面连栋温室、不等屋面连栋温室、拱圆屋面连栋温室；多角屋面温室又分为四角形屋面温室、六角形屋面温室和八角形屋面温室等。

2．按温室骨架的建筑材料分 按温室骨架建筑材料的不同，可将温室分为竹木结构温室、钢筋混凝土结构温室、钢架结构温室、铝合金温室等。

3．按温室透明覆盖材料分 按温室透明覆盖材料的不同，可将温室分为玻璃温室（图 6-4）、塑料薄膜温室和硬质塑料板材温室等。

4．按温室能源来源分 按温室加温与否，可分为加温温室和日光温室。加温温室按能源的特性又分为燃煤（天然气、重油等）加温温室、地热加温温室、工厂余热加温温室等。

5．按温室用途划分 按温室的用途可分为栽培温室、软化栽培温室、育苗温室等。

图 6-4 连栋玻璃温室

（二）日光温室的结构、性能及应用

日光温室是我国北方特有的一种以日光为主要能量来源，由透明塑料薄膜覆盖的单屋面朝南采光的温室类型，基本方位是坐北朝南，东西向延伸。日光温室不仅具有采光屋面，还具有维护结构，维护结构具有保温和蓄热双重功能，可充分利用太阳光能，基本不加温日光温室在中国的发展有近百年的历史，但真正大面积的推广应用还是在 20 世纪 80 年代以后。80 年代中期，辽宁省农民建造了海城式日光温室和瓦房店式日光温室，并在北纬 40°～北纬 41° 地区冬季不加温生产黄瓜和番茄等喜温果菜获得成功，取得了很好的社会和经济效益，这一成功是中国特色温室发展史上的重大突破。节能日光温室不仅白天的光和热全部来自太阳辐射，而且夜间的热量也基本上依靠白天贮存于温室后墙和后屋面等的太阳辐射能来供给，因此是不加温温室。这种节能温室经过相关专家的总结、研究、提高、推广，在我国北方地区得以快速大面积发展，目前已成为中国温室的主要类型。

1．节能日光温室的结构 节能日光温室与普通日光温室的结构相比，由于温室的长、宽、脊高和后墙高、前屋面和后屋面等规格尺寸比例适当，因而具有良好的采光屋面角，能最大限度地透过阳光；保温和蓄热能力强，能够在温室密闭的条件下，最大限度地减少温室散热，温室效应显著；温室的结构抗风压、雪载能力强；具备易于通风换气、排湿、降温等环境调控功能，整体结构有利于蔬菜作物生育和人工作业。根据不同地区的太阳高度角和优型日光温室应具备的特点，我国不同地区应用的节能日光温室的优型结构也不尽相同。以鞍山市园艺科学研究所设计的一种无柱拱圆结构的日光温室（鞍Ⅱ型日光温室）为例介绍日光温室的基本结构。温室前屋面为钢架结构，无立柱，后墙为砖与珍珠岩或炉渣组成的异质复合墙体，后屋面也由复合材料构成（图 6-5）。目前各地应用的钢骨架拱圆形日光温室多是由此类型改进而成。

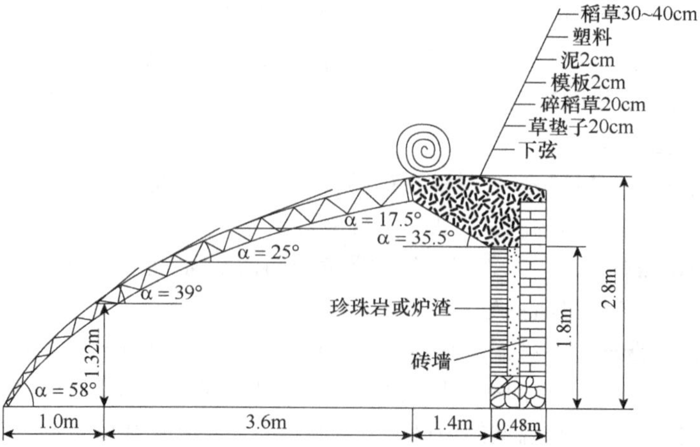

图 6-5 鞍Ⅱ型日光温室结构纵断面示意图

2．节能日光温室的性能特点 节能日光温室的小气候具有其独特的特点。可见光通过节能日光温室透明屋面时由于被反射和吸收，进入节能日光温室内的明显减少，室内的光照强度甚至会低于室外自然光的50%，且温室内部光照分布也不均匀。同时，节能日光温室在寒冷季节需采用草苫和保温被等在日落之前覆盖保温，在第二天日出以后揭开，从而减少了日光温室内的光照时数。因此常常影响冬季和早春节能日光温室内蔬菜作物的生产，成为喜光蔬菜生产的限制因子。

节能日光温室内气温虽然周年均高于露地，但仍然受外界气候条件的影响。节能日光温室内气温的变化规律与外界基本相同，即白天气温高，夜间气温低；节能日光温室内的气温分布由于光照分布不均匀而存在着明显的不均匀现象；节能日光温室内的地温也存在着明显的日变化和季节变化，但与气温相比，地温相对比较稳定。与塑料大棚相比，其保温能力更强，一般内外温差可达25℃以上，而大棚只有2～4℃；土壤温度一般可以在14℃以上。

节能日光温室内空气的绝对湿度和相对湿度一般均高于露地。空气湿度大会减小作物蒸腾量，作物不易缺水，从而有利于蔬菜的生长发育。但空气湿度过大，会引起蔬菜营养生长过旺，易发生徒长，影响开花结实，且易诱发病害。因此，应特别注意防止空气湿度过大。

节能日光温室内土壤养分转化和有机质分解速度快，且其内的土壤一般较少受雨淋，其土壤水分因蒸发作用而经常是由下层向表层运动，加上多数节能日光温室连年过量施肥，使残留在土壤中的各种盐分随水分向土表积聚，表层土壤产生次生盐渍化现象严重，致使作物生育障碍。另外，由于节能日光温室连作十分普遍，加之一年中栽培时间很长，因此导致了土壤中病原菌的大量繁殖和集聚，造成蔬菜土传病害的发生严重。

3．节能日光温室的应用

（1）*蔬菜育苗* 可以利用节能日光温室为塑料大棚、小棚、露地及日光温室果菜类蔬菜栽培培育壮苗。

（2）*蔬菜周年栽培* 目前利用节能日光温室栽培蔬菜已有几十种，其中包括瓜类、茄果类、绿叶菜类、葱蒜类、豆类、甘蓝类、食用菌类、芽菜类等蔬菜的周年栽培。各地还根据当地的特点，创造出许多高产高效益的栽培茬口，如一年一大茬、一年两大茬、一年多茬等。

（三）现代型连栋温室的结构、性能及应用

现代型温室，也称现代化温室，目前蔬菜生产应用的多为大型连栋温室。现代型连栋温室是指覆盖面积较大（多为1hm^{2}或以上），温室环境基本不受自然气候的影响，可进行自动化管理调控，能全天候进行园艺作物生产的连接屋面温室，是园艺设施中最高级的类型。

1．现代型连栋温室的类型 现代型连栋温室按其屋面结构特点，主要分为屋脊形连栋温室和拱圆形连栋温室两种类型。屋脊形连栋温室主要以玻璃作为透明覆盖材料，其代表类型为荷兰的文洛（Venlo）型温室，此类温室主要分布在欧洲，以荷兰面积最大，居世界之首。近年来出现的硬质塑料板材（PC板）的屋脊形连栋温室，多分布在美国和日本等地。拱圆形连栋温室主要以塑料薄膜为透明覆盖材料，该类温室在法国、以色列、西班牙、日本、韩国等广泛应用。在中国，大型连栋温室以塑料薄膜为覆盖材料的拱圆形连栋温室居多，以玻璃为覆盖材料的屋脊形连栋温室主要分布在中国南方。

2．现代型连栋温室的结构

（1）*屋脊形连栋温室* 荷兰文洛型温室是屋脊形连栋温室的典型代表。这种温室的骨架采用钢架和铝合金构成，透明覆盖材料为4mm厚的平板玻璃，温室屋顶形状和类型主要有多脊连

栋型和单脊连栋型两种。多脊连栋型玻璃温室的标准脊跨为3.2m或4m，单间温室跨度为6.4m、8m、9.6m，大跨度的可达12m和12.8m；早期温室柱间距为3～3.12m，目前以4～4.5m较多；该型温室的传统屋顶通风窗宽0.73m、长1.65m；玻璃宽度为1m左右，最常用的是1.25m。单脊连栋型温室的标准跨度为 6.4m、8m、9.6m、12.8m 等。现代型连栋玻璃温室的结构件主要有两类：一类是柱、梁或拱架，多用矩形管、槽钢等制成，并经热浸镀锌的防锈处理。另一类是门窗架、屋脊等，为铝合金型材，并经抗氧化处理，这种门窗轻便美观，密封性好，且推拉开启省力。但也有用薄壁钢来制作窗架、屋脊等，这种薄壁钢的外层是用复合材料涂镀，该构件结合了铝合金型材耐腐蚀性强、钢镀锌件强度高的优点。

（2）拱圆形连栋温室　目前中国引进和自行设计的拱圆形连栋温室比屋脊形连栋温室要多，这种温室的透明覆盖材料采用塑料薄膜，因其自重较轻，所以在降雪较少的地区，可大量减少结构安装件的数量，增大构件的间距，如内部柱间距为4m或5m时，拱杆间距分别为2m或2.5m；跨度有6.4m、7.5m、8m、9m等多种规格。从侧边起0.5m处的自由空间高度可达到1.7m以上，更加方便栽培作业。由于框架结构比玻璃温室简单，因此大幅度降低了建造成本。塑料薄膜较玻璃保温性能差，因此提高温室保温性能的一个重要措施是采用双层充气薄膜。同单层薄膜相比较，双层充气薄膜的内层薄膜内外温差较小，在冬季可减少薄膜内表面冷凝水的数量。同时外层薄膜不与结构件直接接触，而内层薄膜由于受到外层薄膜的保护，可以避免风、雨、光的直接侵蚀，从而可分别提高内外层薄膜的使用寿命。为了保持双层薄膜之间的适当间隔，常用充气机进行自动充气。但双层充气膜的透光度较低，因此在光照弱的地区和季节栽培喜光蔬菜作物时不宜使用。

3．现代型连栋温室的生产系统　现代型连栋温室还设有完善而先进的生产系统，如加温系统、降温系统、通风系统、高压喷雾降温系统、幕帘系统、灌溉和施肥（水肥一体化）系统、二氧化碳施肥系统、计算机环境控制系统等。计算机环境控制系统可以实现温室的自动和手动相互切换，可进行室内外的光照、温度和温度的自动调控。

（1）加温系统　加温系统采用集中供暖分区控制，有热水管道加温和热风加温等多种方式。热水管道加温主要是利用热水锅炉，通过加热管道对温室加温，该系统由锅炉房、锅炉、调节组、连接附件及传感器、进出水主管、温室内的散热管等组成。加热管道可兼作高架作业车的轨道，便于温室生产的日常管理。热风加热主要是利用热风炉，通过风机将热风送进温室加热，其特点是温室内温度上升速度快，停止加热后温度下降也快。但设备和材料较热水管道节省，安装维修简便，占地面积小，适用于面积比较小的连栋温室。

（2）降温系统　降温功能由以下几种设施来完成：室内外的遮阳帘幕系统、温室侧窗和顶窗的自然通风或强制通风系统、湿帘风机降温系统、高压喷雾降温系统、屋顶喷淋系统等。湿帘风机降温系统通常在温室的一侧设置湿帘，而另一侧设置排风扇（风机），水分由湿帘释放，通过温室内空间时吸收热量而汽化，最后通过排风机排出，从而为温室降温。在设计、安装和使用湿帘风机降温系统时，必须保持温室内空气的循环畅通，同时，湿帘和排风扇的侧墙（或走廊）应与作物种植行向垂直，防止高大的作物阻挡室内空气排出室外，影响降温效果。

（3）通风系统　通风系统分自然通风和强制通风两种。自然通风系统有侧窗通风、顶窗通风或顶侧窗通风相结合三种类型。侧窗通风又有转动式、卷帘式和移动式三种。屋顶通风设施根据通风窗的方向有单向窗、双向窗之分；根据开窗部位有屋脊处开窗和排水槽处开窗之别；开窗方式有连续开窗、间隔开窗之分等。实践证明，顶窗或顶窗加侧窗的通风效果要好于只用侧窗的温室。强制通风是在温室的一个侧墙（与主风向相反方向）设置一排大功率的排风扇，在高温高湿时启动，进行强制通风。

（4）高压喷雾降温系统　高压喷雾系统降温的原理与湿帘风机降温原理相同，不同的是用高压喷雾的喷头取代了水帘，以节约投资，但应注意喷出的水滴必须雾化而且均匀地分布在温室内空间，然后利用自然通风或强制通风把温室内的空气排放到室外。

（5）幕帘系统　幕帘系统具有双重功能，即在夏季可遮挡阳光，降低温室内的温度，一般可遮阴降 7℃左右；冬季可增加保温效果，降低能耗，提高能源的有效利用率，一般可提高室温 6～7℃。幕帘系统可分为室内幕帘系统和室外幕帘系统，室外幕帘系统仅起遮阳作用；室内幕帘系统则具有夏季遮阳、冬季保温的双重功能。

（6）灌溉和施肥（水肥一体化）系统　灌溉和施肥系统要确保作物能及时获得适宜的水分和养分。系统通常有手动、电动和自动三种工作方式，采用滴灌、喷灌或微灌，准确、均匀地将水和肥料送至作物根区或作物冠层。完善的灌溉和施肥系统通常包括水源、水处理设施、贮液及供给设施、灌溉施肥设施等，并设置肥水排放或收集处理系统。

（7）二氧化碳施肥系统　目前大型温室已很少单独设置 CO_2 发生器，多与加温系统联用。为及时检测温室内二氧化碳的浓度，需在室内设置二氧化碳气体分析仪，其将测得的信号传至计算机，计算机将根据实测值和设定值及相关条件，发出关闭或打开输送装置的信号。

（8）计算机环境控制系统　计算机环境控制系统是现代型连栋温室的核心部分，温室的各个结构和设施的运行及其功能发挥都是通过计算机控制系统来实现的，并通过计算机控制系统来尽可能满足作物生长和发育所需的最佳环境条件。完整的环境控制系统包括控制器（包括控制软件）、传感器和执行机构。计算机控制系统主要控制两大方面：环境控制和营养及水分控制。环境控制的气候目标参数包括光照、温度和二氧化碳浓度等；营养及水分控制的参数包括营养液的浓度、酸碱度、灌溉量和灌溉频率，计算机通过灌溉首部的泵和阀门来达到其控制目的。

4. 现代型连栋温室的生产应用　现代型连栋温室主要应用于高附加值的园艺作物的生产。例如，荷兰的现代型连栋温室的 60%用于花卉生产，40%用于蔬菜生产，而且蔬菜生产中又以生产番茄、黄瓜和辣椒等蔬菜为主。在生产方式上，荷兰温室基本上全部实现了环境控制自动化，作物栽培无土化，生产工艺程序化和标准化，生产管理机械化、集约化。因此，荷兰温室黄瓜产量大面积可达到 $800t/hm^2$，番茄可达到 $600t/hm^2$。不仅实现了高产，而且优质，产品行销世界各地。中国引进和自行建造的现代型连栋温室，绝大部分也用于园艺作物育苗和栽培，其中用于蔬菜生产的面积与花卉生产面积相当。生产蔬菜的温室多采用无土栽培，但生产技术水平与国际先进水平还存在一定的差距。

三、无土栽培及其设施

无土栽培（soilless culture）又称营养液栽培（nutriculture），是利用营养液或营养液加疏松的固体基质，代替自然土壤栽培作物的种植方法。在早期，无土栽培是不用天然土壤，而将植物生长发育所需要的各种矿质元素配制成营养液供给作物根系，使之正常完成整个生命周期的种植技术，故称为营养液栽培、水培、水耕等。随着无土栽培生产的发展和研究工作的深入，开发出利用固体基质固定植株或固体有机基质提供部分营养、营养液补足植物生长发育所需要的营养物质的无土栽培方式，使无土栽培拓展成营养液或营养液加基质，或有机肥加基质栽培作物的种植技术。

在人类历史上，中国、埃及、巴比伦、墨西哥等国都曾有文字记载原始无土栽培方法，但属于一种无意识产生的生产活动。19 世纪开始，科学家开始把无土栽培作为研究植物营养和生理的一种手段。1929 年美国科学家格里克（W. F. Gericke）用营养液先后培育出番茄、萝卜、胡萝卜、马铃薯等蔬菜，利用其设计的“水培植物设施”栽培，称为“水培法”（hydroponics）。至 1935 年，在 Gericke 的指导下，在太平洋中部的威克岛建成 $8000m^2$ 的无土栽培生产设施的蔬菜无土栽培基地，他是把无土栽培用于商业化生产的第一人。此后，无土栽培技术在世界许多国家快速发展起来。目前，世界上有 100 多个国家和地区掌握了无土栽培技术，应用于蔬菜、花卉、果树及药用植物生产。荷兰是世界上无土栽培技术最为先进的国家，主要种植番茄、黄瓜、辣椒等蔬菜。

中国现代无土栽培技术的研究及应用，起步于 20 世纪 70 年代后期，由山东农业大学园艺系率先开展了相关研究，并将研究成果应用于生产。80 年代初期，在胜利油田建成中国第一个蔬菜无土栽培生产基地，面积约 $6700m^2$。此后，国内许多单位在引进国外先进技术的同时，结合中国农村的实际情况，对无土栽培的一些关键技术进行了研究和改造，研制开发了鲁 SC 型无土栽培技术、浮板毛管水培技术、有机基质培、有机生态型无土栽培等新技术，与营养液膜技术、深液流技术一起构成我国无土栽培的主要形式，建立了管理简便、低成本、实用的无土栽培技术体系，并迅速在全国应用推广，现已在我国现代温室高端蔬菜、花卉生产以及工厂化穴盘育苗，戈壁和岛礁等不毛之地的特需蔬菜生产，都市休闲观光农业等得到有效应用与发展。

无土栽培能克服土壤连作障碍，栽培作物的产量高、品质好，省水、省肥、省工，病虫害少。无土栽培能充分利用各种自然资源，栽培场所的选择受土壤、地形等的限制少，可以在空闲荒地、河滩地、盐碱地、不适宜于一般农业生产的岛礁荒漠以及家庭阳台、建筑屋顶等进行作物栽培，拓展了农业生产空间。无土栽培完全摆脱了自然条件的影响，有利于蔬菜生产向工厂化、自动化、现代化方向发展。但无土栽培与土壤栽培相比，一次性设备投资大，不仅用电多，肥料费用高；若病原菌侵入栽培系统，通过营养液循环，容易导致病害快速蔓延；而且营养液配制、调整与管理等都要求具有一定专业知识的人才能完成。因此，在经济不发达的地区难以推广，而且某些叶菜类蔬菜产品中硝酸盐含量较高、废弃营养液难以进行无害化处理等，必须引起关注。

（一）无土栽培的类型

按基质类型不同，无土栽培一般分为无固体基质培和有固体基质培两种。无固体基质培可分为水培和雾培；有固体基质培可分为有机基质培和无机基质培。无土栽培分类及具体栽培形式如图 6-6 所示。

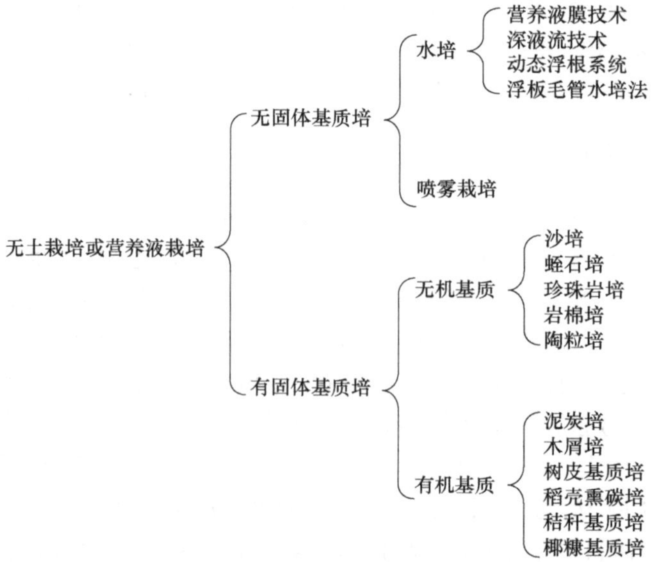

图 6-6 无土栽培的分类及栽培形式（李式军和郭世荣，2011）

在实际应用过程中，各种基质可以相互组合，形成各种更为丰富的无土栽培方式，现将其中有代表性的类型介绍如下：

1. 无固体基质培

（1）水培

1）营养液膜技术（nutrient film technique，NFT）。该系统由栽培槽、贮液池、营养液流动循环系统构成（图 6-7）。栽培槽通常为 0.1～0.2mm 厚的黑白双面聚乙烯薄膜围起的三角形槽，一般槽长 10～25m，槽底宽 25～30cm，槽高 20～25cm，设置营养液每分钟流量 2～4L，可满足大多数蔬菜作物生长的要求。贮液池一般设置于地平面以下，其容量按大株型作物每株 5L、小株型作物每株 1L 设计。营养液流动循环系统由水泵、管道（供液、回流）及流量调节阀等组成；营养液在水泵的驱动下从贮液池流出经过作物根系（0.5～1cm 厚的营养液薄层），然后又回到贮液池内，形成循环式供液体系。根据栽培需要营养液供液又可分为连续性供液和间歇式供液两种类型。间歇式供液可以节约能源，也可以控制植株的生长发育，它是在连续性供液系统的基础上加一个定时器装置控制供液。根据 NFT 栽培原理，生产上先后研制开发出水泥固定槽栽培、可移动式塑料槽栽培和 A 型架管式栽培等多种 NFT 改良水培装置，这些改良后的设施为工厂化大规模 NFT 生产提供了便利条件，也给提高单位面积的栽培效率提供了可能。NFT 水培系统较适宜速生性叶菜的生产，适当扩宽栽培槽可以栽培番茄、甜瓜等蔓生作物。

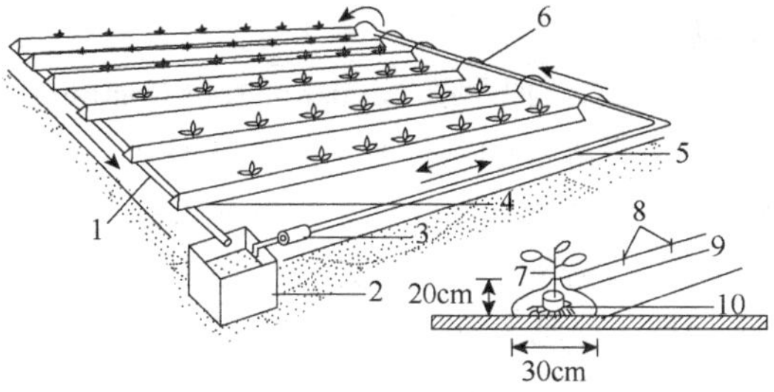

图 6-7　营养液膜技术设施组成示意图（连兆煌，1994）

1. 营养液回流管；2. 贮液池；3. 水泵；4. 栽培槽；5. 供液主管；6. 供液支管；7. 种植植株；8. 夹子；9. 黑白双面塑料薄膜；10. 育苗块（钵）

营养液膜技术的缺点是：栽培系统不能长时间停电，而且营养液温度容易受外界气温的影响。

2）深液流技术（deep flowing technique，DFT）。即深液流循环栽培技术。这种栽培方式与营养液膜技术（NFT）相似，不同点是流动的营养液层较深（5～10cm），植株大部分根系可浸在营养液中，其根系的供氧通过向营养液中加氧来解决。这种系统的主要优点是每株占有的营养液量是 NFT 的 3～4 倍，解决了在停电期间 NFT 水培系统不能正常运转、影响作物生长的困难；而且，营养液量大，使营养液浓度、pH、溶存氧浓度、液温等变化小，可为作物根系提供相对稳定的生长环境。该系统的基本设施包括栽培槽、贮液池、营养液自动循环控制系统、植株固定装置（定植网框或定植板）等部分（图 6-8）。根据设施建筑材料差异和建造方式的不同，将深液流水培设施分为直接安装和自制两大类型：直接安装类主要由塑料制品组成，一般是工厂化生产出成型的设施主体和配件，生产者可直接安装使用；自制类则主要由水泥构件组成，生产者可根据实际情况自行设计、制造与安装。

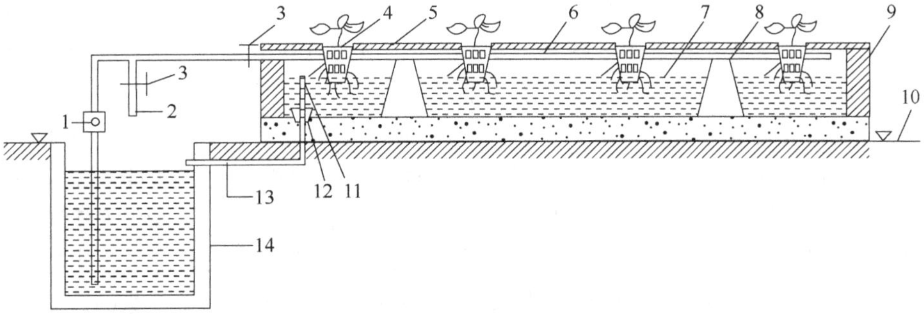

图 6-8　深液流技术设施组成示意图（连兆煌，1994）

1. 水泵；2. 增氧支管；3. 流量调节阀；4. 定植杯；5. 定植板；6. 供液管；7. 营养液；8. 支撑墩；9. 栽培槽；10. 地面；11. 液层控制管；12. 橡皮管；13. 回流管；14. 贮液池

深液流技术的缺点是植株悬挂栽植技术要求较高，深层营养液容易缺氧，同时营养液量大、要求流动性强，需要建设较大的贮液池和坚固较深的栽培槽、较大功率的水泵，投资和运行成本相对较高。

3）动态浮根系统（dynamic root floating system，DRF 系统）。该技术的栽培作物在栽培槽内，根系随着营养液的液位变化而上下浮动。一般灌满 8cm 的营养液层后，由栽培槽内的自动排液器，将营养液排出去，使营养液位降至 4cm 的深度。这时上部根系暴露在空气中可以吸收氧气，下部根系浸没在营养液中，吸收水分和营养，解决了夏季高温使营养液温度上升而导致作物根系缺氧的问题。动态浮根系统的主要结构是栽培槽、营养液池、空气混入器、排液器与定时器等。

4）浮板毛管水培法（floating capillary hydroponic，FCH）。浮板毛管水培法由栽培槽、贮液池、循环系统和控制系统四部分组成。栽培槽由聚苯乙烯板连接成长槽，一般长 15～20m，宽 40～50cm，高 10cm，安装在地面同一水平线上。内铺 0.8mm 厚的聚乙烯薄膜。槽内营养液深度为 3～6cm，液面中间飘浮 1.25cm 厚、宽度为 12cm 的聚苯乙烯泡沫板，板上覆盖亲水性无纺布（密度为 $50g/m^2$），两侧延伸入营养液内，通过毛细管作用，可使浮板始终保持湿润状态。浮板位于两列苗的中间，作物根系从育苗钵孔中伸出时，一部分根就生长到浮板上，产生气生根毛吸收氧，另一部分根系生长入营养液中吸收营养。栽培槽一端安装进水管，另一端安装排液管，进水管处顶端安装空气混合器，增加营养液的溶氧量。一般在幼苗刚定植时，栽培槽营养液深度为 6cm，育苗钵下半部浸在营养液内，以后随着植株生长，营养液深度逐渐下降到 3cm 左右，这种设施使作物根系吸氧和供液矛盾得到了很好的解决。

浮板毛管水培法供液量大，根际环境条件稳定，液温变化小，供氧充分，不怕临时停电影响营养液的供给。有效地克服了 NFT 系统不能长时间停电的缺点，又解决了 DFT 营养液容易缺氧、贮液池和栽培槽大、运转成本高等问题，该系统已在番茄、辣椒、芹菜、生菜等蔬菜作物上应用，效果良好。

5）鲁 SC 无土栽培系统。鲁 SC 无土栽培系统是山东农业大学研究开发的无土栽培系统，在山东、新疆等地用于蔬菜生产。该装置是采用在栽培槽中填入 10cm 厚的基质，用营养液循环灌溉作物，因此也称为“基质水培法”。该系统由栽培槽、贮液池、供排管道系统和供液时间控制器、水泵等组成。栽培槽有土壤制槽体和水泥制槽体两种，槽体长 2～3m，呈倒三角形，高与上宽各 20cm。土壤制槽体内铺 0.1mm 聚乙烯薄膜一层，槽中部放一垫箅，上铺棕皮等作衬垫，然后再在衬垫上填 10cm 厚基质，基质以下空间供根系生长及营养液流动，槽两端分设供液槽头及排液槽头。栽培槽距 1～1.2m，果菜株距 20cm。每天定时供液 3 或 4 次。贮液池由砖与水泥砌成，每立方米容积可供 80～$100m^2$ 栽培面积使用。

（2）喷雾栽培　喷雾栽培也叫作雾培或气培，它是利用喷雾装置将营养液雾化，定时定量喷至在黑暗条件下悬空生长的植物根系上，植物根系可以同时获得氧气、水分和营养。例如，用 1.2m×2.4m 的聚苯乙烯泡沫塑料板来栽培生菜，先在板上按一定距离打直径 2cm 的小孔作为定植孔，然后将泡沫板制成“A”字形，在温室内置于地面密封呈三角形。喷雾管设在封闭系统内靠地面的一边，在喷雾管上按一定的距离安装一个喷头。喷头的工作由定时器控制，每隔 3min 喷 30s。由于采用立体式栽培，空间利用率比一般栽培方式提高 1～2 倍，栽培管理自动化。

2. 有固体基质培　在有固体基质培中，固体基质的主要作用是支持锚定作物根系，为根系营造一个水、气、肥等良好稳定的根际生长环境，有机基质还能提供一定量的营养元素。为保证作物正常生长，用于无土栽培的固体基质的理化性状要符合一定的要求，即不含有毒有害物质，容重在 0.1～$0.8g/cm^3$，总孔隙度为 54%～96%，大小孔隙比为 1∶（2～4），pH 6.5～7，电导率小于 2.5mS/cm，阳离子代换量大，具有较强的化学稳定性和缓冲能力等。可应用于无土栽培的基质种类很多，如草炭、岩棉、蛭石、珍珠岩、树皮、锯末、炭化稻壳、棉籽壳、沙、砾石、陶粒、甘蔗渣、菇渣、部分中药渣及各种泡沫塑料等，因而无土栽培生产者可根据材料来源的难易、基质的理化特性和价格等条件，选择适合本地区的无土栽培基质。

有固体基质培的方式有槽培、袋培、岩棉培等，其营养液的灌溉方法有滴灌、上方灌溉和下方灌溉，以滴灌最为普遍。基质系统有开放式和封闭式两种，在开放系统中营养液不进行循环利用，而在封闭系统中营养液进行循环利用。由于封闭式系统的设施投资较高，而且营养液管理较为复杂，因而我国的基质栽培曾较多采用开放式系统，但为减少废弃营养液排放造成的环境污染，应将开放式固体栽培系统改为封闭系统。

（1）槽培　槽培就是将基质装入一定形状和容积的栽培槽中栽植蔬菜等作物。栽培槽总的要求是在作物栽培过程中能把基质牢固地固定在栽培槽内。栽培槽可用砖和水泥混凝土砌成永久性水泥槽，也可用木板、泡沫板或砖垒成半永久性栽培槽，还可用泡沫或硬质塑料做成移动式槽。为了防止渗漏并使基质与土壤隔离，通常在槽的底部铺 1 或 2 层塑料薄膜。栽培槽的大小和形状，应根据设施空间结构、管排水系统、栽培作物种类和方便作业而设置。例如，栽培番茄、黄瓜等蔓生性作物，每槽栽植两行留出行道，便于进行整枝、绑蔓和收获等田间操作，槽宽一般为 0.48m（内径宽度）；对某些矮生植物可设置较宽的栽培槽，进行多行种植。栽培槽的深度以 15～20cm 为宜，为了降低成本也可采用较浅的栽培槽。为保证营养液流通顺畅，栽培槽的坡降应不小于 1∶250；同时，应在槽的底部铺设一根多孔的排水管，以利于废弃营养液回收处理。

（2）袋培　袋培是将栽培基质灌装入抗紫外线的聚乙烯薄膜袋中栽培作物的方式，袋培除了基质装在塑料袋中外，其他与槽培相似。在光照较强的地区，塑料袋表面以白色为好，可反射阳光，防止基质升温过快；相反，在光照较弱地区，则以黑色为好，以利于冬季吸收热量，保持袋中的基质温度。袋培的方式有开口桶式袋培和枕头式袋培两种，开口桶式袋培是将 10～15L 基质装入直径 30～35cm、高 35cm 的塑料薄膜桶中，直立放置，每袋种植 1 株番茄或黄瓜等大型作物；枕头式袋培是将 20～30L 基质装入直径 30～35cm、长 70～80cm 的塑料薄膜袋中，塑料薄膜袋两端封严（图 6-9），依次按行距要求摆放到栽培设施中。定植前先在袋上开两个直径为 10cm 的定植孔，两孔中心距离为 40cm 左右，定植两株大型作物。无论是开口桶式袋培还是枕头式袋培，袋的底部或基部两侧都应该扎 2 或 3 个直径为 0.5～1cm 的小孔，以便多余的营养液能从孔中渗透出来，防止积液沤根。

图 6-9　番茄枕头式袋培

（3）岩棉培　岩棉培是目前荷兰、英国、比利时等国应用较多、栽培面积较大的固体基质无土栽培技术。岩棉是普遍应用的工业保温材料，1969 年丹麦首先将岩棉用于无土栽培，农用岩棉在制造过程中加入亲水剂，使之易于吸水。岩棉培的作物根系很容易在岩棉块中生长，且岩棉作为基质透气、持水性好，岩棉干燥时重量较轻便于操作。岩棉培的基本做法是将岩棉按需要切成条、块，四周用薄膜包裹成型，制成岩棉种植垫。一般番茄、黄瓜采用 7.5cm 见方的岩棉育苗块育苗定植时，在岩棉种植垫的薄膜上按照株距 20cm 左右开 8～10cm 见方的定植孔，放入岩棉育苗块（图 6-10）。岩棉栽培最好的灌溉系统是滴灌。对于小规模岩棉培，滴灌系统可设计得简单一些，系统中只需要营养液罐、上水管、阀门、过滤器、毛管和滴头等简单设备即可。营养液罐架设到离地面1m高处，营养液靠重力滴灌到岩棉中去。而对于大规模岩棉培来说，就需要增设pH传感器和控制仪、电导度传感器和控制仪、浓酸和浓缩营养液注入泵、电磁阀等设备。岩棉垫里营养液的电导率一般控制在2.5～3mS/cm，当电导率超过3.5mS/cm时，需要滴灌清水进行“洗盐”，当电导率达到正常范围后，再恢复滴灌正常浓度营养液。

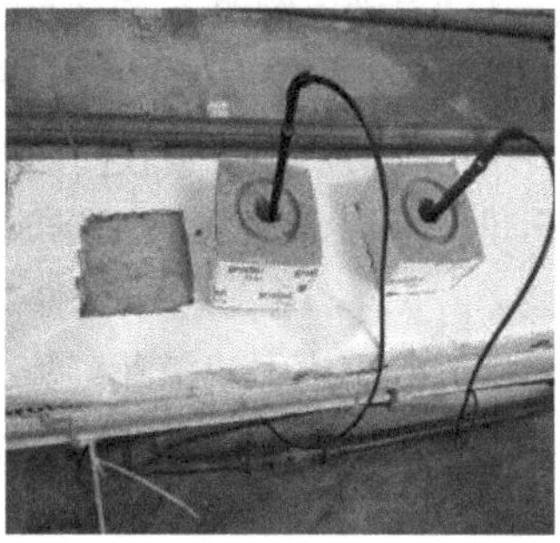

图6-10 岩棉培

左图为岩棉种植垫、岩棉育苗块和滴灌系统；右图为番茄岩棉栽培

（4）有机基质培无土栽培（有机生态型无土栽培）技术　有机基质培无土栽培技术是现代无土栽培技术和传统有机农业相结合的产物，是一种稳定的具有较强缓冲作用的无土栽培技术，通过选用有机基质，追施固态有机肥，滴灌清水，或用低浓度的营养液进行滴灌补充营养，降低了设施系统投资，简化了操作管理，一般农民也容易掌握。有机基质培系统采用基质栽培的形式（图6-11），栽培基质可选用两种或多种有机基质按一定比例混合后使用。灌溉一般采用膜下多孔塑料软管滴灌带。肥料供应因作物种类和生育状态而异，可作为基肥和追肥分期施用，以满足作物不同生长发育的需要。作物定植后，保持基质含水量60%～85%，应根据天气变化调整灌溉水量和次数。

（5）垂直柱状栽培　垂直柱状栽培也称立体栽培，主要种植生菜、紫背天葵、普通白菜、草莓等。依其所用材料是硬质的还是软质的，又分为柱状栽培和长袋状栽培。柱状栽培采用石棉水泥管、硬质塑料管或聚苯乙烯发泡板围成柱状体，其内添加栽培基质，在管四周按螺旋位置开定植孔，植株种植在定植孔内的基质中。也可采用专用的无土栽培柱，栽培柱由若干个短的模型管构成，每一个模型管上有几个突出的杯状定植穴，用以种植植物（图6-12）。长袋状栽培是柱状栽培的简化。栽培袋采用直径15cm、厚0.15mm的聚乙烯膜筒，长度一般为2m左右，内装栽培基质，底端密封以防基质脱落，下端置排水孔，上端结扎，然后悬挂在温室中，袋子的周围按一定距离开2.5～5cm直径的定植孔种植作物。水和营养液从栽培袋顶部滴入，通过整个栽培袋向下渗透，再从排水孔中排出营养液。

图6-11 茄子基质栽培

图6-12 垂直柱状栽培

（二）营养液及其管理

无土栽培的营养液是将植物生长发育所必需的各种营养元素的化合物按一定的数量和比例溶于水中配制而成的溶液。营养液是无土栽培的核心，其配制及使用过程中的调节管理是无土栽培的关键。

1．营养液的组成 营养液组成一般应遵循以下原则：无土栽培的营养液必须含有作物生长发育所必需的全部营养元素；各种营养元素必须是作物根系可以吸收的状态；各种营养元素的数量和比例应符合作物生长发育的需要；营养液中提供各营养元素的化合物总盐分浓度及其酸碱度应适合作物生长发育的需要；在栽培作物过程中，组成营养液的各种化合物能在较长时间内保持有效状态，且在被作物根系吸收过程中能维持营养液的酸碱平衡。

水是营养液的重要组成成分，水质的好坏直接影响营养液中营养元素浓度、比例及其有效性、稳定性。配制营养液要求水质符合以下要求：水的硬度要求 CaO 含量小于 8mg/L，pH 6.5～7，NaCl 含量小于 2mmol/L，溶氧量接近饱和，无有害微生物（病原菌），重金属及有害人体健康的元素应低于有关规定含量。无土栽培一般应选择蒸馏水、去离子水或符合环保要求的雨水、地下水、自来水或河水等软水。

2．营养液配制

（1）营养液配方 营养液配方是指在一定体积的营养液中，规定含有各种必需营养元素化合物的量。植物生长发育必需的营养元素分大量元素和微量元素，在无土栽培发展过程中，很多专家根据植物种类、生育阶段等，对植物进行营养分析，了解植物生长发育对大量元素、微量元素和水分吸收的特征和规律，并在此基础上遵循化学平衡原则，确定营养液中各离子的浓度和比例，再换算成每种化学肥料的用量形成营养液的初步配方，最后用营养液的初步配方进行作物栽培试验，反复修正和完善形成许多重要的营养液配方。

（2）营养液的制备 在选用符合营养液的制备用水的前提下，应测定水中钙、钾、镁、硝态氮等营养元素的含量，并在营养液配制时计算扣除水中营养元素的含量。配制营养液的大量元素化合物应使用杂质含量低的标准农用化学肥料，并依其纯度进行折算配制。营养液配制还应注意避免化合物间发生化学反应而产生沉淀，如在制备营养液时，应防止常用的硝酸钙等与硫酸盐、磷酸盐直接混在一起产生硫酸钙、磷酸钙沉淀。

生产上常用配制营养液的方法一般有浓缩营养液（母液）稀释法和直接称量配制法两种。在大面积生产时，为了配制方便，以及在无土栽培系统中自动调整营养液，一般都是先配制浓缩营养液（母液），然后再进行稀释。一般可将浓缩液分成 A、B、C 三种，并用不同颜色明确标注。A 母液以钙盐为中心，凡不与钙离子反应产生沉淀的盐都可溶在一起，如 $Ca(NO_3)_2$ 和 KNO_3 等；B 母液以磷酸盐为中心，凡不与磷酸根形成沉淀的盐都可溶在其中，如 $NH_4H_2PO_4$ 和 $MgSO_4$ 等。C 母液为微量元素，由铁（如 Na_2Fe-EDTA）和其他微量元素合在一起配制而成。母液的浓缩倍数，以各种盐类在溶液中不致过饱和而析出为准，一般 A、B 母液浓缩 100 倍或 200 倍，C 母液可浓缩 1000 倍。若母液的贮存时间较长，应将其酸化至 pH 3～4，以防止沉淀产生，母液应贮存于黑暗容器中。栽培营养液一般用母液来配制，首先在大贮藏池内放入要配制营养液体积的约 50%水量，倒入 A 母液，开动水泵使其流动扩散均匀；然后再将 B 母液随水源慢慢注入，让水源冲稀带入贮藏池中，控制 B 母液加完时营养液总量达 80%左右；最后将 C 母液随水源慢慢注入，加足水量，继续流动搅拌营养液一段时间，使各营养成分混合均匀，并防止沉淀的产生。

在生产中，如果一次需要的工作营养液量很大，则大量元素也可以采用直接称量配制法，而微量元素可先配制成 C 母液再稀释为工作营养液。首先在贮液池中放入所需配制营养液总体积60%～70%的清水，称取钙盐及不与钙盐产生沉淀的各种化合物在容器中先溶解后倒入贮液池中，开启水泵搅拌均匀；然后称取磷酸盐及不与磷酸盐产生沉淀的其他化合物在容器中先溶解并用较大量清水稀释后缓慢地加入贮液池水源入口处，开启水泵搅拌均匀；再量取 C 母液，用大量清水稀释，缓慢倒入贮液池的水源入口处，加足水量，开启水泵循环流动至营养液均匀为止。

3．营养液管理 营养液的管理主要是指在作物栽培过程中对循环使用的营养液的管理。在无土栽培生产中，作物根系不断地从营养液中吸收水分、养分和氧气，同时根系也分泌一些有机酸和糖类等物质随同少量衰老的残根脱落于营养液中，同时微生物也会在其中繁殖，从而使营养液浓度、pH、溶存氧、成分等逐渐发生变化；外界气候环境的变化也时刻影响着营养液的温度等。因此，为使其营养液始终处于满足作物生长发育需要的状态，必须对营养液进行监测和调控等管理。营养液管理是无土栽培与土壤栽培完全不同的管理技术，是无土栽培的关键技术。

（1）营养液浓度 营养液浓度管理直接影响栽培作物的产量和品质，不同作物、同一作物的不同生育期、不同季节营养液浓度管理均有差别。营养液浓度的监测通常用电导率（EC）来表示，单位为 mS/cm，代表的是营养液总盐分的离子浓度。目前已生产出许多便携式电导率测定仪供无土栽培生产使用。将营养液加水恢复到原来的水位线，测定 EC 值，观察其浓度下降程度，若低于营养液浓度的低限，应加入已配制好的母液进行调整；当营养液浓度过高时（超出原初配制的营养液浓度），应加入清水稀释至要求的浓度。但电导率测定仪仅能测出营养液总盐分的离子浓度，无法测出营养液中每种元素的含量，因此有条件时，应定期对营养液中各项元素的浓度进行全面分析，并进行精确调整。当经过较长时间栽培，通过补充母液或加清水等，虽然 EC 值达到要求，但作物仍生长不良时，说明营养液中杂质含量已很高而营养元素已不能满足作物生长发育，应考虑更换营养液。一般在营养液连续使用两个月后，需要进行一次全量或半量营养液的更新。

（2）营养液 pH 大多数植物根系在 pH 6.5 左右的微酸性环境下生长良好，但是营养液在循环使用过程中因盐类的生理反应等原因，pH 常会发生变化，会对根系的正常生长和功能产生影响；而且，pH 过高或过低也会影响营养液中多种营养元素的存在状态、转化和有效性，容易使作物生长产生元素缺乏或元素过剩症状。当 pH 过高时，常用 1～2mol/L 的 HNO_3、H_3PO_4 中和调整；当 pH 过低时，用 10% KOH 中和调整。调节 pH 时，注意不要造成局部过酸或过碱而使有效成分产生沉淀。

（3）营养液溶氧量 营养液中溶存氧浓度的高低直接影响到作物根系的活力，营养液中的氧气靠自然扩散远远不能满足作物根系对氧的需求。据测定，在深液流栽培中，处于果实膨大期的网纹甜瓜只经 2h 即将 15L 营养液中的饱和溶氧量（8.68mg/L）消耗为其总量的 50%以下，3h 以后便会形成氧气不足的状态。所以，营养液中氧浓度是影响无土栽培成功的关键因素之一，供液与供氧的矛盾是一直困扰着无土栽培的一对矛盾，无土栽培技术的发展、栽培方式的改进都是围绕着营养液供氧、解决氧气不足的问题而进行的。目前，生产上普遍采用营养液循环流动、加大落差使营养液回流时溅瀑面较分散，或者增加压力形成射流以及在入液口安装增氧器等，提高营养液增氧的效果。

（4）液温 作物根系适宜的液温范围比地上部适宜温度范围要窄许多，营养液的温度变化对作物的生育影响很大。营养液液温的管理主要是人工对环境气温和液温的控制，如无土栽培常采用隔热性能高的泡沫塑料板块等材料建造种植槽、加大每株用液量、贮液

池深埋地下、装置增温和降温设施等。液温的管理指标为：喜温的黄瓜、甜瓜等适宜液温为18～20℃，适温范围较窄；而耐寒、半耐寒的芹菜、莴苣等适宜液温为15～22℃，适温范围相对较宽。

四、其他设施

（一）地膜覆盖

地膜覆盖是利用厚0.01～0.015mm的聚乙烯薄膜覆盖在地表面或近地表面，为作物创造适宜的土壤环境的一种简易覆盖栽培技术。20世纪中叶，日本、美国、法国等就开始利用地膜覆盖技术栽培番茄、芦笋、草莓等，1978～1979年我国从日本引进地膜和地膜覆盖技术，并成功试制地膜，开始较大范围推广应用。目前我国除在蔬菜瓜果生产中普遍应用外，还在粮、棉、油、烟、糖、麻、药材、茶、林、果等多种作物上大面积推广应用，地膜覆盖已成为我国现代农业中的一种低成本、高效益、省工省力、节水节肥的实用农业新技术。

1．地膜的种类 目前蔬菜生产应用的地膜种类较多，依地膜颜色不同，通常分为无色透明、黑、绿、白、银灰或双色等着色膜。另外，还有特制的除草膜、有孔膜、红外膜等。无色透明地膜透光性好，覆盖后可使耕作层土温提高2～8℃，尤其适用于我国南北冬春低温季节的蔬菜生产，是目前我国应用最普遍的地膜类型。黑色地膜的透光率低，通常仅有10%左右，应用于杂草多的地块，可使杂草无法进行光合作用而死亡，可节省除草用工成本；黑色地膜在阳光照射下表面增温快，但其能量不易下传而抑制强光、高温季节土壤增温。银灰色地膜对紫外线和可见光有较高的反射率，具有驱避蚜虫、黄条跳甲等害虫，并减轻作物病毒病的作用，同时银灰色地膜还具有抑制杂草、保持土壤湿度等作用，适用于茄果类、瓜类、叶菜类等蔬菜的春季、夏秋季防病抗热栽培。黑白双面膜是一层乳白色和一层黑色的两层复合地膜，覆盖时乳白色面朝上增强反光，提高作物中下部光照强度；黑色面朝下，有除草、保水功能；该膜主要适用于夏秋蔬菜栽培。目前生产上还推广应用了银黑双面地膜，覆盖时银灰色面朝上，有反光、避蚜、防病毒病等作用，黑色面朝下有除草、保水作用。

2．地膜覆盖的作用 地膜覆盖有调节土温、防止土壤水肥流失和保护土壤团粒结构、防草、驱蚜、防病毒病、促进蔬菜生长发育等功能。覆盖地膜增加土温的效果依地膜的透光性和反射率而异，一般增温效果依次为无色透明膜、银灰色膜、黑色膜。覆盖地膜后，土壤水分蒸发损失大幅度减少，可较长时间保持土壤水分的稳定，有显著的节水作用，并可同时降低植株生长空间的空气湿度，有抑制或减少病害的效果。另外，覆盖地膜还可减轻降雨后的涝害。由于地膜覆盖后土壤中温、湿度适宜，微生物繁殖、活动活跃、旺盛，可促进土壤有机营养的分解，从而提高土壤肥力。另外，覆盖地膜后可避免土壤表面风吹、雨淋及中耕、浇水等人工和机械的践踏而造成的土壤板结，不仅使土壤中可溶性营养物质不易被淋溶流失；而且能保持良好的土壤容重、孔隙度、团粒结构等而优于裸露土壤。覆盖白色、银色地膜还具有反光作用，可提高白天作物群体中下部的光照强度，还具有减轻蚜虫、防病毒病等危害的作用。近年来开发应用的里黑外白的黑白双面膜，既能防止杂草又能降低夏季土温；黑白条（宽10～15cm）相间、黑与银灰相间的双色膜，兼有忌避蚜虫、防病毒病、降土温、抑制杂草的功效。

3．地膜覆盖的技术要求 地膜覆盖在北方旱作区通常以平畦或高垄覆盖居多，南方多雨地区则以高畦覆盖为主。为达到地膜覆盖的最佳效果，整地、施肥、作畦、覆膜要连续进行。整地要求做到深翻细耙，打碎土块，保证土壤疏松，团粒结构合理；根据栽培作物种类和肥水管理方式，施足有机基肥和磷钾肥，并与土壤充分混匀；按合理的行距和畦型作畦，做到畦平、沟直；采用地膜下灌溉的作畦后，按行、株距铺设好滴灌带；覆膜要求地膜绷紧、紧贴土面，四周用土压紧，防漏风透气影响地膜覆盖效果。一般地膜多覆盖至作物栽培结束，但如遇栽培后期土壤高温、干旱，可及时揭开或划破地膜，以满足作物生长的需要。栽培结束后，旧膜要及时清除，不使其污染环境。地膜覆盖和使用后的废弃膜的清理回收等均是费工费力的工作，为减少劳力投入，现已有地膜覆盖机械及地膜回收机械可供使用，回收的废旧地膜应严格进行无害化处理。为减少废旧地膜的回收和处理的麻烦，目前已开展在地膜中添加有机物等可于一定时间内自然分解的生物分解地膜或接受定量光照后自然降解的崩坏性地膜的研发和应用。

（二）遮阳网、防虫网、防雨棚覆盖

1．遮阳网覆盖栽培 遮阳网又称凉爽纱、遮阴网，是以聚乙烯、聚丙烯和聚酰胺等为原料，经加工制作拉成扁丝，编织而成的一种网状覆盖材料，具有质量轻、强度高、耐老化、柔软便于铺卷等特性。可以通过控制编织的网眼大小和疏密程度，使其具有不同的遮光、通风特性。中国南方热带、亚热带地区，盛夏在副热带高压的控制和影响下，常常是强光、高温酷暑天气，又会遇到热带风暴（台风）和暴雨的袭击，蔬菜生产遇到极大的困难，从而造成供应上的淡季。为了避免这些灾害，需要改善作物的生长条件，传统的方法是用芦苇、秸秆编织成帘，覆盖遮阳。但传统的遮阳覆盖物比较笨重，不易铺卷和贮运，一次性投入虽较低，但使用寿命短，折旧成本较高；而遮阳网可以重复使用3～5年，虽然一次性投入较高，但折旧成本仍较低。遮阳网覆盖栽培已成为我国南方夏秋高温季节蔬菜栽培与育苗的一种轻简化、低成本、高效益的实用技术。

（1）遮阳网的种类 国产的遮阳网以黑色和银灰色为主，也有绿色、白色和黑白相间等颜色。遮阳网的遮光率主要有35%～50%、50%～65%、65%～80%、80%以上等规格，其中应用较多的是35%～65%的黑网和65%的银灰色网。遮阳网的幅宽有90cm、150cm、220cm和250cm等。一般遮阳网的单位面积质量为45～49g/m^2。网眼有均匀排列的，也有稀、密相间排列的，有的生产厂家以一个密区（25mm）中纬向的扁丝根数将产品编号，如江苏武进县某塑料厂生产的遮阳网就是以此确定型号的，其中型号SZW-8表示1个密区有8根扁丝编织而成，而SZW-16则表示1个密区有16根扁丝编织而成，数码越大，网孔越小，遮光率越大。

（2）遮阳网的功能

1）削弱光强、改变光质。编织结构和疏密程度基本一致的不同颜色遮阳网的遮光率不同，以黑色网遮光率最大，绿色网次之，银灰色网最小。遮阳网的遮光效果在一天中有变化，中午前后，太阳高度角最大时，效果最显著。无论是200～350nm的紫外线区域还是400～700nm的光合有效辐射区域，银灰网的透过率均大于黑网，特别是紫外线透过率远大于黑网，这不仅影响其降温性能，也影响作物的生长和品质。另外，在中、远红外线区域（4600～16 700nm），黑网的透过率为47%，银灰网为50%，故黑网的热积蓄少于银灰网。

2）降低地温、气温和叶温。遮阳网的降温效应与天气类型密切相关，在夏天晴热型天气条件下，当设施外最高气温达35℃以上时，露地地面的最高温度平均值可达48℃以上，此时覆盖遮阳网的降温幅度可达8～13℃，降温效果以遮光率为65%～70%的黑网最佳；当外界最高气温为30～35℃时，露地平均最高气温可达39℃左右，各种遮阳网的地面平均降温幅度为3～6℃；当外界最高气温为25～30℃时，露地地表平均最高温度为34℃左右，遮阳网覆盖的降温效应明

显减弱。由此可见，遮阳网覆盖显著降低了蔬菜作物根际附近的温度，尤其是地表及其上、下 20～30cm 的气温和地温。在覆盖遮阳网的塑料大棚中生长的小白菜叶温平均降幅可达 2～3℃，叶温的降低，有利于生理代谢和促进生长。遮阳网覆盖在最高气温达 35℃以上天气较多的晴热型夏季应用效果显著。

3）减少田间水分蒸散量。遮阳覆盖可以显著降低设施内空气、土壤和植株表面温度，可以降低土壤水分蒸发、植株的蒸腾，同时还能减慢覆盖设施内的空气流动，因此可以显著抑制田间水分蒸散量。遮阳网覆盖的地面蒸散量的减少与遮阳网透光率呈负相关关系，一般覆盖遮阳网的塑料大棚中，水分蒸散量可比露地减少 1/3（遮光率 33%～45%）～2/3（遮光率 60%～70%）。

4）减弱暴雨和台风冲击。据江苏省镇江市农业气象站测定，在 100min 内降雨量达 34.6mm 的情况下，遮阳网内中部的降雨量仅 26.7mm，边缘的降雨量为 30mm，同时大大减弱了雨滴对地面的冲击力，露地植株因暴雨冲击而严重损伤，网内的却安然无恙。遮阳网通风比塑料棚好，对风力的相对阻力小，所以只要台风来临前将遮阳网固定好，就不易被大风吹损，对网内植物有一定的保护作用，一般网内的风速不足网外的 35%。

另外，若晚秋至早春夜间浮面覆盖遮阳网可比露地气温提高 1～2.8℃。银灰色遮阳网还具有显著的避蚜、防病毒病发生的效果。

（3）遮阳网的应用　遮阳网覆盖已普遍应用于夏季蔬菜的育苗、夏季喜冷凉叶菜的栽培、春夏蔬菜延后栽培、早秋种植蔬菜的覆盖保苗等。此外，遮阳网覆盖还常用于夏季平菇、草菇等食用菌的栽培和延长辣椒杂交制种周期等。

2．防虫网覆盖栽培　防虫网是以高密度聚乙烯等为主要原料，经挤出拉丝成单条纤维，再编织而成的 10～40 目等规格的网纱，具有抗拉强度大，以及优良的抗紫外线、抗热性、耐水性、耐腐蚀、耐老化、无毒、无味等特点，能有效防止设施内虫害和病毒病的发生和蔓延。我国南方气候温暖，害虫繁殖与活动都较北方猖獗，由于防虫网覆盖可简易、有效地防止或减轻害虫对春、夏、秋季蔬菜的危害，所以在南方地区作为无（少）农药蔬菜栽培的有效措施而得到推广。

（1）防虫网的品种规格　目前防虫网按目数［每 2.54cm（1 英寸）的长度内均匀分布的孔数］分为 10 目、16 目、20 目、24 目、30 目、40 目，其中以 16 目、20 目、24 目最常用；按宽幅有 100cm、120cm、150cm 等；按丝径有 0.14～0.18mm；按颜色有白色、银灰色、绿色等数种。使用寿命一般为 3～4 年。

（2）主要覆盖方式

1）大棚覆盖。大棚覆盖是目前最普遍的覆盖方式，由数幅网缝合覆盖在单栋或紧邻的 2 或 3 栋大棚上（图 6-13A～C），全程、全封闭式覆盖，内装微喷灌水装置。

2）立柱式隔离网状覆盖。用高 2～3m 的水泥柱或钢架做成平式棚架，顶、侧全面覆盖防虫网而成隔离网室（图 6-13D），在其内种植蔬菜，农民称在“帐子”里种菜。面积一般在 $500m^2$ 以上。

3）温室或塑料大棚的通风口设置。通常在蔬菜栽培的温室或塑料大棚的通风口设置防虫网，防止通风时害虫从通风口进入设施内危害。

（3）覆盖性能

1）防虫。依害虫虫体大小，选择适宜的网目。一般 10～20 目防虫网，可阻挡夜蛾类害虫及菜粉蝶、棉铃虫等个体较大的害虫；蚜虫体长 2.3～2.6mm、体宽 1.1～1.5mm，小菜蛾体长 6～

图 6-13 防虫网覆盖栽培

A～C. 塑料大棚防虫网覆盖栽培；D. 防虫网室栽培

7mm、翅展 12～15mm，用 20～24 目的防虫网即可阻隔其成虫进入网内；烟粉虱等更小的害虫，则需要 40 目及以上的防虫网。

2）防暴雨、冰雹危害。夏季暴雨、冰雹等危害多发，与遮阳网相似，覆盖防虫网也可以阻挡暴雨对蔬菜和土壤的冲刷，阻挡冰雹对蔬菜的直接冲击危害。

此外，防虫网还有一定的防风、防霜效果。

（4）防虫网应用注意事项

1）防虫网覆盖前应提前进行土壤翻耕、晒垡、消毒，杀死土传病虫，切断传播途径。

2）防虫网覆盖应施足基肥，尽量减少追肥次数，夏季栽培小白菜等速生叶菜一般不再追肥。

3）根据害虫种类，选用适宜网目，提高防虫网对害虫的阻挡效果。

4）注意防虫网架设的空间高度，防止害虫隔网危害，以及防止植株生长顶网后，害虫在网外产卵于植株表面，虫卵在网内孵化后危害。

5）结合遮阳网覆盖，或设简易环流风扇，使网室内空气流动，防止网内高温、高湿影响蔬菜作物生长发育。

3．防雨棚覆盖栽培 防雨棚也称避雨棚。我国南方地区春夏秋季多雨高湿，年均降水量达 1500～2000mm，其中 60%～70%集中在 6～9 月，常导致土壤涝渍、作物病虫多发，严重制约蔬菜的生产和供应。在温室、大棚等设施顶部覆盖透明覆盖材料，使作物免受雨水直接淋袭，其四周侧壁则为开放式或仅扣防虫网进行通风换气，这种简易覆盖方式称为防雨棚。防雨棚的主要功能是防止过多的雨水导致土壤涝渍对蔬菜生产的影响，防雨棚覆盖便于进行土壤水分管理，且四周开放，通风良好，可维持设施内与外界相近的温、湿度与 CO_2 浓度状态。防雨棚主要用作南方地区降水量较多的季节，进行夏季果菜类、欧亚种葡萄及某些花卉等的避雨栽培或育苗，有防止湿害和防病、延长采收期，以及减少畸形果、裂果及花腐等的发生，促进蔬菜优质、稳产、高产的功能。因雨天也能及时进行各种操作管理，可显著提高劳动生产效率。

（三）植物工厂

植物工厂（plant factory）是利用计算机环境自动控制系统，对农业设施内植物生育的光照、温度、湿度、CO_2浓度及营养液等环境条件进行自动控制，使设施内植物生育不受自然条件制约的省力型生产。广义的植物工厂涵盖了设施蔬菜的各部分，而狭义的植物工厂专指完全人工制造、控制植物生长环境进行生产的系统。植物工厂是一种高投入、高技术、精装备的生产体系，集生物技术、工程技术和软硬件系统技术于一体，使农业生产从自然生态束缚中脱离出来，实现人们像工业产品般完全不受自然环境的影响而工厂化大批量、标准化生产农产品的愿望，且整体流程与设备都可以自动化运行管理，可以在少数人员参与的条件下，按计划周年不间断地进行植物产品生产，是农业现代化进程中应用高新技术成果最具活力和潜力的领域之一，引领着未来农业的发展方向。

1949 年美国园艺学家 F. W. Went 建立了世界上第一座人工气候室，引发了“模拟生态系统”领域的一大突破；1957 年，在丹麦建成世界上第一座 1000m^2 的太阳光和人工光并用的综合型植物工厂，并用于生产水芹芽苗菜。此后的研究发现，完全利用人工光源的植物工厂比利用太阳光能更节能省电，于是美国、日本、英国、荷兰等发达国家开始对全人工光利用型植物工厂的研究，至 20 世纪 90 年代后，植物工厂逐渐进入普及阶段。其中，日本的研究推广、应用水平也相对较高。20 世纪末，我国也开始对植物工厂的技术和应用进行探索，并且得到快速的发展，先后建成的各类大、中、小型植物工厂数量仅次于日本，成为世界植物工厂大国。

植物工厂由于栽培环境高度受控、生产过程高度自动化，可节省大量的人工、管理费用，大幅度提高生产效率；可以减少各种因素对生产的影响，实现作物的周年持续稳定生产，提高生产效益；对消费者来说，植物工厂的产品品质稳定，无须担心农药、虫害等安全问题；植物工厂由于设施能够周年利用，极大地提高了农业生产力，适合城市农业以及土地较少的地区使用；也可以解决沙漠、极地、宇宙（太空农业）等非可耕地区域的农产品生产问题。

图 6-14　全人工光利用型植物工厂

1. 分类　植物工厂根据光能的利用方式可分为太阳光利用型、全人工光利用型、太阳光和人工光并用的综合型植物工厂三种类型。其中，全人工光利用型植物工厂又称为密闭式植物工厂、完全环境控制型植物工厂，是植物工厂的高级形式（图 6-14）。根据建设规模，植物工厂可分为大型（5000m^2 以上）、中型（1000～5000m^2）、小型（100～1000m^2）、微型（100m^2 以下）四种。根据生产功能可分为植物种苗工厂、叶菜、瓜果、花卉植物工厂，还有一部分大田作物、药用植物等植物工厂。按生产、研究对象，植物工厂可分为以研究植物体生产为主的狭义的植物工厂、以研究植物组织为主的组织培养系统、以研究植物细胞为主的细胞培养系统等。

2. 植物工厂构成要素　植物工厂主要有外围护结构（厂房）、环境控制系统、人工光源系统、营养液栽培系统、辅助机械等模块组成，其中外围护结构多为隔热保温材料。

（1）环境控制系统　环境控制系统主要包含对工厂内温度、湿度、CO_2浓度及光照进行控制的系统。温度控制系统是人为调节室内与外界环境之间的热量变化，使室内温度维持在作物生长需要的水平设施设备总称；夏季外界气温较高，为了防止室内温度过高，应尽量减少室内得热量，增加散热量，遮阳、通风、蒸发降温等都是降低室温的常用方法；冬季室外气温较低，室内外温差大，为了保持室温，应尽量减少失热量，增加得热量，采取保温节能措施，必要时启用采暖设备保证植物工厂冬季正常运转。湿度控制系统是调控植物工厂内空气相对湿度的设施设备系统，夏秋季，温室通风率较高，温室内的多余水汽一般能及时地排出室外，不易造成高湿环境；冬季，为了维持室温会降低通风率，室内相对湿度就会上升，植物工厂内相对湿度的控制可采用加热、通风和吸湿等方法，或直接采用固态或液态的吸湿剂吸收空气中的水汽。CO_2浓度控制系统是选择利用适宜的CO_2肥源，对植物工厂内进行CO_2施肥的设备系统。光照控制系统是根据作物的种类及生育阶段，通过一定的措施，调节光照条件，创造良好的光照环境，以提高作物的光合效率的设施设备系统。

（2）人工光源系统　人工光源的选择应遵循合理和经济的原则，考虑作物对光照度、光照时间的要求以及作物对光的响应、光照的均匀度、光源产生的最佳效果、系统的投资及运行费用等。同时在设计时，应考虑应用多种光源组合，具有一定的调节余地，又要尽量不增加灯具设置和更新投资。植物工厂早期的人工光选择多是在室内使用大量荧光灯与少量白炽灯的组合，后来又出现了卤化金属灯，在植物工厂里多用高效率的高压钠灯。白炽灯的辐射能主要是红外线，可见光所占比例小，发光效率很低，目前，常用的白炽灯为40～100W，一般只作为植物工厂的辅助光源应用。荧光灯是一种低压气体放电灯，通过内壁涂有不同成分的荧光粉可获得不同的光谱，荧光灯光谱性能好，发光性能较好，使用寿命长，多用于光周期补光。卤化金属灯具有发光效率高、光色好、寿命长和输出功率大等优点，是目前高强度人工光照的主要光源。近年来，LED光源尤其是红蓝LED组合光源已逐渐替代白炽灯、荧光灯等成为植物工厂的常用人工光源；LED光源具有使用电源电压低、节能高效（冷光源）、可发出光波较窄的单色光、发出脉冲光时间短、稳定性强、对环境无污染、使用寿命长等优点；在同样光照效果下，LED耗电量是白炽灯的1/8，是荧光灯的1/2，对节约能源、降低成本大有益处；同时，LED作为冷光源，可近距离地照射栽培作物，将大大提高空间的利用效率。

3．植物工厂的应用　植物工厂在我国的研究和推广应用发展迅速，近20年来，先后研发出自然光植物工厂、LED植物工厂试验系统、家庭LED植物工厂等，并在我国北京、上海、江苏、山东、福建等20余个省（自治区、直辖市）示范推广，我国众多农业科技园都建设了展示、示范性植物工厂，开展生菜、菠菜、小白菜等叶菜为主的生产研究和示范，但大多都存在规模小、成本高，无法真正进行商业化生产的问题。植物工厂作为设施农业的最高级发展阶段，是现代生物技术、新材料、环境控制和信息技术等高新技术成果的集成产物，有着十分诱人的广阔发展前景。

（四）阳台（盆栽）蔬菜栽培设施

阳台（盆栽）蔬菜是随着人民生活水平的提高和蔬菜栽培设施和技术的提升，城市居民利用居室阳台、屋顶露台及庭院空间种植蔬菜，集食用、观赏、生态于一体的蔬菜生产方式。阳台（盆栽）蔬菜通常由城市居民利用专业装置或各型盆钵进行营养液或基质栽培蔬菜，或由专业蔬菜生产企业将蔬菜栽培于盆钵中初步成型后，连盆带菜整体销售给城市居民，盆栽蔬菜可以在居民阳台继续生长，随时按需采收食用。阳台（盆栽）蔬菜的生产方式满足了城市居民体验蔬菜种植、食用新鲜蔬菜的需求，同时还具有美化和净化家庭居室小环境、舒缓居民精神压力、促进家庭部分厨余垃圾的资源化利用作用，也能成为城市青少年了解蔬菜生长、接触大自然的科普教材。近年来阳台（盆栽）蔬菜在许多城市迅速发展，成为都市型农业的重要组成部分。

1. 阳台（盆栽）蔬菜的常用装置、设备　目前，阳台（盆栽）蔬菜主要有两种方式，一种是利用专用装置进行营养液无土栽培，另一种是利用专门栽培盆或因地制宜地利用各种花盆、泡沫箱等容器进行基质栽培（也有少量进行土壤栽培）。北京市农业技术推广站根据首都都市型农业发展要求，自2006年起即开展家庭阳台种菜专用装置及栽培技术研究，先后开发出梯架形、立柱形（图6-15）及等壁挂型专用装置，利用专用装置进行阳台蔬菜生产具有外观精致、节省阳台空间、适宜栽培的蔬菜种类多、操作简单，生产的蔬菜产品安全等优点。

图6-15　梯架形（左）和立柱形（右）阳台蔬菜专用装置

2. 阳台（盆栽）蔬菜的管理技术　家庭阳台有朝南、朝东、朝西及朝北几种，不同朝向的阳台温、光条件差异很大，应根据阳台朝向和温光条件选择适宜种植的蔬菜类型。

朝南阳台几乎是全日照空间，其环境条件最接近日光温室，而且通风、保温条件可能还优于日光温室，是最理想的阳台（盆栽）蔬菜生长场所。可以种植小型黄瓜、西葫芦、番茄、茄子、辣椒、矮生豆类等果菜类蔬菜，以及小白菜、生菜、紫背天葵、韭菜、菠菜、芹菜等叶菜类蔬菜。夏季温度过高、光照过强时，可以适当放下遮阳帘并开窗通风；冬季温度低时，可采取适度加温措施。朝东、朝西阳台是半天日照阳台，适宜种植喜光又较耐阴的蔬菜，如辣椒、丝瓜、小白菜、油麦菜、韭菜、香菜、小型萝卜等，朝西阳台夏季西晒厉害，光照强、温度高，不利于蔬菜生长，可在窗口种植耐高温爬蔓蔬菜，或安装遮阳百叶窗帘，进行适当遮光。朝北阳台几乎全天没有直射光照，仅有散射和反射光，光照弱，冬春季温度低，仅适宜种植喜阴或耐弱光的蔬菜，如莴苣、韭菜、生菜、小白菜、香椿、芦笋等，也可种植芽苗菜。

3. 阳台（盆栽）蔬菜种植应注意的问题　家阳台种植蔬菜与大田和设施栽培蔬菜不同，要考虑居家生活环境，一般不宜使用未腐熟的有机肥，避免有机肥腐烂时产生异味。同时，蔬菜产生病虫害时，应尽早处置，并及时将枯枝、烂果等清理干净，保持阳台清洁卫生。阳台种菜前，尽可能对地面及一定高度的墙面做好防渗漏处理，同时安排好排水系统，用花盆、泡沫箱等栽培时要配备防漏托盘，防止栽培用水渗漏至楼下，影响邻里关系。在未封闭的阳台、窗台种植蔬菜，要注意安全，防止栽培盆钵等掉落，砸伤人员、损坏物品或设施；在楼顶搭建栽培架、遮阳设施等也务必注意安全，需要稳固，同时，要做到美观，不影响整体环境。

（五）电热温床

电热温床是利用电热加温线把电能转变为热能而进行土壤加温的一种保护设施。目前在蔬菜栽培中多用于冬春低温季节育苗过程的辅助加温，常设置在塑料棚及温室中使用。电热温床是通过在苗床培养土或育苗穴盘下铺设电热线（图6-16），通过电热线的热能来提高苗床的温度，通过控温仪来控制苗床温度变化，进而保证低温季节幼苗生长对温度的要求，达到培育壮苗的目的。电热温床具有升温快、可自动调节温度、能保持苗床温度均匀、热效率高、设置轻便简单等优点。

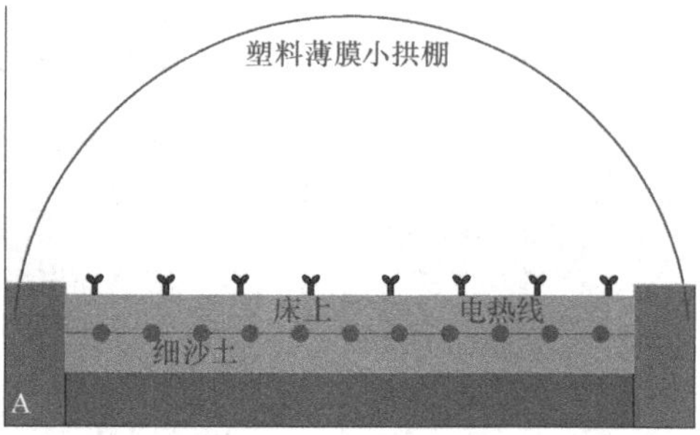

图 6-16　电热温床的设置方式图

A．苗床培养土下设置电热线；B．育苗穴盘下铺设电热线

1．电热温床的常用设备　电热温床通常由电热加温线（俗称电热线）、控温仪、交流接触器（俗称继电器）等组成。

（1）电热加温线　电热加温线是外围包裹绝缘塑料的具有一定电阻率的导线，长度为几十米至几百米、功率为400～1000W/根，一般使用温度不高于45℃，目前国内生产单位和品牌较多，如上海农机研究所生产的DV系列电热线。

（2）控温仪　控温仪是用来人为设定温度、自动控温的仪器。当温床温度高于设定的温度时自动断电，低于设定的温度时自动通电，从而达到最适宜的设定温度。使用控温仪控制电热温床温度既调控灵敏，又省工省电。电热温床控温仪使用，要注意与电热加温线总功率的匹配，也要注意防水、散热。

（3）交流接触器及其他用电设备　控温仪负载功率一般为1000～2000W，如果使用功率大于控温仪允许负载功率则应加交流接触器，其型号规格应根据使用功率进行选择。设置电热温床还需要闸刀、插座、导线、配电箱等其他用电配套设备，都应根据功率大小，选择相应的型号。

2．电热温床的功率密度　电热温床的功率密度是指单位面积苗床需铺设的电热线的功率。电热温床功率密度的确定，取决于作物对土温的要求、使用时期的气候条件、温床所在场所的基础地温、温床的保温能力等。一般南方地区播种床功率密度为80～100W/m^2，分苗床为50～70W/m^2；华北地区塑料棚育苗功率密度为90～120W/m^2，温室内育苗为70～90W/m^2。

3．电热线的设置

（1）电热温床的结构　完整的电热温床通常由隔热层、散热层、床土和覆盖物等组成。隔热层是铺设在温床底部的一层厚5～10cm的秸秆或碎草或薄膜，主要作用是阻止热量向下层土壤中传递散失。散热层是一层厚约5cm的床土或细沙，内铺设有电热线，主要作用是均衡热量，使上层床土受热均匀。床土厚度一般为12～15cm，铺设于散热层上面。穴盘育苗或育苗钵育苗不铺床土，一般将育苗钵直接排列到散热层上。覆盖物分为透明覆盖物和不透明覆盖物两种，透明覆盖物的主要作用是在白天利用光能使温床增温，不透明覆盖物用于夜间覆盖保温，减少耗电量，降低育苗成本。

（2）电热线布线方法　布线前先做好温床。为便于管理，一般电热温床的设置宽度为1.2～1.5m，长度以地块具体情况和需要而定。确定好温床范围后，将温床范围内的表土挖出15～20cm深，将床底整平踏实，用一层带孔的薄膜及5～10cm厚麦秸、碎草或锯末做隔热层，以阻止热量向下传导而损失。隔热层上面撒一些干净细土或细沙，上面设置电热线。设置电热线前要根据电热线功率和长度、功率密度、温床的长和宽等计算好布线往返次数和线间距。为方便接线，每根电热线的两端应处于温床的同一端，因此单根电热线的布线往返次数一定为偶数；同时，为保证温床四周及中间温度均匀一致，通常布线时温床四周线间距略小，而温床中部线间距略大。布线时，电热线从靠近电源的一端开始布线，在温床的两端分别用小木棍固定电热线；电热线设置好后，再在电热线上小心覆土 2～3cm，轻轻压实后覆盖床土（育苗播种床床土厚 5cm，分苗床需要 10cm 左右）或摆放育苗盘或育苗钵。

电热线布线完成后，按用电功率和用电要求，分别设置温度控制仪、交流接触器等，并做好其他用电辅助设备的设置，完成接线。

4. 电热温床的使用注意事项

1）电热线严禁成圈通电使用，以免烧坏绝缘皮。需要检查电热线是否完好时，可用万用表进行检测。

2）每根电热线的电阻、功率是额定的，使用时不能随意剪短或截断、拼接电热线；电热线在布线时只能并联，不能串联；同时，电热线布线时不能交叉、重叠和打结，以免使用时局部过热，烧结、短路和断线。

3）为便于连接电源，单根电热线的布线道数一定为偶数，即电热线的两端（正负极）必须设置在温床的同一侧。

4）在电热温床管理和浇水时，应先切断电源；电热线布线和收线时，应注意保护好电热线，不要强拔硬拉，或盲目用锹挖掘，以免破损电热线。

第三节　蔬菜栽培设施的覆盖材料

覆盖材料在蔬菜栽培设施中占有很重要的地位，对设施栽培的发展起着非常重要的作用。覆盖材料依据其功能可以分为三类：一是用于设施采光的透明材料，主要包括玻璃、塑料薄膜和硬质塑料覆盖材料等。二是用于调节温度、光照等环境因子的半透明材料，主要有遮阳网、无纺布、反光膜和防虫网等（详见第二节）。三是用于温室保温的不透明材料，主要为草苫、保温被等。随着我国设施栽培生产的发展，覆盖材料不断更新，其产品功能已逐渐趋于系统化、专业化，形成了一个完整的体系和产业。

一、设施采光材料

（一）玻璃

在塑料薄膜出现之前，玻璃是设施栽培中运用最广泛的采光材料。玻璃作为采光材料的优势在于：透光率高（透光率可达 90%以上）；使用寿命长（20 年以上）；防尘和防腐蚀性好且抗风、抗雪和抗冲击性强。不足之处是相对密度大（$2.5kg/cm^3$），要求有较强的支架；易破损。

1. 平板玻璃　厚度一般为 4～5mm，在近紫外和可见光区域，透光率高达 90%。抗冲击性较差，破碎后碎片易伤人，导热系数大。为克服平板玻璃的不足，人们将两片或者多片平板玻璃焊接、胶结或熔接为双层、多层中空玻璃，使之具有优良的保温、隔热和隔声性能，但价格是平板玻璃的 6～7 倍。

2. 钢化玻璃　钢化玻璃是对平板玻璃采用先高温加热后迅速冷却的方式，使平板玻璃表面具有预压应力区，从而具有较高的抗弯曲和抗冲击的强度和耐温度剧变的能力。钢化玻璃破碎后，碎片小且无尖锐的边，在使用中比较安全，但价格是平板玻璃的 2 倍，且不易裁剪。

3. 红外线吸收玻璃 在平板玻璃的原料中加入铁、钛等金属氧化物，呈现出蓝色、灰色和古铜色。这种玻璃能够很好地吸收太阳辐射中的红外线，降低蔬菜栽培设施内的温度，主要应用于夏季高档蔬菜的设施栽培中。

4. 漫散射玻璃 漫散射玻璃通过对玻璃表面纹络进行处理，调整光照透过玻璃后的折射方向成为漫散射，在特制的 Sol-Gel（溶胶-凝胶）膜液中进行浸镀、烘干、钢化等加工，减少玻璃两面的光反射，光照透过率达到 97%以上。Sol-Gel 膜液在钢化后和玻璃烧结在一起，表面亲水结构，无滴露，自洁。漫散射玻璃满足了光照越均匀越好的要求，使作物均一生长，而且深入作物中下部减少底部灰霉病的发生。漫散射玻璃透光不透明，温室内部光线柔和，无阴影，避免了普通透明玻璃的直射光对叶面的灼伤和温室工作人员的刺眼不适等问题。

（二）塑料薄膜

塑料薄膜是目前应用最广泛的覆盖材料。近年来，我国塑料薄膜覆盖的温室成倍增加，而玻璃温室发展较慢，其原因在于塑料的单位面积价格比玻璃的要低，一次性投资小。薄膜的制作原料分为母剂和辅剂，母剂是构成薄膜的基本原料，不同辅剂加入母剂后，可使薄膜具有不同性能。

1. 传统母剂

（1）聚氯乙烯（PVC）薄膜 优点是保温性、透光性好，柔软易造型，强度高；缺点是含氯，易污染环境，易产生静电吸附灰尘。

（2）聚乙烯薄膜 由低密度聚乙烯树脂或线型低密度聚乙烯树脂吹制而成。优点是质地轻，柔软，易造型，透光性好，无毒，不易产生静电；缺点是强度稍差，寿命较短。

（3）乙烯-乙酸乙烯薄膜 具有不易污染，透光性、耐候性和保温性强，冬季不变硬，夏季不黏连等特点。因其透光率强，与其他薄膜相比，采用乙烯-乙酸乙烯薄膜作为覆盖物，作物产量可提高 10%以上。此外，还具有较强的透水性，可以用于调控设施内的温湿度，有利于设施作物的生长和病虫害的预防。

2. 新型母剂

（1）聚烯烃薄膜（polyolofin，PO） 是将聚乙烯和乙酸乙烯多层复合而成的新型设施覆盖材料。具有强度大、抗老化性能好、透光率高、衰减率低且燃烧时不产生有害气体的优点。聚烯烃薄膜厚度分布均匀，因此具有更长的持久性和更好的抗冲击性。

（2）乙烯-四氟乙烯（ETFE）薄膜 是一种高分子材料，通过将乙烯-四氟乙烯高温融化、挤压成型而成，具有自重轻、透光率高的特点（初始透光率为 95%，应用 10 年后透光率仍然在 90%以上）。抗拉伸强度随温度而变化，当温度达到 40℃时，强度显著下降。在使用中需要增设调节结构，定期对膜面进行再次拉伸。乙烯-四氟乙烯薄膜在欧洲已广泛应用 30 多年，多年的使用经验表明长期使用后透光性、强度均无显著变化，且膜表面光滑，灰尘、污垢等不易黏结，容易被雨水冲刷掉，因此具有极强的自洁能力。缺点是价格昂贵。

3. 辅剂

（1）抗氧化剂、光稳定剂、热稳定剂、紫外线吸收剂 缓解薄膜老化，提升耐候性能。

（2）表面活性剂 使薄膜具有流滴、消雾性能。

（3）红光线阻隔剂 将红外线有效截留在设施内，保温性能强。

（4）结晶材料 提高设施内散射光比例。

（5）稀土元素等转光剂 改变透过薄膜的光线波长，满足作物生长的特殊需要。

（6）抗静电剂　有效减少薄膜表面静电，减轻灰尘吸附。

（7）杀虫剂　通过缓慢释放杀虫剂起到防虫效果。

（8）反光剂　在薄膜表面加入铝箔或铝粉混合后吹制而成，具有强反光性。目前主要应用于节能日光温室后墙和地表，可显著改善和提高温室中后部或植株下部的光照条件。反光膜应用时必须保持平整，避免形成凹面，将反射光集中于焦点处，灼伤植物。反光膜的悬挂角度与地球纬度和太阳照射角度有关。反光膜的不足之处在于减弱了后墙的储热能力，导致设施内凌晨温度较低。

4. 制作新工艺　目前的薄膜制作，在传统吹制的基础上发展出多层共挤、干涂法等新工艺。多层共挤可使薄膜具有不同的功能层，如流滴层应处于最内层，抗静电层应处于最外层等。干涂法主要成分为无机纳米材料，涂覆后不会随水流失，可获得永久的功能。

（三）硬质塑料覆盖材料

依据覆盖材料的厚度，硬质塑料覆盖材料可分为硬质塑料板和硬质塑料片两种。硬质塑料板是指厚度在 0.2mm 以上的塑料；硬质塑料片是指厚度在 0.1～0.2mm 的塑料。

1. 硬质塑料板

（1）玻璃纤维增强聚酯树脂（FBR）板　以不饱和聚酯为主体，加入玻璃纤维压制而成。厚度为 0.7～1.0mm，抗弯抗冲击能力强，导热系数仅为玻璃的 1/5，密度为玻璃的 1/10 左右，这对减轻自重、降低设施制造成本和运行能耗非常有利。不足之处在于耐老化性差，主要原因是板材表面在高温、高湿环境下，经过阳光暴晒后容易龟裂，灰尘和细菌在裂缝内滋生，导致透光率迅速衰减。目前在此板材表面增加涂层保护，使用寿命可在 10 年以上。

（2）玻璃纤维增强聚丙烯树脂（FRA）板　以丙烯酸甲酯为原料，加入玻璃纤维制成。玻璃纤维增强聚丙烯树脂板透光率为 90%，散射光、紫外线透过率高，保温性能较差。耐老化性能良好，使用期限一般为 7～10 年；防尘性能好，但雾滴易凝聚于内表面，需要在内表面增加防雾滴涂层。

（3）丙烯树脂（MMA）板　以丙烯树脂为原料压制而成，厚度一般为 1.7mm。透光率高，在日光性暴晒 10 年后，透光率仅下降 3%。紫外线透过能力强，抗老化性能好。不足之处在于热膨胀系数大，耐热性能差。

（4）聚碳酸酯（PC）板　简称阳光板，主要由碳酸酯原料经熔融挤出成型，常用的有双层板和三层板。双层板又可分为中空平板和波纹板两种。保温性好，透光率高于玻璃，散射光透过率高，可以模拟自然环境。导热系数低，可部分阻隔红外辐射，白天透过的光能在设施内储存，夜间阻止热量向外辐射，保温性好，与其他材料相比，设施内平均温度可提高 5℃。PC 板还具有良好的强度和韧性，抗风暴、冰雹冲击，能够承受积雪的重量。PC 板质量轻，具有良好的抗老化、氧化性能。缺点是 PC 板中空的内部易造成水汽和灰尘的积累，无法清除，会对透光率造成一定的影响。

2. 硬质塑料片　设施覆盖材料中硬质塑料片主要有 PVC 透光塑料片、GF-UP 透光塑料片和硬质塑料片三种。

（1）PVC 透光塑料片　在 PVC 材料中加入了紫外线吸收剂，塑料片起始透光率为 86%左右。进行了防雾滴处理，具有流滴性，但光稳定性差，使用几年后透光率显著降低，塑料片变脆。

（2）GF-UP 透光塑料片　采用光稳定的树脂和特种玻璃纤维布压制而成。起始透光率为 89%以上，保温绝热性能好，耐雨雪风暴冲击性强，但使用一段时间后表面会变得粗糙。

（3）硬质塑料片　硬质塑料片能透过320nm的紫外线，在可见光波段与PVC塑料片基本一致，对红外线透过率低，具有流滴性。塑料片吸附灰尘后透光率下降不显著，同时不易断裂，耐候性好。

二、保温覆盖材料

目前生产上应用的保温覆盖材料主要有保温被、草苫和草帘、纸被、墙体。目前保温材料的主要向轻质、内覆盖方向发展。

1. 保温被　理想的保温被应具有传热系数小，保温性好，重量适中，易于卷放，防风性、防水性好，使用寿命长等优点。

（1）针刺毡保温被　用旧碎线（布）等材料经一定处理后重新压制而成，造价低，保温性能好。这种保温被自身重量较复合型保温被重，防风性能和保温性能较好。缺点是防水性较差。在保温被收放保存之前，需要大的场地晾晒，只有晾干后才能保存。

（2）复合型保温被　用2mm厚的蜂窝塑料薄膜2层，加2层无纺布，外加化纤布缝合制成。具有重量轻、保温性能好的优点，适于机械卷放。不足之处在于蜂窝塑料薄膜和无纺布经机械卷放碾压后容易破碎。

（3）腈纶棉保温被　用腈纶棉、太空棉作防寒的主要材料，用无纺布作面料，采用缝合方法制成。保温性能良好。不足之处在于其结实耐用性差。无纺布几经机械卷放碾压，会很快破损。另外，因它是采用缝合方法制成的，下雨（雪）时，水会从针眼渗到里面。

（4）棉毡保温被　棉毡作防寒的主要材料，两面覆上防水牛皮纸，保温性能与针刺毡保温被相似。由于牛皮纸价格低廉，因此这种保温被价格相对较低，但其使用寿命较短。

（5）泡沫保温被　用微孔泡沫作主料，上下两面采用化纤布作面料。主料具有质轻、柔软、保温、防水、耐化学腐蚀和耐老化的特性，经加工处理后的保温被不仅保温性持久，且防水性极好，容易保存，具有较好的耐久性。它的缺点是自身重量太轻，需要解决好防风的问题。

（6）防火保温被　毛毡的上下两面分别黏合了防火布和铝箔。还可以在毛毡和防火布中间黏合聚乙烯泡沫层。其优点是设计合理、结构简单，具有良好的保温性、抗拉性，可机械化传动操作、省工省力、使用周期长。

（7）混凝土保温被　热系数小、保温性能佳，尤其在温差变化大时较为突出；吸水率低、防潮性能好；有良好的拉伸性和抗压性；使用方便、施工简单、有适宜的外形尺寸；无味无毒。

2. 草苫和草帘　草苫和草帘主要以水稻、小麦秸秆为原料，经专用的草苫机器加工而成。这种保温措施优势在于价格便宜，便于就地取材。不足之处在难以采用机械化操作，且保温效果不如保温被。

3. 纸被　纸被主要是由4～6层牛皮纸缝制而成的保温覆盖材料。一般与草苫配合使用，能够提高栽培设施内温度4～6℃。纸被质轻、保温性好，但冬、春季多雨雪地区，易受雨淋而损坏，在其外部罩一层薄膜可以达到防雨延寿。

4. 墙体　目前日光温室墙体主要向薄型和多层异质化方向发展。薄型主要是为了减少日光温室浪费土地的面积；多层异质化可使墙体的不同层具有不同性能。一般来说，墙体内层应具有良好的吸热性能，比热容大，这样可以在日天储蓄尽可能多的热量。相变材料发生相变时只吸收热量，温度不会升高，是良好的墙体内层材料；中间层则需要具备主动贮热功能，可通过增设通风孔洞达到目的；而外层则应具备良好的绝缘性能，增加保温能力。

第四节　蔬菜栽培设施的环境特点及其调控技术

蔬菜作物的设施栽培是利用设施人为创造适宜蔬菜作物生长发育的小气候环境而进行生产的技术，但各种栽培设施的建筑结构、覆盖材料、应用设备等所创造的小环境状况是差异非常大的，只有深入了解蔬菜栽培设施的环境特点，明确各个环境因子分布差异及变化规律，才能按照蔬菜作物生长发育对各环境因子的需求，采用高效调控技术和手段，创造与蔬菜作物需求和谐统一的环境条件。影响蔬菜作物正常生长发育的环境因子主要包括光照、温度、湿度、气体环境和土壤环境等，蔬菜设施环境的调节和控制就是力求创造最适合蔬菜作物生长发育的环境条件，最大限度地发挥蔬菜生产潜力，实现蔬菜的优质和高产，满足人民美好生活的需要。

一、光环境及其调节

1．光环境的特点　蔬菜栽培设施内的光照强度，取决于设施外太阳的光照强度和设施的透光率。设施内部的光照强度均明显比自然光弱，一般塑料薄膜大棚、温室的洁净薄膜的透光损失约为20%、膜上水滴和灰尘使透光损失约20%、塑料薄膜表面反射损失约10%，设施构件遮阴损失约5%，再加上塑料薄膜长期使用后不断老化对光的损失，那么室内的光照强度常有可能达不到露地的40%；一般玻璃温室透光率较塑料薄膜温室透光率要高。太阳的光照强度随地理纬度、季节、天气条件而变化，设施内的光照强度也随之变化。设施内光照时间的长短，因设施类型而异。塑料棚和玻璃温室因全面透光，其光照时数与室外基本相同；而单屋面温室内部的光照时数要比室外短，因为在寒冷季节要覆盖保温材料保温，每天的光照时间一般为7～8h，在高寒地区甚至不足6h，远不能满足蔬菜作物生长发育的需要。设施内的光质（光组成）因受不同透明覆盖材料的影响也与自然光不同。

设施内光照分布的均匀性与设施类型和栽培蔬菜种类有关，单屋面温室因其后屋面及东、西、北三面均为不透光部分而光照分布差异最大，温室内部南侧光照好，越往北侧光照越弱；东西两侧光照弱，中部光照强。白天光照在蔬菜作物群体内部削减很快，高秆蔬菜作物冠群上部光照强，下部光照明显不足，因此在单屋面温室蔬菜种植中，栽培密度不可过大。同时，栽培畦的走向应与光照方向平行，才有利于采光。

就日变化而言，设施早晚透光率低，中午最高，随着太阳高度角的升高，透光率加大。东西延长的双屋面温室，透过南屋面的光比北屋面为强，相差5%～9%。温室内上部光优于下部光。晴天的差异大于阴天；薄膜、玻璃老化或附有灰尘明显减少透光率。设施结构材料的遮光也对设施内光照造成一定的影响，设施结构材料产生的阴影也有季节和日变化，且季节变化比日变化大，如设施结构材料的遮光面积小且一天内遮光阴影位移不大，则对栽培作物的光照影响小。塑料大棚内光照存在着垂直和水平的差异，垂直方向，越接近地面光照越弱，越接近棚面光照越强。有测定表明，距棚顶3cm处的照度为露地的61%，距地面15cm处为34.7%，近地面为24.5%；水平方向上，南北延长的大棚的同一高度两侧靠近侧壁处的光照较强，中部光照较弱，上午东侧光照较强，西侧光照较弱，午后则相反。

2．影响设施内采光的因素

（1）*采光屋面上直射光的入射角对透光率的影响*　直射光的透光率主要与其入射角有关，入射角又与太阳高度角相关，而太阳高度角又是依地区纬度、季节、每天的时刻而变化的。直射光的入射角是指直射光线照射到设施表面与设施表面的法线间所形成的夹角，因此入射角越小，透光率越大，当入射角为0时，入射光线垂直照射到设施表面，其透光率最高。

（2）设施建筑方位对透光率的影响　在中高纬度地区，如果为了适应冬季生产的需要，温室的方位以坐北朝南、东西延长（东西栋）为好。这样，一天中太阳照射的主要时间里温室可以得到更多的太阳光，我国北方地区的高效节能日光温室均以东西延长为基本方位。温室内各部位的光强因各部位的透光率不同而有差异，东西栋的双屋面温室，南部透光率优于北部，室内平均透光率南部比北部高20%。塑料大棚的方位不同，太阳直射光线的入射角也不同，因此透光率也不同。冬季，一般东西延长南北朝向（东西栋）的大棚比南北延长东西朝向（南北栋）的大棚透光率要高，但南北栋大棚比东西栋大棚的光照分布要均匀；而春秋季节，南北延长东西朝向（南北栋）的大棚比东西延长南北朝向（东西栋）的大棚透光率要高。我国塑料大棚蔬菜栽培地区主要的栽培季节为春、夏、秋，因此南北延长东西朝向（南北栋）塑料大棚方位更有利于采光。

（3）透明覆盖材料对透光率的影响　不同透明覆盖材料对太阳辐射光谱的吸收、反射和透射能力各异，从而影响设施内的光照强度和光质。波长300～750nm的太阳光透过率高，有利于作物的光合作用等生理代谢；波长320nm以下的紫外线透过率低，有利于增强塑料薄膜的抗老化性能；波长320～380nm的紫外线透过率高，对部分作物的果色、花色、维生素C等的形成有利；太阳辐射中800～3000nm的红外线透过率低时，则进入设施内的热量就少，设施的增温效果就差。常用的塑料薄膜中，乙烯-乙酸乙烯（EVA）膜、聚乙烯（PE）膜和聚氯乙烯（PVC）膜对可见光和红外辐射的透过率相近，但PVC膜相对不易透过5000～25 000nm的远红外线辐射，因此PVC膜的保温性能要优于PE膜和EVA膜。

（4）设施结构对透光率的影响　在相同脊高和侧高条件下，双屋面偏脊式温室的栽培床面上的强光带与弱光带之比要比中脊式等屋面温室的大，对冬季栽培喜光的蔬菜来说，采用东西栋偏脊式的温室采光更好。设施采用的结构材料对设施的透光率也有较大影响，为了减少遮光，温室应选择结构比小而强度大的结构；塑料大棚应尽量采用坚固而截面积小的材料作骨架，以尽量减少遮光。

（5）透明覆盖材料的污染、老化对透光率的影响　设施透明覆盖材料的内外表面在使用过程中都容易被沙尘污染，内壁常有水膜或水滴附着，对透光率和光质影响很大。生产上，一般PVC膜容易被污染和老化，PE膜次之，玻璃最轻。因此，在低温弱光季节建议优先使用无污染和老化的新薄膜；有条件时，要经常性做好薄膜内外表面的清洁工作。

3. 设施内光环境的调节　蔬菜栽培设施内对光照条件的要求是光照充足和光照均匀分布，目前我国的蔬菜设施栽培的光环境调节还是以调节设施内自然光照的强弱为主，适当进行补光。而在荷兰等发达国家，人工补光已成为改善设施内光照环境的重要手段。

（1）完善蔬菜栽培设施结构，提高透光率　首先，应根据蔬菜栽培设施生产的季节、当地的自然环境（地理纬度、海拔、主要风向、周边环境）等，选择适宜的设施建筑场地及合理的建筑方位。其次，在设施结构方面，选择合理的透明屋面形状。生产实践证明，通常拱圆形屋面采光效果较好；单屋面温室需要设计好前屋面与地面交角、后屋面仰角、后屋面长度，使其既保证透光率高也兼顾保温；连接屋面温室屋面角要保证尽量多进光，还要防风、防雨（雪），雨（雪）水排放顺畅；在保证设施结构强度的前提下尽量用规格小的结构材料，尽量取消立柱，减少骨架、梁柱等结构材料的遮阴。最后，选用透光率高且保持周期长的透明覆盖材料。我国蔬菜栽培设施以覆盖塑料薄膜为主，应选用防雾滴且持效期长、耐候性强、耐老化性强的优质多功能薄膜、漫反射节能膜、防尘膜、光转换膜等。大型连栋温室，有条件的可选用透光性能好的玻璃。

（2）加强设施光环境管理　保持透明覆盖材料清洁、干燥，经常清扫玻璃、塑料薄膜等设施透明覆盖材料，使其表面少结沙尘，选用无滴膜、通过合理通风等措施减少薄膜结露，提高透光率。在保温前提下，尽可能早揭晚盖外保温和内保温覆盖材料，增加光照时间；在阴天或雨雪天，也应揭开不透明的覆盖物，以增加散射光的透过率；双层或多次薄膜覆盖的设施，尽量将内层薄膜设置为白天能拉开的活动膜，以利光照；覆盖地膜，利用地膜反光，增加植株下层光照。合理安排设施内蔬菜的种植行向，尽量与入射光线的方向平行；注意高、矮蔬菜作物在设施内的合理布局，合理密植，黄瓜、番茄等高秧作物及时搭架吊蔓、整枝打杈、摘除基部老叶，防止互相遮阴。在高效节能日光温室中，北墙张挂反光幕（板），增强温室中后部底层光照。

（3）人工补光　人工补光的目的主要是阴雨（雪）天补充太阳光的不足，提高蔬菜作物的光合作用效率。但这种补光要求光照强度大，所以成本较高，国内生产上很少采用，主要用于育种或育苗设施。人工补光的另一个目的是调节光周期，主要是为了满足蔬菜生长发育光周期的需要，如利用日光温室进行大蒜冬季栽培，使蒜头能够在春节期间上市，必须进行补光，以满足大蒜鳞茎膨大对光周期的要求；为了抑制或促进园艺作物花芽分化，调节开花期，也通常进行补光。人工补光要求光源有一定的强度、一定的可调性和一定的光谱能量分布，尽量接近自然光照，具有太阳光相似的连续光谱。目前，在作物生产中使用较多的有白炽灯、荧光灯、金属卤化灯和高压钠灯等，近年来，发光二极管（LED）开始用于设施蔬菜的生产。

（4）遮光　遮光主要有减弱设施内的光照强度和降低设施内的温度两个目的。遮光是蔬菜作物夏季设施栽培获得优质高产的关键技术之一，对喜阴性蔬菜尤为重要。遮光20%～40%一般能使设施内温度下降2～4℃。夏季中午前后，光照过强，温度过高，超过蔬菜作物光饱和点时应进行遮光；在育苗过程中移栽后为了促进缓苗，通常也需要进行遮光。遮光材料要求有一定的透光率、较高的反射率和较低的吸收率。遮光方法有覆盖遮阴物（如遮阳网、无纺布、苇帘、竹帘等）、透明采光屋面喷涂遮光材料（如利索、立可宁、利凉等）、屋面流水等。

二、温度及其调节

1. 设施温度变化的特点

（1）设施内温度的形成　蔬菜栽培设施内热量的来源主要是太阳辐射，各种栽培设施都依靠白天太阳辐射而增温，即使是加温温室，一般也只有在夜间或阴（雪）天太阳辐射热量不足时进行补充加温。白天太阳光线（波长300～3000nm）通过玻璃、薄膜等透明覆盖材料入射到设施内，使设施内部获得太阳辐射热量，在提高设施内空气温度的同时，通过热传导逐渐提高土壤温度；同时，玻璃或薄膜能阻止部分设施内的长波辐射（热量）传递出去，使这部分热能留在设施内，提高设施内空气温度，这种透明覆盖材料的增温作用，称为温室效应。温室效应表示设施内获得和积累太阳辐射能，从而使保护设施内的气温高于外界气温。温室效应由两个原因引起，一个是玻璃或塑料薄膜等透明覆盖材料可让太阳中短波辐射（可见光为主）透射进设施内，又能阻止设施内以长波辐射形式表现的热量透射出去而获得能量的净积累；另一个原因是设施为封闭或半封闭空间，内外空气交换弱，设施内蓄积热量不易损失。

（2）设施内的热量平衡　温室、塑料棚等蔬菜栽培设施在使用过程中是一个封闭或半封闭的系统，其热量主要来自太阳辐射，此外还有人工加温等。而设施内热量的支出主要包括：地面、覆盖物、作物表面的有效辐射散热，以及土壤表面与空气、空气与覆盖物之间以对流方式进行热量交换，并通过覆盖物外表失散（贯流放热）；设施内土壤表面和覆盖物表面蒸发、作物蒸腾，以潜热形式失散热量；设施内外通风排出的显热和潜热（缝隙放热）；设施内部土壤中的热量横向向外传导失热等。在蔬菜生产过程中，设施内外不断进行着能量的交换，白天太阳辐射不断进入设施内部，设施内部的热量得到远大于热量支出，使设施内空气和土壤积聚热量而温度升高；而晚上或阴雨（雪）天气，随着热量的支出，设施内空气中热量不断减少，当气温低于地温时，贮存在土壤中的热量通过辐射、传导或对流、乱流等形式向外传递，提高设施内地表面以上的空气温度（图6-17）。

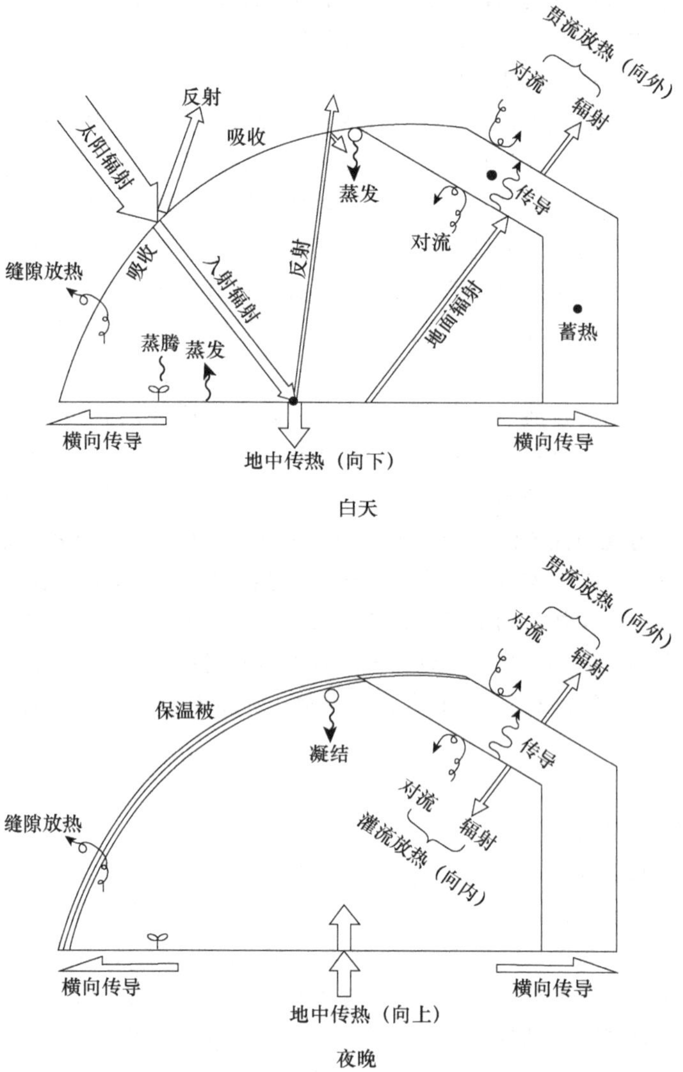

图6-17　日光温室热量平衡示意图（李式军和郭世荣，2011）

（3）设施内温度变化　根据设施内部的热量平衡关系，在不加温条件下，设施内的温度是随外界天气的变化而不断变化的，存在明显的季节性变化和昼夜差异。设施内的昼夜温差是指一天内白天与夜晚的温度差，昼夜温差同时能反映设施内的最高温度、最低温度及其出现时间，其最高温度与最低温度的出现时间大致与露地相似，设施内的最高温度出现在中午前后，最低温度一般出现在日出前，但设施内的日温差要比露地大得多。设施内的日温差通常主要与设施容积大小和保温性能有关，一般容积越小、保温性能越好的设施，其内部的日温差越大。生产上，塑料大棚内的日温差可达30℃，而小拱棚的日温差可达40℃左右，高效节能日光温室日温差为15～

27℃。没有保温覆盖和加温设备的蔬菜栽培设施内时常还会产生“逆温”现象，即一般在早春或初冬的阴雨天后有微风、晴朗的凌晨，温室、大棚表面辐射散热很强，设施内空气中的热量快速向外散失，导致短时间内设施内气温低于外界气温的现象，也称“棚温逆转”现象。一般 10 月至翌年 3 月容易发生逆温，逆温一般出现在凌晨，日出后设施内迅速升温，逆温消除。有试验表明，逆温出现时，设施内的土壤温度仍然高于露地土壤温度，短时间内不易产生冻害。

2. 设施内温度的管理　蔬菜栽培设施内的温度管理包括保温、加温和降温三个方面，温度调控要求尽可能地达到蔬菜作物生长发育的适宜温度，并且空间分布均匀，时间变化平稳。

（1）保温　冬春低温季节使用的蔬菜栽培设施的保温十分重要，尤其在夜晚和阴雨（雪）天。设施内部热量的散失是设施表面的缝隙放热，以及能量通过设施外表面辐射和对流造成的贯流放热等。所以，设施保温管理就是要减少上述途径的热量损失。常用保温管理措施有：①采用多层覆盖，减少贯流放热和缝隙放热量。我国长江流域塑料大棚栽培地区推广大棚＋中棚（二道膜）＋小棚＋地膜，再在小棚上加盖无纺布保温被或草帘等多层覆盖方式，基本能满足喜温性蔬菜的周年生产。我国北方地区的高效节能日光温室用砂石、土、砖等筑墙；采用隔热性好的保温覆盖材料，增加覆盖保温层、提高日光温室的气密性，从而在北方实现不加温生产越冬茬喜温性蔬菜。②增大设施的透光率。选用透光率高的透明覆盖材料，正确选择保护地的方位和屋面坡度，尽量减少建筑构件遮光，经常保持采光材料的清洁，使进入设施内的太阳辐射能量增加，可有效增加空气温度，从而提高保温性能。③设置防寒沟，防止设施内土壤中热量横向损失。北方地区通常在日光温室四周设置宽 30cm、深 50cm 的防寒沟，沟内填充干燥的稻草等导热率低的材料，减少设施内土壤的热量横向传出。据测定，防寒沟可使日光温室内 5cm 深土壤温度提高 4℃左右。④设施土壤增施有机肥，采用地膜覆盖栽培均可有效地提高土壤温度。

（2）加温　冬季进行蔬菜设施越冬栽培，为了保持设施内温度能满足蔬菜作物生育的需要，有条件时需要进行补充加温。常用加温方式有热风、热水、太阳能蓄热采暖等。其中太阳能蓄热采暖又有转化为热水、化学物质潜能、地中热交换等不同途径。但设施加温能耗大，成本高，因此目前我国设施加温的比例较小。

（3）降温　通风是设施内降温的最简单而有效的方法。但当夏季利用自然通风换气降温，不能满足蔬菜作物生长发育要求时，可选用下列降温方法，以减少进入设施的太阳辐射，增大设施内的潜热消耗，增大设施的通风换气量。①遮光降温：一般情况下，遮光 20%～30%，设施内可降温 4～6℃。在设施外以适当间距挂起遮阳网，可有效地降低室内温度；也可在屋顶表面喷涂白色遮光物进行遮光。②屋顶喷淋降温：在设施外顶部设置喷淋装置，向设施外表面喷淋冷水，可吸收设施外表太阳辐射 8%左右，并能冷却屋面，设施内可降温 3～4℃。但此方法要增加安装成本，并且玻璃、薄膜表面容易滋生藻类、形成水垢等；也可以采用室内顶部安装喷雾系统降温，但需要对水进行处理，且对喷雾装置要求较高，一般大型连栋温室采用较多。③湿帘-风机降温：通常在温室的墙面一侧设置湿帘，另一侧设置风机，工作时，风机强制将设施内空气抽出，在设施内形成负压，同时，启动水泵将湿帘淋湿，设施外空气携带湿帘上的水分进入设施内，将设施内大量显热转变为潜热，被风机强行排出，从而起到降温作用。设施内空气越干燥、温度越高，湿帘-风机的降温效果越好。

三、湿度及其调节

（一）蔬菜栽培设施内湿度特点

1. 设施内湿度的来源　在密闭的蔬菜栽培设施内，空气湿度的主要来源为土壤水分蒸发、植物体内水分蒸腾、喷雾方式防病治虫等；当设施外湿度大时通风换气，外界潮湿空气进入设施内也会使设施内空气湿度增大。土壤水分则主要来源于灌溉、地下水通过毛细管作用向土壤表层运输等。土壤湿度的大小直接影响到空气湿度的大小。

2．设施内空气湿度的变化 蔬菜栽培的温室和塑料大棚等设施内的湿度环境与设施外近地面作物栽培层的湿度环境相差很大，主要是由于设施是一个封闭或半封闭系统，其内外空气流动和交换远不如开放的露地。设施内空气相对湿度与温度呈负相关，受设施内温度等变化的影响，设施内湿度的昼夜变化也非常明显，白天日出后设施内接受了太阳辐射，气温上升，空气相对湿度逐渐下降；夜间空气温度下降，空气相对湿度迅速提高，当空气相对湿度达饱和时，设施内就形成了雾，作物植株表面容易结露。设施内空气湿度的变化还与设施大小和结构有关，一般高大的设施内空气湿度小，矮小的设施内空气湿度大且变化也大。

（二）设施内湿度对蔬菜生产的影响

1．对蔬菜生长发育的影响 多数蔬菜作物生长发育的适宜空气湿度为 60%～85%，栽培设施内的湿度过高、过低及其剧烈变化对蔬菜的生产是非常不利的。设施内空气湿度与土壤湿度都小时，因蒸腾作用易造成植株体内水分不平衡，根的表皮木质化，生育衰退，甚至坏死；土壤湿度不适直接影响蔬菜根系的生长和对肥料的吸收，进而影响植株地上部的生育，影响产品的产量、色泽和风味等。反之，空气和土壤水分过多，容易导致植株徒长，根系发育不良，生育和成熟推迟，引起落花落果、裂果等问题。

2．对病虫害发生的影响 设施内湿度控制不当，是引起设施内病虫害多发、重发的主要原因之一。黄瓜等的霜霉病、白粉病，番茄的灰霉病、疫病等病害都容易在高湿度环境下严重发生；蔬菜的病毒病则容易在高温干旱条件下发生，高温干旱条件还容易导致蚜虫、红蜘蛛等虫害的发生。

冬春低温季节，设施内空气和土壤湿度过大，不利于设施内温度的升高和保温；土壤湿度过大，容易破坏土壤团粒结构，使土壤板结，不利于蔬菜根系的生长。

（三）湿度的调控

1．空气湿度调控

（1）降湿 降湿主要是为了防止蔬菜作物沾湿或结露和降低空气湿度。防止沾湿或结露对抑制病害发生和发展具有重要意义。

通风降湿：设施内造成高湿的原因主要是设施密闭不利于内外空气流动和交换。白天通风换气时，设施内湿度可通过土壤→作物→设施内空气→外界空气的途径排出。通风对防止设施内温度过高和湿度过大效果显著，可通过调节通风口大小、通风时间和方式（开天窗、侧窗或门、“扒缝”）等，达到降低设施内湿度的目的。

加温降湿：设施内的相对湿度与温度呈显著负相关关系，在有加温条件的设施内，加温也是调节设施内空气湿度的有效措施之一。蔬菜设施冬春栽培时，时常因设施外寒冷而不允许开窗通风，此时，如有条件可进行加温，这是降湿的有效措施。

覆盖地膜降湿：在设施土壤表面覆盖地膜是十分有效的降低设施内空气湿度的措施。

科学灌溉降湿：采用滴灌、渗灌或地中灌溉，特别是地膜下滴灌，可有效控制设施内空气湿度，满足各种蔬菜作物生长发育对水分的要求，又能节约用水，减少土壤水分蒸发，提高地温。

改进病虫害防治方法降湿：在不便于通风的冬春低温季节防治病虫害时，采用粘虫色板、杀虫灯、性诱剂、天敌等防治害虫，采用熏烟剂、粉尘剂等农药防病治病，防止喷雾防治病虫害引起湿度过大。

（2）加湿　在设施内有时会出现空气湿度过低的现象，特别是在干旱地区干燥天气条件下，通风量大时常出现设施内相对湿度低于40%的情况，对蔬菜作物生育十分不利，此时要在设施内加湿。通常可以通过浇水、喷雾、湿帘等对设施内空气加湿。

2．土壤湿度调节　在蔬菜栽培设施内土壤湿度的调节也非常重要，难度也较大。在蔬菜栽培设施内，为了避免灌水过多、过勤，导致空气湿度过高，诱发病害，通常应严格控制灌水量。一般依据蔬菜作物种类及其不同生育期的需水量、土壤水分状况等来决定。我国目前蔬菜栽培的土壤湿度调控仍然主要依靠经验，灌溉技术措施也较简单粗放。目前应用较多的相对较先进的灌溉技术是滴灌、渗灌和喷灌。

四、气体环境及其调节

设施内气体环境的调节，不仅可提高蔬菜作物光合作用所需的CO_2浓度、排出有害气体，还能保持设施内有一定的空气流速，调节温度、湿度。因此，气体环境的调节是蔬菜栽培设施管理中的重要技术措施。

（一）通风

1．自然通风　自然通风的效果主要取决于通风窗的位置和面积。不同通风窗的位置决定空气流动的方向和速度。在实际生产中，冬春低温季节，要避免通过侧窗或门通风，必要时，可在门或侧窗的下部从地面向上用30～50cm的塑料薄膜挡住，防止“扫地风”伤苗。顺风时，温室的天窗和在塑料棚顶部（或两肩）扒缝通风排气效果较好，有利于降温排湿；逆风通风时虽进风量大，但排气效果差。

2．强制通风　也称机械通风，即在通风的出口和入口处增设排风扇，使室内外空气产生压力差，形成冷热空气的对流，从而达到通风换气的目的。强制通风一般有温度自控调节器，它与继电器相配合，排风扇可以根据室内温度自动开关。通过温度自动控制，当室内温度超过设定温度时即进行通风。强制通风一般宜采用“高吸低排”的方式，即吸气口设置在上部，排气扇设置在下部，通风时室内温度分布较均匀，只有设施顶部有小范围的高温区。尽管强制通风都存在不同程度的高温区，但能在较短的时间内使室内温度、湿度迅速下降，比自然通风效果明显。

（二）人工补充CO_2

1．人工补充CO_2的方法　目前国内外开发利用的给温室、塑料大棚等设施补充CO_2的技术途径主要有以下几种：①钢瓶装压缩 CO_2（液态），该方法使用方便，较纯净，易于控制使用时间和用量，但成本较高。②燃烧法，即燃烧符合要求的煤炭、天然气、石油液化气等产生CO_2，该方法受资源和成本的限制，一般难以推广应用。③化学反应法，用硫酸＋碳酸氢铵反应等产生CO_2，此法原料价格低廉，但CO_2产生的时效较短，应注意防止原料杂质及残液对环境的污染和对人体健康的损害。④有机物发酵法，即在设施栽培时使用较多的有机肥，有机肥被土壤微生物分解时，产生CO_2，此法简便易行，成本低，但释放量不易控制。⑤微生物颗粒气肥，该产品以碳水化合物为基质，添加好氧酵母菌生长所需的各种营养成分而生产出的白色颗粒状物，在土壤中一定的温、湿度条件下，酵母菌再次发酵产生CO_2，其对人、农作物和环境安全，还能改善土壤团粒结构，培肥地力。

2．人工补充 CO_2 的技术要点

（1）*人工补充 CO_2 的浓度*　人工补充 CO_2 要达到的最适浓度与作物种类、品种、生育期有关，也因天气、季节、光照强度、温室结构而有所不同。补充后的 CO_2 浓度一般不应超过 CO_2 饱和点。如浓度过高，非但不能提高光合速率、浪费气源，还可能对作物造成危害而减产。目前比较一致的看法是，当二氧化碳达到 700～800μl/L 时，即可取得明显的增产效果，施用 1000μl/L 左右的 CO_2，一般容易取得较好的经济效益。

（2）*适宜人工补充 CO_2 的作物生长发育状态*　人工补充 CO_2 与蔬菜作物的光合速率密切相关，对于光合速率较高的作物，应增加 CO_2 补充量。通常，在作物生育旺盛期叶面积指数较大、光合速率较高，如果类蔬菜在雌花着生、开花结果期等光合作用最旺盛，此时补充 CO_2 能促进果实产量和品质形成，若过早补充，将促使茎叶繁茂，增产效果反而不明显。

（3）*人工补充 CO_2 的时间*　人工补充 CO_2 的时间应选择太阳辐射较强、温度较高、温度日较差较大的晴天。一天之中，作物中午前后的光合产物约占全天的 3/4，因此一般 CO_2 补充的时间以日出后 1h 左右开始为宜，至通风换气前 0.5h 停止。补充 CO_2 时间的长短需根据作物的长势、栽培目标和环境条件进行调节。一般在补充 CO_2 的始期和末期，每天补充的时间可短些，以便蔬菜作物逐步适应新的 CO_2 环境。

（4）*人工补充 CO_2 后的管理*　补充 CO_2 后，蔬菜根系的吸收能力提高，生理机能改善，施肥量应适当增加，但也应避免肥水过量，防止造成植株徒长。应注意增施磷、钾肥，适当控制氮肥用量，还应注意保花保果、促进坐果，加强植株管理，改善设施内通风透光，减少病虫害发生。

五、土壤环境及其调节

（一）蔬菜栽培设施内土壤环境特点

蔬菜栽培设施常年处于封闭或半封闭状态，温度高、空气湿度大、光照较弱，而且蔬菜种植茬口多，几乎周年栽培，所以一般施肥量大，蔬菜作物根系等残留物多，使得土壤环境与露地有很大差异。特别是许多蔬菜栽培设施内容易发生土壤次生盐渍化和酸（碱）化、土壤生物活性变化、植物自毒物质积累等连作障碍问题。

1．土壤容易发生次生盐渍化和酸（碱）化

（1）*土壤矿物质盐向土表积聚*　蔬菜栽培的温室、塑料大棚等设施是一个封闭或半封闭状态的栽培空间，自然降水受到阻隔，土壤几乎没有雨水自上而下的淋洗，使土壤中积累的养分不能被淋溶到下层土壤中；而由于温度高，蔬菜作物生长旺盛，土壤水分自下而上的蒸发和植物蒸腾作用显著强于露地，加速了土壤盐分随水分向上运输而在土壤表层积累。所以，一般露地土壤中的养分被雨水淋洗而流失多，称为淋溶型土壤；设施内土壤中盐分积累多，称为积聚型土壤。

（2）*土壤施肥量大，养分残留量大*　蔬菜设施栽培的复种指数高，单位面积产量也高，再加上蔬菜作物的产品器官一般鲜嫩多汁，喜肥喜水，个体硕大，所以要求充足的肥水。为获得蔬菜产品的优质、高产、高效，蔬菜设施生产者普遍盲目过量施肥，使大量肥料不能被蔬菜作物吸收而积留在耕作层土壤中。

另外，设施蔬菜生产多在冬、春季进行，施入的肥料因土壤温度低而不易被分解和被蔬菜根系吸收，进一步造成土壤养分的残留。再加上我国的蔬菜设施栽培普遍长期连作，所以容易发生土壤次生盐渍化。

（3）*土壤中 N、P、K 浓度容易失衡*　由于温室、塑料棚内土壤有机质矿化率高，氮肥用量大，淋溶又少，所以残留量高，设施内土壤全P的转化率比露地高2倍，对P的吸附和解吸量也明显高于露地，P大量富集（可达1000mg/kg以上），导致K的含量相对不足，造成N/K失衡，这些都对蔬菜作物生育不利。

（4）土壤酸（碱）化　每种蔬菜作物都有一定的适宜根际pH范围，根际pH对蔬菜作物的影响有直接和间接两方面，直接影响是过高或过低的根际pH都会伤害作物根系。间接的影响在于过高或过低的根际pH会降低土壤中营养元素的有效性甚至失效，当pH＞7时，土壤中P、Ca、Mg、Fe、Mn、Zn等有效性会降低；当pH＜5时，由于H^+浓度过高而对Ca^{2+}等产生显著的抑制作用。一般蔬菜作物的根际pH应控制在5.5～6.5。导致设施内土壤酸（碱）化的原因很多，但主要还是化肥用量大、残留量高。有研究表明，如大量施用硝酸盐等生理碱性肥料，会使土壤中相对积累金属阳离子，土壤pH升高；而连续施用硫酸铵、氯化铵时，土壤pH下降最明显。因此，蔬菜设施栽培应尽量多施有机肥，化学肥料应选用无残留的生理中性肥料，合理搭配生理酸性和碱性肥料，以维持土壤pH稳定。

2．土壤生物活性变化　土壤生物活性包括土壤微生物种群结构和土壤酶活性，是土壤微生态环境中生理活性最强的部分。蔬菜设施栽培由于密闭性和长期连作等栽培管理模式，土壤微生物群落极易发生改变，导致设施蔬菜病害大面积发生，是引起设施蔬菜连作障碍的重要因子。

（1）土壤有害生物积累　蔬菜栽培设施内温暖、潮湿，为土壤中的某些病虫害等提供了繁殖生长和越冬场所，病原菌的繁殖和传播速度都远远超过露地土壤，病原菌的数量不断增加，而土壤有益菌数量不断降低。另外，设施栽培化肥的过量使用也助长土壤中病原菌的大量繁殖，加重土传病虫害的发生。设施栽培蔬菜的土传病虫害很多，如根结线虫，设施内一旦发生就很难消灭；以及茄果类和瓜类枯萎病、疫病、腐霉病，十字花科蔬菜的根肿病、菌核病、软腐病等，设施环境为其繁衍提供了理想条件，发生后都很难根治。

（2）土壤酶活性变化　土壤酶直接参与土壤中物质的转化及养分的释放和固定，与土壤的养分状况密切相关。设施蔬菜长期连作，会显著降低土壤脲酶、蔗糖酶、淀粉酶、碱性磷酸酶等的活性。土壤多糖是土壤有机质的重要组成部分，设施土壤微生物群落的改变还会造成土壤多糖含量的降低，从而影响土壤水稳性团粒的形成和土壤结构稳定性，降低土壤抗侵蚀能力和保肥保水能力。设施蔬菜长期连作还能导致土壤呼吸强度降低，土壤透气性变差。

3．植物自毒物质积累　某些植物可通过地上部淋溶、根系分泌物和植株残茬等途径来释放一些物质对同茬或下茬同种或同科植物生产产生抑制作用，这种现象称为自毒作用（autotoxicity）。自毒作用是一种发生在种内的生长抑制作用。蔬菜设施连作栽培条件下，蔬菜作物残体、代谢分泌物与病原微生物的代谢产物等对蔬菜作物本身有较强的致毒作用，而影响植株代谢，最后导致自毒作用的发生。葫芦科、茄科、豆科、菊科、石刁柏和桃等作物是最易发生连作障碍的作物，现已证明这种现象与其自毒作用有关。当作物连续种植时根系释放的酚酸类物质积累到一定程度时，就会抑制下茬作物的生长。自毒物质通过影响细胞膜透性、酶活性、离子吸收和光合作用等各种途径来影响植物生长。同时，根系分泌物的组成成分及数量与土壤状况关系密切，营养不均衡（营养亏缺）对连作障碍有直接作用，也可能胁迫改变了根系分泌物的种类和数量，从而间接影响植物生长。近来的一些研究还发现，自毒物质还导致根系活力的下降而助长土传病害的发生，最后加剧连作障碍的发生。

（二）设施土壤连作障碍的防控

设施蔬菜连作导致土壤环境恶化、病虫害严重发生，蔬菜作物产量和品质下降，种植效益不稳，已严重影响设施蔬菜生产的稳定和可持续发展。然而，目前生产上尚缺乏一套行之有效的解决方案或途径。连作障碍产生的因素非常复杂，如何克服连作障碍仍是一项亟待解决的难题。目前生产上常用的克服连作障碍的技术有以下几种。

1．轮作和间套作 轮作是国内外早已普遍采用的防病措施，也是解决连作障碍最为简单和有效的方法。通过与病原菌非寄主植物的轮作，土壤中的病原菌数量能得到显著降低从而减轻土传病害的发生。轮作不仅是指与不同种的蔬菜轮作，也包括同水生作物、对抗植物（antagonist plant，即具有通过释放抗菌物质来抑制病原菌功能的植物）和净化植物（clean plant，即具有吸收土壤中过剩的盐分功能的植物）等的轮作。例如，设施内种植生长期较长的番茄、辣椒、茄子等蔬菜的行间可以套种苋菜、茼蒿、扬花萝卜等速生蔬菜，以利用速生蔬菜的生长吸盐和灌溉时的洗盐作用；夏季可以利用设施骨架种植丝瓜、冬瓜等，它们可以遮阳，降温吸盐，既能防止土壤盐分向表土积聚，又可增加大棚内产量和产值；我国南方普遍推广应用的水旱轮作模式（旱生设施蔬菜与水生蔬菜、水稻的轮作模式），不仅可以有效地减少土壤中的病原菌数量，也可显著地提高养分的利用率，克服设施土壤盐类和自毒物质的积聚问题。

2．合理的土壤管理

（1）清除残茬和杂草 蔬菜设施栽培过程中的病株和栽培结束后的残茬是蔬菜发病和病害流行的重要侵染源，栽培过程中要严格做到及时拔除中心病株、清除作物病残体和设施内杂草，集中烧毁或深埋，减少病原，减轻病害发生。

（2）加强土壤耕作管理 栽培前后深翻土壤，不仅有利于将病原菌翻入土中以加速病残体分解和腐烂，使其失去传染机会；而且使上下土壤均有可能被风吹日晒或冰冻，使部分病原菌和害虫失去生活力或被杀死。另外，为防止表层土壤积累盐类，可采用地面覆盖、切断土壤毛细管、灌水、雨季拆除棚膜等措施来降低土壤盐浓度。

（3）科学施肥 加强合理施肥技术的研究，通过增施有机肥来提高土壤肥力、改善土壤理化性状和增加土壤有益微生物，严格控制过量施用化肥，以较少的肥料投入，产生更好的土壤环境效果和栽培效益。

（4）高温高湿闷棚 夏季利用太阳能（必要时配合使用生石灰进行土壤 pH 矫正）对蔬菜栽培设施进行密闭高温闷棚处理，利用高温高湿处理，直接杀死或减少土壤病原微生物和害虫，这也是设施栽培中应用比较普遍的一种简单实用、廉价、安全的设施消毒方法，能有效地减轻连作病害。

3．选用抗病蔬菜品种或嫁接苗进行栽培 近年来，世界各地相继育成了一批抗根部病害、提高根系活力的蔬菜新品种或嫁接用砧木。因此，采用抗病品种或采用嫁接育苗是设施蔬菜生产上控制土传病害发生与流行的有效方法。例如，用南瓜或葫芦等作砧木嫁接西瓜、用黑籽南瓜嫁接黄瓜等既可防治枯萎病，又可提高根系抗性和活力，许多嫁接砧木还兼具耐盐和克服自毒作用等效果。

4．生物防治病原菌 随着人们对蔬菜产品安全和营养品质要求的不断提高，蔬菜病虫害的生物防治已成为国内外学者的研究热点，并将逐步替代化学防治成为蔬菜病虫害防治的重要手段之一。目前设施蔬菜栽培中进行生物防治的方法主要有以下几种。

（1）引入拮抗菌 利用拮抗菌防治植物根部病害，就是将培养好的拮抗菌以一定方式施入土壤中，或是通过在土壤中施入有机物提高原有的拮抗微生物的活性，从而抑制病原菌的活动，降低土壤中病原菌数量，减轻病害的发生。拮抗菌也可通过连续种植某些特殊作物而获得，由于单一种植某些特殊作物品种而形成了有利于拮抗菌生长的微生物环境，导致拮抗菌大量生长、繁殖，从而抑制了病原菌的生长。目前，应用较多的拮抗菌有枯草芽孢杆菌、多黏类芽孢杆菌、部分放线菌等制剂。枯草芽孢杆菌可用于防治茄果类蔬菜苗期立枯病、猝倒病，番茄、黄瓜灰霉病及黄瓜白粉病等；多黏类芽孢杆菌对大白菜软腐病、辣椒根腐病、芋软腐病、番茄猝倒病、番茄立枯病及辣椒疫病等具有较好的防治作用。

（2）*接种有益微生物*　在设施条件下，也可通过接种有益微生物来分解连作土壤中存在的有害物质，或与特定的病原菌竞争营养和空间等来减少病原菌的数量，减少根系感染病原菌，从而减少根际病害发生。它包括通过接种一些有益菌根菌或其他有益菌群以便在根际形成生物屏障，或接种致病弱毒株促进幼苗产生免疫机能或使用含有有益微生物种群的生物有机肥抑制土壤致病菌的发展。例如，蔬菜栽培设施中常用营养平衡吸收剂（nutrient enhancing balancer，NEB），其具有抗重茬、抗病等多种功能，可有效防控辣椒连作重茬引起的青枯病、立枯病，西瓜连作导致的枯萎病等。

（3）*利用他感作用原理防治土传病害*　许多植物（包括微生物）可释放一些化学物质来促进或抑制同种或异种植物及微生物生长，这种现象称为他感作用。现已证明，利用农作物间的他感作用原理进行有益组合，不仅可有效地提高作物产量，并且在减少根部病害方面也可取得令人满意的效果。例如，许多葱蒜类蔬菜的根系分泌物对多种细菌、真菌等具有较强的抑制作用，对间作或后作作物（如番茄、西瓜和石刁柏等）等的根部病害具有很好的防治效果，而万寿菊与黄瓜间种能减少黄瓜根结线虫为害，利用杉树、柏树树皮制成的基质能有效地减轻番茄根腐病和青枯病的发生等。

5. 土壤药剂消毒　蔬菜栽培设施都具有一定的空间范围，且都便于密闭管理，因此为消灭病原菌和害虫等有害生物，可以实施土壤药剂消毒。传统设施土壤消毒常用40%甲醛溶液50～100倍喷洒土壤、设施内硫黄粉熏蒸等。近年来，石灰氮（氰氨化钙）作为一种高效土壤消毒剂在设施蔬菜中研究应用得到了快速发展。有研究表明，石灰氮结合夏季高温闷棚，对土壤镰刀菌的有效杀灭率可达99%以上，可有效控制黄瓜设施栽培中枯萎病的发生。

6. 无土栽培、换土和休耕　无土栽培也是解决设施土壤连作障碍最彻底的方法之一，由于它完全采用人工基质或纯粹的营养液进行植物生产，因此病虫害较少，也不会产生土壤盐类积聚现象和自毒作用。

换土是解决设施内土壤连作障碍的有效措施之一，但劳动强度大，只适合小面积生产应用。休耕是让耕地得以喘息，让耕地得到充分的休养生息，让土壤中的养分得以转化成养料，更好地为以后的作物生长创造好的土壤条件。设施蔬菜栽培土壤可以在栽培闲季或连续种植2～3年后，撤下透明覆盖材料自然休耕或种植绿肥，并把绿肥耕翻入土壤中，或改成露地栽培1年，对减轻土壤次生盐渍化、消灭土壤病原菌、恢复地力，具有显著作用。

扩展6-2

第七章 蔬菜生产机械化

第一节 概 述

蔬菜生产是典型的精耕细作方式，其生产过程主要包括耕整地、直播、育苗、移栽、田间管理和收获等。在蔬菜生产中使用先进的机械装备可发挥巨大作用，有着重要意义。机械装备功效高，单位面积生产所需要的劳动力大为减少，降低了人力依赖，可适时种植、采收、抗灾，尤其有利于蔬菜茬口安排，增加蔬菜产量和效益；部分环节机械装备作业效果已优于人工作业，可明显提高蔬菜品质和产量。

一、蔬菜生产对机械作业的基本要求

按照作业环节，蔬菜生产机械主要分为耕整地机械、播种机械、移栽机械、田间管理机械、收获机械。采后处理和设施环境调控，也需要机械化，将在相关章节讲述。蔬菜耕整地环节的主要目的是通过机械扰动建立合理的土壤结构，有助于积蓄水分养分、覆盖杂草、防止病虫害，作业质量要求远高于粮食作物，通常要求上层土壤细碎紧实、下层土壤较粗大松散，地表平直。蔬菜播种环节的主要目的是按照要求的播量、播深、株行距等指标播种，要求播量稳定、播深一致、粒距均匀、破损率低。蔬菜移栽环节的主要目的是按照要求的株行距将蔬菜苗栽植到土壤中，要求株行距稳定，倒伏率、漏栽率、重栽率低。蔬菜田间管理环节的主要目的是供应蔬菜需要的水肥，消除杂草和病虫害，改善土壤结构，以保证蔬菜生长。蔬菜收获环节的主要目的是取得蔬菜作物的可食用或可售卖部位，是蔬菜生产环节中最费工、费时，也是机械作业难度最大的环节，要求收获干净、齐整、损伤少。

二、国内外蔬菜生产机械化现状与趋势

经济发达国家的蔬菜生产从耕整地到收获，大部分已实现机械化。欧美国家在耕整地和播种环节机械化率基本达到 100%，80%以上的蔬菜采用机械化育苗，番茄、黄瓜、芹菜、菜花等蔬菜已实现机械化移栽，以沟灌和喷滴灌为主的田间管理环节也已基本实现机械化。除部分果菜和叶菜类蔬菜的收获尚需依靠人工外，其他蔬菜都已实现机械化收获。日本在 19 世纪后期遇到了农业劳动力高龄化、后继者日益不足等问题，蔬菜生产采取扩大经营面积，进行规模化、标准化种植等措施，目前除了生食用黄瓜、番茄、茄子和草莓等果类蔬菜的收获采摘外，其余环节均已基本实现机械化，并在向高性能、绿色化、自动化和智能化方向发展。以设施种植为蔬菜重要生产方式之一的欧洲，一方面在温室结构大型化的趋势和背景下，借鉴工业技术，逐渐实现了大型化温室全自动智能化物流生产，基本可完成水培蔬菜的育苗、定植、管理、植保和收获的无人化作业；另一方面针对温室土壤栽培，尤其是温室内空间有限的特点，在优化温室结构以尽可能减少机械化作业不便的同时，也不断研发优化新型机具以达到机具尺寸、动力与作业效果之间的匹配和统一。

我国蔬菜种植面积有 3 亿多亩，仅次于粮食作物。“十三五”以后，我国农业发展进入加快转型升级的新阶段，蔬菜产业也面临着新的挑战，蔬菜生产品种专用化、种植区域化、生产机械化、经营产业化、产品绿色化已是发展大势。随着我国工业化和城镇化的进程不断加快，农村劳动力加快转移，农业生产成本不断攀升，农民劳动观念深刻变化，蔬菜生产“用工难”“用工贵”问题日益突出，对蔬菜生产机械化的需求十分紧迫。但由于多方面的原因，蔬菜生产机械化起点低、起步晚、发展慢、水平低，已成为制约蔬菜产业发展的瓶颈。据调研分析，2017 年底，我国蔬菜生产机械化水平在 25%左右，除耕整地、灌溉、植保等环节机械化水平较高外，直播、移栽、收获等环节无机可用、无好机用、有机难用的问题还比较突出，机械化水平还很低，是亟须提升的短板。但应该认识到，提升蔬菜机械化水平是一项系统工程，需要多部门、多学科间进行协同攻关，使园区规划和设施构型、栽培农艺、农机装备有效结合配套。既要积极引进消化国外先进的装备技术，也要加强自主创新，加大蔬菜生产装备研发和栽培农艺技术的规范化，推动蔬菜生产农机和农艺相融合、机械化和信息化相融合，形成可复制、可推广的蔬菜生产机械化技术模式。同时，应加大蔬菜生产机械化示范推广的力度，尤其是积极探索并大力支持多种形式的蔬菜机械社会化服务模式，以利于更好、更快地推动蔬菜种植标准化与机械化，以及生产机械化。

第二节　蔬菜种植标准化与机械化

一、机械化生产对蔬菜种植标准化的要求

随着我国城镇化进程的加快和农村富余劳动力向非农产业的转移，劳动力成本不断增大成为蔬菜生产发展的主要制约因素，蔬菜生产进入机器换人的新时代，机械化程度的高低已直接影响菜农的生产意愿。但蔬菜机械化生产是建立在蔬菜种植规模化、标准化基础之上的，蔬菜种植的标准化与机械化紧密联系又相互促进。

从广义的角度而言，所谓标准化，是指在经济、技术、科学和管理等社会实践中，对重复性的事物和概念，通过制订、发布和实施标准达到统一，以获得最佳秩序和社会效益。而从生产机械化角度而言，蔬菜种植的标准化则可以理解为：基于农机和农艺融合的理念，在蔬菜园区规划、设施建造、品种选育、种植模式、农艺措施、产后加工等层面为机械化生产提供便利，从而构建高效的全程机械化生产体系，实现蔬菜生产效益最大化。概括起来，机械化生产对蔬菜种植标准化的要求可归结为以下四个方面。

1．完备先进的园区规划建设　为了方便农机通行、作业、存放、维修，蔬菜园区应在路、沟、渠、机库等的设置方面充分考虑农机的特点和需要。为了充分发挥农机作业效率及尽可能使用大中型农机，在田块的规划方面也应体现“宜机化”的要求，推动田块小并大、短并长、弯变直和互联互通，为农机通行和作业创造条件。

2．方便作业的棚室设施结构　“门难进、头难掉、弯难转、边难耕”是目前我国很多设施大棚里机械作业所面临的尴尬问题。门太小、高度矮、跨度小、立柱多的温室大棚限制了大中型机械的选用，只能使用一些作业效率和质量都较低且机手操作劳动强度大的小型机械。因此，从发展的角度来讲，我国的设施结构应加速推动大型化、标准化建设。

3．简化规范的种植农艺要求　要从适应机械化作业，便于提高机械作业效率和质量的角度出发，提出简化规范、完整统一的种植农艺要求，形成适应机械化作业的种植技术体系。主要包括适应机械种植和采收的品种选育技术、适应全程机械化生产的种植模式、适应作业环

节衔接的整地规范化技术、适应机械播种的种子前处理技术、适应机械嫁接和移栽的育苗标准化技术等。

4．衔接产中和产后加工工艺 蔬菜种类多、差异性大，而且为适应不同流通或利用方式，收获后的预处理和加工要求也不尽相同，有的对种植过程的机械化带来了很大的挑战。例如，传统的家庭消费对小白菜有捆扎码放整齐的要求，必然要求在机械收获时要有序收获、有序集堆，这加大了机械收获的难度。有时为了便于种植环节机械化的实现，应对收获后的预处理和加工工艺进行适当调整。

二、适合机械化生产的蔬菜种植模式

我国蔬菜种类多，种植农艺不规范，这给机械化生产带来了很大困难。近几年虽然也出现了山东安丘大葱生产机械化社会化服务、北京延庆露地甘蓝生产全程机械化等蔬菜标准化种植模式的雏形，产生了一些积极的影响，但毕竟还仅限于某种蔬菜或某个区域的推动，应在全国范围的层面和更多蔬菜领域唤起人们对种植标准化的重视和认同。在这方面，邻国日本的经验值得我们学习和借鉴。

扩展 7-1

20 世纪 90 年代初，日本蔬菜种植也曾面临和我国相似的种类多、田块小、种植农艺差异性大、机具配套难、机械化推广难的问题。1994～1999 年，日本农林水产省牵头推动了卷心菜、白菜、莴苣等 11 种蔬菜的标准化种植模式形成并普及推广，有力地推动了日本蔬菜生产机械化的进程。其核心是垄距的系列化，从 45cm 到 120cm 都是 15cm 的倍数，而且以 90cm 和 120cm 为多，便于规范作业机械的轮距，方便各作业环节装备的配套。

扩展 7-2

扩展 7-3

第三节 蔬菜生产机械化技术装备

一、耕整地机械

蔬菜耕整地作业主要包括前茬清理、基肥撒施、深翻、起垄（作畦）、铺管、覆膜等环节，根据不同作物的生长土壤环境、耕作制度和作业习惯，各环节次数、作业顺序稍有差异。但其作业质量要求远比一般粮食作物高，不仅要保持合理的耕层土壤结构，而且要垄平沟直，对作业后土壤的碎土率、耕深稳定性、垄体表面平整度和直线度等作业指标都提出了较高的要求。

耕整地的标准化、规范化、精细化是后续直播、移栽、田间管理和收获机械化作业的前提和基础，不仅有利于各作业环节间的机具衔接配套，也有利于提高后续作业效率，是蔬菜生产全程机械化实现的关键环节。蔬菜耕整地机具的选用应根据土壤特性、蔬菜作物的农艺要求和动力匹配等因素合理选择，每个环节基本都有多种类型的机具供选择。蔬菜耕整地机械按挂接方式可分为自走式、牵引式、悬挂式；按作业功能可分为单一功能和复式作业两类。因前茬清理一般采用秸秆还田机，旋耕一般采用旋耕机，这些皆可借用大宗粮食作物生产机械，在此就不一一介绍。下面将主要对基肥撒施、深翻、起垄及铺管覆膜方面的机械进行介绍。

1．基肥撒施机械 蔬菜种植茬次多、产量高，对土、肥、水的要求也较高，特别对肥料的需求也比粮食作物要大得多。最常见的施肥方法为蔬菜种植前的撒施基肥，即在整地前施入有机肥或腐熟的厩肥，能满足蔬菜作物一茬甚至多茬的种植需要。基肥撒施机械按抛撒对象形态可分为粉状肥撒施机、颗粒肥撒施机和厩肥撒施机；按撒肥部件可分为刀辊破碎抛撒式、离心圆盘式、锤爪侧抛式等。

扩展 7-4

2．深翻机械　蔬菜地长期种植后将形成较厚的犁底层，导致后茬作物的根系不易深扎，土壤蓄水保墒能力差，因而每隔两三年要深翻或深松一次，以打破犁底层，加深耕深，熟化底土。

扩展 7-5

土壤深翻多选用传统的铧式犁，但铧式犁所需的牵引力较大，对拖拉机的动力要求较高，露地蔬菜生产中可以选择。在设施内深翻土壤可选择回转犁（图 7-1），因为其体积相对较小，且所需配套的拖拉机动力要求较低。回转犁工作原理与旋耕机类似，但回转刀片采用弯曲的犁铲，均布于刀轴上，通过刀轴的旋转带动多组犁铲同时回转，通过铲尖对土壤的多次切削完成犁耕作业，耕翻深度可达 40～50cm。

扩展 7-6

土壤深松机可分为振动式和非振动式。其中非振动式比较常见，主要分为凿式、翼铲式、镐式及全方位等类型。各地可根据当地土壤类型、作业方式等要求，选用不同类型的深松机具。图 7-2 是一种镐式深松机，其与拖拉机三点悬挂挂接，通过中央变速箱一方面将动力传递至前镐片总成，使其产生摆线运动，带动镐片上下凿土，另一方面带动旋耕总成使其二次精细耕翻镐片作业后的土层，最终形成复合层结构。

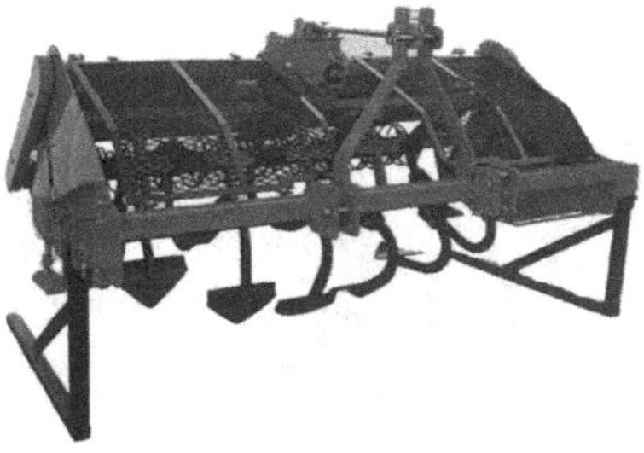

图 7-1　回转犁

图 7-2　镐式深松机

3．起垄（作畦）机械　蔬菜多采用垄（畦）作，应根据土壤特性、蔬菜作物的农艺要求和动力匹配等因素选择合适的垄距、垄高（图 7-3）和起垄机具。对于栽植深度要求较大的蔬菜品种，可选择先开沟后二次修整起垄；土壤板结严重时，可选用犁耕、（两次）旋耕后起垄作业。

扩展 7-7

扩展 7-8

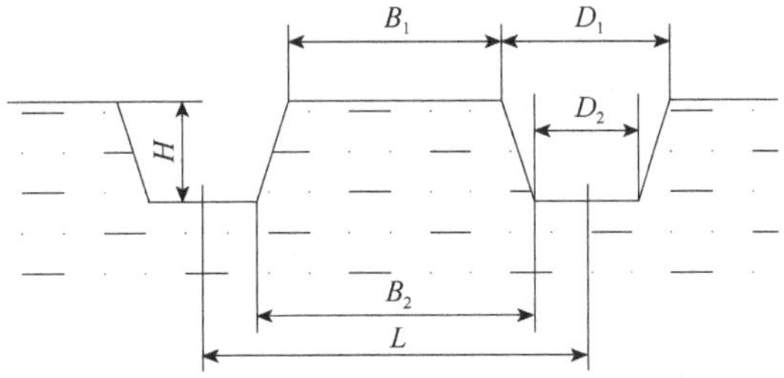

图 7-3　垄形结构图

L. 垄距（沟距）；H. 垄高；B_1. 垄顶宽；B_2. 垄底宽；D_1. 沟顶宽；D_2. 沟底宽

蔬菜生产对起垄作业的一般要求是：浅层碎、深层粗、耕要深、垄要平、沟要宽，起垄后的垄体合格率需达到 80%以上，垄顶碎土率最低要求达到 85%，垄顶面平整度误差小于 2cm，沟底面平整度误差小于 5cm，垄体直线度误差小于 10cm。蔬菜地起垄时，土壤绝对含水率在 15%～25%时作业效果最佳。从机械作业的角度来看，垄要尽可能长，以减少机具掉头频次。

扩展 7-9

蔬菜起垄机按一次起垄数量可分为单垄、双垄和多垄，其中设施蔬菜以单垄为主，双垄和多垄常见于露地蔬菜。

扩展 7-10

4．铺管覆膜机械 铺滴灌管和覆地膜通常在起垄之后作业。铺管覆膜机主要有两大类：单一功能型和联合作业机。联合作业机型甚至可把铺管覆膜、旋耕起垄、移栽等功能集成，形成联合复式作业。

图 7-4 是一种典型的铺管覆膜机结构图。在工作过程中，膜卷首先通过锥体装卡在膜架上，然后将膜卷的自由端埋入地头的土壤中；随着机组的前进，开沟起土铧在垄的两侧开出埋膜沟的同时，膜卷被抽拉而转动，连续将膜铺放在垄面上；机组前进的牵引力使地膜在纵向延伸并拉紧，膜两侧的边缘部分被配置在膜架后方左右两侧的压膜轮紧压在垄侧壁的埋膜沟内，使地膜沿垄侧壁横向延伸，并绷紧在垄面上；配置在压膜轮后的覆土圆盘翻起少许土壤并使之压盖在地膜的两侧边缘上，达到固定封严地膜的作用，同时也完成了铺膜作业。在机架的上方安装“H”形支架，将整卷滴管放于支架的水平杆上，即可与覆膜机配套，同步完成滴灌管的铺设作业。

扩展 7-11

扩展 7-12

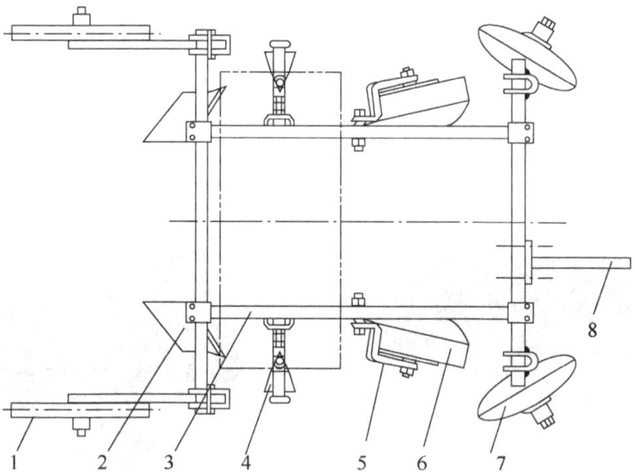

图 7-4 铺管覆膜机结构图

1．地轮组；2．起土铧焊合；3．机架组装；4．膜架装配；5．压膜轮架组合；6．压膜轮组合；7．圆盘组合；8．手把焊合

5．复式作业机械 为提高蔬菜耕整地作业的高效性，减少土壤压实，在单一起垄机上进行功能集成与拓展，就出现了多种复式作业机。主要代表产品有多垄（2 垄、3 垄、4 垄、6 垄为主）联合作业机、起垄施肥一体机、起垄播种一体机等。此类机具较为庞大，大多采用牵引式。

扩展 7-13

二、播种机械

播种机械主要用于田间直播和育苗播种，其中田间直播机械根据排种器的结构可分为机械式（圆盘式、窝眼式、带夹式等）和气力式（气吸式、气压式、气吹式等）两大类；育苗播种机械根据播种方式可分为针式播种机、滚筒式播种机和盘式（平板式）播种机三种类型。

1．田间直播机械 直播，即将种子直接播于土壤中的一种农业种植技术。相对于育苗移栽，直播减少了烦琐的育苗及栽植过程，具有节省人工、提高作业效率的优点。

扩展 7-14 扩展 7-15

直播机械是将种子直接播于土壤中的机械设备，一般由机架、种子箱、排种器、导种管、开沟器、覆土器、镇压轮等主体部件，以及传动装置、调节机构、控制系统和行走轮等辅助装置组成。直播机械机型很多，划分方式有多种，除按照前述排种器结构划分外，按照播种方式可分为撒播机、条播机、穴播机和精密播种机；按照行走方式可分为手推式播种机、自走式播种机和牵引式播种机。

扩展 7-16a　扩展 7-16b

扩展 7-17a　扩展 7-17b

2．育苗播种机械　育苗播种机械通常以流水线方式作业，配有上料装置、填土装置、压窝装置、穴盘、刷平装置等，如图 7-5 所示。

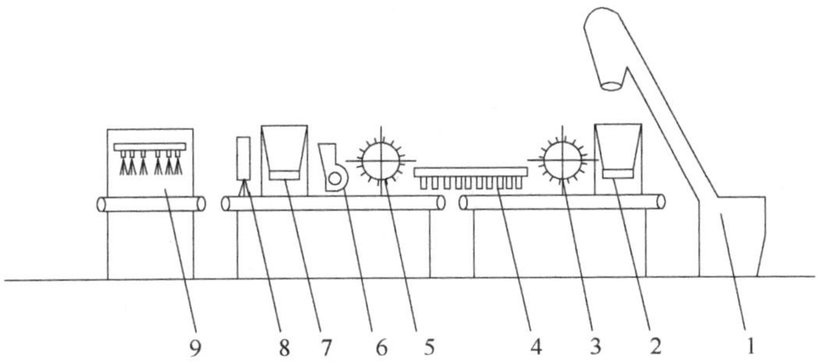

图 7-5　育苗播种流水线（杨昌敏等，2020）

1．上料装置；2．填土装置；3．压窝装置；4．穴盘；5．刷平装置；6．播种装置；7．覆土装置；8．毛刷；9．洒水装置

（1）针式播种机　针式播种机主要由种箱振动装置、打穴装置、育苗盘输送带、播种针头、落种孔等几部分组成，机具结构如图 7-6 所示。工作时，针式播种机利用一排针式吸嘴从振动盘上吸附种子，吸附力由气泵提供；当育苗盘到达播种机下面时，吸嘴将种子释放，种子经接收杯后落在育苗盘上进行播种。吸嘴自动重复上述动作，即可进行连续播种。该机适用范围广，可播种从秋海棠等极小的种子到甜瓜等大种子；能在各种穴盘、平盘或基质块中播种；可进行每穴单粒、双粒或多粒播种。

扩展 7-18

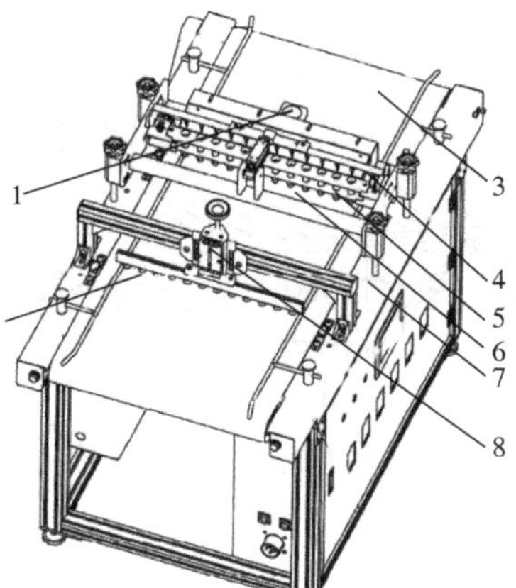

图 7-6　针式播种机结构

1．种箱振动装置；2．打穴装置；3．育苗盘输送带；4．播种针头；5．落种孔；6．种子接收杯；7．机架；8．穴孔深度调节装置

（2）滚筒式播种机　滚筒式播种机主要由机架、电机、风机、种箱、排种滚筒等几部分组成，机具结构如图 7-7 所示。工作时利用带有多排吸孔的滚筒，首先在滚筒内形成真空吸附种子，转动到育苗盘上方时滚筒内形成低压气流释放种子进行播种，接着滚筒内形成高压气流冲洗吸孔，循环往复。该机适于大部分花卉、蔬菜种子的高效率精密播种，多用于大中型育苗场。

扩展 7-19

（3）平板式播种机　平板式播种机主要由吸种盘、负压风机、机架和通气软管等几部分组成，机具结构如图 7-8 所示。工作时，该机用带有吸孔的平板形成真空吸附种子，再将带种子的平板整体转动到穴盘上方，并在盘内形成正压气流释放种子进行播种，循环往复。该机播种方式为间歇步进式整盘播种，播种速度快。平板式播种机结构简单，成本低，适应范围较广。对于特殊种子和过大、过小种子的播种精度不高，不同规格的穴盘或种子需要配置附加播种盘、冲穴盘，不能进行精少量播种。

扩展 7-20a

扩展 7-20b

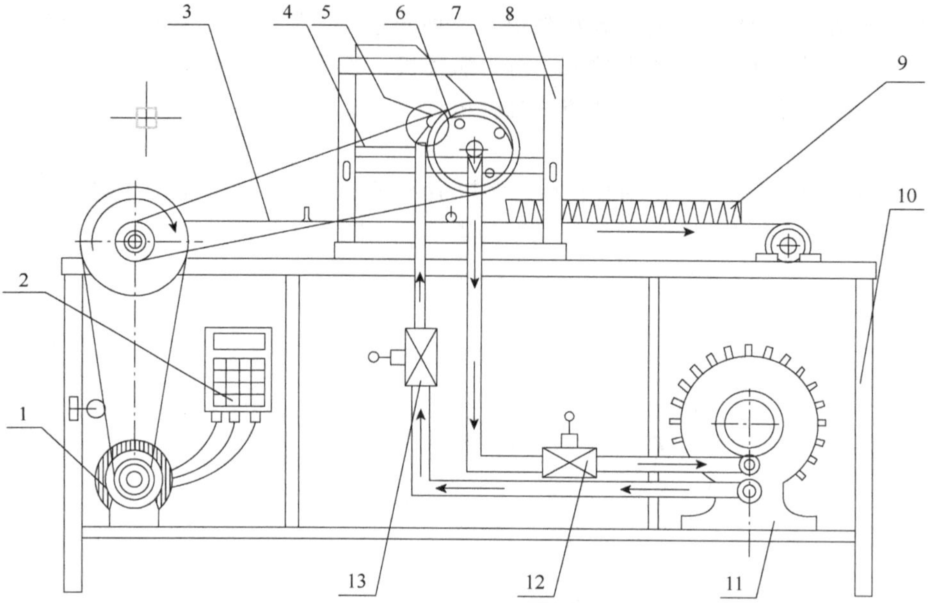

图 7-7 滚筒式播种机结构

1．电机；2．调频器；3．传送带；4．种箱；5．供种板；6．滚筒链轮；7．排种滚筒；8．滚筒支架；9．穴盘；10．机架；11．风机；12．负压阀门；13．正压阀门

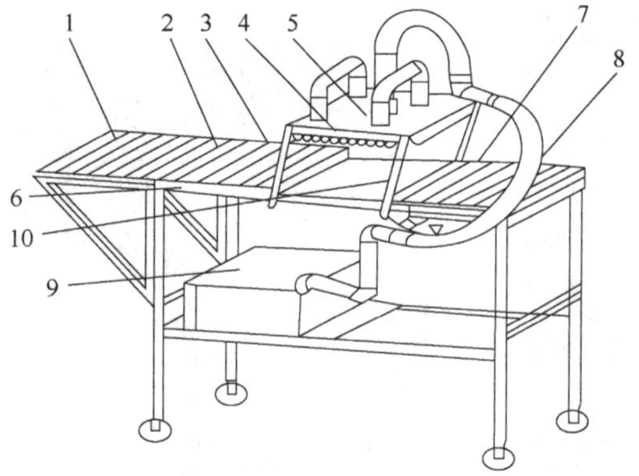

图 7-8 平板式播种机结构

1．待工作穴盘；2．正在工作穴盘；3．左杆；4．横杆；5．吸种盘；6．种盘；7．通气软管；8．负压风机；9．右杆；10．机架

三、移栽机械

移栽，又称定植、移植，是指把在苗床或穴盘中的秧苗移栽到大田的作业。与传统直播种植方式相比，育苗移栽具有提高幼苗成活率、缩短作物生长周期、提高土地利用率和复种指数的独特优点。我国目前有60%以上的蔬菜采用育苗移栽的方式种植。

移栽与育苗方式相对应，目前移栽主要分为4类：裸苗移栽、毯状苗移栽、穴盘苗（或钵苗）移栽和基质块苗（或营养块苗）移栽。裸苗移栽成活率较低，仅局限于个别移栽成活率较高的作物；毯状苗移栽主要用于水稻、油菜，比直播减少生长期20d左右，无论人工还是机械插秧，由于在取秧过程中需要撕裂毯状根系，需要5～7d缓苗期；穴盘苗移栽可对秧苗的根系进行保护，有利于移栽后迅速缓苗，比裸苗移栽的成活率高、生长速度快，是蔬菜、花卉种植的主要方式；基质块苗根部周围有更多的土壤，可避免温度急剧变化对秧苗生长的影响，还可以避免秧苗移栽时栽植器对秧苗的挤压，无缓苗期，是蔬菜、花卉等新型种植方式。

扩展 7-21　扩展 7-22　扩展 7-23　扩展 7-24

目前，国内外适于蔬菜移栽的机械型式多样，作业功能各异，因此蔬菜移栽机的分类难以统一。根据不同分类方式，主要分为：①按照取苗、投苗的自动化程度，分为半自动移栽机和全自动移栽机两大类；②按照秧苗特征，分为裸苗移栽机、毯状苗移栽机、穴盘苗（或钵苗）移栽机和基质块苗（或营养块苗）移栽机；③按照栽植器型式，分为钳夹式移栽机、导苗管式移栽机、挠性圆盘式移栽机、吊杯式（或称鸭嘴式）移栽机；④按照栽植行数，分为单行、双行和多行移栽机；⑤按照挂接方式，分为牵引式移栽机、悬挂式移栽机和自走式移栽机；⑥按照动力源类型，分为油动移栽机和电动移栽机两类；⑦按照作业功能，分为单一功能的移栽机和集覆膜、浇水、移栽、覆土等功能于一体的多功能移栽机。

扩展 7-25　扩展 7-26

四、田间管理机械

（一）植保机械

植物保护是种植业的重要生产环节，在植物生长过程中，与农作物病、虫、草等危害进行斗争是人类自开始农耕以来就面临的挑战。植保作业的目的是消灭病、虫、草等的危害，保证稳产高产。

1．植保机械的种类　按照施药方法不同，植保机械可分为喷雾机、弥雾机、超低量喷雾机、喷烟机和喷粉机；按照动力不同，可以分为手动式和机动式；按照机器配置方式不同，可以分为肩挂式、背负式、担架式、悬挂式和牵引式。目前推广应用的还有植保无人机，其具有及时、经济、不受地形条件限制等优点。

2．喷雾机

（1）手动式喷雾器　手动式喷雾器多为背负式，分为液泵式和气泵式两种。液泵式喷雾器操作时一边按动手杆一边喷药，操作人员容易疲劳。气泵式喷雾器操作时经过两三次充气可喷完一桶药液，操作省力，因此也称为自动喷雾器。

（2）担架式喷雾机　工农-36 型担架式喷雾机由发动机、液泵、调压阀、压力表、空气室、流量控制阀、滤网、喷头或喷枪、机架等组成，如图 7-9 所示。当发动机驱动液泵工作时，水通

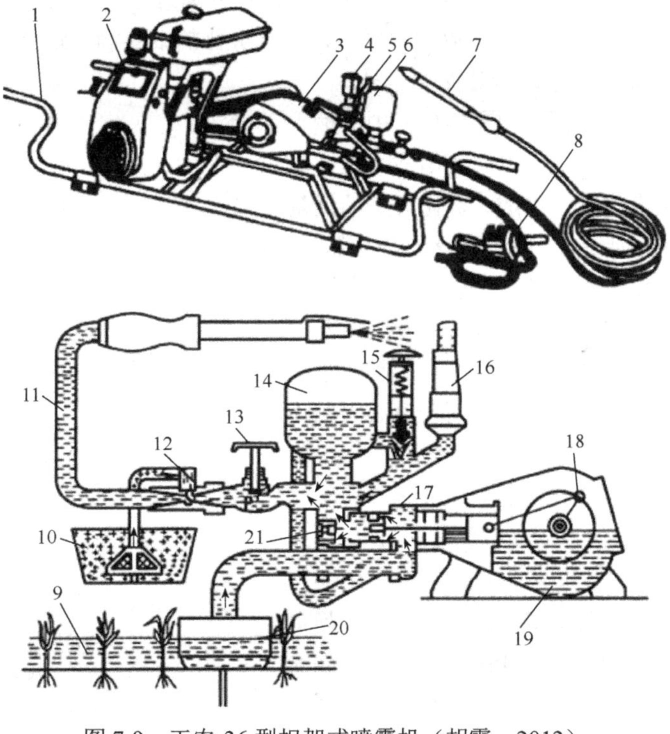

图 7-9　工农-36 型担架式喷雾机（胡霞，2012）

上图是外部名称图；下图是喷雾原理图。1．机架；2．发动机；3．液泵；4，15．调压阀；5，16．压力表；6，14．空气室；7．喷洒部件；8，20．滤网；9．水田；10．母液；11．药水；12．混药器；13．截止阀；17．进液阀组；18．曲柄连杆机构；19．曲轴箱；21．出液阀组

过滤网、管子吸入液泵内，然后压入空气室。压力水流经过流量控制阀进入射流式混药器，借混药器的射流作用，水和母液在混药器内自动均匀混合后，经输液软管到喷枪，进行远射程喷雾。使用喷药枪时药液不通过液泵，从而减少药液对液泵的腐蚀，可延长其使用寿命。当雾化程度要求高和近射程喷雾时，必须卸下混药箱，换装喷头，将滤网放入药液箱即可工作。在田间转移停止喷药时，关闭流量调节阀，使药液做内部循环，以免液泵干磨。

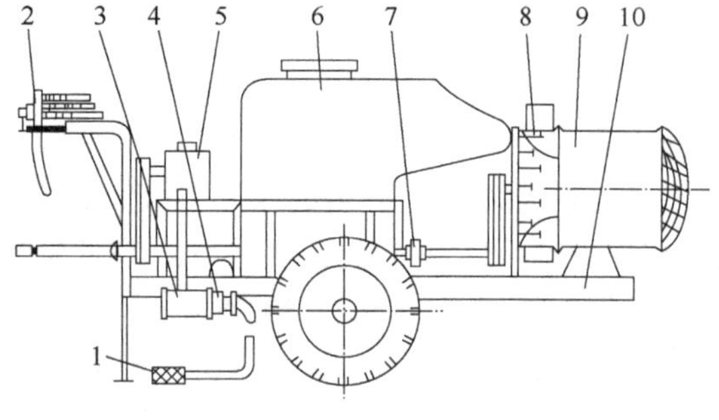

图 7-10　3WG-1000 型拖拉机牵引式风送喷雾机（胡霞，2011）

1. 吸水滤网；2. 调节分配阀；3. 过滤器；4. 吸水阀；5. 液泵；6. 药液箱；7. 联轴器；8. 喷洒装置；9. 轴流风机；10. 机架

（3）风送喷雾机　风送喷雾机一般由动力和喷雾两部分组成。喷雾部分由药液箱、轴流风机、调节分配阀、过滤器、吸水阀和喷洒装置等组成（图 7-10）。

3WG-1000 型拖拉机牵引式风送喷雾机工作原理是：当拖拉机驱动液泵运动时，水源处的水经吸水滤网、开关、过滤器进入液泵；然后经调节分配阀总开关的回水管及搅拌管进入药液箱，在向药液箱加水的同时，将农药按所需的配合比例加入药液箱，从而实现加水和混合农药同时进行；药液箱中的药液经出水管、吸水阀、过滤器与液泵的进水管进入液泵，药液箱中的搅拌装置不断搅拌，保持喷雾药液浓度的均匀；在液泵的作用下，药液由液泵的出水管路进入调节分配阀的总开关，在总开关开启时，药液经两个分置开关，通过其输液管进入喷洒装置的喷管中，进入喷管的药液具有一定的压力，在喷头的作用下，以雾状喷出，并通过轴流风机所产生的强风速和大气流，将雾滴再进行第二次雾化。在气流的作用下，将已雾化的细雾滴吹送到作物或果树之上。

（4）手持电动超低量喷雾器和静电喷雾机

1）手持电动超低量喷雾器（图 7-11）由手柄、药液箱、离心喷头、直流电机、电源等组成。离心喷头由喷雾头、喷嘴及雾化盘等组成，雾化盘是超低量喷头的重要部件，包括前齿盘、后齿盘及护罩等部分。工作时，雾化盘由微型直流电动机带动高速旋转（7000～8000r/min），同时药液在重力作用下，由药液箱经过滤网、输液管、流量开关及喷嘴流入雾化盘前后齿盘的缝隙里，立即受到齿盘高速回转离心力的作用，高速药液撞击齿盘边缘的小齿，被碎成细小雾粒，随自然风飘移到植株上。雾化盘可产生 15～75μm 的雾粒，在 2～3 级风的条件下，喷幅为 3～5m。

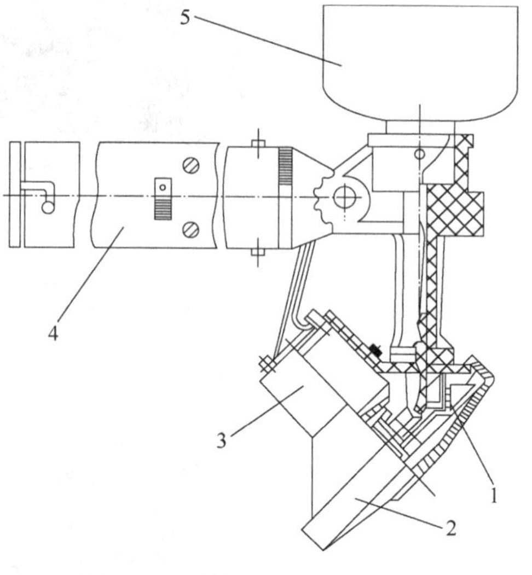

图 7-11　手持电动超低量喷雾器（何雄奎和刘亚佳，2006）

1. 离心喷头；2. 喷头盖；3. 直流电机；4. 手柄；5. 药液箱

2）静电喷雾机通常由机架、高压静电发生器、喷头和电源等部分组成，如图 7-12 所示。高压静电发生器主要由自激振荡器（电源变换器）和倍压整流器等组成；喷头主要由微型电机、雾化盘极板、喷头体等部分组成。其工作原理是将高压静电发生器产生的高压负电加在喷头的药液管上，当有药液流过时，药液会携带负电；由于喷头的极板也带高压负电，因而使作物产生正电位；两者之间形成电场，使带负电荷药液直接被吸向带正电作物的各个部位。

（5）植保无人机　植保无人机是近年来发展较为迅速的用于农林植物保护作业的无人驾驶飞机，由飞行平台（固定翼、直升机、多轴飞行器）、导航飞控、喷洒机构三部分组成，通过地面遥控或导航飞控，来实现喷洒作业，可以喷洒药剂、种子、粉剂等。

植保无人机种类较多，大致有两种分类方式：按照动力不同可以分为油动无人机（发动机作为动力装置）、电动无人机（电机作为动力装置）；按照机型结构不同可分为固定翼无人机、单旋翼无人机和多旋翼无人机。

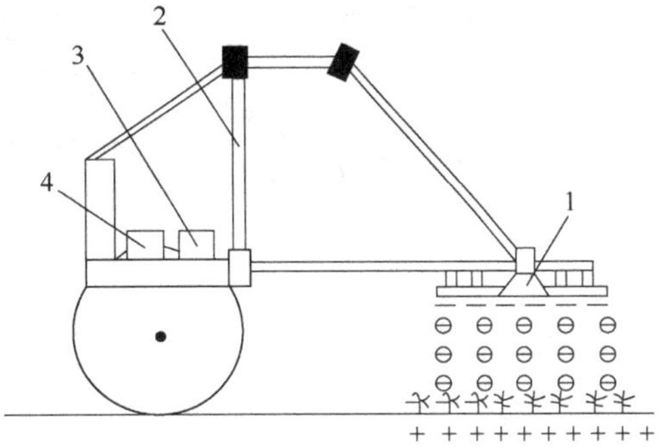

图 7-12　静电喷雾机（何雄奎和刘亚佳，2006）

1. 喷头；2. 机架；3. 高压静电发生器；4. 电源

单旋翼和多旋翼无人机的体积、载重均相对较小，操纵灵活，作业效率较高，适宜于在较为分散的农田区块内进行作业，在我国广大农村植保作业中有较强的实用性。

1）双旋翼植保无人机——运-5 型双翼机，为单发动机机型，是一种多用途的小型机，设备比较齐全，低空飞行性好，在平原地区作业时，可距离作物顶端 5～7m，在山区作业时，可距离树冠 15～20m，作业速度为 160km/h。起飞、降落占用的机场面积小，对机场条件要求比较低。在机身中部安装喷雾或喷粉装置，可以进行多种作业。

图 7-13 所示是一种安装在机翼上的喷雾装置，既可喷雾，也可喷粉。药箱上的加液管在需要加液时，可与加液泵的出液管相连，进行自动加液；在不需要加液时，作透气管用。药液泵的吸液管与药箱相连，两个排液管由一个活门操纵，从排液管上分出的一根支管通入药箱内，用来搅拌药液。离心式药液泵由风力驱动，从药液泵排出的压力较高的药液经过排液管进入横向分列两侧的喷液管，喷液管安装在机翼下面，其横截面呈流线形，以减少空气阻力。喷液管上等距离地焊有许多分管，分管轴线与喷管垂直并向机身水平线下方倾斜 60°，分管前端安装喷头。

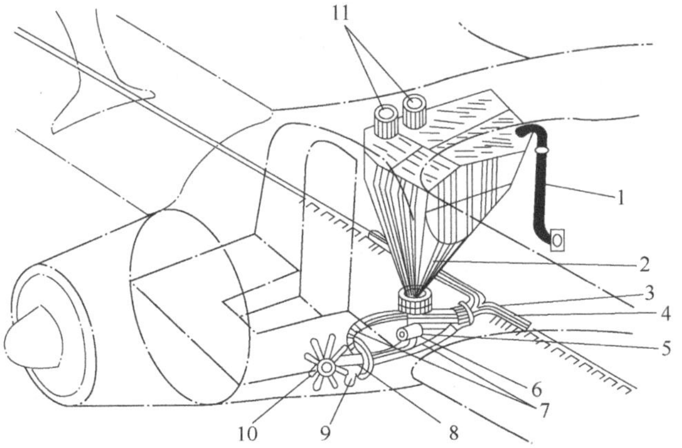

图 7-13　无人机喷雾装置（高连兴等，2011）

1. 加液管；2. 药箱；3. 出液管；4. 喷液管；5. 吸液管；6. 活门气力动作筒；7. 排液管；8. 药液泵；9. 风车制动气动作筒；10. 风车；11. 加液口

喷头的结构如图 7-14 所示。喷雾时，支管的高压力药液顶开单向阀，从挡环中进入半球形喷孔片的空间内，经过喷孔喷射形成雾状。喷出的药雾受到高速气流的冲击作用，进一步被雾化形成更细小的药雾颗粒，最后飘落到植物和地面上。

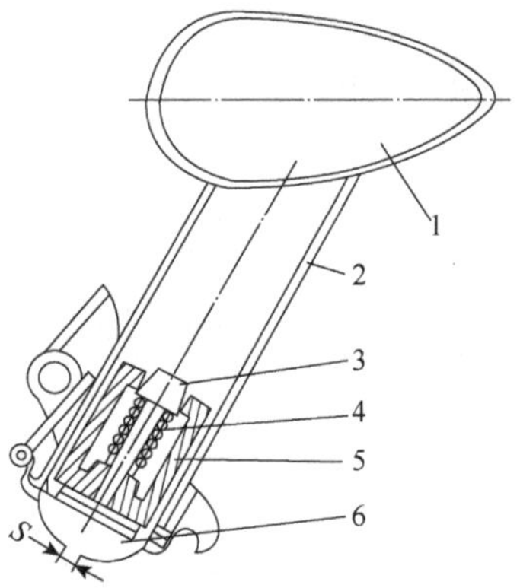

图 7-14 无人机喷雾喷头
（高连兴等，2011）
1．喷液管；2．分管；3．阀门；4．弹簧；5．阀座；6．喷嘴；*S*．喷嘴口直径

2）多旋翼植保无人机主要由三部分组成，其一是机体部分，其二是动力部分，其三是控制部分，如图 7-15 所示。机体部分就是植保无人机的骨架，为其他各部分的固定安装提供基础；动力部分就是植保无人机的电池、电机、电子调速器、螺旋桨等部分，为植保无人机的飞行提供动力；控制部分就是植保无人机的控制系统，为运动部分提出科学准确的指令，在运行中完成定位、导航、飞行与作业、人机交互、切换作业方式、遥控作业速度等系列动作。

扩展 7-27

工作原理：多旋翼植保无人机的飞行是通过螺旋桨的正转与反转及转数进行有效控制来实现的。在多旋翼植保无人机中每个轴的长度是一样的，其都位于同一个平面上，从而也就保证了重心在中心的位置。在飞行的时候，旋翼旋转的方向呈现出两两相反的状态，通过对电机转数的调节就可以改变旋翼旋转的速度，实现对机身飞行状态的控制。在多旋翼植保无人机的工作过程中，主要可以呈现出三种飞行姿态，一是悬停；二是绕轴转动；三是线运动。飞机的绕轴转动又包括三种，一是偏航；二是俯仰；三是滚转。飞机的线运动也分为三种，一是进退运动；二是左右侧飞运动；三是升降运动。飞机的悬停是当全部旋翼同时产生升力与无人机自身的重量相等时，飞行器就会自动保持悬停状态。机器采用全球定位系统（GPS）导航，自动规划航线，通过无线电遥控设备控制喷洒系统施药。

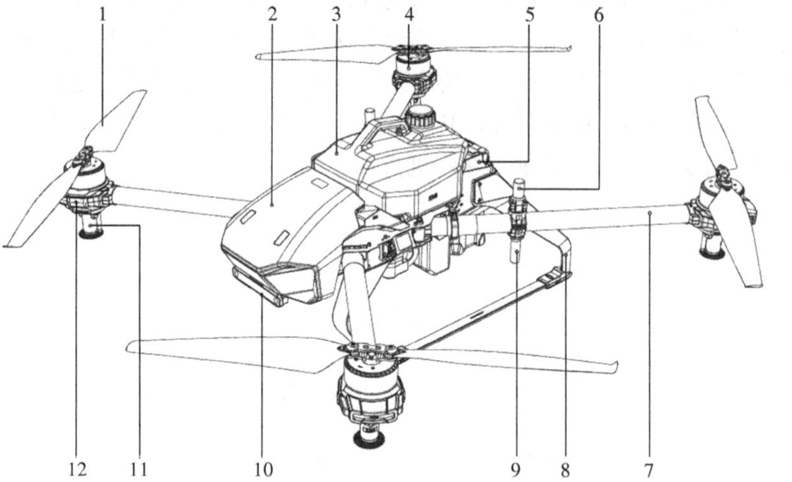

图 7-15 极飞 P30 多旋翼植保无人机结构
1．螺旋桨；2．头罩；3．药箱；4．电机；5．智能电池；6．RTK（real-time kinematic，实时动态）载波相位差分技术天线（左右各一个）；7．机臂；8．脚架；9．双频天线；10．天目；11．喷头；12．喷洒状态指示灯

（二）中耕机及植株调整器

1．中耕机 中耕机的种类很多，按动力可分为人力、畜力和机力三类。机力中耕又根据与拖拉机的连接方式分为牵引式、悬挂式和直连式三种。按用途分为全面、通用和行间中耕机等。按工作条件可分为旱地和水田中耕机。按工作部件形式可分为锄铲式和旋转式中耕机。

中耕机一般由工作部件（除草、松土和培土部件）、仿形机构、机架、地轮、牵引或悬挂架等组成。图 7-16 所示的是 2BZ-4/6 型播种中耕通用机的中耕状态，它主要用

扩展 7-28

于除草和松土。中耕机由机架和中耕单组两部分组成，每个中耕单组由一组中耕部件和一个仿形轮组成，并通过四杆仿形机构与机架（主梁）相连接。由于单组仿形，所以对地面不平的仿形效果好。在机架主梁上装有悬挂架和行走轮。

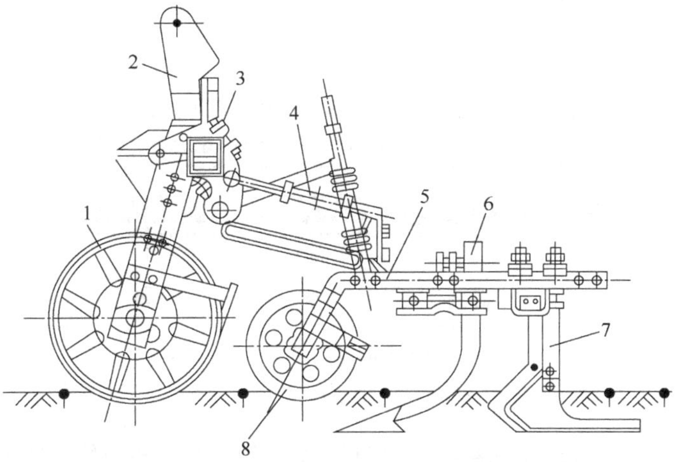

图 7-16　2BZ-4/6 型播种中耕通用机的中耕状态（高连兴等，2011）

1．地轮；2．悬挂架；3．方梁；4．平行四杆仿形机构；5．仿形轮纵梁；6．双翼铲；7．单翼铲；8．仿形轮

2．植株调整器　植株调整是通过整枝、打杈、摘心、支架、绑蔓、疏花、疏果等措施，人为地调整植株的生长和发育，使营养生长与生殖生长、地上部和地下部生长达到动态平衡，植株达到最佳的生长发育状态，促进其产品器官的形成和发展。同时，还可以改变田间蔬菜群体结构的生态环境，使之通风透光，降低田间湿度，以减少病虫草害的发生。植株调整常用到的器械有吊蔓夹、吊蔓器、电动落蔓装置、绑蔓器等。

（1）吊蔓夹　新型吊蔓夹设计简洁，材质为硬质塑料，由头部、中间、尾部三部分构成，如图 7-17 所示。

（2）吊蔓器　吊蔓器又称半自动吊蔓器，如图 7-18 所示。使用吊蔓器进行吊蔓时，无须将植株和尼龙线绳分开，可将吊蔓简化为落下线绳。

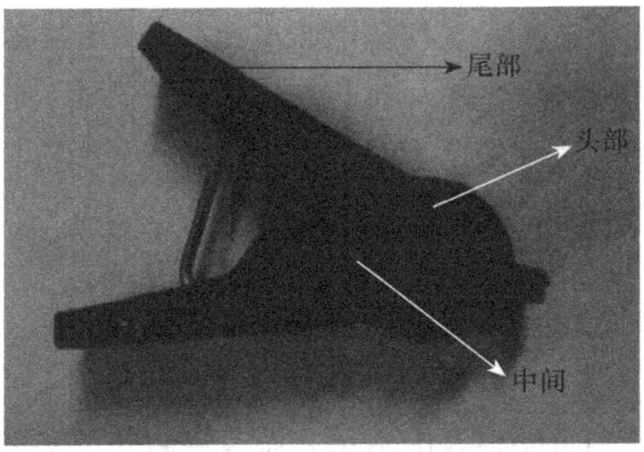

图 7-17　吊蔓夹（陈昱含等，2014）

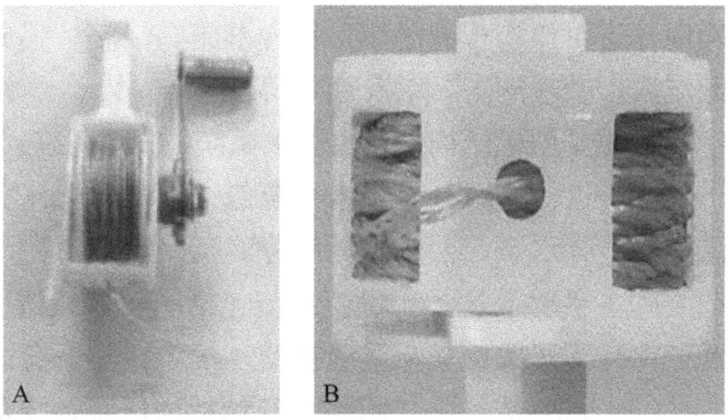

图 7-18　吊蔓器整体图（A）及局部放大（B）（彭嘉舜，2018）

（3）电动落蔓装置　电动落蔓装置主要由机架、放线机构、链传动机构、电机和绕线机构组成，如图 7-19 所示。

工作原理：落蔓装置需要完成两部分工作，即缠线与放线。在作物种植之前，需要将尼龙绳缠绕并固定在缠线板中。先将线轴上线的一端穿过滑轮底部圆环固定在缠线板上，在电机正转时，线轴架随着链条的转动而移动，线轴在线绳的拉力作用下转动从而将线绳缠绕在缠线板上，缠绕一定长度将线绳解下后会因重力作用自然下垂到地面。在作物生长过程中，将其与线绳用夹子夹在一起，使作物依附于线绳生长。

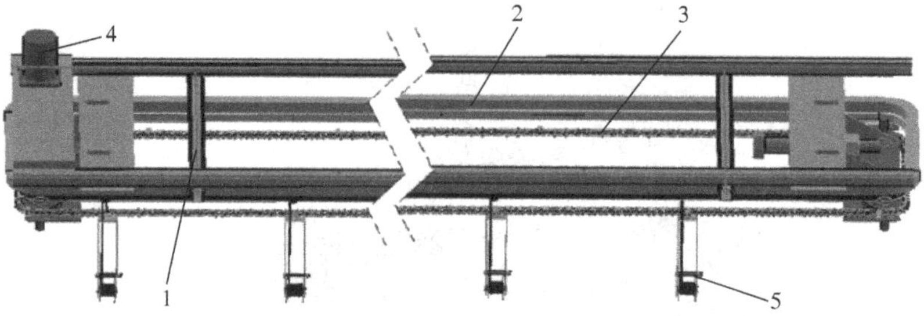

图 7-19 电动落蔓装置（彭嘉舜，2018）

1. 机架；2. 放线机构；3. 链传动机构；4. 电机；5. 绕线机构

等到作物生长到一定高度需要落蔓时，电机反转，链条会牵引滑轮沿轨道反向移动，一垄数棵植株会同时随着线绳在水平方向上移动，在竖直方向上下落，此时同垄植株的茎蔓就会逐渐平铺在垄的周围。

（4）绑蔓器 图 7-20 是一种绑蔓器的外形图，其使用方法是：先放上绑蔓器专用绑枝带及专用配套钉子，并将绑枝带从机子的顶端穿入露出一部分，轻用力握下把柄，让卡子卡住绑枝带并带出来，从外向内套住要绑的枝架，用力握下绑枝机，使钉针穿透绑枝带并订紧。

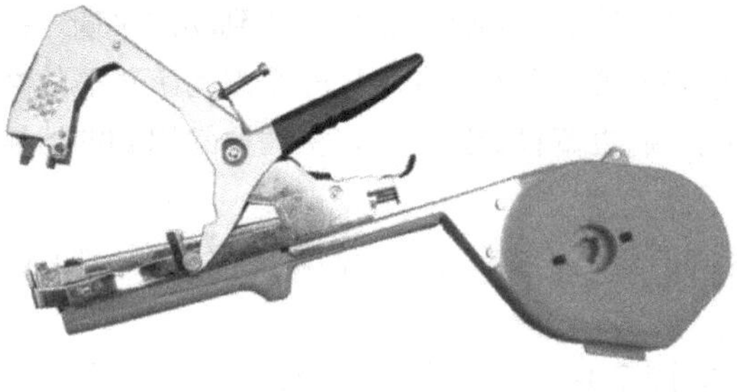

图 7-20 绑蔓器

（三）水肥一体化技术

水肥一体化是借助压力系统（或地形自然落差），将可溶性固体或液体肥料，按土壤养分含量和作物种类的需肥规律和特点，配兑成的肥液与灌溉水一起，通过管道系统供水供肥，均匀准确地输送至作物根部区域，包含淋施、浇施、喷施、管道施肥等，具有省肥节水、省工省力、降低湿度、减轻病害、增产高效等优点。

灌溉施肥机结构主要由供水系统、供肥系统、回路系统、控制系统、远程监控系统等部分组成。

（1）供水系统 供水系统包括进水管、补水电磁阀、浮球开关、混合罐、溢流管、水动阀、浮球阀、补水泵、回水池等部分。

（2）供肥系统 供肥系统包括肥料母液罐 A、肥料母液罐 B、酸液罐 C、碱液罐 D、过滤器、电磁阀开关、文丘里施肥器、混合罐等部分。

（3）回路系统 回路系统包括增压泵、流量计、压力传感器、出水压力调节电磁阀、支路电磁阀、给肥管（出水管）、栽培槽或喷滴灌管网系统。

（4）控制系统 控制系统包括主控器、传感器采集器、设备驱动器、通信模块等部分。

五、收获机械

在蔬菜生产作业中，收获是费力最大、耗时最多的一个作业环节。据统计，收获作业平均占整个生产作业量的 40%。收获机械可对达到商品成熟度的蔬菜产品部位进行收获，或者辅助进行产品收获。蔬菜收获机械作业效果应有助于保持多次采收蔬菜的长势、提高易贮藏性和鲜度，并尽量降低损伤。目前蔬菜收获机械研发方兴未艾，比较成熟的蔬菜收获机械集中在胡萝卜、马铃薯、甘蓝、生菜、小白菜等蔬菜。总体来讲，根茎类蔬菜收获机械化程度较高，而果菜和叶菜类蔬菜收获机械化程度较低。

1. 叶菜类蔬菜收获机械　叶菜类蔬菜收获机械主要可分不结球叶菜收获机械和结球叶菜收获机械，不结球叶菜包括韭菜、空心菜、菠菜、芥菜等，结球叶菜主要包括甘蓝、西兰花、大白菜等。叶菜根系一般较浅，生长周期短，单位面积上植株较多，且叶嫩多汁，一般宜就地采收，就地供应。

（1）不结球叶菜收获机械　根据切割位置的不同，不结球叶菜收获机械分为不带根收获（地上切割）和带根收获（地下切割）。不带根收获常用于茼蒿、秧草、韭菜等蔬菜，带根收获常用于菠菜、小白菜等蔬菜。根据收集方式的不同，可分为有序收获和无序收获。有序收获是我国大多数不结球叶菜农艺需要的收获方式，如鸡毛菜、茼蒿等，但机械化实现的难度较大，无序收获更适于脱水干燥等非鲜食用途的叶菜。我国不结球叶菜无序收获机械在“十三五”时期已有长足发展，已形成油动和电动式动力、牵引和自走式底盘、往复和带锯式割刀等多种机型，在江苏、上海等地已形成小批量投产能力。

不结球叶菜收获机械主要完成引拨、切割、捡拾、输送、收集等工序，包括喂入机构、切割机构、输送机构、收集机构等关键部件。收获机械工作时，随着收获机的前进，喂入机构的推动作用将叶菜推至切割部件处进行切割，被切割后的叶菜倒伏在输送机构上，经由输送机构运送至收集机构，人工整理后卸出。喂入机构通常采用拨禾轮结构，切割机构主要有往复式割刀、带锯式割刀、圆盘对辊割刀等形式，输送机构通常采用输送带，也可采用输送带夹持叶菜。

其中，切割机构和输送机构分别是实现带根收获和有序收获的关键。带根收获机械的切割装置在土壤中工作，要克服土壤对刀刃的不良影响。目前意大利 Hortech 公司的 Slide Valeriana 型收获机基于带锯切割、振动输送的原理，在切割和输送装置的中间设置了振动去土装置，可用于需带根收获的叶类蔬菜。有序收获机械的输送机构通常具备一定的夹持功能，且通过导向装置或挡禾装置将成片生长的叶菜分流为一定宽度的带状，切割后的叶菜迅速由夹持机构进行夹持输送，再进一步由人工进行集束捆扎。

扩展 7-29a　扩展 7-29b

如图 7-21 所示，为一种典型的自走式叶菜不带根无序收获机。前导装置将叶菜归拢，旋转喂入装置用于将叶菜向往复式切割装置处推送，切割下的叶菜由输送装置送至收集装置，进行人工分拣或卸出。

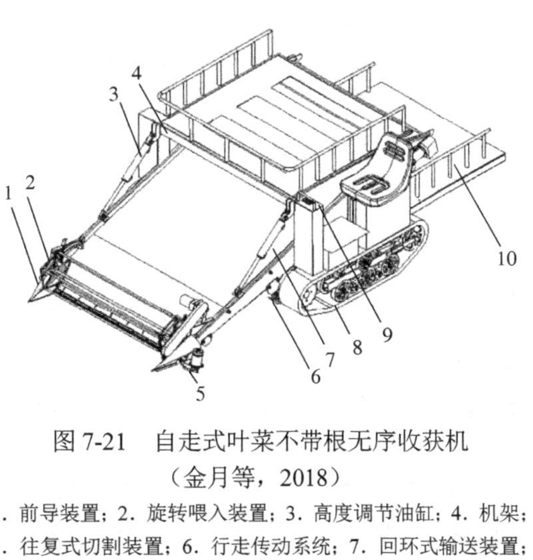

图 7-21　自走式叶菜不带根无序收获机
（金月等，2018）

1. 前导装置；2. 旋转喂入装置；3. 高度调节油缸；4. 机架；5. 往复式切割装置；6. 行走传动系统；7. 回环式输送装置；8. 跨行式履带行走底盘；9. 侧边操作系统；10. 收集装置

（2）结球叶菜收获机械　常见的能实现机械化收获的结球叶菜主要有结球甘蓝、结球生菜等，常采用育苗移栽方式种植，作物生长在一条直线上，是机械化收获的有利条件。结球叶菜收获机械可主要完成拔取、切根、去叶、输送、收集等工序，包括导向/喂入机构、切割机构、输送/夹持机构、收集机构等关键部件。收获机作业时，导向/

喂入机构将茎基部推至切割机构进行切割，同时输送/夹持机构夹住结球部，送至人工整理处去叶分级并收集。

结球叶菜收获机械相对较为成熟，已有大白菜收获机、结球甘蓝收获机和结球生菜收获机。除单行外，逐渐出现了多行收获机，收获效率得以继续提升。自动对行收获、自动去叶整理等新技术也在发展中。西兰花、花椰菜等结球叶菜一次性收获难度较大，目前国内外通常依靠人工采收，有的辅以移动作业平台解决运转问题。

扩展 7-30a　扩展 7-30b　扩展 7-30c

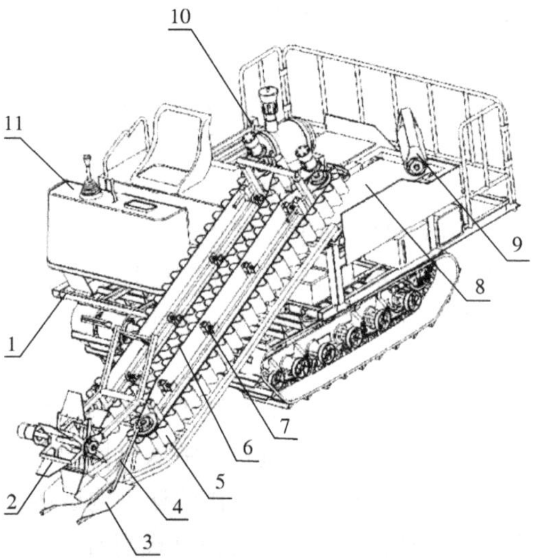

图 7-22　自走式结球叶菜收获机（金月等，2018）

1. 专用动力底盘；2. 拨轮；3. 引拔铲；4. 导向杆；5. 夹球输送带；6. 双圆盘切割器；7. 弹性张紧轮；8. 剥叶输送带；9. 剥叶辊；10. 木箱；11. 操作台

图 7-22 是一种典型的自走式结球叶菜收获机。拨轮、引拔铲、导向杆将结球叶菜拔出，并向夹球输送带引导；夹球输送带夹持蔬菜结球部向斜上方运输，双圆盘切割器切断茎基部；继续运输至剥叶辊处去除叶片。

2. 根茎类蔬菜收获机械　根茎类蔬菜收获机械的作业对象为可食用部分生长在土中的蔬菜，按照收获对象不同，大致可分为胡萝卜/萝卜收获机、薯类收获机和大蒜收获机等；按照收获原理不同，可分为拔取式、挖掘式两类。

拔取式根茎类蔬菜收获机械常用于胡萝卜、萝卜、大蒜、牛蒡等地上部茎叶韧度高、地下果实呈细条状或易拔出的蔬菜，挖掘式根茎类蔬菜收获机械常用于马铃薯、甘薯、生姜等蔬菜，主要区别在于采用拔出或挖掘的方式使土下可食用部分露出地面。机械化收获作业主要有松土、拔取/挖掘、夹持输送、切割、土壤分离、收集等工序，收获机主要包括松土机构、拔取/挖掘机构、输送机构和切割机构等关键部件。在所有蔬菜收获机械中，根茎类蔬菜收获机的国产化装备水平较高，推广应用较多。但国产胡萝卜、萝卜收获机械还未形成批量生产，尚待进一步研究开发。

拔取式收获机作业时，松土机构疏松土壤后，拔取机构夹持茎基部或其他易夹持部位，拔出地下果实并送至输送机构，输送机构提升运输果实至收集机构上方，切割机构切割茎基部与果实连接部位，果实下落至收集机构中，再进一步由人工进行分级包装等工作。挖掘式收获机作业时，通常先切去地上茎叶，挖掘机构深入土壤挖出地下部分，果实附带的泥土随输送机构运动被土壤分离机构逐渐去除，最终果实在收集机构中集中。

胡萝卜收获机是一种典型的拔取式收获机，如图 7-23 所示。松土铲疏松土壤，拔取器上的输送带夹持茎叶将胡萝卜拔出，输送至割刀位置切除茎叶，地下部分随之落入收集机构内，茎叶继续运输至集叶箱中收集。胡萝卜收获机也有采用挖掘式收获方式的，其作业效率得到提高，但其损失和附带泥土相对较多，常用于加工胡萝卜的收获。

扩展 7-31a

扩展 7-31b

马铃薯收获机大多为挖掘式收获机，可完成切顶、挖掘和捡拾作业。作业时，先切去茎叶，然后将马铃薯从土中挖出，最后清除土壤和杂草。除了果实，拔取机构和挖掘机构还常常输送了土块、石头、茎叶和杂草等，因此分离机构是马铃薯收获机的关键机构之一，对作业效率和质量影响较大。目前常用的分离机构主要有振动链式和振动筛式。

振动链式分离机构的主要工作部件是链轮和振动器，常见形式如振动筛和抖动轮，如图7-24所示。振动器常通过抖动轮实现振动功能，抖动轮通常使用的是星形结构，在运行过程中，星形结构凹面每跨一个链杆便将下一链杆顶起，从而实现升运链输运面的上下抖动，并附带产生前进方向的抖动，杂质从链条的空隙漏出。振动链运行时，在竖直方向上的振动加速度大于重力加速度时，链条会悬空，且振幅受制于链结宽度和链条运行速度，因而分离效能不高，仅适用于砂性土壤。强制振动链式分离机构是在链条上添加强制振动的振源，其振动幅度与速度完全由振动机构决定，通过强制振动，可提高分离效能。

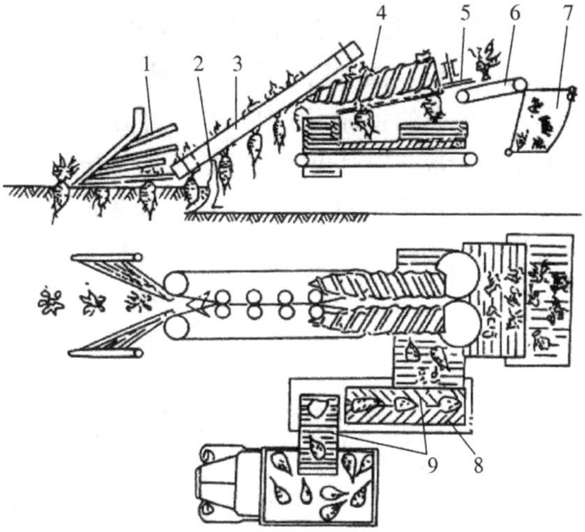

图7-23 胡萝卜收获机（陈永生，2017）

1. 扶茎器；2. 松土铲；3. 拔取器；4. 齐平器；5. 切割器；6. 茎叶输送器；7. 集叶箱；8. 清理器；9. 根茎输送带

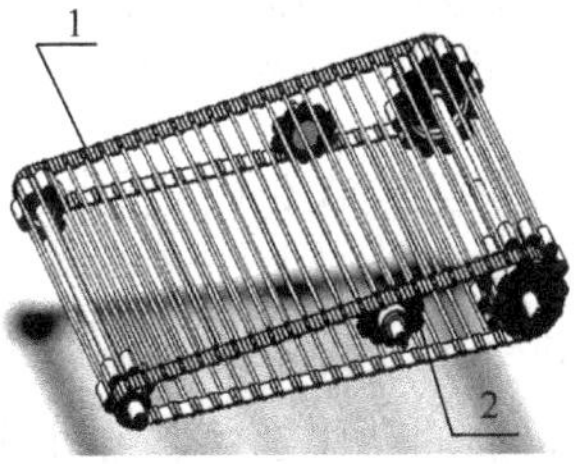

图7-24 振动链基本结构（郭新峰，2017）

1. 振动筛；2. 振动器

扩展7-32

牛蒡收获机是一种拔取式收获机，与常见拔取式收获机有所区别。山药、牛蒡等蔬菜的地下部分常深入土壤1m以上，因此松土机构也需要深入土壤工作以尽可能降低拔取机构夹持力。倾斜进入土壤、水平进行牵引的松土犁阻力太大，因此出现了倾斜进入土壤、垂直振动松土的挖掘铲松土方式。如图7-25所示，其主要松土部件是一对深入土壤之下的松土板，松土板的前端固定在机架上，另一端与偏心轮机构连接。偏心轮机构向松土板后端提供周期振动，进而使得松土板完成绕前端的周期小幅度振动。机具作业时，先在田头强制使松土板进入土壤内适宜深度，作物根茎位于一对松土板之间，松土板振动土壤，地下部分随着疏松土壤露出部分果实，再完成人工拔取和捡拾。

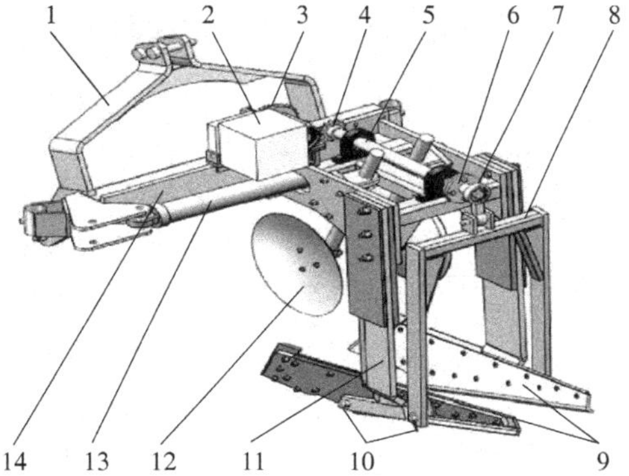

图7-25 牛蒡收获松土机构（吕宏靖等，2014）

1. 三点悬挂架；2. 液压箱；3. 连接万向节链轮轴；4. 变速调节齿轮；5. 动力传输轴；6. 偏心轮；7. 滚动轴套；8. 振动传递连杆；9. 振动挖掘铲；10. 固定销轴；11. 支撑臂；12. 扎草清杂刀；13. 液压伸缩杆；14. 滑动架

3. 其他蔬菜收获机械 除叶菜类和根茎类蔬菜外，果菜也是种植面积大、产量大、需求大的重要蔬菜种类。但是大部分果菜的成熟期不一致，需要多次采收，在采收期仍需要进行田间管理作业。国内外对于果菜类收获机的研究相对不多，针对多次采收的果菜，尚未出现商品化的选择性收获机械，但已有处于研发阶段的自动采摘机器人可实现选择性收获。已有的果菜类收获机主要针对一次性收获、作加工用途的果菜，如加工用番茄、辣椒等，可完成无选择性的一次性收获，以减轻劳动强度，又可及时收获新鲜的果菜。此外，轻简化辅助收获平台可用于人工辅助采摘果菜，大大降低了劳动强度。

（1）小型番茄收获机 小型番茄收获机是一次性采收果菜类蔬菜的收获机的典型代表，如

图 7-26 所示。主要由割台机构、输送机构、分离机构、色选机构、动力系统、行走机构、控制机构等组成，可以同时完成番茄的切割、捡拾、输送、分离、色选、装车等工作，工作效率可高达 40 亩/d。收获的番茄不仅杂质少，并且青果清除率可达到 90%以上。作业时，番茄果秧由往复式割刀割断，番茄秧及果实被捡拾机构捡拾后随输送带至果秧分离机构进行果秧分离，经过分离机构间隙时可排出一部分泥土、石块等杂质，分离后的番茄秧随回收输送带排出，果实随加工输送带至分选机构进行分选，经过鼓风机时可进一步去除碎片等杂质，分选机构中不符合要求的果实被剔除，符合要求的果实则输出装车。

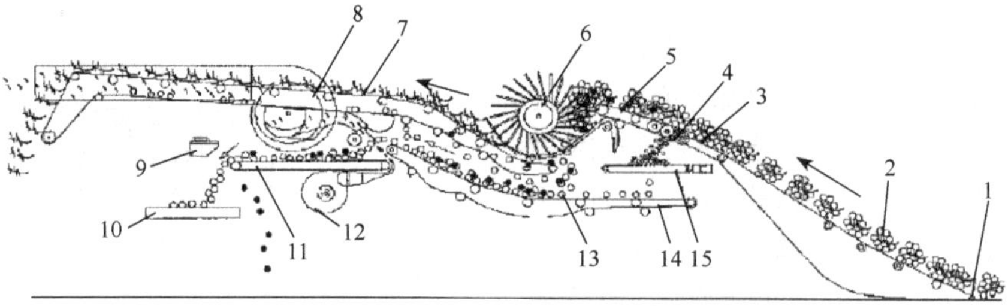

图 7-26　小型番茄收获机工作结构简图（陈永生，2017）

1．往复式割刀；2．带秧果实；3．捡拾输送带；4．输送带隙；5．接收输送带；6．果秧分离机构；7．回收输送带；8．吸引机构；9．分选机构；10．成品输送带；11，14．加工输送带；12．鼓风机；13．番茄果实；15．碎片输送带

一次性采收的果菜类收获机还可用于辣椒，目前已有系列化的一次性果菜类收获机在我国应用，除欧美的大型机型外，我国新疆、河北少数企业的国产装备也较为成熟。

（2）选择性黄瓜收获机　选择性黄瓜收获机多采用机器人结合视觉识别来实现选择性收获，收获成熟黄瓜过程中不伤害其他未成熟的黄瓜。末梢执行器是完成采摘的动作部件，由机械手和切割器构成。末梢执行器和机械手安装在行走车上，行走车既是一个稳定的工作平台，也是机械手的操作和采摘系统的初级定位机构。收获后黄瓜的运输由一个装有可卸集装箱的自走运输车完成。

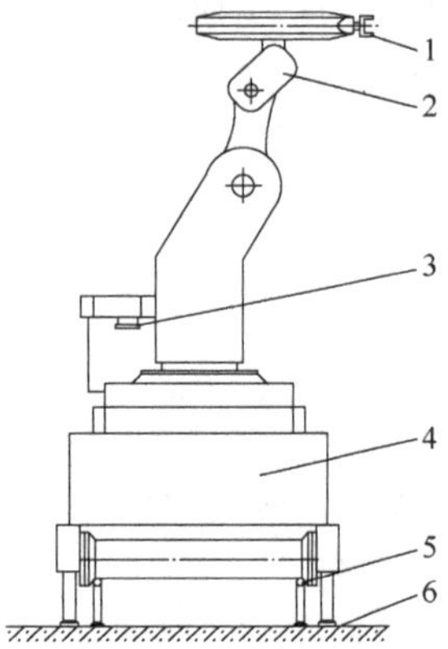

图 7-27　自走式黄瓜收获机器人（陈永生，2017）

1．末梢执行器；2．机械手；3．视觉系统；4．行走车；5．加热管道（作导轨）；6．地面

如图 7-27 所示，某自走式黄瓜收获机器人由行走车、机械手、视觉系统和末梢执行器组成，可实现在某特定环境下探测出可以收获的黄瓜，然后采摘并放置到运输车上的集装箱内。行走车主要用于机械手和末梢执行器的初步定位，安装有完成收获任务的所有硬件和软件。来自视觉系统的信号通过软件程序控制机器人行走、机械手动作、末梢执行器的抓取和切割动作。当机器人前进一段距离后，会停止前进，探测成熟的黄瓜，机械手在其工作区域内采摘探测到的成熟黄瓜，完成收获过程。

选择性果菜类收获机的采收难度很大，均处于研发试验阶段。荷兰瓦赫宁根大学的某国际化研究团队经过 20 多年的不懈努力，才在黄瓜、甜椒的自动收获方面取得阶段性成果。最新一代 Sweeper 甜椒采摘机器人有望在 2020 年进入商业化应用。

（3）收获辅助作业平台　鲜食类果菜的采运输送环节仍主要靠人工完成，存在劳动强度大、作业效率低等问题，严重制约了果蔬生产全程机械化的发展速度。欧美等国在 20 世纪 20 年代初率先开始高空作业平台方面的研究，逐渐研制出各种轮式、履带式和轨道式升降平台，配套采摘机具，可实现上升、下降、前进、后退和转弯。

扩展 7-33

轻简化收获辅助作业平台的主要目的是降低人力劳动强度，实现人力采摘过程中的升降、运输、转弯等功能。主要包括动力底盘、行走机构、升降机构、工作台等工作部件。随着温室栽培的普及应用和对环境友好的追求，以电能作为动力源的电动作业平台逐渐成为辅助作业平台的发展方向。如图 7-28 所示，该电动作业平台采用履带式行走方式，主要由护栏、工作台、升降装置、底盘、电池组和挂接拖车等组成。其中升降装置由液压泵、液压缸、剪叉等组成。液压泵安装在底盘内部，与液压缸连接；液压缸两端分别与底盘和剪叉连接，剪叉下部与底盘连接，上部与安装有护栏的工作台连接；底盘中间位置安装有电池组，为整机提供动力；底盘后方挂接拖车，可依次向后挂接多个拖车。电池箱内的电池组经电源转换模块与主控板、电机、液压泵站连接，主控板将控制指令以电信号进行转换。升降作业时，操纵遥控器或车载控制台的升降按钮发出通信指令，主控板接收到指令后转换成电信号传递给液压泵站上的控制器，控制器控制液压泵站运转，通过对液压油施压或解除压力实现液压缸的伸缩运动，从而推动剪叉上下运动，带动工作台升高或下降；行走或后退作业时，操纵遥控器或车载控制台前进或后退按钮发出通信指令，主控板接收到指令后转换成电信号传递给电机控制器控制电机运转，两电机同时得正电，实现平台的前进，反之，平台后退；转弯作业时，操纵遥控器或车载控制台左转或右转按钮发出通讯指令，主控板将指令转换成电信号传递给电机控制器，当按下左转按钮时，左侧电机正转，右侧电机反转，平台原地左转，反之，平台原地右转。

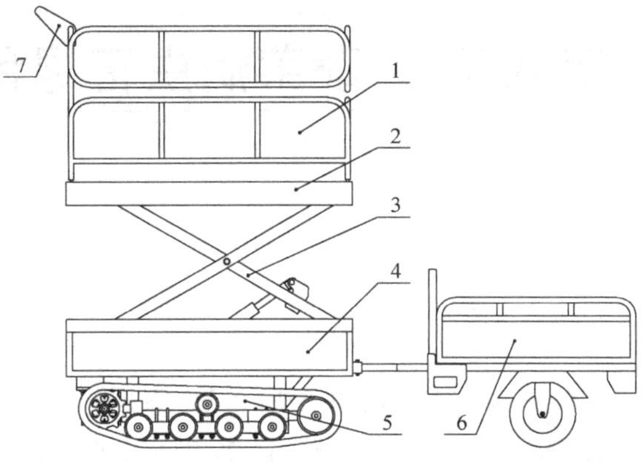

图 7-28　电动作业平台结构示意图（陈永生，2017）

1．护栏；2．工作台；3．升降装置；4．底盘；5．电池组；6．挂接拖车；7．车载控制台

扩展 7-34a　扩展 7-34b

扩展 7-35　扩展 7-36

扩展 7-37a　扩展 7-37b

扩展 7-37c

第八章 蔬菜病虫害绿色防控

第一节 概 述

纵观病虫害防治的历史，已由原始防治、化学防治进入有害生物综合防治（integrated pest management，IPM）阶段。自 20 世纪中期人们发现由德国人在 1874 年发明的滴滴涕（DDT）可以用于防治害虫以来，化学农药逐渐成为人类防治有害生物的主要手段。由于化学农药防治有害生物具有实施简单、见效快、价格低等优点，其在农作物病虫害防治上被广泛使用。实践证明，大量使用化学农药尽管可以有效地防治有害生物，但也能杀伤天敌和其他非靶标生物，同时还可以使有害生物产生抗药性，引起次要害虫暴发等问题。1962 年美国海洋生物学家 Rachel Carson 通过多年的调查发现，杀虫剂和除草剂对各种生物以及人类已经产生较大的危害性，其研究发表的作品《寂静的春天》(*Silent Spring*) 推进了美国以至于全世界的环境保护事业的迅速发展，因大量使用化学农药所带来的严重后果也逐渐被人们所认识和关注。同时，随着生活水平的提高，人们对农产品质量要求也在不断提高，特别是减少农产品上化学农药残留的要求越来越强烈，世界各国都在积极寻找环境友好、经济有效的病虫害防治方法，以控制和减少化学农药的使用。

有害生物是农业生态系统中的一个重要组成部分，是整个生态链中的重要一环。1974 年，联合国粮食及农业组织（FAO）提出了有害生物综合防治（IPM）的植物保护指导思想。IPM 要求从农业生态系统总体出发，根据有害生物和环境之间的相互关系，充分发挥自然控制因素的作用，因地制宜、协调应用必要的措施，将有害生物控制在经济受害允许水平之下，以获得最佳的经济、生态、社会效益。IPM 以系统论、信息论和灭变论作为理论基础，以生态学的原则作为指导，把病虫害看作农业生态系统中的重要组成部分，并认为农业的高产与稳产必须建立在植物与周围的生物和非生物环境之间协调的基础上，保持良好的农业生态系统，不断保护和培育环境资源。有害生物综合防治不要求将有害生物彻底消灭，而是要将有害生物的种群数量控制在经济受害允许水平之下。自 20 世纪 70 年代以来，它一直被世界各国公认为解决害虫问题的唯一途径，并在某些作物上获得了成功。但由于其焦点仍集中于有害生物，着眼于在化学防治基础上的协调组合，强调的是控制，从而限制了它的发展。

1975 年，我国确立了“预防为主、综合防治”的植保方针，其主要思想就是从农业生产的全局和农业生产系统的总体出发，根据病虫害与作物、耕作制度、有益生物、环境等各种因素之间的辩证关系，以预防为主，因地制宜，协调应用各种必要的措施实施综合预防，将病虫害控制在经济受害允许水平以下，以获得最佳的经济、生态和社会效益。2006 年，根据我国农作物病虫害防控的现状，以及人们对食品安全品质需求的增长，我国又提出了“公共植保”“绿色植保”的思想，进一步明确了在新时期植物保护工作的地位和植物保护应采取的措施。“公共植保”是把植保工作作为农业和农村公共事业的重要组成部分，突出其社会管理和公共服务职能，把农作物病虫害的防治纳入公共卫生的范围，作为农业和农村公共服务事业来支持和发展。“绿色植保”是把植保工作作为人与自然和谐系统的重要组成部分，突出其对高产、优质、高效、生态、安全农业的保障和支撑作用。2015 年，为应对农药使用量过大和施药方法不科学带来的生产成本增加、农产品残留超标、作物药害和环境污染等问题，农业部制定并颁布了《到 2020 年化肥农药使用量零增长行动方案》，旨在通过推进农业方式转变，有效控制农药使用量，保障农业生产、农产品质量和生态环境的安全，促进农业的可持续发展。“公共植保”“绿色植保”“农药使用量零增长”的提出，为我国农作物病虫害绿色防控指明了方向。

病虫害绿色防控是从农田生态系统的整体出发，综合应用生态调控、农业措施、物理措施、生物措施和科学用药等技术和方法，积极保护利用自然天敌，恶化病虫生存条件，提高农作物抗病虫能力，将病虫危害损失控制在经济允许水平，并实现农产品质量安全的植物保护措施。通过绿色防控，既可有效持续控制病虫灾害，保障农业安全生产，也能促进标准化生产，保障农产品质量安全，降低农药使用风险，提高生态环境质量。

蔬菜是我国重要的副食品和工业原材料。蔬菜在生长过程中会受到多种病虫危害，根据《中国农作物病虫害》记载，我国蔬菜的主要病虫有 100 多种。长期以来，我国政府在蔬菜农药的使用和农药残留控制上一直执行高于其他一般食品的安全标准，并根据不同安全等级标准的蔬菜确立了农药使用的限制标准。我国的蔬菜生产分为有机蔬菜、绿色蔬菜和无公害蔬菜 3 个层次，在有机蔬菜生产上，禁止使用化学农药；在其他蔬菜的生产上按照有关规定有条件地使用化学农药，农药残留量控制在国家规定的允许范围内，禁止使用高毒农药。

蔬菜病虫害的发生与蔬菜品种、蔬菜栽培模式、蔬菜生长环境、蔬菜生育期等因素有关，感病品种和连作、重茬等栽培模式有利于病虫害的发生。由于蔬菜种类较多、复种指数高、栽培场所类型多样、茬口存在重叠等，这些条件有利于病虫害的发生，同时也加大了病虫防控的难度，导致了我国蔬菜病虫害的种类、发生面积、危害程度均在所有作物中位居前列。

第二节　蔬菜病虫害绿色防控原理与技术

一、蔬菜病虫害绿色防控原理

病虫害是蔬菜生产上最重要的有害生物，直接影响蔬菜产品的产量、品质和商品性。据初步统计，我国病虫害对蔬菜造成的损失为 20%～30%，严重的可达 50%以上。我国蔬菜上农药使用量大，但蔬菜病虫防控中农药的使用效率仅为 30%左右，70%以上的农药没有打到靶标上。

蔬菜生产是一个以蔬菜为核心的生态系统，在这个系统中蔬菜病虫是一个重要的组成部分。蔬菜病虫害绿色防控就是在维持以蔬菜为核心的蔬菜生态系统稳定和健康的前提下，根据农业景观生态学、经济学和生态调控论的基本原理，充分利用系统内一切可以利用的能量，综合使用包括病虫防治在内的各种生态调控手段，对生态系统及其作物—病虫—天敌食物链的功能流进行合理的调节和控制，变对抗为利用，变控制为调节，化害为利，将病虫害防治与其他增产增效技术融为一体，通过从整体上对病虫进行生态调控，达到蔬菜生产的高效、绿色、低耗和可持续发展的目标。

蔬菜病虫害绿色防控应坚持全程控制、全面控制、生态控制的原则。全程控制是指病虫害的防控要贯穿蔬菜生产的全过程、各环节，病虫防控要从蔬菜生产的准备阶段开始，至蔬菜产品收获以后生产环境清理结束为止，包括蔬菜生产环境清洁、种子处理、苗床病虫害防控、大田病虫害防控、蔬菜产品收获以后生产环境清理等环节。全面控制是指害虫的防控不能仅仅局限在对目标蔬菜上病虫害的防控，还必须对蔬菜生产环境中的病虫害进行防控，包括对临近的农作物、杂草上相关病虫害的防控。生态控制是指蔬菜病虫的防控要综合应用农业措施、物理措施、生物措施，辅以化学措施。

实施蔬菜病虫害绿色防控应处理好几个关系。

1. 不同效益之间的关系 以蔬菜生产效益最大化为目标，围绕生态系统的稳定运行，综合平衡经济效益、生态效益和社会效益，短期效益和长期效益，局部效益和整体效益的关系，使系统的整体效益最大。

2. 防和治的关系 强调预防为主，防重于治，即在病虫害未发生或未造成显著危害前采取适当的措施，使病虫不能发生或不能大发生，从而保护蔬菜免遭损失或少受损失。例如，在蔬菜生产中采用水旱轮作，种植前对棚室实施高温闷棚等措施，以减少土壤菌源，如卵菌的卵孢子、无性菌的厚垣孢子、根结线虫的卵和幼虫等，降低病虫害发生的风险。治的措施在病虫害已经发生，并即将对蔬菜造成较大的经济损失时才使用，治是弥补防的不足时的应急措施。

3. 各项防控措施之间的关系 围绕整体效益最大化的目标，合理选择防控措施，各措施之间要互相协调，取长补短，有机结合，做到精准施策。例如，合理调整作物的布局和结构，因势利导地利用系统内作物的耐害补偿功能与抗逆性功能，天敌的控制作用和其他调控因子，变对抗为利用，变控制为调节，为系统的整体服务。

扩展 8-1

二、常用蔬菜绿色防控技术

1. 农业防治 农业防治（agricultural control）是利用科学的栽培管理措施，有目的地改变某些生态环境因子，创造有利于栽培植物而不利于病虫发生的环境，抑制病虫生长繁殖，直接或间接地杀灭病虫，提高植物抗病虫能力，达到作物优质、高产的目标。由于农业防治经济、简便，特别是对天敌安全，对环境友好，越来越受到人们的重视和广泛的应用。常用农业措施主要如下。

（1）抗性蔬菜品种的选育和利用 利用抗性品种防治病虫害是一种经济、有效、安全的措施，特别是对一些抗药性较强，其他措施较难防治的病虫害，如土传病害、病毒病等具有较好的控制作用。抗性品种的合理选用，如品种的合理布局、年度间抗性品种的轮换、利用多抗品种，以及利用田间和田内的生物多样性在一定程度上可以延缓品种抗性的丧失，延长抗性品种的使用寿命。

（2）以植物为中心的健身栽培，提高蔬菜的抗性 通过合理的水肥管理，测土平衡施肥，增施腐熟的有机肥，优先使用生物菌肥，尽量少用化肥，防止土壤富营养化，增强植物自身的抗性，减轻病虫害的发生危害。种子消毒，播种前采用温汤浸种、高温干热消毒、药剂拌种、药液浸种等方法，预防种子带毒、传染。嫁接换根，促进植株生长，提高秧苗的抗病性。

（3）使用合理的栽培模式，提高生物多样性指数 实施多种植物和多种品种的合理间作、轮作，增加蔬菜生产系统中地上部作物和品种的生物多样性，地下部土壤微生态中微生物的多样性，恢复和重建以自然控制为核心的农业生态系统，增强蔬菜对病虫的自然控制力。例如，通过轮作和调节土壤微环境，增加对土壤真菌有拮抗作用的绿色木霉（*Trichoderma viride*），增强对植物根部病害的控制作用；马铃薯田间间作绿肥，促进土壤中拮抗微生物放线菌的增长，增强对马铃薯疮痂病的控制作用。在辣椒中间作芹菜，利用芹菜中的某些挥发物对烟粉虱的驱避作用，实现对辣椒烟粉虱的控制。

（4）加强田间管理，改善蔬菜生长的微环境 前茬作物生产结束后，对栽培场所进行彻底清理并销毁植株残体和杂草，降低下茬病源、虫源基数，减轻对下茬作物的危害；培育无病虫适龄壮苗，苗床（房）与大田蔬菜生产区隔离，选用无病苗床土；及时清除病虫苗，定植前对苗进行严格的筛选，以健康苗定植。加强田间管理，及时清除田间的病叶、病株，减轻扩散危害的风险。合理调节播种（定植）期，避开病虫发生、危害高峰期，可以减轻病虫的危害。

2. 物理防治　物理防治（physical control）是利用简单工具和各种物理因素，如光、热、电、温度、湿度和放射能、声波等防控病虫害的措施。物理防治包括最简单的粘虫色板、防虫网，到近代物理最新成就的运用，如原子能、仿声、超声波等。随着科技的发展，现代物理学技术在蔬菜病虫害绿色防控中有广阔的发展前景。

（1）利用温度和湿度控制病虫害　大部分病害的发生与环境的温湿度密切相关，人为升高或降低温湿度，使温湿度超出病虫的适生范围，从而达到控制病虫害的目的。例如，晒种、温汤浸种等，可以杀死种子表面附着的病菌，有效地减少病害；夏季作物换茬时进行闷棚，利用高温高湿，可以有效地控制多种害虫和土传植物病害；一些病毒病在高温条件下具有隐症现象。采用灌水灭蛹，水、旱轮作还可以杀灭地下害虫。

（2）利用电磁场控制病虫害　电磁场可以干扰害虫的飞行定位、交配行为等，电磁场产生的热量还可以杀灭仓储害虫。空间的电场可以控制气传病害，利用静电与等离子气体相结合可以进行种子消毒和苗床土壤灭菌等。

（3）利用原子能控制病虫害　原子能的射线可以直接杀灭病虫，低剂量的放射线还可以导致害虫的不育等。

（4）利用颜色控制害虫　昆虫的复眼可以感知外界的颜色，颜色对昆虫行为的影响主要有吸引、驱离、影响交配行为等。影响昆虫行为的颜色有灯光和色板两大类，不同昆虫对颜色的行为反应不完全相同，如蓟马对蓝色具有较强的趋性，烟粉虱对黄色具有趋性，而对蓝色具有负趋性。

（5）物理阻隔　在设施大棚的放风口、门等位置设置防虫网，可以有效地阻止蚜虫、粉虱等小型害虫，以及一些夜蛾类害虫的侵入。为了兼顾防虫和因防虫网使用后增大病害发生风险，可选用35～40目的防虫网。对一些在植物根部产卵的害虫，如黄守瓜，在害虫产卵期在植株根际的土面上撒石灰粉、草木灰、锯木屑、秕糠等，可以阻止成虫产卵，减轻下代虫口基数。

3. 生物防治　生物防治（biological control）是指利用活体生物或生物代谢产物制成的药剂来防治有害生物。该方法是利用生物间的相生相克作用，以及生物之间在氧气、水分、养分和生态空间等方面的竞争作用而实现对有害生物的控制。近几十年来，植物病虫害的生物防治研究取得了快速发展，特别是在蔬菜病虫害防控方面取得了明显的进展。

（1）利用天敌生物防治病虫害　例如，利用寄生蜂、瓢虫、捕食螨、病原线虫、虫生真菌等防治害虫，利用拮抗菌防治植物病害。利用枯草芽孢杆菌开发出活菌杀菌剂，用于防治蔬菜的白粉病、霜霉病、疫病和灰霉病等。

（2）利用食物（成分）诱集害虫　利用害虫喜食的食物或将害虫喜食的食物挥发物成分制成食诱集剂诱集害虫，配合杀虫剂或其他措施将害虫杀死。常用的如糖醋诱蛾，将食糖、醋、酒液、水按一定比例混匀，另加少量杀虫剂，倒入盆中置于田间，可诱杀多种害虫；利用害虫喜食的食物成分，制成害虫食物引诱剂，配合杀虫剂或其他措施，将害虫杀死。用食物（成分）制成的诱集剂具有相对的广谱性，对某一类害虫具有诱集作用，同时对天敌的误杀作用少。

（3）利用昆虫性信息素诱集害虫　昆虫性信息素是性成熟的昆虫分泌于体外，被同种异性个体的感受器所接受，并引起异性个体产生一定生殖行为反应（如觅偶定向、求偶交配等）的微量化学物质。利用昆虫的性信息素，或人工合成性信息素类似物，制成性诱剂，放置在田间，引诱同种异性昆虫，同时配合诱虫装置，杀死这些害虫。近十多年来，利用昆虫性信息素发展成迷向技术。迷向技术是在田间高密度放置昆虫性信息素制成的迷向丝，使同种异性昆虫难以寻找到配偶，使其交配推迟或不能交配，使有效虫卵大幅度减少，从而直接导致虫口密度的下降，达到防治的目的。

（4）利用生物农药控制病虫害　生物农药是指利用生物活体（真菌、细菌、昆虫病毒、转基因生物等）或其代谢产物（抗生素、抗菌蛋白、小分子化合物、寡糖、植物激素、信息素、生长素等）制成的针对农业有害生物进行杀灭或抑制的制剂。这些制剂大多对人畜无害、对植物无毒副作用，符合人们对食品与生态环境安全的要求，是未来发展的方向。

4. 化学防治　利用化学药剂直接杀死害虫、抑制害虫的生长发育、干扰害虫的行为，或抑制病菌孢子萌发及其在寄主体内的扩展，达到减轻病虫危害、保护植物的目的。化学防治一般应遵循下列原则。

（1）合理选药　根据病虫的种类有针对性地选择高效、低毒、低残留农药，对症下药，避免盲目性，尽量选用广谱性的杀菌、杀虫剂。不使用国家明令禁止的剧毒、高毒、高残留的农药品种，以及含有这些农药的复配剂。不使用过期农药、劣质农药以及无生产日期、无质量合格证、无生产厂家的“三无”农药。不同作用机制的农药交替和轮换使用，避免连续、长期使用某一种农药，延缓抗药性的产生与发展。农药使用者要严格按照标签标注的使用范围、使用方法和剂量、使用技术要求等注意事项使用农药，不得扩大使用范围、加大用药剂量或者改变使用方法。

扩展 8-2

（2）科学用药　根据病情、虫情，结合病虫测报，适时用药。病害的防控则多为预防性施药，或在发病初期用药；害虫的化学防治多在卵孵化盛期至低龄幼虫期用药，以提高防治效果。要根据防治指标用药，达不到防治指标不用药，避免盲目用药和滥用农药。严格控制药剂的剂量、用药次数和安全间隔期，尽可能多种害虫或病害合理兼治。

（3）规范施药　根据病虫的特点，确定施药时间、施药方式。一般选择害虫非活动时间段施药，对于活动性较强的害虫选择相应的施药方式，如对黄曲条跳甲施药时从田的外缘向内螺旋式喷药，以防止害虫逃逸。根据农药的作用机理，选择施药部位。触杀性农药一般喷施在害虫活动部位，胃毒剂喷施在害虫的取食组织上。根据蔬菜生长环境和害虫特点选择农药的类型和使用方式。为了尽可能避免由于施药而增大棚室内空气湿度，减轻病害发生的风险，可以使用烟雾剂、熏蒸剂等剂型；对刺吸性口器害虫，可以选用内吸性药剂，通过水肥药一体化装置进行滴灌根施。

第三节　蔬菜主要病虫（螨）危害及绿色防控技术

一、主要病害

蔬菜病害根据病原可主要分为卵菌病害、真菌病害、细菌病害、根结线虫病和病毒病等。卵菌病害主要有霜霉病、疫病、白锈病、绵疫病等，真菌病害主要有灰霉病、枯萎病、黄萎病、白粉病、炭疽病、猝倒病、立枯病、蔓枯病、叶霉病、叶斑病、黑斑病、紫斑病、褐斑病、白绢病、菌核病、根腐病、茎基腐病等，细菌病害有软腐病、青枯病、环腐病、溃疡病、细菌性角斑病等，病毒病则有花叶病、条纹病和蕨叶病等。

（一）卵菌病害

蔬菜上常见的卵菌病害主要由色菌界的卵菌门（Oomycota）卵菌纲（Oomycetes）病菌引起，包括由霜霉属（*Peronospora*）引起的霜霉病，疫霉属（*Phytophthora*）引起的（晚）疫病，白锈菌属（*Albugo*）引起的白锈病，绵霉属（*Achlya*）引起的绵疫病，以及腐霉属（*Pythium*）引起的幼苗根腐、猝倒和瓜果腐霉病等。病菌由水生到两栖到陆生，其中绵霉和腐霉为水生或存在于潮湿土壤中，常引起蔬菜根、茎基、幼苗和果实腐烂；疫霉多为两栖类型，除引起蔬菜根、茎坏死外，也会引起叶、果的腐烂；霜霉和白锈菌均为陆生，主要危害叶片与茎，也可危害十字花科蔬菜的荚果。

1．霜霉病

（1）症状　霜霉病常发于十字花科、豆科、葫芦科和茄科等蔬菜上，其他如莴苣、菠菜、洋葱等蔬菜也可被侵染。该病主要危害蔬菜叶片，也可危害十字花科蔬菜的荚果。叶片发病时，叶片正面可见受叶脉限制的多角型病斑，病斑背面有白色、浅灰色、灰褐色或紫黑色的霉层。病害发生严重时，病斑可连接成片，导致病叶失绿、干枯、死亡。十字花科蔬菜花梗和果荚受害后，呈现畸形扭曲的状态，形成“龙头拐”症状。

（2）病害循环　病菌主要以卵孢子或菌丝体的形式在土壤、种子和病残体中越冬，翌年环境条件适宜时，卵孢子萌发或病残体中的菌丝产生孢子囊与游动孢子，借助风雨传播从寄主气孔或表皮直接侵入。环境条件长期适宜病害扩展，则病部产生的孢子囊可进行多次再侵染，直至全田发病。病害发生后期，无性繁殖的病原菌可进行有性生殖，形成卵孢子在土壤、种子、病残体中越冬。

（3）防治方法

1）选用抗病品种。不同品种对霜霉病的抗性存在显著差异，如大白菜抗霜霉病品种有‘中白 80’‘西白 2 号’‘豫新 5 号’；甘蓝品种有‘白罗裙’‘红罗裙’；黄瓜有‘津研’系列（‘津绿 83 号’‘津研 4 号’）、“中农”系列；大豆有‘白农 12’‘吉育 606’等。

2）农业防治。蔬菜霜霉病一般发生于地势低洼、种植密度过大、氮肥施用过量、通风条件差的田块。当肥力不足、植株长势差或受病毒病侵袭时，田间病害加重。因此生产上要注意整地、合理进行轮作，且要施足基肥，在低洼地要采用起畦的方式进行栽培。及时排除田间积水，降低田间湿度，收获后要清除病残体并深翻土壤。

3）化学防治。田间出现发病中心时要及时施药。若病害发生期间遇连续阴雨或长时间湿度较大，则可多次用药，每隔 7d 左右施药一次。常用药剂有 64%噁霜·锰锌可湿性粉剂 172～203g/亩、36%氟吡菌胺·烯酰吗啉悬浮剂 40～66ml/亩、53%精甲霜·锰锌可湿性粉剂 110～120g/亩、70%烯酰·霜脲腈水分散剂 30～40g/亩、70%丙森锌水分散剂 180～270g/亩、10%百菌清烟剂 600～800g/亩。

4）生物防治。枯草芽孢杆菌和地衣芽孢杆菌对霜霉病有较好的效果，10 亿芽孢/g 枯草芽孢杆菌水乳剂 45～60ml/亩和 80 亿活芽孢/ml 地衣芽孢杆菌水剂 130～260ml/亩，在病害发生初期施药，间隔 7～10d。

2．疫病

（1）症状　疫病在豆科、茄科、葫芦科等蔬菜上均有发生，病害初期常形成针尖大小暗绿色或黑褐色斑点，后逐渐扩大成圆形或不规则形病斑，有的有同心轮纹，湿度大时叶片腐烂。茎部或枝蔓发病，常形成暗绿色圆形、椭圆形或梭形病斑，病部凹陷、缢缩。果实受害，可形成水浸状近圆形凹陷病斑，湿度大时病部密生白色霉层，葫芦科作物病果常有腥臭味。

（2）病害循环　病菌主要以卵孢子在土壤病残体或菌丝在种子上越冬。条件适宜时，卵孢子萌发形成孢子囊，孢子囊或其释放的游动孢子形成初侵染。病部产生的孢子囊或游动孢子借助风雨的传播，可反复进行再侵染。在高温高湿条件下或地势低洼、排水不畅、田间郁闭程度高和连作的情况下，病害危害严重。

（3）防治方法　疫病的防治以选育抗病品种、农业防治，结合化学防治、生物防治的综合防治措施。

1）选育抗病品种。疫霉多存在生理分化现象，针对本地优势小种选育抗病品种是一种经济、有效的防治措施。例如，抗马铃薯晚疫病的'中薯21号''陇薯11号'，抗辣椒疫病的'湘椒20号''冀研6号''贵椒1号'，以及抗黄瓜疫病的'蔬研八号'、'津研'系列和'津杂'系列等。

2）农业防治。土壤低洼、田间高湿的情况下病害发生重，因此高畦深沟、排除积水、小水滴灌、适度密植有助于减轻病害的发生。轮作换茬、深翻土壤、日晒能消毒，可有效降低土壤中存留的病原量，减轻病害的初侵染。增施磷钾肥，提高植株抵抗力，并及时清除田间病株，清洁田园。

3）化学防治。气候条件适宜时，预防性施药可选用80%代森锰锌可湿性粉剂150～200g/亩、30%氟吡菌胺·甲霜灵水分散剂40～80g/亩；也可于发病后，清除田间病株，并使用72%霜脲·锰锌可湿性粉剂133～180g/亩、50%氟啶·霜脲氰水分散剂40～50g/亩。

4）生物防治。发病初期使用5亿菌落形成单位（CFU）/ml侧孢短芽孢杆菌悬浮剂50～60ml/亩或1000亿芽孢/g枯草芽孢杆菌15～20g/亩，兑水30kg喷雾。

3．白锈病

（1）症状　白锈病在十字花科、茄科、旋花科等蔬菜上均可发生。病害发生时，常在叶正面产生黄色圆形斑点，叶背面对应位置产生突起的蜡白色疱斑，疱斑表皮破裂可散出白色粉末（病菌孢子囊）；为害严重时，疱斑密布全叶，病叶畸形、枯黄、易脱落。蔬菜茎、花器受害后，肥肿畸形，表面着生白色疱斑，组织内部产生大量卵孢子。

（2）病害循环　白锈菌以卵孢子在病残体上或种子表面越冬或越夏，卵孢子可直接萌发引起初侵染。生长季节中，病部产生的孢子囊可借气流传播，孢子囊萌发后从气孔侵入，并引起反复再侵染。病菌侵入后，一般潜育期为4～5d。病害的发生与湿度关系密切，孢子囊只有在叶表面水膜中才能萌发，因此高湿、多雾、多露、昼夜温差大时，病害发生较重。

（3）防治方法　白锈病的防控有选用无病种子，进行农业防治，并结合化学防治的综合防控措施。

1）选用无病种子。选用无病种株留种或用350g/L精甲霜灵种子处理乳剂1∶（1500～2000）（药种比）拌种。

2）农业防治。选择土层较厚、有机质较高的田块，合理密植或起垄种植、降低地下水位、进行膜下灌水，或与豆科等蔬菜进行轮作。及时清除田间病株残体、病叶、病蔓等，并带至田外集中处理。

3）化学防治。在病害发生初期，选用30%精甲霜灵·嘧菌酯悬浮剂40～60ml/亩、60%嘧菌酯17～27g/亩、45%苯并烯氟菌唑·嘧菌酯水分散粒剂1700～2500倍液、69%烯酰·锰锌可湿性粉剂100～133g/亩进行叶面喷施。

（二）真菌病害

真菌病害是蔬菜生产、运输和储藏过程中发生的最重要的一类病害。随着保护地蔬菜种植面积的推广，田间小环境相对适宜真菌病害的发生，真菌病害的危害已严重制约蔬菜产业的发展。其中，由葡萄孢属（*Botrytis*）引起的灰霉病，由镰刀菌属（*Fusarium*）引起的枯萎病、茎（基）腐病，由轮枝菌（*Verticillum*）引起的黄萎病，以及由多种真菌引起的白粉病等是蔬菜上最重要的几种真菌病害。

1．灰霉病　灰霉病是露地、保护地蔬菜作物常见且比较难防治的一种真菌病害，在蔬菜各个生育期均可发生，在低温高湿的环境条件下病害发生严重，病原菌可为害植物的茎、叶、花、果多个部位。

（1）症状　灰霉病菌可以危害蔬菜除根外的所有部位，包括茎、叶、花和果。幼茎受害呈水渍状，病部凹陷缢缩，病苗易倒伏腐烂；叶部受害，叶尖呈黄色，并向内扩展呈“V”形病斑；花器被侵染，则花瓣颜色变深，易脱落；果实受害，病部多首发于脐部或果柄基部，后扩展至果实，致果实水渍状软化、腐烂。在所有受害的蔬菜部位均会产生浓密浅灰至灰黑色霉层，且在病果后期能看到黑色的菌核。

（2）病害循环　蔬菜灰霉病菌以菌核和菌丝体随病残体在土壤中越冬，设施棚内病菌可以菌丝体在寄主体内越冬或反复辗转危害。第二年春季气候条件适宜时，菌核萌发产生菌丝，菌丝体特化形成分生孢子梗，分生孢子梗顶端产生大量分生孢子，借助气流传播至蔬菜的伤口或老熟、衰弱和死亡组织，形成初侵染。花瓣被侵染后，病菌可扩展至果实脐部或果柄部，导致果实腐烂。病部产生的分生孢子可以形成反复再侵染，最后导致病害的全田暴发。高温不利于病原菌的生长繁殖，因此夏季病菌多以菌核或菌丝的形式在病残体中越夏，在气候凉爽地区则可反复侵染危害，无越夏现象。

（3）防治方法

1）农业防治。灰霉病的农业防治措施主要是调节棚室环境条件，如采用滴灌或双重覆膜、膜下灌水、合理放风，以及及时清除老叶、病叶、残花和病果等。及时开棚、关棚可有效降低棚中湿度，防止植株受冻或形成弱苗；清除病残体可有效控制病菌的初侵染来源，以及防止其在棚间进行反复再侵染。

2）物理防治。高温闷棚可有效除低土壤中菌核和病残体的存活率，减少初侵染来源。另外，增加棚中的臭氧浓度可有效杀灭病株体表分生孢子，防止病害的进一步扩散。

3）化学防治。叶菜类灰霉病防治主要在发病初期用药，而果菜类则重点在花期和果期。在发病初期可选用50%腐霉利可湿性粉剂、50%异菌脲可湿性粉剂、50%水分散粒剂或一些复配剂，如30%啶酰·咯菌腈悬浮剂、65%嘧环·腐霉利水分散粒剂或45%乙霉·苯菌灵可湿性粉剂等进行叶面喷施。也可在点花时，将50%腐霉利或50%异菌脲可湿性粉剂按0.1%药量加入2,4-D中，防止病菌侵染花瓣，降低坐果率或造成后期烂果。

4）生物防治。目前生产上有多种登记的生防菌剂可用来防治蔬菜灰霉病，如2亿孢子/g木霉菌可湿性粉剂125～250g/亩、30亿芽孢/g甲基营养型芽孢杆菌可湿性粉剂62.5～100g/亩、1000亿芽孢/g枯草芽孢杆菌可湿性粉剂50～70g/亩、1000亿活芽孢/g荧光假单胞菌可湿性粉剂70～80g/亩和10亿芽孢/g海洋芽孢杆菌100～200g/亩。

2．枯、黄萎病　茄科、葫芦科蔬菜的枯、黄萎病在田间发生严重，特别是设施蔬菜，一般年份病株率达5%～10%，严重时可达50%以上，甚至造成绝收。病菌侵染后，少数轻病株发育不良、坐果率低、果实畸形、品质差，重病株则迅速枯死。

（1）症状　枯、黄萎病在田间均可引起植株萎蔫、根茎维管束变为褐色。危害初期，病株中午失水萎蔫，早晚可恢复；随着病害加重，早晚不可恢复，病株开始出现干枯，病叶由下至上逐渐变黄，病株的茎基部常见纵向裂纹，湿度大时在茎表面可见白色至粉红色霉层。枯萎病病叶常呈坏死焦枯，有时病株一侧叶片萎垂，另一侧叶片正常展开；黄萎病病叶则常呈现以叶脉为中心的黄化，可形成楔形斑，并逐渐扩大到整个叶片。剖开病茎，枯、黄萎病的病株维管束均呈现褐色。

（2）病害循环　枯萎病菌的菌丝体、厚垣孢子和黄萎病菌的菌丝体、微菌核可在土壤或未腐熟的粪肥中越冬，也可在种子上越冬，成为第二年的初侵染来源。病菌主要通过根部伤口侵入，在木质部导管中生长繁殖，分解寄主导管细胞，堵塞导管，阻碍水分的运输。农事操作可造成病害的传播。线虫、地下害虫等造成蔬菜根部受损，也会加重病害的发生。

（3）防治方法

1）选用抗病品种。目前生产上对蔬菜枯、黄萎病具抗性的蔬菜品种较多，如抗黄瓜枯萎病的品种‘津春4号’‘津研7号’，抗番茄枯萎病的‘春粉’‘华番2号’，以及抗西瓜枯萎病的‘抗病苏蜜’‘京欣2号’等。

2）农业防治。无病田留种，不从病区调种。因为枯萎病菌存在不同的专化型，所以采取轮作措施时，要与非寄主轮作，水旱轮作效果更佳。利用栽培空田期，做好土壤的深翻和日光能消毒工作。以黑籽南瓜和野生西瓜等为砧本，嫁接黄瓜、网纹甜瓜、西瓜等育成抗病苗移栽。适当增施磷钾肥，提高寄主抗病性。有条件的地区，可以采用基质育苗与无土栽培技术。

3）化学防治。种子处理可有效降低枯萎病的发生，如用25g/L咯菌腈悬浮剂476～588ml/100kg种子、300亿芽孢/ml枯草芽孢杆菌悬浮种衣剂5～10L/100kg种子，或用2.2%甲霜·百菌清悬浮种衣剂药种比1∶（10～15）进行种子包衣。在病害发生初期，可用50%多菌灵可湿性粉剂500倍液或甲基硫菌灵可湿性粉剂700倍液对病株进行灌根。重病株拔除后，对病穴可用生石灰或相应的化学药剂处理，以减少带菌土壤的传播。

3．白粉病 蔬菜白粉病由白粉菌目的多属真菌引起，如引起瓜类白粉病的有单丝壳属的苍耳单丝壳菌（*Sphaerotheca fuliginea*）和白粉菌属的菊科白粉菌（*Erysiphe cichoracearum*），引起辣椒白粉病的为内丝壳属的鞑靼内丝白粉菌（*Leveillula taurica*），引起豆类白粉病的则为白粉菌属的蓼白粉菌（*Erysiphe polygoni*）。

（1）症状 蔬菜白粉病菌主要侵染叶片，在豆科蔬菜上还可侵染叶柄、荚果。病叶上产生白色近圆形的粉状小斑点（分生孢子梗和分生孢子），随后整个叶片布满连片的粉斑，有些植株受害严重，整个叶片表面全部为白粉覆盖。后期，白色粉状物颜色逐渐加深呈灰白色至红褐色，叶片黄化、变枯、变脆，但一般不脱落。病叶上可见散生或成堆着生的针尖状黑褐色小颗粒（闭囊壳）。

（2）病害循环 北方地区，蔬菜白粉病菌以闭囊壳随病残体在地上越冬，成为翌年初侵染来源；有保护地栽培的地区，病菌以分生孢子和菌丝在病株上越冬，且不断再侵染。南方温暖地区白粉病可终年不断发生，不存在越冬越夏问题。病菌再侵染主要依靠分生孢子随气流传播。一般情况下，在气温上升至14℃田间开始发病，湿热天气病害发展较快，高温干旱可抑制病害的发生。

（3）防治方法

1）选用抗病品种。目前针对白粉病抗性品种的选育主要集中于瓜类，如抗白粉病黄瓜品种‘东农812’‘津春4号’‘青研黄瓜3号’‘夏丰一号’等；抗白粉病瓠瓜品种‘越蒲2号’‘福圣’‘美丰1号’等；抗白粉病甜瓜品种‘PMR-5’‘白兰蜜’等。另外，一些地方品种，如‘超早甜瓜’‘脆蜜罐’‘富甜一号’‘花皮脆香瓜’等香瓜品种，以及‘黑皮棱子酥’菜瓜、‘富丰酥’菜瓜等菜瓜品种也有很好的白粉病抗性。

2）农业措施。在培育壮苗的基础上，施足底肥；田间注意合理密植，保持较好的通风、透光效果，防止徒长或早衰；瓜拉秧后要彻底清除病残体，减少病害的初侵染来源。

3）化学防治。于发病初期使用20%吡噻菌胺悬浮剂30ml/亩、25%吡唑醚菌酯悬浮剂40～60ml/亩、50%嘧菌酯水分散粒剂45～60g/亩、43%氟啶·戊唑醇悬浮剂20～30ml/亩、40%嘧菌·乙嘧酚悬浮剂30～40ml/亩叶面喷雾处理。

4）生物防治。1000 亿芽孢/g 枯草芽孢杆菌 70～84g/亩、1%蛇床子素水乳剂 150～200ml/亩、0.5%几丁聚糖水剂 150～200ml/亩、4%嘧啶核苷类抗生素水剂 300～400 倍液喷施于叶面表面，预防效果优于治疗效果。

4．炭疽病　炭疽病是田间发生较为普遍的一种真菌病害，可在豆科、茄科、十字花科、菊科等多种蔬菜上发生。病原菌有性态为黑盘孢目成员，无性态则为炭疽菌属（*Colletotrichum*）的不同种。

（1）症状　炭疽病菌可为害蔬菜叶片、茎秆、果实等。开始于病部出现红褐色小点，后病斑逐渐扩展，呈近圆形、椭圆形、不规则形褐色、灰褐色至白色病斑。有时，病斑受叶脉限制，可呈多角形。病部常出现凹陷或同心轮纹，有的易破裂、穿孔。茎秆受害时，病斑初水渍状，后褐色，条状或梭形、凹陷、纵向开裂，有时可扩展成长条斑。幼苗茎秆病斑环茎一周后，可导致幼苗死亡。在病斑表面，常有黑色小颗粒（分生孢子盘），湿度大时可产生粉红色颗粒状黏稠物（分生孢子团）。

（2）病害循环　炭疽病菌主要以分子孢子附于种子表面或以菌丝体潜伏于种子与病残体内越冬，有些蔬菜炭疽病菌可以菌丝或分生孢子盘的形式随病残体在土壤中越冬，成为下一季发病的初侵染来源。越冬后的分生孢子随风雨、昆虫、农业活动或灌溉水传播，条件适宜时分生孢子萌发产生芽管从寄主表面伤口或直接侵入。病部产生的分子孢子可再传播，实现反复再侵染。

（3）防治方法

1）选用抗病品种。抗性炭疽病品种有菜豆品种‘芸丰’‘哈菜豆一号’‘甘靶 1 号’，豇豆品种‘之豇 28-2’，辣椒品种‘兴蔬绿燕’‘长香’，以及西瓜品种‘佳丽’‘西农 8 号’‘庆农 5 号’等。

2）农业防治。及时清理田间病枝病果，收获后清除病残体。合理密植，适量浇水，降低田间湿度。施足优质有机基肥，适当增施磷钾肥。收后播前翻晒土壤，空茬期可进行高温闷棚。

3）化学防治。于发病初期用 40%苯醚甲环唑悬浮剂 15～20ml/亩、400g/L 氯氟醚·吡唑酯悬浮剂 1500～2500 倍液、22.5%啶氧菌酯悬浮剂 28～33ml/亩、50%苯甲·肟菌酯水分散剂 15～25g/亩进行全株喷雾。用量有时可根据植物群体生长量适当增减，间隔 7～10d 用一次药，连续用药 2 或 3 次。保护地蔬菜也可用百菌清烟剂 250g/亩，熏蒸 5～6h 后开棚通风，间隔 7～10d 用一次药，连续用药 3 或 4 次。

（三）细菌病害

细菌病害常在蔬菜上造成萎蔫、坏死和腐烂，如果胶杆菌属（*Pectobacterium*）引起的十字花科蔬菜软腐病、劳尔氏菌属（*Ralstonia*）引起的茄科青枯病、假单胞菌属（*Pseudomonas*）引起的葫芦科细菌性角斑病等。

1．十字花科蔬菜软腐病　十字花科蔬菜软腐病主要发生在我国大白菜产区，是大白菜最重要的病害之一，在其整个生长、储藏、运输和销售期间均可发病。且该病菌除危害十字花科蔬菜外，对茄科、葫芦科、菊科等蔬菜均有致病性，也可造成一定损失。

（1）症状　植物受病原菌侵染后，病组织呈半透明状，后渐成水渍状，最终导致组织腐烂，并伴有恶臭。大白菜软腐病可引起基腐、心腐和缘腐多种症状类型，基腐症状为大白菜茎基部受病菌侵染后，病害延叶柄向上扩展，组织软化导致植株坍塌；心腐为植株心叶受侵染，并由中心向外扩展；缘腐为大白菜叶缘受病菌侵染，病斑沿叶缘向下扩展，并传染至相邻的叶片。

（2）病害循环　病菌在病株和病残体内越冬，土壤、粪肥及贮窖周围的废弃物也是病菌重要来源。病菌主要从伤口侵入寄主，也可从大白菜的幼芽或幼苗期根部侵入，并潜伏在植物体内，成为生长后期和储藏期腐烂的主要菌源。病菌可借助雨水、灌溉水和昆虫传播，在田间经寄主自然裂口和伤口进行反复再侵染。

（3）防治方法　由于不同品种对于病害的抗性存在差异，因此各地可因地制宜地选择相应的抗性品种。为防止病菌的传播，可采用起垄栽培，并于雨后及时排除积水；避免大水漫灌，以小水滴灌或少水勤灌为主；发现病株要及时清理出田，病穴用生石灰消毒。在大白菜莲座期至包心期，可使用 50%氯溴异氰尿酸可溶粉剂 50～60g/亩、30%噻森铜悬浮剂 100～135ml/亩、20%噻菌铜悬浮剂 75～100g/亩进行茎基部喷雾，5～7d 用药 1 次，连续 3 或 4 次。

2．青枯病　青枯病主要发生于茄科和葫芦科蔬菜，是生产上一种毁灭性土传病害，自然条件下广泛分布于温带以南地区，而随着保护地蔬菜栽培面积的扩大，该病在北方地区危害逐年加重，严重威胁蔬菜的安全生产。

（1）症状　青枯病为细菌性维管束病害，一般于成株期发生。病株叶片萎蔫，色泽微淡，但仍保持绿色。发病初期，病株白天萎蔫，早晚恢复正常；发病严重后，萎蔫不能恢复，植株快速失水，叶片下垂卷曲，植株死亡。剖开茎秆，维管束呈褐色。病茎下部表皮粗糙，常可产生不定根。天气潮湿时，病茎上可产生褐色条斑，横切后用手挤压可在切口处见到乳白色黏液。

（2）病害循环　青枯病菌可以在土壤、病残体和其他寄主植物中越冬，成为下一季的初侵染来源，适宜条件下病菌可在土壤中存活一年以上，并随雨水、灌溉水和农事操作进行传播。对于块茎类蔬菜，如马铃薯，病菌可随种薯的调运做远距离传播。病菌主要从植物根和茎部的伤口侵入，进入导管系统，也可从次生根的根冠侵入，侵入皮层后在细胞间隙生长。病菌通过分泌多种胞外酶，破坏寄主的导管组织，从而使水分运输受阻，引起植株枯萎死亡。

（3）防治方法　青枯病的防治主要为种植抗病品种和使用一些农业措施。例如，与非寄主作物轮作，或与水生作物轮作，调节土壤的酸碱度，选择排水良好的田块作为苗床，用营养钵育苗等。移栽和进行农事操作时，尽量少伤根。起垄种植，及时排除积水，禁止大水漫灌等。一旦田间发现中心病株，应立即拔除，并带出田外销毁，同时对病穴进行处理，如每病穴用 20%石灰水消毒或撒入石灰粉。若大田处于发病初期，可用 20%噻森铜悬浮剂 300～500 倍液灌根或茎基部喷雾，或用 3%中生菌素可湿性粉剂 600～800 倍液灌根。收获后，病田可用 99.5%氯化苦液剂 34g/亩进行土壤熏蒸。

（四）根结线虫病

根结线虫病是蔬菜上最重要的病害之一，特别是设施地蔬菜的迅速发展，使得轮作与复种指数增加，根结线虫病的发生越来越严重，在有些地区该病甚至造成毁灭性的后果，严重制约了蔬菜产业的发展。由于蔬菜根结线虫种类较多，如南方根结线虫、爪哇根结线虫、花生根结线虫、北方根结线虫和象耳豆根结线虫等，因此到目前为止，几乎所有蔬菜上都有根结线虫病的报道，只是不同蔬菜上发生的轻重略有不同。例如，茄科、十字花科和葫芦科的多种蔬菜上发生较重，而葱、蒜、韭菜等则相对较轻。而且，根结线虫还能传播一些真菌和细菌病害，或加重这些病害的发生。

（1）症状　根结线虫病田间主要表现为植株瘦弱、矮小、黄化，植株坐果率低，果实小而少，多呈僵果状，果实品质较差。拔起病株，可见其根部有大小不等、形状不规则的瘤状突起（根结），有些呈念珠状。植株根部根结数量多、危害严重时会导致植株根部腐烂，地上部分提前衰败。

（2）病害循环　根结线虫以卵或 2 龄幼虫的形式在土壤、病残体和粪肥中越冬。第二年春天，当环境条件适宜时，卵孵化形成 2 龄幼虫或原越冬场所的 2 龄幼虫从植物根部侵入，并于细胞间移动至根中柱和皮层的固定位置。发育成成虫后，雌雄虫交配或雌虫孤雌生殖后，雄虫从根部钻出进入土壤，雌虫则形成卵囊，并产卵其中，卵孵化后形成的2龄幼虫可侵染同一根系，或随土壤、耕作农具、灌溉水等在田间引起再侵染。带病的种苗、根茎、病残体均是该病远距离传播的重要途径。

（3）防治方法

1）选用抗病品种。目前针对根结线虫病育成的抗病品种主要来自番茄，如'仙客1号''仙客5号''仙客6号''线虫绝1号''线虫绝3号'等，而黄瓜、长瓜、丝瓜、辣椒、茄子等主栽品种都极易感病。

2）农业防治。选用无病土或基质育苗，移栽时剔除带病苗。收获后清除田间病残体，带虫根晒干后焚毁。在夏季空田期，起垄灌水覆地膜，利用高温杀虫；冬季则采用低温冻垄的方法抑制线虫量。轮作时选择对根结线虫感病性弱或水生蔬菜进行轮作，可有效减轻线虫病的发生。

3）化学防治。蔬菜苗移栽前，用10%噻唑膦颗粒剂1500～2000g/亩进行田间土壤撒施，或于发病后用5%阿维菌素微囊悬浮剂350～450g/亩灌根。也可于空田期，用20%异硫氰酸烯丙酯可溶液剂2～3L/亩进行沟施覆膜覆土后熏蒸。

4）生物防治。2亿孢子/ml嗜硫小红卵菌悬浮剂400～600ml/亩灌根、25亿孢子/g厚孢轮枝菌微粒剂175～250g/亩穴施，或100亿芽孢/g坚强芽孢杆菌可湿性粉剂400～800g/亩穴施。

（五）病毒病

病毒病几乎在各种蔬菜上均能发生，也是各蔬菜产区常见病害，一般年份减产10%～30%，流行年份病株率高达50%～80%，有时可引致全田毁灭。病毒病的发生常与田间虫害的发生密切相关，如蚜虫、粉虱、蓟马、叶蝉等均是蔬菜病毒力的传毒介体。病毒病造成的症状类型较多，有花叶、条斑、黄化、蕨叶、皱缩、畸形等。对于病毒病的防治主要是选用抗病品种，并尽量减少田间害虫量，做到治虫防病；发病初期可使用20%吗啉·乙酸铜可湿性粉剂167～250g/亩、50%氨基寡糖素水剂2000～3000倍液、31%寡糖·吗胍可溶粉剂25～50g/亩喷雾。

二、主要害虫

根据害虫在蔬菜上的危害部位，蔬菜害虫可以分为食叶类害虫、潜叶类害虫、吸汁类害虫、钻蛀类害虫、地下害虫等。食叶类害虫是直接咬食植物叶片，造成叶片缺口或仅留叶脉，甚至全部吃光；潜叶类害虫是钻入叶子的表皮下，潜伏其中取食叶肉；吸汁类害虫是以口针刺入植物组织，吸食植物汁液，造成植物营养流失；钻蛀类害虫是钻入植物组织内取食植物，造成植物组织坏死；地下害虫是取食蔬菜的根、地下茎等地下部分组织等。有些害虫成虫和幼虫均能取食危害，并且成虫和幼虫取食植物的不同部位，如黄曲条跳甲成虫取食叶片，而幼虫在地下取食根茎。

（一）食叶类害虫

食叶类害虫主要取食植物叶片，常将叶片咬成缺口或仅留叶脉，甚至全吃光。蔬菜上常见的食叶类害虫主要隶属于鳞翅目菜蛾科（Plutellidae）、螟蛾科（Pyralidae）、夜蛾科（Noctuidae）、粉蝶科（Pieridae），鞘翅目的叶甲科（Chrysomelidae）等，其中菜蛾科的小菜蛾、粉蝶科的菜粉蝶、螟蛾科的菜螟、叶甲科的大猿叶甲和黄曲条跳甲等主要危害十字花科蔬菜叶片，叶甲科的黄守瓜主要危害葫芦科蔬菜叶片，夜蛾科的斜纹夜蛾、甜菜夜蛾、甘蓝夜蛾等危害各种蔬菜的叶片。

1. 小菜蛾（*Plutella xylostella*） 小菜蛾全世界均有发生，我国发生普遍，以南方各地发生危害严重，是十字花科植物的重要害虫之一，每年发生代数自北向南依次递增，长江流域 9～14 代，华南地区 17～22 代。近年来，随着菜蛾抗药性的发展，其发生日趋严重。

（1）形态特征　成虫灰褐色，体长 6～7mm，翅展 12～15mm。触角丝状，静止时伸向身体的前方。前翅披针形，缘毛极长，前缘灰褐色，中央有 1 条纵向三度弯曲的黑色波状纹，两翅合拢时形成三个连串的菱形斑，缘毛翘起如鸡尾。老熟幼虫体长 10～12mm，体淡绿色，纺锤形。头部黄褐色。前胸背板有淡褐色无毛的小点，排列成两个“U”形纹。臀足向后伸，超过腹末。

（2）生活习性　小菜蛾在我国发生普遍，越冬北界在湖北武汉至河南省驻马店，长江流域及其以南地区无越冬现象。小菜蛾不耐高温，每年有两个明显的发生高峰，始发期从南至北逐渐向后推移。华中和华东等地在 5 月上旬至 6 月中旬和 9 月中下旬至 10 月分别有一个危害高峰，秋季危害重于春季，露地蔬菜比棚室蔬菜受害严重。

成虫有昼伏夜出和远距离迁飞习性，白天躲在植株荫蔽处，受到惊扰则在植株间短距离低飞。产卵时对异硫氰酸酯类和芥子油苷有趋性，十字花科蔬菜上危害较重，其中以甘蓝、花椰菜、白菜、萝卜、芥菜、油菜等蔬菜受害最重，十字花科蔬菜连作、间作、套种，大棚邻近苗床，管理粗放的田块，小菜蛾发生较严重。小菜蛾喜干旱，潮湿多雨不利于小菜蛾发育，暴雨对卵及幼虫有一定的冲刷作用，因此夏季及多雨的年份发生轻。成虫有趋光性，对绿光（520nm）较敏感。幼虫活跃，受惊动易跳跃、倒退、吐丝下垂习性。

（3）防控方法

1）农业防治。①合理安排茬口。尽量避免十字花科蔬菜连作或早、中、晚熟品种的邻作；蔬菜定植尽可能避开小菜蛾的发生高峰期，减轻危害。②清洁田园。蔬菜收获后，及时清除残株败叶，并随即翻耕，消灭残虫，降低田间虫量。

2）物理防治。①灯光诱杀。成虫始发时打开波长 520nm 的绿光灯，诱杀小菜蛾，以减少虫源。灯的位置略高于蔬菜冠层叶。②防虫网阻隔。在保护地大棚裙膜放风口和门加装 40～50 目防虫网，以阻止小菜蛾成虫进入大棚。防虫网底边用土压紧、压实。

3）生物防治。①性诱剂诱杀。每亩设置 5 个诱芯，悬挂高度高出蔬菜顶部 20cm。②利用生物农药。例如，3.2%苏云金杆菌可湿性粉剂 0.1～0.12kg/亩，20 亿 PIB/ml 甘蓝夜蛾核型多角体病毒悬浮剂 50ml/亩，300 亿 OB/ml 小菜蛾颗粒体病毒悬浮剂 50ml/亩。

4）化学防治。防治适期在幼虫孵化盛期至 2 龄前。由于小菜蛾有集中心叶危害的习性，尽可能把药喷在心叶和叶背。

常用农药有 5%氯虫苯甲酰胺悬浮剂 1000 倍液、1%阿维菌素乳油 750 倍液、10%多杀霉素水分散粒剂 5000 倍液、1%甲维盐微乳剂 15～30ml/亩。

2．菜粉蝶（*Pieris rapae*）　菜粉蝶又称白粉蝶，幼虫又名菜青虫，是世界性分布害虫，我国各菜区均有发生。菜粉蝶幼虫主要取食危害十字花科植物叶片，对叶片较厚的球茎甘蓝和结球甘蓝危害最烈。

（1）形态特征　雌成虫前翅正面近翅基部灰黑色，约占翅面的一半；顶角有三角形大黑斑，大斑下有两个小黑斑，沿后缘有 1 条灰黑色带。雄虫前翅正面基部灰黑部分较小，后缘无黑色带。老熟幼虫背面青绿色，腹面淡绿而带白色，背中线淡黄色。体表密布细小黑色毛瘤和细毛。

（2）生活习性　每年发生世代因地而异，长江流域每年 7～9 代，华南地区 12 代。除海南和广州等地外，其他地区均以蛹越冬，越冬场所多在冬前危害田附近的屋墙、棚室设施外田间作物与树干上或土缝、杂草间。长江中下游地区发生高峰多在 4 月下旬至 6 月和 9～10 月。

成虫对黄颜色有趋性，喜好在富含芥子油苷的十字花科蔬菜上产卵。发育最适温度为 20～

25℃，最适降雨量为每周 7.5～12.5mm，雨水的机械冲刷作用可使卵和幼龄幼虫死亡。由于夏季高温干燥及甘蓝类作物面积减少，晚秋季节温度降低，因此长江中下游地区种群消长为双峰型，一般在春夏之交达到高峰，盛夏温度偏高或雨季雨量过大，虫口迅速下降，秋季又因气温下降而虫口回升，形成第二个高峰。菜粉蝶幼虫 3 龄前仅食叶肉，留下一层表皮，3 龄后将叶片咬成孔洞或缺刻，严重发生时可将叶片全部吃光，只留粗叶脉和叶柄。幼虫造成的伤口又可引起软腐病的侵染和流行。

（3）防控方法

1）农业防治。避免十字花科蔬菜连作，在十字花科蔬菜收获以后，要及时清洁田园，田间残株清出田外进行无害化处理。早春露地蔬菜可以覆盖地膜，提早定植期，避过第 2 代菜青虫危害。

2）物理防治。①黄板诱杀。成虫始发时田间悬挂黄板，诱杀成虫，每亩挂黄板 40～50 块。②防虫网阻隔。在保护地蔬菜在大棚放风口和门加装 35～40 目防虫网，阻止小菜蛾成虫进入大棚。防虫网底边用土压紧、压实。

3）生物防治。①利用天敌昆虫。在菜粉蝶产卵期每亩释放赤眼蜂 1 万头，每隔 5～7d 放 1 次，连续放蜂 3～4 次。②施用生物农药。菜粉蝶颗粒体病毒 1000 倍喷雾，每隔 7d 喷 1 次；3.2%苏云金杆菌可湿性粉剂 0.1～0.12kg/亩，在幼虫孵化盛期喷药，7d 后再喷 1 次；0.3%印楝素乳油 1000 倍喷雾。

4）化学防治。尽量使用选择性杀虫剂，放宽防治指标，避免杀伤天敌。在初孵幼虫至 2 龄幼虫期用药。常用药剂有 5%氯虫苯甲酰胺悬浮剂 1000 倍液、1%阿维菌素乳油 750 倍液、10%多杀霉素水分散剂 5000 倍液、1%甲维盐微乳剂 15～30ml/亩、40%辛硫磷乳油 2000 倍液。

3．菜螟（*Hellula undalis*）　菜螟别名剜心虫、钻心虫、萝卜螟，为世界性害虫。广泛分布于我国各地，我国南方地区发生比较严重，华北各地局部地区危害加剧。

（1）形态特征　成虫体长约 7mm，翅展 16～20mm，为褐色至黄褐色的小型类蛾子。前翅有 3 条波浪状灰白色横纹和 1 个黑色肾形斑，斑外围有灰白色晕圈。后翅灰白色，近外缘稍带褐色。老熟幼虫体长约 12mm，黄白色至黄绿色，背上有 5 条灰褐色纵纹，体节上有毛瘤，中后胸背上毛瘤单行横排各 12 个，腹末节毛瘤双行横排，前排 8 个，后排 2 个。

（2）生活习性　菜螟在长江中下游地区每年 6 或 7 代，河南每年 6 代。主要寄主为白菜、萝卜、甘蓝、花椰菜等十字花科蔬菜。菜螟主要以老熟幼虫在避风、向阳、干燥温暖的菜地土中越冬，少数以蛹越冬。翌年春天越冬幼虫入土作茧化蛹，也有在地面的枯枝落叶上化蛹。初孵幼虫潜叶危害，3 龄吐丝缀合心叶，藏身其中取食危害，4～5 龄可由心叶、叶柄蛀入茎髓危害菜螟，形成隧道，甚至钻食根部，造成根部腐烂。受害幼苗因生长点被破坏而停止生长或萎蔫死亡，造成缺苗毁种。

成虫昼伏夜出，飞翔力不强，稍具趋光性。产卵于叶茎上散产，尤以心叶着卵量最多。幼虫有吐丝下垂及转叶危害习性，危害期在 5～10 月，以秋季危害最重。凡秋季天气高温、干燥，有利于菜螟发生。江苏南京、上海等地 8～9 月秋播萝卜、白菜危害较重。

（3）防控方法

1）农业防治。及时春耕翻土，可消灭部分越冬虫源。清洁田园，寄主植物收获后及时清除残株落叶并进行深翻，以减少虫源。适当调节播种期，使十字花科蔬菜 3～5 片真叶期避开菜螟盛发期。合理安排茬口，避免十字花科蔬菜尤其是萝卜、白菜春秋连作。幼虫发生期及时浇水，增加田间湿度，创造有利于菜苗生长而不利于菜螟生长发育的环境，抑制该虫的发生危害。

2）物理防治。用黑光灯或频振灯诱杀成虫，灯位应略高于菜株。在保护地大棚裙膜放风口和门加装40～50目防虫网，阻止成虫进入大棚。

3）生物防治。常用生物农药有2000IU/μl苏云金杆菌悬浮剂500ml/亩兑水30～45kg喷雾，甜菜夜蛾核型多角体病毒悬浮剂1000～1500倍液喷雾，金龟子绿僵菌颗粒剂5kg/亩。

4）化学防治。应掌握在卵孵化盛期、幼虫吐丝结网及蛀心前进行喷药。喷药时要喷菜心。常用农药有5%氯虫苯甲酰胺悬浮剂1000～1500倍液、15%茚虫威悬浮剂2000～4000倍液、5%甲维盐水分散粒剂10g兑水30kg、2.5%高效氯氟氰菊酯乳油3000倍液喷雾。

4. 甜菜夜蛾（*Spodoptera exigua*） 甜菜夜蛾为世界性害虫，我国主要分布于东北、华北、西北和长江流域地区，以黄河流域和长江流域发生危害严重。

（1）形态特征 成虫体长10～14mm，翅展25～30mm，虫体和前翅灰褐色。前翅外缘线由一列黑色三角形小斑组成，翅面有黑白二色双线2条，并有一个环形纹和一个肾纹，均为黄褐色。后翅银白色，半透明。幼虫体色多变，一般为绿色或暗绿色，气门下线黄白色，两侧有黄白色纵带纹，有时带粉红色，各气门后上方有1个显著白色斑纹。

（2）生活习性 甜菜夜蛾在长江流域一年发生5或6代。在我国的越冬区位于北回归线附近至长江流域，北方主要以蛹在土下越冬，长江流域及以南地区可以幼虫或蛹在土下越冬。成虫有远距离迁飞习性，春夏之交由常年发生地向长江流域及北方迁飞。全年主要发生在7～9月。

甜菜夜蛾可取食十字花科、茄科、豆科、伞形科、百合科、葫芦科等植物。成虫白天隐蔽在作物枝叶下，夜间进行取食、交尾、产卵。成虫对黑光灯有较强的趋性。卵多产在植物叶背面，成块，卵块上覆盖有白色鳞毛。幼虫孵出后即在卵块附近的叶背群集危害，2龄后开始分散，3龄后幼虫进入暴食期。幼虫具假死性，受惊后即卷曲落地。高龄幼虫对光敏感，具负趋光性；高温干旱利于甜菜夜蛾大发生，在我国发生危害最严重的时期出现在当地气温较高时。在长江流域，甜菜夜蛾的大发生与上年和当年的气候密切相关，尤其是当年7～9月的气温和降雨量。在7～9月，白天潜入土中或栖息于地面，取食多在夜间进行。幼虫老熟后入土作土室化蛹。

（3）防控方法

1）预警预报。在田间放置性诱剂诱集成虫，监测成虫发生情况。

2）农业防治。在晚秋或冬季深耕土壤、铲除杂草、清洁田园，可以消灭大部分越冬蛹，减少次年虫口基数。合理作物布局，推广水旱轮作，压低虫口基数。

3）物理防治。利用成虫的趋光性，用黑光灯进行诱捕；或用胡萝卜、甘薯、豆饼等发酵液加少量的杀虫剂进行诱杀；或用食诱剂诱杀。在保护地大棚放风口和门加装35～40目防虫网，阻止成虫进入大棚。

4）生物防治。①性诱剂诱杀。每亩地放置1～2个诱芯。②生物农药。在甜菜夜蛾卵孵化盛期或初孵幼虫盛期用甜菜夜蛾核型多角体病毒悬浮剂1000～1500倍液、2000IU/μl苏云金杆菌悬浮剂500ml/亩兑水30～45kg喷雾。

5）化学防治。用药适期掌握在1～3龄幼虫盛发期，注意将药剂喷到叶片背面及下部叶片。常用药剂有5%氯虫苯甲酰胺悬浮剂1000～1500倍液、15%茚虫威悬浮剂2000～4000倍液、5%甲维盐水分散粒剂10g兑水30kg喷雾。

5. 大猿叶虫（*Colaphellus bowringi*） 大猿叶虫属鞘翅目叶甲科。全国绝大多数地区有发生，幼虫和成虫均能危害，吃叶成孔，严重时仅剩叶脉。主要危害十字花科蔬菜。

（1）形态特征 成虫体长5mm，宽约2.5mm，长椭圆形，体背蓝黑色，略具金属光泽；体腹面黑色，前胸背板及鞘翅上密布粗刻点。后翅较大，但很少飞行。老熟龄幼虫体长7.5mm，头黑色具光泽，胸腹部黄褐色，各节上有大小不等的肉瘤，瘤上有刚毛。

（2）生活习性　大猿叶虫在我国1年发生1～6代，长江流域3～4代，以成虫在土层中滞育越冬，少数在枯叶、土缝间越冬。广东、广西无明显越冬现象。大猿叶虫为寡食性害虫，主要寄主为十字花科蔬菜，其中萝卜、白菜、芥菜受害较重。

成虫白天活动，但不善飞翔，具假死性，受惊时缩足跌落。成虫能多次交配，交配后很快产卵。卵多产于寄主根部土表或寄主心叶、叶腋处。初孵幼虫多在叶背啃食叶肉，形成许多小凹斑，高龄幼虫和成虫食叶成孔洞或缺刻，严重时仅留叶柄、叶脉。大猿叶虫生长最适温度为22～25℃，28℃以上对其生长发育和生存不利。

（3）防控方法

1）农业防治。清洁田园，冬季及时清除残株落叶和地边杂草，集中堆沤，消灭部分越冬虫源。冬闲田深耕晒土，造成不利于大猿叶虫发生的条件，并可杀灭部分蛹。十字花科蔬菜与其他蔬菜轮作，可减轻大猿叶虫危害，条件许可的情况下可以实行水旱轮作。

2）物理防治。成虫危害盛期，利用其假死性，清晨用浅口容器（盆内放水或稀泥）放在被害植株下拍打植株，使虫落入盆内集中处理。

3）生物防治。金龟子绿僵菌颗粒剂5kg/亩，在开垄追肥的时候施用，蔬菜出苗后用金龟子绿僵菌乳油喷雾。

4）化学防治。十字花科蔬菜幼苗期进行药剂防治，或在大猿叶虫成虫盛发期、卵孵化高峰期用药。常用药剂有0.2%阿维菌素1500倍液、2.5%溴氰菊酯乳油2500～3000倍液、50%马拉硫磷乳油800倍液喷雾。

6. 黄曲条跳甲（*Phyllotreta striolata*）　黄曲条跳甲属鞘翅目叶甲科。以成虫和幼虫两个虫态对植株直接造成危害。主要为害叶菜类蔬菜，以甘蓝、花椰菜、白菜、萝卜、油菜等十字花科蔬菜为主，也为害茄果类、瓜类、豆类蔬菜。近几年，随着种植结构的调整和设施栽培的普及，黄曲条跳甲的发生危害逐年加重。

（1）形态特征　成虫体长约2mm，长椭圆形，黑色有光泽，前胸背板及鞘翅上有许多刻点，排成纵行。鞘翅中央有一黄色纵条，两端大，中部狭而弯曲，后足腿节膨大、善跳。卵长约0.3mm，椭圆形，初产时淡黄色，后变乳白色。老熟幼虫体长4mm，长圆筒形，尾部稍细，头部、前胸背板淡褐色，胸腹部黄白色，各节有不显著的肉瘤。蛹长约2mm，椭圆形，乳白色，头部隐于前胸下面，翅芽和足达第5腹节，腹末有一对叉状突起。

（2）生活习性　黄曲条跳甲在我国北方一年发生3～5代，南方7～8代，上海6～7代。成虫寿命长，最长达1年。在华南及福建漳州等地无越冬现象，可终年繁殖。在江浙一带以成虫在田间、沟边的落叶、杂草及土缝中越冬，越冬期间如气温回升10℃以上，仍能出土在叶背取食为害。越冬成虫于3月中下旬开始出蛰活动，在越冬蔬菜与春菜上取食活动，随着气温升高活动加强。4月上旬开始产卵，以后每月发生1代，因成虫寿命长，致使世代重叠。10～11月，第6～7代成虫先后蛰伏越冬。春季1代、2代（5月、6月）和秋季5代、6代（9月、10月）为主害代，为害严重，但春季为害重于秋季，盛夏高温季节发生为害较少。

成虫善跳，高温时还能飞翔，中午前后最活跃。有趋光性，对黑光灯敏感。趋绿。产卵期长，可延续一个月以上。因此，田间世代重叠，发生期不整齐。卵散产于植株周围湿润的土壤缝隙中或细根上。平均每雌产卵200粒，20℃时卵历期4～9d。

湿度对黄曲条跳甲的发生数量关系最大，特别是产卵期和卵期。成虫产卵喜潮湿土壤，含水量低的极少产卵。相对湿度低于90%时，卵孵化极少。春秋季雨水偏多，有利于发生。黄曲条跳甲的适温为21～30℃，低于20℃或高于30℃，成虫活动明显减少，特别是夏季高温季节，食量剧减，繁殖率下降，并有蛰伏现象，因而发生较轻。黄曲条跳甲属寡足食性害虫，偏嗜十字花科蔬菜，一般十字花科蔬菜连作地区，终年食料不断，有利于大量繁殖，受害就重；若与其他蔬菜轮作，则发生危害较轻。

（3）防控方法

1）农业防治。清除菜地残株败叶，铲除杂草。播种前深耕晒土，消灭部分蛹。种子包衣处理能够保护幼苗不受黄曲条跳甲幼虫为害，可选70%噻虫嗪分散粉剂包衣。

2）物理防治。利用成虫的趋光性，用黑光灯进行诱捕；或用黄板等诱杀。

3）化学防治。防治成虫宜在早晨和傍晚喷药。由于成虫善跳，喷药时应采用螺旋式喷药方式，即先田外、后田内，先四周、后中间。常用药剂有5%抑太保乳油4000倍液、5%卡死克乳油4000倍液、5%农梦特乳油4000倍液、40%菊杀乳油2000～3000倍液、40%菊马乳油2000～3000倍液、20%氰戊菊酯2000～4000倍液、茴蒿素杀虫剂500倍液，也可用敌百虫或辛硫磷溶液灌根以防治幼虫。

（二）潜叶类害虫

潜叶类害虫是害虫潜入叶片内，取食叶肉组织，危害严重时只留下表皮。蔬菜潜叶类害虫主要有美洲斑潜蝇、葱斑潜蝇、番茄斑潜蝇、豌豆斑潜等。

美洲斑潜蝇（*Liriomyza sativae*）

美洲斑潜蝇又名蔬菜斑潜蝇、甘蓝斑潜蝇，双翅目斑潜蝇科。是世界性分布的蔬菜、花卉等作物上的重要害虫。在我国属于外来入侵害虫。主要危害黄瓜、甜瓜、西瓜等，茄科的番茄、茄子、辣椒、马铃薯等，豆科的虹豆、扁豆、菜豆，也危害十字花科的大白菜、油菜、萝卜等。

（1）形态特征　成虫体小，体长1.3～2.3mm，淡灰黑色。触角和颜面为亮黄色，复眼后缘黑色。外顶鬃常生于暗色区，内顶鬃着生于暗色区和黄色区的交界处。背中鬃4根，中胸侧片黄色，有一变异黑色区。腹部背面为黑色，侧面和腹面为黄色。后翅退化为平衡棒。幼虫蛆状，无头。初孵化时无色透明，后变为浅橙黄色至橙黄色。老熟幼虫腹部末端后气门突呈圆锥状突起，顶端三分叉，各叉顶具一瘤状突，为后气门开孔。

（2）生活习性　美洲斑潜蝇发育历期短，世代重叠严重。在我国北方一年发生7～9代，上海9～11代，广东14～17代。美洲斑潜蝇在北纬35°以北的地区自然环境下不能越冬，但可以在温室大棚内越冬，每年4月前后气温回升时，越冬蛹开始羽化，随温室放风飞向露地，6～9月为露地发生高峰期。在海南省旱季11月至翌年4月发生量大，危害严重。

成虫具趋黄和趋蜜性，可取食花蜜和蜂蜜，有一定的飞翔能力，喜欢在作物离地30～90cm处活动。雌成虫在叶片上刺孔产卵和吸食汁液，形成不规则白色斑点，雄虫不刺伤叶片，但可在雌虫刺破的取食孔中取食。幼虫孵化后，在叶片内取食叶肉组织，形成不规则弯曲的蛇形虫道，幼虫排地的黑色粪便交替排列在虫道两侧。幼虫老熟后，从潜道顶端咬破叶片上表皮钻出叶面，大部分落土化蛹，少数留在寄主叶片上化蛹，蛹的入土深度为5cm左右，但棚室蔬菜则70%以上的幼虫在叶片上化蛹。相对含水量60%的土壤最适宜蛹的发育，相对含水量100%和0的土壤中蛹的羽化率较低。短期暴雨对美洲斑潜蝇蛹的存活没有明显影响，但大暴雨和连续降雨、土壤积水，蛹容易溺死。

（3）防控方法

1）预警预测。利用黄板诱集成虫监测田间美洲斑潜蝇的发生。蔬菜定植后放置黄板。黄板垂直放置，对搭架的瓜类、豆类等蔬菜，黄板放置在离地面1.2～1.5m处，茄果类蔬菜离地面0.5～0.6m，黄板置于畦垄之间，贴近植株，黄板向蔬菜一侧略倾斜。每亩放置黄板8～10块。

2）农业防治。结合田间管理，摘除有虫叶，及时清除田间杂草和枯枝落叶。实行水旱轮作，适时灌水深耕。例如，播前深翻土20cm以上，蛹期用水淹田3d以上，或雨后用竹竿敲打菜叶片，将蛹震落到土下淹死，以减少蛹的数量。在重发区，可调整蔬菜种植布局，将美洲斑潜蝇嗜食的瓜类、豆类蔬菜与非嗜好的韭菜、葱、蒜等进行套种、轮作，或与苦瓜、香菜等有特殊气味的植物间作。也可以在主栽蔬菜周围种植更嗜好的诱集作物，以便集中杀灭，控制虫量。

3）物理防治。黄板诱杀，利用美洲斑潜蝇对黄色趋性强的特点，在田间和棚室内悬挂黄板，可诱杀大量成虫。在棚室入口和放风口安装35～40目的防虫网，阻挡美洲斑潜蝇侵入棚室。

4）生物防治。释放美洲斑潜蝇天敌昆虫潜叶蝇姬小蜂；田间施用对天敌昆虫毒性小的药剂，如藜芦碱、鱼藤酮、矿物油等，既可以直接杀死美洲斑潜蝇，又可以间接保护天敌。

5）药剂防治。在美洲斑潜蝇成虫高峰期至卵孵化盛期或低龄幼虫高峰期用药。常用药剂有10%灭蝇胺悬浮剂800倍液、1.8%阿维菌素乳油2500～3000倍液、2.5%高效氯氰菊酯乳油1000～1500倍液喷雾。

（三）吸汁类害虫

1．瓜蚜（*Aphis gossypii*） 瓜蚜又名棉蚜，俗称腻虫、蜜虫等，属半翅目蚜科。全国各地均有发生，主要危害瓜类、茄果类、十字花科等蔬菜。以成虫和若虫在叶片背面和嫩茎上吸食蔬菜汁液。同时还大量排泄蜜露，诱发霉污病，影响蔬菜光合作用。此外，有翅蚜虫还能传播植物病毒，引起植物病毒病，造成更大的损失。

（1）形态特征 有翅胎生雌蚜体长1.2～1.9mm，体黄色至深绿色。前胸背板黑色，翅2对，膜质透明。腹部多为黄绿色（夏季）或蓝黑色（春秋季），背面两侧有3或4对黑斑，腹部末端有腹管和尾片，腹管圆筒形，表面具瓦状纹，尾片圆锥形，具刚毛4～7根。无翅胎生雌蚜体长1.5～1.9mm，呈卵圆形。夏季多为黄绿色，春秋多为深绿色或蓝黑色。全身微覆蜡粉，腹部末端有腹管和尾片，腹管长圆筒形，尾片同有翅胎生雌蚜。若蚜形似成蚜。老熟无翅若蚜体长1.6mm左右，夏季体黄色，春秋季蓝灰或黑色。有翅若蚜3龄后出现翅芽2对，翅芽后半部分灰黄色。

（2）生活习性 华北地区1年10～20代或更多，长江流域20～30代。在北部至长江流域，瓜蚜可以在日光温室、大棚和苗床的瓜类作物上繁殖危害，周年发生；春季和初夏由瓜苗携带、有翅蚜迁飞扩散到露地瓜菜上。露地条件下，瓜蚜冬季以卵在花椒、木槿、鼠李的枝条和紫花地丁、刺菜等杂草茎部越冬，翌年春季气温达到16℃时越冬卵孵化、繁殖，产生有翅蚜，4～5月迁飞到瓜菜地或保护地内寄主上取食危害。直到秋末冬初天气转凉时，又产生有翅蚜迁回越冬寄主上，产卵越冬。

瓜蚜发育快，繁殖能力强，在10～30℃均能繁殖，最适温度为16～22℃，温度超过25℃，相对湿度达到75%以上和雨水冲刷，不利于瓜蚜的发育和繁殖。瓜蚜的主要危害期在春末夏初，秋季一般比春季轻。瓜蚜对黄色有较强的趋性，而对银灰色具有较强的负趋性。

（3）防控方法

1）预警预测。利用蚜虫的趋黄性，在有翅蚜迁入前在棚室的通风口悬挂黄板，黄板顺着棚室方向放置，每侧放3～5块。黄板上没有新增有翅蚜时预警结束。

2）农业防治。清除菜地、棚室周边杂草，清洁田园。田园四周种植菊科类植物，诱集蚜虫，涵养天敌。

3）物理防治。苗床和棚室放风口加装35～40目防虫网，苗床用银灰色塑料薄膜覆盖，达到驱蚜、避蚜的目的。黄板诱杀，蚜虫迁飞期间在露地或棚室内悬挂黄板20～30块/亩诱杀蚜虫。在黄瓜、辣椒、番茄田间悬挂银灰色塑料条，也可以起到避蚜的作用。

4）生物防治。0.36%苦参碱水剂500倍液、1%印楝素水剂500倍液喷雾。

5）化学防治。由于蚜虫繁殖快，蔓延迅速，因此化学防治必须及时、准确、周到。内吸性杀虫剂对其有很好的防治效果。常用农药有25%吡蚜酮悬浮剂2000～2500倍液、25%噻虫嗪水散剂5000倍液、3%啶虫脒乳油1500～2000倍液、10%烯啶虫胺可溶性液剂或10%烯啶虫胺水剂2000～3000倍液喷雾，也可用2%吡虫啉缓释剂1000～2000g/亩兑水后灌根。

2．烟粉虱（*Bemisia tabaci*）　烟粉虱是一种世界性害虫。在蔬菜上烟粉虱主要危害茄科、葫芦科、十字花科、豆科、锦葵科等作物。20世纪80年代中期，随着B型烟粉的入侵，烟粉虱在我国迅速扩散危害，并已成为蔬菜上的重要害虫。

（1）形态特征　雌虫体长0.85～0.91mm，雄虫体长约0.85mm。虫体淡黄白，翅白色无斑点，被有蜡粉。前翅有两条翅脉，第一条脉不分叉，停息时左右翅合拢呈屋脊状，从两翅中间的缝隙可见其腹部背面。1～3龄若虫椭圆形，初孵若虫有触角和足，能爬行，一旦成功取食合适寄主的汁液，就固定下来取食直到成虫羽化。若虫体缘分泌蜡质，帮助其附着在叶片上，4龄若虫后期又称伪蛹，复眼红色。烟粉虱蛹壳的基本特征在种间变化较大，常随其附着的寄主不同而出现蛹壳形态的变化。

（2）生活习性　烟粉虱在南方地区一年发生11～15代，世代重叠严重。烟粉虱在我国北纬32°以北的地区露地不能越冬，华南地区露地和棚室蔬菜上烟粉虱可以周年发生。在江苏南部，烟粉虱可以在单层薄膜覆盖的大棚内越冬，淮北地区可以在日光温室内越冬，在温室越冬蔬菜上可以危害，翌年4月中下旬随着气温的升高，多从越冬场所向露地蔬菜上逐渐迁移扩散危害。烟粉虱发育最适温度为25～28℃，7～8月虫口密度增长较快，8～9月危害严重。10月上中旬后因气温下降，虫口数量逐渐减少，并开始向保护地内迁移或越冬。在我国北方地区，由于温室和露地蔬菜生产紧密衔接和相互交替，烟粉虱可周年发生。茄果类、葫芦科、十字花科中甘蓝型蔬菜危害较重。

成虫和若虫群集在叶片背吸食植物的汁液，被害叶片变黄、萎蔫甚至全株枯死。烟粉虱还分泌蜜露，引起煤污病的发生，影响植物的呼吸和光合作用。此外，还可传播病毒病。成虫对黄色有趋性，对蓝色有负趋性。成虫喜群集于中上部叶片上取食、产卵。

（3）防控方法

1）预警预测。蔬菜定植后悬挂黄板预警。黄板悬挂在棚室放风口，顺着棚室方向放置，每侧各放黄板3～5块。黄板上没有新增的烟粉虱时迁入预警结束。

2）农业防治。苗床远离生产田，苗床用35～40目防虫网覆盖，培育“无虫苗”。苗床上发现有烟粉虱成虫后应该及时用药防治。科学作物布局，黄瓜、番茄、辣椒等烟粉虱嗜好寄主蔬菜不连作，或相邻种植，有条件的地区可以与芹菜、韭菜、葱、蒜等间作或相邻种植。种植诱集或驱虫植物，在烟粉虱发生较严重的地区，可以在菜地四周种植蓖麻驱避烟粉虱，也可以种植苘麻诱集烟粉虱。

3）物理防治。蔬菜上发现烟粉虱成虫时悬挂黄板，每亩挂黄板30～40块。防虫网隔离，棚室蔬菜在棚室放风口和门窗加装35～40目银白色或银灰色的防虫网，防止烟粉虱迁入。

4）生物防治。棚室蔬菜上烟粉虱虫口密度较低时（平均0.1头/株以下）挂丽蚜小蜂或桨角蚜小蜂，每次放蜂量为 1000～2000 头，7～10d/次，共挂蜂卡 5～7 次。

5）化学防治。在烟粉虱低龄若虫阶段用药。主要药剂有 25%噻虫嗪水散剂 5000 倍液、10%烯啶虫胺可溶性液剂或 10%烯啶虫胺水剂 2000～3000 倍液喷雾、2%甲氨基阿维菌素苯甲酸盐乳油 3000 倍液、22.4%螺虫乙酯悬浮剂 2000～2500 倍液、10%溴氰虫酰胺可分散油悬浮剂 1000 倍液。

扩展 8-3

3．棕榈蓟马（*Thrips palmi*）　棕榈蓟马又名节瓜蓟马、瓜蓟马、棕黄蓟马，属缨翅目蓟马科。锉吸式口器，主要危害菠菜、菜豆、苋菜、节瓜、冬瓜、西瓜、茄子、番茄等。棕榈蓟马在我国南至海南岛，北到山东省莒县均有分布，主要分布于我国南方。

（1）形态特征　雌成虫体长 1.0～1.1mm，雄虫 0.8～0.9mm，黄色。触角 7 节，复眼稍突起，单眼 3 个，红色，三角形排列，单眼间鬃位于单眼连线的外缘。前胸后缘有缘鬃 6 根，中央两根较长。后胸盾片网状纹中有一明显的钟形感觉器。前翅上脉鬃 10 根，其中端鬃 3 根，下脉鬃 11 根。若虫共 4 龄，体黄色，复眼红色，1、2 龄若虫无单眼及翅芽，行动活泼；3 龄若虫翅芽达 3、4 腹节；4 龄若虫单眼 3 个，翅芽伸达腹部的 3/5。

（2）生活习性　在广东地区一年发生 20 多代，广西 17 或 18 代，终年繁殖，世代重叠严重，3～10 月主要危害棚室和露地瓜类和茄子。山东胶东地区保护地蔬菜上可常年发生，7～9 月是危害盛期。该虫可随菜苗及借风力、气流等途径传播扩散。

成虫活跃，善飞、怕光，多在未展开的叶片上或叶背活动。最喜欢蓝色，黄色次之，有趋嫩绿习性。雌虫以孤雌生殖为主，偶见两性生殖。卵散产于植株的嫩头、嫩叶及幼果组织中。初孵若虫群居叶片背面叶脉间取食，2 龄若虫扩散危害，锉吸汁液。3 龄末期停止取食，落入表土中进入 4 龄（伪蛹）。该虫发育适温为 15～32℃，在 2℃仍能生存，但温度骤降易死亡。化蛹和羽化的土壤含水量在 8%～18%时，化蛹和羽化率都很高。

（3）防控方法

1）预警预测。利用棕榈蓟马喜欢蓝色的特性，蔬菜定植后在田间悬挂蓝板诱集预警。每亩悬挂蓝板 6～10 块。

2）农业防治。管理好苗床，培育无虫苗，防止棕榈蓟马传播扩散。清除田间及周边残株、野生茄科植物和杂草，减少第 1 代虫源。在茬期间进行土壤消毒，或夏季进行高温闷棚灭虫。提早种一些早熟黄瓜，诱集棕榈蓟马而集中消灭虫源。加强田间管理，增强植株抗虫力。

3）物理防治。根据棕榈蓟马成虫嗜蓝色特性，在田间悬挂蓝色粘虫板。露地 20～30 块/亩，保护地每亩地 8m×8m 左右挂 1 块，色板略高于作物 10～30cm，以减少成虫产卵危害。在棚室蔬菜的放风口和门窗加装 35～45 目的防虫网，阻止棕榈蓟马进入棚室。

4）生物防治。在蔬菜整个生长季节释放胡瓜新小绥螨 2 或 3 次，苗期每次释放 5～10 头/株，结果期每次释放 20～30 头/株，具有良好的长效控害作用。棕榈蓟马发生量大时，使用苦参碱、印楝素、藜芦碱等生物药剂，减少对天敌的伤害。

5）化学防治。棕榈蓟马发育历期短，繁殖量大，危害重，应在防治适期及时防治。防治指标为每株若虫 3～5 头，防治适期为 2～3 龄若虫始盛期。注意不同药剂轮换使用，延缓棕榈蓟马抗药性。常用药剂有 2.5%多杀霉素悬浮液 1000 倍液加 6%乙基多杀菌素悬浮剂 2500～3000 倍液置于小瓷盆中，于晴天把瓜类蔬菜生长点浸入药液中片刻，既可杀灭蓟马，又可保护天敌。25%噻虫嗪水分散粒剂 4000～5000 倍液、10%吡虫啉可湿性粉剂 3000 倍液喷雾、1.9%甲维盐乳油 4000～5000 倍液喷雾。

（四）钻蛀类害虫

棉铃虫（*Helicoverpa armigera*）

棉铃虫属鳞翅目夜蛾科，广泛分布在世界各地，我国蔬菜种植区均有发生。棉铃虫寄主植物有30多科200余种，除危害棉花外，也是蔬菜上的重要害虫。

（1）形态特征　成虫体长14～18mm，翅展30～38mm。雌蛾前翅褐色或灰褐色，外缘较直，斑纹模糊不清，中横线由肾形斑下斜至翅后缘，外横线末端达肾形斑正下方。后翅灰白色，脉纹褐色明显，沿外缘有黑褐色宽带，宽带中部2个灰白斑不靠外缘。老熟幼虫长30～42mm，头部黄色，有褐色网状斑纹，体色多变，常为绿色型及红褐色型。气门侧片多呈白色，体表小刺长而尖。

（2）生活习性　常年发生代数因地而异，从辽宁到云南1年发生3～7代。以蛹在地下2～5cm土室中越冬。翌年4月气温达到15℃时越冬蛹开始羽化。棉铃虫主要危害番茄、茄子、豌豆、蚕豆、扁豆、莴苣、南瓜、冬瓜、甘蓝、花椰菜等蔬菜，幼虫可危害番茄和辣椒等蔬菜的果实，造成的伤口可导致果实因病菌侵入而腐烂，也可造成落果。棉铃虫以蛹在寄主根际附近土中越冬。

棉铃虫喜温、喜湿，幼虫发育最适温度为25～28℃、相对湿度为75%～90%，干旱和降雨较少的年份不利于幼虫入土化蛹和蛹的存活。成虫昼伏夜出，晚上活动、觅食和交尾、产卵。成虫有取食补充营养的习性，傍晚时常在蜜源植物边飞翔取食。成虫飞翔力强，对波长333nm、383nm和405nm的黑光灯有较强的趋性；成虫对杨柳树枝把有较强的趋性，而对糖醋液趋性较差。幼虫共6龄，一般3龄后在番茄青果上蛀孔取食，4龄以上幼虫有转果危害和自相残杀的习性。

（3）防控方法

1）预警预测。在田间放置性诱剂诱集成虫，每亩地放置诱芯1个。也可以在田间放置杨柳树枝把，每亩地放置5或6个。

2）农业防治。发生危害较重的露地菜地，在秋收后至封冻前实行秋耕冬灌，减少越冬虫口密度；保护地菜地，在夏季高温休耕时进行闷棚7～10d。有条件的地方也可以进行水旱轮作。在卵孵化盛期结合整枝、打杈等摘除虫卵，以减少田间卵量。也可以在田中、地边种植少量甜玉米诱集带，诱蛾产卵，集中消灭心叶中的幼虫。或在成虫盛发期在田间插杨树枝把10～15个/亩，诱集成虫，集中杀灭。

3）物理防治。露地菜区10～20亩地设置1盏黑光灯、高压汞灯或频振灯等诱杀成虫。对棚室蔬菜可以在通风口覆盖35～40目防虫网，阻止成虫迁入棚室。

4）生物防治。在成虫发生初期每亩地放置性诱剂诱芯1或2个，诱杀成虫。在棉铃虫卵高峰后3～4d及6～8d连续2次喷洒苏云金杆菌（含活芽孢100亿/ml）800倍液，或100亿PIB/g棉铃虫核型多角体病毒可湿性粉剂1000倍液喷雾。也可以在棉铃虫卵期释放赤眼蜂1.5万头/亩，每隔3～5d放1次，连续放3或4次。

5）化学防治。依据虫情监测和防治指标，在产卵高峰期用药防治。常用农药有5%氯虫苯甲酰胺悬浮剂1000～1500倍液、15%茚虫威悬浮剂2500倍液、2%甲氨基阿维菌素苯甲酸盐乳油1500～2000倍液、1.8%阿维菌素乳油2000倍、10%氯氰菊酯乳油1500倍液、2.5%高效氯氟氰菊酯乳油2000～4000倍液喷雾。

（五）地下害虫

地下害虫是指危害虫态生活在土壤中，主要危害植物的地下部分或近地面根茎的一类害虫。

这类害虫在我国普遍发生，其中旱地重于水地。我国已知地下害虫有320余种，其中发生面积广、危害程度较重的主要有蝼蛄、蛴螬、金针虫、小地老虎、地蛆和根象甲等类。地下害虫危害时间长，从春季到秋季，从作物播种至收获均能危害，其中以春、秋两季危害严重。

1. 小地老虎（*Agrotis ypsilon*） 小地老虎又名土蚕、切根虫。属鳞翅目夜蛾科。我国各地都有分布，寄主范围广，主要危害春季蔬菜幼苗，茄果类、豆类及十字花科等蔬菜受害较重。幼虫取食蔬菜植物的幼苗、根、茎、种子、块根、块茎及嫩叶等，常造成缺苗断垄或使幼苗生长不良。

（1）形态特征 成虫体长16～23mm，翅展42～45mm，体暗褐色。腹部灰褐色，前翅前缘及中部黑褐色，翅脉纹黑色，基线双线黑色，波浪形，线间色浅褐。中室附近肾形纹、环形纹明显。后翅灰白色。老熟幼虫体长42～47mm，体黑褐色稍带黄色，密布黑色小颗粒。臀板黄褐色，有2条深褐色纵带。

（2）生活习性 小地老虎1年1～7代，为迁飞性害虫。华北地区以蛹越冬，长江以南地区以蛹和幼虫越冬，华南地区可终年繁殖，并成为虫源地。长江中下游地区4月中旬至5月上旬第1代幼虫盛发，数量最大。

成虫昼伏夜出，取食花蜜补充营养，趋光性和趋化性强，喜食糖醋等酸甜味的汁液。成虫活动受气候因素影响大，10～16℃活动最盛，低于3℃或高于20℃很少活动。夜间微风或阴雨天活动性强，但遇有大风或降雨活动减弱或停止活动。幼虫共6龄，3龄前在杂草、菜苗心叶或叶背上取食。幼虫具假死性和相互残杀习性，食料缺乏时可以转移危害，5、6龄幼虫食量很大。小地老虎喜温、喜湿，18～26℃、相对湿度70%左右、土壤含水量20%左右对其生长发育及活动有利。一般河渠两岸、湖泊沿岸、水库边发生较多，砂壤土发生重，杂草丛生、管理粗放地发生重。

（3）防控方法

1）预警预测。在田间放置性诱剂诱集成虫，每亩地放置诱芯1个。也可以在田间放置糖醋诱盆，诱集成虫，每亩地放置2或3个诱盆。一般在成虫高峰后20d左右用药防治。

2）农业防治。①清洁田园。早春铲除地头、地边、田埂路旁的杂草，并带到田外及时处理，能消灭一部分卵或幼虫。②翻土灭蛹。春耕菜地深耕多耙，消灭土中蛹和土面上的卵；秋季土壤翻犁晒白，通过土壤暴晒，可杀死大量幼虫和蛹；秋耕冬灌，破坏小地老虎越冬场所，减少越冬基数。

3）物理防治。①毒饵诱杀。棉籽饼或豆渣碾碎、炒香，拌入敌百虫制成毒饵，于傍晚在受害蔬菜行间，每隔一定距离堆施，或在蔬菜苗际附近围施。②糖醋液诱杀。在田间放置糖醋液，诱杀幼虫。糖醋液按糖∶醋∶白酒∶水=3∶4∶1∶10的比例配制，另加90%敌百虫1份调匀，放置田间进行诱杀。③灯光诱杀。田间设置黑光灯诱杀成虫。

4）生物防治。①性诱剂诱杀。使用小地老虎性诱剂诱集成虫，每亩地放置诱芯1或2个。②生物药剂毒杀。金龟子绿僵菌颗粒剂5kg/亩，在开垄追肥的时候施用，蔬菜出苗后用金龟子绿僵菌乳油喷雾。甜菜夜蛾核型多角体病毒悬浮剂1000～1500倍液喷雾。

5）化学防治。常用农药有5%辛硫磷可粒剂2.5～5kg直播菜地播前撒施，然后混土10～30cm，还有5%氯虫苯甲酰胺悬浮剂1000～1500倍液、15%茚虫威悬浮剂2000～4000倍液、5%甲维盐水分散粒剂10g兑水30kg喷雾。

2. 铜绿丽金龟（*Anomala corpulenta*） 蛴螬是金龟子的幼虫的统称，是地下害虫中种类最多、分布最广、危害严重的一大类群。国内有危害记载的种类已达百余种，其中大黑鳃金龟（*Holotrichia* spp.）、暗黑鳃金龟（*Holotrichia parallela*）、铜绿丽金龟（*Anomala corpulenta*）等发生普遍、危害严重。本节介绍铜绿丽金龟。

（1）形态特征　成虫体长17～22mm，体背面铜绿色，具闪光，头和前胸背板色较深。前胸背板大，最亮处位于两后角之间，鞘翅密布刻点，每侧具4条纵肋。幼虫共3龄，3龄体长30～33mm，体乳白，头黄褐色，前顶毛每侧6～8根，呈一纵列。臀节腹面具刺毛2列，每列多由15～18根组成。肛门孔横列。

（2）生活习性　铜绿丽金龟1年发生1代，以幼虫越冬，江苏、安徽等地翌年3～6月越冬幼虫上升到表土层活动，危害春菜，5～6月陆续化蛹。成虫发生期为5月下旬至8月上旬，其中6月中旬为盛发期。铜绿丽金龟喜食多种果树、林木及蔬菜叶片，食量大，危害重。幼虫喜食腐熟的有机质和农家肥，水浇条件好的温润砂壤、有机肥多的地方有利于幼虫的发生。8～9月是幼虫危害盛期，10月大部分以3龄幼虫越冬。成虫食性杂，凡是杨、榆等树种密集地区，成虫食料丰富，发生量大。

成虫昼伏夜出，趋光性和飞翔能力强，可用黑光灯进行监测。活动范围广，具假死性、喜湿性和趋粪性。卵多产在寄主根际周围松软潮湿的土壤和未腐熟粪肥中。幼虫随土壤升降做季节性上下移动，土表层温暖、潮湿的环境有利于卵的孵化和幼虫的活动。一般在夏季的清晨和黄昏爬到土表咬食苗木近地面的茎部、主根和侧根。每年春、秋为危害高峰。

（3）防控方法

1）预警预报。成虫趋光性极强，可用黑光灯、频振灯进行监测。

2）农业防治。合理安排茬口，尽量避开前茬作物蛴螬密度高的田块种植蔬菜，有条件的地方实行水旱轮作。合理使用肥料，不施未经腐熟的有机肥，可施用碳酸氢铵、腐殖酸铵、氨水等含氮肥料，它们能散发出有刺激性的氨气，对害虫有一定的驱避作用。深耕晒垡、中耕除草，毁坏蛴螬栖息繁殖场所。

3）物理防治。利用成虫的趋光性，在成虫盛发期，每10亩地设置1盏黑光灯或频振灯，诱杀成虫。

4）生物防治。金龟子绿僵菌颗粒剂5kg/亩，在开垄追肥的时候施用。甜菜夜蛾核型多角体病毒悬浮剂1000～1500倍液喷雾。

5）药剂防治。每公顷40%辛硫磷乳油450～600g，或40%甲基异柳磷乳油1.5kg，兑水7.5kg，拌细土300kg制成毒土，撒于种苗穴中，注意种苗与毒土隔开，以免产生药害。在蛴螬发生量较大的地块，用40%辛硫磷乳油或40%甲基异柳磷兑水6000～7500kg灌根。5%氯虫苯甲酰胺悬浮剂1000～1500倍液喷雾。

3．韭菜迟眼蕈蚊（*Bradysia odoriphaga*）　韭菜迟眼蕈蚊属双翅目眼蕈蚊科。其幼虫俗称韭蛆。可危害韭菜、葱、蒜、莴苣等多种蔬菜，其中以韭菜受害最重。

（1）形态特征　成虫体小，长2～5.5mm、翅展约5mm、体背黑褐色。复眼在头顶成细“眼桥”，触角丝状，16节，足细长，褐色，胫节末端有刺2根。前翅淡烟色，后翅退化为平衡棒。雄虫略瘦小，腹部较细长，雌虫腹末粗大，有分两节的尾须。幼虫体细长，老熟时体长5～7mm，头漆黑色有光泽，体白色，半透明，无足。

（2）生活习性　韭菜迟眼蕈蚊主要分布在我国北方各地，以及四川、湖北、浙江、江苏等地。华北地区露地1年发生4～6代，山东6代，杭州9代。韭菜迟眼蕈蚊属喜温性害虫，抗高温、干旱和暴雨能力弱，成虫在37℃下2h不产卵或卵不孵化。因此长江流域盛发期为春季4～6月、秋季9～11月，一年两个危害高峰。砂质土壤受阳光照射升温快，而暴雨又易使土壤板结，所以砂质土壤虫量少，危害轻。韭菜迟眼蕈蚊幼虫对环境温湿度较为敏感，幼虫发育最适温度为

18～25℃，存活的最适湿度在60%～80%，寄主湿度过大时立即爬离寄主，不再取食。成虫喜阴湿环境，但湿度大于70%则不能存活。低龄幼虫喜欢在韭菜茎基和假茎处取食，而高龄老熟幼虫则喜欢在土壤中生活。

成虫善飞行，水平扩散距离为100m左右，高度一般不超过2m。成虫喜在阴湿弱光环境下活动，对光、腐殖质，以及黄色和糖醋味有趋性。成虫羽化后即在地表、土缝中交尾，在韭菜鳞茎或叶鞘内产卵。幼虫有群集危害特征，一般在土下5～10cm处活动，咬食鳞茎或地下茎叶，使植株枯萎死亡，老熟后在鳞茎或根部化蛹。

（3）防控方法

1）预警预报。利用韭菜迟眼蕈蚊喜欢黄色的特性，在田间悬挂黄板诱集预警。每亩悬挂蓝板6～10块。

2）农业防治。韭菜萌发前，起土翻晒晾根，干死幼虫。瓜类、豆类在播种前进行催芽处理，大蒜精选壮种，播种时剥去蒜皮，以缩短烂母期，减轻危害。科学施肥，不施用未经腐熟的粪肥和饼肥，也可在施肥后立即覆土，或在粪肥中拌入少量具有触杀和熏蒸作用的药剂。在地蛆发生地块，条件许可时可大水浸灌，抑制地蛆活动或淹死部分幼虫。在韭菜田中间作朝天椒或茴香可以驱避韭菜迟眼蕈蚊成虫，减少落卵量。

3）物理防治。采用“日晒高温覆膜法”，利用高温杀死幼虫。在4月下旬至9月中旬，割除韭菜，韭菜茬与地面持平。选择太阳光线强烈的天气覆膜，薄膜要求膜上不起水雾，膜为0.10～0.12mm厚的浅蓝色无滴膜，膜的面积大于田块面积，膜四周尽量超出田块边缘50cm左右。上午8:00前覆膜，下午6:00左右揭膜，膜内土壤5cm深处温度保持40℃以上超过3h。利用色板诱杀，在田间插挂黄板，诱杀成虫，每亩地40～50块板，板底边低于韭菜冠层叶。

4）化学防治。在播种或定植前用药。每公顷40%辛硫磷乳油450～600g或40%甲基异柳磷乳油1.5kg，兑水7.5kg，拌细土300kg制成毒土，撒于种苗穴中，注意种苗与毒土隔开，以免产生药害。在韭菜迟眼蕈蚊发生量较大的地块，每公顷用40%辛硫磷乳油7500ml兑水6000～7500kg灌根，或5%氯虫苯甲酰胺悬浮剂1000～1500倍液、25%噻虫嗪水散剂5000倍液喷雾。

（六）蔬菜害螨

在蔬菜害螨中，主要有三个代表性的类群，即叶螨、瘿螨和跗线螨。它们都是以口针刺吸植物的汁液，危害植物的叶、嫩茎、蕾、花萼、果实等，也对植物的生理活动造成影响，如植物的光合作用受抑制，蔬菜体内酶、糖、氨基酸等物质的变化，引起植物组织增生。蔬菜上已记载的害螨有近40种，其中在蔬菜生产上发生范围广、危害大的主要是二斑叶螨和朱砂叶螨。本节主要介绍朱砂叶螨。

朱砂叶螨（***Tetranychus cinnabarinus***）　朱砂叶螨属蛛形纲真螨目叶螨科，是世界性分布的害螨，也是在我国广泛分布的害螨。在我国寄主有32科113种植物，主要是豆科、茄科和葫芦科蔬菜，以及棉花、玉米、小麦、高粱、苕子、芝麻等植物。朱砂叶螨一生要经过卵、幼虫、第一若虫、第二若虫和成虫等时期。

（1）形态特征　雌虫背面观呈卵圆形，长489～604μm，宽282～348μm，因寄主种类和食物而异。体色春夏黄绿色或锈红色，眼的前方淡黄色；从夏末开始出现橙红色个体，深秋时橙红色个体日渐增多，为越冬雌虫。身体两侧各有黑斑一个，其外侧三裂，内侧接近身体中部。背面的表皮纹路纤细，在内腰毛和内骶毛之间纵行，形成明显的“菱形纹”。雄虫背面观略呈菱形，比雌虫小得多，体长约365μm，宽约192μm。体色为黄绿色或鲜红色，在眼的前方呈淡黄色。第二若虫背面观呈长椭圆形，长 348～386μm，宽 218～237μm。体黄绿色，背毛数与雌虫的相同。腹面无生殖皱襞层，生殖毛只有一对，其余的腹毛均与雌虫相同。第一若虫背面观呈椭圆形，长 299～315μm，宽 193～194μm。体黄绿色，背毛数与雌虫相同，腹毛数较雌虫减少 5 对。幼虫背面观几乎呈圆形，长 223～276μm，宽 160～181μm。初孵时苍白色，取食后呈淡黄绿色。背毛数与雌虫的相同。腹毛只有 7 对。

（2）生活习性　朱砂叶螨在长江中下游地区 1 年发生 18～20 代，以雌成螨及其他虫态群集在蚕豆、冬绿肥、杂草上、土缝内、菜田枯枝落叶下及桑、槐树皮裂缝内越冬。棚室蔬菜苗圃也是重要的越冬场所。翌年平均气温上升至 5～7℃时（2 月下旬至 3 月上旬）便开始活动，先在越冬或早春寄主上繁殖 2 代，4 月中下旬开始转移到茄子、辣椒、瓜类等蔬菜上危害。6～8 月是危害高峰期，一般在 9 月下旬至 10 月开始越冬。

朱砂叶螨繁殖力强，具两性生殖和孤雌生殖现象。在最适温度下，完成 1 代一般只需 7～9d。高温低湿有利于繁殖，温度在 25～28℃，空气相对湿度为 30%～40%时产卵量和存活率最高；温度在 20℃以下，空气相对湿度在 80%以上不利于其繁殖。雌螨一生只交配 1 次，雄螨可多次交配。卵散产于叶背面，卵孵化时幼螨先在叶背取食，幼螨蜕皮后为第一若螨；雄螨再次蜕皮为成螨，雌螨第 2 次蜕皮后即为第二若螨，再经一次蜕皮方变为成螨。朱砂叶螨以幼螨、若螨及成螨在植株的幼嫩部位，如嫩芽和嫩茎上刺吸汁液，尤其喜在叶背栖息取食和繁殖，大发生的年份或季节也可以危害果实。在菜株上，先在下部叶片危害，逐步向上蔓延。该螨常群集于叶背基部，沿叶脉危害，并吐丝结网。在虫口密度大时，相互拥挤集结成球，聚于叶端，可随风雨扩散传播。

（3）防控方法

1）农业防治。实行合理轮作，以减少虫源，减轻危害。根据实际情况，可以实行瓜、豆、茄等果菜类与葱蒜类轮作。在水利条件较好的地区，可实行蔬菜与水稻或水生蔬菜轮作，以破坏害螨的栖息场所，以达到控制害螨发生与危害的目的。结合农事操作，消灭虫源，减少田间虫口基数。蔬菜收获后，彻底清除田间残株和田间杂草，可以极大地减少虫源，达到防治的目的。

2）生物防治。在蔬菜上害螨发生密度较低时（5 头/株）释放胡瓜钝绥螨。

3）化学防治。当田间叶螨点片发生时即进行挑治，有螨株率在 5%以上时进行全面防治。常用农药有 1.8%阿维菌素乳油 2500～3000 倍液、5%噻螨酮乳油 1500 倍液、73%炔螨特乳油 1500～3000 倍液、1%印楝素水剂 500 倍液喷雾。

第九章 蔬菜采收及商品化处理

蔬菜采收中最重要的技术是根据不同种类蔬菜产品的特点制定相应的采收标准，确定适合的采收容器、采收时期和采收方法。同时对商品蔬菜还应进行采后商品化处理，以利于蔬菜产品的运输，延长产品质量和寿命，适于净菜上市和超市销售的要求，方便消费，并提高蔬菜产品的附加值，促进农民增收致富，推动蔬菜产业化进程。

第一节　蔬菜的采收

采收是蔬菜生产过程的最后一个环节。蔬菜种类繁多，收获的产品可以是植物学上不同的器官，有根菜、茎菜、叶菜等以营养器官为产品的蔬菜，还有以花、果实、种子等生殖器官为产品的蔬菜，其成熟采收的标准、方法难以统一。在生产实践中要根据产品特点、采后用途进行全面评价，以判断最适采收期，采用适当的采收方法。

一、蔬菜产品的采收时期

蔬菜产品采收时期的确定主要取决于产品的成熟度、市场情况、生产目的、消费需求等。大多数蔬菜产品均为活体器官，各种蔬菜产品，无论是叶菜、根菜还是果菜，都必须及时采收，才能获得良好的外观品质、内在品质和风味。

1. 成熟度　处于不同成熟度的蔬菜产品器官，其营养成分在种类和数量上都有很大差异。蔬菜产品的“成熟”常有两种不同的含义：一是商品成熟；二是生理成熟。

（1）*商品成熟*　蔬菜产品器官生长到适于食用的成熟度，即具有该品种适于食用时的形状、大小、色泽及品质，为商品成熟。例如，茄子、青椒、黄瓜、西葫芦、丝瓜、苦瓜、豇豆、菜豆等，在采收时，其产品是它们幼嫩的果实，而种子并未成熟；至于大白菜、萝卜、花椰菜、洋葱、芹菜、莴笋等，其产品则是它们的叶球、肉质根、花球、鳞茎（叶变态器官）、叶片、嫩茎等营养器官，生产上更是要避免未熟抽薹。

（2）*生理成熟*　蔬菜产品器官达到生理上的成熟，其果实内的种子也已成熟。例如，西瓜、甜瓜、番茄、红椒等，其产品器官（果实）适于食用时，也正是果实成熟时，如果提早采收，则产量低、品质差。一般来讲，采后可以直接就近上市的成熟度可高一些，如果采后需要长途运输的，成熟度可稍低一些。

2. 采收标准　蔬菜产品的采收要按照各种蔬菜不同的采收标准，在易于保持蔬菜鲜度的最佳时期里采收。

（1）*硬度标准*　经常用的成熟度标准是根据产品器官的硬度变化来确定的。由于蔬菜食用的部位不同，对成熟度的要求也不一致，因此硬度的采收标准差异也很大。硬度标准有不同的含义：一是表示蔬菜产品没有过熟过软，能耐储藏、耐运输、耐装卸，如番茄、辣椒等采收时要求有一定的硬度，成熟度太高果实变软不耐储藏运输；西瓜、甜瓜等采收时也不宜过熟，影响食用品质。二是表示蔬菜发育良好，充分成熟，达到采收的质量标准，如结球甘蓝、花椰菜采收时要求叶球、花球有一定的硬度，结球紧实；冬瓜、南瓜应在表皮变硬之后，充分成熟，且部分品种表面有蜡粉等特征出现时采收，此时用指甲掐不动表皮。三是硬度不宜过高，以免影响食用品质，如采收嫩瓜的瓠瓜、西葫芦、嫩南瓜时，应在表皮变硬之前采收，此时指甲很容易掐穿表皮；豌豆、毛豆、四季豆以及甜玉米、黄秋葵等都应在幼嫩时采收，硬度过高食用品质反而下降。

（2）植株生长状态标准　蔬菜植株地上部生长状态、产品器官外部形态、色泽等也可以作为判定蔬菜成熟度、确定采收时期的标准。例如，马铃薯、生姜、大蒜头等，当植株地上部分开始枯黄时，说明地下部分的产品器官，如块茎、根茎、鳞茎已经充分成熟，此时采收最为适宜；番茄红熟初期即可采收催熟，远销时甚至应在白熟期或变色期采收，罐藏或制酱的番茄宜在充分成熟期采收。

（3）其他标准　马铃薯块茎表皮易脱落，是成熟的特征。甜玉米在籽粒上有乳汁，穗丝开始变褐时采收。西瓜成熟时，坐瓜节和附近各节上的卷须呈枯萎状。紫色和红色茄子可根据宿留萼片边沿、尚未形成花色素的白色宽窄来判断，白色越宽说明果实生长较快，花青素来不及形成，果实嫩；果实宿留萼片边沿已无白色间隙就已变老，食用价值降低。莴笋以其心叶是否生长平口而作为采收标准，心叶平口即达到适宜的采收时期。绿叶蔬菜一般以植株达到一定大小时陆续采收为宜。黄花菜应在花蕾接近开放而尚未开放时采收。莼菜应在水中的卷叶基本长足，但尚未展开时采收。茭白在其叶鞘一侧膨开，微露白眼时采收。

随着蔬菜产业生产过程标准化程度不断提高，蔬菜产品的大小、形状、颜色等外观性状的标准化将成为发展趋势。

3. 采收适期　对于一次性采收的蔬菜，如大白菜、结球甘蓝、马铃薯、萝卜、生姜、荸荠、莲藕等，采收的时间可以适当延迟；对于多次采收的蔬菜，如番茄、茄子、青椒、黄瓜、豇豆、菜豆等，在结果前期，采收次数勤些（采收间隔的时间短些）会有利于后期果实的生长。采收的早晚，对品质影响也很大。在成熟过程中，有的蔬菜产品器官的碳水化合物的变化，主要是由糖转变为淀粉，因而其干物质也随之增加。例如，豆类的种子、薯芋类的块茎或块根，越到成熟时，淀粉含量越高，也越耐贮藏。而番茄、红椒、西瓜、甜瓜、草莓等产品，在成熟过程中主要是由淀粉转变为糖，因而过于成熟以后，质地就会变软，就会不耐贮藏运输，西瓜、甜瓜的食用品质也会受到影响甚至不能食用。

根据蔬菜产品对采收标准要求的严格程度，可将蔬菜产品分为三种类型。

（1）采收标准严格，采收适期弹性小的蔬菜　此类蔬菜在采收时期的安排上一定要注意掌握好采收适期，及时采收上市，不可提前也不能延迟，以保证其商品品质。例如，西瓜、甜瓜、青豌豆（粒用）、毛豆、菜豆、花椰菜、青花菜、菜心、红菜薹、芥蓝、蘑菇、草菇等。

（2）采收标准不太严格，但只能适当提前而不可延后采收的蔬菜　此类蔬菜对采收标准要求不是很严格，但是只能提前采收，而不能推迟，否则会影响产品的食用品质。例如，番茄、辣椒可以采收红熟果实，但成熟后果实变软，影响贮藏和运输；西葫芦、茄子、瓠瓜、丝瓜、苦瓜以采收嫩果为主，可以适当提前采收，果实更加幼嫩，品质更佳，还可增加总产量，但不可延迟采收；萝卜提前一点采收可能产量有影响，但不影响商品性，但过晚采收会导致糠心，影响食用品质；菠菜、鸡毛菜、茼蒿、芹菜等叶菜收获时对产品大小要求不高，采收时间的弹性较大，但也不可采收太晚，否则会导致纤维增加甚至不堪食用。

（3）采收标准不太严格，但只能适当延后而不可提前采收的蔬菜　此类蔬菜对采收标准要求不是很严格，但是只能延后采收，而不能提前采收，否则也会影响产品的食用品质和产量。例如，甘蓝采收太早结球不紧实，产量下降；芋、马铃薯、山药等提前采收产量低，也不耐贮藏运输。

二、蔬菜产品的采收方法

由于蔬菜种类多，采收技术复杂，不同蔬菜产品对成熟度要求各异，因而不同蔬菜的采收方法各不相同。大致分为徒手采收、手工工具采收、机械化采收三种。

1. 徒手采收 供鲜食的、多次采收的蔬菜必须在选择地采摘，且避免机械损伤，以防贮运过程中的腐烂变质，多采用徒手采收。长蔓的豆类（菜豆、豇豆）、瓜类（黄瓜、丝瓜、瓠瓜）及无限生长型的番茄、茄子、辣椒等多用支架栽培，成熟期分散、产品部位及现状、大小差异较大，带刺或者过软不耐碰的都无法用机械采收；洋葱、大蒜采收时是连根拔起，在田间晒3～4d，使外皮干燥伤口愈合。

2. 手工工具采收 可借助手工工具如剪刀等进行采收，以提高徒手采收的效果和效率。例如，采收甜瓜、南瓜、葫芦时可以借助剪刀进行采收，适当留一点瓜把，更有利于贮藏和提高商品性；韭菜、藜蒿、茼蒿等可借助镰刀进行采收；蒜薹、菜心、红菜薹还可借助一些专门的刀具进行采收，以提高采收效率；地下根茎类蔬菜大都用锹或锄头刨挖，如芋头、荸荠、生姜、菊芋等，刨挖时应避免损伤根部；莲藕的采收一直是困扰藕农，导致生产成本居高不下的因素，近年来生产中主要借助水枪用高压水流冲击泥块以暴露藕身便于采挖。

3. 机械化采收 短蔓的豆类（如毛豆、无架豇豆、无架菜豆等）、红椒、加工番茄等结果集中，成熟期相对一致，可利用机械进行采收；老熟的南瓜，果皮较厚而硬，可利用机械进行采收；土壤中生长的马铃薯、胡萝卜等一次性采收的蔬菜也适合机械化采收；此外，甘蓝、花椰菜、莴笋、豌豆等也都适合机械化采收。机械化采收的蔬菜对生产和管理的标准化程度要求较高，如小白菜秧、茼蒿、菠菜等叶菜的机械化采收要求从整地、播种、生产管理方面都按照标准化的要求进行，这样才能保证生长一致，以便于机械化采收。机械主要由识别系统、挖掘器（切割器）、收集器、运输带等几部分组成，大型机械还附有分级、装袋等设备。如何减少机械化采收时的损失并保证品质的整齐已经成为国内外研究的热点。

第二节 蔬菜采后的商品化处理

蔬菜采后的商品化处理工作是商品蔬菜采收后销售前的必需环节，随着我国经济实力的提高和居民生活节奏的加快，蔬菜采后的商品化处理已经成为大多数蔬菜产品进入城市和市场的硬性要求。

蔬菜采收后依然在进行呼吸作用、蒸腾作用，导致产品的损耗和失水，同时也易因采收时的机械损伤导致微生物感染，极易腐败变质。因此降低温度，降低氧气浓度、提高二氧化碳含量，减少机械损伤，提高空气湿度等是采收后比较合适的措施。同时，还应尽量减少中间环节，以保证果蔬产品新鲜、柔嫩。

蔬菜采后的商品化处理技术主要包括蔬菜产品的整理和清洗、预冷、产品的保鲜处理、分级与包装、贮藏保鲜及运输等，可保持或改进品质，提高商品价值，减少浪费，增加效益，提高市场竞争力。

蔬菜经过商品化处理，既有利于保持优良品质乃至在某些方面改善品质，提高商品性，又有利于减少腐烂，避免浪费；既方便人民生活，又可使蔬菜商品增值，使生产者和经营者增加经济效益。

总之，蔬菜产品的采后处理对提高商品价值，增强产品的耐贮运性能具有十分重要的作用。

一、蔬菜的采后整理和清洗

整理和清洗是采后处理的第一步，其目的是剔除有机械伤、病虫危害、外观畸形等不符合商品要求的产品，以便改进产品的外观，改善商品形象，便于包装贮运，有利于销售和食用。

1. 蔬菜的采后整理　蔬菜产品从田间收获后，往往带有残叶、黄叶、泥土、病虫污染等，严重影响产品的外观和商品质量，而且更重要的是携带有大量的微生物孢子和虫卵等有害物质，成为采后病虫害感染的传播源，引起采后的大量腐烂损失，必须进行适当的处理。有的蔬菜产品还需进行进一步修整，并去除不可食用的部分，如去根、去叶、去老化部分等，如结球白菜、甘蓝、莴苣、花椰菜、青花菜等要除去过多的外叶并留存适当的保护叶；萝卜、胡萝卜、芜菁等要修掉顶叶和根毛；芹菜要去根，有的还要去叶。部分叶菜单株体积小，重量轻，还要进行捆扎。应根据产品的特点进行相应的整理，以获得较好的商品性和贮藏保鲜性能。

2. 蔬菜产品的清洗　清洗主要是洗掉表面的泥土、杂物和农药等。清洗方法可分为人工清洗和机械清洗。在蔬菜采后的各项处理工作中，清洗是最先采用机械的，随着蔬菜超级市场特别是加工小包装盒方便型即食小包装的出现，已相继推出具有清理、洗涤、去皮、切断、包装等多功能的复合型清洗整理设备。按照洗涤机械使用的工作介质分为干洗和湿洗两类，干洗时采用压缩空气或直接摩擦，湿洗一般用水。有的蔬菜不能水洗，如马铃薯水洗后就不耐贮运。按结构特点洗涤机械可分为如下几种。

（1）*辊轴刷式清洗机*　由一对上下配置、转动速度不同的辊轴组成，辊轴上装有毛刷或海绵状橡皮刷，依靠水和毛刷洗涤外形不太复杂的根菜类蔬菜，还可除去根菜类的根毛，洗涤胡萝卜、萝卜时的效率可达到1500～3000kg/L。

（2）*滚筒式清洗机*　由一个网状旋转的圆筒组成，依靠蔬菜在筒中的来回滚动互相摩擦清洗。

（3）*剥皮清洗机*　以快速辊子为主要部件，旋转两周就可完成剥皮或清洗。洋葱剥皮时采用压缩空气作为介质，使压缩空气吹入葱皮空隙旋转时把皮剥下；胡萝卜、山药洗涤时则用水作介质。

（4）*喷射式清洗机*　蔬菜放在网状输送带上，在输送过程中受到高水压的冲洗，这种机械用于清洗形状不规则的蔬菜。

（5）*超声波清洗装置*　由设置在水中的高频振源产生压力，使蔬菜表皮上的污物脱落，适用于叶菜等形状复杂的一类蔬菜。

在清洗过程中应注意清洗用水必须清洁。产品清洗后，清洗槽中的水含有高丰度的真菌孢子，需及时将水进行更换。另外，可在水中加入漂白粉或50～200ml/L的含氯消毒剂进行消毒防止病菌的传播。在加氯前应考虑不同产品对氯的耐受性。清洗液的种类很多，可以根据条件选用。如果清洁剂和保鲜剂配合使用，还可进一步降低果实在贮运过程中的损失。蔬菜经过清洗后一定要晾一下，去掉表面水分。

二、蔬菜的采后预冷

1. 蔬菜采后预冷的作用及应遵循的原则　预冷是将新鲜采收的产品在运输、贮藏或加工以前迅速除去田间热，将其组织温度降低到适宜温度的过程，以延缓蔬菜的新陈代谢，保持新鲜状态。

（1）*预冷的作用*　一是快速排除蔬菜采后所带的田间热，节省运输和贮藏中的制冷负荷。

二是在运输或贮藏前使产品尽快降低品温，快速抑制呼吸作用和降低生理活性，以便更好地保持产品的生鲜品质。三是快速降低品温，减少贮运期初期的温度波动防止结露现象发生。四是减少营养损失和水分损失，延缓变质和成熟的过程，延长贮藏寿命。五是抑制微生物的侵染和生理性病害的发生，提高耐贮性。

（2）预冷应遵循的原则　一是采后要尽早进行预冷处理，并根据蔬菜种类和特性选择最佳预冷方式。一次预冷的数量要适当，要合理包装和码垛，尽快使产品达到预冷要求的温度。二是预冷的最终温度要适当，一般各种果蔬的冷藏温度就是预冷终温的大致标准。还可以根据销售时间的长短、产品的易腐性等适当调整终温，预冷要注意防止产品的冷害和冻害。三是预冷后必须立即将产品贮入已经调整好温度的冷藏库或冷藏车内。

2．蔬菜预冷的方法　预冷是蔬菜低温冷链保藏运输中必不可少的环节，预冷措施必须在产地采收后立即进行。预冷的方法很多，最简单的是将产品摊放在阴凉、通风的条件下，使其自然冷却，也可将产品浸渍在冷水中，或用流水漂荡、喷淋使体温降低。目前常用的预冷技术主要有冷水预冷、冰预冷、冷风预冷、压差预冷、真空预冷。预冷所要达到的温度，因种类、品种、运输条件、贮期长短等不同而异。

（1）冷水预冷　冷水预冷是以水为介质的一种冷却方式，将果蔬浸在冷水中或者用冷水冲淋，达到降温的目的。冷水有低温水（一般在0～3℃）和自来水两种，前者冷却效果好，后者生产费用低。目前使用的冷水预冷方式有流水系统和传送带系统。冷水预冷降温速度快，产品失水少，但要防止冷水对果蔬的污染。因此，应该在冷水中加入一些防腐药剂，以减少病源微生物的交叉感染。商业上适合于冷水预冷的蔬菜有胡萝卜、芹菜、甜玉米、网纹甜瓜、菜豆等。

（2）冰预冷　冰预冷是通过冰的融化，吸收果蔬的热量，使果蔬降温。它包括在包装箱或托盘内放入冰，或用冰覆盖在托盘上。冰和产品的接触会促使产品快速冷却，这种冷却方法经常结合运输进行。一般来说，把产品由35℃降至2℃所需冰的质量为该产品质量的38%。这种冷却方法适用于与冰接触不易产生伤害的产品或需要在田间立即进行预冷的产品。但降低温度和保持产品品质的作用有限，只能作为其他预冷方式的辅助措施。由于冰块的最高温度为0℃，与果蔬长时间直接接触容易产生冷害，只有一些耐低温的果蔬才能采用此种预冷方式，如抱子甘蓝、甜玉米、胡萝卜、芹菜、菠菜、花菜、葱、甘蓝、蒜薹等。采用覆冰预冷时温度变化不均匀，冰块融解不均衡，易造成运输过程中车辆的安全隐患。对于电商产业，目前较多采用蓄冷剂冰袋预冷，此种方式多为一次性流通使用，容易造成较大的浪费与污染。

（3）冷风预冷　冷风预冷是使冷空气迅速流经产品周围使之冷却。冷风预冷可以在低温贮藏库内进行，将产品装箱，纵横堆码于库内，箱与箱之间留有空隙，冷风循环时，流经产品周围将热量带走。这种方式适用于任何种类的蔬菜，预冷后可以不搬运，原库贮藏。但该方式冷却速度较慢，短时间内不易达到冷却要求。

（4）压差预冷　压差预冷是在产品垛靠近冷却器的一侧竖立一隔板，隔板下部安装一风扇，风扇转动使隔板内外形成压力差。产品垛上面设置一覆盖物，覆盖物的一边与隔板密接，使冷空气不能从产品垛的上方通过，而要水平方向穿过包装上缝或孔在产品缝隙间流动，将其热量带走。风机为压头高的多叶轴流风机，采用抽吸的气流方式，因此库内气流均匀，无死角。但由于冷风与果蔬直接接触，存在干耗失水现象。压差预冷是在冷库预冷的基础上弥补了其不足而研究发展起来的预冷技术，差压预冷与冷库预冷成本相当，但预冷效率可较冷库预冷提高2～6倍，预冷时间仅为冷库预冷1/4～1/10，是一种适宜大多果蔬且成本较低的预冷方式，在发达国家其应用量仅次于冷库预冷，位居第二位。差压预冷适用于果菜类蔬菜。

（5）*真空预冷* 真空预冷是将果蔬放在真空室内，迅速抽出空气至一定真空度，使产品体内的水在真空负压下蒸发而冷却降温。压力减小时水分的蒸发加快，如当压力减小到 533.29Pa 时，水在 0℃就可以沸腾。在真空冷却中，大约温度每降低 5.6℃失水量为 1%。真空冷却的效果在很大程度上取决于蔬菜的比表面、组织失水的难易程度以及真空室抽真空的速度。因此不同种类的蔬菜，真空冷却的效果差异很大。生菜、菠菜、莴苣等叶菜最适合于真空冷却，纸箱包装的生菜用真空预冷，在 25～30min 可以从 21℃下降至 2℃，包心不紧的生菜只需 15min。还有一些蔬菜，如芦笋、花椰菜、甘蓝、芹菜、葱、蘑菇和甜玉米也可以使用真空预冷，但一些比表面小的产品如果菜类、根茎类蔬菜等由于散热慢而不宜采用真空预冷。真空预冷对产品的包装有特殊要求，包装容器要求能够通风。

蔬菜产品冷却效果受诸多因素的影响，如产品体积、产品受冷却介质影响的程度（堆码和包装）、产品与介质的温度之差、冷却介质的速度、冷却介质的种类。应该根据产品种类和条件选择合适预冷方法。预冷后的产品要在适宜的贮藏温度下及时进行贮运，若仍在常温下进行贮藏运输，不仅达不到预冷的目的，甚至会加速腐烂变质。

三、蔬菜产品的保鲜处理

1．表面涂膜保鲜 有些果菜类如番茄、黄瓜、甜椒等采后为了减少水分损失，防止皱缩和凋萎，可在果实表面涂一层蜡质或其他被膜剂加以保护，这种处理方法称为表面涂膜。常见的如打蜡。打蜡的蔬菜还可以增加光感，改善产品色泽，增进感官品质，同时对产品的保存也有利，是常温下延长贮藏寿命的方法之一。青萝卜、芜菁、芜菁甘蓝、甜瓜和甘薯在国外也常打蜡。目前，该技术已在水果、果菜类园艺产品及其他园艺产品上广泛使用。

蜡液是将蜡微粒均匀地分散在水或油中形成稳定的悬浮液。蜡微粒的直径通常为 0.1～10μm，蜡在水中或溶剂中的含量一般是 3%～20%，最好是 5%～15%。果蜡的主要成分是天然蜡、合成或天然的高聚物、乳化剂、水和有机溶剂等。天然蜡有棕榈蜡、米糠蜡等；高聚物包括多聚糖、蛋白质、纤维素衍生物、聚氧乙烯、聚丁烯等；乳化剂包括脂肪酸蔗糖酯、油酸钠、吗啉脂肪酸盐等。这些原料都必须对人体无害，符合食品添加剂标准。目前商业上使用的大多数蜡液都以石蜡和巴西棕榈蜡混合作为基础原料，石蜡可以很好地控制失水，巴西棕榈蜡则使果实产生诱人的光泽。近年来，含有聚乙烯、合成树脂物质、乳化剂和润湿剂的蜡液材料逐渐普遍使用，它们常作为杀菌剂的载体或作为防止衰老、生理失调和发芽抑制的载体。我国 20 世纪 70 年代起也开发研制了紫胶、果蜡等涂料，在西瓜、黄瓜、番茄等瓜果上使用效果良好。目前还在积极研究用多糖类物质作为涂膜剂，如葡甘聚糖、海藻酸钠、壳聚糖等。现在在涂膜剂中还常加入中草药、抗菌肽、氨基酸等天然防腐剂以达到更好的保鲜效果。

涂蜡的方法可以分为人工涂蜡和机械涂蜡。人工涂蜡是将洗净、风干的果实放入配制好的蜡液中浸透（30～60s）取出，用蘸有适量蜡液的软质毛巾将果面的蜡液涂抹均匀，晾干即可。机械涂蜡是将蜡液加压，经过特制的喷嘴，以雾状喷至产品表面，同时通过转动的马尾刷，将表面蜡液涂抹均匀、抛光，并经过干燥装置烘干。两者相比，机械涂蜡效率较高，涂抹均匀，果面光洁度好，果面蜡层硬度易于控制。

无论采用哪种涂蜡方法都应做到以下三点：①涂被厚度均匀、适量。过厚会引起呼吸失调，导致一系列生理生化变化，果实品质下降；过薄效果不明显。②涂料本身必须安全、无毒、无损人体健康。③成本低廉，材料易得，便于推广。值得注意的是，涂蜡处理只是产品采后一定期限内商品化处理的一种辅助措施，只能在上市前进行处理或进行短期贮藏、运输。否则会给产品的品质带来不良影响。

2．化学制剂保鲜　为了降低产品的消耗，改善产品外观，可用化学制剂处理。在清洗蔬菜的水中加入低浓度的漂白粉，可以减少许多蔬菜病害的蔓延，如加入100～200mg/L次氯酸钙处理胡萝卜、萝卜、番茄、甜椒等可以减少腐烂。马铃薯、黄瓜、蒜薹等用仲丁胺（2-AB）熏蒸（60mg/L）12h 可减少腐烂。番茄采用赤霉素处理可以推迟成熟，增加贮藏时间。青鲜素可以防止洋葱、萝卜、胡萝卜、马铃薯发芽，B_9可以抑制蘑菇采后的褐变。在实际使用时必须按照立法要求进行。

3．辐射处理保鲜　利用照射源发出的高能射线照射新鲜蔬菜，可以延长其贮藏寿命。当蔬菜被照射时，自身和携带的微生物、昆虫就会吸收射线的能量，使内在的物质结构和反应机制发生变化，出现不同程度的生理异常，最终导致多种异常的生物学症状，甚至死亡。

各种生物对射线的耐受力不同，研究表明引起蔬菜腐败的常见病原菌在较低的辐照剂量下就可被杀死，而果蔬等鲜活农产品具有自身的生活机能，较低的剂量下，射线引发的生理损伤可经过一段时间的修复而走向正常，同时射线对生物酶活性可能产生适度的抑制，由此带来的抑制新陈代谢的效应正好符合延缓后熟衰老的需要。

经γ射线照射后，可以抑制新鲜蔬菜如块茎、鳞茎的发芽，抑制蘑菇破损、开伞，调节果实的成熟度，对蔬菜表面杀菌、杀虫、杀卵等。上海科技大学射线应用研究室对马铃薯用 1000rad 的 ^{60}Co γ射线进行辐射处理，贮藏300d无发芽，烂耗仅8%。辐射作为一种不损伤食品品质的“冷杀菌”技术，越来越显示其重要的应用价值。

四、蔬菜产品的分级与包装

（一）蔬菜产品的分级

分级是指不同蔬菜种类根据产品器官的形态特征、品质指示性状，从质量和大小上分级等，选择出不同规格蔬菜产品的过程。

分级是提高商品质量和实现产品商品化的重要手段，并便于产品的包装、运输及市场的规范化管理。

分级标准可按质量和大小进行，世界各国都有不同的规定。美国商业中使用多年的分级标准也在加拿大、南美洲、澳大利亚和以色列等国家和地区使用。这个标准也被经济合作与发展组织（OECD）所采纳，并做了详细说明，这些标准中的大部分是由联合国欧洲经济委员会（UNECE）帮助制定的。分级标准在国际上应尽量一致，这给生产者提出了目标，给经营者提供了标准。

蔬菜产品由于供食用的部分不同，成熟标准不一致，因此没有固定的规格标准。在许多国家蔬菜产品的分级通常是从坚实度、清洁度、大小、重量、颜色、形状、成熟度、新鲜度，以及病虫感染和机械损伤等多方面考虑。我国一般是在形状、新鲜度、颜色、品质、病虫害和机械伤等方面已经符合要求的基础上，按大小进行分级。由于蔬菜产品器官在不同种类、品种之内存在相当大的差别，因而按照大小分级的依据标准就不尽相同，可以依据整个产品、产品的某个部位的直径、重量、体积、长度、相对密度进行。一旦选择了一个特定的参数作为制定大小分级的依据，那么其他有关参数就在一定范围内被固定下来了，如胡萝卜按照最大直径或重量分级，番茄可按直径分级等。

扩展 9-1

蔬菜分级是发展蔬菜商品流通的需要。上市前，蔬菜产品一般要在产地进行分级。在我国现阶段几乎全用人工分级。主要是根据产品的品质、色泽、大小、成熟度、清洁度和损伤程度来进行分级，部分蔬菜分级的参考标准见扩展 9-1。

（二）蔬菜产品的包装

分级通常和包装一起进行。蔬菜产品包装是标准化、商品化，保证安全运输和贮藏的重要措施。有了合理的包装，就有可能使蔬菜在运输途中保持良好的状态，减少因互相摩擦、碰撞、挤压而造成的机械损伤，减少病害蔓延和水分蒸发，避免蔬菜散堆发热而引起腐烂变质。

包装可以使产品在流通中保持良好的稳定性，提高商品率和卫生质量。同时，包装是商品的一部分，是贸易的辅助手段，为市场交易提供标准的规格单位，免去销售过程中的产品过秤，便于流通过程中的标准化，也有利于机械化操作。所以适宜的包装不仅对于提高商品质量和信誉是十分有益的，而且对流通也十分重要。

蔬菜作为商品，也不例外地应该有一定的包装，这是蔬菜采后商品化处理的重要一环，对保证蔬菜商品的质量有重要的作用。随着蔬菜商品生产发展和流通日趋商品化，对包装的要求也越来越迫切。合理的包装可以减轻贮运过程中的机械损伤，减少病害蔓延和水分蒸发，保证商品质量。

包装容器应具备的基本条件：保护性，在装饰、运输、堆码中有足够的机械强度，防止蔬菜受挤压碰撞而影响品质。透性，利于产品呼吸热的排出及氧、二氧化碳、乙烯等气体的交换。防潮性，避免由于容器的吸水变形而致内部产品的腐烂。还需要清洁、无污染、无异味、无有害化学物质。另外，需保持容器内壁光滑，容器卫生、美观、重量轻、成本低、便于取材、易于回收。包装外应注明商标、品名、等级、重量、产地、特定标志及包装日期。从经济效益方面来说，包装投资应根据经营者自身的资金实力及产品利润率的大小进行衡量，防止盲目投资导致资金浪费。包装还可以从一定程度上引导消费，提高产品的附加值。

包装一般分两大类：一类是运输包装；一类是商品包装。目前，我国的运输包装种类很多，主要有板条箱、竹筐、塑料箱、纸箱、麻袋、草袋和尼龙网袋等。蔬菜的商品包装一般在产地和批发市场进行，也有些在零售商店进行。包装材料主要是塑料薄膜。实行商品包装可防止水分蒸发，保持蔬菜鲜嫩，还可美化外观，提高商品质量，便于消费者携带。

1．运输包装　运输包装是指从产地运到加工厂或采购站，以及从采购站运到加工厂出售前的运输过程中的包装。好的包装可以减轻蔬菜运输过程中的损耗，否则会增加机械损伤，妨碍空气通透，降低蔬菜质量。运输包装一部分由农民进行，一部分由收购单位进行。通常农民对运输包装不大重视，或无力重视。结果往往造成种的是好菜，运出去的是烂菜，卖不出好价格。

（1）板条箱　板条箱为用木板钉成的简陋箱子，适于一些运输价格高、怕挤压的蔬菜产品，如番茄、黄瓜等。板条箱坚固耐压，好搬运，堆码方便，空气流通好，可与冰水接触，但造价高，不易回收。

（2）竹筐　竹筐为用竹子做成的筐子。这种运输包装材料较坚固，不怕潮湿，不怕与冰接触，价格不高，适于运输各种叶菜、甜椒、菜豆、花椰菜等。在利用竹筐运输时，筐内应加衬几层报纸或牛皮纸，以免筐壁磨损蔬菜。

（3）纸箱　纸箱是一种普遍的包装容器，它的自身轻，可折叠，弹性好，便于机械装卸。纸箱还具有缓冲性，能较好地抵抗外来冲击力，保护商品。纸箱可用于多种商品的包装。一般纸箱怕水、怕潮湿，不宜直接包装鲜嫩含水多的蔬菜。运输过程中怕雨淋、水浸。为解决此问题，可在纸箱上采用防水加固措施。

（4）麻袋、尼龙网袋　一些不太怕挤压的蔬菜，如马铃薯、大蒜头、洋葱等可用麻袋或尼龙袋包装运输。这些包装物价格低廉，来源方便，但包装后空气通透不良，易积热，易受挤压造成机械损伤。

（5）塑料筐　塑料筐的强度高，耐挤压，空气流通好，是较理想的运输包装工具，但造价高。

（6）泡沫箱　泡沫箱保温好，易运输，耐挤压，是理想的运输包装材料，但造价较高，且不利于环保。

2．商品包装　商品包装是蔬菜出售前最后的一次包装。它一般分两种情况，一是外部大包装，大包装是为了保护里面的商品，便于运输、装卸的材料。我国商品蔬菜大包装多用纸箱、大塑料筒，辣椒干用新麻袋等。大包装要求坚固、耐压、有印刷、美观。二是商品小包装，即商品直接进入零销市场的包装材料，小包装要求尽可能使顾客看清内部蔬菜的情况，印刷精美，卫生无毒，有利于蔬菜商品的贮藏和保持质量，一般多用无毒塑料做成。

蔬菜商品包装一般应遵循以下几点：①蔬菜质量好，重量准确；②尽可能使顾客能看清包装内部蔬菜的情况；③避免使用有色包装来混淆蔬菜本身的色泽；④对一些稀有蔬菜应有其营养价值和食用方法的说明。

塑料薄膜包装一般透气性差，应打一些小孔，使内外气体进行交换，以减少蔬菜腐烂。

3．食用农产品合格证　2016 年农业部在河北、黑龙江、浙江、山东、湖南、陕西等地开展食用农产品合格证管理试点工作，探索以食品农产品合格为核心内容的产地准出管理与市场准入管理。

根据《食用农产品合格证管理办法（试行）》，食用农产品合格证是指食用农产品生产经营者对所生产经营食用农产品自行开具的质量安全合格标识。

合格证应至少包括以下内容：①产品名称和重量；②食用农产品生产经营者信息（名称、地址、联系方式）；③确保合格的方式（自检合格或委托检测合格或内部质量控制合格或自我承诺合格）；④食用农产品生产经营者盖章或签名；⑤开具日期。食用农产品生产经营者可根据产品、包装的实际情况调整合格证大小尺寸。

五、蔬菜贮藏保鲜技术

蔬菜生长发育达到一定的质量要求时就应收获。收获的产品由于脱离了与母体或土壤的联系，不能再获得营养和补充水分，且易受其自身及外界一系列因素的影响，质量不断下降甚至很快失去商品价值。为了保持新蔬菜的质量和减少损失，克服消费者长期均衡需要与季节性生产的矛盾，大多数蔬菜都需要进行贮藏。

新鲜蔬菜贮藏的方式很多，常用的有简易贮藏、通风库贮藏、机械冷藏、气调贮藏和减压贮藏等。根据贮藏温度的调控方式又可分为自然降温和人工降温。应根据不同蔬菜的采后生理特性，结合当地气候、土壤和现有条件，选择适宜的贮藏方法和贮藏条件来保持蔬菜的营养价值和原有风味，延长贮藏寿命和上市时间。

（一）简易贮藏

简易贮藏包括堆藏、沟藏（埋藏）和窖藏三种基本形式，以及由此衍生的冻藏和假植贮藏。简易贮藏简单易行，设施构造简单，建造材料少，修建费用低廉，具有利用当地气候条件、因地制宜的特点，在缓解产品供需上又能起到一定的作用，在我国许多蔬菜产区使用非常普遍。虽然简易贮藏方式的贮藏寿命不太长，然而对于某些种类的蔬菜有其特殊的应用价值，如沟藏适合于贮藏萝卜、生姜，冻藏适用于贮藏菠菜，假植贮藏适用于芹菜、青蒜，大白菜可以窖藏，洋葱可以堆藏。

1. 堆藏 堆藏是将蔬菜按一定形式堆积起来，然后根据气候变化情况，表面用土壤、席子、秸秆等覆盖，维持适宜的温湿度，保持产品的水分，防止受热、受冻和风吹、雨淋的贮藏方式。堆藏可分为室外堆藏、室内堆藏和地下室堆藏。北方常用此方法贮藏大白菜、甘蓝、洋葱等。堆藏是将蔬菜直接堆积在地下，受地温影响较小，主要受气温的影响。当气温过高或过低时，覆盖就有隔热或保温防冻的作用。另外，覆盖还能在一定程度上保持贮藏环境的一定空气湿度，甚至能够积累一定的二氧化碳，形成一定的自发气调环境，因此堆藏具有一定的贮藏保鲜效果。堆藏的好坏主要取决于覆盖的方法、时间及厚度等因素，因此堆藏往往需要较多的经验。另外，由于堆藏受气温的影响很大，因此在使用中有一定的局限性。

2. 沟藏 沟藏也称为埋藏，是将蔬菜按一定层次埋放在泥、沙等埋藏物里，以达到贮藏保鲜目的。沟藏一般是应用时临时建造，结束后填平，不影响土地种植或其他用途，且主要以土为原料，用于覆盖或遮挡阳光。沟藏法在北方普遍用于根菜类蔬菜的贮藏，市场上菜贩贮藏生姜也多采用沙藏。沟藏法主要利用较稳定的土壤温度来维持所需要的贮藏温度，也较易控制一定的湿度和积累一定的二氧化碳来减少自然消耗和抑制蔬菜的呼吸强度。沟藏法主要有以下特点：构造简单、成本低；在晚秋至早春这段时间内，可以得到适宜而稳定的低温贮藏条件；能适当地进行保湿和防冻处理。不过，沟藏也存在许多问题，如贮藏初期产品散热易产生高温，贮藏期间内不易对贮藏物进行检查，挖沟和管理需要较多的劳动力。

3. 窖藏 窖藏主要是利用窖、窑来贮藏产品的一种方式。贮藏窖主要有棚窖和井窖，且是根据当地自然地理条件的特点进行建造。它既能利用变化缓慢的土温，又可以利用简单的通风设备来调节窖内的温度和湿度。产品能随时入窖出窖，并能及时检查贮藏情况，故窖藏在各地有广泛的应用。窖藏贮藏管理技术大致分为三个阶段：①降温阶段，产品在入窖前，首先要对窖进行清洁消毒杀菌处理，入窖以后，夜间要经常打开窖口和通风孔，以尽量多导入外界冷空气，加速降低窖及产品温度，白天由于外界温度高于窖内温度，要及时关闭窖口和通气孔，防止外界热空气侵入。②蓄冷阶段，冬季在保证贮藏产品不受冻害的情况下，应尽量充分利用外界低温，使冷量积蓄在窖体内，蓄冷量越大，则窖体保持低温时间越长，越能延长产品的贮藏期限，因此冬季应该经常揭开窖盖和通气孔以达到积蓄冷量的目的，另外，还要定时清除腐烂产品。③保温阶段，春季来临以后，窖外温度逐步回升，为了保持窖内低温环境，此时应严格管理窖盖和通气孔，尽量少开窖盖和减少人员入窖时间。

4. 冻藏 简易冻藏是指利用自然低温条件，使耐低温的蔬菜产品在冻结状态下贮藏的一种方式。冻藏主要适用于耐寒性较强的蔬菜，如菠菜、芫荽、芹菜等绿叶菜。用于冻藏的蔬菜在0℃时收获，然后放入背阴沟的浅沟内（约 20cm），覆盖一层薄土。随着气温下降，蔬菜自然缓慢冻结，在整个贮藏期保持冻结状态，无须特殊管理。在出售前，则取出放在 0℃下缓慢解冻。仍可恢复新鲜品质。

5. 假植贮藏 假植贮藏是一种抑制生长的贮藏方法，是把带根收获的蔬菜等密集假植在沟内或窖内，使它们处在极其微弱的生长状态，但仍保持正常的新陈代谢过程。这一方法主要用于芹菜、莴苣等蔬菜的贮藏保鲜。假植贮藏实际上是给蔬菜换另一个环境，强迫蔬菜处于极微弱的状态。这样，蔬菜能从土壤中吸收少量的水分和养料，甚至进行光合作用，能较长期地保持蔬菜的新鲜品质，随时采收，随时供应市场消费。

（二）通风库贮藏

通风库贮藏是指在有较为完善隔热结构和较灵敏通风设施的建筑中，利用库房内、外温度的差异和昼夜温度的变化，以通风换气的方式来维持库内较稳定和适宜贮藏温度的一种贮藏方法。其基本特点与窖、窑类似，且设施比较简单、操作简便、贮藏量也较大。不过由于是依靠自然条件来调节库内温度，在气温过高或过低的地方，则很难达到理想的贮藏温度，而且其中的湿度也较难精确控制，应用上受到一定的限制。

通风库有地下式、半地下式和地上式三种形式，其中地下式与西北地区的土窑洞极为相似，半地下式在北方地区应用较普遍，地上式以南方通风库为代表，可根据当地气候条件和地下水位高低选择采用。通风库贮藏宜建在地势较高、交通方便的地方，为了防止库内湿度过大，要求地下水位在 1m 以下。通风库的方向要根据当地的温度与风向而定，一般在北方以南北长为宜，这样可以减少迎面风；而南方则以东西长为宜，以便减少阳光直射面、增大迎风面。库形的要求并不严格，但一般要求高度在 4m 以上，以利于空气自然对流，达到好的通风降温效果。

通风库的材料宜以因地制宜、就地取材和经济适用为原则，如砖、石头甚至木材均可作为库体的建筑材料。要注意选择好具有隔热性能的材料。材料的隔热性能以导热系数来表示，导热系数越小，隔热性能越好，建筑中通常以导热系数小于 0.84W/（m·℃）的材料称为隔热材料。良好的隔热材料要求具有导热系数小、不易吸水腐烂、不易燃烧、无臭味、便宜和取材容易等特点。可根据材料的不同采用不同的厚度。在通风贮藏库设计中，隔热材料的选择需考虑材料的热阻率、来源、耐用性和所需费用等多个方面，实践中，常将几种材料配合使用（表 9-1）。

表 9-1　各种材料的隔热性能

材料名称	导热系数 [W/（m·℃）]	热阻率 [（m·℃）/W]	材料名称	导热系数 [W/（m·℃）]	热阻率 [（m·℃）/W]
聚氨酯泡沫塑料	0.023	43.48	锯末	0.105	9.52
聚苯乙烯泡沫塑料	0.041	24.39	炉渣	0.209	4.78
聚氯乙烯泡沫塑料	0.043	23.26	木料	0.209	4.78
膨胀珍珠岩	0.035～0.047	28.57～21.28	砖	0.790	1.27
加气混凝土	0.093～0.140	10.75～7.14	玻璃	0.790	1.27
泡沫混凝土	0.163～0.186	6.13～5.38	干土	0.291	3.44
软木板	0.058	17.24	干沙	0.872	1.15
油毛毡	0.058	17.24	水	0.582	1.72
芦苇刨花	0.058	17.24	冰	2.326	0.43
铝瓦楞板	0.058	17.24	雪	0.465	2.15
	0.067	14.93	秸草秆	0.070	14.29

库墙一般采用夹心墙，在两层砖墙之间填加隔热材料，如干燥的稻壳、炉渣、刨木花等，应分层填紧密，以防下沉；然后在夹层内的两个墙面上进行防潮处理，防止外部水汽进入夹层时，填充材料受潮隔热能力下降。常见的防潮措施有涂沥青防潮、挂油毡防潮和塑料薄膜防潮，或者贴高效隔热材料，如软木板、聚氨酯泡沫塑料板等，并进行防潮处理。

库顶的建造一般有三种形式：人字形库顶、平顶和拱形顶。人字形库顶即在人字形屋顶架内，下部设天花板，天花板上铺放质轻高效的保温材料，如蛭石、锯末、谷壳等。地上式和半地下式通风贮藏库多用人字形库顶。平顶则是将隔热材料填充在库顶夹层间，大型通风贮藏库多采用平顶。拱形顶是用砖或混凝土砌成拱形顶，顶上覆土，多为地下式通风贮藏库采用。

库门也需要良好的隔热性能，一般用两层木板中间填充锯末、谷壳、软木板、泡沫塑料等做成，库门两表面用金属薄板隔气。库门须与门框紧密闭合，防止漏冷。

通风系统一般由进、排气窗或进、排气筒组成。通过进排气系统向库内引入冷空气，发生冷、热气流对流，热气流上升由排气装置排出，从而使库内降温。进、排气口的设置对通风降温效果影响极大，一般应按下述原则进行：进气设施设置在库的下部或基部，并安装在主风方向的方位上；排气口则开设于库的上部或顶部；由于进、排气口的气压差越大，气流交换速度越快，降温效果越好，应设法增大进、排气口的垂直距离，尽量提高气压差。对某一库房，在总的通风面积不变时，气口面积较小，数量较多；反之面积较大则数量越少。前者的通风效能较好。气口的面积适于在 25cm×25cm～40cm×40cm。气口应合理地分散设置以使全库通风均匀。真正要对某一库房的通风量和通风面积进行计算，涉及的因素很多，但经验表明，500t 以下的贮藏库，每 50t 产品的通风面积应不小于 $0.5m^2$。在自然通风条件下，每 $1000m^3$ 的库容进、排气口的总面积可按 $6m^2$ 计算。

（三）机械冷藏

机械冷藏是指利用制冷剂的相变特性，通过制冷机械循环运动的作用产生冷量并将其导入有良好隔热效能的库房中，根据不同贮藏商品的要求，控制库房内的温、湿度条件在合理的水平，并适当加以通风换气的一种贮藏方式。

机械冷藏库根据制冷要求不同分为高温库（0℃左右）和低温库（低于－18℃）两类，用于贮藏新鲜蔬菜产品的冷藏库为前者。机械冷藏要求有坚固耐用的贮藏库，且库房设置有隔热层和防潮层以满足人工控制温度和湿度贮藏条件的要求，适用产品对象和使用地域扩大，库房可以周年使用，贮藏效果好。机械冷藏的贮藏库和制冷机械设备需要较多的资金投入，运行成本较高，且贮藏库房运行要求有良好的管理技术。

常见的冷库都是由围护结构、制冷系统、控制系统和辅助性建筑四大部分组成。

保鲜冷库的围护结构主要由墙体、屋盖和地坪、保温门等组成。围护结构是冷库的主体结构。目前，围护结构主要有 3 种基本形式，即土建式、装配式及土建装配复合式。土建式冷库的围护结构是夹层保温形式（早期的冷库多是这种形式）。装配式冷库的围护结构是由各种复合保温板现场装配而成，可拆卸后异地重装，又称活动式。土建装配复合式冷库，其承重和支撑结构是土建形式，保温结构是各种保温材料内装配形式，常用的保温材料是聚苯乙烯泡沫板多层复合贴敷或聚氨酯现场喷涂发泡。

制冷系统是保鲜冷库的心脏，该系统是实现人工制冷及按需要向冷间提供冷量的多种机械和电子设备的组合。机械冷藏库通过制冷系统持续不断地排除贮藏库房内各种来源的热能（包括新鲜园艺产品进库时带入的田间热、新鲜园艺产品作为活的有机体在贮藏期间产生的呼吸热、通过冷藏库的围护结构而传入的热量、产品贮藏期间库房内外通风换气而带入的热量，以及各种照明、电机、人工和操作设备而产生的热量等）达到并维持适宜低温。制冷系统包括制冷剂与蒸发器、压缩机、冷凝器和必要的调节阀门、风扇、导管和仪表等。

机械冷藏库用于贮藏新鲜蔬菜产品时效果的好坏受到多因素的影响，除了入库前对库房及用具均应进行认真彻底的清洁消毒，做好防虫、防鼠工作外，在管理上特别要注意以下方面。

1．产品装载　蔬菜进入冷藏库前要有产品预冷过程，预冷方法有冷水预冷、冰预冷、真空预冷等方法。进入冷贮的产品应先用容器包装，按一定方式堆放，尽量避免散贮方式。堆放的总要求是“三离一隙”，即离墙、离地坪、离天花，货物之间留一定空隙。

2. 温度管理　产品入库后应尽快达到贮藏低温，不同蔬菜贮藏的适宜温度是有差别的，如黄瓜、四季豆、甜椒等蔬菜在 0～7℃就会发生伤害。贮藏过程中温度的波动应尽可能小，最好控制在 0.5℃以内。此外，库房所有部分的温度要均匀一致，这对于长期贮藏的新鲜蔬菜产品来说尤为重要。

3. 湿度管理　对于绝大多数新鲜蔬菜产品来说，相对湿度应控制在 80%～95%，也要保持相对湿度的稳定。库房建造时，增设能提高或降低库房内相对湿度的湿度调节装置是维持湿度符合规定要求的有效手段。人为调节库房相对湿度的措施有：当相对湿度低时需对库房增湿，如地坪撒水、空气喷雾等；对产品进行包装，创造高湿的小环境，如用塑料薄膜单果套袋或以塑料袋作内衬等是常用的手段。当相对湿度过高时，可用生石灰、草木灰等吸潮，也可以通过加强通风换气来达到降湿目的。

4. 通风换气管理　机械冷藏库必须适度通风换气，保证库内温度分布均匀，降低库内积累的二氧化碳和乙烯等气体浓度，以达到贮藏保鲜的作用。通风换气的频率视蔬菜种类和入贮时间的延长而有差异。对于新陈代谢旺盛的对象，通风换气的次数可多些。通风换气时间的选择要考虑外界环境的温度，理想的是在外界温度和贮温一致时进行，防止库房内外温度不同带入热量或过冷对产品带来不利影响。生产上常在每天温度相对最低的晚上到凌晨这一段时间进行。

5. 制冷系统的维护　为了保证良好的制冷效果，必须经常对制冷系统进行维护，如对直接输冷式的蒸发器经常冲霜，否则会影响冷却效果。另外，还要保证制冷剂不泄露。

（四）气调贮藏

气调贮藏是调节气体成分贮藏的简称，是指改变新鲜园艺产品贮藏环境中的气体成分，来延缓衰老，减少损失的一种贮藏方法。气调贮藏被认为是当代贮藏新鲜园艺产品效果最好的贮藏方式。通常是增加 CO_2 浓度和降低 O_2 浓度以及根据需求调节其气体成分浓度。

1. 气调贮藏的原理与特点　正常空气中 O_2 和 CO_2 的浓度分别为 20.9%和 0.03%，其余的则为氮气（N_2）等。通过降低 O_2 浓度或/和增加 CO_2 浓度等改变气体浓度组成，抑制新鲜园艺产品的呼吸作用、蒸发作用和微生物的侵染，达到延缓新陈代谢速度、推迟后熟、衰老和变质的目的。有报道指出，对气调反应良好的新鲜蔬菜产品，运用气调技术贮藏时，其寿命可比机械冷藏增加一倍甚至多。

2. 气调贮藏的影响因素　气调贮藏寿命除取决于贮藏品种的遗传特性外，还受以下环境因素的影响。

（1）温度　降低温度对延缓呼吸作用、减少物质消耗、延长贮藏及保鲜期的重要性是其他因素不可代替的。贮藏温度取决于贮藏品种种类和条件。一般原则下，在保证产品正常代谢不受干扰的前提下，可尽量降低贮藏温度，同时力求稳定。一般气调贮藏的温度比机械冷藏稍高（1℃左右）。

（2）相对湿度　维持较高的相对湿度，对于降低贮藏产品与大气之间的蒸汽压差，减少蔬菜产品的水分损失具有重要作用。气调贮藏时要求相对湿度一般比冷藏库高，一般的果蔬保鲜贮藏要求环境的相对湿度在 90%以上，个别品种可高达 95%～98%。

（3）气体浓度　研究已经证明，气调贮藏中低浓度氧气在抑制后熟作用（调控乙烯的产生）和呼吸抑制中具有关键作用。氧气浓度的确定与园艺产品的种类和品种有关，降低氧气浓度也有一定的限度，一般以能维持正常的生理活性、不发生缺氧（无氧）呼吸为底限。许多研究指出，引起多数果蔬无氧呼吸的临界氧气浓度在 2%～2.5%。提高二氧化碳的浓度对延长多种园艺产品的贮期都有效果，其浓度过高，会导致风味恶化和二氧化碳中毒的生理病害。二氧化碳的最有效浓度取决于不同产品对二氧化碳的敏感性及其他相关因素的相互关系。

（4）乙烯　贮藏的蔬菜产品会有乙烯产生，气调贮藏中应尽量排除乙烯。通过降低 O_2 浓度，增加 CO_2 浓度，能够减少乙烯的生成量。

气调贮藏中，各种因素是通过综合作用来影响贮藏效果的。各因素之间也相互关联、相互制约。例如，高湿状态下能有效抑制产品水分蒸发而减少损耗，但若此时二氧化碳浓度过高，就易产生碳酸而使产品腐蚀、褐变，造成新的损失。

3. 气调贮藏的类型　气调贮藏分为两种类型：可控气调贮藏和自发气调贮藏（MA 贮藏）。

（1）可控气调贮藏　产品密封在不透气的气调室（库）中，利用产品自身的呼吸作用，借助气调机械设备，对封闭系统中氧气和二氧化碳的组成进行调节，使之符合气调贮藏的要求，则称为可控气调贮藏。该方法能有效地控制贮藏环境的气体组成，贮藏质量较高，但是所需设备条件高，成本也高。

（2）自发气调贮藏（MA 贮藏）　自发气调贮藏是依靠蔬菜产品自身的呼吸作用和塑料的透气性能来调节贮藏环境中氧气和二氧化碳浓度，使之符合气调贮藏的要求，塑料薄膜的种类、密度、厚度不同，对气体和水蒸气的透性也不一样，选择适宜的塑料薄膜就能够使贮藏环境达到适宜的气体组成和相对湿度。此法通常与普通机械冷藏和通风库贮藏等相结合，还可以在运输中应用，使用方便，成本低，效果也较好，是气调贮藏方法的一次革新。塑料薄膜越薄，透气性越好，但容易破裂，如加厚，虽可提高薄膜强度，但透气性降低。硅橡胶膜的透气性比一般塑料大 100～400 倍，将其与薄膜结合能弥补单纯使用薄膜的缺陷。硅橡胶窗气调贮藏是将园艺产品贮藏在镶有硅橡胶窗的聚乙烯薄膜袋内，利用硅橡胶膜特有的透气性能进行自动调节气体成分的一种简易气调贮藏方法。

（五）减压贮藏

减压贮藏是气调贮藏的发展，又称低压贮藏或真空贮藏，是指在冷藏基础上将密闭环境中的气体压力由正常的大气状态降低（一般为正常大气压的 1/10 左右，即 10.1325kPa），使贮藏室中的氧气和二氧化碳等各种气体的绝对含量下降，造成一个低压条件，起到类似气调贮藏中的降氧作用；当贮藏室中达到所要求的低压时，新鲜空气则首先通过压力调节器和加湿器，使空气的相对湿度接近饱和后再进入贮藏室，使贮藏室内始终保持一个低压高湿的贮藏环境，达到贮藏保鲜的要求。

减压贮藏室与气调库和冷藏库的主要不同在于有一个具有多方面作用的减压系统，由真空设备、冷却设备和增湿设备组成，起到减压、通风换气、增湿和制冷作用。与一般气调贮藏和冷藏法相比，减压贮藏具有以下优点：①与气调贮藏相比，进气简单，除了空气，不需要提供其他的气体发生装置和二氧化碳清除装置；②制冷降温与抽真空连续进行，压力维持动态稳定，所以降温速度快，可以不预冷而直接入库；③操作灵活简便，仅通过控制开关即可；④经减压贮藏的产品，解除低压环境后，后熟和衰老过程仍然缓慢，具有较长的货架寿命；⑤换气频繁，能及时排除有害气体，有利于长期保鲜贮藏；⑥对贮藏物要求不高，可同时贮藏多种园艺产品。

减压贮藏也有一些不足，表现在：对减压贮藏库要求较高，至少能承受 101.325kPa 以上的压力，建筑难度大，费用高；减压条件下，组织水分易散失，要注意保持高湿又要配合应用消毒防腐剂以防范微生物危害；刚从贮藏室取出的产品风味不好，需要放置一段时间再出售以恢复原有风味与香味。总之，在管理上减压贮藏不仅要注意维持低压条件，还需要仔细控制温度和相对湿度。以上不足和管理上的高要求，限制了该技术在生产中的推广应用，目前主要用于长途运输的拖车或集装箱运输中。

六、蔬菜的运输

运输是蔬菜产销过程中的重要环节。在发达国家，蔬菜的流通早已实现“冷链”流通系统，新鲜蔬菜一直保持在低温状态下运输。我国的蔬菜运输条件还相当落后，低温运输量还相当小，大部分蔬菜还不得不用普通卡车和货车运输。

汽车运输方便灵活，可做到点对点服务，减少装卸次数，减少流通环节，加快流通速度。目前，我国铁路运输蔬菜限于冷藏车辆不足，多数采用“土保温”的方法，也就是使用普通高帮车加冰降温，加棉被或草苫（帘）保温的方法装运蔬菜。此外，也还有部分蔬菜是采用加冰保温车和机械保温车运输的。

公路运输应注意以下几点：①用于长距离运输蔬菜的车辆，应以大型卡车为主，车况良好；②车厢应为高帮，有顶蓬，装车时不能用绳子勒捆、挤压，减少运输过程中蔬菜的机械损伤；③一般来讲，常温下运输蔬菜应在 1000km 以内，24h 内到达销售网点为好；④各种蔬菜耐贮运的特性不同，装车运输数量、运输距离及时间各不相同；⑤装车时要注意包装箱、筐、袋之间的空隙，一般不能散装，车前和车的两边应留有通风口，不能盖得太严；⑥汽车运输主要应抓住一个“快”字，坚持快装快运，到达销售网点后，及时卸菜整理销售。

第十章 蔬菜周年供应与栽培制度

蔬菜产品器官大多柔嫩多汁，不耐贮藏，且在自然条件下，蔬菜生产有相当强的季节性。这种生产的季节性与人们餐餐必需形成一对矛盾，长江流域在12月至翌年3月及7～9月，这种矛盾更为突出，此时市场能供应的蔬菜种类少数量也锐减，常称为春淡及秋淡。因此，研究周年生产与均衡供应一直是蔬菜生产中的重要任务。所谓周年生产，即一年四季都有菜生产，所谓均衡供应，即每天保证一定数量的市场供应，既不能太多，也不能过少。

影响蔬菜周年均衡供应的因素主要是气候条件，如冬春季节的低温霜冻，很多蔬菜不能生长，夏秋又有高温暴雨，导致青黄不接。气候因素导致的淡季供应紧张可通过发展设施栽培、适地栽培（如长江流域的高山蔬菜栽培、喜冷凉蔬菜露地越冬栽培等）来避免。

种植计划安排不当、品种结构搭配不合理等也是造成蔬菜供应出现淡季不可忽视的原因。可通过有计划地安排生产，采取合理的栽培制度，排开播种、分期上市，实现周年生产与均衡供应。

发展贮藏加工，搞好地区间的调剂也是克服蔬菜淡季市场供应不足的重要措施。近年来，随着我国经济高速发展，交通物流设施不断改善，加上全国各地农业产业结构调整优化，南菜北运、北菜南运，形成了全国蔬菜大市场大流通，使我国蔬菜供应保持平衡有余的良好局面，基本上实现了淡季不淡。

第一节 蔬菜生产和供应的特点

一、蔬菜生产的特点

1．种类、品种繁多 蔬菜种类繁多，每类蔬菜中又有众多的品种，现今栽培的蔬菜种类有200余种，每一种之内又包含变种，每一个变种内又有许多品种，形成了市场丰富多彩的花色品种，极大地满足了消费者的需求。

种类繁多的蔬菜作物，各种蔬菜所需的生长条件又不一致，有的喜温怕冷，有的喜凉怕热，有的既不耐冬季严寒又不耐夏季的高温高湿，人们所需的全部蔬菜很难在所有季节都能生产，形成了蔬菜生产的季节性。例如，番茄、辣椒、菜豆在长江流域只能春秋两季生产，豇豆、黄瓜可以春、夏、秋三季生产，蚕豆、豌豆主要在冬季越冬生产，白菜、萝卜、甘蓝主要是秋冬生产。

2．技术、茬口复杂 蔬菜生产对技术要求高，生产过程中除一般的技术要求外，对有些蔬菜还要进行搭架、绑蔓、整枝、摘心、打叶、保花、保果等，田间管理技术比大田农作物复杂，同时由于蔬菜种类多，生长特性差异大，不同蔬菜的栽培技术上也有很大差别。另外，由于市场要求周年供应，因此在不适宜生长的季节里，还要通过一些特殊的栽培技术措施才能实现，因此对农业设施、排灌设备、肥水管理等的要求也将更加精细。

传统栽培上，长江流域蔬菜茬口主要是三大季，第一季3～4月种植瓜类、茄果类、豆类及土豆等蔬菜，5～7月开始收获。第二季6～8月种植萝卜、大白菜、青蒜、秋豇豆、秋黄瓜、秋莴苣、秋芹菜、花菜、包菜等，一般9～11月收获。第三季栽种青菜、菠菜、芹菜、莴苣、花菜、包菜等，一般 11 月至翌年 3 月收获。蔬菜种类多，可把植株高矮、生长期长短和生长习性不同的蔬菜，合理地搭配起来，进行间作套种、轮作换茬，以提高土地的利用效率，也能把用地和养地有机地结合。实际生产上都是根据市场需要、生产条件、品种要求等安排生产，尽量做到分期分批生产，延长采收供应期，甚至周年生产均衡供应。

3．不耐贮藏运输　农产品中的粮、棉、油、糖等都可长期贮藏，一次生产，以后陆续使用，而蔬菜则不行，除少数腌菜、酱菜、干菜和制成罐头等加工品可以贮藏较长时间外，萝卜、大白菜、芋、姜、大蒜头、洋葱、马铃薯、豆薯等，一般认为是比较耐贮藏的种类，也只能作短期的贮藏，而且在贮藏期间往往会发生脱帮、空心、干瘪、腐烂、抽芽、变质等造成损耗。其他的大多数蔬菜，都极不耐贮藏。

蔬菜的营养成分及风味，除依种类、品种、风土条件、栽培管理而不同外，还因产品的采收技术、贮运条件而发生变化。蔬菜主要食用器官为鲜果和叶片，含水量高，很不耐贮运，蔬菜产品大多要求鲜嫩上市，及时供应。因此蔬菜要及时采收，收获后要及时销售，才能保证产品柔嫩多汁，营养丰富，鲜美可口，若周转多，延误时间，则容易变质，营养成分损失多，风味差。

4．受自然气候因素影响严重　人们每天都要吃菜，对蔬菜的消费量是四季均衡的，但蔬菜的生产量却受春、夏、秋、冬不同气候影响很大。不良的环境条件，如冬季的大雪、低温，早春的寒流，夏季的台风、暴雨等都会给蔬菜生产带来灾害性的损失。此外，蔬菜病虫害的发生也会影响预期的生产量。也就是说，蔬菜是按一定季节进行生产和收获的，在炎热的夏季和寒冷的冬季很多蔬菜是难以生产的，甚至使用大棚温室也不能满足市场需求，当然还有生产成本和市场效益的问题。

二、蔬菜供应的特点

1．蔬菜消费市场巨大　仅以武汉市为例，武汉市是我国特大型城市之一。2018 年末全市人口已超千万（含郊区），考虑外来打工和旅游等流动人口，市区消费人口总数达 800 万以上。

按武汉市城市社会经济调查队的统计结果，武汉市民人均每日消费 0.35kg 蔬菜，800 万人每天所需的蔬菜就在 280 万 kg，即 2800t。而且蔬菜作为人们日常生活必需品，餐餐都要吃，一年 365d 每天还必须均衡供应。

2．全国蔬菜市场大流通　自 20 世纪 80 年代中期蔬菜产销体制改革以来，随着种植业结构调整步伐的加快，全国蔬菜生产快速发展，产量大幅增长，上市基本均衡，供应状况发生了根本性改变。

随着工业化、城镇化、信息化的推进，以及交通运输状况的改善和全国鲜活农产品“绿色通道”的开通，在国家发展和改革委员会、农业部编制的《全国蔬菜产业发展规划（2011—2020 年）》的指导下，生产基地逐步向优势区域集中，呈现栽培品种互补、上市档期不同、区域协调发展的格局，有效缓解了淡季蔬菜供求矛盾，为保障全国蔬菜均衡供应发挥了重要作用。

全国蔬菜播种面积由 1990 年的近 1 亿亩，增加到 2018 年的 3.04 亿亩左右，产量由 2 亿 t 提高到 7.03 亿 t，人均占有量由 170kg 左右增加到 500kg 左右，而且品种丰富，应有尽有，常年生产的蔬菜达 14 大类 150 多个品种，逐步满足了人们日益增长的多样化的消费需求。

3．蔬菜市场供应有明显的淡旺季　尽管目前全国蔬菜总量偏多，大众化蔬菜出现了区域性、季节性、结构性过剩，价格下跌，效益下降，但是蔬菜市场供应仍存在明显的淡旺季。

例如，长江流域每年 12 月至翌年 3 月和 7～9 月，由于受低温寒冷和高温酷暑等气候的影响，本地蔬菜生产和上市量严重不足，蔬菜品种稀少、数量紧张、价格成倍上涨，市场供应存在明显的春淡和秋淡。

蔬菜供应淡季，可通过设施栽培、地区调剂、贮藏加工等手段来得以缓解。

4. 蔬菜市场竞争激烈 近年来蔬菜类农产品价格异常波动成为关注焦点，市场上蔬菜的零售价格降幅明显，产地批发价步步下行。很多蔬菜的产地收购价格已跌破成本价，菜农苦不堪言。新常态下，农业产业低水平重复建设，产能过剩，在蔬菜等传统产业产能也存在结构性过剩。另外，受成本增加、极端天气、信息不对称、市场环境等因素影响，蔬菜价格有时呈“过山车”式的波动，对蔬菜产业带来巨大损失，不利于产业可持续健康发展。众所周知，菜价涨跌不仅取决于季节和气象灾害，还与生产方式落后、信息不对称和以产定销的惯性思维及流通不畅密切相关。当下，应以农业供给侧结构性改革为契机，推动蔬菜产业的转型升级，加快转变蔬菜的生产方式，打通生产、加工和流通环节。提高蔬菜产销组织化程度，引导蔬菜生产者按照“反向供给链”的经营理念组织生产。同时积极改善蔬菜流通设施条件，减少流通环节，降低流通成本，引入农产品电子商务等新型业态，推动“产需对接”“农超对接”，让百姓的“菜篮子”更丰富实惠。

市场就是竞争，竞争的最终结果是优胜劣汰，最终各地蔬菜的“比较优势”在竞争中得以显现。就生产方面而言，“比较优势”体现在上市时间、生产成本、品种适销性等方面；就销售方面而言，“比较优势”体现在商品质量、商品价格、商品包装、营销手段等方面。要确切把握蔬菜产品市场销售的特点，并采取相应的对策，才能在激烈的市场竞争中立于不败之地。蔬菜产品市场销售的特点如下。

一是要求蔬菜产品市场要做到周年供应、均衡上市、品种多样、价廉物美。蔬菜产品生产具有季节性、地域性，只有做好蔬菜产品的贮藏运输工作，才能保证其均衡上市，周年供应，这样有利于保持物价稳定，维护社会经济稳定。

二是新鲜蔬菜产品是易腐性蔬菜产品，市场流通应及时、畅通，做到货畅其流、周转迅捷，才能保持其良好新鲜的商品品质，减少腐烂损耗。为此需要产、供、销协调配合，尽量实行产销直接挂钩，减少流通环节，提高运输中转效率。大中城市和工矿逐步建立批发市场，加强生产者、零售网点与消费者之间的联系，使新鲜蔬菜产品及时销售到千家万户。

三是蔬菜产品商品性强，发展蔬菜产品生产的目的在于以优质、充足的商品提供销售，满足人民消费的需要。

四是蔬菜产品必须适应市场需要，才能扩大销售。经验告诉我们，只有那些适应市场的产品才能经久不衰。为了了解产品的市场占有情况，必须加强市场信息调查，预测行情变化趋势，根据调查预测结果有效组织销售。

第二节 我国蔬菜生产分区

我国疆域辽阔，从东到西跨 62 个经度，从北到南跨 50 个纬度，热带、亚热带、暖温带及寒温带等各种气候类型都有，全国各地、东西南北的光、热、水资源相差很大，由于蔬菜种类很多，生长季节有长有短，同时在消费上要求多样化，因而蔬菜生产季节及地理分布极为复杂。另外，这种大跨度和气候多样性也为全国范围内蔬菜调配提供了可能性，使我国在应对蔬菜供应季节性波动和自然灾害方面拥有更多的选择。

一、我国蔬菜生产的区域性

由于蔬菜种类很多，其生物学特性千差万别，有耐热的、喜温的，也有耐寒的、喜冷凉的；

有耐旱的，也有耐湿耐渍的，甚至有耐涝的（如水生蔬菜）；有喜强光的，也有耐阴的；有一年生、二年生的，还有多年生的；有草本，还有木本及菌类、藻类，它们对环境条件的要求都有自己的特点。

根据自然地理环境及栽培特点，中国农科院蔬菜花卉所主编的《中国蔬菜栽培学》（1991）一书中将全国分为八个大区，即东北区、华北区、长江中下游区、华南区、西北区、西南区、青藏高原区和蒙新区，不同大区有不同的气候特点，其栽培蔬菜的种类和品种也不尽相同，在长期的栽培实践中培育出了适应各地不同环境及消费习惯的丰富多彩的地方特色品种。

（1）东北区　包括黑龙江、吉林和辽宁三省。气候寒冷，每年有4～5个月平均温度在0℃以下，生长期短，每年一茬。甘蓝、白菜、马铃薯、洋葱、胡萝卜等均在4～5月播种，9～10月收获。即使是耐寒性的蔬菜也不能露地越冬。

（2）华北区　包括北京、天津、河北、山东、河南等省（直辖市），以及辽宁省南部，江苏、安徽省的北部地区。雨量较少，750mm以下。冬季也较寒冷。一年中主要栽培两大季，即春夏季（茄果类、瓜类及豆类）和秋冬季（大白菜和根菜）。因这一地区雨水少、阳光充足、昼夜温差大，适合于西甜瓜、鳞茎类蔬菜、大白菜及根菜的生长。而黄瓜、番茄、马铃薯的生长也较长江流域为佳。

（3）长江中下游区　包括湖北、湖南、江西、浙江、上海等省（直辖市），以及安徽、江苏省南部、福建省北部等地区。夏季温度高，冬季有霜雪。一年可以栽培3茬主要蔬菜。耐寒的豆类和白菜类可以露地越冬。番茄、黄瓜、马铃薯、菜豆，一年可以栽培2次，因水域多，水生蔬菜较为集中。

（4）华南区　包括海南、广东、广西等省（自治区），以及福建、台湾省的南部地区。全年温暖无霜，生长季节长，可在露地周年栽培蔬菜。喜温的豆类和茄果类可以在冬季露地栽培，一年内至少可种植三茬。冬季栽培芸薹属的蔬菜，如菜心、芥蓝等在两广地区极为普遍。水生蔬菜多，耐高温多湿的瓠果类蔬菜多。

（5）西北区　包括山西、陕西秦岭以北、甘肃中部、宁夏南部、青海靠西宁的局部地区。大陆性气候明显，空气干燥、阳光充足、雨量少、昼夜温差大，特别适合于西甜瓜的生长。这一地区的甘蓝、球茎甘蓝、茄果类及根菜类生长得很好，产量高。

（6）西南区　包括四川、云南、贵州和重庆三省一市，以及陕西省秦岭以南南半部和甘肃省陇南地区。这一地区因地势高，气候较为凉爽，四季的气候变化不大。一般根菜和叶菜，周年均可生长。

（7）青藏高原区　包括青海、西藏及四川阿坝甘南自治州及新疆阿尔泰山南部高原。这里地势多在3000m以上，夏季温度低、雨水少，蔬菜栽培也少。甘蓝、番茄适宜栽培，但喜温蔬菜因温度低不能露地栽培。白菜、萝卜的多数品种也因夏季夜晚温度低而先期抽薹。

（8）蒙新区　包括内蒙古、新疆及宁夏固原以北、甘肃河西走廊等部分地区。此区地处内陆，地势较高，大陆性气候明显，光照充足，冷热变化无常，早晚气温悬殊。生长期较长的番茄、辣椒、西瓜、甜瓜、甘蓝、大白菜、萝卜、洋葱、马铃薯等，一年种植一茬。

以上分区只是自然的分区，随着设施的普及和人工灌溉，可以进行各种调节，在不同的区域种植同样的蔬菜。

二、全国蔬菜产业生产的布局

蔬菜是城乡居民生活必不可少的重要农产品，保障蔬菜供给是重大的民生问题。《全国蔬菜产业发展规划（2011—2020 年）》按照提高大城市蔬菜自给能力和提高全国蔬菜均衡供应能力相结合的原则统筹全国蔬菜产业生产布局。

总的来说，蔬菜不耐贮藏，但某些蔬菜有一定的耐贮性。因此蔬菜的供应除了采收后立即供应外，也可稍加贮藏。一般来说，不耐贮运的蔬菜，需要就地生产就地供应；越是耐贮藏的蔬菜，越可以远距离调运。各类蔬菜耐贮运的次序如下：最耐贮藏的为葱蒜类、薯蓣类、莲藕等；有一定耐贮藏能力的有根菜类、结球叶菜类等；果菜的耐贮能力更差一些，其中果菜类采收老果的相对耐贮，采收嫩果的相对不耐贮运；而最不耐贮运的是各种绿叶菜类。

1. 大城市生产布局 合理布局大城市蔬菜生产基地，稳定提高自给能力和应急供应能力。全国 36 个大城市（包括直辖市、计划单列市、省会城市等），按照提高蔬菜特别是叶类菜自给率（自产蔬菜占本市常住人口蔬菜消费总量的比例）的要求，规划确定常年菜地最低保有量。确因辖区内耕地资源制约等原因无法达到常年菜地最低保有量的，在城市周边地区建立紧密型外埠生产基地补足。在此基础上，进一步加强对老菜地的保护，并实行更为严格的占补平衡和补偿机制，根据需要适当增加蔬菜种植面积。发挥区位、技术和市场优势，重点发展设施栽培，主要生产不耐贮运的叶类蔬菜和地方特色蔬菜，力求全年均衡上市。其他大中城市，也要根据当地实际，合理安排蔬菜生产，稳步提高自给能力。

2. 优势区域生产布局 综合考虑地理气候、区位优势等因素，将全国蔬菜产区划分为华南与西南热区冬春蔬菜、长江流域冬春蔬菜、黄土高原夏秋蔬菜、云贵高原夏秋蔬菜、北部高纬度夏秋蔬菜、黄淮海与环渤海设施蔬菜六个优势区域，重点建设 580 个蔬菜产业重点县（市、区），提高全国蔬菜均衡供应能力。规划期内，提高全国蔬菜均衡供应和防范自然风险、市场风险的能力。重点县（市、区）的蔬菜播种面积保持基本稳定，单位面积产量和总产量的增幅高于全国平均水平。

（1）*华南与西南热区冬春蔬菜优势区域* 本区包括 7 个省（自治区），分布在海南、广东、广西、福建和云南南部、贵州南部以及四川攀西地区，共有 94 个蔬菜产业重点县（市、区）。本区域冬春季节气候温暖，有“天然温室”之称，1 月（最冷月）平均气温≥10℃，可进行喜温果菜露地生产。外销品种主要是豇豆、菜豆、丝瓜、苦瓜、西甜瓜、番茄、辣椒、茄子等，华南地区主要集中在 12 月至翌年 3 月上市，西南热区主要集中在 1～4 月上市。主要销往“三北”（东北、西北、华北）、长江流域及港澳地区。

（2）*长江流域冬春蔬菜优势区域* 本区包括 9 个省（直辖市），分布在四川、重庆、湖北、湖南、江西、浙江、上海和江苏中南部、安徽南部，共有 149 个蔬菜产业重点县（市、区）。本区域冬春季节气候温和，1 月平均气温≥4℃，可进行喜凉蔬菜露地栽培，是我国最大的冬春喜凉蔬菜生产基地。外销品种主要有结球甘蓝、花椰菜、莴笋、芹菜、芥菜、大白菜、萝卜、普通白菜、芥蓝、蒜苗等喜凉蔬菜，主要集中在 11 月至翌年 4 月上市。主要销往“三北”、珠江三角洲和港澳地区。

（3）*黄土高原夏秋蔬菜优势区域* 本区包括 7 个省（自治区），分布在陕西、甘肃、宁夏、青海、西藏、山西及河北北部地区，共有 54 个蔬菜产业重点县（市、区）。本区域适宜蔬菜生产的多为海拔 800m 以上的高原、平坝和丘陵山区，昼夜温差大，夏季凉爽，7 月平均气温≤25℃，无须遮阳降温设施，可生产多种蔬菜。外销品种主要是洋葱、萝卜、胡萝卜、花椰菜、大白菜、芹菜、莴笋、结球甘蓝、生菜等喜凉蔬菜，以及茄果类、豆类、瓜类、西甜瓜等喜温瓜菜，主要集中在 7～9 月上市。主要销往华北、长江下游、华南及港澳地区。其中，西藏、青海主要用于保障本地供应，满足外来游客消费需要。

（4）云贵高原夏秋蔬菜优势区域　本区包括 5 个省（直辖市），分布在云南、贵州和湖北西部、湖南西部、重庆东南与东北地区，共有 38 个蔬菜产业重点县（市、区）。本区域适宜蔬菜生产的多为海拔 800～2200m 的高原、平坝和丘陵山区，夏季凉爽，有“南方天然凉棚”之称，7 月平均气温≤25℃，无须遮阳降温设施可生产多种蔬菜。外销品种主要有结球甘蓝、萝卜、大白菜、芹菜、胡萝卜、花椰菜、青花菜、生菜等喜凉蔬菜，以及辣椒、番茄、菜豆、西甜瓜等喜温瓜菜，主要集中在 7～9 月上市。主要销往华南、长江下游、华北及港澳地区。

（5）北部高纬度夏秋蔬菜优势区域　本区包括 4 省（自治区），分布在吉林、黑龙江、内蒙古、新疆和新疆生产建设兵团，共有 41 个蔬菜产业重点县（市、区）。本区域纬度较高，夏季凉爽，7 月平均气温≤25℃，无须遮阳降温设施，可生产多种蔬菜。外销品种主要有番茄、辣椒、黄瓜、菜豆、大白菜、洋葱等蔬菜，主要集中在 6～10 月上市。主要销往京津、长江中下游地区。

（6）黄淮海与环渤海设施蔬菜优势区域　本区包括 8 个省（直辖市），分布在辽宁、北京、天津、河北、山东、河南及安徽中北部、江苏北部地区，共有 204 个蔬菜产业重点县（市、区）。本区域冬春光热资源相对丰富，距大城市近，适宜发展设施蔬菜生产。外销品种主要有番茄、黄瓜、辣椒、茄子、菜豆、西葫芦、西甜瓜、结球甘蓝、芹菜、芦笋、韭菜、食用菌等，日光温室蔬菜主要集中在 10 月至翌年 6 月上市；塑料大棚喜温果菜主要集中在 4～6 月和 9～11 月上市，塑料棚喜凉蔬菜主要集中在 1～3 月上市。外销品种丰富，产品销往全国各地。

第三节　蔬菜项目园区规划

深入研究蔬菜的产销规律，抓住蔬菜生产的季节性和蔬菜市场供应的均衡性这一主要矛盾，四季生产量足、质优、品种多样的蔬菜，确保市场周年均衡供应，满足消费者日益变化的需求一直以来是广大蔬菜科技工作者和菜农致力解决的难题。蔬菜项目园区的顶层设计、科学规划、因地制宜、合理布局，对积极推进供给侧结构优化和实现乡村振兴战略，进一步加强一、二、三产业深度融合，加快构建以现代装备为基础，现代科技服务为支撑，现代经营管理为特征的现代蔬菜产业体系，不断满足人民日益增长的美好生活需要，实现农业增效、农民增收和农村增绿有着十分重要的意义。

一、蔬菜基地的选址

蔬菜是商品性很强的经济作物，新建菜田的选址必须考虑到产量与品质的提高、生产与消费的关系，以及国民经济的发展水平。

1．交通条件　绝大多数蔬菜属于含水量多、体积大、容易变质腐烂、不耐贮藏运输的新鲜产品，又是广大消费者生活上天天需要的副食品，因此无论是从蔬菜产品的物流运输销售方面，还是从蔬菜生产所需的生产资料供给方面来说，都要求有比较便利的交通条件，只有这样才能降低生产成本，平抑市场价格，以促进生产的发展和社会和谐稳定。

在 20 世纪 80 年代以前，由于当时的交通条件所限，我国蔬菜基地的选址大都优先考虑“就地生产，就地供应”，蔬菜基地都布局在城市近郊和工矿区附近，以满足广大居民的需要，同时也会考虑兼顾一些特产地蔬菜的生产调剂，如山东的大白菜，浙江、福建的竹笋，四川的榨菜等，因为这些蔬菜在特产地生产品质好、产量高、成本低，对于供应当时的国内市场和出口创汇都有重大意义。

随着改革开放的深入和经济的快速发展，我国的交通条件得到了彻底的改善，高速公路网、高速铁路网、航空运输网的建立，使蔬菜产品的远距离运输和全国大流通格局成为可能，南菜北运、北菜南运也已成为常态，中国蔬菜也已走向世界。

2．水源条件 在选址建设蔬菜生产基地时，应把水源作为重要的条件加以考虑。蔬菜作物比一般作物的需水量大，如果没有充足的水源，完全靠天然降水来进行蔬菜生产是不行的。

水源应首先考虑利用附近的天然水源，如江、河、湖、堰塘等，在没有天然水源或天然水源不足的地方，则应开发地下水资源或收集蓄积雨水资源进行灌溉，应注意研究节约用水的办法，避免浪费与损失。

3．自然条件 蔬菜作物有草本和木本之分，有多年生与一年生之分，在管理技术、建园要求上各有特点，共同之处也很多。

（1）气象方面 包括气温（每月及旬的最高、最低及平均温度）、湿度、每月及年降雨量、无霜期（初霜时间、终霜时间）、结冰期和化冰期、冻土厚度、风力、风速、风向、有云天数、日照天数、日照时数、日照百分率、积雪厚度及区域小气候等。气候条件是不容忽视的因子，蔬菜生长需要充足的阳光、适宜的温湿度等，应以较大范围的生态区划为依据，选择蔬菜作物最适生长的气候区域来建设相应的蔬菜基地，特别是多年生蔬菜基地和特色特产蔬菜基地，在灾害性天气频繁发生且目前又无有效办法防止的地区不宜选择建园。

（2）土壤方面 包括土壤的物理、化学性质，如坚实度、通气、透水性、土壤的酸碱度（pH）、土层深度，以及氮、磷、钾的含量等。蔬菜都是对肥水需求比较多的植物，除了有便利的交通、充足的水源、适宜的气候等条件外，还需要肥沃的土壤条件作为保证，因此在菜园选址时应优先考虑土层深厚、土壤肥沃、疏松透气、排灌方便、微酸性、保水保肥的砂壤土和壤土。土壤条件较差时应有土壤改良、培肥计划和条件，只有这样才能考虑建园。

（3）水文方面 包括现有水面及水质的范围，水底标高，河床情况，常水位，最低、最高水位，水流方向，水质及地下水状况等。对于多年生蔬菜，基地建园时还应考虑地下水位的高低，如果一年中有半个月以上的时间地下水位高于0.5m，则不宜建园，对一些易内涝的地块也不宜建园。

（4）地形方面 包括地表面的起伏状况，如山的形状、走向、坡度、位置、面积、高度及土石状况，以及平地、沼泽地状况。

扩展10-1

4．远离污染源 蔬菜生产的发展还应遵循可持续发展原则，无公害蔬菜、绿色蔬菜、有机蔬菜是今后发展的方向。应远离城区、工矿区、交通主干线、工业污染源、生活垃圾场等，确保生产出的蔬菜产品安全、优质、营养。

二、蔬菜基地的类型

蔬菜基地的类型很多，从不同角度大致可以分为以下几种类型。

1．依据种植蔬菜的种类分类 根据基地拟种植的蔬菜种类的不同，可以分为单一蔬菜种植基地和同时种植多种蔬菜的种植基地。

（1）单一蔬菜种植基地 单一蔬菜种植基地是指常年只种植一种或几种主要蔬菜的“一村一品”蔬菜基地，如在远离城市的区域，由于贮藏保鲜和运输销售受限，一般只能种植一些耐贮运的蔬菜，如冬瓜、南瓜、大白菜、甘蓝等。此外，一些特产蔬菜基地也属此类型，如四川涪陵的榨菜基地，湖北襄阳的大头菜基地，长阳、利川、岳西等地的高山萝卜、甘蓝、茭白基地等，它们都是单一品种种类大面积成片种植，形成区域特色和产业优势。

（2）同时种植多种蔬菜的种植基地 同时种植多种蔬菜的种植基地一般以城市近郊的蔬菜

基地为主，可通过茬口安排和品种搭配，实现周年均衡供应各种丰富多彩的蔬菜种类品种。此外，现在一些以会员制供应的有机蔬菜基地也属此类型，为了确保满足不同会员的消费需求，一般基地在一个季节里可能会种植 10～20 种蔬菜。这两类基地在选址规划、基础设施配套、栽培技术要求、投资规模、经营管理模式等方面都有很大差别。

2. 依据栽培设施有无分类　根据栽培设施的有无，可分为设施蔬菜基地和露地蔬菜基地。

（1）设施蔬菜基地　设施蔬菜基地又可细分为蔬菜种子繁育基地、蔬菜工厂化育苗基地、设施蔬菜标准化高效种植基地、蔬菜避雨栽培基地、蔬菜植物工厂等。

（2）露地蔬菜基地　露地蔬菜基地，主要在适合的地区和适合的季节里种植各种蔬菜，受环境和气候条件影响较大，如长江流域大面积利用冬闲田种植萝卜、甘蓝、马铃薯等。

3. 依据基地的立地条件分类　根据蔬菜基地的立地条件分为平原平地蔬菜基地、丘陵岗地蔬菜基地、二高山蔬菜基地、高山蔬菜基地及水生蔬菜基地等。

（1）平原平地蔬菜基地　平原平地蔬菜基地由于地势平坦，适合规模化开发、标准化生产，便于实现集约化、机械化、产业化。

（2）丘陵岗地蔬菜基地　丘陵岗地蔬菜基地生产成本较低，管理稍粗放，有利于发展生态循环农业，需要进行土壤改良，配套良好的灌溉排水设施，才能发挥较好效益。

（3）二高山蔬菜基地　二高山蔬菜基地在长江流域一般特指海拔在 600～1200m 的山地蔬菜基地，由于山地夏季温和凉爽，因此适宜各类蔬菜生长，特别是喜温蔬菜的生长，如番茄、菜豆、辣椒等在夏季能正常开花结果，产量高、品质好，特别是近年发展的高山番茄避雨栽培在湖北长阳县每亩产量可达 10 000～15 000kg，产值在 2 万～3 万元，而且有效减轻了晚疫病的危害。

（4）高山蔬菜基地　高山蔬菜基地在长江流域一般特指海拔在 1200～1800m 的山地蔬菜基地，由于海拔高，夏季冷凉，特别适宜喜冷凉蔬菜生长，如萝卜、大白菜、甘蓝等在夏季能正常生长，产量高、品质好，成为山区农民脱贫致富的重要途径。一般宜在坡度 10°以下建设山地菜园，坡度超过 25°的山地不宜建园，并且要做好生态护坡护埂，防止水土流失。

（5）水生蔬菜基地　长江流域各地气候温和、雨水充沛、河湖交错、港汊密布，非常适合水生蔬菜生长，形成了很多以水生蔬菜为特色的专业化生产基地，如湖北蔡甸的莲藕、团风的荸荠、利川的莼菜，安徽桐城的水芹，江苏宝应的荷藕、洪泽的芡实、太湖的莼菜等都成为地理标志保护产品。

4. 依据经营目的分类　根据蔬菜基地的经营目的分为专业化蔬菜生产基地、兼业型蔬菜生产基地、自产自销自留菜地、加工原料蔬菜基地、出口创汇蔬菜基地、休闲体验型蔬菜基地等。

（1）专业化蔬菜生产基地　专业化蔬菜生产基地一般都是常年菜地，以生产优质商品蔬菜供应市场，一般都配备相应的生产设施和农机具，有完善的整理清洗、分等分级、包装、预冷、贮藏、加工、运输及信息等条件和装备，集约化生产、产业化经营，有较好的经济、社会和生态效益。

（2）兼业型蔬菜生产基地　兼业型蔬菜生产基地一般都是季节性菜地，农民除了种植蔬菜外，可能会种植粮、棉、油等，或者养殖猪、牛、羊等，或在主要季节生产一季到两季蔬菜，其他季节出门打工等，蔬菜只是其经济收入的一部分。长江流域大部分地区有利用冬闲田种植一茬喜冷凉蔬菜的习惯。

（3）自产自销自留菜地　自产自销自留菜地多数为村庄四周和家庭院落附近只为自己消费的一小片菜地，由于没有商品化，种植技术水平较低，且种植种类较多，管理简单，不求产量和效益，基本解决了广大农村居民自己的蔬菜供应，近年来由于很多农民进城打工，放弃了自留地生产蔬菜，而另一部分选择在农村种田的农户也会把自己消费不掉的蔬菜就近拿到市场上销售，甚至慢慢成为专业菜农。城市居民利用阳台、屋顶等开发成小菜园也属此类，这种小菜园不仅可以美化环境、增加绿地、净化空气，还可以让城市居民享受劳动成果，陶冶情趣，成为一种时尚。

（4）*加工原料蔬菜基地*　加工原料蔬菜基地主要是为配套的蔬菜加工企业生产加工原料，蔬菜加工的种类很多，有些特色蔬菜需要通过加工才能进入市场，如四川的茎用芥菜生产基地就是为榨菜加工厂生产原料。还有很多这样的蔬菜基地，如湖南邵阳的金针菜基地、龙山的百合基地，安徽涡阳的苔干基地、太和的香椿基地，湖北襄阳的大头菜基地、洪湖的藕带基地，江西石城的赣莲基地，江苏兴化脱水菜基地、扬州酱菜原料基地等。也有些蔬菜基地是鲜销与加工结合的基地，如湖北、江苏的水生蔬菜生产基地，江西、湖南的辣椒生产基地等。

（5）*出口创汇蔬菜基地*　我国蔬菜出口创汇基地主要集中在东南沿海各省（自治区、直辖市），以山东、广东、辽宁、浙江、福建、江苏等地为主要代表，主要出口到日本、韩国等国家。改革开放以来，我国蔬菜出口规模快速增长。据中国海关和联合国商品贸易统计数据库统计，2017年我国蔬菜出口总额为111.64亿美元，比1992年增长10倍。

（6）*休闲体验型蔬菜基地*　休闲体验型蔬菜基地是在城市近郊和风景区附近开辟特色菜园，让游客入园耕作、采摘，享受田园乐趣，是随着近年来生活水平和城市化程度的提高，以及人们环境意识的增强而逐渐出现的集旅游、观光、采摘、休闲度假于一体，经济效益、生态效益和社会效益相结合的综合性产物。观光采摘园将生态、休闲、科普有机地结合在一起，同时，生态型、科普型、休闲型的观光采摘园的出现和存在，改变了传统农业仅专注于土地本身的大耕作农业的单一经营思想，形成了“可览、可游、可居”的环境景观，构筑出了“城市-郊区-乡间-田野”的空间休闲系统，客观地促进了旅游业和服务业的开发，有效促进了城乡经济的快速发展。

5. 依据经营主体分类　根据蔬菜基地的经营主体可分为专业大户、家庭农场、专业合作社、农业产业化龙头企业等。

（1）*专业大户*　专业大户是当前农村产业组织创新的阶梯。与自然农户相比，专业大户经济突破了家庭的生产边界，拥有较多的设备和较先进的技术，是农村生产关系调整、农业生产经营形式创新和农户整合变异的产物，是农村先进生产力的代表。蔬菜专业大户平均经营规模在1～3hm^2，不少大户都是“科技明白人”，他们懂科学、会技术、善经营，经历过市场的筛选和淘汰，是现代新型农民的代表，而且经营规模适中，经济效益较好，是目前蔬菜产业主要经营主体。

（2）*家庭农场*　家庭农场是一个起源于欧美的舶来名词，在中国，它类似于专业大户的升级版。通常定义为：以家庭成员为主要劳动力，从事农业规模化、集约化、商品化蔬菜生产和经营，并以种菜收入为家庭主要收入来源的新型农业经营主体。家庭农场平均经营规模在10hm^2左右，以追求效益最大化为目标，使农业由保障功能向盈利功能转变，克服了自给自足的小农经济弊端，商品化程度高，能为社会提供更多、更丰富的蔬菜产品。家庭农场比一般的农户更注重蔬菜产品的质量安全，政府更易于监管。由于家庭农场实行规模化、集约化、商品化生产经营，因而具备较强的市场竞争能力。家庭农场可以促进土地资源的优化配置，进一步激发农民的积极性、释放农业的潜力。2013年中央一号文件首次提出要发展家庭农场。家庭农场模式符合农民的需要，符合农业农村发展的需要，符合国情。

（3）*专业合作社*　专业合作社是在农村家庭承包经营基础上，同类农产品的生产经营者或者同类农业生产经营服务的提供者、利用者，自愿联合、民主管理的互助性经济组织。蔬菜专业合作社以其成员为主要服务对象，提供蔬菜生产资料的购买，蔬菜产品的销售、加工、运输、贮藏，以及与农业生产经营有关的技术、信息直至网上交易等服务。合作社作为一种独特的经济组织形式，其内部制度与公司型企业相比有着本质区别。股份公司制度的本质特征是建立在企业利润基础上的资本联合，目的是追求利润的最大化，“资本量”的多寡直接决定盈余分配情况。在合作社内部，起决定作用的不是成员在合作社中“股金”，而是“交易”。合作社的主要功能是为社员提供交易上所需的服务。合作社与社员的交易不以营利为目的。合作社的盈余，除了一小部分留作公共积累外，大部分要根据社员与合作社发生的交易额的多少进行分配。实行按股分红与按交易额分红相结合，以按交易额分红为主，是合作社分配制度的基本特征。当然，合作社与其他经济主体的交易也是以营利为目的的。《中华人民共和国农民专业合作社法》已由中华人民共和国第十届全国人民代表大会常务委员会第二十四次会议于 2006 年 10 月 31 日通过，自 2007 年 7 月 1 日起开始施行。

（4）*农业产业化龙头企业*　　农业产业化是我国农业经营体制机制的创新，是现代农业发展的方向。农业产业化龙头企业集成利用资本、技术、人才等生产要素，带动农户发展蔬菜的专业化、标准化、规模化、集约化生产，是构建现代蔬菜产业体系的重要主体，是推进蔬菜产业化经营的关键。《国务院关于支持农业产业化龙头企业发展的意见》（国发〔2012〕10 号）指出：龙头企业要积极开展蔬菜作物标准园建设，大力推进标准化生产，建立健全投入品登记使用管理制度和生产操作规程，完善农产品质量安全全程控制和可追溯制度，提高农产品质量安全水平。国家支持龙头企业开展质量管理体系和无公害农产品、绿色食品、有机农产品认证，有关部门也将建立健全农产品标准体系，鼓励龙头企业参与相关标准制定，推动行业健康有序发展。龙头企业还要完善利益联结机制，带动农户增收致富。建立“企业＋基地＋合作社＋专业大户”的运行机制，充分发挥龙头企业在构建新型农业社会化服务体系中的重要作用，围绕产前、产中、产后各环节，为基地农户积极开展农资供应、农机作业、技术指导、疫病防治、市场信息、产品营销等各类服务。要在平等互利的基础上，与农户、农民专业合作社签订农产品购销合同，协商合理的收购价格，确定合同收购底价，形成稳定的购销关系。国家鼓励龙头企业采取股份分红、利润返还等形式，将加工、销售环节的部分收益让利给农户，共享农业产业化发展成果。

三、蔬菜园区的规划

（一）规划依据

一个地区应当发展什么种类的蔬菜生产，或一种蔬菜应当在什么地区、地块发展生产，不应是随意的、主观决策的，应有深入细致的调查研究和反复论证作为依据。调查研究的主要地点应以本地为主，外地为辅。调查研究的内容主要如下。

1. 政策法规　　包括国家的政策、法规，地区经济、社会发展的方针，特别是蔬菜产业发展的方针，城乡发展和区域产业发展的上位规划。

2. 自然环境条件和资源　　具体内容见本节一、3 部分。另外，调查现有植被、已有的主要蔬菜作物种植情况，以及调查水、气、噪声、垃圾的情况。

3. 社会经济及人文条件　　包括人口、农业劳动力资源、经济状况、工业和商业、交通的发达与否；种植业水平，特别是已有蔬菜产业水平、有无名特优产品；农业劳动力素质等。

4. 交通条件　　调查园区周边环境状况及旅游资源，建设园区所处地理位置与城市交通的关系，包括交通路线、交通工具等情况。

5. 现有设施的调查　　例如，给排水设施、能源、电源、电信情况，原有建筑的位置、面积用途等。

6. 市场情况　特别是蔬菜产品的近地和远销市场，现状与展望；本地、近地人口蔬菜产品消费水平及特点等。

7. 发展生产的投资情况　主要靠本地还是有其他投资方，近期与长期内投资力度等。

8. 现场勘察工作所获得的第一手现状资料　对于这些基础资料，既要逐项予以评价，还应对资料整体进行综合评价。前者是后者的基础，后者是前者的深化，从而获得全面的认识，利于园区的正确定位。

上述情况的调查，有的需要依据实际数据绘制图示，如土壤分布图、植被图、水资源状况等；有的则要依据实际数据编写出说明书，如社会经济及人文方面的情况。在这些工作的基础上再论证发展什么和怎样发展。

我国改革开放以来，农业发展很快，农民从“以粮为纲”和不灵活的政令指挥下解放出来，通过农业产业结构的调整优化，大力发展更见成效的蔬菜生产，但是问题也不少，主要就是发展中缺少科学的规划，没有先搞调查再决策、再实施，而是“群众运动式”一哄而起，相当多的菜园、温室大棚无序发展，造成产品滞销或其他形式的损失。如果有科学的调查、论证再决策，就可以避免或减小这种损失。

（二）规划原则

1. 市场导向原则　蔬菜种植园规划应针对项目区的气候特点、产业基础、区位优势和市场需求，坚持经济效益第一，兼顾社会效益和生态效益，通过配套完善的基础设施建设、周年高效的种植模式、特色品种和产品的开发、从业人员的技术培训、惠农政策的倾斜、绿色生态安全品牌的创建等，在准确、及时把握消费市场的前提下，满足人们对营养、安全、休闲、娱乐等的各类需求。

2. 因地制宜原则　蔬菜种植园规划必须按照项目区的自然资源、地形地貌和各建设要素特点，选择适宜的主导产业和产品，进行开发。注意因地制宜，找准优势，扬长避短，开展农业综合开发，宜农则农，宜牧则牧，宜林则林。把园区的建设同农业结构特征有机结合，同发展当地支柱产业相结合，同促进当地农业产业化的发展相结合。充分开发和利用自然资源，维护和保持自然生态平衡，实现经济、社会、生态效益相协调，促进项目区蔬菜产业的可持续发展。

3. 科技驱动原则　在项目区应坚持以科技为先导，充分发挥科学技术在蔬菜生产各个环节的重要作用，提高设施装备和调控水平，以实施高新技术成果转化、示范为突破口，全面提升项目区整体科技含量，突出农业新技术的科技开发、孵化培育、推广辐射、产业带动、教育培训、休闲观光等功能，使园区成为新技术的引进开发基地、示范推广基地、农业科技信息的传播基地以及现代高科技产品的标准化生产和加工基地。

4. 适度规模原则　蔬菜种植园建设规模要适度，过大或过小都不利于园区的发展。具体的建设规模应根据项目区土地利用现状、生产单位的经济实力、当地的气候条件、当地及目标市场的消费群体与市场容量等综合考量。农业部园艺作物标准园建设规模要求：设施蔬菜标准园集中连片面积（设施内面积）在200亩以上，露地蔬菜标准园集中连片面积在1000亩以上。湖北省现代蔬菜产业示范区的生产规模在2000亩以上，其中设施蔬菜基地集中连片规模在500亩以上。

5. 博采众长原则　蔬菜种植园无论大小都有其相通的地方，包括都有几个功能区的划分、服务区的建设、园林工程设计甚至还有观光休闲功能的考虑等。在规划过程中应借鉴国内众多园区的优点以及国外的示范农场、农业公园等方面的经验，博采众长，形成独具风格的个性化设计。

6. 突出特色原则　蔬菜种植园建设应从实际出发，发掘当地资源、市场、文化、区位优势，体现区域特色，立足本地特色资源，面向特定目标市场，按照“人无我有、人有我优、人优我特”的原则，明确园区的发展方向和目标，优先选择效益最大的项目进行规划与实施，避免区域产业雷同和重复建设，充分考虑技术品种的发展潜力，并对其进行综合评价和可行性分析，提出切实可行的规划方案。

四、规划的基本程序

1．前期准备阶段

（1）了解政府方针政策　与规划项目承办方进行交流，了解当地农业发展政策以及对规划任务的要求和意愿。由于政府的意愿对项目园区有很大的导向作用，还需与园区所在地主管部门进行沟通，把握园区的发展方向和定位。

（2）沟通业主投资意向　规划是一种经济行为，规划委托方（甲方）也是投资人或业主，其意愿和愿想很重要，在规划伊始，一定要进行全方面沟通，完美的规划就是在遵循国家相关政策法规，尊重自然科学和经济规律的基础上将业主的意愿变成现实。

（3）收集基础资料　多方收集与项目相关的基础资料，重点是当地政府规划部门积累的资料和相关主管部门提供的专业性资料。内容一般包括：项目区勘察资料、测量资料、气象资料、土地利用资料、交通运输资料、建筑物资料、工程设施资料、水源资料、土壤资料、植被资料、市场资料、当地政府相关政策法规及近期相关上位规划等。

（4）现场踏勘调研　规划工作者必须对园区的概貌有明确的形象概念，必须进行认真的现场勘察。调研内容一般如下：一是土地现状，如建设用地、农业用地范围等。二是现场基础设施条件，如水源、机井（机深、出水量、水泵规格、布置）、电力（高低压线路、负荷、变压器、农业用电量）、电信（电信站、宽带、电话）、周边道路情况（交通状况、道路名称）、农业设施情况（类型、面积、利用情况）等。三是项目区土地利用现状，如种植情况、养殖情况、农产品加工业情况等。四是项目区周边情况，如交通情况、周边用地情况、周边城镇（村庄）情况等。

（5）资料整理分析　资料整理分析是调查研究工作的关键，将收集到的各类资料及现场勘察中反映出来的问题加以系统地分析整理，去伪存真，由表及里，从定性到定量研究园区发展的内在决定性因素，明确园区建设的优势条件和制约因素，找出发展中的关键问题和突出潜力，为研究园区发展战略、制订园区发展目标和设计方案提供科学依据，这是园区规划方案制定的重要前提。

2．规划设计阶段　规划工作通常划分为概念性规划、总体规划、详细规划三个层次。每个层次可以单独成为规划内容，可按照要求进行单独编制。

（1）概念性规划　概念是思维的基本形式之一，反映客观事物的一般的、本质的特征。概念规划可以体现在宏观层面规划中，又可体现在微观层面规划中。概念规划涵盖范围广，是对未来远景的一个描述和整体性认识，带有指导性。园区的概念性规划就是园区发展的战略部分，就是要在分析项目区的基本条件的前提下，提出战略目标、战略思想等内容，总体把握园区的发展方向。

（2）总体规划　园区总体规划是在概念性规划提出战略思想的基础上，对园区一定时期内（一般是3～5年）的发展目标、发展规模、土地利用空间布局以及各项建设综合部署的实施措施。

（3）详细规划　园区的详细规划是以园区总体规划为依据，对园区内的土地利用、空间环境和各项建设用地所做的具体安排。总体规划和详细规划的主要内容见表10-1。

表 10-1　园区规划阶段及编制内容

规划阶段	编制内容
总体规划阶段	论证基础资料和编制规划依据
	拟定园区的指导思想、发展目标和建设原则
	明确园区的功能定位、产业规划、项目规划、经营决策等
	确定园区的空间布局、用地规模，进行分区规划
	了解园区内外交通的结构和布局，编制园区内道路系统规划方案，包括道路等级、广场、停车场及主要交叉路口形式
	确定园区给排水、供电、通信、供热、燃气、消防、环保等设施的发展目标和总体布局，并进行综合协调
	进行综合技术经济论证，提出实施建议
详细规划阶段	详细确定园区建设项目用地界线和适用范围，确定各功能分区的容量比，如环境容量、生态容量、建筑容量等，提出主要建筑（温室、大棚等）高度、密度等控制指标以及交通出入方位等
	确定各级干道红线的位置、断面、控制点坐标和标高等
	确定工程管线的走向、管径和工程设施的用地界线等
	制订相应的土地使用与建筑管理规定细则

3．规划方案评估和报批　现代蔬菜项目园区规划方案评估要有共同的评估标准和评估方法，来判断规划设想或规划方案构想的“优与劣”“好与坏”，选出较适当的方案。规划方案初步拟定后，邀请当地政府负责人、承办单位主管部门和业内知名专家，对规划方案进行评审或论证。然后，规划工作者根据评审或论证意见，认真研究，做必要的修改调整，形成规划文件。最后，规划成果应按相关规定，报政府主管部门或承办单位决策机构审批后，方具有实施的权威和效力。在实施园区规划方案过程中，要经常检查规划的可行性和实际效益，根据新发现的问题情况，对原规划方案做出必要的调整、补充或修改。

4．功能分区方案　蔬菜种植园的功能分区，应从实际情况出发，在充分考虑园区建设的定位、规模和自然条件等前提下，以蔬菜产品生产和休闲观光为主线，根据园区的类型、发展的方向和目标，并按照功能相近、产业关联等基本原则，参考地形地貌、土地利用状况等进行各功能区的布局，做到突出重点、全面协调，最终确立一个科学合理，既满足种植园建设发展需求又适应产业发展的分区方案。

一般生产型园区主要分为种植生产区、采后处理区及综合管理区等功能区，而以观光为主的园区既要考虑项目的生产功能，又要考虑项目的景观、科教示范功能。由于园区的经营性质不同和规模上的差异，不同类型的园区各功能区的相对比例也不尽相同。观光园区以生产和观光为主，所以生产区和观光区所占面积要大一些；生产园区则主要以生产为主，生产区应占很大比例；科技示范型园区则以发展现代高新技术为主，所以生产区和科研区所占面积会大一些。农业农村部对园艺作物标准园建设的要求是具备农资存放、集约化育苗、标准化生产、产品检测、采后商品化处理等功能区，配备必要的设施设备，且统一规划、科学设计、合理布局。

大多数现代蔬菜种植园在规划设计时应考虑以下功能区建设。

（1）科技研发区　在发达国家，公众认可的观点是一流的人才在企业，随着我国农业产业的快速发展，龙头企业已经成为农业产业发展中的中坚力量，未来的科技发展离不开企业的作用，企业将成为农业机制创新和科技创新的主体。现阶段，园区可依托农业院校和科研院所作为科技支撑，与实力较强的科研单位合作，建立博士工作站、院士工作站，加强园区人才引进和研发团队建设，建立科技发展基金。

（2）展示示范区　重点展示现代生物技术、节本高效栽培技术、现代设施园艺技术、蔬菜产品加工技术等，示范蔬菜新品种、新技术和新模式，带动周边地区农业经济的发展和蔬菜产业整体水平的提高。

（3）种植生产区　根据蔬菜生产的要求，建设一定规模的育苗和生产相关设施，确保周年生产均衡供应，并科学合理地规划项目区的田、园、路、渠，实现水、电、路设施配套，以基本农田土地整理项目和农业综合开发项目为依托，周密规划，科学布局，确保涝能排、旱能灌、主干道硬化，以实现规模化种植和标准化生产。

（4）采后处理区　采后处理区是将初级产品变为商品的区域，主要是通过配套建设蔬菜采后的清洗、整理、分级、预冷、包装、贮藏、运输、销售等设施设备及处理车间、冷库、仓库等建筑，对园区生产的产品进行商品化处理，以保持和提高蔬菜产品的商品价值。

（5）技术培训区　通过对项目区管理人员、技术人员、农民进行专项技术培训，使先进的技术和创新成果进入千家万户。通过配套多媒体教学、现场示范、实地观摩及远程网络教学等方式，把实用新型高科技蔬菜高效栽培管理技术，如设施农业技术、节水灌溉技术、无土栽培技术、工厂化育苗技术、病虫草害绿色防控技术等进行推广，使园区成为当地传播高新技术的教学基地。

（6）观光休闲区　通过园区山、水、田、园、路等基础设施条件的全面改善和科学布局，达到路相通、渠相连、林成网、土肥沃、灌得进、排得出的要求，通过利用蔬菜作物的种类品种多样性、生长发育开花结果的可观赏性、种植耕作采摘的可参与性等，配套建设相关休闲旅游设施，吸引游客入园观光休闲，实现农旅、农文有机结合，延长蔬菜产业的产业链条。

（7）综合管理区　综合管理区是园区的枢纽，主要承担园区管理办公、对外联络、组织生产、安排物流、展示产品、开拓市场、信息发布、科技交流等功能，通过配套建设相关设施设备，为园区创造良好的工作和生活环境，保证园区各功能区有序运营、高效运转。

（8）接待服务区　对于具有休闲观光旅游功能的园区，接待服务区是园区直接面对游客的窗口，主要承担接待服务、导购导游、活动策划、游线组织、广告宣传等，通过周全到位的服务设施、服务功能和服务质量，全面展示园区绿色、生态、科技、低碳理念，实现经济、社会和生态效益的全面提高。

5. 菜田基础设施规划　主要包括道路交通系统、给排水工程、水土保持工程、工程管网、景观绿化工程、农业设施、农业机械等的规划。

蔬菜种植园农田基础设施建设在尊重自然、保持自然生态原貌的基础上，尽量达到“路相通、渠相连、林成网、旱能灌、涝能排”的农田整治要求，并配套相应的服务设施、附属设施、农业设施、农业机械等。

（1）道路交通系统规划　蔬菜园区的道路交通系统，分为外部交通和内部交通两类。外部交通承担着蔬菜基地和城市之间的客货流运输，如园区生产所需要的化肥、农药、种子、农膜、架材等生产资料和园区生产的鲜活蔬菜产品及其加工品，以及前来休闲观光的游客，都必须经过外部道路才能到达园区。内部交通承担蔬菜基地内部的客货流运输，为联系各个功能分区的交通网络。一般按主路中间、支路两边的原则布局道路交通系统，主路要保证大中型农业机械能顺利会车，主路的净宽一般要求在6m以上，支路要保证大中型农业机械进出顺畅，净宽至少为3m，机耕路的建设标准为路基两边砌石，路面硬化，同时建好农机下田墩。内部交通系统设计要求主路、支路、田间路和生产路相互衔接，形成网络，各级道路尽量与园地、渠道设置相结合，减少占地，并有利于农业机械操作。具有休闲观光功能的基地同时还应考虑景观及绿化要求，尽量与地形、水体、植物、建筑及其他设施结合，转折和衔接要流畅，符合景观线形设计和游客安全通行要求。高起点规划设计的景区出入口及主要道路还应便于通过残疾人使用的轮椅，其宽度和坡度的设计应符合《无障碍设计规范》（GB 50763—2012）中的有关规定。

（2）给水排水系统规划　蔬菜园区的排水、灌溉系统，对基地的管理、经济效益是非常重要的。大型蔬菜基地必须有很合理、完善的排灌系统，包括水源、水的输送和排泄管道、供水设施等。即使是一片小的绿地、几株点缀风景的树木，也必然与水有关系。如何利用好水系，充分发挥水的利用效益，需要种植者正确地予以解决，所以排灌系统的规划设计应当是蔬菜基地总体规划设计的一部分，而且是主要内容之一。给水排水规划内容应包括现状分析、给水排水量预测、水源地选择与设施配备、积水排水方式、布设积水排水管网、污染源预测及污水处理措施、工程投资匡算等。

（3）水土保持工程规划　无论是高山蔬菜基地，还是丘陵、岗地蔬菜基地，甚至平原、滩涂蔬菜基地，水土流失，包括风蚀，都是不容忽视的。水土保持工程的重点，山地是修筑拦水坝、梯田、丘陵、岗地是挡土墙、生物护埂护坡，平原或滩涂地是营造防风林。山地建基地，不应顺坡筑畦，而应提倡省工高效的梯田、等高线种植，提倡生态效益好又省工、省力的植被护坡。另外，一定要坚持在坡度25°以上的山地退耕还林、还果。

（4）工程管网规划　工程管网规划应符合下列规定：符合蔬菜基地园区保护、利用、管理的要求；同蔬菜基地的特征、功能、级别和分区相适应，不得损坏景源、景观和风景环境的氛围；要确定合理的配套工程、发展目标和布局，并进行综合协调；对需要安排的各项工程设施的选址和布局提出控制性建设要求；对于大型工程项目及其规划，应进行专项景观论证、生态与环境敏感性分析，并提交环境影响评价报告。

（5）景观绿化系统规划　休闲观光结合型的蔬菜基地的绿化要体现造景、游憩、美化、增绿和分界的功能；不同功能区风格、用材和布局特色应与该区环境特点相一致；不同道路、水体、建筑环境绿化要有鲜明的特色；因地制宜地进行绿化造景，做到重点与一般相结合，绿化与美化、彩化、香化相结合，绿化用材力求经济、实用、美观；注意局部与整体的关系，绿地分布合理，满足功能需求，既有各分区造景的不同风格，整体上又体现点、线、面结合的统一绿化体系；以植物造景为主，充分体现绿色生态氛围。在绿化设计方面，应注重与周边景观结合，外部景观优美地段，不宜采用高大的树木，而且种植密度要适中，不影响人们的视野。在外部景观较差地段，要重点进行改造，人工种草，培植高大景观乔木。在供行人休息的广场、停车站点、休息设施及道路局部放大处种植一些遮阴树，夏季能够起到良好的降温作用。

（6）农业设施规划　农业设施是能够提供适宜的生产环境等条件，具有特定生产功能的农业生产性建筑物、构筑物和配套设备的工程系统。例如，温室、畜禽舍、水产养殖设施、农产品贮藏保鲜设施、农业废弃物处理和利用的设施等。这些农业设施的功能因种类不同而异，但有以下两个共同点：一是可以为各种农业生产对象提供比自然环境更加适宜的生产环境条件，为此，设施一般应具有建筑围护结构或具有围护作用的构筑物，以形成与外界相对隔离的空间，并且往往还在其内部配置可以调控环境的各种设备。二是依靠各种生产设备实现高效的生产功能，可以进行有效的生产管理和作业，高质量和高效率地完成各种生产过程。例如，温室设施，依靠一定的建筑围护结构和加温、通风等环境调控设备，可以为蔬菜作物的生长和发育提供优于室外自然环境的光照、温度、湿度、气流等条件，同时依靠室内配置的育苗设备、灌溉设备、营养液栽培设备、栽培床架和容器、输送设备等，可以高效地进行温室内的生产管理作业，加速完成蔬菜植物的生长，实现早熟高产，周年供应。为了实现蔬菜作物的周年生产和供应，蔬菜基地规划设计时一般都要配套规划部分农业设施，如育苗温室、塑料大棚等，一般蔬菜种植园可按不低于基地面积的10%的比例进行配置，具体配置比例应根据所在地区的环境条件、所种植的作物种类、蔬菜产品供应市场的时期及经营者的经济实力与投资水平等来确定。农业设施规划设计时还应考虑基地的地理纬度、地形地貌、气候条件、栽培作物、栽培季节等，应因地制宜、规模适度、合理布局、高效利用。

（7）农业机械化规划　农业机械化，是指运用先进适用的农业机械装备，改善农业生产经营条件，不断提高农业的生产技术水平和经济效益、生态效益的过程。实现农业机械化，可以节省劳动力，减轻劳动强度，提高农业劳动生产率，增强克服自然灾害的能力。在蔬菜栽培管理的各个环节应最大限度地使用各种机械代替手工工具进行生产管理，这是解决目前农村劳动力短缺和劳动生产效率过低等问题的有效途径。例如，在蔬菜生产中，使用拖拉机、微耕机、耕整机、覆膜机、播种机、中耕培土机、动力排灌机、移动喷灌机、采收机、机动车辆等进行土地翻耕、整地作畦、精量播种、中耕培土、节水灌溉、田间管理、采收、运输等各项作业，使全部生产过程主要依靠机械动力和电力，而不是依靠人力、畜力来完成。

此外，蔬菜种植基地还可考虑循环农业生产体系的相关畜禽养殖业及粪污无害化资源化处理等相关设施的规划设计。

6. 辅助配套设施规划

（1）生产配套设施规划　种植园的管理办公、农机农具与生产资料物资库房、产品分级包装以及贮藏加工等生产配套设施，均需一定的建筑面积，甚至还需要配置职工休息、住宿、就餐、活动等的场所。现代化大规模蔬菜基地，特别是城镇郊区的蔬菜基地、风景旅游点附近或交通干线附近的蔬菜采摘体验园，还应有观光园、寓教园、休闲园的功能，或蔬菜生产与上述功能兼而有之。这样的蔬菜基地在规划设计上应具备停车场，有餐饮、休息和娱乐的活动空间，有宣传农业、蔬菜科技知识的陈列室、放映厅、蔬菜产品销售中心等。蔬菜基地在规划设计时，至少要考虑到这些项目的用地需要，要提前与相关部门沟通建设用地指标，不能马上施工建设的，要先留出一定的土地面积，随种基地生产的发展逐渐完善。

（2）服务配套设施规划　服务配套设施的建设要与园区性质和功能相一致，不能设置与园区性质和规划原则相违背的设施，必须按照规划确定的功能与规模来进行，设施的配套既要满足使用要求，不能因为配套不周全，造成旅游区在使用上的不便，而且经济上也要可行，配套设施的选择不仅符合投资能力，要力争有较好的经济效益，不能盲目配套造成浪费；同时还要考虑它的日常维护费用和淘汰速度，力求经济实惠。旅游服务设施建设应与游客规模和游客需求相适应，高、中、低档相结合，满足不同文化层次、职业类型、年龄结构和消费层次游客的需要，季节性与永久性相结合；同时要有一定的弹性，游客数量波动是旅游市场的显著特性，设施配套应考虑这一情况，使之有一定的灵活适应力。根据农业观光园区的性质、布局和条件的不同，各项服务设施既可配置在种植基地中，也可以配置在所依托的各级居民点及休闲观光景点较集中区域中，保证总量和使用方便即可。园区经营性质的不同决定了部分园区的用地在城市规划、国土规划中属于农业用地，因此不可能大面积地建设各项服务设施，主要还是依靠周边居民点来发展乡村民宿、农家餐饮等服务。这类服务不光能满足园区整体运作的需要，还能够带动周边地区经济发展，增加农民收入。

（3）环卫设施规划　一是垃圾处理设施规划。在游览道路两旁应设置垃圾箱，间隔100m，游客活动集中的地段因地制宜地安置活动垃圾桶；组建清洁队，每天定时清理垃圾，保持各接待设施和景点处无垃圾堆放，园区内实行袋装垃圾收集，统一回收，分类处理，在旅游中心、旅游设施等处完善垃圾收集系统，由专人负责及时清理；在远离游客活动范围、水系等影响景区经营和生态环境的区域，选择合适地点，建设景区垃圾处理站，或根据区域规模和垃圾产生量设置垃圾中转站，分类收集中转外运，将景区的垃圾统一运至最近垃圾场，进行集中处理；鼓励、引导并监督游客将垃圾、外壳、包装等投入垃圾箱或带出旅游区。二是公共厕所规划。参考国家创建旅游风景区相关规定，在主要休闲观光景点、游赏线路上设置公共生态厕所，并建立完善的标识系统。其中，休闲观光景点集中区域生态公厕的服务半径控制在 70～100m，干道生态公厕的服务半径控制在 300～1000m，游客较集中的地块相应增加厕所蹲位。在景区大门及观光休闲游客相对集中的地方合理布置公厕。生态厕所外观尽量景观化、乡土化，与周边环境相协调。保证内部空气流通，光线充足，设施齐全、舒适。经常保持清洁卫生。

（4）*防灾减灾设施规划*　一是消防设施规划。在防火灾方面，要贯彻“预防为主，防消结合”的方针，在建筑设计、山林管理中应采取防火措施以减少和防止火灾的发生；同时，在消防设施、消防制度、指挥组织和消防队伍等方面都应采取有效措施，以保证对火灾能及时发现，报警和有效的扑救。重要游览景区主要道路宽度不小于 4m，保证消防车辆的正常通行；尽头式道路长不大于 200m，在尽端处设回车场。景区内单体建筑之间间距在 6m 以内的应设置防火墙，建筑内部装修均选用非可燃性材料，木材一律经过防火处理。区内主干道是消防车的主要通道。根据国家《城市消防站设计规范》（GB 51054—2014），结合景区的实际情况，景区内可配备多辆水罐型消防车；在区内主要道路两侧按每 120m 的距离设置消防栓，接待住宿处也要配置；消防栓采用地上式。二是病虫害防治设施规划。加强对森林林木、农田的病害和虫害的预防和除治工作，贯彻“预防为主，综合治理”的方针，坚持以生物防治、物理防治、农艺防治为主的综合防治措施，防止病虫害的大面积发生。同时，要保护好规划基地内现有益虫、益鸟，保持生态系统平衡。三是自然灾害防治规划。根据区域气候及环境条件，做好自然灾害调查工作。做好绿化，防止土地沙化及山体滑坡地质灾害的发生；做好防洪、防涝、防渍水设施，防治渍涝灾害。构筑自然灾害防灾预警体系，开展灾害预报预警。

第四节　蔬菜栽培制度

一、蔬菜栽培制度的类型

栽培制度是指一定时间内，在一定的土地面积上安排各种蔬菜的栽培方式，包括连作、轮作、间作、套作和混作。合理的栽培制度，应有利于土地、水分、阳光和空气、劳力、能源等各种资源的最有效利用，取得当时条件下作物生产的最佳经济、社会、环境效益，并能可持续地发展生产。

1．连作　连作是指在同一块土地上不同年份内连年栽种同一种蔬菜。

连作有一定好处：有利于充分利用同一地块的气候、土壤等自然资源，大量种植生态上适应且具有较高经济效益的作物，没有倒茬的麻烦，产品较单一，管理上简便。

但是很多蔬菜作物是不能连作的。连作的害处主要有：造成某些营养元素的缺乏、失调、地力得不到充分利用；蔬菜病菌虫卵大都潜伏于土壤、杂草、残枝败叶中，容易继续滋生感染同类病虫害；连作之后，根系分泌的有害物质或有毒物质，得不到有效分解会抑制有益微生物活动，影响蔬菜的生长发育。

这种同一田地上连续栽培同一种作物而导致作物机体生理机能失调、出现许多影响产量和品质的异常现象，即连作障碍。蔬菜栽培茬次多，尤其是温室、塑料大棚中，很容易发生连作障碍。

蔬菜作物种类繁多，不同作物忍耐连作的能力有很大的差别。番茄、黄瓜、西瓜、甜瓜、甜椒、韭菜、大葱、大蒜、花椰菜、结球甘蓝、苦瓜等不宜连作；而白菜、洋葱、豇豆和萝卜等蔬菜作物，在施用大量有机肥和良好的灌溉制度下能适量连作，但病虫害防治上要格外注意。

2. 轮作 在同一块土地上，按一定的年限，轮换栽种几种不同种类的蔬菜，称为轮作。轮作是克服连作的最佳途径。合理轮作有利于防治病虫害，有利于均衡地利用土壤养分、改善土壤理化性状、调节土壤肥力。

轮作次序的原则是轮作相邻近的作物茬应不同种类、不同种植方式，病虫害类型差异大，作物的需肥水特性有较大差异等。轮作茬口相接的作物在季节利用上应当符合季节变化的特点。从大农业观点出发，作物的轮作应不限于蔬菜植物，也可以插入农作物，如玉米、向日葵及绿肥作物。南方地区水旱轮作（水稻和蔬菜轮作）就是一种较好的方式。

各类蔬菜轮作的年限依蔬菜种类、病虫害发生的情况等而长短不一。例如，白菜、芹菜、甘蓝、花椰菜、葱蒜类、慈姑等在没有严重发病的地块上可以连作几茬，但需增施有机肥作底肥；马铃薯、山药、生姜、黄瓜、辣椒等的轮作年限是 2～3 年；茭白、芋、番茄、大白菜、茄子、甜瓜、豌豆等的轮作年限是 3～4 年；而西瓜的轮作年限需 6～7 年。

典型的轮作实例如下。

（1）*以茄果类为主的轮作* 第一年茄果类、秋冬白菜、春白菜，第二年瓜类、萝卜、莴苣，第三年豆类、甘蓝、白菜，第四年茄果类。

（2）*以豆类为主的轮作* 第一年豆类、秋冬白菜、春白菜，第二年茄果类、根菜类、茎菜类，第三年瓜类、甘蓝、葱蒜类，第四年豆类。

3. 间作 两种或两种以上的蔬菜隔畦、隔行或隔株同时有规则地栽培在同一块土地上称为间作。

间作能充分利用空间，高矮不同的作物间作，各自能在上下空间充分利用光照，相互提供良好的生态条件，促进主栽与间作作物的生长发育，取得良好的经济效益。

间作种植，有一定的好处，但也有一些缺点，主要是管理上比单一作物要复杂一些，用工多，应用机械作业困难较多。因此，主栽作物应当有选择地确定间作作物种类，如间作作物应尽可能低矮、与主栽作物无共同病虫害、较耐阴、生长期短、收获较早等。种植间作作物，主栽作物的行距应适当加大，主栽作物还应株形较直立、冠幅较小等。蔬菜生产中使用较多的有粮菜间作、果菜间作、林菜间作、菜菜间作等。

4. 套作和混作 前作蔬菜发育后期在其株间、行间、畦间或架下种植后作蔬菜称为套作。不同作物共生期只占生育期的一小部分。

在蔬菜生产中，由于一些作物可以先集中育苗，套作的应用较为普遍，如大棚番茄套作苋菜、蕹菜等，菜豆套作结球甘蓝、芹菜等，甜玉米套作白菜、萝卜等，棉田前期套作西瓜、甜瓜、辣椒、毛豆，后期套作大蒜、茭头、蚕豆、豌豆、越冬萝卜等。冬瓜、丝瓜架下套作生姜、绿叶蔬菜等，套作能更充分地利用生长季节、提高复种指数。

不规则地混合种植两种或两种以上的蔬菜作物称为混作。例如，南方夏季高温季节将芹菜、芫荽、胡萝卜等与小白菜、萝卜等混播，可以利用小白菜、萝卜出苗快（2～3d），很快形成遮阴，有利于芹菜、芫荽、胡萝卜等慢慢出苗（10～15d），待芹菜、芫荽、胡萝卜等出苗时，小白菜、萝卜秧即可采收。

间作、套作和混作具有许多优点，在同样的土地面积中可以增加株数，有效利用光能与地力、时间和空间，并能造成相互有利的环境，有的时候还可以减轻病虫和杂草的为害。蔬菜生产上常见的间作、套作有以下几种方式。

（1）高矮不同的蔬菜间套作　矮秧的葱蒜类、茄子、辣椒等与高秧的瓜类、豆类、玉米等间套作，可以充分利用空间。深根性的玉米与浅根性的大蒜间作，不仅能充分利用空间，同时还能利用不同层次土壤中的养分。

（2）喜光与耐阴蔬菜的间套作　番茄与甘蓝间作，瓜架下种植绿叶蔬菜，这样可以形成喜光与耐阴蔬菜同时有利的生长条件。

（3）生长期长短不同的蔬菜间套作　不搭架的蔓生南瓜、冬瓜与生长期短的绿叶蔬菜间作，绿叶蔬菜收获后，南瓜与冬瓜可继续生长。

（4）多次作和重复作　在同一块土地上一年内连续栽培多种蔬菜，可收获多次的叫作多次作；在一年的整个生长季节，或一部分季节内连续多次栽种同类作物称为重复作。多应用于绿叶菜或其他生长期短的作物，如小白菜、小萝卜等。

科学安排茬口，就要综合运用轮作、间作、套作、混作和多次作，配合增施有机肥和晒垡、冻垡等措施，实行用地与养地相结合，最大限度地利用地力、光能、时间和空间，实现高产优质多种蔬菜的周年生产。

二、蔬菜的栽培季节与茬口安排

蔬菜作物的栽培季节是指从种子直播或幼苗定植到产品收获完毕为止的全部占地时间。对于需育苗的蔬菜作物因为苗期不占大田面积，不计入栽培季节。

确定蔬菜作物栽培季节的基本原则：将蔬菜作物的整个生长期安排在它们能适应的温度季节里，而将产品器官的生长期安排在温度最适宜的季节里，以保证产品的高产、优质。在设施栽培中，栽培季节的确定与农业设施的类型、栽培作物的种类、栽培方式和自然气候等还有密切关系。

茬口安排是指在同一地块上不同年份或同一年份的不同季节内，各种蔬菜种植在栽培次序上的安排布局、衔接搭配和排列顺序。科学合理的蔬菜茬口安排可以最大限度地满足蔬菜作物生长发育对环境条件的要求，从而达到高产优质高效益的目的。同时，还可以充分利用土壤肥力、水分、减少病虫草害、节约设施投资，降低成本，调节蔬菜的上市期，克服淡旺季，实现周年均衡供应，满足市场需求。每种蔬菜作物应种在哪块地上，应根据土壤特点和不同蔬菜作物对环境条件的要求安排，如低洼易渍水地块，可安排种植喜湿耐涝的蔬菜，如蕹菜、芹菜、丝瓜、芋、藜蒿、豆瓣菜等。

为了便于制定与落实生产计划，通常把蔬菜作物的茬口分为“季节茬口”（一年当中露地栽培或设施栽培的茬次，如蔬菜的越冬茬、春茬、夏茬、伏茬、秋茬、冬茬等季节茬口）与“土地茬口”（在轮作制度中，同一块菜地上，全年安排各种蔬菜作物的茬次，如一年一熟、一年两熟、二年五熟、一年三熟、一年多熟等）。

1. 蔬菜的季节茬口　以长江流域露地蔬菜栽培的季节茬口为例，大体上可分为以下 5 种。

（1）越冬茬　即过冬茬（包括越冬根菜茬），是一类耐寒或半耐寒蔬菜，如东北地区的越冬菠菜、葱，华北地区的根茬菠菜、芹菜、小葱、韭菜、芫荽；华中三主作区还有菜薹、乌塌菜、春白菜、莴苣、洋葱、大蒜、甘蓝、蚕豆、豌豆等。一般是秋季露地直播或育苗，冬前定植，以幼苗或半成株态露地过冬，翌年春季或早夏供应，是堵春淡季的主要茬口。可早腾茬出地的是早春菜及中小棚覆盖果菜类的良好前茬，也是夏菜茄瓜豆的前茬；晚腾茬出地的通常间套作晚熟夏菜，也可作为伏菜的前茬或翻耕晒垡，秋季种秋冬菜。

（2）春茬　即早春菜，是一类耐寒性较强，生长期短的绿叶菜，如小白菜、小萝卜、茼蒿、菠菜、芹菜等，以及春马铃薯和冬季保护地育苗，早春定植的耐寒或半耐寒的春白菜、春甘蓝、春花椰菜等。该茬菜生长 40～60d 即可采收供应，正好在夏季茄瓜豆大量上市以前，过冬菜大量下市以后的“小春淡”上市，这一季节多与晚熟夏菜的各种地爬瓜类、辣椒、茄子、豇豆、早毛豆、菜豆等间套作或作为伏菜的前茬。

（3）夏茬　即春夏菜、夏菜，也有习惯叫“春菜”的，包括那些春季终霜后才能露地定植的喜温好热蔬菜，如茄、瓜、豆类蔬菜，是各地主要的季节茬口。一般在 6～7 月大量上市，形成旺季。因此，宜将早中晚熟品种排开播种，分期分批上市。一般在立秋前腾茬出地，后茬种植伏菜或经晒垡后种秋冬菜，远郊肥源和劳动力不足之处，也可晒垡后直接栽晚熟过冬菜。

（4）伏茬　俗称火菜、伏菜，是专门用来堵秋淡的一类耐热蔬菜或品种，多在 6～7 月播种或定植，8～9 月供应，如早秋白菜、火苋菜、蕹菜、落葵、伏豇豆、伏黄瓜、伏甘蓝、伏萝卜等。华北地区把晚茄子、甜椒、冬瓜延至 9 月出地的称为连秋菜、晚夏菜；长江流域把小白菜分期分批播种，一般播种 20d 左右即可上市，作为堵伏缺的主要品种。后茬是秋冬菜。

（5）秋冬茬（也叫秋茬）　即秋菜、秋冬菜，是一类不耐热的蔬菜，如大白菜类、甘蓝类、根菜类及部分喜温性的茄果瓜豆及绿叶菜，是全年各茬中面积最大的，一般在立秋前后直播或定植，10～12 月上市供应，也是冬春贮藏菜的主要茬口，其后作为越冬菜或冻垡休闲后翌年春栽种早春菜或夏菜。因地制宜地利用 5 个茬口之间的合理比例，是计划生产均衡供应的重要内容。除了上述常年菜地的 5 个茬口外，还有保护地栽培的茬口安排、季节性菜地（包括水生菜地、间作菜地）的茬口安排，在制订生产计划时，都应当考虑进去。

2．蔬菜的土地茬口

（1）早熟三大季或四大季　夏季以早熟茄瓜豆为主，秋季以萝卜、大白菜、甘蓝、胡萝卜或两茬秋冬白菜为主，冬春以过冬白菜、菠菜、小萝卜等为主。主要供应季节是 3～4 月、6～7 月、10～12 月，经贮藏可延迟到翌年 1～2 月。在三季菜收获盛期形成 3 个旺季，收获终了形成 3 个淡季，即 4～5 月、8～9 月、翌年 2～3 月。其是近郊老菜区主要茬口，也是唯一解决冬春缺菜的茬口类型。

（2）晚熟两大季或三大季　以晚熟冬瓜、茄子、辣椒、笋瓜、豇豆等为主，前茬一季迟白菜或莴笋、洋葱、大蒜、春甘蓝、蚕豆等或者冻垡，后茬一季晚熟秋冬菜萝卜、菠菜等，主要供应期是 4～6 月、8～9 月、11～12 月。其供应特点是紧接在早熟三大季之后，是解决“伏缺”与 4～5 月小淡季的主要茬口，为早熟三大季的辅助茬口，是各地远郊或旱园主要茬口类型。

（3）叶菜为主的多次作栽培　以速生叶菜为主，一年种植四茬以上，一般是从立春起，连续种二三茬白菜或小萝卜，即头茬小白菜或小萝卜（2～4 月）、二茬白菜或小萝卜（4～6 月），再种一茬伏菜（白菜或苋菜）或者晒垡休闲。下半年从立秋起，连种两茬秋菜，即早白菜和栽白菜或腌白菜，有些再种一茬过冬菜而与翌年 2 月白菜相衔接。为避免病虫害，也有春季种一季早熟茄瓜豆，接着一茬伏小白菜、二茬秋冬白菜、一茬过冬菜。这一茬口供应较均衡，多分布在近郊老菜园。

3．蔬菜品种的种植安排

（1）常年可以随时播种的蔬菜　主要为小白菜（或小白菜秧）、萝卜等，可根据需要分期分批播种，以满足周年均衡供应。冬季萝卜（11 月至翌年 3 月，主要是樱桃萝卜、白玉春萝卜）应在大棚内播种。以直播为主。

（2）秋冬季节随时播种的蔬菜　菠菜、芫荽、芹菜、茼蒿、生菜、油麦菜、荠菜等在 9 月至翌年 3 月，可根据需要分期、分批播种，以满足周年均衡供应。其中 11 月至翌年 2 月应在大棚内进行。以直播为主。

（3）春夏季随时播种的蔬菜　苋菜、蕹菜（空心菜）、落葵（木耳菜）、红薯尖、甜玉米、豇豆、黄瓜、毛豆等在 3～8 月，可根据需要分期分批播种或育苗，以满足周年均衡供应。其中 3 月、8 月播种的应在大棚内进行，红薯尖是一次扦插多次采收。

（4）春秋两季播种的蔬菜　番茄、辣椒、茄子、小冬瓜、西葫芦、菜豆、西瓜、甜瓜、莴笋等，可以春秋两季播种，一般春季在 12 月至翌年 3 月播种育苗，秋季在 6～7 月播种，此类蔬菜属果菜类，对播种时间要求严格，但采收期稍长，春季 2 个月左右，秋季为 1.5 个月。

（5）春季播种的蔬菜　黄秋葵、南瓜、苦瓜、丝瓜、葫芦、瓠子、扁豆、马铃薯、藕、芋、荸荠、慈姑等，一般在春季 2～4 月播种育苗，夏秋季节收获，对播种期要求比较严格。

（6）夏季播种的蔬菜　胡萝卜、大白菜、甘蓝、花菜、青花菜、苤蓝、红菜薹、白菜薹、乌塌菜等，一般在秋季 6～9 月播种育苗，秋冬季节收获，对播种期要求比较严格。

（7）秋季播种的蔬菜　大蒜要求在 9 月 20 日前后播种（以收青蒜为主的可提前至 7～8 月），蚕豆、豌豆一般在 10 月 20 日前后播种。

（8）一次播种多次采收的蔬菜　例如，韭菜、藜蒿、香椿、竹笋等多年生蔬菜。

第十一章 根 菜 类

第一节 概 述

根菜类蔬菜主要指以膨大的肉质根为食用器官的一类蔬菜作物，其肥大的肉质直根是一种变态器官，有发达的薄壁细胞组织，贮藏丰富的营养物质，如维生素、碳水化合物和矿物质等。

目前栽培的根菜类蔬菜作物主要有以下几类。

1. 十字花科（Brassicaceae） 如萝卜（*Raphanus sativus* L.）；芜菁（蔓菁）（*Brassica campestris* L. ssp. *rapifera* Metzg.）；根用芥菜（大头菜）[*B. juncea* var. *megarrhiza* Tsen et Lee（var. *napiformis* Pai. et Bois.）]；芜菁甘蓝（洋蔓菁、洋大头菜）（*B. napobrassica* Mill.）；辣根（西洋山嵛菜、马萝卜、山葵萝卜）[*Armoracia rusticana*（Lam.）Gaertn.et Schreb.]。

2. 伞形科（Umbelliferae） 如胡萝卜（*Daucus carota* var. *sativa* Hoffm.）；根芹（根香芹）（*Apium graveolens* var. *rapaceum* DC.）；美洲防风（芹菜萝卜、蒲芹萝卜）（*Pastinaca sativa* L.）。

3. 菊科（Compositae） 如牛蒡（*Arctium lappa* L.）；菊牛蒡（*Scorzonera hispanica* L.）；蒜叶婆罗门参（*Tragopogon porrifolius* L.）。

4. 藜科（Chenopodiaceae） 如根恭菜（红菜头）（*Beta vulgaris* L. var. *rapacea* Koch.）。

其中种植最广泛的是萝卜和胡萝卜，其次为大头菜、芜菁甘蓝及芜菁。根菜类蔬菜大多是温带原产的二年生植物，少数为一年与多年生植物。

根菜类蔬菜的植物学和栽培通性可概括如下。

扩展 11-1

一、根

根菜类蔬菜作物从种子萌发后到营养生长前期，其幼苗的胚轴和直根均未膨大，生有许多侧根以吸收土壤中的营养。直根开始膨大后，叶片制造的养分就逐渐运输贮藏到根部，最终形成肥大的肉质根。根菜类都是深根性植物，其中根恭菜的根系分布最广，其次为胡萝卜，在疏松的土壤中，胡萝卜根系的分布深可达 2m，宽可达 0.6m；萝卜的根系较浅，小型萝卜主根深 60～150cm，直径 60～100cm，大部分根系分布在 20～45cm 的土层中。所以栽培根菜类蔬菜宜选择土壤疏松、富含有机质、保肥保水能力强、排灌方便的土壤。

1. 直根的外部形态 不同品种类型及栽培条件下，根菜类肉质根的形状、大小、颜色等性状也有较大差异。以萝卜为例，根形有长圆筒形、长圆锥形、圆形、扁圆形；大小也有较大差异，如樱桃萝卜仅 20～40g，‘德日二号’‘拉萨冬萝卜’可达 5～10kg；外皮颜色有白、绿（青）、红、紫、黑、黄等色，也有皮色上下不一致的类型，萝卜有上青下白、上绿下白及上红下白（如‘萧山一点红’‘南京小红头’）等类型；肉色多为白色，也有青绿、紫红等颜色，如‘潍县青’‘心里美’萝卜等。

根菜类的肉质直根在外形上可分为根头部、根颈部和真根部三部分（图 11-1）。

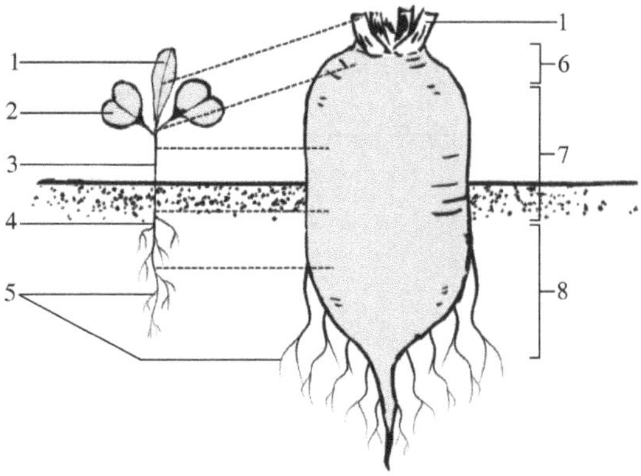

图 11-1 萝卜的肉质根

1. 真叶；2. 子叶；3. 下胚轴；4. 主根；5. 须根；6. 根头部；7. 根颈部；8. 真根部；虚线表示苗期与肉质根膨大后器官的对应关系

（1）根头部（顶部） 为短缩的茎部，由上胚轴发育而成，上面着生芽和叶，肉质根膨大后，此部还能看到早期叶子着生的痕迹。芜菁甘蓝和大头菜的根头部占比例较大，萝卜及胡萝卜则不明显。

（2）根颈部（轴部） 主要由下胚轴发育而成，为肉质根的主要部分，此部一般无侧根，表面较光滑。

（3）真根部（真根） 由胚根上部（初生根）肥大而成，其上着生很多侧根。十字花科及藜科根菜的侧根皆为二列，伞形科根菜为四列。十字花科根菜类植物子叶开展的方向与二列侧根生长的方向一致，因此间苗时所留幼苗子叶开展的方向最好与行垂直，使植株的根部得到更好的发展。根头、根颈与真根三部分在功能上构成统一体，是贮藏养分的器官。根菜类肥大的肉质根形成基础在种类之间有所不同。芜菁甘蓝和根用芥菜的肥大部分主要是根头和根颈部分；萝卜主要是根颈和真根部；胡萝卜和芜菁主要是真根部。肉质根露出地面部分和埋入土中部分的比例，取决于不同种类和品种特性，同时也与土壤性质及播种深浅有关。

2．肉质根解剖学结构 依据解剖学结构，根菜类成熟肉质根可分为三个类型（表 11-1，图 11-2）。

表 11-1 根菜类成熟肉质根主要类型

类型	肉质根横剖结构	主要食用部分	主要特点	主要蔬菜种类
萝卜类型	由外到内主要为周皮层、韧皮部、形成层与木质部	次生木质部的薄壁细胞	次生木质部特别发达	萝卜、大头菜、芜菁、芜菁甘蓝等十字花科根菜
胡萝卜类型	内部结构基本与萝卜类型相同	次生韧皮部组织	次生韧皮部特别发达	伞形科的胡萝卜、根芹、美洲防风等
甜菜类型	多轮形成层，向内增生木质部，向外增生韧皮部，成维管束环	维管束环间薄壁细胞	具维管束环	根菾菜

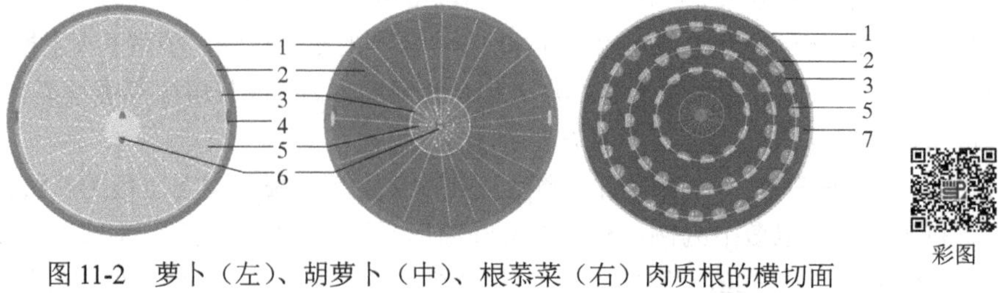

图 11-2 萝卜（左）、胡萝卜（中）、根菾菜（右）肉质根的横切面

1. 周皮层；2. 次生韧皮部；3. 形成层；4. 初生韧皮部；5. 次生木质部；6. 初生木质部；7. 薄壁组织

二、茎、叶、花、果实与种子

在营养生长期，根菜类蔬菜的茎均为短缩茎，即位于肉质根的顶部，其上着生叶片，在此阶

段皆为丛生状态。胡萝卜一般为三回羽状复叶；萝卜、大头菜等为单叶，分板叶与花叶两类。叶丛伸展方式（株态）有直立、半直立、塌地平展等类型。叶直立型品种适于密植；叶平展型品种，夏季可降低土温，减少水分蒸发，利于生长。

大多数根菜类作物属种子春化型，如萝卜、芜菁、大头菜等；绿体春化型有胡萝卜、牛蒡、根恭菜等。通过阶段发育花芽分化进入生殖生长期，在日照合适的条件下抽薹开花。顶芽抽生花茎高 1～1.4m。萝卜、胡萝卜和芜菁甘蓝等主要由顶芽生一个花茎（主茎），再于其上各叶腋间抽生侧枝；而大头菜除由顶芽抽生花茎外，根头部的侧芽也能生成花茎。根菜类中属于十字花科的蔬菜为复总状花序，完全花，花冠白、黄或淡紫色；胡萝卜为伞形花序，花白色。均为天然异花授粉植物，除根恭菜为风媒花，其他大多为虫媒花。

十字花科根菜类蔬菜果实均为长角果。除萝卜的果实成熟后不开裂外，其他根菜的果实成熟开裂，须及时采收。萝卜种子为赤褐色，依品种不同颜色有深浅之别。例如，红色品种的种子色淡，白萝卜、青萝卜的种子色深。萝卜每一角果中有种子 3～10 粒。种子为不规则圆球形，千粒重 7～12g。种子保存 3～5 年，仍可保持发芽力；但在实际生产中，宜用 1～2 年的种子，以达到优质、高产、壮苗的目的。而伞形科胡萝卜开花授粉后，结成二心皮的双悬果。果实黄褐色，表面有纵沟，果实不开裂。每半个果实上有 4 行刺毛，易黏结成团，使播种不易均匀。每半个果实含种子一粒。种子千粒重 1～1.5g。因种皮含有挥发油，不易吸水膨胀，所以发芽率低，发芽也较慢，在栽培时多用当年的新收种子播种。

三、其他通性

根菜类都是耐寒性或半耐寒性的一二年生蔬菜，均原产温带。根菜类植物都需要充足的光照，在苗期和生长期要注意合理栽植密度，过密不利于根的发育。根菜类需在低温、长日照的条件下完成发育阶段。它们在种子萌动、植株生长以及在肉质根贮藏时，都能在低温下通过春化。一般秋季形成肉质根，第二年春、夏季抽薹开花、结实。

肉质根适宜在温暖或冷凉的季节膨大。在整个生长过程中，在气温由高变低的情况下，可以获得高产、优质的产品。

根菜类为深根性植物，主根能深入土壤底层。宜选择土壤深厚富含有机质、保水保肥力强、排水容易的土壤栽种，以湿润而富含有机质、排水良好而深厚的砂壤土为宜。如果在土层薄、黏重、板结的土壤上栽培，将导致根系和肉质根生长不良，产量低，还容易出现“叉根”、表皮粗糙、须根多等问题。另外，若施用未腐熟的农家肥，也容易引起肉质根“分叉”。根菜类蔬菜的施肥，不宜偏施氮肥，应该重视钾肥的施用。

根菜类一般都用种子繁殖。除根用芥菜、芜菁甘蓝、根恭菜可先育苗再移栽外，其余宜直播。在栽培中需要注意地上部叶片与肉质根的平衡生长关系。而辣根则多用无性繁殖。

第二节 萝 卜

萝卜，英文名为 radish，拉丁名为 *Raphanus sativus* L.，为十字花科萝卜属植物，其是世界上古老的栽培作物之一。萝卜在我国栽培历史悠久，早在 2500 年以前的《诗经》中就有“采菲采葑”的记载，其中“菲”就是萝卜，实际栽培时间可能早于此。萝卜品种类型多，环境适应性强，分布极广，栽培面积很大。据统计，2000 年以来我国年播种面积在 120 万 hm^2 左右。长期以来，萝卜一直是人们喜爱的大宗蔬菜，其营养丰富，富含多种维生素及矿物质；供应期长，产品耐贮运；用途多样，可以作菜用、生食水果用、加工腌渍和干制；具有一定的食疗作用。我国许多传统的萝卜加工产品，如“如皋萝卜干”“萧山萝卜干”“扬州萝卜头”等在国际市场上具有较强的竞争力。20 世纪 80 年代以来，国外一些优良萝卜品种，如出口加工品种、冬春晚抽薹品种被引进种植。我国是萝卜的重要起源地之一，品种资源极其丰富，地方品种有 2000 多个，生产主要集中在河南、四川、湖北、湖南、广西、山东、江苏、江西等地，各地都有红、白、绿等不同皮色的萝卜品种；四川、重庆、贵州等地红色品种较多，山东、江苏、浙江一带红色和绿色品种比例较大，而南方地区，如广东、广西、福建等地则以种植白皮为主。亚洲日本、韩国萝卜多是白色或上绿下白的品种；欧美则以小红萝卜、白萝卜为主。

一、生物学特性

1. 植物学性状 萝卜是十字花科萝卜属一二年生草本植物。直根肉质，长圆形、球形或圆锥形，外皮绿色、白色或红色；茎有分枝，无毛；总状花序顶生及腋生，花白色或粉红色，果梗长 1～1.5cm。萝卜的生长发育过程可分为营养生长和生殖生长两个阶段，一般第一年为营养生长期，形成膨大肉质根，经过贮藏休眠与低温诱导，第二年进入生殖生长期，抽薹开花、结果并形成种子。

在早春提早播种，也能通过阶段发育，当年完成生长发育过程，抽薹开花结实，但是正常肉质根难以形成。生产上的小株留种法即利用此原理。高温会影响肉质根形成，根会变得又细又辣，品质下降。

2. 生长发育周期 萝卜的营养生长期是从播种后种子萌动、出苗，到肉质根形成膨大的整个过程。根据不同时期生长主要特点，此过程又可分为发芽期、幼苗期、叶片生长盛期和肉质根生长盛期 4 个阶段。

（1）*发芽期* 从种子萌动到第 1 对真叶显露为发芽期，通常为 5～6d。这个时期主要是子叶和吸收根的生长。种子萌发和子叶出土主要依靠种子内贮藏的养分，在外界适宜的温度、水分、空气等环境条件下完成。吸收根的生长，要求较高的温度和湿度。因此，种子的质量、贮藏条件和贮藏年限，以及土壤通气状况、播种深度等都会影响种子的发芽率与出苗率。

（2）*幼苗期* 从第 1 对基生叶露心到根部“破肚”，并具 5～6 片莲座叶时为幼苗期，常需 15～20d。此期间地上部叶片加速分化，叶面积不断扩大。幼苗初期，肉质根主要是伸长生长，当幼苗具有 5～6 片真叶时逐渐加粗生长。由于次生生长，根的中柱开始膨大，向外增加压力，而外部的表皮与初生皮层不能相应膨大，造成下胚轴部位初生皮层破裂，俗称“破肚”（“破白”），一般经历 5～7d，这种现象的出现表明肉质根开始进入加粗生长阶段。“破肚”可看作幼苗期结束。

（3）*叶片生长盛期* 又称莲座期、肉质根膨大前期，是“破肚”到“露肩”期，常为 20～30d。“露肩”是指肉质根一定大小时，根头部开始膨大变宽加粗。这一时期的生长特点是：叶丛旺盛生长，子叶已完全脱落，莲座叶叶数不断增加，叶面积迅速扩大，同化产物增加，根系吸收水肥能力加强，肉质根延长生长和加粗生长同时进行，植株的生长量比幼苗期大大增加。但此期间地上部的生长量仍超过地下部。

（4）*肉质根生长盛期* 由“露肩”期到收获，根据品种不同，需 20～60d（从栽培管理的角度，此期又可分为根部生长盛期和根部生长后期），此为肉质根生长最迅速的时期。叶片的生长速度逐渐减慢达到稳定状态，大量的同化产物由叶片运输到肉质根内贮藏起来，使得肉质根迅速膨大，且生长速度迅速超过地上部分。到本期末，地上部叶的重量仅为肉质根重的 1/5～1/2，并表现出品种的特征。此期间肉质根的生长量为总量的 80%左右。中小型品种肉质根膨大停止较早，大型品种叶的生长期长，肉质根的生长停止相对较晚，由此表现不同品种的早熟或晚熟性。一般早熟品种肉质根膨大期持续 20～30d，晚熟品种可达 35～60d。其中较为特别的四季萝卜营养生长期较短，其突出特点是从“破肚”后即进入肉质根的迅速膨大期。在此期的开始（5～7d）叶片比肉质根生长快，中期（10～15d）叶片和肉质根的重量相等，到后期肉质根迅速增重，而叶重不再增加。

（5）生殖生长期　萝卜的生殖生长期是指萝卜抽生花茎，继而开花结果，完成其生长周期的过程。秋冬季栽培的萝卜，在秋季肉质根生长盛期，一般已经通过春化，尤其在北方地区，但是由于气温逐渐降低，日照变短，未能抽生花薹。在北方寒冷地区经过冬季贮藏，第二年早春种株栽植于田间，在长日照、温暖的气候条件下，抽薹开花结实。南方温暖地区，在初冬收获可将种株栽植于田间越冬，到春暖后即可抽薹开花结实。萝卜从抽薹现蕾至开花，一般需 10～30d。花期的变化较大，一般为 30d 左右，长的可达 50d。开花至种子成熟通常需要 30～50d。

3．对环境条件的要求

（1）温度　萝卜原产于温带，为喜湿半耐寒蔬菜。种子发芽适温为 20～25℃，低于 20℃则发芽缓慢，因此冬春萝卜发芽出苗较慢，秋萝卜则较快。幼苗期适应的温度范围较广，较耐高温与低温。莲座叶生长适温为 15～20℃；肉质根生长最适温度为 13～18℃。所以萝卜营养生长期的温度以由高到低为好，4～25℃均能生长，超过 25℃或低于 4℃，对萝卜的生长不利。前期较高的温度，有利于出苗和形成繁茂的叶丛，为肉质根的生长提供更多的同化产物；以后温度逐渐降低，有利于光合产物的积累和贮藏，有利于肉质根的形成膨大。在肉质根生长的中、后期，以昼夜温差大些为宜，因为白天温度高，叶片同化作用强，制造出的营养物质多，而夜间温度低，呼吸作用减缓，营养物质消耗少而积累多，有利于肉质根的膨大，因此冬秋萝卜产量一般比冬春萝卜高。温度低于－1℃时，肉质根就会受冻；但不同的类型和品种能适应的温度范围差异较大，在生产中可以根据不同的栽培季节选用不同的类型和品种。长期在 6℃以下生长缓慢，易产生先期抽薹现象；高于 25℃呼吸作用消耗增多，有机物积累减少，植株生长衰弱，易发生病害，形成的肉质根纤维增多，品质变劣。

萝卜种子萌动后就能感受低温（2～6℃），经 10～20d 可完成春化阶段，故幼苗期低温环境，极易造成先期抽薹。不同种类、品种，对温度的要求也不同，大多数品种为 1～10℃，经过 10～30d 就可通过春化阶段。一般来说，北方品种的冬性较强，南方品种冬性较弱。例如，广东一些萝卜品种在 16～22℃，也能通过春化阶段，不过在此温度条件下所需的时间要长；北方春播四季萝卜和南方春萝卜类型抽薹相对较迟。

萝卜感受低温完成春化阶段后，又受到短时间较高温度处理，春化作用效应消除的现象叫作脱春化作用（devernalization）。在春季萝卜大棚生产中，利用此原理在一定程度上可以防止先期抽薹造成的减产与品质下降。

（2）光照　萝卜属于中等光照条件的蔬菜，生长盛期叶片光饱和点为 324～450μmol/（m^2・s）。不过在叶片和肉质根生长盛期，充足的光照有利于光合作用的进行，加速叶片的分化和叶面积的扩大，从而使光合产物增加，有利于有机物质的累积和贮藏，肉质根膨大快，产量高。如果阴雨天过多，日照时间短，则削弱了萝卜的同化作用，同化物质制造得少而消耗得多，势必造成生长衰弱，肉质根细小。另外，留苗密度也会影响光照强度，如留苗过密，互相遮阴，下部叶片减少受光面积，降低光照强度，营养物质的创造和贮藏减少，也会造成肉质根细小而造成产量下降。

萝卜是长日照植物，完成春化阶段的植株，在长日照（12h 以上）及较高的温度条件下即能抽薹开花。

（3）水分　水分是萝卜体内最主要的组成成分，萝卜全株中水分含量约占 90%。土壤水分是影响萝卜产量和品质的重要外界因素。在萝卜的营养生长过程中，不同生长阶段需水量不同。在发芽期和幼苗期需水量不大，要求保持地表湿润即可，此期应小水勤浇；在生长盛期，叶面积较大，蒸腾作用旺盛，要求土壤保持湿润状态。适于肉质根生长的土壤有效含水量为65%～80%，空气相对湿度为80%～90%。若土壤水分不足，空气湿度过低，肉质根膨大受阻，表皮粗糙，品质下降。长期干旱则会导致肉质根生长缓慢，须根增加，产量、品质下降；但土壤水分过多，则通气不良，不利于根系的生长与吸收，肉质根皮孔加大，表皮粗糙，侧根着生处形成不规则的突起、商品品质下降。肉质根膨大期，如果土壤干湿不匀，水分少时肉质根韧皮部和周皮层细胞木栓化、角质化；水分多时，肉质根木质部的薄壁细胞迅速膨大，而韧皮部和周皮层的细胞不能相应膨大，故易造成裂根现象。

（4）土壤　萝卜对土壤的适应性较广，但萝卜生长的最佳土壤是松软的砂壤土，这种地块土层深厚、保水和排水良好、富含有机质且疏松透气。若土质黏重，萝卜表皮不光洁；耕作层过浅、坚实或含有石砾等杂物，则易发生歧根。土壤pH以6～7为宜，四季萝卜对土壤酸碱度适应较广。适量的草木灰是一种很好的钾源，如果洒在土壤表面或挖2～4cm深的地方，也可以防止根蛆。

（5）矿质营养　萝卜为深根系作物。发芽期和幼苗期对养分的吸收量较少。进入莲座期后，随着生物量逐渐增加，对养分的需求量增多。在肉质根生长盛期，萝卜对养分的吸收进入高峰期，应供给其充足的养分。萝卜对钾吸收最多，其次为氮，最少为磷，1000kg萝卜约吸收5.55kg氮、2.60kg磷、6.37kg钾，三要素吸收的比例约为N21∶P10∶K25。肉质根膨大期的吸肥量最大，尤以对磷钾的吸收量增长最快。

对‘露八分’萝卜N、P、K吸收量的研究表明，萝卜在发芽期及幼苗期，由于生长量较小，对各种元素吸收量都比较小。N、P、K的吸收量分别只占全期吸收量的4.0%、2.73%、3.02%。进入叶生长旺盛期后，吸收量显著增加，N、P、K的吸收量分别占全期吸收量的41.53%、29.52%、34.81%。到肉质根膨大期，吸收量达到高峰，N、P、K的吸收量分别达到总吸收量的54.46%、67.80%、62.17%。

扩展 11-2

二、品种类型与栽培季节

我国拥有丰富的萝卜品种资源，为更好地利用这些资源，研究者从不同角度将这些品种分成不同的类别，这对于生产上品种选用及资源评价和利用等方面都有着重要作用。

1．按特征划分

（1）按叶型划分　可分为花叶（叶片上裂深到叶主脉部位）、板叶（叶片无裂）与半花叶。

（2）按叶生长状态划分　可分为直立型、开展型与塌地型。

（3）按肉质根皮色划分　可分为白、绿、红、紫、黑等，其他还有黄色、上绿下白、上红下白等。

（4）按肉质根入土状态划分　可分为露身型（肉质根2/3以上在地表）、隐身型（肉质根全部在土中）与半隐身型。

2．按栽培季节划分　主要划分依据是播种期和采收期，同时参照冬性强弱与生态型。

（1）秋冬萝卜　立秋前后播种，秋末冬初进行采收。多数为大型或中型萝卜品种，由于此季节的气候条件适宜于萝卜生长，因而产量高，品质好，耐贮运，栽培面积最大，是萝卜生产中最重要的一类。因生长早期高温、后期短日照，一般不会抽薹开花，所以几乎所有萝卜品种都可在此季节栽培。一般生食、加工类萝卜多在此季栽培。

应按照市场的需要及各品种的生物学特性，尽量把萝卜各生育期安排在适宜生长的季节里，尤其是肉质根膨大期的温度要适宜，才能达到高产优质的目标。目前生产上的主要品种有‘满身红’‘大红袍’‘浙大长’‘胶州青’‘满膛红’‘心里美’‘潍县青’‘干理想大根’‘新闻红’‘世农 CR301’等。我国南方地区秋冬萝卜的播种与收获期见表 11-2。

表 11-2 我国南方地区秋冬萝卜的播种与收获期

地区	播种期	生长日数（d）	收获期
上海	8 月中旬至 9 月下旬	70～100	10 月中旬至 11 月下旬
南京	8 月中旬至 9 月中旬	70～110	10 月中旬至 11 月下旬
杭州	8 月中旬至 9 月下旬	70～80	10 月中旬至 12 月上旬
武汉	8 月下旬至 9 月中旬	70～100	10 月中旬至 12 月中旬
重庆	8 月下旬至 9 月中旬	90～100	11 月至翌年 1 月
贵阳	8 月中旬至 9 月上旬	90～110	11 月中旬至 12 月
长沙	8 月下旬至 9 月中旬	80～100	11 月至翌年 1 月
福州	8 月下旬至 9 月下旬	60～80	10 月中旬至 12 月
南宁	8 月下旬至 9 月中旬	70～90	10 月下旬至 12 月中旬
广州	8～10 月	60～90	11～12 月
昆明	8～10 月	60～110	10 月至翌年 1 月

（2）冬春萝卜　长江流域及四川、云南等冬季不太寒冷地区，晚秋初冬 10～11 月播种，露地或保护地越冬，生长较慢，翌年 2～4 月收获，是解决当地蔬菜供应的主要萝卜类型。冬季严寒地区不宜晚秋越冬栽培。这类萝卜耐寒、冬性强、耐抽薹、不易糠心，如‘南畔洲晚萝卜’‘大樱洋红’‘梅花春’‘春不老’‘白玉春’‘雪春’‘南春白 7 号’‘南春白 8 号’等。

我国南方地区冬春萝卜的播种与收获期见表 11-3。

表 11-3 我国南方地区冬春萝卜的播种与收获期

地区	播种期	生长日数（d）	收获期
上海	10 月下旬至 11 月中旬	90～140	2 月下旬至 3 月下旬
南京	10 月中旬至 11 月中旬	90～140	2 月上旬至 4 月中旬
杭州	10 月下旬至 11 月中旬	90～140	2 月中旬至 4 月上旬
武汉	10 月中旬至 11 月中旬	90～140	2 月中旬至 4 月中旬
重庆	10 月下旬至 11 月中旬	100～140	2 月下旬至 4 月中旬
贵阳	10 月中旬至 11 月上旬	90～140	2 月中旬至 4 月中旬
长沙	10 月下旬至 11 月下旬	90～140	2 月中旬至 4 月中旬
福州	10 月下旬至 11 月上旬	90～140	2 月中旬至 3 月中旬
南宁	10 月下旬至 11 月中旬	90～130	2 月下旬至 4 月中旬
广州	10 月下旬至 12 月中旬	90～130	2 月中旬至 3 月下旬
昆明	11 月中旬至翌年 2 月上旬	100～140	2 月中旬至 3 月下旬

（3）春萝卜　在我国多数地区，特别是南方地区春播春收或春播初夏收获，生长、成熟较快速的萝卜品种类型。这一类型萝卜的特点是，品种耐寒性较强、冬性强、抽薹晚、质地脆嫩、不易糠心，生长期较短，一般为 40～60d。主要品种有‘泡里红’‘五月红’‘小红头’‘一点红’

‘白玉春’‘天春大根’‘大棚大根’‘春雪’‘白玉春’‘白光’‘春夏王’‘南春白 5 号’‘南春白 6 号’等。

这类萝卜一般 2～3 月播种，4～6 月收获。因而在蔬菜早春供应中也发挥着重要作用。由于肉质根产量不高，供应期短，并且生长前期温度较低，后期日照较长、温度高，栽培管理不当易引起先期抽薹。因此，春萝卜栽培的首要问题是选择冬性强、不易抽薹的品种，确定适宜的播种期。播种太早，易通过春化阶段，萝卜容易抽薹开花；播种过晚，由于外界气温很快升高，虽有利于叶片生长，但不利于肉质根形成膨大，而且肉质根品质较差，产量下降，影响经济效益。

栽培方式以设施保护地栽培为主，通常小棚栽培、大棚栽培或大棚＋小棚栽培，配合地膜覆盖增温、保湿；选择晚抽薹商品性优的适宜春萝卜品种；加强温、湿度与肥水管理，可以有效提高种植效益。

（4）夏秋萝卜　早夏或夏种秋收，在夏秋季调剂蔬菜市场供应中起着重要作用。这类品种的特点是在酷暑高温、台风暴雨、病虫多发季节能正常生长，抗逆性较强，多为早中熟品种，但品质相对较差。

一般在 5 月中旬至 7 月上旬播种，6 月下旬到 9 月收获。其中早夏播种，晚夏或早秋收获的类型，又称为夏伏萝卜。应选用耐热、抗病、生长期短、品质优良的品种。目前夏秋萝卜常用的品种主要有‘改良中秋红萝卜’‘小钩白萝卜’‘短叶 13’‘南热红 3 号’‘南热白 4 号’‘夏抗 40’‘夏长白’等。

栽培地块应选择排灌方便的地块，采用小高畦或小高垄进行。各地气候及栽培习惯不同，夏秋萝卜的栽培、收获季节也有所差别（表 11-4）。

表 11-4　主要地区夏秋萝卜播种与收获期

地区	播种期	生长日数（d）	收获期
上海	5 月上旬至 7 月下旬	50～60	7 月上旬至 9 月下旬
南京	5 月中旬至 7 月下旬	50～60	7 月中旬至 9 月中旬
杭州	5 月中旬至 7 月上旬	50～60	7 月上旬至 9 月上旬
武汉	5 月中旬至 7 月上旬	50～60	7 月中旬至 9 月中旬
重庆	5 月中旬至 7 月上旬	50～60	7 月上旬至 9 月下旬
贵阳	5～7 月	50～70	6 月下旬至 9 月中旬
长沙	5 月上旬至 10 月	40～60	7 月上旬至 10 月
南宁	5 月下旬至 7 月	50～60	7 月上旬至 9 月中旬
广州	5～7 月	50～60	7～9 月
昆明	5～7 月	50～70	8～11 月

（5）四季萝卜　春季栽培表现为抽薹较晚，夏季耐热、抗病性均较好，多为生长期短的小型萝卜，酷暑季节外随时可以播种，如‘扬花萝卜’‘红丁水萝卜’‘算盘子’‘荸荠扁萝卜’‘兰州天鹅蛋’等。

3．按用途划分　可分为鲜食、生食水果用、加工用、饲用等。

4．按春化特性划分　依据春化特性的不同，可将萝卜品种分为 4 个系统，即春性、弱冬性、冬性、强冬性。春性越强，抽薹开花越早；冬性越强，抽薹开花越晚。

5. 按生态型划分 根据地理和气象条件的不同，大致可将我国萝卜分为华南、华中（长江流域）、北方和西部高原等4种生态型。

三、栽培技术

1. 整地 萝卜生产田应选择前茬作物施肥多、耗肥少、土壤肥力较足、土层深厚、排水良好、土质疏松的田块，一般以呈弱酸性至中性、保水保肥性好的砂壤土为宜。为减轻病虫害发生，前茬作物尽量为非十字花科作物。在前茬作物收获后，应尽早清洁田园，进行耕翻晒垡冻垡。耕翻的深度，如种植‘浙大长’‘干理想’等大型萝卜品种，须深耕30cm以上；中型品种要求耕深20～27cm，小型四季萝卜类要求耕深13～18cm。萝卜需要施足基肥，若基肥不足，又不及时追肥，就会影响生长。丰产的经验是“基肥为主，追肥为辅，追肥长叶，基肥长头”。一般基肥占总肥量70%以上，基肥以腐熟的农家肥、堆肥与氮磷钾复合肥配合为好，一般每亩施用三元复合肥（N-P_2O_5-K_2O：15-15-15）40～60kg，因为萝卜的肉质根对钾很敏感，适当提高钾肥施用量可较好地改善萝卜产量与品质。基肥均匀撒施后，耙平作畦，使土壤疏松，畦面平整，土壤细碎均匀。

2. 作畦 作畦方式因萝卜品种类型、土质、地势和当地气候条件不同而异。南方多雨地区，无论大型还是小型萝卜，都宜深沟高畦，以利排水。一般畦高20～30cm，畦宽1～2m；北方地区，中小型萝卜可用平畦，大型萝卜宜用高畦栽培。

3. 播种 根据品种、根型大小、种子价格、作畦方式、不同栽培季节，选用撒播、条播和点播（穴播）等不同的方式。撒播一般用于生长期短、营养面积小的中、小型萝卜的播种，其优点是用时短、省工，但是用种量多。条播的优点是播种比较均匀，深度较一致，出苗整齐。点播又称穴播，是按作物的株、行距开穴播种，或只按行距开沟，按株距点播种子。每穴播1或2粒种子。尽管较费工，但可以节省种子、播种均匀。精量播种以穴播为主。

一般种子量少时或大根型品种及作垄栽培时多采用穴播或条播；地膜覆盖栽培根据作畦方式可采用穴播方式进行。

播种密度是影响产量的一个重要因素，合理密植是达到充分利用环境条件、提高产量的有效措施。因此，必须根据当地的土、肥、水等条件和品种特性来确定合理的种植密度。大型萝卜如‘浙大长’‘胶州青’等，行距40～45cm，株距40cm，起垄栽培时行距50～55cm，株距25～30cm；中型品种如‘中秋红’等，行距20～30cm，株距17～25cm；小型四季萝卜可以撒播，5～8cm见方，播种要均匀。播种前要保证土壤湿度，墒情不好时可先浇水再播种，底水足利于出苗。

夏季高温时，在播种后除盖土外，最好还要进行覆盖，以保持水分，避免暴雨打板土面，保证出苗迅速整齐。覆盖物要因地制宜，可用遮阳网、秸秆、谷壳等。如果被暴雨打板土面，发芽种子也因不能顶破土壳或因空气缺乏而闷死，故应及时松土破壳，使苗顶出，以免缺株；也可在播种时，同穴中播些白菜籽，帮助萝卜顶土出苗，出苗后再拔去白菜苗。

播种后盖土的厚度为1～1.5cm。播种过浅，土壤易干，且出苗后易倒伏，下胚轴弯曲，将引起肉质根根形不直；播种过深，不仅影响出苗速度与健壮，还影响肉质根长度和颜色。

4. 田间管理 萝卜播种后，须适时进行间苗、浇水、追肥、中耕除草、病虫防治及摘除黄叶等，其目的在于恰当控制地上部与地下部生长的平衡，使前期根叶并茂，为光合产物的积累与后期肉质根形成打好基础。

（1）间苗定苗 萝卜幼苗出土后生长迅速，要及时间苗，否则幼苗拥挤，互相遮阴，光照不良，形成细弱徒长苗，影响产量。间苗的次数与时间要依气候情况、病虫危害程度及播种量的多少等而定。精量播种一般无须间苗，凡播种越密，幼苗受损失的可能性越大，间苗的次数应增多。应坚持“早间苗、晚定苗”原则，以保证苗全苗壮。一般在首片真叶展开时，进行第一次间苗，拔除受病虫侵害，以及细弱的幼苗、病苗、畸形苗和不具原品种特征的苗，每穴可留苗 2 或 3 株；至“破肚”时选留具有品种特征的健壮苗 1 株，即定苗，其余拔除。如果病虫害严重，天气干旱，暴风雨较多时，可适当推迟定苗时期，以免造成缺苗，条播与撒播的按预定的距离留苗。

（2）*合理灌溉* 萝卜生长期间，因叶面积大而根系软弱，故抗旱能力较差，需适时适量的供给足够的水分，尤其在肉质根膨大期，必须根据生长情况，进行合理的灌溉。

1）发芽期。播种前要保持土壤含水量在 80%以上，保证出苗快而整齐。

2）幼苗期。这时苗小根浅需水少。土壤含水量以 60%为宜，要掌握“少浇勤浇”的原则，以保证幼苗出土后的生长。在幼苗“破白”前，要减少浇水，进行蹲苗以抑制浅根生长，而使直根深入土层。

3）叶部生长盛期。从“破白”至“露肩”时期，根部也逐渐肥大，需水渐多，因此要适量灌溉，以保证叶部发育。但也不能浇水过多，以防止叶部徒长及对根部的不利影响。应掌握“地不干不浇，地发白才浇”的原则，此期浇水量较前段时间多。

4）根部生长盛期。从“露肩”到“圆腚”时期，应充分均匀地供水，维持土壤湿度在 70%～80%，空气湿度在 80%～90%，这样可保证品质优、产量高。

5）根部生长后期。此时期适当浇水，防止糠心，以提高萝卜品质和耐贮藏能力。早春播种的四季萝卜，因气温低，宜在上午浇水，浇后经太阳晒，夜间土温不致太低；夏秋季最好傍晚浇水，可降低土温，有利于叶片光合同化产物向根部积贮。采用喷灌，对降低土温、防止干旱效果更好。坚持勤灌浅灌、随灌随排；保持土壤疏松、田间湿润。但无论在哪个时期，雨水多时要注意排出积水。

（3）*合理施肥* 根据萝卜不同的发育期，进行合理施肥。

1）营养元素吸收量。萝卜单位产量从土壤中吸收的营养元素数量因品种、栽培条件等因素不同而有所差异。每生产 1t 产品需从土壤中吸收氮素 4～6kg、磷素 0.5～1kg、钾素 6～8kg、钙素 2.5kg、硫素近 0.9kg、镁素近 0.5kg。

2）施肥量。仅凭萝卜的营养元素吸收量还难以确定萝卜的施肥量，因为影响施肥量的因素众多，如前茬肥料施用情况、土壤类型及供肥能力、计划产量水平、肥料品种及其利用率、增施肥料是否增加经济效益等。目前科学合理的施肥方案是开展应用测土配方施肥技术。

3）施足基肥。基肥施用对于萝卜肉质根生长极为重要，为节本增效，应该重施基肥。基肥用量应视土壤类型、栽培品种而定。注意尽量增施腐熟有机肥，同时有机肥还可以改良土壤，使土壤疏松利于肉质根生长。有机肥不足时，会影响到萝卜的品质，如萝卜辣味和苦味增加等。一般每亩施有机肥 1500～2000kg、三元复合肥 40～60kg。在第一次土壤翻耕后，将这些肥料均匀地撒在地面，再进行第二次旋耕，使基肥与土壤充分混匀，即可起垄作畦。

4）合理追肥。萝卜施肥基本原则是“基肥为主，追肥为辅”。基肥充足而生长期短的中小型萝卜，肉质根会迅速膨大，可不追施肥；大型品种生长期长，可据生长具体情况追肥 1 次，以速效性氮、钾肥为主，一般当萝卜根“破肚”时，每亩追施三元复合肥 15～20kg，可结合中耕除草进行。

5）叶面喷肥。萝卜生长需要一定量的硼，进入肉质根膨大期，可叶面喷施硼肥，可施用硼砂或硼酸，浓度以 0.1%～0.25%为宜。在肉质根膨大前期、中期视长势叶面喷施 1 或 2 次 1.5%～2%过磷酸钙或 0.1%～0.3%磷酸二氢钾，有一定的增产效果。

（4）中耕除草　萝卜生长期间要中耕除草松土，尤其在苗期，杂草容易滋生，要及时中耕除草。根据情况播种后可喷施乙草胺与金都尔等除草剂封闭防草。生产上，中、大型萝卜可将间苗、除草与中耕工作结合进行；四季萝卜类因密度大，应及时拔除杂草，一般不进行中耕；长形露身型品种，因为根颈部细长软弱，常易弯曲、倒伏，要培土拥根，使根直立生长，以免日后形成弯曲的产品。中耕宜先深后浅，先近后远；封行后应停止中耕，及时拔除杂草。

四、采收与贮藏

萝卜品种生长期不同，各品种都有其适宜的收获期，收获过早产量低，过迟易遭冻害或糠心而降低品质。萝卜采收的标准，一般在肉质根充分膨大、基部已“圆腚”，叶色转淡，开始变为黄绿时，及时采收。春季播种的萝卜，因前期温度低，播种后一般60～70d就要及时采收，否则由于阶段发育往往会抽薹、品质降低。夏季或初秋播种的萝卜生长快，播后40～50d可采收。秋播萝卜要根据各品种的特性，晚熟品种如果根部大部分露在地上的，要在霜冻前及时采收，以免冻害；而肉质根全部在土里的，因有土壤的保护，经过几次霜冻，可促进肉质根中糖分积累转化，提高产量和品质。

冬季采收萝卜时，将整株拔出，作为鲜食的，用刀切除叶丛上市供应；如进行贮藏，一般将叶连同顶部切除，以免在贮藏期间发芽糠心。南方部分气候温暖地区，萝卜可露地越冬，随时供应新鲜产品，贮藏不很普遍。萝卜的冰冻点是−1.1℃，贮藏最适宜温度是1～3℃，土壤湿度为12%～15%，适宜的空气相对湿度是85%～90%。凡有裂口、损伤、病虫害的都要挑出。冬季可用浅沟假植贮藏法，即选好不积水的地方，开沟1.6～2m宽，深度随萝卜长度而定，沟开好后，将萝卜剪去叶子，留叶柄部长3～4cm，然后将萝卜直立，一个个排靠在沟中，并用土填充空隙，而后浇透一次水，最后在上面撒土覆盖，厚3～5cm，以后保持沟中适度潮湿。天气很冷时，再加厚盖土或加盖稻草，天暖时去除，这样可贮藏到第二年早春，供应市场。另外，也可进行室内冷库贮藏。

五、萝卜生理障碍及其预防

1．先期抽薹　萝卜先期抽薹是指膨大的肉质根在采收前即抽薹，使肉质根糠心，或纤维增加，降低品质，以致没有食用价值的现象。先期抽薹在春萝卜生产上是一个严重问题，夏季高山地区种植抗热萝卜由于遇低温有时也会出现此问题。

（1）先期抽薹产生原因　萝卜萌动的种子、肉质根及植株在较低的温度下可通过春化阶段而导致先期抽薹。不耐抽薹的春性品种处在3～5℃低温环境中，经3～10d就会通过春化阶段；通过春化阶段以后，在较高温度与长日照条件下，可以加速其抽薹，在15℃以上、12h光照条件下，多数萝卜均可抽薹。另外，使用陈种子或品种冬性很弱也容易产生先期抽薹。

（2）防治措施

1）选用冬性强的品种。冬性强的品种通过春化阶段要求条件严格，春化需要较长时间的低温处理，不易发生先期抽薹。通常北方寒冷地区的萝卜品种，在南方温暖地区种植时，先期抽薹现象较少；而南方的萝卜品种，当引到北方寒冷地区种植时，就很容易通过春化阶段而先期抽薹。国内目前也有许多进口优良的强冬性品种，如‘白玉春’‘白光’‘大棚大根’‘玉园春’等。

2）适期播种。冬春萝卜或春萝卜是在冬末春初或早春播种，此期温度较低，播种越早，在低温环境中时间就越长，越容易通过春化阶段，先期抽薹现象也会越严重；播种较晚的，先期抽薹现象比较轻，但是由于营养生长期短，产量不高。

3）高温处理。早春栽培中可利用脱春化原理，在一定大小幼苗期，盖上拱棚使白天棚温升高，从而产生脱春化作用，消除或减轻先期抽薹。

4）加强肥水管理。春萝卜在栽培中应加强肥水管理，促使肉质根迅速膨大，在先期抽薹前即可采收上市。

2．畸形根　萝卜畸形根主要表现为分叉和弯曲。

（1）畸形根产生原因　陈旧的萝卜种子，往往生活力较弱，发芽不良，或胚根受到破坏而产生分叉或弯曲。幼根先端生长缓慢，中部的侧根往往会膨大，以致产生肉质根分叉。土壤中有石块、瓦砾等坚硬物，当肉质根在伸长过程中顶端受到阻碍，或土壤板结，耕作太浅，土壤质地黏重等也能引起畸形分叉。一般长形品种比短形品种更易产生畸形根；施用大量的未腐熟有机肥，或追施尿素、碳铵等化学肥料浓度过高，因萝卜直根先端遇到这些肥料时，往往会枯死、折断或生长势受抑，不能继续伸长生长，于是侧根代之膨大而发生分叉畸形。土壤中的地下害虫咬伤幼根先端，抑制了直根的生长，也会引起侧根的膨大，发生分叉及畸形。萝卜生长过密或杂草根系缠绕易引起肉质根的弯曲。

（2）防治措施　为避免萝卜畸形根产生，应选用生活力强的种子，尽量不用陈种子；生产田块应选在砂壤土上，要求深耕，排水良好、无砾石等硬物；灌水适当，不要造成土壤板结；施肥应均匀，有机肥应充分腐熟；施用化肥应适量；及时防治土壤地下害虫。

3．糠心

（1）糠心产生原因　肉质根中离输导组织较远的地方，由于水分及营养物质运输困难，以致这些薄壁组织处于“饥饿状态”而逐渐衰老，表现为薄壁组织的大型细胞中糖分的消失，继而细胞壁果胶质逐渐溶解，薄壁细胞完全相互分离，其间隙逐渐扩大，到最后形成空心状态。糠心的萝卜组织中可溶性固形物含量少。通常肉质致密的小型品种不易糠心；肉质根膨大生长过快、过早的品种容易糠心；有些品种肉质根生长快，木质部薄壁组织生长也快，细胞直径大，这种品种易糠心；而肉质根生长较慢，可溶性固形物含量较高的品种，不易糠心；品种中肉质根的输导组织分布均匀、密集的不易糠心，反之则易糠心。贮藏过程中，温度高，湿度小，肉质根呼吸消耗其内部营养，易造成糠心。

萝卜糠心发生与栽培条件也有很大关系。糠心组织的出现，有时是由于肉质根的迅速膨大，而地上部所合成的同化物质不能及时地进行供给。因此，在多氮肥条件下，尤其是在生长后期容易引起糠心。水分供给不均匀，肉质根膨大初期土壤供水充足，后期土壤干旱，肉质根部分细胞缺水饥饿而衰老；先期抽薹或贮藏期间，有机营养物质主要供应抽薹开花，肉质根营养不足；收获期偏晚，叶片已衰老，制造的同化物质很少，不能满足肉质根的需要，这些条件均会导致萝卜肉质根糠心。

（2）防治措施

1）选择适宜品种。选用肉质致密、干物质含量高的品种。

2）适宜的栽培条件。合理施肥，增施钾肥，促进根发育，加速输导组织功能，避免氮肥施用过多；合理密植，特别是大型品种，适当增加密度，抑制地上部生长；土壤供水均匀；防止先期抽薹；选择适宜的播种期，使肉质根的膨大期处于昼夜温差较大的寒冷季节；适当晚播，适期收获，防止叶片衰老。

3）适宜的贮藏条件。在贮藏期中间保持1～2℃的低温环境和较高的相对湿度等措施可减轻或防止糠心的发生。

4. 裂根 肉质根裂根不但影响到商品质量，而且容易腐烂，不耐贮藏。裂根有沿直根纵向的开裂，也有在根头部呈放射状的开裂等情况。

（1）裂根产生原因 萝卜生长前期土壤干旱缺水，根的生长受到抑制，周皮层木质化程度增加，后期又遇大雨或灌大水，根迅速生长，而周皮层不能相应增大而造成裂根。在萝卜不同生长期间，水分供应不均匀，时干时湿的情况极易引起裂根。

（2）防治措施 选择肉质根含水较少、肉质致密的品种；在管理上，要合理灌水，避免忽干忽湿，保持土壤有均匀的湿度；同时还应注意适时收获。

5. 黑皮和黑心 萝卜肉质根黑皮和黑心是部分组织由于缺少氧气，影响呼吸作用的进行而发生的坏死现象。在土壤板结、坚硬、通气不良；施用新鲜厩肥，土壤中微生物活动强烈，消耗氧气过多等情况下均会发生萝卜的黑皮和黑心。

防治措施是针对上述原因，进行疏松土壤，尽量增加土壤中的空气含量；避免施用未腐熟有机肥。由于黑腐病也能引起黑心，因此也应注意防治黑腐病。

6. 辣味与苦味 萝卜中硫代葡萄糖苷含量适宜，使萝卜有良好的风味，如含量过多，则辣味重。硫代葡萄糖苷的含量除受品种遗传性决定外，气候炎热、干旱、有机肥不足时，含量都会增加。另外，高温等不适条件会影响萝卜肉质根膨大，辣味也会加重。

生食萝卜在生产中应选用硫代葡萄糖苷含量较少的品种，如‘心里美’‘满膛红’‘百日子’‘潍县青’‘沙窝萝卜’等。适当晚播，避开高温，防止干旱，适当浇水，增施有机肥料和钾肥，均可减轻萝卜的辣味。

气温较高，施用氮肥过多，磷、钾肥不足时，会使肉质根内产生一些含氮的碱性化合物，使肉质根变苦。生产上应合理施肥，增施磷钾肥，适期晚播，避开高温条件来减轻苦味的产生。

第三节 胡 萝 卜

胡萝卜是伞形科（Umbelliferae）胡萝卜属（*Daucus*）野胡萝卜种（*Daucus carota* L.）中的一种变种，能形成肥大肉质根的二年生草本植物。拉丁名为 *Daucus carota* L. var. *sativa* Hoffm.；别名红萝卜、黄萝卜、丁香萝卜等。染色体数为 $2n=2x=18$。胡萝卜是全球性十大蔬菜作物之一，适应性强，易栽培，种植十分普遍，在亚洲、欧洲和美洲地区分布最多。根据联合国粮食及农业组织（FAO）统计，中国胡萝卜栽培面积基本稳定在 40 多万公顷，占世界栽培总面积的 36%左右。胡萝卜也是中国主要出口蔬菜之一。

胡萝卜富含有多种维生素，但不同颜色品种含有的营养成分存在较大差异，橘红色类型主要含有 α-胡萝卜素和 β-胡萝卜素，含量可达到 5～17mg/100g 鲜重，黄色类型主要含有叶黄素和玉米黄质等，红色类型主要含有番茄红素，紫色类型主要含有番茄红素和花青素等。α-胡萝卜素和β-胡萝卜素，是人体主要维生素 A 来源，可促进生长发育，维持正常视觉，防治夜盲症、干眼病、上呼吸道疾病等。20 世纪 90 年代就有报道，美国人体维生素 A 源 30%来自胡萝卜，人均消费量达到 5kg 以上。而我国胡萝卜产品主要用作菜用、加工、饲料等，即食和鲜食使用量非常有限，究其原因是市场上缺乏适合生食的胡萝卜产品，我国地方品种资源和主要产地产品都为粗大型、味浓、口感差，很多人难以接受。但近年随着市场品种的更新，胡萝卜已被人们列为一种健康功能食品，消费量稳定增加。

各国学者关于胡萝卜起源见解持有多种观点，综合来说最原始的胡萝卜是含有花青素的紫色胡萝卜，源于 *D. carota* 中的亚种 ssp. *carota*，起源中心在阿富汗。关于橘色胡萝卜的起源至今没有获得相关的直接证据。Banga（1963）根据油画上的胡萝卜特征变化，认为橘色胡萝卜是17世纪初在荷兰从黄色胡萝卜中突变而来的。而 Simmonds（1976）则认为西方橘色胡萝卜起源于东方紫色胡萝卜。但是一些分类学家认为橘色类型不是从栽培种中选择出来的，而是由 *D. carota* spp. *carota* 和地中海地区的 *D. carota* ssp. *maximus* 杂交产生的变异。Heywood（1983）认为橘色胡萝卜是由野生胡萝卜自然杂交和人工选择两种因素结合产生的。

关于栽培胡萝卜究竟何时传入中国，学者意见不一。依据南宋绍兴二十九年（1159年）由王继先等校改的《绍兴校定经史证类备急本草》一书中记载的胡萝卜"味甘，平。无毒。主下气，调利肠胃，乃世之常食之菜品矣。然与芜菁相类，固非一种，处处产之"，表明胡萝卜在我国作为栽培种有800多年历史。李时珍在《本草纲目》中记载的有红黄两种，最新研究发现橘色胡萝卜与本土红色或黄色资源亲缘关系更近。中国台湾省于1895年从日本引入了'金时''长崎五寸'等橘红色品种。在20世纪40年代，中国大陆引入了橘色胡萝卜品种，如'东京大长胡萝卜''丹佛斯半长'（'Danvers Half Long'）'美国早熟鲜红角''法国早熟'等，80年代从日本引入了黑田类型（Kuroda）品种，目前是国内市场主要种植类型。

一、生物学特性

1．植物学性状

（1）根　分为肉质根和吸收根。肉质根的"心柱"是次生木质部，含水分较少，且质地粗硬，作为水果类型品种通常要求小心柱。肉质根长度为6～30cm，主要为18～22cm。鲜食菜用品种肉质根粗度在4～6cm，切段加工用的要求1.5～2cm。

胡萝卜根系发达，为深根性蔬菜，生有纵向四列须根，与尾部主根构成胡萝卜的吸收根，用于吸收土壤的水分和养分。播种后40～50d主根可深达60～70cm；收获时，生长在土质疏松土壤中的胡萝卜，主根可深达2m左右。胡萝卜根系的扩展度可达60cm左右，因此其耐旱性较强。胡萝卜根表面有凹沟或小突起状的侧根着生痕，以便于根内部与土壤中的气体进行交换。若栽培在黏重土壤里，由于通气性差，则易引起着生痕扩大，致使根皮粗糙，甚至形成瘤状畸形根。

（2）茎　胡萝卜在营养生长期间为短缩茎，着生在肉质根的顶端。短缩茎上着生丛生叶。进入生殖生长期，肉质根顶端抽生出繁茂的花茎，不同品种主花茎高度差异较大，一般为1～1.7m。其粗度自下而上渐细，下部横茎可达2cm以上。茎的分枝能力很强，地上部各节均能抽生出一级侧枝，一级侧枝上又可抽生出二级侧枝，二级侧枝上可再分生出三级侧枝。茎多为绿色，并有深绿色条纹，形成棱状突起。有的品种下部几节或茎节处带紫色纵向条纹。茎的横断面为圆形，外围有细棱，幼嫩的茎或茎的上部节间，棱沟不明显，但随株龄增加棱沟也逐渐明显。茎的棱状突起的纵条上密生白色刚毛，但沟凹处几乎无毛。

（3）叶　营养生长期，叶丛着生于短缩茎上，一般有15～22片叶，为三回羽状复叶。叶裂深浅因品种而异，以全裂叶居多，裂片呈狭披针形，裂片的宽窄品种间也有差异。裂叶细碎程度重的品种多表现耐旱。叶片大小还受栽培和自然环境的影响。胡萝卜一般叶柄细长，有的品种叶柄着生茸毛，其多少因品种而异。叶柄多为绿色，少数品种叶柄基部为紫色或浅紫色。叶片多为绿色，但有些品种为黄绿色或浅绿色，也有的品种为深绿色或亮绿色。叶片大小因品种而异，东方类型显著大于西方类型品种，叶片大小可达80cm左右，而西方类型叶片比较小，一般长30～40cm。第二年花茎上的叶片轮生，无托叶。胡萝卜叶展度虽较大，但分裂细，叶面积相对较小，多数品种叶面或叶背生有茸毛，因而较其他作物耐旱。

（4）花　胡萝卜为复伞形花序，着生于花枝的顶端，所有的花朵均分布在小伞形花序中，小花伞又排列成大的伞形花序。采种的最好方式是保留一个主花序和几个二级花序。同一株的主花序先于侧枝上的花序开放。主花序小花可达 1000 余朵，二级、三级花序所含花朵数目依次减少，一株上常有小花几千朵到上万朵。每朵花的雄蕊、花瓣和花萼同时发育，随后才完成心皮的发育。因此，胡萝卜的雄蕊早于雌蕊 2～3d 成熟，每朵花的花粉不能给同一朵的柱头授粉，只能给先于其开放的花朵的雌蕊柱头授粉。每一朵正常花有 5 枚雄蕊、5 个花瓣、5 个花萼和一枚具有两个柱头的雌蕊（每一雌蕊由两个心皮组成）。瓣化型雄性不育系的雄蕊则形成花瓣或萼片。每一花序的花是由外向内开放，每一花序花期持续 5～7d。

（5）果实和种子　胡萝卜果实为双悬果，成熟时分裂为二，成为独立的半果实，生产上即以此作为"种子"，但真正的种子包含在果皮内。每个胡萝卜的半果实呈长椭圆形，扁平，长约 3mm，宽 1.5mm，厚 0.4～1mm。两个半果相对的一面较平，背面呈弧形，并有 4 或 5 条小棱，棱上着生刺毛。果皮革质，含有挥发油，有一种特殊的香气，不利于吸水。胡萝卜种子有胚乳，千粒重为 1.1～3g。其种子质量受温度、雨水影响较大，如灌浆期遭遇高温，成熟期遭遇雨水，均严重影响发芽率。

2．生长发育周期　胡萝卜第一年为营养生长期，形成肥大的肉质根。营养生长期一般需要 90～120d，有的晚熟品种需要 180d 左右。胡萝卜经露地越冬或贮藏等方式，完成春化阶段进入生殖生长期，第二年肉质根定植于露地，开始抽薹、开花、结实，完成整个生育过程。

（1）发芽期　从播种到子叶展开通常需要 10～15d，如果在低温下播种可能需要 20d 以上。因此，为其创造良好的发芽条件，特别是田间墒情，是确保胡萝卜齐苗和全苗的关键。目前生产上优质胡萝卜杂交种采用种子引发（priming）技术、种子包衣、丸粒化技术等，来提高胡萝卜种子的发芽率和发芽势。

（2）幼苗期　从子叶展开、真叶露出，到长出 5 或 6 片真叶，需 25d 左右。此时期抗杂草的能力很差，必须及时清除田间的杂草。

（3）叶片生长盛期　叶片面积扩大，光合作用产物增多，肉质根开始膨大，约需 30d。此时期的光合作用产物分配以地上部为主，所以肥水不宜过大。地上部叶片要促而又不过旺，必须适当蹲苗。蹲苗时间以 5～7d 为宜，促使胡萝卜主根往下生长，有利于提高商品根的长度。

（4）肉质根膨大期　该时期要保持最大的叶面积，加强光合作用，形成更多的产物，向地下部肉质根传输。该时期一般为 50～60d。

（5）肉质根春化时期　胡萝卜属于绿体春化类型，一般要求植株在 8～10 片叶，低温 10℃以下即可进行春化作用。完成整个春化作用过程一般需要 3～4 个月。

（6）抽薹开花期　第二年胡萝卜种根定植后通常需要 40～60d 才能抽薹开花，花期一般在 30d 左右。

（7）结实采种期　由于胡萝卜植株有多级花序，因此种子成熟期非常不一致，以第一朵花开放为准，通常种子成熟需要 60d 左右。

3．对环境条件的要求

（1）温度　胡萝卜原产于中亚西亚干燥地区，为半耐寒性蔬菜，对温度的要求与萝卜相似，但耐热性和耐寒性比萝卜强。4～6℃时，种子即可萌动，在 8℃时开始生长；在 18～20℃的条件下，经 10d 左右即可出苗。胡萝卜幼苗能忍耐短时间−3～4℃的低温，也能在 27℃以上的高温气候条件下正常生长。胡萝卜在不同的时期对温度的要求有所不同，其发芽最适温度是 20～25℃；

叶部生长时期的适宜温度，白天为 20～25℃，夜间为 15～18℃；肉质根膨大期，要求温度逐渐降低，一般以 20～22℃为宜，当温度降低到 6～8℃时，根部虽能继续生长但比较缓慢，温度降低到 3℃以下就停止生长。胡萝卜一般采用母根采种，当春季土壤温度达到 3～5℃时即可定植。胡萝卜结籽以白天 22～28℃，夜间 15～20℃为宜。白天气温超过 35℃，母根授粉结籽率则会大大降低。

（2）*光照*　胡萝卜对光照强度要求较高，需要中等以上强度的光照。若光照不足，则叶片狭小，叶柄伸长，叶色变淡，下部叶片因营养不足提前枯黄、脱落。因此，在栽培上保证充足的光照，是提高胡萝卜产量的重要措施之一。特别是现在发展的冬春设施栽培胡萝卜，后期适宜温度条件下需要及时撤走棚膜。胡萝卜抽薹开花对日照长度要求并不严格。通过春化作用后的植株，在长日照或短日照条件下均可抽薹开花，不过长日照可以提高植株抽薹开花速度。现有早春栽培出现高比例的先期抽薹植株，这些植株虽未通过严格春化作用过程，但长日照可能会促进其抽薹开花的发生。

（3）*水分*　胡萝卜主根长而入土深，侧根多，叶面积小，耐干旱能力比萝卜强，为耐旱性强的根菜类蔬菜。但是，为了使胡萝卜生长良好和获得高产优质产品，还必须满足其对水分的需要。胡萝卜对水分的要求，依生长阶段的不同而有所变化。播种时要注意灌溉，使土壤湿度保持在 70%～80%，才能使种子迅速发芽和保证出苗整齐。幼苗期和叶片生长盛期，应适当减少灌溉，适时蹲苗，同时加强中耕，使土壤保持疏松，以便于透气，促使直根发育良好。胡萝卜肉质根生长到手指粗时（生长到十几片叶），是它整个生长期中需水量最多的时期，能使土壤湿度经常保持在 70%～80%，以满足肉质根迅速膨大的需要。采收前半个月应停止浇水，以减少肉质根开裂，以及降低后期贮藏期间的腐烂率。

（4）*土壤*　胡萝卜喜好土层深厚、土质疏松、排水良好、孔隙度高的砂壤土和壤土。若将胡萝卜栽培在透气不良的黏重土壤中，则肉质根的颜色发淡，须根多，易生瘤，品质低劣；若栽培在低洼排水不良的地方，则其直根易破裂，常引起腐烂，并使歧根增多。胡萝卜生殖生长期对土壤的要求与营养生长期基本相同，疏松的土壤有利于提高地温，促进发根。胡萝卜对土壤酸碱度的适应范围较广，在 pH 为 5～8 的土壤中均能良好生长，在 pH 为 5 以下的土壤中则生长不良。胡萝卜种根不适宜盐碱地生长。

（5）*矿质营养*　胡萝卜在整个生长发育过程中吸收钾最多，氮和钙次之，磷、镁较少，氮、磷、钾、钙、镁的吸收比例为 100∶（40～50）∶（150～250）∶（50～70）∶（7～10）。氮是构成植物体和产品的基本物质，但不宜过多，否则会使叶片徒长，肉质根细小，降低产量。钾能促进根部形成层的分生活动，增产效果十分显著。据试验，每生产 1000kg 胡萝卜产品，约吸收氮 3.2kg、磷 1.3kg、钾 5kg，其比例大约为 2.5∶1∶4。国外有研究表明最适施肥量（kg/hm^2）为 N∶P∶K＝148∶74∶308。

胡萝卜生长需要较多的肥料，施肥应以基肥为主，追肥为辅。基肥应使用腐熟的有机肥，以免损伤幼苗根系，产生叉根。胡萝卜施肥应掌握氮、磷、钾配合使用，比例均衡。胡萝卜不同时期对肥料的要求有所不同。在胡萝卜叶部旺盛生长期，对氮肥的需求多，追肥时，应掌握以氮肥为主，但也要防止氮肥过多，以免引起地上部徒长。肉质根肥大期，以钾肥需求为主，应施用钾肥含量高的复合肥。生殖生长期，则以施用磷钾肥为主，防止使用过多氮肥，造成徒长，使花期延后。花期叶面施用钼肥有利于结籽。

二、品种类型与栽培季节

1．按肉质根形态划分

（1）根色　根据肉质根的颜色可分为白色、黄色、橘红色、红色和紫色5种类型。

1）白色类型。肉质根为白色，只含有微量叶黄素，多为引进品种，如‘白玉’。

2）黄色类型。肉质根呈黄色，含有大量叶黄素和杂色素。主要生长在内蒙古、新疆及陕西北部等，品质一般，产量较高，除作菜用外还用作饲料。例如，陕西榆林‘黄胡萝卜’、绥德‘露八分’，内蒙古‘扎地黄’‘齐头黄’，山西‘河津细心黄’‘太古胡萝卜’等。

3）橘红色类型。肉质根呈橘红色，主要含有α-胡萝卜素和β-胡萝卜素，是目前规模化种植基地的主要类型。我国自主培育的品种有‘中誉1504’、‘中誉1749’、‘金红’系列、‘红芯’系列，以及‘天津江米条’、山东‘烟台三寸’‘烟台五寸’、河北‘新城细油瓶’等地方品种。引进的代表品种有‘黑田五寸’、‘红誉’系列、‘孟德尔’、‘皇家红’、‘南特斯型’等。

4）红色类型。肉质根呈红色，含有大量番茄红素。主要生长在西北地区，栽培历史悠久，种植面积较大，是当地春冬季主要贮藏蔬菜。有些品种引入其他地区种植，容易产生未熟抽薹。代表品种有陕西‘榆林红胡萝卜’、西安‘齐头红’、耀县红萝卜、大荔‘野鸡红’、咸阳‘透心红’，甘肃‘尖头红’等。

5）紫色类型。肉质根呈紫红色，如含有大量花青素则可呈紫黑色。该类型品种不很多，只是含有少量花青素，且分散于各地种植，一般用于加工腌渍。代表品种有河南‘杞县胡萝卜’、上海‘红甘胡萝卜’、吉林‘紫胡萝卜’、山西‘新绛紫红’、三门峡‘紫皮胡萝卜’等。自主培育的有‘紫誉212’。

（2）根形　根据肉质根长短不同可分为长根类型、中根类型和短根类型；又因其形状不同，可分为圆锥形和圆柱形两种类型。

1）长根类型。肉质根长24cm以上，一般生长期较长，在130d以上，属中晚熟品种。地方资源有南京‘长红胡萝卜’、上海‘黄胡萝卜’、麻城‘棒槌胡萝卜’、汕头‘红胡萝卜’、北京‘鞭竿红’等。引进的品种有‘皇帝’类型、‘SK 316’。

2）中根类型。肉质根长18～23cm。中国大部分品种属此类型，分布地区广，种植面积大，一般生育期为120d左右，属中早熟种。我国自主培育的品种有‘中誉1504’‘中誉1729’‘中誉1877’‘中誉1870’等。地方资源有‘河津细心黄’‘汉中大叶’‘榆林红胡萝卜’‘平定胡萝卜’等。引进品种有‘红誉’系列、‘孟德尔’、‘皇家红’、‘黑田’类型等。

3）短根类型。肉质根长6～15cm，一般生育期较短，为70～100d，产量低，较适应低洼地种植，耐寒又耐热，适宜促成栽培。自主培育的水果类型品种‘H1870’。地方品种有‘烟台三寸’、上海‘红甘胡萝卜’等。引进品种有‘樱桃胡萝卜’‘贝卡’等。

2．按栽培季节划分　随着国内胡萝卜品种升级换代，栽培制度发生很大改变，特别是橘红色类型，基本可全年市场供应。根据播种时间可以分为冬春设施茬口、春季露地茬口、夏秋露地茬口和越冬露地茬口（表11-5）。冬春设施茬口主要采用大棚、中棚或者小棚等，播种时间一般在12月底至翌年2月底，采收时间一般在5月上旬至7月，主要在山东潍坊、莱西，安徽萧县，河南中牟，河北南部等地。春季露地茬口主要在山东、河北、陕西、山西、内蒙古、甘肃、青海、吉林、黑龙江等地，播种时间从2月下旬至6月初，采收时间从7月底至10月中下旬。夏秋露地茬口是我国胡萝卜主要栽培方式，从我国华北南部、华中、华东、西南和南部地区均可进行，播种时间从7月中下旬至8月初，采收时间从10月中下旬至12月。越冬露地茬口主要在福建厦门、漳州、晋江和广西黎塘等地，播种时间从8月下旬至10月，采收时间从12月下旬至4月。

表 11-5 中国橘色胡萝卜种植制度

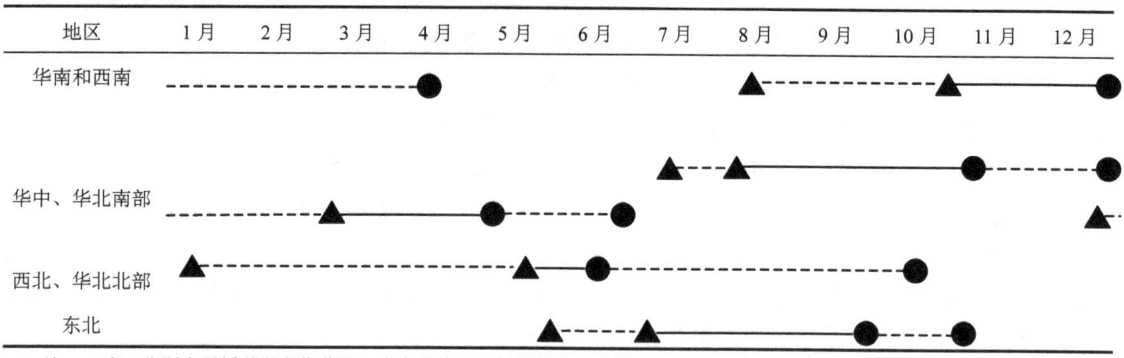

注：▲和●分别表示播种期和收获期。表中虚线表示播种期和收获期时间范围；实线表示生长时期

（1）冬春设施茬口品种　要求品种冬性强，耐寒又耐热，不宜抽薹，耐贮藏，肉质根多为橘红色，如‘孟德尔三号’‘中誉1877’等。

（2）春季露地茬口品种　一般冬性较强，生育期较短，耐寒又耐热，春播不易抽薹，耐贮藏，肉质根多为橘红色和橘色，如‘孟德尔三号’、‘红誉’系列、‘皇家红’系列、‘中誉1729’‘中誉1749’、‘中誉1877’等。

（3）夏秋露地茬口品种　适宜在气候凉爽的条件下生长发育，一般产量高，中国的胡萝卜遗传资源以此类居多。中国秋播胡萝卜面积大，产量高，品种较为丰富。目前多用于速冻出口、加工，或者用于贮藏，供应冬春季蔬菜市场。代表品种有‘雷肯德’‘红誉178’‘中誉1504’‘中誉1749’‘陕西透心红’等。

（4）越冬露地茬口品种　要求冬性较强，不易抽薹，耐热，抗病，表皮光滑，多为长圆柱形，表皮、韧皮部和心柱都为橘红色。代表品种有‘SK 316’等。

3．按用途划分

（1）生熟食兼用类型　肉质根表皮光滑，根形为柱形或柱锥形，无绿肩，质甜脆，口感好，较细嫩。目前生产上大多数品种及一些地方品种均可以。

（2）用于速冻出口的品种　肉质根要求“三红”，即表皮、韧皮部和中心柱均为橘红色，心柱细，根形为长柱形，表皮光滑，无绿肩，产量高。主要品种有‘中誉1749’、‘中誉1877’、‘SK 316’、‘红誉’系列、‘皇家红’等。

（3）用于脱水或腌渍加工的品种　脱水加工用的品种肉质根要求“三红”，无绿肩，干物质含量高，产量高，代表品种有‘黑田五寸’‘中加643’等。目前国内腌渍加工仍为小作坊式，基本上是就地取材，多选用当地品种，如河南‘杞县胡萝卜’、江苏‘扬州三红’、上海‘长红’、北京‘鞭竿红’等。

（4）用于胡萝卜汁加工的品种　目前胡萝卜汁分为两种，一种是通过高温煮熟、匀浆、灭菌而成，要求口感好，无异味，高产，特别是胡萝卜素含量要高，用于医药原料的则要求其含量更高。国内胡萝卜汁加工专用品种较少，大部分仍使用‘黑田’系列品种，其胡萝卜素含量一般在50～80mg/kg。中国农业科学院蔬菜花卉研究所推出的新品种‘中加643’能达到130～170mg/kg，是国内种植品种含量最高的。另一种是鲜榨汁，对风味品质要求高，受环境条件影响小，如‘中誉

1877’。

（5）饲料用型　一般产量高，品质欠佳，水分多，地上部叶丛繁茂，西北地区多有栽培。多数采用当地品种，如河南‘安阳胡萝卜’、陕西‘榆林红胡萝卜’、内蒙古‘扎地黄’‘齐头黄’等。

（6）水果即食胡萝卜　一般要求肉质根细长，口感好，味清爽，目前推广品种有‘H1870’‘贝卡’等。

三、栽培技术

1．冬春设施茬口

（1）品种选用　冬春胡萝卜生长过程是由低温转向高温，短日照转向长日照，干旱转向多雨潮湿天气，更容易发生先期抽薹、肉质根腐烂等现象。对品种选用非常严格，要求冬性非常强、不易先期抽薹、耐弱光，肉质根能在高温条件下收尾，并且耐高温、高湿、抗病性强等，品种早熟具有非常大的优势。适合冬春设施栽培的品种价格通常要高出普通品种数倍。

（2）施肥整地　整地对胡萝卜的产量和质量影响较大，如果耕翻太浅，会影响主根深扎，使肉质根容易弯曲、短小或发生叉根。田地最好选择土层深厚、肥沃、排水良好的土壤或砂壤土地栽培。由于耕翻时间处于冬季，一般建议 11 月前后进行，或者在大棚搭建覆膜前后，否则后期土地冻透后就难以开展，深度在 20～25cm。耕翻时结合施足基肥，每亩施充分腐熟的农家肥 3000～5000kg，如果没有农家肥，每亩可施 40kg 左右复合肥。耕耙整平土地后作畦，一般采用高垄，种植双行为主，垄宽 65cm 左右。

（3）适时播种　冬春栽培播种时间因品种而异，一般在 12 月底至 2 月底。目前多数采用种绳结合机械播种。采用专用机器制作种子种绳，纸带必须使用专用纸，遇水即化，不影响胡萝卜种子发芽和胚根伸长。根据品种特点和种子质量，在单位距离内包入 1～4 粒种子，株距一般在 6～10cm。这种播种方式可以保证种植整齐成行，利于间苗定棵，减少种子使用和人工间苗工作量，提高肉质根商品率，但抗风险能力弱，特别是单粒播种容易造成断行、断垄现象。因此，对种子质量要求高，发芽率最好达到 85%以上，半丸粒化和丸粒化的种子更好。

（4）田间管理　播种后必须浇灌一次水，特别是采用种绳播种方式。冬春胡萝卜出苗时间与天气温度密切相关，一般需要 3 周左右，如果遇到较长时间低温，出苗时间则更长。幼苗出齐后，要及时撤地膜，防止高温烤苗，或者在地膜上划孔，可以延迟撤离地膜。一般在 3 或 4 片叶时定棵。在 6 或 7 片真叶期可以追施一次复合肥，每亩 10～15kg。由于胡萝卜属于喜光作物，特别是肉质根膨大期，大多数棚膜在 4 月底至 5 月上旬撤离。

（5）适时采收　大棚胡萝卜采收期一般在 5 月下旬开始，而中小棚则从 6 月中下旬至 7 月。收获的肉质根需要及时清洗、预冷、包装上市，否则容易腐烂。

（6）杂草防治　杂草防治是胡萝卜生产关键问题之一。如果田间杂草严重，不仅费工费钱，而且会影响胡萝卜生长和肉质根成品率。目前杂草防治主要采用除草剂和人工除草相结合。除草剂的挑选和使用，要相当慎重，如果选用不当会严重影响胡萝卜的生长。胡萝卜除草剂主要在出苗前使用，直接喷施在潮湿的土壤表面，已登记的胡萝卜专用除草剂为施田补，也称为二甲戊灵，另外还有 48%地乐胺（仲丁灵）乳油 200ml/亩、48%氟乐灵乳油 120ml/亩（施药后浅混土）。出苗后如果杂草严重，也可选用除草剂，如 10.8%高效盖草能乳油（右旋吡氟乙草灵）30ml/亩、5%精禾草克（精喹禾灵）乳油 30ml/亩，一般在杂草 3～5 叶期使用，可有效除去禾本科杂草。上述除草剂对后茬作物安全。

2. 春季露地茬口

（1）品种选用　这些地区无霜期短，气候干旱，一般只种植一季作物。为了提早上市时间，这些地区在霜冻一过即开始播种，胡萝卜早期处于低温时期，生长后期处于较高温度。因此，品种要求冬性强、不易先期抽薹，肉质根能在高温条件下收尾，并且耐高温、高湿、抗病性强等。

（2）整地施肥　土地选择标准要求深厚、肥沃、排水良好的土壤或砂壤土。耕翻一般在土地解冻后即开始进行，在耕翻前先漫灌一次水，深度在 20～25cm。耕翻时结合施足基肥，每亩施充分腐熟的农家肥 3000～5000kg，或者 40kg 左右复合肥。耕耙整平土地后作畦，以高平畦和高垄为主。

（3）适时播种　一般在霜冻结束后就开始播种，山东 2 月底进行，河北围场 3 月底至 4 月上旬进行，内蒙古、山西在 5 月进行，黑龙江在 6 月初进行。目前大多数采用种绳和机械相结合。

（4）田间管理　北方早春气温相对较低，需要铺设地膜或薄无纺布，可以保湿、保温、保苗。发芽时间一般需要 2 周，如果遇到较长时间低温，出苗时间要延长。到幼苗出齐后，及时在地膜上划孔，防止幼苗高温灼伤。可在 3 或 4 片真叶期进行一次间苗，一般株距在 5～10cm。在胡萝卜膨大期，北方气温相对较高，一些地区还有较大雨量，需要及时撤走地膜，否则极易发生黑斑病、黑腐病及水烂。

（5）适时采收　河北围场、内蒙古赤峰等地区从 7 月上中旬开始采收胡萝卜，逐渐北移，收获期逐渐后延，一般在霜冻之前收获完毕。收获的肉质根需要及时清洗、预冷、包装上市，否则容易腐烂。

3. 夏秋露地茬口

（1）品种选用　夏秋露地栽培是传统种植方式，对品种选用范围广，以种植常规品种为主，包括一些地方品种，如陕西、甘肃、青海普遍种植红色类型胡萝卜。一些规模化种植基地对于品种选用相对较高，要求长圆柱形，根尖钝圆，表皮、韧皮部和木质部均为橘红色，表皮光滑，抗性强，高产等，如山东潍坊、安徽萧县、河南通许等，。

（2）整地施肥　夏秋露地栽培涉及地区范围广，种植水平参差不齐，土地差异很大。相对而言，深厚、肥沃、排水良好的土壤或砂壤土是首选。在播种前需要耕翻，深度在 20～25cm。耕翻时结合施足基肥，每亩施充分腐熟的农家肥 3000～5000kg，或者 40kg 左右复合肥。耕耙整平土地后作畦，以高平畦和高垄为主。

（3）适时播种　播种时间一般在 7 月上中旬，对于华北南部、华中、华东等地区不宜过迟，农谚有“七大，八小，九丁丁”，一般在 8 月上旬之前。而在广东、广西可以在 8 月中下旬进行。规模化种植基地主要采用机械播种，而且起垄、播种、镇压一体。

（4）田间管理　这些地区气温相对较高，经常有暴雨。早期土壤需要保湿，否则容易造成高温烤苗，同时又要防止暴雨拍打。一般胡萝卜用种都是超量的，普通胡萝卜每亩用种量在 300～500g，杂交品种每亩用种量在 200～300g，发芽时间一般为 5～10d。按照胡萝卜千粒重 2g 计算，每亩出苗数可以达到 12 万～20 万株，而实际最终每亩定棵数在 2.5 万～3 万株。因此早间苗是胡萝卜高产、高商品率的关键。生产实践中，胡萝卜经常会成簇生长，由于间苗过迟，或者留苗过密，会造成幼苗间相互竞争营养，生长缓慢、弱小，而且晚间苗也会影响肉质根的成品率。在幼苗长出 2 或 3 片真叶时，可结合中耕除草进行一次见苗，6 或 7 片真叶期定棵，株距一般在 5～10cm。

及时浇灌除了保证齐苗，也是胡萝卜正常生长必需的。如果土壤干旱，已造成土壤板结硬化，不利于肉质根的膨大，如果后期遭遇大雨或者大水漫灌，则容易引起肉质根的开裂。目前我国规模化种植基地基本采用滴管方式，节水又省力。

追肥可以弥补基肥不足、叶营养生长期偏弱等问题。不同地区因土壤肥力差异，追施的肥料数量和次数不同。胡萝卜不同时期对肥料的要求有所不同，地上部旺盛生长期对氮肥的需求多，施用适量的速效氮肥促进地上部生长，但也要防止氮肥过多引起地上部徒长；肉质根膨大期是产品器官的形成时期，肥水需求量大，追施磷钾为主的复合肥有利于肉质根的膨大，增产效果十分显著；生殖生长期，以磷钾肥为主，防止使用过多氮肥，造成徒长，使花期延后。

（5）适时采收　夏秋胡萝卜采收时间从 10 月下旬开始，一直持续到 1 月。如果霜冻之前未收获，可以覆盖地膜，适当延迟采收，一般要求在最低气温达到－3～－2℃之前收获完，否则土壤容易上冻。

4. 越冬露地茬口

（1）品种选用　这些地区高温多，低温少，可以满足不同生长周期品种生长。品种生长期可早可晚，圆柱形，根尖钝圆，表皮光滑，表皮、韧皮部和木质部颜色均为橘色或者橘红色，高产，成品率高，要求耐高温、耐裂、抗病。

（2）整地施肥　这些地区土质主要为砂壤性，不同地区的土层厚度差异较大。耕翻时每亩施充分腐熟的农家肥 4000～5000kg。耕耙整平土地后作畦，以高平畦为主。

（3）适时播种　播种时间从 8 月中下旬开始，一直延续到 11 月上旬。主要采用简易机械播种。一般 1m 宽的畦种植 4 行，株距 6cm。覆土后，镇压。

（4）田间管理　这些地区气温相对较高，干旱。发芽时间一般需要 10～14d。由于主要采用点播方式，不需要间苗。但及时浇灌是保证齐苗的关键，主要采用柱式微喷、地插式微喷、喷水带。砂壤土保肥能力相对较弱，必须及时追肥。

（5）适时收获　该地区从翌年 1 月即开采收胡萝卜，一直持续到 5 月。后期收获的胡萝卜处于高温时期，需要及时清洗、包装、预冷，储藏冷库当中。

四、采后处理

国内胡萝卜主要以初级产品进入市场销售，采后处理技术比较粗放，主要有整理清洗、产品分级、预冷处理、贮藏保鲜、包装和运输等环节。

1. 整理清洗　胡萝卜田间采收后，应随即剪除叶片和去除肉质根表面的须根，再用水清洗，去除表面的泥土或污物，然后将胡萝卜在通风的架子上晾干。

2. 产品分级　根据胡萝卜的大小、根形、色泽等商品特性对产品进行分级包装和销售，可以提高产品档次。而且不同国家产品出口要求不同。

3. 预冷处理　收获时气温较高，收获后必须对产品进行预冷，特别是春播夏收的胡萝卜产品，可迅速降低产品温度和代谢水平，防止腐败，较长时间维持胡萝卜产品品质，延长货架期。预冷温度一般是 0℃处理 24～48h。

4. 贮藏保鲜　基本可分为简易贮藏和冷库贮藏。简易贮藏有窖内堆藏、沟内埋藏、田间埋藏等，操作简便，不需要清洗，成本低，贮藏时间一般为 1～2 个月，甚至更长。冷库贮藏温度为 1～4℃，适宜的空气相对湿度为 90%～95%，贮藏时间较长，成本高，适合于反季节采收的或者用于出口的胡萝卜。

5. 包装　运输前包装为胡萝卜产品运输提供保护与操作的便利。一般采用塑料保鲜袋、泡沫箱等包装材料。

6. 运输　胡萝卜肉质根在运输过程中尽量不发生机械伤害，以防病害的侵入。除冬季外，胡萝卜产品的运输应通过冷链运输系统来进行，借助电机和气体压缩机制冷空气，使胡萝卜产品处于较低的温度，保证产品品质；短途运输，可在厢体内预置冷气，运输过程中不再需要任何制冷设备。

第四节 根用芥菜

根用芥菜，又叫大头菜、辣疙瘩、芥菜疙瘩等，英文名 rutabaga，拉丁名为 *Brassica juncea* var. *megarrhiza* Tsen et Lee（var. *napiformis* Pai. et Bois.），为十字花科芸薹属一二年生草本，是芥菜一个变种，也是我国的著名特产加工蔬菜之一，南北各地均有栽培。在根用芥菜中，主要产品为肉质根，具有强烈的芥辣味并伴有微苦，不宜鲜食，可腌可酱，质脆味香，增进食欲，耐贮运，可出口，如畅销国内外的云南大头菜、四川大头菜、江苏常州和山东济南等地的五香大头菜与玫瑰香大头菜等。

一、生物学特性

1. 植物学性状 根用芥菜为直根系，根较深，根群主要分布在 30cm 土层内。肉质根有圆锥形、圆柱形和扁圆柱形等类型，长 10～20cm，横径 7～11cm，上粗下细。根头部约占肉质根全长的 1/3，根头部有叶痕，在土中的部分为灰白色，上生两列侧根；根颈部既不生根，又不生叶，常埋在土里，色白；真根部上侧根 2 行。肉质根的皮厚而硬，肉白色，肉质硬，水分少，有强烈的芥辣味，并稍有苦味。整个生育期约 120d。

叶片着生于短缩茎上，在营养生长前期，中央叶丛较发达，到后期各小叶丛也迅速发展，使整个根头部簇生着大小叶丛。叶色深绿，也有红色或绿色间红色的品种，叶形一般分为板叶与花叶两类，长倒卵圆形或椭圆形，叶缘有大小不等的锯齿，或有深缺刻。叶的产量与根的产量接近，从地上部的叶片数量就可推测地下部分肉质根的产量。

营养生长期只有短缩茎，通过阶段发育后，短缩茎主芽抽生花茎，在叶腋抽生侧枝；花茎高 1.2～1.5m，完全花，黄色，花期长；长角果，成熟后易开裂；种子圆球形，红褐色，千粒重 2～3g。

2. 对环境条件的要求

（1）温度 根用芥菜适应性较强，但不同的生育期对温度有不同的要求。自播种至肉质根开始膨大为生长前期，约 60d，要求月平均气温 20～25℃，以形成繁茂的同化器官；肉质根膨大到收获期，要求月平均气温 10～12℃和较大的昼夜温差，以利于光合产物积累与肉质根膨大。

根用芥菜的萌动种子、生长的植株或贮藏期间的肉质根，都能在 1～15℃完成春化。因此，无论春播还是秋播的根用芥菜，于播种的当年都有可能完成阶段发育。

（2）光照 根用芥菜要求充足光照。如果光照不足或营养面积过小，植株得不到充足的阳光，难以产生大量同化产物，就会影响肉质根的膨大，降低产量与品质。

（3）水分、土壤与矿质营养 根用芥菜根系较发达，对水分的要求较低。但前期要求较高的土壤湿度和空气湿度，后期需要较低的空气温度，但仍需保持一定的土壤湿度，特别到肉质根迅速膨大时，适量灌溉更为重要。富含有机质、土层深厚的黏壤土有利于肉质根膨大。土壤以 pH 6～7 为宜。对肥料的要求氮肥最多，钾肥次之，磷肥最少；肉质根膨大期，对磷、钾肥的吸收量特别是钾肥的吸收量较大。

二、品种类型

我国栽培根用芥菜很普遍，地方品种很多，依肉质根的形态可分为圆锥和圆柱两个类型。

1. 圆锥类型　肉质根圆锥形，根长 10～20cm，横径 7～11cm，有板叶、花叶两种。主要地方品种有山东济南‘疙瘩菜’、浙江慈溪‘板叶大头菜’、云南昆明‘油菜叶大头菜’‘萝卜叶大头菜’、湖北襄樊‘狮子头大头菜’、贵州‘鸡啄叶大头菜’、四川内江‘缺叶大头菜’等。

2. 圆柱类型　肉质根圆柱形，根长 14～20cm，横径 7～8cm。主要品种有湖北来凤‘大花叶大头菜’、四川成都‘大头菜’、四川内江‘红缨子大头菜’‘马尾丝大头菜’等。

三、栽培技术

1. 播种育苗　大头菜可直播也可育苗移栽，直播的肉质根歧根少，形状整齐，产量也较高。但为管理方便与充分利用土地，多育苗移栽。品种宜选择抗逆强、耐高温、抗霜冻、优质高产新品种。播种期随各地气候不同而异，播种过早易发生先期抽薹，病毒病较重，过迟生长不充分或受冻害而影响产量。四川、云南等地 7 月上中旬播种，10 月上中旬收获；长江以南地区多在 8 月下旬到 9 月上旬播种，淮北地区多在 7 月下旬到 8 月上旬播种育苗，华南地区在 9～10 月播种。育苗时，选择肥沃、湿润、通风良好的地方，基肥每亩施腐熟有机肥 1500kg 左右，深耕 20～25cm，晒垡后将土块打细耙平，常采用小高垄栽培，以利于通风透光及排水防涝，防止软腐病发生。播前浇足底水，播后覆土，上盖少量秸秆防晒。3d 左右出苗，及时揭去覆盖物；10～15d 左右匀苗 1 次，间去过密苗及劣苗，播种后 30d 左右苗高 20～28cm、5 或 6 片真叶时即可定植。注意防治蚜虫危害。

2. 整地定植　前茬以豆类、瓜类、马铃薯、麦茬地为宜。前茬作物要腾茬早，以便有较充足的时间进行整地耕翻，同时要避免十字花科作物作前茬。前茬作物收获后及时清洁田园，深耕 25～30cm，结合耕地每亩施腐熟有机肥 1500～2500kg 作为基肥，三元复合肥 30～50kg。耕耙后，南方地区多采用高畦栽培；开穴栽植，而后稍压浇水，定植时应避免伤根，以减少歧根，定植密度为每亩栽苗 5000～6500 株。直播可条播或穴播，出苗后间苗 1 或 2 次，5 或 6 片叶期定苗。

3. 田间管理

（1）苗期管理　幼苗出土后生长迅速，要及时间苗。一般在第 1 片真叶展开时进行第 1 次间苗，苗距 3cm，防止拥挤徒长形成高脚苗；定苗应在 3 片真叶展开时进行，保留符合品种特征、根茎长短适中、大小一致的壮苗。苗期半月后以每亩定苗 6000 株左右。

（2）合理浇水　幼苗期常年降雨量基本可以满足水分需求，但气温高时也应在早晚浇水，水量不宜太大；生长中期应蹲苗为主，浇水不宜勤，坚持不旱不浇水，防止幼苗徒长；生长后期是肉质根迅速膨大期，要保持土壤水分，浇水以见干见湿为宜。

（3）追肥　基肥不足或地力较差的地块追肥是夺取高产的关键措施。追肥宜在封垄前结合培土进行，一般每亩追施三元复合肥 10～15kg，方法是分别撒于垄沟中间，然后全沟上土。注意不可掩埋大头菜根茎。

（4）中耕除草　为保持土壤疏松，增强土壤通氧量，保持水分，要适当进行中耕除草。封垄前进行 1 或 2 次为宜，结合中耕拔除杂草。

4. 采收　栽后 100～130d，植株基部叶片已枯黄，叶片卷缩，肉质根充分膨大后应及时采收；收获太迟，肉质根的纤维增多，肉质硬化，影响品质。将肉质根收起后，如作为加工用，可削去须根，摘除老叶，只留 7 或 8 片嫩叶；如作鲜菜用，可将根与叶分开处理。通常每亩产量为 2200～3000kg。

第五节 芜 菁

芜菁，英文名为 turnip，拉丁名为 *Brassica campestris* L. ssp. *rapifera* Metzg，别名蔓菁、诸葛菜、圆菜头、圆根、盘菜，东北人称卜留克，新疆人称恰玛古，芸薹属芸薹种芜菁亚种，能形成肉质根的二年生草本植物。肥大肉质根柔嫩、致密，供炒食、煮食。欧洲、亚洲和美洲均有栽培。

一、生物学特性

1. 植物学性状 芜菁是十字花科芸薹属二年生草本植物，高可达 100cm；根肉质白色或黄色，无辣味；茎直立，基生叶片大头羽裂或为复叶，顶裂片或小叶很大，边缘波状或浅裂，上面有少数散生刺毛，下面有白色尖锐刺毛；总状花序顶生；萼片长圆形，花瓣黄色，倒披针形，长角果线形，种子球形，浅黄棕色。

2. 对环境条件的要求

（1）温度 芜菁为耐寒或半耐寒蔬菜作物，在温和、冷凉气候条件下生长良好，能耐轻霜。种子萌发最适温度为 15～20℃。植株生长的适宜温度为 12～22℃，肉质根膨大生长的最适温度为 15～18℃，并要求有一定的昼夜温差。温度过高会影响肉质根的产量及质量；温度过低（<10℃）又会诱发植株未熟抽薹。

（2）光照 芜菁对光照强度要求较高，光补偿点为 72μmol/（m^2·s），光饱和点为 360μmol/（m^2·s）。抽薹开花需要长日照条件，相对而言，芜菁对长日照的要求比萝卜低，但欧洲类型及一些耐抽薹的亚洲品种对长日照的要求较高。

（3）水分 芜菁对土壤水分要求较高，干燥的土壤易使肉质根过分伸长，影响肉质根的形态。在肉质根膨大期，土壤水分宜维持在田间最大持水量的 70%左右。

（4）土壤 芜菁对土壤的适应性较广，但以砂壤土或壤土为宜。土壤适宜 pH 为 6～6.5。

（5）矿质营养 芜菁生长对氮肥需求量较大，同时也需较多的磷肥及钾肥，并对有机肥有良好的反应。一般每亩需施纯氮 12kg、纯磷 8.7kg、纯钾 10.7kg。在缺硼地区还需增施硼肥。

二、品种类型与栽培季节

芜菁耐寒性较强，轻霜后叶色发紫，肉质根能继续膨大，喜较强的光照，栽培季节主要取决于各地气候条件。芜菁的生长期长（120～140d），所以一般在 8 月中下旬播种，严霜后即收获。

芜菁依肉质根皮色不同，可分为白皮、淡黄皮、紫红皮等品种类型。肉质根的形状有圆形、扁圆形、圆锥形、圆柱形等。多数圆形品种生长期短、肉质根短小，圆柱形和圆锥形的肉质根较大，晚熟、生长期较长。目前栽培较多的优良品种有‘猪尾巴芜菁’‘菜籽芜菁’等。另外，在云南、河南、河北、福建、西藏等地也有很多优良品种，可粮菜兼用，以熟食为主。

三、栽培技术

1. 选地育苗 选择土层深厚、排灌方便、土壤肥沃的砂壤土地块为好。芜菁可直播也可育苗，一般以育苗为主。播种期在 8 月下旬至 9 月中间。育苗时，先精细做好苗床，每亩苗床播种 250～400g，可供 6670～10 000m^2 大田种植。播后用遮阳网覆盖，出苗后揭除。出苗后 10d 左右间苗一次，苗距 6～8cm。注意防治蚜虫和病毒病。需保持苗床土壤湿润，防止过干影响根的生长。

2. 整地移栽　前茬作物收获后中耕 30cm 左右，每亩施腐熟有机肥 2000～2500kg，三元复合肥 3～40kg 作基肥。畦宽 1.3～1.5m。苗龄 35d 左右，不宜过长。移栽时株行距 35cm 见方，每亩栽植 5000 株左右，栽植时注意使秧苗的直根直埋于穴中，先放入一些细土，将苗稍向上提，使根伸直，以免影响直根的伸长、膨大，然后稍压实，浇透水。如遇干旱，秧苗成活前要每天浇水一次。

3. 田间管理

（1）间苗除草　芜菁在幼苗期间应进行 1 或 2 次间苗和中耕除草。特别是在 3 或 4 片真叶期，结合行间浅耕除草、松土，促使幼苗生长。在 5 或 6 片真叶时定苗，并中耕除草一次。

（2）肥水管理　栽植后 10～15d，必要时追施提苗肥一次。10 月下旬至 11 月上旬，芜菁肉质根进入旺盛生长期，要追一次重肥，每亩用三元复合肥 10～20kg，施肥前先中耕松土，把肥施在行间；干旱天气施肥后浇一次水，促进肥料溶解，供根系吸收。生长期间清沟培土 1 或 2 次，以免根部外露变绿，纤维增多，影响品质。

4. 采收　植株茎叶枯黄，根头部由绿转黄色，叶腋间发生小叶卷缩变黄时采收。一般是选择晴天，挖出肉质根，削顶去叶；晾干外部水分，去掉附土，入窖贮藏。霜后芜菁品质提高，但过迟采收，肉质根纤维发达，品质下降。

第六节　牛　　蒡

牛蒡，英文名为 edible burdock，拉丁名为 *Arctium lappa* L.，是近年发展较快的重要出口创汇蔬菜之一。原产于亚洲、北欧。肉质根用于煮食或腌渍，种子药用，具有疏散风热、消肿解毒的功效；牛蒡根富含菊糖，适于糖尿病患者食用，风味独特，具有较高的营养与保健价值。

牛蒡的肉质根较长，整地和采收用工量较大，我国引种牛蒡进行大面积栽培始于 20 世纪 80 年代，目前牛蒡产品国内市场销量日益增加，外销产品主要出口到日本、韩国、美国等。

一、生物学特性

1. 植物学性状　牛蒡叶片宽大，互生，淡绿色，根出叶，呈心形，叶缘锯齿状，叶面粗糙，叶背面密生白色茸毛；叶柄较长，有纵沟；根为肉质直根，圆柱形，根长因品种而异，一般为 60～100cm，直径 3～4cm，外皮粗糙，暗黑色至黄色，肉质灰白色，暴露在空气中会转为褐色。牛蒡一般在 5～6 月抽薹，花薹高约 1.5m，头状花序，花冠筒状，淡紫色或白色。种子长纺锤形，为植物学意义上果实，有棘刺，暗灰色，千粒重 11～14g，有休眠特性，发芽年限为 3～5 年。

2. 对环境条件的要求

（1）温度　牛蒡喜温暖湿润，耐热耐寒，种子发芽适温为 25～30℃，植株生长适宜温度为 20～25℃。绿体春化型，肉质根直径 0.3cm 以上即可感受低温。秋季播种越冬，第二年春天多数植株可开花。

（2）光照　牛蒡为长日照植物，要求较强光照，强光及长日照有利于植株生长和肉质直根形成。种子喜光，光照可打破种子休眠。

（3）水分　牛蒡是需水较多的作物，从种子萌芽到幼苗生长，要求较高的土壤湿度。生长中后期也需要较多的水分，但雨季注意排水。

（4）土壤　牛蒡为深根型作物，对土壤要求比较严格，宜在土层深厚肥沃、质地疏松、排水良好的砂壤土栽培，土壤适宜 pH 6.5～7.5，在砂壤土中生长的牛蒡直根外型光滑，商品性好；

在壤土或较黏重的土壤中种植，则直根较短，容易产生叉根，商品性较差。

（5）*矿质营养*　牛蒡需肥较多，每生产1500～2000kg需氮素13.3～16.7kg、P_2O_5 26.7kg、K_2O 13.3kg。肉质根形成期，对钾肥需求量大。

二、品种类型与栽培季节

我国目前常用的品种主要有长根与短根类型，以长根类型最常见。由于牛蒡既耐热又耐寒，生产上一般进行露地栽培，主要品种有‘柳川理想’‘博根’‘大浦’‘泷野川’‘渡边早生’‘札幌牛蒡’等。

牛蒡最主要的栽培方式是春播秋收。一般3～4月中旬播种，7月下旬开始收获，可陆续收获到冬季。单根产量高，但分叉较多。

夏播冬前收获类型于7月上旬播种，11月上旬收获完毕。单根产量低，但根形好，收获期集中，适宜冬季贮藏供应。

秋播越冬栽培类型于第一年9～11月初播种，黄淮地区简易小拱棚越冬，第二年4月上旬陆续收获。要求品种耐抽薹，否则收获过迟，可能会因大量抽薹而影响肉质根的产量和品质。

三、栽培技术

1．整地施肥　选择土层深厚、肥沃疏松、排水良好的砂壤土地块。冬前进行深翻晒垡，开沟深70～80cm、宽60cm，两沟间距60cm，拣出石头、瓦砾等坚硬杂物；开沟后结合填土，上下分层施肥，每亩施用腐熟的有机肥2000～3000kg、三元复合肥25～40kg，使肥料与沟土混合均匀，将沟填平；播种前3d灌大水，使沟土下沉，在墒情适宜时顺沟起垄，垄顶宽70cm、高20cm，在垄上按40cm行距播种2行。也可用开沟机按60cm行距，开宽20cm、深30cm的沟或打孔机开直径3cm、深80cm的孔（孔中心距离25～27cm）。在沟或孔内填土、肥、药后，做成顶宽30cm、高20cm的小垄，在垄上播种。

2．种子处理　播种前2～3d，温汤浸种后，再用清水浸泡12～20h，反复淘洗后放在25℃条件下催芽，芽以刚露白为宜，否则播种时易伤生长点，造成叉根。可结合种子处理进行种子消毒，取出后再进行浸种催芽。每亩用种量为0.2～0.5kg。牛蒡宜直播大田，不进行育苗移栽。可以条播、撒播或穴播。条播时，在垄上开浅沟，沟深3cm，开沟后浇水，水渗下后，按20～25cm株距播种，覆土3cm，注意保墒。3月上中旬播种需10～15d出苗，4月初播种7d左右即可出苗。

3．田间管理

（1）*及时间苗、定苗*　于1或2片真叶时进行间苗，按24～30cm的株距留苗，除去劣苗及过旺苗等，在幼苗4或5片叶时定苗，每亩留苗3500～4500株。

（2）*中耕、除草和培土*　幼苗生长缓慢，苗期杂草较多，应及时中耕除草。从出苗至封行前，应中耕2次，前期中耕除了消灭杂草外，还可松土、提高地温，促进根系发育和幼苗生长。封行前最后一次中耕应向根部培土，以利于直根生长和膨大。

（3）*浇水*　根据土壤墒情和天气情况适当浇水。3或4片真叶后，蹲苗控水。蹲苗后，植株进入旺盛生长期，叶面积大，地上部生长繁茂，肉质根迅速膨大，需水量大，要进行灌溉，经常保持土壤湿润。暴雨后要及时排除积水。

（4）*追肥*　牛蒡生长期长，生长量大，需肥量也较大。除施足基肥以外，整个生育期根据长势追肥1或2次，第1次在植株生长旺盛时期结合浇水，在垄沟中每亩撒施尿素10～15kg，促进根系和叶片生长；第2次在肉质根开始膨大后，每亩施三元复合肥15kg左右，以促进肉质根迅速生长。

4. 采收 牛蒡在不糠心的前提下，延长生育期可增加产量和一级品率，待肉质根粗 3～4cm 时即可采收。采收时先用镰刀割除叶片，留 10～15cm 长的叶柄，然后在行间开沟灌水，用手小心地将根轻轻拔起，保持肉质根完整。去掉黏土，再用水洗净，进行分级；选择肉质直根长短一致、大小均匀、无伤口及病虫害者，扎成捆后即可出售。

扩展 11-3

第七节 甜 菜

甜菜，英文名为 beet，拉丁名为 *Beta vulgaris* L.，是藜科甜菜属二年生草本植物。甜菜原产于欧洲、北非和西亚，在我国普遍栽培，以东北及内蒙古栽培较多。

一、生物学特性

1. 植物学性状 甜菜为二年生草本，高 60～120cm。根肉质、肥厚，圆锥形或纺锤形，外皮紫红或黄白色；茎直立，有沟纹，光亮；叶长圆形或近三角形，浓绿或赤红色，叶柄与叶脉紫红色；穗状花序，花白色；果实相互连生成球形；种子小，肾形，褐色。

2. 对环境条件的要求

（1）温度 甜菜性喜温暖，发芽最适温度为 20～25℃。较耐寒，也较耐热。生长适温为 12～26℃。苗期耐霜冻。通过春化阶段的适温为 2～6℃，30～60d 完成。通过春化阶段后，在 20～25℃的适温和长日照条件下抽薹、开花、结籽。

（2）光照 甜菜是长日照作物，通过春化阶段的植株需要日照 12h、30d 以上才能开花结实。种子喜光，光照可打破种子休眠。

（3）水分 甜菜肉质根膨大期需要较多的水分供应，应保持土壤湿润。东北、华北春播产区，处于雨季，土壤水分一般能满足甜菜生长需要，但要注意排水、防涝。

（4）土壤 甜菜适于富含有机质、疏松、湿润、排水良好的壤土、砂壤土栽培。适宜土壤 pH 6.5～7，不适于酸性土壤，微碱性土壤仍可生长发育。

二、品种类型与栽培季节

1. 按用途划分 甜菜根据其用途，通常分为三大类，即食用甜菜、叶用甜菜、饲料甜菜。

（1）食用甜菜 俗称红甜菜。根和叶为紫红色，因此也称火焰菜。肉质根可食用，类似萝卜，生吃略甜，可作为配菜点缀在凉拌菜中，或作为雕刻菜的原料，颜色非常鲜艳；也可做汤类菜。

（2）叶用甜菜 俗称君达菜，其叶片肥厚、叶柄粗长、抗寒能力强，而且耐酷暑，既可不断播种采食幼株，也可栽植一次连续采食叶片，供应时间长。在我国栽培的品种类型有‘绿甜菜’‘红甜菜’‘牛皮菜’等。我国叶用甜菜现可分为 5 种类型：白色叶用甜菜、绿色叶用甜菜、四季叶用甜菜、卷叶叶用甜菜和红色叶用甜菜。

（3）饲料甜菜 饲料甜菜是专门作为牛、猪的饲料作物，产量较高，可达到 60～80t/hm^2。饲料甜菜直根多为圆柱形，2/3 以上在地上部。叶片数较少。根光滑，收获时带土少。

2. 按播种期划分 甜菜适应性很强，既耐寒又耐热，因而播种期不严格，一般可行春播和秋播。

（1）春播类型 华北地区，春播宜早，在 3 月中下旬，当 10cm 深处地温稳定在 8℃以上时就可露地直播，5 月下旬收获。

（2）秋播类型　华北地区及长江流域可行秋播，一般在7～8月播种，10月下旬至11月上旬收获。在高纬度地区，一般是春末播种，初秋收获，一年一茬。

三、栽培技术

1. 选地整地　选择土质肥沃、地势平整、排水良好地块，不宜选低洼易涝、坡度高、容易干旱，以及根腐病和地下害虫严重的地块，浅翻深松，伏秋整地连续作业，及时镇压，防止跑墒。翻地深度25cm，深松35cm，达到土层松软、无夹干层和大土块等要求。

2. 种子处理　定植前7～10d，逐渐加大通风量，降低苗床温度，并逐渐完全撤除保护覆盖物，使秧苗处在露地环境中，适应外界环境条件，提高定植后的成活率。播种时，可先浸种2h后再播种，也可干种播种。苗床浇大水，待水渗下后撒种，或按6～7cm行距条播，株距2～3cm。播后上覆1～1.5cm的细土。最后覆盖塑料薄膜，夜间加盖草苫子。苗床内保持温度为15～20℃。此期外界温度渐渐升高，苗床注意通风，防止高温秧苗徒长。苗床少浇水，保持土壤见干见湿，1或2片真叶时间苗，保持5cm左右的株行距。

3. 田间管理　叶丛繁茂期结合定苗追施氮肥，每亩施氮8～10kg。有灌溉条件的于追肥后浇水，浇水后及时中耕松土。定苗后15～30d进行中耕松土，深度为15～18cm，以利于肉质根膨大。肉质根糖分增长期如土壤肥力不足，需要根外追肥，每亩叶面喷施0.1%～0.2%磷酸二氢钾溶液。

4. 采收　甜菜通常在达到理想大小时收获。进入菜市场销售，肉质根直径一般在3～6cm，一般种植后55～80d即可收获。

第八节　美洲防风

美洲防风，英文名为parsnip，拉丁名为*Pastinaca sativa* L.，别名芹菜萝卜、蒲芹萝卜，为伞形科欧防风属二年生草本。原产欧洲和西亚。古希腊时代已有栽培，以欧美国家种植较多。我国已有近百年的栽培历史。美洲防风的食用部分是其肥大的肉质根，嫩叶也可食，或作饲料。

一、生物学特性

1. 植物学性状　美洲防风为二年生草本。株高1.1～1.6m，光滑无毛；肉质根以圆锥形为主，棕黄色；茎圆形，有粗纵纹，基部不分枝，上部呈叉状分枝；叶片长圆或卵形，长20～30cm；复伞形花序，花序梗粗大，长4～10cm，小伞形花序直径为1cm左右，20余朵花，花柄长0.5～1cm；分生果卵圆形。花果期为6～8月。

2. 对环境条件的要求　美洲防风喜冷凉气候，耐寒、耐热，较耐旱、不耐湿。肉质根在田间能安全越冬；气温在0℃以下时，地上部虽冻死，但第二年早春根部又能萌芽生长。生育期适温为20～25℃。种子发芽适温为15～20℃。土壤水分过多会引起根部腐烂。适宜土层深厚、排水方便、有机质丰富的砂壤土。土壤pH 5～8适合防风生长。

二、品种类型与栽培季节

美洲防风性喜冷凉气候，耐寒能力较强，也能耐高温。春、秋两季均可播种。长江流域春播时间为2月下旬至3月下旬；秋播时间为8月下旬至9月上旬。栽培品种主要有‘长根防风’‘凹形皇冠’‘圆根防风’等。

三、栽培技术

1. 选地整地 前茬可选择春白菜、菠菜、水萝卜等地块栽培。前茬收获后，每亩施用腐熟的有机肥2000～2500kg、三元复合肥40～60kg，均匀撒施地面；深耕30cm以上，精细耙平，做成连沟宽150cm高畦。

2. 播种 生产上多采用田间直播、撒播或条播。条播时按20cm的行距开沟，播后覆土1.5～2.5cm。春播的需8～12d出苗。

3. 田间管理

（1）间苗定苗 在3或4片真叶展开时，应进行间苗定苗，留苗距离为15～20cm。

（2）中耕除草 出苗后至封行前，一般中耕1或2次。结合间苗可进行中耕，深度宜浅，以疏松表土，提高地温，促进根系下扎，并消灭田间杂草。当苗高20cm左右，再进行中耕，同时向根部培土，以促进肉质根生长，并可防止雨季发生倒伏。

（3）肥水管理 在施足基肥的基础上，生长期间可根据植株长势酌情追肥。一般在间苗定苗后，每亩追施三元复合肥15～20kg，沟施于行间。美洲防风较耐干旱，但从播种至整个生长期都需要适宜的水分，若地面过湿，容易烂根。因此，进入雨季后要注意排除积水。

扩展 11-4

4. 采收 春播防风于6月下旬开始采收，可陆续采收至翌年3月下旬。早收的产量较低，每亩产量仅有500kg左右，风味较淡，质地柔软，不耐贮藏；8～10月收获的可达75～1000kg，味甜、质好；次年3月收获的可达1500kg左右，但肉质根纤维多或发硬。秋播翌年收的每亩产量在1000kg左右。采收宜在露水干后进行，因叶片内含有的呋喃香豆素会引起皮肤过敏。防风挖起后，从颈部切去叶片，放在凉爽通风处，可贮藏1个月左右。若在0～2℃冷库内，可贮藏3～4个月。

第九节 辣 根

辣根，英文名为horseradish，又名西洋山葵菜、山葵萝卜、马萝卜，拉丁名为*Armoracia rusticana*（Lam.）Gaertn.，属十字花科辣根属多年生宿根草本植物，以肉质根食用，其根具有强烈特殊的辛辣味，可加工用作香辛料。我国自古将其入药，有利尿、兴奋神经的功效。长期以来深受人们的喜爱，市场需求量日益增长，具有较大的发展潜力。

一、生物学特征

1. 植物学性状 辣根为多年生草本，植株直立高约1m，光滑无毛；根肉质肥大，纺锤形，白色，下部分枝；茎粗壮，表面有纵沟，多分枝。基生叶长圆或长圆卵形，长15～35cm，宽7.5～15cm，边缘具圆齿，顶端短尖或渐尖，基部心形或楔形而稍下延，叶片背面羽状网脉突起，叶柄半圆形，长达30cm；茎生叶无柄或有短柄，下部叶长圆形至长圆状披针形，边缘通常羽状浅裂，中部叶广披针形，上部叶渐小，披针形至条形，边缘具不整齐锯齿或圆齿或全缘。花序排列成圆锥状；花多数，花梗纤细，长4～5mm；萼片直立，稍开展，花瓣白色，倒卵形，顶端钝圆或带波状，脉纹明显，基部渐狭呈爪；雄蕊不等长，花丝细扁，子房卵圆形，花柱短。果实为短角果，卵圆至椭圆形，长3～5mm，宽约1.5mm，有宿存短花柱及扁压状柱头；隔膜纺锤形，白色膜质，内有种子2行，每行4～6粒。种子细小，扁圆形，膜质，淡褐色。花期4～5月，果期5～6月。

2. 对环境条件的要求

（1）光照　辣根适应能力强，性喜冷凉气候，适宜半荫地栽培。

（2）温度　辣根性喜冷凉，耐寒、忌湿，能耐−40℃低温，冬季可在大田中安全越冬。春季气温12～13℃、地温4～6℃时开始生根发芽，自然越冬辣根在3月下旬开始出苗，人工栽培的辣根在4月上中旬开始出苗。4～5月抽薹开花，薹高60～70cm，小花白色，夏季温度高、湿度大，地上部生长旺盛，根部发育缓慢；秋季气温降至20℃时，根部膨大加快，这段时期是重要的产量形成期，霜降后地上部叶片枯死，停止生长。

（3）土壤　对土壤适应性很强，较耐旱，怕水涝，一般土壤均可栽培，尤其以富含有机质、保水能力强的壤土及黏壤土为好，pH以5.5～6.5为宜。一年生辣根入土深度可达1～2m，多数根分布在5～35cm的土层中。忌连作。

二、栽培技术

辣根用根切段进行繁殖。辣根春、秋都可种植，但以春季种植为主。

1. 种根准备　上茬辣根收获时，选择生长健壮、无病虫害、长度约15cm、直径1～1.5cm的侧根，切取10～15cm长作种根。切根时，注意顶部平切，下部斜切，这样定植时容易分清上下，以防倒栽。每亩需种根50kg左右。种根选好后，用细沙堆藏。先在地面用细沙铺1层宽1.5m、厚30cm的底盘，然后放1层种根，覆1层细沙；种根厚5cm，细沙厚10cm，最高可堆至80cm，最后用30cm厚细沙封顶。翌年春季挖出栽种。

2. 整地栽种　宜选择排水良好、肥沃疏松的田块。每亩施腐熟有机肥1500～2000kg，并加施三元复合肥30～40kg，深耕30cm，作高畦，畦宽1.5m，也可采用小高畦栽培。春栽2月上旬至3月上旬栽种，不晚于4月上旬；秋栽在寒露至结冻前栽种。栽种辣根一般以斜栽为主，栽前在垄上划南北向浅沟，在栽沟中按株距35cm用木杆打洞，洞径与种根直径大致相等，深度为18～20cm，与种根长度大致相当；打洞应由北向南倾斜插入，与畦面呈30°～45°；将种根插入洞中，使根头部向上，切勿倒置与弯曲，以免影响根部生长。覆土3～5cm，压实，每亩栽植3000株左右。也可以用辣根的地上部侧枝进行无性繁殖。一般先在苗床上扦插成活后再定植于大田。定植后如发现缺苗，应及时补苗。

3. 田间管理　条件适宜情况下，4月下旬即可发芽出苗，40d左右齐苗，出苗后及时查苗补苗，待苗高10～15cm时间苗，去弱留强，每株留3或4个新苗，并且除草、中耕。

进入6月后，辣根地上部分快速生长，必要时可进行追肥，封行以后一般不追肥。进入根部膨大期，每10～15d可追施叶面肥1次，一般追施0.4%～0.6%尿素和0.2%～0.3%磷酸二氢钾水溶液。中耕除草要结合培土进行，以防辣根倒伏。多雨季节要注意排水降湿。

4. 采收　春季繁殖的辣根，在10月就可收获，但产量不高，每亩仅收500～750kg，如在翌年3月底收获，每亩可收1000～1250kg；辣根种植20个月后的产量最高，每亩可收2000kg左右。但辣根留在田中经过两年不采收，则根易空心，品质下降。

第十二章 白菜甘蓝类

第一节 概　　述

白菜甘蓝类蔬菜属于十字花科（Brassicaceae）芸薹属（*Brassica*）。芸薹属植物种类繁多，变异广泛。禹长春等通过对芸薹属植物的种间杂交及其杂种细胞学研究，提出了芸薹属6种的关系，有三个基本的二倍体芸薹种，即芸薹（*B. rapa*）（AA，$n=10$）、甘蓝（*B. oleracea*）（CC，$n=9$）、黑芥（*B. nigra*）（BB，$n=8$），以及三个基本种相互杂交形成三个复合种，即甘蓝型油菜 *B. napus*（AACC，$n=19$）、芥菜 *B. juncea*（AABB，$n=18$）、埃塞俄比亚芥 *B. carinata*（BBCC，$n=17$）。这些种间的亲缘关系用三角形表示，就是著名的禹氏三角。

本章介绍的蔬菜主要包括芸薹种中的大白菜亚种（ssp. *pekinensis*）和白菜亚种（ssp. *chinensis*），以及甘蓝种和芥菜种，它们又包含一系列变异丰富的变种，详见第二章。

白菜甘蓝类蔬菜种类多，食用器官多样，变异类型丰富，不同的种类和类型都有其栽培上的特殊需求。例如，白菜类和芥菜类为种子春化型蔬菜，而甘蓝为绿体春化型蔬菜；与白菜类相比，甘蓝类蔬菜叶片有蜡质，抗性相对较强等。但因为这类蔬菜同属芸薹属，因此在栽培上的一些共性，可概括如下。

1）均为二年生喜冷凉蔬菜，低温通过春化，长日照条件下开花。

2）忌连作，肥茬（番茄、西瓜、黄瓜、芸豆、蚕豆、豇豆等）和辣茬（韭、葱、蒜等）适宜作为前茬。

3）在品种选择上，冬春季需选用耐低温、耐抽薹的品种；夏季需选用耐热、耐湿的品种；秋季是最适合白菜类蔬菜种植的季节，品种选择范围较大，适宜种植的品种也较多，一般更重视高产和商品性高的品种。

4）在中耕除草方面，白菜类蔬菜在前期生长量较小时，一般杂草危害很重，中耕除草必不可少。白菜类蔬菜对除草剂比较敏感，选用除草剂的种类和使用浓度需要谨慎。

5）在肥水管理上，白菜类蔬菜根系分布较浅，对肥水的要求较高，整个生育期不宜缺水。不可偏施氮肥，否则除产量和品质降低外，易发生“干烧心”“芝麻症”等生理病害。

6）在病虫害防治上，白菜甘蓝类蔬菜易发生的病害和虫害很相似，在防治方法上可以相互借鉴，并一定要坚持以防为主，统防统治和绿色防控。

第二节 大　白　菜

大白菜，拉丁名为 *Brassica campestris* L. ssp. *pekinensis* 或 *Brassica rapa* L. ssp. *pekinensis*，别名结球白菜、黄芽菜等，属十字花科芸薹属芸薹种能形成叶球的亚种，为二年生草本植物。它起源于我国，古代称之为“菘”。原始的大白菜是散叶类型，经过自然变异及菜农长期的选择和培育，形成了今天的结球状态。大白菜的食用部位为叶球。

20 世纪 90 年代以来，大白菜的生产和消费模式发生了很大的变化，突出表现在：过去以秋季生产、秋冬季消费为主，变成一年四季皆有生产、周年供应，即春播、夏播、早秋播和秋播大白菜；过去以北方生产为主，转变成南、北方都有大面积生产；过去以追求大球型、高产耐贮藏品种为主，改变成大、中、小球均有需求，并发展了小型白菜（娃娃菜）、苗用白菜（快菜）等多种产品形式。不同的栽培季节、栽培地区、产品类型和品种在栽培技术上都有共性和个性。大白菜是我国栽培面积最大的蔬菜之一，其中山东、河北、河南是大白菜的主要产区，年种植面积在 300 万亩以上；其次是辽宁、黑龙江、广东、广西、江苏、湖南、湖北、贵州、云南，年种植面积在 150 万亩以上。大白菜存在丰富的变异类型，有直筒型、卵圆型和平头型等基本类型。

一、生物学特性

1. 植物学性状

（1）根　大白菜在生长过程中，需要通过根系吸收大量的水分和养分，根也是对植株起支持作用的器官。大白菜为浅根系植物，分主根和侧根，主根较粗，分布较深。大白菜在整个生长的前半段，以长主根为主，往下生长；后半段往下和四周生长，主要发生侧根和根毛。大白菜播种后第 5 天刚出现第一片真叶时，主根向下生长至 11～12cm；第 8 天拉十字时主根可达 15～17cm，侧根数增多，长达 3～7cm。这时已具备一定的吸收能力和抗旱能力，但根系很浅，所以在此期间需要有足够的水分。当植株进入幼苗期，根系发展较快，主根生长达 30～35cm，侧根横向生长可达 20cm 左右，但大部分根系集中在 20cm 土层以内。到团棵时，主根向下可达 60cm，侧根横向可达 50cm。进入莲座期，主根生长速度变慢，侧根迅速生长。在地表 30cm 宽、60cm 深的范围内形成了一个上大下小的圆锥形根群。到结球前期，莲座叶基本覆盖了地面，此时主要生长侧根和根毛。在结球期地表 0～7cm 深处几乎全部布满了细小的侧根和根毛，地表面也能看到白根。此时期大白菜的吸收能力最强，因此在栽培上必须加强水肥管理，到了结球中期，根系一般停止生长。

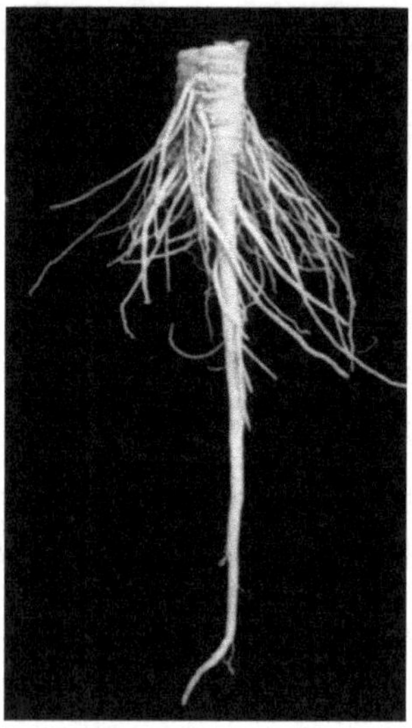

图 12-1　大白菜根实物图
（徐家炳和张凤兰，2016）

大白菜根系有 4 个向性，即向肥、向水、向气和向凉性。所以在栽培上要根据这些规律，采取相应措施，促使根群向纵深发展，从而有利于植株广泛地吸收土壤中的水分和养分（图 12-1）。

（2）茎　大白菜的茎根据生长发育阶段的不同，又分为幼茎、短缩茎及花茎。幼茎即下胚轴，指幼苗出土后子叶以下的部分。短缩茎是大白菜营养生长时期着生叶片的茎，由于叶片不断分化，叶数增加，叶序排列紧密，节间极短且粗，所以称为短缩茎。大白菜收获期短缩茎的长短是判断品种冬性强弱的指标之一。一般收获时短缩茎越短，品种的冬性则越强。花茎即翌年春天从短缩茎上长出的花薹，茎顶端长出的花薹称为主枝，叶腋间抽出的侧薹称为侧枝（图 12-2 和图 12-3）。

（3）叶　大白菜的叶分为子叶、基生叶、中生叶、顶生叶（球叶）、茎生叶 5 种，为异形变态叶。子叶两枚对生，呈肾形。基生叶两枚对生，呈长椭圆形，有明显的叶柄。中生叶着生于短缩茎中部，互生，一般早熟种有 2 个叶环，晚熟种有 3 个叶环，构成植株的莲座，中生叶为功能叶，是制造养分的叶。不同类型的品种，其中生叶（外叶）的颜色不同，有黄绿、浅绿、绿、

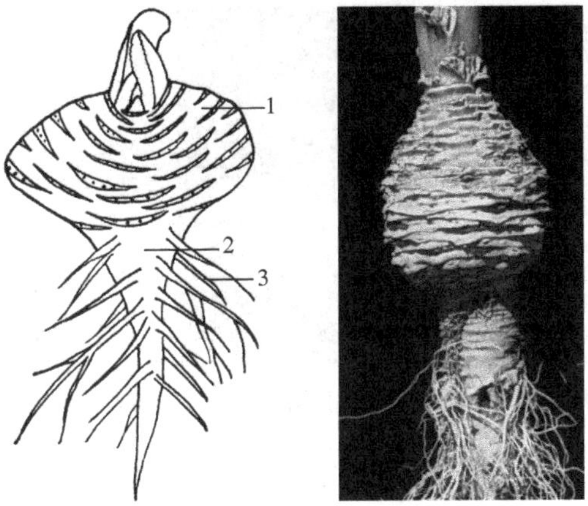

图 12-2　短缩茎的示意图（左）和实物图（右）
（徐家炳和张凤兰，2016）
1．短缩茎；2．主根；3．侧根

图 12-3　大白菜已结种子的花茎实物图
（徐家炳和张凤兰，2016）

深绿、灰绿色等。顶生叶着生于短缩茎的顶端，互生，以拧抱、合抱、叠抱等方式抱合成不同形状的叶球，有圆球形、倒锥形、直筒形、炮弹形等（图 12-4），顶生叶是大白菜养分的贮藏器官。顶生叶的颜色也因品种不同有较大差异，有白色、浅黄色、深黄色（黄心品种）、橘红色（橘红心品种）等。茎生叶则是着生在花茎和花枝上的叶，互生，花茎基部叶片大，上部渐小，叶柄短、扁阔，基部抱茎。

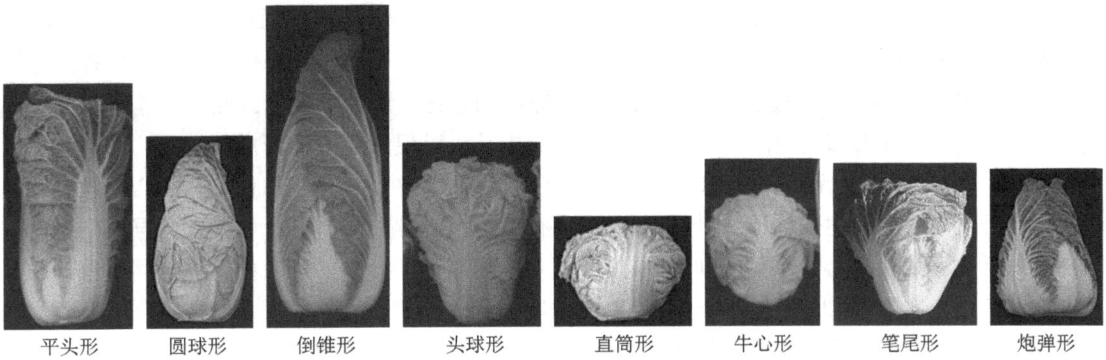

图 12-4　大白菜不同叶球形状（徐家炳和张凤兰，2016）

（4）花、果实与种子　　大白菜的花为复总状花序，异花授粉。花是由萼片、花瓣、雄蕊、雌蕊构成的完全花。每朵花由 4 片花萼、4 片黄色花瓣、6 个雄蕊（4 长 2 短，即 4 强雄蕊）及 1 个柱头组成。花瓣开放呈十字形，有白色、浅黄、黄色、深黄、橘红色等，大多数为黄色。雌蕊位于花的中部，由柱头、花柱和子房三部分组成（图 12-5）。果实为长角果，中间由假隔膜分为两室。种子成排生于假隔膜边缘，每角果一般有 15～25 粒种子，成熟后沿腹缝线纵裂为二。种子圆或微扁，呈浅褐、红褐或深褐色，无胚乳，千粒重 2～4g（图 12-6）。

扩展 12-1

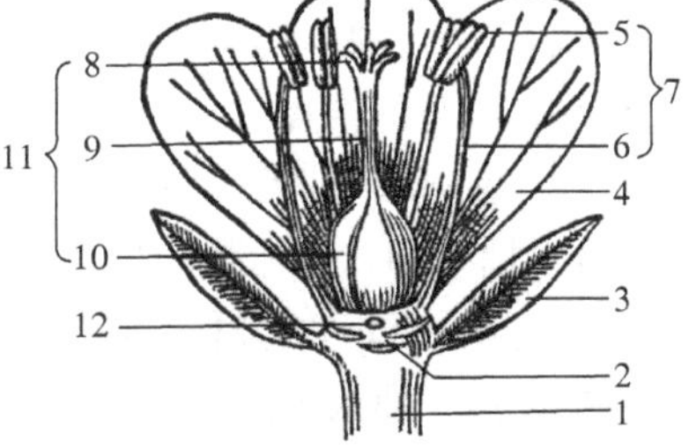

图 12-5　花的形态结构（陈机绘）
1．花柄；2．花托；3．萼片；4．花瓣；5．花药；6．花丝；7．雄蕊；8．柱头；9．花柱；10．子房；11．雌蕊；12．蜜腺

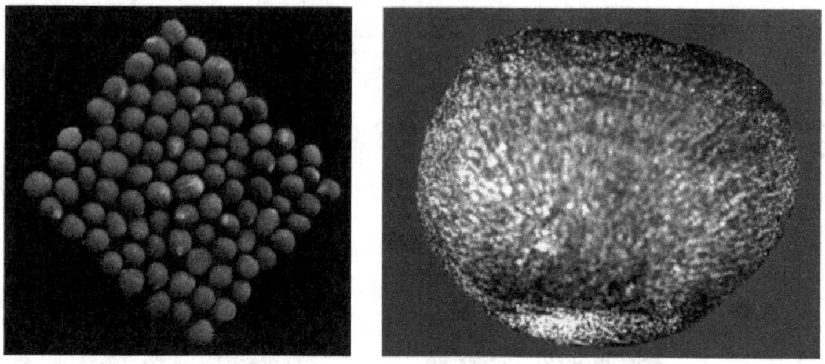

图 12-6　大白菜种子（左）和放大的种子外部形态（右）（徐家炳和张凤兰，2016）

彩图

2．生长发育周期

（1）营养生长期

1）发芽期。这一时期是大白菜由胚生长形成幼芽的过程，主要靠种子贮藏养分生长。此时期的主要矛盾是种子的休眠和萌发的矛盾，转化的条件是充足的水分、适当的温度和流通的空气。当上述条件满足后，种子吸水，胚开始萌动，胚根突出形成主根，子叶出土。当子叶完全展开，两个基生叶显露时即拉十字，这是发芽期结束和幼苗期开始的临界期。

2）幼苗期。是指从拉十字到幼苗形成一个叶环的叶子为止。此时称“团棵”或“开小盘”，为幼苗期结束的临界特征。此时期的主要矛盾是从依赖种子内贮藏的养料转入独立生活，但此时根的生长很缓慢，叶片小又少，吸收和制造养分的能力均很弱，因此在栽培上应促进这些器官的生长，让其迅速具有独立生活的能力。

3）莲座期。幼苗团棵以后再长两个叶环呈莲座状。莲座末期心叶开始抱合，称为“卷心”，是莲座期结束的临界特征。这一时期的主要矛盾是莲座叶的生长和球叶分化的矛盾，只有发达的莲座叶才能多制造养分。但莲座叶过盛就会影响球叶的分化，影响产量。为此，在莲座前期应促进莲座叶的生长，后期要适当控水，抑制莲座叶的生长，以促进球叶的形成。

4）结球期。从开始卷心到叶球长成。结球期又分为前、中、后三期。前期，卷心后莲座叶继续扩大，外层球叶迅速生长并形成叶球的轮廓，称为“抽筒”或“长框”。中期，内层球叶迅速生长充实叶际，称为“灌心”。后期，叶球继续缓慢生长至收获。此外，还有内、外叶同时生长的品种，俗称“连心壮”。此期间的主要矛盾是养分的制造和贮藏的矛盾，既要多制造养分又要贮藏养分。栽培上首先要把结球期安排在最适宜的生长季节里，并加强肥水管理和病虫害防治。

5）休眠期。大白菜在条件不适宜的情况下被迫休眠，此期间没有光合作用，只有呼吸作用，外叶的部分养分仍向球叶输送。一旦条件适宜，可以打破休眠恢复生长。此期间主要的矛盾是由生长状态转入休眠状态。应人为创造良好的贮藏条件，尽可能降低大白菜生理活动，减少呼吸强度和水、养分的消耗。

（2）生殖生长期　大白菜在完成营养生长后转入生殖生长，此阶段可分为 3 个时期。

1）抽薹期。经休眠的种株在次年春初，其花薹在植株内开始缓慢生长，定植后逐渐恢复生长并抽生茎叶和一级分枝，开始开花为抽薹期的临界特征。这时期的主要矛盾是根的生长和花薹生长的矛盾。要求根的生长比花薹生长快一些，否则会造成植株自身水分和养分的迅速消耗，而缓慢恢复生长的根系无法提供充足的水、养分，因而造成花薹的凋萎，甚至死亡。

2）开花期。从开始开花起进入开花期，随着全株的花先后开放，花枝也迅速生长，第二三级分枝也相继长出。此间的主要矛盾是不仅要保证花器官旺盛，更要具有发育良好的子房和花粉。要求有充分的授粉机会才能使胚得到正常的发育。但分枝不能太多，否则会因养料不足使种子发育不饱满。

3）结荚期。花谢后，果荚生长、种子发育、充实至成熟为结荚期。其矛盾表现为种子成熟和植株衰老的矛盾。要保证种荚生长得好，种子饱满，务必加强肥水管理及病虫害的防治，防止倒伏和早衰。后期又要严格控制肥水，否则会出现贪青晚熟。

上述大白菜生长发育阶段是指完整的生长发育过程，但不同的情况和条件下并不需要经历全部的生育时期。例如，采用小株采种时，由于较早地满足了春化阶段和光照阶段所需环境条件，植株可以从幼苗期或莲座期直接进入生殖生长期。

3. 对环境条件的要求

（1）温度　大白菜喜欢冷凉，属半耐寒蔬菜，耐热性和抗寒性都比较差，但经过长期驯化、选择和育种工作者的努力，现在已培育出较耐热品种（夏播品种）和较耐寒品种（春播品种、晚熟品种）在生产上推广应用。

一般来说，大白菜营养生长的温度范围是5～25℃，当超过25℃会影响生长，28℃时生长很差，超过30℃生长就受到危害。但适于夏播的耐热品种能够抵抗32℃以上的高温，在此高温下仍能正常生长和结球。发芽期，种子在5～10℃即能缓慢发芽，但发芽势很弱，20～25℃发芽迅速而强健，26～30℃虽然出苗更快，但幼苗徒长细弱。幼苗期，幼苗对温度适应能力较强，能忍耐较长期的−2℃低温，也能耐26～30℃高温，但温度过高或高温持续时间过长，幼苗生长不良且易诱发病毒病。一般以白天22～25℃，夜晚不低于15℃为宜。莲座期，是大白菜功能器官形成的主要时期，日均温以17～22℃为最佳，过高莲座叶易徒长发病，过低则生长缓慢而延迟结球。结球期，为产品形成的重要时期，对温度要求最为严格，12～18℃生长良好。结球前期17～19℃，中期13～14℃，后期9～11℃最有利于叶球的抱合、壮心，同时又能抑制花器官的生长而不至于早期抽薹。休眠期（贮藏期），以0～2℃最为适宜，这一温度能强迫大白菜休眠，抑制呼吸作用，减少养分和水分的消耗。低于0℃易发生冻害，高于5℃养分消耗增加，并易引起脱帮和腐烂。抽薹期，12～22℃最适于花薹的生长，为了地下部和地上部生长平衡，以12～16℃为宜。开花期和结荚期，以17～22℃为宜。温度过低影响正常开花，过高植株易迅速衰老，同时也易形成畸形花。

温度对大白菜的作用，主要是由于它对光合作用的重要影响，10℃为有效光合作用的始限，10～15℃微弱，15～22℃最佳，22～32℃衰退，32℃为光合作用终限。另外，昼夜温差对大白菜生长也有重要影响，在适宜的温度范围内，白天温度较高能加强光合作用，制造较多的养分，夜间温度较低能减弱呼吸作用，减少养分的消耗，增加物质积累。

大白菜在整个生长的不同时期还要求一定的积温，在适温范围内温度较高能在较少的日数内得到足够的积温，相反温度较低则需较多的日数才能得到足够的积温。积温与大白菜品种、熟性及原产地的关系较大，一般早熟品种积温为1200～1400℃、中熟品种为1500～1700℃、晚熟品种为1800～2000℃。

（2）光照　大白菜的光合作用与光照强度有密切的关系，在一定范围内光照越强，光合强度越强。大白菜的光合补偿点约为27μmol/（m^2·s），光饱和点为720μmol/（m^2·s）。在27～720μmol/（m^2·s），光合强度随光照的增加而加强。大白菜不同生长期的光合强度有差别，幼苗期最低，莲座期较高，结球期最强。

光照时数的多少对大白菜的产量和质量都有很大影响，在大白菜的营养生长期内，平均每天的光照时数不少于7h生长最好，莲座期需要较长的光照时间，平均每天达8.5～9h生长良好，结球期平均每天8h的光照有利于叶球的充实。

另外，大白菜属二年生作物，其抽薹开花需要13℃以下的低温和14h以上的长日照条件，但耐热的华南型极早熟品种对低温和长日照条件要求不严格，易抽薹开花，在引种和栽培上应特别注意。

（3）水分　大白菜需水量很大。因为大白菜植株大，叶面积大，所以水分蒸发量也大。据测定，一棵5kg的大白菜，1h能蒸发水分达1.5kg。一般大白菜含水量为94%～95%，而大白菜又属浅根系蔬菜，对土壤深层水分吸收能力差，所以及时浇水、保持土壤一定的湿度，才能保证大白菜新陈代谢的正常进行。农谚说“有收无收在于水，收多收少在于肥”“白菜一枝花，全靠水当家”，充分说明了水对大白菜生长的重要作用。

大白菜浇水有4个作用：①满足生长对水分的需求；②苗期浇水有利于降温防病；③间苗、定苗后及时浇水可以防止因操作时土壤松动而造成根部松动、受伤、受风而干枯；④可以配合其他农业操作（中耕、追肥等）进行。

大白菜生长发育的各个阶段对水分要求不同。

1）出苗期。要求较高的土壤湿度，因为大白菜的种子小，播种浅，覆土薄，播种层温度变化剧烈，此时正逢高温季节，如果土壤干旱，萌动的种子很易出现“芽干”死苗现象。所以播种时要求土壤墒情要好，播种后应及时浇水，土壤相对湿度保持在85%～90%为宜。

2）幼苗期。此时期虽然幼苗小，本身需水量并不多，但正值高温干旱季节，为了降温防病，浇水要勤，一定要保持土表湿润，通常要求“三水齐苗，五水定棵”。此时期土壤相对湿度保持在80%～90%为宜。

3）莲座期。此时期大白菜生长量增大，为了使叶片增厚，有利于养分和干物质的积累，同时促进根系下扎，需根据品种特性和苗情适当控制浇水，此时期土壤相对湿度以75%～85%为宜。

4）结球期。此时期生长量为全生育期的70%，需水量更多，一般7d左右浇一水，应保持地皮不干，要求土壤相对湿度为85%～94%。此时如果缺水，不但影响包心还易发生“干烧心”。但也不宜大水漫灌，否则积水后易感染软腐病。

（4）土壤　大白菜属浅根系蔬菜，以肥沃而物理性状良好的壤土、砂壤土或轻黏土较好。大白菜生长期长，在砂土地种植时前期生长快，但后期易缺肥。在黏土地种植时则相反，农民俗称“发大不发小”，即前期生长较慢，后期生长较快，易获得较高产量。但黏土地通气不良，当雨水多或浇水过大时易积水而发生软腐病。

大白菜对土壤的酸碱度也有一定要求，在微酸性到弱碱性（pH 6.5～8）土壤上都能正常生长。若在pH超过8，含盐量为0.2%～0.3%，地下水位又较低的土壤栽培，如不注意水肥管理，容易出现“干烧心”现象。若土壤酸度高，根系不能正常生长，主根畸形，易引发根肿病。

（5）矿质营养　大白菜生长量大，对土壤的养分要求高，每生产1000kg大白菜，需氮1.8～2.6kg，P_2O_5 0.8～1.2kg，K_2O 3.2～3.7kg。微量元素中需铁最多，缺钙易发生“干烧心”。发芽期至莲座期吸收量约占总吸收量的10%，而结球期则占90%。前期需氮较多，后期需磷钾较多。

二、品种类型与栽培季节

1．按栽培季节划分　大白菜按栽培类型来分，可以简单地分为露地栽培和设施栽培。按栽培季节来分，可以分为春播、夏播、早秋播、秋播和越冬栽培。不同季节的栽培方式和品种选择如下。

（1）春播栽培

1）露地栽培。由于早春气温低，气温回升慢，为了避免大白菜播种后通过低温春化，露地直播不宜过早，否则易导致先期抽薹。一般在气温稳定回升到13℃以上时进行。各地播种期因气温回升的快慢而异。例如，华北地区一般4月中下旬播种，内蒙古、张家口等冷凉地区于5月中旬至6月上旬播种。北方春大白菜栽培虽不宜过早直播，但也不宜播种过迟，过迟会因生长后期温度急剧升高、雨水多，而包球不实、病虫滋生，降低品质和产量。因此多采用保护地育苗，适时移栽，不仅能提早上市，提高产值，而且减少病虫，增进品质。育苗移栽的播种期取决于气候条件和栽培方式，一般要求栽培条件的最低夜温稳定回升到13℃以上。播种期较定植期提前一个月，定植叶片数为6或7片。应选择条件较好的加温温室育苗，夜温不应低于13℃。采用塑料营养钵（直径8cm）或营养土方育苗均可。营养土可采用草炭和田间土等量混合，或由腐熟粪和园田土按3∶7混合而成。每公顷用种量为1.2～1.5kg。不同地区的播种期和定植期也有区别，如黑龙江地区，4月5日温室播种育苗，5月5日定植，定植时覆地膜或天膜。北京及其周边地区，3月10日左右于温室播种育苗，4月10日定植，采用平畦，定植后盖天膜，5月底至6月初收获。华东地区2月10日左右播种育苗，3月10日左右定植。

2）设施栽培。设施栽培包括日光温室栽培、大棚栽培和小拱棚栽培几种方式。从保温效果来看，日光温室优于大棚，大棚优于小拱棚，因此保温效果越好的栽培方式，其播种期和定植期可越早。一般来说，北京及其周边地区利用日光温室栽培时，可于1月25日左右于温室播种育苗，2月25日左右定植温室，采用垄栽，盖地膜。4月下旬开始收获。利用大棚栽培时，北京及其周边地区在2月5日左右于温室播种育苗，3月5日定植大棚，采用垄栽，盖地膜，5月1日前后收获。利用小拱棚栽培时，2月25日左右播种育苗，3月25日左右定植，5月中下旬开始收获。

3）品种选择。由于春季栽培前期温度低，后期温度高且日照长，品种选用不当会造成先期抽薹，给生产造成很大的损失。因此，选用早熟、生育期55～65d、抗霜霉病和干烧心病、耐抽薹的品种是春大白菜栽培成功的关键。不同地区可根据当地气候和栽培条件、消费习惯及不同的栽培方式，选用不同的品种。

（2）夏播栽培

1）露地栽培。露地栽培一般在6月中旬至7月上旬播种，采用直播的方式，高垄栽培。

2）网棚栽培。由于北方地区夏季干热少雨，日光强，气候变化无常，6月露地栽培不易成功，有条件的地方可采用网棚栽培，即在原大棚骨架的基础上罩上尼龙纱网，成本和棚膜相差无几，可用3～5年。其功能兼顾遮阳、防虫、改善小气候条件，从而可以减轻病毒病的发生，减少杀虫剂的使用量，一举多得。在夏季高温季节，覆盖遮阳网对提高出苗率、培育壮苗具有重要作用，并能够促进幼苗根系的生长，有利于结球，获得高产。

3）日光温室栽培。大白菜的光合补偿点和光饱和点分别为27μmol/（m^2·s）和720μmol/（m^2·s）左右，因此在我国北方地区完全可以利用日光温室越冬栽培黄瓜、番茄或甜椒等的后茬进行夏播大白菜栽培。这些茬口的旧薄膜由于透光差，具有遮阳、避雨、防病的重要作用。更好的做法是把日光温室或大棚的前边、顶部及后墙的所有通风口全部打开，并且安装预防害虫迁移的防虫网，以选用20～25目的白色或银灰色尼龙防虫网为佳。

据山东省农业科学院蔬菜研究所报道，在保留较完整旧膜的日光温室或大棚内，只要通风透气口的面积达到总面积1/3，即使在天气最炎热的时候，棚内温度仍然略低于棚外自然气温2～5℃。在这样的环境条件下，只要品种选用得当，既可稳产、高产，又能获得良好的产值效益。利用日光温室越冬栽培黄瓜、番茄、甜辣椒等蔬菜，我国北方大部分地区在6月中下旬拉秧后处于空茬状态，到9月上旬移苗定植下茬蔬菜，期间有70～80d的空闲时间，完全可以进行一茬夏播大白菜栽培。一般在6月中下旬播种，8月中旬收获。

4）品种选择。北方地区选择耐热、高抗病毒病和软腐病的早熟品种是栽培成功的关键。北方大陆性气候区和海洋性气候区选择的品种类型可以不同，大陆性气候区由于夏季高温干燥的恶劣气候条件对品种的要求更为严格。

（3）早秋播栽培

1）露地栽培。早秋播大白菜栽培主要是露地栽培，生长期短，而生长前期正好处于高温、多雨季节。东北地区一般于6月下旬至7月上旬播种，华北地区于7月中下旬播种。采用直播的方式，高垄栽培。

2）品种选择。早秋播大白菜一般选择早熟、生育期60～65d，较耐热、耐湿、抗病毒病、霜霉病、软腐病的品种。

（4）秋播栽培

1）露地栽培。大白菜是喜凉蔬菜，秋季是大白菜最适宜的栽培季节，因此秋季是一年中大白菜栽培面积最大、销售量最多、销售时间最长的一季。北方广大地区贮藏大白菜是解决1～2月冬淡季的重要蔬菜，对"菜篮子"工程起着至关重要的作用。秋播大白菜栽培主要是露地栽培，采用直播的方式，高垄栽培。秋播大白菜由于生长期长，生长发育各阶段对环境条件的要求不同，因此对播种期要求十分严格。特别是北方地区，如果播期过早，常遇到高温干旱的天气，地表最高温常达40～50℃，若浇水不及时，很容易造成蚜虫的蔓延和病毒病的发生，造成减产甚至绝产。如果播期过晚，气温偏低则积温不够，大白菜在结球期常因灌心不足而减产。从全国大部分地区来看，播期一般是7月初至8月底，其温度在16～27℃。

2）品种选择。秋播大白菜一般选择中晚熟、生育期75～100d、抗病、产量高、品质好、耐贮藏、适运输的品种，不同地区可根据当地的消费习惯、茬口安排等，在引种试种的基础上，选择适宜品种种植。

（5）越冬栽培

1）露地栽培。越冬栽培主要在我国的华南和西南地区，长江流域以晚秋播为主，主要是露地栽培、直播或育苗移栽、高畦栽培。长江中下游地区大白菜在8月下旬至9月上旬播种，12月上旬开始收获，大白菜可在露地越冬，一直延续收获至翌年3月。华南和西南地区在9～11月随时播种，待叶球成熟后随时收获。

2）品种选择。长江中下游地区一般选择晚熟、生育期80～100d、耐寒的品种；华南和西南地区一般选择早中熟、生育期65～75d、耐抽薹的品种种植。

2．按产区优势划分

（1）东北秋大白菜

1）区域范围。黑龙江、吉林、辽宁、内蒙古东部。

2）市场功能及产业定位。传统秋大白菜产区，除辽宁部分地区有北菜南运外，产品以当地消费为主，大部分菜冬贮或加工成酸菜。

3）区域基本情况。①区域自然资源及耕作制度：本区位于中国东北边陲，东西距离长，地形差异大，多山地和丘陵。冬季漫长，气候寒冷，无霜期短，属一季栽培地区。大白菜是城乡居民冬春食用的主要蔬菜。酸菜是东北城乡居民冬季食用的主要加工蔬菜，占冬贮白菜的20%～30%。供应期长达半年之久，栽培面积在蔬菜生产中占首位。该区气候适宜秋大白菜露地种植，夏末和秋季温、光、水条件优越，利于大白菜生长，由于该区域10月上中旬开始有霜冻，一般7月中下旬播种，10月上中旬收获。②存在的不利气候因素和生产问题：前期高温，后期低温，某些年份病毒病、霜霉病发病较重，某些地区根肿病为害严重。

4）品种选择及关键配套技术。①品种选择：选择抗病毒病、霜霉病、根肿病，抗逆性强，丰产，优质，易管理的不同类型的中熟优良品种。②关键配套技术：在根肿病高发区，要注重低成本根肿病综合防治技术。另外，这一地区土地较多，农户种植面积普遍较大，应注重露地栽培的省工、机械化、简约化栽培技术。

（2）黄淮流域秋大白菜

1）区域范围。河北、北京、天津、山东、河南、山西中南部盆地及江苏北部和安徽北部。

2）市场功能及产业定位。为传统秋大白菜产区，除当地消费外，大部分菜冬贮或北菜南运。11 月上中旬收获后，一部分产品直接销售，一部分产品冬贮陆续上市至翌年 3 月。

3）区域基本情况。①区域自然资源及耕作制度：由于气候条件适宜大白菜生长，因此是我国重要的大白菜产区。这一地区大白菜栽培历史悠久，其特点是栽培面积大、品种类型多、品质好、产量高、耐贮藏、供应时间长。最主要的茬口是秋季的露地栽培，一般于 8 月上中旬播种，11 月初开始上市销售。其栽培方式有直播和育苗移栽等。②存在的不利气候因素和生产问题：这是秋大白菜最适宜种植的季节和地区，但也存在前期高温，某些年份病毒病、霜霉病、黑腐病发病较重，某些年份雨多积水造成软腐病发生较重等问题。

4）品种选择及关键配套技术。①品种选择：选择抗病毒病、霜霉病、黑腐病，抗逆性强，丰产，优质，易管理的不同类型的晚熟优良品种。②关键配套技术：在软腐病高发区，要注重低成本综合防治技术。另外，由于农村劳动力日益短缺和成本上升很快，应注重露地栽培的省工、机械化、简约化栽培技术。

（3）长江上中游秋冬大白菜

1）区域范围。云南、贵州、四川、湖南、湖北、广西。

2）市场功能及产业定位。为露地越冬的秋大白菜产区，除当地消费外，大部分菜在翌年 2 月开始南菜北运，可陆续采收至 3 月。

3）区域基本情况。①区域自然资源及耕作制度：本地区的气候特点是温和、湿润和多雨。地形以低山丘陵为主，也有较多的平原。土壤类型多，肥力中上等，自然条件对大白菜生产基本是有利的。因雨水偏多，一般深沟高畦种植。大白菜播种期一般在 9 月，主要供应期为 11 月至翌年 3 月。大白菜在霜冻来临之前完成结球，露地越冬。②存在的不利气候因素和生产问题：不利的气候条件主要是雨量多湿度大、昼夜温差小、日照时数少。

4）品种选择及关键配套技术。①品种选择：选择抗霜霉病、软腐病、根肿病，后期耐寒，在中南部地区结球后可露地越冬，丰产，优质，易管理的不同类型的晚熟优良品种。②关键配套技术：在软腐病、根肿病高发区，要注重低成本综合防治技术。另外，由于农村劳动力日益短缺和成本上升很快，应注重露地栽培的省工、机械化、简约化栽培技术。

（4）云贵高原湘鄂高山夏秋大白菜

1）区域范围。云南、贵州、重庆及湖南西部和湖北西部高山。

2）市场功能及产业定位。种植 6～9 月上市的堵夏淡产品，主要供应华中、华南和西南地区。

3）区域基本情况。①区域自然资源及耕作制度：本地区位于我国的西南边陲，特点是地形条件复杂，气候差异极大。适宜大白菜生产的地区多为海拔 800～2200m 的高原、平坝和丘陵山区，夏季凉爽，有“南方天然凉棚”之称，7 月平均气温≤25℃，无须遮阳降温设施即可生产大白菜。海拔 1800m 以上，播种期一般在 5 月中旬至 7 月中旬，上市期在 7 月中旬至 10 月中旬，一般一年种植一茬；海拔 1200～1800m，播种期在 4 月中旬至 8 月中旬，上市期在 6 月中旬至 10 月下旬，一年可种植两茬大白菜；海拔 800～1200m，播种期在 3 月中旬至 5 月上旬，上市期在 6

月上旬至7月下旬，一般一年种植一茬大白菜，后茬接瓜类、豆类、红薯等作物。②存在的不利气候因素和生产问题：部分地区因光照不足或雨水过多，加之主产区多年连作造成大白菜病虫害加重，特别是根肿病、软腐病发生严重，造成减产。

4）品种选择及关键配套技术。①品种选择：选择抗霜霉病、软腐病、根肿病，晚抽薹，在高山地区可春夏种植，丰产，优质，易管理的不同类型的中早熟优良品种。②关键配套技术：在软腐病、根肿病高发区，要注重低成本综合防治技术。春季育苗注意保温，防止未熟抽薹。

（5）黄土高原夏秋大白菜

1）区域范围。包括河北和内蒙古坝上、山西、陕西、甘肃、宁夏、青海。

2）市场功能及产业定位。种植6～9月上市的堵夏淡产品，主要供应东北、华北、华东和西北地区。

3）区域基本情况。①区域自然资源及耕作制度：属典型的大陆性气候，四季分明，春季干燥，升温快，秋季晴朗，降温迅速，昼夜温差大，无酷暑炎夏。大白菜从5月下旬到6月下旬均有播种，7月下旬至9月下旬均有收获。②存在的不利气候因素和生产问题：高原春夏季适宜大白菜生长，前期低温和某些年份的干旱是生产的主要问题。

4）品种选择及关键配套技术。①品种选择：选择抗黄萎病、白斑病，晚抽薹，在高原地区可春夏种植，丰产，优质，易管理的不同类型的中早熟优良品种。②关键配套技术：在黄萎病、白斑病高发区，要注重低成本综合防治技术和省工、机械化、简约化栽培技术。

三、栽培技术

1. 露地栽培

（1）播前准备　大白菜种植前茬的选择应注意不重茬和轮作。前茬最好不要用种过十字花科蔬菜的地块，如甘蓝、萝卜、菜花、苤蓝、小白菜、菜薹等。种植大白菜类最好的前茬是肥茬和辣茬。

1）整地做垄。为减少软腐病发生，最好高垄栽培。做到垄直、地平，最好采用短垄、垄长不宜超过10m，垄距56～60cm，垄高8～10cm。

2）施足基肥。大白菜生长中需氮量最大，钾次之，磷最少，对三大元素的吸收比例约为4∶1∶3。结合整地亩施腐熟农家肥5000～6000kg，磷铵10kg，底墒充足，可提高植物的抗病力。

3）药剂拌种。进行种子消毒可有效防治软腐病、黑腐病。软腐病：播前用3%高锰酸钾浸种，先将种子在冷水中浸1h取出，放入药液中浸30min，清水冲净，催芽播种或使用种子重量0.4%的化学药剂，如50%福美双可湿性粉剂拌种。黑腐病：可用50℃温水浸种20～30min，晾干后播种。

4）播期和密度。根据种植地区和种植季节，确定适宜的播期。一般种子从播种到发芽出土历时24h，所以夏季或秋季播种应选择在下午播种，使幼苗在播后第3天傍晚出土，经过一夜的生长可忍耐较强的日晒。近几年，因气候转暖，10月底和11月的温度偏高，造成北方秋大白菜出现因成熟过度而“破肚”“裂球”及贮藏期干烧心病加重的问题。为有效解决这一问题，建议播期根据种植目的灵活掌握，如果为了在10月上中旬提早上市，可以在8月初播种；如果为了贮藏后上市，应尽量晚播，在8月10～15日播种，以避免裂球。种植密度需要根据品种灵活掌握，一般早熟品种行株距40cm×50cm、中熟品种43cm×55cm、晚熟品种45cm×60cm。

（2）田间管理

1）间苗、补苗、适时定苗。总的原则是早间苗、分次间苗和适当晚定苗。从种子发芽至定苗，一般苗龄在18d左右，期间应进行多次间苗。苗出土3d进行第一次间苗，使苗有间隔，4或5片叶时进行第二次间苗，每穴留2或3株。根据苗的强弱程度，留强去弱，当叶片长到8或9片叶时，按株距大约45cm进行定苗。间苗、定苗的时间，应掌握在中午高温时分进行为好。由于适应环境能力不同，一些弱苗、病苗便显出其病态，较易鉴别去劣。如发生缺苗，应及时补栽。

2）中耕除草。结合间苗分别在定苗和莲座中期进行，按照"头锄浅、二锄深、三锄不伤根"的原则进行，高垄栽培要遵循"深锄沟、浅锄背"的原则，结合中耕锄草培土，如莲座后期生长过旺，可进行蹲苗。

3）水肥管理。栽培中使用有机肥一定要充分腐熟，化肥不能过量使用，生长季节不可缺水，可有效减少干烧心病的发生。如底肥用量少，可在苗期追一次肥，亩施尿素10kg。在莲座期、结球初期和中期，各追一次肥，亩施尿素15～20kg。浇水要结合追肥进行，结球前期土壤见干见湿，结球期要保持土壤湿润。直至收获前5～7d停止浇水，以利贮藏和运输。

2．设施栽培　不管是北方还是南方，大白菜大多是以露地栽培为主。设施栽培主要是北方春季大白菜为了提早上市，补4～6月大白菜供应的淡季，有日光温室、大棚和小拱棚的栽培方式三种栽培设施，除了育苗播种期、定植期、上市期不同外，其栽培管理措施基本相同。

（1）播种育苗　选择条件较好的加温温室育苗，夜间需加盖草帘或保温被，夜温不低于13℃，播种期较定植期提前25～30d。北京及其周边地区温室栽培一般在1月中旬至2月初播种，大棚栽培一般在1月底至2月中旬播种，小拱棚栽培一般在3月上中旬播种。其他地区根据当地的气候条件合理选择育苗播种期。采用塑料营养钵（直径8cm）育苗或营养土方育苗均可。将营养钵装土并码放于平畦内，播种前浇透水，每钵播种3或4粒种子，育栽1亩地的苗子用种量为50g。播种后覆0.5cm左右薄层细土，插小拱棚保温、保湿。出苗整齐后覆第2次细土，其间间苗1或2次，两片真叶展开后定苗，每钵留1棵苗。晴天上午视土壤情况浇水，促幼苗健壮生长。白天注意通风降温，最高温度控制在25℃左右。

（2）定植　定植前一天给苗床浇透水。北京及其周边地区温室栽培一般于2月中旬至3月初定植，大棚栽培一般于2月底至3月中旬定植，小拱棚栽培一般于3月下旬至4月初定植。日光温室夜间需加盖草帘或保温被，定植叶片数为4～6片。整地时每亩施优质农家肥3000kg作基肥，翻耕入土。做小高畦，畦宽1m，畦长5～8m，定植前盖地膜。畦上栽两行，行距50cm，株距33cm，每亩定植3500～4000株。

（3）定植后管理

1）温度管理。夜间需加盖草帘或保温被，夜温不低于10℃；白天前期在保温的基础上每天小放风除湿，减少霜霉病发生，中后期加大通风降温和除湿，设施内最高气温维持在25℃左右。

2）肥水管理。春温室大白菜管理以促为主。追肥分两次进行，缓苗后可追施尿素，每亩施10kg复合肥，撒于沟内，随后浇水。进入结球期后，每亩再随水追施尿素10kg。由于夜间温度较低，施肥、浇水一般在晴天上午进行，收获前一周停止浇水。

（4）采收　春白菜成熟时因为气温高，应及时采收，过熟易引起抽薹及叶球腐烂。

3．节水省工简约化栽培　大白菜生产长期以来采用以直播间苗为主要模式的粗犷式生产管理，生产过程用水量非常大，其中苗期用水占很大比例，并且苗期浇灌的水多数由于蒸发而消失。大白菜生产上常说"三水齐苗、五水定棵"，是指大白菜栽培出齐苗大概要浇3次水，定苗前要浇5次水。而大白菜整个生育期要浇8～10次水，总用水量达到每亩200～300m^3。传统栽培模式不但费水，间苗、除草等操作也很费工，生产效率低下，在农村劳动力日益短缺的大形势下，亟须向节水、省工、高效的生产模式变革。

解决大白菜生产费水、用工多的落后生产模式的可能途径之一是采用精量播种、黑色地膜覆盖加膜下滴灌的生产方式，但新模式面临一系列问题：大白菜是小粒种子，不适合机械化单粒播种要求；目前我国的种子质量还达不到单粒播出齐苗的目标，主要是种子的纯度、发芽势和活力指标，不能达到“一穴一粒、单粒成苗”的要求；同时缺乏配套的直播机械和栽培管理技术体系。针对以上问题，北京市农林科学院蔬菜研究中心在研发种子精选和丸粒化种子处理技术的基础上，集成地膜覆盖、精量机械播种和膜下滴灌等技术，实现机械起垄、铺设滴灌带、覆盖地膜、播种一次完成，并总结出大白菜节水省工简约化栽培技术体系。

（1）播前准备

1）地块选择。应选择肥沃、向阳、排灌良好、平整、开阔、适宜机械化作业的较长地块，前茬最好是没有种过白菜、甘蓝、萝卜、小白菜等十字花科蔬菜的地块，采用瓜类、茄果类、葱蒜类的后茬最为理想。

2）精细整地。精细整地是保障大白菜出苗质量的基础。整地要平整细碎，有利于提高播种质量和灌水均匀，保证全苗。要重视施足底肥。一般每亩需施充分腐熟的优质有机肥 3000kg 左右，并加入 15～20kg 过磷酸钙和 15kg 钾肥。有条件的话建议实行配方施肥或大白菜专用肥。

（2）高质量机械播种

1）准备丸粒化种子。研究表明，通过种子精选、种子引发、种子丸粒化等处理，可以破除种子的休眠，提高种子活力和发芽率，增强种子的播种特性，使其实现精量播种的要求。北京市农林科学院蔬菜研究中心通过研究建立了大白菜种子精选、促萌、保水、丸粒化技术体系，获得 2 或 3 种优化的保水丸粒化剂型，丸粒化的种子大小是原来种子的 5 倍，发芽率达到 99%以上，达到精量播种的要求。

2）机械直播。大白菜覆膜精播机械选用北京市农林科学院蔬菜研究中心与一制造有限公司联合研制的大白菜覆膜播种机。该机械是复式作业机具，采用先覆膜后播种工艺，每穴 2 粒种子，无须人工破膜，避免了先播种后覆膜造成的繁重体力劳动。该机械与动力为 20 马力（1 马力＝735W）的小四轮拖拉机配套，将起垄、施底肥、铺设滴灌带、覆膜、播种、盖土一次完成，一垄两行，滴灌带平整铺设在黑色地膜下两行大白菜中间。播种深度为 2cm 左右，行距 60cm，株距 40cm，平均 2800 株/亩，用种量约 6000 粒（20g）。

作业前要认真检查、调试播种机运转情况。首先对各轴承部位注入润滑油，确保运转正常，然后将播种器内清理干净，以免造成下种阻塞。然后将丸粒化的大白菜种子倒入播种器内，在平整后的土地用小油门行走机械，观察下种是否均匀，检查、调试达到要求后进行大田播种。大田播种时机械行走过快易造成下种不匀或出现空穴现象，因此播种时机械行走一定要慢要直，速度控制在 4～5km/h 为佳，力争达到起垄顺直、铺膜完整、破膜率高、穴播精准。播种过程要有专人负责检查下种情况，不但要注意检查播种器内是否有足够种子，而且要检查播种穴下种是否均匀，下种粒数是否精确，如果出现问题要及时排除。为防止杂草在膜下生长，要使用黑色、较厚和韧性好的地膜。

（3）田间管理

1）补苗和定苗。播种后 3d 左右即可出苗，5d 左右出齐苗。此时快速巡视一遍出苗情况，人工将播种穴附近隐藏在膜下的幼苗露出，提高播种出苗率。由于机械精播，每穴的播种量只有 2 粒，会出现缺苗现象。应在机械播种前 3～5d 用穴盘育一些备用苗，用于田间定苗前补苗，补苗后应立即开滴灌补水。播种后20～25d当苗长到7或8片真叶时定苗。

2）膜下滴灌和随水追肥。膜下滴灌通过可控管道将水、肥混合液定时、定量滴入作物根系发育区域，通过地膜覆盖减少地表蒸发，实现节水、节肥目的。播种后当天必须灌水，到莲座期一般每隔10d灌溉一次，封垄后随着气温下降蒸腾减少，隔15d灌水一次，全生育期灌水6～8次，每亩需水约200t，比传统垄沟灌溉300t的用水量节约30%左右。莲座初期，结合滴灌每亩冲施三元复合肥10kg，进入结球期，再冲施三元复合肥15～20kg，切忌过量使用氮肥。病虫害防治和采收同常规栽培。

扩展12-2　扩展12-3

第三节　普通白菜

白菜起源于中国，在上万年的历史长河中，由于自然变异和人工选择的结果，形成了普通白菜、塌菜、菜薹、薹菜、分蘖菜5个变种。普通白菜（var. *communis* Tsen et Lee），又名不结球白菜，在中国各地普遍栽培，长江以南为主产区，20世纪90年代以后，北方地区的栽培面积也迅速扩大，为各大、中城市周边种植的主要叶菜。据农业农村部统计资料，我国普通白菜栽培面积种植面积约1200万亩，占全国蔬菜栽培总面积的3.5%左右，南北方占比差异很大。

普通白菜类型多样，品种繁多，品种的适宜种植地区和季节不同，田间生长期为20～120d，配合设施栽培和运输可实现周年栽培和生产供应，对蔬菜补缺、堵淡、丰富市场花色品种，改善人民生活具有非常重要的作用。

一、生物学特性

1．植物学性状　普通白菜属于二年生植物。多数品种第一年进行营养生长，翌年经过低温春化，进行生殖生长。但也有少数品种可以不通过低温，当年直接进入生殖阶段。普通白菜与大白菜都是以植物的叶片为主要食用部位，二者的主要区别在于普通白菜没有叶翼，叶柄明显。

（1）根　普通白菜根系比较发达，再生能力强，主根较粗大且直立向下发展，长度可达40cm，侧根可水平生长，截断主根，将促进侧根发育。根系分布较浅，大部分分布在地表下20cm的土壤耕层中。

（2）茎　普通白菜营养生长期的茎为短缩茎，叶片环绕短缩茎紧密、螺旋式向上排列。当植株茎尖完成花芽分化后，植株进入生殖生长期，茎的节间伸长。大多数品种在初花期时主花薹粗度在1～5cm，主花薹长度在15～100cm。侧枝萌发能力因品种而异，侧枝可达4级，数量可达30个。

（3）叶　普通白菜的叶片分为子叶、莲座叶和薹叶。叶片颜色有黄绿、浅绿、绿色、深绿、墨绿、红色、紫色等；叶片形状有近圆、卵圆、椭圆、长椭圆、披针形等；叶面情况有皱缩、平展；叶柄颜色分为深绿、绿色、浅绿、绿白、白色、紫色等；叶柄形状有扁平、匙形、棍状等；叶缘形状有全缘、锯齿、裂叶等。其他叶片性状还包括叶面是否具有毛、叶柄有无蜡粉、叶片的数量、叶片大小等。因为普通白菜多数以叶片为主要食用部位，所以叶片生长状态最为重要，决定产品的商品品质。叶片组合状态构成了株型，普通白菜主要株型有直立、半直立、开展、踏地等。

（4）花、果实与种子　普通白菜的顶芽通过花芽分化后，短缩茎开始伸长，植株从营养生长期进入生殖生长期。普通白菜是总状花序，大部分品种主枝先开，然后二级侧枝从靠近主枝的侧枝向下，依次开放，花期一般为20～40d，一般植株矮小，枝条少，枝条短的品种花期短，结实好的品种比结实差的品种花期短。开花前7d雌蕊就具有受精能力，而花粉成熟具有受精能力需要到花朵开放当天，从第3天，花粉活力会快速降低。普通白菜为异花授粉作物，虫媒花，蜜腺发达。大多数品种具有自交不亲和基因，打破自交不亲和性，可采用蕾期人工自交授粉。果实为长角果，授粉至成熟需要30d左右，成熟时，种荚自然开裂，每个种荚有10～30粒种子。种子成熟时呈近圆形，颜色有黄色、褐色、黑红色等，种子千粒重为1.5～4g。

2．生长发育周期

（1）发芽期　从播种后到第一片真叶露头。在水分充足条件下，4～35℃时普通白菜种子均可发芽，发芽最适温度为20～25℃。种子发芽时间与温度相关，温度高发芽快，温度在25℃左右，经过1～2d露出胚根，再经过2～3d子叶完全展开，再经过1～2d真叶露头。发芽期的植株抵抗力较弱，温度低于0℃或高于35℃，植株会受到伤害而死亡，因此处于发芽期的植株需要特殊保护措施。

（2）幼苗期　从第一片真叶显露到5或6片真叶展开为幼苗期。植株生长的适温为20～25℃，大约20d。幼苗期植株的根系迅速生长，植株地上部分进入缓慢增长期，植株的抗逆性比发芽期明显增强。

（3）莲座期　植株从5或6片真叶直至植株抽薹。莲座期植株生长进入快速增长期，对水分、营养等需求增高，对温度和光照的耐受性增强。普通品种可以承受短时－4℃低温和35℃以上的高温，耐寒品种甚至可以承受－8℃低温，耐高温品种可以承受短期40℃的高温。当植株生长量增速减少，植株进入衰老期，此时植株整体抗性降低，商品性也逐渐降低，因此大多数品种需要适时采收。

（4）抽薹期　植株进入抽薹期，基部叶片生长基本停止，主薹、侧薹及薹叶快速生长，因此抽薹期需要充足的水肥和光照。此时生长最适温度在20～25℃，薹对高温及低温抗性明显降低，0℃以下的低温就会对薹造成伤害，而35℃以上的高温会加速薹伸长，造成薹的髓部细胞失水、中空，俗称“糠心”，严重影响薹的品质及功能。

（5）开花结荚期　开花结荚期的植株对肥水、光照和温度的要求同抽薹期。此阶段生产目的是种子，因此还需要有足够的昆虫进行授粉。低温、阴天多雨会影响昆虫活动。

二、品种类型与栽培季节

普通白菜原产于我国，经过长期驯化与进化，选育出了适宜中国不同地域、不同季节栽培的品种。近年来因为北方越冬栽培、南方夏季避雨遮阳等设施栽培技术的发展，普通白菜实现了周年均衡生产与供应。根据栽培季节分为春季栽培、夏季栽培、秋季栽培和冬季栽培。不同季节气候特点不同，因此要栽培成功首先要选择适合的品种并配以相应栽培技术，见表12-1。

表12-1　普通白菜不同季节栽培情况汇总

栽培季节	播种期	收获期	气候特点	地区	品种选择	栽培方式
春季栽培	2～4月	4～6月	播种期气温低，后期气温逐渐回升	东北、华北、华中地区	耐低温、耐抽薹品种	设施栽培、露地栽培
				华南、西南地区	较耐低温品种	露地栽培
夏季栽培	5～8月	6～9月	气温逐渐升高，7～8月是全年高温季节，南方多雨湿度大，北方高温干旱	东北及华北	耐热抗病毒病品种	露地栽培、遮阳保护栽培
				华中地区	耐热耐雨品种	露地栽培、避雨栽培
				华南地区	耐热耐雨品种	露地栽培、避雨栽培

续表

栽培季节	播种期	收获期	气候特点	地区	品种选择	栽培方式
秋季栽培	9～10月	10月至翌年1月	气温比较温和，呈逐渐降低趋势，降水适中	东北及华北	高商品性品种	露地栽培、保护地栽培
				华中地区	高商品性品种	露地栽培
				华南地区	高商品性品种	露地栽培
冬季栽培	11月至翌年1月	翌年1～4月	气温逐渐降低，北方气温降到0℃以下，各地降水分布不均	东北及华北	耐低温弱光品种	设施栽培
				华中地区	耐寒、耐抽薹品种	露地栽培、设施栽培
				华南地区	较耐寒品种	露地栽培

因各地气候不同，露地种植普通白菜的时间不同。华南和西南部分地区可以全年进行露地栽培，华中及华东地区从2月下旬至12月，华北及东北地区从3月中旬至10月可以露地栽培。不同季节要选择适合当地当季的品种，如春季栽培要选择耐抽薹性强的品种，夏季栽培要选择耐高温耐湿品种，晚秋及冬季栽培要选择耐寒品种。

三、栽培技术

1. 露地栽培

（1）整地作畦　普通白菜栽培要选择在阳光充足、排灌条件良好的地块。作畦前施入5kg/m^{2}腐熟有机肥和0.05kg/m^{2}复合肥，然后翻地作畦。北方雨季和南方地区要做成高畦，有利于及时排水，南方旱季和北方地区做成平畦，有利于保水。南方地区高畦栽培为方便操作，有利于排水，畦宽通常为1.5m，北方平畦栽培畦宽通常为1.2m。

（2）直播栽培　菜秧栽培或生育期较短的普通白菜一般采用直播栽培。多采用条播，先开沟，行距在5cm左右，播种株距为2～3cm，播后将畦面压平。播种后及时浇水，第1水不能太多，淹水将影响出苗，目前浇水多采用喷水带等喷灌设备。出苗期植株根系较浅，此时地表发白要及时浇二水，当第一片真叶冒出时开始间苗，保持株距为2～3cm。当第5或6片真叶冒出时定苗，保持株行距为5cm左右。定苗后随水施复合肥，每亩施入30kg。整个生育期保证土壤湿润，及时防治病虫害。

（3）育苗移栽栽培　大棵菜或生育期较长的普通白菜多采用育苗移栽。育苗时多采用撒播，用种1～2g/m^2，覆土厚度为2～3mm，播后浇水。子叶展开后及时间苗，保证苗距为2～3cm。播种后20d左右进行移栽。根据收获的植株大小决定植株行距，小棵菜5cm，中棵菜15cm，秋延晚菜或多次采收菜薹等大棵菜株行距为30cm。夏季定植要选择在傍晚，有利于缓苗。定植后及时浇水、防治虫害。生育期内要及时补充水分，定植后25d随水追肥，每亩施入尿素约30kg。

（4）收获　普通白菜要及时采收，菜秧从播种后20d左右即可采收，小棵菜定植后15d可以开始采收。菜薹以顶蕾初花采收。

2. 设施栽培　设施栽培包括日光温室冬季栽培、大棚栽培、小拱棚栽培及网棚栽培等。

（1）日光温室冬季栽培　北方冬季温度低，普通白菜不能进行露地越冬栽培，日光温室可以多层覆盖，气温能保持在0℃以上，普通白菜可以利用其进行越冬栽培，也可以作为早春露地栽培的育苗场所。日光温室冬季栽培的普通白菜品种要求选择耐抽薹且低温条件下生长速度快的品种。

温室冬季栽培一般采用育苗移栽的方法。定植1亩普通白菜需要67m^{2}苗床；每平方米苗床施入腐熟有机肥5kg，翻地将土肥混合均匀，做成平畦。播种前浇透水，待水完全渗入土壤中后，开始播种。播种可采用条播或撒播，每平方米均匀撒1～2g种子，然后覆土，覆土厚度为2～3cm。在畦面上加盖拱棚，保湿保温。

冬季气温低，一般出苗要5d左右，出苗后要及时打开塑料膜，一是防止徒长；二是通风降低湿度，防止猝倒病。苗龄30d左右，生长到5或6片叶时，便可以定植。

定植畦每平方米施入腐熟有机肥5kg，然后翻地做成平畦，定植株行距为5cm左右。定植前1～2d，育苗畦浇透水，起苗时最好多带土。定植后要立即浇水。3月以后可以定植在露地，但最好设立风障防风，加盖地膜提高温度。

定植后要及时中耕，促进根系发育，冬春季病害发生以霜霉病为主，通风除湿可降低发病，也可以喷洒药剂进行防治。一般定植30～40d便可采收，可延续采收10d。

（2）大棚栽培　大棚和小拱棚类似，只是空间大小有区别，拱棚一般较简易，空间小。它们在北方均不能进行越冬栽培。

早春和初冬利用大棚的保温性，延长生长时间；夏季高温多雨，利用大棚栽培可避雨，高温强光时，可拉遮阳网降温遮光，从而提高普通白菜的商品性。

2～4月底种植应选用耐抽薹普通白菜品种及低温条件下生长快品种；5～7月种植选择耐热普通白菜品种；8～10月种植选用株型美观、产量高、高商品性品种；11月种植选用耐寒品种。

大棚早春栽培技术与温室冬季栽培技术基本原则相同。重点介绍大棚夏季避雨栽培要点。

夏季栽培可直播也可育苗移栽，施肥整地作畦同露地栽培。地势低排水差的地块要做高畦，遇强降雨不会积水大棚可做平畦。播种时可利用简易播种机条播，行距5cm，株距2～3cm。大棚可采用各种喷灌设备进行浇水，既节约用水又可增加棚内湿度。出苗时遇高温强光要在棚顶拉遮阳网。如直播栽培，子叶展开后进行间苗，3或4片叶时定苗，定苗后追施复合肥，生育期棚内畦面保持湿润，减轻干烧心的发生。如育苗移栽，苗期20d左右，苗床保持湿润，移栽前一天浇水，如果定植露地，尽量在阴天或下午4:00以后进行，以提高成活率。大棚内定植后，要拉上遮阳网2～3d，缓苗后可不再遮阳。定植后要及时浇水。

夏季栽培温度高，普通白菜生长快，一般播种后25～35d采收。高温加速衰老，加剧病害发生，所以要及时采收。

第四节　结球甘蓝

结球甘蓝（*Brassica oleracea* var. *capitata* L.），以下简称甘蓝，俗称卷心菜、圆白菜、茴子白、包菜等，是十字花科芸薹属禹氏三角中含CC基因组的基本种，原产于地中海沿岸，16世纪传入我国，由于其以叶球供食，先天具备防外界污染生长特性（叶片从里面充实形成叶球，食用部分不接触$PM_{2.5}$和农药等），可炒食、煮食、凉拌、腌渍或制干货，因其栽培简易，适应性及抗逆性强，产量高，耐储运，营养丰富，富含萝卜硫素及维生素等，若采用分期栽培结合贮藏加工，容易达到周年供应的目的，是人们生活中不可或缺的重要功能性蔬菜之一。结球甘蓝在全国各地普遍栽培，年栽培面积达到90万hm^2左右，在蔬菜供应和进出口中具有举足轻重的地位。

一、生物学特性

1．植物学性状

（1）根　甘蓝为二年生蔬菜作物，它的根系为圆锥根系，主根基部肥大，尖端向地下生长。主根茎部分生出许多侧根，在主、侧根上常发生很多须根。整个根系入土不深，主要分布在深30cm，宽 80cm 的土层中，在生长旺盛、土层深厚时，可深达 60cm。因此，抗干旱能力不强。但断根后再生能力很强，容易发生不定根，经移栽后发育良好。

（2）茎　甘蓝的茎分为短缩茎和花茎。短缩茎是在营养生长期的茎，在高温、高湿和密植的环境中，有抽长的现象，但在一般情况下节间很短，基本上是短缩的；短缩茎有内外之分，外着生叶的茎称为外短缩茎，叶球内着生的茎称为内短缩茎，即叶球中心柱。一般内短缩茎越短，叶球越紧密，品质也较好，这是鉴别品种优劣的依据之一。通过阶段发育后，进入生殖生长期，此时抽出的薹称为花茎，花茎可分枝生叶形成花序。

（3）叶　甘蓝的叶片宽大，光滑无毛，是蒸腾量大的特征，所以它对土壤水分和空气温度要求高。叶面具有白色蜡粉，可减少蒸腾。这是在干旱条件下形成的一种适应性，环境越干燥，叶表皮细胞分泌白色蜡粉越多。不同品种的蜡粉厚度不一。结球甘蓝的叶片形态依其生长发育时期不同而异，也因品种类型不同而异。一般而论，大多甘蓝品种的子叶呈肾形对生，基生叶即第一对真叶和子叶垂直，无叶翅，随后着生的幼苗叶和基生叶相同，有明显的叶柄，幼苗叶为互生，卵圆形或椭圆形。莲座期间发生的叶叫作莲座叶，其叶柄粗短，叶面硕大，生长旺盛，也称为外叶，着生在外短缩茎上，依品种熟性不同，莲座叶片数有异，早熟种 8～14 片，中晚熟种 15～23 片。这时叶片的光滑度、蜡粉厚度等均因品种而异。随后发生的叶为球叶，球叶中肋间内弯曲，基本无叶柄，着生于内短缩茎上。叶球形状也因品种而异，有圆球形、牛心尖球形和扁圆形。花茎上的叶称为茎生叶、互生，叶片较小，先端尖，基部阔，无叶柄或叶柄很短。

（4）花　结球甘蓝种株抽薹开花后形成复总状总花序，在中央主花茎上的叶腋间可发生一级分枝，在一级分枝的叶腋间又可发生二级分枝，若养分充足，管理条件好，还可发生三四级分枝。开花顺序，一般主枝先开花，然后由上至下的一级分枝开花，而后是二、三、四级分枝逐渐依次开花。以一个花序来说，花蕾是由下而上逐渐开花。春季开花时间在品种之间差异很大，一般来说，在同样栽培管理条件下，牛心尖头形和扁圆形的品种开花期要比圆球形品种早 7～15d。花期一般为 25～45d。结球甘蓝的花为完全花，包括花萼、花冠、雌蕊、雄蕊几个部分。开花时 4 个花瓣呈十字形排列，花瓣内侧着生 6 个雄蕊（2 短 4 长），每个雄蕊顶端着生花药，花药成熟后自然裂开，散出花粉。结球甘蓝为典型的异花授粉作物，在自然条件下，授粉靠昆虫作媒介，两个不同品种栽植在一起自然杂交率一般可达 70%左右。柱头和花粉的生活力，一般以开花当天最强。柱头开花前 6d 和开花后 2～3d 都可接受花粉进行受精。花粉在开花前 2d 和开花后 1d 都有一定的生活力。如果将花药取下放入干燥器中，花粉生活力可保持 7d 以上，在 0℃以下低温干燥情况下保持更长时间。

（5）果实　结球甘蓝的果实为长角荚，圆柱形，表面光滑略似念珠状，成熟时细胞壁增厚硬化，种子排列在隔膜两侧。每株一般有有效荚角 900～1500 个。荚角的多少因栽培管理条件的不同差异很大。在一个植株上，大部分有效荚角集中在一级分枝上，其次是二级分枝和主枝上。

（6）种子　每个荚角约有 20 粒种子。在一个枝条上，上部荚角和下部荚角内种子较少，而中下部荚角种子最多。种子为红褐色或黑褐色，千粒重为 3.3～4.5g，一株生长良好的种株可收种子 50g。结球甘蓝种子成熟所需要的时间也常因品种类型和温度条件而异，圆球形品种的种子成熟时间长一些，牛心尖球形和扁圆形的品种短一些。一般在高温条件下种子成熟快一些，白天温度较低时成熟慢一些。种子成熟的时间一般需要 40d 左右，在 6 月中下旬收获种子。因此，5 月中旬以后开的花，即使能受精也往往不能形成完全成熟的种子，即使形成少量种子，其发芽率也很低。结球甘蓝种子宜在低温干燥的条件下保存。充分成熟的种子在潮湿的南方，一般只可保存 1～2 年。但在低温、干燥的密封罐内保存 8～10 年的种子仍具有相当高的发芽率。

2. 生长发育周期 甘蓝是二年生作物，从种子萌发到开花结实需经过营养生长和生殖生长两个阶段。一般在适宜的气候条件下，它于第一年生长出根、茎、叶等营养器官，在叶球及短缩茎中贮藏大量同化产物，经过冬季低温完成春化阶段，至翌春生长日照条件下通过长日照阶段，随即形成生殖器官而开花结实，完成从播种到收获种子的生长发育过程。这个过程可分为营养生长期和生殖生长期。

（1）营养生长期 营养生长期包括发芽期、幼苗期、莲座期、结球期和休眠期。

1）发芽期。从播种到第一对茎生真叶展开，与子叶垂直形成十字形时为发芽期。随季节的不同，发芽期长短不一，夏秋季节温度较高，需 10～15d，冬、春季节温度较低，则需 20d 左右。种子发芽到长出子叶主要靠种子自身贮藏的养分，因此饱满的种子和整理精细的苗床是保证出好苗的主要条件。

2）幼苗期。从第一片真叶开展到第一叶环形成，需生长 5～8 片叶，达到团棵时为幼苗期。但随育苗季节的不同而异，一般冬、春季为 30～60d，夏、秋季为 20～30d，秋、冬季为 120～160d。在幼苗期应根据幼苗的生长习性，加强肥水管理、温光控制、病虫害防治，培育壮苗。

3）莲座期。从第二叶环出现到第三叶环，达到开始结球时为莲座期。依品种不同，一般需 15～40d，此期叶片和根系的生长速度快，要采取适当控制肥水和及时中耕措施，促使根系向纵深发展，防止外叶生长过旺，以利于形成强壮的同化和吸收器官，为形成硕大而紧实的叶球打下基础。

4）结球期。从开始结球到结球坚实收获为止为结球期。依品种不同需 15～50d，此期应及时追肥浇水，以促使球叶扩展，叶球充实。

5）休眠期。甘蓝种株有一个休眠期。长江流域可露地越冬。此时期要掌握好露地安全越冬和贮藏种株的管理，这对采种至关重要。

（2）生殖生长期 生殖生长期包括抽薹期、开花期和结荚期。

1）抽薹期。从种株定植到主茎长出为抽薹期，需 25～40d。

2）开花期。从始花到终花为开花期。品种不同，花期长短不一，一般需 25～50d。

3）结荚期。从花落到荚角成熟为结荚期，需 30～45d。

3. 对环境条件的要求

（1）温度 甘蓝对温度的适应范围较广，但喜温和，生长期间以 15～25℃为适宜，种子发芽的最低温度为 2～3℃，10℃以上才能顺利发芽，最适发芽温度为 18～25℃。7～25℃适于外叶生长，进入结球期以 15～20℃为适温。

对高温的适应能力因生育期不同而异，在幼苗期和莲座叶形成期，对 25～30℃的高温有较强的适应力。进入结球期，要求温和冷凉的气候，高温会阻碍包心过程，如果高温加干旱，会造成叶球松散，产量下降，品质变劣，甚至使叶球松散，开花时如遇高温，则影响开花、受精，造成不能授粉结实。

对低温的忍耐力往往因品种、生长期的不同而有差异，刚出土的幼苗抗寒能力弱，随着植株的生长，耐寒力逐渐加强，具有 6～8 片叶的健壮幼苗可以忍耐较长时期−2～−1℃及较短期的−5～−3℃低温，经过低温锻炼的幼苗，能忍耐极短期−10～−8℃的严寒，叶球较耐低温，10℃左右叶球仍能缓慢生长。成熟的叶球耐寒力虽不如幼苗，但早熟品种的叶球可耐短期−5～−3℃的低温，中晚熟品种的叶球可耐短期−8～−5℃的低温。在抽薹开花期，抗寒力很弱，10℃以下的低温影响正常结实，遇到−3～−1℃低温，能使花薹受冻害。

（2）光照 结球甘蓝是喜光性蔬菜，在未通过春化阶段前，充足的日照有利于生长，但对阴雨天多、光照弱的南方和光照强的北方都能生长良好。长光照对分化后的种株抽薹、开花稍有促进作用。

（3）水分　结球甘蓝植株的含水量较大，为92%～93%，其根系分布较浅，外叶大，蒸腾量大。因此要求在湿润的栽培条件下生长，要求空气湿度为80%～90%，土壤相对湿度为70%～80%。空气温度稍低对生长发育影响不大，若土壤水分不足，则严重影响结球，降低产量。结球甘蓝也不耐涝，如果雨水过多，土壤排水不良，往往使根系泡水受渍而死。因此，在结球甘蓝栽培过程中，排、灌措施要配套，做到旱能灌，涝能排，才能达到高产稳产的目的。

（4）土壤　结球甘蓝对土壤适应性较强，从砂壤土到黏壤土都能种植。在中性到微酸性（pH 5.5～6.5）的土壤中生长良好。结球甘蓝耐盐性属中等，土壤含盐量在1.2%以下时能正常结球。

（5）矿质营养　结球甘蓝为喜肥、耐肥作物。由根吸收土壤中的水分和氮、磷、钾等输送到叶中，叶子一面进行光合作用，另一面在酶的作用下把这些养分有机态化，形成根、茎、叶，促进生长，完成结球。

结球甘蓝的幼苗期和莲座期需要较多的氮，特别是在莲座期达到高峰，并要求和磷、钾肥配合使用。进入结球期则要较多的磷、钾肥和钙的供应。总体而论，氮肥对增产起决定作用，硝态氮的肥效优于氨态氮。在氮肥充足，磷钾肥配合好的情况下，净菜率、产量高。一般氮∶磷∶钾以3∶1∶3为好。

二、品种类型与栽培季节

甘蓝类型因分类法不同而有多种。根据其叶球形状不同，可分为尖头类型、圆头类型及平头类型；依其栽培季节及熟性，分为春甘蓝、夏甘蓝、秋甘蓝及越冬甘蓝；依其植物学特性，可分为普通甘蓝、紫甘蓝、皱叶甘蓝。根据栽培模式不同，结球甘蓝主要有以下类型：露地越冬春甘蓝、早春露地甘蓝、保护地春甘蓝（含日光温室、小棚、中棚、大棚、地膜覆盖等栽培模式）、夏秋甘蓝、高山反季节甘蓝及越冬（秋延后）甘蓝。通常用的分类方法是根据叶球形状结合熟性而分，并特指普通甘蓝。

其茬口可以根据栽培目的合理安排，春甘蓝一般于秋末冬初播种，以幼苗越冬，翌年4～6月收获；夏甘蓝选用耐热、抗病的早中熟品种，于4～6月育苗，40d左右的苗龄定植，夏季至秋初收获；秋甘蓝选用早、中、晚熟配套品种于夏秋季播种，秋、冬季收获，也可称为秋冬甘蓝；选用冬性强、耐寒性强的中、晚熟品种，在夏末初秋播种，秋季定植，以松球越冬，翌年早春上市，称为越冬甘蓝，其栽培季节见表12-2。

表12-2　结球甘蓝栽培季节表

栽培季节	栽培方式	播种期	定植期	收获期
春季	露地	9月下旬至10月中旬	11月中旬至12月上旬	4月下旬至5月中旬
春季	保护地育苗 露地栽培	12月上旬至翌年1月中旬	2月下旬至3月中旬	5月中下旬
夏季	露地	4～6月	5～7月	7～10月
秋季	露地	7～8月	8～9月下旬	10～12月
越冬	露地	8月中旬至9月上旬	9月下旬至10月上旬	1～3月

1. 尖头类型　叶球似牛心、鸡心形，多为早熟品种，具有较强的冬性，作为春甘蓝栽培

不易发生未熟抽薹现象，抗寒性强，相对抗病性、耐热性稍差，完成阶段发育对光照的长短不敏感，是我国南方地区露地越冬栽培的主栽品种，也可做秋季栽培及冷凉地区单季栽培。典型代表品种有‘鸡心’‘牛心’‘博春’等。

2．圆头类型 叶球圆球形或近圆形，多为早熟或中熟品种，也有晚熟品种，叶球紧实，球叶脆嫩，品质较好，此类型品种冬性较弱，在南方地区作为春甘蓝栽培时，种植过早或栽培管理不当易发生未熟抽薹现象。抗病、耐热、抗寒性均较差，完成阶段发育须有较长时间的光照。适合设施早熟栽培、秋季栽培及冷凉地区单季栽培，代表品种有‘北京早熟’‘中甘21’‘希望’等。

3．平头类型 叶球扁圆形，外叶呈团扇形而有短叶柄，多为中熟或晚熟种，多作为秋冬甘蓝栽培，作为春甘蓝栽培，其熟性较晚，此类型品种抗寒性强，抗病、耐热，品质稍差，完成阶段发育对光照的长短不敏感。主要品种有‘黄苗’‘京丰1号’‘苏甘27’等。

三、栽培技术

甘蓝的栽培过程经历前茬处理、整地、施肥、育苗、定植、肥水管理等环节。

1．前茬处理 前茬作物生长一季，残留于前茬植株上的病菌、虫卵及田间杂草，如不彻底清除，往往留下数量巨大的病虫草害基数，所以彻底清茬是清洁田块的重要措施之一。前茬处理一般采用机械处理，如选用轮式拖拉机配秸秆粉碎还田机进行净园作业，要求秸秆粉碎长度小于5cm，留茬高度低于5cm，细碎率大于90%。秸秆粉碎还田可改善土壤结构，增加土壤肥力，减少化肥的使用量。

2．整地、施肥 整地、施肥一般结合进行，基肥一般施用有机肥或复合肥。甘蓝种植前需对土壤进行耕整，翻耕土壤有利于植物生长。前茬处理后施有机肥，然后采用轮式拖拉机配旋耕机作业，作业深度为15～20cm，作业两遍，碎土率在90%以上，如施用复合肥，在第二遍旋耕前撒施。根据不同的季节及气候条件，可采用沟栽、低畦、平畦、中畦和高畦栽培，原则是保证墒情、能排能灌。

3．育苗 除了少量偏远山区还有直播的习惯外，甘蓝一般采用育苗移栽的方法，育苗方法有苗床育苗、穴盘育苗和漂浮盘育苗等。播种后白天温度不要超过30℃，最适温度为20～25℃，夜间5～15℃，3～5d出苗，齐苗后白天温度不宜过高，以防徒长，以15～25℃为宜，夜间5～15℃即可。齐苗10d左右，观察苗生长状况，如叶色淡，育苗池里加适量复合肥，以后根据苗的生长情况可继续添加复合肥，无须分苗，苗期不用防病。苗期为25～30d，4～6片真叶时即可移栽定植。

4．定植 根据品种特征特性，合理调整株行距。一般采用人工定植，如在壤土或砂壤土条件下，规模化种植甘蓝，可采用机械定植，蔬菜移栽机要求能适应垄的凹凸不平，始终保持移植深度一致、移植轨迹整齐。移栽机轮间距可调，作业前进行株距、行距和栽植深度的调整，保证不漏苗，不倒伏。

5．肥水管理 随着菜田基本建设的实施，喷灌、滴灌及肥水一体化管理成为标准配置。灌溉系统包括整个滴灌系统的驱动、检测和调控中心，一般包括水泵、过滤器、施肥罐、主管、支管、毛管及控制调节装置。根据定植方式，于定植前后铺设滴灌带或喷灌带，滴灌系统运行前，应检查管道附属设备是否符合设计要求，接头、阀门及仪表等设备是否有损坏和连接牢固。发现问题，应及时维修或更换。

扩展12-4

滴灌肥料的选择和配制需要注意以下两点：①含有磷酸根的肥料与含有钙、镁、铁、锌等金属离子的肥料混合后会产生沉淀；②含钙离子的肥料与含硫酸根离子的肥料混合后会产生沉淀，不适宜混合使用。选择滴灌肥料时，首先要考虑溶解度，在田间温度条件下肥料的溶解度要高，在常温下能够完全溶解，溶解度高的肥料沉淀物少，不易堵塞管道和出水口。

6. 甘蓝生理病害

（1）干烧心　发生干烧心时，甘蓝类蔬菜叶球内部的叶子叶缘腐烂、褐变而卷缩，呈烧边状，严重时叶球不能食用，发生烧边的外叶叶片，不能继续生长、结球。发病原因为缺钙。在氮肥过多、生长过嫩、土壤干旱时，钙的运转受阻，或土壤缺乏有效钙时，即会发生干烧心现象。

防治方法：选用抗病品种，基肥增施有机肥，追施化肥时，应氮磷钾配合施用。适期播种，均匀浇水，勿忽干忽涝。

（2）沤根　沤根是经常发生的生理病害。发生干沤根时，幼苗地上部发生萎蔫，地下部根系呈黑褐色，根部表皮发朽腐烂，不发生新根，严重时萎蔫死亡。发生沤根的原因主要是苗床低温多湿、光照不足。一般在连阴天或雨雪天，因苗床通风不良，土壤和空气湿度都比较大，加之土温低，致使幼苗根系呼吸困难甚至停止呼吸而腐烂。一般苗床选在低洼地、黏土地时，排水不良，易引发沤根。

防治方法：首先是多施耐热性肥料，注意提高苗床温度，选择地势高燥，土壤质地疏松的地块育苗，加强苗床管理，培育壮苗，及时通风降湿，提高幼苗抵抗低温能力，有条件的，可在育苗床内增加火道或改用温室育苗。

（3）幼苗冷害　幼苗冷害属生理病害之一，发生幼苗冷害时，幼苗叶片发白失绿，继而干枯。一般外叶先受害，严重时导致幼苗死亡，受害轻时，心叶尚能恢复生长。根系一般完好。发生幼苗冷害是由于春季外界气温较低而苗床内气温较高，如果苗床通风过大、过早或通风方法不当，让冷空气直接吹入苗床内，畦温突然下降，或冷空气直接吹到幼苗上，导致幼苗遭受冷害，使叶片细胞失水。

防治方法：防治发生幼苗冷害，要注意苗床通风。不要猛然通大风。通风时间不要太早，应掌握在畦温升到20℃以上时通风，不能让冷空气直接吹入畦内。春季西北风多，如用薄膜覆盖，要先从南面通风，开始掀开薄膜时，先用小棒把膜支起，过几天后，再逐渐将薄膜拉开缝通风，以后逐渐加大通风量。如用玻璃盖的，通风量也应由小到大逐步进行。

（4）幼苗卷叶　幼苗卷叶也是常见的生理病害。发生幼苗卷叶在幼苗出土后，子叶向内卷曲，但仍能正常发新叶，新叶不卷曲。发生幼苗卷叶是由于育苗温室内的火炉没有烟道，或者烟道没封严而冒烟，使室内一氧化碳浓度增高，导致幼苗受害。

防治方法：防治幼苗卷叶，只要温室内火炉一定要设烟道，以便把烟全部排出室外。

第五节　花　椰　菜

花椰菜（*Brassica oleracea* L. var. *botrytis* L.），别名花菜（南方名）、菜花（北方名），是十字花科芸薹属甘蓝种中以花球为产品的一个变种，一二年生草本植物。原产地中海东部沿岸，由野生甘蓝演化而来。约 19 世纪中叶传入中国，最早在福建、广东、上海等沿海少数地区栽培，但由于历史原因，实际上直至 20 世纪五六十年代，中国的大、中城市才逐渐开始较多地栽培花椰菜。花椰菜的可食用部分是花球，其具有粗纤维少、口感脆嫩、营养丰富的特点，广受消费者欢迎。经过漫长的自然选择和人工选育，逐渐分化出宝塔花菜和松花菜等不同变种，后来育种家还选育出具有紫色、黄色和绿色花球的彩色花椰菜。

据联合国粮食及农业组织（FAO）统计，我国目前为全球最大的花椰菜生产国。2016 年，我国花椰菜种植面积约为52.01万hm^2，年总产量为1026.37万t，分别占世界花椰菜种植总面积的38.72%和总产量的40.67%。目前，花椰菜种植已发展到全国各地，优势产区主要集中在沿海一带（福建、浙江、江苏、上海、山东、天津）及高海拔地区（包括高原、山地及高山，如河北、甘肃、云南、福建、湖北），尤以华南、西南等地栽培最为普遍。花椰菜已成为我国最主要栽培的蔬菜品种之一。

一、生物学特性

1．植物学性状

（1）根　花椰菜为浅根系蔬菜作物，其根系发达，基部粗大，根群主要分布在30cm内的耕作层内。主根根系木质组织比较发达，吸收力强，耐旱性相对较好，但多不耐涝。根系再生能力强，断根后容易发生新根，适合育苗移栽。

（2）茎、叶　植株高30～90cm，茎短缩粗大，茎高5～16cm，个别品种可高达30cm。茎部下细上粗，呈高脚花瓶状，花椰菜叶片在茎上以5张叶片绕短缩茎2周的左旋形式排列。花椰菜的节间很短，从第一片真叶开始至花球旁的心叶止，总共可生长30～40张叶片，新生叶片逐个更新扩大叶面积，近地面叶片易于脱落。形成花球前的叶簇生长期里一般只有20余张生长叶片供给营养。生长叶片为长卵圆形或披针形，基部叶片多具有长叶柄，越往上叶柄越短，甚至不具叶柄。叶片有蓝绿、绿、浅紫、深棕等颜色，叶面有的较为平整，有的则凹凸不平，叶片基部缺刻情况差别很大，叶面多有蜡粉。

（3）花　花椰菜花球肥大，着生于短缩茎的顶端，多为半球形，白色、紫色、黄色或绿色，花球由肥嫩密生的肉质花梗组成，质地或紧密或松散。花球表面呈左旋辐射轮纹状排列，一个完整花球至花轴上约有60个小花球，基部小花球直径为2～3cm，越靠近中心轴的小花球直径越小。花椰菜植株在感受低温后，其生长点会花芽分化形成花球，花球发育大小与制造营养的器官——叶片的发育情况有关，只有发育成强壮叶簇的花椰菜，才可能形成高产花球。花球的性状、大小、松散程度等，除与品种有关以外，还与栽培时期、栽培环境密切相关。

花椰菜为总状花序，花枝长度在20～60cm，花朵自下而上依次开放。一般来说，基部边缘花枝抽薹更快，最易开花。花椰菜的花由花柄、花萼、花冠、雄蕊和雌蕊等几部分组成，花萼和花瓣各4片，花色为黄色或白色，呈十字形排列。雄蕊6枚，4长2短。雌蕊1枚，位于花的正中，柱头为小圆球状。花椰菜为常异花授粉作物，花期相对较短，为15～20d。

（4）果实、种子　花椰菜的果实为长角果，扁圆柱状，表面光滑，由假隔膜分成两室，前端鸟喙状。种子成排着生于假隔膜边，角果成熟后易裂。种子多为圆球形，千粒重为3～4.1g。

2．对环境条件的要求　花椰菜喜温和湿润气候，忌炎热干旱和湿涝环境。在整个生长过程中，需要充足的水分，特别是在叶簇旺盛生长和花球形成时期，需要大量水分。营养生长适温为20～25℃，花球发育适温为17～18℃，极端逆境条件下花球不发育或品质差，会出现“毛花”“红球”等异常性状。花椰菜为低温长日照植物和绿体春化植物，但对日照长短要求并不严格。花椰菜从叶簇生长到花球形成，然后花球再进入抽薹开花的过程，低温刺激是主要的。通过春化阶段的温度因品种而不同，一般认为5～25℃都可通过，早熟品种需较高的温度及较短的时间，而晚熟品种则需较低的温度及较长的时间。花椰菜需肥多，对土壤养料元素吸收量高，要求土壤相对肥沃，一般应施足基肥，根据品种的需肥特点可追肥2或3次。在不同的生长时期，对氮、磷、钾三元素有不同的要求。生长前期对氮肥的需求量较多，而显球后则需要更多的磷钾肥。磷能促进花芽中细胞分裂和生长，而钾是整个生育期所必需的元素。整个生育期还要注意钙、硼等微量元素的补充，预防花球“空心”现象。此外，花椰菜适宜在 pH 6 左右，富含有机质排水好的砂壤土至黏壤土栽培。

二、品种类型与栽培季节

花椰菜的种类很多，分类的方法也很多。根据花椰菜花球的形态特征和花球颜色不同，可分为紧实型花椰菜、松散型花椰菜和特色花椰菜三种类型。目前，我国栽培的多为紧实型花椰菜，即传统白色花球的花椰菜。近年来，松散型花椰菜（松花菜）因其良好的口感和品质，栽培面积越来越大。另外，育种家根据市场的多样化需求，培育出的紫色花菜、黄色花菜、绿色花菜和宝塔花菜是花椰菜大家族中的新贵，为特色花椰菜类型。

1. 紧实型花椰菜　紧实型花椰菜，也称为白花菜、菜花，是传统的具有白色花球、花球紧实的花椰菜类型。通过长期的栽培选择，形成了秋季和春季两个生态型品种。一般按生育期的长短可将此类花椰菜品种区分为极早熟类型、早熟类型、中熟类型和晚熟类型。

（1）极早熟类型　从定植到始收需要 40～50d。花芽分化要求的温度为 20～23℃。植株开展较矮小，叶片狭长，叶色浅绿，蜡粉极少。花球较小，重 0.3～1kg。其特点是较耐高温，冬性弱，主要适宜夏播秋收。主要品种有‘福州 40 天’‘厦花 40 天’‘极早生 50 天’‘耶尔福’‘白峰’等。

（2）早熟类型　从定植到始收需 60～70d。花芽分化要求的温度为 17～20℃。植株多半开展，株型紧凑，叶片狭长或长椭圆形，叶色绿，蜡粉较少。花球中小，重 0.5～1kg。其特点是较耐高温，冬性较弱，宜夏秋播秋收。主要品种有‘福州 60 天’‘荷兰雪球’‘银冠 50’‘津雪 70’‘法国菜花’‘夏峰’等。

（3）中熟类型　从定植到始收需 80～90d。花芽分化要求的温度约为 15℃。植株多半开展，株型较大，叶片多为长椭圆形，叶色深浅不一，蜡粉中等。适应性较强。花球中或较大，一般重 1kg 以上。其特点是耐热性较弱，冬性较强，宜夏秋播秋冬收。主要品种有‘日本雪山’‘雪王’‘龙峰特大 80 天’‘科花 2 号’‘瑞士雪球’等。

（4）晚熟类型　从定植到始收需要 100d 以上。花芽分化要求的温度为 5℃。苗茎粗 15mm 以上才能在低温下通过春化阶段。植株生长势强，株型大，叶片多长椭圆形，叶色蓝绿，蜡粉多。花球中大，一般重 1～2kg。其特点是耐寒性好，冬性强，宜秋冬播冬春收。主要品种有‘云山 2 号’‘申花’‘旱慢种’‘旺心种’‘洪都 17’‘广州竹子种’等。

2. 松散型花椰菜　松散型花椰菜，也称为松花菜、散花菜，与传统的紧花型花椰菜相比，松花菜花球松散，花梗绿而长、口味脆甜，营养丰富，很受消费者青睐。松花菜最早在福建沿海及台湾地区种植消费，近年来从福建、浙江迅速向我国各个花椰菜生产区蔓延。目前我国松花菜主要生产区分布在长江中下游，福建、浙江、湖北高山地区，兰州、坝上高原地区，以及华北地区，种植区域广泛又相对集中，基本形成了松花菜周年供应市场的生产格局，发展潜力巨大。

目前，我国对松散型花椰菜品种的研究相对较少，生产上多以台湾庆农种苗等公司生产的系列品种为主。按生育期的长短可将此类花椰菜品种区分为早熟类型、中熟类型、晚熟类型。

（1）早熟类型　从定植到始收在 70d 以内。苗期适温为 20～30℃，生长适温为 18～32℃，花球形成最佳适温 20～26℃。株型中小，耐热耐湿，强抗病，花球雪白，青梗松花。重 0.8～1.5kg。主要品种有‘台松 50 天’‘劲松 58’‘高山宝 60 天’‘庆农 65 天’等。

（2）中熟类型　从定植到始收需 70～90d。育苗适温为 18～30℃，生长适温为 8～28℃。花球形成适温为 10～18℃。株型中大，较耐热，植株生长势强。花球松，洁白美观，花球中大，一般重 1.2～2.5kg。主要品种有‘庆松 75’‘富贵 80’‘沪松 85’‘庆农 90’‘津松 88’‘白玉

88’等。

(3)晚熟类型　从定植到始收需要90d以上。育苗适温为15～30℃，生长适温为8～26℃，花球形成最佳适温在5～16℃。植株生长势强，株型大，叶色蓝绿，蜡粉多。花球大，一般重1.5kg以上。其特点是耐寒性较好，冬性强。主要品种有‘白玉95’‘新贵100’‘庆松108’‘雪丽120’等。

3. 特色花椰菜　随着经济发展和人们生活水平的提高，人们对具有“新、奇、特”特点的特色蔬菜品种的需求日渐凸显。因此，育种家根据市场的多样化需求，培育出了具有紫色花球、黄色花球和绿色花球的花椰菜，以及宝塔形状的花椰菜。特色花椰菜不仅外表新颖美观，还具有优良的口感和品质，由于其丰富的营养价值，主要的品种有‘东方之紫’‘绿宝石’‘皇妃’‘绿松一号’等。

按栽培型区分，可分为秋作、越冬作、春作、春作及秋作兼用类型。其中越冬作是在晚秋播种，露地越冬，到第2年春采收。不同的栽培季节必须选用相应的不同品种。

长江中下游地区目前栽培的品种，包括中熟、早熟和晚熟品种，其中晚熟品种用于越冬作，到第2年春采收。

扩展12-5

三、栽培技术

根据早、中、晚熟花椰菜品种花芽分化对低温春化所需温度差异较大的特点，通过分期播种，基本可以做到周年供应。生产上可以实现一年两季，一般分为秋冬季栽培和春季栽培。按照栽培季节的不同，我国花椰菜栽培方式主要有三种：秋冬季栽培、春季栽培和夏季高山栽培。栽培技术因不同的花椰菜栽培类型而异。在我国长江中下游地区，以秋冬季露地栽培最为常见。

1. 秋冬季花椰菜栽培

(1)播种育苗　我国大部分地区在每年的6～7月都是高温炎热和多雨季节，而花椰菜为喜冷凉作物且不耐涝。因此，育苗工作必须采取遮阳降温和防雨措施。育苗方式主要有两种，分别为苗床直播育苗和穴盘育苗。

1）苗床直播育苗。花椰菜苗床应选择地势高、土质好、排灌良好、土质疏松肥沃的地块，筑成宽1.2m、高约20cm的苗床，深沟高畦，并施用腐熟的有机肥作为底肥。苗床一般应设置于大棚内或外部搭建小拱棚，以便于覆盖遮阳网降温和覆盖薄膜防雨。

播种前要保持畦面平整，将种子均匀地撒播，根据种子大小，播种量为2～3g/m^2，畦面覆盖遮阳网，然后均匀浇水，保持土壤湿润。

2）穴盘育苗。一般选择在大棚内安排合适的穴盘摆放场地，穴盘应水平摆放在育苗架或育苗床上，床面要求土质疏松平整，下部最好铺设硬质塑料，防止根往土里扎，利于盘根。大棚应覆盖薄膜和遮阳网，防雨降温。选择专用的蔬菜育苗基质或自配基质，自配基质可选用草炭＋珍珠岩＋蛭石（比例为3∶2∶1)，另加入适量腐熟有机肥、土壤杀菌剂（如50%多菌灵可湿性粉剂等)，用水稀释搅拌均匀，达到手握成团、松手即散时，及时填装穴盘。人工播种，每穴孔播1或2粒种子。大量播种也可利用播种机进行穴盘播种。播种后覆盖拌好的基质约0.5cm，遮阳网覆盖遮阴，浇足水分。

一般情况下，播种后2～3d出苗，出苗后注意及时去除覆盖物。幼苗出土后，水量不宜过多，对初出土的幼苗，每天浇水1次，之后隔天浇水1次。当幼苗2或3片真叶时，减少浇水次数。苗床注意通风降温，湿度不宜过大，防止徒长和病害。穴盘育苗，在幼苗2片真叶以后还需及时喷施叶面肥，5～7d一次。

苗床上的幼苗长至 3 或 4 片真叶时进行分苗，采用开沟假植的方法分苗，株行距以 10cm×10cm 为宜。缓苗后再浇一次小水，然后中耕蹲苗。穴盘育苗无须分苗。

（2）移栽及田间管理　花椰菜虽喜湿润环境，但多不耐涝，因此在多雨及高水位地区，应采取深沟高畦栽培，以利排水。栽培地块应选择壤土至黏壤土，并施足基肥，基肥应以腐熟的有机肥配合但以磷钾复合肥为主。

当花椰菜苗龄（包括假植时间）为 25～40d 时，就要及时定植于大田。定植的株行距因品种而异。株距一般为 40～50cm，行距为 50～60cm。选择晴天的下午或者阴天进行定植，这样有利于缩短大田缓苗时间。定植前幼苗打药，带土移栽到大田。

秋冬季栽培的花椰菜对基肥的需求较大，全生育期一般追肥 2 或 3 次。第一次在幼苗定植后新根发生时施“提苗肥”；第二次在植株长至叶簇形成期时追肥；第三次在现球前追肥。花椰菜在整个生长时期都应以氮肥为主，同时适量辅以微量元素，如铁、锌、钙和硼、钼肥。当进入花球形成期，应适当增施磷钾肥。

施肥应结合灌水进行。花椰菜在全生育期内需要水分较多，叶簇旺盛生长和花球形成时期，是水分临界期，如不能及时满足其对水分的需求，往往影响花球正常发育。在多雨地区要加强排水防涝工作，以免长时间浸泡导致沤根现象。从定植到植株封行以前，适时进行中耕除草以防土表板结或杂草滋生。

束叶覆球是保证花椰菜品质的重要技术之一，一般在花球露出时进行。束叶的方法是用花球外部的几片大的叶片将花球包裹，再用稻草等物轻轻捆扎一圈，捆扎时注意不要损伤叶片，此方法既可保证花球洁白美观，又可御寒并防止花球冻伤。近年来，由于劳动力成本的提高及自覆性好的花椰菜品种的大面积推广，此法已逐渐被弃用。

（3）采收　花椰菜花球从形成到采收所需的天数，因品种和栽培环境不同，差异很大。生产上以分期适时采收为主。采收的标准和时间，与花椰菜的种类密切相关。传统的紧花花椰菜的采收标准是花球充分长大，花球紧实，表面圆整，边缘花枝尚未散开；松花花椰菜的采收标准则是花球充分膨大，形态不再紧实而花枝相对松散，表面圆整，球面未有花枝抽起。采收时，花球外部带几张叶片一起采下以保护花球免受损伤，便于包装和运输。

2. 春季花椰菜栽培　相较于秋冬季栽培花椰菜，春季栽培花椰菜，对其品种和栽培技术有着严格要求。由于植株的营养生长期所处温度相对较低，如过早通过春化，诱导花球过早分化与形成，会出现“早花”。因此，选择合适的栽培品种、掌握合适的播种期尤为重要。一般应选择生长期较短而通过春化阶段较慢的品种。长江中下游地区，春栽花椰菜播种一般在 12 月，保护地育苗，翌年 3 月回暖时，露地定植于大田。同时，加强田间管理，水肥供应充足，使植株在有限的时间内充分长成足够大的营养体。结球期及时追肥，促进花球充实膨大。另外，春夏多雨季节，还需做好排水防渍工作。

3. 夏季高山花椰菜栽培　夏季高海拔地区栽培花椰菜，应选择适宜高海拔地区种植的花椰菜品种，品种应具有耐热、早熟、适应性强的特点，并且在 20～25℃花球可以正常发育。根据当地种植习惯，选择合适的品种和播种期，一般多在 4～6 月播种，7～9 月采收。具体栽培技术同上。

扩展 12-6

第六节　青　花　菜

青花菜（*Brassica oleracea* L. var. *italica* Plenck），又名西兰花，是十字花科芸薹属甘蓝种中

以绿色花球为产品的一个变种，一二年生草本植物，其形态和生长习性和花椰菜相似，但花球主要为绿色，且食用部分为肉质嫩花茎和花蕾群，加以生长强健，故有上述各名称。青花菜起源于意大利，演化中心为地中海东部沿岸，起初与花椰菜名称相混淆，瑞典生物学家林奈（Carl von Linné，1707～1778 年）将青花菜归入花椰菜内，1829 年英国人斯威策（Switzer）将青花菜从花椰菜中分出。

18 世纪欧洲已有栽培青花菜的历史，19 世纪初传入美国，后传到日本，清光绪年间传入我国，但当时我国人民尚未习惯食用，且产品保存期短，市场消费量小，因而未大面积推广栽培。19 世纪末或 20 世纪初，我国从日本和美国引入青花菜品种，并开展了栽培、储藏和育种工作。初期仅在香港、广东、台湾一带种植，随着国内及国际市场消费量增加、冷冻加工工业的发展和人民生活水平的提高，栽培面积逐步扩大，据不完全统计，2019 年我国青花菜种植面积已超过 8 万 hm^2。目前，除西藏外，我国其他各省（自治区、直辖市）已实现青花菜全覆盖种植，北方主产区为河北、山东、甘肃、陕西和河南等，南方主产区为云南、浙江、湖北、江苏、广东等，基本上实现了周年供应。

青花菜营养丰富，花球中含有丰富的多种维生素和矿物质，尤其是富含维生素 C、维生素 K、维生素 A 和钙、锰等。营养成分居同类蔬菜之首，被誉为“蔬菜皇冠”（程智慧，2010；黄科，2011；Hannah，2009）。国内外大量研究表明，青花菜花球中富含抗癌活性成分萝卜硫素，能够显著降低多种癌症（Hannah，2009；Sarikamis et al.，2006；Lee et al.，2019）、高血压等心脑血管疾病（Hannah，2009；Wu et al.，2004）、糖尿病（Hannah，2009；Bahadoran et al.，2013）等患病风险，是备受国内外消费者青睐的药食同源蔬菜。

一、生物学特性

1. 植物学性状

（1）根　青花菜为直根系作物，根系发达，主根明显，侧根分枝多，主要根群集中在 30cm 以内的耕作层中，花球发育期根系生长最快，采收期达到高峰。

（2）茎　主茎粗长，呈圆形，基茎短缩，下部细，靠近花球增粗，腋芽易萌发，营养生长期为矮缩茎，当完成春化阶段发育后才抽生花茎，花球发育期生长最快，主茎和分枝顶端都群生绿色花蕾。

（3）叶　单叶，互生，叶阔卵圆形至长椭圆形，基部深裂或呈耳状裂片，叶柄较长。叶色绿或深绿，叶面有蜡粉，较厚。叶片挺立，内叶无抱合性，叶数的多少因品种而异，一般有 20～30 片叶，形成花球的主要功能叶为 10～15 片。

（4）花、果实、种子　一般主茎上生长 10 多片叶子后，花茎先端稍微膨大，并生出几片小叶，然后形成花原基，膨大后由肉质花茎和短缩的小花梗及绿色群生花蕾形成绿色或紫色的主花球。因品种不同，花球横径一般为 10～20cm，单球重为 300～1000g。顶花球采收后，主茎腋芽抽生侧枝，侧枝顶端再着生小花球，可多次采收，故青花菜栽培期及供应期较长。

青花菜的花为复总状花序，花球成熟之后，各花茎伸长散开抽薹开花，但只有部分花枝顶端能够正常开花，花朵自下而上依次开放。花为完全花，花萼和花瓣各 4 片，花萼绿色或黄绿色，花冠黄色或乳黄色，呈十字形排列，紫色品种花萼为紫色。雄蕊 6 枚，4 长 2 短，花药两室，雌蕊 1 个，柱头状，子房上位，两心室。常异花授粉作物，虫媒花。青花菜的果实为长角果，扁圆柱状，长度为 7～10cm，具柄，表面光滑，由假隔膜分成两室，前端喙状。种子成排着生于假隔膜边，角果成熟后易爆裂。每个角果含种子 10 余粒，种子多为圆球形，千粒重因品种而异，一般为 3.5～4g。

2. 生长发育周期 青花菜的生长发育过程和花椰菜相似，可以分为发芽期、幼苗期、莲座期、花球生长期和抽薹开花结籽期。

（1）发芽期 自种子萌动至子叶充分展平、第一片真叶刚露出，一般需 7～10d。根据季节的不同，发芽期的长短不一。发芽靠种子自身储藏的营养，需要选用充实饱满的种子精细播种，保证有良好的水分、适宜的温度，利于发芽整齐。

（2）幼苗期 第一片真叶刚露出到第 5～8 片真叶展开，达到团棵，需 30d 左右。幼苗期的长短与其所处环境条件和管理水平密切相关，冬春季育苗，幼苗期长，夏秋季育苗，幼苗短。

（3）莲座期 自第 5～8 片真叶展开（团棵）到植株开始出现 0.5cm 大小的花球，俗称“现蕾”或“现球”，为叶簇生长和花序分化期，需要 30～50d，此期生长迅速。青花菜的花芽发育因不同的品种而异，诱导花芽分化的温度：早熟品种茎径达 3.5mm 时，在 10～17℃下经 20d；中熟品种茎径达 10mm 时在 5～10℃下经 20d；晚熟品种茎径达 15mm 时，在 2～5℃下经 30d 才能诱导花芽分化。花芽分化后，植株叶片不再增加，主要是功能叶片的增大，此期生长发育的目的是适时花序分化和加速叶片生长，应加强肥水管理，形成比较理想的植株体。

（4）花球生长期 自现蕾到花球能够采收，此期青花菜生长速度最快。因品种和季节不同，此期所需时间差异较大。早熟品种只需 20d 左右，中熟品种则需 30～50d，而晚熟品种现蕾期一般在 0℃左右的低温环境，生长发育缓慢，达到采收期的时间相对更长。

（5）抽薹开花结籽期 自花球开始松散，各级花茎逐步伸长，形成花枝和花朵，直至开花结籽，到种子成熟采收，因品种不同和当时气温高低，所需时间也不相同。一般抽薹期需 6～10d，开花期需 24～30d，花谢到种子成熟（结荚期）需 20～40d。

3. 对环境条件的要求

（1）温度 青花菜属半耐寒作物，性喜温和、湿润、冷凉的气候，在 5～20℃，温度越高，生长发育越快，发芽期最适温度为 20～25℃，幼苗期最适温度为 15～20℃。青花菜幼苗具有较强的耐热和耐寒性，可耐受约 10℃低温和 35℃高温，但超过 25℃会引起徒长，低于 5℃，生长缓慢，并容易提早通过春化形成早花，而不能获得优良花球。莲座期生长最适温度为 18～22℃，花球形成期最适温度为 15～18℃，25℃以上气温花球品质易劣。花芽分化期如遇 30℃以上高温，易产生“毛叶花球”。花球形成期如遇 30℃以上高温，易使一些花蕾失绿转黄，提早松散抽枝，失去商品性。如遇高温、阵雨或连阴雨，更会使花蕾腐烂。低温条件下，花球生长缓慢，但只要不受明显冻害仍可在 5℃以下低温继续生长，一般晚熟品种耐低温性更好。青花菜为绿体春化植物，不同品种对完成春化所需温度要求差异较大，因此周年栽培时注意选择适宜品种。

（2）光照 青花菜为长日照作物，生长过程中喜欢充足的光照，但对光的要求不严格。充足的光照有利于植株生长健壮，花球紧实，颜色深绿，品质优良。光照过强常易形成蕉蕾或散球。弱光会引起幼苗徒长、茎伸长、叶面蜡粉少、易感病、花球颜色浅、花蕾黄化等。球面覆盖也会导致颜色变浅发黄，因此生产过程中不需要像花椰菜一样进行束球或摘叶覆盖。

（3）水分 青花菜在整个生育期需水量较大，尤其在幼苗期、花球生长期供水必须充足，不耐旱也不耐涝，喜湿润条件，一般土壤相对含水量为 70%～80%，如湿度过大，容易造成植株病害和根茎腐烂。土壤过于干旱，易造成植株生长不良，影响产量和品质。花球生长期空气相对湿度在 80%～90%为宜。

（4）土壤 青花菜对土壤要求不严格，适应性较广，各种土壤均适宜生长发育。但以有机质丰富、疏松肥沃、保水保肥、排灌较好的壤土和砂壤土为宜。适宜的土壤 pH 为 5.5～8.0，但以 6.5 左右为最好。

（5）*矿质营养*　属喜肥耐肥性作物，整个生育期需要充足的肥料，其氮、磷、钾比例一般为 14∶5∶8，幼苗期对氮素的需要相对较多，花芽开始分化以后对磷、钾肥的需求量相对增加，在花球发育过程中对微量元素硼、钼、镁、钙肥需要也较多。因此，施肥时注意各种元素配合施入，不可偏施氮肥，氮肥多易造成花球疏松和花茎空心，营养生长期氮肥过多会延迟现蕾。现蕾前适当施用微量肥料能提高产量和花球品质。

二、品种类型与栽培季节

（一）品种类型

青花菜品种较多，适应性广，在我国大部分地方都可以种植，栽培季节长，一年四季均可种植。我国地理位置南北跨幅大，青花菜栽培具有独特的地理优势，基本可以做到周年供应，以露地栽培为主。

1. 按花球颜色划分　可分为青花球和紫花球两个类型，绝大多数品种属青花球类型，群生花蕾为绿色，紫青花菜茎叶主脉略紫，主花球呈暗紫红色，烹调时紫色变为暗绿色，不及青花球类型翠绿喜人，但抗逆性和适应性更强。

2. 按结花球习性划分　青花菜可分为主花球型和主、侧花球兼用型两类。主花球型品种的主要产品为顶生主花球，不产生侧枝或分枝性弱，侧枝结球能力也弱，一般为早熟品种；主、侧花球兼用型则其上所生侧花球也有商品价值，故可多次采收，早中晚熟品种都有。一般主、侧花球兼用型品种的生长势旺，生育期长，较宜在温暖地区应用，寒冷地区不宜应用。

3. 按生育期长短划分　青花菜可分为早、中、晚熟类型。一般全生育期为 90～100d（定植后 60～70d 收获）的品种属早熟类型，生育期为 100～120d（定植后 70～90d 收获）的品种属中熟类型，生育期显著超过 120d（定植后 90d 收获）的品种属晚熟类型。熟性不同的品种花芽分化要求不同的温度。

扩展 12-7

4. 按花蕾形状划分　可分为紧花球和松散（疏）花球类型。紧花球类型外型美观，易于运输包装，目前我国栽培的品种主要为紧花球类型。随着生活水平的提高，人们对口感的要求提高，口感好的松散型青花菜新品种也开始逐步进入市场。

（二）栽培季节

1. 夏秋季栽培　夏秋季露地栽培是青花菜基本的栽培类型，在我国各地都适宜，可以根据当地的气候条件和产品上市时间选择适宜的品种。播种时间一般在 6 月中下旬至 9 月上中旬，北方地区一般在 6 月中下旬至 7 月上旬播种，长江中下游地区一般在 7 月下旬至 9 月上旬播种，南部沿海地区一般在 8 月下旬至 9 月中上旬播种，品种选择以耐热性好的早中熟品种为主。

2. 秋冬季栽培　南方地区由于冬季比较温暖，适合青花菜露地越冬栽培，播种时间一般在 9 月上旬至 10 月。长江流域可以在 9 月上中旬播种，华南和西南地区一般在 9 月下旬至 10 月播种。秋冬季栽培前期气温比较高，后期温度较低，因此宜选择适应性强，耐寒性强的中晚熟品种。

3. 冬春季栽培　近年来，南方地区青花菜冬春季露地栽培面积不断扩大，该茬口在秋冬低温季节播种，利用保护地育苗，来年春季定植，温度回升时结球，4 月下旬至 6 月初采收。南方各地气温差异较大，应根据当地的气候条件和产品上市时间选择适宜的播种时间，长江中下游区域一般 1 月中下旬播种，华南、闽南和西南地区一般在 11 月下旬至 12 月上旬播种，平原地区一般在 12 月中上旬播种，高山地区一般为 12 月下旬至翌年 1 月中下旬。冬春季栽培苗期温度低，生长后期温度回升快，宜选择适应性强的早中熟、耐寒、较耐热不易早花的春季生态型品种。

4. 夏季高山栽培　青花菜喜冷凉气候，适宜于秋冬季栽培，夏季栽培难度大，花球产量和品质也无法满足需求。我国地形复杂，气候差异大，利用山区海拔较高、夏季气候凉爽的特点进行青花菜夏季栽培，对于满足生产需要、农民增收具有重要意义。夏季高山栽培应选择海拔 500m 以上、小气候条件较好的高山台地及类似地区，应选用耐热性强、抗病、早熟、适应性强的品种。根据当地气候和海拔，选择合适的品种和播种期，一般多在 4～6 月播种，7～9 月采收。

三、栽培技术

1. 播种育苗　青花菜性喜冷凉作物、发芽期最适温度为 20～25℃，幼苗期最适温度为 15～20℃，且不耐涝。大部分栽培季节育苗时处于 6～8 月高温多雨季节，或者冬季 12 月至翌年 1 月低温季节，均不利于幼苗的生长。因此，高温季节育苗工作必须采取遮阳降温和防雨措施，低温季节为避免幼苗冻害和先期抽薹，一般采取大棚冷床育苗，必要时采取多层覆盖保温或温床育苗。育苗方式主要有两种，分别为苗床直播育苗和穴盘育苗。

（1）*苗床准备*　播种前 30d，选择地势高、离水源较近、排灌良好、土质疏松肥沃的背风向阳地块做苗床，一般为遮阴、保温、防雨和抗风性能齐全的大棚、温室或小棚。苗床直播育苗，需在播种前翻耕、暴晒土壤，耕前每 $10m^2$ 苗床施用腐熟的有机肥 150kg、复合肥 0.5kg 作为底肥，耙碎后整平作畦，一般畦宽 1.2～1.5m、高 20～30cm。

（2）*播种*　播种前夜苗床或穴盘浇足底水，苗床均匀撒播 2～$3g/m^2$ 种子，穴盘每空 1 或 2 粒种子，覆盖 0.5cm 厚的覆盖土或基质，然后覆盖 2 或 3 层遮阳网保湿。播后应每天早晚在遮阳网上各浇水 1 次，以保持土壤湿润。

2. 苗期管理　播后 2～3d 大部分种子萌芽后及时揭去覆盖的遮阳网。齐苗后要撒细营养土、稻壳或锯末等护根。幼苗出土后，视苗情每 1～2d 用洒水壶或喷头早上浇水一次，若遇高温早晚各浇水一次。3 或 4 片叶时每天浇水 1 次，嫩苗早浇水，老苗晚浇水。

穴盘苗在播后 10～15d 第一片真叶展开后，及时进行间苗；苗床苗在 2 或 3 片真叶展开时进行假植，行株距为 15cm×10cm，大小苗应分类，假植后要立即浇水，促进活棵，活棵后适当减少浇水，促进发根。

整个苗期高温季节要注意做好遮阳网的管理工作，在出苗前可全天覆盖，出苗后白天盖，傍晚揭；晴天盖，阴雨天不盖。气温高于 30℃时盖，低于 30℃可不盖；一般白天上午 9:00 盖，下午 4:00 揭开，随着苗龄的增大，覆盖时间逐步缩短，定植前一周全天不盖，以利炼苗。低温季节育苗注意大棚通风口和内层保温棚的开关，一般晴天可早一点打开，晚点关闭，以利于通风，低温阴雨天可晚开早关，以利于保温。低温季节苗棚里夜温以不低于 12℃为宜。定植前适当练苗。

整个苗期应根据苗情控制浇水量，保持苗床见干见湿，一般不旱不浇，嫩苗早浇水，老苗晚浇水，浇水一般在早晚水凉、地凉时进行。整个苗期施肥 2 或 3 次，前期一般不施肥，定植前浇一次稀薄的尿素液或喷施叶面肥，再喷一次防病治虫农药，做到带肥带药移栽。

苗期需注意防治病害，主要有猝倒病、立枯病和根腐病，多复合侵染，病株零星发生时，轻度影响生产，严重时常造成菜苗成片坏死倒折，显著影响育苗。防治措施：苗期适时通风，降低苗床湿度。播种后盖土时，在每 $5m^2$ 苗床的盖土中加入 5g 的绿亨 1 号或恶霉灵，可有效防止猝倒病等病害的发生。苗期浇水不宜过多，避免幼苗徒长。及时拔除病株，撒施少量松土或草木灰去湿。青花菜壮苗标准：植株矮壮，下胚轴节间短，6 或 7 片真叶，叶色深绿，叶片肥厚、根系发达，无病虫害。

3．定植及田间管理 定植前，种植土地应全面翻耕作畦，翻耕时施足基肥，每亩施腐熟有机肥 2000～2500kg，三元复合肥 50～70kg，硼钼肥 1.5kg，肥料用量视地块肥力而定。降雨量多的地区，一般要深沟高畦，畦宽连沟约 2m，畦面平，沟深 25～30cm，沟宽 30cm，同时四周也要开好沟，以防涝害，每畦栽 4 行。

夏秋茬和冬春茬栽培时，当秧苗有 5 或 6 片真叶、苗龄 30～35d 时进行定植，冬春茬一般选择冷尾暖头天气定植，日平均气温稳定在 6℃以上时方可定植，苗期一般为 45～60d。定植时应做到"三带"：带土、带肥和带药移栽，注意保持苗的营养块或是基质块完整不散，以免伤根。定植时大小苗要分开，浅栽轻压。定植时一般行株距为 50cm×55cm，定制密度根据品种不同而适当调整，每亩栽 2200～2700 株。定植后浇活棵水，次日早晨再补浇透水。有条件的可用遮阳网（秋季）或小拱棚（春季）覆盖 2～3d，以利成活。

青花菜需肥量较多，在施足基肥的前提下，要及时追肥。采用"前促发苗，中稳壮实，后攻花球"的施肥技术。一般整个生育期需追肥 3 次左右，第 1 次追肥在活棵后，每亩开沟施三元复合肥 5～8kg 或尿素 10kg；第 2 次追肥在莲座后期，每亩施三元复合肥 15～20kg 或施尿素 10～15kg；第 3 次追肥在花球直径 2～3cm 时，每亩再施三元复合肥 25～30kg，根据田间土壤肥力可适量施硼钙镁肥。收获前 20d 不能追施无机氮肥。

青花菜对水分要求比较严格，在 70%～80%的土壤湿度条件下生长较有利。生长期间浇水可结合施肥，根据土壤湿度和植株生长状况而定。一般定植后 2～3d 需再浇 1 次透水，成活后控制浇水，以后保持土壤干干湿湿；花蕾发育肥大期，需要较多的水分，应及时浇水或灌水；结球后期控制浇水量，采收前 7d 禁止灌水，减少花球含水量。遇台风、暴雨等灾害性天气，要严防畦面积水，并要及时做好清沟排水工作。在寒潮来临前 1～2d，土壤要浇透水。

扩展 12-8

4．采收 青花菜的适宜采收期比较短，必须及时采收。在青花菜花球发育充分、花蕾尚未松开之前采收为好，过早采收产量低，过迟采收质量差。采收标准是：花球充分长大、花蕾细致紧密、颜色浓绿，边缘尚未散开，花球直径在 12～15cm。一般在清晨或傍晚采收为宜。采收时，连花球下部约 10cm 花茎一起割下，采后去除大部分叶片，保留花球周围 3 或 4 片小叶。青花菜花球不耐储藏和运输，采收后及时包装或销售，运输过程中要防止挤压，一般用塑料筐装运，防止损伤。

第七节 茎用芥菜

茎用芥菜是以膨大的肉质茎或腋芽供食用的变种。茎用芥菜有茎瘤芥、笋子芥和抱子芥三个变种，可鲜食和加工。以茎瘤芥为原料腌制加工的产品称为榨菜，榨菜是一种半干态非发酵性咸菜，因其早期制作工艺中使用木榨对芥菜进行压榨以排除多余的水分而得名，是中国名特产品之一，与法国酸黄瓜、德国甜酸甘蓝并称世界三大名腌菜。茎用芥菜的主要产区为重庆、浙江和四川，许多省（自治区、直辖市）有引种栽培。

一、生物学特性

茎用芥菜一般作为二年生蔬菜栽培，8～10 月播种，11 月至翌年 2 月采收食用器官。以茎瘤芥为例，介绍茎用芥菜的生物学特征，其他类型只突出介绍其要点。

1．植物学性状

（1）根　直播的芥菜根系发达；主根土壤结构良好及深耕情况下，入土可达30cm以上，侧根和须根的分布范围也较广。生产中由于育苗移栽时使主根受伤，90%以上的根系分布在0～20cm的土层，一半以上的根系分布在0～10cm，田间生长的根系是各级侧根大量发育而形成的。

（2）茎　茎直立。在营养生长期为短缩茎，有不明显的节，节上着生叶片，并具腋芽。植株达一定大小并具备条件后，顶芽分化为花芽。开花结实时抽出高大薹茎。薹茎高达150cm以上，其节间从下至上依次增长，茎呈棱形。茎上着生薹茎叶，每个叶腋间的腋芽逐渐伸长形成一次分枝，一次分枝上的腋芽抽生二次分枝，二次分枝上的腋芽抽生三次分枝。分枝的多少与水肥条件、种植密度有关，播种期的早晚、营养器官生长量的大小也影响薹茎的分枝。

茎用芥菜三个变种（茎瘤芥、笋子芥及抱子芥）的形态各异，但其茎部都发育成膨大肉质茎。茎瘤芥的茎可分为缩短茎及膨大茎两段。缩短茎为子叶节以上至最低功能叶节的一段；正常情况下，该茎段较短，节间也很短，茎圆而无棱，叶痕较窄且不明显。膨大的肉质瘤茎又简称瘤茎或肉质茎、膨大茎，生产上则习惯称为菜头或青菜头，是缩短茎以下着生功能叶的一段；瘤茎短而肥大，柔嫩多汁，是鲜食及加工的主要部分，是作榨菜的原料；瘤茎的形状有纺锤形、近圆球形、扁圆球形、羊角菜形等；单个肉质瘤茎的重量依品种、地区、栽培目的及播种期等主要栽培措施而异，一般为0.3～0.5kg，最重可达1.5～2.5kg；膨大茎皮颜色为淡绿或绿色，表面具光泽或被蜡粉，肉质白色细嫩，主要是次生木质薄壁细胞形成，次生木质部外层的导管等形成纤维，俗称为“筋”；皮层木栓层及韧皮部构成菜皮；菜头的含水量一般在90%以上。茎瘤芥菜品种不同，其菜皮的厚薄、筋的多少、含水量的高低都有差异。同一品种，收获过迟，皮厚筋多，含水量高，加工后的成菜率低，榨菜品质不佳。

笋子芥和抱子芥是茎用芥菜的另外两个变种。笋子芥又称为棒菜、菜头或笋子青菜；膨大茎呈棒状，茎上无明显的瘤状突起；作鲜食，不宜加工。抱子芥又称为儿菜、抱儿菜。在芥菜膨大茎上功能叶叶腋的侧芽发达呈肥大的肉质腋芽，长纺锤形，芽顶钝圆，肉质腋芽长达15cm左右，宽3～7cm，平均重约10g，最重可达220g。主茎纵径约20cm，横径5～7cm，单株可长出腋芽20～30个，其中8～15个发育为肥大肉质腋芽，肉质主茎与肉质腋芽的重量比约为1∶4。肉质腋芽绿白色，鲜食质脆嫩、味美、鲜食清香略带甜，无苦味；也可腌制，但因含水量太高、质地过嫩而不宜作榨菜。

（3）叶　芥菜的子叶呈肾形，萌芽展开后由黄转绿。继则发生两片对生的真叶，与子叶形成十字形。以后的真叶互生在茎上，一般5片叶形成叶环，其着生方向因类型、品种不同。第一叶环前的7片叶统称为基生叶，以后陆续发生的第二叶环至第四叶环为主要的功能叶，为产品器官的形成和发育提供同化物质。

芥菜的茎生叶，即着生于薹茎和其分枝上的叶，是开花结实期主要的功能叶。茎生叶叶身短狭，叶柄短小，不抱茎。直接着生于薹茎上的叶片数目因品种、类型不同而异，与播种期早迟、种植密度及水肥条件等有密切关系。

（4）花　花序为复总状花序。花瓣完全平展时呈十字形，颜色浅黄至鲜黄色。4强雄蕊、雌蕊单生、子房上位。一日之内开花在4:00～18:00进行，而花朵盛开和散粉的时间是10:00～16:00。单个花的花期为3～4d，整株花期的长短因品种而异，一般在20d左右；花期也与气温、肥水等环境条件有关。

（5）果实及种子　芥菜自交结实率高，各变种、品种之间可彼此互相杂交结实，无生殖障碍。果实为长角果，每果实内有种子 10～20 粒。种子呈圆形或椭圆形，色泽有红褐、暗褐等，正常无病株的种子千粒重 1g 左右。种子色泽与收获期的早晚有关，收获较早者，种子偏红，收获过迟者，种子偏暗褐色。干燥保存的种子发芽率可保持 3～4 年。部分芥菜种子具有休眠特性，休眠期因品种不同产生差异。

2．生长发育周期 茎用芥菜不同的变种在我国一般均作为二年生蔬菜栽培，秋季播种，冬季或翌春采收食用器官，春夏开花结实。若播种过早，当年可开花结实而成为一年生作物。生长发育过程可分为以下几个时期。

（1）发芽出土期　当种子吸收本身重量 80%～90%的水分之后，在适宜的温度条件下开始萌动，其出苗时间的长短直接受温度的影响。随着秋季播种期的延迟，播种至出苗所需时间也就延长。如果播种后土壤水分不足或干旱，播种至出苗的时间将更延长，甚至不出苗。

（2）幼苗期　出苗后产生第一片真叶至茎部开始膨大这一阶段称为幼苗期。第一对真叶与子叶交叉成“十”字，此期称为拉十字。以后陆续产生新叶，一般每 5 片真叶即可绕茎 2 周，完成一个叶环，即形成第一轮莲座叶，称为“团棵”。以后继续发生第二叶环，并开始形成主要功能叶。幼苗期的长短因地区和播种期的不同而相差很远。例如，重庆涪陵地区在 9 月上旬播种者，于 11 月上旬茎部开始膨大，苗期为 60～70d；而浙江主产区 10 月上旬播种者，以大苗越冬至翌年 2 月下旬茎部才开始膨大，苗期长达 130d。

（3）产品器官形成期　茎用芥菜从茎部开始膨大至瘤茎充分成熟，并开始现蕾的阶段为瘤茎膨大期。在重庆涪陵一般在 11 月上中旬瘤茎开始膨大，2 月采收，瘤茎膨大期约 100d。随着播种期的推迟，这一阶段显著地缩短。浙江桐乡一般瘤茎在 2 月中下旬开始膨大，4 月上中旬成熟，其膨大期为 55d 左右。芽芥菜在叶片长到一定数目后，主茎开始膨大，当肉质主茎长到相当大小，日长逐渐增加，温度回升之后才大量、迅速地抽生腋芽，在 2～3 月长成肥大肉质茎，生育期为 90～160d。

（4）开花结实期　从第一批花朵开放到种子成熟为开花结实期。重庆于 2 月中下旬，浙江于 4 月上中旬瘤茎充分膨大后开始现蕾。现蕾后 5～8d 开始抽薹，抽薹后 20～28d 开始开花。

3．对环境条件的要求

（1）温度　茎用芥菜喜冷凉与湿润的环境，不耐霜冻、炎热温度。对芥菜出苗期有较大影响。在田间水分充足的情况下，15℃需 104h 出苗、20℃需 72h 出苗、25℃需 60h 出苗、30℃需 48h 出苗、35℃时出苗时间延长到 68h、在 40℃下种子难以发芽。芥菜苗期对温度的适应范围较广，较耐热和耐寒。其生长适温为 15～25℃。其中，第一叶环形成期适温为 20～25℃，第二叶环形成期为 15～20℃。瘤茎膨大最适宜的均温为 8～13.6℃，遇到 15℃以下的温度，茎部便可开始膨大形成瘤茎。在 0℃以下肉质茎易受伤害。茎芥菜通过春化阶段对低温的要求不严格。

（2）光照　茎用芥菜对日照要求不高。光照时数对茎用芥菜生长发育有一定的影响，在温度低、日照少，特别是昼夜温差大的环境下，有利于养分转运贮藏而形成肥大的肉质茎。如‘浙桐 1 号’在光照 12.7h 以下均有利于肉质茎的形成；如果光照超过 13h，则不利于瘤茎的膨大。芥菜花芽分化对光照时数要求不严格，但延长日照，能加速生长发育；秋播过早，幼苗期受到高温长日照影响，会导致先期抽薹。

（3）水分　芥菜喜湿润环境，不耐涝，故既要求土壤排水良好，又要经常保持土壤的湿润。水分过少会影响根系和植株营养生长，还会使蚜虫增多，不利于抑制病毒病；同时也会影响品质，增加产品的纤维，使之不适于加工。水分过多又会使植株柔弱徒长，加重软腐病。

（4）土壤与矿质营养　茎用芥菜对土壤养分要求较高，对氮、磷、钾三要素都有一定的要求。例如，茎用芥菜品种‘蔺市草腰子’在重庆产区菜头最大生长量为0.34kg时，最佳施肥组合为N 386.1kg/hm^2、P_2O_5 78.3kg/hm^2、K_2O 126.9kg/hm^2。三种肥料的效应为氮＞钾＞磷，但不能偏施氮肥，以防徒长和瘤状茎空心。此外，植株正常的发育对钙、镁、硫、硼、铁等也有一定的要求。

二、品种类型与栽培季节

茎用芥菜种质资源丰富，各地仍有一些地方性品种。作为加工榨菜的原料，茎瘤芥对品种的要求是产量高、较耐病毒病、不易抽薹、膨大茎含水量较低、不易空心、品质柔嫩、瘤突浑圆、便于修整、耐寒力较强等。在重庆和浙江产区品种熟性一般不是首要问题；在华北、东北地区宜选择生长短的早熟品种。

浙江省的春茎瘤芥品种特征特性表现为半碎叶，叶片较多；茎瘤略小，一般为200～300g。品种冬性较强，需要相对较低的温度和较长的时间才能通过春化。浙江省目前主栽的品种有‘缩头种’‘浙桐1号’‘甬榨2号’‘余缩1号’‘潮丰1号’‘浙丰3号’等，均为常规品种。

重庆、四川茎瘤芥品种大多数为冬茎瘤芥，播种期较早，春节前后就已经采收，特征特性表现为叶形板叶，叶少，茎瘤大而圆钝，瘤状茎质量为0.5～1.0kg，比春茎瘤芥品种瘤状茎质量大。品种的冬性相对较弱，在相对较高的温度下，短时间内就能通过春化而抽薹开花。重庆、四川目前主栽的品种有‘涪丰14’‘永安小叶’‘涪杂2号’‘涪杂5号’‘涪杂8号’等，包含常规品种和杂交品种。浙江温州的冬茎瘤芥主栽品种以‘瑞安香螺种’为主。

浙江的春茎瘤芥一般在9月下旬至10月上旬播种，翌年4月上中旬采收，重庆、四川茎瘤芥大多数为冬茎瘤芥，播种期较早，春节前后就已经采收。

茎瘤芥生产上的问题多且复杂，对播种期的要求较严格，各地每年的播种期均较稳定而集中，日期的变幅较小；但同一品种、同一地区、同一季节，年度之间仍有一定变化。因此，生产者必须每年在传统播种期的前后密切注意天气变化情况；若当年秋凉较早，温度下降较快，阴雨较多，湿度较大，可适当提前播种，争取苗期生长量加大，叶部及根系的生长更健旺，总生长期延长，获得高产。相反，若当年初秋日照强烈、温度居高不下，湿度很低，就必须适当推迟播种，以减轻病害，争取产量不降低。各地区应因地制宜安排品种，以提供新鲜蔬菜为主且病毒病重病区，应选用耐病和抗病品种；以提供加工原料，且病毒病轻的产区，宜选用适合加工的品种。不同地区对品种选择的条件还应有所侧重，如浙江冬季低温常造成冻害，除一般条件外，还应着重考虑品种的耐寒性问题及菜头空心和未熟抽薹问题。抱子芥生长期长、苗期耐热性稍强于茎瘤芥，播种期可提前至8月下旬。四川东部以处暑至白露播种为宜，山地地区播种期宜早，平坝地区宜晚。

浙江春茎瘤芥多种植于滨海平原，特别是余姚一带。四川、重庆的冬茎瘤芥多种植于长江两岸海拔500m以下的山地、丘陵地带。浙江省茎瘤芥栽培多采用与桑树、果树、蚕豆、小麦、棉花、绿肥、水稻等间作套种，充分利用了土地和光照资源，提高了单位面积的综合经济效益。

重庆市涪陵区旱地的传统耕作模式是春季种植玉米套甘薯，冬季种植茎瘤芥，如采用蚕豆或小麦与茎用芥菜间作的方式，实行两行小麦或两行蚕豆间一行或两行茎用芥菜。以后实行蚕豆/小麦＋芥菜→甘薯＋玉米→芥菜＋蚕豆/小麦的交替轮作。在粮食作物区用甘薯→芥菜→玉米的方式；经济作物区用棉花（烟草）→芥菜→棉花（烟草）；当前也有果园套种榨菜、苎麻套种榨菜、稻田套种榨菜、绿肥套种榨菜、辣椒-棉花套种榨菜，生姜-丝瓜-榨菜立体套种的方式。

1. 茎瘤芥（*Brassica juncea* var. *tumida* Tsen et Lee）　茎肥大肉质，纺锤形、近圆球形或扁圆球形等，肉质茎上叶基外侧有3～5个明显的瘤状凸起物。按肉质茎和肉瘤的形状，可分为4

个基本类型。

（1）纺锤形　肉质茎长13～16cm，横径10～13cm，两头小、中间大，如四川的‘蔺市草腰子’‘细匙草腰子’等品种。

（2）近圆球形　肉质茎长10～12cm，横径9～13cm，纵横径基本接近，如四川的‘枇杷叶’‘小花叶’等品种。

（3）扁圆球形　瘤状凸起大而钝圆，肉瘤间的“间沟”很浅。肉质茎长8～12cm，横径12～15cm，长小于横径，如四川的‘柿饼菜’和浙江的‘半碎叶’品种。

（4）羊角菜形　瘤状凸起尖或长而弯，似羊角。只宜鲜食，不宜加工榨菜，如四川的‘皱叶羊角菜’‘矮杆蔓青菜’等品种。

茎瘤芥在四川、浙江栽培面积最大，湖北、江苏、江西、福建、安徽、河南等地也有少量栽培。主供加工榨菜，也可鲜食。

2．笋子芥（***Brassica juncea*** **var.** ***crassicaulis*** **Chen et Yang**）　茎肥大肉质，棒状，无明显的凸起物，长25～30cm，横径6～10cm。肉质茎鲜食，不宜加工，在四川、江西、湖北等地栽培较普遍，主要品种有‘竹壳子棒菜’‘白甲菜头’‘迟芥菜头’‘青甲菜头’‘南充棒菜’等地方品种。鲜食品种有‘羊角菜’‘菱角菜’‘棒菜’‘大狮头’‘二狮头’等。

3．抱子芥（***Brassica juncea*** **var.** ***gemmifera*** **Lin et Lee**）　茎及茎上各侧芽均肥大肉质，肥大侧芽为不正的纺锤形或圆锥形，长8～13cm，横径3～7cm。主供鲜食。抱子芥目前多在四川、重庆及湖北西南地区栽培，按侧芽的形状和大小，可分为两个基本类型。

（1）胖芽型　每株密生肥大肉质侧芽15～20个，侧芽呈不正的圆锥形，每芽长10～15cm，横径5～7cm，纵横径比值在2.5以下，单个芽平均鲜重在50g，如‘大儿菜’‘妹儿菜’等品种。

（2）瘦芽型　每株密生肥大肉质侧芽25～30个，侧芽呈不正的纺锤形，每芽长11～14cm，横径3～4cm，纵横径比值在3.5以上，单个芽平均鲜重在35g，如‘下儿菜’‘抱子青菜’等品种。

三、栽培技术

1．播种及育苗　目前生产上大多采用育苗后育苗移栽，少数地区用直播法，但占地时间较长，管理比较麻烦。育苗可集中在设施中进行，减轻干旱、暴雨及蚜虫为害，省力而效果好。

（1）种子处理　大部分茎用芥菜的种子有休眠期，休眠期在30d以上，生产中使用陈年种子，若用当年采收的种子，则需要对种子进行打破休眠的处理。用低温处理及干燥的种子在4℃的冰箱冷处理4～7d，或者100～200mg/L的赤霉素处理可以打破休眠。

（2）苗床选择及整地　选择中性或微酸性砂壤土地块作苗床，要求2～3年未种植十字花科作物，平坦向阳、肥沃，排灌方便、保水性良好、无污染。做厢宽1.3～1.5m的苗床，厢长随地形和需要而定，沟宽20～25cm，沟深15～20cm。起厢时施三元复合肥300～450kg/hm^{2}作基肥，基肥与床土混匀后整细、整平，并用50%多菌灵可湿性粉剂与50%福美双可湿性粉剂按1∶1的比例混合喷雾后备用。

若用穴盘育苗，育苗基质可用3∶1∶1的草炭、蛭石和珍珠岩配制，加入三元复合肥2.5kg/m^3。基质用200g/m^{3}多菌灵进行消毒。配制好的基质应均匀一致，湿度适宜，持水量在65%左右。每1000盘标准128孔苗盘备用基质3.8m^3，72孔苗盘备用基质4.65m^3。育4或5片叶的苗选用128孔苗盘，育6片叶以上的大苗可选用72孔苗盘。

（3）播种　四川、重庆地区秋播茎瘤芥以8月25日至9月10日播种为宜，早于8月25

日或晚于 9 月 10 日会出现先期抽薹，其他地方播期参照本地栽培习惯合理安排。抱子芥苗期耐热力稍强于茎瘤芥且生长期长，播种期可稍提前。四川东部地区以处暑至白露为宜，山地可稍早，平坝地区稍晚。重庆地区以处暑后几天播种的产量为最高。

依据种子发芽率高低，大田用种量为 450～900g/hm^2。因榨菜种子细小，播种时可用 2～3 倍细砂或干细土拌匀后分 3 次撒播。播后浇透水，使种子与泥土紧密接触，然后用遮阳网覆盖，保持土壤水分，利于出苗整齐。

穴盘育苗的基质的湿度要适宜，松紧程度以装盘后左右摇晃基质不下陷为宜。压孔深度为 1cm 左右，播种时应使种子正好落于孔的正中央。播完种后用蛭石均匀覆盖，并用木板刮平。并做好标志牌、注明编号、播种日期、品种名称和播种盘数。播种结束后统一浇水，浇水一定要浇透，直至能看到水从穴盘下部孔隙中滴出为止。

（4）苗期管理　幼苗出苗后及时揭掉遮阳网，搭好拱棚。当幼苗出现第 2 片真叶时，进行第 1 次匀苗，苗距保持 3～4cm；当第 3 片真叶出现时，进行第 2 次间苗，去掉劣、病、弱苗及生物学混杂的特大苗。在第 2 次间苗后，可施腐熟的稀薄液肥或 0.1%的尿素。芥菜穴盘苗容易徒长，幼苗生长期间根据天气情况进行水分管理，在真叶未发出之前适度控水，真叶发出后浇水的原则是不干不浇，浇则浇透。如遇干旱，增加施肥次数，降低肥料浓度和进行田间除草等。苗期应彻底防治蚜虫，并防治猝倒病等病害。设施内可使用防虫网防止蚜虫飞入，使用黄板诱杀蚜虫、粉虱等害虫；必要时使用吡虫啉、啶虫脒等药剂防治蚜虫。苗期还应注意小菜蛾、菜青虫、甜菜夜蛾、斜纹夜蛾、甘蓝夜蛾等鳞翅目害虫和黄曲条跳甲等鞘翅目害虫的危害。

2．整地

（1）土壤选择　宜选择排灌良好、土层深厚、保水保肥力强的壤土。栽植地块还要注意远离病毒源（十字花科）植物，尽可能避免与十字花科作物连作。

（2）整地作畦　在前茬收获完毕后，进行深耕晒垡，翻耕深度为 25cm 左右。定植前两周作畦，施腐熟有机肥 22 500～30 000kg/hm^2、三元复合肥 600～750kg/hm^2、过磷酸钙 300～450kg/hm^2 作基肥。一般做深沟高畦，畦高 13～20cm，降雨量较多和地下水位高的地区畦面高些，而降雨量较少和地下水位低的地区畦面可低些。畦宽 1.2～1.6m，每厢栽 2 行。

（3）覆盖地膜　地膜覆盖可以保湿、保温，促进植株生长。夏季高温季节可选择黑色地膜或银灰地膜，同时具有防草和防蚜虫的作用；地膜要压盖严实。

若采用水肥一体化的灌溉施肥方式，可在作畦后将滴灌或喷灌管道铺设于畦上，然后盖地膜。

3．定植

（1）定植适期　苗龄达 35～40d、5 或 6 片真叶的幼苗为定植适期。重庆、四川一般于 10 月中下旬至 11 月上旬定植，浙江产区春榨菜一般于 11 月初定植。

若定植期正处于高温季节，选择阴天或晴天下午 3:00 以后起苗定植。定植前一天苗床浇水，以便带土移栽，提高成活率。定植前进行筛选，剔除劣苗，选择整齐一致、无病无虫的壮苗定植。栽苗时应理顺根系，可去掉过长的直根。栽苗深度以泥土盖至根颈部为宜。使用地膜覆盖的田块，定植时避免秧苗直接与地膜接触以防烫伤。定植后浇足定植水。

（2）定植密度　根据气候条件、栽培目的、种植水平和品种特性，种植密度一般为 90 000～120 000 株/hm^2。以“小坨苗”越冬的地区，均行密植，密度为 180 000～220 000 株/hm^2，四川、重庆则为 90 000 株/hm^2。在此范围内，早播者宜稀、晚播者宜密，用作鲜食蔬菜栽培者宜稀，用作榨菜加工原料栽培者宜密，肥土宜稀、瘦土宜密。移栽后用低浓度的高效菊酯类农药对水浇灌定根，确保成活、苗齐。抱子芥一般行距 60cm，株距 50cm，密度为 30 000～33 000 株/hm^2。

4. 田间管理

（1）中耕除草　未封行之前，结合肥水管理进行中耕除草、疏松土壤。松土的原则是秧苗生长早期进行深中耕、近中耕（靠近植株）；中期进行浅中耕、远中耕。操作时注意不伤叶柄，不要埋没菜心，沟土要清理均匀，以利于排灌。覆盖地膜的田块则不需要中耕和除草。

（2）施肥　榨菜移栽成活后，用 75kg/hm^2 尿素兑 15 000kg/hm^2 沼液进行第 1 次追肥，以便保墒补肥、提苗；当有 7 或 8 片真叶时，用 90kg/hm^2 尿素兑 15 000kg 沼液或 15 000kg 清粪水进行第 2 次追肥，促苗健壮越冬；开春后视植株长势情况再追肥 1 或 2 次，追肥量在第 2 次的基础上适当增加浓度，并施入适量钾肥。收获前 20d 停止追肥。

早市鲜榨菜的生长期仅 60d 左右，需肥量较正常季节栽培小，但要求施肥及时，以满足其生长发育的需要。在施肥上，要施足底肥，薄施勤施追肥。

茎瘤芥对氮、磷、钾的旺盛吸收期为 13～18 片叶，吸收量为全期的 65%～76%，此期应保证氮磷钾的充足供应。若采用水肥一体化灌溉施肥方式，可在 8 叶期施用总追肥量的 20%，13 片叶期施 70%。

（3）水分管理　前期以轻灌为主，保持土壤湿润。中后期干旱无雨时，需要及时灌溉，生长期尽量保持土壤水分稳定，避免过干过湿。降雨多的年份注意开沟排水。

5. 采收　重庆产区以菜头刚“冒顶”时为收获的最适宜时期。“冒顶”是指用手分开顶端 2 或 3 片心叶能见淡绿色花蕾的时期，在立春至雨水之间，过早收获，瘤茎未充分成熟，产量不高；过晚收获，含水量增加，皮筋增厚增粗，易抽薹空心、降低加工品质。浙江产区的肉质瘤茎主要在 3 月下旬至 4 月 20 日增长，抽薹与瘤茎同步进行，薹高 3cm 是采收的临界期，以薹高不超过 3cm 为宜。

四、茎瘤芥异常生长现象

1. 先期抽薹

（1）症状　瘤茎不能正常膨大而变长、变细，植株提前抽薹。轻者形成“箭杆菜”，重者瘤茎几乎不能膨大，无商品价值。

（2）发生原因　受种性、光周期、气温和栽培条件等因素影响，瘤茎不能正常膨大，营养生长提前转化为生殖生长。具体原因如下：①茎瘤芥品种长期种植引起种性退化；②受品种特性影响；③播期过早；④瘤茎膨大期气温过高，一般瘤茎膨大期旬平均气温高于 16℃，易发生先期抽薹；⑤徒长苗（高脚苗）、弱苗及苗龄太长的僵老苗等劣质苗，不能正常进行营养生长；⑥受病虫害、肥水或其他不利生长条件影响，营养生长受阻。

（3）防治措施　主要有以下几种：①选用适宜本地区栽培的优良品种，适时播种，遇有高温天气，适当推迟播种；②匀播稀播，加强苗期管理，适时间苗，培育壮苗，避免发生“高脚苗”；③推广平衡施肥技术，增施有机肥，加强大田肥水管理和病虫害综合防治，保证植株健壮生长、瘤茎正常膨大。

2. 空心

（1）症状　在瘤茎生长过程中，由髓部薄壁细胞崩裂所致，初期呈小裂缝，后形成大空腔，根据其内壁颜色分为白空菜、黄空菜（空腔积水）和黑空菜（空腔积水、腐烂），颜色越深，品质越差，黑空菜无商品价值。

（2）发生原因　主要有以下几种：①偏施氮肥，磷、钾、硼等养分不足，造成植株徒长；②瘤茎膨大期气温高，光照不足，昼夜温差小，难以满足瘤茎膨大的需要；③水分供应不均，前期干旱，后期雨水过多，空心率高；④发生先期抽薹和腋芽抽生，内部养分转移，瘤茎膨大养分不足；⑤采收过晚，开始抽薹而消耗养分；⑥受品种特性影响。

（3）防治措施　主要有以下几种：①以增施有机肥为主，避免偏施氮肥，增施磷、钾、硼等多元肥，确保营养生长的各种养分供给均衡；②及时排灌，保证瘤茎膨大期水分均匀供给；③选用适宜本地区栽培的优良品种；④适时播种，避免发生腋芽抽生和先期抽薹现象；⑤及时采收。

3．腋芽抽生

（1）症状　在瘤茎膨大期，腋芽过早萌发抽生，影响瘤茎的正常膨大，且易引起先期抽薹和空心，严重时瘤茎不膨大，呈丛状生长，无商品价值。

（2）发生原因　主要有以下几种：①氮肥施用量过大，特别是前期偏施氮肥，肥水过剩，植株旺长，极易抽生腋芽；②种性退化；③播期过早；④腋芽发生与品种特性有关；⑤顶芽受到伤害。

（3）防治措施　主要有以下几种：①增施有机肥，坚持平衡施肥，避免偏施氮肥；②选用适宜良种，适期播种；③及时防治病虫害。

第八节　叶用芥菜

叶用芥菜是芥菜类蔬菜中变种最多（包括分蘖芥、结球芥、宽柄芥、大叶芥、小叶芥、叶瘤芥、花叶芥、白花芥、长柄芥、卷心芥、凤尾芥 11 个变种）、适应性最广的一类，以叶或叶球为食用器官，又名青菜、辣菜、春菜等，适宜炒食或加工。我国叶用芥菜栽培历史悠久，分布南北各地。变种和品种间对环境的适应性具有差异，一般大型包心的变种和品种对环境条件要求较严格，而小型或以幼苗供食用的类型适应性较强。

一、生物学特性

1．植物学性状　叶用芥菜的根、花、果实和种子与茎用芥菜相似，白花芥变种的花为乳白色。茎在营养生长期为短缩茎，秋季播种的品种，当年 11～12 月开始进行花芽分化，冬性弱的品种当年可抽薹，多数品种翌年 2～4 月抽薹开花。茎秆直立，分枝多，花茎可高达 2m。

叶用芥菜因叶部形态不同而形成不同的类型和品种。叶的形状有椭圆、卵圆、倒卵圆、披针形等；叶色有绿、深绿、浅绿、绿色间血丝状条纹及紫红色或被银灰蜡粉而呈灰绿色等；叶面有的平滑，有的皱缩；叶背及中肋上常有稀疏柔软的刺毛和蜡粉；叶缘锯齿状或波状，全缘或基部浅裂或深裂，或全叶具有不同大小深浅的裂片；叶片中肋或叶柄有的扩大成扁平状，有的伸长，也有的伸长为箭杆状，有的形成不同形状的突起，或曲折包心结球。叶芥菜的叶序排列为 2/5 的叶序（5 叶绕茎 2 周而成一个叶环，叶间开展角 $360°×2÷5=144°$）或 3/8 的叶序（8 叶绕茎 3 周而成一个叶环，叶间开展角 $360°×3÷8=135°$），叶环数的多少因变种类型、品种及栽培条件而异，一般大叶形的芥菜品种有叶片 20～30 片，而形成产量的叶片数主要为 10 片左右。叶芥菜的茎生叶，即着生于薹茎和其分枝上的叶，是开花结实期主要的功能叶。薹茎叶叶身短狭，叶柄短小，不抱茎。直接着生于薹茎上的叶片数目因品种、类型不同而异，与播种期早迟、种植密度及水肥条件等有密切关系。

2．生长发育周期及对环境条件的要求　叶芥菜生育周期包括营养生长期和生殖生长期。营养生长期又分为发芽期、幼苗期、莲座期、产品器官形成期；生殖生长期分为抽薹期、开花结果期。

（1）发芽期　自种子萌动至两片叶子展开，真叶显露。适温为25℃左右，需5～6d。当种子吸收本身重量80%～90%的水分之后，在适宜的温度条件下开始萌动，其出苗时间的长短直接受温度的影响。随着芥菜秋季播种期的延迟，播种至出苗所需时间也就增长。如果播种后土壤水分不足或干旱，播种至出苗的时间将更延长，甚至不出苗。

（2）幼苗期　出苗后产生的第一片真叶至茎部开始膨大这一阶段称为幼苗期。第一对真叶与子叶交叉成"十"字，此期称为拉十字。适温为22℃左右，需20～30d。

（3）莲座期　第1至第2叶环形成。幼苗拉十字以后陆续产生新叶，一般每5片真叶绕茎2周，完成一个叶环，即形成第一轮莲座叶，称为"团棵"。以后继续发生第2叶环，并开始形成主要功能叶。莲座期的长短因地区和播种期的不同而相差很远，适温为18℃左右，需20～30d。

（4）产品器官形成期　形成第2或3叶环时，进入叶用芥菜产品器官形成期。此时结球芥菜开始结球，分蘖芥菜的腋芽发生分蘖，以叶柄或中肋供食的宽柄芥菜均加速其生长和增厚。该生长期适宜的平均温度为10～15℃，需30～60d。不同变种类型、品种对温度的适应性不尽相同。散叶类型或以幼苗供食的类型较耐高温，如雪里蕻、'凤尾芥'、'南风芥'；分蘖芥耐高温和低温的能力均较强；食用器官特别肥大的类型（如结球芥）对高温的适应性较差，结球芥、分蘖芥在具有一定数目的莲座叶后开始结球或分蘖，在适期播种的情况下，食用部分长大后莲座叶基本不再增加；而延迟播时，食用部分和莲座叶可同时增长。不结球或无分蘖的叶用芥菜品种则无明显的莲座期。

（5）生殖生长期　叶芥经过第一年冬季的低温条件后，在次春温暖日长条件下即抽薹开花结实，但一般冬性较弱，对低温要求不严格，而对长日照较为敏感，如四川的早芥菜秋播较早，当年就能抽薹。三月青、鸡心芥等许多品种行春播，当年即抽薹开花结实，而一般雪里蕻品种和四川的春不老等品种则冬性较强，较不易抽薹开花。

从第一批花朵开放到种子成熟为开花结实期。湖北于2～3月初，分蘖芥菜开始抽薹、现蕾、开花。结球芥菜花芽分化对光照时数要求不严格，分蘖芥花芽分化对光照时数要求严格，在抽薹、现蕾、开花结实时期，则需要温暖的长日照条件。

叶用芥菜的产量、叶数的多少也因变种类型、品种和栽培条件而异。一般大型的散叶芥有20～30片叶，构成产量的叶片仅10余片。包心芥在适期播种的条件下，一般有10片左右莲座叶和14片左右球叶，以球叶及其球叶宽大的中肋构成产量；晚播的球叶数目较少。'雪里蕻'（分蘖芥菜）常有外叶20～40片，分蘖有5～40个，因品种和栽培条件而异，产量构成有些品种靠增加分蘖数，有些品种则只靠少数的分蘖重构成。前者如'四月慢'有44个分蘖，后者如'三月雪里蕻'仅22个分蘖。不同的雪里蕻品种，其叶片数有70～300片，相差很大。叶瘤芥菜以肥大的中肋和叶柄的突起构成主要产量。一般适期播种的叶数多而产品肥大，春播的则叶数少或仅以幼苗供食用。

二、品种类型与栽培季节

我国北方各产区均以秋播为主，北方于霜冻前收获，长江流域及西南地区于冬季或翌年春收获。可参照大白菜的播种期，比当地大白菜稍晚15～30d进行叶芥菜播种。长江流域不同叶用芥菜品种播种期不一样，一般早播可在8月初到9月上旬，晚播可到9月下旬，收获期在当年12月前后；若延迟至10月播种，一般要待翌年2～4月收获。华南地区以幼苗采收供食的叶芥可根据品种的适应性排开播种、周年供应。长江以北地区，于8月下旬播种，霜冻前收获。

具体栽培季节主要由不同品种的适应性决定。凡要求冷凉较严格的大型或包心的品种以秋播为主，即于 9 月上旬播种，12 月前后收获；对高温适应性较强的品种可在早秋播，即 8 月初播种，11 月前后收获；抽薹迟的品种可晚秋播，即于 10 月播种，翌年 3 月前后收获。凡易感染病毒病的品种可适当晚播，而不易感染病毒病的品种可适当早播；凡不易抽薹、对高温适应性较强又以较小植株供食用的品种可于 2～9 月播种，30～60d 后收获早熟种适当早播，而晚熟种适当晚播。同时，凡冷凉的地区或山区可提早播种，而温暖地区或作为晚稻后作的可推迟播种期。

粮食产区叶用芥菜的前作可为玉米、甘薯等；蔬菜产区前作常为瓜类、茄果类和豆类蔬菜。在病毒病严重的地区，不宜作十字花科蔬菜的后作，栽种的地块应与萝卜、白菜等远离，以减少传染病毒病机会。也可根据不同地区的特定环境条件采取适宜的茬口安排，如已报道的新的栽培模式有：福建高海拔山区的马铃薯-超级稻-叶用芥菜栽培模式；湖北的苋菜-豇豆-雪里蕻；湖南的水稻-大叶芥菜；广西的苦瓜-豇豆-包心肉芥菜一年三茬栽培模式，安徽“三膜”马铃薯（采用大棚、二膜、地膜“三膜”种植马铃薯）-大葱-芥菜栽培模式，以及浙江等地采用的茭白-芥菜轮作栽培模式等。

根据叶片、叶柄的形态和植株分蘖能力的强弱，可将叶用芥菜分为以下几类。

1. 大叶芥（var. *rugosa* Bailey）　叶片椭圆形、长椭圆形或倒卵形，长 55～80cm，宽 22～30cm，叶柄长 2～6cm，宽 3.3～4.9cm，横断面呈弧形。叶片长宽比约 2.5∶1，叶柄长不到叶长的 1/10，中肋宽度小于或等于叶柄宽度。大叶芥在我国黄河以南栽培较普遍，主供加工，亦可鲜食。我国有许多大叶芥的优良地方品种，也是加工菜的主要原料。例如，四川‘鸡叶子芥菜’‘二宽壳冬菜’‘箭杆冬菜’‘宽叶箭杆青菜’等，贵州‘独山大叶芥’，江西‘圆梗芥菜’‘红筋芥菜’，福建‘春不老’‘宽枇芥菜’，广东‘三月青’‘南风芥’‘高脚芥’，云南‘澄江苦菜’‘粉杆青菜’等。

2. 小叶芥（var. *foliosa* Bailey）　叶片椭圆形、长椭圆形或倒卵形，长 50～74cm，宽 20～27cm，叶柄长 15～35cm，宽 2.2～3.0cm，横断面呈半圆形。叶片长宽比约 1.8∶1、叶柄长接近叶长的 4/10，中肋宽度小于叶柄宽度。小叶芥在我国西南地区广为栽培，品种有四川‘二月青菜’‘四月青菜’‘二平桩’‘白杆甜青菜’‘鸡血青菜’，云南‘一把筷’‘圆杆青菜’，重庆‘圆叶甜青菜’‘蓝筋青菜’‘垫江红筋青菜’等。

3. 白花芥（var. *leucanthus* Chen et Yang）　叶片长椭圆形，长 74～81cm，宽 25～29cm，叶柄长 27～33cm，宽 2.6～2.7cm，横断面呈半圆形。叶片长宽比约为 1.7∶1，叶柄长为叶长的 4/10 左右，中肋宽度小于叶柄宽度。开白花，花冠开花直径为 2.1～2.2cm。白花芥目前只在四川发现，主供鲜食，亦可腌渍。

4. 花叶芥（var. *multisecta* Bailey）　叶片椭圆形或长椭圆形，叶缘深裂成细丝状或全裂成多回重叠的细羽丝状，长 34～50cm，宽 11～16cm；叶柄长 7～9cm，宽 2.1～2.3cm，横断面近圆形。叶片长宽比约为 2.5∶1，叶柄长为叶长的 2/10 左右，中肋宽度小于叶柄宽度。花叶芥在上海、江苏、浙江、陕西等地都有栽培，主供加工，亦可鲜食，如上海‘金丝芥’，陕西‘腊辣菜’，甘肃‘花叶芥菜’，江苏‘大椰芥’等品种。

5. 长柄芥（var. *longepetiolata* Yang et Chen）　叶片阔卵形或扇形，叶缘深裂或全裂，多褶皱，两侧略向内卷，掌状网脉，长 42～50cm，宽 18～26cm；叶柄长 26～29cm，宽 1.8～3cm，横断面呈半圆形，中肋裂变成 3～5 个分枝，上面着生阔卵形或圆扇形裂片，呈假复叶状。叶片长宽比约为 0.8∶1，叶柄长为叶长 6/10 左右。长柄芥主要分布于四川，主供鲜食，如‘梭罗菜’‘长梗青菜’‘叉叉叶香菜’‘烂叶子香菜’等地方品种。生产中的品种有‘川崎香菜’‘四级香芥王’‘香芥菜’等。

6. 凤尾芥（var. *linearifolia* Sun）　叶片披针形，长 76～85cm，宽 12～14cm；叶柄长 8～

10cm，宽 3.2～4.1cm，横断面近圆形。叶片长宽比约为 6∶1，叶柄长为叶长的 1/10 左右，中肋宽度小于叶柄宽度。凤尾芥在四川有零星栽培，主供鲜食，亦可腌制，如‘凤尾青菜’‘尖叶香菜’‘阉鸡尾’等品种。

7. 叶瘤芥（**var. *strumata* Tsen et Lee**） 叶片椭圆形或长椭圆形，长 40～60cm，宽 27～35cm；叶柄长 5～8cm，宽 3.5～5cm；中肋宽 5.5～9cm。叶柄或中肋上正面着生一个卵形或奶头状凸起。叶瘤芥在四川、浙江、江苏等地有一定的栽培面积，供鲜食和作泡菜，如四川‘窄板奶奶菜’‘宽板奶奶菜’‘花叶奶奶菜’‘鹅嘴菜’，浙江、上海、江苏‘弥陀芥’，湖北‘耳朵菜’等品种。

8. 宽柄芥（**var. *latipa* Li**） 叶片椭圆形、卵形或倒卵形，长 52～68cm，宽 30～43cm；叶柄长 3.2～5.5cm，宽 4.6～6.5cm，横断面呈扁弧形。中肋宽 13.5～17cm。叶片长宽比约为 1.5∶1，叶柄长不到叶长的 1/10，中肋宽与叶宽之比约为 2.5∶1。宽柄芥在四川、贵州、湖南、湖北、江苏、浙江、陕西等地都有栽培，主供鲜食，亦可加工。宽柄芥品种资源丰富，如四川‘白叶青菜’‘宽帮青菜’，湖南‘面叶青菜’，江苏的‘扁秆青菜’‘黄芽芥菜’，上海的‘粉皮菜’，陕西的‘春不老芥菜’，贵州的‘皮皮青菜’等优良品种。

9. 卷心芥（**var. *involuta* Yang et Chen**） 叶片阔椭圆形或阔卵形，长 45～60cm，宽 30～38cm；叶柄长 3～6cm，宽 5～8cm，横断面呈扁弧形。中肋宽 13～22cm，为叶柄宽的 2.5 倍以上。叶柄和中肋抱合，心叶外露，呈卷心状。卷心芥在四川普遍栽培，主供鲜食，亦可加工腌制，如‘罐罐菜’‘包心青菜’‘抱鸡婆青菜’‘砂锅青菜’‘香炉菜’‘包包青菜’‘米汤青菜’等品种。

10. 结球芥（**var. *capitata* Hort. ex Li**） 叶片阔卵形，长 34～55cm，宽 30～35cm；叶柄长 5～7cm，宽 5～7cm，横断面呈扁弧形，中肋宽 12～15cm，为叶柄宽的 2 倍以上。心叶叠抱成球状，叶球高 14～20cm，横茎 16～19cm。结球芥在广东、广西、福建等地栽培较多，目前湖北、浙江、东北等地引种栽培很多。主供加工，如‘哥历蕾’‘鸡心芥菜’等品种。目前生产中的品种有‘大坪铺包心芥菜’‘扁哈大肉芥’‘厚肉包心芥’‘柳州大肉芥’‘郁南肉芥’‘香港大肉包心芥’‘汕头 11 号大肉包心芥’‘特选大坪铺包心芥菜’‘台湾大坪铺’‘中迟熟大三叶包心芥’‘农友包心芥’‘伟兴包心芥’‘保丰包心芥菜’‘霞浦包心芥菜’等。

11. 分蘖芥（**var. *multiceps* Tsen et Lee**） 叶片多，叶形多样，以披针形为主，叶片长宽比约为 3∶1，叶柄长为叶长的 1/10 左右。单株短缩茎上的侧芽在营养生长期萌发出 15～30 个分蘖而形成大的叶丛。分蘖芥在我国大多数省市都有栽培，一般不作鲜食，经腌制食用分蘖芥菜全国分布面积广泛，南北均有，如浙江‘九头雪里蕻’‘细叶雪里蕻’‘青种千头芥’，湖北‘小狮子头’‘花叶分蘖芥’等，上海‘黄叶雪里蕻’‘黑叶雪里蕻’，湖南‘排菜’，宁夏‘花叶雪里蕻’，四川‘一筅鸡’等品种。

三、栽培技术

1. 播种及育苗 叶用芥菜以育苗移栽为主，以小植株供食的品种可直播。华北地区为减少育苗移栽延误时间可进行直播，而南方地区为减轻病虫害，也可进行直播以推迟播种期。

育苗宜在具有防虫网的塑料大中棚内进行。苗床土壤宜选非十字花科蔬菜连作、保水保肥好的壤土。苗床土耕翻后，应充分曝晒，并以腐熟的有机肥为基肥，使土壤疏松，养分充足，可使用多菌灵、氯化苦等药剂消毒以减轻土传病虫害。播前充分细碎土壤，作宽 1.2m、高 15～20cm 的高畦，浇足底水。播种量以 7.5kg/hm^2 为准。每公顷苗床地所育秧苗供 175～300hm^2 地栽植。播后覆细土，厚 0.5cm。盖遮阳网保湿，开始出苗时必须及时除去覆盖。

近年来多采用穴盘育苗的方式进行育苗，育苗基质可采用泥炭土：蛭石：珍珠岩以 7：2：1 的比例配制成的基质或市售的育苗基质，配制的基质添加复合肥 5kg/m^3。可使用 72 孔穴盘。基质浇足水后装入穴盘，每穴播种 2 或 3 粒，播种后覆厚 0.5cm 的蛭石。盖遮阳网保湿，开始出苗时及时除去覆盖。

出现第一片真叶时进行第一次间苗，2 或 3 片真叶时进行第二次间苗，苗距约 15cm，并施稀薄液肥。穴盘育苗的可在 2 或 3 片真叶时进行定苗，去除病苗、弱苗。

2．整地和定植　叶用芥菜对土壤要求不严格，但以营养丰富、保水保肥、排水良好的壤土为好。秋雨多的地区和季节，应选择排水良好的土壤。一般施有机肥 15 000～22 500kg/hm^2、过磷酸钙 300～450kg/hm^2。黏重的土壤宜作高畦，畦宽 1.33～2.67m。畦高 15～20cm。

幼苗高 13～15cm，具 5 或 6 片真叶时定植。苗龄一般为 25～30d，晚秋播种的为 40d 左右。定植的株行距因品种而异，一般早熟种、植株开展度较小者为行距 30～40cm，株距 25～30cm，中晚熟种、植株开展度较大者行距 40～46cm，株距 25～30cm。分蘖芥一般株行距为 25～33cm。定植时要尽量减少伤根、根扭曲或悬空，定植后及时浇足定植水。

3．田间管理　叶芥菜的生长期，绝大部分时间是秋冬季，南方地区秋冬季较为干旱，叶芥菜生长期正遇高温缺水季节的，水分管理的重点是前期灌水，后期排水，要做到旱能灌、涝能排。定植后 2～3d 浇水，以后视苗情和天气而定。大雨后，土壤容易板结，应及时松土和除草。水分管理可与追肥结合进行。

叶芥菜追肥应以氮肥为主，但也适当配合磷、钾肥，以增进抗病力，增加产量，特别对以肥大中肋和叶柄为主要产品的品种类型更应适当追施磷钾肥。北方地区收获 7 或 8 片叶的小株上市，一般追肥 1 或 2 次，定植缓苗后追一次肥，追施氮肥（尿素）150～225kg/hm^2，以后视情况再追一次肥。南方地区一般追肥 3 或 4 次；由淡到浓，施入畜粪 75 000kg/hm^2 或尿素 300～450kg/hm^2，前两次结合中耕进行，晚熟品种于春暖后及时施肥灌水，以免提早抽薹。早秋栽培的叶芥，因前期气温较高，生长快，要及时追肥，特别是早熟品种早期不能缺肥。白露（9 月上旬）前后播种的品种，重肥追施期宜在 10 月下旬至 11 月上旬。寒冷地区冬季不宜施追肥，否则易受冻害。收获前停止追肥和浇水，以免产品含水量过高而影响品质。

在浇水、施肥时，结合进行中耕除草，防止土壤板结。早秋栽培的叶芥菜，因前期气温较高，生长快，要及时追肥。寒冷冬季不宜施肥，否则易受冻害，晚熟品种于春暖后应及时施肥灌水，以免提早抽薹。采收前停止追肥灌水，以免产品含水量过高。

4．采收　采收的适期应适合于加工和鲜食的要求。应在充分肥大成熟后采收。以小株供食用的芥菜，定植 40d 以后长出 7 或 8 片叶时可根据需要随时采收。秋播、晚秋播的晚熟种在 4 月前采收。

加工的叶芥菜依加工菜的种类不同而有其采收标准，如贵州盐酸菜的原料大叶芥，于短缩茎、花薹肥大、粗壮、脆嫩和叶柄充分肥大时采收；四川宜宾芽菜的原料小叶芥，于叶柄和中肋充分肥大而花薹未抽出前采收；南充冬菜的原料大叶芥，应在短缩茎高 7～16cm，花薹尚未抽出前采收；结球芥在叶球充分紧实时采收。

第十三章 绿 叶 类

第一节 概　　述

绿叶类蔬菜是指以柔嫩的叶片、叶柄和嫩茎为食用部分的速生性蔬菜，包括茎用莴苣、叶用莴苣、芹菜、菠菜、蕹菜、落葵、茼蒿、苋菜、芫荽、苦苣、叶恭菜、豆瓣菜、冬寒菜、番杏、菊花脑、荠菜、马兰、紫背天葵、马齿苋、款冬、罗勒、紫苏、薄荷等蔬菜。

绿叶类蔬菜富含人体所必需的各种维生素、矿物质及含氮物质，其营养价值高，是人们一年四季喜食的蔬菜。芫荽、芹菜、茴香、款冬、罗勒、紫苏、薄荷等是有特殊辛香味的蔬菜，可用于调味。

绿叶类蔬菜食用方式多样，可生食、凉拌、炒食或煮食及腌制加工等。

绿叶类蔬菜一般植株矮小，生长期短，没有严格的采收标准，播种后 30d 左右便可开始采收。绿叶类蔬菜适于密植，可采用直接播种，也可用于间作套种，生产上通过分期播种，分期采收，可充分利用土地，通过采用大棚等设施栽培，有效调剂淡旺季，对市场周年均衡供应和增加花色品种有重要作用。

根据绿叶类蔬菜对温度环境条件的要求，可分为两类：一类要求冷凉气候，较耐寒，不耐热，如菠菜、芹菜、莴苣、叶恭菜、冬寒菜、芫荽、茼蒿、荠菜等。生长适温为 15～20℃，在北方大部分地区略加设施保护便可安全越冬，适于春播春收，秋播秋收或冬收，或者秋播翌年春收。在高温干旱条件下，产量、品质降低。这类中的部分蔬菜，如莴苣、芫荽、菠菜、芹菜等，在气温 30℃以上时，种子处于休眠状态，若想在秋季提早采收供应市场，应选择适宜品种，并在播种前将种子置于 5～18℃的较低温度条件下，进行低温处理打破休眠。另一类喜温暖而不耐寒，如蕹菜、苋菜、落葵、紫背天葵、番杏等，生长适温为 20～25℃，10℃以下停止生长，遇霜冻死，但较耐高温，适于春播春收或夏播夏收。

绿叶类蔬菜的播种材料为果实或种子，其种皮较厚，发芽较困难，故常在播种前对种子进行破壳或浸种等处理。

喜冷凉的绿叶类蔬菜属低温长日照植物，一般在长日照条件下伴以适温或高温便迅速抽薹开花，在长日照伴以冷凉或较低气温条件下，则促进茎、叶生长，有利于产量和品质的提高。

喜温暖的绿叶类蔬菜属高温短日照植物，在秋播条件下，日照渐短，容易抽薹开花。因此，避免早期花芽分化，防止先期抽薹，促进营养器官的充分发育，是这类绿叶类蔬菜栽培技术的关键。

绿叶类蔬菜根系较浅，生长期短，单位面积上株数较多，因此对土壤和水肥条件要求较高。要求土壤具有良好的结构，保水、保肥能力强。在施肥上要求薄肥勤施，对氮肥需要量大，适当配合磷钾肥。

绿叶类蔬菜产品均为鲜嫩多汁，不便长途运输和长期贮藏，一般宜就地生产、就地供应。

第二节 莴 苣

莴苣（*Lactuca sativa* L.）是菊科莴苣属能形成叶球或嫩茎的一二年生草本植物，原产于地中海沿岸。染色体数 $2n=2x=18$。按食用部分可分为叶用莴苣和茎用莴苣。叶用莴苣又称为生菜，世界各地普遍栽培；茎用莴苣就是莴笋，其适应性强，我国南北各地普遍栽培。

莴苣含丰富的胡萝卜素、硫胺素、核黄素及钙、磷、铁等，有一定的药用及保健价值，其果实有活血、通乳作用，茎叶汁液中含有莴苣素等，有镇痛、催眠作用。每 100g 食用部分含水分 96.4g，粗蛋白 0.6g，粗脂肪 0.1g，碳水化合物 1.9g，粗纤维 0.4g，钙 7mg，磷 31mg，铁 2mg，胡萝卜素 0.02mg，硫胺素 0.03mg，核黄素 0.02mg，尼克酸 0.5mg（柯勇和汪李平，2019）。

一、生物学特性

1．植物学性状

（1）根　莴苣为直根系，主根强健，移栽后主根切断，能发生较多的侧根，根系主要分布在土壤表层，为浅根性蔬菜。

（2）茎　叶用莴苣茎短缩，抽薹时开始伸长；茎用莴苣幼苗为短缩茎，在植株莲座叶形成后，茎伸长肥大成笋状，长卵形或棍棒形，皮色有绿色、绿白色、紫绿色、紫色等，肉色有绿、黄绿、绿白等。

（3）叶　叶为根出叶，单叶互生，叶面光滑或皱缩，绿色或绿紫色，叶形有披针、长椭圆、倒卵圆等形状。结球莴苣在莲座叶形成后，心叶结成圆、扁圆、圆锥、圆筒等形状的叶球。

（4）花　头状花序，花浅黄色，每 1 个花穗约有 20 朵花，自花授粉，可借昆虫进行异花授粉，异交率在 1%左右。

（5）种子　种子为瘦果，小而细长，梭形，黑褐色或银白色，成熟后顶端有伞状冠毛，能随风飘散，采种应在飞散之前进行。种子千粒重为 0.8～1.2g。种子成熟后有一段时间的休眠期。

2．生长发育周期　莴苣是一二年生植物，其生长发育可分为营养生长和生殖生长两个时期。

（1）营养生长期　包括发芽期、幼苗期、发棵期及产品器官形成期（包括叶用莴苣的结球期和茎用莴苣的肥茎期），各个时期的长短因品种及栽培季节而异。

1）发芽期。播种到真叶初现，其临界形态标志为“露心”，需 8～10d。

2）幼苗期。“露心”至第一叶环 5～7 片叶全部平展，其临界形态标志为“团棵”，直播的需 17～27d，初秋播种的需时较短，晚秋播种的需时较长；育苗移栽的需要 30d 左右。在幼苗期，植株生长缓慢，叶片和根系的质量增长很小，主要是叶数的增加。据研究，苗端平均每 2d 能分化 1 片小叶。

3）发棵期。从“团棵”至开始包心或茎开始肥大，需 15～30d，这一时期叶面积的扩大是结球莴苣和莴笋产品器官生长的基础。

4）产品器官形成期。结球莴苣从“团棵”以后一边扩展外叶，一边卷抱心叶，到发棵完成时，心叶已经形成球形，然后是叶球的扩大与充实，发棵期与结球之间的界限不明显，从卷心到叶球成熟需 30d 左右。莴笋幼苗的短缩茎在进入发棵期后开始肥大，整个发棵期短缩茎的相对生长率不高，而且增长幅度不大，为茎肥大初期，以后茎与叶的生长齐头并进，相对生长率显著提高达最高峰后两者同时下降，下降后 10d 左右进入采收期。

露地越冬的春莴笋完成发棵期，短缩茎开始肥大后，温度降低，进入长达 100d 左右的越冬期和返青期，在此期间短缩茎的增长很缓慢，返青过后，茎的相对生长率显著提高，进入茎肥大期。

（2）生殖生长期　莴苣的抽薹开花，不需要先经过一个低温阶段，在温度高于24℃的长日照条件下较低温长日照更易抽薹开花结籽，完成其生育周期。

3. 对环境条件的要求

（1）温度　莴苣是半耐寒性蔬菜，喜冷凉，稍耐霜冻，忌高温，在天气炎热时生长不良。在长江流域可以露地越冬，但耐寒力随植株的成长逐渐降低。种子在4℃以上就能缓慢发芽，以15～20℃最适，出芽需4～5d。莴笋种子在30℃以上，生菜种子在27℃以上进入休眠状态，发芽受抑制。高温炎热季节播种前需进行种子低温处理。

莴苣在不同的生长时期要求的温度不同。幼苗期对温度的适应性较强，可耐－5℃的低温，生长适温为12～20℃，在日平均温度为29℃的高温下，生长缓慢，高温日晒常致地温高而灼伤幼苗胚轴，引起倒苗，需要进行遮阳降温。茎叶生长时期适宜温度为11～18℃，低夜温（10℃左右）、昼夜温差大有利于叶簇生长，茎部粗壮肥大，获得高产。莴笋成株的抗冻性较差，在0℃以下即容易受冻害。莴苣开花结实期要求有较高的温度，适温为22～28℃，开花后15d左右瘦果成熟，10～15℃可正常开花，但不能结实。

结球莴苣对温度的适应范围较窄，既不耐寒也不耐热，结球期的生长适温为15～20℃，日平均气温高于20℃，就会造成生长不良，出现徒长、结球松散、提早拔节抽薹等现象，影响产量，降低品质。散叶莴苣对温度的适应范围介于莴笋与结球莴苣之间。

（2）光照　莴苣种子为需光种子，适当的散射光可促进发芽。播种后，在适宜的温度、水分和氧气供应条件下，不覆或浅覆土均可较覆土的种子提前发芽。莴苣为喜中等强度光照植物，光照充足，生长健壮，叶片肥厚，嫩茎粗大，长期阴雨、遮阴密闭条件影响叶片和茎部发育，宜合理密植。生菜稍耐弱光，强光下生长不良。莴苣在长日照下发育速度随温度升高而加快，早熟品种对光敏感。

（3）水分　莴苣为浅根性作物，根系吸收能力较弱，因其叶面积大，叶片多，蒸腾量大，不耐旱，但水分过多且温度高时又易徒长，所以对水分要求不仅严格，而且在不同的生育时期对水分有不同的要求。幼苗期要求土壤湿润，忌过干过湿或忽干忽湿，以免幼苗老化和徒长；发棵期可适当控制水分，进行蹲苗，使根系往纵深生长，莲座叶充分发育；结球期或茎部肥大期水分要充足，如缺水，叶球或茎长得细小，味苦，但在结球和茎肥大的后期，又要适当控制水分，如果此时供水过多，易发生裂球、裂茎及软腐病。

（4）土壤　莴苣根系吸收能力弱，且对氧气的要求高，在黏重土壤或瘠薄的地块上栽培时，可导致根系生长不良，地上部生长受抑制，结球莴苣的叶球小，不充实，品质差，茎细小木质化，且易提前抽薹和开花。因此，栽植时宜选排灌方便、有机质丰富、保水保肥的壤土或砂壤土，并应实行轮作，避免重茬，以减轻病害。结球莴苣喜弱酸性土壤，适宜的土壤pH为6左右，pH在5以下或7以上时生长不良，而莴笋的适应性稍强。

莴苣对土壤营养的要求较高，氮素对其尤为重要，任何时期缺少氮素都会抑制叶片的分化，使叶片减少，幼苗期缺氮表现更为显著，因此在施足基肥的基础上追施速效氮肥能提高产量，增进品质，同时磷钾肥也不可缺少。因此，生菜结球期或莴笋的肥茎期，养分供给更加需要注意均衡，以免影响产量品质。

二、品种类型与栽培季节

1. 叶用莴苣　以叶为主要食用器官，以生食为主，又称为生菜。叶用莴苣根据叶片形状分为直立莴苣（var. *longifolia* Lam.）、皱叶莴苣（var. *crispa* L.）和结球莴苣（var. *capitata* L.）三个变种，习惯上把不结球的称为散叶莴苣，结球的称为结球莴苣。

（1）直立莴苣（或长叶莴苣）　叶狭长，呈长披针形或长倒卵形，深绿或淡绿色，叶面平，全缘或稍有锯齿，植株直立，内叶一般不抱合或卷心呈筒形，开展度小，腋芽数中等，较易抽薹。常见品种有‘牛利生菜’‘登峰生菜’‘罗马直立生菜’等。

（2）皱叶莴苣　叶宽扁圆形，叶面皱缩，叶缘深裂，开展度大，叶片颜色丰富，有绿色、黄绿色、紫红色和紫红黄绿相间的花叶等，不包球或莲座丛上部叶片卷成蓬松的小叶球，腋芽多，易抽薹。因其色彩丰富，常用于冷餐拼盘的原料。不耐贮运，多作鲜销。常见品种有‘玻璃生菜’‘软尾生菜’‘罗莎红’‘花叶生菜’等。

（3）结球莴苣　又称为结球生菜，由国外引进的品种多属此类型，因此也称为西生菜。叶片大，扁圆形，叶全缘，有锯齿，叶面光滑或微皱缩，绿色或黄绿色，叶丛密，心叶能形成明显叶球，呈圆球至扁圆球形，外叶开展，产量高，品质好，可细分为绵叶和脆叶。欧美各国普遍种植，近年国内栽培面积日渐扩大，利用大棚等设施栽培在长江流域可做到周年供应。主要品种有‘凯撒’、‘奥林匹亚’、‘爽脆’、‘大湖’系列、‘绿湖’等。

随着栽培设施的发展，利用保护设施栽培生菜，已基本做到分期播种、周年生产供应。夏秋季栽培时要注意先期抽薹的问题，应选用耐热、耐抽薹的品种。生菜冬季大棚栽培应选耐寒性较强、抗病、丰产的品种，如‘绿湖’‘都莴苣’‘美国 PS’‘萨利纳斯’‘柯宾’‘卡罗娜’‘花叶生菜’‘玻璃生菜’‘14624 结球生菜’等。生菜夏季大棚栽培应选用耐热、抗病性强、易于种植、不易早期抽薹的品种，如‘大湖’‘凯撒’‘夏用黑生菜’‘皇帝’‘意大利耐抽薹’等品种。生菜无土栽培，可选用耐热性强且适于四季栽培的‘都莴苣’‘夏用黑生菜’‘绿湖’‘玻璃生菜’‘花叶生菜’‘香油麦菜’‘绿翡翠’‘奥林匹亚’‘凯撒’等品种。

结球生菜栽培主要为春、秋两季。春季 2～4 月播种育苗，5～6 月收获；秋季 7～8 月播种育苗，10～11 月收获。此外，冬季也可在大棚或温室中育苗定植，夏季还可利用遮阳网进行遮阴栽培。

2. 茎用莴苣（莴笋）　茎用莴苣根据叶片形状可分为尖叶和圆叶两个类型，各类型中依茎的色泽又有白莴苣、青莴苣、紫红莴苣之分。

（1）尖叶莴苣　叶片披针形，先端尖，叶簇较小，节间较稀，叶面平滑或略有皱缩，色绿或紫，肉质茎棒状，下粗上细。早熟，苗期较耐热，可作夏莴笋、早秋莴笋、春提前促成莴笋栽培。主要地方品种有‘尖叶鸭蛋笋’‘杭州尖叶’‘宜昌尖叶’‘西宁莴苣’‘四川早熟尖叶’‘成都尖叶子’‘上海大尖叶’‘早青皮’‘南京紫皮香’‘贵州双尖莴笋’。

（2）圆叶莴苣　叶片长倒卵形，顶端稍圆，叶面皱缩较多，叶簇较大，节间密，茎粗大，成熟期晚，耐寒性较强，多不耐热，可作秋延迟莴笋、冬莴笋、越冬春莴笋栽培。主要地方品种有‘紫叶莴苣’‘挂丝红莴笋’‘上海大圆叶’‘南京白皮香’‘成都二白皮’‘杭州圆叶’‘孝感莴笋’‘竹蒿莴笋’‘锣锤莴笋’‘大皱叶’‘大团叶’‘红圆叶’等。

根据当地气候条件、品种特性、设施条件及全年种植茬口等来确定种植时间。春莴苣，2～3 月露地育苗，12 月至翌年 3 月大棚育苗，4～5 月收获。夏莴苣，4～5 月露地栽培，5～7 月遮阳网覆盖，6～8 月收获。秋莴苣，7～9 月育苗移栽，前期需用遮阳网覆盖，9～10 月收获。冬莴苣，9～10 月播种，当年 12 月至翌年 1～3 月上市。

长江流域露地莴笋栽培一年供应两季，即春莴笋、秋莴笋，且以秋播春收的春莴笋为主。通过利用大棚冬季防寒保温和夏季遮阳防雨降温技术，莴笋可以做到排开播种，周年供应，既丰富了市场花色品种，又增加了经济效益。莴笋品种很多，其生物学特性和适应性各不相同，各地应根据当地实际栽培季节的气候特点和目标市场的需求，选用适宜的品种。早春供应的春莴笋，一般选择叶簇大、节间密、茎粗壮、成熟期早的优质高产的耐寒性品种，如‘春秋二青皮’‘竹叶青’‘红剑’等。夏莴笋选择抗病、耐高温的品种，如‘四季青莴笋’‘特耐热二白皮’等。秋莴笋选择耐热不易抽薹，对长日照不敏感的中晚熟品种，如‘柳叶莴笋’‘三青皮’‘青皮香’‘三皮王’。冬莴笋选用节间短、茎秆粗壮、茎不开裂、耐寒耐抽薹的品种，如‘耐寒二青皮’‘冬青’‘绿丰王’等。

三、栽培技术

1．莴笋露地栽培

（1）播种和育苗　根据季节栽培，莴笋可以露地育苗，也可保护地育苗。可用营养钵、穴盘等现代化的育苗技术。莴笋栽培多先育苗后定植。

1）适期播种。根据当地气候条件和茬口适期播种。秋莴笋，播期不能太早，也不能太晚。过早因生育期过长，后期茎易空，商品性差；播种过晚，则生长后期温度条件不适，茎不易伸长和增粗，产量低。长江流域宜于9月上中旬播种。

2）育苗准备。苗床育苗可选择肥沃、排水良好、地势平坦、结构疏松的砂壤土地块作苗床。播前整细耙平，施足基肥，注意磷钾肥使用。基肥可用腐熟的堆肥、有机肥，每亩施用量为3000kg左右。

若采用营养钵或穴盘育苗，选择无病虫的田园土、腐熟有机肥、复合肥按一定比例配制，也可选用专用的育苗基质。将配制好的营养土或专用育苗基质均匀铺于苗床上或装入营养钵等育苗容器中。

3）种子处理与催芽。早春或冬季生产，莴笋可不催芽，直接播种。5～9月温度比较高，发芽困难，需进行低温处理。可选用品质优良的种子进行风选或水选法选取较重种子，淘汰较轻种子，将种子在清水中浸泡2～3h，捞起后用清水冲洗，然后用纱布包好，放入恒温箱15～20℃催芽，2～3d种子开始露白即可播种。也可用植物激素处理种子，如细胞激动素100mg/L溶液浸种3min，或用赤霉素100mg/L溶液浸种2～4h，催芽效果良好。

4）播种。播种前将苗床浇足底水，湿润床土深10cm左右，待水分下渗后，将莴苣种子均匀散播于苗床，适当稀播，以免幼苗拥挤，导致胚轴伸长和组织柔嫩，播后覆营养土要细薄，以不见种子为准，盖土过厚则出苗不齐，一般可覆盖营养土0.3～0.5cm。一般每亩苗床用种750g左右，苗床和栽植田面积之比为1∶（10～15）。

5）苗床管理。培育壮苗须适时间苗，一般间苗1或2次，在子叶展开后即进行第1次间苗，剔除病苗、弱苗、过密苗，人工拔除杂草，苗距以叶与叶不搭靠为宜；2或3片真叶展开时再进行第2次间苗，苗距5～7cm，以保持叶与叶互不搭靠为准。苗期土壤干燥时，可适当浇水。在整个育苗期间，每天保持苗床充分湿润，切忌苗床泛白。生长中期，根据长势，可少量追肥，每亩苗床用尿素3～5kg。

6）壮苗标准。幼苗叶色深绿，苗龄一般冬春季栽培为40～45d，夏秋季栽培为25～30d，有4或5片真叶时定植。

（2）整地和定植

1）整地作畦。应选择地势较高，土壤肥沃、土层深厚、结构疏松、排水良好的地块栽培莴苣。前茬收获后立即清园、施基肥、深耕、细耙、整地作畦，为定植做好准备。结合土壤翻耕，一般每亩施腐熟农家肥3000kg加饼肥100kg或腐熟商品有机肥1500kg加三元复合肥50kg。底肥应提前7～10d施入土壤中，然后用机械旋耕2或3次，使肥土混合均匀，畦面平直。作连沟宽1.2～1.5m的深沟高畦，可铺设滴灌带、然后铺上地膜，准备定植。

2）定植。定植需选择壮苗，一般阴天或傍晚定植。定植距离可根据品种季节等确定，一般情况下高温季节可适当密植，适温季节可稀植。露地栽培，茎用莴苣株行距为25cm×30cm；早春覆盖地膜栽培，株行距为（35～40）cm×（30～35）cm。根据不同栽培茬口适期定植，定植前一天苗床浇水以便起苗带土定植。如遇高温，需做好遮阳处理。

3）定植时期。莴笋幼苗真叶4或5片，苗龄30d左右时要适时定植，以免幼苗过大、胚轴过长、不易获得肥大的嫩茎。

4）定植方法。定植前一天，将育苗床浇透水，以便于起苗。起苗时，要尽量少伤根，多带土，以利缓苗。起苗前喷药防病1次。定植应选择晴天下午或阴天进行，注意大小苗分级。栽苗要轻提轻放，不要碰伤叶片和根系。栽植深度要适宜，覆土深度比幼苗在育苗床中入土的深度稍深即可，栽植过深，不利于发根，植株生长不旺。栽后要及时浇定根水，以利缓苗。

（3）田间管理　莴苣生育期短，对肥水要求较高。缓苗后需及时浇水，根据天气情况，掌握浇水次数，土壤需保持湿润。雨天注意排水，防止积水。及时进行中耕除草。

1）光温环境。莴笋茎叶生长的适宜温度为11～18℃。定植后要尽量创造适合莴笋茎叶快速生长的温度条件，即16～18℃。夏秋栽培，适当遮阳、降温促进生长。10月下旬以后，随着空气温度迅速下降，霜冻天气出现时，为了保证莴笋继续正常生长，可及时扣上大棚薄膜或进行浮面覆盖保温。

2）肥水管理。莴笋定植后，随即浇定根水，第二、三天早晨还需复水1次。秋延迟莴笋定植初期温度偏高，浇水时间宜选择在早晨或午后。活棵后应加强肥水管理，在长好叶片的基础上，促进茎部迅速膨大，以保证产量形成，这也是防止先期抽薹的重要措施之一。幼苗缓苗后，及时进行1次追肥，每亩追施尿素5～7kg，随后浇水，浇1或2次水后，再进行中耕。遇干旱及时灌溉，有条件的情况下宜采用膜下滴灌带滴灌。适时促使植株健壮生长。在第1次追肥约15d后，追第2次肥，每亩行间穴施优质复合肥25～30kg，并配合浇水；封行前茎部开始膨大时，追第3次肥，每亩施尿素7～10kg、硫酸钾5～7kg，促进肉质茎肥大。越冬栽培的莴笋可在定植追肥一次后，冬季不进行追肥，开春后再及时追肥。采收前20d左右停止灌溉、施肥、喷药。

3）夏季莴笋防止抽薹。在定植缓苗后喷洒50mg/L多效唑或5mg/L缩节胺；或在茎部开始肥大时叶面喷洒6000～10 000mg/L矮壮素，能明显抑制莴苣的纵向伸长，促进茎的膨大增粗，从而控制莴苣的伸长生长，防止先期抽薹。

（4）采收　莴笋成熟时茎顶端心叶与外叶先端等高时，品质最好，宜及时收获。为了提前上市，莴笋可适当早采收，收大留小，分批上市，以提高产量。

2．结球生菜露地栽培　根据当地季节茬口栽培，选择适宜品种。可以露地育苗，也可保护地育苗。可用营养钵、穴盘等现代化的育苗技术。

（1）育苗、种子处理、播种及苗床管理　参照莴笋进行。

1）夏季苗床育苗。可用25%甲霜灵可湿性粉剂9g、70%代森锰锌可湿性粉剂1g、细干土4～5kg混匀（每平方米苗床用量），取1/3药土撒入苗床，2/3药土播种后覆盖在种子上面，可以有效防治苗期病害发生。

2）冬季育苗。播种后保持畦面湿润，3～5d可齐苗。幼苗2叶1心时及时间苗，使幼苗均匀分布，生长健壮，苗距3～5cm。间苗后可喷施1次叶面肥，即叶面喷洒0.3%磷酸二氢钾+0.3%

尿素的混合液，促幼苗生长。结球生菜幼苗对磷肥敏感，苗期注意补充磷肥，保证幼苗正常生长，可用磷酸二氢钾喷施或随水浇 1 次。苗期喷 1 或 2 次 75%百菌清可湿性粉剂 600 倍液或 70%甲基托布津（甲基硫菌灵）可湿性粉剂 1500 倍液预防霜霉病发生。

（2）整地作畦　参照莴笋进行。

1）定植密度。结球生菜的行株距为（30～40）cm×（30～40）cm，其中，早熟品种，植株偏小，以 30cm×30cm 左右为宜，中晚熟品种植株较大，株行距为（35～40）cm×（35～40）cm。

2）定植时期。具有真叶 4 或 5 片适龄壮苗。

3）定植方法。参照莴笋进行。

（3）肥水管理　结球生菜多以生食、凉拌为主，追肥以尿素等化肥或液体有机肥为主。在施足基肥的基础上，结球生菜采取“促前、控中、攻后”的技术措施，即早期施氮肥促生长，中期控肥限徒长，后期重肥攻叶球。定植后整个生育期要结合浇水追肥 3 次，第 1 次在缓苗后 15d 左右进行，每亩可施尿素 5～7kg，促使幼苗发棵，生长敦实；第 2 次在结球初期进行，以三元复合肥较好，每亩追施 15～20kg，使叶球充实膨大；第 3 次在结球中期进行，每亩追施三元复合肥 20kg 左右。浇水是生菜栽培中的关键措施。浇水过多，植株生长快，但叶片薄，结球松散，产量较低。所以要掌握好浇水时间和数量。第 4 次浇水应在结球前结合追肥进行，这次水量要充足，可使植株生长加快，内叶结球迅速。此后在结球中期追肥时浇 1 次水，促使结球大而紧实，但应注意结球后最好不直接浇水，因结球生菜叶片多较脆嫩，浇水不当，容易冲散叶片，感染病害，提倡沟灌渗透为宜，最好采用软管滴灌。

（4）采收　结球生菜冬季一般在定植后 60～80d，用手触摸球体有一定硬度时即可采收。收割时，自地面割下，剥除外部老叶，长途运输时要留 3 或 4 片外叶保护，准备贮藏时可多留几片外叶以减少失重。结球生菜因脆嫩，可用厚 0.03～0.05mm 的聚乙烯薄膜袋单球包装，每袋打 6～8 个孔径为 0.3cm 的小孔，装入瓦楞纸箱，以便运输时防震减压，以保障产品质量。

3．生菜大棚栽培

（1）播种育苗　根据季节栽培，适期播种育苗。苗床准备、种子处理与催芽、播种、育苗管理同莴笋。夏季生菜苗床育苗和冬季生菜育苗，参照结球生菜进行。

（2）整地和定植　整地作畦、定植方法同莴笋。定植密度，生菜可适当密植，株行距为（20～25）cm×（20～25）cm。

（3）田间管理

1）光温环境。设施栽培，早春及冬春季在保持正常生长温度的条件下，尽量增加光照时间；夏秋季适当遮阳、降温促进生长。10 月下旬以后，随着空气温度迅速下降，霜冻天气出现前，及时扣上大棚薄膜保温。控制温度白天不超过 24℃，夜间不低 10℃。设施栽培时，在满足莴苣生长的适宜温度下尽量加大放风，在湿度偏大的情况下，及时通风散湿，可防止病害发生。天气寒冷时，要防止植株受冻，气温在 0℃以下时采取双层覆盖等保温措施，严寒天气可不通风。

2）肥水管理。同结球生菜。定植后整个生育期要追肥 3 次，每次间隔 15d 左右进行，每亩可施尿素 5～7kg。

（4）采收　散叶生菜采收标准不严格，可根据市场需要随时收获，一般定植后 15～20d 便可以间收。但早收产量较低，晚收易抽薹、发病，一般在定植后 40d 开始上市。无土栽培生菜可保留根系并可带育苗块出售，易于保持新鲜度，提高产品的档次。结球生菜以叶球紧密后采收为好。

4．其他栽培

（1）夏季生菜遮阳防雨栽培　夏季温度偏高，中后期多雨，极易出现叶片徒长，结球松散，甚至不结球，提早抽薹等不良现象，须采取遮阴、降温、防雨涝等措施。遮阳防雨栽培，生菜缓苗后温度保持在18～22℃，结球期时白天20～22℃，夜间12～15℃为宜。6月下旬至9月上旬，长江流域栽培生菜，塑料大棚必须留盖顶膜，再覆盖黑色遮阳网遮阴，并采用软管滴灌，以降低田间气温和保持土壤湿润，创造一个比较阴凉且能够避免暴雨袭击的环境。

（2）生菜的无土栽培　生菜以生食为主，采用无土栽培是今后发展的方向。无土栽培生菜生长速度快，生长期短，定植后25～40d始收，商品性好，高产、优质、无公害，值得大力推广应用。长江流域气候条件下，周年茬口可安排9或10茬，年平均每亩可生产6000kg以上，甚至可每周播种育苗和定植各1次，以实现周年均衡供应。长江流域炎夏7月，传统实生苗水培生菜因出现根系和地上部生长障碍，甚至成片死苗，无法形成生产效益，夏季利用再生苗栽培，可以在炎夏生产与供应生菜。

（3）莴苣留种　莴笋以越冬的春莴笋留种为宜，留种地应选择排水良好、土壤营养均衡的地块，注意排水通风，摘除基部老叶，以减少病害。种株设立支柱，以免倒伏。莴笋开花时常遇到雨季，可采用分期播种进行调节，以利结实。种子成熟时有冠毛出现，应及时采收，以免损失。莴笋为自花授粉作物，异花也可授粉，留种时不同品种应注意隔离。一般早熟种于6月采收种子，晚熟种于7月初采收种子。广东、广西留种的结球莴苣于7～8月播种，于11月收获种子。生菜留种管理与莴笋相似。

扩展13-1

第三节　芹　　菜

芹菜（*Apium graveolens* L.）属伞形科，别名药芹、旱芹、香芹，染色体数$2n=2x=22$。为伞形科芹属中以肥嫩叶柄供食用的一二年生蔬菜。原产地中海、瑞典至阿尔及利亚、埃及及西亚的高加索等沼泽地带。古希腊人最早栽培，开始药用，后作香辛蔬菜，驯化成肥大叶柄类型，即西芹。芹菜由高加索传入我国已有2000多年的栽培历史，并逐渐培育成细长叶柄类型，即本芹。芹菜适应性广，全国各地均有栽培，著名产地有山东潍县、河北宣化、河南商丘等，种植面积逐年扩大，是春、秋、冬三季均可种植的主要蔬菜之一。

芹菜营养丰富，每100g芹菜中含蛋白质2.2g、钙8.5mg、磷61mg、铁8.5mg，还含有挥发性的甘露醇、挥发性的芳香油（汪李平，2018），具有特殊的芳香和风味，能促进食欲。可炒食、凉拌、做馅或与荤菜搭配做成多种菜肴，清香脆嫩，能促进食欲，颇受消费者欢迎。芹菜茎叶含有黄酮类化合物和芹菜素等，具有镇静和保护血管的作用。

一、生物学特性

1．植物学性状

（1）根　芹菜为直根系浅根性蔬菜，直播的有主根，移栽后侧根发育迅速。根系吸收能力较弱，不耐干旱。成株根内输导组织发达，能从地上部把氧气输送到地下部，耐湿能力较强，但幼苗期输导组织不发达、怕涝。

（2）茎　营养生长期为短缩茎。生殖生长期茎伸长为花茎，复伞形花序，可产生一二级侧枝，高60～90cm，每个分枝顶端形成花穗。

（3）叶　种植的第一年，叶片簇生于短缩茎上，为二回奇数羽状复叶，每叶具2或3对小叶和1片尖端小叶，每株7～12片叶。叶片似根出叶，叶柄长而肥大嫩脆，为主要食用器官。叶柄颜色因品种而异，有浅绿、黄绿、绿色和白色。叶柄有空心与实心两种，引进的西芹多为实心。

叶柄上有由维管束构成的纵棱，叶柄中薄壁组织发达，充满水分、养分，维管束附近的薄壁细胞分布着含有挥发性的油腺，分泌出挥发油使芹菜具有香味。叶柄的品质决定着芹菜的经济价值和营养价值。叶柄长而粗、幼嫩、纤维少的为优良。维管束的外层是厚角组织，其发达程度与品种和栽培条件密切相关。叶柄色泽有绿、黄绿或基部呈白色者，一般来说，浅色的品种易软化。冬季、早春保护地栽培的芹菜比夏天露地生产的品质好。叶柄上端停止生长早，基部一直处在幼嫩状态，可以不断伸长，利用这一特性可进行培土软化栽培，以提高品质。

（4）花　芹菜的花较小，为虫媒花，花白色，萼片、花瓣、雄蕊各5枚，雌蕊由二心皮构成，子房2室，呈复伞形花序，有的有花柄，有的无花柄，一般情况下为异花授粉，但自花授粉也能结实。秋季播种或育苗定植，于第二年夏季抽薹、开花、结实。但早春播种时，幼苗经过春季低温到夏季高温长日照季节，也能抽薹开花，但不宜用于采种。

（5）种子　果实为双悬果，表面有纵纹，灰色或棕黑色，扁椭圆形，有纵沟，由两个分果组成，每个分果内含1粒种子，即生产上所用的种子。种子褐色、细小，有刺毛，千粒重在0.4g左右，有4～6个月休眠期，且外表革质，透水性差，发芽慢，尤其高温条件下不易发芽。一般使用寿命为2～3年。

2．生长发育周期　芹菜的生长发育过程，可分为营养生长期和生殖生长期。一般来说，芹菜是二年生植物，第一年生长叶丛，为营养生长期，第二年抽薹、开花、结实，为生殖生长期。

（1）营养生长期　包括发芽期、幼苗期、外叶生长期、心叶肥大期。从播后种子萌动开始，至子叶充分展开，在光照和温度适宜的条件下需10～15d。子叶展开到4或5片叶的幼苗时定植，历时45～60d。定植后到长至8或9片叶，植株的生长比较缓慢，共30～40d。8或9片叶后生长速度加快，叶柄迅速伸长、增粗，生长量占植株总生长量的70%～80%，是形成产量的关键时期。芹菜是以肥大叶柄为主要食用和商品部分的，花薹的抽生将使芹菜失去食用价值，从而影响经济效益。因此，无论是露地栽培还是保护地栽培，都是以延长营养生长期来获得较多的肥大柔嫩叶柄为目的，必须尽量满足其营养生长所要求的条件，避开或减少转向生殖生长的条件，而获得优质高产的产品。

（2）生殖生长期　生殖生长期包括花芽分化期、抽薹开花期和种子形成期。植株通过春化后，第二年在长日照和适温条件下抽薹、开花、结实。

3．对环境条件的要求

（1）温度　芹菜属于耐寒性蔬菜，要求较冷凉湿润的环境条件，在高温干旱条件下生长不良。种子在4℃时开始萌发，发芽期最适温度为15～20℃，低于15℃或高于25℃，则会延迟发芽的时间和降低发芽率。30℃以上几乎不发芽。适温条件下，7～10d就可发芽。幼苗对温度的适应能力较强，能耐－5～－4℃的低温，在2～5℃的低温条件下，经过10～20d可完成春化。幼苗生长的最适温度在15～23℃。芹菜幼苗期生长缓慢，从播种到长出1个叶环大约要60d。因此，多采用育苗移栽的方式栽培。定植至收获前是芹菜营养生长的旺盛时期，此期生长的最适宜温度为15～20℃。温度超过20℃则生长不良，品质下降，且容易发病。芹菜成株能耐－10～－7℃的低温。秋冬芹菜能高产优质，就是因为秋季气温最适合芹菜的营养生长。

（2）光照　芹菜种子发芽时喜光，有光条件下易发芽，黑暗下发芽迟缓。芹菜耐弱光，营养生长盛期喜中等光强。冬季可在温室、大棚及小拱棚中生产，夏季栽培需遮光。弱光下芹菜呈直立性生长，适于保护地内密植栽培。营养生长期对光照的要求不太严格。长日照促进芹菜苗端分化花芽，促进抽薹开花；短日照可以延迟成花过程，促进营养生长。栽培上，春芹菜适期播种（如清明前后），保持适宜温度和短日照环境，是防止抽薹的重要管理措施。

（3）水分 芹菜根系吸水能力弱，对土壤水分要求较严格，整个生长期要求充足的水分条件。适宜的土壤相对含水量为60%～80%，空气相对湿度为60%～70%。播种后床土要保持湿润，以利幼苗出土；营养生长期间保持土壤和空气湿润。

（4）土壤 芹菜喜有机质丰富、保水保肥力强的壤土或黏壤土。适宜 pH 为 6～7.6。芹菜全生育期要求均衡完全的肥料。芹菜对硼较为敏感，土壤缺硼时芹菜叶柄上出现褐色裂纹，下部产生劈裂、横裂和株裂等，或发生心腐病，发育明显受阻。

二、品种类型与栽培季节

芹菜适于春秋两季栽培。在我国南北方，芹菜适宜的生长期是秋季和春季，以秋季为主。芹菜幼苗可以忍受低温和较高的温度，因而播种期不严格，只要能避过先期抽薹。并将生长盛期安排在冷凉季节就能获得丰产优质。露地栽培与设施栽培相结合，从春到秋可排开播种，实现四季生产、周年供应。

春播生长期短，产量较低，栽培较少。2 月中旬至 3 月上旬播种，可争取在较冷凉的条件下生长，能提早供应，品质也好。江南从 2 月下旬至 10 月上旬均可播种，周年供应；华北、东北、西北等冬季寒冷地区，露地生产以夏播为主，秋季栽培，晚秋及初冬收获，采用保护地与露地多茬口配合，可周年供应。四川的夏播在 6～7 月进行，10 月采收；秋播在 8 月下旬至 9 月上旬进行，1～3 月采收。长江流域露地生产主要为秋播，晚秋至冬季供应，一般在 7 月上旬至 10 月上旬播种，在秋季及初冬收获。在福建、广东一带的幼苗可以越冬生长，播种期从 7 月开始，可延续到 12 月。

夏季大棚栽培，可选优质丰产、耐热抗病、适应性广、商品性好的芹菜品种，如‘申芹 2 号’‘溢香伏芹’‘津南实芹 2 号’‘上海青梗芹菜’‘开封玻璃脆’‘四川金黄芹’‘泰国空心黄芹’‘香港黄芹’‘正大白芹’‘百利’‘双杆西芹’‘四季西芹’‘文图拉’等。芹菜的品种很多，分中国芹菜（本芹）和西洋芹菜（西芹）两大类型。

1．中国芹菜 其特点是分蘖多，叶柄细长，多为空心，叶丛开张，香味浓郁。依叶柄颜色可分为青芹和白芹两个类型。青芹叶片较大，深绿或绿色，叶柄较粗，绿色或淡绿色，有些品种心叶黄色，植株高大，生长健壮，香味浓，软化栽培品质佳；白芹叶较细小，淡绿色，叶柄黄白色，植株较矮小而柔弱，质地较细嫩，品质较好，但香味稍淡，抗病性差。按叶柄的充实与否又可分为实心与空心两种，实心芹菜品质较好，春季不易抽薹，产量高，耐贮藏；空心芹菜品质较差，春季易抽薹，但抗热性较强，宜夏季栽培。一般来说，用于露地栽培的品种，大棚等设施生产都可以选用。冬春大棚生产宜选用耐寒性强，叶柄长而且实心，纤维少，品质好，高产、耐贮、抽薹晚的品种；夏季大棚生产多选用耐热性强和生长快的空心品种。生产上的主要品种有‘铁杆芹菜’‘青梗芹’‘黄心芹’‘培芹’‘药芹’‘白芹’等地方品种，以及‘开封玻璃脆’‘津南实芹 1 号’‘玉香 1 号’‘申香芹一号’‘上农玉芹’等育成品种。

2．西洋芹菜 又称西芹，特点是分蘖少，叶柄肥厚实心，节处缢痕明显，叶丛较紧凑，香味较淡。依叶柄的颜色可分为青梗和黄梗两个类型。青梗品种的叶柄绿色，圆形，肉厚，纤维少，抽薹晚，抗逆性和抗病性强，熟期晚，不易软化；黄梗品种的叶柄不经过软化就自然呈金黄色，叶柄宽，肉薄，纤维较多，空心早，对低温敏感，抽薹早。

我国引进了一批如‘犹他西芹’‘佛罗里达 683’‘意大利冬芹’‘美国文图拉’‘加州皇’‘荷兰帝王’‘法国皇后’等西芹品种，对生产起到推动作用，并选育出若干新品种，如‘四季西芹’‘西雅图’‘优文图斯’‘津奇 1 号’‘津奇 2 号’‘双港西芹’‘黄嫩西芹’等，并逐步替代国外品种。

三、栽培技术

1. 秋冬季露地栽培

（1）播种育苗　宜选用实心品种。定植每亩需 200g 种子、$50m^2$ 左右的育苗床。苗床宜选择地势高燥、排灌便利的地块，作 1～1.5m 宽的低畦。种子用 5mg/L 的赤霉素或 1000mg/L 硫脲浸种 12h 后掺沙撒播。播前把苗床浇透底水，播后覆土厚度不超过 0.5cm。并搭遮阳棚降温。

（2）苗期管理　出苗前保持畦面湿润，幼苗顶土时浅浇一水，齐苗后每隔 2～3d 浇一小水，宜早晚浇。小苗长有 1 或 2 片叶时覆 1 次细土并逐渐撤除遮阴物。幼苗长有 2 或 3 片叶时间苗，苗距 2cm，然后浇一水。3 或 4 片叶时结合浇水每亩追施尿素 5kg，苗高 10cm 时再随水追 1 次氮肥。苗期要及时除草。当幼苗长有 4 或 5 片叶、株高 13～15cm 时定植。

（3）定植　土壤翻耕，深翻 20cm，施入基肥，每亩施入充分腐熟的粪肥 3000～5000kg、掺入 30kg 过磷酸钙，耙平后先作成 1m 宽的低畦，粪土掺匀后耙平畦面。定植前一天将苗床浇透水，并将大小苗分区定植，随起苗随栽随浇水，深度以不埋没菜心为度。定植密度：西芹（24～28）cm×（24～28）cm，本芹 10cm×10cm。

（4）定植后管理　露地秋芹菜定植后缓苗期间宜小水勤浇，保持地表湿润促发根缓苗。缓苗后结合浇水每亩追施尿素 10～15kg，然后连续进行浅中耕促叶柄增粗，蹲苗 10d 左右。此后一直到秋分前每隔 2～3d 浇一水，若天气炎热则每天小水勤浇。秋分后株高 25cm 左右时，结合浇水追第二次肥，每亩追施尿素 20～25kg，株高 30～40cm 及以上时，随水追第三次肥并加大浇水量，地面勿见干。霜降后，气温明显降低，应适当减少浇水，否则影响叶柄增粗。准备贮藏的芹菜应在收获前一周停水。

（5）温湿度调控　当外界最低气温降至 10℃以下时及时上好棚膜。扣棚初期宜保持昼夜大通风；降早霜时夜间要放下底角膜；白天当室内温度升至 25℃时开始放风，午后室温降至 15～18℃时关闭风口。当室内最低温度降至 8℃以下时，夜间覆盖草苫防寒保温。

（6）收获　收获前 2 周，用 15～20mg/L 的赤霉素喷施，结合水肥管理，可促进生长，提高产量。一般进行掰收。当叶柄高度达到 67cm 以上时陆续掰叶，掰叶前一天浇水。收后 3～4d 不浇水，见心叶开始生长时再浇水追肥。春节前后可一次将整株收完。准备冬贮后上市的芹菜，应在不受冻的前提下尽量延迟收获。收获后每 4 或 5 株并成一束，假植于已备好的菜窖中。前期中午前后盖席降温，当外界夜间最低气温降至－4℃时，夜间应盖席防寒。

2. 大棚夏季栽培　夏季高温强日照不适于芹菜生长，大棚夏季芹菜生产随着遮阳网的使用而发展起来。本茬芹菜的特点是在凉爽的条件下育苗，在高温条件下生长。大棚栽培技术的关键是防暑降温、防烈日、防暴雨。长江流域大棚夏芹菜可在 4 月中旬至 6 月下旬播种，5 月底至 8 月上中旬定植，7 月下旬至 10 月上旬上市供应。

（1）播种育苗

1）浸种催芽。播种前 7～8d，用 48～50℃温水浸种 30min，其间不断搅拌，杀死种子表面病菌，然后用清水浸泡 24h，使种子充分吸水，再揉搓种子并淘洗数遍到水清为止，随后用湿纱布包好，置于 15～20℃阴凉处或冰箱冷藏室内催芽，每天用清水洗 1 次，保持半干湿状态，经过 5～7d，80%的种子露白时即可播于苗床上。

2）苗床准备、播种。参照露地栽培进行。

3）苗期管理。播种后不再浇水，以免苗床表土板结。出苗后，根据天气和幼苗生长情况，2～3d 淋水 1 次，出苗后 10d 左右追 0.5%尿素液，3 或 4 片真叶时追施 2%过磷酸钙浸出液。

（2）整地和定植

1）整地作畦。参照露地进行。

2）定植。芹菜苗高 8～12cm、有 4～6 片真叶时定植。土壤充分耙匀，筑畦面宽 1.2～1.5m、沟宽 0.4m，定植株行距 10cm×15cm，开浅沟单株或双株种植，以露心叶为度，浇足定根水。

（3）田间管理

1）及时遮阳防晒。过强的光照，使芹菜叶柄偏横向生长，伸长受抑制，产量降低，叶柄纤维增加，品质下降。因此，6 月下旬开始覆盖遮阳网，可将大棚四周的围裙膜撤除，只留棚顶的塑料薄膜供防雨用，在塑料薄膜上再覆盖遮阳网。宜采用遮光率为 60%～70%的黑色遮阳网，可有效降低光照强度，使地面温度降低 4～6℃，基本满足芹菜正常生长。

2）加强肥水管理。以促为主。芹菜为喜水作物，生长期间要始终保持畦面湿润，以利植株生长，提高产量和品质。夏季气温较高，栽下的小苗根系浅，一遇晴天高温，表土干燥，若不浇水使表土保持湿润，小苗易枯死，浇水应早晚进行。一般不蹲苗，一直小水勤浇，以降低地温保苗。当然，南方雨后要及时排水。

夏季植株生长迅速，幼苗定植 1 个月左右，植株即进入旺盛生长时期，须及时追肥，追肥要施用化肥，分多次施用。芹菜生长期间还需中耕除草 2 或 3 次。定植后 20d 内，每隔 2～3d 在早、晚各浇 1 次水，保持土壤湿润，降低地温，遇雨及时排水促进缓苗，防止田间湿度过大导致腐烂病、斑枯病发生。缓苗后，心叶生长期每亩施尿素 7kg、硫酸钾 3kg 作提苗肥；旺盛生长期分别在前期和中期追肥，每次每亩施尿素 10kg、硫酸钾 4kg。若发生心腐病，可叶面喷洒 0.3%～0.5%硝酸钙或氯化钙液防治，同时叶面喷施 0.2%硼砂或硼酸溶液防止茎裂。采收 15d 左右停止施肥。

（4）采收　高温炎热季节，不利于芹菜生长，且易纤维化和空心，植株基本长成要及时收获。一般定植后 60～90d、茎高 40～60cm 时采收，此时芹菜茎叶嫩绿，质量好、产量高。采收时将芹菜连根拔起，剔除黄叶，用未受污染的水洗净泥土，避免包装储运销售过程中造成二次污染。

扩展 13-2

3．芹菜生理病害

（1）黑心病　也叫作烂心病、干心病。西洋芹菜易发生此病。病株中心部嫩叶的叶脉间初期为褐色，以后逐渐变黑腐烂。发病原因主要是缺钙，多发生在缺钙的酸性土壤上。土壤中铵、钾、镁的含量过高，也会因拮抗作用影响植株对钙的吸收和体内运输。主要防治措施：①酸性土壤在定植前施适量石灰；②加强肥水及环境管理，平衡施肥；③发病后叶面喷洒 2 或 3 次 0.5%氯化钙或硝酸钙液。

（2）叶柄劈裂　由缺硼引起，土壤缺硼或氮钾过量会加剧缺硼症的发生。可用 0.05%～0.25%硼砂水溶液喷洒叶面，每亩用液量为 50～75kg。

（3）黄化失绿　芹菜叶脉间失绿黄化。症状首先在新叶上表现，则是由于缺锰；首先在老叶上表现，则是由于缺镁。高钙土壤易发生。发病初期有针对性地用 0.05%～0.1%的硫酸锰或 0.5%的硫酸镁溶液对叶面喷施，每周 1 次。

（4）空心　实心芹菜品种出现叶柄中空，会降低商品价值。应加强田间管理，平衡施肥，适时采收。

4．化学除草　芹菜为湿生密植蔬菜，生长期长，尤其是苗期和定植后的旺盛生长前期，生长缓慢，杂草大量滋生。杂草主要有马唐、牛筋草、狗尾草等禾本科杂草及马齿苋、小藜、莎草和其他阔叶杂草。除草是芹菜栽培管理的一项重要工作。可采用化学除草剂进行杂草防治。

例如，在播种前或播种后出苗前，每亩用 50%扑草净可湿性粉剂 100～150g、48%氟乐灵乳油 150～175g、48%地乐胺乳油 200g、25%除草醚可湿性粉剂 750～1000g；或混用 25%除草醚乳油 500g＋50%扑草净可湿性粉剂 100g，兑水 150kg 均匀喷洒地面。定植前或定植返青缓慢后，每亩用 50%扑草净可湿性粉剂 100～150g 或 25%除草醚可湿性粉剂 1kg 兑水 70kg 喷洒。

第四节 菠　　菜

菠菜（*Spinacea oleracea* L.）又名波斯菜、红根菜、赤根菜、角菜、菠薐菜、鹦鹉菜等，为藜科菠菜属一二年生草本植物。染色体 $2n=2x=12$。菠菜起源于波斯，距今已有 2000 多年的历史，在唐朝时引入中国。菠菜适应性强，在我国栽培广泛，是常见的绿叶菜。菠菜栽培方式多样，可以实现周年供应。

菠菜主要食用器官是绿叶和嫩茎，无论大小，均可食用，口感柔嫩，是营养比较全面的蔬菜之一。含有多种氨基酸和维生素，矿物质营养丰富，菠菜中含有比例合理的 Ω-3 脂肪酸和 Ω-6 脂肪酸，以及很多具有生物活性的物质，如黄酮类物质等。具有止血、降脂、降糖、抗氧化、抗癌等作用。

一、生物学特性

1．植物学性状

（1）根　菠菜属直根系，主根粗大，较发达，呈红色或紫红色，味甜可食用。侧根不发达，不适于移栽。根群主要分布在 25～30cm 耕层内。

（2）茎　营养生长期间为短缩茎，生殖生长期花茎伸长加粗，茎中部变空。

（3）叶　叶互生，呈深绿色，抽薹前簇生于短缩颈上。叶柄细长。一般可分为尖叶和圆叶。尖叶叶片狭小而薄，叶片光滑，呈现箭形或戟形。圆叶叶片大而厚，多皱褶且叶柄较短，呈现卵圆形或戟形。

（4）花　多为单性花，少数为两性花，风媒花。

（5）性型　菠菜性型分为四种类型：绝对雄株、营养雄株、雌株、雌雄同株。绝对雄株仅生雄花，呈复总状花序，抽薹早，花期短，植株矮小，叶片不发达，产量低。营养雄株植株较高大，产量较高，抽薹晚，仅生雄花，花期较长，与雌株花期相近，可为供粉株。雌株植株高大，生长旺盛，抽薹迟，仅生雌花，产量高。雌雄同株着生雄花和雌花或两性花，抽薹晚，产量高。

（6）种子　生产上用的菠菜种子为果实，根据品种不同可分为有刺和无刺两种。有刺种花萼发育成角状突起，俗称为“刺”，一般有 2 或 3 个刺，少数有 1 个或 4～6 个刺。无刺种菠菜的花萼不发育成角状突起。种子为圆形，革质果皮，发芽较慢。种子千粒重在 9～12g。

2．生长发育周期　菠菜生长发育周期可分为营养生长期和生殖生长期。

（1）营养生长期　从种子萌发到子叶出土、真叶生长、花芽分化。播种后到 2 或 3 片真叶展开阶段生长较慢，其后生长速度加快，叶数增加。经过一段时间后停止分化叶原基，开始分化花芽。

（2）生殖生长期　从花芽分化到抽薹、开花、结籽、种子成熟。花芽分化是营养生长与生殖生长的过渡期，此时叶片面积和叶重迅速增加。根据栽培目的，采用适宜的管理技术。以采收新鲜菠菜为主，此时应尽量延长过渡期，加强肥水管理，促使叶片生长，提高产量。以采收种子为主，则通过对营养生长期的环境条件和栽培管理的调控，影响采种植株的营养状况和雌雄株的比例。

3. 对环境条件的要求

（1）温度　菠菜适应性强，特别耐低温，是较耐寒的绿叶蔬菜之一，成株在最低−10℃的地区，可以露地越冬栽培。仅有1或2片真叶的小苗和将要抽薹的成株耐寒力较差。种子发芽的最低温度为4℃，发芽适温为15～20℃，随着温度提高，发芽率降低，35℃时，发芽率不到20%。植株在10℃以上可以生长，适温为15～20℃。当温度高于26℃时容易导致叶片变小、品质变差。

（2）光照　菠菜是长日照蔬菜，在生长期间需要较长的光照时间，光照充足，能提高菠菜的品质和产量。秋季日照短，有利于菠菜营养生长，提高产量和品质。长日照和高温有利于花芽分化。

（3）水分　菠菜喜湿润的环境，不耐干旱，对水分要求较高。在空气相对湿度80%～90%，土壤相对湿度70%～80%的环境条件下，营养生长旺盛，叶肉厚，品质好，产量高。生长期间缺水，会导致生长速度减缓，产量低，品质变差。

（4）土壤与矿质营养　菠菜对土壤的适应能力强，但为了保证品质和产量，一般以保水保肥性好的肥沃土壤为宜，适宜的土壤pH为5.5～7。每生产1000kg菠菜需纯氮（N）2.5kg，磷（P_2O_5）0.86kg，钾（K_2O）5.59kg。菠菜生长需含氮磷钾的肥料，氮肥不足，生长缓慢，植株矮小，叶脉硬化，叶色发黄，品质差，容易抽薹，尤其需重视氮肥的施用。

二、品种类型与栽培季节

菠菜适应性广，生育期短，可利用风障、阳畦、塑料棚、温室等进行适时栽培，也可与主栽作物套作或找茬补口，基本可以实现周年生产，周年供应。

1. 按菠菜果实上刺的有无划分

（1）有刺菠菜　也称为尖叶菠菜。果实有刺，果皮较厚。叶片较窄，叶先端一般呈现尖形或叶戟形，叶柄细长，耐寒性强，不耐热，对日照长短较敏感，易抽薹。适于秋季栽培或越冬栽培。

（2）无刺菠菜　也称为圆叶菠菜。果实无刺，呈现圆形或不规则形。叶片呈卵圆形或不规则等形状，较肥厚，叶柄短。与尖叶种相比，耐寒性差，但耐热性强、抽薹晚。适于春、秋、夏栽培。

2. 按季节划分

（1）春茬　早春播种，春末上市。播种以当地平均气温达到4～5℃为宜。一般2～4月可陆续分期播种，4～6月可陆续采收。选择耐寒性强的中晚熟品种，防止抽薹，如‘春秋大叶’‘菠杂58’‘菠杂18’‘全能’等品种。

（2）夏茬　春末播种，夏季上市。一般5～8月播种，6～9月收获。在高温期间，可利用遮阳网或防雨棚栽培。宜选用对日照感应迟钝、抗病、耐热性强、生长期短、不易抽薹、产量高的品种，如‘华菠一号’等。

（3）秋茬　夏季或早秋播种，秋季上市。一般7～9月播种，9～10月收获。秋季选用耐寒性强、生长速度快，产量高、抗病的优良品种，如‘沪菠5号’等。

（4）越冬茬　秋季播种，冬春上市。一般10月至翌年1月播种，翌年春季收获。菠菜在4～6片叶时耐寒性最强，因此要安排播种期，使菠菜叶片数在4～6片叶时越冬，避免冻害死亡。冬季较寒冷地区可利用温室或大棚保温，确保菠菜安全越冬。越冬菠菜选择耐寒性强、抽薹迟、产量高的品种，如‘京菠3号’‘菠杂10号’‘华菠1号’等。

3. 栽培季节

（1）秋季栽培　选择当地适宜品种。长江流域大多数地区，露地菠菜多以秋播为主。常用尖叶型品种进行秋冬季栽培，如‘合肥小叶菠菜’‘绍兴尖叶菠菜’‘沙洋菠菜’等；也可选用抗病、抗逆性强，适应性广，长势强，优质，丰产，商品性好的大叶菠菜品种，如‘金刚’‘急先锋’‘日本大叶’等。早秋可选用‘全能菠菜’‘华菠 1 号’‘春夏菠菜’‘绿华’‘火车头’等耐热品种，晚秋可选用‘京菠 1 号’‘荷兰菠菜’等耐寒性强、生长快、早熟的大叶型菠菜品种。

（2）大棚越冬栽培　大棚越冬菠菜生产可选用地方品种，如‘绍兴尖叶菠菜’‘广东迟叶乌’‘沙洋菠菜’中的圆叶种等，也可选用耐寒、耐抽薹、高产、抗病、品质好的‘华菠 2 号’‘沪菠 1 号’‘沪菠 5 号’‘京菠 1 号’‘京菠 3 号’等优良杂种一代品种。

（3）夏季防雨棚栽培　夏季高温下耐热、晚抽薹品种的选择，可选用较耐热的‘广东圆叶菠菜’‘台湾清风菠菜’‘沪菠 1 号’‘华菠 1 号’‘春夏菠菜’‘新世纪菠菜’‘联合一号’等，以及国外引进的品种，如‘春秋大叶’‘全能菠菜’‘火车头’‘捷雅’‘日本法兰草菠菜’等。

三、栽培技术

1．秋季栽培

（1）整地施肥　前茬收获后，及时深翻整地，结合整地施足基肥，每亩施腐熟有机肥 1500～2000kg，筑畦宽 2m、沟深 0.2cm 的深沟高畦。

（2）播种　菠菜种子实际是胞果，其果皮的外层是一层薄壁组织，可以通气和吸收水分，而内层是木栓化的厚壁组织，通气和透水困难。一般要浸种催芽播种，一般将菠菜种子在温水中浸泡 12～24h，保湿并放置于 15～20℃条件下，每天翻动并用清水投洗 1 次，4～5d 露白发芽后播种，秋季菠菜生长快，密度不能太大，每亩用种量在 4kg 左右。整地施肥后畦面浇透底水，待水渗下后，将催好芽的菠菜种子均匀撒播在畦面上，然后覆盖干细土或河沙 1～1.5cm。播后用草或遮阳网覆盖，保持土壤湿润，以利出苗。为防止高温暴雨，还可搭棚遮阴。秋季栽培菠菜因为生长季节适宜，可采用干籽播种。

（3）疏苗匀苗　出苗后 7～8d 进行第 1 次疏苗，再过 9～10d 后进行第 2 次疏苗，再过 10d 左右进行第 3 次疏苗。疏苗时要确保苗距均匀，且要严防损伤被留苗根系。注意第 3 次疏除的菜苗可供食用，以免浪费。

（4）田间管理　从播种到齐苗要保持土壤湿润，确保齐苗。生长期间遇到干旱要及时喷水抗旱，大棚栽培宜采用顶部微喷补水。在 3 或 4 叶期，每亩浇施尿素 3～5kg，促苗健壮生长；以后视植株生长情况再追肥 1 或 2 次，每次每亩追施尿素 5～7kg，追肥间隔 10～15d。采用水肥一体化栽培时，视植株生长情况适时喷施含氮量较高的有机液肥或沼液。以后隔 15d 左右结合浇水每亩再施尿素 7～10kg。10 月底大棚覆盖薄膜保温后尽量少浇水，避免因湿度过大引起病害流行。菠菜发芽期和初期生长缓慢，在早秋苗期还应及时除去杂草。

秋季外界环境较适合菠菜生长，露地种植也有较好的收成。

大棚栽培可利用棚内温光水肥可控的条件，可在前期保留大棚顶膜的基础上覆盖遮阳网起到避雨降温促进出苗的作用，生长后期可加强覆盖保温，促进生长，提高产量和品质。

（5）采收　早秋菠菜播后 30d 左右，苗高 20～25cm 时开始陆续采收上市，采大留小，采密留稀。以后每隔 20d 左右采收 1 次，共采收 2 或 3 次；晚秋菠菜可适当延迟至 12 月采收。可直接拔起植株，除去多余外叶、黄叶、病叶、残叶和损伤叶，清洗泥渍、杂质，散装或捆把上市。可用刀沿地面割起，保留 1～2cm 根部，散装或捆把上市。

2．大棚越冬

（1）整地作畦、播种　参照秋季菠菜进行。越冬栽培可适当加大播种量，每亩用种量以 8～

9kg 为宜。播种量除随播种季节而异外，也因播种方法、采收方法不同而有差异。

（2）田间管理　播后土壤保持湿润，3 或 4 片真叶时，适当控水以利越冬。2 或 3 片真叶时间苗 1 次，苗距 3～4cm。根据苗情和天气追施水肥，霜冻和冰雪天气应覆盖塑料薄膜保温，浮面覆盖和小拱棚覆盖均可。越冬的菠菜应在春暖前施足肥料，以免早期抽薹，在冬季日照减弱时控制无机肥的用量，以免叶片积累过多的硝酸盐。分次采收的，应在采收后追肥。

（3）冬季大棚管理　白天棚内温度保持在 15～20℃，夜间温度保持在 5～10℃。选择晴好天气 10:00 前后放风，15:00 左右及时关闭风口，阴天、气温低时可适当减少通风量，缩短通风时间。扣棚膜前 2～3d 要浇 1 次透水，扣膜后至采收前可不浇水。棚内相对湿度控制在 75%以下。湿度大时应加大通风，防止霜霉病、灰霉病发生。

（4）采收　参照秋季菠菜进行。

3．夏季防雨棚栽培

（1）棚型选择　菠菜具有高温抗性弱、抗雨弱的特性，在夏播时，收获前如遭雨淋，上市后极易腐烂，降低商品性，故必须防止雨淋，城郊可以进行菠菜的防雨棚栽培，遮雨期为 6～8 月。遮雨栽培分为小拱棚与大拱棚两种，考虑生产性能与作业便利性，最好采用大棚。长江流域一般选 6～8m 宽的大棚作为防雨棚，棚长度依地形条件而定，通常长 30～60m，为防大风吹袭，压膜线要拉紧，固定牢靠。

（2）整地播种、田间管理　参照秋季进行。结合整地每亩可撒施腐熟有机肥 2000kg，生石灰 75～100kg，然后深耕均匀，每亩在土壤表层撒施三元复合肥 100kg，钾肥 20kg，作成便于排水的高畦，6～8m 宽大棚每棚 4～6 畦，畦上按 15～20cm 行距划小沟，条播。

（3）遮阳避雨及肥水管理　播种前观察土壤墒情，要求在土壤湿润条件下播种，播种后浇透水，防止土表干燥，保证出苗整齐。夏季防雨棚栽培的菠菜出苗后原则上不浇水或少浇水。水分过多，容易发生霜霉病。夏季杂草生长繁茂，及时中耕除草，也可用除草剂如丁草胺等进行土壤处理，防除杂草。大雨、暴雨后也应及时田间清沟排水，避免渍涝。

菠菜初夏播种时可以不遮阳降温，但盛夏播种应在棚膜上再盖遮阳网降低温度，以利菠菜生长，遮阳网一般从播前一天覆盖到出齐苗为止。夏秋季浇水应在清晨或傍晚时进行。

扩展 13-3

（4）采收　播种后 25～35d，株高 20～25cm 时即可收获上市。

第五节　茼　　蒿

茼蒿（*Chrysanthemum coronavium* L.）又叫蓬蒿、春菊、蒿子秆、皇帝菜、菊花菜、蒿菜等，为菊科菊属一二年生草本植物。$2n=18$。原产于我国。茼蒿以嫩茎、嫩叶或幼苗供食用，纤维较少，品质优良，营养丰富，风味独特，有菊之甘香、蒿之清气，是绿叶蔬菜供应中的一个特色调剂品种，生炒、凉拌、汤食、炖鱼或包馅均相宜。近年来，随着快餐、火锅、自助餐等餐饮业的发展，茼蒿也逐渐成为一道深受大众喜爱的常见绿叶菜。

茼蒿生长期较短，适应性广，耐寒性强，田间管理简单，一般播种后 40～50d 即可收获，温度低时生长期延长至 60～70d。在温度适合的条件下，周年均可播种，一年四季均可栽培。在北方春夏秋三季、南方春秋两季都能在露地栽培，冬季可进行设施栽培，对蔬菜的周年供应和增加市场花色品种有重要作用，还可作保护地主栽作物的前、后茬栽培和间套、插空栽培。近年利用大棚种植茼蒿，可基本实现周年生产和供应。

茼蒿每100g食用部分含水分95.8g，蛋白质0.8g，脂肪0.3g，碳水化合物1.9g，粗纤维0.6g，灰分0.9g，胡萝卜素0.28mg，维生素B_1 0.01mg，维生素B_2 0.03mg，尼克酸0.2mg，维生素C 2mg，钙33mg，磷18mg，铁0.8mg，钾207mg，钠172mg，镁19.6mg，氯240mg。另含丝氨酸、天门冬素、苏氨酸、丙氨酸等。茼蒿全株均可入药，其性味甘、辛、平，无毒，有清血、养心、降压、润肺、清痰的功效（汪李平，2019）。

茼蒿整个植株具有特殊的清香气味，对病虫有独特的驱避作用，研究表明，其提取物可作为植物源杀虫剂，用于防治尺蠖类、食心虫、蚜虫、菜青虫、山楂红蜘蛛、菜蚜、小菜蛾、棉红蜘蛛等。

一、生物学特性

1．植物学性状 茼蒿根系入土浅，须根多。茎直立，绿色，有蒿味，分枝性强，可陆续采摘嫩梢。叶淡绿色，叶片长而肥厚，互生，呈羽状裂刻，叶缘锯齿状。花茎高达70cm，不分枝或自中上部分枝。基生叶花期枯萎。中下部茎叶长椭圆形或长椭圆状倒卵形，长8～10cm，无柄，二回羽状分裂。一回为深裂或几全裂，侧裂片4～10对。二回为浅裂、半裂或深裂，裂片卵形或线形。上部叶小。头状花序，单花舌状，黄色或白色。种子为瘦果，褐色，小而瘦长，上有3个凸起的翅肋，千粒重1.8～2g，种子寿命2～3年，使用年限1～2年。

2．对环境条件的要求

（1）温度 茼蒿为半耐寒性蔬菜，喜冷凉湿润的气候，既不耐高温，也不耐低温，生长适温为17～22℃，12℃以下生长缓慢，6℃以下枯萎，30℃以上则生长不良，易出现生理病害。种子在10℃即可发芽，发芽最适温度为15～20℃。能耐短期0℃低温。

（2）光照 茼蒿为短日照作物，对光照要求不严，以较弱光照为好。在高温和短日照条件下抽薹开花。茼蒿在长日照及高温条件下，叶面易灼伤，植株生长不充分，很快转入生殖生长，易开花结籽。

（3）土壤 对土壤要求不严，以湿润的砂壤土为最好，最适土壤pH为5.5～6.8，茼蒿忌重茬，对肥水条件要求不严，但生长期间要求较多的肥水。

二、品种类型与栽培季节

茼蒿的栽培方式有露地栽培和设施栽培两种。露地春播一般在3～4月，秋季播种在8～9月，冬季播种在11月至翌年2月。冬春季栽培应选择耐寒性强、成熟早的优良品种，长江流域以小叶茼蒿、花叶茼蒿为主。夏季栽培则宜选择大叶茼蒿品种。

春季大棚栽培的于1月上中旬播种，小棚栽培的于2月上中旬播种，露地栽培的于2月下旬至3月下旬播种。秋季大棚抗暴雨栽培的于8月上中旬播种，9月中下旬一次性采收上市，南京称伏茼蒿，因生产难度大，市场紧俏，具有较高的经济效益。利用大棚种植茼蒿，可基本实现周年生产和供应。在冷凉温和湿润的条件下，周年均可播种。大棚栽培可设计成7～10d 1个播期，周年生产和供应。每年10月至翌年3月注意防寒保温，7～9月采取措施遮阳防雨。

根据叶片大小、缺刻深浅不同，可分为大叶茼蒿和小叶茼蒿两大类型。

1．大叶茼蒿 又称为板叶茼蒿或圆叶茼蒿。叶宽大而肥厚，缺刻少或无，叶片匙形，浅绿色，被蜡粉；茎秆较短粗，节间较密，淡绿色，质地柔嫩，纤维较少，品质优良；大叶茼蒿多较耐热，但耐寒性稍差，生长较慢，成熟略晚；适宜长江流域夏季栽培，如‘杭州木耳茼蒿’‘上海圆叶茼蒿’等。目前生产上主栽品种有‘大叶茼蒿’‘上海圆叶茼蒿’‘勺型茼蒿’‘菊秀’等。

2. 小叶茼蒿　又称为细叶茼蒿、花叶茼蒿。其叶片狭小，叶肉较薄，绿色，缺刻多而深，呈羽状；茎枝较细，生长快；抗寒性较强，但不太耐热，成熟较早；香味较浓，品质优良。适合长江流域大棚冬春季栽培。生产上主栽品种有‘上海鸡脚茼蒿’‘台湾裂叶茼蒿’等。

三、栽培技术

1. 露地栽培

（1）整地施肥　对土壤要求不严，但以保水保肥、排灌良好、土质疏松的壤土为宜。结合整地施有机肥 7.5t/hm^2、复合肥 150kg/hm^2，施肥后将地面耧平、作畦，再耧平并轻踩，畦宽 1.2m 左右。

（2）播种　根据当地气候条件和品种特性，日均气温稳定在 15℃以上播种。小叶种适于密植，用种量大，播种量为 30～37.5kg/hm^2；大叶种侧枝多，开展度大，用种量小，播种量为 15.0kg/hm^2。例如，广东地区播种期在 9 月至翌年 2 月，播种量为 30～37.5kg/hm^2。播种前 3～5d 进行晒种、浸种，以提高出芽率。播种方法主要采用条播，在畦内按 10～20cm 开沟，沟深 1～1.5cm，沟内撒入种子，浇透底水，撒种要均匀，覆土 0.5～1cm。

（3）田间管理　播种后至出苗，应保持较高温度 4～5d，以利出苗，即白天 20～25℃，夜间 10℃。出苗后白天 15～20℃，夜间 8～10℃，防止高温徒长。一般播后大约 1 周出苗，在幼苗长到 2 或 3 片真叶时间苗，小叶种按株、行距 3～5cm 间拔，大叶种按 20cm 左右间拔，同时人工拔除田间杂草，定苗后进行第 1 次追肥，12d 后进行第 2 次追肥，追施三元复合肥 150kg/hm^2 加尿素 45kg/hm^2。大圆叶茼蒿生长期不能缺水，以保持土壤湿润为宜。

（4）采收　株高 20cm 时即可收获，可分批播种分批收获。如多次收获，可用刀在主茎基部留 3cm 左右处割下捆成束上市。割后留下的根茬要及时追肥浇水，隔 20～30d 再收割 1 次。

2. 设施栽培

（1）大棚冬春茼蒿栽培　大棚冬、春茼蒿栽培，于 11 月中旬开始播种，至翌年 1 月下旬止。播种后，用踏板踏平畦面土壤，浇施一遍稀薄的腐熟粪肥。播种后出苗前，采用大棚加小棚加地膜 3 覆盖，出苗后，揭去地膜和小棚薄膜。如遇－10℃严寒天气，晚上仍需覆盖小棚薄膜，御寒防冻。土壤干旱时，小水勤浇，保持土壤湿润。田间管理：在棚温管理上，当大棚内气温达 18℃时，应揭开大棚两侧通风口降温排湿，通风口应由小到大，刮风天气应在背风一侧拉开通风口，棚温控制在 20℃以下为宜，以免引起茼蒿的先期抽薹现象。当大棚内气温降至 13℃时，立即关闭大棚通风口。如果土壤出现干旱，应结合追施稀粪水进行肥水管理，促进冬、春茼蒿植株的健壮生长。

（2）伏茼蒿抗暴雨栽培　伏茼蒿抗暴雨栽培，于 8 月上中旬播种，此时常遇高温暴雨天气，露地伏茼蒿难以生长，必须采用大棚抗暴雨栽培。播种前，宜对种子进行浸种和低温催芽处理。见种子露白后，立即播种于盖有大棚顶膜、两侧拉起通风的大棚内。播后用耧耙轻耧地 1 次，浇透水，并注意浇匀，贴地覆盖遮阳网，每天早晚天凉、地凉、水凉时各浇小水 1 次，保持土壤湿润，降低土温，有利于伏茼蒿的早出苗。浇水时可直接浇在遮阳网上，防止种子和土壤受到冲刷。出苗后揭去遮阳网，并每天早晚各浇 1 次小水。如遇暴雨天气，必须在下雨前把两侧薄膜拉下防雨。雨过后，随即把薄膜拉起通风降温。高温期间，下午在大棚西侧用遮阳网覆盖遮阳降温。伏茼蒿生长期间，注意加强肥水管理，促进植株生长健壮。大棚栽培可推广机械化采收，但整个种植过程宜标准化，包括精细化整地与作畦、精量播种、水肥一体化灌溉施肥等。

3. 留种　由于南北各地气候的差异，在留种方法上有所不同。南方地区采用秋播植株留种，这种采种方法，不但种子产量比春播留种的高，且种子质量好，后代耐寒性强，春季抽薹晚。具体做法是：选择避风向阳的田块作留种田，播种期比一般大田生产的迟些。9 月中下旬间苗 1 次供食用，使留种植株的营养面积适当大些。苗期不施肥，以防幼苗生长柔嫩，难以越冬。霜冻和寒流来临前，撒稻草覆盖防寒。开春后施追肥 1 次，每亩施用腐熟人粪尿 1000kg 左右。翌年 4 月中旬开花，6 月上旬种子老熟。主枝开花早，侧枝开花迟，种子成熟有先后，应分 3 或 4 次采收。

北方地区茼蒿种子生产，分露地直播和冷床育苗移栽采种两种方法。采种可在春播生产田中选留具该品种特性的健壮种株，待苗长大后及时剔除杂苗、病苗、弱苗。保持行株距 30cm×30cm，4～5 月开花，6 月上旬果实成熟。苗期要适当控水蹲苗，使幼苗生长健壮，防止徒长，以免后期花株倒伏。当主枝和侧枝显蕾初花时，分别浇水追肥，并适当增施速效磷钾肥。终花期停止浇水，7 月初开始分期分批采收种子，先收主茎，再收侧枝。收后晒干，压碎果球，簸净。采用冷床育苗移栽法采种的，可使花期提前，种株生长健壮，种子产量与质量较高。

第六节　苋　　菜

苋菜（*Amaranthus mangostanus* L.）又名青香苋、红苋菜、红菜、雁来红、老少年、老来少、三色苋、米苋等，也称为凫葵、蟹菜、荇菜、莕菜。有些地方又名红蘑虎、云香菜、云天菜、玉米菜、寒菜、人青等，湖北、安徽广德等地称为汉菜。为苋科苋属以嫩茎叶供食用的一年生草本植物，原产热带亚洲。我国长江以南栽培较多，北方现也有栽培。因其抗性强，易生长、喜热、耐旱、耐湿，且病虫害较少，是大众喜爱的夏秋季主要绿叶蔬菜之一。

苋菜是一种营养价值极高的蔬菜，富含钾、钙、镁、铁等矿物质，同时含有较多的胡萝卜素和维生素 C，深受城乡居民喜爱。据测定，每 100g 苋菜可食用部分含水分 90.1g，蛋白质 1.8g，粗脂肪 0.3g，膳食纤维 0.8g，碳水化合物 5.4g，胡萝卜素 1.95mg，核黄素 0.16mg，硫胺素 0.04mg，尼克酸 1.1mg，维生素 C 28mg，钾 577mg，钙 180mg，磷 46mg，铁 3.4mg，钠 23mg，镁 87.7mg（汪李平，2019）。

一、生物学特性

1. 植物学性状　苋菜根较发达，主根略肉质。茎直立生长，有分枝。叶互生，全缘，卵状椭圆形至披针形，平滑或皱缩，有绿、黄绿、紫红或杂色。花小，单性或杂性，穗状花序，花簇顶生或腋生。花被片膜质，3 片。雄蕊 3 枚，雌蕊柱头 2 或 3 个。胞果矩圆形，盖裂。种子圆形，紫黑色有光泽，边缘钝，千粒重为 0.72g。

2. 对环境条件的要求　苋菜喜温暖，耐热性强，不耐霜冻。植株生长适温为 23～27℃，20℃以下生长缓慢，种子发芽需较高温度，10℃以下种子发芽困难。超过 35℃时植株生长不良，纤维增加，品质变劣。属高温短日照蔬菜，在高温短日照条件下易抽薹开花结实，长日照条件下枝叶茂盛。在气温适宜，日照较长的春季栽培，抽薹迟，品质柔嫩，产量高。苋菜对土壤要求不严格，适宜 pH 5.8～7.5，以偏碱性土壤生长较好。对空气湿度要求不严格，要求土壤湿润，但不耐涝。直播的苋菜，直根深入土层，具有一定抗旱能力，但土壤水分充足则叶片柔嫩，品质较好。

二、品种类型与栽培季节

苋菜露地栽培宜在气温稳定于 15℃以上时播种，具备控温条件的设施生产全年都可播种栽培。一般彩叶苋耐寒性较好，耐热性较差，适宜初夏季节播种；绿叶苋耐热性较好，适宜盛夏高温季节播种；红叶苋介于两者之间。

苋菜属高温短日性蔬菜，高温短日照条件下易抽薹开花，食用价值降低。春季栽培，气温适宜，日照较长，苋菜抽薹晚，品质柔嫩，产量较高；夏秋播则较易抽薹开花，产品较粗老。苋菜的生长期为30～60d，在全国各地无霜期内，可分期播种，陆续收获。

生产上根据不同的播种时间和需求选择适宜的品种。露地栽培时，5 月播种，可选择彩叶苋和红叶苋品种；6 月播种，可选择红叶苋和绿叶苋品种；7 月播种，可选择绿叶苋品种。例如，在长江流域一般 3 月下旬至 8 月上旬均可露地播种，供应期为 5 月中旬至 10 月下旬。如果采用棚室进行苋菜生产，3 月播种，4～5 月采收，每亩平均产量达 1200～1500kg，上市正逢“春淡”，经济效益高；利用大棚分期分批播种，一年可生产 8 茬，实现周年采收供应。

苋菜品种很多，依叶形可分为圆叶种和尖叶种。圆叶种叶圆形或卵圆形，叶面常皱缩，生长较慢，较迟熟，产量较高，品质较好，抽薹开花较迟。尖叶种叶披针形或长卵形，先端尖，生长较快，较早熟，产量较低，品质较差，较易抽薹开花。依叶片颜色分为绿叶苋、红叶苋和彩叶苋。

1．绿叶苋 叶和叶柄绿色或黄绿色，食用口感较红叶苋和彩叶苋硬，耐热性强，适于春秋栽培。主要品种有湖北‘马蹄苋’‘圆叶青苋’‘猪耳朵青苋’，南京‘木耳苋’‘秋不老’，杭州‘尖叶青’‘白米苋’，广州‘高脚尖叶’‘柳叶’‘矮脚圆叶’‘犁头苋’‘大芙蓉叶’等。

2．红叶苋 叶片和叶柄紫红色，食用口感较绿叶苋软糯，耐热性中等，适于春季栽培。主要品种有杭州‘红圆叶’，广州‘红苋’，湖北‘圆叶红苋菜’‘猪耳朵红苋菜’，四川‘大红袍’等。

3．彩叶苋 叶边缘绿色，叶脉附近紫红色，质地较绿叶苋软糯。早熟，耐寒性较强，适于早春栽培。主要品种有上海、杭州一带的‘一点珠’‘尖叶红米苋’，四川‘蝴蝶苋’‘剪刀苋’，广州‘尖叶花红’‘中间叶红’‘圆叶花红’等。

三、栽培技术

1．露地栽培

（1）播种和育苗 直播或育苗移栽。直播因早春气温较低，出苗迟或参差不齐，播种量宜加大，每亩用种量为 3～4kg。夏秋季气温高，出苗快而整齐，每亩用种量约为 1kg。苋菜种子细小，可在种子中掺些细沙撒播，播后踏实或稍加镇压后浇透水。或在播种后覆以细沙或草木灰，有些地方习惯用浓厚的粪肥浇盖。以采摘嫩茎为主的，用育苗移栽，用种量 30g 即可栽植 1 亩大田，定植株行距为（20～30）cm×35cm。

（2）整地和定植 苋菜宜选择地势平坦、排灌方便、土层深厚、有机质含量高、杂草少的地块种植。播前耕翻土地，施足基肥，每亩施入腐熟的优质土杂肥 3000kg，再耙平作畦，畦面要细碎平整。

以采摘嫩茎为主的，用育苗移栽，定植株行距为（20～30）cm×35cm。

（3）田间管理

1）光温环境管理。苋菜喜温不耐寒冷，20℃以下生长缓慢，露地栽培需适期播种。

2）肥水管理。基肥一般用腐熟鸡粪等粪肥 1500～2000kg/亩，加过磷酸钙 15kg/亩，与表土混合均匀播种。播种时浇足底水，出苗前一般不再浇水。出苗后如遇低温切忌浇水，以免引起死苗；一般播种后 10d 即可出苗（春播 7～12d，晚春和秋播 3～5d）。幼苗 3 片真叶时追第 1 次肥，并结合追肥浇水，具体方法：将三元复合肥或尿素均匀撒入畦面，将水泼浇在肥料上。以后则每次采收后 1～2d 进行追肥，结合浇水每次每亩追施三元复合肥 10～15kg、尿素 15kg。

（4）除草及采收　苋菜播种量较大，出苗较密，采收前杂草不易生长，采收后苗距较宽，杂草生长较快，因此每次采收后，大棚内易滋生杂草，应结合采收人工拔除，以免出现草荒影响苋菜生长。当苋菜株高 12～15cm、5 或 6 片叶时可间拔采收，以后每隔 2d 左右挑选大株间拔 1 次，每次采收要掌握收大留小，并注意均匀留苗，及时采收利于后批苋菜生长，从而提高总产量。实际生产过程中也可根据市场和茬口情况一次性采收。

2．设施栽培

（1）播种和育苗　直播或育苗移栽。参照露地栽培进行。

长江流域大棚栽培一般于 3 月上中旬抢冷尾暖头播种，多层覆盖的大棚可提早到 2 月上中旬播种，甚至在 12 月或翌年 1 月就开始播种，2 月中下旬至 6 月持续采收。因早春气温较低，出苗较差，播种量宜加大，每亩用种 3～4kg。苋菜种子细小，多在种子中掺些细沙撒播，播种后用脚踏实镇压畦面。或在播种后覆以细沙或草木灰，有些地方习惯用浓厚的粪肥浇盖，播后地膜覆盖并将大棚密闭。

苋菜宜选择地势平坦、排灌方便、土层深厚、有机质含量高的地块种植。大棚栽培播种前一天浇足底水，一般撒播，播后立即覆地膜，加盖小拱棚。一般每 15～20d 采收 1 次，每采收 1 次播种 1 次，共播 3 或 4 次。第 1 次每亩播种 1.5～2kg，第 2 次每亩播种 1～1.5kg，第 3 次后每亩播种 1.5～2kg，一般平均播种 4～6kg/亩。

（2）田间管理

1）光温环境管理。苋菜喜温暖气候，耐热性强，不耐寒冷，20℃以下生长缓慢，早春大棚栽培保温措施至关重要，一般播种到采收棚内温度保持 20～25℃，播后覆地膜，闭棚增温，促进出苗，一般早春低温季节播后 12～15d 出苗，出苗后可揭去地膜，使幼苗充分见光，如天气特别寒冷需在小拱棚上加盖 1 层薄膜或草帘等。苋菜生长前期以保温、增温为主，后期则应避免温度过高，棚内温度高于 30℃时应适当通风降温。晴天中午先开大棚两头，关闭小拱棚，后揭小拱棚膜，关闭大棚，交替使用 2 种方法，每次通风 2h 左右，可有效降低大棚内空气湿度，避免病害发生和蔓延。同时，在保证苋菜不受冻情况下多见光，可促使叶色鲜艳。当大棚内温度稳定在 20～25℃时，可撤去小拱棚，并打开大棚两头通风降温。夏、秋播种后则需在大棚上加盖遮阳网降温，做好大棚通风降温工作。

2）肥水管理。播种时浇足底水，出苗前一般不再浇水。出苗后如遇低温切忌浇水，以免引起死苗；一般播种后 10d 即可出苗（春播 7～12d，晚春和秋播 3～5d），子叶出土后，应及时揭去地膜，结合适当间苗除去杂草，并立即加扣小拱棚保温防寒。真叶展开 2 或 3 片时，抢晴天揭小棚，除草，间苗。幼苗 3 片真叶时追第 1 次肥，并结合追肥浇水，具体方法参照露地栽培进行。

扩展 13-4

（3）采收　同露地栽培。

第七节　冰　　菜

冰菜（*Mesembryanthemum crystallinum* L.）又名冰叶日中花、冰草、冰柱子，是番杏科日中花属的一年生或二年生肉质草本植物，因为在其叶片的背面和茎秆上附着生有很多含有盐分的冰晶状细胞而得名。冰菜以其嫩茎（稍）、嫩叶供食，口感脆嫩、清爽多汁，且略带咸味、风味独特，可以生吃、凉拌、蘸酱、炒食或做汤。因自身的泡状细胞中带微咸味，因此烹饪时不用放盐，深受消费者的喜爱。

冰菜富含对人体有益的钠、钾、钙等微量元素和多种氨基酸、抗酸化物质、黄酮类化合物等，营养价值较高，尤其适合中老年人和患有高血压的人群食用，具有降血糖、促代谢、预防脂肪肝及动脉硬化等天然保健功效。据测定，每 100g 食用部分含蛋白质 0.7g，脂肪 239mg，膳食纤维 0.9g，钠 264mg，钾 239mg，钙 16mg，镁 13.0mg，铁 0.2mg，叶酸 31μg，泛酸 0.63μg，视黄醇 77μg，胡萝卜素 3mg（汪李平，2018）。

冰菜原产非洲南部的纳米比亚干旱地区，目前在欧洲、亚洲和非洲皆有分布。在非洲，冰菜被许多部落作为治病良药。在法国菜中，冰菜是一款不可或缺的食材，因质感脆嫩、风味奇特而备受欢迎。日本已开展冰菜的驯化栽培，日本、韩国及我国台湾地区采用植物工厂周年生产冰菜供应市场。除作特色蔬菜外，日本还将其开发成具有保湿效果和补充天然维生素的化妆品，深受人们青睐。

一、生物学特性

1．植物学性状　冰菜为须根系，根系发达；植株茎为圆柱形，半蔓生，初期直立生长，后期匍匐生长，具有极强的分枝能力，每个叶腋都能萌发出侧枝，并形成多级侧枝；叶片互生，扁平，卵形或长匙形，全缘，肉质肥厚，成熟叶片边缘呈波状；花为头状花序，单个腋生，直径约 2.5cm，几乎无梗；花似雏菊状，瓣狭小，花瓣多数，线形，比萼片长，带白色或浅玫瑰红色；自春天至秋天陆续开发，每株有 1～20 朵花，花期 1 个月左右。阳光充足时，叶呈深红色，叶背面、茎秆与花苞上遍布着闪光的晶珠；花柱 5，呈丝状，柱头 5；蒴果肉质 5 室，星状 4 瓣裂，裂瓣脊有翅，种子多粒（图 13-1）。冰菜为异花授粉，种子细小、椭圆形，千粒重约 0.3g。种子 5～6 月成熟采收，可放在避光通风处常温保存。

彩图

图 13-1　冰菜植株不同发育时期（Adams et al.，1998）

A．幼苗长出一对初生叶；B．幼株的第一片叶披针叶；C．6 周时长出侧芽；D．8 周时植株长最大，侧枝进一步生长；E．长出匍匐茎，叶互生；F．12 周时开花，花单个腋生；G．花为白色，花瓣较多；H．枝上带着种子囊。标尺为 1cm

2．对环境条件的要求

（1）温度　冰菜喜冷凉环境，忌高温多湿。生存温度条件为－5～30℃，在 10～30℃均能正常生长，生长最适宜的温度为 15～25℃，低于 0℃叶片萎缩，植株枯萎；种子发芽适温为 20℃左右，苗期生长温度以 20～25℃为宜。冬季夜间温度低于 10℃时，需搭小拱棚保温，白天揭掉。夏季高温时需要遮阳网遮阴降温，温度超过 28℃植株呈簇生徒长状态，叶片卷缩瘦小老化快，而且茎叶上冰晶状颗粒减少，品质变劣。

（2）光照　冰菜是一种 C_3/CAM（景天酸代谢途径）可转换型的模式植物。一般栽培条件下像 C_3 植物进行光合作用；但在干燥或有盐分的环境中，则可通过 CAM 途径进行光合作用。冰菜对光照条件不严格，喜光也耐阴，在光照强度 54～252μmol/（$m^2 \cdot s$）下均可生长。长江流域冬春茬栽培，普通塑料大棚覆盖就可满足其光照需求，不需要进行补光调节。

（3）水肥　冰菜喜干燥，较耐旱，具有耐旱忌涝怕湿的特性，适宜在排水条件良好的环境下生长，水分过多或排水不畅均严重影响其正常生长，雨水过多地区不适宜露地栽培。生产上为了避免泥水溅到叶面上，最好采用喷雾或微喷补水，冰菜喜肥，要求基肥充足，并根据植株长势，及时补充追肥。

（4）土壤　冰菜对土壤要求不严，但最好选择壤土和砂壤土种植，其产量高、品质好。冰菜具有较强的耐盐碱能力，能在与海水浓度几乎相同的水溶液中生长。其植株能把吸收进去的多余盐分通过茎、叶表面密布的盐腺排到 2mm 的透明盐囊细胞中，具有典型的泌盐植物特征。此外，冰菜还具有比其他植物更强的吸收和蓄积镉等有害重金属的能力，因此，无论是水田还是旱地，都应选择无重金属污染的地块种植。

二、栽培季节

露地栽培除炎热夏季（长江流域 7～8 月，温度超过 28℃）不适宜种植外，其他季节均可种植；由于冰菜耐寒而对热敏感，长江流域没有降温条件的普通塑料大棚在 6～8 月的高温季节，不适合种植冰菜，其余月份均可安排生产。若设施栽培采用遮阳降温或冬季保温，则可周年生产。由于冰菜多为生食，为保证清洁卫生，不沾泥土，设施内采用地膜（或可降解无纺布）覆盖栽培为宜。为延长冰菜供应时间，长江流域塑料大棚冰菜生产 1 年可安排 4 茬。

（1）夏秋茬　7 月底大棚遮阳避雨播种育苗，8 月底避雨遮阳定植，9 月底到次年 2 月底采收。

（2）秋冬茬　9 月中旬大棚盖顶膜播种育苗，10 月下旬定植到大棚，12 月上旬到翌年 4 月中旬采收。

（3）冬春茬　12 月中旬大棚电热温床播种育苗，翌年 2 月上旬大棚多层覆盖定植，3 月中旬至 5 月中旬采收。

（4）春茬　2～3 月大棚电热温床播种育苗，3～4 月定植，4～6 月采收。冰菜种植后可分批采收，一般 1 个月左右采收 1 次，每季可采收 3 或 4 次，每次每亩产量可达 500kg 左右，大棚周年种植年产量为 4000～5000kg。

设施栽培茬口安排：采用塑料大棚种植冰菜，其生长时间长，从 7 月播种育苗，8 月定植到 10 月开始采收，整个生长时间可长达半年。由于冰菜耐寒不耐高温，夏季大棚内温度高，不适宜冰菜生长，可掀去棚膜并使用遮阳网、草帘等进行遮阳降温防雨，可延长冰菜采收期。

三、栽培技术

1. 露地栽培

（1）播种育苗　一般初秋温度低于 28℃或早春温度高于 15℃时即可开始播种育苗。冬春季低温采用多层覆盖保温，夏季高温应覆盖遮阳网、草帘等遮阳降温防雨。

1）浸种催芽。冰菜种子细小，生产上多采用育苗移栽，每亩用种量为 5g 左右。当温度稳定在 15℃以上即可播种，育苗温度以 20℃左右为宜，通常采用常温浸种，选择当年或上一年采收的籽粒饱满、新鲜有光泽、无病虫为害的种子，在 20～30℃水中浸泡 2～4h，沥干水分后用干净湿纱布包好，放在相对湿度 65%、温度 25℃的恒温恒湿箱或相似条件下催芽 24h，期间用常温清水将种子淘洗 1 或 2 次，当 75%的种子露白后即可播种。

2）播种育苗技术。采用 50 或 72 孔的穴盘基质育苗。播种时，将育苗基质洒水浸湿，使其含水量约 60%，即用手抓起能捏成团，松手散开较为适宜。将拌好的基质装入 50 或 72 孔的穴盘中，每穴播 1 或 2 粒种子，播种深度不超过 1cm，用喷雾器喷洒适量水分，再撒一薄层 0.3～0.5cm 厚的基质，置于苗床上。

3）苗期管理。苗期白天温度为 20～25℃，夜晚 15～20℃，相对湿度 70%～75%；浇水掌握“见干才浇，浇则浇透”的原则。因冰菜种子细小，很容易被水冲起来，采用喷雾器喷水或大棚顶部微喷灌浇水较为适宜。播种后 2～3d，种子出土，此时应以弱光为宜。播种后 12～15d 长出真叶，颜色较子叶浅，叶表面有白色晶状物，此时应防止幼苗徒长和倒伏，管理上白天温度控制在 25℃左右，注意通风透光，及时拔掉弱小过密的幼苗，原则上穴盘播种的每穴留壮苗 1 株，促进幼苗生长健壮。播种后 25～30d，幼苗具 3 或 4 片真叶，即可定植。

苗期生长温度以 20～25℃为宜，管理上注意三点：一是浇水时忌大水喷灌，最好选用喷雾式浇水；二是冬春季育苗苗床温度不宜过高，白天及时揭去棚膜增加光照，以防徒长；三是夏季育苗要适当覆盖遮阳网或草帘等遮阴降温。

（2）适时定植

1）地块选择。宜选择通风、阳光充足，且土质疏松、透气性好、排灌方便的砂壤土地块，忌选择地势低洼、土壤黏重的田块。

2）整地施基肥。前茬作物收获后，每亩施入腐熟有机肥 2000～2500kg，三元复合肥 30～40kg。施入后深翻 20～30cm，使土肥混匀，耙平作畦。畦宽 1～1.2m，深沟高畦，畦高 25～30cm，沟宽 30cm。

3）移苗定植。移栽前 1～2d，铺设滴灌带、覆地膜（或黑色无纺布）、滴透水。选择根系发达、生长健壮、无病虫为害、具有 4 或 5 片真叶的幼苗移栽。为方便采摘及防止后期植株生长空间密闭，最好采用宽沟高畦双行种植，行距 50～60cm，株距 40～50cm。移栽时注意不伤根系，覆土后稍镇压，及时浇透定根水（图 13-2）。

图 13-2　冰菜幼苗移栽

（3）田间管理

1）温度管理。生长期温度控制在 15～28℃。冬季夜间温度低于 5℃时，需搭小拱棚保温，白天揭掉。夏季高温（超过 28℃）时需要遮阳网遮阴降温。

2）水肥管理。一般移栽 10d 内不需要浇水，只有在叶片弱显萎蔫时才补充水分。应掌握“见干见湿，浇则浇透”的原则。适当控制水分，有利于冰菜茎、叶部位结晶体形成，提高商品性。冰菜耐旱力强，一般每 5～7d 浇 1 次水，土壤水分保持在 70%左右。冰菜移栽后 15d 左右，依照植株长势，可追施 1 次速效氮肥，每亩追施尿素 15kg，追肥后应及时浇水以利于根系吸收，提高肥效；移栽后 40d 左右进入采收期，每采收 1 次需追施 1 次优质三元复合肥，每亩施用量为 15～20kg。由于冰菜纤维层薄，输送水分和养分相应慢，因此追施的肥料浓度不宜过高，必须勤施薄施。

3）盐分管理。为了提高冰菜外观品质，移栽后及时为植株补充适量盐分，一般每月浇灌 1 次食盐水，浓度为 0.2%，生长后期食盐水浓度可逐渐增加至 0.4%～0.6%，可提高冰菜质量和产量，且叶片冰晶状颗粒较多，植株生长健壮。

（4）采收　冰菜定植 1 个月后，植株进入快速生长期，侧枝抽生速度非常快，即可进行采收。冰菜植株茎叶柔嫩，采收时，要注意轻剪轻放，避免植株损伤或破坏冰晶颗粒。在采收枝条的第1节处留1对功能叶，以保证后续次级侧枝萌发。采摘要结合整形，优先采收生长密集处的侧枝，去除下部老弱病叶，适当疏除部分过密侧枝，避免透气性差导致枝组细小。及时采收有利于促进分枝萌发，且可延长采收时间。选择早上或傍晚气温较低时采收，及时预冷，低温保存以延长供货期。一般0～5℃冷藏条件下可保存5～7d。采收后放入塑料筐内，及时食用或装箱。装箱前在泡沫箱底部平放冰瓶，用报纸包住冰瓶以防冻伤茎叶，平放茎叶以避免运输过程中损伤，可以在运输途中保持不变质。采收或装箱时应轻拿轻放，保证不损伤茎叶。一般当侧枝长至15cm左右时从茎尖至下部8～10cm处将侧枝剪断，剪下的侧枝应轻拿轻放，减少叶片上的冰晶破损，及时销售或冷藏保鲜。

2．设施栽培　可采用现代温室、日光温室、大棚、中棚等设施栽培。下面以南方大棚栽培为例。

（1）播种育苗　参照露地栽培技术。

（2）整地定植　将大棚土壤深耕20～30cm，结合翻耕，每亩施腐熟有机肥1000kg、45%三元复合肥35kg，整地作高畦，畦宽1.2～1.5m，沟宽30cm，深20cm，然后将畦面耙平整。当苗具4片真叶时即可移栽定植，定植株行距以30cm×30cm为宜。

（3）田间管理

1）肥水管理。冰菜喜肥，在基肥充足的前提下，冰菜每采收一次要追施一次肥，每次可施45%三元复合肥15kg，同时浇足水。冰菜不耐水，当移栽水浇足以后，一周左右再浇一次水即可，之后随着温度降低，需水量也逐步降低，可根据见干见湿原则适当补充水分。

2）温度管理。冰菜耐寒不耐高温，高于30℃就不利于其生长，生长停滞，叶子皱缩变小。因此，8月冰菜定植大棚，此时棚内温度高，定植后大棚要及时遮阳降温，使温度控制在30℃以下；进入翌年5月要及时揭膜通风并覆盖遮阳网进行降温，可以适当延长采收时间。冰菜特别耐寒，当棚外低于−5℃需加强保温，可在大棚内搭小拱棚保温，早上9:00以后揭膜，下午3:00覆膜，避免造成湿度过大。

3）盐分管理。及时给植株补充盐分，移栽后25～30d滴灌浓度为0.2%的食盐水，生长后期食盐水浓度逐渐增加至0.4%～0.6%，可提高冰菜口感和产量，且叶片冰晶状颗粒较多，植株生长健壮。

（4）采收与运输　冰菜以采收侧枝为主，可多次采收，首选生长密集处，当侧枝长至15cm左右时从茎尖至下部8～10cm处将侧枝剪断，以利于下茬采收，剪下侧枝后要轻拿轻放，减少叶片上冰粒的破损，提高其商品性，同时放入周转箱进行转运。冰菜的采收时间宜在上午10:00之前或者下午3:00之后温度较低时采收，采后及时进行预冷包装，以便于储藏和运输。

（5）留种　冰菜花呈白色，头状花序，单瓣，花期为1个月左右。花谢后形成蒴果。应选择健壮的植株作种株，待蒴果成熟时选择饱满的采摘，将采收的蒴果放在阴凉处晒干，由于冰菜种子极其细小，要小心揉搓，将揉搓下来的种子进行收集，并晾晒2d左右装入种子袋放置干燥处贮藏。

第十四章 茄 果 类

第一节 概　　述

茄果类蔬菜指茄科（Solanaceae）植物中以浆果作为食物的蔬菜，包括番茄（*Lycopersicon esculentum* Mill.）、茄子（*Solanum melongena* L.）、辣椒（*Capsicum annuum* L.），这类蔬菜不仅含有丰富的营养物质，而且产量高，生长及供应季节长，经济利用范围广泛，栽培极为普遍，在果菜类蔬菜栽培中占有重要的位置。据联合国粮食及农业组织 2012 年统计，我国大陆番茄生产面积为 100 万 hm^2，总产量为 5012 万 t，占世界的 31%；茄子生产面积达 80 万 hm^2，总产量为 2882 万 t，占世界的 60%；辣椒生产面积为 71 万 hm^2，总产量为 1600 万 t，占世界的 51%。近年来随着设施生产的发展和人们对栽培效益的追求，茄果类蔬菜基本上实现了周年生产与供应。

茄果类蔬菜分枝性相似，分枝多，需整枝打杈。连续分化花芽及发生侧枝，栽培上应调节营养生长和生殖生长的平衡。茄果类蔬菜属喜光半耐干旱性蔬菜，生长期间要求较强的光照和良好的通风条件。它们的生长环境相似，不耐寒冷也不耐炎热，温度低于 10℃生长停滞，高于 35℃，植株易早衰。耐热性为茄子＞辣椒＞番茄；耐寒性为番茄＞茄子＞甜椒。幼苗生长缓慢的，宜育苗栽培；枝叶茂盛，茎节上易生成不定根的，可扦插栽培。茄果类蔬菜有共同的病虫害，应与非茄科作物实行 1 年以上的轮作。其生育期长，产量高，对养分需求量大，特别是对氮、磷、钾的需求量相对较高。

茄果类蔬菜对光周期要求不严，但充足的光照有利于茎叶生长、花芽分化和开花结果。茄果类蔬菜根系较发达，有一定的耐旱力，但在育苗栽培中，根系发展受到限制，必须注意水分的供给，特别是在结果期，需水量较大。因此，选择地块时，要求排水方便、肥力较高的土壤。相对而言，辣椒对水肥的要求较低。

第二节 番　　茄

番茄又名西红柿，是世界范围内广泛种植和深受消费者喜爱的蔬菜之一。原产于南美洲热带地区。1621 年由葡萄牙人将番茄传入中国，《广群芳谱》（1708 年）的果谱中有“番柿”的记载，当时将其作为观赏植物。把番茄作为蔬菜栽培，在我国也有百年以上的历史。番茄果实中含有极为丰富的营养，在 4.3%～7.7%的干物质中，糖分为 1.8%～5%，柠檬酸 0.15%～0.75%，蛋白质 0.7%～1.3%。纤维素 0.6%～1.6%，矿物质 0.5%～0.8%，果胶物质 1.3%～2.5%。果实中含多种维生素，包括维生素 A、维生素 B_1、维生素 B_2，特别是维生素 C 含量丰富，含 20～25mg/100g。还富含多种矿质元素，如钙、磷、钾、钠、镁等，其均为人体所必需，一个成年人如能每天食 100～200g 番茄，则能满足维生素和矿物质的需要。番茄作菜，既可炒食，又宜作汤，是一年四季皆受欢迎的主要果菜。还可加工成番茄酱、番茄沙司，也可加工成番茄汁或与胡萝卜及其他蔬菜汁配合成复合蔬菜汁。

我国的番茄栽培近 70 年来发展迅速，在 20 世纪 80 年代主要栽培适合当地市场需要的品种，由于病害的不断加剧，全国的番茄种植面积及产量曾一度下降，后来由于采用了抗病品种，有力地推动了番茄的生产。近年来，随着全国范围内蔬菜大流通、大市场格局的形成，加上新应用的品种果形好，整齐度高，又能适合长途运输，番茄得到了进一步的发展。据统计，2015 年番茄产量为 5594 万 t，占全国蔬菜总产量的 7.1%，在蔬菜生产中居第 7 位。近十多年来，随着蔬菜保护地的发展，作为保护地主栽蔬菜之一的番茄，已成为周年生产、周年供应的主要蔬菜种类。目前生产上迫切需要大幅度提高番茄的质量和品质。从品种选育上，在关注抗病性、适应性、产量及外观的同时，要不断提高番茄的风味品质和营养品质。在栽培方面应推进番茄的绿色生产，提升基于机械化和省力化的标准化程度，以提高番茄的产量和品质，并走可持续发展之路。同时，在商品流通中要加强品牌意识，提高包装质量及货架的商品性，缩短与国际市场的差距。

一、生物学特性

1. 植物学性状

（1）根　番茄具有深而强分枝的根系，根系主要是由主根、侧根组成。根系入土深度达 1m 以上，侧根水平延伸达 2m 多，但主要根群分布在耕作层的 20～30cm。品种与根系的发育也密切相关，地上部生长旺盛的品种，根群也相对比较发达。

番茄茎易发生不定根。若苗期徒长可将下胚轴多栽一些于土中，促使发生不定根，有促进壮苗形成的作用。大田栽培前期培土可促使不定根的发生，有利于地上部生长发育。不定根还可用在幼茎和侧枝的扦插繁殖上。

（2）茎　番茄在幼苗期的茎多为圆形或扁圆形，到生长盛期除野生种仍保持圆形外，绝大部分栽培品种变成了带有棱角和凹沟的形状；茎在苗期组织柔嫩多汁，而生长后期木质化，颜色由绿变为黄褐色。番茄茎上还生有绒毛，并含有油腺，带有番茄特有的气味，不同品种番茄气味还存在差异，有些野生种的番茄气味很强烈，大部分栽培品种淡一些。番茄幼苗茎上的花青素的有无，是识别品种的指示性状，有花青素的品种幼苗胚轴呈紫色，反之为绿色。

番茄的茎属于合轴分枝。茎的生长习性可分为两大类，即有限生长型和无限生长型。有限生长型番茄主茎在形成 2～4 个花序、侧枝形成 1 或 2 个花序后，以花序封顶，不再生长，表现为直立或半蔓生。其中直立品种茎干粗壮，节间短，枝丛密集，可以不立支柱。无限生长型则是由侧枝不断代替主枝，持续开花结果，表现为蔓生，节间长，茎较软，叶较稀疏，柔嫩的茎承受不了繁茂枝叶的压力，呈现半匍匐生长状态，需要搭架。

一般来说，野生种或半野生种分枝性较强，在栽培品种中，小果型较大果型品种分枝力强。在同一植株中花序以下的叶腋所生的侧芽发育得快，长势强。在双干整枝时，应保留第一花序下的侧枝，这样有利于两个主枝的平衡生长。早熟的“自封顶”品种，其第一花序下的侧枝长势可以超过主茎，代替主干继续向上生长。侧枝上的侧芽也可以生长成新的侧枝，而且侧枝生长能力很强，如果任其自由生长，则会枝叶过旺，影响开花结实和果实的生长。因此，栽培管理番茄必须及时“抹杈”，以减少养分消耗，增加株间的通风、透光，促进果实生长和成熟。

（3）叶　番茄的叶是具有小叶的不规整的羽状复叶，主要小叶有 5～9 片，普通为 7 片，从叶柄基部按适当间隔成 3 对，小叶分为顶生小叶、侧生复叶和小叶，在两个侧生复叶中间还生有更小的小叶。番茄叶片小叶多少，叶片大小，叶缘缺刻的多少及深浅，叶系疏密程度，着生方向，叶片平展或上翻下卷是区分品种的重要特征。而且番茄的不同生育阶段的叶片形态也有差异。番茄叶片的颜色有黄绿、淡绿、绿、深绿、蓝绿和灰绿等多种颜色，叶片的表面覆盖着的茸毛在不同品种间也有差异。

番茄的叶型主要有3种：①普通叶型，又称为花叶型、裂叶型。叶片又长又大，小叶之间的距离大，缺刻深，绝大多数品种属于这一类型。②皱缩叶型，叶片较短，叶片多皱缩，裂片排列紧密，叶片宽厚，叶色深绿，很多直立型品种的番茄属于这一类型。③大叶型，又称为薯叶型。叶片大，裂叶稀少，叶缘完整无缺刻，叶子的形态与马铃薯叶片极相似。

（4）花　番茄的花是完全花，由雄蕊、雌蕊、花瓣、花萼和花梗组成。花梗着生于花序上，大多数品种花梗的中部有凸起的节，节中间有明显的环状凹陷部分，当果实成熟时，采摘果实就从这里断开，称为"离层"，但个别品种有"无离层"的现象。番茄的花瓣为黄色，花萼为绿色，花药有5～9枚，呈圆筒状，围住花柱。在环境条件不利时，会加速离层的形成，引起落花或早期落果。

花瓣数目通常与萼片数相同，花瓣合生成为合瓣花，先端成缺刻。雄蕊数目通常与花萼、花瓣相同，为5～7枚或更多。雄蕊由花丝和花药组成，花丝短而花药长。花药两室聚合成圆锥体的花药筒，附着于花冠而包围雌蕊，雄蕊成熟在花朵盛开之时，花药内侧部分纵裂，花粉粒受震动而落于柱头上，有利于自花授粉。雌蕊位于药筒内，由柱头、花柱和子房3部分组成。花柱有长短之分，凡长出药筒者为长花柱类型，短于药筒者为短花柱类型，短花柱有利于自花授粉，而长花柱有利于异花授粉及人工不去雄授粉杂交制种。花柱的长短不但受遗传基因控制，同时也受环境条件的影响。

番茄的小花着生在花梗上，多个小花组成一个花序，每个花序有小花7～20个，一般栽培品种为7～15朵，按小花着生排列方式可分为总状花序和复总状花序。小花的数量随品种、环境条件和管理技术的不同有所变化。

不同类型的品种及幼苗期的环境及营养等条件不同，第1花穗的着生位置有所不同，早者可在第6或第7节，晚者在第14或第15节，一般在第8与第9节之间。第1花穗着生后一般每隔3片叶着生一个花穗。但有限生长类型品种也有间隔两片叶或一片叶就着生花序的，那是由于生长点在花芽分化着生顶芽之后，作为主茎的新的生长点，不再分化叶片而伸长，即造成"封顶"现象。每天开花的时间多在上午4:00～8:00，下午2:00以后很少开花。

（5）果实　番茄的果实是由子房发育的多汁浆果，果皮是发育的子房壁，由外、中、内三层果皮组成。从食用价值来看，番茄果实的果肉厚、种子腔小的品质好，受消费者欢迎。不同类型的番茄品种，心室多少不一，大型果实一般有心室5～8个，小型果实的心室只有2或3个，畸形果实的心室可多达十多个。

番茄果实的形状多种多样，按果形指数分为扁圆（果形指数在0.7以下）、高扁圆（果形指数为0.71～0.85）、扁圆球（果形指数为0.85～1）和长圆形（果形指数在1.01以上）。按果实形状有扁柿形、桃形、苹果形、牛心形、李形、梨形、樱桃形等，生产上用的多数栽培鲜食品种，都属于扁圆到圆球形，多数小果型加工专用品种，则属于长圆形或梨形。

多数栽培品种果实外表平滑无棱，而有些品种则棱沟深陷，特别是带花或多心室子房发育而成的果实，往往多棱，这种不良形状导致商品性降低。番茄果实的形状，即使同一品种，因栽培条件不同，果实发育好坏也有很大差别，同一植株上下部果实形状也有所不同，一般扁圆形品种植株中下部果实，果形指数较小，而中上部所结果实可以近圆形，指数较大，有时同一花序基部所结果实与先端所结果实比较也有这种趋势。

番茄果实大小相差很大，野生种秘鲁番茄、多毛番茄及醋栗番茄单果重仅1～3g，而半野生种樱桃番茄果重10～15g。栽培品种中果实大小也相差很大，加工专用品种为50～100g，鲜食番茄为 70～250g，个别甚至达 400～600g，从人们消费习惯来说，一般鲜食番茄 100g 以下为小果型，100～150g 即为中果型品种。对果实大小各地要求不一，我国大部分地区喜爱中等以上果型的品种，但过大的果实往往又与脐大、有棱等不良特性相关联，降低了商品性。我国广东、海南等南方地区，喜爱质地较硬的中小型果，中小型果往往果形整齐、脐小、光滑无棱。

果实色素包括茄红素、叶黄素及胡萝卜素。幼果时期含有大量的叶绿素，而无茄红素，但到成熟时由于叶绿素的消失和茄红素的迅速增加，转变为红色（黄色品种为黄色）。胡萝卜素的含量，在成熟初期稍有下降，但到接近成熟时，又迅速上升。叶绿素、胡萝卜素及茄红素的含量，在同一果实中的向阳面都比背阴面高些。

番茄果实内部由中果皮和果心相连接的隔壁将果实分成若干个小房室，即心室。心室的多少与果实大小有密切关系，小果型品种一般有 2 或 3 个心室，排列整齐，中果型品种有 3～6 个心室，一般也较整齐，大果型品种心室数也较多，而且排列大多不甚整齐，但就同一个品种来讲，特别是大果型品种心室数的多少与栽培条件、开花时的环境条件和营养优劣有直接关系。另外，4 个心室及以下者多为圆形或长圆形小果型品种；5 或 6 个心室的多为高扁圆到圆形品种，随着心室数的增加，果型指数有相对减小的趋势。

（6）*种子*　种子扁平呈圆卵形，颜色为灰黄色和淡黄白色，种子的表面有密密的茸毛。番茄种子的千粒重为 3g 左右。番茄的种子一般在授粉后 40～50d 即能正常发芽，而完全成熟则须在授粉后的 50～60d。

番茄种子寿命一般较长，如保存在低温干燥的密闭桶中，10 年仍有相当高的发芽率，在普通室内贮放也有 2～3 年。影响发芽率的主要因素是温度及湿度条件，其中最主要的是湿度，为延长番茄种子寿命，要尽可能保存在较低的温度及干燥条件下，0℃以下低温，30%左右的空气相对湿度，可以较长时间保存番茄种子。

2．生长发育周期

（1）*发芽期*　从种子萌发到第 1 片真叶出现，一般需 6～9d。

（2）*幼苗期*　从第 1 片真叶出现到第 1 花序现蕾。根系发展迅速。发芽后 20～30d 主根可达 40～50cm，并形成大量侧根。幼苗 2～4 片真叶时花芽开始分化，这个时期虽然较短，但包含两个重要的转变，即从异养生长到自养生长的转变和从以营养生长为主到营养生长与花芽分化同时进行的转变，这一时期也是培育壮苗的重要阶段。此后，营养生长与花芽分化同时进行，植株生长与果实生长同时进行。

（3）*开花结果期*　从第 1 花序现蕾到果实采收完毕。起初是植株的营养生长与花芽分化同时进行，然后是萼片、花瓣原基的分化，雄蕊的出现，花粉的形成，心皮和胚珠的形成，最后到子房膨大等一系列形态建成过程。从花芽分化到开花约需要 30d。果实的生长发育从授粉受精开始，子房从受精后 3～4d 开始膨大，在 7～20d 生长最快，30d 后果实基本停止膨大。从开花到采收需要 40～50d，可分为两个时期，第一时期是从授粉到果实停止增大，即果实生长阶段，这一时期是以合成过程为主，是有机营养物质积累的过程；第二阶段即果实发育停止开始到完全成熟为止，是果实成熟阶段，分解过程占优势，为物质转化过程，淀粉转化为糖，原果胶转化为果胶，叶绿素转化为茄红素、胡萝卜素等，从果实外观上看由绿逐步变为红（黄），质地由硬变为软，根据颜色变化可以分为 6 个成熟阶段。

1）绿熟期。果实及种子已基本长成，种子四周胶状物也已生成，合成阶段基本完成，尚未进入分解阶段，果实周身均为绿色。

2）白熟期。果实充分长大，开始转入分解阶段，果实转白成淡绿色，此时采下贮藏，果实可以变成红色。

3）开始转色期。果实脐部开始转成黄红色，但大部分仍呈现黄色和绿色。

4）黄熟期。果实脐部变红，大部分呈橙黄色，肩部仍为绿色。

5）红熟期。果实大部分表现为果实持有的色泽，但果肉尚未软化。

6）完熟期。果肉色泽更加深浓，果肉逐渐软化。

3. 对环境条件的要求

（1）温度　番茄属喜温性作物，在各个不同的生育阶段对温度的要求也略有差别。种子发芽的适温为28～30℃，最低发芽温度约为12℃。苗期适温为13～28℃，番茄幼苗期的适应能力强，又有一定的可塑性，故在生产中通过抗寒锻炼，可以增强幼苗的耐寒能力，可耐长时间的6～7℃，短时间的−3～0℃的低温。40℃以上，茎叶停止生长；45℃以上引起坏死。8℃生长迟缓，5℃停止生长，−2～−1℃植株冻死，番茄生长期需要一定的温差，保护地栽培番茄以昼温25～28℃，夜温13～17℃最宜。

番茄根系生长适宜的土壤温度为20～22℃，适宜土温不仅能促进根系的发育，还能促进土壤中养分的转换，有利于根系对氮肥的吸收。13℃时根的机能下降，8℃时根毛停止生长，6℃时根停止生长，降到5℃时，根系吸收养分和水分受到阻碍。栽培中实际土壤低温界限为13～14℃，高温界限是33℃左右，若到37℃及以上根就停止伸长。

番茄播种后如温度适宜，25～30d时株高3cm，茎粗2mm，真叶2片，茎叶重0.4～1g，即开始第1花穗的花芽分化。从播种到第1花穗花芽分化，大致积温为600℃，到第2花穗花芽分化，积温为850～970℃，从花芽分化到开花的积温，大约需1000℃。可以通过有效积温并结合育苗时的温度，预测花芽分化的时期。高温条件下花芽分化虽然较早，但花的质量受到影响；而在较低温度条件下育苗，虽然苗龄稍长些，但其花芽分化的数量较多，花较大，着花率也高。昼夜温差对花芽也有影响，最适宜的温度是白天气温24℃，夜间气温17℃，30℃以上的夜温易使花药发育不良。

开花阶段番茄对温度反应敏感，尤其是开花前5～9d，开花当天和开花后2～3d，对温度要求更为严格。白天适宜温度为20～30℃，夜间为15～20℃，温度低于15℃或高于35℃，都不利于花的正常发育和开花，花器受影响易形成畸形果。

每朵花自花冠外露到开花在外界气温22～25℃时需4～5d，温度低于15℃时停止开花，高于35℃时易落花。花粉发芽的最佳温度是21℃，温度过高、过低都会造成生理失调，引起落花。花粉发芽的最低温度是13～15℃。如果在花期遇到突然的大幅度降温或长时间处在低温下，就会引起落花。气温35℃的时会破坏花粉的正常机能，降低雌蕊的受精能力，叶片的蒸腾作用旺盛，呼吸作用增强，养分消耗加大，使植株处于生理失衡状态。

果实发育阶段，要使果实发育好，昼温务必是保持强盛的光合作用的温度，即最高28℃，最适25℃，夜间温度在12～17℃。当白天温度增高到30～35℃时，果实生长的速度较快，但坐果数较少，夜温过高不利于营养物质的积累，果实发育不良。果实进入成熟着色时，温度高于30℃，能抑制茄红素及其他色素的形成，影响果实的正常着色。

（2）光照　光是番茄光合作用能量的来源，番茄对光照较为敏感，属喜光作物，在栽培过程中应保证良好的光照条件，其光饱和点为1260μmol/（$m^2 \cdot s$），一般保证540~630μmol/（$m^2 \cdot s$）的光照强度，番茄就能正常生长发育。除露地栽培外，设施栽培易出现光照不足的问题。正常自然光照条件下，第1～3花序平均落花率为15.2%，光照强度减到正常光照的50%时，平均落花率为62.9%，光照强度减至正常光照的15%时，平均落花率高达91.1%。

番茄属短日照植物，但要求不严格。番茄营养生长最适宜的日照长度为 16h，日照时间在 4h 以下生长停顿。有些品种在短日照条件下可以提前现蕾开花，多数品种则在 11～13h 日照下开花较早，植株生长健壮。第 1 花穗节位以 8h 日照最低，随着日照长度的增加而上升。照度越强，花芽分化越早。

（3）水分　番茄植株中 90%以上，果实中 95%以上为水分，番茄种子要吸收一定数量的水，才能开始发芽，植株进行光合作用更需要有一定的水分。番茄既不耐寒，又不耐涝，为使番茄高产多收，整个生长期中都必须注意水分的调控，不同的生长发育时期对水分的要求不完全相同。

番茄种子含水量一般为 5%～7%，在发芽时需吸收大量水分。番茄播种时苗床含水量应保持在对干土百分率的 11%～18%。发芽期土壤湿度在 80%以上，出苗后土壤湿度可以降到 60%～70%。

苗期土壤的最适湿度为 50%～55%。幼苗期生长速度快，为了避免徒长或防止发生病害，土壤湿度不宜过大。土壤湿度过大，排水不良，不利于根系发育，也造成叶片向上，基部不定根发生及下部叶片衰老脱落，严重时会烂根死秧。空气的相对湿度保持在 45%～50%为宜。

番茄花芽分化要求土壤的湿度适中，空气比较干燥，相对湿度在 50%左右最好。定植时严重伤根，缓苗期发生干旱，开花前期的不适当灌水和追肥，都可以引起落花。番茄在生长发育期间遇到连续下雨天，尤其是在开花期下雨，会引起植株的抽枝徒长，导致番茄严重落花。

在番茄结果期，由于生长及蒸发量大，每天每株需 1L 以上的水分，特别是第 1～2 花序结果期间，土壤水分不足，特别是土壤中钙含量不足时，易发生脐腐病，果实发育后期，土壤干湿不均，或雨水过多，容易造成裂果。

（4）土壤与矿质营养　番茄对土壤的要求不严格，但以土层深厚、排水良好、富含有机质、pH 6～7 的微酸性土壤为宜。番茄植株所吸收的氮、磷、钾的比例为 1∶0.24∶0.95，每亩产 5000kg 番茄，吸氮量为 17kg，吸磷量为 4.05kg，吸钾量为 16.1kg。番茄在第 1 花序果实迅速膨大前，就开始增加对氮肥的吸收量，直到盛果期，对氮肥的吸收达到高峰。但是在施用氮肥时要适量，要根据植株生长阶段和所处的环境条件做好促和控的平衡与协调，否则容易引起徒长，枝叶茂盛而果实很少。磷肥的吸收虽然不大，但增施磷肥对花芽分化及根据系生长有良好作用。番茄在幼苗期吸收钾肥较少，但进入结果期需钾量直线上升。

二、品种类型与栽培季节

番茄的植物学分类可参照第二章。目前生产中，樱桃番茄和梨形番茄可作为水果栽培，而大多数栽培品种属于普通番茄。

番茄果实由不同颜色的果皮及果肉相组合而成的 5 种颜色（表 14-1）。番茄果实颜色与品质及风味有一定关系。一般来说，大红色果酸甜适中、味较浓、果皮较厚、雨后裂果少。粉红色果甜多酸少，较适合生食，但外果皮较薄，南方多雨地区雨后易裂果，损失较大。

表 14-1　番茄果实的颜色

果实颜色	果皮颜色	果肉颜色
大红	金黄	粉红
粉红	无色	粉红
橙红	金色	橙黄
金黄	金色	淡黄
淡黄	无色	淡黄

我国栽培气候各异，导致番茄种植区域十分广泛，山东、新疆、内蒙古、河北、河南、云南、广西、宁夏等地是我国番茄种植的主产区，品种类型也十分丰富。对于大多数番茄产区而言，通过结合当地气候特征选择品种，形成种植习惯，安排上市，已发展为稳定的种植茬口，并且整个国内种植市场“连接”起来，实现了周年供应。

北方番茄种植以保护地为主，南方以露地为主，但随着对商品性的重视程度不断提高，目前南方保护地种植呈增长趋势。北方以口感沙绵、颜色粉靓的粉果为主，南方以质感坚硬、颜色鲜红的红果为主，番茄品种（大番茄）呈现“北粉南红”的特点。

1. 露地栽培 露地春番茄一般是早春在保护设施内育苗，于晚霜后定植适龄壮苗，秋番茄一般在初霜前 110～120d 育苗。我国红果露地种植主要集中在南方，总面积在 50 万亩左右。其上市期主要为两个阶段，分别为 11 月至翌年 2 月，以及 7～9 月。秋栽冬收茬口的主要产区有云南楚雄州元谋县、四川攀枝花、广西百色、广东惠州、福建福州等地。

宁夏银川、湖北襄阳、宜昌等地则是为数不多越夏露地种植红果的产区，一般在 7 月集中上市，持续至 10 月上旬前后，此时天气已转冷，甚至有霜。目前，山西、宁夏番茄越夏露地种植以粉果为主。

2. 设施栽培 春季大棚栽培在全国各地均有开展，播种期通常为 1～5 月，5～9 月为上市期。早春日光温室种植的区域主要有河北、山东、辽宁、陕西、江苏北部等地。一般于 10 月到翌年 1 月播种，3～5 月集中上市，可将生育期延长到 10～12 个月，采收期达 7 个月。

粉果番茄秋季设施种植面积在 140 万亩左右，也主要分布于北方地区，其中主要有日光温室秋冬茬、塑料大棚秋延后等茬口类型。红果番茄代表区域有四川攀枝花米易县、浙江温州、福建宁德等地，这些地区的采收期与云南楚雄州元谋县、广西百色等秋冬露地茬口有所重合。

浙江温州苍南县一般在台风过后的 8 月底至 9 月中旬播种育苗，10 月在水稻收获后搭棚移栽定植，采用普通大棚进行越冬栽培，一般不加温，春节至 3 月开始采收上市，可一直采收到 6 月中下旬。该栽培模式要求品种需特别耐低温弱光高湿条件，能正常越冬。

三、栽培技术

1. 育苗 把浸种后的种子放在能保持适宜温湿度的环境下催芽。一般分为三段管理：初期 20～23℃，中期 25～30℃，后期 18～23℃，出芽时间在 2～3d，利用变温催芽，出的芽较粗壮，播种后出苗整齐、健壮。大量种子可平摊在育苗盘内在催芽室内催芽，少量种子可放在温箱或生物培养箱内催芽。每天至少要翻动种子和投洗种子两次。

嫁接育苗时，砧木北方地区应选抗枯萎病、线虫病和青枯病的砧木品种，如‘影武者’‘LS-89’‘BF 兴津 101’‘砧木 1 号’‘耐病新交 1 号’‘斯库拉姆’‘砧木 128’‘托鲁巴姆’等。播种时，如果用番茄类作砧木，接穗要比砧木迟播 3～7d；如果用茄子类作砧木，则需要提前 30d 进行播种。用作砧木的番茄品种，播种后 20～25d、具有 5 或 6 片真叶时，从下部第二片真叶上方 2cm 处横向切断，去除上部生长点，余下部分即为砧木。接穗品种具有 4 或 5 片真叶时，在下部第一片真叶以下 1cm 处切断，取上部生长点作为接穗。接穗的下部叶片可以适当去除，保留 2 叶 1 心即可。

针接法是一种“内固定”嫁接法，将接穗和砧木同时播种，在接穗和砧木长出 2～4 片真叶、下胚轴直径 2mm 左右时为嫁接适期。嫁接部位可选用子叶下部、子叶上部、1 片真叶处。嫁接切口可采用平切或斜切，一般采用斜切法。嫁接时选砧木和接穗粗细一致的苗子，先后用刀片将砧木、接穗秧苗斜切割断，要求切面的中心沿轴线插入 1/2，余下的 1/2 直接插入砧木，接穗的切口角度和砧木一致，以保证伤口结合紧密。嫁接针要求大小适当、不易生锈、有一定的刚性且廉价，可用金属针。嫁接过程中要注意切面卫生，以防感染病菌降低成活率。

套管嫁接法采用专用嫁接塑料套管将砧木与接穗连接、固定在一起。套管嫁接法所需砧木和接穗的幼苗茎粗度一致，这是确保嫁接成活的关键。砧木和接穗的幼苗应同期播种或砧木比接穗提前 1～2d 播种，力求两者的幼苗大小直径一致。套管法适用于较小的幼苗，当接穗和砧木都具有 2 片真叶、株高 12～14cm、茎粗 2mm 左右时为嫁接适期。

嫁接时，在砧木和接穗的子叶上方 7～10cm 处呈 30°角斜面切一刀（用刀片顺手将砧木、接穗秧苗自下往上斜切），将套管的一半套在砧木上，斜面与砧木切口的斜面方向一致，再将接穗插入套管中，并使其切口与砧木切口紧密结合。嫁接过程中要注意切面卫生，以防感染病菌，降低成活率。

番茄嫁接苗从嫁接到成活，一般需要 10d 左右的时间。嫁接后的头 3d 白天温度保持在 25～27℃、夜间 17～20℃，地温在 20℃左右。3d 后逐渐降低温度，白天 23～26℃、夜间 15～18℃。嫁接后头 3d 小拱棚不通风，湿度必须在 95%以上。嫁接 3d 以后逐渐降低湿度，维持在 75%～80%。每天都要放风排湿，防止苗床内长时间湿度过高造成烂苗。苗床通风量要逐渐加大，以通风后嫁接苗不萎蔫为宜，嫁接苗发生萎蔫时要及时关闭棚膜。在夏季嫁接，嫁接后头 3d 要求白天用遮阳网覆盖小拱棚，避免阳光直射小拱棚内。嫁接后 4～6d，见光和遮阳交替进行，中午光照强时遮阳，同时要逐渐加长见光时间，如果见光后叶片开始萎蔫就应及时遮阳。以后随嫁接苗的成活，中午要间断性见光，待植株见光后不再萎蔫时即可去掉遮阳网。

2. 种植前准备

（1）田块选择　番茄根系发达，对土壤条件的适应能力较强，除过于瘠薄的土地外，土质特别黏重或低洼易涝的地块也都可以种植。但是，由于番茄茎叶繁茂，采收期长，需肥、水量较多。因此，在选择地块时以土质疏松、肥力较好、排水良好、能保水保肥、有灌溉条件的砂壤土最适宜。

（2）整地作畦　番茄不耐旱，也不耐涝。番茄种植有两种形式，即畦作和垄作。畦作时畦宽 1～1.1m，栽两行。垄作用犁杖翻地作垄，垄距 55～60cm，垄上刨埯定植。北方春季比较干旱，多采用平畦，南方各地都用高畦，在华中及华南各地，深沟高畦，是丰产技术之一。畦宽（连沟宽）往往是 1.3～1.7m，沟宽 0.3～0.5m，在畦上作横行栽植，整地时深耕 13～16cm。

（3）施基肥　每亩地应施用优质有机肥 0.5 万～0.75 万 kg，过磷酸钙 25～50kg，钾肥 10kg。将磷、钾肥作基肥，与有机肥混合使用；氮肥可有一部分作基肥用，留一部分作追肥用。定植前，在畦中央开沟施足基肥。但定植时，幼苗不要栽在基肥直上的地方，以免烧根。翻耕要结合施基肥。如果是生土，要先施入大量的有机肥（如厩肥等）。如果是原来的菜园土，而冬季又栽培过各种叶菜或根菜者，基肥用量可以少些。

3. 定植　定植的时期，应根据苗龄、大棚的保温性能来确定，在保证番茄幼苗不受霜害的情况下，适当提早定植。不管哪一种栽培方式都宜采用壮苗定植，苗子不宜太小。

畦栽可以采用开沟定植法，在畦上按预定的行距开两条沟，沟深 10～12cm。定植的距离视品种的特性、整枝的方式、气候与土壤条件及栽培的目的等而异。既能充分利用土地面积和太阳能量，有利于通风透光，减少病害发生，又能充分发挥品种的生产潜力，也要考虑到栽培的效益，是早期产量还是总产量等。

一般来讲，早熟种比晚熟种密些。长江以南，雨水多，枝叶生长繁茂，栽培的距离要比北方的宽些。北方用“大架”栽培者要比用“小架”栽培的宽些。目前长江中下游地区，用双干整枝的每亩 2000 株左右，用单干整枝的每亩 2800～3500 株。适当密植在一定范围内可以增加产量，尤其是早期产量，但也不宜过密。目前华北一些地方，对早熟品种利用单干整枝作小架栽培，每亩 4000～6000 株或以上，这样对植株生长及开花结实反而不利，不如减少密度，增加每株的果穗数。以提高单株产量和果实的商品性，获得较好的效益。对于光照好的地区可以采用三杆或四杆整枝方式，如广西田阳的樱桃番茄，采用四杆整枝即可将上市期集中，也提高了产量，并降低了种子成本和劳动强度。

对中晚熟品种、光照比较差的地区一般不主张采用密植法，应该尽量增加单株的受光面积和营养面积，提高单株的生产能力，获得比较满意的产量。例如，通过将行距从 120cm 增加到 160cm，株距从 45cm 缩短到 30cm，可以提高产量 20%以上。

目前生产上定植时以每畦两行为主，也有一畦一行的，中间开沟定植，株距可以缩短到 20cm，番茄再轮流向两边搭架或吊蔓，或者保留株距 40～60cm，采用双杆整枝或四杆整枝，也可以获得高产，相对减少了定植人工，也便于铺设滴管和地膜。

4．田间管理 番茄定植以后的生长发育不仅时间较长，而且要经历从营养生长到生殖生长的两大生育阶段。定植后番茄需要加速生长，要千方百计提高地温，加速缓苗，促进根系发育；从缓苗后到开花是营养生长旺盛期，既要保证植株健壮，又不能使茎叶生长过旺，影响开花结果。番茄开花坐果以后，果实迅速膨大，需要大量的营养和水分，茎叶生长逐渐减慢，要在管理上保证有充足的水分和营养。番茄生长后期进入高温、多雨季节，容易发生病虫害，在管理上要做好抗涝防旱和病虫害防治等工作。

（1）浇水 根据不同的生育阶段、当时的气候条件，确定灌水的时间和灌水的次数及每次灌水的水量。有几个重要的生育时期，必须保证水分的供给，尽量采用滴灌方式。

1）缓苗水。番茄定植时都灌了一些水，过 5～7d，番茄已经缓苗，应灌一次缓苗水，但水量不要大，以免因灌水使地温下降，影响根系的生长。

2）催花水。在番茄植株有 40%～50%已经开始开花时，如遇天气干旱，要浇一次催花水。

3）催果水。当番茄坐果后，果实膨大到直径 2～3cm 时，应该灌一次催果水。如果是晚熟品种，可在第 1 穗果直径为 3～4cm、第 3 穗果已坐果时灌催果水。灌催果水要掌握好时机，灌得过早容易造成营养生长和生殖生长失调，使营养生长过旺，反而抑制果实的生长；灌得过晚，果实在迅速膨大期得不到充足的水分，对果实的正常发育产生不良影响。灌催果水之前，最好先摘尖，防止植株的顶端生长过旺，影响果实的正常膨大。

4）盛果期浇水。进入盛果期的番茄，需水量最大，如果此时进入高温季节，地表蒸发，植株茎叶的蒸腾量骤增，因此必须保证土壤经常湿润，前期可 6～7d 灌一次水，中期以后看天气情况，干旱年份每 3～4d 灌一次水，每次灌水量要大些。进入雨季，要根据雨情和田间的实际，掌握灌水。遇有大雨、暴水，还要及时排水，防止水涝引发病害。但以追求风味品质的番茄，要提高糖分含量，需要适当控制灌水，以提高果实的可溶性固形物含量。

（2）中耕、除草与地面覆盖 目前栽培中一般都利用地面覆盖，可以选用一些符合国家环保要求的有除草功能的地膜，有条件的地区可选用可降解地膜或地布，以减少杂草的生长，还可以提高地温，促进缓苗。如果没有地膜覆盖，在早春定植以后，浇完定植水之后要进行一次浅中耕，目的是防止因灌定植水造成土壤板结，提高土温，减少水分蒸发。浇过缓苗水之后，再进行一次深中耕，这次深中耕的深度要在 5～6cm。每次中耕都有除草作用。搭架前，发现田间有草，还要铲一遍地，主要目的是除草。垄作番茄在搭架前至少要除两遍草。

（3）追肥 按照番茄的生长发育规律，在不同的生育阶段，对氮、磷、钾三大要素的需肥量也有很大差别。例如，氮肥的需肥量从幼苗到后期一直呈上升趋势；磷肥的需求量也是随着生育期变化，有明显差别，前期吸收量不大，定植到采收末期一直是增加趋势；钾肥则主要集中在盛果期，结果期钾的吸收量几乎是氮肥的2倍。番茄的营养供给，不仅要提供充足的基肥，在中期、后期，还要根据植株的生长情况给予适量的追肥，以保证获得较高的产量。

1）提苗肥。在生产上，往往于定植后一星期内，施一次提苗肥，促进苗期的营养生长。如果基肥施用不足，应在缓苗后追施以氮肥为主的水溶性肥，每亩用量为2～3kg，或者追施复合肥10kg，可将肥施于离根部6～7cm处的沟畦内，然后浇水覆土。

2）催果肥。当第一穗果开始膨大时，追施催果肥，这次追肥量应占追肥量的30%～40%，一般每亩施15-30-15（氮、磷、钾的比例）＋TE（微量元素）的水溶性肥5kg，或者尿素复合肥20～25kg，随即灌水、覆土。

3）盛果期追肥。番茄进入盛果期，即第一穗果采收后，第二、三穗果迅速膨大，需要养分，需追肥，一般2或3次，每亩施15-15-30＋TE的水溶性肥5kg，或追施尿素复合肥10～20kg。在盛果期，可进行叶面喷肥，如磷酸二氢钾0.2%～0.3%溶液，或尿素0.2%～0.3%溶液，也可以使用生物活性肥，有利于提高品质和产量。用铜、硼等微量元素做喷射处理，可以增加番茄的维生素C及可溶性固形物的含量。

番茄的类型不同（有限生长与无限生长），对施肥的要求也不同。对于有限生长的早熟品种，基肥要充足，同时要早施勤施追肥，促进结果前有较大的叶面积。而对于无限生长的品种，结果前不宜追肥过多，避免徒长，到第一、二花序结果后，仍然要施追肥。

（4）搭架和吊蔓　番茄的茎属半蔓生，为了使番茄植株直立向上生长，需人工搭架绑蔓或者吊蔓，可以充分利用空间，提高产量和品质，同时有利于通风透光，减少病害和烂果，便于田间管理。

5. 植株调整

（1）整枝方式　番茄的侧枝生长能力很强，如果不进行人为调整控制，番茄就会变成丛生，叶、茎过密，株间通风不良，必然影响产量。植株调整的目的是调节营养生长和生殖生长的关系，减少营养物质的消耗，控制营养生长的速度，促进生殖生长多结果。整枝打杈的方法与品种的特性、植株的长势、栽培形式及栽培目的有关，一般常用的整枝打杈方法有单干式、改良式、双干整枝和连续摘心整枝法等。

1）单干式。只留主干，而把所有的侧枝全部摘除，单株的结果数目减少，而果形较大，且在单位面积上可以栽植较多的株数，可增加早期产量及总产量。

2）改良式。也称为一干半整枝，它针对单干整枝总产量不够理想的弱点，在第一果穗下面留一个侧枝，侧枝上再留1或2个果穗，然后摘心。主茎上仍按原单干整枝留2或3穗果。共可以留3～5穗果，总产量提高，而侧枝的果实成熟也较早，对提高前期产量有重要作用。

3）双干整枝。除主枝外，再留第一花序下叶腋所生的一条侧枝，而把其他侧枝全部摘去。这种方法需要的株行距较大，每亩株数较少，单位面积上的早期产量及总产量比单干式的低些，但可以节约秧苗用量。

4）连续摘心整枝法。该整枝法不仅可以增产，还能提高果实的商品率。技术要点是：当主枝第一及第二花序陆续开花后，在第二花序以上保留2片真叶摘心，这个主枝便是第一结果枝。第一结果枝摘心后，会在各叶腋处萌发出许多侧枝，但只保留紧靠第一花序下的侧枝，其余除掉，并使其伸长。这时将第一结果枝扭向行间，同时把保留的侧枝扶正到中央主干的位置，促其生长，待该侧枝上长出2个花序后，在其第二花序前留2片叶摘心，这便是第二结果枝。再从第二结果枝上第一花序下引发出侧枝，把第二结果枝扭向行间，其方向与第一结果枝的扭枝方向相反，同时把该侧枝扶正到中央主干的位置。按此法依次可形成第三结果枝、第四结果枝等。在正常管理条件下，形成第五结果枝后就不需要再扭枝。在第五侧枝上形成2个花序后，留2片叶摘心，这样每株可结果10穗左右。据观察，用此法整枝，可使植株在形成10穗果后，株高只有1.6m左右，不仅有利于坐果，也便于田间管理。

连续摘心整枝法操作应注意以下问题：①当结果枝选留好后，将各级结果枝上出现的杈子适时打掉。打杈不宜过早，一般在长至4～5cm时再打掉。②认真做好扭枝工作。通过扭枝可以增强结果枝的负载能力，有利于坐果和果实膨大。如不扭枝，结果枝因坐果增重后，易从分枝处折断。扭枝时用手捏住主茎和结果枝的分叉处，把茎轻轻向右或向左拧半圈即可。扭枝以后结果枝与主茎呈直角。番茄枝条上午含水量高，脆且易折断，下午失水变软，因此，扭枝最好在下午进行。扭枝以后，结果枝分布于植株两侧的行间。③连续摘心整枝法要求肥水充足，每次扭枝后要加强肥水管理，防止植株早衰。在进行整枝的同时，可将植株底部的老叶、黄叶、病叶摘除，以改善通风透光条件，减少养分消耗。

（2）*打杈*　打杈是番茄生长过程中的一项经常性工作，尤其在气温较高、土壤水分充足时，不能任其生长，否则对产量有很大的影响。打杈要掌握好时间，视苗情适当掌握。植株长势较弱，可适当晚些打杈，让侧枝叶面也多制造些营养，促进果实膨大。第一次打杈应在侧枝为6cm左右时进行，侧枝长得太大时打杈，伤口大，不易愈合，也会浪费营养。第一次打杈以后，见杈就应及时打掉。

（3）*摘心*　摘心也称为闷尖。当番茄植株长到原预定的果穗数时，就应该摘心，使其不继续向上生长，把营养和水分集中在果实的膨大和生长上。摘心的具体时间应定在预定的最后一个花序出现后，上面又长出2或3片叶时，将顶端生长点摘除。最后一穗上留2或3片叶为最后一穗果制造营养，供果实生长，也可为果实遮光避阳，减少日烧病。摘心以后更易发生侧枝，应注意及时打杈。

（4）*疏花疏果*　每一果穗上的花数较多，但实际留果是有限的，一般只留3或4个果，其余的花就属多余的。为保证已留果实的生长，保证果实大小均匀，提高品质，可将多余的花朵疏掉。

（5）*打叶*　打叶是指打掉底部的老叶。当番茄生长到中后期，植株下部的叶片逐渐进入衰老阶段，衰老叶片的光合能力极弱，枯黄的叶片甚至失去了同化功能，把这些没有作用的叶片打掉，可以增强植株的通风透光，降低株间空气湿度，减少病害的发生和蔓延。因此，在第一穗果膨大开始转色时，就可以开始打第一穗以下的老叶了。

6. 落花落果及其防治　落花的原因主要是由于外界环境条件不适宜而导致花器的发育不良，花粉管的伸长缓慢，以及水分缺乏、营养不良所引起花柄离层的形成。在长江流域往往由于春季定植后气温过低（夜间温度在15℃以下），或者秋季栽培时气温过高（夜间温度在25℃以上），以及定植过迟，根部受伤过多，影响到根的吸收机能等原因引起落花。

如果落花是由于营养及水分的不足、阳光过弱或下雨过多等，要从栽培技术上去解决。若是温度过低或过高所引起的落花，则可用生长调节剂。比较有效的生长调节剂有2,4-D、对氯苯氧乙酸（PCPA）等。此外，赤霉素及萘乙酸也有防止落花的效果。通常采用的2,4-D浓度为10～20mg/L，PCPA浓度为25～50mg/L。2,4-D对嫩芽及嫩叶的药害较重，只能用于浸花或涂花，工效缓慢。而PCPA对嫩芽及嫩叶的药害较轻，可用喷花的办法处理，工效较快。气温高，浓度要低些；气温低，浓度可以高些。喷花如果操作不当会对番茄叶片造成伤害。点花要尽量在不容易坐果的时期使用，正常条件下可以不用点花，不要因为担心坐果率而反复点花，点花后要及时摘除畸形果，坐果后要及时加强肥水管理。

7. 采收 番茄果实成熟的迟早及采收的日期，视品种的特性及栽培的目的、栽培技术而异。春播番茄在第一、二花序开放时，温度较低，开花后 45～50d 果实才能成熟；而后期（第三、四花序）所开的花，温度较高，开花后 40d 左右就可以成熟了。由于在同一植株上，甚至同一花序上的果实成熟有先有后，因此在同一田块上采收时期很长。

番茄果实采收须根据不同的采收目的，在不同的成熟期收获。如果在青熟期采收，果实坚硬，适宜于贮藏及远距离运输，但糖含量低，风味较差。到了坚熟期，果实已有 3/4 面积为红色（或黄色），营养价值较高，是作为鲜菜食用的采收适期。而到了完熟期，果实变软，此时含糖量较高，品质最佳，但不适合长途运输。

影响果实风味的主要是酸与糖的含量及比例。在成熟时，味变甜，这一方面是由于糖的增加，另一方面也由于酸的下降。许多环境条件及栽培技术对番茄的化学组成都有很大的影响。生长在自然光照条件下，维生素 C 的含量较多，即使是很弱的光照，也比完全黑暗中的好。施用有机肥及化肥，可以增加果实中干物质及糖的含量，维生素 C 的含量也较高。如果缺磷肥，果实中的茄红素及胡萝卜素的含量都显著下降。

8. 设施栽培技术

（1）*春提早设施栽培* 定植初期密闭保温，不要通风。遇寒潮扣小拱棚，大棚四周围草苫防寒。3～5d 后沟内中耕松土，提高地温。缓苗后白天气温保持 25℃左右，夜间 15℃，不低于 10℃。日平均气温超过 15℃时昼夜放风，夜温不超过 17℃。进入结果期追肥灌水量大，要加大通风量，阴天也要放风，当外界空气湿度超过棚内时，关闭风口，尽量保持棚内空气相对湿度在 70%以下。

（2）*秋延后设施栽培* 定植后除雨天外要加大放风，随着外界温度下降逐渐缩小放风量，减少放风时间，外界温度降到 15℃时放下裙膜，停止放风。白天控制在 25～28℃，夜间 15～17℃。外界温度下降密闭不放风。为防止低温冷害，遇到寒潮时可在棚四周围草苫子保温。果实成熟后及时采收上市，到霜冻前全部采收。

（3）*越冬茬设施栽培* 番茄越冬茬栽培结果期长，产量高，且采收供应期的大部分时间正处于冬季，管理难度较大。越冬栽培中温度控制的关键是要求保持地温在 12℃以上，这是保证植株在冬季生长的基本条件。由于越冬茬番茄一般于 10 月下旬至 11 月上旬定植，定植期内天气变冷，寒流较多，应选择寒流尾于晴天定植，定植前注意覆盖以提高地温；定植后在垄上及垄间全部覆盖地膜，整个棚内不裸露地面，通过地膜全覆盖提高温度；冬季可以在地膜上覆盖稻草等材料以进一步提高温度。

因冬季及早春光线弱，大棚内光照差，番茄生长期长，如栽培密度过大，造成田间郁闭，易使植株生长不良，落花落果。因此越冬茬番茄的栽培密度应较其他季节的栽培密度适当减小，一般不超过 5 万株/hm^2。

越冬茬番茄定植后，在管理上要加强采光，调节大棚内的温、湿度，科学追肥浇水，及时进行植株调整。根据外界条件的变化，促控结合，使番茄在适宜的条件下生长和结果。定植后根据天气情况，扣好小拱棚，缓苗前保持白天气温 30℃左右，夜间 18～20℃，地温 20℃以上。若午间温度过高，可适当遮阴。此期一般不进行通风换气。缓苗后，温度高可以通风换气，风口由小到大，通风时间逐渐延长。此时，白天气温保持在 25℃左右，夜间 13～18℃，以促进花芽分化，减少畸形花。幼苗长至 5 或 6 片真叶时，结合通风进行中耕，促进根系生长。

12 月下旬开始至 2 月中旬，是一年中温度最低、光照最差的阶段，也是越冬茬栽培管理的关键时期，此阶段管理的重点是保温防寒。白天尽量充分利用太阳光增温，夜间要加强覆盖，可适当加厚覆盖物，使棚内气温白天晴天时保持在 20～28℃，夜间保持在 12～15℃，最低不能低于 8℃。如遇强寒流天气，温度较长时间低于 6℃时，番茄有受冻害的可能，这时可进行临时加温。深冬季节在以保温为主的原则下，注意通风降湿。为避免大幅度通风降温对番茄植株生育产生不利影响，可以利用中午前后的时间进行通风，通风时间不宜过长，通风量不宜过大。2 月中旬以后，外界气温逐渐升高，日照时间逐渐加长，光温环境逐渐趋向于适合番茄的生长发育。此期要控制大棚温度，白天为 25～30℃，夜间为 15～18℃。

4 月中旬以后，外界气温已很高，夜间最低气温稳定在 15℃以上。避免棚内过高的昼温和夜温是此阶段管理的重点。正常天气下，天窗、地窗及侧窗均可同时打开通风，并可在夜间留通风口，昼夜大通风。后期为保持最大通风量，可将大棚的前底脚膜卷起。另外，还可通过浇水来调节棚内的温、湿度。通风时间长短还要与大棚内的湿度状况联系在一起，利用通风来降低大棚内的湿度。在每次灌水后要延长通风时间，防止棚内湿度过大而诱发病害。

结果期遇连阴天要补充加温，防止长期低温造成寒害。连阴天的白天，气温达到要求时仍要揭开草苫见散射光。可在番茄定植后在大棚内张挂镀铝反光幕。阴天时棚温也不要过高，以 20℃左右为宜。连阴天期间，如果气温长时间低于 8℃，要及时摘除长成的白熟果实。如果植株发生严重萎蔫，说明根系已受到损害，必须摘除大部分果实以保秧。摘下的果实在大棚内保温存放或催熟上市。实践证明，越冬茬施用二氧化碳，可使前期产量提高 20%～60%，总产量提高 40%左右。

扩展 14-1

（4）现代化加温温室栽培　一般指荷兰型的玻璃温室，一年生产一茬，每年 8 月中下旬至 9 月上旬播种，苗龄为 20～35d，一直生长到翌年 6 月底至 7 月上旬。采用无限生长的品种，目前国内年产量最高达到 40kg/m^2。采用吊蔓的方式，一般采用基质栽培，如岩棉或椰糠等。

第三节　辣　椒

辣椒为茄科（Solanaceae）辣椒属（*Capsicum*）中能结辣味或甜味浆果的一年生或多年生草本植物。染色体数为 $2n=2x=24$。辣椒属有 5 个栽培种，分别为一年生辣椒（*C. annuum* L.）、浆果状辣椒（*C. baccatum* L.）、黄灯笼辣椒（*C. chinense* Jacquin）、灌木状辣椒（*C. frutescens* L.）和绒毛辣椒（*C. pubescens* Ruiz & Pavon）。辣椒属还有 25～30 个野生种，其中已被利用的有沙参花辣椒（*C. cardenasii*）、枸杞果辣椒（*C. chacoense*）、紫绿花辣椒（*C. eximium*）、加拉帕戈斯辣椒（*C. galapagoense*）等。我国辣椒栽培主要为一年生辣椒。

辣椒原产中南美洲热带地区，约于 16 世纪经东南亚海路传入我国，最早见于明代王象晋《群芳谱》（1621 年）。辣椒在我国各地广泛种植，现已发展成为我国第一大蔬菜作物，年种植面积为 3209.4 万亩（2018 年），占蔬菜种植面积 10%以上。我国辣椒生产区域化、规模化特点明显，形成了南菜北运基地、东北、西北、西南、华北、华东、华中 7 个主产区，其中种植面积较大的地区有贵州、云南、河南、湖南、山东、四川、江苏等。

一、生物学特性

1. 植物学性状

（1）根　辣椒属浅根系植物，由主根与侧根组成，主要分布于表土层，以地下 10～25cm 最多。采用穴盘和基质育苗，可有效保护根系，定植后幼苗活棵快、成活率高，有利于早期产量的形成。在主茎基部，还可发生不定根。生产上常采用培土护根措施，提高植株吸收营养和水分的能力。

（2）茎　辣椒主茎直立，较坚韧。主茎节位数、节间长度因品种而异，并与品种的熟性密切相关。主茎上每一个叶腋都有腋芽，并可萌发出新枝。主茎以上分枝多为二杈分枝，呈几何级数增加，每个分杈处通常着生 1 个果实。从第一分杈开始，着生的果实依次称为门椒、对椒、四门斗、八面风等。生产上栽培品种绝大部分为无限分枝类型，只要栽培条件适宜，可以持续开花结果。有限分枝类型株型较矮，通常用作观赏栽培（图 14-1）。

图 14-1　辣椒主茎分枝着生果实

（3）叶　叶片分为子叶和真叶。子叶对生，扁长椭圆形，刚出土时为浅黄色，逐渐转为绿色。真叶为单叶，互生，卵圆形、长卵圆形或披针形，先端渐尖，叶面光滑，稍具光泽，少数品种叶面密生茸毛。辣椒叶片大小因品种而异，叶片颜色和栽培条件密切相关。大部分叶色浓绿，基部个别或少数叶片金黄时，为缺水症状；氮肥施用过多，则叶片宽，叶肉肥厚，颜色深绿，叶面光亮。

（4）花　辣椒的花为两性花，单生、丛生或簇生。花萼为浅绿色，基部连成萼筒呈钟状，先端 5 或 6 齿。花冠由 5 或 6 片花瓣组成，花瓣为白色、绿白色或浅紫色，少数品种的花瓣着生绿黄色斑点。雄蕊由花药和花丝组成，基部合生，花药为蓝色、蓝紫色或紫色。雌蕊由柱头、花柱和子房组成，花柱多为白色、紫色。辣椒为常异交授粉作物，天然杂交率在 10%左右。

（5）果实　辣椒果实为浆果，食用部位主要为果皮，由外果皮、中果皮和内果皮组成。果实有灯笼形、锥形、牛角形、羊角形、指形、线形、圆球形等多种形状。辣椒绿熟果颜色有浅黄色、浅绿色、绿色、深绿色、紫色，生理成熟果转为红色、橙黄色。果实质量因品种而异，为数克至数百克。辣椒的胎座不发达，一般种室为 2～4 个。果实产生辣味的物质为辣椒素，主要成分为辣椒碱和二氢辣椒碱。辣椒的辣度与品种和栽培环境密切相关，为 0～248 万斯科维尔指数（scovill heat units，SHU）。

（6）种子　辣椒种子主要着生在胎座上，少数着生在种室隔膜上。种子短扁平肾形，淡黄色，略具光泽，少数品种的种子黑色。辣椒种子的大小因品种不同差异较大，一般千粒重为 6～7g。经充分干燥后的种子，密封包装−4℃条件可贮存 10 年左右，室温条件可贮存 3～4 年。生产上最好使用采种后 1～2 年内的种子。

2. 生长发育周期

（1）发芽期　从种子萌动到第一片真叶显露，先后经历种子吸水膨胀、胚根生长、下胚轴伸长、子叶出土等进程，在适宜温湿度条件下需要 7～10d。这一时期植株由自养过渡到异养，开始吸收和制造营养物质，但生长量较小。实际生产中，通常采用浸种催芽的方法，以保证种子充分吸水、出苗整齐一致。

（2）幼苗期 从第一片真叶显露到第一朵花现蕾，冬春季需要50～70d，夏秋季需要30～40d。幼苗长有3或4片真叶时，即开始花芽分化。较大的昼夜温差、短日照、充足的土壤养分和适宜的温度有利于花芽分化。生产中，通过调节温、光、水等措施，培育适龄壮苗供应生产，壮苗植株高度14～20cm，主茎粗度0.3～0.4cm，8～10片叶，生长点孕育有多枚叶芽和花芽。

（3）开花结果期 从第一朵花开花坐果到采收结束，可分为初期、盛期和末期，长短因品种特性、种植茬口、栽培模式而异，短的50d左右，长的180d以上。初期是早熟栽培前期产量形成的重要时期，也是整体产量形成的基础，需要有充足的营养条件和适宜的栽培条件。结果盛期是辣椒产量形成的重要时期，生产上通过温光调控、追肥补水、整枝吊蔓、综合防控、及时采收等多种方法，充分发挥植株持续开花结果的性能。

3. 对环境条件的要求

（1）温度 辣椒生长发育的适宜温度为20～30℃，持续高于35℃或低于15℃均可能导致植株生长障碍。发芽期的适宜温度为25～30℃。幼苗期适宜温度白天为25～30℃、夜间为20～22℃，可避免徒长苗和僵苗的发生，有利于壮苗的培育。开花结果期最适宜温度为白天26℃、夜间20℃、昼夜温差6℃，有利于植株持续开花结果。冬春季生产通过多层覆盖、加温等方法增温保温，夏季生产采用遮阳网遮阴降温。

（2）光照 辣椒为喜光植物，光饱和点为540μmol/（$m^2\cdot s$），光补偿点为27μmol/（$m^2\cdot s$）。发芽期不需要光照条件，苗期和开花结果期都要求有充足的光照。辣椒对日照长短要求不严格，只要温湿度适宜、营养条件好，不同日照条件下均能开花结果，但较长的日照有利于开花结果。辣椒冬春季生产中，需要选用耐受低温弱光照逆境条件的品种，以免落花落果。

（3）水分 辣椒对水分要求严格，既不耐旱，也不耐涝。土壤相对含水量为80%左右有利于辣椒的生长发育；土壤水分过多，如大水漫灌、田间积水，常导致辣椒植株"沤根"，且极易诱发辣椒根部病害的发生，常导致幼苗或成株连片死棵。空气湿度为60%～80%时，辣椒生长状态良好，坐果率高，不易发生病害。

（4）土壤 土质疏松、肥沃、保水、透气性好的土壤，有利于辣椒的生长发育。在生产中，要求与非茄科作物轮作，最好选用水（湿）旱轮作的地块，如稻椒轮作，不仅有利于辣椒的高产和稳产，同时可以有效降低土传病害的发生。辣椒对土壤的酸碱性反应敏感，在中性或微酸性（pH 6.2～7.2）的土壤中生长良好。

（5）矿质营养 辣椒对氮、磷、钾三要素有较高的要求。氮肥不足，植株矮小，分枝纤弱，叶片黄化；偏施氮肥，植株易徒长，抗病抗逆性下降。辣椒还需要钙、镁、硼、锰、铁等中微量元素。每生产5000kg辣椒，约需氮26.5kg、磷7kg、钾35kg；幼苗期需肥较少，但养分要全面，否则妨碍花芽分化；开花结果期需肥量较大，生产中每采收1或2次即追肥1次，以促进持续开花坐果。

二、品种类型与栽培季节

1. 薄皮椒品种 主要在江苏、山东、安徽、湖北、海南等地种植，多为保护地栽培，鲜食为主。耐低温弱光，果实长灯笼形，长18cm，宽5cm，浅绿色，纵棱明显，果皮薄，口感脆嫩，单产3000kg以上，中抗病毒、疫病、炭疽病。品种有'苏椒5号''苏椒17号''苏椒1614''豫艺818''沈椒4号''沈椒5号''鄂玉兰椒'等。

2. 羊角椒品种 在华北、东北、华东、海南、广东、广西等地种植，多为露地栽培，鲜食为主。果实长25～35cm，宽3cm左右，肉厚0.25cm以上，辣度适中，顺直，单产4000kg以上，中抗病毒病、疫病。品种有‘湘研15号’‘兴蔬2154’‘兴蔬19号’‘萧新3号’‘博辣5号’‘茂椒5号’等。

3. 牛角椒品种 在长江流域、黄淮海地区、华南地区等地种植，保护地栽培或露地栽培，鲜食为主。日光温室长季节栽培，果实长30cm左右，宽4.5cm以上，品种有‘37-74’‘喜羊羊’‘亮剑’‘国福428’‘国福909’‘农大25号’等。大棚春季栽培，果长20～30cm，果宽5cm左右，品种有‘巨无霸’‘中椒6号’‘豫艺301’‘福湘新秀’等。大棚秋延后栽培，果长15～20cm，宽5cm左右，红椒上市为主，品种有‘大果99’‘中椒6号’‘好农11号’等。

4. 甜椒品种 主要在华北、东北、华东、南菜北运等地种植，保护地或露地栽培，鲜食为主。方灯笼形或高灯笼形，单果重120～150g及以上，一般4心室，果形方正，保护地栽培要求耐低温弱光，露地栽培要求抗病抗逆性好。品种有‘中椒115号’‘中椒1615号’‘龙椒11号’‘冀研20号’‘冀研108号’‘海丰17号’。

5. 线椒品种 在西北、华南、中南、西南、长江流域、黄淮海地区等地种植，露地栽培为主，鲜食或加工。果实长25cm以上，宽2cm左右，单果重18g左右，辣味强，3万SHU以上，果实顺直，中抗病毒病、炭疽病、疮痂病。品种有‘改良8819’‘辣丰4号’‘博辣7号’‘博辣皱线1号’‘博辣皱线4号’‘博辣皱线5号’‘辣天下23号’‘辣天下27号’等。

6. 用于加工品种 在河南、河北、贵州、山西、江西、陕西、天津、安徽、山东、内蒙古、四川、湖南等地种植，露地栽培为主，鲜食或加工。果实长8～10cm，干椒单产250kg以上，辣度4万SHU以上，中抗病毒病、疮痂病和疫病。品种有‘辛香8号’‘小米椒’‘艳椒425’‘酱椒52’‘红安6号’‘红安8号’‘博辣红牛’‘博辣15号’‘山樱椒’‘益都红’‘遵辣9号’等。

7. 用于高辣椒素或高辣椒红色素品种 在新疆、云南等地种植，露地栽培为主，可采用机械一次性收获，用于提取辣椒红色素或辣椒素。植株直立，成熟期一致，高辣椒红色素品种色价14以上，高辣椒素品种辣椒素含量在6万SHU以上，亩产干椒300kg以上，抗病抗逆。品种有‘美国红’‘红安6号’‘博辣红牛’等。

8. 用于日光温室冬春茬栽培的品种选择与茬口安排

（1）*品种选择* 选用早中熟的品种，植株生长势强，能够连续开花结果，果实商品性好，产量高，稳产，耐贮运性好。常选用‘长羊角椒’‘大牛角椒’‘甜椒’等类型的品种。

（2）*茬口安排* 选择前茬为非茄科作物的地块，可与葱蒜类蔬菜作物轮作。前茬收获后，及时清洁茬口。为避免土壤连作障碍上，可在7～8月高温时期，深翻土壤，灌入大水，连续密闭温室5～7d，达到杀菌、杀虫、消毒的目的。

9. 用于大棚春提早辣椒栽培的品种选择与茬口安排

（1）*品种选择* 塑料大棚春提早辣椒栽培的主要目的是争取前期产量，因此需要选用熟性早、耐低温弱光照、坐果率高、膨果速度快、前期产量高、抗病性强、果实商品性好的早熟辣椒品种。

（2）*茬口安排* 选择前茬为非茄科作物的塑料大棚。前茬作物收获后，及时清茬，深翻土壤，冻垡、晒土，以改良土壤的结构，杀灭土层中的病原菌与虫卵。搞好冬耕、冬灌和冬施肥的定植前准备工作。

10. 用于大棚秋延后辣椒栽培的品种选择与茬口安排

（1）*品种选择* 大棚辣椒秋季延后栽培，前期高温多雨，后期低温寒冷，应根据当地种植习惯和市场需求，选择果实大小适中、转红速度快、色泽鲜艳、商品性好、耐贮运、高抗病毒病、早中熟品种为宜。

（2）茬口安排　选择前茬为非科作物的大棚栽培，要求选择地势较高、能浇能排、土壤富含有机质的地块。大棚秋延后栽培利用 7～8 月的高温强光条件，高温闷棚消毒。具体做法是，深翻土壤 25cm 以上，灌入大水，密闭大棚 15～20d，可使 10cm 土壤温度达到 50～60℃，不仅可杀死土壤中大部分病菌和害虫，还能改善土壤的理化性质。

11. 用于露地干辣椒栽培的品种选择与茬口安排

（1）品种选择　干辣椒为我国传统种植的作物，品种类型较多，应该选用中熟或晚熟、优质、抗病毒、丰产、干物质含量高、易干制、商品性好、适应市场需求的品种。

（2）茬口安排　要求在地势高燥、排水良好、肥沃深厚、土壤偏酸性的地块中生长，避免与番茄、茄子、烟草、马铃薯等茄科作物连作，适宜与小麦、大豆、高粱等大田作物或与葱蒜类蔬菜作物轮作，或与玉米、花生、西瓜、甜瓜等作物进行间作、套作，从而提高土地利用率，避免土传性病害的传播与蔓延。

12. 用于高山露地辣椒栽培的品种选择与茬口安排

（1）品种选择　高海拔山区露地辣椒栽培，由于入春入夏迟，入秋入冬早，气温低于平原地区，辣椒生长、采收期均短，应选中早熟、耐寒、抗病、优质丰产、易坐果、连续结果能力强、采收期长、耐运输的辣椒品种。

（2）茬口安排　避免与茄科作物连作，最好选择与葱蒜类蔬菜作物轮作，也可选择与玉米等经济作物套作，尽量选择排灌方便、土质疏松、土层深厚、交通便利的地块种植，定植前 20～30d，必须清茬，前茬作物的病残体要全部清除出田，深耕，晒垡。

三、栽培技术

1. 日光温室冬春茬栽培　日光温室冬春茬辣椒栽培为华北、东北等地区辣椒生产中重要的茬口。一般 8～9 月播种育苗，苗龄 70～80d，10～11 月定植，翌年 1～2 月开始上市，直到盛夏采收结束，目标产量 10 000kg 以上。

（1）培育壮苗　选择地势高燥、排水良好的日光温室建设苗床，选用 50 孔穴盘与专用育苗基质。出苗前保湿促进发芽，出苗后以降温、保湿管理为主，选择在早晚补水，避免苗床缺水。育苗期间，夜间温度高，幼苗容易徒长，必须加强通风管理。

（2）整地作畦　每亩施入充分腐熟优质有机肥 8000kg、腐熟饼肥 100～150kg、过磷酸钙 50kg、专用复合肥 80kg。采用高畦栽培，畦面宽度在 80cm 左右，畦面高度为 20cm，畦间操作沟宽 30cm，在畦面中间开挖 1 条宽 15～20cm、深 10cm 的肥水沟，或者铺设滴灌软管，选用双色地膜覆盖畦面。

（3）适时定植　当幼苗达到壮苗标准时即可定植。行距 70～80cm，穴距 40～45cm，每亩定植 2400～2600 穴。定植前一天浇透苗床水，起苗时避免弄碎根坨、损伤幼苗根系及叶片。要求边定植、边浇透定根水，切忌大水漫灌。第二天上午检查幼苗生长情况，扶起倒伏的幼苗，覆土封好定植孔。

（4）田间管理

1）温湿度管理。白天保持在 25～30℃，夜间控制在 15～18℃。温室内气温超过 28℃时，在温室上端通风口适当通风换气。夜间温度低于 10℃时，开始加盖保温被保温。

2）水分管理。活棵后适当蹲苗，促进植株根系生长。门椒开花、坐果时，需要及时浇水。

大量开花结果时，应根据植株生长状态、土壤干湿程度、外界气温变化等情况，适时适量补水。冬春低温季节浇水，做到小水勤浇、膜下暗灌、晴暖天浇水，浇水后适当放风，降低温室内的空气湿度；切忌大水漫灌，以防湿度大，诱发多种病害。

3）肥料管理。掌握少量、多次的追肥原则，确保植株的持续生长发育。门椒坐住后，结合浇水，每亩冲施氮磷钾复合肥 10kg。盛果期应保证肥水供应充足，一般每采收 1 或 2 次，每亩随水冲施蔬菜专用复合肥 10～15kg，并视植株长势，交替选用 0.3%磷酸二氢钾溶液或 0.2%尿素溶液，叶面喷施。

4）光照管理。冬春季节，外界温度低、光照时间短、光照强度弱，在保证温室内温度前提下，早揭晚盖草苫。遇到连续阴雨雪等恶劣天气时，需要在中午前后短时间揭去保温被，必要时增设辅助光源，可增加设施内光照时间与光照强度。

5）整枝吊蔓。通常采用双杆或三杆整枝。门椒收获后，不断剪除弱枝，保留 2 或 3 个主枝开花结果。每根主枝用 1 根塑料绳缠绕牵引。

2. 大棚春提早辣椒栽培　长江中下游、黄淮海区域，大棚春提早辣椒栽培是非常重要的一个茬口。通常在 10 月下旬至 12 月上中旬播种，翌年 1 月上旬至 2 月中旬定植，3 月下旬至 4 月上旬开始采收，可采收至 7 月，目标产量在 5000kg 左右。

（1）培育壮苗　生理苗龄应以定植时大部分植株显蕾为好，适宜的日历苗龄为 60～70d。采用电热温床育苗，选用 50 穴标准穴盘和育苗专用基质。播种后，覆盖地膜、无纺布等保温保湿。保持白天温度 25～28℃、夜间温度 18～20℃。苗床以偏干为好，床土干燥时选择在晴天中午浇水。移栽前 7～10d，进行低温炼苗。

（2）整地作畦　每亩施用优质农家肥料 5000kg、饼肥 100kg，同时施入过磷酸钙 50～100kg、硫酸钾 50kg。一般采用高畦栽培，大棚中间预留宽度 80cm 的走道，两侧各做 1 畦，畦高 20cm 左右，畦宽 1.8～2m。畦面做好后，预先在植株行间铺设滴灌软管，选用双色（里层黑色，外层银灰色）地膜覆盖畦面，并封严压实。

（3）定植　采用双层大棚栽培、多层覆盖栽培，可以适当提前定植时间。按行距 40cm、穴距 25～30cm 开穴，每亩种植 3800～4000 穴，依据当地种植习惯采用单株或双株定植。选择晴天定植，植入定植穴中，一次性浇足定根水。定植完成后，在畦面上搭建小拱棚，覆盖农膜、无纺布或草苫保温。

（4）田间管理

1）温度管理。在定植初 5～6d 的缓苗期内，通常密闭大棚保温，以促进幼苗活棵。缓苗后，适当降低棚内温度，以防徒长，保持白天温度 25～28℃，夜间温度 16～18℃。随着外界气温逐渐升高，逐渐撤去小拱棚，加大通风量和延长通风时间，促使辣椒植株生长健壮、节间短、坐果多。长江中下游地区在清明节后，夜间外界温度稳定在 15～16℃时，傍晚不再关闭通风口，进行昼夜通风。

2）水分管理。缓苗后及时浇水，满足植株发棵的需水要求。开花坐果期为水分关键时期，当土壤表皮发白时需要及时浇水。大量开花结果时，营养生长与生殖生长旺盛，需要的水分也随之增多，但是土壤含水量不宜过高，通常保持土壤相对湿度为 70%～80%。植株生长前期，温度低，以中午前后小水浇灌为宜，水温不能过于冷凉。

3）肥料管理。辣椒植株缓苗后，结合浇水，及时追施提苗肥，每亩冲施复合肥 10kg。门椒长到 2～3cm 大小时，追施促果肥一次，每亩冲施复合肥 10～15kg。在盛果期，需要及时追肥，促进植株果实膨大，维持植株连续结果性能，避免因缺肥造成植株坐果“断层”。盛果期追肥，一般每浇水1次，追肥1次；也可每采收2或3次，追肥1次。

4）植株调整。结果中后期，及时摘除植株下部的老叶、黄叶、病叶和细弱侧枝，既能减少不必要的营养消耗，提高养分利用率，还能改善大棚内的通风透光条件，预防病害的发生与蔓延。对于株型较高、坐果数较多的植株，可采用吊蔓或搭架的方式，牵引植株向上生长，避免植株倒伏。

3．大棚秋延后辣椒栽培　秋延后大棚辣椒栽培，可使辣椒生产延迟到深秋冷凉季节，为国庆节、春节市场供应新鲜辣椒产品。一般在7月中下旬播种育苗，8月中下旬定植，国庆节前后开始采收，2月底采收结束，红椒栽培可延至翌年4～5月供应市场，目标产量在3000kg以上。

（1）培育壮苗　适宜日历苗龄为30d左右，一般不超过40d。采用穴盘育苗方法，选择地势高燥、通风性良好、给排水便利的大棚建设苗床。出苗期间注意保湿，出苗后加强通风，晴天需要加盖遮阳网遮阴降温。苗期外界温度较高，注意观察基质墒情，当基质表层发白时，以清晨浇水为好。苗期注意地下害虫、老鼠等危害。

（2）整地作畦　大棚秋延后栽培，要求在低温来临之前形成产量，结合整地，每亩大棚施入有机肥3500～4000kg、过磷酸钙50kg、优质复合肥70kg。通常采用高畦栽培，大棚中间预留宽度80cm左右的走道，两侧各做1畦，畦高15～20cm，畦宽1.8～2m。铺设滴灌带，覆盖地膜，四周用土压实。

（3）适时定植　当辣椒幼苗达到壮苗标准时即可定植，定植时间不宜迟。采用等行距或大小行栽培，平均行距50cm、穴距30～35cm，亩栽4000穴，每穴单株或双株定植。选择阴天或晴天下午3:00以后定植。定植前一天浇透苗床水，定植时要求边定植、边浇透定根水，以免植株萎蔫。

（4）田间管理

1）温度管理。坚持前期降温、后期保温原则。定植初期，白天温度高，光照强，外界温度较高，空气干燥，对辣椒生长不利，可昼夜通风，有条件覆盖遮阳网遮阴降温。进入10月后，白天逐渐减少放风，当外界最低气温下降到15℃以下时，晚间密闭棚膜保温。当夜间最低温度降至5℃时，为延长辣椒的采收供应期，需要搭建小拱棚，或采用竹竿在大棚内建设第二道大棚。

2）水肥管理。生长前期气温偏高、水分蒸发量较大，应该在早晚“天凉、地凉、水凉”时浇水，防止土壤水分亏缺。严禁在中午气温高、地温高的情况下浇水。一般定植后第二天补浇一遍水，缓苗后再浇一次提苗水。在开花坐果期，遵循“不干不浇水、干了浇小水”的原则，促进植株开花坐果。生长后期温度下降较快，注意控水。

3）肥料管理。以基肥为主，在门椒、对椒坐果时，分别追施一次膨果肥，每亩大棚追施复合肥15～20kg，同时选用0.3%尿素溶液或0.2%磷酸二氢钾溶液，每间隔15d交换喷施1次，以促进果实的生长发育。

4）光照管理。在定植初期，可在大棚外覆盖遮阳网遮阴，降低大棚内的温度和光照，有利于辣椒幼苗的缓苗。在辣椒生长中后期的冬季，外界温度较低，无论晴、阴、雨、雪天气，只要棚内温度达到5℃以上，每天都要适时揭去草帘接受光照，遭遇特别寒冷的天气时，也要短时或分段揭开草帘，让植株见光。

5）植株调整。植株坐果正常后，要抹除门椒以下的腋芽，对生长势弱的植株，摘除门椒甚至对椒，保证植株的均衡生长。进入初霜期，商品椒已基本形成后，要及时摘除顶心、嫩梢、无效枝芽和小花蕾，以减少养分消耗，集中供应果实，提高单果重，促进下部果实变红。红椒栽培，每株保留15～18个商品椒为宜。

6）活体保鲜。以红椒为栽培目标的秋延后栽培，当产量基本形成后，控制棚内温度、湿度，延缓植株上辣椒的老熟期。注意保温，低温寒流时，及时加盖薄膜、草苫，保持大棚内晴天16～20℃、阴天5℃以上。注意保持大棚内一定湿度，要求见干见湿。注意果实病虫害的防治，可选用烟剂定期熏蒸。

4. 露地干辣椒栽培 长江流域地区多在3月下旬至4月上旬播种，华南地区多在3月播种育苗。上市期主要在8～9月，长江流域地区常在5月底至6月中旬定植，华南地区常在5月上旬定植，干椒产量在250kg以上。

（1）培育壮苗 育苗时间：适宜的日历苗龄为60～70d。采用穴盘育苗方法，播前对种子消毒。种子发芽出土前维持较高的温度，以28～30℃为宜。幼苗出土后，加强苗期管理，维持白天在25～27℃、夜间18～20℃，保证幼苗健壮生长。苗期注意病虫危害。定植前10d适当控制浇水，以控苗为主，促进根系生长发育。

（2）整地作畦 每亩施用优质腐熟厩肥3000～3500kg、饼肥100kg、过磷酸钙30kg、硫酸钾50kg、硼肥1kg，可沟施，结合整地，深翻入土。采用高畦栽培，畦间沟宽30～40cm，畦高15～20cm，窄畦面宽70～80cm，宽畦面宽140～160cm，每畦种植2或4行。

（3）定植 当日平均气温达到15℃以上、10cm地温稳定在12℃以上时，前茬作物收获腾茬后，即可定植。一般按行距40～45cm、穴距25～30cm定植，每亩种植5000～6000穴，每穴单株或双株定植。定植时及时浇透定根水，做到“随栽、随覆土、随浇水”，保证幼苗的成活率。

（4）田间管理

1）水分管理。在缓苗期内浇灌1次缓苗水，可以有效促进幼苗缓苗，并注意查苗、补苗。缓苗结束后，此时地温仍然偏低，适当控制浇水，以免土温降低，不利于植株的发根。进入开花结果期后，及时补水，保持土壤不干不湿，在高温来临之前，确保植株正常开花结果并形成产量，这段时间内可7～10d浇1次水，遇雨不浇。进入夏季高温多雨季节，注意及时排水防涝，并要防止土传病害的蔓延。

2）追肥管理。缓苗结束后，结合浇水追肥1次，每亩施入专用复合肥15～20kg。门椒和对椒坐住后，再进行第二次追肥，每亩施入专用复合肥20kg左右。侧枝大量坐果时，选用复合肥或冲施肥，追肥1或2次。结果后期则控制追肥，特别是要控制氮肥的用量，以免因施肥过多，植株营养生长过旺，影响果实的转红。

3）整枝打杈。对于无限分枝类型的干辣椒，在主茎长有15片叶左右现蕾时，摘除主干的顶心，以促进侧枝发展，增大单株营养面积，有利于提高产量。肥力不高、雨水少的地区进行干辣椒栽培，植株生长势不强，侧枝不多，通常不需要摘心打顶。

4）中耕培土。浇过缓苗水后，表层土壤变干发白时，要及时中耕松土，促进根系发展，中耕深度可稍深，以不伤根系为前提。在封垄前，中耕、培土、除草2或3次，从而提高土壤保肥、保墒能力，促进植株健壮生长，抗倒伏性能增加，抵抗大风、暴雨的能力增强。

（5）分批采收 干辣椒必须等到果实完全红熟但没有干缩变软时采收；在果实没有完全变红时采收，晾干后果皮发黄、发青，影响外观商品质量。对于干制辣椒的果实，应该成熟一批采收一批。在采收末期，也可连棵拔起，让果实后熟一段时间后再行采摘。

（6）晾晒烘干 为防止果实发生霉变，采收的果实要及时晾晒或烘干。晴天采后最好放到干草帘上晾晒；如采后遭遇阴雨天气，需要采取人工烘干措施。干制辣椒果实充分干燥的标准是，摇动时响声清脆，果实一折即断，捻之果皮破碎。为了提高经济效益，还需要按照干辣椒的收购标准，分拣出优、劣产品，分级上市销售。

5. 高山露地辣椒栽培　高山辣椒种植以海拔 1200～1400m 地带最为适宜，收获期较长，产量高。通常在 2 月下旬至 3 月上旬播种育苗，适宜苗龄 40～55d，5 月上旬定植，最迟 6 月初定植，亩产量在 3000kg 以上。

（1）培育壮苗　应选择地势高燥、排水良好的大中棚内建设苗床。播种前做好苗床、基质、种子的消毒工作。齐苗前，以保温保湿管理为主，促进种子发芽。齐苗后，适当降低苗床温度，适度通风排湿，避免幼苗徒长，防止猝倒病、立枯病、灰霉病、蚜虫等病虫害的发生。移栽前 10～15d，逐渐加大通风时间和通风量进行炼苗，以适应高山露地的栽培环境。

（2）整地作畦　以基肥为主，要求每亩施入腐熟有机肥 2500～3000kg、饼肥 75～150kg、过磷酸钙 50kg、氮磷钾复合肥 60kg，对于酸性过重的土壤，增加施入生石灰 200kg。采用高畦栽培，畦面宽度为 70～80cm，畦间沟宽度为 20～30cm、深度为 20～30cm，畦面中间稍高。整平畦面后，选用白色地膜覆盖畦面，拉紧，四周覆土压实。

（3）适时定植　当日平均气温稳定在 15℃时，及时定植，通常适宜定植的行距为 40～50cm，穴距为 30cm 左右，每亩可定植 3500～4000 穴。定植宜选择在晴天进行。按穴距在地膜下开穴，植入幼苗。定植后及时浇透定根水。

扩展 14-2

（4）田间管理

扩展 14-3

1）水分管理。高山辣椒栽培，前期地温低，辣椒根系弱，植株生长势弱，浇水不宜多，应在晴天的中午进行。进入开花结果期后，根据天气情况，及时浇水，以保持畦面土壤的湿润状态，确保植株的发棵，保证果实的坐果和膨大。在干旱季节，应及时浇水，以增加植株后期的产量。高山辣椒栽培，在高温干旱来临前，可以就地取材，选用稻草、麦秆、杂草等铺盖畦面，具有降低地温、防止雨水冲刷土壤、保持土壤疏松、保肥、保湿、促进根系生长、抑制杂草生长等多重作用。

2）肥料管理。植株缓苗结束后，追施 1 次提苗肥。为了促使辣椒多分枝、多结果，在植株开花后、门椒坐果时，结合浇水或降水，每亩追施蔬菜专用复合肥 10～15kg。为保证植株的均衡生长，在结果盛期，选用 0.2%磷酸二氢钾和 0.1%硼砂的混合溶液，叶面喷施 3 或 4 次，保花保果效果好，有利于提高高山辣椒栽培的产量与效益。

3）整枝搭架。根据植株的生长情况，确定是否打杈，对于长势旺的植株，选择晴天，及时剪除主茎上的侧枝，以减少养分的损耗，增加整株结果率，提高果实的商品性状。为防止辣椒植株倒伏，可用小竹竿逐株支撑或搭建简易支架固定。

4）中耕除草。采用地膜覆盖栽培，及时清理围畦沟内杂草，保持畦沟的畅通。未采用地膜覆盖栽培，由于定植后气温升高，雨水增加，杂草也随之增多，需要及时中耕、培土、除草。通常需要中耕除草 3 次，第一次在定植后 10～15d 进行，15～20d 后再进行第二次，门椒坐住后进行第三次。中耕除草深度以不损伤根系为宜，第一次可稍深，第二次、第三次宜浅。

第四节　茄　　子

茄子又名落苏、酪酥、茄瓜、昆仑紫瓜、紫膨亨等，是茄科茄属以浆果为产品的蔬菜。通常为一年生草本植物，在热带是灌木状、直立性、多年生草本植物。茄子起源于亚洲东南亚热带地区，印度为最早驯化地，在原产地至今仍有茄子的野生种和近缘种。在印度存在的 *Solanum insanus* L.可能是它的原始种。野生茄子果实小，味苦。茄子在全世界分布，以亚洲栽培最多。我国茄子栽培历史悠久，类型品种繁多，一般认为中国是茄子的第二起源地。我国是世界上最大的茄子生产国与消费国。

茄子营养丰富、药用价值高，含有蛋白质、脂肪、碳水化合物、钙、磷、铁、胡萝卜素、各种维生素及生物碱等成分，特别是维生素 P 的含量居水果和蔬菜之首，每 100g 紫茄中含维生素 P 750mg 左右，其含量最多的部位是紫色表皮和果肉的结合处，维生素 P 能使血管壁保持弹性，防止硬化和破裂，改善微循环功能，有助于防治高血压、冠心病、动脉硬化、咯血、皮肤紫斑症等。紫茄的维生素 E 含量也很高，维生素 E 能增强细胞膜的抗氧化能力，抵御有害自由基对细胞的破坏，防止冠状动脉硬化及高血压的产生，促进胃液的分泌，调节中枢神经等功能。另外，茄子含有特殊苦味物质茄碱苷，这种物质具有降低胆固醇、增强肝生理功能的功效（毛伟海等，2003）。

一、生物学特性

1. 植物学性状

（1）根　根系发达，主要由主根和侧根组成。主根粗壮，垂直生长旺盛，深度达 1.3～1.7m，水平分布在 1～1.3m，主要根群分布在地表下 35cm 以内的土层中。茄子根系木质化较早，再生能力差，不定根的发生能力也较弱，不宜多次移栽。根系对氧气要求严格，土壤板结影响根系发育，地面积水能使根系缺氧窒息，导致地上部叶片萎蔫、植株枯死。

（2）茎　幼苗茎为草质，成苗后逐渐木质化，粗壮且直立，分枝较多，为“假二杈分枝”（又名“双杈假轴分枝”），即主茎生长到一定节位时，顶芽变为花芽，花芽下的 2 个侧芽生成 1 对分枝。这 1 对分枝在长出第 2 或 3 片叶后，顶端又形成花芽。其下位 2 个腋芽又以同样方式形成侧枝，如此反复无限生长。茄子虽然茎叶繁茂，但枝条生长速度比番茄缓慢，营养生长和生殖生长易保持平衡。茄子的茎具有较强的再生能力，主干截断后，很快能发出新枝，新枝仍按“假二杈分枝”方式继续生长，形成新株，再次开花结果。利用这一特点，生产上可进行再生栽培，实现“一茬双收”。

（3）叶　单叶互生，叶片肥大，叶形有圆形、卵圆形或长椭圆形。株型紧凑、生长高大的品种叶片狭长；株形开张、生长较矮的品种叶片较宽。茎叶的颜色与果色有相关性，紫茄品种的嫩枝和叶柄带紫色，白茄和青茄品种的嫩枝和叶柄多呈绿色。

（4）花　两性花，多为单生，也有 2～4 朵簇生的。茄子花由萼片、花冠、雄蕊、雌蕊四部分组成。花瓣 5～6 片，白色或紫色，基部合成筒状。茄子开花时，雄蕊成熟，花药顶孔开裂散出花粉。根据花柱的长短，可分为长柱花、中柱花、短柱花（图 14-2）。长柱花的柱头高出花药，花大色深，为健全花；中柱花的柱头与花药平齐；短柱花的柱头低于花药，为不健全花，其花粉不易落在柱头上，不能正常结实。长柱花和中柱花的受精能力较强，短柱花的受精结果能力差。茄子花的寿命较长，花期可持续 3～4d，从开花前 1d 到开花后 2～3d 都有受精能力。茄子一般为自花授粉，天然杂交率为 3%～7%。茄子的花药开孔散粉时间与开花一样，随温度和天气而异，一般晴天 7:00～10:00 散粉，阴天下午方能散粉。

（5）果实　果实为浆果。果皮、胎座的海绵组织为主要食用部分，有长棒状、圆球形、扁圆形、卵圆形、牛角形等。果皮颜色有紫色、红色、白色、绿色等。茄子的果实着生很有规则，每分枝一次结一层果实，按果实出现的先后顺序，习惯上称为门茄、对茄、四母斗（四门斗）、八面风、满天星（图 14-3）。

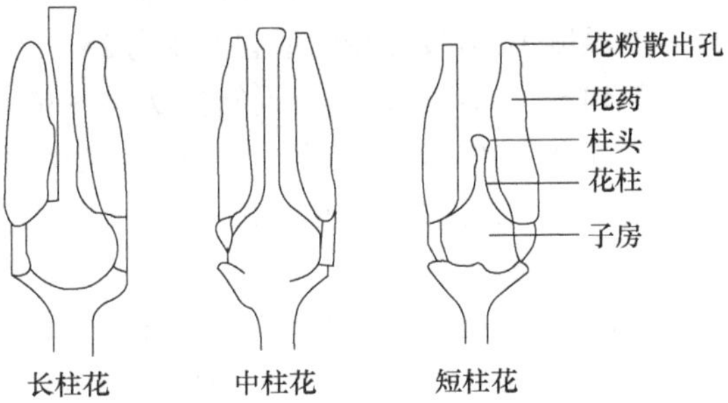

图 14-2 茄子的花型

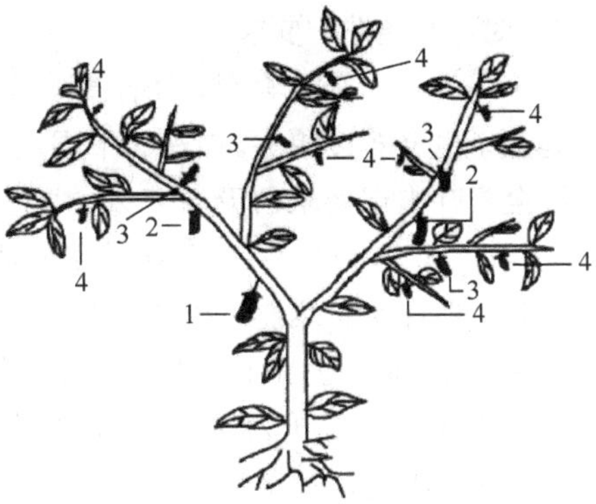

图 14-3 茄子的分枝结果习性

1. 门茄；2. 对茄；3. 四母斗；4. 八面风

（6）种子 茄子种子发育较迟，当果实达到生理成熟时，果皮变黄，种子才成熟。种子扁平，圆形或卵形，表皮光滑，粒小而坚硬，种皮褐色，有光泽，千粒重 4～5g，寿命为 4～5 年，使用年限为 2～3 年。

2. 生长发育周期 茄子的生育期可分为发芽期、幼苗期、开花坐果期和结果期。

（1）发芽期 从种子吸水萌动到第一片真叶出现为发芽期，一般需 10～15d。尤其注意，出苗后需要控温控水，适当增大昼夜温差，防止胚轴徒长。

（2）幼苗期 第一片真叶出现到门茄现蕾为幼苗期，一般为 50～60d。幼苗期 3 或 4 片真叶前以营养生长为主，但生长量很小；3 或 4 片真叶期开始花芽分化，进入营养生长与生殖生长并进时期，幼苗生长量变大。分苗应在花芽分化前进行，以扩大营养面积，从而保证幼苗迅速生长和花器官的正常分化。

（3）开花坐果期 从第一朵花现蕾到果实坐住（门茄“瞪眼”）为开花坐果期，一般需 8～12d。开花期早晚取决于品种、苗龄及定植后的环境条件。正常情况下，第一朵花分化之后至开花，需 30～35d，但实际上往往长些，因为育苗后期的炼苗和定植后的缓苗都会延迟幼苗的生长发育。当花蕾发育成熟，外部条件适宜时就开花，在开花前 2～3d，花瓣迅速伸长而鼓起。开花前 1d 至开花后 2～3d 都有授粉受精能力，但从授粉率和结果率来看，开花当天授粉的结果率高达 100%。根据这一特点，激素蘸花应在开花当天进行。柱头授粉后，通过传导组织、花粉管而进入子房，大约在 2d 后就可以完成受精过程。此期为以营养生长为主向以生殖生长为主的过渡时期，生产上应适当控制营养生长，促进营养物质向生殖器官分配，防止因肥水偏大、光照不足、夜温过高而造成徒长。

（4）结果期 从门茄坐果（“瞪眼”）到拔秧为结果期。一般从“瞪眼”期至商品成熟期为 13～14d，从商品成熟至生理成熟期约 30d。茄子的果实是由子房发育的真果，茄子果实发育要经过现蕾期、露瓣期、开花期、凋瓣期、“瞪眼”期、商品成熟期和生理成熟期。门茄“瞪眼”后果肉细胞膨大，果实迅速生长，整个植株进入以果实生长为主的时期。这一时期要注意加强肥水管理，促进门茄果实膨大和茎叶同时生长及上部花果的形成。在对茄和四母斗结果时期，整个植株处于生长旺盛期，对产量影响极大，是田间管理的关键时期，必须采取一系列措施，促进果实的生长，保持植株生长旺盛，防止早衰。进入八面风时期后，此时已属结果的中后期，结果数多，但单果重量小。如果想获得后期产量，必须加强中后期的肥水管理，维持植株的生长势。

3. 对环境条件的要求

（1）*温度*　茄子喜温，不耐寒。茄子各个生长期对温度要求比番茄、辣椒高2℃左右，因此设施茄子生产难度更大。茄子的不同生育阶段要求的温度不同，发芽期的适宜温度为25～30℃；出苗后至真叶出现要求白天温度20～25℃，夜间温度14～16℃；在苗期白天气温以25～30℃为宜，夜间以15～18℃为宜。开花结果期适宜温度白天为25～30℃，夜间为15～20℃。当温度低于15℃时，植株生长衰弱，果实生长缓慢，易落花落果，10℃以下植株停止生长；当温度高于35℃时，植株呼吸旺盛，营养消耗大，花器发育不良，易造成落花和畸形果。

（2）*光照*　茄子为喜光作物，光饱和点为720μmol/（$m^2 \cdot s$），光补偿点在360μmol/（$m^2 \cdot s$）左右。若光照不足，幼苗易徒长，花芽分化与开花期延迟，长柱花减少，中、短柱花增多，从而落花率增高，产量下降，且果实着色不好。若光照充足，植株健壮，花芽分化早，门茄着生节位低，前期产量高。茄子对光周期要求不严，只要温度适宜，一年四季均可开花结果。

（3）*水分*　茄子对水分的需求量大。茄子分枝多，植株高大，叶片大，蒸腾作用强，因此茄子喜水，怕旱。适宜的空气相对湿度为70%～80%，土壤相对含水量应保持在70%～80%，一般不能低于55%。但如果空气湿度达到85%以上，时间稍长则易导致茄子绵疫病的发生和蔓延，且易造成授粉困难、落花落果。若土壤水分不足，植株和果实生长慢，果面粗糙，品质差。因此，在设施栽培过程中，既要注意浇水，保持适宜的土壤含水量，又要及时通风散湿，防止土壤和空气湿度过大。茄子的生育期不同，对水分的要求不同，在门茄坐果前需水量少，之后需水量加大。

（4）*土壤*　茄子适应性较强，在各种土壤上都可栽培，但以土质疏松、有机质含量高、通气良好的砂壤土栽培最好，而且要求有良好的排水条件。茄子适宜的土壤pH为6.8～7.3，较耐盐碱，茄子对土壤含氧量要求较高，通常以5%～10%为宜。

（5）*矿质营养*　茄子生长周期长，根系发达，需肥较多，对氮、磷、钾的要求，以氮最多，钾次之，磷较少。前期需氮肥、磷肥较多，后期需氮肥、钾肥较多。一般把磷肥作基肥使用，需N 3.24kg/t，P_2O_5 0.95kg/t，K_2O 4.4kg/t。氮、磷、钾配合施用，能使植株健壮，促进花芽分化，产量高。苗期需磷较多，若磷不足则影响根系发育，发根缓慢，根系明显减少、幼苗弱、花芽分化迟。茄子在盛果期对氮、钾、磷需要量较多，如果此期氮肥不足，短花柱花增多，结实率降低。钾是茄子株体形成、开花、结实所必需的重要元素，满足它对钾的需要，不仅植株健壮，而且产量高，品质好。

综上可见，茄子是喜温不耐寒，喜水不耐湿，喜光，喜肥又耐肥的蔬菜。

二、品种类型与栽培季节

茄子的消费和栽培有较强的地区性，各地应根据当地的栽培、消费习惯选择相应颜色和形状的品种。在冬春季节栽培时，宜选择早熟、果实发育快、植株开展度小、耐寒、抗病性强、丰产的品种；在秋冬季栽培时，宜选择抗病、耐热、耐寒、果实膨大速度快、早熟、丰产的品种。为了争取早熟，定植时要求幼苗已现蕾，保证苗龄90～100d，可以由此推算播种期。

三北高寒地区为一年一茬制，终霜后定植，早霜时拉秧。华北地区多作冬春茬、春早熟栽培，露地夏茄子多在麦收后定植，早霜来临时拉秧。北方地区利用日光温室进行秋延后和越冬栽培较为普遍，基本实现了茄子的周年生产和供应。

长江流域多在清明节后定植，前茬为春播速生性蔬菜，后茬为秋冬蔬菜。

华南地区夏季长，一般没有霜期，一年四季均可露地栽培，冬季于8月上旬播种育苗，10～

12月采收，为南菜北运的主要种类之一。

云南高原由于低纬度、高海拔的地理地形特点，无高温的季节，适合茄子栽培季节长，许多地方可以越冬栽培。

按成熟期分为早熟种、中熟种和晚熟种；按颜色分为紫茄、黑紫茄、紫红茄、白茄和绿茄。

按照植物学分类，将茄子栽培种分为三个变种。

1. 圆茄类（var. *esculentum* Bailey） 植株高大，茎秆粗壮，叶片大，宽而厚，多为晚熟品种。果实大，有圆球形、长圆形、扁圆形等，果实质地致密，皮厚硬，较耐贮藏和运输。但耐热、耐湿的能力差。单果重0.5～1kg。以北方栽培为主，多作为露地、拱棚栽培，温室栽培较少。较优良的品种有‘京茄黑宝’‘圆杂二号’‘圆丰一号’‘大红袍’‘天津快圆茄’‘天津二苠茄’‘安阳紫冠’‘西安大圆茄’等。

2. 长茄类（var. *serpentinum* Bailey） 植株生长势中等，分枝较多，枝干直立伸展，叶小而狭长，绿色，株型较小，适合密植。结果数多，单果较轻。果实长棒状，长度为20～40cm，果形指数为3～4及以上。果皮薄，果肉较软嫩，种子较少，果实不耐挤压，耐贮运能力较差。果皮为紫色、紫红色、绿色或白色。多为早熟、中熟品种。较耐湿热，比较适合于设施栽培。露地栽培中除了一些长茄类品种的传统栽培区外，其他地区一般较少选用。较优良的品种有‘迎春一号’‘紫龙三号’‘长丰三号’‘农夫长茄’‘杭州红茄’‘引茄一号’‘鹰嘴长茄’‘京茄黑龙王’‘海丰长茄’‘苏崎茄’‘农友长茄’‘布利塔’‘大龙’等。

3. 卵茄类（var. *depressum* Bailey） 又叫作矮茄类。植株较矮，开展度大，叶小而薄，生长势中等或较弱。果实较小，卵圆形、长卵形和灯泡形，果皮为紫色、白色或绿色，种子较多，品质不佳，早熟性好，主要用于早熟栽培。该类茄子的适应性与抗逆性较强，南北均有栽培，露地和保护地栽培均可，目前主要用于春季露地栽培、小拱棚栽培和大棚春季早熟栽培。较优良的品种有‘西安绿茄’‘牛心茄’‘早红茄1号’‘海花茄二号’‘济南早小长茄’‘荷包茄’‘灯泡茄’等。

4. 用于茄子春季早熟栽培的品种 利用温室或大棚栽培，应选择耐低温弱光、抗病性强、植株开展度较小、果实发育快、商品性状好的品种，如‘西安绿茄’‘京茄黑宝’‘布利塔’‘迎春一号’‘长丰3号’等。

三、栽培技术

栽培茄子的方式一般分为春季早熟栽培、露地栽培、秋延后栽培和冬春茬栽培等，现仅介绍南北应用最多的春季早熟栽培技术。

1. 茄子春季早熟栽培

（1）播种育苗

1）苗床准备。茄子苗期生长缓慢，需要温度高，一般采用塑料大棚或温室套小拱棚的保温措施，辅助酿热加温或电热加温。育苗床土可以采用大田或葱蒜地表土6份、腐熟圈肥3份、腐熟大粪干1份，过筛后每立方米加入三元复合肥1.5kg、草木灰5kg、50%多菌灵80g配制。或采用专用育苗基质。

2）种子处理。播种前需浸种、催芽。浸种期间需反复搓洗几次，以去除种皮外的黏液，25～30℃的清水浸泡10～12h。将经过浸种的种子置于25～30℃的环境中催芽5～7d，若采用变温催芽，可加快出芽速度，提高出芽整齐度，当种子有30%左右发芽时即可播种。

3）播种。每亩需种子20～50g，播种时先浇足底水，种子采用撒播，播种量一般按每平方米苗床 5～8g，播种后覆盖 0.5～1cm 厚的营养土。如播种时日平均气温低于 15℃，可用地膜覆盖和电热加温，电热温床播种可用干籽直播。

4）苗床管理。①温湿度管理。出苗前白天温度控制在 28～30℃，夜间 15～18℃，一般 5～7d 出苗；幼苗出土后苗床温度以白天 20～25℃、夜间 14～16℃为宜。苗期棚内昼夜温度最好保持在 15～25℃，遇寒冷天气，应在大棚或温室内套盖小拱棚保温，如棚内温度超过 30℃，要加强通风，防止徒长。②肥水管理。幼苗期浇水要勤，低温季节要适当控制浇水，做到营养土不发白不浇水，浇水则要浇透，一般选晴天午后进行。幼苗缺肥可结合浇水施肥，一般每 50kg 水加 150g 尿素或复合肥，也可用磷酸二氢钾或尿素根外追肥。

（2）整地定植

1）温室消毒。定植前温室或大棚进行熏蒸消毒，每亩用 1kg 硫黄粉，加锯末和敌百虫各 2kg，分放数处，点燃后密闭温室或大棚一昼夜，随后放风排除毒气，以消灭部分地上害虫和病菌。

2）整地施肥。每亩施入优质有机肥 6000～10 000kg，沟施过磷酸钙 100kg、三元复合肥 60kg，按照大行距 70～80cm，小行距 50～60cm 起垄，定植时垄上开深沟，每沟撒施过磷酸钙、三元复合肥，肥土混匀。

3）定植。幼苗 8 或 9 片真叶时定植。定植前一天苗坨浇透水，按照 30～40cm 株距定植，覆土浇透水，以土坨表面低于垄面 2cm 为宜。注意嫁接刀口位置要高于垄面，防止病菌感染。

（3）定植后管理　定植后管理上要以保温、增光为主，配合肥水管理、植株调整，争取提早采收，增加前期产量。

1）温光管理。定植后密闭保温，促进缓苗。有条件的加盖小拱棚、二层幕，创造高温高湿条件，白天 30℃，夜间不低于 15℃；定植一周左右，新叶开始生长，说明已缓苗。缓苗后降低温度，白天 20～28℃，夜间 15℃左右；如有合适条件，开花结果期可以采用四段变温管理，即上午 25～30℃（促进光合作用），下午 20～25℃（适当抑制光呼吸），前半夜 15～20℃（促进光合产物运转），后半夜 10～15℃。茄子喜光，定植后若遇到光照弱的季节，应采取各种补光措施，如张挂反光幕、清洁棚膜、延长见光时间、结果期勤整枝打杈等。

2）肥水管理。茄子定植后天气较冷，一般浇足缓苗水后，应当控制浇水。门茄膨大后，结合天气情况开始浇水，浇水应该实行膜下暗灌，以降低空气湿度。门茄膨大时开始追肥，每亩施入三元复合肥 25kg，溶解后随水冲施。对茄采收后每亩再追施磷酸二铵 15kg、硫酸钾 10kg。整个生育期每周可以喷施 1 次磷酸二氢钾等叶面肥。

3）植株调整。通过整枝摘叶可以达到通风透光，群体结构合理，节约养料，减少病害，增加花蕾，提高坐果，改善品质。早春茬茄子生产的外界温度低，及时整枝不但可以降低湿度、提高地温，同时也是调整营养生长与生殖生长关系的重要措施。春季早熟栽培的茄子定植密度较大，一般采用普通整枝法，即当"对茄"坐果后，把"门茄"以下侧枝除去；当"四母斗"4～5cm 大小时，摘除"对茄"以下老叶、黄叶、病叶及过密的叶和纤细枝，摘下的枝、叶要集中烧掉。如果是嫁接茄子，其长势强，生长期长，为促进群体通风透光，可采用双干整枝，即对茄形成后，剪去两个向外的侧枝，保留两个向上的双干，打掉其他所有侧枝。上面的摘心要晚些，根据植株生长状况而定。随着生长采用支架或吊绳，防止倒伏和保证良好的群体结构。在生长过程中把下部的病叶、老叶及时摘掉，可通风、透光、防病、防烂果，随时去掉砧木上的萌蘖。嫁接茄子由于栽培期长，植株高大，后期秧体高度可达 2m 以上，也可整形成茄子树。

4）保花保果。早春茬茄子容易遭遇低温，为了保证茄子坐果，防止落花和发生僵果，促进果实迅速膨大，可采用植物生长调节剂点花。当花朵开放一半时用 30～40mg/L 的 2,4-D 蘸花，每千克药剂加入 1g 速克灵或农利灵，混溶后蘸花能杀死花上的病原孢子，防止灰霉病在操作中传播。还可以用 40～50mg/L 防落素溶液喷花或蘸花，选晴天上午无露水时处理较好。为了避免重复处理，配溶液时要加入一些红色广告颜料等，处理过的花上就留有红色，以作标记。

（4）采收期管理　茄子达到商品成熟度的标准是“茄眼睛”（萼片下的一条浅色带）消失。采收时要用剪刀从果柄处剪下果实，防止撕裂枝条。为保持产品鲜嫩，最好每个茄子都用纸包起来，装在筐或箱中，四周衬上薄膜。采收时上午枝条脆，易折断；中午果实含水量低、品质差，因此以下午或傍晚采收为宜，以延长货架期。

2．茄子嫁接育苗　茄子易受黄萎病、枯萎病、青枯病、根结线虫病等土传病害的危害，不能重茬，需 5～6 年轮作。采用嫁接育苗，不但可以有效地防治黄萎病等土传病害，使连作成为现实，而且由于根系强大，吸收水肥能力强，植株生长旺盛，具有提高产量、品质、延长采收期的作用。

（1）砧木选择　目前生产中使用的砧木主要是从野生茄子中筛选出来的高抗或免疫的材料，如‘托鲁巴姆’（水茄）、‘CRP’（刺茄）等，其中‘托鲁巴姆’（水茄）抗病性最强。

（2）播种　一般茄子嫁接砧木的发芽期较长，应提早播种，选用‘托鲁巴姆’需较接穗提早 25～30d 播种。‘托鲁巴姆’休眠性较强，不易发芽，可用 150～200mg/L 的赤霉素溶液浸种 48h，置于日温 30℃，夜温 15℃的条件下，8～9d 可发芽。在苗盘中播种，播种后注意保温保湿，苗盘用薄膜盖严，70%种苗出土后，揭掉薄膜见光绿化，待 2 叶 1 心后分苗，直接分苗到 10cm×10cm 塑料钵或穴盘内，如采用工厂化穴盘育苗，则不用分苗，保证一次成苗。

（3）嫁接方法　生产上多采用劈接法嫁接，当砧木苗长至 5 或 6 片叶，接穗苗具有 3 或 4 片叶时开始嫁接。具体操作是：用刀片在砧木 2 片真叶以上部位平切，去掉上部，然后在砧木茎中间垂直切入约 1cm 深的切口；随即拔出接穗苗，保留 2 或 3 片真叶，切掉下部，并削成与砧木切口相当的楔形，插入砧木切口中，对齐后用嫁接夹固定好。

（4）嫁接后管理　嫁接后 1 周内的管理至关重要，必须进行精心管理，其中温度和湿度的管理尤其重要，必须严格按要求去做。利用小拱棚保温保湿并遮光，温度管理白天 25～30℃，夜间 20～22℃，空气相对湿度保持在 95%以上。3d 后逐渐见光，避免高温和阳光直射，采用遮阳网、无纺布等遮花阴。9～10d 接口可以愈合，但不要去嫁接夹过早，愈合后逐渐通风炼苗，10～15d 砧木和接穗间形成健全导管组织，嫁接苗就完全成活，茄苗现大蕾时定植。

3．茄子再生栽培　设施茄子进入高温季节，病虫危害严重，果实商品性差，产量下降。利用茄子的潜伏芽越夏，进行割茬再生栽培，供应秋冬市场，一次育苗，两茬生产，节省了育苗和嫁接所耗的大量人工和费用，通过加强管理，可有效地改善植株的生育状况和果实的商品性，获得较好经济效益。

（1）剪枝再生　7 月中下旬选择温室、大棚内未明显衰败的茄子植株，将茄子主干保留 10cm 左右剪掉，上部枝叶全部除去。嫁接的茄子可在接口上方 10cm 左右剪除。

（2）涂药防病　剪除主干后，立即用 50%多菌灵 100g、农用链霉素 100g、疫霉灵 100g，加 0.1%高锰酸钾调成糊状，涂抹于伤口处，防止病菌侵入。同时，清洁田园，喷药防病虫。

（3）重施肥水　剪枝后及时中耕松土，每亩施入充分腐熟的农家肥 3000kg、尿素 20kg、过磷酸钙 30kg，在栽培行间挖沟深施，并经常浇水促使新叶萌发。

（4）田间管理　剪枝 10d 后即可发出新枝，每株留 1 或 2 枝，每枝留 1 或 2 果即可，新枝在 12～15cm 长时现花蕾，再过 15～20d 即可采收。嫁接的茄子生长势更强，适当稀植后，可进行多年生栽培，即一年剪枝两次，连续栽培 2～3 年。

扩展 14-4

第十五章 瓜　类

第一节 概　述

瓜类蔬菜是指以瓠果为主要食用器官的葫芦科（Cucurbitaceae）一年生或多年生攀缘性草本植物，主要包括甜瓜属的黄瓜（*Cucumis sativus*）、甜瓜（*Cucumis melon*），西瓜属的西瓜（*Citrullus lanatus*），南瓜属的中国南瓜（*Cucurbita moschata*）、笋瓜（*Cucurbita maxima*）与美洲南瓜（*Cucurbita pepo*），冬瓜属的冬瓜（*Benincasa hispida*），葫芦属的瓠瓜（*Lagenaria siceraria* var. *hispida*），丝瓜属的丝瓜（*Luffa cylindrica*），苦瓜属的苦瓜（*Momordica charantia*），佛手瓜属（*Sechium*）的佛手瓜，栝楼属（*Trichosanthes*）的蛇瓜（*Trichosanthes anguina*）等。瓜类蔬菜中黄瓜、西瓜、甜瓜和南瓜在世界各国普遍栽培，冬瓜、丝瓜、瓠瓜、苦瓜等主要分布在亚洲各地。瓜类蔬菜在中国的栽培历史悠久，种类繁多，营养丰富，鲜食加工皆可，并具有独特的食疗保健功能，黄瓜中的丙醇二酸、苦瓜中的皂苷、成熟南瓜中的β-胡萝卜素和丝瓜中的多糖均是对人体健康有独特作用的物质。瓜类蔬菜在蔬菜周年生产和周年供应中具有举足轻重的作用，也是休闲观光采摘园中发挥重要作用的观果类蔬菜。

一、植物学性状

1. 根系特征　除黄瓜外，其他瓜类蔬菜都具有较发达的根系（抗旱性强），但断根后根的再生力差，因此适于直播栽培。

2. 茎蔓特征　瓜类是蔓生作物，茎不能直立，故称为蔓；每一叶腋可萌生侧蔓，因此侧蔓多；多数种类于第3片叶以后，叶腋间产生不分枝的卷须；瓜蔓与土壤接触时，节上容易发生不定根。

3. 开花习性　瓜类通常为单性花，雌雄同株，在黄瓜、西瓜、甜瓜、南瓜上也会出现两性花。黄瓜、苦瓜和西瓜中有全雌株，这些全雌性植株有的具有极强的单性结实性能而无须授粉完成结实，有的则单性结实性极差，需要辅助授粉或外源生长调节剂处理方能完成结实。

4. 结果习性　瓜类蔬菜具有连续开花结果的特点，根据主侧蔓结果能力的差异分为三类：①主蔓结果为主，多数为黄瓜品种；②侧蔓结果为主，如佛手瓜、瓠瓜、甜瓜；③主侧蔓均能结果，如冬瓜、南瓜、西瓜、丝瓜。

5. 种子特性　多数瓜类不以种子为食用器官，但西瓜中有一种类型不是食用瓜瓤，而是完全食用种子，称为籽瓜。相反，在佛手瓜内只有一粒种子且因种皮退化成膜状而不能剖取晒干保存。瓜类蔬菜中除佛手瓜用种瓜繁殖并在我国南方地区进行多年生种植外，其余均以种子进行繁殖。

二、生长发育周期

瓜类蔬菜生长发育周期相似，通常可分为发芽期、幼苗期、抽蔓期和开花结果期。全生育期中如何调控营养生长与生殖生长的平衡是瓜类蔬菜栽培成败的关键。

1. 发芽期　浸种至子叶展平，在充分浸泡和适温条件下1周左右完成发芽过程。

2. 幼苗期　子叶展平至3～5片真叶展开，在适宜温度下一个月左右完成幼苗期的生长，幼苗期结束则可以定植。幼苗期已开始花芽分化和性别分化，黄瓜花芽在1或2片真叶展开时开始分化，第5片真叶展开时的苗，20节以前的花芽已经形成，其中12节以前的性别已经确定。因此，瓜类可以在幼苗期通过改变环境，如低温短日照或外源调控而改变性别，黄瓜雌性系一般在幼苗2或3叶期喷硝酸银诱导出雄花而实现自花授粉留种。

3. 抽蔓期　定植至开花，定植后快速生长，蔓伸长速度明显加快，多数瓜类在生长至30～40cm 高时不能再直立生长，出现“甩龙头”现象，即如果不用支架或绳子牵引茎蔓将落地转为匍匐生长。此期一般需要2～4周完成。

4. 开花结果期　开花至采收结束，植株进入一生中最旺盛的生长发育阶段，也是栽培成败的关键时期，重在平衡营养生长和生殖生长的关系，并努力延长生殖生长期。一般为2个月左右。

三、对环境条件的要求

1. 光照　瓜类蔬菜除黄瓜和美洲南瓜比较耐弱光，其他均需要较强的光照；就光周期而言，较短的日照（8～10h/d）有利于瓜类蔬菜的雌性分化。开花结果期较强的光照［>1.7μmol/(m^2·s)］有利于叶片光合作用而促进果实发育。

2. 温度　瓜类蔬菜喜温耐热，对温度要求较高，主要瓜类蔬菜不同生育阶段对温度要求见表15-1。

表15-1　主要瓜类蔬菜不同生育阶段对温度的要求

名称	发芽期温度（℃）			幼苗期温度（℃）			开花结果期温度（℃）		
	最低	最适	最高	最低	最适	最高	最低	最适	最高
印度南瓜	12～15	30	44～50	13～15	25	28	18	25～30	35
美洲南瓜	12～15	25～30	40	13～15	22	28	18	22～28	30
黄瓜	12～15	25～30	40	13～15	22～25	28	18	25～28	35
西瓜	16～17	25～30	42	13～15	20～25	28	18	25～30	35
甜瓜	15	28～30	42	13～15	20～25	28	18	25～30	35
冬瓜	12～15	31～37	44～50	13～15	20～25	28	18	25～30	35
丝瓜	12～15	25～35	44～50	13～15	20～25	28	18	25～32	35

3. 水分和土壤　瓜类蔬菜耗水量大，需要栽培环境水分供应充分和均匀，淹涝和干旱均导致开花结果不良。栽培瓜类的土壤要求疏松通气，有机质含量达到2%以上，土壤pH在6～6.5较为适宜，西瓜和南瓜较为耐盐，pH7～8 仍可正常生长。瓜类蔬菜忌连作，三年以上的轮作制度对瓜类蔬菜优质高产栽培非常重要。

第二节 黄 瓜

黄瓜又称胡瓜、王瓜、青瓜，原产于印度喜马拉雅山脉南麓热带潮湿地区，在植物学分类上属于葫芦科（Cucurbitaceae）甜瓜属（*Cucumis*），为一年生草本攀缘植物。公元前 2 世纪左右从印度经丝绸之路传入我国北方，逐渐形成华北型黄瓜，其主要特点是果实较长、皮薄、有刺瘤；另外还有由印度从东南亚经水路传入我国南方的，后来演化形成了华南型黄瓜，其主要特点是果实粗而短，果皮较坚硬、无刺瘤。目前，黄瓜已成为中国主要的蔬菜作物之一，利用多种设施栽培条件，黄瓜可周年生产和周年供应。2017 年中国黄瓜栽培总面积达 1856 万亩，年产量达 6487.5 万 t，分别占世界总量的 54.5%和 77.5%。

黄瓜果实营养丰富，富含蛋白质、可溶性糖、维生素、胡萝卜素、尼克酸、钙、磷、铁等营养成分；黄瓜中的生物活性物质十分丰富，主要包括黄酮、多酚、多肽、多糖、萜类化合物、油脂、甾醇类和有机酸等。黄瓜果实口感鲜脆，汁多味甜，果菜兼用，适合生食、熟食、泡菜、盐渍、糖渍、醋渍、制干和制罐，各种食法都别有风味，深受广大消费者喜爱。黄瓜果实中含有一种特殊的成分——丙醇二酸，可抑制人体内糖类向脂肪转化，有预防冠心病等功效；还含有一种非常特殊的细纤维素，既能加速肠道腐败物质的排泄，又能降低血液中胆固醇的含量。黄瓜的果把中含有葫芦素 C，其能提高人体的免疫能力，具有抗肿瘤作用。以黄瓜为原料的加工产品的开发呈现多样性的特点，其加工产品主要包括黄瓜茶、黄瓜酒、黄瓜低糖饮料、黄瓜醋、黄瓜营养粉、黄瓜片剂、黄瓜胶囊、黄瓜罐头和黄瓜护肤产品等。

一、生物学特性

1. 植物学性状

（1）根

1）浅根性。黄瓜通常主根向地伸长，并且不断地分生侧根，但只有根基部所生的侧根比较强壮，并且向四周横向伸展，与主根一起形成骨干根群，这部分骨干根群主要分布在 20cm 深的表土层内。由于根系浅，吸水、吸肥能力较弱，耐旱能力较差。

2）好气性。黄瓜根系具有需氧较多的特点，所以黄瓜耐涝力差，栽培黄瓜需要为它创造疏松、肥沃的土壤条件。

3）木栓化。黄瓜根系的维管束鞘容易木栓化，根系受伤后，再生力差，苗龄越大，再生力越差。因此，在栽培中尤其是在移苗时需采取护根措施。

（2）茎　黄瓜茎蔓不能直立，一些矮生突变体具有一定的直立性。叶腋间可萌生侧蔓；第 3 片叶以后叶腋间可产生不分枝的卷须；瓜蔓与土壤接触时，节上容易发生不定根。

（3）叶　黄瓜叶片绿色到黄绿色，绝大多数品种叶片表面有细刺毛，极个别品种茎叶光滑无刺无毛，叶呈现三角形、近圆形，叶片无缺刻。

（4）花

1）性型多样性。黄瓜有雄花、雌花和两性花，根据雌雄或两性花在植株上的分布或多少将性型分为六大类。

雌雄间生型：开始出现雄花，以后雌雄交替出现，雌雄都可连生数节。

混生雌生型：开始出现雄花，接着雌、雄混生，然后连续出现雌花。

雌性型：全株雌花，不生雄花或下部出现雄花后再雌化（出现雌花），用赤霉素、硝酸银、硫代硫酸银诱雄后自交繁育。

两性雄性型：开始出现雄花，然后雄花、两性花混生，基本上不生雌花。

雄性型：全株只生雄花。无利用价值，用乙烯利诱雌后自交繁育。

两性型：全株只生两性花，或基部生少数雄花后连续发生两性花。

2）雌雄蕊成熟特征及有性杂交技术。一般开花前两天雌蕊成熟，开花后1d仍有效。而雄花则在开花前3～5h才成熟，开花当天上午花药开裂散出花粉。在性杂交时，于前一天下午将第二天开放的雌、雄花蕾束扎花冠，次日6:00～8:00摘下雄花，取花药置于器皿中，用毛笔授粉，也可将摘下的雄花药剥除花冠，塞于雄蕊柱头上，授粉结束后再束扎雌花花冠。花粉在自然条件下经4～5h即失去活力，尤其是在高温条件下其寿命更短。

（5）果实　黄瓜果实从近圆形到长棒形，果皮颜色从黄白色到翠绿色，果皮表面光滑或有刺瘤，果皮亮度从油亮到暗淡。

2．生长发育周期

（1）种子发芽期　自种子萌动到子叶充分展平，需4～6d。

（2）幼苗期　子叶展平到第3或4片真叶展开，为30d左右。此期叶腋开始分化花芽，花芽分化经过两性再到单性，处在两性阶段的花芽可以因环境或外源植物生长调节剂影响而改变发育方向，如对于雄花较多的品系或秋季栽培时，用乙烯利处理可诱导雌花，增加产量。

（3）抽蔓期　一般从第4真叶开展到第一雌花坐果，为2周左右，茎伸长速度明显加快，叶腋间可见卷须抽出而攀缘生长，花芽则持续分化发育和性别分化。

（4）开花结果期　第一雌花坐果到生长结束，可持续30d以上，在可控环境温室中，开花结果期可持续8～9个月。雌花授粉后3～4d以细胞分裂为主，4d后细胞伸长加快，果实体积迅速膨大，7～15d为商品果成熟期，如采收种子，则通常需要至少35d。多数品种正常授粉并在适宜的温光营养环境下才能正常结实，但有些品种特别是欧洲水果型小黄瓜不经授粉也能正常结实，此现象称为单性结实。在冬春季节栽培环境下，由于相对密闭而形成的无虫媒环境，黄瓜品种的这种单性结实性能尤为重要。

3．对环境条件的要求

（1）温度　种子发芽适宜温度为27～29℃，幼苗期白天22～28℃，夜间17～18℃，苗期适度的低温有利于雌性分化，开花结果期白天25～29℃，夜间18～22℃，根系生长适宜温度为20～23℃，10～12℃时根系生理活动就会减弱，常引起地上部叶片发黄。黄瓜是一种冷敏感作物，在较低温度下叶片合成能力、根系吸收能力均下降，同时也不耐高温，温度高于30℃时呼吸增强，根系衰老加速，采收周期缩短。

（2）光照　在瓜类蔬菜中，黄瓜比较能耐弱光，这和它的原产地有关（产于印度森林地区），故黄瓜可在春、夏、秋、冬四季栽培，实现周年生产周年供应，其光饱和点为55klx，补偿点为2klx。黄瓜生长期特别是进入开花结果期，需要较强的光照条件，果实才能正常发育膨大并具有良好的风味；在冬季日光温室条件下，只要温度适宜，就可使黄瓜生长正常，果实风味不变，而不像番茄在弱光下糖/酸的比值明显偏低，使果实酸味增加。黄瓜对光周期的要求因不同类型略有差异，华南型黄瓜更需要短日照，华北型和欧洲温室型黄瓜对光周期不敏感。

（3）水分　黄瓜对旱涝敏感，其主根不发达，属于须根系，既不耐旱也不耐涝，土壤湿度保持在80%左右较为适宜。幼苗期水分适度控制，根系水分过多易引起徒长，不利于雌花分化；初花期适当控水，促进根系发育，进入采收期，水分供应必须均衡、充足。

（4）土壤与矿质营养　黄瓜栽培忌连作，其不抗枯萎病，栽培品种中无抗枯萎病资源，因此，无法通过育种途径选育抗枯萎病新品种来克服枯萎病危害。连作田往往因为枯萎病菌积累而导致严重的减产甚至绝收。实行三年以上的轮作或用南瓜嫁接换根或基质栽培均是克服包括枯萎病在内的连作障碍的有效途径。黄瓜栽培土壤以富含有机质的壤土较适宜，土壤 pH 为 5.5～7.6 均能适应生长。黄瓜对氮磷钾的吸收比例为 N∶P_2O_5∶K_2O＝1∶0.5∶1.4，每生产 1000kg 商品果实约需 N 3kg、P_2O_5 1.5kg、K_2O 4.2kg。

二、品种类型与栽培季节

黄瓜依据不同的特点可以划分为多种类型。

1．按生态型划分

（1）华南型黄瓜　果实粗短，果实表面无刺或少刺，果皮较厚，嫩果绿、绿白、黄白，清香味淡。较耐湿耐热，抗病性相对较弱。

（2）华北型黄瓜　果实细长，果实表面密生刺瘤，果皮较薄，嫩果绿色，清香味浓。较耐低温，抗病性相对较强。

2．按果实形态划分

（1）按果实长度划分　分为长果型（果长 30cm 以上，长棒形）、中果型（果长 15～30cm，筒状）、短果型（果长 10～15cm，极端的有小于 10cm 长的）。

（2）按果实嫩果果皮颜色划分　分为绿、绿白、黄、黄白，依据果皮亮度可分为油亮和暗淡。

（3）按果实果皮特征划分　分为光皮无刺和有刺或瘤。

3．按栽培适应性划分　分为露地和设施，北欧光皮油亮型均适宜设施栽培，北美粗短型和我国华北型对露地的适应性强。

4．按栽培季节划分　充分利用设施条件，灵活安排黄瓜栽培季节与茬口，有大棚春提早栽培、春夏秋露地、大棚秋延迟设施栽培、日光温室栽培及可控环境温室栽培等多种形式，从而实现周年生产、周年供应的目标（表 15-2）。

表 15-2　黄瓜全年栽培季节

栽培方式	播种育苗期	定植期	收获供应期
大棚春提早栽培	1 月下旬至 2 月上旬	3 月上中旬	4 月下旬至 6 月上旬
春露地栽培	3 月上中旬	4 月	5 月下旬至 7 月上旬
夏露地栽培	5 月下旬至 6 月下旬	直播	7～9 月
秋露地栽培	7 月上中旬	直播/育苗	8 月下旬至 10 月
大棚秋延迟设施栽培	7 月下旬	直播/育苗	9 月下旬至 10 月
日光温室栽培	9 月中下旬	11 月上中旬	1 月上中旬
可控环境温室栽培	1 月下旬至 2 月上旬	3 月上中旬	4 月下旬至 7 月上旬
可控环境温室栽培	8 月下旬至 9 月上旬	9 月下旬	10 月中旬至翌年 7 月

（1）大棚春提早栽培　选用早熟、高产、苗期耐寒性强、耐弱光、抗病、单性结实的优良品种。‘津优 11’‘津优 13’‘津优 30’‘津优 38’等为长果、密刺、耐低温弱光能力强的品种；‘碧玉’‘碧玉 2 号’‘碧玉 3 号’‘京研迷你 2 号’‘京研迷你 4 号’‘南水 3 号’‘康秀 1 号’等水果型小黄瓜，同样具有较强的耐低温弱光能力。

（2）日光温室越冬栽培　越冬黄瓜栽培过程中经历一年当中温度最低、光照最差的时节，同时结瓜期又要经历日光温室温度最高的时段，所以要选择既耐低温弱光，又能耐高温，植株长势强，不易徒长，分枝少，雌花节位低，节成性好，瓜条品质高，高产抗病等特性的品种。优选品种有‘津优 30 号’‘津优 35 号’等。每亩用种 120～150g。

三、栽培技术

1. 大棚春提早栽培　一般在 1 月下旬至 2 月上旬播种，2 月下旬至 3 月上旬定植，3 月下旬开始采收。这茬黄瓜播种在温度比较低和不稳定的早春，单层塑料大棚往往不能满足黄瓜的需求，所以一般采用多层覆盖加温育苗，即在塑料大棚中加设小拱棚，小拱棚上加盖草苫，以满足黄瓜早期生产的需求。大棚春提早栽培，较日光温室时间短，温度高，所以一般不进行嫁接育苗，但如果是在连作田块，可以采用嫁接育苗以达到抗病的目的。此茬应选择耐低温弱光和早熟的黄瓜品种。

扩展 15-1

（1）定植方式和密度

1）定植方式。传统的栽培方式是长畦竖栽，即与大棚的走向一致，作 1～1.2m 的畦，沟宽 40cm 左右；目前短畦横栽也逐渐得到应用，即畦的走向与大棚的走向垂直，在大棚中间开一条沟，横向作畦，这一作畦方式使得棚室内通风透光得到改善，有利于植株生长、减少病害发生率。

2）定植密度。行距 55～65cm，株距 20～30cm。为增加早期产量，生产上有多种新的栽培方式：①同一棚内早中熟品种搭配种植，1～1.2m 宽的畦栽 3 行，行距 30cm，中间一行栽早熟品种，株距仅 15cm，两个边行栽中熟品种，株距 25cm。在早熟品种每株采收 3 或 4 条瓜后拉藤，这样，行距就变成了 60cm，正好中熟品种进入结果盛期。这种方式比栽单一品种增加产值 30%～50%及以上。②隔株拔除法栽培，如栽植 6600 株，在采收 3 条瓜后隔一株拔一株，降为 3300 株，这样早期产量和总产量都可得到提高。适于中后期长势旺的品种。

（2）多层覆盖，增加早期温度　在搭架之前，为促进幼苗生长，可多层覆盖，加强夜间保温性能。

（3）水分暗灌，减少空气湿度　在畦面中间铺设滴灌管，上面再覆盖地膜，既节省用水，又减少空气湿度，有利于节约用水和减少病害发生。

（4）调温控湿，减少病害　白天温度保持在 28～30℃，夜间 15～18℃，白天气温达 30℃时须加强通风降温；浇水宜少，特别是遇阴天须根据天气状况及时通风降湿换气。控湿可少发生病害。

（5）植株调整，改变生长姿态　植株调整的内容主要包括搭架、绑蔓等，一般在植株大约 30cm 时及时搭架、绑蔓、吊头，对于侧枝发生力强的品种及时去除侧蔓。一般用竹竿搭成人字形架，用塑料绳将瓜蔓绑缚在竹竿上或用塑料绳直接牵引瓜蔓；更先进和省力化的绑蔓措施是用绑蔓器绑缚。

（6）促进结实，增加产量　对于在低温弱光下单性结实力差的品种需采用人工辅助授粉或采用生长调节剂如坐果灵进行处理，确保早期果实发育和早期产量。

（7）加强养分供应，延长采收周期　进入开花结果期后，结合植株形态诊断，包括叶色、卷须发生及生长姿态、株高、果实发育速度等变化，及时补充营养，一般在采收 3 或 4 次果后每两周追施三元复合肥 20kg/亩左右，施肥后保持土壤充分湿润以便于植株吸收肥料营养，施肥后叶色将维持绿色、卷须发生旺盛、果实发育速度快、果实表面靓丽、植株抗病性强。由于平衡了营养生长和生殖生长的关系，开花坐果期更长，因此更能获得高产优质生产目标。

（8）摘除老叶，增强通风透光，减少病害发生　黄瓜基部老叶开始褪绿变黄时表明叶片已开始衰老，成为植株生长的负担，及时摘除老叶有利于增强棚室内通风透光状况，降低空气湿度，从而减少病害发生，有利于果实发育。

（9）畸形瓜及其防治　畸形瓜主要包括尖嘴、蜂（细）腰瓜、大肚瓜、钩子瓜等。产生畸形果的原因主要有三个方面。

1）授粉受精不良。昆虫少、阴雨天多不利于昆虫活动和过高的温度影响花粉管的伸长均会引起授粉受精不良。

2）肥水供应不足或不均匀。营养与水分供应不足会引起尖嘴瓜；果实迅速膨大期间温度较高，水分过多会引起大肚瓜；植株本身生长势差，以致自身吸肥吸水力弱或高温干旱会引起细腰瓜。

3）病虫害危害。病虫危害后，植株生长不良，果实发育过程中不能得到充足的养分和水分，会形成畸形瓜。

畸形瓜的防治：首先要施足基肥，然后根据植株和果实生长发育情况，结合天气变化，均匀追肥和浇水，同时加强防病治虫；早期可人工授粉或用坐果灵处理，如已出现畸形瓜，为保证正常果的生长发育，可将畸形果及时摘除。

（10）预防花打顶发生　植株生长到一定节位后，以多个雌花生长封顶，植株不再长高，称为花打顶。主要原因包括根系损伤、低温弱光、留瓜过多、涝/旱、用药过度。应采用施足基肥、穴盘护根育苗、取苗栽植时轻取轻放轻栽、地膜覆盖、栽植后活棵前闭棚保温、及时摘除畸形果、均匀供水、防止长时间旱或涝、用药浓度不可过高等措施加以防控。

2．黄瓜日光温室越冬栽培

（1）栽培季节　一般在10月上中旬播种育苗，但近些年有播种提早的趋势，主要是为了在元旦、春节的高价期达到产量高峰。另外，在苏北地区，秋黄瓜的生产面积不大，因此10月后黄瓜的供应出现不足，价格比较好，也为日光温室提早育苗、提早上市提供了市场空间。正常定植期在11月中下旬，采用嫁接育苗，12月下旬开始采收，5～6月根据市场价格决定。整个生育期达8个月以上，是设施黄瓜栽培生产中技术难度较大，经济效益较高的栽培形式。

（2）培育壮苗　见第五章蔬菜种子和育苗。

（3）定植

1）定植前的准备。

A．土壤处理。日光温室多数需要常年种植1或2种蔬菜作物，尤其是规模生产基地，很难做到轮作倒茬，所以定植前需要对日光温室土壤进行处理。一般在定植前30d高温期进行，可以采取以下几种方法：①高温闷棚。将土壤深翻后浇水至漫过土块覆盖白色地膜，将日光温室棚膜覆盖严密，如果薄膜旧了需要换新的，保温20d左右后揭膜通风晾晒，准备整地。②化学消毒。如果日光温室长期种植黄瓜，根结线虫严重，可以加施98%棉隆进行土壤消毒，按照每亩20～30g撒施，将土壤翻耕，浇水后覆膜，20d后揭膜通风晾晒。

B．整地施肥。日光温室冬春茬黄瓜生育期长，需要足够的营养才能满足黄瓜长期结瓜对养分的需要。实践证明，深翻土地增施有机肥是黄瓜增产的关键措施。

每亩施入腐熟有机肥5～7m^3，以优质牛粪、猪粪、鸡粪为主，菜籽饼肥250kg，三元复合肥60～70kg。基肥撒施后，深翻25～30cm，使肥料与土壤混合均匀，然后搂平耙细。

C．起垄作畦。采用南北向，高垄的规格为垄高20cm，垄宽80cm，沟距50～60cm。

D. 秧苗准备。移栽前可对嫁接苗喷 1 次 500 倍的百菌清，傍晚对苗床浇透水，第 2 天定植。

2）定植时间和方法。

A. 定植时间。一般 10 月中旬至 11 月上旬定植。嫁接苗的苗龄为 35d 左右。不嫁接的瓜苗一般 30～35d 就可定植。无论嫁接苗还是自根苗，均以达到壮苗标准为好。选择晴天上午定植。

B. 定植方法。先在垄上按行距 60cm 开定植沟，沟深 10cm，顺沟浇透水，然后趁水未渗下按 28～30cm 的株距放苗，待水渗后封沟。肥力好的地块，黄瓜栽培的适宜密度为每亩栽植 3300～3600 株。定植后，整平垄面，栽完后覆盖 1.2m 宽地膜，掏出定植苗。定植后浇水，定植水的多少要根据天气决定，一般考虑到定植期温度开始下降，定植水宜少，以浇透苗坨即可，以免降低地温，利于缓苗。

栽苗时要经过严格选择，剔除弱苗老化苗、受损伤苗，选择大小一致的健壮苗定植。

定植时必须特别注意：覆土时千万要注意不能使覆土高度到嫁接口，更不要把嫁接口埋入土下，严防因覆土不当造成土传病菌二次侵染嫁接植株。

3）定植后的管理。

A. 定植到缓苗期管理。历时 10d 左右，管理目标是促进缓苗，促根深扎，为今后丰产打下基础，主要的管理措施如下。①水分管理。可以补浇 2 或 3 次水，每次浇少一点，连续浇 2～3d。②温度管理。定植后缓苗前温度宜高不宜低，日光温室一般不通风，白天可达 30～35℃，夜间 18℃左右，以促进尽快发根，尽早缓苗。若遇晴暖天气，中午可用草苫适当遮阴。缓苗后至结瓜前，以锻炼植株为主，管理温度可降为白天室温 25～28℃，夜间 14～16℃，中午前后不超过 30℃。③覆盖地膜。如定植时未覆盖地膜，可在定植缓苗后即定植后 10d 左右，将垄面搂平，然后覆盖地膜。

B. 缓苗后到始瓜期管理。约历时 20d，此期的管理目标是促根促秧，打下丰产丰收的基础，同时增强植株的免疫力和抗逆性。①温度。温度是调整株型的主导因子。缓苗后，初期的管理温度应有利于茎叶生长和花芽分化。此时的管理温度应是晴天白天室温 25～28℃，夜间 14～16℃。在此温度管理基础上逐渐降低温度，即晴天白天室温 23～25℃，夜间 12～14℃。以后不断降低夜间管理温度至 10℃，甚至 8℃，这样有利于塑造抗逆性强、持续结瓜的合理株型。株型特点是节间短，叶片小，叶子厚，叶色浓。②水肥管理。此期一般不追肥浇水，但如果土壤墒情不好，可进行膜下小水滴灌。③植株调整。植株伸蔓后株高约 30cm 时即要进行吊蔓、绑蔓。用细塑料绳或细布带绑蔓吊蔓。每隔 2～4d 绑蔓吊蔓一次随绑蔓将卷须、雄花及下部的侧蔓摘除。深冬季节，对瓜码密、易坐瓜品种，可适当摘除部分发育不好的幼瓜或雌花。④草帘揭盖管理。以揭开草帘后室内气温无明显下降为准。晴天时，阳光照到温室时及时揭开草帘。下午室温降到 20℃左右时盖草帘。深冬季节，草帘可适当晚揭（帘子上霜雪融化）早盖。一般雨雪天气，室内气温只要不下降，就应揭开草帘。大雪天，揭草帘后室温会明显下降时，可在中午短时揭开或随揭随盖。连续阴雨天突然转晴时，要陆续间隔揭开草帘，不要突然全揭开，以免叶面灼伤闪苗。揭帘后若叶片发生萎蔫，应再盖上草帘苫，待植株恢复正常，再间隔揭苫。采用机械揭盖草帘则机动性较大，可灵活揭盖。

C. 结瓜前期管理。结瓜前期即进入温度最低，光照最差的时期。此期的管理目标是保持植株稳健生长，保证基本正常的结瓜。①温度。继续保持较低温度管理水平，即晴天白天 23～25℃，不超过 28℃；夜间 12～14℃，在有条件和能力的情况下，尽量保持夜间温度不低于 10℃，至少不低于 8℃。②水肥。一般 15d 左右追肥 1 次，以硝态氮肥和溶解度高的复合肥为主，经常进行叶面补肥，以多微量元素的生物液肥为佳。浇水要看天看苗，一般 7～8d 浇水 1 次。③防治病虫害。此期低温细菌性病害和灰霉病比较常见，要注意防治，具体见第八章蔬菜病虫害的绿色防控。

D. 结瓜盛期管理。2 月下旬后，气温回升，黄瓜进入结瓜盛期，应加强管理，保持植株旺盛生长，保证大量结瓜。①温度。逐渐提高管理温度。首先恢复常温管理，即晴天白天 25～28℃，夜间 13～16℃，如果要预防霜霉病，可将温度再提高些，即晴天白天 25～35℃，夜间 18～20℃，短时间（1h 左右）可达到 40℃。②水肥。水肥管理是与温度管理水平相匹配的，此期黄瓜需肥水量增加，要适当增加浇水次数和浇水量，一般常温管理时 3～4d 浇水 1 次，7～8d 追肥 1 次，高温管理期间，一般 2～3d 浇水 1 次，4～5d 追肥 1 次，追肥量也要比常温管理时略大。③防治病虫害。主要防治霜霉病。具体见第八章蔬菜病虫害的绿色防控。④植株调整。黄瓜生长盛期应保持适宜的功能叶片数，每株留叶 12～15 片，将底部老叶及时去掉，并及时落蔓，将蔓有规律地盘绕在垄面上，防止田间操作时踩伤。摘除的卷须、雌花和老叶都要带出温室外集中处理（作为堆肥原料或深埋腐烂）。

E. 结瓜后期管理。主要防止植株过快衰老，根据市场和植株长势决定拉秧时间。①温度。此时为了让植株旺盛结瓜后恢复生长，温度应稍低，一般白天 23～25℃，夜间 13～15℃。②肥水管理。此时产量下降，价格一般也较低，所以肥水管理应降低强度。追肥可 10～15d 进行 1 次，此时外界温度高，通风量大，植株蒸腾量大，应注意补水。

日光温室越冬茬黄瓜栽培全过程，都要及时收听天气预报，对恶劣和剧变的寒流、低温、风雪天气，必须采取对应措施。

四、采收与分级包装、贮藏、运输

1. 采收与分级包装

（1）*采收成熟度* 在黄瓜生长过程中，根据栽培品种和温度，定植后 55～60d 可进行采收。一般在果实成熟度较低时进行采收，在此生长阶段黄瓜果实已充分发育，但种子还未完全长大和坚硬。质地坚硬和表面有光泽也是成熟黄瓜（商品成熟）的特征。

同一品种，以未熟期采收（授粉后 8d 采收）的贮藏效果最佳，其次是适熟期采收（授粉后 11d 采收），过熟期采收（授粉后 14d 采收）的果实不适宜贮藏，因为变黄快，加速衰老，失去商品性。综合产量和产值分析，应以适熟期采收贮藏为宜。

（2）*采摘* 采摘时要求瓜条碧绿，顶花带刺，处于植株中部的果实一般条形直、商品外观好，而植株中下部的果实常弯曲，果实与地面接触，易带病菌。瓜秧顶部的黄瓜，品质也不好，不宜作贮藏。在采摘前 1～2d 浇 1 次水，使瓜充分吸水生长充实。采摘黄瓜要在早晨露水未落、温度较低时进行，最好用剪刀带柄剪下。

（3）*分级包装* 分级时以外形均匀、质地坚硬和表皮深绿色为依据，选择大小适宜的、去除带伤的、腐烂的和变黄的黄瓜。

2. 贮藏 黄瓜市场供给受短期内天气影响较大，在节庆时黄瓜的价格往往有较大波动，因此，短期贮藏有一定的价值。

（1）*贮藏特性* 黄瓜供食用的是幼嫩果实，含水量高，质地脆嫩，采摘后在常温下极易褪绿变黄，头部因种子发育而逐渐膨大，尾端组织萎缩而变糠，瓜条明显变形，呈棒槌状，味道变酸，品质显著下降，这些都属黄瓜贮藏中衰老的表现。特别是刺瓜类型，瓜刺易被碰断形成伤口流出汁液，从而感染病菌引起腐烂，故黄瓜贮藏过程中的主要问题是成熟衰老、变质和腐烂。

（2）贮藏的适宜条件　贮藏黄瓜的最适宜温度为10～13℃，低于8℃，易出现冷害，受冷害的症状是：黄瓜呈水浸状斑点或组织凹陷，移出低温环境后，会大量腐烂。温度高于13℃时，瓜条迅速后熟，表皮由绿色变成黄色。贮藏黄瓜的相对湿度为90%～95%，湿度过低，黄瓜会脱水萎蔫，失去表面光泽，降低商品售价。

（3）贮藏前的处理　挑选符合贮藏标准的黄瓜，淘汰老熟的、过嫩的和有机械损伤的黄瓜，然后码放在消过毒（一般用0.1%漂白粉水溶液刷洗）的干燥筐中，每筐装总容量的3/4。夏季贮藏黄瓜，要选在凉棚中预冷，散去从田间带的余热。夏季如用8℃库温贮藏，需要使库温由高温逐渐降低到8℃，使黄瓜适应贮藏的温度。

（4）贮藏方法

1）气调贮藏。把准备贮藏的黄瓜用筐装好后，在库里码成垛。每垛40筐，每筐20～25kg，总量1000kg左右。垛底部放有熟石灰吸收二氧化碳，用塑料帐将垛密封，库温降至12～13℃，帐内氧气用充氧机调到5%。当氧气降到2%或二氧化碳升到5%时进行调节，使二氧化碳不超过5%，氧气不低于2%。贮藏期间每天都要测定帐内的氧气和二氧化碳含量，并根据测定的结果进行调节。低氧和适当的二氧化碳含量可以抑制呼吸，同时对乙烯的产生及其生理作用都有阻碍作用。为了提高贮藏黄瓜的质量，还需要除去黄瓜自身放出的乙烯气体。常用的方法是用泡沫砖块或硅石，放在饱和高锰酸钾水溶液中浸透，待阴干之后用于吸收乙烯，每10kg黄瓜用高锰酸钾泡沫砖块0.5kg。因乙烯分子量小，吸收剂要分放在上层空间，并分成几处放置，帐内相对湿度以85%以上为宜。采用气调贮藏法贮藏的黄瓜，在上市前必须改为小包装，以保证黄瓜出库后的质量。小包装可采用装10kg黄瓜的小筐，外套聚乙烯塑料袋。气调贮藏黄瓜，一般在秋季容易成功；夏季由于温度高，黄瓜内部的变化大而快，用此法很难贮藏。

2）塑料袋贮藏。选用塑料食品袋，将刚摘下或买到的鲜嫩无伤害的黄瓜，装入塑料袋中，每袋1～1.5kg，松扎袋口，放在室内冷凉处或冰箱内，夏季可贮藏3～5d；冬季室内温度偏低时，可贮藏5～15d。

3）活体贮藏。活体贮存适用于日光温室秋延后黄瓜。为了延长供应期，植株上生长的最后一批黄瓜不摘下来，继续在植株上生长，市场需要时再进行采收。只要不受冻害，茎蔓和叶还始终保持绿色，因此称为“活体贮藏”。要求最低温度不低于5℃，瓜条既不褪色，又不会遭受冻害。贮藏期可达40～50d，华北地区可于元旦上市。

3. 运输　按照运输条件、距离，选择适合的车辆，车厢底部、两侧铺设稻草或草毡等，然后将包装好的黄瓜码装好，盖上防雨布，扣紧压布绳，即可运输。

第三节　西　　瓜

西瓜起源于非洲，为葫芦科西瓜属的栽培种，为一年生攀缘草本。

西瓜是世界性的园艺作物，在亚洲、美洲、非洲、欧洲和大洋洲都有种植，其中亚洲是世界西瓜的主要产区，其产量占世界总产量的约83%，美洲、非洲和欧洲的西瓜产量相当，各占世界总产量的5%～6%，大洋洲西瓜产量最少，约占世界总产量的0.15%（FAO，2013）。

我国种植西瓜的记载最早见于《新五代史·四夷附录》，距今已有1000多年的历史。如今，我国已成为世界上西瓜播种面积和产量最大的国家。2016年，我国西瓜播种面积达189.08万hm^2，总产量达 7940 万 t。

西瓜甘甜爽口、水分充足，且含有胡萝卜素、瓜氨酸等营养成分，是深受人们喜爱的夏季消暑解渴果品。随着生产技术和运输条件的改善，我国西瓜已实现周年生产和周年供应。

一、生物学特性

1. 植物学性状

（1）根　西瓜的根为主根系，由主根、多级侧根和不定根组成，垂直生长的主根可长达 1m，水平生长的侧根可长达 2～3m，主要根群分布在土壤表面 20～30cm 的耕作层内，入土范围广而浅。初生根发生较少，纤细，易损伤，木质化程度较高，再生能力弱。西瓜根系的分布因品种、土质及栽培条件的不同有很大的差异。

（2）茎、叶　西瓜的茎为蔓生，幼苗期节间极短缩，叶片紧凑，呈直立状。4 或 5 片真叶后节间伸长，匍匐生长。茎的分枝性强，每个叶腋均形成分枝，可形成 3 或 4 级分枝。但也有节间缩短的短蔓西瓜和分枝能力弱的无杈西瓜。西瓜的叶为单叶，互生，由叶柄和叶片构成。子叶椭圆形，子叶大小与种子大小有关。第 1 片真叶小，短而宽，裂刻不明显，其后叶片裂刻增多，4 或 5 片叶后的叶形具有品种的特征。根据裂刻的深浅和裂片的宽窄，可分成狭裂片型、宽圆裂片型和全缘叶型。西瓜叶片的大小因品种、长势、着生位置的不同变化很大。

（3）花、果实　西瓜的花着生于叶腋，为单花。花单性，有雄花和雌花，某些品种会出现少数两性花。雄花发生较雌花早。雄花在主蔓第 3～5 节开始发生，雌花在主蔓第 5～9 节开始发生。自下而上每隔数朵雄花后出现一朵雌花。雄花萼片 5 枚，花瓣 5 枚；花药联合成 3 枚，背裂，花粉滞重。雌花子房下位，柱头短，3 裂。雌花柱头和雄花花药都具蜜腺，为虫媒花，清晨开放，午后闭合。果实为瓠果，由果皮、果肉和种子组成。果实大小品种间差异悬殊，小的只有 0.5～1kg，大的可达 10kg 以上。果实形状多样，可分为圆形、高圆形、短圆筒形、长圆筒形。果皮色泽可分为浅色、条纹花皮、墨绿色和黄色等，浅色皮品种中有的具有网纹，有的没有网纹，条纹花皮品种的底色一般为绿色，深浅程度有差异，覆盖条带的颜色有深绿色或墨绿色，有宽条带或窄条带。果皮厚度为 0.5～2cm，品种间果皮的厚度和硬度存在差异。果肉由胎座发育而成，有乳白、黄、深黄、淡红、玫瑰红与大红等颜色，质地有疏松、致密之分，其可溶性固形物含量为 8%～12%。

（4）种子　西瓜种子由种皮和胚组成。种皮坚硬，表面平滑或有裂纹。种子扁平，呈宽卵圆形或长卵圆形。种子色泽可分为白色、黄色、红色、褐色、黑色，深浅不同。种子大小差异悬殊，千粒重小者为 20～30g，大者可超过 100g。

2. 生长发育周期　西瓜的生长发育具有明显的阶段特征，根据其生长形态、发育阶段、生理特点，可分以下 4 个时期。

（1）发芽期　由种子萌发到子叶出土、平展至第 1 片真叶显露。发芽期的长短，在适宜的水分和通气条件下，主要取决于温度，25～30℃下约需 10d。

（2）幼苗期　从第 1 片真叶显露到第 4 片真叶完全展开。适宜温度条件下幼苗期需 25～30d。幼苗期内主蔓顶端已形成 8 或 9 片分化完全的小叶，侧枝及花原基开始分化。

（3）伸蔓期　幼苗由直立生长转为匍匐生长，直至主蔓第一雌花开放。20～25℃下，这一阶段需 18～20d。在这一时期，生长加速，叶面积扩大，主蔓上长出侧枝，叶腋间雄花陆续开放，根的吸收能力加强，形成了强大根群。

（4）结果期　由第一雌花开放至果实成熟。结果期根据品种熟性不同，需 30～45d。根据果实的不同发育阶段，结果期又可分为坐果期、果实膨大期和成熟期。

1）坐果期。是从第一雌花开放至果实退毛。适温条件下，这一阶段需 4～6d。雌花受精后子房开始膨大，幼果长至鸡蛋大小，果面茸毛开始稀疏不显，并呈现明显色泽，这一现象俗称“退毛”。

2）果实膨大期。果实“退毛”至果实膨大定形，适温条件下，这一阶段需 18～25d。这一时期，茎叶和果实均迅速增长，但以果实增长为主体，对水肥的需求量达到高峰。

3）成熟期。自果实定形至生理成熟。此阶段果实体积和重量增长减缓，主要是果实内部糖分的转化和积累，果肉和种子也逐渐呈现出本品种的特征。此阶段是决定果实品质的关键时期。

3. 对环境条件的要求

（1）光照　西瓜为喜光植物，在生长发育过程中需要充足的日照时数和较高的光照强度，光合作用饱和点为 4.4μmol/（m^2·s），补偿点为 0.2μmol/（m^2·s）。西瓜对光照强度的反应非常敏感。光照充足时，株型紧凑，叶片浓绿肥厚。光照不足时，西瓜即表现为节间伸长，叶片变长变薄，叶色变浅，茎细弱，小果易脱落。

（2）温度　西瓜是喜温作物，生长发育需要较高的温度。最适宜生长的温度是 18～32℃，低于 10℃时基本停止生长，低于 5℃时即受冷害，高于 35℃时生长受阻，高于 45℃出现高温生理伤害。在各个不同的生长发育阶段，所需温度也有不同，发芽适温在 20～30℃，在 15～35℃，温度越高，发芽的时间越短；西瓜根系生长的最低土壤温度是 10℃，最适温度是 28～32℃，根毛发生的最低土壤温度是 13～14℃。开花坐果的最适温度是 25～30℃，低于 18℃时雄花花药不开裂，不散粉。如开花坐果期突然低温，则易造成果实发育缓慢、皮厚空心、畸形、含糖量下降。西瓜适宜于大陆性气候下栽培，生长和结果都需要较大的日夜温差，较高的日温有利于西瓜的同化作用，制造较多的营养物质，而较低的夜温则降低了呼吸作用和养分的消耗。在适温的范围内，昼夜温差大有利于营养物质的积累，有利于果实糖分的提高。

（3）水分　西瓜具有较耐旱的能力，但也是需水较多的植物。西瓜生长的适宜土壤含水量为田间持水量的 65%～75%，苗期为 65%，伸蔓期为 70%，果实膨大期为 75%～80%。西瓜有两个对水分最敏感的时期，一是坐果节位的雌花现蕾至开放，这时如土壤水分不足，雌花的子房小，影响坐果；二是果实膨大期，此时如水分不足，果实细胞的膨大受到抑制，使果形变小，严重时使果实畸形，皮厚空心，影响产量和品质。西瓜虽然需水量大，但要求空气干燥，适宜空气相对湿度为 50%～60%，但在授粉期，短时间较高的空气相对湿度有利于授粉、受精。

（4）土壤　西瓜对土壤的适应范围较广，各种土质均可栽培，但最适宜的是土层深厚、有机质丰富、肥沃疏松、排水良好的砂壤土。适宜的土壤 pH 为 5～7，总含盐量在 0.2%以下，轻度盐碱土壤种植西瓜，可增加果实含糖量，改善品质。西瓜忌连作重茬，旱作地应实施 6～10 年轮作。

二、品种类型与栽培季节

1. 按栽培类型划分　根据品种地理分布和对气候的适应性，西瓜可分为 5 个生态型，即新疆生态型、华北生态型、东亚生态型、俄罗斯生态型、美国生态型。新疆生态型，原产新疆，适应干旱的大陆性气候，多数品种长势强，为大果型的晚熟种。华北生态型，原产华北，适应温暖半干旱气候，长势强或中等，中熟或晚熟，果型大或中等，肉质软或沙。东亚生态型，原产中国沿海和日本，适应湿热气候，早熟或中熟，果型小或中等。俄罗斯生态型，原产苏联伏尔加河中下游和乌克兰草原带，适应干旱少雨气候，长势旺盛，多为中晚熟种。美国生态型，原产美国南部，适应干旱的沙漠草原气候，生长较旺，为大果型的晚熟种。

2. 按栽培季节和方式划分 西瓜以春夏栽培为主。但我国幅员辽阔，各地的气候条件差异较大，尤其是应用设施栽培后，西瓜适宜种植季节更加多样，已实现周年生产和周年供应。

西瓜的栽培方式可分为露地栽培和设施栽培。露地栽培除了应用地膜覆盖，不用其他保护设施，在气候条件适宜的季节种植西瓜。西瓜设施栽培主要是为了克服低温或避雨，改变西瓜上市期，提高西瓜品质。西瓜设施栽培形式多样，根据设施类型，有小拱棚、大棚、温室等，根据覆盖时间可分为全程覆盖栽培和半覆盖栽培（前期覆盖，后期露地）。

三、栽培技术

1. 露地栽培

（1）定植田准备　选择地下水位低、土层深厚、通透性好、排灌方便的地块。忌连作，旱地轮作周期要5～6年，水田轮作周期为3～4年。基肥以有机肥为主，每亩施用腐熟厩肥3000～5000kg，过磷酸钙20～25kg，硫酸钾5～10kg。基肥在耕翻土地前撒施于定植行，然后翻入土中。土地耕匀、耙平后作畦，畦面宽4～4.5m，畦间沟宽0.5～0.6m。

（2）直播或移栽　土壤疏松、墒情好、播种期间天气晴好、降水少、光热条件充足的地区可以采取大田直播的方式。各地气候条件不一，播种期也不一致。10cm土壤温度稳定在15℃以上，出苗后无霜冻，为大田直播的安全播种期。在播种畦上按株距开播种穴，播种子两粒，覆土约3cm。播种后覆盖地膜，瓜芽顶土时撤除，防止烤苗。幼苗2或3片真叶时定苗，选留健壮、无病虫的幼苗。育苗移栽的则在终霜期后进行，以3或4片真叶、苗龄30～35d大苗为宜。种植密度与品种类型和栽培方式有关，中早熟中果型西瓜株距0.3～0.4m，一般每亩栽700～800株，晚熟中大果型西瓜株距0.4～0.5m，一般每亩栽400～600株。

（3）整枝与压蔓　西瓜主蔓长至30～50cm时开始整枝。采用双蔓或三蔓整枝，保留一条主蔓和基部的一条或两条健壮侧蔓，摘除其余侧蔓。把瓜蔓按一定方向理顺，并用土块压住瓜蔓，每隔2或3节压一次，使瓜蔓紧贴地面。坐果前严格整枝，主蔓上新生的侧蔓、侧蔓上新生的孙蔓及时摘除。坐果后不再整枝。

（4）授粉与疏果　进入花期，可在田间放置蜂箱，利用蜜蜂授粉。当遇到阴雨低温天气，昆虫活动少时，则需进行人工辅助授粉，即以当日开放的雄花的花药轻轻涂抹雌花的柱头，让花粉均匀地散落在柱头上即可。幼果长至鸡蛋大小时进行疏果，选留第2或3雌花所结、果形周正、果面颜色鲜亮的幼果。1株选留1个幼果，疏除其余的幼果。同一田块选留坐果节位相近的幼果。

（5）水肥管理　在基肥充足的情况下，西瓜坐果前一般不予追肥。水分管理也以适当控制为主，促进植株稳健生长。西瓜坐果后则充分供应水肥，促进果实膨大。当果实进入生长盛期，保持田间湿润，并结合浇水追施膨瓜肥，每亩施三元复合肥15～20kg，尿素10kg。为防止早衰，生长中后期可叶面喷施0.2%的磷酸二氢钾，每7～10d喷1次。采收前7d停止浇水。

（6）采收　同一西瓜品种在一定的温度条件下，从雌花开放到果实成熟所需的时间比较固定且一致，因此可以根据雌花开放后的天数估算西瓜的成熟度。早熟西瓜一般从雌花开放到果实成熟需要30d，中熟西瓜则需35d，而晚熟西瓜则需约40d。果实生长期间的气候条件对果实成熟所需的天数有影响，低温下生长，开花至成熟的天数就长，而在高温下生长，开花至成熟的天数就短。西瓜的成熟度与果实品质有直接关系，未成熟或过熟均导致品质降低，因此应采收成熟适度的果实。

2．设施栽培 西瓜设施栽培以春季早熟为主，因此着重介绍其栽培技术。

（1）播种育苗 育苗需在保温、透光性好、抗风雪能力强的大棚或温室内进行。播种时间以定植期向前倒推35～40d测算。穴盘基质育苗，播种前种子浸种催芽，种子露白后播种，每穴播1粒种子，播种深度约1cm，然后覆盖基质并覆上地膜。播种后至出苗前昼夜保持基质温度28～30℃。出苗后即适当控制温度，防止徒长。出苗至幼苗第1片真叶开展前，苗床白天气温25～28℃，夜间气温16～18℃，夜间基质温度15℃左右。幼苗第1片真叶开展后，苗床白天气温28～30℃，夜间气温18～20℃，夜间基质温度15～18℃。苗床水分管理以“见干见湿”为原则，即要求浇水充分，下一次浇水需待基质表面干燥时再浇。在温度条件许可的情况下，减少苗床保温覆盖时间，使幼苗充分照光。定植前1周，控制苗床水分，适当干燥，加大通风量，降低苗床温度，锻炼幼苗。

（2）定植田准备 定植田冬前深耕冻垡，定植前15～20d整地。整地前在定植行施入基肥，每亩施有机肥1000～1500kg，三元复合肥50kg。施肥后旋耕，使肥料与土壤混匀，然后耙平、起垄作畦。畦面宽2～2.5m，畦高0.2m，畦间沟宽0.5m。畦面平整后铺设滴灌带、地膜，连接水肥一体化设备。准备工作做好后密闭棚膜，提高棚内土壤温度。设施早熟栽培前期环境温度低，提高棚室内温度是促进瓜苗生长发育的关键。若于2月定植，需采用双层大棚，并在畦上架设小拱棚，形成多层覆盖以利增温、保温。

（3）定植 西瓜幼苗具有2或3片真叶，定植棚内10cm土温稳定在15℃以上时定植。择晴天时定植，避开寒流。中果型西瓜栽植600～700株/亩，小果型西瓜栽植约800株/亩。

（4）田间管理

1）温度管理。缓苗期间白天棚内温度超过30℃时开始少量通风，下午棚内温度低于25℃时关闭通风口。缓苗后，防止高温导致瓜秧徒长，要适当通风降温。一般棚内温度上升到28℃时开始通风，以通风后棚温不明显下降为宜，下午棚温降到20～22℃后关闭通风口保温。西瓜进入开花坐果期后，要加强放风管理，降温控湿，防止徒长和化瓜。大棚内白天温度保持在25～28℃，下午棚内18～20℃时关闭通风口，夜温控制在15～17℃。当夜间外界环境最低气温稳定在15℃以上时，可昼夜通风。

2）整枝压蔓。当主蔓长至30～50cm时开始整枝和压蔓。一般采用三蔓整枝，留主蔓和2条健壮侧蔓，其余侧蔓全部摘除，并引导瓜蔓在田间均匀排布，使植株叶片充分接受光照。在西瓜坐果前，根据生长势，定期摘除新生的侧枝。

3）授粉与疏果。中果型西瓜每株留果1个，小果型西瓜每株留果2个。疏果于幼果有鸡蛋大小时进行，选择坐果节位适中、果形端正、果柄较粗、无病虫伤害的幼果保留，其他幼果及时摘除。

4）水肥管理。定植后随即浇足定植水，缓苗后，复水1次，促进活棵。前期瓜苗需水量少，地面蒸发量也小，如果土壤不是太旱则不需要灌水，适当蹲苗，促进瓜秧根系下扎。开花授粉前少量灌水，授粉期一般不灌水，以免影响坐果。果实膨大期需水量大，一般需灌水2或3次，每次都要灌足。基肥充足时，坐果前一般不需要追肥。定果后需施膨瓜肥，选择可溶性好的肥料溶于水中，随水滴灌，每亩可施硫酸钾型复合肥10～15kg。生长后期结合防病治虫喷施2或3次0.2%磷酸二氢钾叶面肥，防止植株早衰，提高果实品质。西瓜定个后停止灌水，促进糖分转化，提高风味品质。

（5）采收与二次坐果 设施早熟栽培的第一批西瓜一般在开花后40d左右成熟。采收时避免损伤瓜蔓。采收后轻施水肥，促进瓜蔓生长和二次坐果，每亩施三元复合肥 10kg、硫酸钾 5～10kg，并叶面喷施 0.2%～0.3%磷酸二氢钾溶液 1 或 2 次。第 2 批西瓜成熟期约 30d。

3. 无籽西瓜栽培 三倍体无籽西瓜在形态和生长特点上与普通有籽西瓜相比较存在较明显的差异，栽培技术也有所区别。

（1）播种育苗 无籽西瓜种皮厚、种胚发育不全，发芽率偏低，在播种前需进行破壳处理，即在种子经 6～8h 浸种后，用老虎钳或牙齿轻轻磕开种皮而不伤及种仁，然后在 33～35℃下催芽。种子露芽后即可播种育苗。

（2）定植 无籽西瓜一般不耐低温，露地栽培应在终霜期后，日平均气温 15℃以上定植。大棚单层覆盖在 3 月下旬；多层覆盖可提前到 3 月中旬。无籽西瓜宜适当稀植，每亩定植约 500 株。无籽西瓜花粉发育不良或无生活能力，定植田需配植 20%普通有籽西瓜提供花粉。

（3）田间管理

1）整枝压蔓。一般采用三蔓整枝。无籽西瓜进入伸蔓期后长势旺盛，需及时整枝、理蔓、压蔓，防止枝叶郁闭。进入结果期后，当第 3 雌花开放时，为控制长势，促进坐果，可对主侧蔓进行摘心打顶。坐果后一般不再整枝，但需注意理顺瓜蔓。

2）授粉。进入花期后，摘取当天开放的普通有籽西瓜的雄花给无籽西瓜的雌花进行人工辅助授粉。一般无籽西瓜坐瓜节位以主蔓第 25～35 节为宜。

3）水肥管理。无籽西瓜前期长势较弱，伸蔓后长势由弱转强，坐果前防止过量水肥引起徒长。果实膨大期需加强水肥，追施膨果肥 1 或 2 次，每次施三元复合肥 20～30kg/亩，并保持水分均衡供应，使土壤田间持水量保持 70%～80%。

4）采收。无籽西瓜果实发育期相对较长，在授粉时标记日期，根据品种特性适时采收。

第四节 甜 瓜

甜瓜起源于非洲埃塞俄比亚高原及其毗邻地区，为葫芦科甜瓜属的栽培种，为一年生匍匐或攀缘草本。

甜瓜在世界各地均有栽培。亚洲是世界甜瓜的主要产区，其产量占世界总产量的 72.98%。美洲、欧洲和非洲的产量分别占世界总产量的 13.62%、7.02%和 5.54%。大洋洲甜瓜产量最少，约占世界总产量的 0.84%。

我国甜瓜的最早记载见于《诗经》，是最早利用为果品的瓜类。由于甜瓜香甜可口、营养丰富，深受消费者的喜爱，所以生产发展迅速。1980 年，我国甜瓜产量跃居世界首位，优势保持至今。2018 年，我国甜瓜种植面积为 37.6 万 hm^2，总产量为 1315.93 万 t，约占世界甜瓜产量的 48.12%。

甜瓜种类繁多，有些甘甜如饴、香味浓郁，有些清脆爽口、水分充足，富含维生素、氨基酸、矿物质等营养成分，是深受人们喜爱的果品。

一、生物学特性

1. 植物学性状

（1）根 甜瓜属直根系，由主根、多次分级的侧根和根毛组成，90%的根毛生长于侧根上。主根入土深度可达 1.5m 以上，侧根横向扩展可达 2～3m，主要根群分布在 10～30cm 的表层土中。厚皮甜瓜的根系较薄皮甜瓜的强健，分布范围更深更广，耐干旱、耐贫瘠能力也更强。甜瓜根系对土壤空气中的含氧量要求较高，好氧性强。根系发育早，当子叶展平时，主根可长达 15cm 以上。另外，根系容易木栓化，再生能力弱，伤根后恢复困难。根系特性因品种、栽培介质不同而稍有差异（图 15-1）。

（2）茎、叶　甜瓜茎为一年生蔓生草本，中空，有条纹或棱角，具刺毛。茎粗 0.4～1.4cm，大多 1cm 左右。一般品种节间长 5～13cm，短蔓品种节间较短。甜瓜茎分枝性强，每个叶腋都可发生新的分枝，主蔓上可发生一级侧蔓（子蔓），一级侧枝上可发生二级侧枝（孙蔓），以至三级、四级侧枝等。甜瓜叶为单叶、互生、无托叶，由叶柄和叶片构成。叶型有掌状、五裂、近圆形、肾形，全缘或五棱。叶长多在 10～20cm，厚度为 0.4～0.5mm，叶缘有波状齿或锯齿，叶两面均有刺毛。不同类型、品种的甜瓜叶片的形状、大小、叶柄长度、色泽、裂刻有无或深浅及叶面光滑程度不同（图 15-2）。

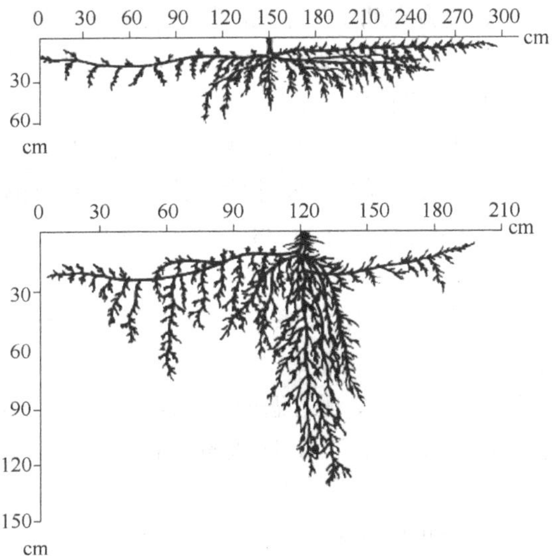

图 15-1　甜瓜的根系分布（马德伟和马克奇，1982）

上图为薄皮甜瓜；下图为厚皮甜瓜

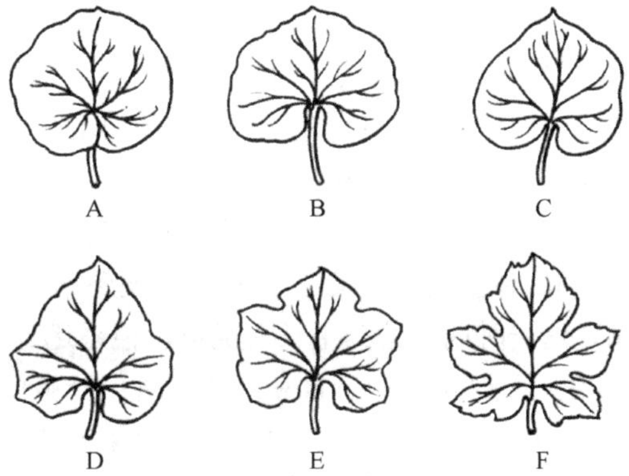

图 15-2　甜瓜叶片形态（潘小芳等，1989）

A. 圆形；B. 肾形；C. 心脏形；D. 三角形；E. 五角浅裂；F. 五角深裂

（3）花、果实　甜瓜花腋生，基数为 5，即萼片 5，花瓣 5，基部联合；雄花 5 药、3 组，雌蕊 3 枚；子房下位（图 15-3）。甜瓜花性型丰富，有雄花两性花同株、雌花两性花同株、雌雄异花同株、两性花株、雌花雄花两性花同株、雌性株和雄性株。在花芽分化时雄花发生最早，单生或簇生，从第一片真叶的叶腋即开始分化，每节分化 2～4 朵。绝大多数栽培品种中，甜瓜的结实花为两性花，大多不连续发生。厚皮甜瓜主蔓分化雌花较晚，而子蔓，特别是孙蔓分化雌花多；薄皮甜瓜主蔓分化雌花早，子蔓、孙蔓分化雌花早而多。甜瓜花为虫媒花，清晨开放，午后闭合。

果实为瓠果，由果皮、果肉和种子组成。果实大小品种间差异悬殊，厚皮甜瓜单果重一般为 1～5kg，大者则达 10kg 以上；薄皮甜瓜果实多为 200～500g，大果型品种可达 1.5kg。果实形状多样，有圆球形、长圆球形、扁圆形、椭圆形、卵圆形、纺锤形、圆筒形、梨形等。果实表面特征也十分多样，有光滑和不光滑、有棱沟和无棱沟、有网纹和无网纹。成熟果皮色泽具有各种颜色，有不同程度的白色、绿色、黄色、灰色、褐色、暗红色或具各色条纹、斑点等。果皮厚度为 0.3～0.5cm，品种间果皮的厚度和硬度存在差异。果肉由胎座发育而成，有绿色、白色、橙红、黄色等，有的甜

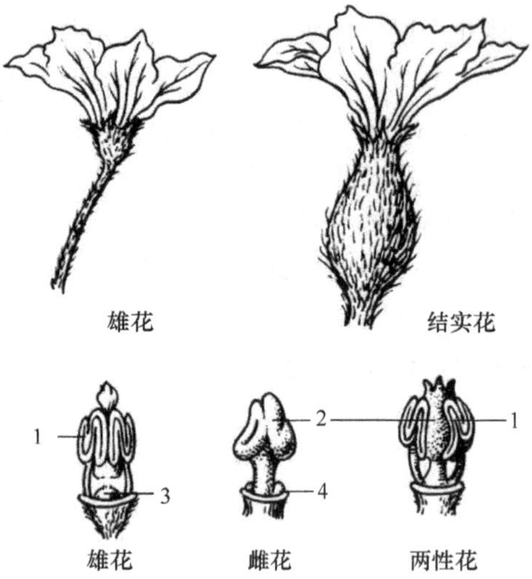

图 15-3 甜瓜的花器（马德伟等，1986）
1. 雄蕊；2. 柱头；3. 退化雌蕊；4. 退化雄蕊

瓜果肉具两种或多种颜色。质地有脆、面、软而多汁、松脆多汁等之分。厚皮甜瓜可溶性固形物含量为12%～16%，最高可达20%以上；薄皮甜瓜可溶性固形物含量多为8%～12%。

（4）种子　甜瓜种子由种皮、子叶和胚组成。种子表面平直或波曲，有披针形、长扁圆形、椭圆形、芝麻形等多种形态。种子色泽有橙黄、土黄、黄白、浅褐、紫红等。厚皮甜瓜种子黄色的居多；薄皮甜瓜的种子多为黄白色，少部分为紫红色。种子大小差异悬殊，通常厚皮甜瓜种子的千粒重为 25～80g，薄皮甜瓜种子的千粒重为 8～25g。

2. 生长发育周期　甜瓜的生长发育具有明显的阶段特征，根据其生长形态、发育阶段、生理特点，可分以下 4 个时期。

（1）发芽期　自播种、种子萌发到子叶出土、展平至第 1 片真叶显露。发芽期的长短，在适宜的水分和通气条件下，主要取决于温度，厚皮甜瓜种子发芽的适宜温度为 28～33℃，薄皮甜瓜适宜温度为 25～30℃，在最适温度下约为 10d。

（2）幼苗期　从第 1 片真叶显露到第 5 片真叶出现。适宜温度条件下幼苗期约需 25d。幼苗期内主蔓已分化 20 多节，花、叶、蔓都已分化，苗体结构已具雏形。

（3）伸蔓期　第 5 片真叶出现到第一雌花开放。20～25℃适宜温度下，这一阶段需 20～25d。这一时期，营养生长占优势，根系迅速向水平和垂直方向扩展，吸收量不断增加；侧蔓不断发生，迅速伸长；叶面积迅速扩大；叶腋间雄花陆续开放。

（4）结果期　第一雌花开放至果实成熟。结果期长短根据早、中、晚熟性有差异。早熟的薄皮甜瓜结果期仅需 20 多天，而晚熟的厚皮甜瓜结果期可长达 70～80d。根据果实的生长特点，结果期可分为前期、中期和后期。

1）结果前期（坐果期）是从第一雌花开放至果实迅速膨大。适温条件下，这一阶段需 7～9d。该阶段是植株以营养生长为主向生殖生长为主的过渡时期，果实生长优势逐渐显现。

2）结果中期（膨瓜期）是从果实开始迅速膨大到停止膨大。适温条件下，这一阶段因品种熟性和果实定果大小而不同，需 13～26d。这一时期，植株重量增长最快，果实体积和重量增长也最快，所以水、肥、光照等条件的好坏直接影响果实的肥大程度和物质积累的多少。

3）结果后期（成熟期）是自果实停止膨大至成熟。这一阶段果实体积和重量增长减缓，主要是果实内部储存物质的变化，果肉和种子也逐渐呈现出本品种的特征。这一阶段是决定果实品质的重要时期。

3. 对环境条件的要求

（1）光照　甜瓜为喜光植物，在生长发育过程中需要充足的日照时数和较高的光照强度，光合作用饱和点为 3～3.3μmol/（m^2 · s），补偿点为 0.2μmol/（m^2 · s）。光照充足时，侧蔓发生提早、生长加快，子房肥大，开花坐果提早，果实生长迅速，单果重增加，成熟期提早，品质提高。光照不足时，植株长势弱，光合产物减少，坐果难，果实生长缓慢，品质和产量下降。

（2）温度　甜瓜是喜温作物，整个生长发育期需要较高的积温。最适宜生长的温度是 22～

32℃，低于 10℃时基本停止生长，低于 5℃时即受冷害，高于 40℃时生长停滞。在各个不同的生长发育阶段，所需温度也有不同。发芽适温在 20～30℃，在 15～35℃，温度越高，发芽的时间越短；茎叶生长要求白天 22～32℃，夜温 16～18℃；开花坐果的最适温度是 25～30℃，适宜夜温为 17～19℃，若开花坐果期突遇低温，则易造成果实发育缓慢、畸形、含糖量下降；甜瓜根系生长的最低土壤温度是 8℃，最适温度是 28～34℃，根毛发生的最低土壤温度是 13～14℃。甜瓜适宜于大陆性气候下栽培，要求有较大的昼夜温差。较大的昼夜温差有利于提高果实的品质，是由于白天较高的温度下，光合积累多；夜间温度低，呼吸消耗少，最终使有效积温增加，有利于营养物质和糖分的积累。

（3）水分　不同生育期，甜瓜对水分的需求不同。播种、定植要求高湿；营养生长期要求土壤最大持水量为 60%～70%；果实迅速膨大和停止膨大期要求 80%～85%；果实停止膨大到成熟期要求 55%的低湿。结果前期、中期，果实细胞急剧膨大，为促进果实充分膨大，必须保持土壤水分充足，否则影响产量。结果后期主要是营养物质的积累和转化，水分过度会降低果实品质，且易造成裂果，降低储运性，因此应控制土壤水分。甜瓜适宜生长的空气相对湿度为 50%～60%，薄皮甜瓜还可忍耐更高的相对湿度。甜瓜地上部忍受低湿的能力较强，只要土壤水分充足，甜瓜可忍受 30%～40%甚至更低的空气相对湿度。开花坐果期对空气湿度相对敏感，若空气湿度过低，雌蕊柱头容易干枯、黏液少，影响花粉的萌发和受精；若空气湿度过高，花粉容易吸水破裂且不易散出，影响授粉。

（4）土壤　甜瓜对土壤的适应范围较广，各种土质均可栽培，但最适宜的是土层深厚、有机质丰富、肥沃疏松、排水良好的壤土或砂壤土。适宜的土壤 pH 为 6～6.8，总含盐量在 0.62%以下，在轻度盐碱土壤上种植甜瓜，可促进植株生长，提早成熟，增加果实含糖量，改善品质。

二、栽培区域与栽培季节

1. 栽培区域　根据品种地理分布和对气候的适应性，甜瓜可分为 4 个栽培区域，即环地中海甜瓜栽培区、中东-中亚甜瓜栽培区、美洲甜瓜栽培区、东方薄皮甜瓜栽培区。环地中海甜瓜栽培区，大多是典型的地中海气候，夏湿冬干，阳光充足。生产的主要品种属欧美厚皮甜瓜类型的粗皮甜瓜和卡沙巴甜瓜。中东-中亚甜瓜栽培区，属极端干旱的大陆性气候，甜瓜生长季节热量丰富、干旱少雨，昼夜温差大或无霜期长。生产的主要品种属中亚厚皮甜瓜。生产的主要品种为东亚类型，原产中国沿海和日本，适应湿热气候，早熟或中熟，果型小或中等品种。美洲甜瓜栽培区，阳光充足，雨量稀少，热量丰富。生产的主要品种是欧美厚皮甜瓜和卡沙巴甜瓜。东方薄皮甜瓜栽培区，属东亚季风气候，水资源丰富，生产的主要品种属薄皮甜瓜，耐湿抗病性强。

我国甜瓜栽培目前基本可划分为西北厚皮甜瓜露地栽培区，包括新疆、甘肃河西走廊与兰州附近，以及青海、宁夏、内蒙古的部分地区，以厚皮甜瓜露地栽培为主；中部厚皮甜瓜、薄皮甜瓜栽培区，包括华北地区和长江中下游地区，以薄皮甜瓜露地栽培为主，厚皮甜瓜均为设施栽培；东北薄皮甜瓜栽培区，包括东北三省及内蒙古东部，以露地栽培为主；华南甜瓜栽培区，主要包括珠三角地区和海南，露地栽培面积不大，以设施栽培为主。

2. 栽培季节和方式　甜瓜以春夏栽培为主。我国幅员辽阔，各地的气候条件差异较大，尤其是应用设施栽培后，甜瓜适宜种植季节变得更加多样，已实现周年生产和周年供应。

甜瓜的栽培方式可分为露地栽培和设施栽培。露地栽培除了应用地膜覆盖，不用其他保护设施，在气候条件适宜的季节种植甜瓜。甜瓜设施栽培主要是为了克服低温或避雨，改变甜瓜上市期，提高甜瓜品质。甜瓜设施栽培形式多样，根据设施类型，有小拱棚、大棚、温室等。

三、栽培技术

1. 甜瓜露地栽培

（1）定植田准备　选择地下水位低、土壤有机质丰富、通透性好、排灌方便的地块。忌连作，一般实行3～5年及以上的轮作倒茬，以免引起土传病害的发生。甜瓜在播种前应深翻土地，耕深25～30cm，基肥以有机肥为主，每亩施用腐熟厩肥3000～4000kg，三元复合肥40～50kg。基肥在耕翻土地前撒施于定植行，然后翻入土中。土地耕匀、耙平后作畦，畦面宽2.5～3.5m，畦间沟宽0.5～0.6m。

（2）直播或移栽　土壤疏松，墒情好，播种期间天气晴好，降水少，光热条件充足的地区可采取大田直播的方式。各地气候条件不一，播种期也不一致。10cm土壤温度稳定在15℃以上，出苗后无霜冻，为大田直播的安全播种期。在播种畦上按株距40～50cm开播种穴，穴深3～4cm，播种子2或3粒，覆土1～2cm，风大干旱地区可覆土4cm左右。播种后覆盖地膜，瓜芽顶土时撤除，防止烤苗。幼苗2或3片真叶时定苗，选留健壮、无病虫的幼苗。育苗移栽的则在终霜期后进行，以3或4片真叶、苗龄30～35d大苗为宜。种植密度与品种类型和栽培方式有关，中果型薄皮甜瓜行株距（1～1.3）m×（0.5～0.7）m，一般每亩栽750～1300株，小果型甜瓜行株距1m×（0.2～0.3）m，一般每亩栽2200～3300株；厚皮甜瓜一般每亩栽植500～1200株。

（3）整枝与压蔓　甜瓜主蔓长至30～50cm时开始整枝。生产上常用单蔓、双蔓和多蔓整枝。一般厚皮甜瓜多采用单蔓或双蔓整枝。单蔓整枝主蔓在20～22片叶处摘心，抹去基部第1～4片叶子的侧芽，主蔓第5节以后的无雌花子蔓或有雌花但不留瓜的，可留1片叶摘心，有雌花的子蔓要留2片叶摘心。双蔓整枝是瓜苗长至4或5片真叶时主蔓摘心，并抹去基部第1或2片叶子的侧芽，留3或4节上的2条子蔓，其余均抹去，孙蔓长出后，无雌花的抹去，有雌花的留2片真叶摘心。双蔓整枝是目前各地爬地栽培厚、薄皮甜瓜上应用最广泛的整枝方法。多蔓整枝只在部分薄皮甜瓜与有些厚皮甜瓜上应用。把瓜蔓按一定方向理顺，并用土块压住瓜蔓，使之固定。坐果前严格整枝，主蔓上新生的侧蔓、侧蔓上新生的孙蔓及时摘除。坐果后不再整枝。

（4）授粉与疏果　进入花期，可在田间放置蜂箱，利用蜜蜂授粉。当遇到阴雨低温天气，昆虫活动少时，则需进行人工辅助授粉。即以当日开放的雄花的花药轻轻涂抹雌花的柱头，让花粉均匀地散落在柱头上即可。幼果长至鸡蛋大小时进行疏果。单蔓整枝留瓜节位最好在第6或7节子蔓上。双蔓整枝留瓜节位在第3～5节的孙蔓上。选留颜色鲜艳、果形匀称、果柄长且粗壮的幼瓜，疏除其余的幼果。同一田块选留坐果节位相近的幼果。薄皮甜瓜均为一株多果，一般每株选留4个以上，多者可达10余个；厚皮甜瓜单株留瓜少，不少中晚熟甜瓜只留单瓜。

（5）水肥管理　灌水次数、灌水量随土质、瓜沟大小和地下水位的高低而不同。苗期为保持土壤一定温度，适当控水蹲苗，以利幼苗扎根，苗期一般灌1或2次水，田间持水量以65%为宜；在始花期灌1次；开花坐果期一般灌2或3次，田间持水量以80%为宜；果实膨大期需水较多，一般隔7～10d灌水1次，持水量以85%为宜。气温高时，为减轻霜霉病的发生应避免中午浇水，并且要少浇，浇水深度以沟深1/3～1/2为宜；果实成熟期浇1或2次水，灌水深度应不超过沟深的1/2，田间持水量以55%为佳，果实采收前10d停止灌水。在基肥充足的情况下，甜瓜坐果前一般不予追肥。当果实进入生长盛期后，结合浇水追施膨瓜肥，每亩施三元复合肥15～20kg，尿素10kg。为防止早衰，生长中后期可叶面喷施0.2%的磷酸二氢钾，每7～10d喷1次。

（6）采收 根据授粉日期标记、品种熟性及成熟果实的固有色泽、花纹、香味等特征，确定果实的成熟度。一般早熟薄皮品种自开花到果实成熟需25d左右，晚熟品种需35d左右；早熟厚皮品种自开花到果实成熟需35d左右，中熟品种则需45d左右，晚熟品种需55d左右。就地销售的果实宜九成熟、清晨露水干后采摘；外埠销售的果实宜八至九成熟、傍晚采摘。厚皮甜瓜宜保留“T”形果柄。

2. 甜瓜设施栽培 甜瓜设施栽培南方地区以管棚爬地栽培为主，北方地区日光温室立架栽培和管棚爬地栽培模式均有，设施栽培以春提早、秋延后及避雨栽培为主要目的，本部分重点讲述长江中下游地区较为常见的管棚多层覆盖厚皮甜瓜爬地栽培技术。

（1）生产目标和主要技术指标 每亩产1400～1600kg，含糖量在14%以上，商品率在80%以上，上市时间为4月底至6月。

株行距：40～45cm，畦宽2.5～3.0m，6m宽棚2畦，8m宽棚3畦，1株2蔓，株数为550～600株/亩；单株坐果4～6个，1蔓2或3瓜；平均单瓜重0.8～1.5kg。

（2）定植前田块准备 栽培田块翻地深度在30cm以上，移栽前全量施足基肥，增施磷钾肥，以肥效长、释放慢的农家肥为宜，一般每亩施腐熟农家肥1500～2000kg或饼肥10kg，过磷酸钙5kg及三元复合肥5kg。

6m标准棚一般作2畦，每畦宽连沟3m，8m标准棚一般作3畦。畦高0.2～0.25m。棚内铺设地膜，搭好小拱棚和中拱棚。

（3）育苗 种苗可自育或订购种苗工厂商品化基质苗。自育基质苗一般采用电热温床营养钵营养土育苗。

营养土用未种过瓜类的水稻田土配制，做好消毒和后期种苗防病工作，自育基质苗一般达3叶1心标准后定植，如低温阴雨天气影响定植，可提前摘心促发侧枝，天气适宜后再行定植。一般壮苗标准为：苗高低于10cm，下胚轴粗矮，子叶节位离地面不超过3cm，子叶完整，真叶叶片厚，深绿色，无病斑虫害，营养土块完整，根系发育好，无损伤。

（4）定植 长江中下游地区一般1月中旬播种，苗龄30d左右，2月上中旬棚内地温稳定在15℃以上后定植，定植后浇好定植水，封棚，升温。

（5）田间管理

1）棚温管理。定植到缓苗，夜温保持在18℃以上，日温最高30℃；缓苗后夜温15℃以上，日间气温超过30℃时适当揭膜通风降温。

2）整枝。定植后3～4d，4叶1心时进行主蔓摘心，10～12d子蔓15cm左右时定蔓，保留2条分开的健壮子蔓，一般留第2、3节子蔓。结果孙蔓一般留2叶摘心，子蔓在24或25节摘心，第24和25节孙蔓放任生长。整枝必须及时，宜在晴天上午进行。

3）花果管理。适宜坐果节位一般在8～12节，授粉采用蜜蜂授粉或人工辅助授粉，每条子蔓坐果2个，幼瓜长到一定大小后及时进行疏瓜，每子蔓留瓜2或3个。后期注意垫瓜、翻瓜等管理。

4）水肥管理。一般于定植期、缓苗期、伸蔓期各灌水1次，果实膨大期灌水2或3次，采收前5～7d停止灌溉。基肥充足，坐果前一般不需要追肥，在果实膨大期随灌水追施低氮高钾水溶肥一次。生长后期结合病虫害防治可喷施叶面肥，防止植株早衰，提高果实品质。

（6）采收 果实的成熟通常可根据果实发育期、果柄卷须形态及坐果节叶片形态等判断。采收时瓜柄剪成“T”形，防止病菌从果柄伤口处侵入造成果实腐烂。

3. 网纹甜瓜无土栽培 甜瓜的无土栽培目前基质培较为常见，气雾培也有生产应用，因甜瓜对根际溶存氧含量要求高，纯水培甜瓜目前应用较少。本部分重点讲述网纹甜瓜基质栽培。

（1）基质栽培形式 目前以袋培、桶培、槽培等较为常见，有机生态型基质栽培因基质配制、水肥管理等简便易行，面积较大。一些简化基质栽培形式在生产中也有应用。

（2）基质选择和配制 只要合理调节基质的理化性状和肥水管理措施，多种基质均可使用，如珍珠岩：泥炭：蛭石（体积比）＝1：1：1配方或专用商品化配方等。多种农产品废弃物也可充分发酵后用于基质配制。基质配制材料选用时需充分考虑其种植安全性和产品食用安全性，禁止重金属超标材料及氯离子含量过高材料。

（3）种苗选用和定植 选用商品基质苗或自育基质苗，一般2叶1心时即可定植，定植时种苗根坨上方一般覆盖厚度1cm以上，防止因育苗基质与栽培基质理化性状差异造成根坨失水过快。

（4）田间管理

1）吊绳和整枝。幼苗定植，主蔓生长到一定长度后，开始吊绳并陆续缠绕，保证主蔓直立生长。留瓜节位以下子蔓全部摘除，在适合留瓜位置保留3条子蔓，留1叶摘心，选留1果，留果过多，严重影响网纹甜瓜果实网纹质量，留果节位以上子蔓全部摘除，22节左右主蔓摘心，最上方子蔓保留（图15-4）。

2）果实管理。与光皮甜瓜相比，网纹甜瓜在果实外观管理上具更高要求，为保证网纹美观，生产中可采用果实套袋或遮盖处理。

扩展15-2

3）温度和水肥管理。网纹甜瓜气温和水分供应管理参照图15-5和图15-6执行，营养液一般采用水溶肥配制，滴灌模式，根据不同生育期合理调整营养液EC值。

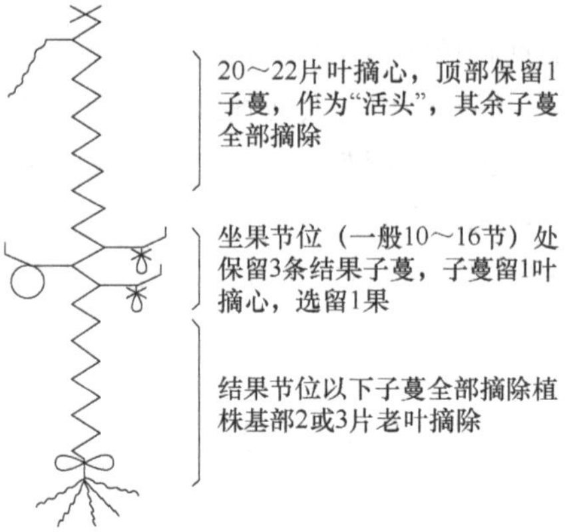

图15-4 网纹甜瓜整枝示意图

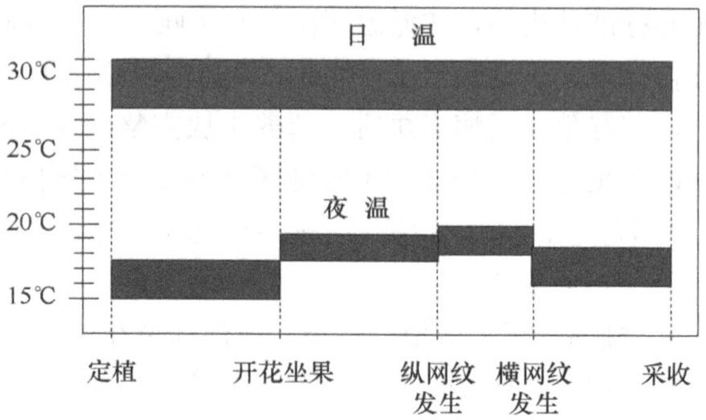

图15-5 网纹甜瓜温度管理示意图（牛庆良，2005）

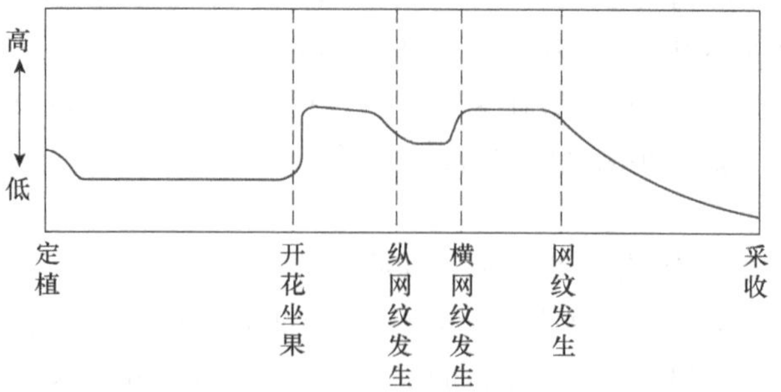

图15-6 网纹甜瓜水分管理示意图（牛庆良，2005）

（5）采收包装　网纹甜瓜须严格按照“T”形果柄要求采收，采收后衬垫缓冲材料纸箱或其他形式包装。

第五节　南　　瓜

南瓜属于葫芦科（Cucurbitaceae）南瓜属（*Cucurbita*）的一年生草本植物栽培种群，起源于美洲大陆，种质资源极为丰富，用途多种多样，可作为菜用、籽用、饲用、观赏植物及其他瓜类的嫁接砧木，因此在世界各地广泛种植。其中栽培价值较高的栽培种有 5 个，即中国南瓜（别名南瓜、倭瓜）、印度南瓜（别名笋瓜、金瓜）、美洲南瓜（别名西葫芦、角瓜和北瓜）、灰籽南瓜（别名墨西哥南瓜）和黑籽南瓜。

南瓜是世界性的园艺作物，在亚洲、美洲、非洲、欧洲和大洋洲都有种植，亚洲是世界南瓜的主要产区，其产量约占世界总产量的 53.05%，美洲、非洲和欧洲的南瓜产量相当，各占世界总产量的 12.20%～20.86%，大洋洲南瓜产量最少，约占世界总产量的 1.04%（FAO，2019）。

我国从元明时期开始引入南瓜种植，南瓜在引入我国后被普遍栽种。2019 年我国南瓜种植面积约 45.31 万 hm^2，总产量约 842.77 万 t。我国南瓜栽培面积和总产量均居世界第一。

现代研究表明，南瓜全身都是宝，果肉营养成分丰富且全面，以碳水化合物为主，含丰富的粗纤维、维生素、β-胡萝卜素等，并含有多糖、果胶、多种微量元素等成分。南瓜种子中脂肪和蛋白质含量丰富，还有铁、钙、镁、锌等多种矿物质元素。

一、生物学特性

1. 植物学性状

（1）根　南瓜的根系为直根系，由主根、多级侧根和不定根组成。南瓜的根系在瓜类中是最强大的，入土范围广而较深，垂直主根入土可深达 2m，主根可分生出许多一级、二级和三级侧根，形成强大的根群，主要分布在耕作层 10～30cm 处。此外，在土壤水分充足的情况下，南瓜茎蔓接触地面的茎节处能形成不定根，其作用除固定茎蔓外，还能吸收土壤中的水分和养料。南瓜根系强大，吸收水、肥能力强，具有较强的抗旱能力且耐瘠薄土壤，故常被用作黄瓜、西瓜、甜瓜等的砧木。

（2）茎　南瓜属作物的栽培种茎蔓在质地、形状等方面明显不同，该性状也是南瓜种间分类的重要特征之一。中国南瓜茎为五棱形、有沟，中空，表面有粗刚毛或软毛；印度南瓜茎为圆筒形，无棱，横断面圆形，表面有软毛；美洲南瓜茎深绿色或淡绿色，五棱形、多刺，中空。这 3 个栽培类型南瓜的主蔓长短因种类和品种不同而异，分为蔓生、半蔓生和矮生等类型，分枝能力都比较强，生长迅速，每个茎节处均有腋芽，可形成侧蔓。茎节处生卷须和花芽，条件适宜时可发生不定根。

（3）叶　南瓜叶片肥大，单叶互生，叶柄细长而中空，叶片呈掌状或呈心脏形，或呈圆形，叶片缺刻浅或全缘。叶面有柔毛，粗糙。叶腋处着生雌、雄花，侧枝及卷须。南瓜的叶片形状、叶面茸毛及斑纹是种间特征。

（4）花　南瓜花为单性花，雌雄同株异花，虫媒花。花朵较大，花冠黄色。雌花子房下位，柱头 3 裂，雄花花药柱状，开裂后其上布满花粉。雌花少而雄花多，虫媒花，早上开放。

（5）果实　南瓜的雌花受精后，由花托和子房发育成果实，以中果皮和内果皮为主要食用部分。果实的形状、大小、皮色因品种而异，有扁圆形、圆形、椭圆形、梨形、长弯圆筒形、棒

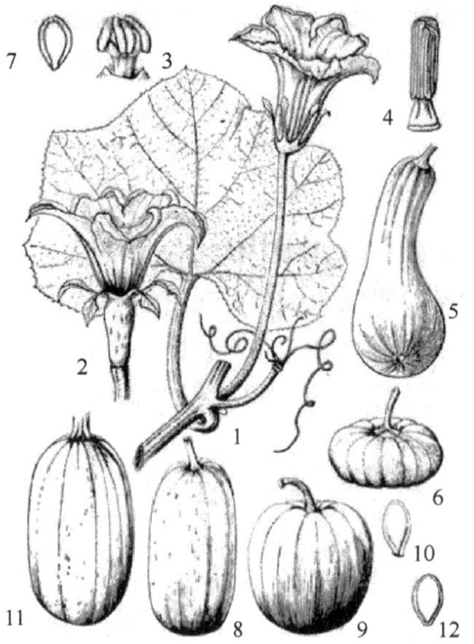

图 15-7　南瓜植物形态结构

（中国科学院中国植物志编辑委员会，1986）

1～7 为中国南瓜。1．雄花枝；2．雌花；3．花柱和柱头；4．雄蕊；5，6．不同形状的果实；7．种子。8～10 为印度南瓜。8，9．不同形状的果实；10．种子。11，12 为美洲南瓜。11．果实；12．种子

槌形等果形。果实多为 3 心室，少数 4 或 5 心室，果皮光滑或具棱、瘤棱，或有纵沟。果柄长短及基座形状是区别南瓜中间分类依据之一。

（6）种子　南瓜属作物的种子着生于内果皮上，种子成熟后，籽粒饱满，籽皮硬化。成熟的南瓜种子扁平，乳白、灰白、淡黄色、黄褐或黑色等。南瓜种子形状、颜色及周缘部的有无、脐部上形成的环柄痕的形状等都是鉴别不同南瓜种间的重要依据。种子大小与种类、类型和品种等有关，千粒重为 100～500g，干燥条件下南瓜种子寿命一般为 5～6 年（图 15-7）。

2. 生长发育周期　南瓜从种子萌动至果实生理成熟可分为发芽期、幼苗期、抽蔓期和开花结果期。各生育阶段持续时间的长短因种类、类型、品种及栽培条件而异。

（1）发芽期　从种子萌动至子叶展平、第 1 片真叶显露，一般直播需 7～10d。此期所需的营养绝大部分为种子自身贮藏的。

（2）幼苗期　从第 1 片真叶露出至 5 或 6 片真叶展平。这一时期植株直立生长，一般需 25～30d。幼苗期是生长和发育的基础，这个时期真叶陆续展开，节间开始伸长，主侧根生长迅速，分生出 1 级、2 级及 3 级侧根。

幼苗期正是花芽分化的时期，花芽分化的早晚受遗传基因的制约，因品种而异，也受到生长环境的影响。幼苗的长势对花芽分化有较大影响，幼苗生长良好，叶面积较大，光合作用强，可促进花芽分化和雌花发育，奠定丰产基础；相反，幼苗生长不良甚至徒长，影响花芽分化和雌花发育。

（3）抽蔓期　从第 5 或 6 片真叶展平至第一雌花开放，一般需 10～20d。此期茎叶生长快速，为营养生长旺盛的时期。爬蔓品种从直立生长变为匍匐生长，节上抽出卷须，雄花陆续开放，发生较多的分枝。此时，花芽开始迅速分化，这个时期需根据品种特性调整营养生长与生殖生长的关系，同时注意压蔓、清理侧枝，促进不定根的发育，以适应茎叶旺盛生长和结瓜的需求，为开花结果打下良好的营养基础。

（4）开花结果期　从第 1 雌花开放至果实成熟。这个时期茎蔓和叶片的生长与开花结果同时进行，到种瓜生理成熟一般需 40～50d。早熟品种在主蔓第 5～10 节现第 1 雌花，晚熟品种在主蔓第 24～30 节出现第 1 雌花。在第 1 雌花出现后，每隔数节或连续几节都能出现雌花。一般情况下，第 1 雌花结成的瓜小，种子少。在果实发育过程中，种子也同时形成，并逐渐成熟。

3. 对环境条件的要求

（1）温度　南瓜属于喜温作物，但对于温度的适应因种类和品种不同而有差异。中国南瓜可耐较高的温度，对低温的耐受力不如印度南瓜和美洲南瓜，生长最适温度一般为 18～32℃；印度南瓜耐热、耐寒力介于中国南瓜和美洲南瓜之间，生长最适温度为 15～29℃；美洲南瓜耐低温能力较强，适应温度为 12～28℃。三种南瓜在 35℃以上花器官发育异常，40℃以上停止生长。

南瓜不同生长期对温度要求也有所不同。发芽期适宜温度为 25～30℃，高于 40℃或低于 10℃

均不能发芽。营养生长期白天温度保持在 20～25℃、夜间 13～15℃，有利于促进光合作用和花芽分化；开花结果期适温为白天 25～27℃、夜间 13～15℃，低于 15℃或高于 35℃，可导致花芽发育异常或花粉败育，尤其是对美洲南瓜和印度南瓜，高温、干旱可导致病毒病、白粉病等发生。因此，针对不同品种及其所处的生长阶段严格调控温度，为南瓜的生长发育及高产优质提供良好的环境基础。

（2）光照　中国南瓜属于短日作物，雌花出现的迟早，与幼苗期温度的高低和日照长短有很大关系。低温、短日照条件下促进雌花分化，长日照有利于雄花发育。中国南瓜对光照强度要求严格，营养生长和生殖生长期都需要充足的光照。在充足光照下植株生长健壮，光合产物多，果实生长发育快且品质好。反之，在弱光条件下，植株生长不良，易于徒长，落花、落果严重。

美洲南瓜开花结果对日照长短的适应性较其他南瓜强，可实现周年生产。印度南瓜对光照的需求介于中国南瓜和美洲南瓜之间。

（3）水分　南瓜属作物具有发达的根系，有较强的吸水和抗旱能力，但由于南瓜根系主要分布在耕作层内，蓄积水是有限的，同时南瓜茎叶繁茂，生长迅速，蒸腾作用强，整个生育期需水量大，苗期和结果期在干旱情况下应该适时灌水，利于营养生长和果实发育。

（4）土壤与矿质营养　南瓜根系发达，吸收土壤中肥料能力强，对土壤要求不严格，即使种植在贫瘠的土壤上，也能生长，但仍以排水良好、疏松、肥沃的砂壤土或壤土栽培最为适宜。南瓜适宜的土壤 pH 为 5.5～6.8，在土壤肥沃度高的情况下，加强管理，防止徒长，才能获得高产。

南瓜是吸肥量最多的蔬菜作物之一。南瓜所需的三大主要矿物质元素为氮、磷、钾，三要素比例为 3∶2∶6，以钾为最多，氮次之。每生产 1000kg 南瓜需氮 3～5kg、磷 1.3～2kg、钾 5～7kg、钙 2～3kg、镁 0.7～1.3kg。在南瓜生长前期吸收氮较多，利于营养生长；后期应降低施氮量，利于结果；氮过多易贪青徒长，导致落花落果。前期吸收磷、钾较少，后期吸收磷、钾较多，开花结果期适当多施一些磷、钾肥，利于结果与果实膨大，提高产量。

二、品种类型与栽培季节

南瓜属作物的种类繁多，果实形状（图 15-8）、大小、品质各异，生物多样性突出。南瓜属作物的 5 个主要栽培种内又各自包括许多的类型和品种，对 5 个栽培种的品种类型与代表性品种介绍如下。

1. 中国南瓜（*Cucurbita moschata* Duch.）　中国南瓜起源于北美洲和南美洲地区，主要分布在墨西哥南部、危地马拉和巴拿马，以及南美洲的哥伦比亚及委内瑞拉。16 世纪传入欧洲，以后传入亚洲。主要分布于中国、印度、日本等亚洲国家和地区。中国南瓜有早、中、晚熟，长蔓、短蔓，不同形状和皮色，食用嫩瓜、老瓜和食用种子等众多类型，按照果实形状可分为 3 个品种群类型。

（1）扁圆瓜品种群（cheese group）　果实纵径/果实横径小于 1，扁圆形。老熟果大多果皮黄褐色，嫩果青绿色，果面平滑或粗糙，有或无条带、斑块及蜡粉。国内农家品种有‘大磨盘’（南京）、‘糖饼’（杭州）、‘癞子南’（成都）、‘磙子南瓜’（河南）、‘早番瓜’（贵州）、‘十八棱北瓜’（河北）等。

（2）棒形瓜品种群（stick group 或 crookneck group）　果实纵径/果实横径大于 2，长棒或弯长筒形。老熟果果皮熟后橙黄或红褐色。果实长，颈脖（果柄）部实心，常弯曲；果蒂部膨大，包含种腔。国内农家品种有‘黄狼南瓜’（上海）、‘十姊妹南瓜’（杭州）、‘叶儿三南瓜’（安徽）、‘牛腿南瓜’（山东和广西桂林）、‘骆驼脖南瓜’（河北），国内的主栽品种‘蜜本’等。

彩图

图 15-8 部分中国南瓜（A）、美洲南瓜（B）和印度南瓜（C）果实的不同形态
（Montero-Pau et al.，2016）

（3）铃铛形南瓜群（bell group） 果实纵径/果实横径大于 1 小于 2，介于上述 2 个品种群之间，铃铛形或番木瓜形。老熟果果皮黄褐色、光滑或有条带、斑块。目前，美国栽培最多的‘Butternut’均属本品种群。

2. 美洲南瓜（*C. pepo* L.） 美洲南瓜起源于墨西哥和中南美洲地区，现在世界各地均有分布，其中美洲、欧洲和亚洲栽培最为普遍，美洲南瓜是南瓜属植物中多样性最丰富的栽培种。中国栽培的美洲南瓜有早、中、晚熟，长蔓、半蔓、矮蔓，不同形状和皮色，食用嫩瓜、老瓜和食用种子，食用和观赏用等众多类型，代表品种有‘花叶西葫芦’‘扇贝西葫芦’‘一窝猴’‘早青一代’‘京葫 36’‘冬玉’‘株瓜’‘搅瓜’等。

（1）塑料大棚春提早栽培适宜品种 早春栽培品种多采用矮生品种，对生长空间要求不高，成为早春栽培的主要类型品种。一般选用生长势强、低温弱光环境条件下连续坐瓜能力强、果实光泽度好、瓜条粗细均匀、斑点细腻、瓜色翠绿、抗病、优质的高产品种，如‘京葫 36’‘绿冠’‘冬绿’‘春绿’等品种。

（2）日光温室越冬栽培适宜品种 因日光温室冬季温度低、光照弱、湿度大，注意选择耐寒、耐高湿、耐弱光品种，如‘京葫 36’‘早青’‘冬玉’‘法拉利’等。

3. 印度南瓜（*C. maxima* Duch.） 印度南瓜起源于南美洲的秘鲁、智利、玻利维亚和阿根廷等地，现分布在世界各地。印度南瓜种有早、中、晚熟，长蔓、半蔓、短蔓，不同形状和皮色，食用嫩瓜、老瓜和食用种子，食用和观赏等众多类型。主要品种有‘印度大南瓜’‘白皮笋瓜’‘黄皮笋瓜’‘京绿栗’‘谢花面’‘东升’‘贝贝’等。

4. 黑籽南瓜（*C. ficifolia* Bouché） 黑籽南瓜起源于中美洲高原地区，现多分布于墨西哥中部、中美洲至南美洲等地，中国则多分布于云南、贵州一带。黑籽南瓜种子为黑色，属于多年生蔓生草本植物，只能生长在海拔 1000m 以上的高原区，要求日照严格，日照在 13h 以上的地区或季节不能形成花芽或能形成花蕾但不能开花坐瓜。黑籽南瓜根系发达，抗病、抗寒、抗旱，常被用作黄瓜、西瓜、甜瓜和苦瓜的砧木。

5. 灰籽南瓜（*C. mixta* Pang） 即墨西哥南瓜，原产于墨西哥至美国南部，主要分布于墨西哥、日本等地，为一年生蔓生草本植物，是葫芦科南瓜属中叶片具较少白斑而果柄圆形的栽培种。其生长势和抗性都较强，主要食用成熟果实的种子，果肉大多作为饲料。该类型品种在中国种植极少，近几年刚刚开始零星引进。

栽培方式及茬口安排：随着蔬菜生产设施的改进和栽培技术的提高，南瓜已经实现周年栽培。中国南瓜嫩果、老熟果均可食，一般是以采收老熟果为主的露地栽培，直播或育苗移栽。栽培方式有爬地和搭架两种形式，在广东等地区春季栽培为了抢早，也会采用薄膜小拱棚、中棚和温室等形式栽培。印度南瓜大部分为露地栽培，但在寿光等地‘贝贝’类型南瓜和普通品种栽培也有一定规模的设施栽培，主要以春提前和秋延后为主，籽用印度南瓜都是露地栽培生产。美洲南瓜以设施栽培为主，高山高原区有少量夏淡季露地生产，东北地区籽用美洲南瓜都是露地栽培生产。在美洲南瓜设施栽培中，以塑料小棚、中棚、大棚、日光温室等设施为主，栽培季节以早春和秋冬季节为主。不同地区因气候条件差异较大，各种栽培方式下南瓜栽培季节安排也有较大差异。尽管南瓜根系抗病力较强，但生产安排也应注意与其他非瓜类蔬菜实行 1～2 年的轮作，避免与瓜类蔬菜连作，以减轻病害。

三、栽培技术

1. 中国南瓜和印度南瓜露地栽培

（1）整地施肥 一般露地栽培选择排灌条件良好的砂壤土和壤土最为适宜。土壤的酸碱度，以中性为好。一般每公顷施有机肥 75 000kg 以上，三元复合肥 600～800kg 作底肥，将土壤及时翻耕、作畦（垄）。

（2）播种或育苗定植 中国南瓜和印度南瓜的生长和果实发育需较高的温度，同时要求充足的日照，因此一般在春夏露地栽培，直播或育苗均可。露地栽培的适宜季节当地 10cm 地温稳定在 12℃以上播种，确保幼苗在断霜后出土。育苗多以阳畦、小拱棚覆盖或温室育苗为主，移栽时日历苗龄 35～40d，3 或 4 片真叶展开，10cm 地温稳定在 12℃以上时定植于生产田。露地种植多以爬地栽培为主，爬地栽培时，中国南瓜采取高畦栽培，畦宽 4～5m，双行对爬种植；搭架栽培时，畦宽约 2m，双行种植，株距 60～70cm。印度南瓜爬地栽培时，双行种植，株行距 40～50cm，畦宽 2～3m；棚架栽培时，株行距 50～60cm，畦宽 130～150cm。果型较小的品种或单蔓整枝时可适当密植。

（3）田间管理

1）水肥管理。

A．灌水。南瓜虽然根系强大，吸水能力强，但由于叶面积大、蒸腾作用强，种植南瓜一般都在偏干旱的地区，在南瓜生长期还应适当灌水。育苗移栽种植要灌水 2 次，即定植水和缓苗水。直播和地膜覆盖，一般要根据天气和土壤湿度情况，进行灌水。

B．适时追肥。伸蔓期和果实膨大期，是施肥的关键期。伸蔓期应追一些含氮量高的尿素或硫酸铵，用量为 150kg/hm^2 左右，不易太多，目的是加速营养生长，为结果打基础，但不能促成贪青徒长。果实膨大期（瓜长到苹果大小时）应追施含磷、钾高的复合肥，促进果实膨大与籽粒形成，一般追施三元复合肥 150～250kg/hm^2。

2）植株管理。

A．整枝。整枝方式采有单蔓整枝、双蔓整枝和多蔓整枝等方法。单蔓整枝即每株只留 1 个主蔓，侧蔓全部去掉。双蔓整枝于植株长到 5 或 6 片真叶摘除主蔓生长点，然后选留基部两条生长势强的侧枝，继续生长、开花、结果，其他多余侧枝全部摘除，单株结果数 2 或 3 个。多蔓整枝于植株长到 7 或 8 片叶摘除主蔓生长点，留 4 或 5 根侧枝，单株结果数 4 或 5 个，保留的茎蔓均需将其引向畦（垄）对面生长。整枝方式取决于种植品种果型的大小，小果型宜采用多蔓整枝，大果型一般单蔓整枝。棚架栽培时，当茎蔓延长至架材时应及时引蔓上架。

B．压蔓和人工辅助授粉。压蔓具有固定蔓叶的作用，同时可促使不定根生成，辅助主根吸收养分和水分，满足植株开花结果的需要，又可抑制徒长，防止风害和翻秧。爬地栽培压蔓前要先行理蔓，使瓜蔓均匀地分布于地面。当主蔓长 40～50cm 时开始压蔓，以后每 5～7 节压蔓 1 次。雌花开放后，需及时人工辅助授粉，授粉效果以早晨雌花刚刚开放时最佳。

（4）采收　中国南瓜如采收嫩果，可在花谢后的 10～15d 采收，采收老果一般在授粉后 40d 以上才采收。越是充分成熟的老瓜，含干物质越多，越利于贮藏且品质风味好。印度南瓜老熟果和嫩果均有食用，根据需要随时采收。南瓜果实耐贮藏，充分成熟的果实常温下贮藏可达半年以上。

2. 美洲南瓜设施栽培　利用保护设施栽培，美洲南瓜已经实现周年生产，周年供应。保护地生产中有冬春茬、早春茬和秋季延后生产。早春生产美洲南瓜生产方式多样，根据实际情况可采用小拱棚覆盖或半覆盖栽培、大棚及大棚内采用地膜套小拱棚等多层保温措施、日光温室栽培等方式进行，现主要介绍美洲南瓜塑料大棚春提早和日光温室早越冬栽培技术。

（1）塑料大棚春提早栽培

1）播种育苗。美洲南瓜早春栽培的育苗季节正值寒冷季节，因此苗床保温、采光要好。南方通常采用大（中）棚套小拱棚双层覆盖农膜，床底铺设电热线以提高床温，避免低温危害；北方则利用节能日光温室设置苗床或营养钵育苗。随着播种期的推迟，对苗床保温设施要求较低，如在 3 月中下旬播种，只需要用冷床保温育苗即可。

A．营养土的配制。选用 2～3 年未种过瓜类的肥沃田土和优质有机肥按 3∶2 混合均匀过筛后装入育苗钵中，育苗钵的规格以上口径 10cm 以上为宜。

B.浸种催芽。先将种子在晴天晾晒 2～3d，温汤浸种：将干种子用 50～55℃温水浸泡约 10min，期间不断搅拌，以消灭种子携带的病菌，再用清水浸种 8～12h，种子经过上述方法处理后，搓洗几遍，除去种子表面的黏液，去水甩干，用纱布包好，置于恒温箱或其他适宜的温度和湿度条件下进行催芽。南瓜种子催芽的适宜温度是 25～30℃，在此温度下保持一定的湿度，1～2d 即可发芽。催芽期间应经常翻动，以利透气，如种子干燥，应用温水清洗。待芽长 0.2～0.5cm 时即可播种。

C．播种。播种时期因定植期而定，一般应在定植前 30～35d 播种。播种前给苗床内事先摆放好的育苗穴盘、营养钵浇水，水要浇透，水渗下去后，即可播种。每个营养钵内点播一粒种子，播种时种子平放，播后覆盖 2cm 左右的培养土，之后覆盖地膜以保持苗床湿度。当 70%～80% 的幼苗开始拱土时及时去掉地膜，以免烧苗。

2）苗期管理。播种后保持高温促进出苗，一般白天温度为 25～30℃，夜间不低于 10℃；待大部分幼苗出土后，床内温度保持 20～23℃，不超过 25℃，应保持通风状态，防止棚内湿度过大。定植前 7～10d 逐渐降低温度，白天 15～20℃，夜间保持 10～12℃，使幼苗适应定植到大棚内的环境，提高成活率，同时有利于促进雌花分化。

3）定植。塑料大棚早春茬栽培应在棚内最低气温稳定在 11℃以上，地温稳定在 13℃以上时定植。各地气候条件不同，适宜的定植期也不同，应根据具体情况而定，定植应选在晴天中午进行。采取穴浇或定植沟内浇水的方法浇水。定植后浇足定植水。覆盖地膜提高地温，保持水分。春早熟栽培适宜定植密度一般为 33 000～38 000 株/hm^2，株行距（45～50）cm×（50～60）cm。

4）田间管理。

A．温度管理。美洲南瓜定植后正值早春低温季节，定植初期应注意增温保温，定植至缓苗前，棚内温度低于 30℃不宜通风，以提高棚内温度，促进发根以利缓苗。缓苗后，由于生长前期外界温度仍然较低，通风量不宜过大，适当提高棚内白天温度，有利于防止夜间低温。进入结果期后，应及时通风换气，避免高温高湿，白天温度控制在 25～28℃，夜间 12～15℃，促进植株生长。

B．肥水管理。缓苗后 7～10d，浇 1 次缓苗水，此后转入蹲苗期，管理重点为促根、控秧、防疯长。当 80%左右的果实长至 8～10cm 时，结合浇水进行追肥，随水施尿素或硫酸铵 200kg/hm^2 左右。始瓜期浇水不宜过勤，10～15d 浇水 1 次，进入结瓜盛期后，外界温度开始升高，植株生长加快，7d 左右浇水 1 次，每 15d 追施三元复合肥 250～300kg/hm^2 1 次。

C．防止化瓜。早春季节气温低时，美洲南瓜因没有昆虫传粉，必须进行人工辅助授粉。一般在上午 9:00 前摘取当日开放的雄花，去掉花冠，在雌花柱头上轻轻涂抹，也可用毛笔蘸取 20～30mg/kg 的 2,4-D 溶液或 30～40mg/kg 番茄灵等生长调节剂均匀涂抹幼瓜两侧。注意涂抹均匀，并防止使用浓度过大，否则易造成畸形瓜。

5）采收。美洲南瓜以食用嫩瓜为主，开花后 10～12d，当根瓜质量达到 250g 时即可采收，采收过晚会影响第 2 茬瓜的生长，有时还会造成化瓜。采摘时注意不要损伤主蔓，将瓜柄尽量留在主蔓上。

（2）日光温室越冬栽培

1）适期播种，培育壮苗。在 9 月下旬至 11 月上旬均可播种，播种时间取决于温室的保温性和上市时间，播种过早，前期温度高、光照强，苗期易于感染病毒病；播种过晚，低温弱光环境植株生长缓慢，难以在元旦前进入采收期，影响效益。适宜日历苗龄 30d 左右，壮苗标准是 3 或 4 片叶，株高 8cm 以下，叶色深绿，根系发达。

2）适期定植、合理密植。定植时间应根据不同地区温室的温度条件及市场需求确定。一般在 11 月上旬定植，把采收高峰期安排在春节前后。按垄面宽 100～120cm、沟宽 50cm 人工起垄，起垄高度为 20cm，设好微滴灌带，调试至出水一致，使用白色透明膜，整畦覆盖。双行定植，适宜定植密度为株行距为（50～60）cm×（100～120）cm。

3）定植后管理。

A．温度管理。定植至缓苗前，提高温度，棚温白天保持 25～30℃，夜间 15～18℃。缓苗期间一般不需要通风，晴天中午气温超过 30℃，少量通风。缓苗后要降低棚温锻炼秧苗，防止徒长，白天 22～28℃，夜间 10～12℃，以促进根系发育，控制地上部徒长。植株坐果后，为促进果实生长，白天温度应提高到 25～29℃，夜间 15～20℃。在严寒的冬季，白天尽量保持在 22～25℃，夜间 10～12℃。严冬过后，随着外温的提高和光照强度增加，日照时数延长，可提高温度，白天保持在 25～28℃，夜间 15～18℃。当外界气温在 12℃以上时，应昼夜通风，以增大昼夜温差。

B．肥水管理。美洲南瓜耐旱，苗期适当控水，以促进根系向下深扎，同时还可抑制地上部过旺生长。冬季室内温度偏低、通风量小的情况下，浇水次数不宜过多，每次浇水量不宜过大，宜采用膜下灌水，避免明水灌溉，防止或减轻因土表水分蒸发而引起的室内空气湿度过高。在春季生长旺盛时期，则应根据植株生长状况及时浇水。根瓜坐住后进入采收期可每 10d 左右追肥 1 次，冬季可适当延长追肥时间，追肥种类以三元复合肥为主，每次追肥量为 150～200kg/hm^2。

C．植株调整定植初期。当瓜秧长到约 30cm 高时及时用塑料绳吊蔓，以保持植株田间生长状态和通风受光良好，防止其倒伏。随着植株的生长，当植株长得接近棚顶时，进行落蔓，及时摘除基本老化叶片、病叶、病瓜及畸形瓜等，防止养分消耗和诱发病虫害，改善基部通风透光条件。

D．人工辅助授粉或用生长调节剂处理防止花瓜。具体方法参见春提早栽培技术。

E．适时采收。该茬美洲南瓜的商品性状要求瓜小而鲜嫩，瓜形均匀、端正。因此，采收要及时，前期果实重量达 250g 即可采收，既可防止坠秧，又可以提高销售价格。而春节后随着环境条件逐渐改善，可适当将果实采收重量提高到 300～500g。

第六节　丝　　瓜

丝瓜又名天罗、天络、天丝瓜、洗锅罗瓜、线瓜、布瓜、蛮瓜、虞刺，为葫芦科（Cucurbitaceae）丝瓜属（*Luffa* Mill.），为一年生攀缘性草本植物，起源于亚洲热带地区即东印度一带，已有 2000 多年的栽培历史，现主要分布于亚洲、大洋洲、非洲和美洲的热带和亚热带地区，体细胞染色体数 $2n=2x=26$，全世界共有 8 种。丝瓜在我国分布有 2 种，即普通丝瓜［*Luffa cylindrica*（Linn.）Roem.］和有棱丝瓜［*Luffa acutangula*（Linn.）Roxb.］。普通丝瓜 6 世纪初传入我国，16 世纪初由中国传入日本，17 世纪传入欧洲；有棱丝瓜 19 世纪传入我国。广西、广东及海南主要栽培有棱丝瓜，长江流域及其地区则以栽培普通丝瓜为主。

因丝瓜耐热、耐湿、适应性强，果实柔嫩多汁，味道鲜美，一直是我国长江流域及以南地区重要的夏季蔬菜之一。历史上丝瓜大多是露地栽培，但随着人们消费习惯的改变和对丝瓜食疗作用的深入了解，以及我国设施园艺产业的迅猛发展，逐步由露地栽培为主发展成为保护地和露地栽培并重发展；由长江流域及以南地区种植、消费为主发展到全国较大面积、较多地区种植、消费；由夏季生产供应为主发展到周年生产、周年均衡供应，在蔬菜生产和供应中发挥了越来越重要的作用。

丝瓜性凉、味甘，富含有甾醇三萜、皂苷类、黄酮体和酚类等几大类化合物和多种化学单体等药用成分，丝瓜叶、藤、根、老熟果实均可入药，具有清热化痰、凉血解毒等保健作用。丝瓜叶汁浓绿，可用于食品染色；丝瓜种子可榨油食用或供工业所需。丝瓜络为丝瓜老熟后，维管束纤维化，强韧且呈筋络状而得名，大型丝瓜络可加工成浴具及厨房洗涮用品，小型丝瓜络可作药用，也可作造纸等的原料。我国现已有专门的络用丝瓜生产基地，其产品远销国内外各地。

一、生物学特性

1．植物学性状

（1）根　　丝瓜根系发达，吸收能力强。其根系入土深 1m 以上，主要根群分布在 30cm 的耕作层内。抗逆性强，耐涝性强。

（2）茎、叶　　茎粗糙，有棱沟，被微柔毛。卷须稍粗壮，被短柔毛，有分歧。茎蔓生，分枝能力强，长势强的品种攀高能超过 10m。其茎节上可以产生不定根。丝瓜叶为单叶互生，掌状、圆形或心脏形，叶柄粗糙，近无毛；叶脉放射状，密被茸毛；叶色墨绿色、深绿色和绿色，以深绿和绿色为主（图 15-9）；丝瓜叶片为裂叶，以中裂叶和浅裂叶为主（图 15-10）。

彩图

图 15-9　普通丝瓜不同类型叶片颜色

A．墨绿色；B．深绿色；C．绿色

彩图

图 15-10　普通丝瓜叶片不同裂叶度

A．浅裂；B．中裂；C．深裂

（3）花　　雌、雄异花同株，极少数品种有两性花；普通丝瓜花冠为鲜黄色、黄色，少量为黄白色（图 15-11）；有棱丝瓜花冠荧黄色，直径较普通丝瓜小。雄花为总状花序，生于总状花序上部；雌花一般单生，少数品种雌花双生或多生；子房长圆柱状，有柔毛，柱头膨大、3 裂。雌、雄花的发生受外界条件（温度高低及日照长短等）影响较大。普通丝瓜雌、雄花早晨开花，有棱丝瓜傍晚开花；阴天或光照不足时，雌、雄花花冠均不能充分展开。

彩图

图 15-11　普通丝瓜花冠不同花色

左为鲜黄色；中为黄白色；右为黄色

（4）果实　为瓠果，以棒形和圆筒形品种居多（图 15-12）；瓜皮色为墨绿色、深绿色、绿色、嫩绿色（浅绿色）和黄白色等（图 15-13），大多数为绿色和深绿色。普通丝瓜瓜面光滑，或有条凸感和或有明显浅棱；少量普通丝瓜的瓜皮皱或很皱（图 15-14）。普通丝瓜瓜面白色茸毛少，少量品种茸毛多。丝瓜果肉未熟时为肉质，成熟后干燥，里面呈网状纤维，俗称丝瓜筋或丝瓜络。有棱丝瓜瓜皮光滑、茸毛少，瓜面有明显纵棱 7～11 条，纵棱初时柔嫩，老熟时变硬。

彩图

图 15-12　普通丝瓜果实不同类型

A．长棒形；B．中棒形；C．短棒形；D．长圆筒形；E．中圆筒形；F．短圆筒形

彩图

图 15-13　普通丝瓜不同果皮颜色

A．　墨绿色；B．深绿色；C．绿色；D．嫩绿色；E．黄白色

彩图

图 15-14　普通丝瓜果实瓜皮不同皱缩程度

A．极皱；B．皱；C．不皱

（5）种子　普通丝瓜种子椭圆形，扁平，平滑，边缘翅状。种皮色大多数品种为黑色，有光泽，少数为黄褐色或白褐色。有棱丝瓜种皮较厚，黑色，表面一般有网纹。

2．生长发育周期　丝瓜整个生育过程分为发芽期、幼苗期、伸蔓期和开花结果期4个时期，春季种植自播种至商品瓜开始采收需60～90d，从授粉至种子成熟可收种瓜一般需55～60d。

（1）发芽期　从种子发芽到第1片真叶刚露出即破心。若环境条件适宜，5～7d即可完成发芽期。

（2）幼苗期　从破心到植株长到第5或6片真叶展开，第5或6片真叶展开时始抽出卷须。从子叶展平开始花芽陆续分化，短日照可促进雌雄花的发生；日照的长短和温度的高低可显著影响雌花分化的早晚（雌花始花节位的高低）和数量的多少（雌花节率大小）等。

（3）伸蔓期　也叫作抽蔓期，从第5或6片真叶展开至植株现蕾，即雌花开放前。此期一般需15d左右。此期是从营养生长到生殖生长的转折期。

（4）开花结果期　从植株现蕾至采收结束为开花结果期。露地栽培受天气影响，此期较短，在保护地中栽培，采收结果期可持续50～70d，甚至更长的时间。

3．对环境条件的要求

（1）光照　丝瓜为短日照作物，喜强阳光，也耐低温弱光。在幼苗期，以短日照大温差处理，利于雌花芽分化，可提早结果和丰产。整个生育期当中较强的光照、较高的温度，有利于茎叶生长发育，能维持营养生长健壮，有利于开花坐果、幼瓜发育和品质的提升。

（2）温度　丝瓜属喜温、耐热性作物，丝瓜生长发育的适宜温度为20～30℃，丝瓜种子发芽的适宜温度为25～32℃，28～30℃时发芽迅速，20℃发芽缓慢。茎叶生长要求较高温度，最适宜生长温度为20～30℃，在35℃左右仍生长良好；15℃左右生长缓慢，10℃以下生长受抑制甚至受害。开花结果最适宜温度为25～35℃，18℃以下果实发育缓慢；气温高于37℃时，雄花开放异常，极少或不产生花粉。

（3）水分　丝瓜喜湿、怕干旱，土壤含水量在70%以上时生长良好，低于50%时生长缓慢，空气湿度不宜小于60%，短时间内空气湿度达到饱和时，仍可正常地生长发育。

（4）土壤　丝瓜是适应性较强、对土壤要求不严格的瓜类蔬菜作物，在各类土壤中，都能栽培。种植于土层厚、有机质含量高、透气性良好、保水保肥能力强的壤土、砂壤土，更易获得优质的产品。

二、品种类型与栽培季节

我国栽培的丝瓜分为普通丝瓜和有棱丝瓜两大类型。

1. 普通丝瓜 俗称“水瓜”，常见品种有‘江蔬1号丝瓜’‘南京蛇形丝瓜’‘上海香丝瓜’‘姜堰五叶香丝瓜’‘长沙肉丝瓜’等。

（1）‘苏丝4号丝瓜’ 江苏省农业科学院选育，中长棒形，瓜皮绿色；瓜长35cm，瓜粗4.5cm；果肉绿白色；单瓜质量约250g；不褐变；抗病毒病和霜霉病；亩产可达5000kg。

（2）‘江蔬1号丝瓜’ 江苏省农业科学院选育，极早熟，早春栽培50d、夏秋栽培35d雌花开花。连续结瓜能力强；瓜条长棒形，瓜皮绿色；瓜长45.7cm，瓜粗4.6cm；果肉绿白色，清香略甜，肉质致密细嫩，口感好；抗逆性强。

（3）‘福研1号丝瓜’ 福建省农业科学院选育，生长势旺，中早熟。瓜短圆筒状，瓜长20～25cm，瓜粗5～7cm，单瓜重约500g。瓜皮绿色，果肉质坚实、不易褐变，品质佳。

（4）‘蛇形丝瓜’ 为江苏省南京市地方品种。植株生长势强，早熟。瓜长棒状，瓜长130～170cm，瓜粗3～5cm，瓜形似蛇瓜。皮绿色，品质较好。

（5）‘姜堰五叶香丝瓜’ 江苏省泰州市姜堰地方品种。主蔓5或6节出现第1朵雌花。瓜棒状，瓜长35～40cm，瓜粗4～4.5cm。开放的花朵散发出稻花香味。皮绿色，品质佳。

2. 有棱丝瓜 瓜长棒形，前端较粗，绿色，表皮硬，无茸毛，肉白色，质较脆嫩。常见品种有‘夏绿3号丝瓜’‘绿旺丝瓜’等。

（1）‘夏绿3号丝瓜’ 广州市农业科学研究所选育，可全年种植。中早熟，瓜条直，皮色深绿，瓜长55～65cm，瓜粗约5cm，单瓜重400～500g，风味脆甜。

（2）‘江秀7号丝瓜’ 江门市农业科学研究所选育，中早熟，瓜长42.6～47.4cm，横径5.12～5.24cm，单瓜重393.7～406.2g。瓜棒形，棱沟较浅。肉质脆甜，丰产性好。

（3）‘皇冠3号丝瓜’ 广西农业科学院选育，长势旺，主侧蔓均可结瓜。瓜长50～60cm，棱沟浅，皮绿色，单瓜重350～450g，瓜肉白色，味清甜。中熟品种。

（4）‘绿旺丝瓜’ 广州市蔬菜科学研究中心育成。瓜长60cm，瓜粗4.5cm，绿色，有10棱，棱墨绿色，单瓜重300～500g。早熟。纤维少，品质好。

丝瓜瓜长、瓜粗、瓜形指数、瓜形及单瓜重的评价标准和参照品种见表15-3。

表15-3 丝瓜瓜长、瓜粗、瓜形指数、瓜形及单瓜重的评价标准和参照品种

性状	评价指标	评价标准	参照品种
瓜长（cm）	＜15	很短	玉露
	15.1～19.9	短	早杂三号
	20～29.9	中	宁德长丝瓜
	30～39.9	长	汉寿棒丝瓜
	≥40	很长	蛇形丝瓜
瓜粗（cm）	＜2.3	很细	蛇形丝瓜或汉寿棒丝瓜
	2.3～2.9	细	厦门郊区丝瓜
	3～3.9	中	沅江肉丝瓜
	4～4.9	粗	玉露
	≥5	很粗	黑籽肉丝瓜
瓜形指数	≤5	很细	蛇形丝瓜或汉寿棒丝瓜
	5.1～5.9	细	厦门郊区丝瓜
	6～7	中	沅江肉丝瓜
	7.1～9.9	粗	玉露丝瓜
	≥10	很粗	黑籽肉丝瓜

续表

性状	评价指标	评价标准	参照品种
瓜形（棒形）（cm）	瓜长≤20	短棒	五叶香丝瓜
	瓜长为 20.1～39.9	中棒	线丝瓜
	瓜长≥40	长棒	蛇形丝瓜
瓜形（圆筒形）（cm）	瓜长≤20	短圆筒	长沙肉丝瓜
	瓜长为 20.1～39.9	中圆筒	早杂三号肉丝瓜
	瓜长≥40	长圆筒	桂林水瓜
单瓜重（g）	<80	很小	厦门郊区丝瓜
	80～99.9	小	汉寿棒丝瓜
	100～199.9	中	沅江肉丝瓜
	200～299.9	大	杞县丝瓜
	≥300	很大	黑籽肉丝瓜

3. 茬口安排　淮河以北春季大棚栽丝瓜，一般于 3 月上中旬电热温床保温育苗，4 月中下旬定植大棚。

淮河以南春季大棚栽丝瓜，一般于 1 月中下旬至 2 月上旬电热温床保温育苗。也可据定植时间提早 25～35d 育苗。春季小棚栽植的可在 3 月初播种。

淮河以南夏秋季种植瓜，可从 5～6 月底育苗；子叶展平后至真叶 4 片期间，每天上午 10:00 到下午 4:00 遮光处理，苗龄 20～25d 时定植露地或大棚。

三、栽培技术

1. 育苗前的准备　冬春季，丝瓜育苗可在塑料大棚套小拱棚或者日光温室内，采用电热温床加热的方式进行穴盘或营养钵育苗，也可进行蔬菜工厂化育苗。

育苗场地、穴盘等消毒。新建的设施及新购的穴盘等无须消毒。使用过的育苗场地及穴盘等应进行消毒。可先用干净毛巾蘸酒精将内部擦洗 1 遍，然后再用干净湿毛巾擦洗 1 次，透气 24h 后方可使用。也可用多菌灵 500 倍液或者 30%次氯酸钠溶液喷洒，24h 后方可使用。

育苗常用基质可由草炭、珍珠岩和蛭石按一定比例复配而成，也可在市场上购买商品瓜类育苗基质。也可自己配制营养土，将 3 年内未种过瓜类作物的菜园土 60%～70%、优质腐熟有机肥 30%～40%混合，按每 1000kg 混合土加 50%多菌灵和 50%福美双各 0.1kg 充分混合均匀，过筛后使用。

2. 播种　一般要先浸种再播种。将种子晒 2～3d，再用 55℃温水烫种 10～15min，再浸种 6～8h 后播种。

也可催芽后播种，先将浸泡后的种子用湿润的纱布包好，放在 28～32℃的温度下催芽，期间注意保温保湿透气，白天间隔 2～3h 翻动 1 次，夜间每隔 6h 翻动 1 次，每天还要用常温水进行冲洗，以 1 或 2 次为宜。待种子露白即可播于穴盘或营养钵内，每穴 1 粒。播种后，盖满基质并轻压，整齐地排放在电热线育苗床上，覆盖一层地膜保温保湿，温度较低时可盖小棚和草帘等保温。

3. 苗床管理　出苗前，苗床膜内温度以 25～30℃为宜，经浸种催芽的种 2～3d 即可出苗。

50%左右的苗顶膜时，及时揭去地膜，子叶带帽出土的要及时人工“脱帽”。出苗后，夜间盖小拱棚和无纺布或草帘等保温，中午揭开覆盖物见光；中后期可逐渐增长见光时间；移栽前2～3d宜进行通风炼苗。

4. 适时定植 苗龄2叶1心至3叶1心时定植。移栽前施足有机肥、三元复合肥，再及时进行土地翻耕，在棚内根据栽培方式起畦，覆盖好地膜待移栽。栽培密度根据不同的栽培方式进行合理调整。

5. 植株调整 一般实行大小行栽培，大行行距60～70cm，小行行距40～50cm，株距25～35cm，每亩可栽种2000～2200株。在主蔓长35～40cm时及时引蔓，可用竹竿、吊绳等搭架或牵引，生长期间每3～5d绑蔓1次。

以主蔓结瓜为主的品种，可剪去所有侧蔓，中后期可打顶摘心。可结合丝瓜理蔓，进行疏雄去卷须，去除老叶、过密叶。

6. 保花保果 丝瓜是异花授粉作物，大棚等设施种植须进行人工授粉。一般于早晨10:00前进行人工或蜜蜂辅助授粉。也可用2, 4-D或吡效隆等，于雌花开放前1d浸花或子房1次，促进坐果。

7. 采收 丝瓜以嫩瓜供食，早春低温时花后10～12d、盛果期花后6～8d采收。也可以花冠开始干枯、瓜肩变圆润光滑、瓜面茸毛减少为标准进行采收。采收以上午9:00前进行为宜，用剪刀沿果柄中间处（留3～5cm果柄）剪断，摆放时避免挤压。

第七节 苦　瓜

苦瓜为葫芦科（Cucurbitaceae）苦瓜属中的栽培种，学名*Momordica charantia* L.，一年生攀缘性草本植物，因果实中含有一种葫芦烷型三萜化合物而具有特殊的苦味，故名苦瓜。苦瓜的种类较多，其果实幼嫩时果皮或洁白如玉，或白色微碧，或翠若绿宝石，但其表面都生有许多疙瘩，民间形象的称其为“癞瓜”。苦瓜成熟后表皮变成红色，艳丽夺目，惹人喜爱。由于苦瓜可作为夏季很好的凉拌菜，故又称为凉瓜。

苦瓜含有丰富的营养物质，有消暑、清热利尿、增进食欲、帮助消化的作用。据资料分析，每100g苦瓜的鲜果肉中，含有维生素A 0.08mg，维生素B_2 0.04mg，维生素B_1 0.07mg，尼克酸0.3g，蛋白质0.9g，脂肪0.2g，碳水化合物3g，无机盐0.6g，钙质18mg，磷29mg，铁0.6g，热量为17kcal，粗纤维1.1g。苦瓜中含有类似胰岛素的物质，有明显降血糖的作用（邓俭英等，2005）。

苦瓜叶片中含有抗菌和抗虫的成分，如几丁质酶等，使苦瓜的病虫害减少不少，不需要或很少需要药物防治，对环境污染少，是一种天然的绿色食品。另外，苦瓜还具观赏价值，它的叶形为掌状深裂，叶片舒展，茎蔓缠绕，夏季鲜艳的黄色小花点缀于繁茂的枝叶间，果实上有瘤状突起，果实幼嫩时为白色、白绿色或深绿色，成熟后转换为黄色或橘黄色，开裂后，种子外面有红色瓜瓤。因此苦瓜不仅适宜于大田种植，还可作为一种观赏植物，用于阳台和庭院绿化等。

苦瓜起源于亚洲热带地区，以华南、西南栽培较多，广东、广西、海南、福建、台湾、湖南、四川等地栽培较为普遍。传统的苦瓜栽培以春夏露地种植为主，供应期主要在夏秋季，是夏秋季消费的主要蔬菜品种之一。近年来，随着人们对苦瓜营养价值和药用功能认识的不断深入，苦瓜的栽培区域不断扩大，栽培模式日趋多样，逐渐发展成为全国性蔬菜。

一、生物学特性

1．植物学性状

（1）根　　苦瓜的根系比较发达，侧根较多，主要分布在30～50cm的耕作层内，根群最深分布可达2.5～3m，横向伸展最宽为1～1.3m。根系喜潮湿，在栽培上应注意加强水分管理，但根系又不耐涝，因此栽培上还应做好雨后排水工作。

（2）茎　　植株生长较旺，茎蔓生，具五棱，浓绿色，被茸毛，茎节上着生叶片、卷须、花芽、侧枝。卷须单生。苦瓜的茎分枝能力很强，几乎所有叶腋间都能发生侧枝而成为子蔓，在子蔓上的叶腋间又能发生二次分枝而成为孙蔓。同样孙蔓上也能发生侧枝，形成枝繁叶茂的蔓叶系统。所以，在栽培上必须及时进行整枝打杈，否则枝蔓横生，会严重影响到正常花的开花、坐果及果实膨大。

（3）叶　　子叶出土，一般不进行光合作用。双子叶，盾形，绿色。以后的真叶为互生，掌状深裂，绿色，叶背淡绿色，叶脉放射状（一般具5条叶脉），叶长16～18cm，宽18～24cm，叶柄长9～10cm，黄绿色，柄有沟。

（4）花　　花为单性，雌雄异花同株。植株一般先发生雄花，后发生雌花，单生。雌花具5瓣，黄色，子房下位，子房表面具数条瘤状突起，雌蕊柱头5或6裂。上午开花。

（5）果实　　果实为浆果，表面有许多明显不规则的瘤状突起，果实的形状因品种不同差异较大，主要有纺锤形、短圆锥形、长圆锥形等。商品瓜表皮有浓绿色、绿色、绿白色与白色等，成熟后转为黄红色。

（6）种子　　种子为盾形、扁平，淡黄色，种皮较厚，表面有花纹。因为种皮坚硬，所以吸水发芽困难，播种后出土时间较长。一般每果含有种子20～50粒，千粒重为150～200g。

2．生长发育周期　　在不同地区栽培的苦瓜生育期有所不同，一般在华南地区春夏露地栽培，苦瓜的生长发育过程为80～100d，在长江流域或长江以北地区则生长期较长，为150～210d。苦瓜的生育期可分为发芽期、幼苗期、抽蔓期和开花结果期4个时期。

（1）发芽期　　自种子萌芽至2片子叶展开，第1片真叶显露。一般在30～33℃的适温条件下需5～10d。播种后，种子胚根继续向下伸长并产生侧根，而下胚轴则向上伸长。发芽期的特点为：下胚轴伸长和子叶展开。这一时期苦瓜生长主要靠消耗种子中贮藏的营养。

（2）幼苗期　　从第1片真叶露心到第5片真叶展开，并开始抽出卷须。在20～25℃适温下，幼苗期约为25d，这时腋芽也开始萌动。此阶段的特点是生长缓慢，节间短，茎直立，叶片较小。幼苗期要适当控制浇水，保证地上部稳长，育成较矮、茎粗、节短、叶片厚和叶色深绿的壮苗，为抽蔓、开花结果打好基础。

（3）抽蔓期　　从第5片真叶展开，卷须抽出，茎开始伸长，植株从直立生长到匍匐生长，直至植株现蕾。但若温度高，生长快，植株在幼苗期结束前后现蕾，就没有抽蔓期了。而温度在20℃以下生长缓慢，一般需15～20d。这个时期为营养生长时期，蔓叶、根系群迅速发展，茎节上的腋芽也迅速萌生，抽出侧蔓。同时，花芽也迅速分化发育。因此，这一时期内需要搭架引蔓，进行植株调整，处理好营养生长与生殖生长的关系，以适应茎叶的旺盛生长与结果的需要。

（4）开花结果期　　从植株现蕾到停止生长，一般为50～70d。

其中现蕾开始到初花约需15d，开花到初收需12～15d，初收到末收需25～45d。苦瓜的开花结果期占其整个生育期的一半。苦瓜整个生长发育过程，在华南地区需80～100d，在长江流域和长江以北各地的生长期较长，需130～210d，主要是苗期和采收期较长，种子发芽和幼苗生长缓慢。

此期茎、叶生长与开花结果同时进行，为生长高峰期。坐果后，幼瓜迅速生长。通常根瓜生长缓慢，一般开花后约15d采摘。以后幼瓜生长加快，8～10d即可采摘。

苦瓜主、侧蔓均可结果。主蔓上首先发育雄花，然后发育雌花。主蔓雌花的结果率随着节位上升而下降。一般主蔓第1～5雌花形成产量，但第1雌花由于营养面积尚小，平均单瓜重也比较小；侧蔓一般是第1～2雌花形成产量。从整个植株的营养调整与产量、品质的关系考虑，应及早摘除主蔓基部和中部以下的侧蔓及主蔓第1雌花，集中营养提高主蔓第2雌花以后的各节雌花结果率及单果重，也使中上部侧蔓生长更粗壮，提高中上部侧蔓雌花的结果率和单果重，从而提高整个植株的产量，这是获得苦瓜丰产优质的关键技术。

单对果实发育而言，从雌花开放到果实生理成熟可分为以下3个时期。

1）坐瓜期。雌花开放到幼瓜开始迅速膨大，需3～5d。

2）果实膨大期。从果实迅速膨大到停止膨大，这一时期的长短因品种而异，早熟品种为7～10d。此期结束，可采摘上市。

3）生理成熟期。果实停止膨大到生理成熟，早熟品种需15～18d。一般留种的植株才有生理成熟期。

3. 对环境条件的要求 苦瓜为喜温蔬菜，耐热而不耐寒，遇霜即死；喜湿而不耐涝，生长期间需要较高的空气相对湿度。在雨季遇大雨积水，则生长势减弱；对日照长短要求不严格，属短日照作物。喜光不耐阴，尤其是开花结果期需要较强的光照。对土壤适应性广，但以保水保肥好、肥沃的壤土或砂壤土为宜。吸肥力强，生长期必须供应充足的氮、磷、钾肥料。

（1）光照 苦瓜原属短日照植物，喜光不耐阴，但经过长期的栽培和选择，已对光照长短的要求不太严格，但短日照促进雌花发育。在苦瓜栽培过程中，光照充足则利于光合作用，有机养分积累多，坐果良好，产量和品质提高。如果在花期遇上低温阴雨，光照不足，则植株徒长，会严重影响正常的开花、受粉，而引起落花、落蕾现象。

（2）温度 苦瓜喜温，较耐热，不耐寒。种子发芽适温为30～35℃，苦瓜种皮虽厚，但容易吸收水分，在40～45℃温水浸种4～6h后，在30℃左右催芽，经过48h左右开始发芽，60h便大部分发芽。温度在20℃以下发芽缓慢，13℃以下发芽困难。在25℃左右，约15d便可育成具有4或5片真叶的幼苗，如在15℃左右则需要20～30d。开花、结果期适宜于20℃以上，以25℃左右为宜。30℃以上和15℃以下的温度对苦瓜的生长、结果都不利。苦瓜在夏季往往可忍耐40℃左右的高温，在冬季8℃则停止生长。

（3）水分 苦瓜的根系比较发达，但以侧根发生的须根为主，再生能力弱，故苦瓜喜欢潮湿但很怕雨涝。在生长期间要求有70%～80%的空气相对湿度、80%～85%的土壤含水量。

（4）土壤 苦瓜对土壤结构的要求不太严格，适应性广。一般在肥沃疏松、保水保肥力强的壤土上生长良好，产量高，品质优。在砂壤土上栽培，由于通透性好，幼苗生长迅速，前期生长旺盛，但比较容易早衰，产量低，应增施充足的有基肥。在黏性土壤上栽培苦瓜，透气性差，幼苗生长迟缓，土壤容易板结。苦瓜适宜在微酸性的土壤上栽培，pH为6～6.8，过酸或过碱均不利于苦瓜的生长发育。

（5）气体条件 土壤中氧的含量因土质、施肥（特别是有机肥数量）、含水量的多少而不同。浅层含氧多，所以大量根系分布在浅土层中。空气中二氧化碳含量为0.03%，远远满足不了苦瓜的光合作用的需要。设施条件下往往需要人工增施二氧化碳。

保护地内氨气浓度过高会造成植物中毒，主要是未经腐熟的农家肥在发酵过程中产生的。此外，在保护地内施用碳酸氢铵或撒施尿素后未及时覆土、灌水也会释放出氨气。所以为防止氨气危害，一是杜绝在保护地施用未腐熟的农家肥；二是追肥不应施用挥发性强的碳酸氢铵或氨水等，使用尿素时及时盖土或顺水撒施，最好施用硝酸铵等，按照“少量勤施”的原则进行；三是施肥后应根据天气情况进行通风换气，排出有害气体。

二、品种类型与栽培季节

（一）品种类型

1. 按果实大小划分 按果实的大小可分为大型苦瓜和小型苦瓜两种类型。

（1）大型苦瓜 果实呈长圆筒形或圆锥形，一般长 15～50cm，横径为 5～8cm，果实表面光亮，有细密美观的纵行瘤状突起。一般单果重 250～500g。果实内含有的种子数较少。果皮的颜色随着果实的发育时期而变化，到生理成熟期均为红黄色。我国南北各地作商品蔬菜使用的大多属于这类品种。

（2）小型苦瓜 果实呈短纺锤形或圆锥形，一般长 5～12cm，横径为 4～5cm，果皮的颜色有绿白色和白色两种，生理成熟期均为金黄色。果肉较薄，苦味浓，果皮易开裂。果实内含有的种子数较多，种子发达且较大。红色瓜瓤味甜，一些地区作为水果食用。由于小型苦瓜单瓜重仅 100～250g，产量低，很少作为蔬菜进行大面积栽培，多用于庭院绿化和观赏。

2. 按果实形状划分 根据果实的形状可将苦瓜分为短棒、长棒、短纺锤、长纺锤、短圆锥、长圆锥和近球形 7 种类型（图 15-15）。

图 15-15 苦瓜瓜型（沈镝和李锡香，2008）

3. 按果皮颜色划分 苦瓜最常见和实用的分类方法为按其采收期果实果皮的颜色分类，分为绿色、绿白色和白色 3 种类型。我国不同地区对苦瓜的种植和消费习惯具有明显的地域特性，一般来说，绿色和浓绿色果皮的苦瓜以长江以南地区（广东、福建、海南等地）栽培较多；绿白色果皮的苦瓜以湖南、江西等地栽培较多；白色果皮的苦瓜则多种植于我国台湾的高雄、屏东地区。

（二）栽培季节

苦瓜为喜温性蔬菜，对栽培季节要求较为严格。全国各地主要以春播为主，市场供应时间大部分集中在夏、秋两季。

我国地域辽阔，各地气候条件各异，因此不同地区苦瓜露地栽培的茬口差异较大。由北向南可划分为 4 个苦瓜生产区，即北方单作区、华北暖温带生产区、长江流域亚热带生产区及华南热带生产区。

1. 北方单作区 本区包括黑龙江、吉林、辽宁北部、内蒙古、新疆、甘肃、陕西北部、青海、西藏等省（自治区）。该区无霜期短，仅3～5个月，露地栽培一年内只能1茬。设施栽培则具有灵活性，苦瓜设施栽培主要茬口类型如下。

（1）日光温室秋冬茬　一般在7月下旬至8月上旬播种育苗，9月初定植，10月中旬至11月上旬开始收获，春节前后拉秧。

（2）日光温室早春茬　一般在12月中旬至翌年1月中旬在日光温室内利用电热温床播种育苗，2月中旬至3月上旬定植，一直到7月中下旬拉秧。

（3）塑料大棚春夏秋一大茬栽培　2月底至3月中旬在日光温室或加温温室内播种育苗，5月上旬大棚内定植，6月上旬开始采收。夏季顶膜一般不揭，只去掉四周裙膜，以防止植株早衰；秋末早霜来临前将棚膜全部盖好保温，使采收期后延30d左右。

2. 华北暖温带生产区　本区包括辽宁、河北、北京、天津、山东、山西、陕西和甘肃等地南部、江苏和安徽两地淮河以北地区。全年无霜期为200～240d，冬季晴日多，结合露地栽培基本能实现周年生产供应，设施栽培主要茬口类型如下。

（1）日光温室栽培的茬口安排　北纬40°左右以南地区，日光温室可以全年生产。根据播种和定植时间，苦瓜栽培可分为冬春茬和秋冬茬。

1）冬春茬。日光温室冬春茬栽培是指9月下旬至10月上旬播种育苗，11月下旬至12月上中旬定植，春节前后上市，翌年6～7月拉秧，整个生育期达7～8个月。该茬口对设施栽培技术要求较高，承担风险较大，但经济效益最好。

2）秋冬茬。播种育苗多为7月中下旬至8月上旬，定植期为8月上中旬至9月上旬，供应深秋、初冬、元旦、春节市场。该茬口若管理得当可延迟至翌年7月拉秧，进行全年一大茬栽培；若温室条件不好，管理不当，多在春季前后拉秧。

（2）塑料棚春提早栽培　在日光温室内育苗，于3月下旬至4月上旬定植于塑料大棚内。采收比露地提早60～80d上市。

（3）塑料棚秋延后栽培　秋延迟栽培有两种方式，一种是利用春提早栽培的苦瓜经过越夏栽培，在秋季早霜来临前扣上棚膜，向后延迟一段时间的栽培方式；另一种是利用露地栽培的苦瓜进行秋延后生产。

3. 长江流域亚热带生产区　本区包括重庆、贵州、湖南、湖北、陕西省汉中盆地、浙江、上海、江西，安徽和江苏两省淮河以南地区，广东、广西、福建三省（自治区）的北部地区。全年无霜期为240～340d。本地区适宜苦瓜生长的季节很长，一年内可在露地栽培两茬，即春茬、秋茬。设施栽培方式冬季多以大棚为主，夏季则以遮阳网、防虫网覆盖为主，还有现代加温温室。苦瓜设施栽培主要茬口类型如下。

（1）大棚春提前栽培　一般是初冬播种育苗，翌年2月中下旬至3月上旬定植，4月中下旬始收，6月下旬至7月上旬拉秧。

（2）大棚秋延后栽培　此茬口类型一般采用遮阳网加防雨棚育苗，定植前期进行防雨遮阳栽培，采收期延迟到12月至翌年1月。后期通过多层覆盖保温及保鲜措施可使苦瓜的采收期延迟至元旦前后。

（3）大棚多层覆盖越冬栽培　一般在9月下旬至10月上旬播种育苗，12月上旬定植，翌年2月下旬至3月上旬开始上市，持续到5月结束。

4. 华南热带生产区　本区主要包括广东、广西、福建、台湾、海南等地。全年无霜，月均温12℃以上。由于生长季节长，苦瓜可在一年内栽培多次，还可在冬季栽培，但夏季高温，多台风暴雨，所以设施栽培主要以防雨、防虫、降温为主，故遮阳网、防雨棚和防虫网栽培面积较大。

三、设施栽培技术

1. 播种 长江中下游地区，一般于 2 月中下旬在大棚内搭小拱棚，苗床下铺电热线保温育苗。

2. 培育壮苗

（1）温度管理 出苗前，保持苗床温度 30℃。密切注意防高温烧芽，出苗后则可适当降低温度，防止幼苗徒长。

（2）通风管理 齐苗后开始通风，通风口的大小，时间的长短应顺序进行，不可突然大量通风，以防幼苗受冻。连续阴雨天，棚内阳光不足，温度低，湿度也较大，除注意保温透光外，应适当少量通风降低湿度；而晴天的中午，棚内温度高，可考虑适当加大通风度。

（3）炼苗 在定植前要加强炼苗，炼苗的方法是降温和控制水分。在定植前 7～10d 停止通电加热，并把小拱棚撤掉，白天要注意放风进行低温炼苗，以提高幼苗的抗寒能力，适应定植后新的环境条件。

苦瓜壮苗的形态特征为子叶小而厚，叶色绿，子叶完好；植株生长健壮，茎粗，节间短，根系多而密等特点。苦瓜定植的适宜生理苗龄为 4 叶 1 心。

3. 栽培方式

（1）平架栽培方式 一般大棚跨度为 8m，平架栽培时，在距棚边 1m 左右起宽 0.8～1m 的高畦，株距 25～30cm。在定植行正上方按棚向距地面 1.8～2m 拉铁丝用于吊蔓上架，横向按照 3～4m 拉铁丝承重，在铁丝上覆盖 25cm×25cm 的尼龙网。当瓜蔓长到 40～50cm 时进行吊蔓，去除 1m 以下所有侧蔓，待瓜藤长到 1.8m 可引藤上架平爬。该方式铁丝和网可多次使用，无须落蔓，涂粉及采收在瓜藤下部，通风良好，涂粉及采收十分简便，省时省工。棚架下面可套种喜阴作物，如大豆、韭菜、香菜、空心菜、木耳菜等，提高经济效益。

（2）篱架落蔓栽培方式 起垄密植栽培，在高畦上按 80cm 行距定植，株距 35～40cm。当瓜蔓长到 40cm 左右时，及时吊蔓，第 1 雌花及侧枝全部摘除。保留主蔓坐果，整个生育期结合落蔓不断打除侧蔓。此方式商品瓜整齐一致，单瓜商品性佳，因无多余侧枝，田间通风透光，病虫害少，缺点是费工费时。

（3）日光温室篱架栽培 该方式结合塑料大棚平架栽培和篱架吊蔓栽培的优点，在日光温室中植株行正上方 1.8～2m 处拉铁丝并固定，铁丝与种植行平行。行距 1.5m，株距 0.5～0.8m，当瓜蔓长到 40cm 以上时，及时吊蔓，第 1 雌花及 50cm 以下侧枝全部摘除。保留主蔓和 50cm 以上的侧枝坐果，整个生育期基本不再打除侧枝。

4. 肥水管理 苦瓜耐肥不耐瘠，前期生长速度慢，后期生长快，追肥前期应以尿素等氮肥为主，中后期以复合肥为主，不偏施氮肥。坐果后追肥 2 或 3 次，每亩每次用 10～15kg 复合肥穴施后浇水，坐果 25～30d，喷 2%磷酸二氢钾 2 或 3 次。浇水可以进行膜下暗灌或滴灌，降低田间湿度。

5. 保花保果 苦瓜属异花授粉作物，早春气温低、棚内昆虫少，必须进行人工授粉或放蜂，生产上尤其是新菜区这是最容易忽视而导致出现毁产现象的环节。人工授粉在早上 8:00～10:00 为宜，摘取当天开放的雄花，按照一朵雄花授 1 或 2 朵雌花的原则进行授粉。早期雄花少时，可一朵雄花授 2 或 3 朵雌花，也可用 2,4-D 涂花，可减少落花和显著提高坐果率，但容易出现畸形果。

6. 采收

（1）采收成熟度和采收期　一般来说，确定苦瓜采收期的主要依据是其成熟度，而苦瓜采收的成熟度则要根据其生物学特性、品种特性与采收后的用途、销售市场的远近、加工贮运条件等综合因素来决定。

用于贮运的苦瓜适宜采收期，可按从开花到采收的时间来决定，也可按瓜表特征来确定。就时间而言，贮运的苦瓜可比就地直接销售的提前2d采收。一般开花后，如果白天温度在20～30℃，需15d左右采收；如果白天温度在30℃以上，只需10d就可以采收。从苦瓜果实的外部特征（果色、果长、果径等）来确定其适宜的采收期，一般当果实充分长大，基本达到该品种的果长、果径和单果重，果表瘤状突起明显，果顶部刚表现有光泽时，便达到合适的采收成熟度。

（2）分级　剔除形状、大小、重量、色泽等达不到要求的果实，包括病果、腐烂果和伤果；按照不同分类标准将合格果分为不同等级，分别包装成件。

（3）包装　长途运输和外销的苦瓜均以厚纸单果包装后再装箱，苦瓜不耐压，装3或4层为宜，一箱20～25kg为好。

四、贮藏保鲜与加工

1. 贮藏保鲜　主要有地窖与通风库短期贮藏、冷库贮藏、气调贮藏3种方式。

（1）地窖与通风库短期贮藏　温度可控制在15℃左右，空气相对湿度控制在80%～85%，贮藏过程中可随捡随卖。

（2）冷库贮藏　如果要贮藏较长时间，可选择冷库贮藏方法。将经过预冷处理的苦瓜果实装入经漂白粉洗涤消毒后的竹筐或塑料筐中，放入采用机械制冷的冷库中贮藏，库温可控制在10～13℃，空气相对湿度为85%左右。

（3）气调贮藏　气调贮藏是指认为改变贮藏产品周围的大气组成，适当提高二氧化碳的浓度，降低氧气的浓度，并使这两种气体的比例维持在一个较稳定的范围内的一种先进的贮藏方法。气调贮藏与机械冷藏相结合，可同时控制温度、湿度、气体成分等环境因素，是当前最先进的贮藏技术。气调贮藏也可在常温下进行。苦瓜气调贮藏可控制温度在10～18℃，同时氧气压控制在2%～3%，二氧化碳的分压控制在5%以下为宜。

2. 加工　目前苦瓜的主要加工用途为：①苦瓜糖制品，如苦瓜蜜饯、苦瓜凉果、苦瓜果酱、苦瓜糖；②苦瓜饮料类制品，如苦瓜大豆酸奶、苦瓜子蛋白饮料、保健型苦瓜固体饮料及苦瓜茶；③苦瓜发酵食品，如苦瓜啤酒、苦瓜保健酒；④苦瓜保健食品，如苦瓜口含片；⑤其他苦瓜制品，如苦瓜蛋糕、苦瓜豆腐、食品添加剂等。

第八节　冬　　瓜

冬瓜（*Benincasa hispida* Cogn.），又名白瓜、枕瓜、东瓜、白冬瓜、水芒、水芝、地芝等，属于葫芦科冬瓜属一年生植物。染色体数$2n=2x=24$。起源于中国南部和东印度，广泛分布于亚洲的热带、亚热带和温带地区。截至目前，冬瓜只有一个栽培种和一个变种——节瓜（*Benincasa hispida* Cogn. var. *chieh-qua* How.）。冬瓜在我国南北各地普遍栽培，特别是在广东、广西、海南及长江流域栽培较为广泛，是夏秋季节的主要蔬菜之一。据2015年统计，全国冬瓜栽培面积达480万亩，主要类型有粉皮冬瓜、黑皮冬瓜等。国外冬瓜生产主要集中在印度及印度尼西亚、泰国、越南等东南亚地区，在其他温带、热带地区也有少量种植。

冬瓜营养丰富，每 100g 鲜果中含蛋白质 0.4g、脂肪 0.2g、碳水化合物 1.9g、膳食纤维 0.7g、胡萝卜素 80μg、维生素 C 18mg 及多种矿质元素。冬瓜还兼具药用和保健价值，是健康的高钾低钠食品。《本草纲目》记载："冬瓜，味甘，性微寒，无毒，主治小腹水胀，利小便，止渴。"冬瓜含低钠，不含脂肪，还含有 18 种氨基酸，其中 2-氨基-3-氰基丙酸、巴豆甘氨酸等 5 种为非常见成分，对肾病、高血压、浮肿患者大有益处。果实的总氨酸、葫芦素对升汞引起的肾损伤均有明显的保护和阻断作用。此外，冬瓜还含有丰富的丙醇二酸，能控制人体内的糖转化为脂肪，防止体内脂肪堆积，对防治高血压、动脉粥样硬化、减肥具有良好的效果。除鲜食以外，冬瓜还可被加工制成蜜饯冬瓜、冬瓜饮料、冬瓜酱、冬瓜干、脱水冬瓜、低糖冬瓜果脯、低糖冬瓜翠丝、冬瓜添加剂等深加工产品。

一、生物学特性

1. 植物学性状

（1）根　冬瓜属深根性蔓生攀缘作物。主根和侧根发达，易生不定根，主根可深入土层 1～1.5m，苗期主根受到损伤时，3～5 条一级侧根可同时长大变粗，承担主根功能。根系主要伸展方向与瓜蔓伸展方向一致，范围可达 3m。伸蔓后到开花结果期，近地茎节易发生不定根。

（2）茎　冬瓜的茎属无限生长型，茎上有节，初生的茎节只有 1 个腋芽，抽蔓前的茎节与子叶节缩在一起，抽蔓开始后，茎节伸长。每条蔓的每个叶节都潜伏着腋芽、花芽、卷须，抽蔓开始后逐渐发生，在营养供应充足条件下，节节腋芽都可萌发产生侧蔓。主蔓从第 6 或 7 节开始，抽出卷须，卷须 2 或 3 歧，被粗硬毛和长柔毛。茎中空，五棱形，茎表面着生白色或黄白色刺毛，有光泽。一般黑皮和青皮冬瓜品种的茎为绿色或深绿色，而白皮和黄皮品种的茎为浅绿色。茎粗、茎节长和茎长与品种、栽培条件、土壤和气候有关。

（3）叶　冬瓜的叶为单叶互生，无托叶。叶片肾状近圆形，宽 15～30cm，5～7 浅裂或有时中裂，裂片宽三角形或卵形，先端急尖，边缘有小齿，基部深心形，完全张开，近圆形，深、宽均为 2.5～3.5cm。叶脉树丫形网状，从叶片基部发出 3～5 条主叶脉，中间一条最长，背部突起明显。叶表面深绿色，稍粗糙，有疏柔毛，老后逐渐脱落，变近无毛。背面粗糙，灰白色，有粗硬毛，叶脉在叶背面稍隆起，密被毛。叶柄粗壮，中空，圆筒形，长 5～20cm，表面有黄褐色的硬毛和长柔毛。

（4）花　雌雄异花同株，是虫媒花。花单生于叶腋，多为单性花，少数品种是两性花。雌花和两性花单生，雄花多单生，也有簇生。雄花花梗长 5～15mm，密被黄褐色或白色长柔毛及短刚毛。基部具 1 苞片，苞片卵形或阔长圆形，被柔毛；花萼筒钟形，密被长柔毛，5 裂，裂片披针形，具裂齿；花冠黄色，喇叭形，裂片倒卵形，先端钝，具短尖头，两面被稀疏长柔毛，具 5 脉；雄蕊 3 枚，离生，基部膨大，被毛，药室外线形，3 回折曲。雌花梗长 2～3cm，密被黄褐色长柔毛及短刚毛，花萼及花冠同雄花；子房下位，球形、卵形或长圆柱形，密被黄褐色或白色长柔毛；花柱短，柱头 3 枚，2 裂。

（5）果实　冬瓜果实为瓠果，由下位子房发育而成，嫩瓜、老瓜均可食用。果实的大小和形状因品种不同而有较大差异，形状有圆、扁圆、椭圆、长椭形和棒形等。果皮有墨绿、深绿、绿、浅绿、黄绿等颜色，成熟果皮有白色或黄白色刺毛，被白色蜡粉或无蜡粉。茸毛随果实成熟而逐渐脱落。果肉通常为白色，也有少量品种果肉为绿色。

（6）种子　冬瓜种子近椭圆形、扁平，种脐一端稍尖，浅黄色，种子内无胚乳，种皮坚硬，是造成发芽时吸水困难的主要原因。根据种皮形状和结构，可将成熟冬瓜种子分为无棱光籽（俗称单边籽）和有棱扁籽（俗称双边籽），千粒重 16～100g。单边籽种子通常具有不同程度的休眠，其发育率一般在 60%以下，发芽慢且不整齐，而双边籽种子发芽快，整齐，发育率超过 90%。

2. 对环境条件的要求

（1）*光照* 冬瓜为短日性作物，短日条件可提早发生雌花和雄花，但对光照长短的适应性较强，在适温条件下，一年四季都可开花结果。幼苗期低夜温和短日照有利于冬瓜雌花发生，导致第一雌花节位降低。同时，在短日低温下，有时会使有的品种先发生雌花，然后发生雄花。抽蔓期和开花结果期适于较强光照。夏秋季节，高温烈日会引起冬瓜果实发生日灼病，一般粉皮冬瓜对日灼病的抗性强于黑皮冬瓜。

（2）*温度* 冬瓜喜温耐热。种子发芽快慢主要受温度影响。适当浸种后在 30～33℃下催芽，约 36h 便陆续发芽，25℃以下则发芽缓慢，发芽率降低。根系生长的最低温度为 12～16℃，生长发育适温为 25～30℃，10℃以下易受冻害。幼苗期温度偏低，有利于雌花花芽分化，温度过高则易发生第一雌花“跳节”现象。授粉适宜气温为 25℃左右，温度在 15℃以下时，开花和授粉不正常，降低坐果率。温度过高则植株生长快，易徒长。

（3）*水分* 冬瓜叶面积大，蒸腾作用强，果实发育快，需要较多水分。但幼苗期和伸蔓期若水分过多，会导致植株徒长。进入开花结果期，水分过多则不易坐果，但结果后必须保证充分的水分供应。适宜的空气相对湿度约为 80%。

（4）*土壤* 冬瓜的根系较强大，吸水能力较强，适宜保水保肥力良好的土壤。同时，由于冬瓜的枯萎病、疫病等较严重，其发生与土壤湿度大、水位高和施肥不当等有密切关系。因此，以排水良好、疏松透气、有机质较多的壤土、砂壤土为宜。避免与瓜类作物连作。

（5）*矿质营养* 冬瓜生长期长，植株营养生长及果实生长发育要求有足够的土壤养分，必须施入较多的肥料。施肥以氮肥为主，适当配合磷、钾肥，增强植株抗逆能力，并增加单果种子生产量。

二、品种类型与栽培季节

扩展 15-3

1. 按果实大小划分 可分为三类：小果类型，早熟或较早熟，第一雌花节位低，果实小，单株结果多；中果类型，较早熟或中熟，主蔓第 10 节左右发生第一雌花，单果重 5～10kg；大果类型，中晚熟或晚熟，主蔓一般在第 10 节以上发生第一雌花，单果重 10kg 以上。

2. 按果皮颜色和蜡粉有无划分 可分三类：粉皮类型，果实被蜡粉，越成熟蜡粉越厚，较耐日灼病；青皮类型，果皮青绿色，表面无白色蜡粉；黑皮类型，果皮墨绿色，表面无白色蜡粉。

3. 按品种的熟性划分 也可分为三类：早熟类型，主蔓第一雌花、雄花发生早，着生节位较低，果实较小，每株采收数果；中熟类型，主蔓第 10 节左右着生第一雌花，果实较大；晚熟类型，主蔓第 10 节以上着生第一雌花，果实大。

4. 按栽培方式划分 可分为地冬瓜、棚冬瓜和架冬瓜三种。

（1）*地冬瓜* 冬瓜植株爬地生长，管理较为粗放，节省棚架材料，但单位面积株数少，单位面积产量较低，果实皮色与形状不如棚冬瓜或架冬瓜美观。

（2）*棚冬瓜* 用竹木搭棚，有高棚与矮棚之分。高棚如湖南的平棚和广东揭阳等地区的鼓架平棚，棚高 1.7～2m，可在棚下管理操作，瓜蔓上架前摘除侧蔓，上棚以后任意生长。矮棚在厦门和广东潮汕等沿海地区广泛采用，棚高 0.7～1m，果实长大后接触地面，既有利于防止风害，又减少日晒灼伤。棚冬瓜的坐果和单果重均比地冬瓜好，单位面积产量高于地冬瓜，但基本上利用平面面积，不利于密植和间套种，且搭棚材料多，一次性投入成本高，但可多年使用。

（3）架冬瓜　支架的形式有湖南长沙郊区的“一条龙”，每株一桩，在1.3m左右高处用竹连贯固定；广东的“三星鼓架龙根”或“四星鼓架龙根”，即用3或4根竹竿搭成鼓架。鼓架上用横竹连贯固定，一株一个鼓架。这种栽培方式结合植株调整，较好地利用空间，有利于密植，并使坐果整齐，果重均匀，成熟一致，高产稳产。也有利于间作套作，充分利用土地，增加复种指数，又比棚冬瓜节省材料，降低成本。架冬瓜是三种栽培方式中较合理和科学的一种方式，目前应用最为广泛。

三、栽培技术

1. 土壤耕作

（1）土壤选择　冬瓜蔓、叶繁茂，果实大，消耗水分多，适宜保水保肥力良好的土壤，以选择向阳、排水良好、土层深厚、富含有机质的砂壤土或水稻土为好，畦的方向以南北向为佳，并实行2～3年水旱轮作。

（2）整地作畦　上年秋季先选好瓜地，尽早深翻晒白，犁耙深度25～30cm及以上，整地前每亩撒生石灰70～75kg，进行土壤消毒，调节土壤pH。随后整畦起垄，畦高30cm、宽1.5m。

（3）施足基肥　冬瓜生长期长，根系吸收能力强，为取得优质高产，必须施足基肥。基肥以腐熟猪、牛栏粪、人粪尿或蘑菇渣为主，每亩施1500～2000kg，加饼肥30～50kg、过磷酸钙40～50kg或三元复合肥10～15kg。

（4）地膜覆盖　施好基肥后，在种植畦上，覆盖地膜以利于提高低温，保持土壤湿度，为移栽后植株生长营造良好的土壤环境。铺地膜时，地膜应平铺紧贴畦面，特别是种植穴周边地膜，以免因种植后气温高而导致穴内热气熏伤幼苗。

2. 育苗技术

（1）苗床选择　选择避风向阳、水源方便地块作苗床，整苗床宽1.3～1.5m，并喷施40%辛硫磷1500倍液，消灭地下害虫。

（2）营养土的配制　播种前5～10d配制好营养土，选用经烤晒、过筛的肥沃水稻土或火烧土，加腐熟猪、牛栏粪、稻谷灰混合均匀，土肥比例为7∶3，每50kg营养土加钙镁磷肥0.25～1kg、多菌灵50g，充分混匀，堆沤5～10d。然后将营养土装入营养杯或育苗盘中，整齐排放在苗床上。利用营养杯或育苗盘育苗可以有效地保护根系，有利于培育壮苗；播种前，苗床或营养杯浇透水。

（3）选种　选用洁白有光泽的新种子，每亩用种量50～75g。

（4）晒种　播种前2～3d，把种子在太阳下晒0.5～1h，但避免暴晒。

（5）温汤浸种　50～55℃的温水浸种，并不断搅拌，保持10min后，使水温降至30℃以下，再浸8～10h，捞出沥干，催芽。浸种过程中搓洗1或2次去掉种皮上黏液，以利于种子吸水和呼吸。

（6）催芽与播种　把浸好的种子捞出，清洗数次，稍加晾干表皮，待不黏手时，用湿润纱布包好，置入30℃左右的恒温箱中，每天冲洗一次。3～4d后，大部分种子的胚根突破种皮外露时，即可播种。

（7）播种方法　播种前一天将营养杯或育苗盘中的营养土浇透水，使营养土蒸发少许水分后变得疏松，便于胚根下扎。每个穴播露白种子1粒，种子平放，露白芽向下。播种后撒一层细土盖种。而后用竹片在苗床上搭起小拱棚，盖上薄膜保温保湿，确保整齐出苗。

夏季育苗，气温常超过冬瓜幼苗的生长需要，加上空气相对湿度较高，容易徒长以至发生病害。因此，应采取遮阳网或塑料薄膜等遮光、降温、防湿等措施。

（8）苗期管理　掌握“宁干勿湿”原则。育苗期间水分要适当控制，除播种时浇透水外，以后可根据天气情况每天或隔天淋水一次，土壤不宜过湿，以免引起猝倒病、立枯病的发生。定植前 15d 应先蹲苗，即减少浇水，适当降温，提高幼苗对外界适应能力。

3. 田间管理

（1）定植　栽培密度因品种、栽培方式与栽培季节等而异。小果型品种的果实较小，每株结果 2 或 3 个，应增加密度提高产量。中果型和大果型品种，特别是大果型，一般每株只留一个果实，春季行距通常 1.8m，单行植，株距 80cm（每亩栽植 500 株左右）。定植前先用 40%辛硫磷 1000 倍液浇淋种植穴，杀死地下害虫。定植时将定植部位地膜撕开一圆洞，挖一小穴，将营养钵或穴盘中的小苗连土取出，植于穴中，用土固定。定植后淋足定根水，可用 2.5%适乐时 2000 倍液或 45%恶霉灵 3000～4000 倍液作定根水，预防枯萎病。定植后 5～10d，是确保幼苗成活的关键时期，必须保持土壤湿润。夏秋冬瓜定植后，用稻草、麦秆、甘蔗叶茎进行地面覆盖。

（2）肥水管理　冬瓜产量高低取决于单瓜重，追肥要节制，若追肥不当，往往引起枝蔓徒长，影响坐瓜，在幼瓜长到一定大小时，要进行较大用量的追肥。对冬瓜的施肥的原则应掌握勤施、薄施，前轻后重，合理搭配氮磷钾。切忌施氮肥过多，以防果实绵腐病发生。“弯脖”时叶蔓与果争夺养分激烈，易出现化瓜。花谢 5～20d 应及时补充磷、钾肥，根外追肥 0.3%磷酸二氢钾，配水淋垄中间，或浅水浸沟。

（3）植株调整　调整主蔓和侧蔓生长、地上部和地下部生长、茎叶和果实的生长，以更好地利用空间，集中养分保证果实的良好发育。

地冬瓜利用主蔓和侧蔓坐果，可以在主蔓基部选留 1 或 2 个强壮侧蔓，摘除其他侧蔓，坐果后让侧蔓任意生长。

棚架冬瓜一般利用主蔓坐果 1 个，在主蔓坐果前后摘除全部侧蔓。及时做好引蔓工作，通常引蔓使瓜蔓均匀分布，充分利用阳光，并有适当位置坐果。在搭架时可将基部没有雌花的茎蔓绕架杆盘曲压土。及时做好压蔓工作，使藤茎分布均匀。茎蔓上架时须进行绑蔓，一般在距地面 20cm 左右时绑蔓一次，在距地面 50cm 时再绑蔓一次，使冬瓜果实位于架竿中心部位悬挂生长，以利于果实发育。

坐果前摘除全部侧蔓，坐果后留 2 或 3 条侧蔓，让其生长到 2 片真叶时打顶。每株多留一个瓜，待幼果到 0.3～0.5kg 时再择优去劣定瓜。定瓜位置控制在 23～35 节，28 节最佳。定瓜后，留 10～15 片健全叶打顶。

（4）防止落花落果　冬瓜在结果期间，常有落花落果现象，造成的原因很多，如受精不良，开花时夜间温度高，植株徒长，第一个瓜没有及时采收，或整蔓、打杈、摘心不及时等。防止落花落果的办法是进行人工授粉，提高坐果率，增加产量。

（5）护瓜与吊瓜　春茬冬瓜为提早上市，以留第一个瓜为佳，第二个瓜可摘瓜仔出售。夏秋茬为获得高产，以留第二个瓜为宜。果实长至 2kg 左右时，可用麻绳套住瓜柄，将麻绳系在架竿上，以防果实长大后坠断瓜藤。在夏秋季，冬瓜果实坐果期间，正值炎热季节，阳光直射冬瓜果实会引起日灼病，可用稻草、麦秆、蕉叶、报纸等对果实进行遮阴。

（6）收获　冬瓜的嫩果和成熟果实均可食用，一般收获成熟果实。充分成熟的果实，产量高，品质佳。

第十六章 豆　类

第一节 概　述

豆类蔬菜是豆科以嫩豆荚或嫩豆粒为产品器官的一二年生草本植物，其中毛豆茎的木质化程度相对较高。这类蔬菜栽培历史悠久，种类多，分布广，其植物学分类详见第二章。豆类蔬菜风味鲜美独特，营养价值高。其中菜用大豆是优质植物蛋白的重要来源，四棱豆等的蛋白质含量高达35%～40%，四棱豆、菜豆等每100g蛋白质中赖氨酸含量都在400mg以上。此外，豆类蔬菜还含有丰富的矿质元素和维生素，其中以钙、磷、铁和B族维生素的含量高。除鲜食外，豆类蔬菜还可以速冻冷藏、制罐、腌制、脱水加工供应市场。

豆类蔬菜，除豌豆和蚕豆外，均原产热带，为一年生喜温蔬菜。其中豇豆最为耐热，适于夏季栽培。从起源的角度，这些蔬菜属于短日照植物，目前大多豆类蔬菜对日照长度已不敏感，但苗期短日照条件下能促进花芽分化，降低花序着生节位。有少数品种，如晚熟菜用大豆和扁豆，仍为较严格的短日照植物。豌豆和蚕豆原产温带，为半耐寒二年生蔬菜，长日照植物，宜在气候温和凉爽的季节栽培。

豆类蔬菜的根系较发达，较耐旱。根系发达和耐旱程度豇豆＞豌豆、蚕豆＞菜豆。而耐温能力则为蚕豆＞豌豆、豇豆＞菜豆。豆类的根系木栓化发生早，程度高，再生能力弱，不耐移植，栽培上以直播为主。春提前栽培时可育苗移栽，但苗期宜短，且需护根育苗。

多数豆类的生长习性可分为蔓生和矮生，少数豆类还有半蔓生类型。豆类蔬菜植株开张度小，生产中一般一穴多株进行种植。

根据下胚轴伸长能力不同，可将豆类分为子叶出土和不出土两类。前者有菜豆、豇豆、毛豆等，播种覆土不宜太深，否则不易出苗。后者有豌豆、蚕豆、藜豆、多花菜豆等，覆土宜深些。豆类蔬菜种子的养分主要贮藏于子叶，无胚乳。子叶基本不进行光合作用，贮藏养分消耗完毕后即脱落。第一对真叶为对生单叶，以后的真叶为复叶，菜豆、豇豆和扁豆等为三出复叶，豌豆和蚕豆为羽状复叶。蝶形花，总状花序，多数为自花授粉。蚕豆、多花菜豆、菜豆等豆类天然杂交率相对较高。

根瘤菌可与豆科作物共生，为它们提供氮素。根瘤的生长发育期分为显瘤期、固氮期和老化期3个时期。植株长到1～4片真叶时开始形成根瘤，一般豆类蔬菜在7～14d成熟，20d后开始衰老。幼苗期根瘤少，固氮能力较弱；抽蔓和现蕾以后迅速增加；至开花和结荚初期，根瘤数和固氮量达到高峰，占根瘤一生固氮量的80%；随后根瘤迅速衰老，固氮能力迅速下降，根瘤数量大幅度下降。根瘤的寿命和发达程度因作物种类而异。一般豇豆、菜豆、扁豆的根瘤不太发达，仍需适当施氮；蚕豆和毛豆晚熟品种的根瘤比较发达，栽培时可适当少施肥，过多的氮素反而会抑制根瘤菌的生长和固氮能力。

为提高根瘤的固氮能力，节氮增产，应为根瘤菌创造良好的生活条件。根瘤主要分布在3～20cm的土层内，表明根瘤菌为好气性细菌。通常土层疏松、通气良好，土壤相对湿度60%左右，中性土壤，温度 20～28℃时，有利于根瘤菌生长。因此，早春地膜覆盖可提高地温、保持土壤湿润，提早形成根瘤，增强固氮能力。施用磷、钼、硼、锰等元素有利于根瘤菌生长和活动。人工接种根瘤菌可显著提高根瘤发生，增产效果显著，但需注意品种和菌株的亲和性。

根瘤菌分泌有机酸，因而豆类连作会增加土壤酸性，限制根瘤菌的活动，使磷素被固定，植株矮化、茎叶发黄，严重可导致提早枯死。因此，豆类蔬菜最好实行 2～3 年及以上的轮作。

第二节 豇 豆

豇豆［Vigna unguiculata（L.）Walp.］，适应性强，栽培范围广，是我国夏秋季节主要种植蔬菜之一。我国是豇豆次生起源中心，栽培历史悠久，品种资源丰富。豇豆在我国栽培广泛，主要产地有河南、山西、陕西、山东、广西、河北、江苏、湖北、安徽、江西、贵州、云南、四川及台湾等。

一、生物学特性

1. 植物学性状 主根深 50～80cm，主要分布于 15～18cm 的表土，根上生有粉红色根瘤。幼茎多棱，绿色。茎有蔓生、半蔓生和矮生之分，蔓生类型一般呈右旋性缠绕。第 1 对真叶为单叶，对生；以后的真叶为三出复叶，互生，多为卵状菱形，绿或深绿色，全缘，无毛。自叶腋抽生 20～25cm 长的花梗，先端着生 2～4 对花，淡紫色或黄色，一般只结两荚，荚果细长，因品种而异，长 30～70cm，色泽有深绿、淡绿、红紫或赤斑等。每荚含种子 16～22 粒，肾形，有红、黑、红褐、红白和黑白双色籽等，千粒重为 120～150g。

2. 生长发育周期

（1）*种子发芽期* 从种子萌动到基生叶展开，需 7～10d。

（2）*幼苗期* 基生叶展开到 7 或 8 片叶，一般需 15～20d。这一时期幼苗生长和叶面积增长都缓慢，占总生长量的 1%～3%。幼苗期花芽分化已经开始。

（3）*抽蔓期* 从 7 或 8 片叶至现蕾，一般需 10～25d。蔓生类型这一阶段持续时间较长，矮生型则较短甚至没有。主蔓节间伸长并开始迅速生长。基部抽出侧蔓，从直立生长转为缠绕生长。叶数及叶面积迅速增加，根也不断扩大，根瘤数目和质量增长迅速，固氮活性大大加强，腋芽自下而上不断分化花芽，最初分化的花芽发育成花蕾体。生长量占总生长量的 4%～15%。

（4）*开花结荚期* 从现蕾到采收，一般需 50～60d。蔓生型有些早熟品种在主蔓第 3～4 节发生第 1 花序，多数品种在第 7～9 节发生。晚熟品种第 1 花序的节位稍高，侧蔓第 1 花序的节位较主蔓低，一般在第 1～2 节就发生。主蔓和侧蔓发生第 1 花序后，多数连续发生花序或稍有间隔。每个花序可分化发育 2 或 3 对花蕾或更多，但一般只有 1 或 2 对，且多数只有第 1 对花蕾能正常开花结荚。豇豆在开花结荚期，无论主蔓还是侧蔓都是自下而上开花结荚，矮生类型茎上也是自下而上抽生花序和开花结荚。所以在早生的花荚与晚生的花荚之间，早发育的豆荚与晚发育的豆荚之间，主蔓开花结荚与侧蔓开花结荚之间，都存在养分的分配与竞争问题。豇豆的结荚、豆荚产量和采收期等都因类型、品种、栽培季节和栽培条件等方面有很大差异。此期的生长量大，占总生长量的 80%～95%。

3. 对环境条件的要求

（1）*温度* 豇豆耐热性强，不耐霜冻，在 35℃的高温下能正常生长。发芽最低温度为 8～12℃，最适温度为 25～30℃，植株生育适温为 20～25℃，10℃以下的低温生长受抑制，5℃以下受害，接近0℃死亡。

（2）光照　豇豆对日照长短的反应分为两种类型，一类对日照长短要求不严格，这类品种在长日照和短日照季节都能正常发育，适合反季节种植。另一类对日照长短要求比较严格，适宜在短日照季节栽培，如在长日照季节栽培则茎蔓徒长，延迟开花结荚。豇豆喜阳光，在开花结荚期间需要良好日照，如光线不足，会引起落花落荚。日照充足，光照较强，有利于植株生长开花，提高结荚率。

（3）水分　豇豆要求适量的水分，但能耐旱。种子发芽期和幼苗期不宜过湿，以免降低发芽率或幼苗徒长甚至烂根死苗。开花结荚期要求有适当的空气相对湿度和土壤含水量，以空气相对湿度70%～80%、土壤含水量60%～70%为宜。土壤水分过多，不利于根系和根瘤活动，甚至烂根发病，引起落花落荚。

（4）土壤与矿质营养　豇豆对土壤适应性广，稍耐盐，过于黏重或低湿的土壤不利于根系和根瘤的发育。以土层深厚、土质肥沃、排水良好的中性壤土（pH 6.2～7）为好。

豇豆结荚时，需要大量的营养物质，且豇豆根瘤菌又远不及其他豆科植物发达。因此，必须供给一定数量的氮肥。但切记不能偏施氮肥，如前期氮肥过多，使蔓叶徒长，会延迟开花结荚，降低早期产量。应与磷钾肥配合施用。增施磷肥，可以促进根瘤活动，固氮能力加强，豆荚充实，增加产量。

二、品种类型与栽培季节

豇豆按食用部位分为荚用类型和豆粒类型；按生长习性分为蔓生类型和矮生类型。

1．蔓生类型　茎蔓生，节间较长，蔓长2～3m或更长，侧蔓多，无限生长，左旋性缠绕生长。随着茎蔓生长，自下而上陆续抽出花序。花序数较多，花期较长。播种至初收为50～90d，采收期为30～60d。

2．矮生类型　矮生类型为蔓生类型的变种，拉丁名为*Vigna unguiculata* subsp. *cylindrical*（L.）Verdc。茎直立。花序的着生位置在主茎4～8节的叶腋处和侧枝的顶部，花序数随节数和侧枝数而增加，所以每株的花序少，花期短。早熟，播种至初收为40～50d，采收期短，为5～15d。不用支架，成熟期集中，适于机械化栽培。

华北和东北多数地区一年栽培一茬，从4月中下旬到6月中下旬播种，7～9月采收。比较耐旱的青豆角和对日照长度要求不严的品种可适当早播或提早育苗。

扩展16-1

长江中下游地区4～7月均可播种，云南、贵州、福建等地可延至8月底至9月初播种，云南西双版纳可延至9月底播种，采用地膜套大棚栽培，可于2月中下旬播种。在播种季节上宜早不宜迟，以争取有较长的适宜生长季节。

蔓生种适于套种，能和黄瓜、瓠子等套种，以便一架多用，也可与玉米套种，半蔓生和矮性种可与玉米、大蒜间作。豇豆的前茬一般为大白菜、冬萝卜等的冬闲地，后茬多为芹菜、菠菜等。

三、栽培技术

1．露地常规栽培

（1）整地施肥　豇豆忌与豆类作物连作，一般要选择地势高、排水较好的地块种植。豇豆的根群分布在15～18cm土层中，主根深，吸肥和耐旱力强，但根瘤不发达，因此，必须深耕且多施基肥，整地时每亩施有机肥2500～4000kg、过磷酸钙15～20kg、草木灰100～150kg。

（2）播种定植　直播多采取穴播，每穴点播2或3粒。也可采用营养钵或营养泥炭块育苗。浇透水后，每钵（块）播处理好的种子2或3粒，播后覆盖2cm左右厚的营养土，覆盖地膜；保墒提温。一般采用双行种植，畦面连沟135～140cm，株距25.3cm，每穴2或3株，用种量为26.3～30kg/hm^2，搭2.5m以上人字架。

（3）肥水管理　豇豆在开花结荚前对肥水要求不高，如肥水过多，茎叶生长过于旺盛，导致开花结荚节位升高，花序数目减少，会形成中下部空蔓，因此生长前期宜控制肥水，抑制生长；当植株开花结荚后要增加肥水供应，促多结荚，结荚盛期开始重施追肥。前期应控制浇水，当第1花序坐果，其后几节花序出现时，浇足头水，待中下部豆荚伸长，中上部花序出现后，再复二水；以后土壤稍干就应浇水，保持地面湿润。

（4）合理整枝　蔓生长豇豆的主蔓长可达2～3m，合理整枝可协调营养生长与生殖生长，促其多坐果。具体方法是：①除底芽，将主蔓第1花序以下的侧芽全部抹除。②侧枝及早摘心。中后期主蔓中上部长出的侧枝应及早摘心，若肥水条件充足，植株生长健旺，则对这些侧枝不要摘心过重，可酌情利用侧枝结果。③打顶尖。主蔓长到2～3m时要打顶摘心，以控制其生长，促使侧枝花芽形成，以免养分消耗，同时可方便果荚采收。

（5）采收　一般开花后11d左右即可采收。豇豆每个花序有2～5对花，通常是结1对荚，在肥水充足、植株健壮的情况下，1个花序前后可结2或3对荚。所以采收豆荚时，要注意保护花序，不能连花柄一起摘下或弄伤花序。采摘时，在豆荚基部1～2cm处折断即可。一般隔1d采收一次豆荚。

2．日光温室栽培　豇豆的整个生长过程中，大部分时间是营养生长和生殖生长同时进行的。生育期长短随种类和栽培条件而异。矮生种（地豆角）从播种到拔秧需90～110d，蔓生种需110～140d。肥水充足、管理好的比瘠薄地和脱肥的生育期长。

（1）品种及育苗　选择适合大棚种植、高产稳产的品种是产生高效益的关键。豇豆种子较小，抗寒能力弱，播种前对种子进行精选是保证苗全、苗壮的关键。豇豆以往多采用直播，近几年大棚内实行育苗移栽法可充分保护根系不受损伤。便于上下茬安排，不但可以早播、早收，提前供应市场，还能保证苗全苗壮，促进开花结荚，增加产量。豇豆直播茎叶生长旺盛而结荚少，育苗移栽结荚多。也就是说，豇豆通过育苗移栽，可以抑制营养生长，促进生殖生长。从生理上讲，豇豆育苗期正处于短日照，对促进花芽分化有利，故开花结荚部位低。

育苗移栽多采用小塑料袋和纸筒（纸钵）育苗，也可采用5cm×5cm营养土方块育苗，每穴2或3粒种子，浇透水，注意保温和控制徒长。

育苗期要根据前茬蔬菜的拔秧期推算。苗龄一般为20～25d。多在冬至前后育苗。

为了利于种子发芽和杀死附着在种皮上的虫卵、病菌，采用高温消毒"胀籽"播种效果很好。即先将精选的种子，放在盆中用80～90℃的热水将种子迅速烫一下，随即加入冷水降温，保持水温25～30℃ 4～6h，捞出稍晾播种，一般不再播前催芽。

（2）整地施基肥和作畦　豇豆喜土层深厚的土壤，播前应深翻25cm，结合翻地铺施土杂肥5000～10 000kg，过磷酸钙50～75kg或磷酸二铵50kg，钾肥15～25kg。

整地后作畦，畦宽1.2～1.3m，每畦移栽2行，穴距20cm左右，每穴2株。每亩5000～5500墩。

（3）插架、摘心、打杈　架豇豆甩蔓后插架，可将第一穗花以下的杈子全部抹掉，主蔓爬到架顶时摘心，后期的侧枝坐荚后也要摘心。主蔓摘心促进侧枝生长，抹杈和侧枝摘心促进豇豆生长。

（4）先控后促管理　豇豆根深耐旱，生长旺盛，比其他豆类蔬菜更容易出现营养生长过旺的现象，加之大棚栽培光照弱、温度高、肥力足，营养生长旺盛就更为突出，进而影响开花结荚。田间管理上要先控后促，防止茎叶徒长和早衰。

豇豆从移栽到开花前，以控水、中耕促根为主，进行适当蹲苗，促进开花结荚；坐荚后，要充分供应肥水，使开花结荚增多。具体做法是：育苗移栽豇豆浇定苗水和缓苗水后，随即中耕蹲苗、保墒提温，促进根系发育、控制茎叶徒长。出现花蕾后可浇小水，再中耕。初花期不浇水。当第一花序开花坐荚、几节花序显现后，要浇足头水。头水后，茎叶生长很快，待中、下部荚伸长，中、上部花序出现时，再浇第二次水，以后进入结荚期，见干就浇水，才能获得高产。采收盛期，随水追肥一次，每亩施优质速效化肥、磷酸氢二铵 25kg 或磷酸二氢钾 20～25kg。

3．夏豇豆高产栽培　夏豇豆一般在 6～7 月播种，采摘期在 8～9 月，夏豇豆生产期间常会受到高温、干旱、风雨等不利天气条件的影响，加强科学化的管理是提高产量和品质的关键。

（1）插架绑蔓　当豇豆的植株长到高 30cm 时，就要及时插架，选用 2.5m 长的竹竿，插“人”字形架，在架上部拉一横向的铁丝，根据栽培田面积的大小，铁丝的长度以 50m 为宜，将铁丝的两端固定在木桩或水泥钢筋立柱上（深埋田间），然后用绳子再把竹竿和铁丝绑牢固。将豇豆茎叶长出的丝须缠绕在竹竿上即可，它可附着在竹竿上自行往上缠绕生长。

（2）水肥管理　苗期应当严格控制浇水量，不旱不浇，到插架前进行蹲苗处理。为防止苗期旺长，可喷施矮壮素 1 次，这样有利于豇豆根系下扎，茎秆粗壮，打下丰产的基础。当豇豆进入花荚期后应加强肥水管理，这样有利于促进花蕾的形成和豆角的生长发育，提高产量。在结荚初期施肥应以腐熟的农家肥为主，先开沟，然后将农家肥均匀地撒施在沟内，最后覆土。进入结荚中期后应以施用三元复合肥为主，采用穴施或沟施的方法，每亩用量为 20kg 左右。也可随水冲施沼液，一般 10～15d 追肥 1 次。进入结荚后期，随着植株根系的叶片吸收功能的减弱，可进行叶面追肥，选用磷酸二氢钾喷施，对提高后期产量有明显的效果。

4．豇豆空蔓原因及防治　豇豆种植过程中，常遇到豇豆结荚节位高、落花落荚形成空蔓等现象，虽然豇豆的结荚特性有品种差异的因素，但也受环境条件的影响。

（1）空蔓原因

1）播种期因素。豇豆植株的花穗和花蕾形成较多，但其自身的落花落荚严重，成荚率低。据试验观察资料显示，4～8 月，同一豇豆品种随着播种期推迟结荚率降低。由于播种期推迟，后期温度升高，当气温超过结荚最适温度（25～28℃）时，豇豆的结荚率开始下降。

2）前期生长势过旺。一般中晚熟品种结荚节位较高，但早熟品种在苗期徒长，初花期生长过旺会使豇豆结荚节位升高。在苗期豇豆的花穗原基开始分化，如徒长会影响基部花穗的形成。前期生长势旺，使营养生长与生殖生长不能协调，叶片与花荚之间争夺养分现象严重，就会落花落荚形成空蔓。

3）病虫危害。夏秋为虫害高发期，尤其是烟青虫、豇豆螟等对豇豆的花蕾、豆荚危害极大。

扩展 16-2

4）发芽分化期遇低温等不利环境。在豇豆的花芽分化期遇到低温，或在开花期遇到低、高温，或空气相对湿度过大、干旱，或光照太弱都是引起豇豆落花落荚的原因。

（2）防治措施

1）培育壮苗。早春育苗防止幼苗受低温危害，可在加强保温设施的同时，使用激抗菌 968 苗宝拌土育苗，其用量为：300～500 棵苗用 75g/袋苗宝，以增强秧苗的抗病抗逆能力，培育壮苗。

2）合理密植。豇豆多采用一穴双棵栽培，因此种植密度的掌控一定要合理。一般以株距 35cm、行距 70cm 为宜。若定植过密，容易造成豇豆生长中后期田间郁蔽，影响通风透光，特别不利于下部侧枝上豇豆的正常开花结荚，这也是造成豇豆结荚节位高的原因之一。对于密植的棚室，若田间郁蔽，应采取摘叶的方式，改善田间通透性，提高光合作用的利用率。可根据田间情况，适当摘除植株 1/4～1/3 的叶片，摘叶同时还有控制植株旺长的功效。及时搭架，在蔓长 30～40cm 时及时引蔓上架。

豇豆定植时，可穴施落地生根抗死棵，预防根部病害，促进根系深扎。定植缓苗后，应加大通风，将温度控制得偏低一些，以利于形成壮苗。可控制白天温度在 20℃左右，夜温在 15℃左右。若此期温度过高则易造成节间过长，秧苗徒长，影响前期产量。秧苗锻炼 20～25d，可使节间变短，叶片增加，利于产量提高。

3）科学使用氮肥。要合理使用氮肥，早期不偏施氮肥，现蕾前少施氮肥，要增施磷、钾肥。以防茎叶徒长，造成田间通风透光不良，结荚率下降。结荚期和生长后期必须追施适量的氮肥，以防早衰。结荚后要连续重施追肥，追肥浇水掌握好促控结合，一般每采收 2 或 3 次，追施一次有机肥或尿素。

5. 豇豆落花落荚原因及防治 豇豆的结荚率仅占开花数的 23%～30%。同花序，第 1、2 对花先开，坐荚率为 60%～80%；第 3、4 对花坐荚率仅为 10%左右；第 5、6 对花常发生落花。落花落荚的原因主要有以下两个方面。

（1）*落花落荚原因*

1）营养因素。一是各器官间营养竞争激烈导致落花落荚严重。因豇豆花芽分化较早，分化数量大，植株较早进入营养生长与生殖生长并行阶段，致使大量花芽分化后因得不到足够的养分而败育。在开花结荚期茎叶生长与生殖器官生长之间、全株花序之间、花序内各花之间以及花序内花与荚之间争夺养分也很剧烈，从而导致大量落花落荚。如果在开花初期浇水过早或早期偏施氮肥，会造成枝叶繁茂，使营养生长与生殖生长之间的矛盾更加剧烈，而导致晚开的花或幼荚脱落。二是与营养积累不足有关。如种植密度过大、支架不当、光照不足、缺水缺肥、雨涝、病虫危害严重、气温过高或过低、植株早衰等因素，都会影响光合产物积累和水肥吸收，导致花器发育不良而脱落。

2）花器发育和授粉受精受阻。外界环境因素直接影响花芽分化、发育和授粉受精。例如，温度过低（15℃以下）、过高（30℃以上），特别是连续高温和夜高温，使花的发育不完全。增加不孕花比例，使花粉生活力降低甚至丧失，影响花粉管伸长速度，不能正常受精而落花。

扩展 16-3

（2）*防治措施*

1）选用适应性广、耐热性强、坐荚率高的优良品种。

2）适期播种，避免或减轻高、低温障碍，还可以利用保护设施改善小气候条件。

3）加强田间管理，调节营养生长与生殖生长的平衡关系，保证合理的肥水供应和充足的光合产物积累。包括精细整地、合理密植、合理肥水供应、及时搭架、及时病虫害防治、及时采收等；防止偏施氮肥和合理浇水；设施栽培要调节好温湿度；发现疯长要及时使用植物生长调节剂处理，如矮壮素 100mg/L。

4）花期用 5～25mg/L 萘乙酸或 2mg/L 对氯苯氧乙酸喷施，可减少落花落荚。

第三节　菜用大豆

菜用大豆［*Glycine max*（L.）Merr.］又称为毛豆，是指鼓粒末期籽粒饱满而尚未老熟，荚色、籽粒色翠绿时采青供食用的大豆，是大豆的专用型品种。中国是世界上最早食用菜用大豆的国家，自南宋开始发展。20 世纪 70 年代，中国菜用大豆生产一直处于农民自给自足的状态。直到 80 年代改革开放后，才开始从日本等地引进菜用大豆品种，并逐渐重视选育适合不同生态类型区的品种。近十几年来，菜用大豆的生产和市场得到迅速发展。目前栽培面积为 10 万～15 万 hm^2，平均单产 $9t/hm^2$ 左右，主产区为浙江、福建、江苏等沿海地区。

一、生物学特性

1. 植物学性状

（1）根　菜用大豆根系由主根、侧根和根毛三部分组成。主根由胚根发育而成，在发芽后 3～7d 侧根开始出现。苗期根系生长，比地上部分要快 5～7 倍，分枝到开花期，根的生长最旺盛；从开花末期到豆荚伸长期，根量达到最大。主根深可达 180cm，横向扩展 35～45cm，但主要根系仍分布在 0～20cm 的耕作层内。

（2）茎　菜用大豆茎包括主茎和分枝。在苗期，幼茎有绿色和紫色两种，绿茎开白花，紫茎开紫花。植株成熟时，茎呈现出品种固有的颜色，有淡褐、褐、深褐等颜色。大豆的株型可以按照主茎、分枝、主茎和分枝的夹角大小进行分类。

若根据主茎来分，大豆的株型可以分为如下几种。

1）蔓生型。植株高大，节间长，茎秆细弱，半直立或匍匐于地面，进化程度较低的野生豆或半野生豆多属于此类型。

2）半直立型。主茎较粗，上部细弱有缠绕的倾向，特别是在水肥和遮阴条件下易倒伏。

3）直立型。植株较矮，节间较短，茎秆粗壮，直立不倒。

（3）叶　菜用大豆叶片有四种类型，即子叶、单叶、复叶和先出叶。在茎的子叶节上着生 1 对子叶，子叶节上方的一个节位着生 1 对单叶，即呈对生状的 1 对真叶。其余各节上着生有 3 片小叶所组成的复叶，呈互生，复叶是由托叶、叶柄和小叶三部分组成，托叶对生于叶柄和茎相连处的两侧，小而窄，起到保护腋芽的作用。上部复叶中间的小叶，能够随日照而转向。每一个侧枝基部着生有长度不足 1mm，没有叶柄、叶枕，成对的细小先出叶。

菜用大豆的叶形、大小因品种而异，叶形可分为椭圆形、卵圆形、披针形和心脏形等。一般认为披针形叶的品种宜适当增大密度，而圆形叶的品种则密度不宜太大。菜用大豆植株不同部位叶片寿命不同，中部叶片功能期最长，上部次之，下部叶片的寿命最短。菜用大豆整个生育期单株总叶面积到盛花期至结荚期达到最高值。

（4）花和花序　菜用大豆的花序属于总状花序。根据花序轴的长度和花的数目，可以将花序分为 3 种类型：

1）长轴型。花序轴长 10cm 以上，每个轴上着生 10～40 朵花。

2）中轴型。花序轴长 3～10cm，每个花序着生 8～10 朵花。

3）短轴型。花序轴较短，在 3cm 以下，每个花序开花较少，一般为 3～8 朵花。

菜用大豆的花是典型的蝶形花，由 2 个苞片、5 个花萼、5 个花瓣、10 枚雄蕊和 1 枚雌蕊组成，其中 10 个雄蕊分成两部分（二体雄蕊模式），有 9 个雄蕊的花丝合并成一体且作为一个单独结构而升高，然而另外一个雄蕊保持分离（图 16-1 和图 16-2）。第一朵花的节位与植株的发育时期有关。菜用大豆植株的子叶节、真叶节以及下部的几个茎节通常是营养节，花和花序一般出生在较高节位的叶腋中。所以第一朵花常出现在第 5 或第 6 节上，有时在更高的节位上。菜用大豆花芽由腋芽分化而成。开花期受播种时间的影响，可能从 3 周延至 5 周以上，菜用大豆是严格的自花授粉作物，在花瓣展开前即完成授粉和受精，天然杂交率不到 1%。花和蕾的脱落率高达 30%～50%，甚至 70%以上。

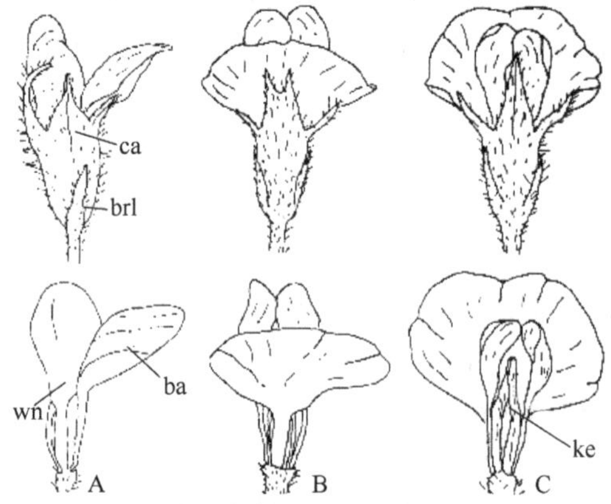

图 16-1 成熟的菜用大豆花
（下面为除去花萼的花，放大 6 倍）
A．侧面观，可见花萼、小苞片、旗瓣、翼瓣；B．近轴观或顶面观，可见四个花萼裂片、两个小苞片、旗瓣、翼瓣；C．远轴观或底面观，可见三个花萼裂片 ba．旗瓣；brl．小苞片；ca．花萼；ke．龙骨瓣；wn．翼瓣

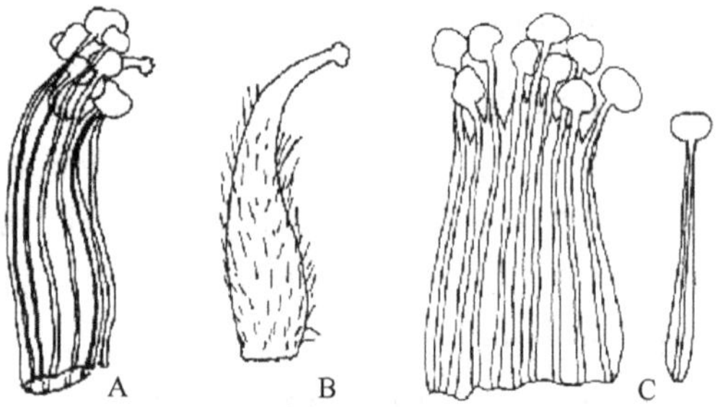

图 16-2 菜用大豆花的结构（放大 15 倍）
A．二体雄蕊围绕着雌蕊；B．雌蕊；
C．9 枚合生雄蕊和 1 枚单生雌蕊

（5）果实与种子 果实为荚果，由子房发育而成，单独或成簇着生在叶腋内、短果枝上、分枝上和植株的顶端。荚果有矩形、弯镰刀形和弯曲程度不同的中间类型，荚果呈绿色，成熟后有棕色、灰色、黄色、褐色及黑色等颜色。荚壳宽而较平直的，易裂荚不适于机械化收获，荚壳窄而粒间缢纹深的，不易炸荚。一般每荚 1～4 粒种子，个别 5 粒。荚粒数与叶形有一定相关性。披针形叶的品种，荚粒数较多，4 粒荚比例大，圆叶品种，2 或 3 粒荚多，粒重大，株荚数因品种和栽培条件而异。

根据菜用大豆结荚习性即茎的生长习性，可以分为有限结荚习性、亚有限结荚习性、无限结荚习性。无限结荚习性的菜用大豆，茎顶尖削，植株高大，节间较长，叶片和花荚越往上越小，始花早，花期长，营养生长和生殖生长同步时间长。有限结荚习性的菜用大豆，一般主茎较发达，上下粗细相差不大，植株不高，节间较短，顶部叶片大，冠层封闭较严，始花晚，花期短，开花后不久中止生长。亚有限结荚习性菜用大豆的各种性状均介于无限和有限类型之间。有限结荚习性类型的品种结荚部位较高，无限结荚习性类型的品种结荚部位较低。在同一类型中，植株高大、开花期晚的或晚熟的品种，比植株矮小、开花期早的或早熟品种结荚部位高。密植的比稀植的结荚部位高。

菜用大豆的种子由种皮、子叶和胚组成，无胚乳。种子的形状有球形、扁圆及长圆形等。种皮有黄、青、褐、黑及双色等，种脐色有黑色、褐色、无色等。以种脐无色或色淡的商品价值较高。种子的大小按粒用大豆的划分标准，干籽粒的百粒重≥30g 为极大粒型，24～30g 为特大粒型，18～24g 为大粒型，12～18g 为中粒型，百粒重＜12g 为小粒型，百粒重＜6g 为极小粒型。菜用大豆中极大粒和特大粒种占绝对优势。

2．生长发育周期

（1）种子发芽期　种子萌发到子叶出土为发芽期。通常 18～20℃时，种子发芽快而整齐，播后 6d 即达齐苗。大田条件下，土壤温度需稳定在 10℃以上才可播种。种子富含蛋白质和油分，发芽时需吸种子体积 1.2～1.5 倍的水分。种子萌发形成主根，下胚轴迅速伸长，胚芽顶出土面，长成主茎和枝叶。

（2）幼苗生长期　从子叶出土到花芽分化之前为苗期。子叶出土后，第一对真叶展开，主茎随之生长伸出，到苗高 5～10cm 后生长加快，根系迅速生长。幼苗生长期主要表现为发根、出叶及主茎的生长。出苗后，子叶展开变绿并进行光合作用。随着幼茎的生长，单叶展开，此时苗高 3～6cm，称为单叶期。随后，茎顶端分化出复叶，在苗期，复叶的出叶间隔为 5～6d。

发芽后 5～7d 形成 4 排侧根，向水平方向扩展和向下延伸。主根长度相差不大，但侧根数有随着播深变大而减少的趋势，一般以 4cm 产量最高。

根瘤在出苗后 5～6d 开始形成。固氮在出苗后 2～3 周开始，以后固氮能力逐渐增强。大豆根的大部分集中于地表至 20cm 表土耕层之内。

大豆属短日照植物，出苗后 1 周，对光照条件有反应。出苗后约 16d，在一定的短日照条件下处理 10d，即能通过光照阶段。另外，光周期效应不仅制约开花，也影响开花以后的发育时期，如结荚期、成熟期。

（3）花芽分化期　当幼苗生长完成，进入花芽分化阶段。大豆在开花前 25～30d 开始花芽分化，此时是大豆生长最旺盛时期。这时植株生长的好坏直接关系到开花、结荚与产量，如营养生长较差，花芽分化不正常，就会开花少，造成花及幼荚脱落。花从花蕾形成到开花需要 3～5d，如春播气温回升迟缓可延长时间。

大豆植株形成的花虽然很多，但花和蕾的脱落率一般达到 30%～50%，多的高达 70%。花芽分化期间，分枝也在生长，分枝的发生与出叶有一定的关系。通常出叶节位与分枝节位相差 4 个节。然而，子叶和单叶上的分枝常常延迟或不萌发。复叶以上的茎节，随着主茎的发育，依次由下而上陆续发生分枝，当植株的花芽分化结束时，分枝的发生随之停止。

（4）开花结荚期　花冠未开放前，花药已裂药散粉，持续达 2～3h，花粉的可育率为 80%～95%。花粉发芽 15～20min 后花冠开放。开花后 7～10d，分化种皮各组织，15～20d 分化子叶，随后分化初生叶，30d 后分化第一复叶。

开花受精后，子房随之膨大，接着出现小的青色豆荚。开花后 10d，豆荚迅速生长；开花后 20d，豆荚长度达全长的 90%左右；25～30d 才达最大宽度。厚度的增加，在豆荚伸长结束时才开始。种子干物质的积累，其重量的增加比体积的增加稍迟，在开花后 10d 内增加缓慢。荚长一般在 1.3cm 左右，以后的 1 周增加很快，每天平均增长 0.4cm 左右。豆荚的长度和宽度在生殖生长早期就相对固定下来，然后籽粒迅速充实，接着豆荚扩展，豆荚的厚度和重量增加。种子的糖类主要有葡萄糖、蔗糖和果糖，蔗糖含量比较高，豆荚生长早期总的蔗糖含量缓慢上升，到中期后保持平稳状态，果糖和葡萄糖的含量下降。游离氨基酸随着豆荚的伸长逐渐下降，为了有较好的口味，最好尽早收获。豆荚充实的速度较快，最适收获时间一般只有 2～3d。

3．对环境条件的要求

（1）光照　菜用大豆是短日照作物，在长黑暗和短光照条件下，开花提早，生育期缩短，反之，开花期延迟，生育期变长。但不同品种类型对短光照的反应差异很大。如果品种对日照反应迟钝，既可春播夏收，又可夏播秋收。一般认为其光饱和点在 540～720μmol/（$m^2 \cdot s$）。

（2）温度　菜用大豆是喜温作物。不同的品种在全生育期内所需要的≥10℃的积温相差很大。晚熟品种要求 3200℃以上，而夏播早熟品种要求 1600℃左右即可。同一个品种，随着播种期的延迟，所要求的积温也随之减少。菜用大豆种子适宜的发芽温度为 18～20℃，低于 8℃，则种子发芽慢，发芽率低，发芽势弱，容易霉烂。气温平均在 24～26℃时，适于菜用大豆的植株生长发育。当温度低于 14℃时，生长停滞。菜用大豆同样不耐高温，温度超过 40℃，坐荚率减少 57%～71%。秋季，白天温暖，晚间凉爽但不寒冷，有利于同化产物的积累和鼓粒。

（3）水分　菜用大豆是需水较多的作物，其产量的高低与水分有密切的关系，一般每形成 1g 干物质，需要水 500g 左右。菜用大豆在各生育阶段耗水量表现为，开花前耗水量占全生育期需水量的 10%，开花结荚期为 60%～70%，鼓粒期占 20%～30%，所以苗期一般不进行灌溉，以控制土壤水分，促进根系发育，幼苗健壮。如果苗期十分干旱，影响幼苗正常生长，可适当灌溉，水量不宜太大。花荚期需水较多，此时灌溉可以提高光合强度，提高结荚率和结粒率，有明显的增产作用。花荚后期至成熟阶段，则灌水不宜太多，以免植物贪青晚熟，影响产量和品质。菜用大豆的耐涝性较差，如果土壤水分过多，对其生长发育不利。

（4）土壤及矿质营养　菜用大豆对土壤条件的要求不是很严格。pH 低于 6 的酸性土中往往缺钼，不利于根瘤菌的繁殖和发育。pH 高于 7.5 的土壤往往缺铁、锰，影响叶绿素合成，并且菜用大豆并不耐盐碱。砂质土、砂壤土、壤土、黏壤土均可以种植，如果是土层松厚的壤土且有机质含量丰富，最适于植株生长。菜用大豆植株生长要求中性土壤，pH 宜在 6.5～7.5。

菜用大豆每形成 100kg 籽粒大约需要氮 5.3kg，磷 1kg，钾 1.3kg；每形成 100kg 茎秆约需氮 1.3kg，磷 0.3kg，钾 0.5kg。菜用大豆从中期开始急剧增加，并且持续上升。成熟种子内的氮、磷、钾有 50%来自植株的营养器官，50%取自土壤和根瘤。

二、品种类型与栽培季节

1．品种类型　最适合于菜用大豆的品种应具有籽粒大、质糯、易煮酥和味鲜美等特点。根据其对日照长短和温度反应的不同，可分为早熟品种、中熟品种和晚熟品种三大类。早熟品种的生育期在 90d 以内，它们对日照要求不严，在较长日照下也能正常生长，植株矮小，分枝少，叶小，产量较低，品质一般。中熟品种生育期为 90～120d，植株生长中等，品质尚佳。晚熟品种生育期为 120～170d，植株高大，分枝多，种子大，产量高，品质好。通常晚熟品种对日照反应敏感，在秋季短日照下开花结荚好，如春播则枝叶生长茂盛，易徒长、倒伏，甚至不开花结荚。因此在品种选择上，不仅应考虑栽培地区的地理位置，在同一地区还要考虑不同季节的日照长短。在不同季节选用相适应的品种，才能达到优质高产。

南方地区菜用大豆按种植季节可分为春大豆型和夏秋大豆型，其中秋播面积很少，主要存在于江苏南部的西瓜后茬。而春播菜用大豆按照收获期又可分为早熟、中熟、晚熟三种。

（1）春大豆型　春大豆是中国菜用大豆的主要类型。在南方露地栽培条件下，一般在 2 月底至 4 月初播种，5 月底至 6 月底上市。如果采用大棚栽培并选用早熟品种，可将播期提前到 1 月底，鲜豆上市时间提前到 5 月初。春大豆光周期反应较为钝感，生育期短，适应范围较广。部分春大豆也可进行秋播，用于繁种和鲜荚生产。春大豆秋播时，植株变矮，产量下降，荚果也较春播小。江苏省主要品种介绍如表 16-1 所示。

表 16-1　2007 年江苏省菜用大豆主要种植品种情况表（邢邯，2008）

地区	面积（万亩）	品种名称	种植方式	亩产量（kg）	抗病性要求
徐州	10	日本晴 3 号、徐春 1 号、徐春 2 号、台湾 75、台湾 292、楚秀等	麦-豆、油菜-豆等	500～800	抗病毒病、抗霜霉病、抗虫（蚜虫、斜纹夜蛾、豆荚螟）
连云港	5	日本晴 3 号、徐春 1 号、徐春 2 号、台湾 75、台湾 292、楚秀等	麦-豆、油菜-豆等	500～800	抗病毒病、抗霜霉病、抗虫（蚜虫、斜纹夜蛾、豆荚螟）
淮安	10	淮阴 75、淮哈豆 1 号、台湾 75、台湾 292、日本晴 3 号、楚秀等	麦-豆、油菜-大豆等	500～800	抗病毒病、抗霜霉病、抗虫（蚜虫、斜纹夜蛾、豆荚螟）
宿迁	10	淮阴 75、淮哈豆 1 号、台湾 75、台湾 292、日本晴 3 号、楚秀等	麦-豆、油菜-大豆等	500～800	抗病毒病、抗虫（蚜虫、斜纹夜蛾、豆荚螟）
盐城	15	苏早 1 号、日本晴 3 号、苏豆 5 号、苏豆 6 号、95-1、早生翠鸟、通豆 6 号、台湾 75、台湾 292 等	麦-豆、油菜-大豆等	500～800	抗病毒病、抗虫（蚜虫、斜纹夜蛾、豆荚螟）
扬州	15	苏早 1 号、日本晴 3 号、苏豆 5 号、苏豆 6 号、95-1、早生翠鸟、通豆 6 号、台湾 75、台湾 292 等	油菜-大豆、麦-豆（空闲地）	500～800	抗病毒病、抗虫（蚜虫、斜纹夜蛾、豆荚螟）
泰州	10	苏早 1 号、日本晴 3 号、苏豆 5 号、苏豆 6 号、95-1、早生翠鸟、通豆 6 号、台湾 75、台湾 292 等	油菜-大豆（空闲地）等	500～800	抗病毒病、抗虫（蚜虫、斜纹夜蛾、豆荚螟）
南通	20	苏早 1 号、日本晴 3 号、苏豆 5 号、苏豆 6 号、95-1、早生翠鸟、通豆 6 号、台湾 75、台湾 292 等	麦-豆、油菜-大豆（空闲地）	500～800	抗病毒病、抗虫（蚜虫、斜纹夜蛾、豆荚螟）
其他地区	20	苏早 1 号、日本晴 3 号、苏豆 5 号、苏豆 6 号、95-1、早生翠鸟、通豆 6 号、台湾 75、台湾 292 等	麦-豆、油菜-大豆等	500～800	抗病毒病、抗虫（蚜虫、斜纹夜蛾、豆荚螟）

（2）*夏秋大豆型*　夏大豆分布于中国南方广大地区及黄淮海流域，在冬播作物收获后播种。秋大豆在早稻等作物收获后种植。在浙江，秋大豆的播种期为 7 月下旬或 8 月初，鲜豆供应期可从 10 月上旬延续至 11 月初。夏秋大豆型光周期反应敏感，早播一般不会使鲜荚上市期相应提前，因此不能提前到春季播种。

扩展 16-4

2．栽培季节　菜用大豆属喜温性蔬菜，必须在无霜期内栽培。但因菜用大豆收获的是嫩青豆荚，比成熟大豆生长期短，且适用品种多，各地区可在适宜生长期内，利用对短日照反应强弱和生长期长短各异的品种，采取不同栽培方式，实行分期播种，陆续采收，可使菜用大豆的供应期从 5 月一直延续到秋霜前。各地区的具体栽培季节因气候差异而不同。华北大部分地区以春夏播种为主，4～5 月上旬育苗或直播，秋季收获。也可早熟栽培，提早收获。华北南部一些地区，6 月上旬至下旬麦收后抢种早熟品种，霜前收获。东北和西北地区，4 月下旬至 5 月上旬播种，一年只能栽培一次。

中国菜用大豆的种植形式有单作、间套作和田埂豆等。商品毛豆多单作。为提早上市，南方春播早熟毛豆普遍采用保护地栽培。

（1）单作　在江浙一带，一般在冬闲地上于 2 月下旬至 4 月初在露地或采用地膜覆盖来播种春毛豆，不少地区也采用小拱棚栽培或在拱棚及塑料大棚中育苗，待苗龄 25d 左右时移栽到铺有地膜的地里。单作春毛豆收获后，可种植水稻。夏毛豆在麦茬、油菜茬或果菜地直播，收获后可种植冬季作物，如油菜、冬麦。秋毛豆在早稻等作物收获后种植。

东北地区及西部高原为一年一熟制，大豆在春季播种。保护地栽培现已成为中国南方商品毛豆产区春播毛豆的主要种植形式。东北地区多采用垄作，黄淮海地区为平作，南方菜用大豆多采用畦作。黄淮海地区夏大豆在冬麦收获后播种，春大豆则在冬闲地播种。

（2）间套作　采用间套作形式种植菜用大豆的地区劳动力充足、人均耕地较少。早春毛豆可与小麦、棉花、春玉米、春花生及多种蔬菜间套作。夏、秋季菜用可与棉花、玉米、花生、甘薯及其他蔬菜间套作。华北及东北地区有时采用毛豆与玉米间作的方式。在浙江、福建、湖南等地，小麦或大麦黄熟时，在其行间套种春大豆。大豆开花结荚时，再套种甘薯或秋玉米。江西采用小麦或大麦/春大豆-芝麻或红薯、油菜/春大豆-红薯、春玉米/春大豆-红薯等一年三熟制。浙江省兰溪市采用大豆与小麦、棉花套种的形式，6 月下旬棉花封垄前采摘毛豆上市。

南方部分地区采用木薯间种春大豆的形式，也可在茶、桑、幼龄果园及甘蔗田间作春大豆。甘蔗田套种春大豆，应选用早熟、中矮秆、耐肥、耐阴、株型紧凑、抗倒伏的品种。

（3）田埂豆　田埂豆又称为田坎豆或田塍豆，是中国古老的种豆方式。目前仍广泛分布于南、北方稻作区。田埂上通风透光好，养分和水分充足，植株得到充分发育，单株产量高，品质好，是稻农的良好蔬菜。

三、栽培技术

菜用大豆栽培技术既相似于普通大豆的栽培技术，又具有本身的特点，较一般大豆更为精细。菜用大豆在选用品种时更应注重对外观商品性的要求，栽培技术也需围绕生产优质高产的菜用大豆为主要目标，综合考虑品种的光温反应特性、上市季节、市场余缺、鲜销或速冻加工用途来选用适宜的品种、播种、综合栽培技术，达到菜用大豆的“一优两高”。

1. 高产栽培

（1）选择良种　根据生长季节选择优质高产、株型紧凑、抗病抗倒伏能力强、大荚大粒、3 粒荚比例高、商品性好的优良品种。认真清选种子，清除小粒、秕粒和有病斑、虫蛀和破伤的种子，尤其要清除种子中混杂的杂草种子，特别是菟丝子，以减少杂草传播。做好种子发芽率测定，发芽率不到 85%的种子不宜播种。播前抢晴天晒种 1～2d，既能杀死种子表面的病原生物，又可提高种子的出苗势和出苗率。

（2）整地与施基肥　选择排灌方便、地势平坦、疏松肥沃的田块种植。配套沟系是菜用大豆生产防灾抗灾的重要措施，必须在播前深挖好田内外一套沟，要求沟系配套、级差分明，保证雨止田干，能灌能排。菜用大豆在开花、结荚期间往往会遇到不同程度的连阴雨和持续干旱，应及时做好防涝抗旱工作。按照田块实际情况做 1～2m 宽的墒面，墒沟要深在 10cm 以上，段沟深 20cm 以上，围沟深 30cm 以上，三沟配套。土壤要整细，备好地膜、肥料、农药。深翻整地，结合整地施足基肥。然后筑畦，畦宽连沟 1m。在没有种过特早毛豆的田块，接种根瘤菌的增产效果显著，增加根瘤菌的方法：一是土壤接种，即从根瘤菌生长良好的田块中取出表土撒播于准备播种菜用大豆的田块中，一般每亩撒 35kg 左右，或把含多量根瘤菌的土壤加入等量水，制成泥浆，用上面较清的泥浆与种子混合。种子与泥浆水的比例为 100∶5，阴干后播种。二是根瘤菌接种剂，这种方法最为简便，效果更好。菌粉 200g 加水 2.5kg 拌 50kg 种子，接种时避免阳光直射，接种后种子微干即可播种。根瘤菌拌种的同时可进行钼酸铵拌种，每 100kg 种子用浓度为 1.5%的钼酸铵溶液 3.3kg。

（3）适时播种　确定露地直播大豆播种期主要依土壤温度和墒情而定，应以幼苗不受晚霜冻害、充分利用无霜期和适期早播为原则。春季播种过早，土壤温度低，易造成烂种和缺苗，且易受晚霜为害；播种过晚，虽然出苗快，但因气温较高，生长发育加速，营养体生长不足或延误最佳生长季节，经济效益下降。春播在 3 月底至 4 月初（保护地栽培可适当提早），6～7 月采收；夏播于 4 月底至 6 月播种，7～9 月采收。

（4）合理密植　菜用大豆的产量构成与密植程度关系密切。而适当稀植，可以优化菜用大豆豆荚品质，提高商品率。

早熟品种分枝少，株型紧凑，一般密度为 20 000～30 000 株/亩，春季早毛豆一般每亩播种 6～7.5kg；中熟品种每亩以 18 000～20 000 株为宜；晚熟品种每亩以 15 000～17 000 株为宜，夏秋季菜用毛豆每亩播量为 4～5kg。掌握畦净宽 1.5m，每畦种植 4 行，大行距 50cm，小行距 30cm。播种深度一般为 3～5cm，小粒种子、墒情不好及土质疏松的宜深些；反之，则宜浅些。早熟品种、独秆型品种、披针形叶的品种，株型收敛、繁茂性差，宜密植；反之宜稀植。一般合理密植有利于后期通风透光，提高光合利用率，增加产量。

合理的群体结构通过适宜的密度和优化栽培技术而实现。通过对菜用大豆品种的多年试验表明，豆荚产量主要与亩成苗数、百荚重有关，在单作情况下，每亩栽 0.6 万～0.7 万穴，每穴 3 或 4 株，群体密度达到 2.4 万株/亩左右是适宜的密度。通过不同留茬密度试验表明，单株有效荚数随密度的提高而减少，而单株有效荚数分别以每亩栽 1.5 万和 3.5 万株为最低和最高；百荚鲜重以每亩栽 3 万株为最佳；鲜荚产量则以每亩栽 2.5 万株为最高。若密度太稀，总节数、总分枝数不可能无限制增加，单位叶面积能负担的种子数不可能无限制地增长；太密，种子、肥料、病虫害增加，农药浪费，污染加重。综合以上性状，要实现亩产 500kg 的鲜荚，其每亩成苗数为 2.2 万株左右，单株有效荚数在 15 个以上，平均百荚鲜重在 190g 为宜。

（5）水分管理　菜用大豆需水较多，对水分敏感，水分过多或过少均会明显影响质量和产量。菜用大豆出苗后应保持土壤干湿交替，畦沟不积水；在多雨季节要及时排水，防止积水；如遇高温干旱，特别在开花结荚期要及时浇水，保持田间适当湿度，可增加结荚率。春季播种温度、湿度大，易烂种，因此宜用地膜覆盖防水保温，苗期需水量较小，少湿润为好，以防陡长。花期和结荚期要保持土壤湿润，以保证水分供应。既要防渍水，湿度过大，遇大雨应及时清沟排水；又要防干旱缺水，干旱时要及时灌水，灌水时不宜淹畦面，以防止落花落荚和发生病害（姚春华，2002）。应根据大豆生育过程需水特点，结合具体情况采取相应措施进行合理灌水，土壤最适持水量：苗期 60%～65%，分枝期 65%～70%，开花结荚期 70%～80%，封垄期 70%～75%。

（6）肥料施用

1）基肥。菜用大豆生长初期生长迅速，代谢速度快，需肥量大，而且在生长初期根没有固氮能力，因此应每亩添加复合肥 30～40kg、过磷酸钙 25kg、草木灰 100～150kg 作基肥。

2）追肥。及时追肥是菜用大豆高产的重要措施。苗期根瘤正在形成时，根系固氮能力不强，因此苗期要早施肥，除施足基肥外，出苗后第一对真叶展开时，结合中耕培土进行第一次追肥，每亩用尿素 10kg、硫酸钾 5kg，掺水点根浇施；始花期结合除草进行第二次追肥，每亩用三元复合肥 20kg 在垄底撒施后培土并浇水；盛花期、结荚期每亩用经充分腐熟的 20%有机肥 1000kg，兑水点根浇施，同时每亩可用磷酸二氢钾 100g、1.8%爱多收液剂 20ml 兑水 60kg 不定期进行叶面施肥；豆荚鼓粒期再用 0.4%磷酸二氢钾液加 1%尿素液进行叶面施肥两次，既可有效提高菜用大豆坐荚率、促进籽粒膨大，又可保持豆荚鲜嫩不易黄化，以提高品性。

2．春季栽培

（1）整地　播种春季菜用大豆前茬为冬闲地，春季要及早精细耕地。每公顷施有机肥 25 000～30 000kg 作为基肥。播种前在播种穴或播种条沟中施过磷酸钙 250～300kg/hm^2。肥力较差的地块，可适当加施氮肥，以供幼苗生长所需。将地做成平畦或垄。

（2）播种及育苗　春茬菜用大豆可以直播，为提早上市也可以育苗移栽。

1）直播。北方地区通常在当地晚霜过后，4 月中下旬到 5 月上中旬播种，南方宜在 3 月下旬和 4 月中旬播种。直播在生产上通常有穴播和条播两种方式。条播更适合机械化操作。穴播时在畦面按预定的距离开浅穴，行距 25～40cm，穴距 15～20cm，每穴播种子 3 或 4 粒。条播时一般早熟品种行距约 30cm，株距约 7cm；中熟品种行距约 40cm，株距约 10cm；晚熟品种行距 40～50cm，株距约 12cm，深度 2～3cm。北方地区春天多干旱，土墒不足时播种前需浇水，以保证种子萌发所需水分。土壤水分不足，出苗慢，幼苗弱，甚至缺苗。

2）育苗。根据当地条件可在温室、冷床或塑料薄膜中、小棚中育苗。北方地区 3 月中旬至 4 月上旬播种。将田园土和充分腐熟的有机肥按 6∶4 或 7∶3 的比例充分混匀，装入营养钵中，浇足底水后播种，每钵播 3 或 4 粒种子，覆土 2～2.5cm，再盖些糠灰，使土温上升快。播种后出土前，可在苗床上加盖塑料薄膜，起到保温和防止土壤水分蒸发的作用，并促进出苗，大部分种子出苗后除去薄膜。出苗前不可浇水，以免烂籽。10d 左右出苗，子叶期间苗一次，每钵留 2 或 3 棵苗。苗期保持 20℃左右的适宜温度和湿润的床土。幼苗第一对真叶由黄绿色转成绿色，尚未展开时为定植适期。苗龄为 15～20d。当 5～10cm 土温稳定在 10℃左右时，就可定植。定植在整好的地膜畦上。行距 20～30cm，穴距 15～20cm，每穴 2 株。定植后及时浇水。定植深度以子叶距地面 1.5cm 为宜。缓苗后及时进行查苗补苗。

（3）早春保护地栽培田间管理　整地时施入充足的优质有机肥及过磷酸钙 400kg/hm^2 左右。平地作畦，做成 1.5～2.5m 宽的畦。在定植前 3～5d 覆盖塑料薄膜，以提高地温。当棚内 5cm 地温达 12℃以上时，选晴天播种。按行距 33～40cm 开沟引水下种，穴距 12～15cm，每穴播种子 3～5 粒。覆细土 2cm，畦面盖塑料薄膜，以促进幼苗出土。大部分种子出苗后除去塑料薄膜。

直播的从出苗到 3 叶期需中耕松土 1 或 2 次，以促进根系生长和增强根瘤菌的活动。苗期白天保持 15～20℃，夜温保持 10℃以上，如果温度过低，需在畦面覆盖塑料薄膜或在棚外加盖保温帘。晴天棚温超过 25℃时应适当通风，以防止幼苗徒长。小拱棚菜用大豆在开花后，如露地温度已适宜菜用大豆生长，就可撤棚。中棚的菜用大豆，开花结荚期白天应保持 24～29℃，夜温 15～18℃，相对湿度 75%～80%。这期间保持较低的夜温，有利于菜用大豆的开花结荚。菜用大豆即将开花时需要浇水施肥，每公顷施尿素 150～180kg，结荚期和鼓粒期各喷 1 次 1%尿素和 0.3%～0.5%磷酸二氢钾溶液，可提高结荚数和促进籽粒膨大，有明显的增产效果。

（4）露地栽培田间管理　露地直播的出苗后及早间苗，淘汰弱苗、病苗，一般每穴留 2 株，如有缺苗需及时补苗。苗期控制水分，在幼苗高 5～8cm 和 15cm 时各中耕一次，使土壤疏松，提高地温。开花前进行最后一次中耕，并培土，以防止根群外露和植株倒伏。

苗期一般不浇水，以促进根系发育，使幼苗健壮生长，若过旱可浇小水。幼苗期日耗水量不大，较能耐旱，适宜的土壤相对湿度为 60%～65%。从分枝期到开花期，植株不断长叶和分枝，同时陆续花芽分化，这时生长量逐渐加大，对水分的需要量也增加，应及时浇水，干旱不利于花芽分化。结荚期植株生长最旺盛，为满足荚果生长的需要，可浇水 2 或 3 次，使土壤相对湿度保持在 70%～80%。结荚到鼓粒期，干物质积累迅速，蒸腾量大，仍需供应充足的水分，缺水会导致秕荚和秕粒数的增加。

对无限生长型的品种，在盛花期后 1 周左右，需要摘心。即摘除主茎的顶尖，以控制主茎向高生长，提高结荚率，并可防止植株徒长和倒伏，促进早熟并提高产量。尤其是在多雨年份或生长茂盛的植株，摘心效果更为明显。

2 叶期每亩施硫酸铵 10kg 或腐熟人尿粪 200kg，促进根系生长和提早分枝。开花初期，每亩施尿素、过磷酸钙、硫酸钾各 10kg，以满足结荚所需养分，提高结荚率。灌浆期肥水应充足，延长叶片的光合作用，防止早衰，促进蛋白质的形成，减少落花落荚。叶面喷施 2 或 3 次 2%～3%的过磷酸钙浸出液或 0.3%磷酸二氢钾，对提高产量和改进品质都有良好的作用。在朝露未干时顺风向叶面撒草木灰和钾肥，对促进结荚，防止缺钾病害很重要。

菜用大豆为喜钾蔬菜，生长中后期常出现因缺钾而发生的黄叶病，植株的小叶和边缘发黄，并向基部扩展，致使叶片脱落，严重时植株枯死。补施钾肥，防止效果较好。可叶面喷施钾肥，7～8d 后叶片可转绿，喷 2 或 3 次基本可恢复。

（5）收获　当豆荚基本长足，豆粒饱满，鼓粒明显，荚壳还保持绿色时即可收获。这时豆粒含糖量高，品质好。收获过早，粒小，产量低；迟收，糖分降低，豆粒变硬，味淡。收获时摘下嫩荚出售，也有仅把叶片摘除将豆荚连同枝秆出售，也称为“枝豆”。

3. 夏播栽培　夏播菜用大豆在适播期范围内应尽早播种，以延长生长期。北方 6～7 月初播种，多接麦茬或其他作物后茬，常用中熟品种，迟播时用早熟品种。南方 5 月中旬至 7 月播种，常用中熟和晚熟品种。北方中熟品种行距 40～50cm，穴距 20～30cm，条播时株距 10cm；晚熟品种行距 50～60cm，株距 12cm 左右；晚播的早熟品种，因生长期短，植株矮小，可适当加大密度，播后盖土并盖草木灰，防止雨后土壤板结，影响出苗。南方中熟品种行距 40～50cm，穴距 20～30cm，条播株距 10cm，晚熟品种行距 50～60cm，株距 12cm。

扩展 16-5　扩展 16-6

扩展 16-7　扩展 16-8

夏季气温高，若土壤干旱应先浇水再播种，以保出苗齐，出苗早。多雨时要排水，防止烂种。播种前可普施基肥，耕翻土地；如果赶茬也可不翻地，只进行灭茬耙地即可。播种时在沟或穴内施草木灰或过磷酸钙作种肥。苗期注意中耕除草，保持土壤疏松。幼苗生长弱时，酌情施入氮肥，促进幼苗生长，尽早形成一定大小的营养体，为丰产打下基础。开花结荚期需肥水较多，初花期每公顷可施尿素和复合肥各 75～100kg，并保持土壤湿润，满足花荚发育的需要。鼓粒期再喷 0.5%磷酸二氢钾 1 或 2 次，促进籽粒饱满。

第四节　菜　　豆

普通菜豆（*Phaseolus vulgaris* L.），又名四季豆、芸豆、饭豆，英文名为 common bean，kidney bean，navy bean。染色体数 $2n=22$。它起源于中南美洲，15 世纪传入中国，至今已有 500 余年

的栽培历史。从用途上主要分为两类，即粒用菜豆和荚用菜豆。它是世界上种植面积最大的食用豆类。在我国各省（自治区、直辖市）均有栽培，但主要分布在云南、贵州、陕西、山西、湖北、四川、河北、内蒙古、黑龙江等。菜豆喜欢冷凉气候，因此云贵高原、西北、东北盛产的菜豆，籽粒饱满，粒色鲜艳，商品率高，是出口创汇的好商品。据不完全统计，目前我国粒用菜豆播种面积约为450万亩，总产量超过40万t。

一、植物学性状

1. 根 菜豆的根系属于直根系，入土很深，由主根、侧根、根毛和根瘤等部分组成。侧根可以分成一次侧根和二次侧根，在主根、一次侧根和二次侧根上均被以根毛，根毛是菜豆吸收土壤水分和矿质营养的主要器官。菜豆的根系80%集中在土表下25cm的耕作层内。菜豆的根系上长有大量根瘤，种过一次菜豆的土壤，土壤的氮素含量会有明显提高，土壤的理化性状也会得到明显的改良。从未种植过豆类作物的土壤，在第一次种植菜豆时给菜豆种子进行根瘤菌接种，能够明显提高菜豆根系的根瘤数量和菜豆的固氮能力。菜豆中有极少数品种，根系上没有根瘤。根瘤腐烂后，会在土壤中留下大量不利于下茬豆类作物生长的有机物。因此，种过一季菜豆后，应该种植两季非豆科作物后茬。

2. 茎 胚芽的发育先是分化出幼茎和叶片，然后慢慢生长发育出分枝和花序。菜豆的茎近似圆柱形，也有少数品种的茎呈扁状。菜豆的茎分为无限结荚型和有限结荚型，前者可以连续进行叶片和茎的分化，茎的长度可以延伸得很长，越是到上部，叶片越小，茎秆越细，茎的不断延伸，带来菜豆花序的不断分化，但是越到后来，由于营养物质的运输越来越远，运输过程中的物质消耗越来越多，加之植株慢慢老化，上部的豆荚往往很小，没有商品价值。而有限结荚型茎的长度往往很短，一般为30～60cm，这种类型的菜豆从顶端开始开花、结荚，然后往下延伸，开花结荚很集中，豆荚的商品性也比较好。有限和无限是菜豆两种完全不同的结荚习性，除了表现为主茎的长短明显不同外，栽培方法也有很大差异，无限型菜豆必须人工建立支架，让豆蔓攀缘，从基部开始开花结荚，结荚和采收时间明显长于有限型品种；而有限型品种则相反，它不需要人工支架，是从植株顶部开始开花结荚，结荚时间延续得很短，上市比较集中。菜豆的茎包括主茎和分枝，在一次分枝上还会生出二次分枝。菜豆的幼茎分紫色和绿色两种，颜色和花色连锁，幼茎为紫色的菜豆品种，其花色为紫色，幼茎为绿色的品种，其花色呈白色。菜豆的茎上被以茸毛，茸毛数量的多少和茸毛形状是品种的固有特征，是进行品种鉴定的重要性状。菜豆茎上茸毛的有无、多少和菜豆的抗虫性有密切联系，茸毛多而长的品种抗虫性较差，因为茸毛利于昆虫产卵和幼虫孵化。

3. 叶 叶是幼胚中的叶原基发育而来的。菜豆的叶片是三出羽状复叶，也有少数品种呈五出羽状复叶。菜豆的小叶有卵圆、椭圆和长椭圆几种，叶色有深绿、绿色和淡绿色几种。叶片的厚度差异也很大，这种差异是由叶绿细胞或栅栏细胞层数的不同造成的。叶片是菜豆进行光合作用的主要器官，叶片的受光姿态和着生角度与菜豆的光合作用效率关系密切。菜豆的高产长相是苗期叶面积系数上升较快，中期绿色叶面积稳定时间长，后期叶片黄花速度小。

4. 花 菜豆的花是蝶形花，由花冠、雄蕊和雌蕊组成，花瓣由旗瓣、翼瓣和龙骨瓣组成，雄蕊由花丝和花药组成，雌蕊由花柱、柱头和子房组成。多数菜豆品种是开花受精，也有少数品种是闭花受精的。菜豆的花色有白色和紫色两种。菜豆的受精过程一般为24h左右。菜豆的胚乳在胚的发育过程中慢慢被胚吸收，到菜豆的籽粒发育完成时，胚乳仅仅留下很小的痕迹。菜豆是自花授粉作物，天然杂交率很低。菜豆的花粉粒依靠风力或者蚜虫、蓟马等昆虫传播到柱头上。

开花时的气候环境直接影响菜豆的受精效果，晴朗的较为湿润的天气有利于菜豆授粉，过于干旱或连续阴雨不利于菜豆的受精作用。因此，菜豆进入生殖生长期，一定要注意经常抗旱和排涝，保持菜豆生长有一个良好的外部环境。

5. 果实 豆荚是我们收获的主要器官，除了少数制种田外，大多数菜豆均以采收鲜菜豆荚为种植目的，在目前的栽培条件下，菜豆的鲜荚产量为750～1000kg/亩。菜豆的豆荚是珠被发育的结果，菜豆的胚珠受精后，慢慢发育为种子。没有受精的胚珠会很快死亡，引起花朵脱落。新鲜的菜豆荚分绿色和白色两种，不同地区的居民对菜豆荚颜色有不同的喜好，菜豆的鲜荚一般在开花后 10～14d 采收。菜豆鲜荚的形状有圆柱形、扁形、弯镰形等，长度为 5～25cm，宽度为0.3～1.5cm，我国长江中下游地区的居民比较喜好圆柱形的菜豆荚，北方的居民偏好扁形的菜豆荚，非洲的菜豆荚普遍较小，且多数品种呈圆柱形。菜豆的豆荚大小与豆荚里面的籽粒大小有密切联系，一般来说籽粒大的品种，豆荚都比较大，籽粒小的品种，豆荚都比较小。菜豆豆荚里面的种子数量变化较大，一般为 5～10 粒。成熟的菜豆荚呈灰白色、褐色或棕色，也有少数品种呈黑色。

6. 种子 菜豆的种子以黑色或棕色为多，也有少数品种的成熟种子呈白色或双色。菜豆种子的籽粒大小以百粒干重计算，多数品种的百粒重为 18～25g，低于 10g 的品种很少，百粒重大于 30g 的品种近年来有不断增加的趋势，太大的籽粒不利于保种和出苗，也不利于籽粒大小均匀一致。菜豆的籽粒形状有梭形、扁形、长椭形，这些形状主要受遗传控制，栽培条件对其影响很小。菜豆的种子由种皮和胚组成，种皮约占种子重量的 10%，胚占 90%左右，种皮上面有种脐、珠孔和水孔等，种子特征是鉴别不同品种的重要性状。菜豆籽粒含有丰富的营养，大约含有 35%的蛋白质，8%的脂肪，还有大量的矿质元素和纤维素。

二、品种类型

1. 直立型品种 直立型品种一般植株矮小，每株开花 40～70 朵。花期与采收期时间都很短，故产量潜力不是很大，适合与其他作物间套作。

扩展 16-9

2. 蔓生型品种 蔓生型菜豆又称为架豆，植株高大，茎秆柔弱，自植株下部开始向上开花，主茎呈无限结荚习性，开花时间较直立型长 50%或更多，因此结荚时间长，产量高，在我国适合于种植菜豆的地方种植。如果人们准备进行菜豆高产试验，蔓生型品种是首选的菜豆类型。

三、栽培技术

1. 露地栽培

（1）选用良种 良种的概念，不同的区域有着不尽相同的内涵，除了高产、优质、高抗性等共性概念外，不同的区域对优良品种还有各自不同的要求。例如，加工型品种和鲜食型品种、南方居民喜好的品种和北方居民喜好的品种、耐盐品种和普通的广适应性品种、蔓生型品种和直立型品种等。因此，选用品种，应该综合考虑上述多种因素，从而使得所选用的品种不仅高产、优质，而且适销对路，只有这样才会产生出理想的经济效益。菜豆是对温度比较敏感，对光照长短反应相对钝感的一类作物，总的来说，其适应性较广，但是在大面积引种前，还是要先做适应性试验，在取得成功后，再逐步推广。

（2）合理轮作，精细整地 搞好田间水系，特别在长江中下游地区，夏季经常是连续阴雨，必须开好田间一套沟，横沟、纵沟、排水沟，沟沟相通，确保雨住田干，不留积水。夏季干旱时要及时灌溉，现在很多地方的菜田均配有地下微孔滴灌系统或者地面微孔喷灌系统，为及时灌水、科学用水提供了极大便利，我们应该积极采用。菜豆要坚持采用垄作栽培，每垄连沟在一起 1.2m，其中垄宽 90cm，沟宽 30cm，垄上种植两行菜豆，平均行距 60cm。大面积种植时可以机械起垄。

（3）科学施肥　每亩用优质有机肥 800～1000kg，另加复合肥 40kg 作基肥，初花时看天、看地、看苗情巧施追肥，追肥以化学肥料为主。

（4）适时播种　菜豆是喜温作物，但是不耐高温，在长江中下游地区，春季在 4 月初播种，秋季在 7 月底、8 月初播种，尽量避开在高温时期开花，这是菜豆栽培成功的主要措施之一。

（5）及时搭架　蔓生型菜豆品种要在分枝期及时搭架，支撑架可以采用竹竿或者细长的树枝，架子主要采用人字架，幼蔓抽出后及时引蔓。

（6）分批及时采收　菜豆作为蔬菜，收获的主要器官是鼓粒 50%左右，豆荚长度达到最后长度 70%左右的嫩豆荚，人们食用的主要是幼嫩的荚皮，而非幼嫩的籽粒，在实际操作过程中，人们主要是凭经验、看外表，从而确定采收时间，一般来说，长江中下游的菜豆，其采收时间为开花后 10～13d，从播种到收获完毕，总共 60～70d。生长旺盛期每天均要采收，对于前几天漏采的老荚，也要及时采回，并分级、分类包装和上市，不要让遗漏的老荚一直留在菜豆植株上，以免影响菜豆鲜荚的均匀度和整齐度。

（7）化学除草　可以在播种后出苗前及时使用土壤封闭处理剂喷雾杀草，对于残余的杂草，可以结合人工松土消灭，也可以使用苗后化学除草剂杀草。

（8）干旱时及时灌水　特别在菜豆开花后要保证豆田不发生干旱现象，连续下雨时要及时理清田间的排水系统，保证排水迅速。

2. 春季栽培　春季菜豆栽培的主要矛盾是全苗和低温的矛盾。可以采取地膜覆盖和小棚栽培。地膜覆盖可以用于直立型品种和蔓生型品种，而小棚栽培仅适用于直立型品种。地膜覆盖有两种方法，一种是将地膜平铺在经过精细整理的地面上，然后在地膜上面打洞播种或者移栽。另一种是先播种，再覆盖地膜，在菜豆全苗时，在有豆苗的地方，撕一个口子，让豆苗钻出来，继续生长。覆盖地膜的好处一是可以明显提高土壤温度，一般情况下，可以提高 2℃左右；二是可以有效保持土壤湿度，减少干旱给菜豆带来的产量影响；三是可以有效控制部分杂草；四是可以明显减轻经常下雨带来的土壤板结。除此之外，早春菜豆的栽培要做好以下几点。

（1）土地选择　菜豆不能和其他豆类作物连作，因为豆类作物均有根瘤，根瘤腐烂后，会在土壤里留下大量对豆类作物根系生长不利的有机酸，因此务必坚持豆类作物的科学轮作。

（2）深耕　利用冬天寒冷来临之前，将土地深耕 20cm 左右，将土壤里面的有害生物冻死一部分，同时促进土壤有机养分的矿质化。

扩展 16-10

（3）灌溉、整地　要认真搞好田间水系，开好横沟、纵沟、隔水沟、排水沟等，确保雨住田干。要精细整地，做好豆垄，垄宽 0.8～1m，沟宽 30cm，每垄种植菜豆两行，平均行距 55～60cm，穴距 30cm，每穴留苗两株。

扩展 16-11

（4）科学施肥　每亩施用优质有机肥 1000kg，并在菜豆开花后每亩施用速效化肥 20kg 左右。

（5）适时播种　地膜覆盖在空气温度为 8℃左右，露地播种在地温 10℃进行。

（6）适时采收　菜豆开花后 10～13d 就可以开始采收，采收期可以连续 15d 左右，开始采收后，应该坚持每天采收，防止出现老豆荚，收获的菜豆要及时处理，分

扩展 16-12

级出售。

第五节 豌 豆

豌豆（*Pisum sativum* L.）是豆科豌豆属一年生或二年生攀缘草本植物，染色体数 $2n=2x=14$。豌豆的嫩荚、嫩豆粒和嫩梢均作菜用，其中以嫩荚为主要产品器官的品种又名荷兰豆。豌豆原产地中海沿岸和亚洲中部，广泛分布于世界各地。中国在秦汉以前，《尔雅》一书已有记载，现南北各地均有栽培。豌豆荚和豆苗的嫩叶中富含维生素 C 和能分解体内亚硝胺的酶，可以分解亚硝胺。豌豆所含的止杈酸、赤霉素和植物凝集素等物质，具有抗菌消炎、增强新陈代谢的功能。荷兰豆和豆苗中含有较丰富的膳食纤维，可防便秘，有清肠作用。豌豆每 100g 嫩荚含水分 70.1～78.3g，碳水化合物 4.4～10.3g，脂肪 0.1～0.6g，胡萝卜素 0.15～0.33mg。

一、生物学特性

1. 植物学性状

（1）根、茎、叶　直根系，主根发达，根瘤较多，主要根群分布在 20cm 的表土层。茎中空，方形或圆形，绿或黄绿色，表面有蜡质，分蔓生、半蔓生和矮生，侧枝多。子叶不出土，真叶为偶数羽状复叶，具 2 或 3 对小叶，与茎同色，互生，复叶顶端小叶退化成卷须，基部有 1 对耳状托叶，抱茎。紫花豌豆托叶抱茎呈紫色，托叶比小叶大，是豌豆的一个形态特征。矮生品种主茎 1～3 节分枝，蔓生品种 10 节左右发生分枝。

（2）花、果实、种子　总状花序，腋生，着生 1 或 2 对，偶有 3 朵；蝶形花，白或紫红，严格自花授粉。果实为荚果，横断面扁平或近圆筒形，青绿色，分软荚和硬荚。硬荚的厚膜组织发达，荚皮不可食用，采收豆粒，成熟时厚膜干燥收缩，荚果开裂；软荚的厚膜组织发生晚，纤维也少，采收豆荚为主，也可收豆粒，成熟时不开裂。每荚含种子 2～4 粒，多达 7 或 8 粒。种子圆而表面光滑的为圆粒种，近圆而表面皱缩的为皱粒种，绿或黄白色，百粒重为几克至 40g。种子寿命为 2～3 年。

2. 生长发育周期

（1）发芽期　约 10d，种子发芽吸水量为种子质量的 100%～120%。

（2）幼苗期　15～20d。根系开始生长较慢，至花芽开始分化逐步达到高峰。侧枝开始陆续发生。

（3）抽蔓期　25～30d。蔓生类型的抽蔓期长，矮生类型短或无，此期需要良好日照，温度 15～23℃，对土壤营养需要开始迅速增多。

（4）开花结荚期　80～90d。茎叶迅速生长，根系继续扩大，根瘤增加，同时花芽不断分化发育，陆续开花结荚。第 1 花序着生节位除受光温等环境条件的影响外，因生长类型和品种而不同。矮生类型的第 1 花序发生节位早，蔓生类型发生迟；早熟品种的第 1 花序发生节位低，一般在 5～8 节，中熟品种在 9～11 节，晚熟品种在 12～16 节。第 1 花序抽出后，多连续节节发生花序。每个花序通常有 1 或 2 朵花，多至 5 或 6 朵，一般结 1 或 2 荚而以单荚为多。每个花序着生 2 朵花，并发育成两个豆荚的现象称为双荚。小籽粒和细荚品种较易结双荚，大籽粒和大荚品种结双荚较少。一个花序上，近花序柄的花发育较好，容易结荚；花序上端的花发育较差，容易脱落。豆荚自开花至生理成熟，一般需 45～50d。

3. 对环境条件的要求

（1）温度　半耐寒蔬菜。圆粒种发芽始温为1～2℃，皱粒种稍高，为3～5℃，发芽适温为18～20℃。幼苗期适温为15～18℃，幼苗能忍受−5～−4℃，温度降至−8～−7℃会冻死。苗期温度稍低，可提早花芽分化，温度高特别是夜温高，花芽分化节位升高。抽蔓期适温为15～23℃，开花结荚期适温为15℃左右。开花期遇短时间0℃低温，开花数减少，但开了的花基本上都能结荚。花和嫩荚都不耐低温，轻微的冰冻即受害。也不耐高温，超过25℃，生长不良，受精率低，结荚少，高夜温尤甚。采收期间温度高，成熟快，但品质和产量都降低。

（2）光照　豌豆为长日照蔬菜，南方栽培的品种多数对日照长短要求不十分严格，但在长日低温下，促进花芽分化。长日照下，低温和高温都不利于侧蔓前发，短日低温则促进侧蔓发生。

（3）水分　豌豆根系深，耐旱不耐湿。播种后水多，容易烂种；长期排水不良容易烂根，引发白粉病。土壤含水量低于11%时不能受精或籽不发育，子房和荚果都停止生长，空荚和秕荚多。土壤含水量降低到9.7%，空气相对湿度为54%时，花迅速凋萎。开花最适空气相对湿度为60%～90%，相对湿度低于60%时开花减少。

（4）矿质营养　每生产1t鲜豆粒，需氮16.5kg，磷6kg，钾12kg。进入开花期，对氮的需求增加，花后15～16d达到高峰。缺磷，叶片呈浅绿色，无光泽，植株矮小，主茎下方分枝少，花少，结荚延迟。开花后需钾量也迅速增加，花后30d左右达到高峰。

二、品种类型与栽培季节

1. 品种类型　豌豆按茎的生长习性分蔓生、半蔓生和矮生3种类型；按品种的熟性分为早熟、中熟和晚熟三类；按籽粒表皮形态可分为圆粒和皱粒两类。

（1）荚用类型　有蔓生、半蔓生和矮生的软荚品种。以食用嫩荚为主，也可食用豆粒和嫩梢。白花或紫花，如广东‘莲阳双花’‘红花中花’‘大荚荷兰豆’‘中山青’，台湾‘台中11’，上海‘白花小荚荷兰豆’，四川‘食荚大菜豌1号’等。

（2）粒用类型　以蔓生和矮生的硬荚种为主，白花，食用豆粒，如‘中豌4号’‘中豌6号’‘团结2号’‘成豌6号’‘绿色1号’‘白玉豌豆’等。

2. 栽培季节　豌豆在华北、东北地区多行春播，在当地土壤解冻后（3月上旬到下旬）不受霜冻的前提下尽量争取提早播种。长江以南多行秋播春收。但播种期因地区而不同，在长江流域各地，一般在10月下旬到11月上旬播种为宜。华南地区秋播可适当提早至9月中旬至11月中旬播种。

3. 茬口安排　豌豆在北方春播地区的前茬为冬闲地，后茬为夏甘蓝、夏茄子等，常和玉米、高粱、棉花和茄子等间作套种或利用畦埂地边种植。在南方秋播前茬作物为夏甘蓝、夏茄子。夏甘蓝5月上旬至6月上旬播种育苗，8～9月采收，秋播豌豆在10月下旬到11月上旬，2月采收嫩茎，4月开始采收嫩豆粒。也可以水稻为前后作。

三、栽培技术

1. 整地、施基肥　豌豆为深根性蔬菜，应保证与根系相应的耕作层深度。一般每亩施腐熟有机肥2000～3000kg，过磷酸钙20～30kg，或复合肥30～40kg。在北方多数地方用平畦栽培，低湿地可以用垄栽。

2. 播种　播种前种子低温处理可以促进花芽分化，降低花序着生节位，提早开花，提早采收，增加产量。低温处理前浸种2h，催芽至胚芽露出，然后在0～2℃低温下处理10d，或在 0～5℃处理 10～20d 即可。行距 10～20cm，株距 5～6cm，每穴播 4 或 5 粒，用种量为 150～262.5kg/hm^2。

采用根瘤菌拌种是豆类蔬菜增产措施之一。根瘤菌适于近中性土壤，土壤过酸会抑制根瘤菌繁殖，降低固氮能力。因此，在土壤 pH 低于 5.5 时应施用石灰调节。

3. 田间管理

（1）追肥　苗高 6cm 时轻追一次肥水；现蕾开花的同时分枝增多，植株对氮磷钾的需求均显著增加，应施一次促花肥；在开花结荚旺期，可再增施一次结荚肥，以钾肥为主。

（2）水分管理　开花期一般不浇水，若土壤墒情不足，空气又干旱，应在开花前浇一次，以满足开花结荚的需要。开花期水分过多，植株徒长或过于干旱都会造成落花落荚。

（3）中耕培土　春播在齐苗后浅松土 1 次，提高地温，促进发根，一周后再次中耕。秋播的冬前结合中耕在根际培土防寒。

（4）支架　蔓生和半蔓生豌豆株高 30cm 左右时支架，豌豆茎蔓嫩而密集，宜用矮棚式架或立架。

4. 采收　软荚豌豆在花后 7～10d 采收，产量为 800～2000kg/亩。硬荚豌豆开花后 15d 左右，豆粒充分饱满，荚由深绿变淡绿时采收，青荚产量为 400～900kg/亩。

第六节　扁　豆

扁豆（*Dolichos lablab* L.）是豆科扁豆属的一个栽培种，英文名为 purple haricot，别名南扁豆、沿篱豆、蛾眉豆、鹊豆、面豆、凉衍豆、羊眼豆、膨皮豆、茶豆、南豆、小刀豆、树豆、藤豆、铡刀片。扁豆原产亚洲热带地区，印度自古栽培，以后传到埃及、苏丹等非洲热带地区。19 世纪传入美洲。中国于汉、晋时引入扁豆，但面积不大，多在宅旁屋后篱边隙地种植，南方较多，华北东北次之，高寒地区（如青海）虽可开花但不结荚。为典型的短日照作物，花果期为 7～9 月，在南方栽培较多，在华北及北部地区栽培时，越至秋末日照缩短豆荚越多。扁豆营养丰富，每 100g 嫩豆荚含水 89～90g，蛋白质 2.8～3g，碳水化合物 5～6g。豆荚炒食、煮食有特殊的香味，也可腌制、酱制、做泡菜或干制。

一、品种类型与栽培季节

扁豆有蔓生型和矮生型两类，蔓生种蔓长 3～4m，有分枝。矮生种 30～60cm，开花结荚早。扁豆在我国各地均有栽培，以露地栽培为主。夏秋采收上市，采收期可达数月。华南地区可采收到来年的 3～4 月，长江中下游可采收到 11 月，北方地区在霜前采收完毕。扁豆也可于早春和秋冬在保护地种植，早春可铺设地膜及利用温室育苗，定植于小棚或大棚内。其苗龄以 10～15d 为宜。秋冬温室扁豆主要供节日市场，约 9 月中旬育苗，三叶左右定植。选用较耐低温的品种。生长期间，白天室温维持在 20～25℃，不低于 10℃，严寒期可临时生火加温防寒。

扩展 16-13

二、栽培技术

1. 整地施肥　种植扁豆的田块，直播或移栽前，要认真清理前季作物残留物，并进行耕地，翻耕后晒土 2～3d。施底肥时，以农家肥为主，每亩加施复合肥 50kg 左右，撒施后耙平、整细土壤，尽可能使肥料落入底土层。对生长势强、分枝力强的品种——‘肉扁 6 号’‘边红 8

号'，根据土壤原有肥力，底肥可少施或不施。

2．播种育苗 极早熟和特早熟品种春夏都适宜播种。中熟品种不适宜早春大棚内栽培，以地膜覆盖栽培或露地栽培为好。苗床必须高垄向阳，播种时保持苗床土或营养钵土湿润，湿润的标准是：抓一把土壤，捏得拢；随手丢在地上又散得开。切记避免苗床湿度过大，否则会造成烂种。

播种后，早春栽培应盖好膜，根据当地气候情况采用双拱棚或单拱棚。出苗前，一般不揭膜。如遇阴雨天时间长，应开棚通风，降低苗床湿度；如苗床土壤干白，应适当洒水。出苗后，晴天中午把棚的两头揭开，晚上和阴雨天把膜盖好。随着气温升高，应逐渐加长开棚时间。在苗期喷2或3次复方金叶肥，既可防止猝倒病、立枯病发生，又能使小苗长得粗壮。

3．适时移栽 当扁豆小苗有2或3片真叶时即可移栽。栽大苗会明显影响产量。特早熟品种采用厢面2m包沟，双行单株栽培，株距0.4～0.6m，每亩栽1200～1500株；中熟品种采用厢面2.5m包沟，双行单株栽培，株距0.8～1m，每亩栽600株左右。也有厢面2m包沟，单行双株栽培；还有厢面4m包沟，两边栽扁豆，搭平架棚，在扁豆的前期生长阶段，中间种植短期作物，可充分利用土地。

4．搭架、打顶、整枝 当扁豆苗长至30cm左右时，应及时搭人字架，引蔓上架，架高2m左右。在架半高处加横架材，牢固架子，防藤蔓爬满后倒架。

当主蔓长至0.5m左右时，及时对主蔓打顶摘心，促发子蔓和花絮枝；当子蔓长至0.5m左右时，对子蔓摘心，促发花絮和孙蔓；当孙蔓有0.5m左右时，对孙蔓摘心，促发更多花絮枝；同时剪除无花絮的细弱嫩枝及老叶、病叶，保持良好的通风透光。特别是生长势强、分枝力强的品种，更应剪除多余的无花絮枝并喷施多效唑，防止疯长情况出现。如果出现了疯长，那么结荚推迟，产量大幅度下降。'肉扁6号''边红8号'爬满架后，会有较多的子蔓、孙蔓产生，每隔几天用小竹竿或树枝打断嫩尖，会产生更多的花絮结荚。如果密度过高、肥水充足而出现了荫蔽，还应在1.5m左右高处剪断部分藤蔓；剪断多少，应根据具体情况决定，甚至可以拔除部分植株，减低密度，以达到通风透光为目的；荫蔽之处是不开花、不结荚的。搭架引蔓、整枝：抽蔓前要搭架，或抽蔓后及时用绳引蔓上架。主蔓5或6片复叶时摘心，促使多长侧蔓，待侧蔓3或4片叶时再摘心，可提早开花结荚，但产量较低。一般若用篱架或人字架栽培，在茎蔓长到架顶时摘心，可促荚早熟。

5．肥水管理 由于扁豆结荚时间长，不断开花结荚，需要有足够的肥水才能保证其高产。开花前，一般追肥水2或3次，以腐熟人畜粪尿为好；当第一批扁豆荚能采收时，每亩追施尿素10～15kg；之后，每采收1或2次扁豆，追肥水1次。对生长势强、分枝力强的品种要看苗施肥，如长势旺，就不要施肥，结荚后，再追施肥水。在整个坐果期每隔7～10d喷1次复方金叶肥，起保花保荚、加速小荚快长的作用。苗期需水较少，蔓伸长后及结荚期需水较多。一般在蔓伸长期浇1或2水，花荚期在无雨情况下10d左右浇1水。浇水后中耕除草，结合追肥，防止落花落荚和徒长。中耕宜浅，防止伤根。结荚前可施腐熟鸡粪等有机质肥料。结荚后追施少量化肥。

扁豆生长在春季和夏季雨水较多的季节里，要做到沟厢配套，达到水过沟干。扁豆苗期需水较少，开花结荚期需肥水较多。如遇干旱年份，要结合追肥浇水抗旱，或灌跑马水，厢沟湿润后把水排出，防渍水沤根；遇到长时间雨天，要及时疏通厢沟，达到雨停沟干。

扩展16-14

6．多效唑和920的使用 多效唑对扁豆全生育期都起作用。能促进产生更多的花絮枝，明显提高前期产量。开花结荚期喷多效唑，用含量15%多效唑10～20g

兑水 15kg（1 喷雾器水），能控制疯长、促进分枝、增加花絮、提高产量及提高抗性的作用。对特早熟品种一般喷 1 或 2 次多效唑；对中熟品种从主蔓打顶摘心开始至开花结荚前，必须喷 3～5 次多效唑，一般 5～7d 喷 1 次，如苗势生长过旺，适当加大多效唑的浓度。否则，会推迟结荚，影响产量。10 月上旬植株叶片发黄时，喷 1 次赤霉素（920），能使叶片转绿，促进花絮再生。

7．及时采收　扁豆从开花到鲜荚上市需 15～18d，在鲜荚籽粒没有明显鼓起时采收，推迟采收会降低品质，同时影响上层开花结荚的养分供应。采摘时，要一手捏住花絮枝，一手轻摘，尽量不要损坏花絮枝，因为花絮枝会重新开花结荚（开回头花）。当气温超过 37℃时，扁豆有谢花现象，开花少、不结荚；当气温回落后，花絮枝会重新开花结荚，新枝也会产生更多的花絮枝，直至霜降。

扩展 16-15

扁豆嫩荚的成熟标准不严，适收期幅度较宽，一般谢花后 7～15d，豆荚已充分长大，豆粒初显时采收。收时勿伤花轴，以利后续花、荚发育。

第七节　蚕　　豆

蚕豆（*Vicia faba* L.）别名胡豆、罗汉豆、南豆、寒豆等，是豆科蚕豆属的一个栽培种，一年生或二年生草本植物。蚕豆染色体数 $2n=2x=12$，原产亚洲东部和东非，西汉引入中国，现已成为世界重要的豆科作物之一。蚕豆在中国南北各地都有栽培。蚕豆以嫩豆粒和成熟的种子作蔬菜食用，或作粉、酱、酱油等的原料。每 100g 鲜豆粒含水分 9～13g、碳水化合物 11.7～15.4g 及各种维生素；每 100g 干豆粒含蛋白质 28.2g、碳水化合物 49g 及各种维生素和无机盐。医学认为蚕豆能益气健脾，利湿消肿，延缓动脉硬化，降低胆固醇促进肠蠕动。

一、生物学特性

1．植物学性状

（1）营养器官　蚕豆主根粗壮、深生，侧根多，分布宽，主要根群分布于 30cm 表土层。茎直立、草质，四棱，中空多汁，高 30～150cm；幼茎绿或紫色，成熟时黑褐色。分枝多，一般在 1、2 级分枝开花结荚多，3、4 级分枝多数不能结荚。子叶不出土，初生真叶 1 对，称为基叶，其后为偶数羽状复叶，互生，小叶 2～9 片，小叶数随着生节位的升高而增加，小叶椭圆形，全缘，叶面绿色，叶背略带灰白色，顶端小叶退化成短刺状。

（2）生殖器官　短总状花序，互生，花聚生在花梗上形成花簇，有 2～9 朵花。花蝶形，紫、浅紫、白、纯白等色，是鉴别品种的重要特征之一。多能自花授粉，但异交率高达 20%～40%，所以蚕豆是常异花授粉作物。一株开花 40～300 朵，成荚率 5%～20%，一般为 10%左右。第 1～3 簇的花数占总花数的 34.1%，成荚率占 51.7%；第 4～6 簇的花数占 40.3%，成荚率占 43.1%；第 7 簇以上的花数占 25.6%，成荚率占 5.2%。果实为荚果，扁圆筒形，被茸毛，荚内有絮状白茸毛，每荚含种子 2～4 粒，多达 7 或 8 粒，种子占全荚重的 60%～70%。幼荚绿色，成熟时黑褐色，分软荚和硬荚两种类型。种子扁平，长圆形，略有凹凸，种脐形状和颜色也是鉴别品种的重要特征之一，种皮有乳白、绿、浅绿、褐或紫色，寿命 2～3 年。

2．对环境条件的要求　蚕豆喜温凉湿润，不耐热，也不耐寒，耐寒力不如豌豆。发芽适温为 16～25℃，最高 30～35℃、幼苗能忍受－4℃低温，在 15℃以下花芽分化；营养器官生长适温为 14～16℃，生殖器官生长适温为 16～20℃，26℃以上落花严重，结荚适温为 18～20℃。

属长日照植物，喜光怕阴，延长日照可提早开花结荚。叶和花都有向阳习性，在向北的阴坡地生长不良，结荚少。蚕豆适应土壤范围广，从砂壤土至褐土均可栽培，要求深翻。需水较多，既不耐旱，又不耐涝。

二、品种类型与栽培季节

蚕豆依豆粒大小，分为大粒种和小粒种两类。大粒种（var. *major*）种子千粒重为1250～2500g，可作粮菜两用，以菜用为主，品质好，较抗病，品种如‘大白蚕豆’‘牛踏扁’‘大青扁’等；小粒种（var. *minor*）种子千粒重为650～800g，抗性强，丰产，品质差，常作饲料用，品种如‘小蚕豆’‘百胡豆’等。

蚕豆在我国分秋播区和春播区，其中长江流域及其以南属秋播区，黄河以北和西北各地属春播区，秋播区面积占全国总面积的90%，产量占86%。

三、栽培技术

1．精细整地 选取土质肥沃、阳光充足的地块种植。将土地耙碎，地面耙平，开深沟高畦，畦宽1～2m、高25cm，沟宽35cm。蚕豆忌酸性土壤，结合整地每亩施腐熟农家肥1000kg、过磷酸钙15kg、草木灰30kg、生石灰30kg作基肥，条施或点施于种植行间。

2．适时播种 种子低温春化处理可降低着花节位，提早开花和促进分枝，增加产量。具体来说，可用清水浸种2h，在室温下催芽1d，等种子开始萌动时放在0～5℃下处理10～20d。每亩用种量为8～10kg。播种前用根瘤菌拌种。一般种植行距30cm、株距12～18cm，播种深度为5～6cm，播后覆薄土。

3．科学管理 生长前期保持土壤湿润，利于种子发芽出土，扎根齐苗；生长中期土壤干爽，利于根系生长，多生侧根。花荚期前应追肥，并结合中耕除草培土。另外，在蚕豆盛花初荚期，要根外追施磷、钾肥，保花保果，提高产量。后期应注意摘心，防倒伏。

4．病害虫防治 蚕豆的病害主要有根腐病、赤斑病和锈病等，虫害主要有蚜虫、蓟马等。对病害要以放为主，采用无病种子及科学施肥、用水等，发现病害应选用植保灵、托布津等对口农药防治。对虫害应勤检查，发现虫害及时用药剂防治。

5．采收 在植株中下部荚果表面出现光泽、种子增长而未硬化前，分3或4次采收。

第十七章 葱 蒜 类

第一节 概 述

葱、蒜、韭和洋葱均为百合科葱属辛辣类草本调味蔬菜。大葱，学名 *Allium fistulosum* L. var. *giganteum* Makion，是葱的一种。洋葱（*Allium cepa*），别名球葱、圆葱、玉葱、葱头、荷兰葱、皮牙子等。大葱、洋葱为二年生草本植物。韭菜（*A. tuberosum* Rottl. ex Spr.），别名丰本、草钟乳、懒人菜、扁菜等，是多年生草本蔬菜植物。

葱、蒜、韭和洋葱均是食药同源蔬菜，都有较好的药用价值。大葱味辛，性微温，具有发表通阳、解毒调味、发汗抑菌和舒张血管的作用（谢宗万，1975）。《本草纲目》记载大葱主要用于风寒感冒、恶寒发热、头痛鼻塞、阴寒腹痛、痢疾泄泻、虫积内阻、乳汁不通、大小便不利等症状。洋葱含有前列腺素 A，能降低外周血管阻力，降低血黏度，可用于降低血压、提神醒脑、缓解压力、预防感冒（谢宗万，1975）。此外，洋葱还能治愈创伤、溃疡，清除体内氧自由基，增强新陈代谢能力，抗衰老，预防骨质疏松，是适合中老年人的保健食物。《本草拾遗》记载韭菜味甘、辛，性温，无毒。具有温中行气、健胃、提神、散瘀解毒、固精止遗的作用。《千金方》中也记载韭菜可增加肠胃蠕动，促进肠胃代谢，有人把韭菜称为“洗肠草”。《名医别录》中有韭菜根、叶捣汁外敷具有消炎止血、止痛功效的记载。

葱、蒜、韭和洋葱不但辛辣味香，美味可口，而且具有丰富的营养价值。大葱、洋葱和韭菜中都含有香辣味挥发油，主要成分为二甲基二硫醚、甲基丙烯基二硫醚、二烯内基硫醚和二丙烯基三硫醚等多种有机硫化合物。另外，均含有丰富的蛋白质、纤维素、脂肪、糖类、胡萝卜素、维生素 C、维生素 B、烟酸、钙、镁、铁、锌等营养成分。

洋葱、大葱、韭菜和蒜在我国具有悠久的栽培历史，广泛分布于全国各地，2018 年 4 种蔬菜全国种植面积约有 2000 万亩，是中国的主要辛辣味特色蔬菜。以其优质、味美营养价值高，经济效益好，适应性强，广泛应用到全国各地，是很好的扶贫开发项目。在满足城乡人民消费需求和乡村振兴中发挥了重要作用。

1．繁殖共性 葱、韭和洋葱均是以种子作为繁殖材料，且这三种蔬菜的种子均为黑色种皮，种皮较厚，有蜡质层，种子吸水较慢，一般情况下播种育苗时需要浸种催芽，才能出苗快、出苗齐。种子常温下寿命较短，常温存放寿命不到一年，种植播种时要选当年新种子。种子较小，韭菜种子千粒重为 3.7～4.5g，洋葱种子千粒重为 4.5～4.7g，葱种子千粒重为 2.7～2.9g，育苗播种覆土要浅。

2．根系共性 葱、蒜、韭和洋葱根系均为肉质须根系，无主根，肉质须根分支少，根系小，不发达，分布浅，肥水吸收能力差，喜欢肥沃疏松透气性好的壤土或砂壤土。

3．产品共性 葱、蒜、韭和洋葱均以植株的营养体为产品，葱和韭收获的是植株的叶鞘和叶片，洋葱收获的是膨大叶鞘，蒜收获的是鳞芽。因此栽培管理的主要目的是促进植株营养体的健壮发育，提高产品产量和品质。此外，葱、蒜、韭和洋葱均为小株型大群体蔬菜，个体发育状况决定着其蔬菜的商品性状，个体大小和群体数量决定着蔬菜的产量，为了实现高产高效必须做到合理密植，既要确保个体发育良好，又要充分发挥群体增产优势。

4. 育苗共性 针对葱韭洋葱类蔬菜种皮厚且有蜡质层，种子吸水较慢的特点，育苗播种前多采取浸种催芽。针对这类蔬菜种子小发芽出苗较难的特点，育苗时多采用覆细土浅覆土的播种方法。针对幼苗生长较慢，幼苗时期较长，生产中多提前育苗，进行苗床集约化精细管理，培育健壮幼苗。

5. 肥水管理共性 葱、蒜、韭和洋葱肉质根，根系小，吸收肥水能力较弱，在肥水管理方面的共性是幼苗前期小水勤浇，保持地表湿润，生长后期适当控水蹲苗，保持地表见干见湿，促苗促壮。结合浇水，采用少量多次追施肥的施肥方法。在施肥种类上根据营养需肥规律，采取平衡配方施肥，多采用硫酸钾型三元复合肥。据测定，每收获500kg大葱、韭菜和洋葱，需从土壤中吸收纯氮1.35kg、五氧化二磷0.54kg、氧化钾1.65kg。

6. 病虫害防治共性 葱、蒜、韭和洋葱同为百合科蔬菜，不仅具有很多共性特点，还具有许多病虫害的通性危害。例如，灰霉病、疫病、锈病、软腐病等病害都可以危害这类蔬菜，同样，蓟马、葱须鳞蛾、黄曲跳甲、地蛆、地老虎等多种虫害同样危害这类蔬菜。因此，在栽培管理过程中采用轮作倒茬，避免大葱、韭菜和洋葱重茬是有效预防病虫害的重要技术措施。同时，大葱灰霉病、疫病、锈病、软腐病等病害的防治措施在韭菜和洋葱灰霉病、疫病、锈病、软腐病等病虫害的防治过程中也具有同等重要的作用和借鉴参考价值。

第二节 韭 菜

韭菜（*Allium tuberosum* Rottl. ex Spr.）属百合科葱属，多年生单子叶宿根性草本植物。植株丛生，叶细长扁平而柔嫩，翠绿色。锥形总苞包被的伞形花序，着生多枚小花，叶和花茎均可食用。韭菜色鲜而味香，不但风味极佳，而且含有丰富的蛋白质、糖、脂肪、纤维素、胡萝卜素、维生素C、维生素B_2和对人体十分有益的钙、铁、锌、钾等矿物质以及挥发性极强的辛香类物质——多种有机硫化合物，因此韭菜又是一种营养价值较高的调味蔬菜。韭菜全身各个部位，如叶片、叶鞘、韭薹、韭花和幼嫩蒴果等均可食用，它不仅可以切碎拌馅制作春卷，包成饺子、包子，还可以做成各种各样的热炒菜、凉拌菜和汤类。加工腌制以后可以做成各种各样的腌韭菜、腌韭花。

在长期的生产实践中，人们对韭菜的特征特性有了比较系统的了解和掌握，韭菜多分布于山坡背阴冷凉低洼处，喜欢冷凉和湿润的环境气候条件。生产实践再次证明，韭菜在春秋冷凉气候条件下生长发育良好，自然条件下冬季和夏季生长表现不良，但是如果采用夏季遮光降温，冬季设施保护增温栽培也能取得良好的生产效果。

一、生物学特性

1. 植物学性状 韭菜植株是从种子发育而成的。营养体是由根、茎、叶三部分组成；生殖生长阶段，鳞茎盘上着生花薹，花薹顶端有一个伞形花序，开花、结籽。韭菜的特点主要是由其根、茎、叶、花、果等器官的形态特征决定的。

（1）根 韭菜根具有如下特点：

1）韭菜的根是肉质根。具有较强抗旱能力，其肥水吸收能力相对较弱，多喜欢湿润透气的生长环境，根系呼吸强度大，怕积水缺氧的厌气条件。

2）须根系。韭菜根系由40条左右的肉质弦状须根组成，根系小，没有明显的主根和侧根之分。

3）根系分枝少，分布范围小，吸收能力弱。韭菜的根以鳞茎盘为中心呈放射状均匀分布，水平分布约50cm，垂直分布可达60cm。肉质须根的分枝能力较弱，可形成2～4级分枝。

4）根系发育受根际环境、品种和生育期共同影响。韭菜根的分枝能力强弱与韭菜品种、土壤条件和生育期有关，生长势强的品种根系分枝能力强，土壤肥沃疏松透气、土层深厚的根系不仅分布广，而且根系分枝能力强，休眠期韭菜根系主要进行养分吸收、储存和转化。

5）根系跳根特性。随着韭菜种植年数的延长，鳞茎盘越来越长，根的新陈代谢导致老根逐渐死去而新根总是从鳞茎盘的下方生出，根系随着短缩茎盘的伸长而上移。韭菜根系出现上浮，老根逐渐衰老死亡，上部新根不能及时产生，根系变小，吸收肥水能力减弱，不能及时充足供应肥水，致使植株生长势减弱，商品性状和品质变差，产量和经济效益下降，寿命缩短。

（2）茎　韭菜茎有以下特点：

1）韭菜的茎是地下短缩鳞状茎，其形状呈盘状，又称鳞茎盘。

2）茎的分生性。鳞茎盘着生有大量的分生组织，向下分生根系，向上分生叶片、蘖芽和花器官，决定着整个植株的生长发育状况。

3）韭菜的茎是养分贮存的主要场所。鳞茎盘肥大充实，韭菜根系发达，叶片宽大肥厚，植株长势强，生长旺盛；反之，如果韭菜鳞茎盘受病虫危害，轻则影响根系和叶片的生长发育，重则可导致整株死亡。

4）短缩茎随着种植年限的延长而伸长。随着韭菜种植年限的延长和分蘖的不断进行，地下茎越来越长，形成分枝状地下茎，鳞茎盘和根系上移到地表处，这就是韭菜的跳根现象。

5）分蘖特性。分蘖是韭菜的主要生物学特性之一。韭菜通过分蘖不断形成新的植株，淘汰和更新老的植株。同时，由于分蘖的进行，韭菜的群体数量越来越多。分蘖不仅对韭菜新陈代谢和群体发育起着至关重要的作用，而且由于韭菜群体数量的增加，又直接影响着韭菜个体发育和产量的高低。

（3）叶　韭菜叶片有以下特点：

1）韭菜叶片是由叶身和叶鞘两部分组成，是韭菜的主要食用部位。叶鞘是叶的基部，呈圆筒状或扁圆筒状，在鳞茎盘上分层排列，许多叶鞘层层抱合成圆柱体或扁圆柱体，又称为假茎；叶身在叶的上部，呈扁平狭长、绿色带状，内含有大量的叶绿素，是韭菜的唯一光合器官，利用叶片从空气中吸收的二氧化碳和根系从土壤中吸收的水分、矿物质等营养物质，在太阳光的照射下，通过光合作用过程，制造出光合有机物。光合有机物是韭菜叶片等器官构建的重要原料。因此，韭菜叶片大小、多少是决定韭菜产量的重要因素。

2）叶鞘具有较强的环境适应性。鞘粗0.3～1.5cm，鞘长4～35cm。鞘长、鞘粗因品种、生育期和栽培管理条件不同而有较大差异，一般情况下，宽叶型品种叶鞘粗，栽培深度适中叶鞘粗；叶鞘长度既受品种影响，同时也受光照强度、栽培深度、密度和有无覆盖物及覆盖厚度的影响。一般情况下，强光鞘短，弱光鞘长；栽培浅鞘短，栽培深鞘长，密度小鞘短，密度大鞘长；覆盖物薄鞘短，覆盖物厚鞘长。

3）韭菜单株叶片数为4～9片，从鳞茎盘上自外向内依次抽生，成簇状排列。

4）叶身形态特征因品种不同差异较大，一般窄叶型品种平均叶宽约为0.5cm，宽叶型品种平均叶宽为1cm，最宽叶片可达2.4cm；韭菜叶身长度为30～40cm，最长可达50cm以上，平均叶片厚度为0.15～0.35cm。叶片特征不同是区分韭菜品种的重要标志之一，一些品种叶片扭曲，一些品种叶片顺直；一些品种叶片直立，一些品种叶片披展；一些品种叶尖锐尖，一些品种叶尖钝尖；有些品种叶片背脊较扁平光滑，有些品种叶片背脊突出。

5）绝大多数品种叶表面都有一层蜡质层，这是韭菜具有较强抗旱性的组织结构特征。但蜡质层的薄厚，不同品种也有较大区别。

（4）花　韭菜花是韭菜的生殖器官，它有以下特点：

1）抽薹开花的季节性。韭菜植株个体发育到一定大小，于 4 月底至 5 月初进入花芽分化阶段，植株体内积累有足量的光合产物时抽生花薹，长出花序，进而开花结果。

2）韭薹的可食性。韭薹是最先出现的生殖器官，一般薹高 50～80cm，韭薹呈三棱柱状，下粗上细，基部粗 0.4～0.8cm，顶生一个圆锥形的花苞，花苞白色，有淡绿色的条纹，花苞内有一个伞形花序。花苞膨大前采摘嫩薹是色鲜味美的细菜，亩产嫩薹 1000～1500kg。在嫩薹期及时采摘花薹出售不仅可以增加鲜薹收入，还可以减少生殖生长的养分消耗，增加鲜韭产量 10%～15%，尤其是对越冬保护地韭菜增产更为显著。

3）韭菜花序内小花分生的多点性和分生的无限性。韭菜花序为伞形花序，每个花序有多个生长点，小花从每个生长点周围自外向内分化，无限生长花序，每个花序有 50～300 朵小花。

4）韭菜花为雌雄同花。韭菜花为两性花，由花柄、花冠、雌蕊和雄蕊等器官组成。花柄粗 0.15～0.3cm，长 2～5cm；每朵小花有 6 枚三角形的花瓣，白色，有淡绿色或淡紫色的条纹；有 6 枚雄蕊，雄蕊由花丝和花药构成，花丝呈白色，花药初期为淡绿色，后期呈深黄色或浅褐色，内含黄色或橘黄色的花粉；中间有 1 枚白色的雌蕊，蕾期柱头仅有 0.1～0.2cm，初开的花柱头呈针状，开花后 2～3d 柱头成熟，明显高于雄蕊，顶部呈圆锥体，部分品种的雌蕊上部可见三个突起，完全成熟后呈白色透明，并伴有黏稠状蜜液，此时为最佳授粉期。

5）韭菜花有雄性退化现象。雄性不育花蕾期花瓣抱合松弛，花药退化变小，或呈透明状，无花粉，雌蕊柱头发育正常，可正常结实，雄性不育系可培育韭菜一代杂交种。

（5）果实　韭菜果实有以下特点：

1）果实为蒴果。

2）蒴果有三个心室，每个心室有种子 1 或 2 粒。

3）蒴果前期为黄绿色，随着心室内种子的发育，蒴果逐渐变为深绿色，后期蒴果成熟变黄发白，最后果皮三裂外翻，种子外露脱粒。

（6）种子　韭菜种子有以下特点：

1）黑色、盾形、较扁，有背腹面之分，背面稍突，腹面较平、稍凹，但区别不太明显，种脐突出。

2）自然条件下韭菜种子的寿命不足一年。种皮内有胚芽和胚乳，新种子胚乳呈白色，含油脂量较大，易氧化变质呈黄色失去活性，因此播种时选用当年新种子。种柄颜色是区别新陈种子的显著标志，新种子种柄呈白色，而陈种子种柄为黄色。当年生新种，种皮深黑色发亮，两年以上陈种子呈灰黑色发暗并伴有白霜。

3）韭菜种子皮厚，有蜡质，吸水难，发芽慢。种皮皱纹多而细密，厚而坚硬，且有较厚的蜡质层，不易透水透气，因此韭菜种子发芽较慢。韭菜育苗时应对种子进行浸种，一般浸种 12～20h，低温浸种时间长，中高温浸种时间短，等种子充分吸足水分后再催芽播种。

4）种子发芽率除与新陈种子有关外，还与种子的收打、储存条件有关。一般情况下韭菜种子含水量为 9%～10%，温度在 5℃以下有利于种子储存，含水量较高的种子极易热闷而死，因此种子收打时应及时翻晒，严禁湿种子大堆长时间存放。

5）韭菜种子大小因品种不同差异较大，并且种子大小与韭菜的植株长势呈正相关。一般宽叶型韭菜种子大而重，窄叶型韭菜种子小而轻，通常情况下韭菜种子长 2.85～3.25mm，宽 2.24～2.55mm，厚 1.32～1.38mm，千粒重为 3.7～4.5g。

2．生长发育周期 韭菜是多年生宿根性蔬菜，生长周期包括营养生长和生殖生长两个阶段。一年生韭菜一般只有营养生长阶段，二年生及其以上韭菜可以营养生长和生殖生长两个阶段交替进行。

（1）营养生长期 韭菜从种子萌动到花芽开始分化为营养生长期，这一时期主要是韭菜的营养器官——根、茎、叶细胞的增多和体积的增大。根据其生长顺序可分为 4 个阶段：发芽期、幼苗期、营养生长盛期、越冬休眠期。

1）发芽期。种子从播种到子叶出土伸直为发芽期，历时 10～20d。韭菜发芽的最低温度是 2～3℃，发芽适宜温度为 15～18℃，最高不超过 25℃，温度偏高或偏低，都会影响韭菜种子发芽。

我国北方春末夏初播种，南方一年四季均可播种。种子萌动时，子叶先开始伸出、伸长，迫使胚根、胚轴顶出种皮，胚根露出 4～6mm 后向下生长，这时子叶仍继续伸长，它的基部着生在胚轴上，而顶端仍留在种壳内，吸收胚乳中的养分，所以子叶总是呈弯钩状弯曲地顶出地面。根据韭菜种子瘦小，含水量较少，吸水能力弱，以及韭菜发芽缓慢和弓形出土的特点，为了促进种子发芽，应提高整地和播种质量，保持土壤透气、湿润状态，才能使种子发芽齐、出苗快，苗全苗壮。切忌忽干忽湿和苗床板结，影响幼苗出土。

2）幼苗期。从第一片真叶出现至苗高 20cm 左右，有 5 或 6 片叶可以定植时为幼苗期，一般需要 80d 左右。这时地上部分生长缓慢，以根系生长为主，从鳞茎盘的基部陆续长出很多须根，构成须根系。由于幼苗期生长缓慢，杂草最易滋生蔓延，而且杂草生长速度又快于韭菜生长，一旦幼苗被杂草所遮蔽，缺少阳光，韭菜幼苗就会呈现瘦弱状态，定植后也难以健壮生长。因此，这一时期的管理重点是除草，保持地面整洁，以免杂草与韭菜争水争肥。同时，结合浇水要追肥 2 或 3 次，每次每亩施尿素 10kg，以促进幼苗生长，使定植后的植株健全发育，为以后的丰产奠定良好基础。

3）营养生长盛期。从定植后到花芽开始分化之前为营养生长盛期。春播定植后，经过缓苗阶段，植株相继发生新根，长出新叶。当日平均气温在 20℃左右时，是韭菜光合作用旺盛时期，应加强肥水管理，以满足韭菜生长的需要。韭菜叶片生长到最高值的时间，在日平均 20℃的条件下，一般需要 30～40d，其叶龄随着温度的升高而缩短，最终枯萎死亡。这样新叶长出，老叶枯萎，形成叶片的新老交替。其交替速度取决于不同品种新叶发生的速度和叶龄的长短。试验表明，‘豫韭菜一号’全年平均 7.03d 生出一片新叶，叶龄为 38.7d，老叶衰亡速度为 19.58d；‘791’全年平均 8.1d 生出一片新叶，叶龄为 39.8d，老叶的衰亡的速度为 20.72d；‘汉中冬韭’全年平均 9.66d 生出一片新叶，叶龄为 38.6d，老叶衰亡的速度为 25.2d。这说明新叶出生与老叶衰亡成正比，即新叶出生得快，老叶死亡得也快，反之，新叶出生得慢，老叶死亡得也慢。在生产中，要根据不同品种的这一特性，确定科学的收割时机，一般当韭菜株高生长到 40cm 左右，单株有 4 或 5 片叶，生长期 25d 左右时收割最为适宜，可以保证收割的鲜韭产量丰收、品质柔嫩、商品性状优良，市场价值高。露地栽培条件下，冬季回秧型品种一般年收割 4～5 刀，在春季 3～5 月收割 2～3 刀，秋季 8～10 月收割 1～2 刀，夏季以养根为主，停止收割。抗寒浅休眠型品种一般年收割 6～7 刀，春季收割 3～4 刀，秋季收割 2～3 刀。保护地栽培条件下，冬季覆盖栽培收割 2～3 刀，春季撤掉覆盖棚后以养根壮秧为主，在入冬覆盖前的不收割。

韭菜长到 5 或 6 片叶时植株开始分蘖。以目前全国栽培面积较大的韭菜品种为例，‘791’品种，播种定植当年平均每个单株可产生 5 或 6 个分蘖，三年生单株可产生 30 个以上分蘖；‘豫韭菜一号'播种当年每个单株可发生 10 个以上分蘖，三年生单株可发生 40 个以上分蘖；'洛阳钩头韭'次之，嘉兴白根分蘖力较弱。因此，在韭菜栽培生产中，最好选择分蘖力强的品种，有利于高产。

4）越冬休眠期。当冬季来临，气温降至 10℃以下时，韭菜叶片开始枯萎，叶部制造的营养物质逐渐向根茎部回流，贮存于叶鞘基部的短缩茎和根系中，使叶鞘基部膨大呈葫芦状小鳞茎，植株进入休眠状态。一般北方寒冷，有些品种虽然抗寒，但是仍然有明显的冬季休眠期；而南方气候温暖，一些浅休眠品种表现出较强的抗寒性，在低温条件下植株外部叶片部分或大部分枯萎，而心叶仍能缓慢生长，如果加以覆盖栽培，还可以正常生长收割。翌年随着地温、气温的回升，韭菜开始返青，根量和叶片数逐渐增多，为韭菜的营养生长和生殖生长奠定了丰富的物质基础。由于韭菜在冬季经过了长期的低温，又经过了夏季的长日照，从而进入生殖生长，开始进行花芽分化。

韭菜的休眠特性又可以分为自然休眠和被动休眠两种。韭菜品种不同，其自然休眠特性也不同，如'桂林大叶''平丰 4 号''平丰 6 号''平丰 8 号''平丰 9 号''赛松'等品种不仅自然休眠期短，一般只有 10～15d，而且是以整株状态进入休眠，休眠深度浅，外观上表现出地上叶片短暂的缓慢生长，十多天过后，只要环境气候条件适宜，马上又进入旺盛生长期；'嘉兴白根''津引 1 号''791'等品种的自然休眠期较长，在 15～25d 方可通过休眠，转入正常生长状态；'豫韭菜 1 号''豫韭菜 2 号''平丰 1 号''钩头韭''马蔺韭''上海强韭'等品种自然休眠期长，一般要休眠 30～55d，且休眠时地上叶片、叶鞘全部回秧，养分回流到根系和鳞茎盘，待自然休眠期完全通过后，才能进入旺盛生长期。

被动休眠是韭菜通过一段时间的自然休眠后，植株体内经过一系列的物质转化，已经具备生长发育的内在条件，但由于低温等外在自然条件的制约，韭菜仍不能正常生长的现象。韭菜被动休眠期的长短，主要由不同地域的环境气候条件和栽培方式决定。一般情况下，我国南方地区，冬季气温相对较高，低温期短，没有被动休眠或被动休眠期很短；北方地区冬季温度低，持续时间长，韭菜被动休眠期也长。保护地栽培是解除韭菜被动休眠的最有效途径，通过保护地栽培措施，可提高地温和气温，解除韭菜的被动休眠，为韭菜的提前生长创造适宜的环境气候条件。

（2）*生殖生长期*　韭菜生长发育有一定的顺序性，首先是营养生长，而后是生殖生长。一年生韭菜花芽分化很少，基本上是营养生长期，两年及其以上的韭菜植株开始营养生长和生殖生长交替进行。一般情况下，韭菜植株只有经过营养生长，叶鞘粗达到 0.5cm 以上，株高在 25cm 左右，有 4 或 5 片叶，而且有一定的物质积累后，在 0～5℃的低温条件下，经过 30d 左右的春化阶段，而后经过夏季的长日照条件，鳞茎盘上的顶芽才能发育成花芽，抽生花薹，否则抽薹少或不抽薹。当花薹长度达 60cm 左右时，顶端花苞开裂，露出伞状花序。在河南，韭菜多在谷雨前后播种，当年很少抽薹开花，直到翌年 5 月开始花芽分化，大暑至立秋抽薹，立秋至处暑开花，秋分前后种子成熟。如果春播过早，满足了生殖生长对低温的要求，当年也会有少数植株抽薹开花。

韭菜以嫩叶为产品，应防止过早抽薹开花。二年生以上韭菜，除采种田外，应在春季科学收割，一般收割 3～4 刀，7 月底至 8 月初待韭菜抽薹后，及时采摘花薹出售。此时花薹嫩鲜味美，颇受消费者的欢迎，这样既可减少植株养分消耗，保证植株正常的营养生长，又可增加经济收入。

（3）*衰老期*　韭菜播种一次可收获多年，在南方可四季常青，周年生产。北方严寒季节，地上部枯萎，以地下根茎越冬，翌年春天继续返青生长。韭菜虽是多年生宿根性蔬菜，但并非能无限期地生长，一般长到4～5年以后，分蘖力减弱，生长势降低，逐渐进入老化阶段。韭菜生长年限的长短，主要取决于栽培与管理技术。在每一个生长阶段，水肥供应是否充分，特别是冬季增施腐熟农家肥的多少，春季土壤解冻后培土是否适当，收割次数的多少，留茬的高低，都关系到韭菜健壮生长年限的长短。加强韭菜田肥水管理，正确调整“养”与“割”的关系，就可延长韭菜生长寿命。一般韭菜植株从定植到衰老需要4～5年，如果提高管理水平可延长至7年以上。

3. 对环境条件的要求 韭菜在中国栽培已有3000多年的历史，在漫长的岁月中，韭菜生长已习惯于自成体系的生态环境。因此在生产中，必须掌握韭菜生长发育特点，创造适宜的外界环境条件，满足韭菜生长需要，只有这样才能高产、优质、高效。

（1）温度 韭菜是喜欢冷凉气候的蔬菜，适应环境的能力很强，能抵抗霜害。一般秋后初霜来临，韭菜叶部并不萎凋，直到初冬外界气温降到0℃以下时，叶部才开始显现出枯萎状态，以根株安全越冬。翌年春季日平均气温上升到2～3℃时，韭菜开始萌发新叶。韭菜生长的最适宜温度为12～24℃。低于适宜温度，韭菜会表现出低温适应性反应。低温适应性反应是韭菜对低温条件的生物应激措施，当韭菜生长的环境温度低于适宜温度低限12℃时，植株从生理、生化和植物学形态及组织解剖等多方面也会发生一系列的变化，韭菜的低温适应性反应主要表现在以下几个方面：一是酶活性下降，生理、生化反应速度变缓，光合作用效率和呼吸强度同时下降，细胞的分裂速度和植株的生长速度变慢，叶片变短、变厚，细胞内含物增加，风味、品质较好。但叶部能忍受短时间的低温，抗寒品种当气温降至－7～9℃时，外部叶片才逐渐枯萎，但心叶仍可正常生长。地下根茎在气温降至－40℃也不至于冻死。

韭菜不同生育期对温度的要求不同。发芽期的最低温度是2～3℃，适宜温度为15～20℃，温度偏高、偏低都对发芽不利。幼苗生长的适宜温度为12℃以上，叶片形成旺盛期的适宜温度为12～24℃，在15℃左右，叶片的光合作用最强，生长速度最快。抽薹开花期对温度要求偏高，一般为26℃左右。

在适宜温度范围内，韭菜的生长速度与温度呈正相关，随着温度的升高生长加快：露地韭菜从萌发到第一次收割，在日平均气温5～12℃时约需要40d；春季第2刀韭菜，在日平均气温12～17℃时需要28～30d；春末夏初在日平均气温达到20～24℃时，25d即可收割一刀。但是当日平均温度超过24℃时，植株生长迟缓，品质变劣，并逐渐进入高温歇伏状态。高温歇伏是韭菜对高温条件的生物应激措施，当韭菜生长的环境温度超过适宜温度高限24℃时，植株从生理、生化和植物学形态及组织解剖等多方面发生一系列的变化，主要表现出部分酶活性下降，光合作用效率下降，呼吸强度增加，光合有机物质积累减少，细胞分裂速度加快，结构物质消耗增加，细胞内含物减少，韭菜的风味、品质较差。植物形态表现出叶片细长、较薄，容易倒伏。尤其在高温强光和干燥条件下，韭菜叶片纤维多，品质差，不能食用。因此，一般在春季的4～5月和秋季的8～10月是韭菜生长量最大，品质最佳的时期。

韭菜生长对温度的要求也受光照、湿度等环境因子影响。例如，在温室栽培条件下，20d左右就可收割一茬韭菜，虽然室温高达28～30℃，但由于室内空气湿度大，光照强度偏弱，并不会因温度偏高导致韭菜品质变劣。但是，由于温室栽培，阳光与通风条件与露地不同，韭菜叶部质地比较柔嫩，因而耐低温能力较弱，而在湿润的条件下，韭菜忍受低温的能力相应提高。

韭菜品种不同，对温度高低的生理反应也不同。例如，‘平韭4号’‘平丰8号’‘平丰9号’等抗寒性强的品种，在平均气温3℃，最低气温－3～7℃的条件下，植株仍保持2或3片绿叶，心叶仍以 0.7cm 的速度生长，冬季基本不回秧。而‘豫韭菜一号’‘洛阳钩头韭’等抗寒性弱的品种，当平均气温度降低到 6℃时，地上部已经全部枯萎，进入冬季休眠状态。

（2）光照　韭菜原产于中国北方高纬度地区，属长日照作物，同时又多原生于山荫处，从而形成了要求中等强度光照的习性，尤其是韭菜营养生长时喜欢中等强度的光照，适宜的光强为 2.5 万～4 万 lx。光照过强、过弱都会引起韭菜生理、生化和植物学特征特性等一系列的变化。光线过强，光照强度超过适宜光强高限 4 万 lx 时，韭菜叶片生长速度变慢，植株生长受到抑制，韭菜体内碳水化合物的转化方向发生改变，淀粉、可溶性糖分减少，纤维素合成增多，叶片颜色深绿，粗纤维增多，口感差，品质变劣。光线过弱，光照强度低于适宜光强低限 2.5 万 lx 时，随着光照强度的减弱，韭菜叶片的颜色越来越淡，伸长生长较快，植株薄壁细胞增多，细胞内含物减少，纤维素合成较少，柔嫩多汁，口感品质较好，遮光条件下生产韭黄就是这个道理。但是，由于韭菜在无光条件下不能进行光合作用，在弱光条件下光合有机产物的合成积累少于呼吸消耗和结构物质消耗，所以韭黄产量一般较低，更应该选择肥壮粗大的根株进行韭黄生产。同时，大田覆盖生产韭黄还应做到韭黄与青韭交替生产，生产与养苗相结合，以达到长期高产、高效的生产目的。

越冬保护地青韭生产，如果在长期弱光下连续生产，也会使植株的光合能力降低，影响有机物的制造，叶片瘦小、分蘖减少、根系不发达，使产量降低。但是，如果韭菜根茎部位在休眠前贮存了大量养分，形成了较肥大的鳞茎，也可在弱光条件下正常生长，在弱光条件下保护地生产青韭应适当延长生长期，冬季生产一刀韭菜一般需要 35～40d，同时，连续收割刀次不要过多，一般以 2～3 刀为宜，连续收割刀数过多，根株积累养分消耗殆尽，不仅影响当茬的韭菜产量和商品品质，还会影响植株长势和下茬的产量。

（3）水分　韭菜的根系为肉质须根系，根系分布相对较浅且分布范围较小，根系分枝少，根系不发达，水肥的吸收能力相对较弱。韭菜叶片狭长而扁平，且叶片表面富含一层蜡质，叶表面水分蒸腾量相对较小。这些结构特点也决定了韭菜喜湿、怕涝和耐旱的特性。韭菜叶片蒸腾量少，不仅能抵抗低温，也能忍受干旱，生长要求的空气相对湿度为 65%～80%。空气湿度过大、过小都不利于韭菜的正常生长。空气湿度过大时，韭菜叶片生长加快，叶片变长、变薄，叶表面的气孔处于完全开张状态，极易导致灰霉病菌的侵入，诱导灰霉病的发生和蔓延；反之，如果空气湿度过小，韭菜为了自我调节，减少水分散失，叶片生长速度减慢，叶片较短、较厚、叶色较深，粗纤维较多，在根部水分供不应求的情况下，容易出现干尖现象。

韭菜的根系吸水能力弱，忌土壤水分的缺失和过量，一般韭菜生长要求的适宜土壤相对湿度为 70%～80%。韭菜以嫩叶为产品，水分是决定产量和品质的重要因素。虽然叶片狭长，蒸腾量较小，具有一定的干旱抵抗能力，但是水分缺乏，会使叶片萎蔫、干尖、纤维增多，商品价值降低。因而，在生产上必须有适宜的水分供应，才能生产出高产、优质的产品。

韭菜对于水分的要求，是随着生长发育阶段变化而变化的。由于韭菜的种子较小，种皮坚硬，水分不易渗入，因此种子发芽需要较高的土壤含水量，一般土壤含水量要在 90%左右才能透过种皮的角质层，使种子吸水膨胀，以利胚的萌动。幼苗出土后，苗高 7～10cm 时，新根吸收能力较弱，主要营养物质是胚乳养分供给的，只有保持土壤较高的湿度，才能使养分顺利运转，促进幼苗茁壮成长。如果水分缺乏会造成正在出土的幼苗生长发育受阻，逐渐干枯死亡。当苗高达到 10cm 以上时，韭菜的根系发育具备了自主吸水能力，这时的土壤含水量有 65%～75%即可。

韭菜对水分的要求也因外界条件的不同而异。早春气温偏低，蒸发量小，应适当控制浇水，少浇水或不浇水，防止地温下降影响幼芽萌动和根系活动。春季4～5月和秋季8～9月是韭菜旺盛生长时期，生理代谢旺盛水分需要也相对增多。早春叶片的生长主要是依赖根茎贮藏的养分转化的，随着光合作用的进行，大量的光合有机物质也需要在植株体内上下运输，缺乏水分会影响根茎养分转化输送，而且直接影响着光合有机产物的合成与积累；秋季既是植株光合作用的旺盛时期，也是营养体生产和养分向根部输送贮存的关键时期，而此时，气温偏高，蒸发量大，特别是北方地区天气干旱降雨量小，如果水分缺乏，会影响植株同化作用的进行。因此，在春秋季节要结合施肥，适当增加浇水次数和浇水量；夏季天气高温多雨，土壤透气性差，这时韭菜呼吸加快，能量消耗大，为了适应不良的生长环境，韭菜生长会进入夏季歇伏和生理的微弱时期，这时如果排水不良，土壤含水量过高，不但影响韭菜根系的呼吸，抑制生长，引起植株生理失调，还会因天气的骤然暴晴，引起植株大量出现生理干尖，或导致韭菜疫病的流行，使叶片腐烂，对生产造成严重威胁；反之，如果夏季天气干旱，不及时浇水，也会降低产量和品质，还将引起蓟马的猖獗危害。为此，夏季更要注意观察，根据不同情况分类管理，确保韭菜安全度夏。

韭菜生长不但对土壤湿度有一定的要求，同时对空气湿度也比较敏感。露地韭菜生长的适宜空气湿度为60%～70%，设施保护地栽培韭菜空气湿度往往偏高，使根部吸收的水分不能完全蒸发，致使韭菜叶片表面气孔完全开放并在叶尖部形成露珠，有利于病菌的萌发和侵入，导致病害发生，引起韭菜叶片腐烂，严重影响产量和效益。为此，保护地栽培要加强通风管理，适当降低空气湿度，防止叶片结露。需要给韭菜培土时，要在韭菜上露水散发后进行，以防止韭叶腐烂现象发生。

（4）*土壤与矿质营养*　韭菜对土壤的适应能力较强，砂土、壤土、黏土及其他土壤均可栽培。但是为了提高产量，还要根据栽培的方式选择和培养适当的土壤类型。

一般大田栽培，要选择富含有机质的壤土地，其质地疏松，透气性强，有利于韭菜根系的生长，再适当补充一些肥料，及时追肥，就能使韭菜生长健壮，优质高产。

韭菜对于贫瘠的土壤有一定的适应能力，但要想获得高产，必须改良土壤，在定植前每亩施5000kg 优质农家肥作底肥，定植后根据生长状况及时追肥，以提高土壤肥力，获得高产。特别是 2～5 年生的韭菜，生长势强，需肥量大，更要根据韭菜生长表现，加大追肥数量，以利持续丰产。

黏土土层较厚，只要增施有机肥，促进土壤微生物活动和繁殖，加大土壤透气性，同样可以进行韭菜丰产高效栽培。

砂土地土壤疏松，氧气含量高，最有利于韭菜根系的呼吸生长，但土壤肥力差，保肥时间短。此类土壤可加大有机肥用量，提高土壤肥力，同样能满足韭菜生长发育。这类土壤最适用于温室囤韭栽培的根株培养。温室囤韭栽培，囤前要将生长在露地的根株完整掘起，移至囤栽温室中囤栽促其发芽生长。只有在露地砂土上生长的韭菜根株，在掘根时才能保持根系完整无缺，这是温室囤韭获得高产的重要基础。

韭菜除适应以上土壤种类外，还适应轻盐碱地区栽培，以 pH 5.6～6.5 为宜。在不同的生长阶段，耐盐碱能力也有差异。幼苗耐盐碱能力差，当土壤含盐量超过 0.15%时，应采取轻盐碱地播种或配土苗床育苗的方法，培育壮苗。随着株龄的增长，耐盐碱能力提高，只要土壤含盐量不超过 0.25%，种植韭菜仍可获得高产。

韭菜在不同生长发育阶段，需肥量也有差异。一年生幼苗，根系尚未发育充分，需肥量较少，2～4 年生韭菜正是营养生长、产品收获盛期，需肥量明显增大。要想获得高产，施肥要有目的性。氮肥能促进细胞分裂和伸长，使叶片肥大；增施磷肥能有利于植株代谢，增加光合产物，提高产品品质；增施钾肥能促进蛋白质、碳水化合物代谢，使植株健壮生长，提高抗逆力。

韭菜对肥料的要求，有很强的季节性。一般早春要重施底肥，在韭菜尚未萌发前，每亩施腐熟的优质农家肥 5000kg 左右，结合锄地翻入地下，随后浇水，为春季韭菜的第一次生长盛期奠定基础。秋季也是重点施肥时期，只有秋季施肥充足，才能保证韭菜植株生长势旺，光合作用强，积累营养丰富，有利于在获得丰产的同时，另一部分营养向鳞茎部位运输贮存，为来年旺盛生长奠定基础。在春秋两季，主要是促植株营养体生长，施肥是以氮肥、磷肥为主。而在夏季是以保证韭菜生殖生长为主，要以重施磷钾为主，促进抽薹结籽，提高韭花或种子产量。

二、品种类型与栽培季节

韭菜原产中国，在全国各地分布很广，韭菜种质资源十分丰富。中国从南到北地理跨度大，气候条件变化差异大，千百年来由于物种的环境适应性进化过程，韭菜在全国各地不同的生态气候条件下，出现了植物学形态及生物学特性千差万别的不同生态类型。从其叶片宽窄上看，可分为宽叶韭菜和窄叶韭菜；按韭菜的休眠习性和对冬季低温的适应性反应，可分为冬季回秧休眠类型和冬季不回秧浅休眠类型；按其可食部位不同，又可分为叶用韭、根用韭、薹用韭、花用韭和叶薹兼用韭；按其地域分布不同，又可分为南方品种和北方品种。

1．按宽、窄叶形划分 韭菜的品种很多，不同的品种具有不同的植物学特征。就其叶片宽度来说，尽管韭菜叶片宽度受地力、肥力及种植密度等多方面环境因素的影响，但其品种特征特性是决定韭菜叶片宽度的主要因素。按其叶片宽度可分为宽叶型品种，其平均叶片宽度在 1cm，如‘平韭 4 号’‘平丰 6 号’‘平丰 8 号’‘赛松’‘日本宽叶韭’等品种，这类品种一般叶片宽大肥厚，叶鞘粗壮，韭菜商品性状好，但分蘖能力相对较弱或分蘖能力中等，因此要提高产量必须适当增加种植密度；中宽叶型品种，其叶片平均宽度一般在 0.6～0.9cm，如‘豫韭菜 1 号’‘豫韭菜 2 号’‘青格子’‘黄格子’‘汉中冬韭’‘嘉兴白根’等品种，这类品种韭菜商品性状相对较好，分蘖能力一般较强；窄叶型品种，其平均叶片宽度在 0.5cm 以下，如‘辽宁马蔺韭’‘上海强韭’‘长沙香韭’‘南京寒青韭’等品种，这类品种植株个体发育较小，商品性状相对较差，但分蘖能力强，生产中种植这类品种应适当降低种植密度，提高土壤肥力，及时倒茬更新，改善其商品性状。

2．按冬季回秧、不回秧划分 韭菜按其冬季回秧休眠特性可分为冬季回秧类型、冬季不回秧类型。韭菜原产中国，在全国各地都有分布。由于韭菜分布范围广，从南到北地理气候条件变化较大，生物长期自然进化，导致了韭菜生物类型的多样性。长江以南分布的韭菜，一年四季均在较高的温度条件下，自然条件自始至终都能满足韭菜生长发育的需要，一年四季都能生长。因此，这类韭菜没有明显的休眠期，在植物学形态上表现出冬季回秧晚，浅休眠，在生物学分类上称为不回秧类型。中国“三北”地区，由于冬季寒冷，气候条件恶劣，这些地区分布的韭菜，冬季不仅回秧早，而且休眠深，这类韭菜称为冬季回秧类型。韭菜回秧休眠类型，在南方温暖条件下，由于没有冬季休眠必需的低温条件，不能通过自然休眠期，表现为周年生长。不回秧浅休眠类型，在北方寒冷地区，恶劣的气候条件不仅迫使其进入被动休眠状态，而且由于其自身的生物局限性，仍不能露地安全越冬。在韭菜生产上要注意引种的越冬安全性，北方利用浅休眠品种进行设施反季节栽培时需要进行防冻保护。

3．按可食部位划分 韭菜按其可食部位的不同，又可以分为叶用韭、根用韭、薹用韭、花用韭和叶薹兼用韭 5 种类型。

（1）叶用韭　生产上以采收鲜韭为主，韭菜营养生长旺盛，营养体生长较快，鲜韭产量高；叶片、叶鞘柔嫩多汁，辛香味浓，鲜韭品质好。目前，生产上的绝大多数韭菜属叶用韭，这种类型生产上应用广泛，优良品种较多，如‘航研998’‘平丰7号’‘平丰8号’‘韭宝’等。

（2）根用韭　叶片宽大，叶片较薄，叶质粗糙不能食用，根部肥大，肉质，柔嫩多汁，具有韭菜的辛辣香味，以肥大的根部作为可食部位。主要分布在中国的云南、四川和西藏等西南部山区。

（3）薹用韭　韭菜叶片生长较慢，叶质粗糙，叶片纤维含量较高，可食性稍差。韭薹抽生较早，连续抽薹能力强，韭薹肥嫩可口，鲜薹产量高，生产上以采食鲜薹为主。薹用韭栽培面积较大的品种有平顶山市农业科学研究所培育的‘平丰薹韭’和原产于江苏铜山的‘铜山早薹韭’。

（4）花用韭　韭菜的营养生长和生殖生长都比较强，一般植株较大，韭薹抽生集中，韭薹粗壮肥大，花序大，小花数多，分化整齐，花蕾败育少，小花开放整齐一致，两性花，雌蕊柱头粗壮，雄蕊花粉量多，结实率高，韭花采收时成熟度均匀一致，产量高，品质佳。幼薹期也可作为薹韭采收嫩薹，但采薹集中，采收期较短。目前，优良的花用韭有‘豫韭菜1号’‘平丰1号’‘洛阳钩头韭’等品种。

4. 按品种来源划分　韭菜按其来源不同又可分为野生韭、地方农家品种、人工育成常规品种和一代杂交种4种类型。

（1）野生韭　在全国各地均有野生韭分布。多生长于富含腐殖质、土壤湿润的山地阴坡。野生韭类型繁多，生长参差不齐，风味品质较差，但抗病抗虫能力较强，可作为韭菜抗病抗虫育种的优良育种材料。

（2）地方农家品种　在韭菜长期生产实践过程中，经过千百年来的自然选择和人工定向驯化，从野生韭中选出，长期应用于局部地区生产的韭菜品种。中国韭菜地方农家品种有数百种，在韭菜生产实践中，地方农家品种发挥了重要作用。但地方农家品种受育种方法的局限，其品种的特征特性具有一定的历史局限性和推广应用的区域局限性。

（3）人工育成常规品种　根据育种目标要求，选择适宜的亲本育种材料，利用自然变异或采用人工杂交或采用物理、化学的方法诱导育种材料变异，定向筛选培育的韭菜品种。人工育成常规品种在育种过程中具有明确的目的性，育成的品种具有较强的生产适用性和品种的特异性，其品种的特征特性明显优于地方农家品种，如‘791’‘平韭2号’‘平韭4号’‘平丰6号’‘平丰8号’等都是人工育成的优良常规品种。

（4）一代杂交种　利用基因纯合的优良韭菜雄性不育系和基因纯合的优良自交系，通过配合力测定，杂交培育出来的具有强优势的一代优良杂交组合。杂交种的杂交优势主要表现在杂种第一代上，以后各代出现严重的性状分离，杂种优势和增产潜力明显降低，因此生产用种必须用一代杂交种。而且，杂交种 F_1 代不能留种，并且它也不会结种子。

5. 按栽培方式划分

（1）露地栽培　中南部地区主要选择生长势强，商品性状优良，品质好，抗虫抗病适应能力强的品种，如‘791’‘平韭4号’‘平丰6号’‘平丰8号’‘韭宝’‘航研998’等品种。北方高寒地区露地栽培需选择优质抗病耐寒能力强的越冬休眠品种，如‘豫韭菜1号’‘平丰冬韭王’‘竹杆青’‘内蒙古黑马蔺’等。

（2）春提早栽培　主要选择春季早发、生长速度快、生长势强、商品性状优良、品质好、抗虫抗病适应能力强的品种，如‘平韭4号’‘平丰6号’‘韭宝’‘绿宝’‘汉中冬韭’‘豫韭菜1号’等。

（3）秋延后越冬栽培　主要选择冬季不休眠、生长速度快、生长势强、商品性状优良、品质好、抗虫抗病适应能力强的品种，如‘791’‘平韭4号’‘平丰6号’‘韭宝’‘平丰8号’‘平丰9号’‘赛松’等。

（4）越夏栽培　应选择耐热性强、抗虫抗病适应好、生长优势强、优质耐贮的韭菜优良品种，如‘豫韭菜1号’‘豫韭菜2号’‘绿宝’‘洛阳钩头韭’等品种。

（5）无土栽培　要选择生长势强、优质高产、抗虫抗病适应能力强的冬季不休眠品种，如‘韭宝’‘平丰8号’‘航研998’‘赛松’等品种。

（6）韭黄栽培　应根据生产栽培季节选择不同的韭菜品种，可参照设施栽培进行品种选择。

三、栽培技术

1．主要栽培技术

（1）地块选择　韭菜属于多年生蔬菜作物，在中国大多数地区种植一次一般要收割3～4年，如果定植后发现地块不适宜，再重新移栽不仅费工费时，而且影响韭菜的产量和效益。因此，定植前选择适宜的定植地块显得特别重要。要选择好的定植地块需要注意以下几点。

1）地块平整。韭菜育苗地浇水较多，需要选择平整的地块，韭菜定植以后，要高产优质，也要根据韭菜的生长发育规律适时施肥浇水，没有平整的土地，就难以做到施肥浇水均匀一致，高产高效就无从谈起。

2）疏松透气。韭菜是肉质根，呼吸强度大，正常生长要求土壤有较好的土壤透气性。因此以壤土和砂壤土为宜。

3）土地肥沃。韭菜的年产量较高，露地栽培时一般年收割6～7刀，年亩产可达10 000kg以上；进行保护地栽培，虽然年收割3～4刀，但年亩产仍在4000～5000kg，要实现如此高的产量，没有肥沃的土地提供丰富的土壤养分是绝对不可能的。从韭菜的根系特点来看，韭菜属于肉质根，线状须根系，分枝少，根毛少，根系吸收肥水的能力弱，要实现高产也必须选择肥沃的土地。

4）交通便利。韭菜的单产较高，尤其是建立大面积的韭菜生产基地，有大量的韭菜产品需要外运，如果交通不便会影响韭菜的上市和销售。

5）选好茬口。前茬作物为葱韭蒜，地块上会有大量共患的虫源和病源，不仅加大了病虫害的防治成本，而且对韭菜无公害生产也十分不利。

6）基地相对集中。建立韭菜生产基地，选择相对集中的地块，连片种植，分散管理，便于统一技术管理和生产服务，又可以扩大基地影响，提高基地的知名度，有利于韭菜产品外销，创造出规模效益。

（2）施肥整地

1）施足底肥。韭菜的生育期较长，定植以后可收割3～4年，且产量高，养分需求量大，如果定植前不施足底肥，定植后只能地表追肥，难以做到肥料深施，适当深施肥对韭菜丰产高效十分重要。一方面，从韭菜的根系分布看，韭菜的根系多分布在10～25cm，而杂草前期的根系多分布在地表上层区域，深施肥有利于韭菜对肥料的吸收；另一方面，韭菜有跳根的习性，由于韭菜对肥料的趋向性，浅施肥又可以加快韭菜的跳根，因此应充分重视韭菜定植前的基肥。韭菜是喜肥的蔬菜，尤其是氮肥不仅能提高产量，而且能使纤维减少，品质柔嫩，适当施用磷肥可以促进根系发育，钾肥能提高抗病能力。因此，定植前一定要施足底肥。底肥的种类以腐熟的鸡粪、牛粪、人粪尿和圈肥为好。这些有机肥肥效长，有机质含量高，能改良土壤结构，有利于根系的发育。需要强调的是，施入的有机肥必须充分腐熟，未经充分腐熟的有机肥不仅有大量的成分不能被韭菜吸收利用，而且它在施入土壤以后要继续腐熟，在腐熟过程中产生的热理和有机酸会引起韭菜烧根而死。再者，未经腐熟的有机肥中含有大量的致病菌和虫卵，会给韭菜带来污染。一般结合犁地每亩施有机肥 10 000kg、过磷酸钙 50kg 和硫酸钾 30kg。

2）整地作畦。韭菜种植以后，多年只能地面松土，不能深耕，因而在前茬作物收获后，要进行深耕，通过深翻使土层深厚，促进土壤疏松透气，有利于定植后韭菜根系的生长和发育，所以种植前一定要深耕。一般耕翻深度为 30～40cm。土壤耕翻以后，首先要耙碎搂平，然后再整地作畦。南方雨水较多，一般采用高畦栽培，畦宽 1～1.5m，高 10～15cm。北方多采用平畦定植，畦宽 1.5～2m，长 10m 左右，畦埂高 12～15cm。

（3）育苗技术

1）育苗方式。韭菜的育苗方式有多种。从栽培方式看，有苗床育苗和大田直播育苗。从苗床制作方式看，北方少雨区多采用平畦育苗，南方多雨区多采用高床育苗。从播种方法看，有机械条播育苗和苗床撒播育苗。从苗床播种浇水的先后看，有干床播种育苗和湿床撒播育苗。随着现代育苗技术的发展，目前还有营养钵育苗、穴盘育苗和水培漂浮板育苗。

2）播种时间。韭菜播种每年有两个适播期，一个是春季播种，主要集中在 3～4 月，另一个秋季播种，主要集中在 8～9 月。

3）播种量。韭菜的种子较小，适宜的播量一般为每亩苗床播种 5～6kg，育成的苗可供 3～4 亩地定植。露地直播每亩需种子 1.5～2.5kg，土壤肥力高的可少些，肥力差的稍多些，播期偏晚的应适当加大播量。

4）浸种催芽。韭菜种皮较厚，且有较厚的蜡质层，种子吸水较难。浸种有利于种子吸收水分，有利于快速发芽，出苗快、出苗齐。韭菜浸种一般常温下进行，选择干净无油污的容器，用干净的清水浸种 10～20h，春季浸种 20h，夏秋播种浸种 8h 即可。催芽有利于控制和调节种子发芽所需要的水分、温度和透气条件。在适宜的环境条件下种子发芽快，发芽整齐，有利于培育壮苗。种子浸种吸足水分后及时漂去浮在上面的瘪籽，然后捞出冲洗 2 或 3 次，用干净的湿棉布包好，放在无油渍的瓦盆或瓦罐内，用湿布覆盖好置于 20℃左右、通风透气的地方进行催芽。催芽期间每天上午用清水冲洗种子一次，并上下翻动种子，以利于种子呼吸换气，2～3d 后，30%种子钻尖露白时，即可播种。

5）播种方法。播种前先浇透底水，待水渗下后先撒一层 0.5cm 厚的过筛细土，然后将种子均匀撒播到苗床，随后覆盖 1cm 厚的过筛细土，再用 33%除草通水剂 1000 倍液地表封闭防除杂草，最后覆盖地膜保墒，四周压严，待 70%种子发芽出土后即可揭去地膜，进入苗期管理阶段。

6）苗期肥水管理。播种后出苗前采用雾喷管及时浇水，保持地表湿润，直至出全苗。出苗后加强苗期肥水管理。苗高 10cm 左右时每亩随水追施尿素 5～8kg，以后每 7～10d 浇水 1 次，15～20d 追施 1 次，连续追肥 2 或 3 次，育苗前期保持地表湿润，苗高达到 20cm 左右时适当控水蹲苗，保持地表见干见湿。

（4）定植 韭菜苗龄 70～90d，株高 25cm 以上，4 或 5 片叶即可定植。定植时间以 3～6 月和 8～10 月为宜。定植密度以 25 万～35 万株/亩为宜。可采用行栽，也可采用穴栽，行栽时行距 30cm 左右，株距 0.7～1cm，穴栽时，行距不变，穴距 10～15cm，8～10 株/穴，采用深开沟浅覆土的定植方法，沟深 5～8cm，摆苗后覆土厚 3～4cm，定植后及时浇水。移栽时随时起苗，大小苗分级，剔除病残弱苗，禁止挖苗后长时间存放和大堆存放。

（5）定植后的管理　新定植的韭苗，要及时浇一遍定根水，使根部与土壤紧密结合，7～10d以后再浇一遍缓苗水，促进成活。缓苗后，新叶出现时，要结合浇水追肥一次，每亩追施三元复合肥30kg，或腐熟的有机肥1000kg。进入高温多雨季节，不仅要减少浇水，还要做好排水工作，使畦沟畅通，便于排净积水，以免烂根死苗。但是在夏季雨水较少的地区，还要适当浇水，保持地面湿润，以利于韭菜夏季健壮生长。9～10月昼夜温差大，一般气温在14～24℃，是韭菜生长的最适时期，应加强肥水管理，促进叶片生长，为韭菜鳞茎的膨大和根系的生长奠定物质基础。韭菜越冬抗寒能力和来年的长势，主要取决于冬前植株积累营养物质的多少。促进养分积累，秋季每隔7～10d浇水一次，结合浇水追施复合肥或腐熟有机肥2或3次，每次每亩追施复合肥15～20kg或腐熟有机肥1000kg。10月以后，天气逐渐变冷，生长速度减慢，叶片中的营养物质逐渐向鳞茎和根系回流。此时，根系吸收能力减弱，叶面水分蒸腾减少，应减少灌水，保持地表不干即可。漫长的冬季，雨雪稀少，西北风凛冽，地面蒸腾量大，易造成旱害，为确保韭菜安全越冬和翌年返青快，应在12月初浇一遍封冻水，通过冬冻春融促进土壤风化，使水分截流在韭菜可利用的土层内，保证韭菜根株的安全越冬。

（6）科学收割　韭菜科学收割不仅影响韭菜产量、韭菜品质、韭菜长势，而且直接影响韭菜的抗病性。

科学收割需要注意以下几点：一是适时收割。韭菜单株叶片数达到6或7片时才能收割，收割过早，长势越来越弱。春秋季每天收割韭菜以上午9:00～11:00为宜，收割过早叶片结露，影响商品性状，不利于存放，收割过晚，气温高呼吸强度大，不利于贮运上市。露地韭菜下雨天和土地湿泞不宜收割，否则会导致细菌性软腐发生，破坏土壤团粒结构，影响韭菜长势。二是适量收割。播种当年，一般收割1或2茬，以后每年收割5或6茬，越冬保护地韭菜可收割2或3茬，正常情况下每30～35d收割一茬，收割过多，韭菜长势越来越弱，收割间隔期过长影响韭菜品质。三是深浅适度收割。收割深浅因韭菜定植深度和韭菜跳根情况而异，如果定植深则可以适当深割，跳根严重应适当浅割。一般情况下，以刀口与地表平齐，切口处黄白色为宜。四是收割茬口平齐。利用锋利的工具，收割时镰刀放平，保持茬口平齐，有利于伤口愈合，同时可以避免和减少下茬韭菜干尖现象。

（7）收割后的管理　韭菜收割之后要及时进行清园管理，及时清理搂净畦面上的枯叶和田埂地边的杂草，病害严重时可进行灭菌消毒，随即进行中耕施肥，每亩追施腐熟有机肥1000kg或硫酸钾型三元复合肥30kg，并及时浇水一遍，待地表散土后及时中耕保墒，促进韭菜下茬生长。

2. 露地栽培　露地韭菜是我国最主要的栽培形式，也是最常见、应用最广泛、栽培面积最大的一种栽培形式。露地韭菜主要分布在我国的中部和南部地区。它投资少，栽培技术简单，易操作，投资收益比较大，好推广应用。

（1）培育壮苗　适时适量播种，采用育苗移栽和大田直播均可，播种后保持地表湿润，出齐苗后加强苗期肥水管理，育苗前期小水勤浇，适量追肥，后期控水蹲苗，预防倒伏，及时防治病虫草害，培育壮苗。

（2）适时定植　韭菜苗龄70～90d，苗高25cm以上，鞘粗3mm以上，单株叶片数4或5片即可定植。一般春季育苗6月中下旬定植，秋季育苗，翌年3月中下旬定植。定植时按行距25～35cm，穴距10～15cm，每穴8～10株，每亩定植密度为25万～30万株，定植深度为5～7cm，埋土深度为2～3cm。

（3）肥水管理 定植前，结合整地，每亩施腐熟有机肥 3000～5000kg，三元复合肥 50kg。定植后及时浇一遍定根水，7～10d 以后再浇一遍缓苗水。夏季高温多雨，一般不施肥不浇水，雨后及时排水防涝。进入秋季，加强肥水管理，每 10～15d 浇水 1 次，结合浇水追肥 2 或 3 次，每次追施三元复合肥 30kg。

（4）及时防治病虫草害 韭菜苗期虫害主要防治地老虎、蝼蛄和蓟马的危害，苗期病害主要防治韭菜疫病危害。定植后夏季重点防治疫病，春秋季节重点防治韭菜灰霉病、锈病和细菌性软腐病，主要虫害是韭蛆、葱须鳞蛾、蓟马和黄曲跳甲危害。草害防治是韭菜露地栽培的主要田间管理工作，杂草出苗前可采用 50%二甲戊灵乳油 800 倍液地表封闭，苗期和生产期对出苗杂草可用精喹禾灵叶面喷洒防治，对个别阔叶杂草可用溴苯腈叶片喷洒防治或中耕除草。

（5）科学收割 韭菜露地栽培一般播种当年收割 1 或 2 茬，以后每年可收割 5 或 6 茬，春季 3 或 4 茬，秋季 2 或 3 茬，每茬收割间隔期为 28～35d。收割时间以晴天上午 8:00～11:00 为宜，避免雨天收割。收割深度与地表平齐，刀口黄白色，刀口要平齐。收割 2～3d 伤口愈合后，及时追肥浇水，为下茬丰收打好基础。

3．设施栽培 韭菜设施栽培是实现韭菜周年生产供应的重要措施。北方露地栽培受环境气候条件的制约，冬季韭菜进入休眠期，不能生长，难以满足市场消费需求，通过设施栽培创造韭菜适宜的生长条件，为韭菜周年生产提供了可能。韭菜设施栽培在我国具有悠久的历史。在《晋书》中还记载了这样一个故事：晋代有个大财主，叫石崇，他与另一财主王恺比富。石崇每到严冬便拿韭菜招待客人。韭菜虽不值钱，但冬天不长。王恺自愧弗如，于是千方百计从石崇家人口中探到了奥秘，原来不过是“寿韭，杂以麦苗耳”。这就是现在北方还采用的“麦秸盖韭法”。韭菜设施栽培不仅延长了市场供应，提高了产量和效益，而且对于满足市场供应具有重要意义。韭菜设施栽培主要有春提早设施栽培、秋延后越冬设施栽培、越夏设施栽培、无土栽培和韭黄栽培。

（1）春提早设施栽培 春提早栽培是我国中北部地区韭菜设施栽培的主要模式之一，它避开了越冬严寒时段，简化了越冬设施栽培条件，同时充分利用早春气温回升的有利时机，采取相对简单的设施管理措施，为韭菜早春生产提供了必要的生产条件，为北方高寒地区早春韭菜市场供应发挥了重要作用。

1）大田直播和育苗移栽种植。大田直播于 4 月上中旬至 5 月中旬进行，播种时按行距 25～30cm，开沟，沟深 3～5cm，播幅宽 10～15cm，每亩播种量为 1.7～2kg，覆土厚度为 1～1.5cm，播种后洒水保墒直至齐苗。育苗移栽，3 月中下旬至 4 月中下旬播种，播种量为 8～10g/m^2，浸种催芽，浇透苗床，撒种覆土育苗，前期可覆盖地膜保墒增温，但需要预防高温烧苗，后期育苗可洒水保墒确保出苗。幼苗前期，加强肥水管理，后期控水蹲苗，及时防治病虫草害，培育壮苗。

2）施肥整地。定植前每亩施腐熟有机肥 3000～5000kg，复合肥 50kg 深翻 30cm，耙碎搂平，作宽 2～3m 的畦。

3）适时定植。6 月中下旬，韭菜苗龄 70～80d，高 25cm 左右，4 或 5 片叶，鞘粗 0.3cm 以上时即可定植。定植时行距 25～30cm，穴距 10～15cm，穴深 5～7cm，每穴栽苗 8～10 株，封土厚 3～4cm，密度为 30 万株/亩。

4）培育健壮植株。设施栽培管理的重点是培育健壮的植株。定植后及时浇一遍定根水，7～10d 再浇一遍缓苗水。夏季高温多雨一般不浇水不追肥，雨后及时排水防涝。8 月中旬开始，每 10～15d 追肥浇水一次，每次追施三元复合肥 30kg，连续 2 或 3 次，及时防治病虫草害，养根期不收割，预防倒伏。

5）覆盖栽培管理。春提早覆盖栽培，根据各地环境气候条件，可用小拱棚加防寒被、日光温室加保温被、大棚加中小拱棚等设施栽培。一般 12 月下旬扣棚。扣棚前 5～7d，及时清茬，清理畦面，结合浇水每亩追施复合肥 30kg，扣棚前一天用 50%多菌灵可湿性粉剂或 40%百菌清可湿性粉剂 600 倍液喷洒畦面，覆膜时棚膜必须使用无滴膜。扣棚后白天保持棚温 18～24℃，夜间棚温 12～17℃，晴天中午温度超过 25℃时及时通风降湿，保持棚内相对湿度 65%～80%为宜，及时预防棚室韭菜灰霉病的发生。

6）棚室收割与收割后的管理。春提早第一茬韭菜生长 30～35d，2 月上旬即可收割，收割时，注意保暖防冻，及时上市。第二茬于 3 月中下旬露地韭菜上市前收割。第二茬韭菜收割后及时撤去棚膜，追肥灌水，加强肥水管理，根据市场行情可再收割 2 茬露地韭菜。以后就不再收割，进行养根期，培壮根株，为下年覆盖栽培奠定良好基础。

（2）秋延后越冬设施栽培

1）培育壮苗。3 月中旬至 4 月下旬及时播种育苗，适量播种，合理密植，育苗前期加强肥水管理，确保肥水供应，育苗后期适当控水蹲苗，培育壮苗。

2）移栽种植。苗龄 70d 以上，株高 25cm 以上，单株叶片 5 片以上即可定植。定植时先后施肥整地作畦，然后按行距 25～30cm，穴距 10～15cm，每穴 8～10 株，穴深 5～7cm，封土厚 2～3cm 定植。

3）培育健壮植株。定植后及时浇缓苗水，夏季不浇水不施肥不收割，雨后排水防涝，预防草荒。加强秋季肥水管理是重点，促进植株快速生长发育，加强病虫草害防治，预防倒伏烂秧。

4）覆盖栽培管理。秋延后越冬覆盖栽培，可用小拱棚加防寒被、日光温室加保温被、大棚加中小拱棚等设施栽培。一般 11 月上旬扣棚。扣棚前及时清茬、灭菌、追施、浇水。扣棚后加强温度、光照和棚内湿度管理，及时预防棚室韭菜灰霉病的发生。

5）秋延后越冬茬棚室收割与收割后的管理。秋延后越冬茬栽培，第一茬韭菜生长 30～35d，12 月上中旬即可收割，收割时，注意保暖防冻，及时上市。第二、三茬生长期间室内外温度较低，生长期相对较长约 40d，1 月中下旬第二茬韭菜收割，第三茬在 3 月上中旬收割上市。第三茬收割后及时撤去棚膜，追肥灌水，加强肥水管理，根据市场行情可再收割 1 或 2 茬露地韭菜。以后就不再收割，进入养苗期，培壮植株，为下年覆盖栽培奠定良好基础。

（3）越夏设施栽培　韭菜越夏栽培需要注意以下几个方面，一是必须选择二年生以上的健壮韭菜根株。二是利用棚架结构进行遮阳网遮阴覆盖栽培，以遮光降温创造韭菜生长适宜温度环境。三是加强肥水管理。坚持刀刀追肥的原则，每次韭菜收割后及时追施三元复合肥 30kg，并及时浇水或雨前追肥。夏季降雨较多，雨量较大，要及时排水防涝。同时，夏季气温较高，水分蒸发量较大，一般 2～3d 浇水一次，宜傍晚浇水，避免中午高温期浇水。四是加强病虫草害防治。主要病害以韭菜疫病为主，预防疫病重点是预防倒伏，加强通风透光，发病初期及时用 90%疫霜灵 500 倍液喷雾防治。主要虫害是韭蛆、蓟马和潜叶蝇。尤其是加强草害防治，防止草吃苗现象发生。五是科学收割。韭菜越夏栽培科学收割尤其重要，需要注意以下几点：首先要及时收割。夏季韭菜遮光栽培，温度高湿度大生长速度较快，如果收割不及时会降低品质，可能会倒伏。其次是选择收割时间，以早晨收割为宜。早晨收割韭菜鲜嫩，品质优良，同时有利于伤口愈合。最后避免雨天收割或下雨前收割，以减少细菌性病害传播侵染和韭菜烂根烂苗。

（4）无土栽培

1）无土栽培模式。韭菜无土栽培的模式主要有基质无土栽培和营养液水培两种模式。营养液水培又可分为营养液漂浮板栽培和营养液喷雾栽培。

2）主要技术要点。一是密度要适当，韭菜无土栽培时可按 15cm×15cm 的株行距栽苗，每穴 2 或 3 株。二是温度调节，营养液温度控制在 15～20℃，空气温度控制在 15～24℃。三是湿度调节，苗期营养液每天循环 8 次，每次循环 30min，高温期每天 10 次，每次 20min，夜间循环 2～4 次，每次 15～20min。空气相对湿度控制在 65%～85%为宜。四是光照强度调节，无土栽培多在棚室条件下进行，棚内光照强度以 450～810μmol/（m^2·s）为宜。五是营养液 EC 值调节，苗期 EC 值控制在 1.8～2mS/cm，韭菜进入旺盛生长期以后适当增加营养，EC 值控制在 2～2.4mS/cm。六是营养液 pH 调节，营养液 pH 控制在 6～6.5。七是营养溶氧量调节，韭菜营养液漂浮式栽培时，根系在营养液中仍要进行呼吸，需要较高的溶氧量，可以利用营养液搅拌流动增氧。八是营养调节，韭菜生长发育需要全价营养成分，需要利用水溶肥配方施肥，尤其是适当添加微量营养元素成分，以实现韭菜营养平衡生长。

（5）韭黄栽培

1）韭黄栽培模式。韭黄的主要栽培模式有窖韭黄、罐韭黄、麦秸覆盖韭黄、草帘扣韭黄等。

2）培育健壮植株。韭黄产量高低的主要决定因素是韭菜根株是否健壮。培养健壮的韭菜根株是搞好韭黄生产的前提和基础。培养方法是适时播种和定植，加强肥水管理，及时防治病虫草害，养根期不收割，防止倒伏烂秧，及时采摘花薹，适当培土延长叶鞘长度。

3）韭黄覆盖栽培管理技术要点。韭黄覆盖栽培时需要注意以下几点：一是平茬深浅要适度。韭黄生产主要靠自身贮存养分，因此为了提高韭黄产量尽可能高留茬，一般是从叶片基部平茬或叶片基部下 2cm 处平茬。二是施肥浇水。韭菜平茬后追施三元复合肥 30kg/亩，并及时浇水 1 次。三是清园灭菌。韭黄柔嫩多汁，栽培环境湿度大，易生病。平茬后覆盖前要及时清除病残老叶，并用 50%多菌灵可湿性粉剂或 40%百菌清可湿性粉剂 600 倍液喷洒韭茬及地表。四是及时覆棚（或扣罐）遮光。灭菌消毒后及时用遮光草帘，棉被或瓦罐进行完全遮光栽培。五是搞好温度调控。韭黄适宜生长的温度为 12～24℃，当温度低于 12℃时可以适当增加覆盖物厚度，以提高温度，当温度高于 24℃时及时通风降温降湿，但必须确保遮光。

扩展 17-1

4）韭黄收割与收割后的管理。韭黄覆盖栽培 15～20d，单株叶片 3 或 4 片，株高达到 30cm 以上应及时收割。如果收割过早，影响韭黄当茬产量，收割过晚光合有机产物供应不足，容易出现干尖烂尖现象。收割时注意保鲜，及时打捆装箱。韭黄不能连续覆盖栽培，收割一茬后必须及时撤棚，加强肥水管理，培壮根株，为下茬韭黄覆盖打下良好基础。

第三节 洋 葱

洋葱（*Allium cepa* L.），又名球葱、圆葱、玉葱、葱头，属百合科葱属，为二年生草本植物，以肥大的肉质鳞茎为产品。洋葱起源于中亚细亚和地中海沿岸，已有 5000 多年历史，公元前 1000 年传到埃及，后传到地中海地区，16 世纪传入美国，17 世纪传到日本，20 世纪初传入我国。洋葱在我国分布很广，南北各地均有栽培，而且种植面积还在不断扩大，是目前我国主栽蔬菜之一。我国已成为洋葱生产量最大的 4 个国家（中国、印度、美国、日本）之一。

洋葱以肥大的肉质鳞茎为食用器官，营养丰富，据测定，每 100g 鲜洋葱头含水分 88g 左右，蛋白质 1～1.8g，脂肪 0.3～0.5g，碳水化合物 5～8g，粗纤维 0.5g，钙 12mg，磷 46mg，铁 0.6mg，维生素 C 14mg，烟酸 0.5mg，核黄素 0.5mg，硫胺素 0.08mg，胡萝卜素 1.2mg。还含有咖啡酸、芥子酸、桂皮酸、柠檬酸盐、多糖和多种氨基酸。挥发油中富含蒜素、硫醇、三硫化物等。花蕾、花粉、花药等均含胡萝卜素。洋葱的致泪成分是环蒜氨酸，洋葱内所含的 S-丙烯基-L-半胱氨酸硫氢化物是环蒜氨酸的前体，在碱性条件下，可环合成环蒜氨酸。

洋葱质地细密，适于炒食，也可煮食，或作为调味品，而且高产耐贮，供应期长，对调剂市场需求、解决淡季供应具有十分重要的意义，同时洋葱还是食品加工业的重要原料和出口的主要商品蔬菜。

一、生物学特性

1．植物学性状　洋葱植株，包括管状的叶身，由多层叶鞘相互抱合而成的“假茎”，由多层鳞片、幼芽及短缩的茎盘共同组成的肥大鳞茎。茎盘基部为须根（图 17-1）。

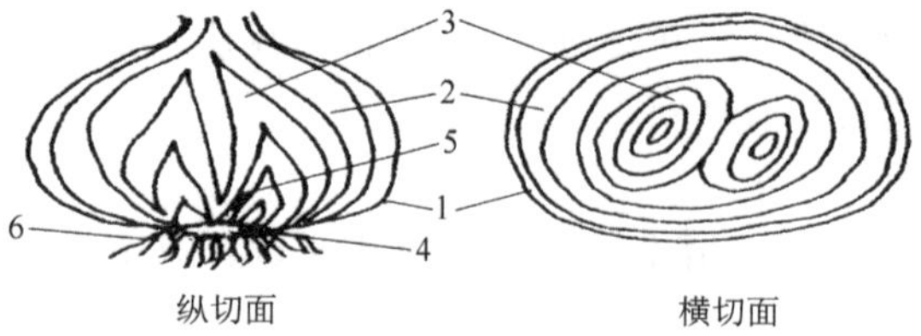

图 17-1　洋葱鳞茎的解剖

（中国农业科学院蔬菜研究所，1987）

1．膜质鳞片；2．开放性肉质鳞片；3．闭合性肉质鳞片；4．茎盘；5．叶原茎；6．不定根

（1）根　洋葱根系是由弦线状不定根构成的须根系，根系不发达，无主根，着生于短缩茎盘的基部。根系较弱，几乎无根毛，主要根系入土深度和横展直径均为 30～40cm，在耕层浅的土壤中，形成浅根性根群。根系耐旱性较弱，吸收肥水能力也不强。根系生长温度较地上部低，土壤 10cm 地温达到 5℃时，根系即开始生长，10～15℃最适宜生长，24～25℃时根系生长缓慢。

（2）茎　洋葱无典型的茎，在营养生长时期，茎短缩形成扁圆形的圆锥体——茎盘。茎盘上部环生圆筒形的叶鞘和芽，下面着生须根。成熟鳞茎的茎盘组织干缩硬化，能阻止水分进入鳞茎，因此茎盘可控制根的过早生长，抑制鳞茎过早萌发。

（3）叶　洋葱的叶由叶身和叶鞘组成。叶身深绿色，表面有蜡粉，管状中空，稍弯曲，基部腹面凹陷，是与大葱幼苗区别的主要特征之一。叶片的下部为叶鞘，由许多叶鞘相互抱合成圆柱形的假茎，一般鞘长 10～15cm。叶身是洋葱的同化器官，叶片的数目和叶面积，关系到洋葱的产量和品质。叶鞘是洋葱营养物质的贮藏器官，营养生长后期叶鞘基部膨大形成扁圆形球状鳞茎，叶鞘的层数和厚薄直接影响鳞茎的大小。

（4）花、果实和种子　洋葱在低温短日照条件下通过春化，在温暖长日照条件下抽薹开花，顶生球状的花序，花序上着生 200～300 个白色小花，雌雄同花，花被、雄蕊各 6 个，雌蕊受精后结实，子房 3 室，果实为三角形蒴果，成熟后自行开裂。种子黑色，盾形，表面有不规则的皱纹，脐部凹洼较深，种皮角质，较坚厚，不易透水，种皮的内侧有膜状的外胚乳，其内为内胚乳和胚，胚乳中有丰富的脂肪和蛋白质，胚位于内胚乳中间，为螺旋形。种子寿命短，千粒重为 4g 左右，发芽力一般只能保持一年。

2．生长发育周期　洋葱为二年生蔬菜，生育周期的长短因栽培地区及育苗方式的不同而不同。从播种到收获为营养生长期，从植株开始花芽分化到形成种子为生殖生长期。在华北和南方地区一般是秋播，翌年春季收获鳞茎，第三年开花结籽。在东北、西北等高寒地区是春播，当年秋季收获鳞茎，第二年开花结籽。洋葱从种子萌发到开花结籽的各个时期，不但在形态上有明显的变化，而且在不同的时期对环境条件的要求也不同。

（1）营养生长期　从播种到鳞茎收获，为洋葱的营养生长期。营养生长期又可以细分为发芽期、幼苗期、旺盛生长期和鳞茎膨大期。

1）发芽期。从种子萌动出土到第 1 片真叶出现为发芽期，约需 15d。洋葱种子小，种皮坚硬，吸水难，发芽缓慢，在栽培上要注意播种不宜过深，覆土不宜过厚，幼苗出土前保持土壤湿润，防止土壤板结，才能顺利出土。

2）幼苗期。从第 1 片真叶出现到定植大田为幼苗期。如果为冬前定植，则幼苗的越冬期也属于幼苗期。幼苗出土后，生长迅速。要保持适宜的温湿度条件。此期根系的生长比地上部分的生长更为重要。采用多种形式育苗的洋葱，当幼苗长到一定大小时，要及时定植到大田中，适宜的苗龄为 50～60d，此时幼苗单株重 5～6g，鞘粗 0.5～0.7cm，株高 20cm 左右，具有 3 或 4 片真叶，这种适龄幼苗既可以减少先期抽薹，又可获得高产。

3）旺盛生长期。洋葱定植后到鳞茎膨大前为旺盛生长期。定植后经过缓苗陆续发根长叶，植株的吸收和同化功能得以恢复。秋栽洋葱，要求在越冬前幼苗能长出 3 或 4 条须根、1 或 2 个新叶，才能安全越冬，在正常情况下，从发育阶段看和幼苗期相比并没有质的变化。春天返青后，植株前期生长比较缓慢，随着气温升高而逐渐加快，但以根系生长占优势，根长迅速增加，4～5 月达到发根盛期。在根系迅速生长的基础上，植株进入发叶盛期，叶数增加，叶面积增大，光合作用加强，继而进入鳞茎膨大初期，此时仍以叶部生长占优势，株高、叶重显著增加，植株经常保持 8 或 9 片光合功能叶，叶鞘基部逐渐增厚，鳞茎生长较为缓慢，并以纵向生长为主，形成椭圆或卵圆形的小鳞茎。

4）鳞茎膨大期。随气温升高、日照时数增加，叶鞘基部随着光合养分的积累鳞茎快速膨大，叶部生长受到抑制，叶身和根系由缓慢生长而趋于停滞。收获前，叶身开始枯黄衰老，假茎松软、细脆，逐渐失去膨压而倒伏，最外 1～3 片鳞片由于养分内移而变薄，并干缩成膜状，包裹着整个鳞茎，洋葱即进入收获期。

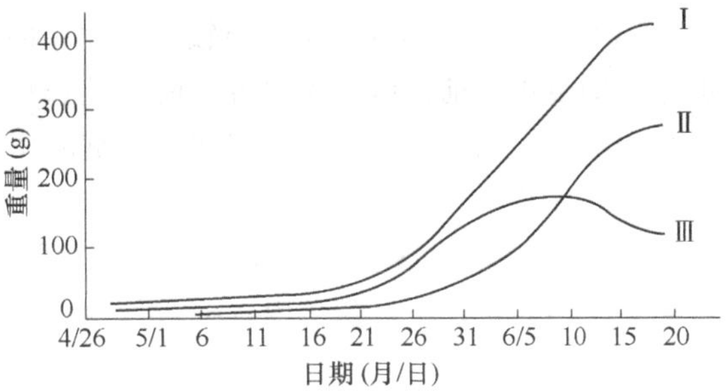

图 17-2　洋葱叶及鳞茎生长曲线图
（卢洪和赵旭明，1999）
Ⅰ. 全株重；Ⅱ. 鳞茎重；Ⅲ. 叶重

洋葱前期生长较为缓慢，叶重及全株重增长速度不快。但在收获前 40d 左右，叶重、鳞茎重和全株重迅速增加，其中全株重及鳞茎重直到收获仍持续增长，而叶重在收获前 15d 左右达到最大值，随后急剧下降（图 17-2）。

（2）休眠期　收获后，洋葱进入生理休眠期，这是洋葱长期适应原产地夏季高温干旱条件的结果。收获后的产品器官，为了便于贮藏，应立即使其进入生理休眠期。进入休眠期以后，呼吸作用微弱，鳞茎不发芽，这种状态将一直保持到生理休眠期结束。生理休眠期直接影响着洋葱的贮藏和市场销售期。洋葱生理休眠期的长短因品种特性、贮藏条件及休眠程度等因素的不同而不同，一般为 60～90d。

（3）生殖生长期　生殖生长期分为抽薹开花期和种子形成期两个时期。

1）抽薹开花期。洋葱鳞茎在贮藏期间经历了低温阶段，通过春化作用，于休眠期结束以后，将鳞茎定植于大田中，在高温和长日照条件下，就可以形成花芽，每个鳞茎可抽生 2～5 个花薹，形成种子，完成整个生育周期。每个花序的开花时间为 10～15d。

2）种子形成期。这一段时期是从开花到种子成熟。开花结束后到种子成熟约 25d。温度高时，种子成熟快，但饱满度差；温度低时，种子成熟缓慢，饱满度好。

3．对环境条件的要求

（1）温度　洋葱是耐寒性植物，幼苗对温度的适应性最强，健壮幼苗能耐−7～−6℃的低温，鳞茎在−4℃时就会受冻。种子和鳞茎在3～5℃下开始发芽，12℃以上发芽迅速，发芽适温为18～20℃。营养生长最适宜温度为12～26℃，苗期为12～20℃。鳞茎膨大适温为20～26℃，洋葱不耐热，26℃以上，鳞茎膨大受阻，全株生长衰退，进入休眠状态。洋葱抽薹开花期的适宜温度为15～20℃；洋葱根系生长要求温度较低，地温为4～6℃时，根系生长速度超过叶片；地温10℃时，叶片生长速度超过根系。

洋葱是以“绿体”通过春化作用的蔬菜，只有当植株长到一定大小以后，才可对低温发生感应而通过春化作用，花芽才开始分化，对一般品种而言，在幼苗鞘粗大于0.6cm或鳞茎直径大于2.5cm时，在2～5℃条件下，经60～70d，可以通过春化作用。虽然温度低于10℃就可起到春化作用，但以2～5℃效果最好。

（2）光照　洋葱对光照较为敏感。对光照强度的变化属于中间型，低于果菜类，高于叶菜类。对光照长短的影响是随着光照时间的延长而加速生长发育，加快鳞茎的形成，加速抽薹开花。此外，与光质也有关系，远红外光对鳞茎形成有明显的促进作用。

洋葱抽薹开花和鳞茎形成都需要长日照条件。光周期对鳞茎形成起决定性作用，日照时间越长，鳞茎形成越早、越迅速。但不同品种对日照时数的要求有一定的差异，有些品种（多以北方品种）在15h左右的日照条件下形成鳞茎，有些品种（多以南方品种为主）则在较短的日照条件（13h）下，鳞茎就能开始膨大，有些中间类型品种，鳞茎的形成对日照时数要求不甚严格。洋葱要求中等强度光照，特别是鳞茎形成期，要有充足的光照，光照过弱，植株易徒长，鳞茎难以形成。

（3）水分　洋葱根系分布较浅，发芽期、幼苗生长旺盛期和鳞茎膨大期，需供给充足的水分。幼苗越冬前，应控制水分，防止徒长和生长过于粗壮。鳞茎临近成熟前1～2周，应逐渐减少浇水，以利于鳞茎组织充实，提高品质和耐贮性。洋葱叶片管状，上有蜡粉，蒸腾作用小，比较耐旱，空气相对湿度不宜过大，适宜的空气相对湿度为60%～70%，而空气湿度过大，反而容易发生病害。鳞茎休眠期，适应能力强，对高温干旱或低温干旱都有较大的耐性。但是，在高温干旱的条件下，鳞茎内水分含量少，干物质含量多，体内挥发性硫的含量高，葱头的辛辣味较浓。

（4）土壤与矿质营养　洋葱要求肥沃、疏松透气、保水保肥能力强的砂壤土，适宜的土壤pH为6～8。洋葱喜肥，对土壤营养要求较高，但绝对量要适中。不同时期所施肥料应有差异，在幼苗期以氮肥为主，鳞茎膨大期要增施磷肥、钾肥，钾肥的施用应从幼苗期就开始，以促进氮肥的吸收。同时可促进鳞茎细胞分裂和膨大，并可提高品质。

洋葱需肥量大，一般每生产1000kg洋葱，需要吸收氮（N）1.9～2.2kg、磷（P_2O_5）0.6～0.9kg、钾（K_2O）3.2～3.6kg。按每亩单产4000～5000kg，一般需施氮12～15kg、磷10～12kg、钾13～15kg、钙20～40kg。

二、品种类型与栽培季节

（一）品种类型

洋葱按植物形态可以分为普通洋葱、分蘖洋葱和顶生洋葱3种类型。常用的普通洋葱，按鳞茎皮色，又可分为黄皮洋葱、红皮洋葱和白皮洋葱3种。按鳞茎形状可以分为扁平形、长椭圆形、长球形、球形和扁圆形5种（图17-3）。

1. 普通洋葱 我国栽培的洋葱多数属于这一类型。生长强壮，侧芽一般不萌动，每株通常只生一个鳞茎，个体较大，品质较好。能开花结实，以种子繁殖。耐寒力比另外两个类型低。鳞茎休眠期较短，在贮藏期易萌芽。鳞茎颜色有紫红、粉红、铜黄、淡黄色、白色。

（1）黄皮洋葱 鳞茎的外皮为铜黄色，扁球形、球形或高球形，一般为早、中熟品种。产量比较高，味道甜中带辣，品质好，鳞茎含水量低，耐贮藏，先期抽薹率低。

（2）红皮洋葱 鳞茎的外皮为紫红色或粉红色，圆球形或扁圆球形，一般为中、晚熟品种，辣味强，产量高，品质较差，含水量大，耐贮性较差。

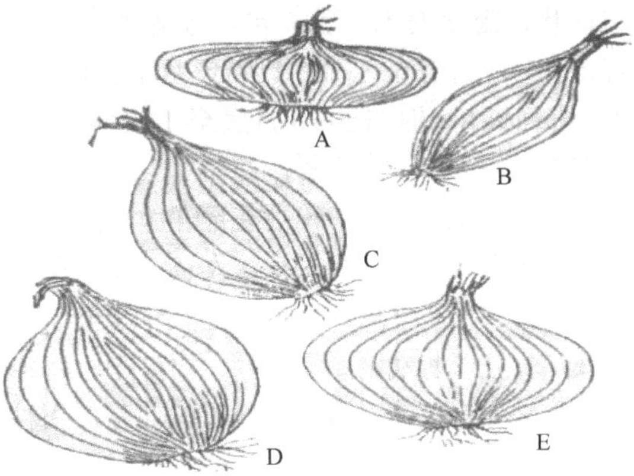

图17-3 洋葱的外形
（中国农业科学院蔬菜研究所，1987）
A. 扁平形；B. 长椭圆形；C. 长球形；D. 球形；E. 扁圆形

（3）白皮洋葱 鳞茎外皮为白色，接近假茎的部分稍显绿色，多为早熟品种。鳞茎的体积小，一般为扁球形。肉质细密，品质在3类洋葱中为最好，但是产量低，抗病力弱，先期抽薹率高。

扩展17-2

2. 分蘖洋葱 分蘖洋葱是普通洋葱的一个变种。茎叶与普通洋葱相似，略细小。基部分蘖，形成数个或十多个小鳞茎，簇生一起。通常不结种子，以小鳞茎为播种材料。个体小，食用品质较差，但耐贮性强，在东北各地农村栽培较多。适于与粮食作物间作套种。

3. 顶球洋葱 顶球洋葱的鳞茎与普通洋葱相似。主要特点是在采种母球（鳞茎）的花薹上形成气生鳞茎。气生鳞茎数目一般为8～10个，多者十余个。通常不开花结实，用气生鳞茎繁殖，无须育苗，而用气生鳞茎直接栽植即可。抗寒性极强，适于高寒地区栽培（图17-4）。

图17-4 分蘖洋葱（左）和顶球洋葱（右）
（中国农业科学院蔬菜研究所，1987）

（二）栽培季节

洋葱栽培忌重茬。秋栽主要以茄果类、豆类、瓜类等蔬菜为前茬，也可以水稻为前茬，春栽多利用冬闲地。洋葱的后茬主要是秋黄瓜、秋架豆、秋土豆等早秋菜。

洋葱植株低矮，叶管状直立，适宜与其他蔬菜间作套种。洋葱的畦埂可套种蚕豆、早熟苤蓝、早熟甘蓝、莴苣、地梅等蔬菜。在东北，洋葱可和玉米进行套种，一般在春季3月下旬及时整地、作垄，将洋葱定植于垄上，实行大垄双行或单行（60cm×10cm）栽培，定植密度为单行1万株/亩，双行1.8万株/亩。5月下旬在洋葱垄沟播种玉米，6月下旬洋葱收获后及时中耕起垄。这种套种栽培，洋葱1000～2000株/亩，对玉米产量影响不大。淮北地区常实行洋葱与棉花套种。一般情况下，洋葱选用早中熟品种，9月上中旬播种，10月底至11月初移栽，密度为1.5万株/亩，预留棉花定植空间。棉花于3月下旬“双膜”覆盖，拱棚制钵育苗，4月底至5月初移栽到预留空幅内，栽棉花4400株/亩。洋葱6月上中旬成熟后及时采收，耕翻灭茬。棉花于10月底至11月初灭茬。洋葱产量可达4000kg/亩，棉花可产皮棉100kg/亩左右。

洋葱的栽培季节，南北差异较大。但其共同点是将同化器官的生育期安排在凉爽季节。南方亚热带地区，秋末播种，初夏收获；长江及黄河流域以秋播为主，初夏至夏中收获，也可以早春播种，初夏收获仔球，秋季再定植仔球至冬季收获；华北平原多在白露前播种，第2年夏至前后收获；长城以北地区冬季严寒，幼苗露地越冬困难，多采取秋播贮藏越冬，早春定植，也可采取早春保护地育苗。随着地理位置的北移，播种期逐渐提前，收获季节不断延后。

三、栽培技术

1. 播种

（1）*发芽环境要求* 洋葱种子在发芽过程中，要求最低温度为4℃，最高温度为33℃，适宜温度为18～20℃。发芽后幼根生长的最低、最高和最适温度分别为4℃、38℃和30℃；而地上部幼芽则分别为6℃、38℃和30℃。但是，在生产实践中以不低于20℃为实用标准。土壤水分与种子发芽也有着密切的关系，土壤含水量在10%～18%，种子发芽率可达到90%的理想结果。洋葱种子发芽不需要光。洋葱种子发芽对氧没有过高的要求。

（2）*播种量与播种期* 目前洋葱种子的质量尚不够稳定，为了确保发芽，在播种前应先做发芽试验，在20～25℃的条件下培养，第4～7d调查发芽率。

在正常情况下，每亩苗床播种量为3～4kg，考虑到要淘汰20%的弱苗和劣苗，其栽植面积应为播种苗床面积的15～20倍。如果发芽试验的发芽率低于70%，应酌情增加播种量。

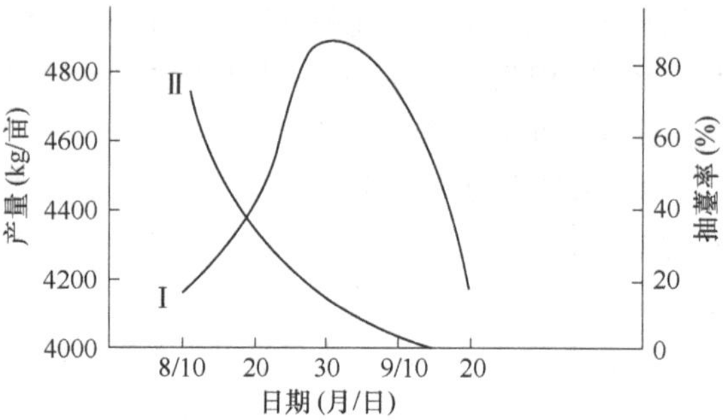

图17-5 洋葱不同播种期产量与抽薹率（陈振泰，1997）
Ⅰ. 产量；Ⅱ. 抽薹率

我国除了高寒地区采用保护地育苗和南方地区可冬季生产外，大部分地区采用秋季播种育苗、当年露地定植越冬（或以幼苗贮藏越冬）的栽培方式，从长江以南到华北平原地区基本上都采用这种方式。秋季露地育苗应注意严格掌握适宜播种期，播种过早，秧苗过大，冬季通过春化造成早期抽薹而减产；播种过晚，秧苗细小，虽然不会发生早期抽薹，但越冬能力降低，也会影响产量。根据试验，9月10日前后是淮北地区的适宜播种期（图17-5）。

（3）*播种技术*

1）选地。洋葱种子较小，种皮坚硬，吸水力弱，种子内贮藏营养物质少，发芽时子叶生长缓慢，出土较困难，所以洋葱苗床应选择地势较高，土壤肥沃，疏松透气排灌方便，2～3年内未种植过葱蒜类蔬菜的地块，以利发芽出土。苗床排水不良、低洼易涝，会使洋葱幼嫩的根系腐烂而生长不良。

2）施足基肥，整地作畦。在播种前10～15d，每亩苗床施充分腐熟并粉碎的有机肥3000～4000kg、硫酸钾复合肥（氮、磷、钾总含量大于45%）25kg。耕深25cm，将基肥均匀地翻入土中，使肥料与土壤充分混合，再用平耙将畦面整平、耙细，作畦，苗床宽120cm，畦埂宽40cm、高 15cm，便于拔草、间苗、浇灌等田间管理的操作，苗畦较长时根据地块分段浇水。多雨地区采用高畦育苗。

3）土壤处理。洋葱苗期病害主要有霜霉病和灰霉病等，所以要求在苗床表层土壤中每亩施入 25%多菌灵粉剂 3kg，进行土壤处理，以防治苗期病害。

4）播种方法。播种主要有条播和撒播两种方式。一般都采用撒播方式直接播种，播种前苗床浇一次透水，待水渗下后先撒一层 0.5cm 厚的细土，再按播种量进行播种，撒播时要力求播匀，然后覆盖营养土 1cm，要求不露种，同时每亩用 50%硫辛磷乳油 150g 加水 1～1.5kg，拌 5kg 炒熟的麦麸撒于畦面上，防治地下害虫。

在土壤砂质比较严重的地区，采用条播方式进行播种，即在平整好的畦面上开深 1～2cm 的浅沟，行距 5～8cm，将种子播入沟中，用笤帚轻轻地横扫畦面，这样可将落在沟外的种子扫入沟内，同时起到覆土的作用。然后用脚轻踩畦面进行镇压，使种子与土壤密切结合。镇压后即行浇水。

2．苗期管理 洋葱种子开始出土时，使用遮阳网或苇帘在苗床遮阴的，应在下午撤除覆盖物；如果是用秸秆、芦苇等遮阴的，可以由密变疏，分 2 或 3 次撤除覆盖物。

苗期浇水，应根据土壤墒情和不同播种方式而定。在水分管理上保持土壤湿润，防止忽干忽湿，苗齐后保持土壤见干见湿。如播前浇足底水的，一般在齐苗前不必浇水。其他播种方式，则在子叶未伸直之前浇水。在“直钩”（或伸腰）时期还要再次浇水。此后，直到生出第 1 片真叶时再适当控制浇水。苗期应注意防止病害。

3．定植

（1）大田准备 洋葱根系吸水吸肥能力较弱，故栽植大田应选择土壤肥沃、有机质丰富的砂壤土地，前茬应为茄果类、瓜类、豆类或玉米、水稻等作物。栽植洋葱在北方地区多为平畦，根据不同地区的习惯，窄畦宽度为 0.9～1m，宽畦为 1.3～1.7m，畦长 8～10m。南方地区多采用高畦，畦宽 1.1～1.3m，畦沟宽 30cm，深 20cm，畦长 10m 左右开一腰沟，沟宽 40cm，深 30cm。大田四周开田头沟，沟宽 1m，深 0.5m。做到畦沟、腰沟、田头沟三沟配套，利于排灌。为了适应洋葱须状根的特点，所施用的基肥必须充分腐熟，而且要过筛、浅施、撒匀。基肥主要是施用堆肥、厩肥等农家肥，一般每亩施有机肥 3000～4000kg、过磷酸钙 75kg、硫酸钾 15kg、尿素 30kg。

（2）定植时期 洋葱的定植时期严格受温度限制，分秋栽和春栽。长城以南大部分地区多采取秋栽，在严寒到来前 40d 左右定植，使越冬前洋葱根系已恢复生长，返青后叶部生长迅速，幼苗生长期长，所以表现较春栽高产。秋栽要适时，栽植过早，发棵大易抽薹；栽植过迟，冬前生长期短，根系不能充分发育，耐寒性降低，容易引起越冬死苗。长城以北地区，冬季严寒，以春栽为主，叶部生长期短，产量偏低，春栽定植，在土壤解冻后及早定植，以争取较长的生育期，在鳞茎膨大前长出较多的功能叶片，进而制造更多的养分，提高产量。

早熟品种苗期生长较快，但易老化，晚熟品种生长较慢，但苗期长，不易老化，所以在适期定植的基础上，早熟品种的定植期应稍早于晚熟品种。尽量不定植老化苗，这是丰产的基础。

在淮北地区，一般于 10 月底至 11 月上旬定植，保证有 40～50d 的越冬生长期，要求葱苗长出 3 或 4 根新根，1 或 2 片新叶，保证安全越冬。

（3）定植方法

1）覆盖地膜。覆盖地膜的主要作用是提高前期地温，改善土壤通透性，保持土壤疏松，增强地表含水量，促进洋葱根系提早发育，增强其吸水吸肥能力，使叶片得以迅速生长。

平畦覆盖地膜的定植：在整地、施基肥和平整畦面以后，先浇水，再施除草剂（每亩喷施

48%氟乐灵乳油 150ml 或 50%乙草胺乳油 150～200ml 或菜草通乳油 125～150ml)，当畦内水还没有完全渗下时覆膜，这样地膜被水层托住，既平展又不会被泥土玷污。地膜铺平后用铁锨顺畦埂四周将地膜边缘压进土中，深 6cm 左右。幼苗在定植前将须根剪短到 1.5～2cm，以利于插苗定植。然后按预定的株行距用定植器或管状物等穿膜打孔，孔深 2～3cm，按孔定植。高畦覆盖地膜的，将地膜边缘埋压在畦沟中，在畦面按要求定植葱苗，定植结束后灌水。

2）严格选苗。洋葱定植前严格选苗分级，淘汰病苗、矮化苗、徒长苗、分蘖苗、过分粗壮苗及受病虫伤害根部细弱的苗。适度的壮苗标准是叶片 3 或 4 枚，株高 25～30cm，假茎粗 0.4～0.6cm，单株重 4～6g。

3）合理密植。洋葱叶片直立，阳光可照射到叶层基部，适于密植，密植增产潜力较大。在一定的范围内密植，产量随着密度的加大而增加。但当密度增加到一定程度以后，总产量不再增加，单株产量反而降低，大鳞茎的比例逐渐减少，小鳞茎的比例逐渐增加。试验结果表明，株行距配置 13cm×17cm 和 13cm×20cm 的产量均高于 20cm×20cm 的产量，分别增产 22.8%和 10.4%（表 17-1）。

表 17-1 洋葱不同栽植密度与产量的关系（卢洪和赵旭明，1999）

栽植密度（cm×cm）	小区面积（m^2）	采收产量（个）	平均单鳞茎重(kg)	折合亩产量（kg）	增产率（%）
20×20	40	420	151.9	2532.5	100.0
13×20	40	630	167.8	2796.6	110.4
20×17	40	733	186.6	3110.8	122.8

4）栽培深度。洋葱适于浅栽，最适深度为 2～3cm。栽植过深，叶部生长过旺，鳞茎颈部增粗，尤其在土质黏重的情况下，容易使鳞茎发育成长变形并引起减产。栽植过浅，植株容易倒伏，鳞茎外露，因日照后变绿或开裂而影响品质。砂质土壤可稍深，黏重土壤应稍浅。定植深度对鳞茎形状和产量的影响见表 17-2。

表 17-2 植深度对鳞茎形状和产量的影响（卢洪和赵旭明，1999）

定植深度（cm）	鳞茎形状			折合亩产量（kg）	占标准产量的比例（%）
	横径（cm）	纵径（cm）	纵/横		
浅栽（1.5）	9.3	5.8	0.62	3408	94.1
标准（3.0）	11.0	6.0	0.55	3620	100
深栽（6.0）	9.7	6.4	0.66	3267	90.2

4．田间管理

（1）肥料管理　洋葱根系分布浅，吸收能力弱，在生育期间，要分期适量追肥，才能长成苗壮的植株，形成肥大的鳞茎。秋栽洋葱返青后应及时进行第 1 次追肥，这次追肥是为根系的继续生长补充养分，同时也为不久即将开始的地上部的生长进行准备，每亩施尿素 10～15kg、硫酸钾 10kg。返青后 30d 左右，随着气温升高，植株进入叶部旺盛生长期，需肥量增加，应结合浇水进行第 2 次追肥，以保证地上部功能叶生长的营养需要。以氮肥为主，每亩追施尿素 10～15kg。返青后 50～60d，鳞茎开始膨大，是追肥的关键时期，应进行第 3 次追肥，每亩追施硫酸钾复合肥 25kg。洋葱不同生育期对肥的要求不同：幼苗期以氮为主，鳞茎膨大期以钾为主，整个生育期不能缺磷（图 17-6）。氮、磷、钾标准用量为氮 12.5～14.3kg/亩、磷 10～11.3kg/亩、钾 12.5～15kg/亩。

（2）水分管理

1）秋栽洋葱，从定植到越冬，气温低，蒸发量小，幼苗生长缓慢，定植时要浇 1 或 2 次缓苗水，通过灌水使根系和土壤紧密结合，促进幼苗健壮，增强抗寒性；翌春返青后，当地表 10cm 土壤温度稳定在 10℃左右时，及时浇返青水，促其返青生长。进入发叶盛期，无论秋栽还是春栽的洋葱，都应适当增加灌水，一般每隔 7～8d 浇水一次，使土壤经常保持湿润。如果这一时期土壤缺水干旱，地上部不能充分生长，将影响鳞茎的大小和重量。

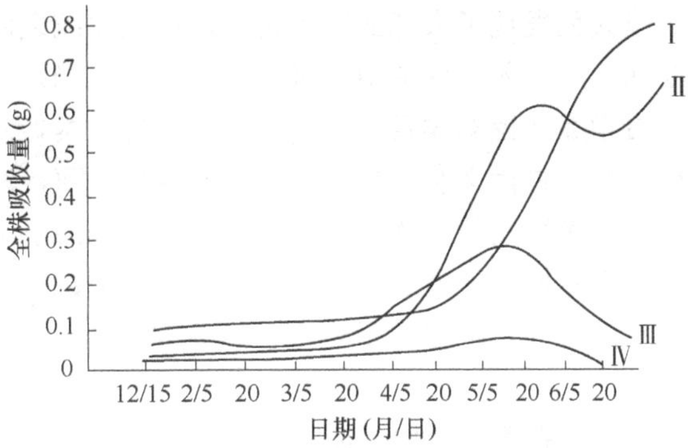

图 17-6 洋葱各期三要素的吸收量

（陈振泰，1997）

Ⅰ. 氨态氮；Ⅱ. 钾；Ⅲ. 硝态氮；Ⅳ. 磷

2）当幼苗达到充分生长的高度以后，将转向以鳞茎膨大为主的生长阶段，在这个转化过程中，要控制水分，进行蹲苗，促使营养转化，蹲苗期为 7～10d。通过蹲苗可抑制叶部生长，促进营养物质向叶鞘基部输送。如果继续灌水不进行蹲苗，容易引起植株疯长，影响鳞茎肥大。

3）蹲苗后，洋葱进入鳞茎膨大期，植株营养物质向叶鞘基部输送，对水分的要求日益增多，气温也逐渐升高，植株蒸发量和生长量加大，是追肥、浇水的关键时期。浇水宜勤，一般 5～6d 浇一次，经常保持土壤湿润，浇水时间以早晚为好。若此时水分不足，植株易早衰，鳞茎将会变小而减产。鳞茎接近成熟时，叶部和根系的生理机能减退，应逐步减少浇水，收获前 7～8d，当田间植株开始出现自然倒伏时，应停止灌水，以减少鳞茎中水分含量，增加鳞茎的耐贮性。

（3）中耕、培土　如不覆盖地膜，应进行中耕，尤其在蹲苗之前必须进行中耕。中耕的次数取决于土壤质地，偏黏的壤土中耕次数应多于砂质土壤。一般从缓苗到鳞茎膨大以前，中耕除草 2 或 3 次，深 3～4cm，保持土壤墒情，增加土壤透性，提高土壤温度，促进根系发育，防止杂草丛生。

（4）摘除花薹　在洋葱生产中，发现先期抽薹的植株应及早摘除花薹，还可形成鳞茎，但形成的鳞茎在商品外观和耐贮性方面有缺点。

扩展 17-3

5. 采收　洋葱采收季节一般都在 6～7 月炎热的夏季到来之前。在夏季无高温的地区，可以延迟到初秋收获。当洋葱叶片由下而上逐渐开始变黄，假茎变软并开始倒伏；鳞茎停止膨大，外皮革质，进入休眠阶段时，标志着鳞茎已经成熟，就应及时收获。当有 70%植株倒伏时，即可开始收获。

采收应在晴天进行，并且在收获以后有几个连续的晴天最好。采收时要轻刨、轻运，避免葱头受伤，提高贮藏性能。收获时将整株拔出，放在地头，晒 2～3d，晾晒时，鳞茎要用叶遮住，“只晒叶，不晒头”，可促进鳞茎的后熟，并使外皮干燥。而后剪掉须根、假茎留 2～3cm，除去泥土，即可贮藏。

第四节　大　　蒜

大蒜（*Allium sativum* L.）又称为胡蒜或蒜，为百合科葱属一二年生草本植物。大蒜起源问题，至今尚未明确。一种说法是大蒜的原产地在中亚，即现在的吉尔吉斯斯坦和中国新疆，在这里人们发现了大蒜的野生资源，通过丝绸之路传入世界各国，公元前113年汉武帝时代，张骞从西域引入陕西关中地区，之后遍及全国。还有一种说法是大蒜的原产地在北非，1911年，考古学家在挖掘埃及法老的陵墓时发现了类似蒜头的模型，推测公元前4000年，已有大蒜种植，随着古代文明一起穿过阿拉伯半岛、阿富汗，传到印度和中国，其他路线则通过地中海沿岸传向希腊及整个欧洲。18世纪中期，Linne推论大蒜原产于意大利西西里岛。1935年，Vavilov认为大蒜原产于中亚细亚。9世纪初，日本由中国引种繁殖，16世纪前半叶，扩展到欧洲、非洲和南美洲。18世纪后半叶，北美洲才开始栽培。现在大蒜已遍布全世界，成为栽培较广的蔬菜之一。

大蒜在各大洲均有种植，亚洲是主要种植地区，种植面积最大，占84%，主要生产国是中国和印度。其次是欧洲、美洲、非洲和大洋洲，欧洲大蒜主要分布在西班牙和法国，而智利是美洲大蒜的主要生产国。

一、生物学特性

1. 植物学性状

（1）根　大蒜的根为弦线状根系，无主根与侧根之分，属浅根性作物。须根着生在茎盘上，数量多而根毛少，主要分布在5～25cm深土层中，横向分布30cm左右，故喜湿、耐肥、怕旱。

（2）茎　茎为不规则的短缩盘状茎，可不断增大，节间极短。茎基部着生根，茎顶端着生叶原基，自外向内不断分化叶片，顶芽位于中心，到生殖生长期，顶端生花芽，而在花茎的基部叶腋间形成侧芽，逐步发育形成鳞芽（蒜瓣）。

（3）叶　叶由叶身和叶鞘构成。未展出前为折叠状，展出后扁平且狭长，平行脉，叶互生，叶背脊突出明显，叶绿色或深绿色，叶色因品种、光照和肥力差异较大。遮光条件下呈黄色，生产上以此栽培蒜黄。叶片是大蒜主要光合作用器官，叶片发育状况和光合效率直接决定大蒜产量和质量。

（4）花　由花茎和总苞组成，即蒜薹，为圆柱形，长60～90cm。花茎顶端着生上尖下粗的总苞，总苞开裂现出伞形花序，多数品种只抽薹不开花或虽开花但花器官发育不完全，不能形成种子，花梗基部着生气生鳞茎，每花序可生长几十个，可用作繁殖材料。

（5）鳞茎　鳞茎即蒜头，是由茎盘产生的侧芽发育而成，由鳞芽、叶鞘和短缩茎3个部分构成，是鳞芽的集合体，每个鳞茎由多个鳞芽集合而成，为大蒜的主要产品器官。鳞芽即蒜瓣，由短缩茎上的侧芽发育而成，不同品种类型的鳞芽数目不一，少则2～5瓣，多则10～15瓣，也有独头蒜。外层由两层鳞片组成，起保护作用，内层肉质肥厚，为贮藏鳞片，是鳞芽的主要部分，中间为幼芽，顶端为发芽孔。

2. 生长发育周期

（1）萌芽期　分为萌芽前期和后期，一般需30～50d。萌芽前期即鳞芽形成生长点到叶鞘伸出发芽孔，一般需20～50d；萌芽后期即从播种到初生叶伸出地面，一般为5～10d。此期大蒜生长的特点是根系以纵向生长为主，生长点陆续分化新叶。

（2）幼苗期　即从初生叶展开到鳞芽及花芽开始分化。此期不断分化新叶，为鳞芽、花芽分化打基础，秋播大蒜一般需5～6个月，而春播大蒜需20～30d。随着幼苗的生长，种蒜贮藏的营养逐渐消耗，当养分被吸收利用后，蒜母就开始皱缩，生产上称为“退母”。退母期一般在幼苗期结束前后。

（3）鳞芽、花芽分化期　即幼苗期结束后，此期新叶停止分化，以叶部生长为主，需10～15d。植株的生长点形成花原基，同时在内层叶腋处形成鳞芽，根系生长增强，植株进入旺盛生长期，营养物质的积累增多，为蒜头和蒜薹的生长打下基础。

（4）抽薹期　从花芽分化开始到蒜薹采收结束，约需30d。此期营养生长和生殖生长并进，生长量最大，在蒜薹迅速伸长的同时，鳞茎也逐渐形成和开始膨大，根系生长和吸肥能力达到高峰，是施肥的关键时期。

（5）鳞茎膨大盛期　鳞芽分化结束到鳞茎膨大结束收获，以增重为主，鳞茎快速增大，约需50d。此期吸收的养分和叶片及叶鞘中贮存的养分集中向鳞茎输送，鳞茎加速膨大和充实。在鳞茎膨大期，根、茎、叶的生长逐渐衰老，对营养的吸收量不大，鳞茎膨大所需要的养分，大多数来自自身营养的再分配。

（6）收获期　鳞茎膨大结束到开始采收、晾晒，需5～10d。此期叶片开始枯黄，假茎干缩，头蒜品种开始出现倒伏，薹蒜品种不倒伏。

（7）休眠期　晾晒结束入库到开始萌芽，需40～70d，休眠期长短与品种、贮藏温度有关，一般早熟品种休眠期长，晚熟品种休眠期短，低温、高温均可抑制大蒜发芽，延长休眠期。

3．对环境条件的要求

（1）温度　大蒜喜冷凉环境，耐寒力较强，适宜生长的温度为12～26℃。蒜瓣在3～5℃的低温下能发芽，12℃以上发芽较为整齐。幼苗在短时期内，能忍耐－5～－3℃的低温，4叶1心时可耐－10℃左右的低温。蒜薹伸长期适宜的温度为15～20℃。鳞茎膨大期最适宜温度在20℃左右，高于26℃即进入休眠状态。

（2）光照　大蒜为长日照植物，其正常生长发育要求有良好的光照条件。幼苗期对光照时间要求不严格。在12h以上的日照条件和15～20℃下，茎盘上的顶芽即可转向花芽分化，迅速抽薹。鳞芽分化期以后，要求有13h以上的日照条件鳞芽才能发育，蒜头才能分瓣，否则就容易形成独头蒜。短日照和稍低的温度条件，能促进新叶的不断形成，使植株只长蒜苗不结蒜头。因此，培育青蒜蒜苗产品时，适宜弱光条件，培育黄蒜苗要求无光条件，蒜头贮藏要求冷凉环境，不宜暴晒。

（3）水分　大蒜叶虽耐旱性较强，但根系入土浅，吸收能力弱，所以大蒜要求有较高的土壤湿度，而且不同的生育期，对土壤湿度有不同的要求。播种后保持较高的土壤湿度，能使幼芽、幼根加快生长，按时出苗。幼苗期保持土壤见干见湿，能促进根系发育生长。幼苗期以后对土壤水分要求逐渐提高，抽薹期和鳞茎膨大期对土壤水分的要求达到高峰。鳞茎发育后期，需水量迅速减少，应控制浇水，促进鳞茎成熟和提高蒜头的耐贮性。

（4）土壤　大蒜对土壤适应性广，以土层深厚、肥沃、疏松、透气和有机质含量高最佳，适宜pH为5.5～6，需肥较多而且较耐肥，其不同生育时期对营养元素的吸收动态，随植株生长量的增加而增加。

二、品种类型与栽培季节

大蒜品种繁多，分类方法较多，按照鳞茎外皮颜色分为紫（红）皮蒜和白皮蒜；根据蒜薹的有无，分为无薹蒜和有薹蒜两种。无薹蒜在花芽分化后期，花茎萎缩，无法抽薹，但鳞茎大、产量高。有薹蒜适应性广，全国各地栽培面积大；根据生产目的和主要产品器官可分为头用蒜、薹用蒜、头薹兼用蒜、叶用蒜、叶薹兼用蒜。

1．头用蒜　以收获蒜头为主，其突出特点是，一般蒜头大，鳞芽也较大，单层或双层排列，7～15瓣，蒜头产量高，品质好。根系较发达，植株长势较强，叶片较大，抽薹较晚，薹小或无薹，花苞发育晚，气生鳞茎发育小或不发育。代表品种有‘苏联红皮蒜’‘邳州白蒜’‘金乡白皮蒜’‘新都大蒜’‘徐州白蒜’等。

2．薹用蒜 蒜薹专用品种的特点是：蒜头和蒜瓣较大，蒜头产量较高。植株发育较好，叶片宽大肥厚，抽薹早，蒜薹抽生能力强，蒜薹粗大较长，产量高，品质好。花苞发育好，气生鳞茎较多发育较大。代表品种有‘二水早’‘苍山四六瓣’等。

3．头薹兼用蒜 头薹兼用品种的特点是植株个体发育较好，根系发达，蒜头较大，产量较高，蒜薹较为粗壮，蒜薹品质较好，具有较好的经济产量和经济效益。代表品种有‘莱芜白皮’‘高脚子’‘嘉祥大蒜’‘苍山蒲棵大蒜’‘苍山糙蒜’等品种。

4．叶用蒜 叶用蒜的特点是蒜头蒜瓣较小，单头蒜瓣数较多，蒜瓣发芽后营养体个体发育较快，叶鞘较长，叶片宽大肥厚，休眠期短，蒜苗产量高，品质优良，耐低温能力较弱。代表品种有‘二水早’‘软叶子’‘云顶早’‘雨水早’等品种。

5．叶薹兼用蒜 蒜苗植株高大，生长势强，蒜苗产量高。蒜薹粗壮较长，薹用品质较好，商品性优良。但蒜头较量中等，蒜瓣较多较小，以苗用和薹用为主。代表品种有‘苍山蒜’‘苍山高脚蒜’‘早薹蒜’等。

适宜大蒜播种的季节是以收获的主要产品而确定的，尤其是随着设施学的发展，大蒜的栽培季节发生变化，传统的大蒜播种分为春播和秋播。北纬38°以北地区冬季严寒，秋播蒜苗易受冻害，宜春播；北纬35°以南地区冬季不很寒冷，蒜苗基本可以露地越冬，宜秋播；北纬35°～38°地区春、秋播均可。

三、栽培技术

1．整地施肥 大蒜需肥量大，盖膜后又不便追肥，因此在肥料运筹中要以基肥为主，追肥为辅。基肥以有机肥为主，化学肥料为辅，增施磷钾肥或大蒜专用肥。一般每亩施土杂肥4000～5000kg或腐熟厩肥2000～2500kg，大蒜专用肥或复合肥40～50kg。施肥后深耕细耙，使土疏松透气。整地作畦时，要达到肥土充分混匀、畦面平整、上疏下实、土块细碎，畦面宽度根据下茬作物或套种作物需求确定，也可平畦栽培。

2．选种与种瓣处理 选择个头大、无病斑、规整、无破损的鳞茎留种，留种后及时分瓣，即将鳞芽分离，要去除掉鳞茎盘，促发芽，选瓣时要分级，做到大小瓣分级分田块播种，一般分三级。播种前可用50%多菌灵可湿性粉剂500倍液或70%代森锰锌可湿性粉剂600倍液浸种12h，以减低病虫害发生，促出苗整齐。

3．播种 秋播大蒜适宜播种时间为9月中下旬到10月中旬，越冬前5或6片叶，抗冻性强。大蒜的种植密度直接影响到大蒜产量和品质，头用蒜以行距20cm，株距10～15cm为宜，薹用蒜以行距15cm，株距5～8cm为宜。当前大蒜播种以人工播种为主，机械播种为辅，人工划行，深度 3～5cm，播后覆土、镇压或浇水，防止冻害，镇压后及时喷洒除草剂并覆膜，覆膜厚度不低于0.01mm。

4．田间管理 大蒜田间管理较为简单，主要是根据不同生育期对肥水和环境进行管理。出苗后及时破膜，防止烫伤和生长畸形，根据天气状况及时浇越冬水，防止冻害。翌年春天，大蒜进入返青期，是大蒜快速生长的关键时期，此时应根据天气情况、土壤墒情和苗情长势，结合浇水，追施返青肥，一般每亩施复合肥 10～20kg。抽薹期要根据土壤墒情浇水，蒜薹收获前一周停止浇水，根据长势，追肥复合肥10～20kg，促进鳞茎膨大。

扩展17-4

5．收获 收获分为蒜薹收获和鳞茎收获，早熟薹用蒜的蒜薹收获时间为 4 月上旬，越早上市，市场行情越好，一般采用专用工具采薹，采薹后植株倒伏，鳞茎较小，商品性差。头薹兼用型大蒜采薹时间因品种而异，收获标准为蒜薹尾部打弯。而头用蒜的蒜薹收获以露总苞为宜，越早越好，防治蒜薹争养分，促鳞茎膨大。鳞茎收获以蒜薹收获后 2～3 周为宜，具体根据品种类型而异，过早鳞茎小、产量低，过晚易散瓣，失去商品性。生产中一般以叶片梢部干枯下垂，假茎变软，甚至出现倒伏为适宜采收标准。

四、采后处理技术

1．晾晒 大蒜收获后及时晾晒，一种方法是带秸秆晾晒，可以采用带秸秆田间平铺晾晒，要用蒜叶盖住蒜头，防治暴晒伤蒜，秸秆半干时，扎把打垛保存，要注意通风；也可以鲜蒜直接带秸秆打垛保存，垛体厚度为 50～60cm，以遮盖住蒜头为宜，既通风又防治蒜头暴晒。另一种方法是田间收获时剪除秸秆，只留蒜头，在树荫下集中晾晒，待蒜头晒干后，装袋入库。

2．贮藏 大蒜宜贮藏在通风、干燥环境下，以防发生霉变、腐烂。蒜头最适宜的贮藏温度为 0℃，贮温高于 5℃时易发芽。相对湿度低于 80%，氧气为 3%～5%，二氧化碳为 12%～16%。利用恒温库低温贮藏是大蒜最有效的贮藏形式，在−3～−2.5℃，空气相对湿度 70%～75%的条件下，可贮藏一年以上。蒜头的贮藏方法有挂藏、架藏、窖藏、糠皮埋藏，通风库贮藏、冷库贮藏、气调贮藏、射线照射贮藏等，可根据不同条件，选择适宜的贮藏方法。

第五节 大　　葱

大葱（*Allium fistulosum* L. var. *giganteum* Makino）属于百合科葱属二三年生或多年生草本植物，原产于我国西北部和相邻的中亚、西亚地区（起源于中亚、阿尔泰山，河北为次生起源中心），由野生葱在中国经驯化和选择而来。大葱起源历史悠久，约在周代时期成为我国重要的栽培食用蔬菜。后传入朝鲜、日本等地，相继传入到欧洲、美洲。古代称芤、菜伯、鹿胎、和事草、汉葱、木葱。《礼记》云："春用葱、秋用芥。"大葱以叶片和假茎为食用部分，既可以作为蔬菜和调味品，也具有良好的杀菌和医疗价值。它含有糖类、蛋白质、矿质和维生素，还含有挥发性的硫化丙烯，俗称蒜素，有辛辣芳香气味。据统计，目前全世界大葱栽培面积为 70 万～75 万 hm^2，我国种植面积约 55 万 hm^2，占全世界种植面积的 80%左右，产量占世界总产量的 85%左右。

一、生物学特性

1．植物学性状

（1）根 大葱的根为须根系，其白色弦线状肉质须根着生在短缩茎上，并随着外层老叶的衰老、枯死陆续发出新根，发根能力较强。大葱为浅根系作物，须根一般粗 1～2mm，长达 50cm，数量随株龄增加，生长盛期须根可达百条。根群主要分布在表土 30cm 范围内。大葱根系的再生能力很强，但是根的分枝性差，正常生长状态下侧根发生较少，根毛稀少。大葱吸水肥能力弱，要求土壤疏松肥沃。大葱根系怕涝，在高温高湿或水淹的环境条件下容易坏死，丧失吸收功能。在深培土的情况下，大葱的根系不是向下延伸，而是沿水平方向和向上发展（图 17-7），80%的根系量都在葱白四周 20cm 范围内，茎盘部位向下 20cm 处根系分布较少。

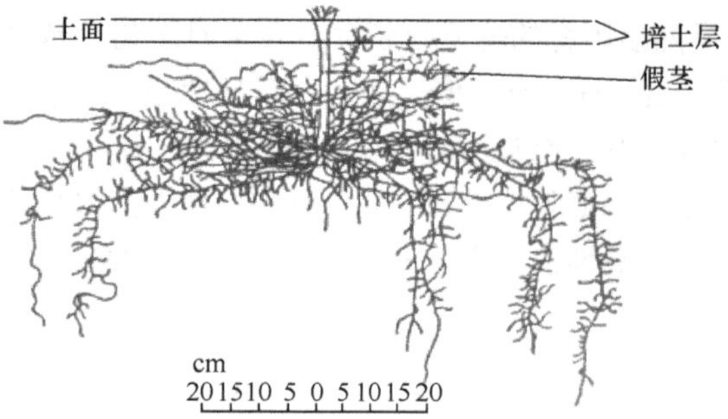

图 17-7　日龄 214d 的成龄大葱在培土栽培下的根系
（张启沛等，2008）

（2）茎　大葱为短缩茎，长度在 1～2cm，圆锥形短缩茎先端为生长点，黄白色，是新叶或花薹抽生的地方。叶片在生长锥的两侧按 1/2 叶序的顺序相继发生。大葱在适合生长的条件下，叶片在短缩茎上不断发生，一旦花芽分化，或生长点遭到破坏，就不再分化新叶，在内层叶鞘基部可萌生 1 或 2 个侧芽，并发育成新的侧芽葱，最终长成新的植株。随着植株生长，短缩茎稍有延长，茎具有顶端优势，分蘖少，但是当营养生长到达一定时期，通过低温春化后，生长点停止叶芽分化，转为分化花芽，再遇到长日照条件就抽薹开花，进入生殖生长期。

（3）叶　大葱的叶片包括叶身和叶鞘两部分。在叶身和叶鞘连接处有出叶孔。

叶身为管状中空，叶身顶尖，叶肉绿色，叶表有蜡粉层，叶的中空部分是由海绵组织的薄壁细胞崩溃所致，而幼嫩的葱叶内部就充满白色的薄壁细胞，在叶身的生长过程中，内部薄壁细胞组织逐渐消失，成为中空的管状叶身，表面有蜡粉。葱叶的下表皮及其绿色细胞中间充满油脂状黏液，能分泌辛辣的挥发性物质，水分充足时黏液分泌量多。

叶鞘位于叶身的下部，叶片呈同心圆状着生在短缩茎上，将茎盘生长点（呈锥形）包被在叶鞘的基部。幼叶藏于叶鞘内，被筒状叶鞘层层包合共同形成假茎。新叶鞘总比老叶鞘长。大葱的假茎由多层叶鞘包合而成，中间为生长锥。葱叶由生长锥的两侧互生，叶片的分化有一定的顺序性，内叶的分化和生长以外叶为基础，在生长期间，随着新叶的不断出现，老叶不断干枯，外层叶鞘逐渐干缩成膜状。

筒状叶鞘层层包合共同形成假茎，俗称“葱白”。葱白的长度主要受品种影响，与培土也有密切关系，培土为假茎创造黑暗和湿润环境条件，不仅使叶鞘有一定程度的伸长，还能软化葱白，提高品质。新叶从相邻老叶叶鞘的出叶孔穿出。随着新叶不断发生，老叶由外向内逐渐干枯、失水，外层叶鞘则干缩成膜状。立秋前后，大葱进入旺盛的生长期，也是葱白形成的重要时期，叶身的养分逐渐向叶鞘转移，并贮存于叶鞘中，叶鞘成为大葱重要的营养贮藏器官，具有贮藏养分、水分、保护分生组织和心叶的作用。秋大葱的产量和质量主要取决于葱白的长度和横径，而葱白长度的主要决定因素是品种的特性，长短和粗细因品种而异，与环境条件、栽培技术也有一定的关系。适当的培土也可增加葱白的长度和横径，提高大葱的商品品质。

大葱叶片的光合效率除与品种有关外，更主要的是受叶龄影响，在不同部位的叶片之中，以成龄叶的光合效率最高，幼龄叶的光合效率低。所以延长外叶的寿命对提高大葱产量具有重要作用。大葱成株叶片数一般在 19～33 片。

（4）花　大葱完成阶段发育后，茎盘顶芽伸长抽生花薹，花薹绿色，被有蜡粉层，圆柱形，基部充实，内部充满髓状组织，中部稍膨大而中空，能够起到叶片的同化功能，其横径和长度因品种特性和营养状况而异。花薹粗大的结籽数量较多。

花薹顶端着生伞形花序（花球），花序外面由白色膜质佛焰状总苞所包被，内有小花几百个，为两性花，小花有细长的花梗，花被片白色，6 枚，长 7～8mm，披针形；雄蕊 6 枚，基部合生，贴生于花被片上，花药矩圆形，黄褐色；雌蕊一枚，子房倒卵形、上位花、3 室，每室可结 2 籽，花柱细长、先端尖，柱头晚于花药成熟 1～2d，并长于花药，未及时接受花粉则膨大发亮并布满黏液，柱头有效期长达 7d，柱头接受花粉后迅速萎蔫，花粉管开始萌发。属虫媒花，异花授粉，自花授粉结实率也较高，所以采种时要注意不同品种之间的隔离。一般来说，花序顶部的小花先开，依次向下开放，持续 15～20d。

（5）果实　大葱的果实为蒴果。蒴果幼嫩时绿色，成熟后自然开裂，散出种子。由于一个花序上小花开花时间的不一致性，果实和种子成熟期也不一致，为提高种子质量，可在花序上有 1/4 的种子变黑开裂时采收，并阴干后熟。

（6）种子　大葱种子为黑色、遁形、有棱角、稍扁平，断面呈三角形，种皮表面有不规则的皱纹，脐部凹陷。种子千粒重为 3g 左右，常温下种子寿命为 1～2 年。生产上宜用新种子。大葱种子种皮坚硬，种皮内为膜状外胚乳，胚白色、细长呈弯曲状，发芽吸水能力弱。发芽出土过程比较特殊，贮藏养分少。

2．生长发育周期　大葱属于二三年生耐寒蔬菜，整个生育期可分为两个阶段，7 个时期。

（1）营养生长阶段　营养生长阶段是从播种到花芽分化为止，大葱从种子发芽，长出幼苗，到形成成株。这个过程可分为发芽期、幼苗期及营养生长期，每个时期都呈现出不同的特征，需要不同的管理办法。

1）发芽期。从种子播种吸水、萌动到胚芽第一片真叶出土并直立为发芽期。这个过程为 9～15d。经过种子吸水、养分转化、种胚萌动、胚根入土、子叶弯钩拱出地面、子叶伸直 6 个环节。发芽期的能量主要来自种胚贮藏的养分，因此要求土壤湿润疏松透气，温度为 15～25℃，种子才能发芽迅速，出苗整齐。

2）幼苗期。幼苗期是第一片真叶出土到幼苗长成。幼苗期的长短，由于播种和栽植时期不同而不同。秋季播种育苗，经过冬前苗期、越冬期，需 90～120d。其中，冬前苗期为 30～40d，这一阶段气温较低，植株生长量小，处于养分积累阶段。这个阶段要防止幼苗长势过快，降低越冬能力及感受低温而先期抽薹。正常情况下，幼苗在 2 叶 1 心时即可安全越冬，第二年不会抽薹；越冬期为 40～50d，由于温度极低，幼苗几乎处于生长停滞状态，要注意防旱保墒，以保障幼苗安全越冬。春季播种，幼苗期为 70～90d。

3）营养生长期。从幼苗育成定植到大葱个体发育为成株的过程。营养生长期因播种期不同而不同。春季播种，通过发芽期和幼苗期，经过定植缓苗进入营养生长期，也是肥水管理和大葱产量形成的关键时期。营养生长期为 120～150d。当气温达到 13～25℃时大葱进入营养生长旺盛期。营养生长期又可分为营养生长前期和营养生长后期。营养生长前期是从定植到大葱叶片生长和不断加粗的过程。这期间需要适当控制水分，促进根系生长发育，促进植株加粗发壮。营养生长后期是葱白形成和大葱产量形成的关键时期，这期间要加强肥水管理，确保肥水充足供应和营养平衡。秋冬播种，春季返青后营养生长期较短，一般为 30～40d，田间管理的重点是及时追肥浇水，适时中耕保墒，提高地温，促进春季大葱个体发育。

（2）生殖生长阶段　生殖生长阶段具体是指植株从叶鞘中抽出花薹到蒴果成熟。这个过程又包括返青期、抽薹期、开花期及蒴果成熟期，每个时期都呈现出不同的特征和管理特点。

1）返青期。返青期指翌年春季，气温达到 7℃以上时，植株开始返青生长到花薹露出叶鞘为止。一般来说，返青期为 30～40d。这个时期，植株不再分化新叶，但需要确保已经分化的叶鞘包裹着小叶茁壮发育，为大葱生殖生长打下营养基础。这个时期，田间管理的重点是促进大葱种株已有功能叶片的生长发育，及时浇灌返青水、中耕松土，提高地温，及时追施提苗肥，促进根系发育。

2）抽薹期。抽薹期是指从花苞露出叶鞘到破苞开花。抽薹期的生长特点是花薹抽生和花苞、花蕾等生殖器官的发育。大葱的花薹为绿色，有较强的光合作用能力，光合强度高于同株叶片 4

倍，对种子产量有极大影响。在返青期加强肥水管理的基础上，这个时期应该控制肥水，确保充足光照，避免花薹疯长。

3）开花期。是从花序始花到花谢的整个阶段。当花球总苞破裂后，小花由中央向周围依次开放，每一朵小花的花期为2～3d，整个花序的花期约15d。开花期的长短与开花期温度的高低以及种株大小有关，花期适温为16～20℃，温度高，开花进程速度快，花期短；反之，开花进程慢，花期长。植株大，花球大，花数多，花期就长；植株矮小，花球小，花数少，花期就短。开花期管理也是提高大葱产种量的关键时期。一方面，营养生长期，加强肥水管理，促进个体发育质量，培育强株和大花序；另一方面，要尽可能使其充分授粉，提高结果率和结籽率。大葱属虫媒花，主要依靠昆虫频繁活动来传播花粉，为柱头授粉，使其受精结籽。在授粉过程中，要充分保证有益昆虫的活动，花期尽量不打农药或者少打高效低毒的农药，有利于昆虫的正常活动和传粉，也可以放蜂或人工辅助授粉。

4）蒴果成熟期。蒴果成熟期是指从花谢到蒴果成熟的阶段，这个时期需要20～30d。蒴果成熟的时间，因花序开放时间的不同也不一致。蒴果成熟后期温度高，蒴果成熟快，但饱满度较差。蒴果成熟后，应分期将花序剪下，脱粒、晒干收藏。这个时期是提高大葱种子千粒重的关键时期。在田间管理方面，要加强防治病虫害，尽量延长功能叶的寿命，提高种子的饱满度和千粒重，提高品种产量和质量。蒴果成熟后，分期将花球收获、晒干、脱粒，按饱满程度分开收藏。

3．对环境条件的要求

（1）*温度*　在不同的生长时期，大葱适应温度变化的能力很强，但是营养生长时期比较适宜凉爽的气候条件。大葱的耐寒能力，取决于品种特性和植株营养物质的积累。大葱属于绿体春化型植物，只有植株体内积累了足够的养分后才能感受低温、通过春化，因此秋播育苗时掌握播种期是非常关键的。

（2）*光照*　大葱对光照要求适中。由于筒状叶的叶面积小，在密植的情况下，受光仍然良好，所以不需要较强的光照。大葱的叶身生长，需要一定的光照强度和日照时数，而假茎部分的生长，在不见光的条件下生长良好。因此，栽培上通过培土或增加设施创造黑暗潮湿的环境，软化葱白，提高产量和商品品质。

（3）*水分*　大葱的各个生育阶段对水分的要求不同，因此要根据不同的生育时期进行水分管理。发芽期需水较多，种子吸足水分才能发芽；幼苗生长前期根系小，吸水能力弱，水分消耗小，必须小水勤浇，保持畦面湿润，确保幼苗生长水分需求；育苗中后期应适当控制水分，促根促壮，防止幼苗徒长；越冬前浇足封冻水，防止苗床失水，苗子冻干冻死；春天返青后，要及时浇返青水。定植后要浇缓苗水，葱白形成期是大葱生长高峰期，此时生长速度快，温度高，需水量较多，应增加浇水次数和浇水量，保持土壤湿润。

（4）*土壤与矿质营养*　适宜大葱栽培的土壤要求土质疏松、土层深厚、通透性强、保肥保水能力较强、有机质含量高。土壤pH在7～7.4。大葱喜肥，对氮肥最敏感，但栽培过程中也要注重氮、磷、钾肥的均衡施用。钙、锰、硼等矿质元素对大葱生长也有一定作用。

二、品种类型与栽培季节

1．按大葱假茎（葱白）的形态与分蘖性划分　分为棒葱、鸡腿葱和分蘖大葱三个类型。

（1）*棒葱*　大葱假茎上下粗细基本一致，形状像一根直棒，假茎基部不膨大、不分蘖。有粗长型、细长型、短粗型、短细型。代表品种为‘中华巨葱’‘章丘大梧桐’‘天津五叶齐’‘陕西石葱’。

（2）鸡腿葱　大葱假茎基部膨大呈鸡腿或蒜头状，葱白短粗，以葱白中部横径为准的葱白指数小于 10。相邻叶片的出叶孔距离、夹角与短葱白类型相似。油糖比高于棒葱类型，香味浓而辛辣，宜熟食。代表品种有'河北隆尧鸡腿葱''山东莱芜鸡腿葱'。

（3）分蘖大葱　大葱营养生长期间植株发生 1～3 次分蘖，每一次分蘖由 1 株分生成 2 或 3 株，一年可分生 6～10 株。经低温春化后，每个分株可同时抽薹、开花、结实。植株较分葱大。代表品种有'青岛分葱''安徽黄岭大葱'。

2．按植株大小和主要食用产品器官部位划分　大葱可分为大葱和小葱。大葱植株高大，整株大葱除了只有少量的根茎和枯黄外叶扔掉外，葱白和鲜绿的葱叶都可以供食用；小葱植株尚未完全长成，植株矮小，主要以食用新鲜叶片为主。

3．按播种时间的不同划分　将大葱分为白露葱、二秋子葱、伏葱、倒茬葱、春葱等。

（1）白露葱　白露前后播种育苗的大葱称为白露葱。白露葱越冬时幼苗较小，经过冬季低温期，第二年春天返青后，不能通过春化阶段故不会抽薹，主要用于秋冬大葱栽培的育苗。也有一部分提早定植，收获青葱。

（2）二秋子葱　在北纬 40°～43°地区，立秋后白露前播种，越冬时幼苗较大，经历低温的时间长，春天返青后，很快通过春化阶段，再遇到高温长日照，就普遍抽薹了。以嫩叶、假茎和嫩薹为产品，春季供应市场，但供应期不超过半个月。

（3）伏葱　在 7 月下旬至立秋前播种，正处在温度较高季节，也叫作火葱。越冬时幼苗比秋葱还大，春天返青后抽薹时间比二秋子葱还早，上市期比二秋子葱提早半个月左右，供应期不超过半个月。二秋子葱和伏葱都不可作为大葱的秧苗。

（4）倒茬葱　倒茬葱是把白露葱适当提早定植，加强肥水管理，促进迅速生长，7～9 月供应市场的一茬青葱，由于是倒下地来播种下茬蔬菜，因此叫倒茬葱。辽宁叫倒畦葱，河南因采用撮栽，称为撮葱。

（5）春葱　播种时期是在春天，所以叫春播葱，简称春葱。春葱是春天播种育苗，兼有为栽大葱培育秧苗和以小葱为产品的作用，是大葱周年供应的重要组成部分。

4．按食用时间不同划分　把大葱分为羊角葱、青葱和干葱。

（1）羊角葱　大葱秋天不收获，露地越冬，春天地表刚化冻就开始萌发，从刚长出 1 或 2 片新叶到发出嫩薹，可随时上市。刚发出的新叶形似羊角，所以叫作羊角葱，又因刚发芽就上市故又称为发芽葱。羊角葱是在春天干大葱供应刚结束，伏葱收获前上市，在周年供应上是不可缺少的一茬大葱产品。

（2）青葱　是以新鲜大葱或小葱供应消费的大葱产品，生产青葱一般很少培土或不培土，大葱假茎（葱白）与绿叶共食，主要供应春夏季市场。

（3）干葱　秋季收刨，经过贮藏后供应冬季食用的大葱，叫作干葱或冬葱。耐贮藏、可食用率高，干葱主要食用假茎（葱白）。冬葱是我国北方大葱主产区主要栽培方式之一。

5．按大葱产品的收获供应季节划分

（1）冬葱　冬季收获供应的大葱叫作冬葱，大葱收获后，经过贮藏，以干葱的形式供应冬季消费。

（2）春葱　春季收获供应的大葱叫作春葱，春葱可以为栽培大葱培育秧苗，也可以小葱为产品进行栽培。作为春葱栽培的品种特点，最重要的是耐抽薹。

（3）夏葱　夏季收获的大葱叫作夏葱，作为夏葱栽培的品种特点，最重要的是耐热、抗病。

（4）秋葱　秋季收获供应的大葱叫作秋葱，作为秋葱栽培的品种丰产性要好。

扩展 17-5

（5）囤葱　利用温室、大棚、阳畦等保护设施，对大葱进行假植栽培，使其萌发新叶后收获供应。大葱植株越大，栽后增重效果越小，因此采用半成株栽培囤葱的效果优于采用成株栽培。

6. 茬口安排　大葱忌连作，应实行 3～4 年轮作。前茬可选择小麦、大麦、豌豆、马铃薯等作物。大葱收获后冬季休闲，后茬可接种茄果类、瓜类、春甘蓝、春莴笋等。也可将茄子、番茄、冬瓜与大葱隔行或隔畦间作等。

三、栽培技术

1. 冬贮大葱栽培　冬葱幼苗期长，生产上普遍采用育苗移栽。

（1）准备工作

1）整地做苗床。大葱苗床地应选择靠近水源、背风向阳、土质疏松、有机质丰富、肥沃平坦的田块，但切忌在同一地块连茬育苗，应选 3～5 年内未种植过葱蒜类蔬菜的地块。大葱种子小，种皮坚硬吸水力弱，因此精细整地是保证大葱苗齐、苗壮的先决条件。整地时，要清除前茬作物的枯枝落叶和杂草，并深翻细耙。在翻地的同时，每亩苗床地施入 4000～5000kg 充分腐熟的优质农家肥，随深翻使肥料与土壤均匀混合。也可掺入适量磷肥，如每亩施 20～30kg 过磷酸钙。秋播苗床整地时，每亩施尿素 20kg。

大葱苗床与大田栽培面积的比例为 1∶（6～8）。苗床做成宽 1m、长 8～10m 的畦，畦埂宽度 25cm 左右。育苗畦要求做到畦平、埂直、土松。一般秋播育苗播种前 7d，将畦面浇水浸灌润透苗床。春播育苗的冬前在畦面浇 1 次冻水，做到底墒充足。

2）种子准备。播种前应做种子发芽试验。方法是数 100 粒种子，经自然温度的冷水浸泡吸胀后，播在吸水纸或纱布发芽床上，在 18～25℃条件下进行催芽，统计发芽率和发芽势。5d 内种子发芽的百分数为发芽势，原种和一级良种应不低于 50%，二级和三级良种不低于 30%。12d 内发芽种子的百分数率为发芽率，原种和一级良种应不低于 93%，二级良种不低 85%，三级良种不低于 75%。发芽率低于 50%的种子不能在生产上使用，发芽率达不到二级良种标准的种子可酌情加大播种量使用。大葱发芽率在 90%以上的种子，播种量一般为每亩 3～4kg，稀播不间苗的播种量以 1.5～2kg 为宜。要根据计划播种量和计划生产面积，确定用种量。大葱可干籽播种，也可浸种催芽后播种。

（2）播种　应根据生产地区和生产条件，确定播种时期和播种方法。

1）播种时期。冬贮大葱育苗要求在不抽薹或少量抽薹的前提下，尽量早播种，育成粗壮的大苗，为丰产打下基础。根据各地区的气候条件，可进行春播育苗，也可以进行秋播育苗。春播育苗一般在 3 月末至 4 月初播种，播种越早，越可以培育大苗。秋播育苗在 9 月播种，要求葱苗越冬前长出 3 片真叶、株高 10cm 左右、茎粗在 0.4cm 以下，可保证安全越冬，并防止先期抽薹现象发生。秋播大葱土地利用率较低，占用苗圃地时间较长，大葱栽植地春季前茬不能种植其他作物，且越冬管理较为费工，因此目前秋播面积较小。

2）播种方法。大葱播种有撒播和条播两种方式。撒播又叫作畦播或平播。在事先做好的畦内，将表土起出 1～2cm，过筛堆在畦埂或畦外，起土后力求保持畦面平整。为了使种子撒播均匀，播前可将种子按 1∶5 的比例掺入干净细土或细砂，混合均匀后再播种。播完后将原来起出的表土，均匀地撒回原畦，覆土厚度为 1～1.5cm。条播又叫作沟播。在做好的畦内，用多齿钩子开沟进行播种，加大种子与土壤的接触面，防止干芽。

（3）苗期管理　大葱苗期管理主要有间苗、除草、中耕、追肥、灌水和病虫害防治等措施。秋播育苗还应做好越冬防寒工作。

1）出苗前的管理。播种后 3d 左右，用钉耙将畦面耧平耧细，保持上干下湿、上松下实，有利于出苗整齐。秋播 6～8d 出齐苗，春播由于地温低，10～20d 才能出苗。萌发初期子叶首先伸长，迫使胚根和胚轴首先顶出种皮，当胚根露出种皮 4～6mm 后向下伸长，这时子叶继续伸长，但先端仍然留在种壳中吸收胚乳中贮藏的养分，因此子叶弯曲露出地面，俗称拉弓。以后由于胚轴伸长，才把子叶先端引出来，随之子叶伸出地面而直立，俗称伸腰（图 17-8）。

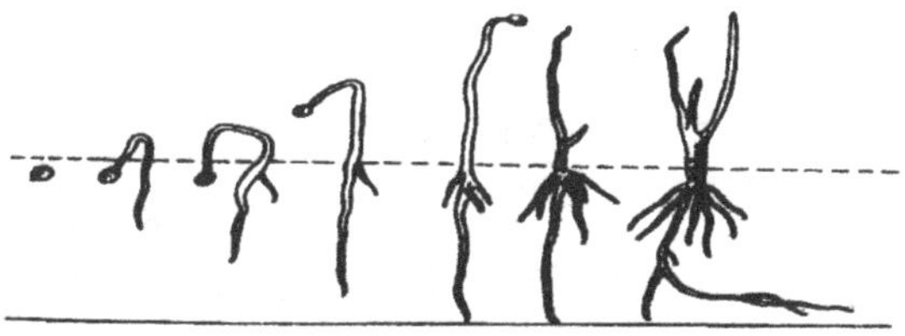

图 17-8　大葱种子发芽过程示意图（任华中等，2008）

2）苗期管理。间苗是培育壮苗的重要管理工作，一般分 2 次进行。秋播育苗第一次间苗在春季返青水浇后进行，撒播的保持苗距 2～4cm；第二次在苗高 18～20cm 时，保持苗距 6～7cm。条播的适当缩小苗距。春播的间苗时期参照秋播进行。手工除草一般结合间苗和中耕进行，也可采用除草剂除草。为防止畦面龟裂和板结，保持畦面湿润，随着气温回升和葱苗生长加快，增加浇水次数和浇水量。定植前 10d 停止浇水，进行炼苗。苗期追肥一般结合灌水进行。也可喷施 0.2%磷酸二氢钾溶液补充钾肥。

（4）整地　整地时清除前茬作物的枯枝、落叶、杂草，然后深翻晒垡。在耕时基肥充足的，可每亩先普施基肥 2500～5000kg。随着深翻耙地与土壤均匀混合。可按 80cm 的行距起垄开沟（图 17-9），沟深 30～50cm、定植沟宽 30～50cm，沟底宽 15cm，沟内再集中施入有机肥，每亩 500～5000kg，将沟底土壤犁松 25～30cm，以利定植。开沟深度和行距应依品种和套种习惯而定。适宜的行距标准为 1.5 倍葱白长度，如‘五叶齐大葱’葱白长度为 40cm，行距就应为 60cm。

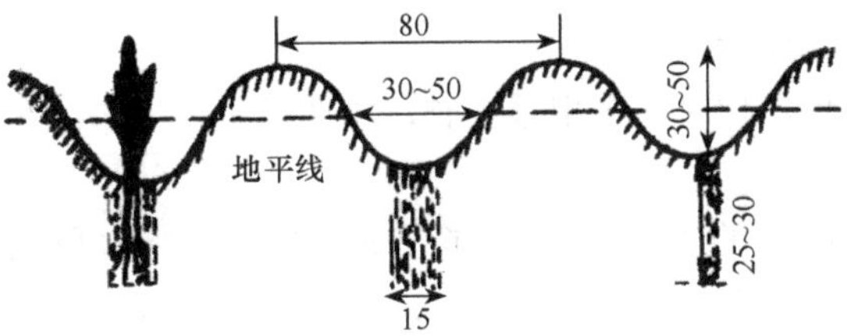

图 17-9　大葱定植示意图（任华中等，2008）
单位：cm

（5）定植

1）定植时期。大葱的定植时期一般在芒种至小暑。生产实践表明，定植越晚，葱白越短，产量越低。定植过晚秧苗易徒长，又值高温雨季，栽后也不易缓苗。因此，在条件许可的情况下，大葱应尽早定植。大葱的定植期与产量有密切关系，在一定的范围内，越早定植，增产越显著。确定冬大葱定植期，首先要根据当地气候条件，定植后必须保证有 130d 的生长时间，才能满足高产优质的需要。另外，还要考虑茬口安排，在越冬菜、春季速生收获后才能进行。

2）起苗分级。起苗必须保证土壤水分适宜，水分过多根系带泥不便分级和栽苗，土壤过干起苗困难，因此应提前浇水。用叉子起苗，防止伤根，抖掉泥块，成把顺序摆放，摘除枯叶，剔除病虫、残伤和不符合品种典型性状的秧苗。定植前结合起苗进行葱苗分级。一般情况下，只选用一级苗和二级苗定植。大葱壮苗标准：单株平均重 40g、苗高 50cm 左右、葱白长 25cm 左右、葱白粗 1cm 左右、管状叶色浓绿、叶片不少于 6 枚、具有本品种典型性状。

大葱切叶定植可以明显加快缓苗速度，有利于大葱生长发育，提高大葱产量。大葱切叶定植的具体做法是：在育苗畦内拔出葱苗后，将葱苗整齐地捆成小捆，然后用刀切掉上部的部分叶片，

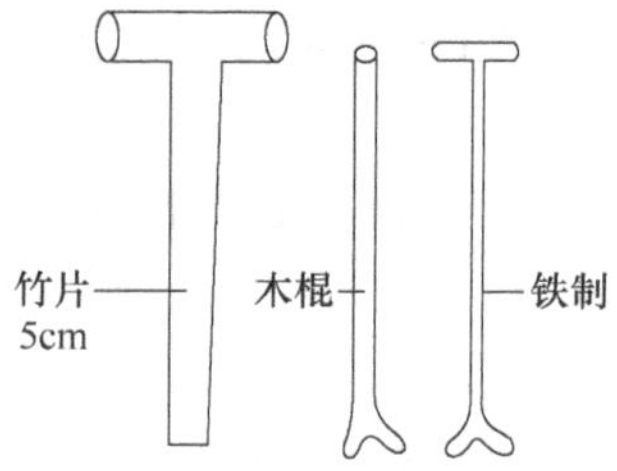

图 17-10 葱插子的结构示意图
（任华中等，2008）

只保留下部葱白和 10cm 左右的葱叶。这样，葱叶变短，搬动方便，受损伤小，定植后有利于保持葱苗健壮。切叶后迅速将葱苗定植，有利于快速生新根、抽新叶，完成缓苗。

3）定植方法。大葱定植有湿栽法和干栽法两种方法。湿栽法是先在定植沟里灌水或者先进行滴灌，使沟底土壤湿润，然后人站在另一未灌水的沟内或垄上，用食指或葱插子（图 17-10）按株距将葱苗的根插入土内。这种方法速度快，省工省时，定植效果好，大葱秧苗直立性好。但栽植前要把栽植沟土刨松，以利插苗。干栽法是先将大葱苗靠在沟壁一侧，按要求株距摆好，然后覆土盖根，踩实，最后灌水。定植深度以心叶处高出沟底面 7～10cm 为宜。当葱苗的假茎高度不一致时，要掌握“上齐下不齐”的原则。干栽法的优点是不受灌水时间的约束，利于根系发育，缺点是缓苗慢，也较费工，摆葱葱白不顺直，商品性差。

4）定植密度。一般长葱白型大葱每亩定植 18 000～23 000 株，短葱白型品种每亩栽植 20 000～30 000 株。株距 4～6cm，定植早的可适当稀一些，定植晚的可适当密一些；大苗适当稀植，小苗适当密植。为了使植株生长整齐，便于密植和田间管理，减少以后培土时损伤葱叶，栽植时根据管理需要应使葱叶展开方向与行向垂直或呈 45°角。

（6）田间管理　冬葱田间管理的重点工作是促进葱白生长。主要措施是促根、壮棵和培土软化，加强肥水管理，为葱白形成创造适宜的环境条件。定植后进入高温季节，生长缓慢，以中耕促根为主；立秋以后，天气转凉，进入叶片生长盛期，以加强水肥管理为主；白露以后，天气凉爽，进入葱白形成盛期，以加强肥水和培土软化管理为主。

1）中耕、除草。为了保持土壤有良好的通透性，促进大葱根系生长，主要措施是中耕。在每次灌水和下雨后，应及时中耕并拔除垄沟内的杂草。

2）水分管理。每次灌水的原则是将根群范围内的土壤润湿为宜，适宜的田间持水量为 70%～80%。立秋以后进入发叶盛期，对水肥的需求明显增加，应轻浇、早晚浇。白露以后大葱开始旺盛生长，进入葱白形成盛期，也是水肥管理的关键时期。灌水应掌握勤浇、重浇的原则，增加浇水次数和每次灌水量，一般 6～7d 浇水一次，每次浇足浇透，经常保持土壤湿润。霜降前后，大葱生长也渐趋缓慢，应逐渐减少灌水量和灌水次数。收获前 7～10d 停止灌水，以利收获、贮藏。

3）追肥。大葱生长期长，为了满足不同生长时期对矿质营养的需求，除定植前施足基肥外，还应根据大葱生长发育特点分次追肥。为了尽快发挥肥效和提高肥效，追肥应结合灌水进行。大葱生长期间，还可根据生长表现进行营养诊断，判断各种营养元素的多少及需求，如氮素不足，葱叶呈淡绿色或黄色，叶片细小，植株低矮、老化。

4）培土软化。大葱葱白的伸长以叶鞘基部的细胞分裂和延伸生长为基础，而叶鞘基部分生带的细胞分裂和延伸均要求在黑暗、湿润的条件下进行，而培土可以创造这种环境，所以培土是软化叶鞘和增加葱白硬度、长度的重要措施。培土主要在葱白形成期分次进行，立秋前培土以壅土填沟为主，立秋后开始第一次培土。大葱每次培土的高度应根据葱白生长的长度而定，以不埋没五杈股为标准，一般每次培土高度为 3～4cm。不可一次培土过高，更不能埋没葱心。大葱培土次数和培土高度也依品种而异，葱白较长的品种需适当多培土，葱白较短的品种应适当减少培土高度和次数。培土应在土壤水分含量适宜时进行，以土壤松软、无土块为好，如果土壤过于板结，应先将沟上刨松后再进行培土，边培土边将垄肩上拍实。培土宜在下午进行，注意不要碰折大葱叶片（图 17-11）。

（7）收获　大葱的收获应根据栽培地区、栽植季节和市场需求而定。秋播早定植的大葱，一般以鲜葱供应市场，收获期在 8～10 月。春播苗栽植的大葱，鲜葱供应在 10 月上旬收获。冬葱则在 10 月中旬至 11 月上旬，待叶身水分减少、叶肉变薄下垂、养分基本回流到葱白时收获。

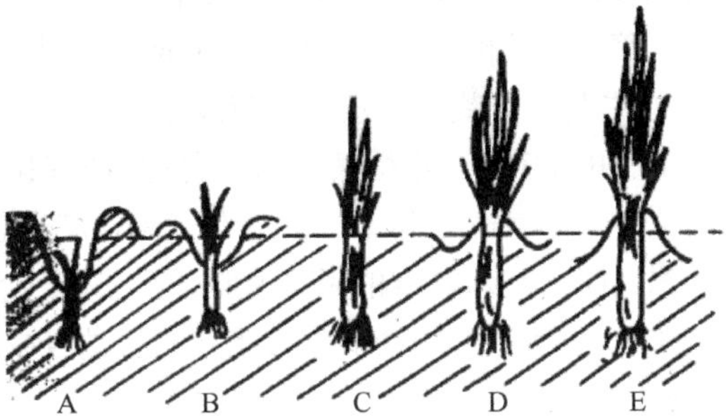

图 17-11　大葱各个时期培土过程示意图
（卢育华，2000）
A．培土前情况；B．第一次培土情况；C．第二次培土情况；D．第三次培土情况；E．第四次培土情况

2．白露葱　在北纬 40°～43°地区，以冬葱栽培育苗的播种葱在白露前后，因此称为白露葱。白露葱除了作为冬葱移栽的秧苗外，还可作为青葱食用，陆续采收上市。

（1）整地施基肥　选择非葱蒜类作物茬口的地块，在前茬作物收获后及时施肥整地，耕翻耙细，然后搂平做成平畦。

（2）播种　白露前后，日平均气温下降到 15～18℃时为播种适期。播种时可撒播，或开深 3～4cm 的小沟条播，沟深 lcm。播后覆土 2～3cm。

（3）冬前管理　做好间苗、除草、追肥和灌水工作。间苗保持苗距 2～3cm，结合间苗拔除田间杂草。生长期间追肥 1 或 2 次，每亩施尿素 10kg，灌水 2 或 3 次。到越冬前，葱苗高 7～10cm，3 叶 1 心、假茎基部直径 0.3～0.5cm、须根 5～7 条是白露葱安全越冬的标准指标。超过指标容易抽薹，反之则不能安全越冬，发生死苗现象。

（4）返青后管理　返青后如果天气干旱，浇返青水，结合灌水追施化肥 1 次，每亩施尿素 10～15kg。返青后，气温回升，葱苗生长加快，应逐渐增加灌水次数和灌水量，并结合灌水追肥 1 或 2 次，每次每亩施尿素 10～15kg。生长期间随时拔除杂草。

（5）收获　白露葱一般不发生先期抽薹现象，可在进入 5 月后，视市场情况和植株长势，随时采收青葱，陆续供应市场。主要供应期为 6～7 月。

3．倒茬葱

（1）栽培方式　倒茬葱的栽培方式包括垄栽和平畦栽培两种。

1）垄栽。在 5 月中下旬，上茬速生蔬菜或越冬菠菜等倒地后，深翻细耙，按 30cm 做垄，把白露葱栽入沟中，沟内施有机肥，灌水，及时中耕培土。7 月中旬以后，根据大葱长势、市场需求和播种下茬蔬菜的需要，收获上市。收获比较早的下茬播种萝卜、大白菜、香菜等，晚的可播种雪里蕻、小油菜，最晚的可播种越冬菠菜。

2）平畦栽培。整地后搂平做成平畦，在前茬作物倒地后，做成 1m 宽的畦，施基肥深翻，耙平畦面，畦内灌足水，按 10cm×10cm 株行距，把葱秧深插入畦内，缓苗后细致松土，以后加强肥水管理。可较早腾地，播种秋菜。

（2）栽培管理

1）播种育苗。按冬葱播种育苗技术进行。幼苗后期可适当加强肥水管理，培育大苗。

2）整地施基肥。选择非葱蒜类作物茬口的地块，在前茬作物收获后及时清园，每亩施入农家肥 5000kg，过磷酸钙 20～30kg，深翻 25cm 左右，耙细、搂平。

3）定植。倒茬葱定植应注意定植时期和密度。根据前茬腾地时间和整地情况，从立夏至芒种，即 5 月上旬至 6 月上旬均可定植。定植时对秧苗按大、中、小分为三级，不同规格的苗分畦栽植，以便后期管理。垄栽的，在垄沟内可集中施入农家肥，按 3～5cm 株距栽植，然后灌水、覆土。平畦栽培的，可按 10cm×10cm 的株行距单株栽植，也可按行距 30cm、穴距 20cm，每穴 10 株左右栽植，栽后灌水。栽苗深度以 7～8cm 为宜，过浅易倒伏，过深不易发棵。

4）田间管理。定植缓苗后，待地皮发白时浇缓苗水，以后趁墒中耕松土，并适当蹲苗，以促根为主。随着气温和地温的逐渐升高，应注意勤浇水，保持土壤湿润。进入高温雨季，还要注意排涝，防止积水。定植后可追肥 2 次。第一次在蹲苗结束后，第二次追肥 1 个月后进行。生长期间随时拔除杂草。垄栽的可结合中耕，适当培土。

（3）收获　倒茬葱 7～9 月可根据市场和植株生长情况陆续收获青葱上市，不急于腾地的可每次间拔大株收获。

扩展 17-6

第十八章 薯 蓣 类

第一节 概 述

薯蓣类蔬菜是一类以块根、根茎、球茎为产品器官的薯蓣蔬菜的总称，包括10科12属。中国主要栽培马铃薯、甘薯、山药、芋、姜等，少量栽培魔芋、豆薯、菊芋、葛、甘露子（草石蚕）、蘘荷等。薯蓣类蔬菜耐贮运，是调节蔬菜周年供应的重要种类。薯芋类蔬菜富含淀粉、蛋白质等营养物质，是城乡居民的重要副食品。不少薯蓣类蔬菜含有特殊的功能成分，有很高的药用保健价值。

薯蓣类蔬菜以地下器官为产品，一般要求深厚土层，地下水位不可过高。尤其对长山药等根茎分布较深的蔬菜来说，必须保证地下水位足够低才行。薯蓣类蔬菜的产品器官干物质含量高，能贮藏相对较长的时间，因此生产上采用设施进行反季节栽培的必要性降低，但并不排除提前开展设施育苗，提前上市。薯蓣类蔬菜多行无性繁殖，产品器官往往也是繁殖器官，繁殖系数低，用种量大。播种季来临时，如繁殖器官仍处于休眠状态，则需要采取措施打破休眠。生产中，长期无性繁殖往往会造成种性退化，因此需要采取各种措施进行种性复壮，脱毒组培是进行种薯更新复壮的有效措施。薯蓣类蔬菜的产品器官形成期干物质合成多，较强的光照和较大的昼夜温差有利于同化物向地下根茎积累。一般来说，短日照有利于马铃薯等地下根茎的形成。

第二节 马 铃 薯

马铃薯原产地为拉丁美洲，有两个分布中心。栽培种主要分布在南美洲哥伦比亚、秘鲁、玻利维亚的安第斯山区和乌拉圭等地，野生种的起源中心则是中美洲及墨西哥。

马铃薯有8个栽培种和154个野生种，野生种多为二倍体种（$2n=24$），8个栽培种含有$2x$～$5x$的多倍体。普通栽培亚种起源于智利中南部沿海地区（奇洛埃岛和附近大陆），在长日照下和在低海拔短日照下形成块茎，安第斯亚种起源于秘鲁、玻利维亚和厄瓜多尔的安第斯山区，该亚种在高海拔短日照条件下形成块茎。20世纪60年代英国植物学家N. W. Simmonds从秘鲁、哥伦比亚、玻利维亚广泛收集了若干安第斯亚种的不同类型，种植在欧洲长日照下，经过5轮选择，获得了适应长日照条件，结薯习性近似普通栽培亚种的新类型 *Neo tuberosum*，我国将其翻译成“新型栽培种”，它并不是一个分类学意义上的亚种。

马铃薯在南美洲的栽培历史已有4000～4800年，但在世界各地传播仅400多年。马铃薯在16世纪传至欧洲，再由欧洲传至世界各地。传入亚洲有两条途径，一是16世纪末至17世纪初由荷兰人传入新加坡、日本和我国台湾；二是17世纪中叶由西班牙人传至印度、爪哇等地。我国大陆马铃薯的传入分海、陆两路，陆路在16世纪末传入北京，然后遍及北方各地；海路在17世纪初经由福建、广东而渐遍及南方各地。

马铃薯既是我国重要的粮菜兼用作物，又是重要的轻工业原料，可以制作淀粉、糊精、葡萄糖和乙醇等多种工业原料，同时也可用于生产炸片、炸条等休闲和快餐食品，块茎和茎叶是家畜、家禽的优良饲料。马铃薯的营养价值较高，块茎中淀粉含量一般为12%～15%，蛋白质和矿质元素也较丰富。块茎蛋白质具有较高的生物学价值，氨基酸的种类齐全。块茎中含多种维生素，尤其是维生素C含量很高。

目前，世界上有160多个国家和地区种植马铃薯，2016年全世界种植马铃薯总面积为$1.88\times10^7hm^2$，总产量为3.24×10^8t，单产$17.23t/hm^2$。世界马铃薯单产最高的是新西兰，达$50.3t/hm^2$，其他依次是比利时$46.9t/hm^2$，法国$45.4t/hm^2$，美国$44.6t/hm^2$，荷兰$43.8t/hm^2$。我国是马铃薯生产面积最大的国家，其次是俄罗斯、印度、美国、乌克兰、波兰。2016年我国种植马铃薯$5.82\times10^6hm^2$，平均单产$17.05t/hm^2$，总产9.91×10^7t。

马铃薯植株矮小，生长期短，播、收期的伸缩性大，在复种轮作中是谷类作物的优良前作，并适于多种作物间套种植，它在南方多熟制地区的复种轮作中占有重要位置。近年来，国家实施马铃薯主粮化战略，在保障国家食物安全方面马铃薯显得更为重要。

一、生物学特性

1．植物学性状　马铃薯（*Solanum tuberosum* L.）为茄科茄属一年生草本植物。植物学形态如图18-1所示。

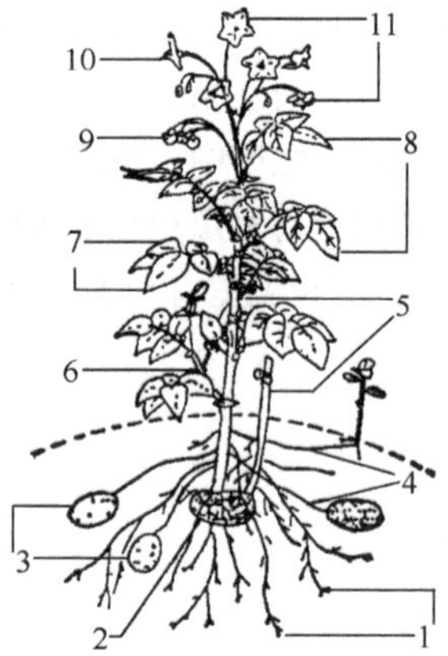

图18-1　马铃薯的植株

（Huamán，1986）

1．根；2．母薯；3．块茎；4．匍匐茎；5．主茎；6．分枝；7．复叶；8．小叶；9．果实；10．花；11．花序

（1）根　马铃薯用种子繁殖的植株为直根系，用块茎繁殖的植株为须根系。

当块茎萌发时，在幼芽基部靠芽眼处密集的3或4节节部发根，这部分根称为初生根，初生根分枝很强，是主要吸收根系。随后在地下茎节处匍匐茎周围发根，每节3或4条，称为后生根。根系深度一般不超过70cm，主要分布在10～40cm的土壤耕层。

（2）茎　马铃薯的茎可分为主茎、匍匐茎和块茎。

1）主茎。主茎草质多汁，呈绿色间有紫色，有少数茸毛。茎边缘具翅（或棱），有3棱、4棱之别。茎有分枝，一般早熟品种植株矮小，茎高40～70cm，分枝少；中、晚熟品种植株较高大，茎高80～120cm，分枝多，着生节位较低，分枝较长。

2）匍匐茎。匍匐茎是主茎地下茎的腋芽伸长形成的侧枝，较地上茎细，顶端节间密集成钩曲状，细胞分生能力强。匍匐茎有横向生长习性，入土不深，长度为3～10cm。栽培种较短，野生种较长；早熟品种较短，晚熟品种较长。在匍匐茎早期生长中如环境条件不利，可穿出土面变成叶枝。

3）块茎。块茎着生于匍匐茎顶端，是茎的变态。块茎膨大初期，可以看到鳞片状退化叶，随着块茎的生长，鳞片叶凋萎后留下的叶痕称为芽眉。芽眉上部凹陷处，即芽眼，芽眼里有一个主芽和数个副芽。芽眼在块茎上呈螺旋状排列，基部稀，顶端密，其排列次序和地上茎的叶序相同。块茎末端与匍匐茎的连接处称为脐部，另一端叫作顶部，顶部是匍匐茎的顶芽，有顶端优势，较先发芽。块茎的解剖结构如图18-2所示。薯块形状呈圆形、椭圆形及长圆形等，薯皮光滑、粗糙或呈网纹状，皮色有白、黄、红及紫色等，肉色有白、黄、浅红等色。

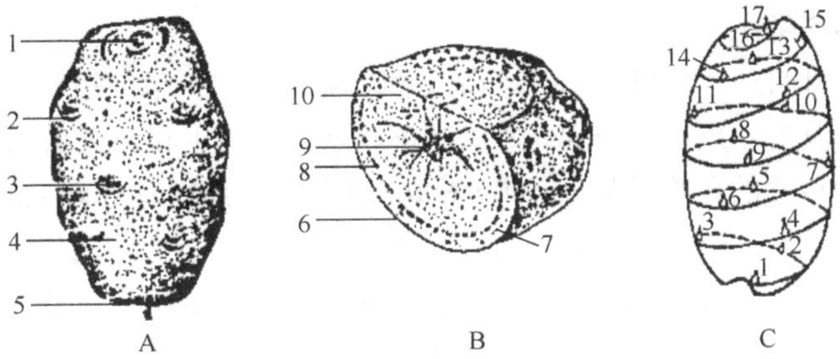

图 18-2 马铃薯的块茎（A 和 B）及芽眼排列顺序（C）（孙晓辉，2002）
A 和 B 图中：1. 顶部；2. 芽眉；3. 芽眼；4. 皮孔；5. 脐部；6. 周皮；7. 皮层；8. 维管束；9. 内髓；10. 外髓。C 图中数字表示芽眼排列顺序层

新收获的块茎有休眠期，休眠期短的品种，块茎收获后 30～60d 即可发芽，休眠期长的品种需 90d 以上才能萌发。在 1～4℃时，块茎保持休眠状态不萌发，温度升至 20℃时，休眠期可缩短。

（3）叶　马铃薯幼苗最先生长的几片叶为单叶，微具分裂，以后随着植株的生长，长出的叶为奇数羽状复叶。复叶由顶生小叶、侧生小叶、侧生小叶间的二次小裂叶和叶柄基部的托叶状小叶组成。叶表皮上有茸毛与腺毛。茸毛与腺毛能减少蒸腾作用，吸附或吸入空气中的水分，增强植株抗旱能力。

（4）花、果实及种子　马铃薯为自花授粉作物，花序为聚伞花序。花萼绿色多毛，基部合生成管状，花冠合瓣，呈五角形，有白、浅红、紫红、蓝及紫蓝等色，雄蕊 5 枚，着生于花瓣基部，花药聚生，包住雌蕊。雌蕊子房由两个心皮构成，子房上位，内含多粒胚珠。果实为淡绿或紫绿色浆果，每果含 200 粒或更多种子，种子很小，千粒重为 0.5～0.6g，呈扁平或卵圆形，黄色或暗灰色；新收的种子有较长的休眠期，隔年种子发芽率一般可达到 70%～80%。

2．生长发育周期　马铃薯是营养繁殖的作物，其生育期长短伸缩性很大，虽然生育期一般也用出苗到成熟之间的日数表示，但成熟期的特征不像禾谷类作物明显。根据马铃薯在田间的生育过程常把马铃薯生育期分为发芽期（从块茎萌发到出苗）、幼苗期（出苗至现蕾）、块茎形成期（现蕾至开花）、块茎膨大期（盛花至茎叶衰老）、淀粉积累期（茎叶衰老至茎叶枯黄）和块茎休眠期（完全成熟或采收）6 个时期。

3．对环境条件的要求

（1）温度　马铃薯性喜冷凉，不耐高温。在 4℃时，块茎中的养分和水分开始沿输导系统向芽眼移动，在 0～25℃，出苗速度随温度增高呈直线增加，10～12℃有利于幼芽的健壮生长。茎叶生长的最低温度为 7℃左右，最适温度为 17～21℃，温度在 29℃以上时，茎叶即停止生长，温度在－1℃时受冻，－4℃时植株死亡。块茎形成和膨大的最适温度为 16～18℃，昼夜温差大对块茎形成和膨大有利，以昼温 20～25℃和夜温 0～15℃最为适宜；日均温 25℃或以上时块茎几乎停止生长。

（2）光照　光对马铃薯生长发育的影响不如温度强烈。在黑暗中萌芽时，幼芽组织柔嫩，细胞伸长，缺乏叶绿素，节间较长，顶端“弯钩”，叶片小，芽干重低，散射光催芽即可防止此类现象。马铃薯光合作用的光饱和点是 540～720μmol/（$m^2 \cdot s$），光照强度大，叶片光合强度高，块茎形成早，块茎产量和干物质含量均较高，但过强光照下植株后期易出现早衰。

光周期影响植株生长与块茎形成，日照长度每天超过 15h，植株茎叶生长旺盛，块茎形成延迟，产量下降；每天日照 12～13h，植株虽然矮小，但块茎形成早，同化作用高，同化物向块茎的运送速度快，块茎产量高。

温度、光强、光周期三者的相互作用对马铃薯影响较大。高温、长日照和弱光照对地上部茎叶生长有利；而较低温度、短日照和强光照有利于块茎形成膨大和获得高产。

（3）水分　马铃薯的蒸腾系数为400～600，在其生长期间有300～500mm均匀分布的雨量就可保证马铃薯的正常生长。整个生长期中，土壤湿度以田间持水量的60%～80%适宜，但各生育阶段的需水量不同，苗期占全生育期需水量的10%～15%，块茎形成期在20%以上，块茎增长期在50%以上、淀粉积累期为10%左右。块茎膨大期间，若干湿失调，块茎时长时停，容易形成次生薯和畸形薯，但盛花期后应适当控制水分，防止茎叶徒长，块茎逐渐成熟时，要避免水分过多，引起块茎皮孔增生，影响产量和品质。

（4）矿质营养　马铃薯是喜钾作物，研究表明，生产1t马铃薯块茎需要吸收氮5.5kg、磷2.2kg、钾10.2kg。氮的吸收从萌芽后迅速增加，苗期吸收总量的18%，块茎形成期吸收35%，块茎膨大期吸收35%，淀粉积累期吸收9%；钾的吸收动态与氮类似，唯块茎形成和膨大期增长最快，致使总吸收量远高于氮；磷的吸收在整个生育期都表现为较少而平稳的状态。

（5）土壤　马铃薯对土壤的要求虽不十分严格，但以土层深厚、结构疏松、排水同期良好，富含有机质的土壤最为适合，特别是孔隙度大、通气良好的土壤，才能满足马铃薯根系发育和块茎生长过程中对氧气的吸收。砂壤土上栽培马铃薯，出苗快，植株生长发育良好，块茎形成早，薯形整齐、薯皮光滑、产量高。过于黏重和排水不良的土壤会影响根系和块茎膨大，产量低，且形成的块茎形状不规则，易发生块茎褐心等生理病害，影响商品性。马铃薯在弱酸性土壤上生长发育良好，土壤最适pH为5.5～6，碱性土壤上种植易发生疮痂病。

二、品种类型与栽培区划

（一）品种类型

马铃薯品种甚多，常按生育期长短和用途进行分类。

1. 按生育期划分

（1）早熟品种　早熟品种是指出苗后60～80d内可以成熟的品种，包括极早熟品种（60d）、早熟品种（70d）、中早熟品种（80d），这些品种生育期短，植株块茎形成早，膨大速度快，块茎休眠期短，适宜二季作区及南方冬作区栽培，可适当密植；一季作区早熟栽培或为二作区、南方冬作区供种的也可栽培。

（2）中熟品种　中熟品种是指出苗后80～95d内可以成熟的品种，这些品种生育期较长，适宜一季作区栽培，部分品种可以用于二季作区早春和南方冬季栽培。

（3）晚熟品种　晚熟品种是指出苗后95d以上可以成熟的品种，包括中晚熟品种（95～100d）、晚熟品种（100d以上），这些品种生育期长，仅适宜一季作区栽培，一般植株高大，单株产量较高。

2. 按用途划分　按用途可分为鲜食品种和加工品种两大类，加工类品种又细分为炸片加工品种、炸条加工品种、淀粉加工品种、全粉加工品种。

（1）鲜食品种　薯形好，芽眼浅，薯块大。干物质含量中等（15%～17%），维生素C含量高（＞25mg/100g FW），粗蛋白质含量在2%以上。炒食和蒸煮风味、口感好。耐贮运，符合出口标准。

（2）炸片加工品种　还原糖含量低于0.25%，耐低温贮藏，相对密度为1.085～1.1，浅芽眼，圆形块茎。

（3）炸条加工品种　还原糖含量低于 0.25%，耐低温贮藏，相对密度为 1.085～1.1，浅芽眼，长椭圆形或长圆形。

（4）淀粉加工品种　淀粉含量在 18%以上，白肉，耐贮。

（5）全粉加工品种　还原糖含量低于 0.25%，耐低温贮藏，相对密度在 1.085 以上，浅芽眼。全粉主要用于生产复合薯片、马铃薯泥和其他方便食品。

（二）栽培区划

马铃薯性喜冷凉，适合在冷凉区域或冷凉季节栽培，分布遍及全国，在不同区域形成了各自的栽培方式与栽培类型。滕宗璠等（1989）以栽培类型为基础，结合生物学特性及各地的气候、地理条件，将全国划分为 4 个栽培区。

1. 北方一作区　从昆仑山脉由西向东，经唐古拉山、巴颜喀拉山脉，沿黄土高原海拔 700～800m 一线到以古长城为南界的各地。此区年平均气温为 4～10℃，大于 5℃积温为 2000～3500℃，无霜期为 110～170d，年降雨量为 500～1000mm。日照充足，昼夜温差大，适于马铃薯生育。栽培面积较大，占全国马铃薯面积的 50%左右，是我国马铃薯商品生产和种薯生产基地。马铃薯一年一熟，品种类型以中熟为主，要求休眠期长。

2. 中原二作区　位于北方一作区南界以南，大巴山、苗岭以东，南岭武夷山以北各地。年均温为 10～18℃，最热月平均气温为 22～28℃，大于 5℃积温为 3500～6500℃，无霜期为 180～300d，年降雨量为 500～1750mm，本区因为夏季温度高，故马铃薯作春秋两季栽培，生长季节较短，多与其他作物间套作；近年为提早上市，常采用双膜、三膜覆盖栽培。

3. 南方二作区　南方二作区即苗岭武夷山以南各地。年均温为 18～24℃，最热月平均气温为 28～32℃，大于 5℃积温为 6500～9500℃，无霜期在 300d 以上，年降雨量为 1000～3000mm。马铃薯在水稻收后秋播或冬播，恰逢旱季，必须灌溉。

4. 西南一二季作垂直分布区　本区包括云南、贵州、四川、重庆、西藏等省（自治区、直辖市）及湖南、湖北的西部山区。年平均温为 6～22℃，大于 5℃积温为 2000～8000℃，无霜期为 150～350d。除青藏高原年降雨量较少，仅 280～670mm 外，其余地区降雨量为 1000～1500mm。本区多为山地和高原，地势复杂，海拔变化大，立体气候特点突出，所以马铃薯生产在本区也呈一季作与二季作，不同栽培类型呈垂直交错分布的格局。高寒地区春种秋收一年一作，在 1000～2000m 的低山河谷地带，可春秋两作；1000m 以下的河谷平坝可秋冬两作。

三、栽培技术

1. 露地栽培

（1）栽培制度　马铃薯忌连作，宜采用轮作方式，在一年一熟地区，马铃薯与玉米、大豆、燕麦、荞麦等进行年度间轮换；一年二熟地区，马铃薯可作为春作或秋作与春玉米、夏玉米、水稻等作物轮作；一年三熟地区，可作为春、秋、冬作与早稻、中稻、玉米、秋荞、绿肥等作物轮换种植。马铃薯不宜作甘薯、糖甜菜等作物的后作，轮作年限至少 3 年，才能有效地发挥轮作效益。

（2）选地与整地　马铃薯栽培应选择土壤疏松、土层深厚、排灌方便的土地。整地应精细，才能有利于块茎的形成和膨大，促进群体繁茂，减轻杂草危害。在头年秋耕，耕深 20～30cm，若土层深厚肥沃可适当加深，早春播前再犁翻 1 或 2 次，整平耙细土块。按种植规格开厢起垄，厢面宽窄依地势、土壤和种植方式而定。起垄规格有：小垄单行，行距60～65cm起垄，垄上穴距25cm；宽垄双行，垄距82～100cm，每垄双行穴距25cm。如在水稻后种马铃薯，应选择地势较高、排水良好的沙田种植，增施有机肥、深沟、高畦窄垄、浅播，以增强土壤透气性，减轻湿害影响。在云贵高原排水良好的坡土旱地播种时不起垄，中耕时培土成垄。

（3）合理施肥　马铃薯施肥应按有机肥为主，化肥为辅的原则，重施底肥，早施追肥，增施钾肥。传统施肥一般将大部分或全部肥料于播种或临近播种前施用以增进氮的吸收和促进叶面积的发展，基肥以厩肥、土杂肥等有机肥为主，配合无机磷肥和钾肥，一般每公顷施优质农家肥22.5～30.0t，氮素150kg，磷素60kg，钾素330kg，作基肥集中施用。马铃薯在苗期和开花初期往往结合培土，追施适量速效肥，以促进茎叶生长。随着科技进步，水肥一体化技术正在被越来越广泛地使用，根据马铃薯“前期少、中期多、后期持续”的需肥特点，把基肥和追肥比例调整为1∶3，通过滴灌系统进行多次追肥，可显著提高肥料利用效率。

（4）选用良种　选用良种首先要适应当地耕作制度。一年一作区要选用能充分利用生长季节的中、晚熟品种；一年二作区要求选用早熟、株矮而株型紧凑的品种以适应间、套作与复种。秋马铃薯应选早熟丰产、休眠期短、易于在高温下催芽生根和抗病耐寒的品种。病害严重地区，应立足抗病稳产选择品种，南方产区应选择抗晚疫病的品种。随着马铃薯加工产业的发展，作为加工原料的，其品种特性还应满足加工对品质的要求。

（5）种薯处理

1）种薯消毒。种薯消毒是用药剂杀死种薯表面所带病菌。从外地调进的种薯，必须进行种薯消毒。可用40%甲醛溶液1份加水200份，喷洒种薯表面，或浸种5min后，用薄膜覆盖闷种2h，再薄摊晾干。

2）种薯大小与切块。马铃薯种薯大小及其繁殖系数与净产量有密切的关系，适宜种薯大小为（50.4±3.5）g。提倡用小整薯作种，小整薯比同等大小的切块芽眼多，每穴茎多，出苗快而整齐，抗旱、抗寒力强，还可防止秋播的烂种死苗，增产效果好，小整薯还有节省切薯费用、减少种薯感病率、便于机械化播种等优点。种薯过大时，生产上常进行种薯切块，切块通常采用纵切，使每切块都能带有顶部芽眼。切块贮放在相对湿度85%、15～23℃条件下，并避免日光直射，3～5d切面木栓化后即可播种。为防止切刀传病，应用0.5%的高锰酸钾溶液或75%乙醇浸泡切刀，最好两把刀交替使用。

3）催芽。用秋薯作春播用种，或春薯作秋播种薯时，由于种薯尚未通过休眠期，直接播种不能发芽，必须进行催芽。最常用的催芽方法是湿沙层积法，即将种薯切块后用湿沙或锯末分层层积于土坑或温床上，厚度约50cm，早春催芽温度低，盖以薄膜，保持层积物湿润和温度为20℃，15～20d即可发芽。未通过休眠期的种薯，催芽前应先打破休眠，可用0.5～1mg/kg的赤霉素水溶液浸种10～15min，或2%硫脲浸种30min。

此外，对已通过休眠的种薯进行散光催芽，放在室内或室外避风有散射光的地方平铺2或3层，经常翻动，使均匀见光，幼苗长1～1.5cm，块茎及幼芽变绿，根点突出，即可播种。可收到苗齐、苗壮、地上茎节短、早结薯、多结薯的效果。

（6）播种期确定　适期播种应遵循以下原则：①根据品种特性将结薯期安排在平均气温15℃以上，23℃以下，日长不超过14h的时期，出苗后不遭受晚霜危害。②趋利避害，躲过自然灾害与病虫盛发期。③有利于前后作及间、套作物的安排，如春马铃薯早播早熟，可增种一茬秋季作物，间、套作时缩短共生期。

春播一季作的适宜播期，一般是在当地晚霜前20～30d，气温稳定超过5℃，10cm处土温7～

8℃时播种。无论播期早晚，春播应保证全生育期有 100～120d；夏、秋播应保证早霜前有 90d 以上的生育期。南方春播播期为 1 月上旬至 3 月中旬，在此范围内随海拔的上升，播期逐渐延迟。秋播通常以当地平均气温下降至 25℃以下为播种适期，山区播种稍早，在 7 月中下旬至 8 月上旬；丘陵和平坝区偏迟，以 8 月中下旬至 9 月上旬为宜。在冬、春两季无霜或基本无霜的地区，可冬播马铃薯，播期 11 月下旬至 12 月下旬，翌年 3 月中下旬至 5 月上旬收获。

（7）*密度与种植方式* 马铃薯的产量取决于单位面积薯块数与单薯重。而每平方米薯块数取决于每平方米茎数与每茎薯块数，总茎数取决于每平方米种薯数和每薯芽数，每薯芽数又取决于薯块体积和萌发的条件。一般常用播种量或单位面积株数来表示密度大小。密度确定原则：二季作区种植密度较大，一季作区种植密度较小；早熟种与结薯集中的品种宜密，晚熟种与结薯分散的品种宜稀。结合当前生产水平，一季作种植品种多为中、晚熟种，肥水条件较好，种植密度以每公顷 6 万～7.5 万株。二季作区植株生育期较短，种植密度以每公顷 7 万～9 万株为宜。秋薯生长量比春薯小，播期越晚，悬殊越大，故栽植密度应比春薯为密，净作时每公顷可较春薯增加 3 万～3.75 万株。

（8）*发芽出苗期田间管理* 发芽出苗期的管理目标是促根壮芽，防缺苗。南方春播马铃薯从播种到出苗时间长，又常遇冬、春干旱，应视天气情况进行灌溉，防止种薯干旱失水造成缺苗，也要防止人畜践踏和土壤板结不利发根出苗。此外，还可在播后施用除草剂抑草壮苗。

（9）*幼苗期田间管理* 幼苗期以促地下，带地上，达到苗齐、苗壮、根深叶茂为目的。苗期管理措施如下。

1）查苗补苗。单位面积茎数是构成产量的最重要因素，缺苗影响单位面积茎数。缺苗一株，相邻植株可以补偿损失约 50%，如连续缺苗 2 或 3 株形成断行，则影响产量更大。苗出齐后应及时进行查苗补苗，补苗应及早进行，过晚苗龄大，效果差。

2）中耕培土。中耕培土的作用是疏松土壤，提高土温，促进根系发展，扩大匍匐茎生长空间，减少匍匐茎伸长的阻力。齐苗后及时进行第一次中耕，深度 8～10cm，并结合除草。第一次中耕后 10～15d 进行第二次中耕，此次深度稍浅，结合浅培土。

3）追肥。苗期追肥应及早进行，以满足下阶段茎叶生长的需要，形成足够大小的叶面积，才能为块茎膨大提供充足的光合产物。一般是齐苗前后追施芽、苗肥。现蕾期看苗进行第二次追肥，植株现蕾时株高应为最大高度的 2/3，如达不到此标准或叶色褪淡，下部出现黄叶时应追肥，此次追肥以钾为主，每公顷追施硫酸钾 90kg，再配合适量氮肥。马铃薯的追肥总氮量应控制在纯氮 75kg/hm^2 以内。植株封行或开花后不再进行根际追肥。二季作区马铃薯生育期短，应早追肥促早发，将氮、钾化肥于齐苗期一次施下，才能充分发挥肥效。

4）防治虫害。出苗前后应注意防治地蚕、蛴螬、蝼蛄、金针虫，可用辛硫磷毒饵或颗粒剂防治。苗期应注意防治二十八星瓢虫，发现成虫开始危害就进行第一次喷药，以后每隔 14d 喷 1 次，共 3 次，可用 60%的敌百虫 500～800 倍液。

苗期植株抗旱力强，一般不需要灌溉，土壤含水量保持在田间持水量的 50%～60%即可。

（10）*块茎形成期田间管理* 管理目标以促为主，促地上带地下，要求地上部茎秆粗壮，枝多叶绿，长势茁壮，地下部多结薯。现蕾期进行最后一次中耕，此次深度宜浅，以防损伤匍匐茎，并结合培土，要求各次培土总厚度不超过 10cm，为结薯创造深厚疏松土层。块茎形成期枝叶繁茂，需水量多，遇旱应灌溉以防干旱中止块茎形成，减少块茎数量，此期土壤含水量以保持田间持水量的 60%～75%为宜。此外，还可进行摘花摘蕾，以调节养分的分配，遇有徒长倾向时，可喷 100mg/kg 的矮壮素促植株矮壮多结薯。

块茎增长与淀粉积累期：目标是控徒长，促块茎迅速膨大，延长盛长期，后期防早衰。块茎增长期叶面积达最大值，叶面蒸腾与块茎迅速膨大均需充足水分，此期耗水量约占全生育期的1/2，田间适宜的含水量在决定高产中有重要作用，土壤水分以保持田间持水量的60%～75%为宜。干旱使小薯、屑薯、次生薯增多，降低产量和品质。

（11）收获贮运　当植株到达生理成熟期即可收获。生理成熟的标志是大部分茎叶转黄达到枯萎，块茎停止膨大，易与植株脱离。由于马铃薯只要茎叶不枯，块茎仍继续增重，在达到生理成熟前，收期越早，产量越低。但是，也可根据市场需要或后作用地要求，提前收获。过迟收获，会增加病虫感染的机会。种用块茎应适时早收，减少病毒在块茎中的积累，防止收前土温过高过低的影响，以获得生理上的幼龄健薯。

收获应选晴朗干燥天气进行，收前1～2d先割秧，如植株繁茂郁闭，可在收获前3～4d割秧，以降低土壤湿度，减少病菌对块茎的侵染。收获期间若遇高温烈日，则宜在早上或傍晚挖掘。收获过程要尽量减少机械损伤，并要避免块茎在烈日下暴晒，以防降低种用和食用品质。

二季作和冬作区，马铃薯作为时鲜蔬菜，一般边收获边分级、装箱（袋）销往市场，贮藏时间不长。北方一季作区，收获后往往要贮藏过冬。食用马铃薯适合在窖温 2～4℃下贮藏，低温下积聚的糖分，通过销售期间的较高温度逆转。加工干制品商品薯短期贮藏宜在 10℃贮藏，贮藏较长时，先贮藏在7～8℃，加工前分期分批转入20℃，并配合施用化学药剂抑芽，控制失水量在5%以下。加工淀粉用薯，采用8～12℃贮藏。种薯贮藏温度为2～5℃，临近萌芽生长时露光。低温下贮藏的适宜相对湿度是85%～90%，湿度过大，易引起贮藏病害，过低引起块茎失水皱缩。

除作种薯外的其他用途马铃薯，在收获、运输、贮藏和销售加工过程中，都要避免光线长期照射。因为光照使块茎变绿的同时也使有毒物质糖苷生物碱（俗称龙葵素）增加，使品质变劣。如果块茎糖苷生物碱含量超过20mg/100g FW，人畜食用后可能引起中毒。

2．覆膜滴灌栽培　为提高水分利用效率，近年常采用覆膜滴灌栽培技术。马铃薯覆膜滴灌技术是指把滴水设施铺于地表，农膜覆盖其上，将覆膜种植技术和滴灌技术相结合的一种高效节水灌溉技术。滴灌利用管道系统供水，使灌溉水成滴状、缓慢、均匀、定时、定量地浸润马铃薯根系发育区域，使马铃薯主要根系区的土壤始终保持在最佳含水状态，地膜覆盖则进一步减少了马铃薯棵间水分的蒸发。马铃薯膜下滴灌提高了水资源利用率，同时也利于形成高产，是提高马铃薯种植效益的有效措施。

马铃薯膜下滴灌技术要点如下。

（1）地块选择　选择土层深厚、肥力中上等、保水保肥、排水良好、结构疏松的轻砂壤土，要求达到地面平整土壤细，无前作根茬。

（2）深耕整地　深耕可使土壤疏松、透气，增强好气性微生物活性，促进有机质矿化和养分有效化。经二犁、二耙，使土块细碎均匀，提高保温、蓄水、保肥能力。

（3）膜下滴灌系统的铺设　滴灌带上的滴头流量、间距及滴灌带布设间距是影响滴灌效果的主要因素，要根据土壤质地、马铃薯栽培方式、支管间距等因素合理选取；滴灌系统一般由水源工程、首部枢纽、输水管网、滴头、控制量测装置和保护装置等组成。

（4）播种和覆膜　覆膜滴灌种植马铃薯一般采取人工按株行距播种，人工或机械铺滴灌带、施除草剂、覆膜或采用机械播种、施肥、喷除草剂、铺滴灌带和覆膜一次性完成，马铃薯苗出土时及时破膜放苗，细土封膜，防止水肥蒸发。

（5）田间管理　对于杂草比较多的地块，可在播前喷施化学除草剂除草；播后随时压土护膜护管以防大风揭膜，人为损毁；出苗前后结合中耕及时除去膜间杂草；发现有苗出土时，及时查苗、放苗，护苗出土，防止烧苗；在基肥和种肥不充足的地块，要结合灌水追肥一或两次，磷肥容易引起堵塞，一般作基肥施入，结合滴灌，按马铃薯不同生育时期的需肥量随滴灌施入。

（6）地下害虫防治　地下害虫主要有蝼蛄、蛴螬、金针虫、地老虎等，可采取撒施敌百虫、甲敌粉毒土等办法防治。

（7）适时收获　马铃薯在茎叶淡黄，基部叶片已枯黄脱落，块茎表皮木质化不再膨大时，即可收获上市；收获要在晴天进行，收获前停止灌水和喷施化学药剂。

3．三膜覆盖栽培　为了提高防寒保苗、提早上市，近年山东等中原二作区在地膜覆盖栽培的基础上发展三膜覆盖（大拱棚、小拱棚、地膜）栽培技术。一般于 12 月催芽、播种，翌年 3 月底收获。每亩可产马铃薯 3500～4000kg。比早春地膜覆盖马铃薯提前一个月上市，经济效益显著，其栽培要点如下。

（1）选址建棚规格　以选择土质疏松、水源充足、排灌方便的地块建棚，大拱棚一般长 60m、宽 6m、高 2～2.5m，在大拱棚内建两个高 0.8～1.2m、宽 2.4m 的小拱棚，小拱棚与大拱棚相距 35cm，两小拱棚相距 50cm，使之既作走道又便于管理。

（2）种植规格　在每个小拱棚内以 2.4m 为一个种植带，整地作畦可起四垄栽培。

（3）整地施肥　大棚地一般深翻 20～25cm，整平耙细，并结合整地每公顷施腐熟有机肥 30 000kg，磷酸二铵 300kg，草木灰 3000～4500kg。

（4）品种选择　三膜覆盖马铃薯宜选用休眠期短、结薯早、抗腐烂、耐弱光、抗寒性强的早熟品种。

（5）种薯处理　播种宜选用 50g 左右的小整薯，播后不易腐烂且生长旺盛。也可用大种薯切块播种。一般在播种前 15～20d，将种薯放入 0.01%的赤霉素溶液中浸泡 3～5min，然后捞出晾干放入 15～18℃温床中进行催芽，保持 60%～70%的空气相对湿度，经过 20d 芽长 1～1.5cm 即可栽种。

（6）适期播种　三膜栽培可于 12 月下旬，种薯催芽完毕后，选择晴暖无风天气播种。

（7）播种密度　由于冬春马铃薯三膜覆盖多作早熟栽培，一般每公顷可栽培 60 000 株左右，行株距为 60cm×（18～20）cm。

（8）播种方法　播种时在整平耙细的每个畦内按行距 60cm 开沟，开沟深 3cm 左右，开沟后在沟内浇水，然后按株距 18～20cm 播种，播种后起垄覆土 8cm，然后用地膜覆盖，再盖上小拱棚，就形成了三膜覆盖。

（9）田间管理　主要包括温湿度管理和肥水管理。由于播种时正值寒冷季节，小棚内温度宜保持在白天 18～20℃，夜间 10～15℃，以利出苗。如生长季节遇寒流或大风雪天气，可在小拱棚外盖草苫，以保持棚温。生长期内以保持土壤湿润，发棵期后以保持充足水分，以利茎叶生长，如遇干旱可采取沟灌及时浇水。生长期内如缺肥，可结合浇水进行施肥，一般每公顷施尿素 45kg。由于用地膜覆盖，在幼苗顶土时，要及时划破地膜，以利出苗。在马铃薯现蕾时，要及时摘除花蕾并灌大水，以利块茎膨大。

扩展 18-1

（10）收获　一般在 3 月下旬植株叶片已基本黄化，薯块已完全膨大，可根据市场行情及时采收。

第三节　山　　药

山药（*Dioscoreae rhizoma*）为薯蓣科植物薯蓣（*Dioscorea oppositae* Thunb.）的根茎，有补

肾养胃、生津益肺的功效。作为保健食品，山药已有 2000 多年的历史，东汉《神农本草经》将山药列为上品；清代《植物名实图考》将山药收入蔬菜。山药作为药食两用的植物，其营养价值、药用价值及抗病机理正逐步被发现和证实，并越来越受到广大消费者的青睐，具有十分广阔的市场前景。

一、生物学特性

1. 植物学性状

彩图

图 18-3 山药的不定根

（1）根 山药的根，为不定根系，分布于耕作层 5～30cm，负责吸收土壤中的水分和养分，满足山药生长发育的需要。不定根数量较多，可达几十根，粗且长，有的直径达 0.2cm，长 100cm 以上。除此之外，山药新结的薯块上也会长出不定根。根早期为白色，后逐渐变成深褐色（图 18-3）。

（2）茎 山药的茎有正常茎和变态茎之分，包括地上茎（正常茎）、零余子和地下块茎（变态茎）。

地上茎为正常茎，属草质藤本，蔓生。初生的茎一般为紫色或淡紫色，随着伸长，逐渐变成绿色。有圆棱形和四棱形，多为右旋，少部分左旋。在茎的叶腋间会长腋芽，进而形成侧枝。山药地上茎的主要功能有运输水分、养分、固定及光合作用等。零余子为变态茎，由腋芽分化而成。早期为乳白色，成熟时为褐色，一般为圆形或椭圆形，长短、粗细不一。零余子可以食用，功效同山药块茎，也可用来繁殖，能保持较好的种性，可脱除土传病虫害，达到复壮的目的。但新采收的零余子有较强的休眠特性，休眠期有的长达三个月之久（图 18-4）。另一种变态茎为地下块茎，即山药主要食用部分，富含淀粉、黏液多糖等，可食用，可入药。有圆形、圆柱形、块状等形状，肉色有白色，紫色等，长短、粗细不一，有的长度可达 1m 以上，单个薯鲜重可达十多千克（图 18-5）。

彩图

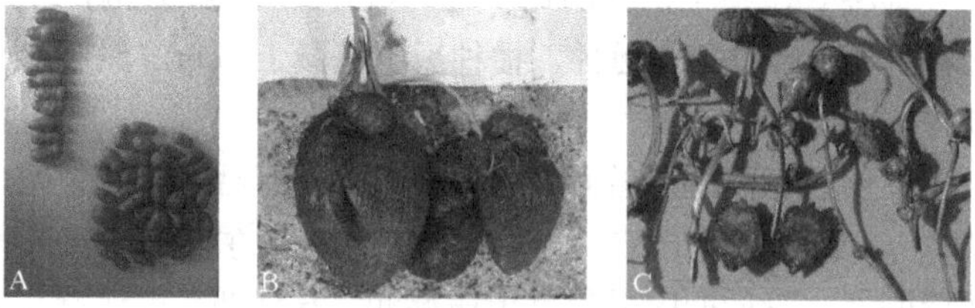

图 18-4 不同品种零余子

A.‘铁棍怀’；B.‘苏蓣 6 号’；C.‘苏蓣 3 号’

彩图

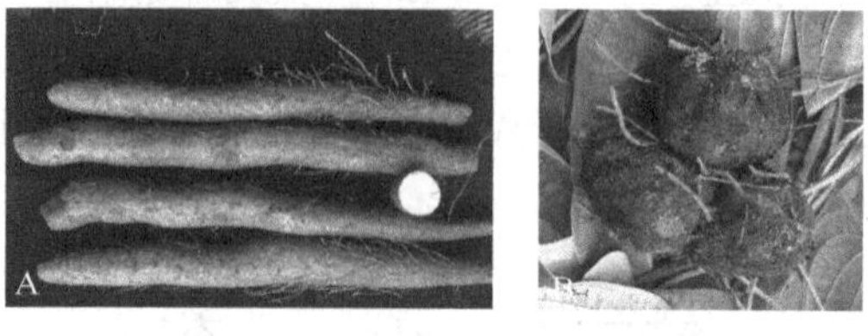

图 18-5 不同类型山药块茎

A. 果肉为白色；B. 果肉为紫色

（3）叶　山药的叶是不完全叶，由叶片和叶柄两部分组成，没有托叶。有心形、三角形、卵圆形、披针形等，基部形状为心形、三角形、戟形等。叶片大小不一，参薯类品种，叶片较宽大，薯蓣类品种，叶片较小。

（4）花、果实、种子　山药为雌雄异株植物。雄株的叶腋向上着生 2～5 个穗状花序，有白绒毛，每个花序有 15～20 朵雄花，无梗，直径 2mm 左右。雌株的叶腋着生 1 或 2 个花序，下垂，花枝较长，一个花序有 10 朵左右小花，无梗，直径 3mm 左右，长约 5mm。山药花期因品种不同差异很大，大多数北方品种（薯蓣）花期在 6～9 月，而参薯等类型品种花期在 11 月至翌年 1 月，甚至很难开花。

山药为短日照作物，只有在短日照的条件下才能开花结实。山药的果实为蒴果，由果皮和种子组成。有三棱状扁圆形、三棱状圆形、三棱状倒心形等。每个果实中含有种子 4～8 粒，圆形，有薄翅，扁平。种子的饱满度很差，空秕粒一般在 70%左右，高的甚至达到 90%。千粒重相差也很悬殊，低的仅为 0.5～0.7g，高的可达十几克（图 18-6）。

彩图

图 18-6　山药雄花（左）、雌花（中）、蒴果（右）

2．生长发育周期　山药生育时期一般可划分为发芽期、苗期、发棵期、块茎膨大期、成熟期、休眠期。

（1）发芽期　播种后顶芽萌芽到出苗前称为发芽期。

（2）苗期　幼芽出土开始至发棵前称为苗期。

（3）发棵期　藤蔓开始甩条，进入茎叶快速生长期，为 40～50d。

（4）块茎膨大期　地上茎叶生长开始减慢，地下块茎开始生长，并迅速增粗、伸长，体积和鲜重明显增加，膨大后期块茎体积、鲜重增长速率明显减缓，进入各物质快速积累、充实期，整个时期持续约 80d。

（5）成熟期　地上部茎叶枯黄、落叶，地下部分块茎成熟，可以采收。

（6）休眠期　成熟的块茎具有休眠特性，进入休眠期，直至来年开春再重新萌发。

3．对环境条件的要求

（1）温度　山药属薯蓣科一年或多年生草本蔓生植物，在无霜条件下可以正常生长发育，霜冻对其影响较大，尽量避开霜期。山药正常生长的温度为 7～35℃。其中，发芽的最适温度为 16～18℃，茎、叶生长的最适温度为 25～28℃，地下块茎生长的最适温度为 20～24℃。山药播种适宜地温为 10～12℃。我国南方一般 3 月下旬可开始播种；北方在 4 月中旬开始播种，最迟 5 月上旬完成播种。

（2）水分　山药比较耐旱，但整个生育期需要保持土壤疏松和一定的水分，干旱时要注意灌水，保持土壤湿润、疏松，通透性好。采收前 10～15d，要停止浇水，保持土壤干燥，便于收获后的块茎保存。

（3）光照　有研究表明，山药喜光，生长需要强光照，在低光照条件下光合能力显著降低。因此，山药搭架时，要尽可能保证山药中、下部叶片的光照强度，有利于提高光合效率，从而提高产量。

（4）土壤　土层深厚、疏松肥沃、有机质含量较高、排水良好的壤土、砂壤土最适宜山药的生长发育，但山药不宜连作，宜与玉米、小麦等禾本科作物轮作。

二、品种类型与栽培季节

（一）品种类型

山药属薯蓣科薯蓣属。薯蓣属有600多种，我国有49种。目前习惯上的叫法及分类较为混乱。韦本辉等认为，应将可食用及栽培利用的薯蓣属植物统称为淮山药（淮山或山药），而江苏范围主要种植的山药主要是薯蓣（*Dioscorea opposita* Thunb.）和参薯（*Dioscorea alata* L.）。

1. 薯蓣　草质藤本，块茎圆柱形，长可达1m多，肉白色或略带淡黄色。常结零余子（图18-7），雌雄异株。江苏及北方产区的品种大多属于该种，如‘铁棍山药’‘水山药’‘大和芋’‘双胞山药’等，这类山药的块茎均为长柱形，外形和口感差异较小。

彩图

图18-7　薯蓣茎（左）、叶（中）和零余子（右）

‘丰县水山药’又名‘菜山药’‘花籽山药’，原为江苏省沛县、丰县地方品种。其含水量极高，一般在85%以上，较脆，主要菜用。块茎长圆柱形，长达1.5m左右，肉白色，商品性好，鲜薯每亩产3000～5000kg（图18-8）。

彩图

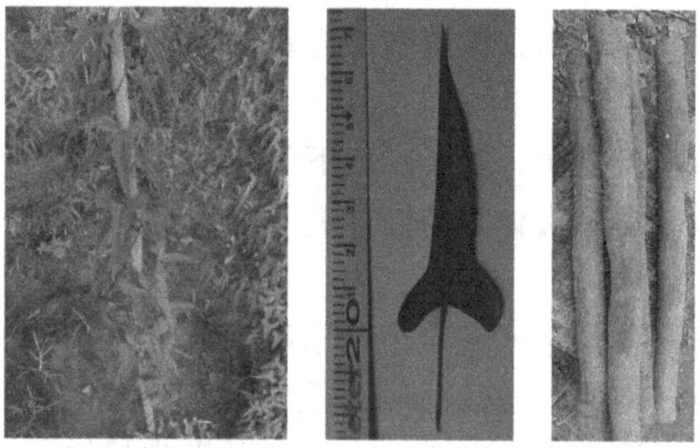

图18-8　‘丰县水山药’茎（左）、叶（中）、块茎（右）

‘海门双胞山药’属短蔓不搭架双胞山药，单株块茎一般2根，俗称“双胞”，双胞率为70%～80%。品质好，鲜薯每亩产量高达3000kg（图18-9）。

2. 参薯　参薯，草质藤本，茎右旋，有4条茎翅。主要分布于我国广东、广西等南方地区，江苏及北方少有种植，此类型山药地上部生长旺盛，块茎产量高，这类山药类型多，外形差异大、肉色差异大、口感差异大，形成多种类型、各具特色的地方品种。近年来，江苏有关单位引进‘块状紫山药’‘紫玉淮山’等南方参薯类山药品种进行品种选育工作。江苏省农业科学院

彩图

图 18-9　‘海门双胞山药’茎叶（左）、块茎（右）

经济作物研究所和江苏徐淮地区徐州农业科学研究所育成的山药新品种“苏蓣”系列，‘苏蓣 1 号’（图 18-10）、‘苏蓣 2 号’、‘苏蓣 3 号’、‘苏蓣 5 号’，均为紫皮紫肉块状山药品种，富含花青素，高产优质，综合性状好，适宜江苏省山药产区露地栽培，适合垄作机械化栽培。‘苏蓣 6 号’（图 18-11）、‘苏蓣 7 号’为白肉块状山药品种，表现高产优质抗病，适宜在江苏省山药产区种植，适合垄作机械化栽培。

彩图

图 18-10　‘苏蓣 1 号’的茎叶（左）和块茎（右）

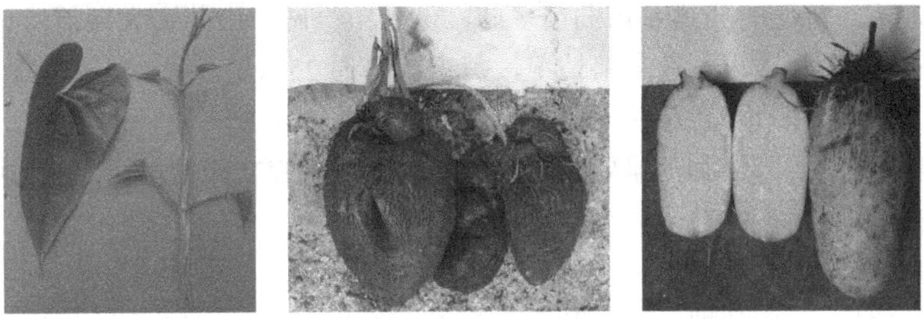

彩图

图 18-11　‘苏蓣 6 号’的茎叶（左）、零余子（中）和块茎（右）

（二）栽培季节

山药一般为春播秋收，生育期较长，为了保证山药种植前深耕培肥、挖沟、松土等作业顺利，山药一般前茬不种植作物，采收后可以安排禾本科作物或大蒜、洋葱等作物种植，减少山药种植连作障碍。

山药不适宜连作，一般前茬不能种植山药、甘薯、马铃薯等薯类作物，不适宜种植根茎类作物，最好是禾本科作物和水生（湿生）作物茬口，同时山药和禾本科作物与水生（湿生）作物有利于缓解山药连作障碍。

三、栽培技术

1. 山药挖沟种植　薯蓣类长山药品种传统的种植方式有很多，如打洞栽培、窖式栽培、粉垄栽培等，其中粉垄栽培利用螺旋形钻头，对山药种植带一定的宽度和深度土壤进行螺旋形粉碎，给山药生长结薯创造理想的土壤生态环境，极大地顺应了山药的生长习性，有利于山药的高产优质，但由于粉垄大型机械目前使用受限，生产上应用最普遍的还是挖沟栽培。之前一直采用人工挖沟，生产效率低，随着农业机械的快速发展，现在已完全实行机械挖沟，采用的自走式多功能挖沟机，可一次性完成挖沟、松土、碎土、培垄等多道工序，大大降低了劳动强度，提高了效率。

（1）整地起垄　于冬前采取耕翻或旋耕方式进行整地，耕深25～30cm，把土壤整细耙平。基肥要施足，每亩施优质腐熟土杂肥3000～5000kg、腐熟饼肥100～150kg、氮肥5～10kg、磷肥10～15kg、钾肥15～20kg。机械挖沟，宽20～25cm，深50～150cm，最后形成宽30～35cm，高15cm左右的垄。

（2）品种选择　适宜此技术的山药品种多为长柱形白山药，如‘丰县水山药’‘海门双胞山药’‘大和芋’等。

（3）种薯处理　选择无虫、无病、无损伤，发芽势旺的山药根茎作种。将薯块切成长4～5cm小段，约100g以上，每小段均须带有山药表皮，切段先在太阳下晾晒2～3d，切面干燥后，用杀线虫、内吸杀菌剂等针对性药剂浸种5～10min，捞出晾干，再用硫酸铜石灰粉裹种处理。最好采取催芽播种，催芽技术为：在日光温室或中小棚内，把切段平放排紧，上覆3cm厚的湿土，然后保湿催芽。塑膜内温度掌控在28～30℃，超过此温度及时放风，至芽眼萌动并突出表皮时即可播种。也可用山药栽子经药剂浸种等处理后直接播种。

（4）适期播种　山药播种时间宜在地温稳定15℃（平均气温18℃）时进行，株距为25～30cm，密度为3000～3500株/亩。

（5）田间管理　如果基肥量不足，可在5月底至6月初适当追肥，发棵期追速效氮肥，每亩施尿素10kg左右，施肥时应挑小苗弱苗多施，健壮苗少施。山药膨大期前后（7月下旬），应施膨大肥促地下块茎膨大。根据苗长势情况，每亩施普通25%复合肥20～40kg。

山药出苗后需搭架引蔓，保证生长时期茎蔓通风透光。架要牢固，避免倒伏。

山药进入膨大期后，若遇到干旱要及时灌溉，遇到雨涝应立即排水，确保土壤湿度适宜，满足山药生长发育的需要。

山药生长期内要采取科学措施，加强病虫草害的防治。

（6）收获与存储　山药地上部茎叶变黄脱落，即可收获。采收时可用铁锨（锹）沿垄一边开挖，开挖第一株时要先将山药前部土壤挖出，再从另一边用铁锨（锹）连土带山药一起挖出，轻轻拨开土块，取出山药放入框内，注意轻拿轻放，避免损坏山药。

为便于贮藏和长途运输，收获时，最好选择晴天上午采收，并将薯块就地晾晒2～3h，薯块表皮干爽后，再进行分级包装、贮运。

（7）种薯保存　选择无病斑、无损伤且光滑的山药块茎，适当晾晒2～3d，以表皮稍裂为宜。晒种要均匀，晒种时种块下铺草，将种块排成一层，尽量避免挤压。切忌将种块放在水泥地上晒种。晾晒后裹上硫酸铜石灰粉后储存。山药块茎贮藏分室内贮藏和就地贮藏。

1）室内贮藏。宜存放在通风透气的地方，需要保持新鲜度的，可以沙埋贮藏。

2）就地贮藏。一般在没有霜冻或冻雨地区的山地或旱地，山药成熟后可以就地贮藏。

（8）病虫害防治　在山药栽培中，要注意防治黑斑病、炭疽病、天蚕蛾、叶蜂等病虫害。防控原则是以预防为主，防治结合，以生物防治为主，化学防治为辅。具体防治方法详见第八章。

2. 块状山药机械化起垄高效种植新技术　块状山药属参薯，可采用更为简便的起垄种植方式。江苏省农业科学院经济作物研究所发明了块状紫山药机械化起垄轻简栽培技术，该技术应用块状紫山药品种，利用其粗短外形，实现了起垄栽培，结合覆黑膜的促早发、优化土壤理化特性、稳定土壤温湿度、控杂草的效应，实现了块状紫山药的轻简栽培，利用机械起垄、覆黑膜、破垄辅助收获等，实现了全程机械化作业，大大节省了劳动强度和降低了劳动力投入，同时还使山药能够在黏性土壤获得高产优质，打破了山药种植区域和土质的限制。

（1）品种选择　可选择适宜此技术的块状山药新品种，如‘苏蓣 1 号’‘苏蓣 2 号’及其他块状山药优良新品系。

（2）田块选择　对土壤条件要求不是很严格，无论砂土、壤土、黏土，土层深浅，地下水位高低都可以种植，但土质肥沃、土层深厚、排灌方便的砂壤土更有利于其生长。

（3）整地施肥　整地施肥同前。开冻即可机械打垄，一般垄距 80～100cm、垄高 20～30cm，最迟播种前 20d 进行。

（4）种薯处理　选择无病斑、无损伤、少须根且光滑的紫山药块茎，分切成 75～100g 小块作种，种薯处理及催芽同前。

（5）精细播种　紫山药下种时间宜在土壤 10cm 地温稳定通过 15℃时（平均气温 18℃时）进行。在预先打好的山药垄顶上开 7～10cm 深小沟，浇透水，将紫山药块茎按株距 30～35cm 平排沟内，覆土盖膜即可。覆土后盖地膜前，可以进行化学除草，每亩用 40%乙草胺或 50%精都尔 100ml，兑水 50kg 均匀喷洒于土表，除草剂要喷匀，以提高防除杂草效果。

扩展 18-2

扩展 18-3

（6）田间管理　紫山药块茎萌生丛苗，及早疏去弱苗，保留 1 或 2 个强健苗，并去除主茎基部的侧枝。其余管理措施同前。

（7）采收贮藏　紫山药正常采收应在枯霜后选择晴天陆续进行。但根据市场的需要，从 9 月即可采收出售，紫山药怕冻，要在霜冻来临之前采收完毕。

紫山药块茎土下较浅，采收时可用铁锨（锹）沿垄一边开挖，开挖第一株时要先将山药前部土壤挖出，再从另一边用铁锨（锹）连土带山药一起挖出，轻轻拨开土块，取出山药放入框内，注意轻拿轻放，避免损坏山药。紫山药采收后要晾晒 2～3d。采收的紫山药如暂时不出售，可以放在室内用细砂或沙土埋藏越冬，但注意不要受冻，温度控制在 15～18℃。

第四节　芋

芋（*Colocasia esculenta* Schott.），也称芋头、芋艿，为天南星科（Araceae）芋属（*Colocasia*）多年生宿根性草本植物，原产亚洲东南部热带地区，我国自古栽培，分布面积很广，因其生长发育需要高温和湿润的环境，故我国南方栽培较多。芋主要食用部分为地下肥大的球茎，它含淀粉量极高，还含有蛋白质和少量的维生素等。芋不但营养丰富，还具有重要的医疗和食疗价值。唐代《新修本草》对芋的医疗功用作了详细记载，“芋味甘、辛、平，治疗多种疾病”，这是目前考证到的最早对芋医疗功用的记载。《抗癌食药本草》（金有景，1989）是我国第一部抗癌本草性专著，其中几处谈及芋的防癌抗癌作用，并收编列举了国内外用芋抗癌治病及民间经验效方 25 例。蒋高松（1998）指出，芋产品的黏滑特征即为非淀粉性多糖，能降低人们罹患直肠癌的机会。除此以外，在工业上它还有许多独特的功能和重要的经济价值，如化妆品中的增白剂等。

随着芋消费群体的扩大和产品、产业链的延伸，芋的消费量也越来越大，市场越来越广阔，产业化、专业化程度也越来越高，已逐步形成生产机械化、栽培标准化、销售专业化、加工产业化的一条龙服务体系。随着我国现代高效农业产业的发展，地方特色优质芋产业作为当地的特色高效农业产业在各优质芋主产区将得到高度重视和发展，地方特色优质芋产业发展前景广阔。

芋可分为魁芋、多子芋、多头芋类型，目前多头芋品种数量极少，魁芋主要分布于中国南方，数量不多，而多子芋分布范围最广，品种类型最多，以下阐述主要以多子芋为例。

一、芋的生物学特性

1. 植物学性状

（1）根　芋根属于须根系，根细长，分布在浅土层。芋根系分为种根和苗根两类。芋种根是种芋发芽后在种芋和顶芽的基部发出的根系，根细色深，寿命较短。苗根随着植株生长，在新长成的母芋、子芋及孙芋上发生的根系，根粗色白，寿命长，是芋的主要根系，主要分布在25cm的土层内。芋根的吸收能力较弱，对土壤条件要求较高，最适宜砂壤土中生长（图18-12）。

彩图

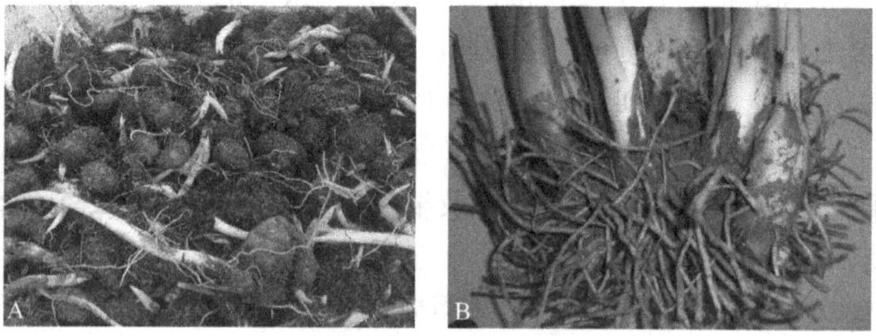

图18-12　芋的两类根系

A. 为种根；B. 苗根

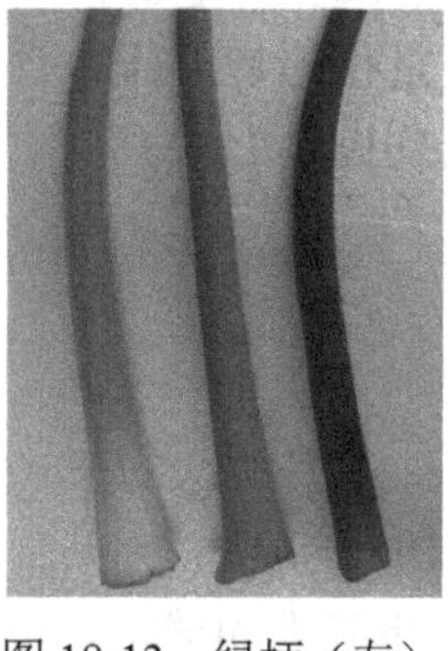

彩图

图18-13　绿柄（左）、乌绿柄（中）和紫柄（右）

（2）叶　芋的叶包括叶片和叶柄。芋的叶柄是连接叶片和基部球茎的器官，直立开展，下部膨大成鞘，抱茎，中部有槽，叶柄长度因品种和出生时间不同而异，一般为40～180cm。芋的叶柄有绿柄、乌绿柄和紫柄三种类型，据研究，芋叶柄颜色与芋球茎口感品质有一定的关系，一般乌绿柄芋肉质粉糯硬，口感较好，而绿柄芋肉质松软，口感较差，紫柄芋品质介于绿柄和乌绿柄品种之间（图18-13）。

芋的叶片互生，叶片较大，一般长25～90cm，盾形，也有卵圆形或箭形。叶表面有一层白色蜡膜，使水形成水珠，不会沾湿叶面（图18-14）。

芋的叶片从发生到衰老退化的发育过程主要分为3个时期，即成长期、功能期、衰退期。叶片成长期为幼嫩叶片抽出到叶片展开，此时叶片光合能力尚弱，需要输入同化物保证叶片生长。叶片功能期为芋叶片平展到叶片开始褪绿变黄、枯萎退化的时期，叶片功能期是叶片进行光合作用的主要时期。叶片衰退期是叶色由绿变黄到完全枯萎退化的时期，这一时期叶片光合同化功能逐渐减弱，最终枯萎。

图 18-14 芋的叶片形状
A. 箭形；B. 盾形；C. 心形

芋一生中发生的叶片数与品种和外界条件变化有关，叶片数多的品种，总叶片数可达 20 多张，总叶片数少的品种，则为 10～12 张。芋分株上（子孙芋）也有出生叶片，这些叶片生长到一定时期，钻出土面，称为“边荷”。

（3）茎蘖　芋的茎全部埋在地下，我们看到的所谓茎，实际上是由叶鞘包裹着的假茎，而这种叶鞘实际上是叶柄的基部。芋的茎，分为短缩茎和球茎两种。短缩茎是种芋发芽之后形成新的芋茎，新植株的基部称为短缩茎。短缩茎进一步发育，先形成的是母芋，母芋进一步发育，形成一圈圈节环，每一个节环上有一个腋芽，腋芽进一步发育，形成小球茎，小球茎发育就形成了子芋。

芋芽一般分为白色、粉红或淡红色，叶柄为绿色或紫色时，芽为白色；叶柄为乌绿色时，芽为淡红色。球茎的大小及品质与芋的品种直接相关。魁芋类型的品种，其母芋特别肥大，品质也好，收获的产品主要是母芋，子芋很小。多子芋在形成母芋的同时，能形成较多的子芋、孙芋，子芋、孙芋产量和质量均超过母芋，繁殖时母芋、子芋、孙芋均能用作种芋。

（4）花　芋部分品种的植株，在特定气候条件诱导下，也能开花。花为两性花，萼片数多为 4 枚，花瓣多数为椭圆形。花为白色、粉红色，芋花为佛焰花序，长 6～35cm，自花授粉，一般不结籽。

芋的多数品种在自然状况下很少开花，但在江苏沿江地区，栽培条件比较好的高产田、丰产片中，大多数年份的部分植株上出现开花现象。但开花并不能结实，在自然状态下，更不能利用花器官进行杂交育种。

（5）母芋　母芋由植株基部的短缩茎发育形成。短缩茎基部最初几节上的叶大多退化，留下轮环状的鳞片和鳞片毛，以后球茎每伸长一节就长出一片新叶，新叶衰败干枯之后，在球茎上就有一轮鳞片和鳞片毛。结芋前期，叶片生长迅速，并且叶柄最粗、最长，叶片较大，且每生长一片叶，球茎上就留有一节轮环，母芋随着叶片的不断增多而逐渐膨大，母芋的节环大多在 18 个以上。母芋的品质和质量在品种间差异很大，如魁芋类型的母芋，单个重高达 2～3kg，积累的淀粉等营养物质多，是食用的主要部位；多子芋的母芋一般单个重 200～300g，积累的营养物质少，一般不作为食用部位。

（6）子芋、孙芋　母芋的每一个节环有一个腋芽，在母芋中下部的节环上较大的腋芽形成小球茎，这个小球茎生长发育后就成了子芋，母芋每个节环只能生出一个子芋。子芋和母芋生长一样，顶芽生叶，在茎节上发根。子芋有自己的根系，在适宜条件下，子芋球茎中的上部节位上也能萌发形成新的小球茎，这种在子芋上形成的球茎就称为孙芋。在适宜条件下，孙芋建立了自己的根系，同样可以形成曾孙芋。

2. 生长发育周期　根据芋植株地上部和地下部生长发育特点可将生育期分为萌芽期、幼苗期、发棵期、结芋期及成熟期共 5 个时期。

（1）萌芽期　芋播种后，当外界温度上升到 15℃左右时，其顶芽开始萌动，顶芽萌发出土，此为萌芽期。萌芽主要利用种芋本身贮存的养分。

（2）幼苗期　从顶芽出土到具有 4 或 5 片叶时为幼苗期，一般在 30d 左右。幼苗期植株生长较慢，吸收土壤水分、养分不多，前期主要依靠种芋本身贮存的养分，以后逐渐从土壤中吸收，同时叶片开始合成同化养分，满足植株生长发育需要。

（3）发棵期　此时期地上部茎叶进入快速生长期，植株出叶速度为 7～10d 出一片新叶。底部短缩茎开始逐渐膨大，形成新的母芋，此时期一般持续 30d 左右，叶龄 7 或 8 叶。

（4）结芋期　从新母芋上的腋芽开始萌生子芋，到母芋和子芋充分膨大、充实，为结芋期，一般持续 80～90d。前期地上部仍持续抽生新叶，进入生长盛期，地下部球茎也开始不断膨大。后期新叶不再抽生，老叶逐渐枯黄，母芋和子芋全部形成和充实。初期为营养生长的主要阶段，要求水肥供应充足，防止高温干旱。还要及时铲除边荷，避免养分消耗，不利于地下球茎膨大。同时结合施膨大肥进行壅土，促进子芋膨大和再分蘖。到了后期要逐渐减少水肥供应，以促进球茎老熟，防止后期徒长。

（5）成熟期　植株地上部叶片开始枯黄，脱落，地下球茎完全充实，成熟，即可收获。

3. 对环境条件的要求

（1）温度　芋喜欢高温多湿的环境条件，不耐低温和霜冻，不同生育期，芋对温度的要求也有差异。一般当年温度上升到 13～15℃时球茎开始发芽，生长期间要求 20℃以上的温度，其生长最适温度一般为 25～30℃，即使气温高达 35℃，只要肥水供应得当，土温保持在 35℃以下，植株仍能正常发育。结芋期，要求温度适当降低，以 20～26℃为宜，有利于球茎发生和膨大，温度过高不利芋结球和膨大。

（2）水分　芋起源于沼泽地带，对土壤湿度要求非常严格。芋喜欢湿润的自然环境条件，尤其生长中后期必须在湿润的土壤环境里才能正常生长发育。芋萌芽期需水较少，若用地膜覆盖，提前 3～5d 将畦面盖上地膜，播种时浇少量水即可。露地栽培，待底水下渗后 3～5d，地面见干见湿播种，再覆细土覆盖。芋发棵结芋期生长较快，此时不能缺水。前期要求湿润，以后逐渐加大浇水量，一般在行沟里进行灌水，保持沟底有水。到了 7～8 月基本上经常保持土壤潮湿，每隔 5～7d 灌水一次，灌水时间应在早上或傍晚，既可以满足芋生长所需水分，也是炎热夏季降低地温的较好方法。芋收获前 10～15d，要保持土壤干燥。窑藏或室内贮藏的芋种贮前晒 3～5d，表皮干燥即可。

（3）光照　芋耐弱光，对光照强度要求不是很严格，但光的强度和光照时间长短，对芋的生长发育仍有很大影响。光照时间长有利于地上部的生长，光照时间短能促进球茎的膨大，在营养生长的前期，要求有较长的光照及较高的温度，以促进叶面积的增加，然后再转入较短的日照环境，促进球茎的形成。

（4）土壤　芋生长发育对土壤质地要求不是很严格，而芋高产优质宜选择地势平坦、保水保肥能力强、排灌方便、土层深厚、耕作层在 20～30cm、疏松肥沃富含有机质的壤土或砂壤土，并且含水量较高，生产出的芋表面光滑，产量高，商品性好。芋不耐连作，需要合理轮作。

二、品种类型与栽培季节

芋品种按母子芋特性可分为魁芋、多子芋、多头芋 3 类。魁芋以‘广西荔浦芋’‘福建槟榔芋’‘兴化龙香芋’最为有名。多子芋类型品种最多，最为普遍，在长期种植过程中，全国各地芋农经不断引进和筛选，形成了各具特色的多子芋地方农家品种。江苏省多子芋品种就有 10 种之多，其中有 7 个地方品种获“国家地理标志保护”农产品称号，如干香、粉糯、爽滑的‘靖江香沙芋’，微露红皮、口味香甜的‘金坛红香芋’，香气四溢、满堂芬芳的‘如皋香堂芋’等。

江苏省农业科学院经济作物研究所及处于芋主产区的扬州市农业科学院、泰州市农业科学院等单位，很重视芋新品种选育工作，育成了一批芋的新品种，如‘苏芋 1 号’等‘苏芋’系列芋、‘泰芋’系列、‘扬芋’系列等，丰富了芋品种。

芋生育期较长，为了保证芋田间深耕培肥和整地作畦作业方便，芋前茬一般不种植开春后在田作物，最好是秋收后的空茬田种植。

芋种植田不宜选择前茬种植过薯蓣类作物、根茎类作物的田块，也不适宜选用前茬种植过茄果类和瓜类蔬菜、大豆等双子叶旱作物的田块。最好选择前茬种植禾本科作物、水生（湿生）作物的田块。

芋的枯萎茎叶和根系对后茬有一定的自毒作用，因此芋重茬种植后存在严重的连作障碍，芋种植应避免重茬种植，尤其不能连作 2 年以上。

芋是耐阴作物，可以与茎秆高度差异较大的作物进行间套作，以提高芋种植田综合效益。

三、栽培技术

1. 多子芋露地栽培

（1）品种选择　各地对芋品种的研究及品种供应体系远不能满足芋产业发展的需求，目前主要是根据芋的外形选择种芋，因此应在收获时就将这些具有典型外观特征的植株和典型外形的芋挑选出来作为来年的种芋。各主产区应建立当地优质芋地方品种的提纯复壮制度和种芋繁殖体系，最好能实行定期脱毒更新制度，确保各地区特色芋产业的产品特色。

（2）播前准备　冬前深耕晒垡，耕深 30cm 左右，在播前 10 天施肥作畦起垄，畦高 10cm 左右，畦面宽 80cm 左右，沟宽 45cm 左右。芋是肉质须根，幼苗期施肥容易烧伤，因此必须施足底肥。底肥以有机肥为主，每亩施充分腐熟的优质农家肥 1500kg 左右，腐熟饼肥 150kg 左右，视土壤肥力另加三元复合肥 30kg，不可使用氯化钾等含氯离子的复合肥。

选用发育完全、充实饱满、单个重 30g 以上、无病斑、无破损的子芋作种芋。种芋播种前晾晒 2d，用 25%嘧菌酯悬浮液 800 倍液＋甲基托布津 500 倍液浸种后，晾干水分即可播种。

（3）精细播种　芋长根的最低温度为 8℃左右，萌芽出苗的最低温度为 10～12℃，而以 15～18℃为宜。目前长江下游地区露地栽培香沙芋的播种适期一般在 3 月中下旬，播种后 40～50d 正常出苗；地膜覆盖栽培的适宜播期一般在 2 月下旬至 3 月上旬；小拱棚育苗移栽＋地膜覆盖栽培播种适期一般在 2 月上中旬。

播种深度以 10cm 左右为宜。播种密度一般根据品种特性、土地肥力等生产条件而定，多子芋一般采用大小行种植，大行行距为 80cm 左右，小行行距为 40cm 左右，穴距 30～33cm，种植密度为 3300～3700 穴/亩。地力好的田块密度宜低些，地力差的田块密度高些。

（4）田间管理

1）幼苗期管理。芋幼苗期主要是地下部的根系和地上部的茎叶器官的发生和建成，一般不需要施肥，土壤保持湿润，可进行多次松土除草。

2）发棵期管理。可追施发棵肥，根据苗势每亩施硫酸钾复合肥 15～20kg，施肥后及时进行浅培土。遇到特殊高温干旱天气，可灌水，以窨灌为主，防止大水漫灌，灌后注意及时松土，提高土壤的通透性。

3）结芋期管理。此期营养生长中心由地上部为主逐渐转移至地下部为主，是产量和品质形成的关键时期。地上部进入生长盛期，需大量水肥满足生长所需；地下部分蘖结芋需要积累许多物质。一般在7月上中旬，结合培土壅根施肥，每亩可施菜籽饼肥200kg，加硫酸钾复合肥30～40kg。水分需求量也特别大，一般在6月下旬以后应视天气每隔5～7d灌溉窨水1次，以保持芋生长有充足的水分。灌溉窨水最好选择上午8:00之前和下午4:00以后进行，7～8月高温季节尤其要注意，切不可在中午高温期间灌水，灌水量应达到垄高的一半左右。

此时期会产生大量边荷，即由子芋顶芽萌发形成的分蘖叶，可消耗大量的养分，要及时去除，以提高芋产量，改善芋品质。芋膨大需要疏松土层覆盖，如不培土，产量就大为降低，露出地面的子芋变为“青头郎”，品质差。经培土后，地下部分的球茎能继续正常发根，有利于养分和水分的正常吸收，促进子芋膨大和再分蘖。结芋期培土要在芋膨大前，可结合追施结芋膨大肥进行，将泥土和肥料覆盖于植株茎部。培土要四周均匀，使芋形端正，厚度一般为10～15cm。

（5）收获与储存　芋最佳收获期是在下霜之前叶片变黄衰败、球茎成熟时期。延迟收获对芋的产量和品质都比较好，但由于长江下游地区霜冻的影响，芋容易受冻害，因此必须在初霜前收获。芋收获前要保持土壤稍干，有利于种芋贮藏。

为防止病菌感染引起烂种，可在种芋采收后，用25%多菌灵可湿性粉剂400倍液，均匀喷雾在球茎表面，并将球茎上下翻动一次，以杀死附着于球茎外表的病菌，随即再进行逐个分开，摊晒到表面充分干燥，中途也要翻动一次，以免局部水湿不干，球茎干燥后进行贮藏。

种芋田也可在去杂劣株后，采用原地覆盖保存的方法进行种芋保存，到翌年2月中旬再采收，经选种、晾晒等处理后，作为种芋使用。

（6）原地覆盖保存　将成熟的芋在芋田泥里贮存比收获后贮存效果更好，不易失水腐烂，且产品新鲜度高，淀粉酶的活性低，呼吸强度弱，营养消耗少，同时还可延长芋上市的货架期。

长江下游地区芋原地覆盖越冬保存的操作方法为：将田间芋荷割除、清理干净，在芋田间覆盖10cm左右的干草，再覆盖一层废旧薄膜或地膜，用土块将薄膜压实，防止大风揭膜，保持干草干燥。应用原地覆盖保存技术，可以保证芋安全越冬，要在翌年2月中旬芋发芽前将芋收获，否则芋发芽就会影响商品品质。

（7）配套机械　根据芋高产优质栽培技术的农艺要求，引进了多功能起垄机、中耕培土机械、块茎类收获机械，其机械作业环节为：先起垄覆黑膜后人工播种，6月上中旬进行浅中耕，7月上中旬进行深培土，11月上旬采用收获机械进行收获。实现了芋传统种植各主要环节的机械化作业，促进芋规模化种植的发展。芋机械化生产具有省工、省力、增产增效等优点。

2．大棚高效种植技术　‘香沙芋’是泰州市传统地方农家土特产。‘香沙芋’大棚种植，可以达到促早和延迟栽培的目的，是满足中秋节和春节‘香沙芋’供应的有效技术。

‘香沙芋’大棚高效种植田应进行培肥，秋季（10～11月）大棚内每亩施优质有机肥（牛羊粪或脱水猪粪）4000kg，深翻细耙捣碎，田间土壤应达到细、碎、平。

‘香沙芋’大棚种植采用起垄覆黑膜栽培方式，机械辅助作业，达到省工节本的目的。

（1）适宜密度　跨度6m宽的大棚，一般种植10行‘香沙芋’，大小行种植，一般大行距80cm，小行距40cm，株距30～35cm，种植密度为3200株/亩左右。其他跨度的大棚要根据大棚实际宽度设计田间大小行距。

扩展18-4

（2）足施种肥　基肥不足或土壤肥力不足的田块需要在播种时施种肥，每亩施腐熟有机肥1000kg＋过磷酸钙15kg＋硫酸镁2kg，对于缺硼缺锌的田块要加施硼砂1kg、硫酸锌 1kg 等硼肥和锌肥。

（3）播种要求、施肥等日常管理　　5 月上中旬及时揭除大棚两边薄膜，防止芋田缺水和高温影响。准备留作冬季收获的延后栽培‘香沙芋’田块，应于 10 月装好边膜，加强管理，延长结芋时间。

扩展 18-5

扩展 18-6

‘香沙芋’大棚种植一般在 9 月上旬即可开始采收，生产户可根据市场行情，逐步采收上市。采收时单株产量高的先采收，弱株延迟采收，确保大田最佳经济效益。留作冬季收获的延后栽培‘香沙芋’田块，应在 12 月初对‘香沙芋’小行进行培土，培土厚度应在 10cm 以上，或覆盖 10cm 厚稻草等秸秆，防止冬季严寒时期发生冻害。

第五节　姜

姜（*Zingiber officinale* Rosc.）又称为生姜，是姜科姜属多年生宿根草本植物，多作为一年生作物栽培，是中国重要特色蔬菜之一。

姜原产于印度—马来亚热带雨林地区，现广泛分布于世界热带、亚热带及温带地区。姜在中国栽培历史悠久，其记载最早见于《论语》，孔子有“不撤姜食”之句；秦朝《吕氏春秋》载有“和之美者，蜀郡杨朴之姜”；西汉司马迁所著《史记》称“千畦姜韭，此其人与千户侯等”；后魏贾思勰编的《齐民要术》里有“姜宜白沙地……”的记载；元朝《王祯农书》中也详细描述了姜栽培、贮藏的方法及用途。由此可见，姜在中国古代就已成为重要的经济作物。

姜供食用的器官为其根（状）茎，内含多种营养成分，除含有碳水化合物、蛋白质、多种维生素及矿物质外，还含有姜辣素及挥发油等，因而具有特殊的香辣味，是世界人民普遍采用的香辛调味蔬菜，有“菜中之祖”的称号。姜除直接作调味品外，还可加工制成姜片、姜粉、姜酒、姜油等，也可盐渍、糖渍、酱渍，制成多种食品。不仅如此，姜还是良好的中药材，可抑制肠内异常发酵，促进气体排泄，增强血液循环，具有温暖、发汗、止呃、解毒等作用，可作健胃、镇吐、去寒、防暑、发汗剂（国家药典委员会，2015）。

姜在中国栽培早、分布广，目前已形成许多名产区，如山东莱芜、安丘、昌邑，四川成都、乐山，安徽铜陵、凤阳，云南罗平等。现除东北、西北等高寒地区外，其余地区均有种植。但从全国范围看，以长江以南分布较为广泛，尤以四川、广西、云南、安徽、福建、湖南等为多，长江以北则以山东、河北、河南、陕西等地栽培较多。从世界范围看，姜多分布于亚洲，而尤以中国、印度、马来西亚、泰国为多。

一、生物学特性

1. 植物学性状　　姜为多年生宿根草本植物，现作为一年生蔬菜栽培。其植株分为根、根茎、地上茎、叶、花等若干器官，形态如图 18-15 所示。

（1）根　　姜属浅根性作物，根系不发达，根数少且短，纵向分布主要在 30cm 土壤内，横向扩展半径为 30cm 左右。姜根系生长极慢，一般在催芽后可见根的突起，幼苗期根量极少，立秋前后进入发棵期生长加快，至 9 月中

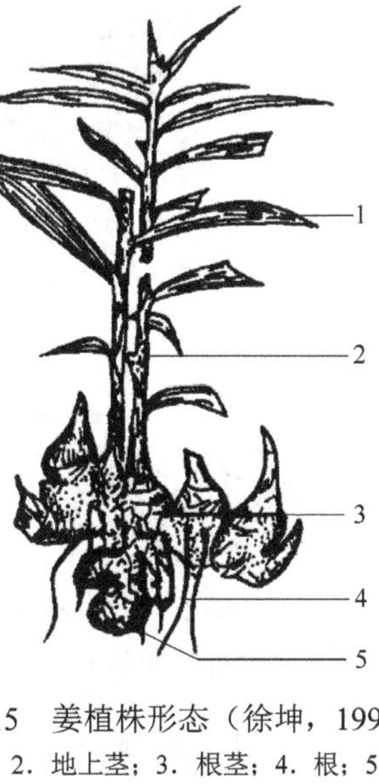

图 18-15　姜植株形态（徐坤，1999a）
1. 叶片；2. 地上茎；3. 根茎；4. 根；5. 种姜

旬后根量增加缓慢。

姜根分纤细的吸收根（须根）和粗短的肉质根。吸收根自种芽基部发生，后因芽下部膨大形成姜母，因而吸收根多分布于姜母上。吸收根可在缓慢的伸长过程中发生分叉，形成须根系，在姜整个生育期中起吸收水分和养分的功能。肉质根粗而短，一般直径可达 0.5cm、长 10～15cm，多在幼苗末期及发棵期发生，其发生位置多在姜母和子姜之上。因其短又不分叉故根毛极少，吸收能力差，主要起固定作用。

（2）茎　姜的茎分为地上茎和地下茎两部分。地上茎直立、绿色，为叶鞘所包被，高 60～120cm。茎端完全由嫩叶及叶鞘构成，因而地上真茎仅达茎高的 1/3～1/2。地上茎的发生顺序性强，种姜发芽后所形成的第一支苗称为主茎（或主枝），其下部膨大即形成姜母。姜母上发生侧芽长出地面形成一级分枝，一级分枝下部膨大形成子姜，依次形成二次分枝、三次分枝。姜侧枝发生往往对称生长。

姜的地下茎为根状茎，简称根茎，为食用器官，由若干个地上茎基部膨大而形成的“姜指”构成。主茎的姜指称姜母，一级分枝的姜指为子姜，二级分枝的姜指为孙姜……各次姜指在整个根茎中的比例因生长期长短和品种不同而异，一般南方生长期长，可形成第四、五级姜指；但北方因生长期短，第四级姜指也未能充分发育，故构成产量的主体是第二、三次姜指。

（3）叶　姜叶片为披针形，绿色，具平行叶脉，互生，1/2 叶序。壮龄功能叶片一般长 18～30cm，宽 2～3cm，叶片中脉较粗，叶片下部具不闭合的叶鞘，叶鞘绿色，狭长而抱茎，具支持和保护作用，叶鞘与叶片相连处，有一膜状突出物称为叶舌，叶舌内侧即出叶孔，新生叶片即从出叶孔中抽生出来。在栽培上，若供水不匀，新生叶片往往在出叶孔处扭曲畸形，不能正常展开，称为“挽辫子”。

（4）花　姜花为穗状花序，橙黄色或紫红色，花茎直立，从根茎上长出，高约 30cm。单个花下部有绿色苞片迭生，层层包被。苞片卵形，先端具硬尖。但姜在生产中罕见开花。

2．生长发育周期　姜为无性繁殖的蔬菜作物，它的整个生长过程基本上是营养生长的过程。在姜生长的全过程中，其植株总重量及茎、叶重量的变化都呈“S”形，而根茎则呈指数曲线。姜的生长虽有明显的阶段性，但划分并不严格，现多根据其生长形态及生长季节将其划分为发芽期、幼苗期、发棵期、根茎膨大期及根茎休眠期 5 个时期（图 18-16）。由于中国各姜区所处地理位置不同，无霜期相差较大，姜生长期的长短，也有较大差异。

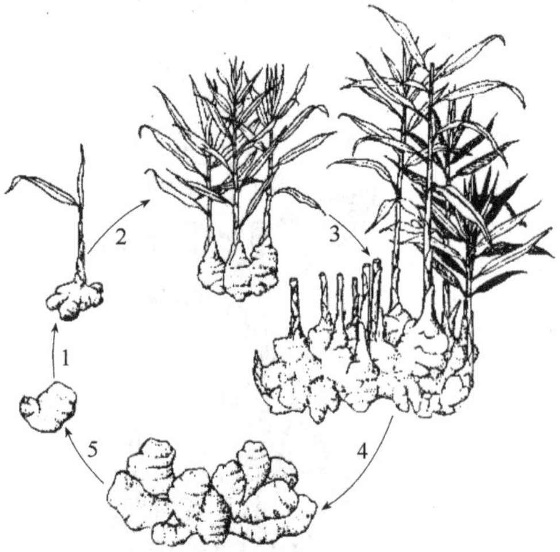

图 18-16　姜生育周期示意图
（赵德婉和章淑兰，1981）
1．发芽期；2．幼苗期；3．发棵期；4．根茎膨大期；5．根茎休眠期

（1）*发芽期*　种姜幼芽萌动，至第一片姜叶展开为发芽期。姜发芽极慢，一般条件下，自催芽至第一片叶展开约 50d。此期主要靠种姜贮藏的养分分解供幼芽生长之需。幼芽的萌发可分为萌动、破皮、鳞片发生和成苗 4 个阶段。此期时间虽长，生长量却极小，但对以后整个植株器官发生、生长及产量形成有重要影响。因而播种时需精选姜种，科学催芽。

（2）幼苗期　由展叶至具有两个较大的一级分枝，亦即“三股杈”时，为幼苗期结束的形态标志。其持续时间约 70d。这一时期由完全依靠母体养分供应幼苗生长转到新株可吸收和制造养分进行自养。此期有 80%以上的干物质用于茎叶生长，所形成的一级分枝是以后制造养分，形成产量的重要器官。

（3）发棵期　从“三股杈”至地上茎叶基本稳定，30～50d，此期仍以地上茎叶及根系的生长为主，表现为地上茎分枝大量发生，叶数迅速增加，叶面积急剧扩大，迅速形成较大的同化系统，叶面积指数可达 10 左右，同时姜指数随分枝的增多而增加，但膨大量较小。

（4）根茎膨大期　地上茎叶基本稳定至收获，50～80d，此期地上茎叶生长减缓，制造的养分大多向地下根茎输送，到收获时，根茎的干物质分配量占总干物质的 50%以上。因此这一时期应加强肥水管理，促其维持较大同化系统，提高光合能力，防止后期早衰，延长生长天数，以最大限度地提高产量。

（5）根茎休眠期　收获后入窖贮存，保持休眠状态的时期。此期常因窖中贮存条件的不同而异，短者几十天，长者几年。

姜不耐霜，不耐寒，一般在霜降之前便收获贮藏，使其保持休眠状态。贮藏期间的环境条件对贮藏时间长短影响极大。一般要求保持 11～13℃的温度、近乎饱和（>96%）的空气相对湿度。

3．对环境条件的要求

（1）温度　姜属喜温性作物，不耐寒冷。姜在 16℃以上即可萌芽，但速度极慢，幼芽生长以 25℃左右最为适宜，高温条件下，发芽很快但幼芽瘦长。茎叶生长以保持昼夜温度 25～32℃/20～26℃较为适宜，而根茎膨大因需要积累大量养分，要求白天和夜间保持一定的昼夜温差为好，一般 22～28℃/16～20℃较为适宜。当气温降至 15℃以下时，姜苗便停止生长，开始枯黄。

（2）光照　姜为喜光耐阴植物，但不同生长期对光强要求不同。幼苗期如在高温及强光照射下，常表现植株矮小，生长不旺，叶片叶绿素减少，光合作用下降，因此生姜苗期应适当遮光。据徐坤（1997）测定，在温度水分适宜条件下，姜单叶的饱和光强可达 1000μmol/（$m^2 \cdot s$）以上，而对于旺盛生长期的生姜群体来说，为了使姜冠层的中下部叶片也能得到较好的光照，还是以保持较强自然光照为好。

姜属于短日照植物，较短的日照可诱导花器的形成。关于光周期对姜生长的影响，据李曙轩（1964）研究认为，以自然光照条件下的地上茎叶生长较好，根茎较重，长日照及短日照均不利于姜的生长。这说明姜根茎的形成，对日照长短的要求不严格。

（3）水分　姜为浅根性作物，难以充分利用土壤深层的水分，因而不耐干旱，其生长的适宜土壤相对湿度为 70%～80%。若幼苗期缺水，姜苗生长就会受到严重抑制，造成植株矮小而生长不旺，后期难以弥补。姜旺盛生长期，生长速度加快，生长量大，需要较多的水分，尤其在根茎迅速膨大时期，应根据需要及时供水，以促进根茎迅速生长。此期如缺水干旱，不仅产量降低，而且品质变劣。

（4）土壤　姜对土壤质地的适应性较广，无论在砂土、壤土还是黏土上，都能正常生长，但仍以土层深厚、土质疏松、有机质丰富、通气而排水良好的土壤，栽培姜最为适宜。

姜喜微酸性土壤，土壤的酸碱度对姜的生长有显著的影响。章淑兰等（1986）试验表明，在 pH 5～7 时，植株都生长较好，当 pH 在 8 以上或 5 以下时，姜植株矮小，叶片发黄，长势不旺，根茎发育不良。徐坤等（2019）进一步研究表明，生姜适应的最高土壤 pH 为 7.7，而含盐量超过

0.2%即影响姜的生长。因此，栽培姜应注意土壤选择，盐碱涝洼地不宜种姜。

（5）矿质营养　姜在生长过程中，对矿质元素的吸收动态，与植株鲜重的增长动态相一致。幼苗期，植株生长缓慢，生长量小，对矿质营养的吸收量也少。旺盛生长期，生长速度加快，其吸肥量也迅速增加（图 18-17）。每生产 1000kg 鲜姜，约吸收氮（N）4.67kg、磷（P_2O_5）1.9kg、钾（K_2O）7.25kg、钙（CaO）1.82kg、镁（MgO）2.27kg。

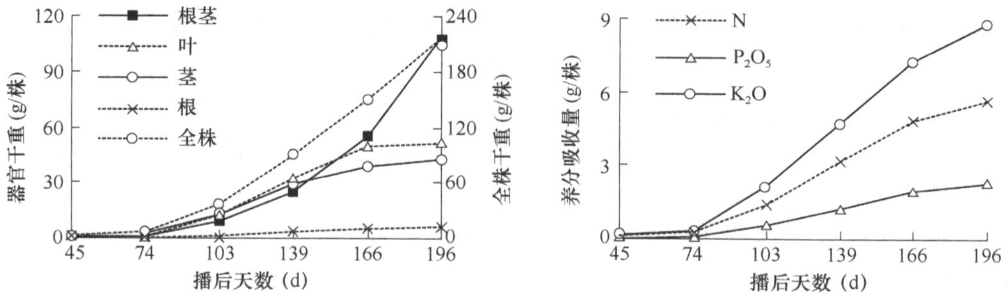

图 18-17　姜植株生长（左）及其对氮磷钾的吸收动态（右）（王馨笙等，2010）

二、品种类型与栽培季节

1．按植株形态和生长习性划分

（1）疏苗型（大姜类型）　植株生长势较强，茎秆粗壮，分枝较少，叶色深绿，根茎肥大，根茎姜指节少而较稀，代表品种有‘山东莱芜大姜’‘广东疏轮大肉姜’‘山农大姜 1 号’等。

（2）密苗型（小姜类型）　植株长势中等，分枝较多，叶色绿，根茎姜指细瘦、节多而密。代表品种有‘山东莱芜小姜’‘四川小黄姜’‘广东密轮细肉姜’等。

扩展 18-7

2．品种　姜为无性繁殖，育种较为困难，人工选育的品种较少，各地多以种植当地地方品种为主。中国地方品种很多，多以其形态特征而取名，如‘云南玉溪黄姜’‘陕西汉中黄姜’‘贵州遵义白姜’等。

3．栽培季节　姜为喜温暖、不耐寒、不耐霜的作物，因而要将姜的整个生长期安排在温暖无霜的季节。确定姜生长期的基本原则是早春断霜后，5cm 地温稳定在 15℃以上时播种，初霜到来前收获。一般要求适于姜生长的天数至少达 150d，才可获得较高的产量，因而中国东北、西北高寒地区无霜期过短，露地条件下不适于种植姜。

中国地域辽阔，各姜产区的气候条件相差很大，因而播期也有较大的变化。例如，广东、广西等地冬季无霜，全年气候温暖，播期不甚严格，1～4 月均可播种；长江流域各地露地栽培一般于清明至谷雨播种；而华北一带多在谷雨前后播种。

姜应适时播种，不可过早或过晚。若播种过早，地温低，播种后种姜迟迟不能出苗，极易导致烂种或死苗；播种过晚，则出苗迟，从而缩短了生长期，造成减产。目前采用保护设施提早播种或延迟收获，从而延长姜生长期，收到显著增产效果（表 18-1），但必须保证小环境的条件适于姜的生长。一般华北地区若采用地膜覆盖可较露地提早 30d 播种。可见，在适宜的播种季节内，播种越早，产量越高。

表 18-1 生长期对姜产量的影响（徐坤和康立美，1999b）

栽培方式	播种期	收获期	产量（kg/hm²）	增产（kg/hm²）	增产率（%）
露地栽培	5 月 1 日	10 月 18 日	44 940	—	—
地膜覆盖	4 月 15 日	10 月 18 日	47 985	3 045	6.78
	4 月 1 日	10 月 18 日	56 910	11 970	26.64
大棚栽培	3 月 15 日	10 月 18 日	61 215	16 275	36.21
		10 月 28 日	70 020	25 080	55.81
		11 月 8 日	74 730	29 790	66.29

4．栽培方式与茬口安排 姜生长期长，一般一年一作栽培。但因姜瘟病在广大姜区危害严重，所以为了杜绝土壤带菌，减轻姜病害，最好进行轮作换茬。因各地栽培作物的种类、时间、方式不同，姜的轮作与茬口安排也不相同。

（1）*栽培方式* 目前生姜栽培主要采用前茬休闲、收获后耕翻土壤养地的纯作栽培方式，其优点是便于田间操作、产量较高，缺点是易导致连作重茬障碍、易于发生病害。长期以来，各地结合其他作物种植，创造了较多的间套作栽培方式。

1）麦田套种姜。这是山东姜区早年广泛采用的一种栽培方式，采用该种植方式，既保证了粮食生产，又有较高的生姜收益。一般种植小麦时，按 65～70cm 留出生姜种植行，至翌年春天在小麦田间套种生姜。小麦收获时，仅收麦穗，保留秸秆为生姜遮阴。

2）大蒜田套种姜。这是山东姜区早年广泛采用的一种栽培方式，9 月下旬种大蒜时，保留 50cm 的大行距，至翌年 4 月下旬时在行间套种姜，6 月上旬大蒜收获后，另外插草为生姜遮阴。

3）果树与姜间作。幼龄果树树冠较小，株行间空地多，通风透光条件良好。为充分利用土地，可在幼龄果园内间作姜。

4）大棚西瓜套作姜。西瓜栽植密度小，收获期早，叶面积系数低，对姜生长的影响很小，因此姜与西瓜套作是目前姜区普遍采用的一种茬口。

5）大棚马铃薯套作姜。马铃薯耐寒性强，播种早，其播种方式为开沟播种之后扶垄。因而马铃薯的生长是在高垄上进行的，而姜播种是在沟内，恰与马铃薯形成良好的套作模式。

6）早春大棚蔬菜套作姜。早春大棚内可种植的蔬菜很多，它们均可与姜实行套种，但最好选择耐寒性强、植株矮小、生长期短的蔬菜。

（2）*茬口安排*

1）北方姜区。

姜→大蒜→玉米→小麦→姜
第1年　第2年　第3年

姜→冬闲→玉米→大蒜→姜
第1年　第2年　第3年

姜→菠菜→玉米→大蒜→姜
第1年　第2年　第3年

姜→小麦→玉米→冬闲→马铃薯→姜
第1年　第2年　第3年

2）南方姜区。

姜→冬闲→水稻→小麦→水稻→冬闲→姜
第1年 第2年 第3年 第4年

姜→油菜、小麦→水稻→紫云英→姜
第1年 第2年 第3年

姜→大蒜→玉米→白菜和萝卜→姜
第1年 第2年 第3年

姜→小麦→水稻→油菜→水稻→大蒜→姜
第1年 第2年 第3年 第4年

三、栽培技术

1. 培育壮芽 为提高姜的产量，应使种姜迅速整齐出苗，所以应对种姜进行必要处理，以培育壮芽。壮芽一般芽身粗短，顶部钝圆，芽长0.5～1cm，粗0.5～1cm，芽基部不能发出新根；弱芽则芽身细长，芽顶细尖，芽基部已发生新根（图18-18）。姜催芽一般分两步。

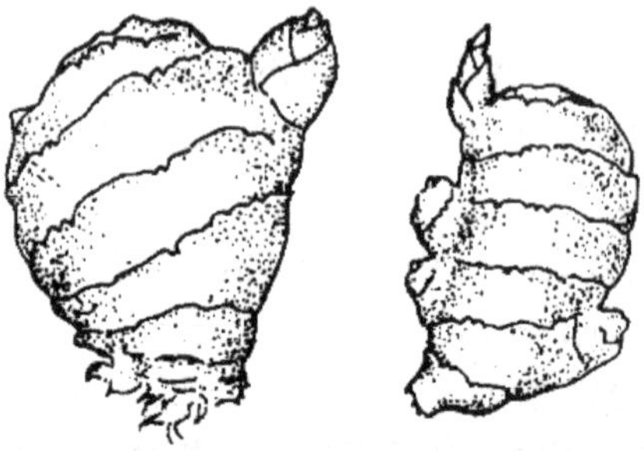

图18-18 姜壮芽与弱芽的形态
（赵德婉和章淑兰，1981）

（1）晒姜与选种 于适期播种前30d左右，从贮藏窖内取出种姜，稍稍晾晒后，用清水冲洗去掉姜块上的泥土，平铺在草席或干净的地上晾晒2～3d，以提高姜块温度，减少含水量。晒姜时应掌握标准适度，不可过度暴晒，以防姜种过度失水，造成姜块干缩，出芽瘦弱。

晒姜过程中及催芽前需进行严格选种。应选择姜块肥大、丰满，皮色光亮，肉质新鲜，不干缩，不腐烂，未受冻，质地硬，无病虫害的健康姜块做种，严格淘汰瘦弱干瘪、肉质变褐及发软的种姜。

（2）催芽 催芽可促使种姜幼芽尽快萌发，使种植后出苗快而整齐，因而是一项很重要的技术措施。中国南方温暖，种姜出窖后，多已发芽，可不经催芽即播种，而多数地区春季仍然低温多雨，因而应进行催芽。催芽的方法颇多，如山东莱芜的催芽池催芽法、山东安丘的火炕催芽法、浙江临平的熏姜灶催芽法、安徽铜陵的姜阁催芽法及阳畦催芽法、电热毯催芽法、竹篓催芽法等，但根据加温与否，主要有不加温和加温两种。

不加温催芽是在室内或室外背风向阳处，用土坯建一长方形池，池墙高60cm，长、宽以姜种多少而定。放姜种前先在池底及四周铺上10cm的已晒过的麦穰，或贴上3或4层草纸。选晴暖天气在最后一次晒姜后，趁姜体温度高时将种姜层层平放池内。盖池时先在上层铺5cm麦穰，再盖上棉被或棉毯保温。保持池内温度为20～25℃，幼芽长至0.5～1.5cm时，即可下地播种。

加温催芽应先建造火炕。砌长2～3m，宽1.5m，高0.4～0.5m的池子，池内用土坯建成“迷宫”型火道，池的南侧开留宽30cm、高40cm左右的烧火口，池顶用土坯墁好，在池的四角各建一个高出池顶1.5m、内径10cm左右，并与火道相通的烟囱，烟囱之间沿池顶四边砌高1m左右的墙，建成放姜池。排姜种前先在炕中间竖2或3个草把子，以利于散热、散湿及测温。炕底铺10cm厚且用沸水调湿的新鲜麦穰，其上放姜25cm左右，然后隔放一层麦穰后，再放姜，共放三层。顶部盖10cm左右的新鲜干麦穰，用泥封严。此后每天早晚在烧火口点火，但不能用大火，以暗火最佳。其间保持姜池内温度为25～30℃，待姜芽萌动时，保持温度为22～25℃，姜芽达1cm左右时即可播种。

尽管姜催芽的方法多种多样，但控制催芽过程中的温度，是形成壮芽的关键。在催芽过程中，均以保持22～28℃变温为好，前期25～28℃，后期22～25℃，并保持空气相对湿度70%～80%，有利于形成短壮芽。

2．整地施肥

（1）*深翻施底肥* 姜根系不发达，吸水吸肥能力差，既不耐旱又不耐涝，因而选择种姜地时应选择土层深厚、有机质丰富、保水保肥，能灌能排呈微酸性反应的肥沃壤土。一般来说，发生过姜瘟病的地块在3～4年内不宜再种姜。

选定姜田后，应进行深耕晒垡，以改善土壤结构，增加有效养分含量。为增加土壤肥力，可在耕翻土壤时施入大量有机肥，一般应施发酵腐熟的优质有机肥60m^3/hm^{2}左右，过磷酸钙750～1500kg/hm^2。第二年土壤解冻后，整平耙细。若非冬闲地，应在种姜前10～15d倒好茬。

（2）*起垄施种肥* 由于南北方气候条件不同，姜的栽培方式也不一样，北方多采用起垄沟种方式。具体做法是：在整平耙细的土地上按东西或南北向开沟，沟距60～65cm，沟宽30cm，沟深25～30cm（图18-19）。为便于浇水，沟长不宜过长，过长地块可打截划区种植。

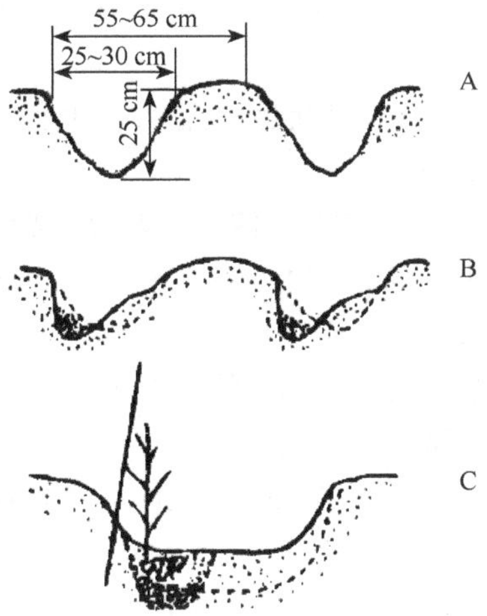

图18-19 姜开沟（A）施肥（B）种植（C）示意图（徐坤，1994）

北方姜区种姜有施种肥的习惯，即在开好的沟内用镢沿姜沟的南侧（东西向沟）或西侧（南北向沟）开一小沟，将肥料施入沟内，然后用二齿钩将肥料与土壤混匀，以防灌水时冲走，一般此时施入的肥料量为1125kg/hm^{2}左右饼肥、300kg/hm^{2}尿素、450kg/hm^{2}复合肥。

南方姜区因雨水多，一般采用高畦栽培，以便于排水。具体方式：畦面宽2～6m，畦间沟宽30～40cm、深30～40cm的高畦，按60cm左右的行距播种生姜。南方施肥多采用“盖粪”方式，即先排放姜种，然后盖一薄层细土再撒入75 000kg/hm^{2}有机肥或少许化肥，最后盖土约2cm即可。

3．播种

（1）*掰姜种* 种姜下地前应进行块选和芽选，即所谓的“掰姜”。姜块以50～75g为宜，若姜块太小，单株产量低，虽总产量靠加大密度能获较高产量，但因姜块小、商品性差；姜块太大则用种量激增，加大投资。

掰姜时一般要求每块种姜上只保留一个壮芽，其余的芽全部去除，以便使养分能集中供应主芽，保证苗全、苗旺。若掰姜过程中发现幼芽基部发黑或掰开姜块断面表现褐变，应严格剔除，对于无芽姜块也应淘汰。为了以后管理方便，可在进行掰姜时，按姜块及幼芽大小等情况进行分级，即瘦小姜块和具弱芽的姜块与肥胖姜块和具壮芽的姜块分开播种。

（2）*播种方法* 浇透底水后，即可把选好的种姜按一定株距排放沟中。排放姜种有两种方法，一是平播法，即将姜块水平放在沟内，使幼芽方向保持一致；二是竖播法，将姜块竖直插入泥中，芽一律向上。种姜播好后可用土盖住种姜，并搂平姜沟。一般要求覆土的厚度为3～5cm。

（3）播种密度　若种植太稀，密度过小，虽然单株根茎可能大些，但总产量不会高；反之，种植太密，则姜田内通风透光不良，严重影响个体发展，同样不能获得高产。

姜的种植密度受许多因素的制约，如土壤肥力、肥水条件、播期早晚、姜块大小、种芽大小、管理水平及品种等。

1）土壤肥力高，肥水条件好的地块，种姜块 75g，种植 75 000 株/hm^2 左右，即行距 65～70cm，株距 22cm 左右。

2）土壤肥力及肥水条件中等，种姜块 50～75g，种植 80 000 株/hm^2 左右，行距 65cm，株距 20cm 左右。

3）土壤肥力及肥水条件差，种姜块小于 50g，种植 90 000 株/hm^2，行距 55～60cm，株距 18～20cm。

4. 覆草遮阴　姜为喜光耐阴性作物，但高温不利于姜的生长。遮阴在降低光照的同时，可以降低温度，提高空气的相对湿度和土壤含水量，有利于姜生长。遮阴 40%比较适宜于姜生长，表现为株高秆壮，分枝数较多，光合面积大，光合能力强，光合效率高，增产幅度较大。而遮阴程度过大，则可能由于光照长期不足导致植株徒长，茎秆细弱，叶片薄，光合低，产量大幅度下降。

北方采用插姜草措施，即用谷草、玉米秸或不易落叶的树枝，在姜播种后趁土壤湿润，在姜沟的南侧（东西向沟）或西侧（南北向沟），插成高度 60cm 左右的稀疏花篱，为姜苗遮阴。南方则多借助木棍或竹竿，支成 1.3～1.6m 的棚架，其上覆盖茅草或遮阳网，为姜苗遮阴。7 月下旬至 8 月上旬，姜群体扩大，天气转凉，应拔除姜草。

5. 中耕除草　姜根系浅，主要分布于土壤表层，因此不宜多次中耕，以免伤根。一般应在幼苗期结合浇水进行 1 或 2 次浅中耕，一方面松土保墒，另一方面清除杂草。

姜苗期长，植株生长缓慢，杂草萌发力强，及时除草，是保证苗全苗旺的重要措施。但人工除草是一项繁重的体力劳动，且费工多，而且杂草再生力强，除草效果差。近年来姜田普遍采用除草剂除草，具有简便易行、操作方便，既降低劳动强度，又节约用工等良好效果。通常使用二甲戊灵、乙氧氟草醚等，一般药效可维持 40d 左右。因此为了使苗期姜田不长草，可在第一次用药 40d 后，再按同样方法处理土壤，可基本控制杂草生长。但应注意姜苗期用药，应尽量不要让药附在姜叶上。

6. 合理浇水　姜根系浅，对水分的吸收力不强，对水分反应敏感。土壤干旱严重影响姜生长及产量。因而要求土壤湿润，故应经常灌溉，但它又不耐涝，土壤又不能积水，所以要解决这一矛盾，必须根据其不同生长阶段的特点进行合理浇水。

（1）发芽期　为保证姜顺利出苗，在播前浇透底水的情况下，一般在出苗前不进行浇水，而要等幼芽 70%出土后再浇水，但还应根据天气情况、土壤质地及土壤水分状况而灵活掌握。出苗后的第一水要浇得适时，若浇得过早，地温下降，土壤板结，影响幼芽出土；若浇得过晚，姜苗受旱，芽尖易干枯。一般应在浇第一水后，2～3d 接着浇第二水，然后中耕松土，提温保墒，促进幼苗生长。

（2）幼苗期　姜苗期长，幼苗生长慢，生长量少，因而需水不多，但因其根系不发达，吸水力弱，再加上苗期地面裸露，尤其是幼苗后期气温高，土壤水分蒸发快，若不及时浇水，会造成土壤干旱，影响幼苗正常生长，但若幼苗期浇水过大，易降低土壤通透性，影响根系发育。因而苗期尤其是幼苗前期，以浇小水为主，浇水后土壤不黏时即进行浅中耕，以促根壮棵；幼苗后期天气炎热，土壤水分蒸发量加大，应根据天气情况合理浇水。夏季浇水以早晚为好，不要在中午浇水。另外，暴雨过后注意排水防涝，有条件的可在暴雨后用井水透地降温，以防引发病害。

必须说明幼苗期供水要均匀，若土壤供水不匀，植株生长不良，姜苗矮小，新生叶片常常不能正常伸展而呈扭曲状，造成所谓“挽辫子”现象，影响姜苗正常生长。

（3）旺盛生长期　至立秋后，天气转凉，姜进入旺盛生长期，地上茎叶迅速生长，地下根茎开始膨大，此期生长速度快，生长量大，需水量多，为满足其对水分的要求，促进植株生长，要求土壤始终保持湿润状态，每4～5d浇一水。为了保证姜收获后根茎上能粘带泥土，便于贮藏，可在收获前2～3d浇最后一水。

7．追肥培土　姜发芽期生长量极小，主要以种姜贮藏的养分供应其生长，从土壤中吸收的养分极少，而且基肥充足，因而不需要追肥。

幼苗期生长速度慢，吸肥量虽不多，但生长期长，为了提苗壮棵，应在苗高30cm左右，发生1或2个分枝时追一次小肥，以氮素化肥为主，为300kg/hm^{2}左右的尿素或磷酸二铵。立秋前后，姜进入旺盛生长期，需肥量大，应重施肥料。追肥时可在拔除姜草后于姜沟一侧距植株基部15cm左右处开深沟，将肥料施入沟中，一般应施饼肥1125kg/hm^2，三元复合肥1125kg/hm^2；或尿素375kg/hm^2、磷酸二铵375kg/hm^2、硫酸钾450kg/hm^2。追肥后覆土封沟培垄，而后灌透水。这样，原来姜株生长的沟即变为垄。

9月上中旬后，植株地上部的生长基本稳定，主要是地下根茎的膨大，为保证根茎膨大的养分供应，可在此期追施部分速效化肥，尤其是肥力低、保水保肥力差的土壤，一般用量为尿素150kg/hm^2，硫酸钾450～600kg/hm^{2}或复合肥450kg/hm^2。

姜根茎生长要求黑暗湿润的环境，因此应随姜的生长进行培土。拔姜草前可随中耕向姜沟中壅土，第1次培土是在拔除姜草大追肥后进行，把原来垄上的土培到植株基部，变沟为垄，以后可结合浇水施肥，视情况再进行1或2次培土，逐渐把垄加高加宽，以不使根茎露土为宜。若培土过浅，则产量降低，培土过深也不利于姜生长。

8．收获贮藏

（1）收获

1）收种姜。姜与其他作物不同，种姜发芽长成植株形成新姜后，其种姜内部组织完好，既不腐烂又不干缩。据赵德婉（1981）试验调查，收获时种姜鲜重、干重约分别比种植时增加6.7%和8.0%，因而有“姜够本”之说。

种姜可与鲜姜一并在生长结束时收获，也可在幼苗后期收获。收种姜的具体方法是：选晴天并在收种姜的前一天浇水，使土壤湿润，用窄形铲刀或箭头形竹片，自姜母所在位置的一侧插下，用手按住根部，将铲刀轻轻向上撬断种姜与新姜相连处，随即取出种姜；也可将种姜表土扒开取出种姜，并及时封沟。

收种姜时必须注意，不可振动姜苗，防止伤根，以免影响姜后期的生长。收种姜造成的伤口，容易感染病菌，因而在姜瘟病严重地块，最好不取种姜，而等到生长结束时再收。

2）收嫩姜。收嫩姜是在根茎旺盛生长期，趁姜块鲜嫩时提早收获，此时根茎含水量高，组织柔嫩，纤维少，辛辣味淡，适于腌渍、酱渍或加工糖姜片、醋酸盐水姜芽等多种食品。

3）收鲜姜。一般待初霜到来之前，姜停止生长后及时收获。收鲜姜时，一般应在收获前2～3d浇一水，使土壤湿润、土质疏松。收获时可用手将姜整株拔出，或用镢整株刨出，轻轻抖落根茎上的泥土，然后自地上茎基部将茎秆用手折下或用刀削去，保留2cm左右的地上残茎，摘去根，随即趁湿入窖，无须晾晒。

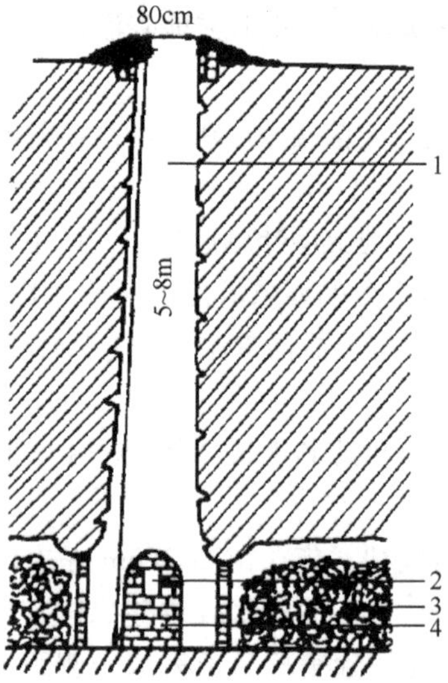

图 18-20　姜井窖结构示意图

1. 井筒；2. 通风口；3. 姜块；4. 贮洞口

（2）贮藏　姜贮藏多采用井窖，井窖由井筒及贮姜洞组成，井筒的深度依地下水位高低而不同，北方一般为 5～8m，南方为 2～3m。建井窖时，先挖一个直径 80cm 左右的圆井筒，由上至下渐粗，底部直径可达 1.1～1.2m。井筒挖好后，在井筒底部侧旁挖 2 或 3 个贮姜洞，洞口宽与高各 80cm 左右，洞口里面逐渐扩大，宽可达 1.8～2m，高 1.8m，长依贮姜量而定，一般为 3～4m，每个贮姜洞可放姜 1500～2500kg。井窖挖好后，还需用砖、石砌建井口，使井口高出地面 40～50cm，以防雨水灌入井窖内（图 18-20）。

姜在入窖前，应彻底清扫贮姜洞，若里面太干，可适当洒水保持湿润，也可提前施用百菌清、多菌灵等杀菌剂及敌敌畏等杀虫剂对井窖进行杀菌及杀虫处理，而后在洞底铺厚 5～6cm 的湿沙，随即将姜块放入洞内，姜堆高度应比贮姜洞顶低 50cm 左右，以利于通气。为提高贮藏效果，可一层姜（30cm 左右），一层沙（5cm 左右），层层堆放，以利于散热和保持姜块的水分。

收获的鲜姜在入窖后，暂不封口，任其放置 15d 左右，此间可用席子或草苫等对井口稍加遮盖。姜入窖 25～30d 时，便可入窖用砖或土坯将贮姜洞口封住，但应保留 20～30cm 见方的小窗，以便通气。

封洞口的时间不可过早或过晚，若封口过早，则姜呼吸释放的大量热能及二氧化碳不易散发；若封洞口过晚，则会有冷空气侵袭，使姜块有受冻的危险。封洞口后，随外界气温的降低还应对井口密封，一般外界日平均气温降至 2℃左右时，可用大石板盖住井口，四周用土封严。

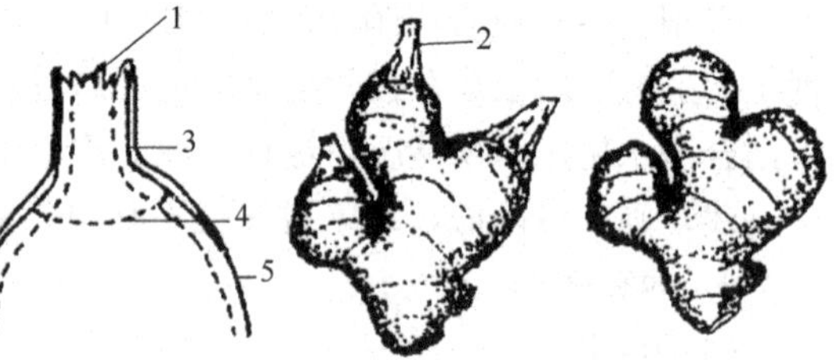

图 18-21　姜圆头前后比较

左图为根茎顶端纵剖示意图；中间图为圆头前根茎形态；右图为圆头后根茎形态。

1. 茎伤口；2. 残茎；3. 叶鞘；4. 离层；5. 表皮

姜入窖初期，呼吸作用旺盛，主要是由于根茎上残留的地上茎腐烂脱落，姜球顶端伤口愈合，这一过程大约需 30d。根茎各姜球顶端伤口愈合后，球顶变得圆而光滑，称为圆头（图 18-21），经圆头后的姜，外围已形成木栓保护层，组织紧密，便于贮藏。

扩展 18-8

姜贮藏期间，窖内的温度以保持 11～13℃为好，若超过 15℃，姜易发芽，若低于 10℃，则易受冷害而不能长期贮藏。在温度适宜的条件下，空气相对湿度保持在 90%以上，姜可在井窖内贮藏 3～5 年，品质不会变坏。

姜的贮藏尤其是南方各地，还有许多贮藏方法，如地窖贮姜、坑道贮姜、铜陵姜阁贮姜等，它们方法各异，各有优缺点，因而贮藏姜应因地制宜，灵活掌握。

第六节　甘　　薯

甘薯［*Ipomoea batatas*（L.）Lam.］属于旋花科（Convolvulaceae）甘薯属（*Ipomoea*），是

高度杂合的同源六倍体双子叶植物（$2n=6x=90$），在我国不同的区域有不同的称谓，如山芋、番薯、地瓜、红苕、红薯、白薯等。甘薯起源于南美洲的秘鲁、厄瓜多尔、墨西哥一带，距今已有近万年的历史。16 世纪末传入我国，距今已有 400 多年的种植历史。甘薯经由陆海多种渠道，率先引种于我国福建、广东、云南等地，逐步向长江、黄河流域等地传播推广。甘薯在我国的传播途径有两条，一条是从东南和华南沿海地区传入我国，然后传播到我国其他地区，另一条是从西南经陆路传入我国，沿长江而下，经京杭大运河至黄淮及华北地区，最后通过渤海海峡至东北地区。

甘薯在世界粮食生产中，总产排列第 7 位，年总产量约为 1.3 亿 t。我国是世界上最大的甘薯种植国，种植范围遍及全国。近年来我国甘薯统计面积稳定在 3.30 万 hm^2 左右，总产稳定在 70 万 t 以上，稳居世界第一位。

20 世纪 80 年代以来，人们对甘薯的营养价值有了新的认识，甘薯块根中含有大量的淀粉、可溶性糖、多种维生素和氨基酸，还含有蛋白质、脂肪、膳食纤维和钙、铁等矿物质，其中膳食纤维质地细腻，对预防疾病和维护身体健康具有重要功能。因此，甘薯已日益成为一种重要的蔬菜作物。

一、生物学特性

1．植物学性状　甘薯植株可分为根、茎、叶、花、果实、种子等部分。

（1）根　甘薯根可分为须根、柴根和块根 3 种形态。须根呈纤维状，有根毛，具有吸收水分和养分的功能。柴根是发育不全的畸形肉质根，无利用价值。块根是贮藏养分的器官，供食用部分，具有根出芽特性。

（2）茎、叶　茎匍匐蔓生或半直立，呈绿、紫或褐色，茎节能生芽。叶单生于茎节，叶呈圆形、心形或缺刻，叶边全缘或齿状，叶绿、紫或褐色，叶脉绿或紫色，叶脉掌状。

（3）花、果实、种子　花单生于腋间或簇生，聚伞花序，花冠如牵牛花呈漏斗状，花基部有 5 个萼片，萼深裂或分离。蒴果为开裂的圆球形，或顶部呈卵球形。种子 4 个或较少，光滑无毛或被短柔毛，或长绢毛。

2．生长发育周期　甘薯为多年生草本植物，中国栽培甘薯的地区，大多处于温带，冬春低温时有霜冻，生产上都作一年生栽培。从农业栽培角度，甘薯一生大致可分成育苗、甘薯生长和贮藏三个过程，这里的甘薯生长是指大田生长。甘薯生长包括根、茎、叶的生长和根的形成与膨大，属于营养器官生长范围，生长过程一般分为发根分枝结薯、蔓薯并长和薯块盛长 3 个时期。

甘薯属无性繁殖作物，从薯块出芽或以苗采苗来进行繁殖。在种植季节，从育苗圃采集的茎段苗栽插 20d 根系基本形成，栽插 30d 分枝基本稳定，20～40d 部分根开始膨大，40～90d 为薯蔓并长期，90～150d 为块根膨大盛期。90d 后根据生产或市场需要可收获薯块。各营养生长阶段因不同季节和地区有所差异。营养生长期间如有短日照气候（或其他生态因子）的影响，有的品种可同时进行生殖生长，由叶腋抽出花枝，形成花器，开花授粉后 30～40d 形成种子，但不能用于种质资源繁殖或保种，主要用于品种选育。

3．对环境条件的要求　甘薯生长受所处环境条件的影响而产生相应的反应，不同的环境条件对甘薯生长产生不同的影响，而甘薯的不同生长时期对同一环境条件的要求也不同。

（1）温度　甘薯性喜温，不耐寒，适宜栽培于夏季平均气温 22℃以上、年平均气温 10℃以上、全生育期有效积温 3000℃以上、无霜期不短于 120d 的地区。大棚育苗温度应保持在 16～

32℃，高温对薯块萌芽生长有利，齐苗后长苗阶段气温宜在 27～30℃，培育壮苗以 22～25℃为宜。薯苗栽插后 18℃以上的气温始能发根，茎叶生长在气温低于 10℃时基本停滞，连续暴露低于 5℃甘薯生长受冷害，甚至死亡。较高温度对甘薯块根形成有利，但块根膨大适温在 22～25℃。

（2）光照　甘薯属喜光的短日照作物。日照充足、气温和地温高、温差较大时，对碳水化合物的合成、运转、贮存都有利。经一定时期的短日照后，如每天光照 8～10h，能促进开花。日照时间延长至 12～13h，能促进块根形成和加速光合产物的运转。

（3）水分　甘薯根系发达，较耐旱。叶片蒸腾系数在 300～500。生长期降水量以 400～450mm 为宜。适宜甘薯生长的土壤水分一般为最大持水量的 60%～80%。发根分枝结薯期是甘薯需水关键期，保持最大持水量 60%～70%为宜，蔓薯并长期保持最大持水量 70%～80%为宜；薯块盛长期内雨量宜少，持水量保持在 50%～60%，有利于块根快速膨大，此期若遭受涝害，块根产量、品质都受影响。

（4）土壤　甘薯生长与土壤的关系密切，一般要求土壤耕作层厚 20～30cm、透气好、肥沃适度的壤土和砂壤土，这种土壤有利于根系发育、块根的形成和膨大。pH 在 5～7 较适宜。

二、品种类型与栽培季节

（一）品种类型

根据用途，甘薯品种大致可以划分为淀粉型、鲜食型（包括各种不同肉色）、高花青素型、高胡萝卜素型、菜用型、观赏型等不同类型。

1. 淀粉型品种　甘薯淀粉型品种主要以加工淀粉为主，然后再以淀粉为原料生产粉条、方便粉丝等淀粉制品，或者晒制薯干，作为轻工及医药原料，以及生产燃料乙醇等。因此该类品种淀粉产量和含量高，淀粉含量春薯一般不低于 22%、夏薯不低于 18%，其他综合性状优良。加工粉丝等制品还要求支链淀粉占比高，可以提高加工产品的品质，而制酒原料则要求发酵效率高。代表性品种主要有‘商薯 19’‘徐薯 22’‘济薯 25’‘鄂薯 6 号’‘苏薯 24’‘川薯 217’‘龙薯 24 号’等。

2. 鲜食型品种　鲜食型品种类型丰富，包括兼用型白肉品种、富含类胡萝卜素的黄肉品种、富含 β-胡萝卜素的橘红肉品种及富含花青素的紫肉品种。这类品种色素含量不一定很高，但要求熟食味优，粗纤维少，有较高的鲜薯产量，商品薯率高，贮藏性好，其他综合性状优良，用作食品加工的则要求加工品质优。代表性的品种有‘广薯 87’‘烟薯 25’‘徐薯 32’‘徐渝薯 35’‘徐紫薯 8 号’‘苏薯 16 号’‘宁紫薯 4 号’‘济薯 26’‘万薯 7 号’‘渝紫薯 7 号’‘龙薯 9 号’‘普薯 32’等。

3. 高花青素型品种　高花青素型品种是一类鲜薯块花青素含量在 60mg/100g 以上的紫肉品种，其加工性好，综合性状优良，因此近年来种植面积逐步扩大，已成为甘薯产业的新亮点。代表性的品种有‘徐紫薯 8 号’‘徐紫薯 3 号’‘绵紫薯 9 号’‘济紫薯 1 号’‘烟紫薯 2 号’等。

4. 高胡萝卜素型品种　高胡萝卜素型品种是一类鲜薯块胡萝卜素含量在 10mg/100g 以上的橘红肉品种，其产量较高，耐贮性较好，其他综合性状优良。利用橘红肉甘薯可制成种类繁多的主、副食品，如红薯脯、红薯蜜饯、红薯酱等蜜饯类；薯糕、红薯发糕等糕点类；软糖、饴糖等糖果类；脱水薯片、脆片、香酥薯片、红薯点心等小食品类食品。代表性的品种有‘徐渝薯 34’‘徐渝薯 35’‘苏薯 25’‘维多丽’‘浙薯 255’等。

5. 菜用型品种 菜用型品种根据食用部位可分为茎尖型菜用甘薯、叶菜型菜用甘薯、叶柄型菜用甘薯。主要特点有分枝能力强，产量高；一般食用部位无绒毛，无苦涩味；耐大肥大水、高温高湿；食用品质优、营养保健；加工色泽鲜艳，不易褐变；其他综合性状优良。代表性品种有‘薯绿1号’‘福菜薯18号’‘广菜薯5号’‘鄂薯10号’等。

6. 观赏型品种 观赏型品种主要以观花和观叶（叶色、叶型）为主，主要特点有色彩丰富、鲜明；叶形丰富多样；繁殖能力强，生长速度快；耐逆性（高温、低温、涝、干旱、贫瘠等）强。代表性品种有‘黄金叶’‘竹叶薯’等。

（二）栽培季节

甘薯茬口安排主要原则是提高甘薯经济效益、充分利用光合效能、轮作倒茬与减少病虫害等。

北方夏薯区（山东、河南、河北、江苏北部等）甘薯种植主要为薯-麦轮作，茬口受小麦影响，一般在6月下旬播种，10月底或11月初开始收获，具体栽插期、收获期因地理位置和气候条件不同而略有差异。北方春薯区冬季土地休耕，春季种植甘薯，通过覆膜保温，栽插期可适当提前至4月中旬，甚至上旬，本茬口甘薯可根据市场需求收获，甘薯生产效益较高。长江中下游薯区（湖北、江西、湖南、浙江、江苏南部等）甘薯种植多为薯-麦、薯-油菜轮作，小麦、油菜于5月收获，一般5月下旬开始甘薯栽插，9月至霜降前均可收获。南方薯区（广东湛江、海南等）、西南薯区（四川南充等）属热带和亚热带季风气候，冬无严寒霜雪少，水温适宜农作物周年生长。甘薯种植可实现一年两季，第一季于2月栽插，7月收获，第二季于8月栽插，12月收获。海南光温资源充足，周年均可栽植甘薯，特别是秋季和冬季栽植甘薯，甘薯收获上市期与北方薯区错开，可以明显提高甘薯的种植效益。因此，不同薯区需要根据市场需求合理安排茬口。

（三）栽培区域划分及其栽培模式

甘薯栽培区划是以气候条件与栽培制度为主要依据，同时参考地形、土壤等条件，一般将中国甘薯栽培区域划分为5个区域：北方春薯区、黄河流域春夏薯区、长江流域夏薯区、南方夏秋薯区、南方秋冬薯区。

1. 北方春薯区 本区跨越华北、东北和西北，包括辽宁、吉林、北京、黑龙江中南部，河北保定以北，陕西秦岭以北至榆林地区，山西、宁夏的南部和甘肃东南地区。多分布于旱地平原或丘陵山区，属季节温带或寒温带，湿润或半湿润气候。夏短冬长，秋季凉爽，昼夜温差大，辐射量高，日照充足。栽培制度为一年一熟，以春薯为主，夏薯主要用于繁种。典型栽培模式包括一水一膜节水高效栽培、膜下滴灌节水节肥高效栽培等。

2. 黄河流域春夏薯区 本区地处黄淮平原，沿秦岭向东，北线顺太行东麓至保定、天津到旅大；南线进河南沿淮河向东至苏北灌溉总渠。包括山东、河南中南部，山西南部，江苏、安徽、河南的淮河以北，陕西秦岭以南，以及甘肃武都地区。属季风暖温带半湿润气候，夏季高温多雨，秋季凉爽，日夜温差大。本区主要栽培制度为二年三熟制（薯—麦—薯），生产春薯或夏薯。典型栽培模式包括膜下滴灌节水节肥高效栽培、旱垣垄膜蓄水栽培、地膜覆盖高效栽培、间（套）作高效栽培等。

3. 长江流域夏薯区 本区是指青海以外的整个长江流域，包括江苏、安徽、河南的淮河以南，陕西的南端，湖北、浙江、贵州、四川的大部分地区，湖南、江西、云南的北部。属季风副热带北部的湿润气候，雨量较多且不均，辐射与日照量相对低。甘薯多分布于丘陵山地，土层浅、肥力弱。本区甘薯栽培制度主要是麦—薯两熟制，也有一年一熟春薯和绿肥—夏薯制、小麦一玉米一甘薯三熟制。典型栽培模式包括无公害甘薯高效栽培、大垄双行高效栽培、一年两季甘薯高效栽培、间（套）作高效栽培等。

4．南方夏秋、秋冬薯区　本区是指福建、广东、广西、海南、台湾地区以及江西、湖南、云南与贵州的南部等。属季风副热带南部或季风热带的湿润气候，全年无霜期超过300d，平均气温在20℃以上，年均降水量在1500mm以上，适宜甘薯种植。甘薯多分布于红壤或赤红壤地区。本区甘薯栽培制度主要是稻—薯两熟制、稻—薯—薯三熟制、薯—薯两熟制或薯—薯—薯三熟制。典型栽培模式包括高垄双行高效栽培、一年两（三）季甘薯高效栽培、地膜覆盖高效栽培等。

三、栽培技术

近年来，甘薯栽培研究有了很大的发展和提高，针对"高产、优质、高效、生态、安全"的生产目标，不同生态区形成各自的特点与模式，围绕甘薯轻简化、高效、绿色生产，从产地选择、育苗、轻简化栽培、科学施肥等方面叙述甘薯栽培技术。

1．产地的选择　产地应选择在远离污染源、不受工农业污染及其影响、空气清新、土壤未受污染、具有可持续生产能力及良好的农业生态环境地区，土壤应为排水方便、土层深厚、土壤结构疏松，富含有机质、保水、保肥性能好、不含甘薯病害的中性或微酸性砂壤土或壤土。

2．育苗　育苗是甘薯生产的一个重要环节，及时培育出充足的健康壮苗，满足生产上适时早栽、合理密植、苗全株壮的要求，才能保证甘薯高产。品种是甘薯生产的基础，需根据生产条件与消费市场，选用抗病、优质、丰产、抗逆性强、适应当地栽培条件、商品性好、适宜机械化生产的各类专用脱毒品种。

（1）甘薯的萌芽习性　甘薯块根、茎蔓等营养器官都能生根发芽，形成独立的植株。若采取有性繁殖，则其后代分离现象严重，不符合高产优质要求，因而生产上只利用营养器官进行育苗繁育。甘薯茎蔓能发出腋芽、生出新根、形成薯块，所以茎蔓繁育自古就在生产上应用。甘薯块根有潜伏的不定芽原基，可萌发成薯苗；同时块根里含有丰富的营养物质，可供薯苗生长，有利于培育壮苗。因此，生产上甘薯育苗以薯块为主。薯块萌芽有顶端优势，顶部萌芽早而多，中部次之，尾部最少。不同品种的块根萌芽性差异大。同一品种薯块的大小、栽培季节的早晚、生长期的长短、贮藏条件的优劣，对薯块萌芽均有明显的影响。

影响甘薯块根发根、萌芽的环境因素如下。

1）温度。一般按照高温催芽，平温长苗，降温炼苗，先催后炼，炼催结合的原则。从排种、萌芽、顶土到齐苗，开始4d保持床土温度32～35℃，其后3～4d保持32℃左右，最后几天不低于28℃。齐苗后12～15d，苗高15cm左右，温度可在25～30℃，不高于32℃，也不低于25℃。采苗前3～5d，炼苗的适宜温度为20℃左右。

2）水分。苗床的水分与空气湿度，对薯块发根、萌芽、长苗关系密切。水分的多少还影响苗床温度和土壤通气性，适宜的水分有利于甘薯根、芽分化和幼苗生长。一般认为，萌芽期以保持床土相对湿度80%左右，薯皮上保持湿润为宜。幼苗生长期保持床土相对湿度为70%～80%，以干干湿湿，见干见湿为好。后期炼苗须减少水分，维持在相对湿度60%以下，使薯苗茁壮，利于成活。

3）空气、光照。块根的萌发、薯苗的生长与空气、光照密切相关。育苗过程，必须注意通气，氧分充足，才能保证薯块萌芽、薯苗正常生长。薯块萌芽阶段，光照对发根、萌芽无直接影响，但影响苗床温度。出苗后光照强度对薯苗生长速度和品质有明显影响，光照不足或缺乏，引起苗叶发黄、生长缓慢、苗质弱，需充分利用光照以提高床温，促进光合作用，使薯苗健壮生长。在育苗过程中，需空气与光照结合，调节好苗床的温湿度和空气流通，防止高温灼伤幼苗，或因湿度过大而使薯苗嫩弱。

4）养分。养分是薯块萌芽和薯苗生长的物质基础。薯苗前期所需的养分，主要由薯块自身供给，随着幼根的伸展和根系的形成，就能从土壤中吸收养分供给薯苗生长。育苗时，应该选择肥沃的床土，或在床土中施足有机肥，以补充养分的不足。育苗中后期，薯块里养分逐渐减少，应追施适量速效性氮肥。

（2）育苗方式　甘薯育苗的方式关系着薯苗数量、薯苗质量和供苗时间，不同育苗方式所需的成本、劳力、技术水平也不相同。育苗方式一般应根据当地的气候条件、耕作制度、育苗的物质供应和技术水平来确定。严寒地区春薯采用塑料大棚加温、电热温床或火炕育苗，可根据育苗的需要来调节温度，一般出苗快，薯苗质量不高。寒冷地区如不加热育苗，可采用高温催芽结合塑料大棚育苗或塑料大棚内加拱膜与地膜即三膜育苗法，提前于当地栽植前35～40d育苗，出苗慢，薯苗较健壮。温带春夏薯区或麦薯套种区可采用塑料大棚或冷床双膜育苗方法，提前在当地栽植前40～45d育苗，做法简单，管理容易，育出的薯苗健壮。有些地区利用秋季原原种、原种蔓尖越冬育苗，既节约种薯，提早栽期，也能保证良种纯度，加快良种繁育。随着技术的发展与生产需求，各地把几种育苗方式结合起来综合运用，对提早出苗、增多出苗量、保证薯苗质量、合理利用自然条件、节约育苗成本都起到良好作用。

（3）苗床准备与管理　培育壮苗是甘薯育苗的基本要求之一。为保证适时育足、育好薯苗，必须提前确定育苗计划，选好床址，备足种薯和物料。

苗床管理要点是正确运用温、水、气、肥等育苗条件，掌握以催为主、以炼为辅、催炼结合的原则，苗床管理得当，可保证出苗快、出苗多、苗健壮，并能省工、省力。

苗床管理措施，一是增温保温，根据甘薯育苗不同阶段对温度要求，采用适当的增温、保温措施，调节床土温度和空气温度，是苗床管理的关键。二是看苗浇水，根据薯苗生长的需要和苗床耗水情况，保持苗床相对湿度。三是通气透光，幼苗出土后，白天大棚通气降温降湿，避免高温“灼苗”，苗出齐后，适当揭膜炼苗，夜间保温防寒，保护幼苗。四是追肥防虫，育苗早期主要由块根自身提供幼苗所需营养，中后期需从床土吸收养分，应及时根据苗情，分次追施氮肥或腐熟的有机肥料。幼苗生长阶段，高温高湿，茎叶鲜嫩，易生蚜虫等虫害，及时做好虫害防治。五是采苗选苗，及时将不健康薯苗清除销毁，采用高剪苗，减少病害传播，优先剪叶色分枝正常、茎干粗壮发达的薯苗。

3．薯苗栽插　当前，薯苗栽插是甘薯大田生产上的主流。一方面，薯苗栽插不易携带薯块和土壤病虫害，栽后发根快、还苗早、苗全、苗齐和苗旺，达到甘薯块根高产；另一方面，可通过改变薯苗栽插方式，适应各地生长环境条件与市场需求，调节结薯多少、大小及产量高低等。以下介绍几种主要栽插方式。

（1）水平栽插法　薯苗要长，25cm以上使用此法较适宜。入土各节水平栽在3cm深的浅土层内，其优点是结薯条件基本一致，各节基本都能生根结薯，空节很少。因其土层浅，抗旱性能较差，如遇干旱、高温、土壤贫瘠等不良环境条件，则保苗比较困难，易出现缺株或小株，结薯数量多而营养跟不上，甘薯块根膨大缓慢，小薯率高而影响产量。目前，许多鲜食型商品薯高产田提倡这种栽法，结合膜下滴灌技术，结薯数多而均匀，可获高产。

（2）斜插法　薯苗入土节位的分布介于水平栽与直栽之间，单株结薯个数比水平栽插少，而比直栽多，上层节位结薯较大，下层节位结薯较小甚至不结薯。生产上一般通过增加栽插密度，增加斜插法单位面积内甘薯块根产量。优点是操作容易、耐旱、抗风、早成活等，适宜短苗栽插，缺点是所栽薯块数量少。目前斜插法是全国各地大田最常用的栽插方法。

（3）船底形栽法　选用 20～25cm 的薯苗，将苗的中部节间压入土中 3～5cm，让首尾两头翘起如船底。苗的基部可浅埋土层，沙地深些，黏土地浅些。适于土质肥沃、土层深厚、水肥条件好的地块。由于入土节位多，且多数节位接近土表，有利于结薯，具备水平栽插法和斜插法的优点。缺点是入土较深的节位如果管理不当，易造成结薯少而小，甚至空节。

（4）直栽法　该栽插法操作简便，入土深，多用短苗直插土中，入土 2～4 个节位。能利用土壤深层水分，因此耐旱性强，栽后返苗快，适于丘陵坡地、干旱瘠薄的地块采用。同时，直插法入土深，只有少数节位分布在适于结薯的表土层，导致表土层薯块膨大快，大薯率高，适于生长期短、早熟性甘薯品种。缺点是结薯数少，可适当增加甘薯栽插密度而提高产量。

（5）压藤栽插法　这也是一种水平栽插法，将去顶的薯苗全部埋在土中，而薯叶露出地表，栽好后用土压实浇水覆盖。优点是由于插前去尖，破坏了顶端优势，可使插条腋芽早发，节间萌芽分枝，生根结薯，茎叶较多，促进薯多薯大，且不易徒长。缺点是抗旱性能差，费工，多用于小面积种植或夏薯种植。

（6）机械栽插　机械栽插是甘薯机械化的重要标志，主要形式是直栽和斜插法。当前，中国甘薯移栽机以通用型为主。通过人工将薯苗放入特制钳夹或栽插器内，利用转动到最低点，张开钳夹或栽插器，薯苗插入土层，后由覆土轮进行覆土压实，完成栽插过程。移栽的机械化与标准化是甘薯全程机械的重要一环。缺点是机械易带出苗、压垄，不利于甘薯后期块根膨大，未来的重要任务是提高机械移栽效率和栽插质量。

4．轻简化栽培技术　甘薯轻简化栽培技术是相对于传统的栽培技术而言的，是一种作业工序简单、劳资投入较少、省时省力、节本、绿色高效的甘薯栽培技术，已得到广泛的应用。主要内容包括：旋耕起垄、机械化或半机械化移栽、中耕除草、施肥喷药、薯蔓粉碎还田、块根收获等。目前，最核心、最难的是移栽技术，前期投入少，基础薄弱，正处在发展初期，随着种植结构的调整，甘薯移栽机具的需求日益迫切。

机械作业的配套动力。采用一台拖拉机分别配套起垄、中耕除草、切蔓、挖掘收获等设备，完成从起垄到收获的全程作业。

双垄作业机械需采用 85～110 马力大四轮拖拉机作配套动力足墒起垄，后轮距为 160～200cm。

单垄作业机械需配套 25～40 马力的窄轮距中小四轮拖拉机，后轮距为 90～105cm；采用手扶拖拉机，其配套动力为 12～15hp，轮距为 80～90cm。

配套机具。根据不同的作业需求，分别配置起垄机、中耕除草机、切蔓机、挖掘收获机等机具。

（1）起垄　垄作是甘薯生产中普遍采用的栽培方式，它能增加土层和土表面积、改善通气性，利于排水灌溉。垄作中常见小垄单行、大垄单行和大垄双行等方式。目前，国内甘薯起垄机主要有单一功能作业机和可一次完成旋耕、起垄、施肥、镇压、覆膜等作业的复式作业机。

单一功能作业机由旋耕机改装而成，大型旋耕机进行甘薯起垄作业工作效率高，一般大型田块的起垄效率为 0.4～0.5hm^2/h，1 次起 2 垄，垄高 25～30cm，垄距间差异≤5cm，垄形一致性≥90%，适宜平原、坝区、丘陵缓坡地等大型田块作业。单垄起垄机：80～90cm 垄距，垄距间差异≤5cm，垄形一致性≥85%，适宜平原、坝区、丘陵缓坡地、梯田（可配跳板等爬坎）等中小型田块作业。在美国种植面积较大的地区常采用更大型的起垄机，由大功率拖拉机牵引，可一次作业 4 或 5 垄。

（2）中耕除草　甘薯封垄前，易生杂草，垄高、垄形都有一定的破坏，通过机械作业，进行中耕培土，提高通气性，冲沟除草，减少除草剂施用与人工成本。中耕除草机由起垄机改装而成，将起垄机中部刀轴去掉，避免刀轴妨碍垄顶，两侧传动箱只对大垄沟底及坡进行旋耕，再结合培土铲，可加大沟深 5～10cm，用培土铲冲沟除草。一般栽苗后至封垄前进行中耕 1 或 2 次。第 1 次中耕在苗移栽一周后进行，中耕深度为 6～7cm；第 2 次中耕在封垄前进行，深度为 3cm 左右，注意防止伤根，保持垄形，同时结合中耕进行除草和培垄。

（3）切蔓还田　甘薯地上部茎蔓生物量大、匍匐伏地，收获期传统茎蔓处理是一项耗费工时较多、劳动强度较大、生产成本较高的工作。目前普遍采用甘薯茎蔓粉碎直接还田技术。切蔓机由旋耕机进行改装，卸下旋耕机刀轴上的旋刀，改换成等宽等厚长短不一的钢质长片，中间长度为 5～10cm，两边长度为 25～30cm，与收获前的拱形薯垄相符。小四轮驱动的切蔓机工作效率为 0.1～0.2hm^2/h，大型机械工作效率更高，薯茎蔓粉碎长度合格率≥90%，垄顶留茬长度≤10cm。

（4）块根收获　块根收获存在着劳动强度大、效率低、损失大、作业成本高等问题，块根机械收获已成为甘薯生产机械化发展的重要一环，破损率、明薯率与工作效率是甘薯块根机械收获的重要指标。甘薯收获机主要由挖掘铲、机架、输送分离机构、传动机构、悬挂架等部分组成，该机与拖拉机一起采用全悬挂式连接，当机组作业时，挖掘铲将土层和甘薯块根一起铲起，在传动力作用下，土层与甘薯在分离机构上向后运转、分离，泥土被抖落，甘薯块根传送到机具后部；单垄收获机，实现明薯率≥95%、伤薯率≥5%、破皮率≥5%，工作效率为 0.2～0.3hm^2/h。

（5）种植垄距　中小四轮拖拉机配套时适宜垄距为 90cm，手扶拖拉机配套时适宜垄距为 80cm；在一定区域范围应统一种植垄距，便于提高机具作业通用性。

（6）种植密度　大田甘薯种植密度一般在 52 500～60 000 株/hm^2。

（7）种植方式　为适宜机具田间行走，尽量采用净作方式，如与其他作物间作套种，种植要便于机器行走作业，宽度略大于最大作业设备或拖拉机宽度的整倍数。

（8）地头种植　便于机具田间作业时转弯调头，种植地头需留有一定宽度空地，便于拖拉机调头转弯，空地宽度不小于 1.5 倍大马力拖拉机的长度。

栽插完成，中期管理拖拉机不再下田作业的，地头空地可采用垂直正常垄走向方式起垄、种植，后期收获时，先行收地头，便于收获机下田作业，提高土地利用率。

5. 科学施肥　甘薯的不同生长阶段对营养物质的要求不尽相同，而不同营养物质对甘薯生长的影响也不一样。因此，根据甘薯需肥特性和土壤条件，做到科学平衡施肥，才能提高甘薯块根产量与品质。

平衡施肥是针对不同养分状况农田制定不同的施肥策略，逐渐实现土壤中各种营养元素的均衡合理，培育健康、肥沃、耕层深厚的农田。试验调查表明，一般生产 1000kg 甘薯块根，植株将从土壤吸收 3～5kg 氮、1～2kg 磷、6～10kg 钾。根据土壤肥力水平、品种需肥特征、甘薯计划产量指标，确定相应施肥量和施肥方法。做好“测土、配方、配肥、供肥和施肥技术”5 个环节的结合，努力做到配方施肥。甘薯施肥以基肥为主，按照“减氮、控磷、增钾”的原则；同时，根据甘薯植株生长、土质条件、气候特点等，适当追施肥，促（壮）苗、促块根膨大。

6. 菜用甘薯栽培　菜用甘薯是指以地上部茎尖为食用目的的甘薯品种类型，食用部分一般为蔓茎生长点以下长 10～15cm 的鲜嫩组织，包括叶、嫩茎、叶柄等。菜用甘薯可在全国范围种植，具有适应性广、栽培容易、再生能力强、采摘期长等特点。

合理安排种植。菜用甘薯采收茎尖鲜嫩组织，储藏期较短，应根据气候特点、设施结构性能、栽培模式和重大病虫害发生规律，确定适宜的季节和茬口。露地栽培要避开气象灾害和病虫害高发期，防止播期过于集中。

切实加强田管。选择肥力较好、排灌方便、土层深厚、疏松通气、富含有机质的土壤，平地栽培，整畦起沟，畦面 100cm，沟深 30cm。以有机肥作基肥，选用茎蔓粗壮、老嫩适度、节间较短、叶片肥厚、无气生根、无病虫害、带心叶的顶端壮苗进行扦插，栽插密度一般 8000～12 000 株/亩。成活后科学管理，苗长 15cm 以上进行打顶；保持高温高湿，生长最适温度为 18～38℃，保持土壤相对湿度 80%～90%，每天早晚喷水 1 或 2 次；注重用物理或生物防治方法防控病虫害，尽量避免使用化学农药，有条件的地方可采用防虫网结合吸虫机防虫。

适时修剪采摘。菜用甘薯采摘期长，可从封垄采摘至收获薯块前半个月。一般 7～10d 可采收 1 次，并根据市场供求情况分批采收。采摘完叶片的长蔓应及时修剪，保留 20cm 以内的分枝，保证养分充足供应，促进植株分枝及新叶生长。

7. 典型栽培模式 大垄双行栽培模式。大垄的垄距和拖拉机轮距相同，一般在 160cm，垄高 30cm 左右，顶部分成两小垄，小垄垄距在 60cm，起垄后拖拉机仍可进地，在封垄前可完成栽插、中耕、培土、除草、施肥、施药等，后期可完成切蔓、挖掘工作，一机多用。由于垄体高度可达到 30cm，远高于普通的 10～20cm，有利于排水降渍，透气性好，有利于高产栽培。适宜平原、坝区、丘陵缓坡地等中大型田块作业。

扩展 18-9

扩展 18-10

单垄单行栽培模式。我国传统的甘薯栽培模式，适宜垄距为 80～90cm，垄高 20～30cm。配套机械，完成起垄、移栽、中耕、去蔓、挖掘收获等全程作业，适宜平原、坝区、丘陵缓坡地、梯田（可配跳板等爬坎）等中型田块作业。

第十九章 水生蔬菜

第一节 概　述

水生蔬菜是指在淡水中生长的、产品器官可作为蔬菜食用的维管束植物。我国栽培的水生蔬菜种类很多，有莲藕、茭白、慈姑、荸荠、水芹、芡实、菱、莼菜、蒲菜、豆瓣菜等十余种，其中以莲藕、茭白、水芹、芡实、慈姑等栽培较为普遍，已形成以长江流域为核心，珠江流域、黄河流域为重要产区，辐射全国的水生蔬菜产业格局。水生蔬菜生产是中国蔬菜生产的一大特色，其分布之广、品种之多、面积之大，在世界各国均居首位。水生蔬菜产品中，莲藕加工产品出口市场遍及日本、东南亚及北美、欧盟等国家和地区，在国际农产品贸易中具有较强的竞争优势，已成为我国重要的出口创汇蔬菜之一；藕带、糯米藕、藕夹等加工产品在国内也很受欢迎。其他水生蔬菜产品器官大多比较娇嫩，保鲜比较困难，精深加工产品少，加工技术尚需完善和提升。因此，今后随着水生蔬菜生态栽培方式和技术创新、贮藏保鲜和精深加工技术的研发应用，将有望实现优质水生蔬菜产品的周年生产和供应。同时，我国水生蔬菜产业在各适宜产区的农民脱贫致富、乡村振兴和优美生态环境建设中的应用前景广阔。

各种水生蔬菜虽然在植物学上属于不同的科、属和种，但大多起源于热带和亚热带多雨的湖泊或沼泽地区，在系统发育方面有相同的渊源，因此在植物组织形态、生长发育和栽培管理等方面有许多共同的特点。

1．水生蔬菜均喜水怕旱　生育期间都必须保持一定水层，并要求水位的变化相对稳定，不可暴涨猛落；休眠期间也要保持充分潮湿的环境。至于对水层深浅的具体要求，则因不同种类、品种及其不同生育期而异。大多数水生蔬菜喜温畏寒，除豆瓣菜和水芹喜冷凉、能耐轻霜外，其余均必须安排在无霜期栽培，且传统露地栽培生育期较长，一般都在 150～200d。我国长江流域及其以南地区，如江苏、浙江、湖北、安徽、江西、湖南、福建、广西等地雨量充沛、气候温暖，适宜水生蔬菜生长。特别在太湖、洞庭湖、鄱阳湖、巢湖和江苏里下河地区等栽培种类多、面积大。

2．水生蔬菜大多根毛退化，根系吸收能力弱　由于水生蔬菜长期生长在潮湿的土壤或水中，吸水容易，根系逐渐削弱，根毛大多退化，根系的吸收能力弱。因此，栽培时要求土层深厚、有机质含量高、肥沃而较黏重的土壤。为了适应水下空气相对稀少的生长环境，水生蔬菜植株体内均具有发达的通气系统，从叶片气孔中进入的空气，能顺利到达植株的各个器官，如从莲藕叶脉到叶柄及地下茎，均有发达的通气组织相通，使从植株地上部组织进入的空气可以运输至地下，满足水下各器官生理代谢的需要。水生蔬菜植株的茎或叶柄部分或全部浸没水中，茎秆木质化程度低，机械组织都有不同程度的退化，因而其植株茎秆柔弱，露在水上部分抗风力差。除菱和芡实外，大多数水生蔬菜都采用无性繁殖，即利用根状茎、球茎等营养器官作繁殖材料，繁殖系数偏低，用种量大。

3．水生蔬菜产品营养丰富、保健作用突出　水生蔬菜产品均含有丰富的营养物质和功能物质。例如，莲藕产品鲜藕、藕粉和莲子是公认的滋补食品，《本草纲目》中有“藕可交心肾，厚肠胃，固精气，强筋骨，补虚损，利耳目，除寒湿，止脾泄”的记载；茭白的产品器官为变态肉质嫩茎，部分有机氮以氨基酸状态存在，风味鲜美；荸荠富含淀粉及磷、铁等矿质营养，还含有一种不耐热的抗菌物质——荸荠英，其对金黄色葡萄球菌、大肠杆菌和绿脓杆菌等有抑制作用，还具有清热、利尿、降血压的功效；水芹的食用器官嫩茎和叶柄含有丰富的膳食纤维，具有促进胃液分泌、血液循环和增进食欲等作用。因此，水生蔬菜不仅畅销国内市场，而且莲藕、慈姑、荸荠、水芹等产品还大量出口，栽培效益好。

4．水生蔬菜大多采用无性繁殖 水生蔬菜中莲藕、茭白、水芹、慈姑、蒲菜、芋和莼菜等栽培中都采用无性繁殖。例如，莲藕常用成熟根状茎（俗称种藕）繁殖，茭白常用植株基部的短缩茎（俗称薹管）分株或扦插繁殖，水芹用成熟花茎扦插繁殖，慈姑和芋常用成熟球茎或顶芽繁殖等。水生蔬菜无性繁殖的缺陷是繁殖系数低，用种量大，种苗运输困难，种苗成本高，而且还不利于新优品种的快速推广。但生产上菱采用果实繁殖，芡实采用种子繁殖。

5．水生蔬菜多在蔬菜供应淡季上市，社会效益显著 由于水生蔬菜营养丰富，风味独特，又多在蔬菜供应的淡季上市，在国内外市场上很受欢迎，是我国重要的特色蔬菜。多数水生蔬菜至今尚未能实现周年生产和供应，但近年来，江苏、浙江等地研发并推广了水芹周年多茬栽培、莲藕和茭白等设施栽培新技术；同时，在江苏、浙江、湖北等水生蔬菜主产区涌现出的许多水生蔬菜与旱生蔬菜、大田作物、淡水鱼类等的轮、间、套作模式，不仅取得了不同作物、淡水养殖和水生蔬菜种植的双丰收，还改善了土壤、水体生态环境，实现了水土资源生态利用的良性循环和可持续发展。

第二节 莲 藕

莲藕（*Nelumbo nucifera* Gaertn.）又称藕、莲、荷、水芙蓉等，属睡莲科多年生水生草本植物。染色体数 $2n=2x=16$。原产中国和印度，在我国有3000多年栽培历史，《诗经》中就有“彼泽之陂，有蒲与荷”的记载。北魏贾思勰的《齐民要术》中就记有种藕法：“春初掘藕根节，头着鱼池泥中种之，当年即有莲花……”可见当时莲藕已经人工栽培了。目前，莲藕在我国各地栽培普遍，其中以江苏、湖北、安徽、山东、浙江等地为主产区，台湾莲藕种植也很普遍；日本、印度、东南亚各国也有分布。莲藕成熟根状茎（俗称藕）可作菜炒食、煮食做汤、作水果生食，也可加工成速冻藕和盐渍藕等出口外销；还可加工制成藕粉、莲藕汁饮料、糯米藕、藕夹等；莲藕未膨大根状茎（俗称莲鞭、藕带）可制成泡菜或作菜炒食。莲藕种子脱除种皮后可制成干莲子或去除莲子胚（俗称莲心）后供食用，是我国人民喜爱的滋补食品，莲心可入药；荷叶可制成荷叶茶或作为许多中药的成分之一。露地栽培的莲藕可在夏淡（7月中旬）开始上市，一直持续到翌年4月。近年来，江苏、浙江等地开展莲藕设施栽培技术研究取得成功，莲藕塑料大棚栽培最早可提前至2月中旬，产品上市期可提前至6月上中旬；还可利用6月采收的小藕继续作种种植，实现莲藕1年栽培两茬；同时，随着莲藕设施栽培技术的完善，莲藕与设施旱生蔬菜的水旱轮作模式技术迅速涌现，有效减轻了设施土壤的连作障碍。在我国许多莲藕产区，莲藕还与淡水鱼类（如泥鳅、黄鳝、克氏螯虾等）套养，既提高了种养效益，又改善了养殖造成的水土富营养化。

一、生物学特性

1. 植物学性状

（1）根　莲藕的根为须状不定根，主根退化，不定根着生于地下茎的节上，束状，每节5～8束，每束具有不定根7～21条，长10cm左右，幼苗期根较少，成株期根较多，生长期根呈白色或淡紫红色，藕成熟后变为黑褐色。

（2）茎　莲藕的茎为根状茎，未膨大的根状茎俗称莲鞭、藕带，膨大成熟的根状茎俗称莲藕、藕。莲藕用成熟根状茎作种藕进行无性繁殖，种藕顶芽萌发后，其先端生出细长的地下茎，粗如手指，先斜向下生长，然后在地下一定深度处呈水平生长。莲鞭的分枝性较强，一般自第三节起，每节都可抽生分枝，即侧鞭，侧鞭的节上又能再生分枝。早熟莲鞭一般在10～13节开始膨大而形成新藕，晚熟莲藕则在18～20节才形成新藕，新藕多由3～6节组成，其先端一节较短、小，称为藕头，中间的2～5节较长而肥大，称为藕身，最后一节最长而细，称为后把。新藕第二、三节上可抽生分枝，称为子藕，子藕上还可抽生孙藕。亲藕、子藕先端的顶芽包藏着叶芽和花芽。莲藕有藕莲、子莲和花莲三种类型，通常藕莲的根状茎粗大，子莲和花莲的根状茎小而细长。淀粉是藕莲类型莲藕的主要贮藏物质，占莲藕干物质重量的70%以上，莲藕淀粉由直链淀粉和支链淀粉组成，淀粉含量、直链淀粉和支链淀粉的含量比例及直链淀粉和支链淀粉的结构决定着莲藕的品质。一般认为，莲藕总淀粉含量低，且其中直链淀粉含量相对高，则莲藕口感脆，适宜作生食和炒食，也适宜加工保鲜藕、盐渍藕等；而莲藕总淀粉含量高，且其中支链淀粉含量相对高，则莲藕口感粉、糯，适宜煮食、加工藕粉或糯米藕等。

成熟莲藕的皮色有白色和黄白色，表皮上散生着淡褐色的皮点。莲藕根状茎中间有许多纵直的通气孔道，与莲鞭、叶柄中的通气孔道相通，叶柄的通气孔道又与荷叶中心的叶脐相接，进行气体交换。

（3）叶　莲藕的叶通称荷叶，为大型单叶，由地下茎各节向上抽生，具长柄，开始纵卷，以后展开，近圆形或盾形，全缘，顶生，正面绿色，有蜡粉，背面灰绿色，叶中心为叶脐，叶片各叶脉与叶脐相连，叶脉从叶脐向叶缘呈放射状排列。

莲藕萌发后最初生长的2或3片叶较小，叶柄细弱，易弯曲，不能直生，叶片只能浮于水中或水面，在水层较深时浮于水中的称为钱叶，浮于水面的称为浮叶。以后抽生的叶逐渐高大，叶柄粗硬，柄上倒生刚刺，挺立出水，称为立叶，初期的立叶面积较小，叶柄较短，随着气温的升高和植株生长，叶面积逐渐变大，叶柄伸长，形成上升阶梯形叶群；其后所生立叶的叶片又逐渐变小，叶柄变短，形成下降阶梯形叶群；结藕前的一片立叶最高大，其叶柄刺多而锐利，因其下为新藕的后把，故称为后把叶或后栋叶，后把叶的出现，标志着根状茎开始膨大成藕；后把叶以后植株生长最后一片荷叶，该叶片小而厚、叶色浓绿、叶柄短而细、光滑无刺或少刺，着生于新藕的节上，称为终止叶。因此，挖藕时，只要将后把叶和终止叶连成一直线便可判断新藕着生的方向和位置。主莲鞭上着生的侧枝的生长情况与主莲鞭相似（图19-1）。

（4）花　通称荷花，单生，花瓣有白色、粉红色或淡绿色等，两性花，雄蕊多数，花丝较长，花苞顶生。雌蕊柱头顶生，花柱短，子房上位，心皮多数，分离散生于肉质花托内。花一般自清晨开始开放，到下午3:00左右闭合，花期3～4d。藕莲类型的早熟品种常无花，中晚熟品种在发育良好的莲鞭上部分节位抽生一花，是否生花和开花的多少，则与外界环境和品种有关。藕莲类型开花少，子莲类型品种开花数多。

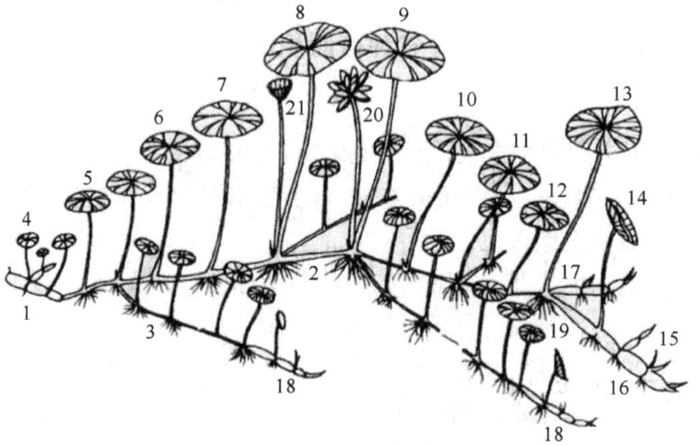

图 19-1　莲藕植株形态（赵有为等，1999）

1．种藕；2．主莲鞭；3．侧莲鞭（分枝）；4．钱叶（水中叶）；5．浮叶；6～8．上升阶梯形叶群；9～12．下降阶梯形叶群；13．后把（栋）叶；14．终止叶；15．叶芽；16．主莲鞭新结成的亲藕；17．主莲鞭新结成的子藕；18．侧莲鞭新结成的藕；19．须根；20．荷花；21．莲蓬

（5）果实和种子　莲藕的果实通称莲蓬，由花托膨大而成，属假果，其中分离嵌生莲子，卵圆或近圆形坚果，内具种子 1 粒，坚果成熟后，果皮坚硬，革质，果皮内为膜质种皮，较薄而软，剥去种皮，为两片肥厚的子叶，中间夹生绿色的胚芽，通称莲心，种子的寿命很长，在 10℃以下可存活 2000 多年。藕莲类型果实相对小，结实率低；子莲类型品种果实大，且结实率高。

2．生长发育周期　莲藕在生产上都用成熟根状茎进行无性繁殖，可以作种的成熟根状茎俗称种藕，莲藕的生长发育过程从种藕春季萌芽生长开始，直到秋、冬季新藕成熟为止。全过程大致可分为以下几个阶段。

（1）萌芽生长期　本阶段从种藕萌芽开始到抽生立叶为止，主要依靠种藕贮藏的养分供应生长。每年春季当气温上升到 15℃以上时，种藕开始萌发，陆续展出钱叶和浮叶，为 20～30d，开始长出第一立叶，此时标志着幼苗期的结束。本阶段气温较低，生长缓慢。因此，要求种藕肥大完整，基肥充足；管理上以放浅水位，提高土温，促进提早萌发，早抽生立叶为主要目标。

（2）立叶生长期　植株第一立叶展开到出现后把叶为止。当气温达到 18℃左右时，植株抽生立叶，以后随气温的升高，植株根、茎、叶的生长迅速加快，进入立叶旺盛生长阶段。在抽生 2 或 3 片立叶后，莲鞭上腋芽萌发抽生侧莲鞭，有时侧莲鞭上还可再生次级侧莲鞭，立叶逐片高大，一般在莲鞭上抽生 6～10 片立叶即开始出现花蕾，从植株上第一朵花开放以后，茎叶生长渐慢，叶片又逐渐变矮小，直至后把叶的出现。本阶段立叶生长速度快，生长量大，需肥较多。同时，水位宜逐步加深，以利于茎叶的旺盛生长。另外，因植株高大，立叶生长期容易受大风危害。

（3）结藕期　本期从抽生后栋叶开始到新藕充分成熟为止。后把叶的出现，标志着莲藕根状茎的先端已开始由水平转向斜下方伸展，同时节间逐节缩短和膨大，植株吸收和制造的养分绝大部分向新藕集中，新藕从开始膨大到膨大定形需 30d 左右；但此时新藕内水分含量多，干物质含量少，一般还需 30d 以上，才能使新藕内干物质充分积累，达到完全成熟。到初霜来临，植株完全停止生长。一般从新藕定形至充分成熟可随时采收上市，也可在地下越冬，至翌年采收上市或作种藕。新藕定形时采收，莲藕含水量高，淀粉积累少，口感甜脆，适宜作水果、凉拌或炒食，因此时荷叶仍然保持嫩绿，故生产上俗称青荷藕；植株叶片完全枯谢时，可采收老熟藕，此时，莲藕根状茎淀粉积累充分，煮食或提取藕粉最佳。本阶段需降低水位，以利于新藕膨大，也怕大风吹断叶柄，导致叶柄气道内灌水，引起新藕腐烂，造成减产。

3. 对环境条件的要求 莲藕的生长发育需要温暖、无风而阳光充足的气候条件，最喜土层深厚软烂、有机质含量高的土壤和较稳定的水位。

（1）温度 莲藕喜温暖，一般温度达 15℃以上才能萌芽生长；立叶生长旺盛期要求温度达 25～35℃；结藕初期也要求较高的温度，以利于藕身的膨大，后期则要求较大的昼夜温差，白天气温达 25℃左右，夜晚降到 15℃左右，以利于养分的积累和根状茎的充实。休眠期也要求5℃以上的温度，否则根状茎易受冻腐烂。

（2）光照 莲藕为喜光植物，生长和发育都要求光照充足，不耐弱光与遮阴。前期光照充足有利于茎、叶的生长；后期光照充足有利于开花结果和根状茎的充实。莲藕对日照长短的要求不严，一般长日照有利于茎、叶生长，短日照有利于结藕。

（3）水 莲藕在整个生育过程中均不能缺水。其中，萌芽生长期要求浅水；进入立叶旺盛生长期，随着植株叶柄的长高，要求逐步加深水位；以后随着植株的开花结果和结藕，水位又应逐渐落浅，以利于根状茎的膨大和养分积累；进入休眠越冬，只需保持浅水。

（4）土壤与矿质营养 莲藕生长以富含有机质的壤土或黏壤土为最适。要求土壤有机质含量在 1.5%以上；土壤 pH 要求在 6.5 左右；莲藕对氮、磷、钾三要素的要求并重。一般子莲类型的品种，对氮、磷的要求较多；而藕莲类型的品种，则氮、钾的需要量较多。

二、品种类型与栽培季节

（一）品种类型

莲藕的栽培种可分为藕莲、子莲和花莲三种类型。其中藕莲和子莲属于水生蔬菜，花莲属于水生花卉。

1. 藕莲 藕莲以其肥大的根状茎即藕供食用，正常生长发育的整支藕重一般都在 1kg 以上，长达 70～100cm。叶片较大，叶脉突起，开花较少，果实结实率低。生产上依适应的水位深浅分为浅水藕与深水藕两类。

（1）浅水藕 适于水稻田或沤田、浅塘栽培。水位多在 15～30cm。浅水藕优良品种很多，如‘脆佳’‘脆秀’‘苏州花藕’‘大紫红’‘飘花藕’‘鄂莲 5 号’‘鄂莲 6 号’‘鄂莲 10 号’等。

（2）深水藕 相对浅水藕而言，能适应较深水层。一般要求水位 30～60cm，最深可达 1.2m。适于浅水湖荡、河湾和池塘种植，多为中、晚熟种，如‘美人红’‘小暗红’‘鄂莲四号’‘湖南泡子’‘丝苗藕’等。

2. 子莲 一般较耐深水，成熟较晚，以食用莲子为主，花常单瓣，有红花及白花两种类型，结实率高，莲子大，但藕细小且品质差。优良品种有‘太空莲 36 号’‘建选 17 号’‘建选 35 号’‘满天星’‘太湖青莲子’等。

（二）栽培季节与方式

莲藕生长发育要求温暖湿润的环境，主要在炎热多雨的季节生长。一般都在当地日平均气温稳定在 15℃以上、水田土温稳定在 12℃以上时种植。露地条件下，长江中、下游地区多在 4 月中下旬到 5 月上旬种植（图 19-2），华南地区气温回暖较早，常可提前 1 个月，华北地区则常推迟半个月左右栽藕。

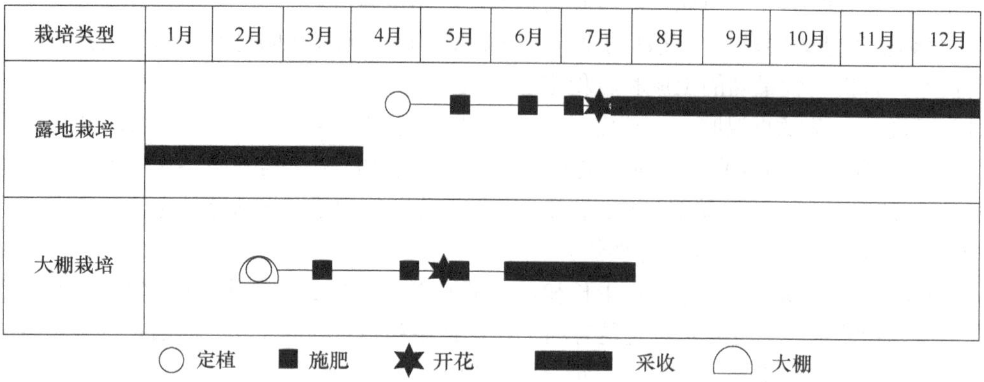

图 19-2 莲藕栽培季节及栽培方式

长期以来，我国莲藕栽培均以露地方式进行。但近年来，随着蔬菜设施栽培技术的提高和完善，江苏、浙江等产区开始应用塑料大棚等设施栽培莲藕，种植期可提前到 2 月中下旬，采用早熟品种，采收期可提前到 6 月上中旬（图 19-2），这种栽培方式的采收期大幅度提前，经济效益较好；莲藕设施栽培还可与许多旱生蔬菜设施栽培进行水旱轮作，可有效减轻设施连作障碍。

三、栽培技术

1．藕田的选择及整地 种植莲藕以选择避风向阳、保水性好、富含有机质的肥沃田块为宜。湖荡应选择水流平缓、水位稳定、最高水位不超过 120cm，淤泥层较深厚的区域栽种。田块在栽种莲藕前应先耕翻，并筑固田埂，施足有机肥，一般每亩施腐熟有机肥 2000～3000kg，或绿肥、厩肥 5000kg 以上，多施有机肥可明显提高产量和品质。

2．种藕选择 应选择完整、无破损，具两节以上，子藕着生于同一侧，芽壮、无病虫害、后把粗短，并符合本品种特征的成熟藕作种。种藕大，生长发育旺盛，有利于早熟、丰产。

3．定植（栽藕） 种藕一般于临栽前挖起，随挖、随栽，不宜暴露在空气中存放过久，以防叶芽失水干枯。如需从外地较长距离引种，种藕必须带泥，贮运时堆高不宜超过 1m，堆底和堆顶铺盖洁净的稻草或草帘，并用喷壶浇水，保持湿润。运到目的地后，应迅速抢栽下田。

栽藕密度视藕田情况、品种及上市期而异，一般田藕比塘藕要密，早熟种比晚熟种密，早收比晚收要密。栽藕密度各地差异很大，近几年来栽植密度都有适当提高，特别是早、中熟品种，为求提早上市，多采用较高的种植密度。例如，苏州花藕过去每亩用种 800 支，目前已加密到 1000 支左右，即行距 1.2m，穴距 1m，每穴栽植种藕 2 支；晚熟品种单株所生的立叶和分枝较多，营养面积较大，种植密度较低，一般行距为 2～2.5m，株距为 1m。每亩种藕用量一般为 200～400kg。

栽藕时为了操作方便，田水宜浅，保持在 3～5cm 即可。栽植时，各行栽植穴宜交错排列，种藕顶芽应左右相对，分别朝向对面行的株间，藕田四周各种植穴中种藕顶芽一律朝向田内，这样可使将来长出的立叶和结出的新藕分布均匀，种藕一般实行卧栽，即在栽植穴上按确定的朝向将种藕的顶芽稍向下斜插入土，深度为 8～12cm，后把节稍向上翘，露出水面，使种藕与地面成 20°～25°，这样利于提高种藕和土壤温度，促进萌芽。

4．中耕除草　莲藕种植以后到荷叶封行前这段时间，要进行中耕除草。除草时应先排浅田水，再进行除草松土。除掉的杂草随即深埋土中，作为肥料。除草时在田间走动脚步要轻，尽量让开地下茎，以免踩伤地下茎。待荷叶基本封行时，要防止人、畜下田碰伤荷叶及地下茎。每次除草后，立即恢复水层。

5．追肥　莲藕喜肥，除施足基肥外，生长期间还应分期追肥。一般在田间长出少数立叶时，追施发棵肥，每亩施入腐熟粪肥 1000～1500kg 或尿素 10～15kg，以促进分枝和出叶。到田间荷叶基本封行时，重施第二次追肥，一般每亩施尿素 2kg，硫酸钾 15～20kg，缺磷土壤还应补施过磷酸钙 15kg，全田撒施。第三次追肥在终止叶出现时，这时结藕开始，称为催藕肥，每亩施有机肥 100～150kg，加硫酸钙 15kg 或三元复合肥 30～50kg。施肥应选择晴朗无风天气，清晨露水干后进行，以防肥料粘留叶面上，灼伤叶片。每次追肥前应尽量放干田水，以便肥料融入土中，施肥后第二天恢复原水层（图 19-3）。

生长发育过程												
月	4	5	6	7	8	9	10	11	12	1	2	3
生长期	萌芽生长期		立叶生长期		结藕期		休眠越冬					
栽培管理	栽藕	施发棵肥	中耕除草 转藕头	追肥 施催藕肥	采收							

图 19-3　莲藕生长发育及栽培管理

6．水层管理　莲藕生长过程中，萌芽生长期田间应保持 2～3cm 浅水层，以提高土温，促进萌发。植株长出 1 或 2 片立叶后，莲藕生长逐渐转旺，气温也很快升高，水层要逐渐加深到 15～30cm，以促进立叶逐片高大。后期立叶满田，并开始出现后把叶时，应逐渐将水位落浅到 5～10cm，到终止叶出现后，水层可降至 4～5cm，以促进结藕。整个生长期间，都要保持水位涨落和缓，不能猛涨暴落和时旱时涝。长江中下游和沿海地区夏季经常有台风、暴雨侵袭，可灌深水防风保护荷叶，台风暴雨过后排水，保持原来水位。湖荡种植莲藕要防止水面上涨淹没荷叶，造成减产。

7．转藕头　在莲藕旺盛生长期，莲鞭生长迅速，两侧产生分枝，扇状向前伸展。当新抽生的卷叶距田边 1m 左右时，表明莲鞭的顶芽已逼近田埂。为防止莲鞭穿越田埂，应及时将莲鞭顶芽拨向田内。转藕头宜在中午以后茎叶柔软时进行，先找到莲藕顶芽，将顶芽周围泥土包裹着莲鞭顶芽一起小心拨转，否则莲鞭脆嫩，易被折断，拨转后再用泥压稳。转藕头时还应注意莲鞭生长的稀密情况，尽量将过密处的莲鞭顶芽调整向稀的方向，以使莲鞭分布均匀，提高产量。

8. 留种 留种田应选择生长良好，符合本品种特性的田块，每亩留种田可供5～8亩种植田的用种量。种藕必须留田越冬，到春季临栽植前随采、随选、随栽。长江以北地区，冬季气温常可降到−5℃以下，冬季留种田必须保持5～10cm浅水，防止种藕受冻。

9. 设施栽培技术要点

（1）*种藕的选择及催芽* 根据早春低温弱光等气候特点，莲藕设施栽培应选用耐低温、入泥浅、长势强、早春萌发早的早中熟品种，如‘苏州花藕’‘脆佳’‘飘花藕’‘鄂莲4号’等。

种藕可直接定植于整理好的塑料大棚等设施内。但为了减少腐烂，提早萌芽，提高出苗率，也可在定植前先进行种藕催芽。催芽时将种藕放入温暖室内，上下垫盖稻草，每天洒水1或2次，保持透气、湿润。经过10～20d，顶芽明显萌发伸长后即可定植。

（2）*种藕定植* 莲藕设施栽培生育期短，施肥应以基肥为主，每亩施腐熟有机肥1500kg以上作基肥。施肥后田块要深翻20cm深，基肥要与翻耕土层充分混匀，耙细整平。定植前10天灌浅水2～3cm，然后闭棚升温。

定植可在2月上中旬至3月初进行，选温度较高的晴天栽种。栽种密度株距1m，行距1～1.2m。栽植时，种藕前端顶芽入泥深度8～12cm，种藕后把露出土面。

（3）*定植后管理* 在立叶抽生前，应闭棚提温，白天棚内气温保持在30～35℃，夜间20℃以上；立叶展开至田间立叶封行，白天温度保持在28～33℃，夜间不低于18℃；当田间出现后把叶，植株进入结藕期时，白天温度保持在28～32℃，夜间16～18℃。3～4月，江苏地区容易出现较大幅度的气温波动，当外界温度迅速升高时，应加强通风，及时揭膜；当遇到倒春寒时，应提前1～2d灌水、闭棚提高棚温；4月下旬以后，当外界最低气温稳定在15℃时，可打开塑料大棚围裙膜昼夜通风。结藕期必要时可将棚膜四周卷起，以利通风降温。

水层的深浅能影响棚内水温和土壤温度，适当调节水位，可满足莲藕生长发育不同时期对水温的要求。灌水深浅应根据天气及植株生育时期而定。一般从栽植到出现立叶，保持2～3cm深的浅水，最深不超过5cm，以利于提高地温，促进萌芽生长；出现立叶后，将水位调至4～8cm，最深不超过10cm，以促进立叶生长，抑制细小分枝发生；结藕期再将水位调至3～6cm，利于结藕。

其余管理技术同露地栽培。

四、采收和采后处理

当莲藕终止叶叶背呈微红色，基部立叶叶缘开始枯黄时，表明藕已成熟。多数荷叶青绿时，可挖取嫩藕（俗称青荷藕）；当全部叶片枯黄时，挖取老藕，老藕可以陆续挖到翌年萌芽前。采收嫩藕时，可根据后把叶和终止叶的走向来确定地下藕的位置；当地上部荷叶全都干枯时，一般立叶都发脆，而终止叶叶柄仍然保持柔韧，据此仍可大致判断地下藕的位置。采收时根据这些标志，用手、脚或铁锹细心挖去四周泥土，将藕采出。莲藕一般都在田间贮藏，根据需要随采随运。莲藕采收后，应剔除破损和病虫危害个体，带泥不洗，并立即调运市场。

莲藕还可经盐渍加工成咸莲藕，经90～95℃的水漂烫加工成水煮藕，经破碎压榨制成莲藕汁饮料，经磨浆、洗浆和漂浆制成藕粉等。自20世纪90年代至今，咸莲藕、水煮藕等十多种莲藕制品一直大量出口日本和韩国等国家和地区。莲子可加工成带芯干莲子、通芯莲子等。近年来，江苏等地将荷叶加工成荷叶茶和荷叶饮料上市销售；湖北等产区在立叶生长期采收莲藕脆嫩的地下茎加工成泡菜，也很受市场欢迎。

第三节　茭　　白

茭白（*Zizania latifolia* Turcz.），别名茭瓜、茭笋，是禾本科菰属多年生宿根草本植物。染色体数 $2n=2x=30$。原产中国，由同种植物菰演变而来。据文献记载，宋末元初杭州菜市就有茭白出售，说明当时已把茭白作为商品菜生产，直到 16 世纪，江苏太湖地区出现两熟茭。目前，作为蔬菜栽培的仅有中国和越南，我国栽培较普遍，主要分布在长江流域以南、台湾等地，华北地区也有零星栽培。品种资源及栽培经验，以浙江产区和江苏太湖地区最为丰富。

茭白的采收期一般在 5～6 月及 9～10 月，对调剂蔬菜淡季，丰富市场花色品种有一定作用。

一、生物学特性

1. 植物学性状

（1）根　为须根，在分蘖节和匍匐茎的各节上环节抽生，长 20～70cm，粗 2～3mm，主要分布在地面以下 30cm 土层中，根数多。

（2）茎　茎有地上茎和地下茎之分，地上茎（俗称薹管）呈短缩状，部分埋入土中，有多节，节上发生多数分蘖，形成株丛，俗称“茭墩”，主茎和分蘖进入生殖生长期后，短缩茎拔节伸长，前端数节畸形膨大，形成肥嫩的肉质茎，长 15～35cm，横径 3～5cm，横断面椭圆或近圆形。地下茎为匍匐状，着生于地上茎基部的节上，横生土中，其顶芽和侧芽可向地上萌发生长，成为分株。

（3）叶　叶着生于短缩茎上，由叶鞘和叶片组成，叶鞘长 25～45cm，相互抱合，形成假茎。叶片长披针形，长 1～1.6m，宽 3～4cm，草绿色。叶片与叶鞘相接处有三角形的叶枕，俗称“茭白眼”，此处组织柔嫩，病害容易侵入，灌水时水深也不能超过叶枕（图 19-4）。

图 19-4　茭白植株及肉质茎

1. 肉质茎；2. 叶；3. 分蘖；4. 根；5. 地下根状茎；6. 带叶鞘肉质茎（壳茭）；7. 除去叶鞘的肉质茎（茭肉）

2. 生长发育周期　茭白一般不开花结实，以分蘖和分株进行无性繁殖。生育过程经历萌芽期、分蘖期、孕茭期和休眠期。

（1）萌芽期　当每年春季气温回升到 5℃以上时，茭白越冬母株基部茎节及地下茎先端的休眠芽开始萌芽生长，江苏地区多在 2 月下旬至 3 月上旬。萌芽生长主要依靠母株贮存于地下部分的养分分解供应。该期需要 20～30d。

（2）分蘖期　从新苗出现定型叶开始，到大部分单株具有 6 或 7 片大叶，并在各株基部抽生 1 或 2 次分蘖为止。该期开始生长较慢，以后逐步加快，到期末又逐渐转慢。该期植株茎叶生长量最大，株高一般能达 1.6～2.4m，田间已经封行。本期经历的时间，因茭白类型和栽培年度有差异，一熟茭经历 130～150d；两熟茭栽植的当年（秋茭采收年），需 150～170d；而在第二年（夏茭采收年），时间较短，一般为 60～80d。

（3）孕茭期　从植株停止增高，新生叶片比前一叶减短开始，到采收结束为止。本期为直接形成经济产量的时期。该期具有 6 或 7 片大叶的成长植株，黑粉菌分泌吲哚乙酸类生长激素，刺激花茎先端数节膨大和增粗，形成肥嫩的肉质茎，最后使外面包被的叶鞘中部被肉质茎挤开，形成裂缝，此时即可采收。孕茭持续时间受气候条件和品种特性的影响较大，一般单支肉质茎生长需 8～17d，全田植株孕茭需持续 30～60d。

茭白肉质茎的形成需要黑粉菌的侵染寄生。植株体内如果没有黑粉菌，茭白茎也就不会膨大，到夏秋可抽薹开花、结实，这种茭称为雄茭。如茭白在孕茭期黑粉菌产生厚垣孢子，肉质茎内产生不同程度的黑点，有的肉质茎几乎全被厚垣孢子占满，成为一包黑灰，不能食用，这种茭白称为灰茭。雄茭、灰茭和正常茭从植株外形上很容易识别。其特征为：雄茭植株高大，生长季节株丛明显高于正常茭，叶片较宽，直立性强，仅先端下垂，假茎圆，不膨大，花茎中空，薹管较高；正常茭生长势中等偏弱，植株较矮，叶片宽阔，最后一片心叶显著缩短，叶色较淡，茭肉肥大时，假茎发扁，在叶鞘一侧裂开，茭肉较长；灰茭生长势较正常茭略强，叶色深绿，叶鞘发黄，始终不会裂开，植株在夏季常不孕茭。茭肉较短小，切开即可见黑色斑点。正常茭在生长过程中，会不断有雄茭和灰茭植株分离出来，栽培上每年都要进行严格的选种，才能保持其种性。

（4）休眠期　秋茭孕茭结束后，天气转冷，地上部迅速枯黄，地下部进入休眠期越冬。休眠期从植株叶片全部枯死，到翌春休眠芽开始萌发为止，需 80～150d。

3. 对环境条件的要求

（1）温度　茭白于 5℃以上开始萌芽生长，其生长适温范围较宽，在 15～30℃，孕茭适温为 15～25℃。秋季气温降到 5℃以下，则地上部迅速枯死，地下部留存土中休眠越冬。

（2）水分　茭白为浅水水生植物。生长期间不能缺水，植株从萌芽到孕茭，水位应逐渐加深，一般从 5cm 逐渐加深到 25cm，才能促进有效分蘖和分株孕茭，并使茭肉白嫩，同时减少无效分蘖发生，但水位也不宜过深，最深不能淹没“茭白眼”。否则，会引起茎基部节间拔长，茭肉缩短，降低产量和品质。

（3）光照　茭白生长和孕茭都需要充足的光照。茭白原为短日照植物，只有在短日照条件下，才能孕茭或抽生花茎，至今一熟茭品种仍保留着这一特性。而两熟茭则对日照长短的反应已不太敏感，短日照和长日照条件下都能孕茭。

二、品种类型与栽培季节

（一）品种类型

1. 一熟茭　又称为单季茭，在春季栽植后，当年秋天即可收获，以后每年秋季收茭白，可连续采收 3～4 年。生产上为保持种性和获得高产，多实行年年选种换田重栽。一熟茭上市一般均比两熟茭的秋茭早，多在 8～9 月上市，对调节淡季市场供应有一定作用。主要品种有‘金茭 1 号’‘象牙茭’‘寒头茭’‘蒋墅茭’‘广州硬尾茭’。

2. 两熟茭　一般春季或夏秋栽植，当年秋季采收第一熟，称为秋茭，次年夏初再采收第二熟，称为夏茭，以后换田重新栽植，故称为两熟茭。优良品种有‘小蜡台’‘无锡庄前茭’‘扬茭 1 号’‘浙茭 6 号’‘金茭 2 号’等。

（二）栽培季节与方式

茭白属喜温性植物，以分蘖和分株进行无性繁殖，不耐寒冷和高温干旱，栽培地区的无霜期需 150d 以上。长江中下游地区，一熟茭一般在 3～4 月定植；两熟茭可分春栽和夏秋栽两种，春栽常在 4 月中下旬进行，夏秋栽在 7 月下旬至 8 月上旬进行。其中秋茭早熟的品种多行春栽，秋茭晚熟品种可行夏秋栽（图 19-5）。近年来，浙江等地采用塑料大中小棚栽培茭白，可大幅度提高早期产量和总产量；用遮阳网覆盖秋茭，秋茭可提早到 8 月底上市；另外，浙江、安徽等地利用高山的特殊气候条件和水库深层冷水灌溉等，可使秋茭孕茭提前，提高早期产量。

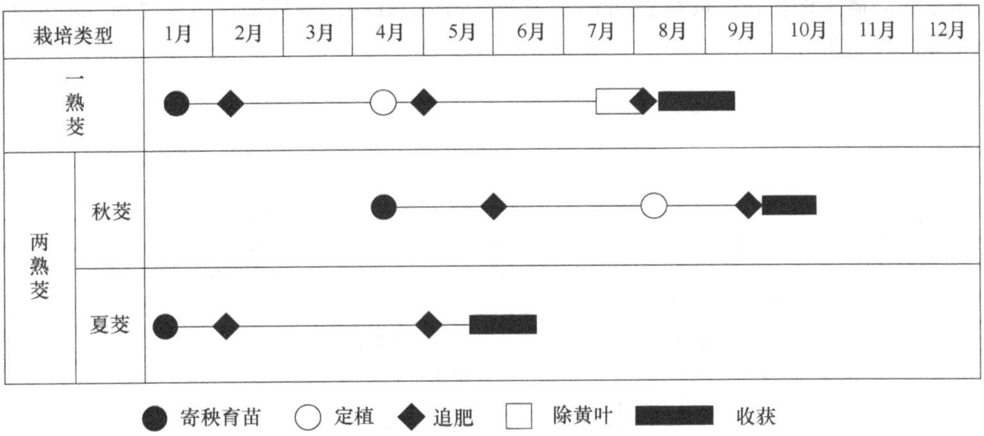

图 19-5　茭白栽培季节及栽培类型

茭白的需肥量大，容易发生病虫害，应实行轮作。一般低洼水田常与莲藕、慈姑、荸荠、水芹、蒲草等轮作，在地势较高的水田，可与水稻轮作，只要旱田保水性能好，灌溉方便，茭白也可与旱生蔬菜轮作或间套作。

三、栽培技术

1. 寄秧育苗　寄秧育苗是近年来茭白栽培技术的重要改进，即将秋季选出的优良母株丛挖起，先在茭白秧田中寄植一定时间，然后再分苗定植于大田的方法。采用这种方法可促进茭白早熟，提高种苗纯度和质量，便于茬口安排。寄秧田要求土地平整，排灌方便，整地时每亩施入有机肥 1500kg。一般在 12 月中旬到翌年 1 月中旬进行，此时母株丛正处于休眠期，移栽时不易造成损伤。寄秧密度以株距 15cm，行距 50cm 为宜，栽植深度与田土表面持平。

近年来，浙江茭白产区推广应用薹管平铺寄秧育苗技术，缩短了单季茭白育苗时间，提高了繁殖系数。一般 8 月底至 9 月，作畦宽 1.2～1.5m、沟宽 30cm 的育秧田，整平畦面，保持畦面无水，沟中有水；剪取选定的茭白植株，剥除叶梢，获得薹管，将薹管切成长 20～25cm 首尾连接平铺在秧田畦面上，节上腋芽朝上，行距 5cm，寄秧后保持秧田水位至齐畦面，水位过高薹管易受淹腐烂，使分蘖芽死亡，水位过浅薹管吸不到水，易干枯；新芽抽出泥面并已扎根后，灌水上秧板，出苗 7d 后，施复合肥 10～15kg/亩。一般薹管每个节位腋芽都会萌发生根，抽出新的茭白苗，3～4 周后，苗高 15～25cm 时，即可将每个茭白苗带根剪下，移至大田定植。

2. 整地施基肥　茭白生长期长，生长量大，要求土壤富含有机质。整地时，先加固田埂，每亩施入腐熟厩肥或粪肥 2000～3000kg，耕耙平整，灌水深 2～3cm，达到田平、泥烂、肥足，以满足茭白生长发育的需要。

3. 栽植　一熟茭多为春栽；两熟茭常可分为春栽和夏秋栽（图 19-6）。

（1）春栽　两熟茭的大多数品种和一熟茭的所有品种都适于春栽，长江中下游地区一般于 4 月中下旬，当茭苗高 20cm 左右，当地日平均气温达 15℃以上时即可进行栽植。从寄秧田或留种田连泥将母株丛挖出，用利刀顺着分蘖着生的方向纵劈，分成若干小墩，尽量不伤及分蘖和新根。每小墩要求带有薹管，并有健全分蘖苗 3～5 株，随挖、随分、随栽。如从外地引种，运输过程中应注意保湿。如栽时茭苗植株过高，可于栽前割去叶尖，留株高 30cm 左右，以减少水分蒸发和防止栽后遇风倒伏。一般株距 60cm、行距 60～100cm。栽植深度以所带老茎入土为度，宜在阴天或傍晚时进行。

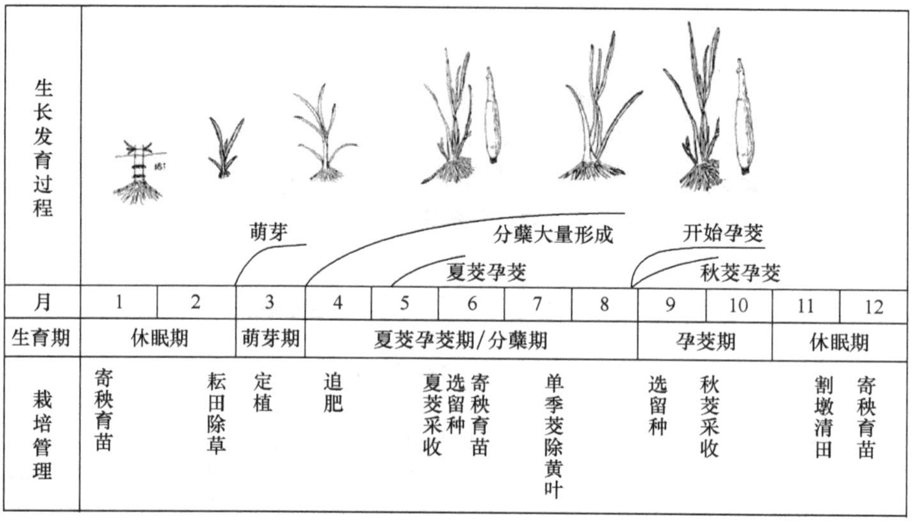

图 19-6 茭白生长发育及栽培管理

（2）夏秋栽　江苏省太湖地区秋茭晚熟的两熟茭品种，常作为早熟莲藕的后作，茭秧在 4 月于藕田四周或秧田育苗，7 月下旬至 8 月上旬栽插。栽前先打去基部老叶，然后起苗墩，用手将苗墩的分蘖顺势一一扒开，每株带 1 或 2 苗，剪去叶梢 50cm 左右。栽植方法同春栽，栽植行距 40～50cm，株距 25～30cm，每亩栽 4000 穴。

4．两熟茭的秋茭和一熟茭的田间管理

（1）水层管理　茭白在不同的生育时期对灌水的深度要求不同。萌芽生长期及分蘖前期宜保持 3～5cm 浅水，以利于地温升高，促进分蘖和发根。分蘖后期将水层逐渐加深到 10cm 左右，到 7 月中下旬，气候炎热，常达 30℃以上，水层要加深到 12～15cm，以降温并控制后期无效分蘖的形成，促进孕茭。每次追肥前宜放浅田水，施肥后待肥料吸入土中再灌水。台风暴雨后，要注意及时排水，最高水位不能超过“茭白眼”，防止薹管拔高。秋茭采收期间，宜保持 5cm 左右浅水，以方便采收。采收结束后，水位应逐渐回落，以浅水或潮湿状态越冬。

（2）追肥　茭田追肥掌握前促、中控、后促的原则，结合水层管理，促进前期有效分蘖的形成，减少后期无效分蘖，促进孕茭，提高产量和品质。一般在栽植活棵后，每亩追施尿素 5～8kg 或腐熟粪肥 1000kg，称为“提苗肥”。如基肥充足，植株长势良好，“提苗肥”可不施或少施。第二次追肥在分蘖初期进行，一般于 5 月上旬，每亩追施尿素 15～20kg 或腐熟粪肥 2000kg，以促进分蘖形成和分蘖的快速生长，称为“分蘖肥”。第三次追肥应在全田有 20%～30%的株丛开始“扁秆”，即茭白植株刚进入孕茭期时进行，过早易引起植株徒长，推迟孕茭；过迟不能满足孕茭的需要，影响产量。一般每亩追施尿素 20kg、硫酸钾 15kg 和过磷酸钙 15kg，称为“催茭肥”。夏秋栽植的新茭田，当年生长期短，一般只在栽植后 10～15d 追肥一次，每亩施入腐熟粪肥 1500～

2000kg 或尿素 10～15kg。

（3）耘田除草　根据田土情况和杂草多少而定。一般栽后 10～15d，新苗活棵后即可进行第一次耘田除草，以后每隔 15d 左右进行一次，到植株分蘖基本封行为止，共进行 2～4 次。

（4）除黄叶　秋茭分蘖期，正值高温季节，田间株丛分蘖间相互拥挤，影响通风透光。一般需除黄叶 1 或 2 次，除下的枯黄叶，随即踏入田土中，作为肥料。除黄叶的要求是“拉清不拉伤”，即既要清除黄叶，又要保护绿叶，防止损伤植株。

（5）去杂、去劣　整个孕茭期，应认真检查全田植株，对生长特别高大、无孕茭迹象的茭墩，及时做好标记，于采收结束后全墩连根挖除。在采收过程中，对肉质茎形态产生明显变异，以及出现灰茭的茭墩，采收时也应做好标记，采收结束后，彻底挖除，以保持品种纯度。

（6）割墩清田　冬季地上部枯黄后，应用利刀齐泥割去全田残桩老叶，割墩后将田内清理干净，灌入浅水，保证根株湿润过冬，保证第二年及时萌芽生长。

（7）施用有机肥　如田间肥力不足，可在 1～2 月施一次有机肥，一般每亩施腐熟粪肥或厩肥 3000kg 左右。

5. 两熟茭的夏茭田间管理

（1）匀苗补缺　春季萌芽初期，苗高 15～20cm 时，对生长拥挤的株丛应进行疏苗，每株丛留外围壮苗 20 株左右，使苗向四周散开生长。在疏苗的同时，对缺苗的穴位，从株丛大、出苗多的茭墩上挖出具有 6～8 株苗的小墩，进行补苗，使全田密度均匀，生长一致。

（2）追肥　两熟茭的夏茭生育期短，必须尽早追肥才能满足生长和孕茭的需要。除了在萌芽前施一次较重的有机肥外，在萌芽后 15～20d，要再追施一次较重的有机肥，每亩施腐熟粪肥或厩肥 2000kg 左右，夏茭追肥应以有机肥为主，否则会引起茭肉品质变差。

6. 茭白塑料大中小棚栽培技术要点　近年来，浙江等茭白产区开展塑料大中小棚栽培茭白，可比露地栽培显著提早上市。塑料棚栽茭白以种植两熟茭为主，选择能在低温下孕茭良好的低温型早熟两熟茭品种，常用品种如‘黄岩茭’‘黄茭 1 号’‘浙茭 2 号’‘浙茭 3 号’等。

塑料大中小棚栽培茭白当年秋茭栽培管理同露地栽培一致。秋茭采收结束后，立即排干积水，适当搁田以改善土壤结构，至 12 月下旬待植株枯黄后齐泥割去地上部分，清洁田园，灌 5cm 深水层。割下的枯叶集中销毁或沤制有机肥，可减少病虫越冬基数。12 月下旬至翌年 1 月中旬，每亩施优质有机肥 120～150kg 或复合肥 50kg，整平田块，随即搭棚盖膜，棚膜四周用泥土压实，灌入 2～3cm 浅水。1～2 月天气晴好，棚内温度超过 28℃时应及时揭膜通风防高温烧苗，遇到连续阴雨天气，也应加强通风，促进培育壮苗，减少弱小苗孕茭率。清明以后视气温情况再全部揭除薄膜。2 月底至 3 月初气温开始回升，茭白植株生长迅速，在株高 20～30cm 时，要进行 2 或 3 次疏苗，疏去弱苗、病苗及过密处的苗，即平均株行距 35cm×90cm，每墩（穴）留疏密均匀的粗壮苗 14～16 株。

塑料大中小棚栽培茭白在肥料的施用上宜采用薄肥勤施、前轻后重的方式，萌芽期与分蘖期每亩分 3 或 4 次施入碳铵 75kg、过磷酸钙 50kg、氯化钾 10kg，每次施肥后 3～4d 要注意通风，防止分解氨气而烧苗。当茭白茎部变圆，顶叶缩短时可重施孕茭肥。一般每亩施优质复合肥 20kg，以促进茭白迅速膨大，增加单茭重量。如果孕茭不集中，在采收 2 批茭白后每亩可再施用尿素 15kg，以利于提高中后期茭白产量和质量。

在水分管理上，出苗前应灌浅水，以利于提高土壤温度，早出苗；出苗后保持浅水层，定苗后须搁田 1 周左右，开始孕茭后保持水深 5～8cm。

设施栽培茭白常同时采用培土护茭技术，即当植株茎部发扁，茭白开始孕茭时，即进行培土。培土要分株分次进行，孕茭 1 株培土 1 株，并随着茭白的不断膨大伸长，不断向上培土，以阻隔太阳光直射肉质茎，提高肉质茎品质及商品性。每次培土以稍高于植株基部膨大部位为宜，不能过高，更不能超过茭白眼。由于植株孕茭有先有后，要做到边采收边培土，促进茭白个体肥大。

大棚夏茭一般在 4 月底开始采收，6 月初结束。夏茭采收时高温高湿，一般要求在早晚采收，收获的茭白须放置在阴凉处，以防止发热变质。

7. 高山茭白栽培技术要点 高山茭白一般种植在海拔 500～1200m 的高山上，利用 7～9 月平均气温比平原低 3～6℃的有利的环境气候条件发展茭白生产，可有效缓解大中城市蔬菜生产淡季蔬菜供应，提高经济效益，如安徽岳西县和浙江丽水市、金华市、新昌县等地均建有规模化的高山茭白基地。高山茭白结茭的早迟与海拔、坡向、土层深浅等有关，一般海拔高的比海拔低的早结茭，孕茭时冷水能流到的比流不到的田块早结茭，通风好的小块田比大块田早结茭，土层浅的比土层深的田块早结茭。因此，选择土壤肥沃、富含有机质、水源充足、排灌方便的田块作为茭田，有冷水流到、通风好的田块尤佳。

高山地区栽培的茭白品种以单季茭为宜，应选用早熟或中熟、抗病虫、品质好、稳产高产的优良品种，如‘美人茭’‘象牙茭’‘小蜡台’‘一点红茭白’等。两熟茭引入高山种植，在 800m 以上的地区种植，由于积温不够，一年只能收 1 次；在 400～600m 地区可以收获双季。从外地引种前一定先进行引种试验，以免影响生产。

高山茭白一般以秋季 10 月中旬至 11 月上旬前定植为主，也有在春季 3 月下旬至 4 月上旬定植的。秋栽定植时间一般在 10 月高山茭白采收结束后开始，最迟应在立冬前后结束，可促使翌年早发苗、早分蘖。定植时，割取种株上 20cm 左右的薹管，按行距 80cm、株距 40cm 栽插。为方便田间管理，可分宽窄行栽插（宽行行距 100cm，窄行行距 60cm，株距 35cm）。有些地方在 11 月先进行寄秧（以单支薹管为一寄插单位），单管寄插密度以 20cm×30cm 为宜，寄插后要用拱棚薄膜覆盖。3 月底至 4 月初，再将寄秧移栽到大田，按 1500～2000 穴/亩进行栽插。春季栽种一般在清明后，当分蘖苗高 30cm、具有 2 或 3 片叶时，挖起种墩，用刀切成每穴同时具备老茎、匍匐茎和 2 或 3 个分蘖定植，行株距为 100cm 和 50cm，每亩栽 1300 穴左右。定植后田间保持薄水层，以促进成活。

老茭白田在清明前除杂定苗，每亩保持健壮苗 8000～10 000 株。定植 15d 后，结合追肥，耘田除草，促进早发。一般 5 月中旬到达分蘖高峰，此后必须进行控制无效分蘖苗，除掉在后期抽生的幼弱分蘖苗及植株下部的老黄叶，并踩入泥中。在苗高 15～20cm 时进行疏苗，疏除密、弱茭苗，同时在茭墩中间压一块泥，使茭墩分蘖向四周均匀生长，以利通风透光。单季茭每穴留苗 7～10 株，两熟茭每穴留苗 10～15 株。

高山茭白掌握浅水移栽，适水活棵，薄水促蘖；深水、活水孕茭，湿润越冬的水分管理方法。高山上春季气温较低，茭白移栽后要灌水保温活棵，严防冻害，促进早发，一般水层保持在 3～5cm。茭白萌芽至移栽，灌水宜浅，可保持水层 3～5cm，以利于提高土温促进萌发；移栽到分蘖前期仍宜浅，保持水层 4～6cm，促进分蘖和发根；在分蘖后期，水位加深至 10～12cm，抑制无效分蘖的发生；孕茭期保持 15cm 左右的深水位，有降温促进孕茭和护茭作用。施肥后，田间只能保持 2～3cm 的浅水，2d 后逐渐恢复水位。夏茭孕茭时天气渐热，茭白要勤换水，或活水灌溉，有利延长夏茭孕茭。

高山茭白应根据土壤肥力不同，进行合理配比、平衡施肥。一般山区田块，以粉砂土为主，土壤含钾量较低，保肥性能也较差。以早熟高效为栽培目的的高山茭白，要多施有机肥，氮、磷、钾合理配比。高山茭白追肥宜早不宜迟，早施可促苗早发、早结茭，一般必须立夏前结束施肥；如立夏后施肥，结茭延迟，产量较低。在谷雨前后，一般每亩追施尿素15～20kg、氯化钾6～8kg，或施茭白专用复合肥150kg，或碳铵50kg、过磷酸钙50kg、氯化钾15kg，以促进有效分蘖的发生，以后视茭白生长和孕茭情况，酌情施追肥1或2次。当茭白田有70%植株孕茭后追施孕茭肥，一般每亩施尿素10～20kg或茭白专用肥20kg，土质瘠瘦、茭株生长落黄的茭田要适当多施，以满足茭白肉质茎膨大对养分的需求。

其余栽培管理技术同平原大田。

8．冷水茭白栽培技术要点 冷水茭白即在夏季高温季节，有条件地区利用水库库底冷水串灌茭田，使茭田水温保持在黑粉菌适宜寄生和繁殖的20℃左右的较低温度，创造一个适宜茭白生长的田间小气候，从而满足茭肉膨大需要的茭白种植新技术，使茭白提早到7月底至8月初上市，且肉质细嫩，食味鲜美。由于冷水茭白栽培受冷水资源局限，区位优势明显，因此在大、中型水库下游，适度发展冷水茭白生产颇具经济效益。该技术目前在浙江金华市的莘畈水库、金兰水库下游等应用，栽培田块都位于水库库底出口位置，水库底部水温常年在10℃左右，流入茭田后，可使茭田水温降到15～18℃，白天水温平均在25℃以内，保持孕茭的适温能确保茭白在7～8月高温季节正常结茭。

冷水茭白栽培宜选用分蘖力强的单季茭品种，如‘义乌八月茭’等。

应选择能串灌到水库库底冷水的田块种植，田块最好处在两侧有高坡的凹陷处，如选峡谷之地或两边高中间低的谷地，这样更利于冷水的控制。为使茭田之间串灌水有一定流速，以保证串灌冷水能在栽培田流动，以使整块栽培田的水温均匀，茭田之间最好应有一定梯度落差，排水要流畅、方便，这样降温效果更好。一般在6月下旬至7月上旬开始灌冷水，茭株整体发育早、生长旺盛、封行早的可早些，否则可迟些。如果过早灌冷水，茭白植株过小，不利于孕茭或形成的茭白肉质茎过小，灌冷水过晚也会提高孕茭节位，降低产量。一般采取串流的灌溉方法，即“跑马水”或有规律地间歇灌水，如果水源充足，最好昼夜串灌冷水，如果水源不足，也可只在白天灌溉。

冷水茭白由于生长期缩短，在施足基肥的同时，应早施追肥。茭白追肥应根据早熟高产的要求，采用“前促—中控—后促”的追肥方法。基肥以有机肥为主，田块翻耕前每亩施腐熟有机肥1500～2000kg、尿素10kg、过磷酸钙25kg、硫酸钾或氯化钾15～20kg。新茭田在定植后7～10d进行第一次追肥，每亩追施尿素15kg，深施在离根8～10cm的泥中，促苗早分蘖；第2次追肥，在栽后45～50d，每亩追施尿素8～10kg，采用撒施法，边施肥边浇水，避免肥伤叶片，促苗早发；当田间有5%～10%茭白叶鞘张开、茎秆呈扁圆形时，是追施孕茭肥的关键时期，此期若茭白苗长势好，每亩追施尿素5kg；若苗弱，追施尿素10～20kg，田间保持水层6～7cm，肥效期控制在12～15d。

四、采收和采后处理

茭白的采收标准是孕茭部位明显膨大，叶鞘一侧因肉质茎的膨大而被挤开，肉质茎略露出1.5～2.0cm。过早采收，产量偏低，采收过迟，茭肉纤维增多，表皮易发绿，商品性变差。秋茭采收季节，气候凉爽，可隔5~7d采收一次，采收盛期2～3d一次。采收时折断薹管，连上部叶片一起采收。夏茭采收季节，气温高，肉质茎易变老发青，一般3～5d采收一次，盛期1～2d采收一次，采收时用手连根拔起，但应注意不要伤及邻近的分蘖。

采收的茭白如保留包被茭肉的叶鞘，从茭白眼附近剪去上部叶片，可保存5～7d，但剥出茭肉后，只可保存 1～2d。选充分长足、叶鞘包裹茭肉紧密、无病虫害、基部保留 1～2 节薹管的“壳茭”，在 0～2℃的冷库中可保存 60d。

第四节 荸　荠

荸荠［*Eleocharis tuberosa*（Roxb.）Roem. et Schult］别名马蹄、地栗，是莎草科荸荠属多年生浅水性草本植物。原产中国。以其地下球茎供食用，生食、熟食均可，也可加工罐藏和提取淀粉，具有健胃、祛痰、解热等功效。在我国南方多利用低洼水田或沼泽地进行栽培，并常与慈姑、浅水藕和席草等轮作。广西桂林、浙江余杭、江苏里下河地区、太湖地区等地为著名产区。

一、生物学特性

1．植物学特性

（1）根　为须根系，发生于肉质茎基部，细长，初为白色，后转为褐色，无根毛，入土深 20～30cm。

（2）茎　荸荠茎有肉质主茎、叶状茎、匍匐茎和球茎四种。

1）肉质主茎。在生长前期为不明显的短缩茎。其顶芽及侧芽向地上抽生叶状茎，基部的侧芽向土中抽生匍匐茎。

2）叶状茎。绿色，细长的管状，直立，长 1m 左右，中空，内具多数横隔膜，隔膜中有筛孔。叶状茎丛生，是荸荠的光合作用器官。

3）匍匐茎。由肉质主茎基部侧芽向土中抽生，乳白色或淡黄色。高温长日照条件下，匍匐茎在土中横向生长，先端向上抽生叶状茎，向下生根，成为独立分株，分株又可再生匍匐茎，再生分株，生长中、后期发生的匍匐茎，在较低的温度和短日照条件下顶端数节膨大成球茎。

4）球茎。球茎一般由 8 节组成，基部 5 节膨大成扁圆形，节上有鳞片叶，最上部三节的鳞片叶包裹顶芽成尖嘴状。

（3）叶　叶片退化成膜片状，着生于叶状茎的基部及球茎上部数节，包被主、侧芽。

（4）花　结球期，自花茎顶端，抽生穗状花序，小花呈螺旋状贴生穗上，外包萼片，具雄蕊三枚，雌蕊一枚，子房上位，柱头三裂。

（5）果实和种子　小花授粉、受精后，结为小坚果，近球形，内含种子一粒，灰褐色，不易发芽，生产上都不用种子繁殖（图 19-7）。

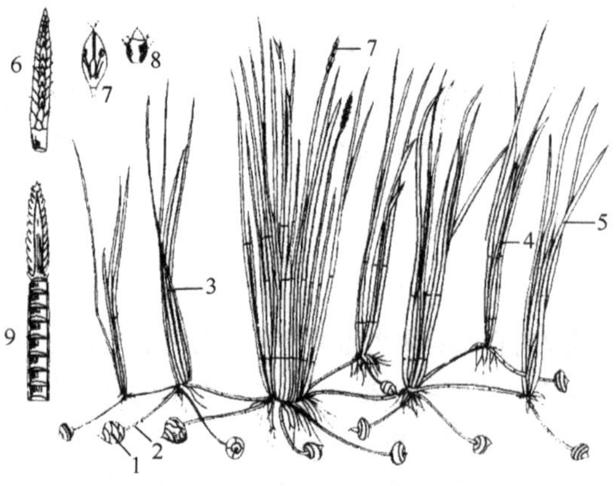

图 19-7　荸荠植株形态

1．球茎；2．匍匐茎；3．第一分枝；4．第二分枝；5．叶状茎；6．花穗；7．花；8．种子；9．横隔膜

2．生长发育周期　荸荠的生育过程可划分为萌芽期、分蘖分株期和结球期三个阶段。

（1）萌芽期　从球茎萌芽开始，到形成具有短缩茎、叶状茎和须根系的新苗为止。主要依靠球茎贮藏的养分分解转化供应新苗生长，约需 20d。

（2）分蘖分株期　球茎萌发形成的新苗靠自身吸收和制造的养分供应生长，在抽生叶状茎的同时不断分蘖，形成母株，母株侧芽向四周抽生匍匐茎，匍匐茎顶芽萌生叶状茎，形成分株。如此方式分蘖、分株，需 120～150d。

（3）结球期　秋季气温下降、日照变短的条件下，分蘖、分株基本停止，自株丛中心抽生花茎，开花结果，匍匐茎先端开始膨大，形成球茎，该期约 70d。

3. 对环境条件的要求

（1）温度　休眠过冬的球茎在温度达 15℃左右时开始萌发。分蘖、分株和叶状茎生长适温为 20～30℃，结球适温为 20～25℃，并需较大的昼夜温差。休眠时能耐 3～5℃的低温。

（2）水分　荸荠生育过程中适宜较浅水位，但不能断水。萌芽期宜 2～3cm 浅水；分蘖分株期宜 7～9cm；结球期宜逐渐落浅到 3～5cm；越冬的球茎，只要保持一薄层浅水即可。

（3）光照　荸荠喜光，但萌芽期组织柔弱，应防止强光暴晒。荸荠生长发育对日照长短比较敏感。高温、长日照条件下，促进分蘖、分株和叶状茎的生长；低温、短日照条件下，促进植株进入结球期。

（4）土壤与矿质营养　荸荠适宜在表土松软、肥沃、底土较紧实的壤土和黏壤土中生长，并要求富含有机质。结球前需要较多的氮、磷肥；结球期需较多的钾肥。

二、品种类型与栽培季节

（一）品种类型

1. 平脐类型　球茎的脐部与四周底部基本相平。平脐类型品种一般顶芽较尖，球茎偏小，淀粉含量高，最适熟食和制粉。一般为早、中熟品种，如‘红宝石’‘苏荠’‘桂蹄 3 号’‘余杭大红袍’等。

2. 凹脐类型　球茎的脐部比周围底部有较深的凹陷，同时顶芽常粗钝，球茎较大，含淀粉较少，可溶性糖含量较多，宜生食，一般中、晚熟，如‘红宝玉’‘桂蹄 2 号’‘桂林马蹄’‘孝感荸荠’等。

（二）栽培季节及方式

荸荠需在无霜期生长。在长江中下游地区，立秋前可随时育苗移栽。可与莲藕、茭白等前后接茬。在清明至小暑育苗，并早栽，使植株能在夏季高温、长日照条件下发生分蘖和分株，在入秋后低温、短日照条件下结球，易获高产。其中，清明至谷雨催芽育苗的称为早水荸荠；夏至前后催芽育苗的称为伏水荸荠；小暑至大暑催芽育苗的称为晚水荸荠。华南地区气温较高，生育期长，一般多种植晚水荸荠（图 19-8）。荸荠不宜连作，一般需实行 2～3 年的轮作。

三、栽培技术

1. 整地与施基肥　荸荠定植前，对大田进行耕耙，同时施基肥，一般每亩施腐熟厩肥或粪肥 1500～2000kg。早水荸荠因生长期长，以施有机肥为主；晚水荸荠要争取在短期内发棵分株，施肥量应适当增加，并以速效肥为主。

2. 育苗　选择顶芽饱满，表皮光滑且色泽一致的球茎进行育苗。早水荸荠应选择避风向阳、温暖的水田下种育苗。秧田每亩施腐熟粪肥或厩肥 1500～2000kg，耕耙耱平，放入 2～3m 浅水。种荠按行距 20cm、株距 15cm 栽入土中 2～3cm 即可。待主茎株丛已有分蘖，且有分株时，即可起苗定植。晚栽荸荠多于定植前 1 个月左右育苗，以主茎株丛定植。晚栽荸荠育苗期常高温干旱，往往需在秧田上搭荫棚。待主茎丛具 5 或 6 根叶状茎即可定植。

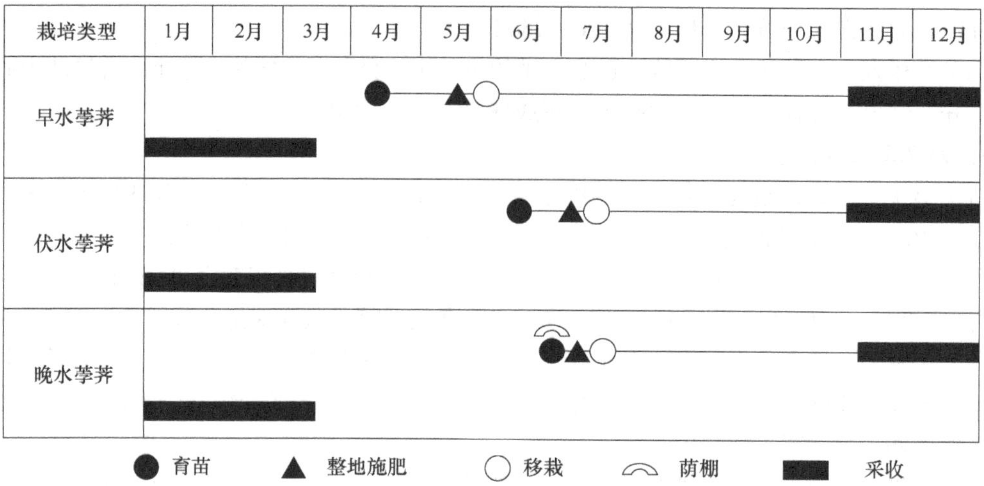

图 19-8 荸荠栽培季节及栽培类型

3．定植 在淮河和长江流域，早栽荸荠苗龄 50～70d 都可。将秧田中的苗逐株连根挖起，用手栽插，入土深度以栽稳为度。行距 50～60cm，株距 25～30cm。晚栽荸荠适栽苗龄较短，一般为 25～30d，栽时小心连同种荠和根系一起挖出，按株、行距将种荠连同根系插入土中。华南地区虽然都是晚栽，但秋季气温高，分蘖和分株的较多，所以栽植株、行距都应适当放宽，如广西地区定植的株行距一般均为 50cm。

4．田间管理 早栽荸荠栽植初期气温还较低，田间宜保持 2～3cm 浅水，之后随着植株的长大和分蘖、分株的形成，应逐渐加深水层至 7～10cm，晚栽荸荠栽植时正值高温伏旱季节，栽后宜加深水层到 6～8cm，以后加深到 10cm 左右，以促进生长和发棵。进入结球期，水位应落浅到 3～5cm，最后保持 1～2cm 浅水过冬。

一般在定植活棵后和开始分株时，每亩分别施尿素 15kg、过磷酸钙 15kg、硫酸钾 10kg，于露水干后，放干田水，均匀撒施，施后 1～2d 还水。开始结球时，再每亩施磷、钾肥各 10kg，还可用 0.2%的磷酸二氢钾进行根外追肥，促进结球，提高单球重和产量（图 19-9）。

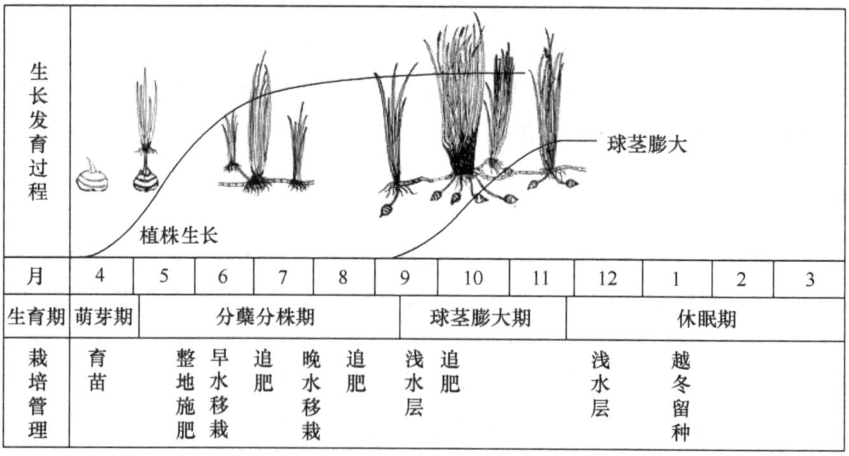

图 19-9 荸荠生长发育及栽培管理

四、采收和采后处理

荸荠到冬季地上部枯死，球茎进入休眠期，即可开始采收。早期采收的球茎，肉质嫩，味不甜，皮色未全部转红，皮薄不耐贮藏。冬至前后，球茎变成红褐色，球茎内含糖量逐步升高，品质最佳；以后表皮加厚，球茎皮色逐渐变为黑褐色或黑色，含糖量减少，品质不及冬前。但顶芽充实饱满，宜作种用。一般于前一天排去田水后采收。

荸荠采收后的贮藏场所，要求地势高燥，温度较低。可挖深 80～100cm 的地窖贮藏；也可将荸荠堆积在地面上，四周用窝席围住，堆上盖土和稻草，整个堆外用泥涂封。在冬春季节可贮藏 3～4 个月。荸荠还可经去皮、预煮、杀菌等制成清水马蹄罐头，经打浆、均质等加工成荸荠果肉饮料，还可加工成荸荠脯、荸荠粉、风干荸荠等制品。

第五节　慈　　姑

慈姑（*Sagittaria sagittifolia* L.），别名剪刀草、燕尾草，是泽泻科慈姑属多年生水生草本植物。原产中国。慈姑营养丰富，富含淀粉、蛋白质、磷等矿质营养，可煮食、炒食。在我国华南地区和长江流域栽培普遍，江苏里下河地区和太湖地区及珠江三角洲为主产区。近年来，江苏慈姑产区研制推广了慈姑大棚春季早熟栽培，每年 2 月上中旬设施育苗，3 月上中旬定植，6 月下旬开始采收上市，7 月下旬可以种植第二茬露地慈姑。同时，研制集成了塑料大棚等设施旱生蔬菜与慈姑的水旱轮作模式和技术，尤其是设施春早熟西瓜与慈姑水旱轮作模式应用普遍，有效缓解了设施西瓜连作障碍的发生。

一、生物学特性

1．植物学性状　慈姑植株直立，高 50～100cm。须根系，具细小分枝，无根毛，须根长 30～40cm。茎分为短缩茎、匍匐茎和球茎 3 种，短缩茎腋芽萌动生长，穿过叶柄基部，向土中生长为匍匐茎，长 40～60cm，每株有 10 余条。匍匐茎入土深浅，受气候影响。气温较高，匍匐茎顶端窜出泥面，发叶生根成为分株，分株也可再抽生匍匐茎；气温下降，匍匐茎向深处生长，顶端数节积累养分膨大形成球茎，球茎有 2 或 3 节组成，卵形或近球形，肉白色或淡紫色，顶端具顶芽。叶箭形，长 25～40cm，宽 10～20cm，叶柄长，组织疏松，着生在短缩茎上。慈姑部分植株可从叶腋抽生花梗 1 或 2 枝，总状花序，雌雄异花，花白色，花萼、花瓣各 3 枚，雄蕊多数，雌花心皮多数。结实后形成多数密集的瘦果，果形扁平，斜倒卵形，种子位于中部，具繁殖能力，种子繁殖当年只结细小球茎，生产上都用球茎进行无性繁殖（图 19-10）。

图 19-10　慈姑植株形态

左图为匍匐茎、球茎开始形成的状态；中间图为叶的形态；右图为球茎膨大期的状态

1．叶片；2．地下匍匐茎；3．花序；4．球茎

2．生长发育周期　慈姑以球茎进行无性繁殖。从球茎萌芽开始，到形成新球茎为止，整个生育过程可划分为萌芽期、植株生长期和结球期三个阶段。

（1）萌芽期　休眠过冬的球茎顶芽，在春季转暖后开始萌发，叶鞘张开，从中抽生叶片，并在环节上发生多数白色线状须根。本阶段从萌芽开始，到抽生两片叶为止，主要依靠顶芽和球茎中贮存的养分供幼苗生长。一般需 25～30d。

（2）植株生长期　从幼苗抽生出箭形叶到植株叶腋中抽生匍匐茎、新叶抽生明显转慢为止。先后抽生 11～14 片叶，形成强大的营养器官，为结球提供物质基础。本阶段经历 100～120d。

（3）结球期　从植株抽生的匍匐茎开始结球，到球茎成熟，进入休眠期为止。植株地上部生长减缓，养分向地下部集中，各匍匐茎先端 5～7 节先后膨大，形成球茎。一般匍匐茎抽生 15～25d 后开始膨大结球，再经 30～35d 球茎成熟。本阶段是形成经济产量的主要时期，力争球茎增大、增重是栽培的主攻方向。一般球茎单重 25～50g。

3. 对环境条件的要求

（1）温度　慈姑顶芽在 15℃以上萌发，叶片生长适温为 25～30℃，抽生匍匐茎和球茎膨大以 20～25℃为最适。球茎休眠过冬，以 7～12℃为宜。

（2）水分　慈姑为浅水水生植物，萌芽期水深以 3～5cm 为宜；植株生长期水位应逐步加深到 10～15cm；结球期水位宜浅，以 5～8cm 为宜；进入休眠期保持浅水或润湿过冬即可。

（3）光照　慈姑喜光，不耐遮阴，特别是结球期要求光照充足。慈姑属短日照植物，长日照有利于茎叶生长，短日照有利于球茎的充实膨大。

（4）土壤与矿质营养　慈姑生长要求土壤软烂、肥沃，以富含有机质的黏壤土或壤土为好。对肥料要求为氮、钾并重，配以适量磷肥，可保证植株健壮生长和球茎膨大。

二、品种类型与栽培季节

我国栽培的慈姑按照球茎颜色可分为黄白慈姑和青紫慈姑两种类型。其中，黄白慈姑球茎多为卵圆形或扁圆球形，皮黄色或黄白色，肉质较松，基本无苦味，耐贮性和抗逆性差；优良品种有‘慈玉’‘苏州黄’‘沙姑’‘沈荡慈姑’等。青紫慈姑球茎近圆球形，皮青色或青紫色，肉质较紧密，有苦味，耐贮性好，抗逆性强，如‘紫金星’‘宝应紫圆’等。

由于慈姑的生育期较长，各地多采用育苗后露地种植。因各地气候条件和茬口不同，育苗和栽植时期也有差异（图 19-11）。

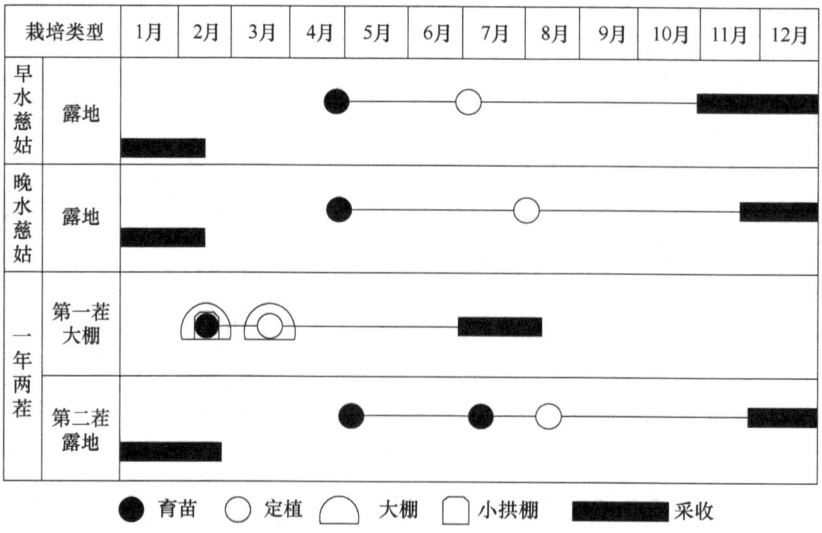

图 19-11　慈姑栽培季节及栽培类型

1．春播分株育苗　华南地区，一般于 2 月挖取种球育苗，40～50d 后移至秧苗繁殖田，使发生分株，8 月前分期、分批定植大田。

2．春季育苗、分期栽植　长江流域多在 4 月中旬到 5 月上旬育苗，6 月中旬至 7 月上旬定植，称为早水慈姑；也有 7 月下旬到 8 月上旬定植的，称为晚水慈姑。

近年来，江苏部分产区利用塑料大棚进行早熟栽培，于 2 月中下旬育苗，4 月上旬定植，产品可于 7 月上中旬上市，采收结束后立即施肥整地，可种植第二茬慈姑。应根据消费习惯，选择适宜的品种类型，同时要求品种早熟性好、前期生长快、耐低温。江苏地区一般可选择‘紫金星’‘慈玉’‘苏州黄’‘紫圆’等。

三、栽培技术

1．露地栽培

（1）育苗　长江流域育苗应在当地断霜后进行。选优良种球的顶芽，按株、行距各 6～8cm 插入苗床中，插播深度以顶芽全长的 1/2～2/3 入土为宜，栽插后保持 2～3cm 浅水或土壤充分湿润。如种芽大小不一，应将大小顶芽分开栽插，以便于秧田管理。

（2）整地、施基肥　慈姑栽植前，种植田应深耕 20cm 以上，每亩施入腐熟厩肥或粪肥 3000kg 以上，尿素 15kg，过磷酸钙 40kg 作基肥，翻耕耙平，灌入浅水，即可栽植。

（3）定植　慈姑的定植时间因各地气候条件及茬口安排而有不同。其中，早水慈姑栽植不宜过早，一般要求苗龄达 45d 以上，秧苗具 4 或 5 片叶，高 30cm 左右才可定植；晚水慈姑要尽可能早栽，长江流域应在 8 月上旬前栽插完毕，华南地区不宜迟于 9 月上旬，否则将影响产量。

慈姑要求浅水栽插，合理密植。早栽的生育期长，株、行距宜为 40～45cm，晚栽的生长期短，株、行距应为 35cm 左右。

（4）田间管理

1）水分管理。以浅水勤灌、严防干旱为原则。一般生育前期保持 3～5cm 浅水；夏季高温，可在深夜或清晨引灌凉水，并加深水层到 10～20cm；8 月中下旬，气候转凉，再恢复 8～10cm 浅水；9～10 月，植株大量结球时，落浅水层到 3～5cm，否则易引起植株徒长，延迟结球，造成减产。

2）追肥。慈姑定植成活后，一般应追一次提苗肥，尤其是晚栽的慈姑，以促进植株的快速生长，每亩可施入腐熟粪肥 1500kg 或尿素 15kg，施肥结合除草耘田一次，使肥料与土壤混合均匀，此后一般不追肥。直到秋季天气转凉，植株开始大量抽生匍匐茎时，应追肥一次，以促进结球，一般每亩施腐熟粪肥 2500kg 或尿素 25kg，另再施草木灰 100kg（图 19-12）。

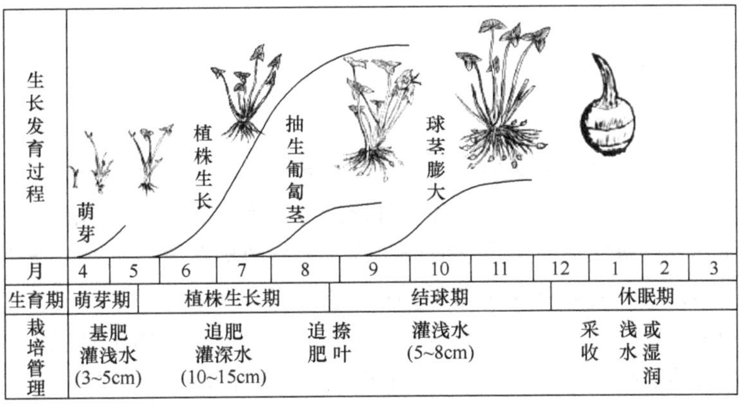

图 19-12　慈姑生长发育及栽培管理

3）除老叶。秋凉前分次将植株外围老叶连同叶柄一起捺入株旁泥中，这样既可增加土壤肥力，又利于通风透光，直到气温降到 25℃以下时为止。以后昼夜温差加大，应注意保护叶片和根系，促进植株养分积累和结球。

2．塑料大棚春早熟栽培 慈姑的设施栽培主要是在江苏地区，利用塑料大中棚进行早春提前育苗、提前定植、提前收获上市的栽培方式，一般于 2 月上中旬选择避风向阳、保温性能好的田块搭建大中棚进行育苗，3 月中下旬，慈姑苗有 4 或 5 片健壮箭叶时定植于大中棚，6 月底至 7 月中下旬采收上市。一般每亩产量可达 800～1000kg，种植效益好。

（1）*育苗* 慈姑塑料大中棚春早熟栽培一般于 1 月底至 2 月上中旬育苗，育苗前 10～15 天扣棚膜，灌 2～3cm 浅水，施足有机基肥，充分耕翻土壤，使田土软烂，然后筑畦面宽 1～1.2m，畦沟宽 0.3m、深 0.3m 的育苗畦，做到畦平沟直。

选择生长健壮的种芽，按间距 8～10cm 栽插在育苗床上，栽插深度以种芽长的 2/3 以上埋入泥中为宜，然后再覆盖小拱棚进一步保温增温，以促进慈姑幼苗萌发生长。整个育苗过程均保持 2～3cm 浅水层。当幼苗具 1 或 2 片箭叶时，可进行一次追肥，每亩可用 10%腐熟粪水 1000kg 或 5kg 尿素兑水于晴天傍晚浇施，追肥后第二天中午适当通风。当幼苗具 4 或 5 片箭叶时即可定植，定植前 5d 左右，育苗棚可适当降温炼苗。

（2）*定植* 供定植的田块提前 10～15d 施足基肥，灌浅水耕翻，耕深 15cm 左右，然后以畦面宽 1.5m 左右，畦沟宽 0.3m、深 0.3m 做定植畦，做到泥烂、畦平、沟直。整田作畦后立即盖膜，保持 2～3cm 浅水备定植，定植的植株间距 40cm 左右。定植后和生长前期气温较低，大中棚塑料薄膜应多密闭，以利于增温保温，只有在温度高的晴好天气的中午适当通风换气。定植后，白天温度最好控制在 28～32℃，夜晚温度 18～20℃；定植后如遇低温倒春寒，应在低温来临前 1d 灌深水防冻，灌水深度以不淹没叶片为度；如遇相对高温晴好天气，棚内最高气温以不超过 35℃为宜，4 月下旬后，当外界气温稳定在 15℃以上后，即可揭除围裙膜。6 月中旬采收前期可揭除天膜。

（3）*肥料运筹* 慈姑植株生长对土壤养分要求不高，但大中棚早熟栽培，为促进早熟和产量、品质的提高，应加强追肥的施用，原则是前期植株生长期以速效氮肥为主、后期产品器官球茎形成期以钾肥为重。江苏地区慈姑大中棚早熟栽培，一般追肥两次，第一次，在定植后 7～10d，每亩追施 40%的腐熟粪水 1500kg 或尿素 15～20kg；第二次追肥，在植株刚封行、开始大量形成匍匐茎时进行，一般追施三元复合肥 30～40kg，植株生长不够旺的田块，还可加施尿素 5～8kg，有条件的还可同时撒施草木灰 100kg。每次追肥均应于傍晚浅水条件下追施，追肥后 2d 恢复水层。

四、采收和采后处理

慈姑于地上部枯黄时即可采收。长江流域一般 10 月下旬到 12 月上旬，华南地区于 12 月到翌年 2 月种植前，应市场需要随时采收。大中棚早熟栽培慈姑在 6 月下旬即可开始采收上市，但产量较低，如延迟采收，产量明显提高，各地可根据市场需求和后茬作物的种植时间，灵活调节采收期；同时，早熟慈姑采收后，球茎长时间见光，易导致球茎表皮发绿、顶芽萌发等问题，影响球茎商品品质，因此早熟慈姑应根据市场销售情况，随采随卖。

慈姑球茎采收后，只要将其贮藏在 7～12℃、相对湿度 50%～60%的环境下，既可防止受冻又可防止提早萌芽。具体贮藏方法与荸荠贮藏方法相似，可采用田间自然贮存、窖藏和堆藏。

慈姑采收后可经清洗去衣、分级包装后冷藏出口或经去皮、漂烫后制成速冻慈姑后出口；还可经切片、油炸后制成油氽慈姑片等。

第六节　水　芹

水芹（*Oenanthe stolonifera* DC.）别名楚葵，是伞形科多年生水生宿根草本植物。染色体 $2n=2x=22$。原产中国、印度和印度尼西亚。主要分布于我国长江流域、韩国、日本、印度等地。我国以江苏、浙江、安徽、江西等地栽培较多。水芹以其嫩茎和叶柄供食用，其味鲜美，营养价值较高。富含多种维生素、粗纤维、氨基酸、碳水化合物和钙、磷、铁等矿质营养。具有清热、利尿、降低血压和血脂等医疗功效，是一种公认的保健蔬菜，深受消费者喜爱。我国水芹在栽培方法上有浅水栽培、深水栽培、旱田润湿栽培、浅水栽培后深栽软化和培土软化栽培等，各有特色；近几年来，随着我国蔬菜设施栽培技术的持续发展，在江苏等地利用塑料大棚等栽培设施周年生产水芹及芹芽等的生产面积迅速扩大，上市期可满足蔬菜冬春、夏秋供应淡季，并贯穿元旦、春节等节日，产品需求量很大，经济效益和社会效益都很好（图 19-13）。

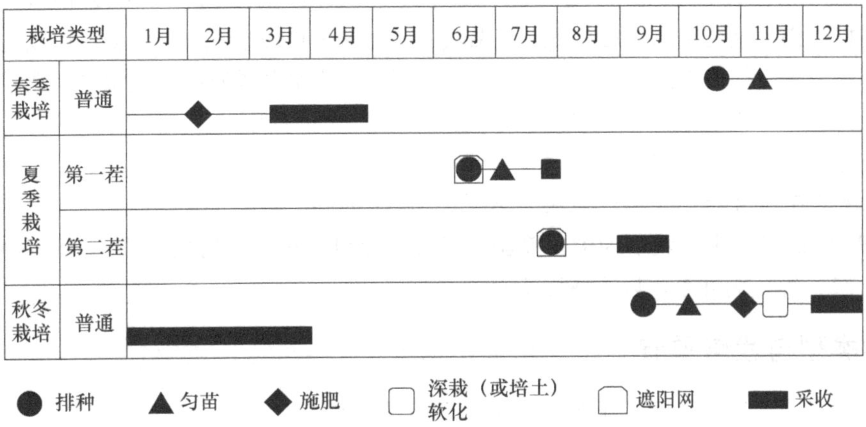

图 19-13　水芹栽培季节及栽培类型

一、生物学特性

1．植物学性状　水芹属伞形科水芹属，为水生宿根性草本植物（图 19-14）。

（1）根　水芹根为须根系，细而色白，从没入土中和接近地面茎及匍匐茎的各环节上抽生，长 30～40cm，细如棉线，根上还有细小的分枝，但无根毛，根的数量多。

（2）茎　茎有地上茎和匍匐茎两种。茎较细长，大多有棱角，幼嫩部分多为薄壁细胞所充实，成长部分均中空。地上茎直立或斜向上生长。上部白绿色或绿色，下部白色或白绿色。匍匐茎从地上茎没入土中和接近土壤的节位抽生，其先端的芽可萌发后转向地上生长，形成分株。茎长 30～80cm，茎粗 0.5～1.2cm，

图 19-14　水芹植株形态

1. 母茎；2. 幼苗；3. 成长植株；4. 分株；5. 叶；6. 根

因品种、栽培条件和栽培季不同而异。

（3）叶　为奇数羽状复叶，叶缘具锯齿。成熟大叶叶片长 20cm、宽 12cm 左右，由多数小叶组成。叶具长柄，长 20～40cm，基部匙形，部分包茎。叶在茎上互生。小叶尖卵形或广卵圆形，叶缘具钝锯齿，叶浅绿色到深绿色，叶柄颜色有白绿色、绿色和紫红色等。冬季气温降到 5℃左右时，部分品种的叶片和叶柄常由绿色转变成紫红色。

（4）花　花序为疏松的复伞形，在茎上顶生或侧生，无总苞或有少数狭窄的苞片，小苞片多窄而短。花小，白色，少数淡紫红色，具花瓣和雄蕊各 5 枚，雌蕊 2 枚，花序外缘的小花花瓣通常增大，呈辐射状。

（5）果实和种子　花后结双悬果。果卵圆至长圆形，略扁，成熟后为干果，褐色。每一单果内含 1 粒种子。种子多发育不良，无发芽力或发芽困难。生产上一般不用种子繁殖。

2. 对环境条件的要求

（1）温度　水芹为喜凉性植物，较耐寒，多数不耐热。其生长适温范围为 12～24℃，25℃以上生长不良，10℃以下基本停止生长。植株地上部能耐短时间 0℃以下的低温。

（2）水分　水芹喜水湿，不耐干旱。在苗期气温较高，水位过深，淹没叶片，易造成土壤缺氧，使植株受伤，甚至窒息死亡。冬季气温较低，植株生长缓慢或停止生长，可以适当灌深水，保温防冻。春夏季，已拔节的留种水芹田应见干见湿，防止水芹长时间浸泡水中，造成种茎腐烂。

（3）光照　水芹为长日照植物，要求光照充足，不耐遮阴。短日照条件下植株营养生长旺盛；长日照条件下，植株迅速进入生殖生长期，相继抽生花茎、开花结实。

（4）土壤与矿质营养　水芹要求土壤肥沃，保水力强，含有机质 1.5%以上，淤泥层达 20cm 以上，土壤 pH 6～7。生产栽培为求营养器官脆嫩，肥料要求以氮为主，磷、钾适量配合；留种则要求氮、磷、钾、钙并重，以求种苗健壮。

二、品种类型与栽培季节

我国水芹的品种较多，适应于各地的生态环境条件和消费习惯，区域性较强。按其小叶形态可分为圆叶和尖叶两类。圆叶类型，其组成羽状复叶的小叶片呈卵圆形或阔卵形，其长度和宽度相近，或长略大于宽；圆叶类型品种一般茎叶含粗纤维较少，品质好，但对水肥条件相对要求较高，如‘伏芹 1 号’‘秋芹 1 号’‘苏芹杂 5 号’‘春晖’‘玉祁红芹’等。尖叶类型，小叶呈卵形或尖卵形，小叶片的长大于宽 50%以上，这类品种一般茎叶中含粗纤维较多，品质中等稍差，但对水肥条件相对要求较低，如‘扬州长白水芹’‘庐江高梗水芹’等。在两种类型的水芹品种中还各有早熟和晚熟之分。

1. 浅水栽培品种选择　所有水芹品种均可用于浅水栽培。但为求产品品质较好，多用圆叶类型的品种。同时该品种应符合当地人民的消费习惯。

2. 深水栽培品种选择　应选植株较高、能耐较深水位的尖叶类型品种，如‘扬州长白芹’‘庐江高秆水芹’等。

3. 夏季遮阳网覆盖栽培品种选择　选择‘伏芹 1 号’等耐热新品种。

三、栽培技术

1. 浅水栽培　我国大多数地区的水芹都实行浅水栽培，即在整个栽培过程中均采用浅水灌溉。在不同生长阶段，水位深度变化在 0～10cm，最深不超过 20cm。浅水栽培的水芹，一般品质较好，营养成分含量较高，而产量略低于深水栽培（图 19-15）。

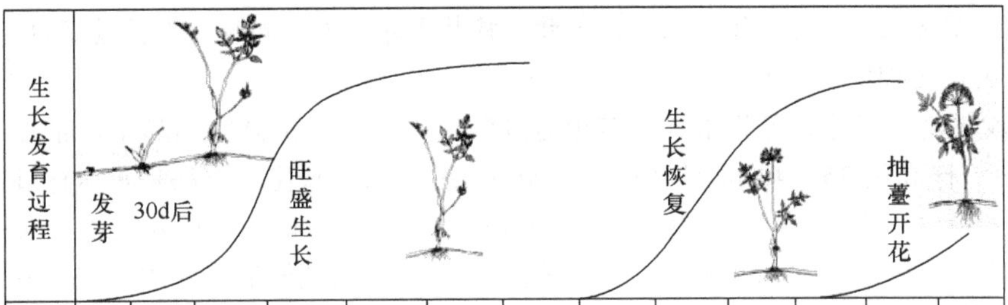

月	8	9	10	11	12	1	2	3	4	5	6	7	8
生育期	萌芽期		旺盛生长期		生长停滞期			生长恢复期			抽薹开花期		
栽培管理	催芽 排种	匀苗	施肥 深栽或培土软化	采收	如当地气温降至0℃以下，灌深水，保护茎叶			施肥	采收		保持浅水 施肥	疏除分株	留种

图 19-15 水芹生长发育及栽培管理

（1）水田选择　应选择地势不过于低洼、能灌能排的肥沃田块。要求土壤含有机质 1.5%以上，保水保肥力较强，淤泥层较深厚，土壤微酸性到中性的田块。

（2）整地施肥　整地时应先放干田水，深耕细耙，耕深 20～30cm。每亩施入腐熟有机肥（粪肥、绿肥或厩肥等）2000～3000kg、尿素 15～20kg，整平。同时，水田四周和中央要开围沟和中沟，保证做到排灌均匀。

（3）催芽和排种　水芹早熟栽培必须先行催芽、适期排种，才能达到早熟、早上市的目的。催芽常在排种前 15 天左右开始进行。长江流域多在 8 月上中旬，当地气温降至 27℃左右时开始。先从留种田中收割老熟的母茎，要求茎粗 1cm 左右，剔除过粗、过细的母茎，将其基部理齐，除去杂物，捆成 30cm 左右的圆捆，并剪除无芽或只有细小腋芽的顶梢。将捆好的母茎交叉堆放于接近水源的树荫下，堆底先垫一层稻草，堆高和直径一般不超过 2m，堆上再盖一层草，早、晚各洒浇凉水 1 次，降温保湿，保持堆内温度 20～25℃，以促进母茎各节腋芽萌发。每隔 5～7d，于清晨凉爽时翻堆 1 次，冲洗去烂叶残屑，重新堆好。经 15d 左右，多数腋芽萌发，长达 2～3cm 时，即可排种。排种方法是将母茎基部朝外，梢头朝内，沿大田四周进行环形排放，茎间彼此相距 5～6cm。排种应选阴天或在晴天下午 3:00～4:00 开始，以防烈日晒萎芽苗。每亩需排种母茎 300～350kg。排种后保持沟中有水，田面充分湿润而无水层，特别是催芽后排种的，要防止浅水日晒后升温过高，烫伤新根。

（4）田间管理

1）水层管理。排种后由于气温仍然较高，田间应保持湿润而无水层，防止积水和土壤干裂，如遇暴雨，应及时抢排积水，防止种苗漂浮或沤烂。排种后 15～20d，大多数母茎腋芽萌生的新苗已长出新根和新叶时，排水搁田 1～2d，使土壤出现细丝裂纹，以促进根系深扎。然后灌入 3～4cm 浅水。往后进入旺盛生长阶段，需持续保持浅水。

2）分期追肥。水芹生长期间，一般追肥 3 次。第一次结合搁田追施速效氮肥，可用 20%的腐熟粪水或 1%的尿素水溶液 1000kg/亩浇施。如基肥充足，新苗生长旺盛，这次追肥也可以不施。以后 2 次追肥在第一次追肥后每隔 20d 左右进行 1 次，用量比第一次追肥增加 20%～30%，3 次追肥必须有机肥和化肥交替使用，以防品质变劣。缺钾土壤还需在两次追肥之间追施 1 次钾肥，每亩撒施草木灰 100kg 或硫酸钾 15kg。每次追肥前应排干田水，追肥后 1d 还水。

3）匀苗补缺。排种 30d 后，当新苗株高达 15cm 左右时，结合除草，进行匀苗补缺。将生长过密的苗连根拔出一部分，每 2 或 3 株一簇，移栽于缺苗处。同时对生长过高的苗适当深栽，使全田植株生长比较均匀整齐。

4）深栽软化。江苏省苏州市、无锡市等地栽培水芹，为提高产品品质，常在平均气温降到 15℃左右、株高达 35～40cm 时（11 月中旬），进行深栽软化。方法是将植株逐一拔起，每 5～10 株为一束，理齐根部，双手抱紧，指尖合拢下伸，将植株成束插入泥中，深 15～18cm，使植株下部投入泥中，在缺光条件下，逐渐软化变白。软化期间灌入浅水，但应停止施肥，以防引起腐烂。

（5）采收　水芹排种后 90d 左右即可开始采收。在长江流域，从 11 月中下旬开始，一直收到翌年 3 月结束。过期茎叶粗老，粗纤维增多，不堪食用。采收时，将植株连根拔起，洗尽污泥，剔除黄叶，将植株理齐后上市。

水芹不耐严寒。当气温降至－3℃以下时，须及时灌深水，至仅露上部绿叶防冻。寒潮过后，再排水，维持浅水层。水芹采后贮放时间短，故需按市场销售情况定量采收。

（6）选留种株　水芹种株（母株）应在未经深栽软化前选留。应及时从符合品种特性的丰产田块中，选健壮植株作为种株，移栽于预先准备好的留种田中。对种株的选择要求株高中等，茎秆较粗，节间较短，分株较集中。留种田应选避风向阳、排灌两便的水田，精耕细耙，再施入有机肥 1500kg/亩，精耕细耙后，立即栽插种株，行、穴距 25cm。每 3 株为一丛，理齐根部，栽插入土。田中保持浅水 4～5cm，成活后每亩施草木灰 50kg。寒潮到来前灌深水防冻，回暖后排水，维持原浅水层，并保持水质清洁。植株偏密时应及时疏除部分分株，保证田间通风透光。开花后应逐渐放浅田水，只保持充分湿润即可。

2. 深水栽培　江苏扬州、安徽庐江等地常进行水芹深水栽培。深水栽培是随着水芹植株的生长逐步加深水层，使水芹植株在较深水层中得到软化。深水与浅水栽培技术大致相同（图 19-15），但也有以下几点不同。

（1）水田选择　深水栽培的水田要求地势适中，四周具有较高而紧实的田埂，既能在前期排浅田水，又能在后期逐步灌蓄深水，使水位最深可达 1m 左右。否则，应先筑高和加固田埂后种植。

（2）水层管理　植株生长前期，水层管理同浅水栽培。在排水搁田以后，应随植株的长高，逐步加深水层，使田间水位保持在只留植株上部 10～15cm 露出水面，即每株约有 3 张叶片露在水面上，进行正常的生理活动，其余部分全部没入水中。最大灌水深度可达 100cm。

（3）采收　深水采收不及浅水方便，必须身着防水服，下垫长木板，手持带有长柄铲锹，下水在木板上铲起植株，捞到田埂上，再行清洗、整理，或撑小船下水采收也可。一般每亩产 5000kg 以上。

（4）选留种株　深水栽培必须在第一次搁田以后、加深灌水以前，及时选种株，移栽于留种田。种株除应符合品种特性外，还要选择生长较快、较高的植株留种。

3. 润湿栽培　江苏省溧阳、宜兴和浙江省衢州等县、市，利用旱田进行润湿灌溉栽培水芹，后期培土软化，产品香味浓，品质好。其栽培技术与浅水栽培相似（图 19-15），但也存在几点独特之处。

（1）整地作畦　水芹润湿栽培多选用保水力较强的壤土或黏壤土田块，并与旱生蔬菜进行轮作。菜田施腐熟基肥耕耙后开沟作畦，畦宽 1.3～1.4m，畦沟宽 0.4～0.5m，沟深 10～12cm，在畦上横向开排种沟。沟深 4～5cm，沟间距离为 24～26cm，并力求沟平、沟直。

（2）排种复土　排种时间和排种前催芽处理同浅水栽培。排种方法是将已发芽的种株一根连接一根、呈直线排放于定植沟中。如土壤干燥，应先灌水至畦面和沟土充分湿润，然后排种。播种后立即覆盖润湿细土 1cm 左右。

（3）田间管理

1）水分管理。排种以后要坚持小水勤浇，不使畦面干燥发白；如遇大雨，应立即排水，直至畦沟中不积水为度，经常保持畦面湿润。

2）分期追肥。一般苗期追肥 1 次，于幼苗出齐时，每亩浇施 20%腐熟粪肥水或 1%尿素水溶液 800kg。旺盛生长阶段追肥两次，以施用有机腐熟粪肥水为宜，施用浓度比前期略有增加。第二次追肥在第一次追肥后 2～3 周进行，最后 1 次追肥在株高 30～35cm，已抽生分株时进行，对增加产量、提高品质均起重要作用。

3）培土软化。最后 1 次追肥后，即可培土软化。软化需用 2 块长木板，长 1.4m，与畦宽相等，宽 26～30cm，略小于水芹的株高。培土时，先将两块木板插入 2 行植株之间，分别靠紧 1 行植株，并在每行植株的近两端处，各打入 1 根木桩，以支撑木板，防止倒下压伤植株。然后从畦沟中挖取土壤，倒入两板之间，直至倒满，并扒平拍紧，仅露出植株上部叶片 4～5cm，即可拔出木板和木桩，再开始进行下一个行间的培土。培土后仍需要在畦沟中灌水，水深以比培土前的原畦面低 3～5cm 为宜，既能使水芹根系吸收到水分，而又不会因浸湿培土而引起腐烂。

（4）采收　水芹培土软化后约经 30d 即可采收。采收一般采用四齿钉耙挖去土，逐行掘收，然后整理上市。产量一般与浅水栽培相近，但品质较好。

4. 夏季遮阳网覆盖栽培　水芹为喜凉性植物，较耐寒而不耐热，茎叶的生长适温为 12～24℃，25℃以上则生长不良。因此，传统的水芹生产和消费季节均在秋冬季和早春，春夏季水芹进入抽薹开花期，茎叶老化，不能食用。近年来，扬州大学水生蔬菜研究室成功选育出水芹耐热新品种及夏季遮阳网覆盖栽培技术，并在江苏宜兴等多地推广，取得了显著经济、社会效益。

（1）大田准备　选择有机质含量 1.5%以上，淤泥层较厚，保水保肥能力强、排灌方便的微酸性土壤的水田。于 6 月底前每亩施腐熟的饼肥 60～80kg、尿素 15kg、腐熟优质农家肥 1000kg，然后耕耙作畦，要求田土软烂，畦宽 1.5～2m，畦沟宽 30cm，深 30cm 左右，畦面和畦沟光滑平直，同时田内做好围沟和中沟，并与田外沟系相通。

（2）催芽和排种　水芹夏季遮阳网覆盖栽培一般可种植两茬，第 1 茬于 6 月底排种，可不催芽，直接将水芹母茎拔起，去除腐烂老叶后洗净，切成 20～30cm 的小段，间隔 3cm 左右排种于畦面上，一般排种后 30～40d 即可上市。第 2 茬排种时间一般在 8 月 10 日左右，这一茬排种前需进行催芽，每亩用种量为 300～350kg。排种一般选择阴天或晴天傍晚进行。排种结束后，立即覆盖遮阳网。

（3）设置遮阳设施　生产上一般利用大棚骨架或在种植田块上方设置高 1.2～1.5m 的荫棚，上覆遮光率 65%～80%的黑色遮阳网，在晴热天气条件下，可比露地条件下降温 8～13℃，极端高温天气可降温 15℃以上。

（4）水层管理　从排种至腋芽萌生的新苗生根放叶这一段时间，应保持畦面软烂湿润，畦沟内水面与畦面基本持平。水芹新苗扎根前如遇大雨，应及时抢排积水，防止母茎漂浮而致腐烂。当大多数母茎上的腋芽萌生的新苗扎根放叶时，需排干田内积水 1～2d，直至畦面出现麻丝裂缝，以促进植株根系生长；以后保持 3～5cm 浅水层，待植株长至 20cm 左右高时，可随植株的生长逐步加深水层至 10～15cm，起降温作用。因天气炎热，水分管理应做到日排夜灌，最好在每天中午换水1次或者采用低温的井水灌溉，尤其在高温强光照天气，白天应加深水层，仅留叶片浮于水面，以降低环境温度，晚上换成浅水，促进芹菜的正常生长。

（5）追肥　夏季水芹生长期较短，一般只有30～40d，因此除重施基肥外，追肥宜早。一般排种后10～15d，幼苗充分扎根并具3或4片叶时进行第1次追肥，每亩施腐熟粪肥1500～2000kg，加三元复合肥20kg；10d后进行第2次追肥，每亩用尿素3～5kg溶于1000～1500kg腐熟粪肥中浇施。追肥应选择阴天或晴天傍晚进行，追肥前排干田水，追肥后隔一天恢复水层，应尽量避免将粪渣浇于叶面上，追肥后最好喷水淋洗植株，追肥还应注意不要偏施氮肥，防止水芹品质劣变。

（6）适时采收　水芹长至高30～40cm时开始采收上市，争取1周左右收获结束，否则极易老化。如较大面积种植应分批排种，分期上市。

第七节　芡　　实

芡实（*Euryale ferox* Salisb.），俗称鸡头，是睡莲科芡属多年生水生草本植物，常作一年生栽培。染色体数$2n=2x=58$。以成熟种子的种仁（俗称芡米）供食用，含蛋白质9%～11%、碳水化合物32%，以及丰富的磷等矿质营养和维生素等，可生食或加糖煮食；叶柄和花茎可作蔬菜，根茎肥大，富含淀粉，可作饲料。种仁、茎、根均可入药，有健脾等功效。

芡实原产东南亚，在我国栽培历史悠久，主要分布在各地湖泊、池塘、淤沟中，其中，江苏省太湖地区、里下河地区和洪泽湖地区种植芡实尤为著名。

一、生物学特性

1. 植物学性状　芡实的根为须根，长1m左右。茎短缩，组织海绵状。叶环生于短缩茎上，初生叶线状，以后为箭形，随幼苗发育逐渐过渡为圆形叶，长成的圆形叶直径约为35cm。叶柄不能直立，叶片漂浮水面。芡实分无刺变种和有刺变种两类，无刺变种类型俗称南芡或苏芡，叶面绿色无刺，具光泽，叶背紫红，着生尖硬的刺；有刺类型俗称刺芡或北芡，叶面、叶背和叶柄都有刺。植株具5或6片圆叶时开花、结实。花梗从短缩茎中抽出，每株先后开花18～20朵，花紫色、红色或白色。每株长10多片大叶，当果实成熟时新叶片停止抽生，老叶陆续枯黄，最后保持4或5片叶。果实圆球形或长圆形，形似鸡头。有刺类型芡实果实密生坚硬的刺，无刺类型芡实果实无刺而被绒毛（图19-16）。无刺类型芡实每果含种子160～200粒，种子圆形，种子直径为1～1.5cm，种仁白色。有刺芡果实和种子都小于南芡。

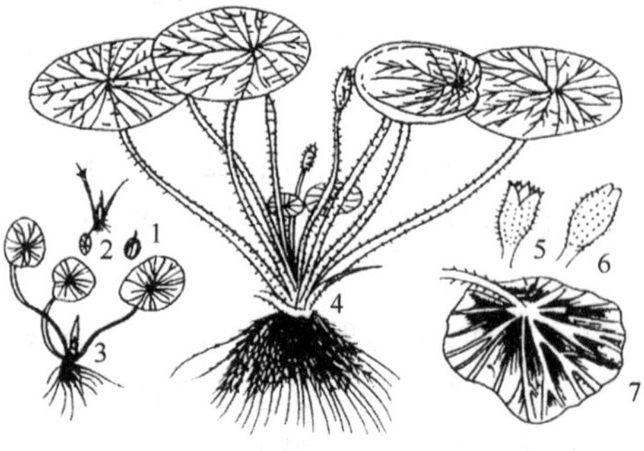

图19-16　芡实植株形态

1. 种子发芽；2. 形成幼苗；3. 已脱离种子的幼芽；4. 长成植株；5. 花；6. 果；7. 叶背面

2. 对环境条件的要求　芡实原产热带、亚热带多雨地区。性喜温暖、水湿。以种子进行有性繁殖，整个生育过程都须在无霜期内进行，需180～200d。芡实从开花到结实约需30d，第一批果实在8月中下旬成熟，9月下旬大批果实成熟，并因不同品种、地区而略有早迟（图19-17）。芡实生长发育起始温度为15℃，20～30℃最适于叶和根的生长，25～32℃最适于开花结果，低于15℃则停止生长，果实、种子不能成熟，种子成熟后在休眠期能耐2～5℃低温。芡实适宜水位为 30～90cm，不宜超过 1m，过深或过浅都会影响开花结果。芡实株型大，根系发达，需要土层深厚，土壤有机质达 1.5%以上。生育过程要求氮、磷、钾三要素并重，土壤以微酸性到中性为宜，微量元素硼有利于开花、受精和结果，芡实生长发育需要充足的阳光，不耐遮阴，但盛夏高温强光，会使叶面和花朵温度高达 40℃以上，妨碍光合作用和授粉受精的进行。

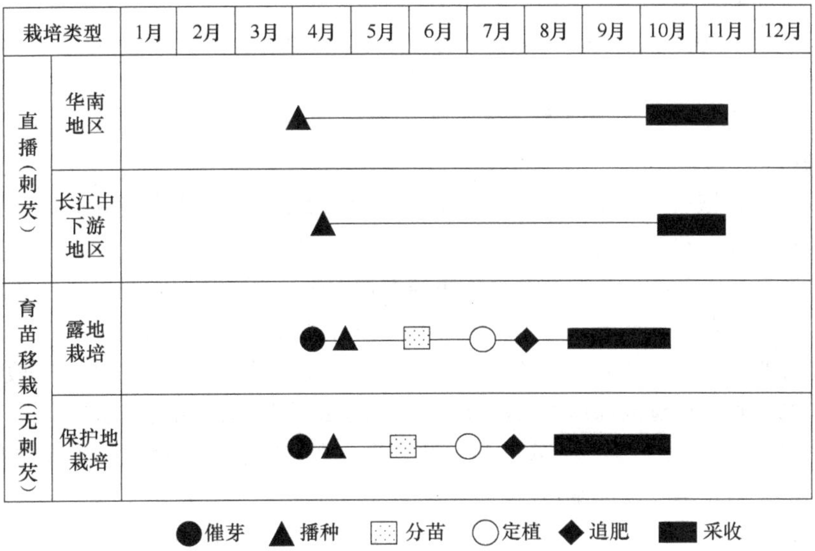

图 19-17 芡实栽培季节及栽培类型

二、品种类型

我国栽培的芡实有两类：一类为无刺类型芡实，如‘姑苏芡 5 号’‘姑苏芡 1 号’‘姑苏芡 2 号’‘紫花苏芡’等；另一类为有刺类型芡实，这一类品种大都为我国各产区的野生类型芡实。

三、栽培技术

1. 选地及田块整理 芡实栽培要选择水深适宜，土壤肥沃、质地黏重，便于管理的低洼水田。砂质土壤或耕层浅薄的田块需加入大量塘泥和有机肥后方可种植。芡实定植前应对田块的圩埂进行加固，以便控水，满足芡实各生长期水位需求。有条件的鱼塘及水位较深的地块应在冬前排水、清除杂草及藻类，耕翻冻垡。

2. 品种类型选择 目前人工栽培芡实多选用无刺类型的品种。

3. 播种育苗 芡实用种子繁殖，一般多育苗移栽。

（1）苗床准备 播种前要准备好苗床（池）。要求地平泥烂，每亩大田准备苗床 2～4m^2，灌水 10～15cm 深。待水澄清后播种。

（2）选种催芽 4 月上中旬取出种子，清洗干净后选色深、无损伤的种子进行催芽。催芽时种子在缸内盛放厚度不宜超过 30cm，加水淹没种子。缸口盖薄膜，日晒增温，使其白天温度在 20℃以上；晚上在膜上再盖草帘，使夜间不低于 15℃。催芽期间应经常换水，经 8～10d 多数种子露白后播种。

（3）播种 播种时将发芽种子从缸内轻轻捞起，放到盛有水的容器里，水要淹没种子，搬到苗床边，将种子一粒粒地轻轻放入水中沉入床面，种子的芽眼向上，防止种子陷入烂泥中影响出苗。每平方米播种子 1kg 左右。

（4）分苗　播种后约 40d，幼苗有 2 或 3 片箭叶时，进行分苗。分苗应选择避风向阳、排灌方便的水田，清除浮萍、藻类和杂草，施少量复合肥和腐熟有机肥，精细平整，四周做高田埂，灌水深 15cm。分苗时用平锹连土带种子挖出幼苗，顺序放入盆中。分苗最好选阴天进行，分苗的株行距均为 50cm，浅栽，一般将种子和根系全部栽入土中即可。栽后保持浅水，待幼苗扎根后，逐步加深水层到 30cm 以上，以促进叶柄伸长。

4. 定植　当幼苗生有 4 或 5 片圆叶、大叶直径 25cm 左右时即可定植。定植株距 2m、行距 2.5m。定植当天，带土将苗挖出，尽量保护好根、茎、叶不受损伤。定植时，先在水下扒穴（30cm×30cm），穴深 15cm，每穴 1 棵，壅土将根稳住，以不埋心叶为度。当天起苗当天定植。

5. 田间管理

（1）壅根　定植后 10～15d，将定植时扒开的泥土慢慢壅回穴内，以不埋心叶为度。壅土的同时清除杂草，并对缺苗处进行补栽。

（2）清除杂草　芡实生长前期杂草滋生速度快，必须及时清除，直到叶片盖满水面。在叶片封行以前，根据杂草生长情况，除草 2～4 次，并将清除的杂草踩入泥中作绿肥。

（3）水层管理　芡实生长期间不能断水。浅水田块定植后应保持浅水，一般 8～10cm 即可，随着植株的生长，可逐渐加深到 30～50cm，开花结果期可适当落浅水层。芡实栽培田块水深最好不超过 1.5m，否则将影响芡实的生长和产量。在芡实生长过程中，还应注意保持栽培田块水层变化平稳，防止水位猛涨暴落。

（4）防风浪　由于芡实叶片漂浮于水面生长，故在湖荡等容易引起风浪的大面积栽培田的四周，应种植茭白等挺水作物减小风浪；如因风浪造成叶片翻转和叶片重叠，应及时将叶片复原，防止叶片堆积腐烂。

（5）追肥　芡实不耐肥，生长过程中偏施氮肥易推迟开花结果，并加重各种病害的发生，故应根据芡实植株生长情况进行追肥。当植株叶色褪淡、新生叶片出叶缓慢且叶面皱褶密，即为缺肥征兆，应进行追肥。在芡叶封行前多施用肥泥团。肥泥团用河泥加腐熟有机肥和化肥混拌均匀，然后制成乒乓球大小的泥团，塞入根系四周的泥土中。一般每亩用 100kg 河泥或细土，加入 50～100kg 腐熟粪肥、10kg 尿素、10kg 过磷酸钙和 10kg 氯化钾或硫酸钾，混匀而成。一般营养生长期追肥 2 次，第一次在定植后 10～15 天进行，第二次在叶片即将封行前进行（图 19-18）。

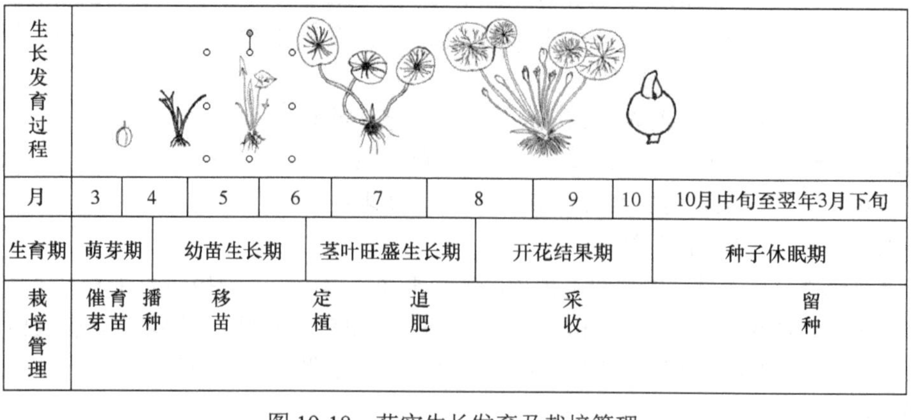

图 19-18　芡实生长发育及栽培管理

芡实开花结果期，多采用叶面喷肥，用 0.2%尿素加 0.3%磷酸二氢钾溶液喷施 2 或 3 次，可增强植株抗性，提高产量。

6. 采收 无刺类型芡实采收多分次进行。一般 8 月中下旬以后，新叶生长缓慢，叶片直径不到 90cm，叶面平滑，并在水面出现双花时，是早期果实已成熟的标志，可开始采收。单个果实成熟的表现是果柄变软、果实表面光滑呈紫红色。果实采收后尽快剥出种子，再剥取种仁，新鲜种仁可冷冻保存，也可晒干或烘干后保存，该工作费时费工，但收获的种仁质量高。在第 3、4 次采收时，可选择果形扁圆而充实、大小适中的果实留种，取出留种果实种子，选取粒大、色深、饱满的种子装入蒲包袋后，保存于深 1m 以上的清洁水中。有刺类型芡实由于植株遍身有刺，采收较难，常只在栽培结束时进行一次集中采收。

第八节 菱

菱（*Trapa* spp.）属菱科菱属的一年生水生草本植物。别名菱角，原产我国。在世界上分布范围很广，作为蔬菜栽培的只有中国和印度。我国栽培菱已有 2000 多年的历史，北至山东、河北，南至广东、台湾均有栽培，特别在太湖流域、浙江南部和安徽的巢湖地区等栽培面积大而集中。菱肉味美可口，营养丰富。

菱的茎蔓长，属深水水生植物，在不能种植其他水生植物的水位较深的河、湖、荡等都可以种菱，也可在浅水中种植。

一、生物学特性

1. 植物学性状

（1）根　有土中根和水中根两种。土中根从植株茎蔓基部向地下抽生，为细长的弦线状须根，长达 30～50cm；水中根是从水中茎蔓的各节上左右对称地抽生的短小的根须，上有许多细小分枝，但吸收能力弱。

（2）茎　蔓生，生长水中，不能直立，长可达 2～5m，中、下部节间细长，接近水面时，节间越来越粗，茎上部常可发生分枝。

（3）叶　有水中叶和出水叶两种。水中叶狭长，互生，无叶柄，又称菊状叶；出水叶菱形到近三角形，具长柄，中部膨大，组织疏松，内贮空气，托叶浮出水面，通称浮器，出水叶轮生，形成叶盘，称为菱盘，为主要光合作用器官。

（4）花　腋生于菱盘内，花小，乳白色或粉红色，雌、雄同花，萼片、花瓣、雄蕊各 4 枚，雌蕊一枚。出水开放。

（5）果实和种子　果实为坚果，通称“菱角”，果皮坚硬，绿色或紫红色。内含种子一粒，呈倒钝三角形，种皮膜质，具大小子叶各一枚，大子叶富含淀粉，是养分的主要贮藏器官，小子叶极小，与大子叶很不对称（图 19-19）。

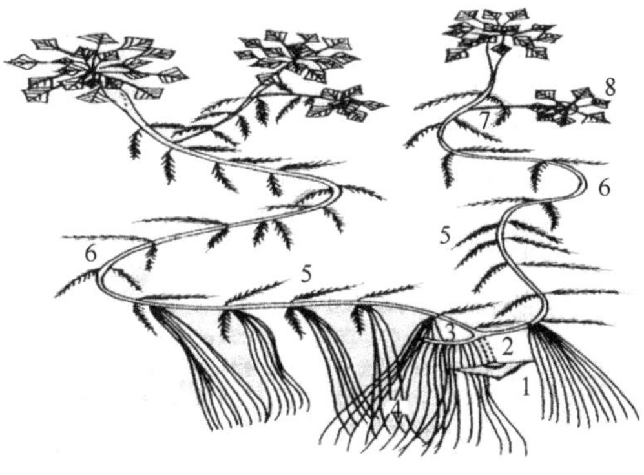

图 19-19　菱植株形态

1. 种菱果；2. 发芽茎；3. 弓形幼根；4. 土中根；5. 水中根；6. 主茎蔓；7. 分枝茎蔓；8. 菱盘（叶簇）

2. 生长发育周期　菱喜温暖湿润，不耐霜冻，必须在无霜期生长。从种子发芽到菱角成熟在一年内完成，其生育过程可划分为以下三个阶段。

（1）萌芽期　从种子萌芽（长江中下游地区一般 4 月中旬前后）开始，到植株主茎蔓出水，形成第一个菱盘为止。本阶段主要依靠种子的大子叶供应营养，到后期叶片出水后即自行吸收和制造养分。本期需 40～50d。

（2）菱盘形成期　从植株出水开始，到主茎和分枝分别形成菱盘并进入开花期为止。此期生长加快，主茎菱盘不断抽生新叶，叶面积增大。同时主茎上抽生分枝，形成新的菱盘。水肥充足和环境条件适宜时，分枝上还能再生分枝，每株分枝总数可达 10～20 个。本期需 60～70d。

（3）开花结果期　菱花从菱盘叶腋中由下向上抽生，隔数叶着生一朵，花伸出水面开放，以早晚为多，授粉受精后一天即凋萎，花梗向下弯入水中，发育为果实。本阶段以开花结果为主，是形成产量的主要时期，植株吸收和制造的养分绝大部分都是输送到果实中。本阶段需 90～100d。果实成熟后如不及时采收，即脱落沉入水下泥中，休眠过冬。

3．对环境条件的要求

（1）温度　种子在 15℃以上和充分潮湿的条件下开始萌芽；植株生长、分枝和形成菱盘，以 20～30℃为宜；开花结果则以 25～30℃为宜。由于菱要求无霜期达到 210d 以上才能完成全部生育阶段，因此菱要获得优质高产，必须在淮河和长江流域以南地区种植。

（2）光照　要求光照充足，不耐遮阴，长日照有利于营养生长，短日照有利于开花结果。

（3）水分　萌芽期水位宜浅，以 20～50cm 为最适，随着植株的成长和茎蔓的伸长，水位可逐渐加深到 1～2m。但水位应逐渐加深或落浅，不宜猛涨暴落。

（4）土壤与矿质营养　菱主要依靠土中根吸收养分，故要求水下土壤肥沃，淤泥层达 20cm 以上，氮、磷、钾三元素并重，植株才能生长健壮，多结果。

二、品种类型

菱在植物学上分为两角菱和四角菱，但经过长时期的栽培驯化，现在我国各地栽培的菱在形态上可分为三类，即两角菱，如‘扒菱’‘红菱’等；四角菱，如‘馄饨菱’‘水红菱’等；无角菱，如‘南湖菱’。

三、栽培技术

1．水面选择　一般水深不超过 2m，全年水位涨落平缓，水下土壤有机质含量高，淤泥层较厚的河湾、湖荡、沟渠等均可种菱。我国长江流域以南地区于春季或冬末水温稳定在 10℃以上时即可播种，根据水位深浅，可分别采用直播和育苗移栽（图 19-20）。

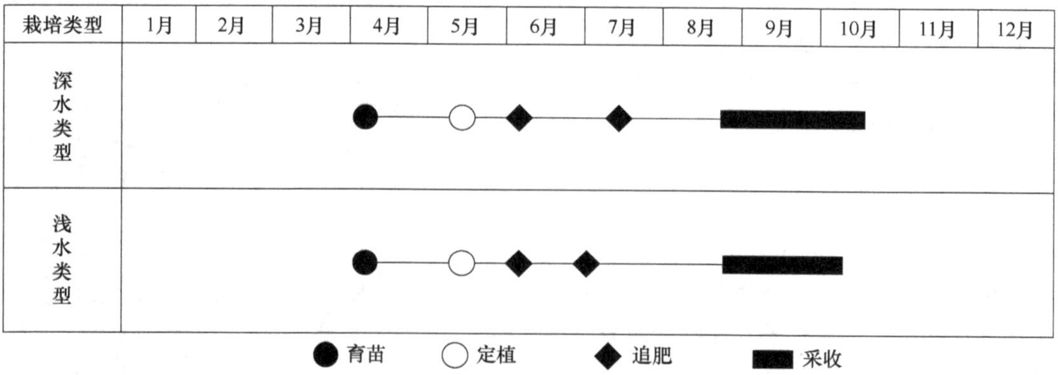

图 19-20　菱栽培季节及栽培类型

2．直播栽培　在不足 1.5m 深度的水面，种菱多用直播。长江中下游地区，常在清明前后日平均气温达 8℃以上时进行；广州地区，早熟品种在 11 月，晚熟品种在 1～2 月播种。播前尽量清除水中的杂草和杂物，有条件的还可每亩施入腐熟有机肥 2000～3000kg。一般采用条播法，易播得均匀。播种行距 2～2.5m，株距 20cm 左右，用种量为 20～25kg/亩。

3. 育苗与定植　凡水深在 1.5m 以上，直播出苗困难，即使出苗，也纤细瘦弱，产量较低，故应育苗后移栽。

（1）苗床选择及播种　选水深可以人工控制、土壤肥沃、避风向阳的池塘育苗，播前施足腐熟有机肥，控制水深在 0.5～1m，每亩用种 50～60kg，均匀撒播，可供栽植 5～7 亩。待苗出水后逐渐加深水位，直至与移栽的水深相近，播后 60～70d 菱苗开始分盘时为移栽适期。

（2）起苗和定植　起苗时将其茎蔓逐段提拉出水，数株一束，用草绳结扎基部并保湿，栽插时用长柄铁杈叉住苗束绳头，插入水底泥中固定，行、株距 2～3m。

4. 菱塘管理　直播菱塘于菱苗出水后、移栽菱塘于定植后，及早建扎菱岸。先在菱塘外围打竹（木）桩，桩间距 20～30m，露出水面约 30cm，桩间靠水面拉草绳，以防风浪冲击，同时阻挡水草飘到菱群内。

一般在植株主茎菱盘形成并出现分枝时，每亩追施尿素 10～15kg。将肥料加入 10 倍量的河泥中，拌匀，做成泥团，施入水下泥中。后期植株开始开花结果时，叶面喷施磷、钾肥，隔 10～15d 喷一次，共喷 2 或 3 次，常用 0.2%的磷酸二氢钾溶液，于傍晚喷施（图 19-21）。

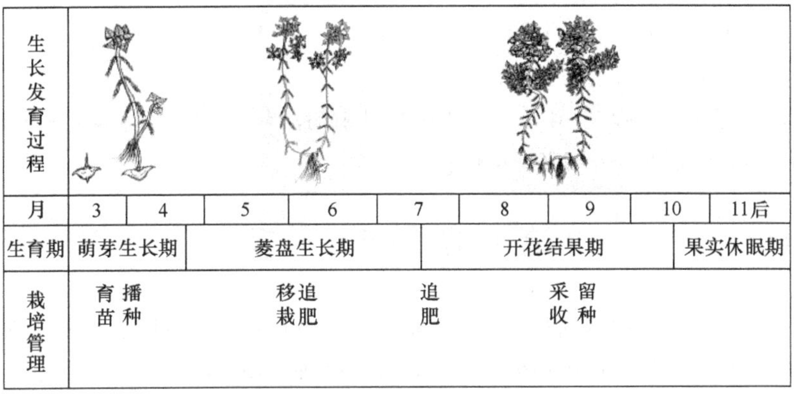

图 19-21　菱生长发育及栽培管理

四、采收和采后处理

菱的采收期因用途而异，鲜食的应收嫩果，熟食和加工制粉的应收老熟果，但应在脱落之前采收。采后应立即进行洗涤，装筐运销。如短暂贮放，可浸泡低温清水中。初收期一般隔 3～4d 采收一次，盛收期 2～3d 一次，共采收 7～10 次。较长时间贮藏菱果，应选择成熟沉水果，淘洗干净后贮放于 1m 以下的清洁活水中。

菱还可加工成速冻菱肉、菱罐头、菱饮料、菱粉和菱酒等产品。

第九节　莼　　菜

莼菜（*Brasenia schreberi* Gmel.），是睡莲科莼菜属多年生宿根水生草本植物。原产中国，主要分布在我国杭州西湖、太湖地区和湖北利川地区。莼菜的嫩茎和嫩叶供食用，嫩茎和嫩叶外附透明胶质，做汤入口润滑，别具风味。因此，莼菜自古就作为珍贵蔬菜食用。另外，莼菜还具有清热、利尿、消肿、解毒、防癌等功效。

莼菜的根为须根，簇生于地下匍匐茎的各节上，主要分布于10～15cm的土层内。茎分匍匐茎和水中茎两种。匍匐茎在土中水平伸长，茎上有节，每节位上都生有水中茎，水中茎成长后，又从基部抽生新的地下匍匐茎。水中茎常丛生于匍匐茎各节上，4～6 枝一丛。各枝水中茎上还生有分枝，上部带有卷叶的嫩梢，被透明的胶质所包被，为供食用的产品器官。叶在水中茎上互生，成熟大叶椭圆形，全缘，正面绿色，背面绿色或浅红色，因品种而异。水中茎各节的叶腋中抽生花梗，伸出水面开花，两性花，有红色或绿色两种，开花后花梗下弯，没入水中，结为果实，内有种子1或2粒，淡黄色，卵圆形；种子发芽力弱，生产上都不用种子繁殖。植株开花结果后，部分水中茎的顶端形成休眠的冬芽，进入冬季，水中茎大部分枯死，冬芽脱离母株，落入泥中，第二年春季萌芽生长，形成新株。

莼菜每年于清明前后，气温达 15℃左右时，挖取泥中越冬的地下茎，选粗壮和皮色洁白的茎段，切成长15～20cm、具5或6节的插条，按株、行距各50～60cm，深5cm插入土中。半个月左右即可成活。

莼菜要求土壤肥沃，富含有机质。因此，在栽植前应施入腐熟饼肥，每亩40～50kg作基肥。生长期间，如见茎、叶瘦小或发黄，卷叶胶质少时，应立即追施氮肥，可每亩施尿素10kg。

莼菜栽植时应保持10～20cm浅水，最大不宜超过30cm，出苗后加深到30～40cm，进入夏季，植株茎蔓逐渐伸长，水位也应逐渐加深到 60～70cm，最好保持水缓慢流动。入秋后，水位应逐渐落浅到40～50cm，休眠过冬保持浅水层。

莼菜栽植后，可连续采收3～4年。一般在7月中旬，当莼菜叶片基本盖满水面时开始采摘，隔6～7d采收一次，一般每亩产250～400kg。

第十节 蒲　　菜

蒲菜别名香蒲和蒲草，属香蒲科，为水生宿根性草本植物。其栽培品种在植物学上分属于两个种：一种为狭叶香蒲（*Typha angustifolia* L.），现有品种较多，以其叶鞘相互抱合的假茎内层白嫩部分供食用。其100g供食部分中，含有蛋白质1.2g，碳水化合物1.5g，以及多种维生素和矿质元素，营养较好；另一种为宽叶香蒲（*T. latifolia* L.），以其幼嫩的地下匍匐茎供食，俗称草芽，其营养成分与前者相近。两种香蒲在世界各大洲几乎都有分布，但只有在中国作蔬菜栽培，且已有2000多年的历史，现在江苏、山东、河南和云南等省都有种植，其中以江苏淮安蒲菜、山东济南大明湖蒲菜和云南建水草芽最为有名。其副产品还有蒲叶，供编制蒲包和造纸的原料，雄花花粉称为蒲黄，供医药用，有利尿、止血等功效。蒲菜的产品洁白柔嫩，清香爽口，炒食、烩制和做汤均宜，且因植株生长强健，基本无病虫害，从不使用农药，极少受到污染，堪称无公害蔬菜，生产面积虽然不大，但长期保持稳定。

蒲菜的根为须根系，环绕短缩茎基部向四周地下生长，长30～60cm，根数很多，根系发达，新根白色，老根黄褐色。另在地下匍匐茎各节上，也发生少量须根。蒲菜的茎有短缩茎、地下匍匐茎和花茎三种，短缩茎为每一单株的主茎，在短缩茎、密集的各节位上，抽生多张叶片，其叶鞘相互抱合，形成假茎；从短缩茎的叶腋中，向土中横走，抽生地下匍匐茎，长 30～60cm，其顶芽转向地上生长，分生新株，称为分株，蒲菜主要以分株进行无性繁殖；花茎由短缩茎顶芽拔节抽生，高1.6～2.5m，因品种和环境条件不同而异。蒲菜叶片细长，扁平，披针形，深绿色，质轻而柔韧，长 70～160cm，宽 1.2～2cm，叶光滑无毛，叶背面中部以下逐渐隆起，细胞间隙较大，呈海绵状；叶鞘长 30～50cm，相互抱合，形成直立状假茎，外表浅绿色，有些品种带紫红色；单株具叶 6～13 片，因品种和栽培条件而异；叶在短缩茎上对生，呈扇面状向两侧展开。蒲菜花序着生于花茎先端，分为雌、雄花序，均为圆筒形肉穗状，雄花序在上，雌花序在下；上述狭叶香蒲的雌、雄花序明显分开，中间有一段光茎，而宽叶香蒲则雌雄花序上下紧密相连；部分雌花受精后结为小坚果，内含种子细小；但种子发芽力弱，后代性状又易产生变异，蒲菜一般都不用种子繁殖。

蒲菜性喜温暖，生长适温 15～30℃，当气温高达 35℃时，生长缓慢，产品达不到洁白香嫩的品质要求。气温降到 10℃以下，生长基本停止，降到 5℃以下，地上部枯黄，留下短缩茎和地下匍匐茎及其着生的休眠芽休眠越冬，休眠期内能耐短期的－9℃低温。蒲菜适浅水生长，其中狭叶香蒲，以地上部的假茎供食用，适宜水深 20～40cm，生长盛期，短期能耐水深 70～80cm；而宽叶香蒲，以其地下匍匐茎供食用，适宜水深仅为 7～15cm。越冬休眠期内，只要保持土壤充分湿润或一薄层浅水即可。蒲菜生长发育需要充分的光照，不耐遮阴，为长日照植物，在长江流域一般于 5～7 月抽穗开花。蒲菜生长要求含有机质较高、保水力较强土壤，以壤土和黏壤土为好，对土壤养分供应需氮肥较多，钾肥其次，磷肥略少。土壤溶液中各种离子浓度宜较稀，不耐浓肥。

蒲菜多利用河、湖边缘地带和沼泽地区栽植，都行单作，春季栽植，夏、秋分次采收，栽植一次，连续采收三年，第二、三年，春、夏、秋三季分次采收；在全年基本无霜地区栽植草芽蒲菜常可四季采收。第四年起植株衰老，已失去生产价值，当即耕翻换茬，另地重新栽植。蒲菜常与莲藕或芦苇轮作，各自连收 3～4 年后轮换。

狭叶香蒲品种宜选水位较浅，枯水期 10～30cm，汛期最大不超过 1m，土壤淤泥层或冲积层较厚，达 20cm 以上的河、湖边缘或沼泽地种植。如土壤比较松软，可不用耕耙，只对高低不平处加以平整即可；如土壤比较坚硬，要尽量施入一定的腐熟有机肥料，进行耕耙和平整。一般在当地气温升达 15℃左右时，蒲菜种株已萌芽生长后选苗栽植，多从优质的种蒲田中选具有所栽品种的特征、生长健壮的分株做种，挖苗多带根系，先切断其地下匍匐茎，然后挖苗，随挖，随运，随栽。行、株距一般均为 50cm，栽深 15～18cm，使根系全部入土，以不致倒伏或浮起为度。栽后保持 10～15cm 浅水，严防干旱引起早花。随着植株的长大，水位逐渐加深到 50～60cm，最深不可过 1m。如水位过浅，则假茎短，品质粗；过深则假茎细长，味淡，不香，均非所宜。栽植成活后开始人工除草，一般除草三次，直到植株封行。栽后 30d 左右，植株开始旺盛生长，一般应追施一次腐熟的厩肥或粪肥，一般施量为每亩 1000～1500kg，先排去田水，后浇施或撒施，一天以后还水。往后每年早春土壤解冻后施入一次较重的有机肥。

宽叶香蒲品种如建水草芽宜选全年无霜或无霜期达 300d 以上的地区栽培，土壤最好选择不砂不黏的壤土，砂土匍匐茎易生锈斑，黏土匍匐茎难以伸长。水位要求变化在 5～10cm，浅而不干。栽前应清除前茬和杂草，施入腐熟的厩肥或绿肥，一般每亩施 200～300kg，耕耙整平，栽植最宜在 4～5 月，当地气温达 15℃以上时进行，先从种蒲田中选取具本品种特征、叶片较多，叶色较深，没有抽生花茎的壮苗，切断与母株相连的地下匍匐茎，连根挖起，随即运到新选、新整的田块栽植，株、行距均为 2m 左右，栽深 6～9cm，以栽稳为度，不宜太深。栽时注意植株叶片的展开方向必须一致朝向栽植行内，使将来展叶和抽生地下匍匐茎都在行内，人在行间行走和采收均不会踩伤匍匐茎，且采收省工。栽时保持 5cm 左右浅水，栽后，雨季湿度大，保持 6～7cm 浅水，旱季加深到 10cm，冬季保持薄层浅水或土壤充分湿润，但要防止受冻。生育期间，视植株长势和采收多少，每隔 1～2 个月，追肥一次，每次每亩施入复合肥 1500～2000kg，或尿素 10～15kg，均匀施入，防止沾叶，还要及时清除杂草。栽后第二、三年，每年早春应在行间沟施较重的腐熟有机肥一次。

扩展 19-1

狭叶香蒲采收都结合间苗进行。栽植当年，一般在栽后 60d 左右，田内分株已较多，超过原栽苗的株数一倍时，即可间拔去过密处的较大分株，即株高达到 1m 以上者为宜。间拔后集中，切去根部和叶片，留下假茎部分，再剥除外层叶鞘，留下内层白嫩部分，理齐，捆扎成把，覆盖遮阴，即可运销上市。第一次采后约经 50d，可收第二次，当年共收三次，每亩产量为 150～250kg。第二、三年，可分别提早和延迟一个月采收，采收次数和单产均可比第一年增加一倍左右，第四年植株衰老，割除，耕翻，促根腐烂，下年改种莲藕等其他水生作物。留种选优质，高产蒲田，除去少数品种性状退化和生长不良的植株，最后一年（第三年）下半年停止采收，以养护种株，越冬后选苗移栽新田，留种田种苗移栽新田，可扩大面积 4～5 倍。宽叶香蒲在栽植成活后 20～30d 即可开始采收，以 4～8 月采收的产品质量最好，一般每周采收一次，用手在栽植行内摸取地下幼嫩的匍匐茎，每亩每次可采得 40～50kg；及至 9 月以后，天气转凉，约每隔 2 周采收一次，每次采收量减半。全年共可采 30～40 次，每亩年产量可达 1500～2000kg。草芽生长快，萌生分株多，必须及时采收，以免匍匐茎萌生过多分株，影响生长。采收时结合间拔去过多的分株，以及已在地下由下而上，抽生过 3 或 4 层匍匐茎的衰老母株，以免其抽穗开花，影响邻近植株的生长。拔去的植株即踩入行间土中沤肥，以保持田内每平方米有健壮植株 9 或 10 株为宜。草芽连收三年后，第四年也失去生产价值，必须耕除和换田重栽。留种方法基本同假茎蒲菜，但第三年仍需采收，只在后期和第四年春季注意选留健壮的匍匐茎所萌生的分株作种。

第二十章 多年生蔬菜与杂类

第一节 概 述

多年生蔬菜是指播种或栽植一次，可连续生长和采收多年的作物。我国有不少原产的多年生蔬菜，如金针菜、百合、食用大黄、蘘荷、竹笋等。一些木本植物的嫩梢，也可作为蔬菜食用，如香椿、枸杞等，因此也被归入多年生蔬菜。从国外引进的则有芦笋、朝鲜蓟等。多年生蔬菜生产劳动力成本较高，是出口创汇的重要蔬菜种类。还有一些多年生蔬菜，如辣根等，因为生物学特性的相似性或长期习惯，一般安排在其他各类蔬菜中讲述。另外，还有一些生物学特性与各类蔬菜均有所不同的作物，也集中放在这一章讲述，称为杂类，如黄秋葵、菜用玉米等。

总的来说，多年生蔬菜适应性广，抗逆性强，对环境条件要求不严格。与一二年生蔬菜相比，多年生蔬菜虽然省去了每年定植的环节，但在清除残茬、中耕培土、有机肥施用及采收等环节实施机械化比较困难，生产人工成本高。因此近年来，芦笋等国际上重要多年生蔬菜的生产区域，正由主要消费国快速向劳动力成本低的发展中国家转移。另外，尽管很多年前就已在芦笋、香椿等多年生蔬菜上开始尝试反季节栽培，但总体而言多年生蔬菜反季节栽培的难度较大，费工费力，目前仍以速冻、制干、盐渍、制罐等加工方式来保证周年供应。多年生蔬菜种类复杂，生物学特性多样化程度高，但对那些以嫩茎为产品器官的作物来说（香椿、枸杞、芦笋、竹笋等），春季嫩茎的产量主要由前一年贮藏在茎干或地下根茎内的养分形成。因此，前一年积累的养分越充分，就越有利于第二年产量的形成。在采收时，需要合理控制采留比例，保证充分的光合面积，促使秋冬季养分的充分积累。

第二节 芦 笋

芦笋（*Asparagus officinalis* L.）是百合科天门冬属中食用嫩茎的多年生宿根蔬菜，因其嫩茎形似芦苇的嫩茎和竹笋，故称芦笋，又因其顶端由互生的鳞片紧紧包裹，形似毛笔，又如古代兵器的“石刁”，因此得名石刁柏，芦笋枝叶呈须状，又称为龙须菜等。芦笋原产于地中海沿岸及小亚细亚地区，距今已有 2000 多年的栽培历史，19 世纪末传入中国，目前已有 60 多个国家种植，我国芦笋种植面积和产量均居世界第一。据统计，目前全世界芦笋栽培面积为 25.3 万～30 万 hm^2，我国种植面积约 10 万 hm^2，占全世界种植面积的 40%左右，产量占世界芦笋总产量的 50%左右。芦笋以其嫩茎供食用，因栽培方式不同，芦笋又有白笋和绿笋之分，前者多用于加工罐头，后者主供鲜食和速冻。嫩茎营养丰富，除含有蛋白质、碳水化合物、维生素及矿物质外，还含有丰富的天门冬酰胺、天门冬氨酸、多种甾体皂苷及叶酸等成分。

一、生物学特性

1. 植物学性状

（1）根　芦笋根系由初生根和不定根组成。初生根是由胚根发育而成的主根，以及由主根上发生的侧根和各级分枝侧根组成，垂直向下生长，一般长 13～15cm，寿命较短，但在幼苗生长的初期起吸收作用，又称为临时根。不定根是由芦笋植株地下茎节上生出的丛生状肉质根，粗而长，可贮藏同化产物，故称为贮藏根，成株贮藏根一般长 1～3m，直径为 3～7mm，从地下茎发出后，几乎呈 45°角向四周辐射生长，粗细均匀，上下差别不大，数量多达几百条。贮藏根的寿命长，一般可达 3～6 年。芦笋贮藏根中由于没有维管形成层和木栓形成层，因此不能进行次生生长，也没有再生能力。贮藏根上每年会发生许多纤细根，起到吸收养分和水分功能。

（2）茎　芦笋的茎包括初生茎（主茎）、地下茎和地上茎三种。初生茎由胚芽萌生，伸出地面发育而成。在适宜环境下，40d 左右从鳞芽抽生第 2 枝茎。在幼苗生长初期，初生茎生长旺盛，是唯一的同化器官。

地下根状茎为极短缩的变态茎，幼龄植株地下茎多水平方向延伸生长，成年植株的地下茎分枝错综复杂，重叠而生。地下茎上有密集分布的节，节上着生鳞片，鳞片膜质，呈三角形的退化叶（或称变态叶），叶腋有芽，芽由鳞片包裹，称为鳞芽。在地下茎先端的芽及侧芽均可发育成鳞芽，它们互相密集群生，称为鳞芽群。随着植株的发育，地下茎不断发生分枝，其生长点随之增加，鳞芽群的数量也相应增加，多数鳞芽处于休眠状态，如条件适宜，则部分鳞芽萌动，向上抽生成产品器官嫩茎及地上植株。

芦笋的地上茎直立，由地下茎上的鳞芽萌发后伸出地面而形成。从出土到茎停止生长大约需要 30d，早春气温比较低时，需 50d。日生长量较大，达 5～10cm。当嫩芽长到 20～30cm，顶端鳞片尚未散开时采收食用。如果不采笋，而令其生长成地上茎，成年芦笋株高（茎高）可达 1.5～2.5m，茎上有 1 或 2 回分枝，呈总状。茎的寿命为 3 个月左右，每株成年芦笋大约可形成 20 枝繁茂的丛生茎（图 20-1）。

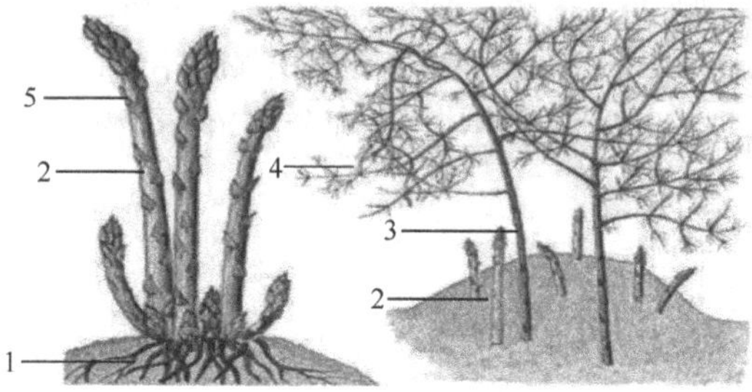

图 20-1　芦笋植株鳞茎生长

1. 肉质根；2. 嫩茎；3. 地上茎；4. 拟叶（叶状枝）；5. 叶（鳞叶）

（3）叶（鳞片）与拟叶（叶状枝）　芦笋早期的主茎和分枝的节上均着生有淡绿色薄膜状的鳞片，是退化了的叶，基本不含叶绿素，随茎的生长而脱落，鳞片包裹茎尖起保护作用。它的大小、形态、包裹嫩茎顶端的顶尖形态及其松紧度，是区别嫩茎质量和品种的主要依据。

簇生于叶腋的 6～9 条长 1～3cm 的针形叶状枝，是由枝条变态而成的叶，称为拟叶。含丰富的叶绿素，是主要的同化器官。拟叶表面有蜡质层，蒸腾量小，是典型的旱生植物结构。

（4）花、果实及种子　芦笋为雌雄异株植物，花钟形，黄色，花被 6 片，雄花较雌花长而色深。雌花谢花后结成圆球形的浆果，成熟后红色，子房 3 室，每室有 1 或 2 粒种子。种子黑色坚硬，略呈半球形，千粒重 20g 左右。

芦笋雄株不结实，养分主要集中在嫩茎部位，正好是芦笋的食用部分。所以，设法提高大田雄株的比例，是夺取芦笋高产的重要手段。

2．对环境条件的要求

（1）温度　芦笋种子发芽的临界低温为5℃，10℃条件下发芽缓慢。发芽最适温度为20～25℃，10d左右就可出苗。芦笋植株在20～30℃生长最快，15℃以下生长开始缓慢，嫩茎发生减少。5～6℃为植株生长的最低温度，10℃以上芦笋才会伸出土面；15～17℃时，芦笋数量和质量均较好，为采收期间最适温度。气温超过30℃时，芦笋基部及外皮容易纤维化，笋尖鳞片易散开，品质低劣；超过35℃，芦笋生长几乎停止。

（2）土壤　种植芦笋应以土层深厚、地下水位低、土质肥沃、疏松透气的砂壤土和壤土最为适宜。芦笋对土壤的盐碱有较强的适应性，土壤含盐量不超过0.2%，芦笋就可正常生长，pH 6.5～7.5为最适宜。

（3）水分　芦笋根系入土深而广，肉质根贮藏糖和水分，地上部蒸腾量小，耐旱性强，但不耐湿，土壤湿度大，会导致芦笋肉质根和地下茎、鳞芽缺氧，从而引起根腐病，重则引起腐烂死亡。

（4）光照　芦笋属喜光作物。在栽培上如种植过密，留茎数过多，造成荫蔽，都会导致芦笋生长差，出现早衰等现象。

二、品种类型与栽培季节

扩展20-1

按照嫩茎抽生的早晚，芦笋可分为早、中、晚熟3种类型。早熟类型嫩茎多而细，晚熟类型嫩茎少而粗。中国栽培的芦笋品种主要来自国外。中国开展芦笋新品种选育研究起步较晚，1994年山东省潍坊市农业科学院芦笋研究所育成第1个芦笋新品种‘鲁芦1号’。露地栽培品种要求品种萌芽早、嫩茎粗、头部鳞片紧密、抗（耐）病虫为害、丰产，如选用‘美国阿伯罗’‘格伦维智’‘阿特拉斯’‘帝王优种’‘荷兰实林’等系列品种。

中国南北各地均可栽培芦笋，而以夏季温暖、冬季冷凉的气候最适宜。在这种气候条件下，一年中植株既有休眠期，又有较长的生长期，积累的养分多，嫩茎采收期长，产量高，质量也佳。

芦笋的栽培方式，除了露地栽培外，还可进行塑料小棚、大棚栽培及温床假植栽培。多样化的栽培方式，延长了采收期，适应市场鲜销、出口及加工的需求。

三、栽培技术

1．常规栽培

（1）繁殖　芦笋的繁殖方法分为分株繁殖和种子繁殖两种。分株繁殖是将优良健壮种株掘起，分割地下茎后栽于大田，但繁殖系数小，定植后生长势弱，产量低，且费工费时，一般只在进行良种繁育时采用，生产上很少应用。用种子繁殖具有繁殖系数高、生长势强、产量高等优点，是生产上常用的繁殖方法。

（2）播种育苗

1）播种期。因气候条件差异，各地芦笋播种期不同。北方无霜期短应尽可能早播，当4～5cm处的地温达10℃以上时开始播种。在生长季长江中下游地区，以4月播种为适期，长江以南地区芦笋没有休眠期，除夏季暴雨期外，均可播种，但以春季3～4月、秋季9～10月最为适宜。

2）苗圃选择。苗圃地宜选排水及透气良好的砂壤土，以利于幼苗生长良好和便于起苗。播种前苗床施入腐熟的有机肥翻耕入土后作平畦播种。

3）浸种催芽。芦笋种子厚且坚硬，不易发芽，播种前应进行浸种，先用0.1%高锰酸钾溶液消毒30min，再在20～25℃水中浸种36h，使种皮软化，促进发芽。在20～25℃条件下催芽5d左右，发芽50%以上即可播种。

4）播种及苗床管理。北方可于3月保护地育苗，6～7月定植。定植后应保证有70～80d的生长期。南方地区周年均可育苗。

1000m^{2}苗圃地需用种1500g，可供1～1.5hm^{2}大田栽种。播种方法是在苗床上每隔10～15cm开横沟，深2～3cm，沟内每隔7～10cm点播一粒种子，覆土厚约2cm，浇透水，再在床土面覆盖地膜，保墒增温，促进种子发芽。当苗床有80%出苗时，除掉地膜。苗高约10cm时，追施腐熟的农家有机肥3750kg/hm^2，氯化钾375kg/hm^2。以后每月施追肥一次，苗株秋发时，需施一次较多肥料，促进株丛茂盛。

采用容器育苗一般有两种方法：一是直播于容器中，直到定植；另一种是先用育苗盘播种成苗，再分苗于营养钵等容器中，两种方法各有优点。前法省工，但所需保护地面积较大，在温度等各方面适宜的场地和季节，常用此法育苗。在保护地面积较小的条件下，常用后一种方法。幼苗在苗盘中生长40多天，当第二枝茎出土时分苗，分苗最主要的好处是可对幼苗进行一次全面的筛选，选大、中苗和好苗，淘汰劣苗、小苗。

（3）整地和定植

1）整地。整地前每公顷撒施腐熟的厩肥45 000kg，深翻入土，耙平后开沟定植，一般白芦笋的沟距为1.8～2m，便于采笋期培土软化；绿芦笋为1.5m，沟深30～40cm，宽40～50cm。沟内每公顷撒施生物菌肥750kg、尿素150kg和氯化钾150kg，将肥与土均匀混合，再铺一层土，浇水沉沟后栽苗。

2）定植。芦笋定植宜在休眠期进行。长江中下游地区宜秋末冬初，植株地上部枯黄时定植，北方冬季寒冷，宜春栽。南方无休眠期地区可于3～4月或10～11月春秋两季定植。

起苗前，苗床浇足底水，减少起苗时的根系伤害，提高成活率。起苗后，将苗按地下茎的大小和根数分级。鳞芽粗壮、肉质根15条以上的壮苗为大苗，10～15条根的为中苗，大、中苗分别定植。为提高成活率，定植时要随起苗随栽植，避免肉质根风干脱水。

定植时按株距25～30cm，将苗排列在沟内，舒展根系，把着生鳞芽群的一端，顺沟朝同一方向，以便于培土，然后覆土5～8cm，稍镇压。白芦笋栽植密度以16 000～18 000株/hm^{2}为宜，绿芦笋栽植密度以22 000～27 000株/hm^{2}为宜，栽植深度以地下茎着生鳞芽处距地表15cm为宜。

（4）田间管理

1）定植当年的管理。秋末冬初栽植的芦笋地，当天气回暖后，首先进行中耕，使土壤疏松，提高地温，促进发新芽。当新幼茎高达10cm时，施生物菌肥300kg/hm^{2}或施1次稀薄的农家有机肥，或沟施尿素675kg/hm^2，氯化钾600kg/hm^2，以后隔2个月追施肥1次，入秋后施用较多肥料，至芦笋停止生长前2个月停止追肥。

春季新笋出土后，就要注意防治病虫害。8～9月枝叶繁茂，田间通风差，湿度大，温度高，更要加强防病虫工作。

2）施肥。芦笋定植当年因苗小，植株的需肥量也小，一般第1～2年生的施肥量为成年期的30%～50%，第3～4年生为成年期的70%，第5年后按标准量施肥。

芦笋生长的各个时期吸肥的程度有很大差异。当嫩茎采收结束后，植株生长越来越旺，对矿物质元素需要也越来越多，故芦笋的施肥时期，应以地上茎形成时为重点，一般在春季培土前施催芽肥，用农家液态肥75 000kg/hm^{2}左右。采笋结束后，施腐熟厩肥22 500～30 000kg/hm^2，或尿素 112.5kg/hm^2，过磷酸钙 450kg/hm^2，氯化钾 225kg/hm^2 作复壮肥。8 月中旬施秋发肥，用量同前。而采收期间可不必追肥。

3）中耕、排水及灌溉。春季培垄前不浇水，以免降低土温，造成嫩笋弯曲或空心。采笋期间保持土壤充分湿润，使嫩茎抽生快而粗壮。雨后要及时中耕，保持土壤疏松。在选留母茎时，要适当控水，以防止倒伏。

4）培土。采收白芦笋，须在春季鳞芽萌动后、抽生前培土，使芦笋软化，成为白色柔嫩的产品。培土一般在开始采收前 10～15d，10cm 处的地温达 10℃以上时进行。培土过早，地温升高慢，出笋迟；培土过晚，有部分芦笋已抽出土面见光变色。培土须选择阴天土壤干湿适度时进行，要求土粒细碎，培成的土垄宽度要大，厚度以使地下茎埋在土下 40～50cm 为准。如为采收绿芦笋，也应适当培土，保持地下茎有约 15cm 土层，可使芦笋生长粗壮。

芦笋采收结束，应立即扒开土垄，晒 2～3d 后重新整理畦面，恢复到培土前的状态。若不耙去土垄，则会影响地上茎和根系的呼吸和生长，地下茎还会逐渐上升，造成以后培土困难。

5）采收。采收芦笋嫩茎，其外观必须挺直、圆正、粗细适中、顶部鳞片包裹紧密、鲜嫩。绿芦笋的色泽鲜绿，白芦笋色泽洁白为上品。

白芦笋是经培土软化的嫩茎，采收白芦笋时，应于每天黎明时巡视田园，发现土面有裂缝或湿润圈，即为有芦笋嫩茎上伸的标记，则可扒开表土，在嫩茎的一侧垂直下挖 1 个洞，用特制的采收刀在笋头嫩茎着生点 3～4cm 处斜向切下，注意采割部位不要太低，切口不要太大，以利于伤口愈合，也不可伤及附近地下茎及鳞芽。采收后应立即用土填平，防止附近的嫩茎见光。出笋盛期如气温高，适宜每天早、晚各采收一次。采收的芦笋应立即装入容器，用潮湿的黑布覆盖，防止见光着色。

绿芦笋是不经培土软化处理，任其在阳光下长成的色泽翠绿的嫩茎，可以用手将没有木质化的部分折断采收。此法采收速度快，品质优良，但往往留茬高，伤流多，易损耗根系株体液，从而影响附近鳞芽萌发。也可以用刀具在近地面割下。此法采收后的留茬已经木质化，造成的伤流少，新茎发生量多，生长快，一般产量较高。采割嫩茎可于每天早上进行。绿芦笋适期采收标准主要看笋头是否散开。头部生长正常，鳞片间隙开始拉开，嫩茎高度不超过 30cm 为采收适期。如采收过迟，笋头开始伸长，鳞片间可见米粒状小侧芽，或者笋头伸长，鳞片间可见柄长小于 10mm 的小侧枝。有些嫩茎虽然还没有长到标准高度，但顶部鳞片已有散开的迹象，则应及早采收。

芦笋一般以定植后 4～12 年为旺盛期，13 年后逐渐衰老，植株的经济年限为 15 年左右。

2．设施栽培

（1）塑料小拱棚早熟栽培　主要如下：①早春进行土壤中耕除草，施催芽肥，准备搭棚架。②高 1.2m，宽 2.4m 的小棚扣两行芦笋根株，高 50cm，宽 80～90cm 的小棚扣 1 行芦笋根株。寒冷地区宜在春季气温回升到旬平均温度 3℃以上时开始覆膜保温。冬季不十分寒冷的地区，宜在终霜期前 2 个月左右覆膜，长江流域覆膜时间约在 2 月上中旬。③一般在覆膜后 10～15d 开始萌芽，应注意防冻害，可夜间加盖草帘保温。外界旬平均气温在 10℃以上，夜间最低气温稳定达到 5℃以上时可不必覆膜。④从覆膜保温至初次采收，一般不必浇水，以后随气温升高，采收量增加，需逐步加大浇水量。⑤其他管理基本与露地栽培相同，收获期一般比露地栽培早 20～40d。

（2）塑料大棚栽培　南方受气候条件影响，雨水充足，病虫害严重，宜建立大棚，以获得高产、高品质的芦笋。技术要点主要如下：①大棚的设置原则上应在成园时进行，一种为棚高

2.2m，宽 4.5m，长 20m 左右，也可以根据地形延长；另一种为棚高 2.5m，宽 6m，长 30m。两种棚可栽植芦笋根株 3 或 4 行。②清除芦笋园残株，中耕，施催芽肥，向根株上培土 10cm。当外界平均气温达 0℃左右时开始覆膜保温。长江流域可在清园后开始。③鳞芽萌发之前应注意在大棚内加盖小棚、地膜保湿，幼茎出土后即撤去。④通常将 25℃作为大棚通风的标准，温度过高时，幼茎伸长过快，茎顶鳞芽容易散开，产品的商品性差。⑤大棚芦笋生产采收期长，产量高，应注意增加施肥量，其他管理与一般栽培相同。采收期比一般栽培早 2 个多月。

（3）温床假植栽培　冬季将事先培育好的芦笋根株挖出，假植在温床（温床建在塑料大棚里）中，利用电热线产生的热源，促使萌芽，抽生嫩茎，当根株中的贮藏物消耗殆尽后，更换新的根株生产，一个冬春可连续假植 3 茬左右。假植栽培的技术关键是培育根株。所以，应选择休眠浅、催芽早、植株生育快的品种进行假植栽培；培育根株的土壤必须肥沃、疏松，不能连作；种植密度要大，基本是一株挨着一株围栽，以提高单位面积产量。

3．异常嫩茎的种类及发生原因　异常嫩茎的发生是影响产品质量的重要因素。

（1）头部异常　常见的有嫩茎头部鳞片松散、弯头和头部发育不良等现象（图 20-2）。

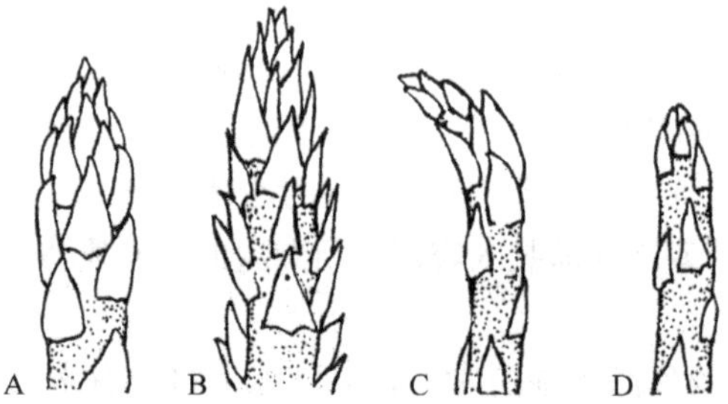

图 20-2　芦笋头部异常情况（林梦勇，1993）

A. 正常；B. 松散；C. 弯头；D. 发育不良

嫩茎头部鳞片松散除与品种有关外，主要受温度、水分、营养等因素的影响。高温、干燥、水分供应不足时最易发生。所以遇高温时应及时采收，增加每天的采收次数，并及时灌水。株丛生长和采收后期因贮藏养分不足，也会使头部松散。

弯头是由多种伤害所致，如病虫为害、霜害、肥害及有害气体伤害等。此外，土壤偏酸或偏碱、盐分含量过高及植株生长衰弱、水分供应不足等，也易引起弯头。

头部发育不良为采收后期贮藏养分不足所致，留母茎采收时，与养分运转分配不足、水分供应不足也有关系。

（2）胴体异常　指嫩茎头部以下发生的异常现象，有细茎、弯曲、扁平、大肚、空心、开裂及锈斑等。细茎的发生多因鳞芽素质低下，或因养分供应不足、环境温度较高而发生；嫩茎弯曲多和土壤质地有关，如遇有石砾土、黏质土，或土中混有石砾、坚硬土块等。此外，有病虫为害或药害等也会引起弯曲。

扁平、大肚现象的出现，一般由土壤坚实或土壤松实不均或偏施氮肥所致，鳞芽发育不全而产生联茎，是产生扁茎的原因之一。

空心现象通常认为是偏施氮肥的结果，导致嫩茎生长和膨大过快，营养供应不上。空心现象还与土壤湿度变化有密切关系，如华北地区早春发生空心现象较多。

土壤水分供应不均匀，易使嫩茎开裂，病虫为害、药害、有害气体为害等均可引起嫩茎产生锈斑。

扩展 20-2

以上出现的各种异常现象，应在栽培管理中，根据发生的原因针对性地采取措施加以防治。

第三节　百　　合

百合（*Lilium brownii* var. *viridulum* Baker）为百合科（Liliaceae）百合属（*Lilium*）多年生宿

生根植物，其地下能形成肥大的鳞茎，且鳞茎由多个鳞片抱合而成，古书《尔雅》中记载："百合小者如蒜，大者如碗，数十片相累，状如白莲花"，因此称为"百合"，又名番韭、山丹、倒仙、夜合等。百合原产自中国、朝鲜及日本，目前全球共发现115个种，其中有36种和15个变种为我国特有种，我国甘肃兰州、江苏宜兴、浙江湖州、湖南邵阳、江西万载及山西平陆等地均为百合的著名产地。百合的鳞茎富含淀粉、蛋白质、果胶、胡萝卜素及多种矿物质，不仅营养价值高，还兼具补中益气、润肺止咳等医疗功效（国家药典委员会，2015）。此外，观花百合的花朵硕大、花色艳丽、花姿优美，极具观赏价值。

一、生物学特性

1. 植物学性状

（1）根　分肉质根和纤维根两种。肉质根着生于鳞茎盘下，又称为下盘根，成熟鳞茎的肉质根无主侧根之分，根毛少，数目多，有60多条，集中分布于20～50cm深的土层中，具有吸收水肥及贮藏营养的作用。肉质根初生时表皮光滑，白色鲜嫩，第2年根表皮现环状皱纹，暗褐色，直至萎缩失水，成枯黄空秕或囊状，因此肉质根寿命一般为2年。

纤维根着生在地上茎基部，较纤细，俗称罩根、上盘根或茎出根。主要分布在表层3～15cm土壤中。每年春季随百合苗出土后发生，秋季随地上茎枯萎而干枯，兼具吸收和固定植株的功能。

（2）茎　百合的茎有短缩茎和地上花茎两种。短缩茎为盘状，其上着生鳞状叶（鳞片）构成鳞茎，分布在地下10～17cm处，呈球形、扁球形或椭圆形等，单个鳞茎重150～250g。鳞片肥厚，扁平或呈匙形，颜色白或微黄，是贮藏器官，也是产品器官。花茎是由短缩茎的顶芽或腋芽抽生形成，不分枝，坚硬直立，绿色或紫褐色，高80～120cm。有的种类在花茎的叶腋间产生气生鳞茎，称为珠芽。有的种类在花茎基部产生小鳞茎，称为籽球（木子），珠芽和籽球可供繁殖用，若不产生珠芽和籽球，可采用鳞茎或鳞片繁殖（图20-3）。

（3）叶　为全缘叶，无叶柄或托叶，百合叶片呈条形或披针形，叶片角质发达，叶互生（少数品种轮生），单株叶片数在50以上。

（4）花　百合的花有单生，或呈总状和伞形花序，花形钟状、喇叭状或漏斗状，大而美丽，具香味，花色呈红色、黄色、白色或绿色。开花后花瓣反卷或不反卷，中部与淡绿色花丝相连，呈"T"形。

（5）果实　果实为蒴果，近球形或长椭圆形，三室裂，每室两列种子。

（6）种子　单个蒴果有种子200多粒，种子片状，钝三角形，褐色，千粒重为2～4g。

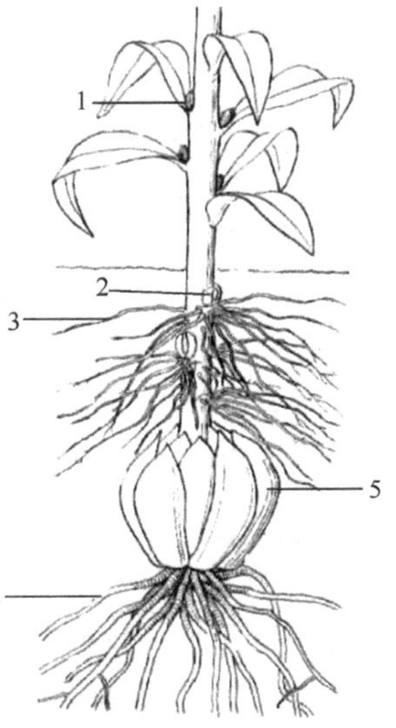

图20-3　百合植株形态（樊鸿修，1983）
1. 株芽；2. 籽球；3. 上根；4. 下根；5. 鳞茎

2. 对环境条件的要求

（1）温度　百合地上茎喜温怕热不耐寒，其生长适宜温度为15～25℃；地下鳞茎耐寒性很强，能耐－10℃的低温。早春15cm地温5℃以上时心芽开始萌动，10℃以上心芽开始出土，15℃以上大量出土并开始快速生长，鳞茎快速膨大期适宜的温度为23～25℃，开花期适宜温度为20℃左右，30℃以上植株开始黄萎，甚至枯死。

（2）土壤　百合不耐湿，要求疏松通气和排水良好的砂壤土，大多数百合适宜酸性土壤，但兰州百合较耐碱（pH 7.8～8.2）。

（3）水分　百合喜干怕涝，应选择排水良好的地块种植，降雨量多的地区可以采用高畦栽培。

（4）矿质营养　百合不同生育阶段吸收氮、磷、钾的比值虽有差异，但大概为1∶6∶1。

（5）光照　百合喜光照但怕强光，以自然光照的79%～80%为宜。12h以上的长日照利于百合鳞茎形成。

二、品种类型与栽培季节

1．卷丹百合（*Lilium lancifolium* Thunb.）　鳞茎近宽球形，鳞片宽卵圆形，白色微黄，外层有时带有紫色小斑点。鳞片质地绵软，略有苦味，地上茎紫褐色，具白色茸毛，高80～150m。叶散生，披针形或锯圆状披针形，无柄，先端有白毛。5月上旬中上部叶腋产生紫褐色珠芽（气生鳞茎），成熟后脱落，可供播种或加工制粉。花排列成总状，花梗长6～9cm，花下垂，橙红色，花被片披针形，反卷，正面有紫黑色斑点，花不结实。中国太湖流域为本种的主产区，主栽品种是‘宜兴百合’。江西万载、湖南邵阳、甘肃平凉有零星栽培，华中、华北、东北、西北、西南及青藏高原海拔400～2500m处均有野生种或栽培种。

2．川百合（*Lilium davidii* Duch.）　鳞茎白色，球形或扁圆形，鳞片扁平肥大，味甜不苦。兰州百合属川百合的变种，多糖含量高。地上茎高约100cm，无绒毛，绿色，中下部带有不明显的紫斑。入土时产生小鳞茎，称为籽球，用以繁殖。叶带形，互生，无柄，绿色。总状花序，花下垂，花被火红色，近基部有褐色突起斑点，背面中肋明显突起，开放时花被反卷。7月初开花，花期约10d。花具香味，美观，花蕾可供食用。此种生长期较长，需6～7年。本种主要分布于甘肃、四川、云南、陕西等地海拔850～3200m处。

3．龙牙百合（*Lilium brownii* var. *viridulum* Baker）　一般称白花百合。鳞茎球形，白色，抱合紧密，鳞片狭长肥厚。每个鳞茎含2～4个鳞瓣，不甜不苦。地上茎高约100cm，光滑无茸毛，深绿，叶散生，倒披针形，着生较稀。生长势强，无珠芽，偶有籽球。用片培育籽球或用鳞瓣栽植。花单生或几朵排列成伞形；花朵喇叭形，长13～18cm，白色，无斑点，芳香，花期在5～6月，果实成熟期在8～10月。该种主要分布于江西（万载县、泰和县）、广西（资源县）及湖南、湖北、河北、浙江、河南、陕西等地海拔300～920m处。

南方以种植‘宜兴百合’和龙牙百合为主，一年收获1次，一般是8月下旬至10月中旬播种，当年在土中扎根越冬，翌年3月中下旬破土出苗，5～6月孕蕾，‘宜兴百合’开始出现珠芽，7月开花，7月下旬至8月下旬茎叶枯萎，开始采收。北方以种植‘兰州百合’为主，2～3年收获一次，一般于近冬或早春播种。每年3月下旬至4月上旬出苗，6月中下旬至7月上旬现蕾开花，9月中下旬茎叶开始枯萎，10月下旬开始进入休眠期或采收。

三、栽培技术

1．地块选择　栽植百合应选择土层深厚、土质疏松、地力肥沃、中性或微酸（碱）的土壤，前茬以豆类、小麦或瓜类为宜。百合不宜连作，宜间隔3～4年以后再种。

2．整地与施肥　百合前茬收获后要及时翻耕，耕地前施腐熟的优质有机肥60 000～75 000kg/hm^2，一般深度应在25～30cm，整地作畦，畦宽1.4～1.6m，垄高15～20cm，要求灌排便利。

3. 种球选择和栽植　栽培‘宜兴百合’和龙牙百合，其种球为成品鳞茎的鳞瓣，应选鳞茎扁圆端正，无病虫害且每个含 3 或 4 个鳞瓣，单重 100～150g。‘兰州百合’种球的选择标准是鳞茎洁白肥厚，抱合紧密，只有 1 个鳞芽，无病虫害，种球大小均匀，单重 25g 左右。

南方栽植百合，先在畦面上开横沟，沟距（即行距）30cm，深 15～20cm，在沟内将种肥与土拌匀，基肥不能和种球接触，以防止灼伤仔鳞茎。再盖土厚 2～3cm，按株距 20～25cm 栽种，上面覆土厚 7～8cm，用种量 3000～3750kg/hm^2。‘兰州百合’的栽植方法是，平畦按行距 40cm 开沟，在沟内每隔 17～20cm 挖穴，深 15cm 左右，将种球栽入穴中，种球扶正，顶芽垂直向上，根部压实，然后覆土、耙平，并在地块四围开排水沟。播种量约 3000kg/hm^2，也可进行高垄栽植。

4. 田间管理

（1）追肥　北方百合在第 2、3 年，每年早春出苗前，撒施农家肥 40 000～60 000kg/hm^2，出苗后，将肥锄入土中。苗高 7～10cm，用腐熟饼肥 1500～3000kg/hm^2，撒施行间，随即中耕培土。南方一般在苗高 10～13cm 时摘蕾后进行第 2 次追肥，多施用农家液态有机肥或沼气液，每次 17 500～25 000kg/hm^2。农家肥不足的也可少量追施复合肥，每次 200～300kg/hm^2。

（2）摘除花蕾及珠芽　为了节约养分，促进鳞茎膨大，要尽早摘除花蕾与珠芽。摘花蕾的时间以花茎伸出顶端 1～2cm 时为宜。

（3）地面盖草和覆土　江苏、浙江、江西等地栽种百合，在出苗前，用稻草 7500kg/hm^2 覆盖畦面，在收获前再收回用于沤肥。‘兰州百合’平畦栽植，为了促使地上茎基部产生籽球，在开春出苗前，也可用稻草覆盖地面，厚 4～5cm。

（4）灌溉　栽培‘兰州百合’每年入冬前应普遍进行冬灌。开春后一般干旱少雨，可以结合追肥，在出苗齐全后轻浇 1 次水，其他时间一般不浇水。在干旱地夏季大雨时可将径流水拦截引入百合地里进行灌溉，俗称“洪水浸地”。南方降水多，百合很少灌溉，应注意清沟排水，防止畦面渍水。

5. 采收　北方地区多在百合地上茎、叶完全枯萎时采收，南方一般从大暑至秋分采收。选择晴天收获，采收时用锄头刨挖，要从鳞茎侧旁深挖到鳞茎底部，避免损伤百合鳞茎。将成品百合的泥土擦干净，剥去黄膜，剪短须根，分别按产品和种球进行分级装箱，运回贮藏。出土后的百合鳞茎不可在阳光下多晒，以防变红。

扩展 20-3

6. 留种　南方种植的‘宜兴百合’和龙牙百合，一般是在成品百合中选留符合要求的中等大小的鳞茎留种。其标准是鳞茎扁圆球，保持原品种的色泽，无病虫为害，每个鳞茎单重 80～100g，含有 3 或 4 个鳞茎。兰州百合留种有两种方式：一是在成品百合采收时挑选一二级籽球作种用；二是用三级籽球在母籽田进行培育使之达到一二级籽球。一级种球重 20～30g，横径 4cm 左右；二级种球重 12～13g，横径 1.5cm 左右。

第四节　黄　秋　葵

黄秋葵［*Abelmoschus esculentus*（L.）Moench］别名秋葵夹、羊角豆、羊角椒、洋辣椒等，为锦葵科秋葵属一年生的草本植物，原产非洲热带地区，埃及及加勒比海的安提瓜、巴巴多斯种植较多，是非洲和美洲及东南亚人民喜食的蔬菜之一。我国从印度引进，已有 100 多年的种植历史，现在全国各城市周边都有少量栽培。以采收嫩果供食用，花和嫩叶也可食用。嫩果肉质柔嫩、润滑，风味独特，营养价值高，据测定，每100g嫩果中含还原糖2.11g，纤维1.6g，粗蛋白2.44g，胡萝卜素0.68mg，维生素B_2 0.06mg，维生素C 25.5mg，钾2mg，钙59mg，镁36.8mg，磷46.8mg，铁0.89mg，锌0.24mg，锰0.13mg，硒2.18mg。可炒食、煮食、凉拌、制罐及速冻加工等。其种子中含有较多的钾、钙、铁、锌、锰等矿物质，能提取油脂、蛋白质或作为咖啡的代用品等。另外，其还是观赏价值颇高的绿化、美化材料。

一、生物学特性

1. 植物学性状 黄秋葵的根为直根系，根系发达，根深达1m以上；主茎直立，高1～2.5m，粗5cm，赤绿色，圆柱形，基部节间较短，有侧枝，自着花节位起不发生侧枝；叶互生，掌状3～5裂，叶缘缺刻浅，叶身有茸毛或刚毛，叶柄细长，中空；主茎第3节以上除生侧枝外，各节均有1花，花大，两性，黄色，花萼、花瓣各5枚。花在上午8:00～9:00开放，下午凋谢。果为蒴果，先端细尖，略有弯曲，形似羊角，多有5个棱角或更多，果长6～20cm，横径1.9～3.6cm，表面有茸毛，果嫩时浓绿色，后为深绿色，成熟后为黄色，最后呈褐色，自然开裂，有种子50～60粒或更多。种子近圆球形，直径4～6mm，皮灰绿色，发芽期限为3～5年，千粒重为55g左右。

红果品种的果实外皮为红色，以采食嫩果为主，叶、花和芽也可供食。茎赤红，圆柱形，直立，分枝少。叶掌状5裂，叶面有硬毛，叶脉及叶柄紫红色。花形大，花瓣上部黄色，基部紫红色。其他性状与黄秋葵基本相同（图20-4）。

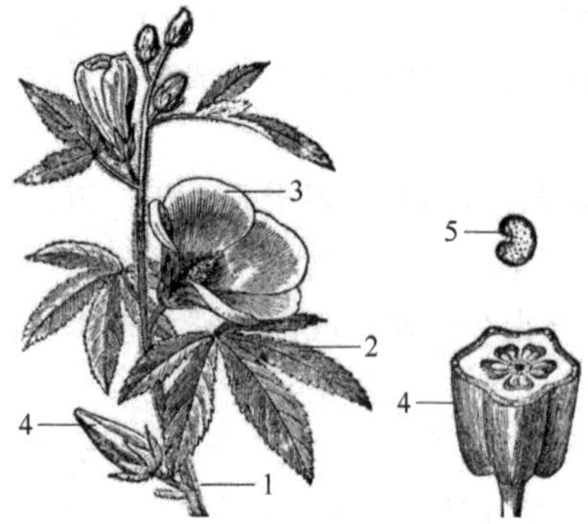

图20-4 秋葵植株形态

1. 主茎；2. 掌状叶；3. 花；4. 蒴果；5. 种子

2. 对环境条件的要求

（1）温度 黄秋葵喜温暖，不耐霜冻，耐热能力强。当气温13℃，地温15℃以上时种子发芽。但种子发芽和生育期适温为25～30℃，26～28℃为开花结果的适温，开花多，坐果率高，果实发育快，产量高，品质好。月均温在17℃以下，影响开花结果，即不能正常开花结果，夜温低于14℃时生长缓慢，植株矮小，叶片狭窄，开花少，落花多。

（2）光照 黄秋葵为喜光植物，对光照条件尤为敏感，要求光照时间长，光照充足。应选择向阳地块，加强通风透气，注意合理密植，以免相互遮阴，影响通风透光。在较强的日照条件下生长良好；光照不足，影响其产量和品质。

（3）水分 黄秋葵耐旱，耐湿，但不耐涝。发芽期土壤湿度过大，易诱发幼苗立枯病。结果期干旱，植株长势差，品质劣，生长期应保持土壤湿润。

（4）土壤与矿质营养 黄秋葵对土壤适应性较广，对土壤的要求不严格，但以土层深厚、疏松肥沃、排水良好的壤土或砂壤土为宜；肥料在生长前期以氮为主，中后期需磷钾肥较多。但氮肥过多，植株易徒长，开花结果延迟，坐果节位升高；氮肥不足，植株生长不良而影响开花坐果。

二、品种类型与栽培季节

应按当地生产基地的气候条件和市场需求，根据无霜期长短，选择生育期相适应的高抗、高产、优质品种。一般青绿色、绿白色品质较好，产量较高，而紫红色产量稍低，品质稍差。青绿色品种有‘绿五星’‘卡里巴’‘五福’等；绿白色品种有‘赣秋葵1号’‘赣秋葵2号’等；紫红色品种有‘安源红一号’等。

分露地栽培和设施栽培。设施栽培可利用现代化温室、日光温室、塑料大棚和塑料中棚等。

黄秋葵喜温暖，怕霜冻，整个生育期应安排在无霜期内，开花结果期应处于各地温暖湿润季节。露地栽培，南北各地多4～6月播种，7～10月收获。华北地区一般于4月中下旬至5月播种。北方寒冷地区常用日光温室、塑料大棚集中育苗，待早春晚霜过后，再定植于大田。而长江以南地区，春播3月中旬至4月上旬播种育苗，4月上中旬至5月中旬移栽，6～11月采收，播种到始收65d左右；夏季6月前播种，可在8～11月采收。春季栽培采用塑料大棚加小拱棚育苗及前期塑料大棚栽培，可提早在2月中下旬播种，3月下旬至4月上旬移栽，比正常露地栽培可提前10～20d采收。

三、栽培技术

1．常规（露地）栽培

（1）选地、整地与施肥

1）选择适宜的地块。黄秋葵为短日照植物，耐热力强，喜强光，故需选择通风向阳、光照充足的地方；因黄秋葵直根入土深，侧根发达，吸收肥水能力强，需选择土层深厚、疏松肥沃、富含有机质的壤土或砂壤土；耐旱耐湿，但不耐涝渍，要求种植地的地下水位低，排水良好；忌酸性土壤，pH以6～6.8为好。

2）施足基肥。黄秋葵是需肥较多的作物，每亩施入优质的有机肥2000kg以上，春季整地前撒施，并将土壤翻耕耙细。

3）秋冬深耕冻晒垡。准备种植黄秋葵的地块，在前茬收获后，及时进行秋冬深耕，要求深耕达25cm以上，充分晒垡、冻垡，疏松土壤，增强土壤蓄水保肥能力。

4）开沟作畦。春种前整地，并开沟作畦。一般要求畦宽120cm，畦沟宽50cm，深20cm左右。保证排水通畅，田块不积水，苗不受渍。

（2）种子直播及育苗移栽

1）种子直播。一般以春播为佳。因其种子发芽、植株生长发育及结荚的适宜温度均在25℃以上，故播种期不宜过早，一般在终霜后、地温稳定在15℃以上时直播较好。南方春天气温较高，可在3月下旬直播；北方气温较低，其播种适期宜在5月上中旬；长江中下游4月上旬播种，沿海地区以4月下旬播种为宜。

2）育苗。①育苗时间。比大田直播提前20～30d。②育苗方法。将种子用温水浸泡24h，用清水冲洗2或3遍，然后用湿布包好，置于25～30℃下催芽，约75%种子露白后播种。可播于棚室苗床（每亩苗床撒施20kg三元复合肥，整细、整平，做成南北向的小低畦，畦面宽1m左右，畦埂高4～6cm，畦面要求北高南低，落差10cm，以利采光），每亩用种约1.5kg，播后覆细土1～1.5cm；或在大棚内采用营养钵（图20-5）、穴盘或营养袋育苗。

图20-5　黄秋葵营养钵育苗
（江西省萍乡市蔬菜科学研究所
朱德彬提供）

3）及时移栽。当苗龄达25d、幼苗具2或3片真叶时及时移栽。每亩以定植2500～3000株为宜。注意选用大小比较一致的壮苗，剔除瘦弱苗；定植后及时浇透定根水，以利成活。

4）间作套种。黄秋葵可与草莓进行科学套种，即在草莓生长中后期定植黄秋葵，不影响草莓的生长发育；黄秋葵长大后，其繁茂的枝叶可遮盖部分阳光，为草莓越夏创造良好的生态环境。

（3）加强田间管理

1）巧施追肥。黄秋葵生育期长，其嫩果采收期可长达 120d 左右。因此，除施足基肥外，还应及时巧施追肥。即在移栽成活后，要及时追施 1 次提苗肥，每亩施尿素 5kg，兑清水 500kg 按棵浇入；进入开花期后，追施 1 次促花肥，每亩施 15kg 三元复合肥；进入采果期后，再追施 1 或 2 次壮果肥，每亩每次施三元复合肥 20kg，穴施在株间或行间，施后覆土。此外，进入开花、采果期，还可用 2%过磷酸钙浸泡液，在阴天或晴天下午 4:00 以后，喷施于叶部正背面，喷到叶部湿润即可。

2）防旱除渍。黄秋葵虽属耐旱、耐湿植物，但在生长期必须防旱、除渍。因此，要注意保持土壤湿润，特别在采收盛期及高温干旱时，如土壤干旱，应及时补水，以提高嫩果产量和品质；苗期怕渍水，应注意防涝，特别是雨季，及时清沟排水。

3）中耕除草。追肥、浇水或雨天过后，要及时中耕除草，防止土壤板结；应结合中耕、清沟等进行壅根培土，以利于根系伸长，使植株生长健壮，防止倒伏。中耕、除草、培土等工作持续到封垄后，即可停止。

4）整枝摘叶。黄秋葵植株下部会长不少侧芽，应及时抹去，以免消耗养分，同时可改善田间通风透光；若定植较稀，只需剪除部分弱小分枝，留下粗壮的侧枝，以增加结果枝。进入盛果期后，植株叶片生长较快，应及时摘除无效老叶、病残叶，以利于通风透光。直播的黄秋葵因根系较深，一般不会倒伏，但育苗移栽的秋葵根系较浅，应在植株旁插一根小木棍或小竹竿，防止倒伏。

（4）科学采收　当黄秋葵株高 30cm 左右、真叶 7～9 片时即开花结荚，阳光充足时陆续开花结荚。其采收期长，一般可达 90～120d。黄秋葵果实易老化，影响品质，应及时采收。但采收不宜过早，否则影响产量（图 20-6）。

图 20-6　黄秋葵露地栽培（左）和地膜覆盖栽培（右）（江西省萍乡市蔬菜科学研究所朱德彬提供）

1）采收标准。要求嫩果应硬韧、色绿、鲜亮，种粒开始膨大但无老化迹象。供鲜食的嫩荚，气温高时荚长 7～10cm，横径 1.7cm 左右；温度较低时荚长 7～9cm，横径 1.7cm 左右。供加工的嫩荚，长 6～7cm，横径 1.5cm 左右为甲级品；长 8～9cm，横径 1.7cm 左右为乙级品；荚长 10cm 以上为等外品。无论鲜食还是用来加工，荚长都不要超过 10cm。

2）采收时间。一般在花谢后 4～7d 即可采收。温度高时，嫩荚生长快，需天天采收或隔天采收；温度较低时，隔 3～4d 采收 1 次。最好于每天早晨剪收，嫩果品质佳。

3）采收方法。采收人员穿长裤和长袖衫，并戴手套，防止手、腿刺痛；用剪刀从果柄处剪下，切勿用手撕摘，以防损伤植株；注意剪净，不要漏剪，如漏采或迟采，不仅单果老、质量差、影响食用和加工，而且影响其他嫩荚的生长发育。采收后应立即送加工厂或市场销售，否则影响嫩荚商品性。

4）采后保鲜。嫩荚果因呼吸作用强，采后极易发黄变老。如不能及时食用或加工，应注意保鲜。即将嫩荚装入塑料袋中，经 10min 冷却到 10℃左右时，再贮于 7～10℃环境下，保持 95%的相对湿度，可保鲜 7～10d。远销外地的嫩果，必须在早晨剪齐果柄，装入保鲜袋或塑料盒中，再放入纸箱或木箱内，尽快送入 0～5℃冷库预冷待运。如嫩荚发暗、萎软变黄，不可再贮藏。

2．设施栽培

（1）播种育苗

1）种子处理。设施栽培黄秋葵一般在 2 月上旬育苗。播前晒种 2～3d，用 55℃温水浸种 15min，并不断搅拌至水温 30～35℃，继续浸泡 3～4h，再用清水冲洗 2 或 3 次，用洁净的湿纱布包好，置于 28～32℃发芽箱或人工气候箱内催芽，待种子 50%以上露白后播种。

2）基质穴盘育苗。选用商品基质，每立方米基质加入 50%多菌灵可湿性粉剂 80g，充分拌匀浇水，基质含水量达 65%即可，将基质装入 50 孔穴盘中，每穴播 1 粒种子，上覆 1cm 厚基质，整齐摆放在苗床内，平盖地膜，苗床上搭小拱棚，覆盖薄膜保温。

3）苗期管理。当 2/3 幼苗出土及时揭除薄膜。出苗后白天温度控制在 25～28℃、夜晚 12～13℃。齐苗后用 75%百菌清可湿性粉剂 700～800 倍液防治苗期病害。幼苗长有 2 片真叶时，逐渐加大通风量，延长光照时间。定植前 7～10d 进行炼苗。

（2）定植

1）整地作畦。移栽前清理前茬，深耕平整，每亩施腐熟有机肥 1500kg、复合肥 50kg。畦宽 1.2m，畦高 25cm，沟宽 50cm，畦中间摆放滴管带，用于冲施肥水，畦面覆盖黑色地膜。一般 8m 跨度的大棚作 5 条畦。

2）移栽定植。黄秋葵幼苗长到 3 或 4 片真叶时定植。在畦两侧按株距 30～35cm 开定植穴，每穴 1 株。每畦栽 2 行，栽植深度以子叶露出地面 2cm 为宜，定植后浇足定根水，以利缓苗。

（3）田间管理

1）中耕培土。第 1 朵花开放前加强中耕，以便适度蹲苗，有利于根系发育。开花结果后，植株生长速度加快，每次浇水追肥后均应进行中耕。封垄前培土，培土高度 10～15cm，防止植株倒伏。

2）肥水管理。黄秋葵植株生长旺盛，需肥水量较大，特别是开花结果期如果缺肥水，易导致结果不良，产量低、品质差。定植成活后，每亩追施尿素 10kg，开花结果期每亩施硫酸钾型复合肥 40kg，距植株根部 30cm 处开沟深埋。大棚栽培黄秋葵一般每 7d 左右灌水 1 次，以保持充足水分。夏季应在早上 9:00 之前、下午 5:00 以后浇水，因在高温下浇水易伤根。生长中后期酌情多次喷施叶面肥，防治植株早衰。

扩展 20-4

3）植株调整。生长中后期，及时摘除已采收嫩果以下各节老叶，改善通风透光条件，减少养分消耗。主茎长有 15 或 16 片叶时摘心，可促进侧枝结果，提高早期产量。

4）温度管理。黄秋葵生育期适温为 25～30℃。夏季需揭膜通风换气，使棚内温度不超过 35℃。

（4）采收　当黄秋葵植株有 7～9 片叶时开始开花，通常花谢后 4～6d、荚果长至 7～9cm 时采收嫩果，品质最佳，宜用剪刀采收。其他方面与露地栽培相同。

第五节 菜用玉米

菜用玉米又称为鲜食玉米，是指采摘鲜果穗用于蒸煮食用的玉米，主要包括甜玉米、糯玉米、甜糯型玉米、笋玉米。鲜食玉米风味独特，其籽粒中糖分、蛋白质、赖氨酸及其他多种氨基酸、脂肪等含量均高于普通玉米，且含有多种维生素和矿质元素，具有较高的营养价值，被誉为世界精品蔬菜之一，深受消费者青睐。因其生长期短、适应性广、种植成本低、经济效益高等特点，受到广大种植的欢迎，面积迅速扩大。我国是全球鲜食玉米种植面积最大、生产总量最多的国家，全国鲜食玉米种植面积总计已达2000万亩左右，其中糯玉米约1200万亩，甜糯型玉米约200万亩，甜玉米约600万亩。

一、生物学特性

1．植物学性状

（1）根　玉米的根属须根系，没有主根。按生长次序可分为初生根、次生根和支持根三种。初生根又称为种子根。当种子萌发时首先从种胚基部伸出一条根，随后又在胚的中部盾片节处长出几条较初生胚根略细的根。初生根在幼苗出土后14～21d担负吸收与供应幼苗所需的水分、矿质养分的任务。次生根又称为不定根、永久根、节根，是玉米的主要根系。由茎基部节间6～8个密集的节基部长出。当幼苗长出3片真叶时，在胚芽鞘着生的茎节处开始长出第一层根，一般4或5条。随着茎的分化与生长，次生根层数增加，一般5～8层，依品种而异。在玉米的一生中，主要靠次生根固定生长，吸收土壤中的水分和矿质养分。支持根又称为气生根，它是植株下部靠近地面1～3个伸长茎节上长出的根，具有支持植株抗倒的作用和较强的吸水吸肥能力。

（2）茎　茎是植株的骨架，支撑着玉米植株的生长，也是养分和水分的输导组织和贮存器官之一。多数品种只有1个主茎。玉米的茎是由节和节间组成，节数和品种的生育期有关，晚熟品种的茎节数多于早熟品种。茎基部4～6个节密集，在地下形成地下节群，其他节间伸长在地表之上。节间长度由下而上逐渐增长，茎粗则自下而上渐细。

（3）叶　玉米叶着生在茎的节上，呈不规则互生排列，主要由叶鞘、叶片、叶环、叶舌组成。叶鞘在叶片的下部，质地坚韧，紧包着茎部的节间。叶片着生于叶鞘顶部的叶环之上，中部有一条主脉，主脉两侧有若干条平行的侧脉，起支持叶片和输送水分、养分的作用。叶环在叶片、叶鞘连接处的外侧，有色泽稍淡的带状结构，用以调节叶片位置，增大受光面积。叶舌（也有无叶舌的品种）着生在叶片下部内侧和叶鞘的分界处，是一层无色的膜片，有防止雨水和病菌侵入茎秆和叶鞘的作用。

（4）花　玉米为雌雄同株异花，异花授粉率在95%以上，是典型的异花授粉作物。

1）雄花序又称为雄穗，为圆锥花序，着生于茎秆的顶部，由主轴和分枝组成。分枝一般有15～20个，最多可达40个。雄穗主轴较粗，周围着生4～10行成对排列的小穗，分枝较细，通常仅生2行成对排列的小穗。每个雄小穗有2朵小花。雄穗小花成熟后，花药外露，花粉散出，即为开花。开花顺序先主轴顶部后分枝，先上中部后向上向下开放。

2）雌花序又称为雌穗，为肉穗花序，着生在茎秆中部的叶腋内的节上，由腋芽发育而来。每个茎节上的叶鞘内都有一个腋芽，通常只有上部第6～7节上的1或2个腋芽能分化成雌穗，由穗柄、苞叶、穗轴等组成。雌花序的花丝露出苞叶就是开花，俗称吐丝。花丝抽出苞叶后，任何部位都有接受花粉的能力，完成双受精过程而结实成为果穗（图20-7）。

2．生长发育周期

（1）生育期　玉米从播种至新的籽粒成熟为玉米的一生。有别于普通玉米的生育期，鲜食玉米生育期是指从出苗至鲜穗采收所经历的天数。生育期的长短与品种特性及温度、光照、肥水等环境因素有关。积温不足、日照较长的条件下生育期会延长，反之生育期会缩短。

（2）生育时期　在玉米一生中，外部形态特征和内部生理特性会发生不同的阶段性变化，这些阶段称为生育时期。一般以全田 50%以上植株表现出某一生育时期特征为进入该生育时期的标志。菜用玉米一生可分为出苗期、三叶期、拔节期、小喇叭口期、大喇叭口期、抽雄期、散粉期、吐丝期、灌浆期、鲜果穗采收期等。各生育时期典型特征如下（图 20-8）。

图 20-7　玉米植株形态

彩图

彩图

图 20-8　玉米各生育时期

A．出苗期；B．三叶期；C．拔节期；D．小喇叭口期；E．大喇叭口期；F．抽雄期；G．散粉期；H．吐丝期；I．灌浆期；J．鲜果穗采收期

1）出苗期。种子播种后，在适宜的气候和土壤条件下吸水膨胀，胚根先突破种皮露白，后胚芽生长露出地面，第一真叶开始展开或幼苗出土高约 2cm。

2）三叶期。第三片叶露出叶心 2～3cm，是玉米离乳期。

3）拔节期。植株近地面手摸可感到有茎节，基部茎节总长度达 2～3cm，一般处于 6～8 片叶展开期。此时植株茎叶已全部分化完成，雄穗生长锥伸长。

4）小喇叭口期。雌穗生长锥进入伸长期，雄穗进入小花分化期，一般处于 8～10 片叶展开期。

5）大喇叭口期。雌穗进入小花分化期，雄穗进入四分体期，棒三叶甩开，心叶丛生，上平中空，侧面形状似喇叭，一般处于 11～13 片叶展开期。

6）抽雄期。田间 50%以上的植株雄穗顶端露出顶叶 3～5cm。

7）散粉期。田间 50%以上的植株雄穗花药开始散粉。

8）吐丝期。田间 50%以上的植株雌穗花丝从苞叶中伸出 2～3cm。

9）灌浆期。从受精后籽粒开始发育至成熟，分为籽粒形成期、乳熟期、蜡熟期和完熟期

4 个阶段。鲜食玉米的鲜果穗一般在乳熟期采收，此时籽粒呈囊状，同化产物快速积累，干重迅速增加，胚乳呈乳状后至糊状。

10）鲜果穗采收期。甜玉米在吐丝后 18～24d，糯玉米在吐丝后 20～26d。甜、糯玉米雌穗在授粉前采收作为玉米笋加工使用。

3．对环境条件的要求

（1）*温度* 玉米是喜温作物，整个生育期间都要求较高的温度，在一定的温度范围内，温度增高，生长发育加快。但不同的生育阶段，所要求的温度不同。

玉米种子一般在 6～7℃时就可以发芽，但非常缓慢，在土壤中很容易受到有害微生物的侵染，使种子霉烂。为避免因过早播种引起烂种缺苗，春玉米播种要求土壤表层 10cm 温度稳定在 10℃以上。

玉米苗期对温度反应较为敏感。幼苗处于 2 叶期时为冻害的临界期，幼苗在 2 叶前如遇霜冻，不易受到伤害，即使叶片冻坏，只要生长点没有冻伤，新叶照常可以生长。幼苗长至 2～5 片叶时，短时间遭受 2～3℃的低温，幼苗就会受到伤害。但温度过高也会抑制生长，在 40℃的高温下，幼苗就停止生长。

玉米抽雄、开花期是要求温度较高的时期，最适温度为 26～27℃。温度高于 32℃、空气相对湿度接近 30%的高温干燥气候条件下，花粉常因迅速失水而干枯，同时花丝也容易枯萎，因而常造成受精不完全，产生缺粒现象。

玉米籽粒形成和灌浆期间，仍然要求有较高的温度，以促进同化作用。最适温度保持在 20～24℃，在籽粒乳熟以后，要求温度逐渐降低，有利于营养物质向籽粒运转和积累。温度高于 27℃时，光合效能低，干物质积累少，易出现高温逼熟现象，籽粒秕小，产量降低；当温度低于 16℃时，光合作用降低，淀粉的合成和积累减少，籽粒灌浆速度减慢。

（2）*光照* 玉米属短日照作物，但不典型，在 8～12h 的短日照条件下能促进其生长发育，加快生育进程，从而提早抽雄开花；在大于 18h 长日照条件下则生长期延长，成熟期推迟。一般早熟品种对光照反应不敏感，晚熟品种较敏感。北方品种引到南方种植，品种生育期缩短，但跨度过大会导致过早成熟，经济产量很低；南方品种引到北方种植，生育期延长，但跨度过大会造成茎叶生长茂盛，不能正常开花结实，形成空秆。

（3）*水分* 玉米从种子发芽、出苗到成熟的整个生育期间，除了苗期应适当控制土壤水分进行蹲苗外，都需适当满足玉米对水分的要求，同时注意防涝。玉米种子需要吸取本身绝对干重的 35%～50%的水分才能膨胀发芽。播种时，耕层的土壤含水量应保持在田间土壤持水量的 60%～70%为宜。幼苗期，以土壤含水量 60%左右最适宜。拔节到抽雄期间，玉米植株生长进入旺盛期，茎叶生长加速并开始穗分化，干物质积累加强，蒸腾旺盛，需水量急剧增加。抽穗开花期前后 15d 至 1 个月是玉米的需水临界期，对土壤水分特别敏感，土壤水分应保持在田间最大持水量的 75%～80%为宜。籽粒灌浆期是产量形成的主要阶段，光合产物借助水分向穗部转移，需水仍较多，要求土壤持水量应保持在 75%左右。

（4）*土壤* 玉米适应性强，一般土壤均可栽培，但以土层深厚、结构良好、疏松透气、保肥保水力强、耕层有机质和速效养分高的土壤种植为宜。土壤的含盐量和酸碱度对玉米生长发育有很大影响，对 pH 的适应范围为 5～8，但适宜的 pH 为 6.5～7。玉米是需要土壤通气性好、空气容量多的作物，最适土壤空气容重约为 30%，土壤空气中的含氧量为 10%～15%时最适合玉米根系生长。

（5）*矿质营养* 玉米是高产作物，植株高大，茎叶繁茂，需肥量较大。玉米在生长发育过程中需吸收多种营养元素，包括氮、磷、钾、钙、硫、镁、锌等矿物质元素 20 多种。其中以氮肥需求最多，其次是钾、磷肥。氮可促进根、茎、叶等营养器官生长，提高光合强度，延长叶片功能，有利于促穗攻粒。磷有助于苗期根系发育，促进光合产物的运输，增加粒重和改善品质。钾可促进碳水化合物的合成和运输，提高纤维含量，强化茎秆，提高抗倒伏能力。每生产 100kg 玉米籽粒需标准氮 3.5～3.8kg，五氧化二磷 1.5kg，氧化钾 3～3.2kg，需肥比例大约为 2.4∶1∶2。

玉米不同生育阶段，对肥料吸收量是不同的。苗期对养分的需求不多，用肥量一般仅占总用量的 10%左右。拔节孕穗期植株生长迅速，对养分的需要量较大，氮素吸收量占一生总吸收量的 50%以上，磷占一生总吸收量的 65%以上，钾占一生总吸收量的 60%。开花后植株的需肥量逐渐下降，但在灌浆期间氮素吸收量仍占总吸收量的 40%以上。粒肥追施量一般占一生总施肥量的 10%左右，但对于以收青果穗为目的的鲜食玉米，则不需施用粒肥。

二、品种类型栽培季节

（一）品种类型

1．糯玉米　糯玉米又称为蜡质玉米或黏玉米，受单个隐性基因（*wx*）控制，胚乳中几乎 100%的淀粉是支链淀粉，食用消化率达 85%左右，比普通玉米高 20%以上。糯玉米煮熟后黏、软、清香，内容物多，一般总糖含量为 7%～9%，干物质含量达 33%～58%，并含有大量维生素、肌醇、胆碱、烟碱和矿质元素等营养物质。籽粒成熟时，胚乳呈蜡质状、不透明、无光泽、坚硬平滑。我国是糯玉米的原产地，因此世界上又称糯玉米为“中国糯玉米”。

甜糯型玉米是糯玉米中的一种新类型。由甜基因（*su1*、*sh2*、*bt1* 等）和糯基因（*wx*）两类基因所决定，在同一果穗上糯质基因和甜质基因同时表达，其鲜食果穗的可溶性总糖含量明显高于一般糯玉米，而籽粒糯性是通过支链淀粉决定的，鲜食风味表现为既甜又糯。根据商用果穗上甜、糯玉米籽粒的比例，可分为 1∶3、7∶9、4∶3、3∶1 等，并分别称为 13 型、79 型、43 型、31 型甜糯玉米。

2．甜玉米　甜玉米俗称水果玉米，具有甜、香、脆、嫩的特点。根据甜玉米基因和胚乳性质不同，可分为普通甜玉米（*su1*）、超甜玉米（*sh2*、*bt1*）、加强甜玉米（*su1se*）三种类型。甜玉米胚乳中含有较多的糖和水分，其鲜果穗子粒的含糖量一般在 14%～25%，赖氨酸、蛋白质、脂肪等含量都高于普通玉米，还含有多种维生素，营养价值较高。甜玉米籽粒胚乳大部分为角质淀粉，干燥后籽粒皱缩，坚硬，呈半透明状。种子干物质含量低，拱土能力差，苗势弱，对栽培环境和管理水平要求高。

3．笋玉米　笋玉米是以鲜嫩玉米幼穗为食用部分的一类多穗玉米。该类玉米是在花丝吐出 2～4cm 时收获，除去苞叶和花丝，幼嫩雌穗籽粒未膨大，因形似笋尖而得名。不同类型的菜用玉米见图 20-9。

（二）栽培季节与方式

中国除西藏、青海外，全国各地均有种植鲜食玉米。鲜食玉米种植主要受茬口、降水条件、温度影响。根据种植时间的不同主要分为春玉米和秋玉米。春玉米要求 10cm 地温稳定在 10℃以上可以播种，秋玉米要求在霜降前收获。采用地膜覆盖、大棚、温室等设施栽培，春季可提早播种，秋季可延迟收获。

扩展 20-5

彩图

图 20-9　不同类型的菜用玉米

从左到右分别为糯玉米、甜糯型玉米、甜玉米、笋玉米

鲜食玉米生育期短，既可净作，又适宜间套复种。净作是指全田纯作玉米的种植方式，具有管理方便的优点。鲜食玉米也可发挥承上启下的作用，与蔬菜、西瓜、大麦等其他作物多元化搭配，形成一系列间作、套作的高效种植模式，有利于土地和空间的集约化利用，可减少光能的浪费。

三、栽培技术

根据鲜食玉米种植生产所需农业设施条件的不同，栽培技术可分为常规栽培（露地直播）和设施栽培（包括地膜栽培、大棚栽培、育苗移栽等）。

1．常规栽培

（1）播前准备

1）选地。要求种植基地的大气、水质、土壤等质量标准符合 NY/T 5332—2006（《无公害食品大田作物产地环境条件》）的规定。一般选择集中连片、光温条件良好、排灌方便、保水保肥、有机质含量高的中上等田块。

鲜食玉米属于胚乳性状的隐性基因突变体，有花粉直感效应，如接受了其他类型玉米的花粉，容易影响粒色、甜度、糯性或品种固有的品质特性。种植时必须与其他类型玉米品种隔离，防止串粉。隔离方法包括空间隔离、时间隔离和障碍隔离。空间隔离即种植不同类型玉米的地块之间要相隔 300m 以上；时间隔离是将不同类型玉米的播种期错开，使两者花期不遇，一般至少相差 20d，错期播种具体按播种季节和各品种熟期确定；障碍隔离是利用山岗、树林、房屋等自然屏障阻挡其他类型玉米花粉传入。

2）整地。包括前茬处理、翻地、深松、旋耕、耙地等作业。鲜食玉米种子顶土能力较差，整地时一定要做到深耕细耙、地平土细沟直、上虚下实。结合整地，施足底肥或基肥，可培肥地力、改良土壤结构。基肥以有机肥为主，化肥为辅。一般中等肥力田块可每亩施腐熟有机肥 1500～2000kg。

南方地区梅雨季节降雨量大，玉米极易受涝受渍，在播种前要做好畦面，围沟、畦沟、腰沟三沟配套，沟沟相接，达到涝能排、渍能降的要求。

3）品种选择。鲜食玉米是商品性很强的一类玉米，开发利用方式较多，品种要根据市场需求、销售产品的特点来确定。要选择覆盖所在区域的国家或省（自治区、直辖市）审（认）定的品种，同时要根据当地的种植制度、气候特点和病虫害流行情况，选择适应性、产量、品质、抗性等综合性状优良的品种，尽量避开可能存在缺陷的品种。为有效延长采收期和加工时间，采取早、中、晚熟品种搭配种植。

（2）播种技术

1）适期播种。鲜食玉米播种主要受茬口、水分、温度及市场的影响。甜、糯玉米种子发芽力和顶土力较普通玉米低，对土壤墒情和地温要求比较严格。春玉米播种或移栽时间，应在5～10cm地温稳定通过10（糯玉米）～12℃（甜玉米）。播种过早，土温低，发芽出苗慢，易烂种，造成缺苗。夏玉米播种时要考虑玉米的开花散粉期避开高温干旱；秋玉米播种时最迟播期只要能保证灌浆期气温在 18℃以上，鲜穗能正常采收即可。为了有效延长采收期和加工时间，可以进行春播、夏播、秋播分期播种，达到均衡上市、周年供应。

2）合理密植。合理密植才能培育出理想果穗，这也是决定鲜食玉米商品价值高低的重要因素。密度过大会出现空秆、结实差、秃尖等，影响果穗的商品性，对籽粒营养品质和食味也有不利影响。鲜食玉米种植密度与品种特性、土壤肥力、种植季节、自然地理气候及水肥管理水平有关。株型紧凑、矮秆、抗倒、早熟品种可适当密植，株型松散、高秆品种可适当稀植。糯玉米适宜的种植密度在3500～4500株/亩；甜玉米适宜的种植密度在3000～3500株/亩。土壤肥力较低、管理粗放的取品种适宜密度的下限值；土壤肥力高、管理精细的取品种适宜密度的上限值；中等肥力的，取品种适宜密度的平均值。光照时间长、昼夜温差大的地区可适当增加密度；高温多湿、昼夜温差小、阴雨天多的地区，种植密度宜稀一些。

3）播种方式。

A．种植规格。可采用平作或垄作。旱地以平作为好，畦面不宜太宽，以畦宽250cm左右为宜，可采用宽窄行或等行距种植，其中宽窄行种植便于田间管理和采收。宽窄行种植一般宽行80cm、窄行40cm，等行距种植一般行距60cm，株距25～32cm。雨水多、易涝的地块要起垄种植，一般采用双行宽垄，垄宽100cm左右。

B．播种方式。直播按种植密度和规格开沟条播或挖穴点播。根据种子的千粒重和发芽率确定播种量，一般每穴2或3粒种子。播种要深浅一致，深度控制在3～5cm，播后盖细土，做到盖不露籽。土壤墒情不足时可采用播前造墒，确保一播全苗。

（3）田间管理

1）苗期管理。玉米从出苗到拔节这一阶段称为苗期。此期主要进行根的生长、叶片增加和茎节分化，营养生长是核心，田间管理的主攻目标是促进根系生长，培育壮苗，达到苗齐、苗壮的目的。

A．苗前“封闭”除草。在播种后出苗前土壤较湿润时，趁墒对玉米田进行“封闭”除草，以土壤表面湿润、形成药膜封闭土壤为喷施标准，既保证除草效果，又不影响玉米及下茬作物生长。

B．适时间苗、定苗。直播田一般3叶期间苗，4或5叶期定苗，每穴留1株。定苗时按计划密度要求，去除病、弱、杂苗，留壮苗。如有缺苗，可在缺苗处一侧或两侧就近留双株。

C．早施苗肥。苗肥一般在定苗后施用。整地不良、基肥不足、幼苗生长细弱时应及早追提苗肥。施肥方法一般采用沟施或穴施，在距植株10～15cm处，开沟5～10cm施入，覆土盖严，提高肥效。主要用尿素或复合肥，施肥量根据土壤肥力、产量水平、肥料养分含量等具体情况确定。

D．水分管理。玉米播种后至出苗要注意水分管理，过干过湿均不利于出苗。苗期植株矮小，生长缓慢，耗水量少，耐旱能力较强。除底墒不足或天气特别干旱需要及时灌水外，一般情况下不需要灌溉补水。南方地区春、夏季雨水多，秋季有时遇暴雨，应及时疏沟排水，防渍防涝。

2）穗期管理。玉米从拔节到抽雄穗这一阶段称为穗期。此期营养器官生长旺盛，地上部茎秆和叶片及地下部次生根生长迅速，雄穗和雌穗相继开始分化和形成，由单纯的营养生长转向营养生长与生殖生长并进。穗期是玉米一生当中生长最旺盛的时期，田间管理的主攻目标是促叶、壮秆、扩穗。

A．水分管理。进入穗期，玉米的雄穗和雌穗开始分化，需水量增加。灌水时间、次数与灌水量根据土壤水分状况灵活掌握。从大喇叭口期到抽雄期为玉米需水临界期，对水分反应十分敏感，应结合施穗肥重浇攻穗水。若干旱缺水，就会造成“卡脖旱”，使雌、雄穗不能正常发育，散粉吐丝延迟，授粉不良。抽雄前后如遇干旱，一定要及时灌水抗旱。穗期若降雨多，土壤水分过多，易造成雌、雄穗发育受阻、空秆率增加，或造成倒伏。此期遇大雨应注意排涝降渍。

B．重施穗肥。穗期植株生长旺盛，对矿质养分的吸收量最多、吸收强度最大，是施肥的关键时期。追肥可分两次进行。第一次在拔节期至小喇叭口期，一般沟施或穴施三元复合肥15kg/亩。定苗后施过提苗肥的田块应视苗势酌情巧施拔节肥，叶色淡的弱小苗多施，叶色浓的少施或不施，以促进全田平衡。第二次在小喇叭口期至大喇叭口期，此时是决定雌穗大小和粒数多少的关键时期，是玉米水肥临界期，需要猛攻穗肥。追肥以氮肥为主，一般沟施或穴施尿素20kg/亩。

C．中耕培土。穗期宜进行1或2次中耕培土，不仅可以促进气生根生长，提高根系活力，还可减轻杂草危害。培土可在小喇叭口期至大喇叭口期进行，结合追施穗肥将行间、畦沟土培到玉米茎基部形成土垄，使畦高达到15～25cm。

3）花粒期管理。菜用玉米从抽雄到鲜果穗采收这一阶段称为花粒期。该阶段根、茎、叶等营养器官基本停止生长，经过开花、授粉进入籽粒产量形成阶段，是决定粒数和粒重的重要时期。田间管理的主攻目标是授粉受精良好，保叶护根，防倒防早衰，保粒数，增粒重。

玉米抽穗开花期耗水强度大、对水分敏感，是一生当中的水分“临界期”。天气干旱，空气相对湿度低于30%，会严重影响开花授精。因此，花粒期一般应灌好两次关键水。第一次在开花至籽粒形成期，是决定穗粒数的关键水；第二次在乳熟期，是增加粒重的关键水。籽粒授粉后至乳熟前期田间应保持适宜水分，延长叶片功能期，增加粒重；鲜果穗采收前几天应适当控水，以利于收获和提高品质。另外，玉米生育后期不耐涝，降雨过多易造成倒伏和植株早衰，应注意做好排涝。

（4）适时采收　菜用玉米对采收期要求严格，过早或过迟采收均会严重影响其品质和效益。采收过早，籽粒尚未充实，不仅食用品质差，而且产量较低，糯玉米糯性不足，甜玉米甜度不够。采收过晚，甜玉米籽粒内可溶性糖分和水溶性多糖被转化成淀粉，甜度下降，果皮变厚，失去特异的风味和商品性；糯玉米籽粒变硬，风味和品质差。

菜用玉米采收期受品种、种植季节等因素影响，与授粉后有效积温、籽粒含水量等因素密切相关。菜用玉米适时采收的外观标准为苞叶开始由青绿变为黄绿，花丝枯萎转深褐色，穗粒饱满，手掐籽粒有浓浆，此时子粒含水量为70%～75%。一般糯玉米在吐丝授粉后20～26d采收为宜，甜玉米在吐丝授粉后17～23d采收为宜。不同年份菜用玉米适宜采收期在吐丝授粉后的天数存在较大差异，主要受制于授粉后有效积温的变化。气温高，灌浆期缩短，采收期提前；气温低，灌浆期延长，采收期推迟。为保障玉米的口感，鲜果穗采收后要尽快上市销售或加工，不宜在常温条件下长时间存放，否则籽粒变色、品质和风味降低。

2．设施栽培　设施栽培是指采用一定的技术手段和农业生产设施，改变自然光温条件，为菜用玉米生长提供良好的环境条件而进行高效生产的栽培技术。菜用玉米设施栽培可以打破常规生产的季节性限制，实现鲜果穗春提早、秋延后上市，满足居民多元化、多层次消费需求，提高经济效益。

（1）*地膜覆盖栽培*　地膜覆盖可以增温保墒，改善土壤物理性状和抑制杂草生长，适合在晚冬或初春季节及积温不足的山区与高海拔地区、季节性干旱严重的地区应用。地膜覆膜后一般可增加≥10℃的有效积温200～300℃。

1）整地、施肥。地膜覆盖栽培宜选择地势较平坦、土层深厚疏松、肥力较高的地块。适时耕翻，精细平整，按不同种植模式作畦。地膜覆盖玉米追肥较为困难，一般施肥以基肥为主（全部的有机肥、磷、钾肥和60%的氮肥作底肥），在大喇叭口期追一次氮肥。

2）地膜选择。地膜选择耐拉强度较高的农膜，厚度为0.005～0.008mm，根据预留行宽度选择宽度适宜的地膜。盖膜的原则是“盖早不盖晚，盖湿不盖干”。盖膜要求平、紧、严、直，即地整平、膜压紧、边压严、覆膜直，膜面光洁、采光面达70%以上。

3）覆膜直播。地膜覆盖栽培主要有先播种后覆膜和先覆膜后播种两种方式。先播种后覆膜多在墒情好的地块采用，要求土壤湿度达到田间持水量的70%，否则必须浇水补墒后播种覆膜。出苗后根据气温及时破膜放苗，防止膜下温度过高引起烧苗，并用细土将膜孔封实，以避免跑墒降温。先覆膜后播种多在土壤墒情不好或播前遇雨时采用，用播种装置在膜上先打孔再下种，播后用细土将膜孔盖严压实，此法可减少破膜放苗工序，但盖孔土易板结，影响出苗（图20-10）。

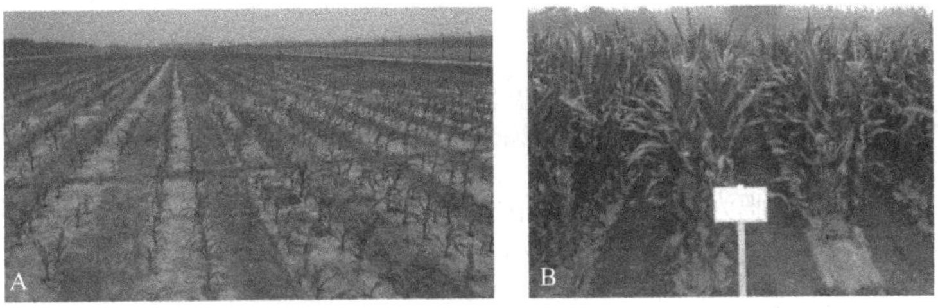

彩图

图20-10　鲜食玉米地膜覆盖栽培

A．地膜栽培苗期；B．成株期

（2）*盘育乳苗移栽*　甜、糯玉米种子发芽力不强，顶土能力较弱，早春低温气候条件下田间直播出苗困难，易造成缺苗断垄。采用盘育乳苗移栽技术可提早播种10～20d，避开前期冷害（倒春寒）。

1）苗床准备。选择肥沃、疏松、背风向阳便于管理的地块作苗床，耙细整平，然后做成1.2～1.6m宽的畦。可将苗床设置在大棚内，如搭建简易小、中棚，则棚高应不低于50cm，两侧不低于30cm，棚两头各向盘外延伸20～30cm，以利床内空气回旋，使增温均匀。

2）营养土配制。选择不带病菌、杂草和虫卵的冬闲田表土晒干碾细，每1000kg细土加入优质腐熟有机肥300kg、复合肥1～2kg、过磷酸钙3kg充分拌匀后装育苗盘。

3）播种。选择100孔或128孔的塑料穴盘，播种时在苗床上排好苗盘，保证苗盘紧贴地表，盘孔装入3/4的营养土，每孔播一粒种子，然后用营养土盖种，刮平苗盘，均匀喷淋浇水，使盘土吸足水分自然下沉，浇水量以不溢出苗盘为宜。

4）苗床管理。在出苗前不通风，以密闭增温为主，但应控制温度不超过35℃。在出苗前，只要膜上有水珠就无须浇水，但应保持盘土湿润，以防盘孔土块被苗抬起。齐苗后如果发现床土发白，应立即补水。在浇水过程中，应用细孔喷头或喷壶轻淋，防止将盘土冲开。移栽前2～3d应通风、炼苗。如果乳苗已达移栽叶龄，但因连续阴雨等特殊天气无法移栽到大田，则可使苗床连续通风，抑制乳苗生长，延缓叶龄增加。

5）大田移栽。大田整地应在育苗播种后就进行，覆膜前应施好肥料、除草剂及进行地下害虫防治。当幼苗叶龄为2叶1心时即可移栽。栽前应将乳苗按长势分类，使长势一致的苗能栽在同一区或同一块田。移栽时要带土移苗，先在盖膜的畦面上打洞，洞深约3cm，保证幼苗根部能深入洞穴中；栽后把洞口用土填实并浇足定根水，做到既不伤根又不使膜的破口过大，确保早发苗及地膜增温效果好。

（3）大棚设施栽培

1）品种选择。玉米属高秆作物，大棚栽培热能、水肥充足，较常规生产株高增加30%～50%，受大棚高度限制，宜选择矮秆、早熟品种。

2）播种。采用大棚栽培春季播种宜提前，而秋季播期则适当推迟。在大棚内采用地膜覆盖加小拱棚的栽培方式，可进一步增强保温效果。长江中下游地区可把育苗期可提前到1月底，移栽提早到2月底进行。秋播可延迟到8月20日左右。由于大棚内通风、透光条件差，密度不宜过高，一般为3000～3500株/亩。

3）温度调节。设施大棚栽培玉米由于棚膜保温增温，要做好棚内温度调节。春季气温忽高忽低，大风天气多，要防止棚膜破损，做好密封保温工作。大棚内温度高至23～25℃及以上时，要背风通风。大棚温度保持在30℃左右为宜，大于36℃时揭开大棚两边塑膜通风，或揭除整个大棚塑膜。

4）肥水管理。大棚内缺乏雨水和露水，比大田干旱，需及时浇水，保持土壤湿润。抽雄吐丝期和灌浆期是玉米的生理需水期，要根据大棚内实际情况分次浇水，水量不要太大，仅起滋润作用，否则会发生倒伏现象。

大棚栽培以基肥为主，追肥量不宜多，施肥后要通风4h以上，排除氨气，防止灼伤玉米苗。

扩展20-6

第二十一章　常见食用菌

第一节　香　　菇

香菇［*Lentinula edodes*（Berk.）Sing.］具有丰富的营养价值，且味道鲜美，素有“菇中之王”的美称，早在 800 多年前我国的宋代就已经通过“砍花法”在浙江的龙庆景地区广泛栽培。20 世纪 50 年代上海市农业科学院食用菌研究所首先研制成功香菇木屑纯菌种，成功用于香菇人工栽培。目前香菇是我国食用菌栽培业中总产量最高和消费最广泛的食用菌品种，主要采用菌棒生产模式，在我国不同的地域均有栽培，在浙江、河南、湖北、陕西、河北、辽宁等地形成了多个香菇生产主产区。我国也是全球最重要的香菇生产国，产量占世界总产量的 80%以上。

一、生物学特性

1. 植物学性状　香菇子实体就是我们通常见到的香菇的形态，香菇子实体本质上是香菇的繁殖器官，单个子实体通常由菌盖、菌褶和菌柄等部分构成。

菌盖位于子实体上部，与菌柄相连，常单生、丛生或群生。菌盖圆形，直径通常为 5～10cm，表面色泽为淡褐色或茶褐色，有些香菇品种的子实体菌盖上披有白色或黄白色鳞片。子实体幼时，菌盖边缘内卷，呈半球形。菌盖随着子实体生长逐渐平展，子实体过分成熟时，菌盖边缘向上反卷、开裂。香菇人工栽培过程中，菌盖表面受到湿度变化和昼夜温差等外界条件的影响后，会产生菊花样纹斑，甚至是深刻龟裂状，暴露出白色的菌肉，这种香菇的子实体通常称为花菇，花菇的肉质致密、富有弹性，属于品质上乘的香菇。

菌盖背面生有菌褶，菌褶刀片状，白色，呈放射状由菌柄向菌盖边缘排列，与菌柄连接处弯凹。菌褶表面发布子实层，子实层中分布众多的棒状担子细胞，每个担子细胞在显微观察下，可以看到顶端着生 4 个孢子小梗，每个小梗末端生长一个担孢子。成熟子实体的菌盖如果切下放置一段时间后，菌褶上成熟的孢子会弹射出来，在一个表面上聚集起来可以形成肉眼可见的印记，通常称为孢子印。不同食用菌的孢子印颜色不同，香菇的孢子印为白色。香菇担孢子在显微观察下呈椭圆形，无色，表面光滑，大小为（4.5～7）μm×（3～4）μm。

菌柄生于菌盖背面中央或者稍偏位置，呈圆柱形、锥形或漏斗形，内部实心，纤维质，上半部呈白色，下半部呈浅褐色，有些香菇品种菌柄表面着生纤毛。

2. 生长发育周期　香菇是一种大型真菌，具有和植物完全不同的生活史，香菇具有担子菌典型的有性生活史，对香菇生活史的了解将有助于加深对香菇等食用菌栽培管理方法的认识。

香菇在生活史中主要以双核菌丝形式存在，双核菌丝绒毛状，色白，常具有分枝。在显微镜下可以观察到细胞横隔将菌丝分隔成为菌丝细胞，每个菌丝细胞中含有两个单倍体细胞核，这是香菇等担子菌的重要生物学特征，这也是双核菌丝名称的由来。香菇双核菌丝具有一个非常显著的细胞结构特征，即在相邻的菌丝细胞之间可以形成锁状联合，这通常是在显微镜下判断双核菌丝的重要形态标志。大量双核菌丝聚集在一起形成双核菌丝体，双核菌丝体发育到成熟时期在外界环境条件刺激下能够形成原基，原基进一步分化可以产生子实体。

香菇的双核菌丝是由单核菌丝间发生可亲和的杂交而形成的，单核菌丝间的杂交受到交配型控制。单核菌丝根据交配型的不同可以分成很多种类型，每种类型的单核菌丝通常具有特定的交配型。具有可亲和交配型的单核菌丝之间发生杂交后产生具有可孕能力的双核菌丝，这个过程称为质配。在双核菌丝中两个独立的细胞核会一直存在，所以香菇生活史的大部分阶段都是单倍体状态，直到子实体产生后，在子实体菌褶的子实层的担子细胞中，两个细胞核会发生核配，从而生成一个二倍体的细胞核，但是这个二倍体细胞核存在时间很短，会立即进入减数分裂状态，产生四个单倍体的子代细胞核，这些细胞核会分别进入担孢子中。担孢子成熟后会弹射出去，当遇到合适的外界条件后便萌发生长成为单核菌丝，单核菌丝在生长过程中如果遇到可亲和的不同类型的单核菌丝便能够生成双核菌丝。

3．对环境条件的要求　香菇是一种异养生物，依靠分解栽培基质中的木质纤维素生长，是一种典型的木腐菌和好氧菌。香菇的生长发育需要合适的营养条件和适合的环境因素。

（1）温度　菌丝生长是香菇生长最重要的基本生长形式，香菇菌丝生长的温度范围为5～32℃，最适生长温度为24～27℃。香菇菌丝在10℃以下和32℃以上会生长不良，当达到34℃高温时会停止生长，当遇到36℃高温条件时会产生高温伤害，菌丝颜色变黄，当处于38℃高温时易发生死亡。但是香菇菌丝体对低温有较强的抵御能力，在－10～－8℃低温环境中，菌丝仍旧能够存活较长时间。

在香菇栽培过程中，子实体的发生需要低温和变温刺激；在恒温栽培条件下，香菇不易形成原基和子实体。一般来说，香菇原基分化需要的温度为5～25℃；子实体发育需要的温度为5～24℃，以15～20℃为最适温度范围，温差刺激达到8～10℃最有利于促进原基发育成子实体。根据不同香菇品种原基分化的最适温度范围，可以将香菇品种分为低温型（5～15℃）、中温型（10～20℃）和高温型（15～25℃），以及中低温型、中高温型。同一香菇品种，在适宜生长温度范围内，较低温度条件下子实体发育慢，菌柄短，菌肉厚实，不易开伞，品质好；在较高温度条件下子实体发育快，菌柄长，菌肉薄，易开伞，品质差。

（2）光照　香菇也是一种需要光照的大型真菌，在子实体生长过程中需要有强度适合的散射光。原基分化和子实体发育需要光照，在完全黑暗的条件下，香菇子实体不能形成。通常微弱的光照就能促进子实体形成，最适宜子实体分化的光照强度为0.9～1.8μmol/（m^2·s）。如果光照强度太弱，出菇数变少，菇型偏小，柄细长，质量次。香菇菌丝的生长不需要光照，在完全黑暗的条件下菌丝生长速度最快。在长时间的光照刺激会使香菇菌棒表面的菌丝体变成褐色，形成一层致密的被膜（俗称菌皮）。

（3）水分　香菇在栽培生长过程中需要足够的水分，香菇生长发育所需的水分来源于栽培基质保有的水分和空气中含有的水分两个方面，因此栽培基质的含水量和空气湿度是两个影响香菇生长发育的重要参数。

香菇不同的生长发育阶段对水分的需求量是不同的。香菇菌丝生长阶段，木屑培养基质中的最适含水量是55%～65%，空气相对湿度以60%～70%为最佳。在香菇子实体形成阶段，木屑培养基质中的最适含水量为60%左右，空气相对湿度以80%～90%为最佳。如果培养基质中含水量太高，香菇子实体质软易腐，菌盖呈暗褐色水浸状，商品价值低。如果培养基质含水量偏低，在菇蕾发生后空气相对湿度处于55%～68%的条件下，空气相对湿度昼低夜高，而气温昼高夜低，就可以提高优质花菇的发生率。

（4）矿质营养　　营养条件主要包括碳源、氮源，这是香菇菌丝体及子实体生长发育的物质基础，在香菇栽培中，需要配制丰富而全面的栽培基质为香菇生长提供营养条件，这也是香菇优质高产的重要保证。

香菇作为一种木腐菌，菌丝在生长过程中能够分泌各种胞外酶，分解栽培基质中的碳水化合物和含氮化合物，所以纤维素、半纤维素、木质素、果胶质、淀粉等都可以成为香菇生长发育的碳源。这些碳源经过香菇分泌的胞外酶的分解转变为单糖后被菌丝吸收利用。在香菇栽培过程中，木屑中的木质素和纤维素是香菇最佳的碳素来源，所以木屑一直是香菇栽培基质配方中的主要成分。在实验室中培养香菇菌丝体可以使用天然培养基，配制时经常使用麦芽浸膏、酵母粉、马铃薯、玉米或可溶性淀粉作为碳源。

有机氮和无机氮都可以作为香菇生长的氮源，其中小分子的氨基酸、尿素、铵等可以直接被菌丝细胞吸收，大分子的蛋白质需由菌丝细胞分泌的蛋白酶分解后才能够被吸收利用。

碳源和氮源作为香菇生长发育中最重要的两个营养要素，在配制栽培基质时，不仅要注意最适用量或者浓度，而且碳源氮源之间的比例（碳氮比）也是衡量香菇栽培基质的一个重要参数。香菇在生长发育的不同阶段，随着生理状态的变化，对碳氮比的需求不同。在菌丝营养生长阶段，碳氮比以（24～40）：1 为佳；在子实体生长阶段，碳氮比以（260～600）：1 为佳，这个阶段的栽培基质中，如果氮素浓度过高会抑制子实体原基的分化，高比例的碳源能够促进子实体发育生长。

除了碳源和氮源，香菇菌丝生长过程中还需要矿质元素和维生素类营养条件。其中，矿质元素包括磷、硫、钙、钾、镁等大量元素，以及铁、锌、锰、铜、硼、钴、钼等微量元素。维生素类营养中最为重要的是维生素 B_1，因为香菇菌丝本身不能够合成此维生素，在配制栽培基质时必须添加少量维生素 B_1 供菌丝吸收利用。其他种类的维生素，香菇菌丝都能够合成，不需要额外添加。

（5）空气　　香菇是一种好气性大型真菌，因而在生长发育过程中需要有足够的新鲜空气提供，这是保证香菇正常生长的重要环境条件之一。在香菇生长环境中，如遇通气不良、二氧化碳积累过多、氧气不足等情况，菌丝生长和子实体发育都会受到明显的抑制，甚至导致菌丝死亡。缺氧时菌丝借酵解作用产生能量维持生命，这会消耗大量营养物质，同时菌丝易老化，子实体易产生畸形。通风不畅也往往会导致杂菌的大量滋生。一般来说，香菇栽培环境中，如果二氧化碳的浓度达到 0.1%以上，就会对子实体生长产生有害作用，导致菌柄徒长；当二氧化碳浓度达到1%以上时，子实体生长发育将受到抑制，出现畸形菇；当二氧化碳浓度达到 5%以上，子实体生长停止。

（6）酸碱度　　香菇菌丝生长的外部环境以微酸性为佳，当栽培基质中的 pH 在 3～7 时菌丝均可生长。子实体生长发育所需的栽培基质中的最适 pH 为 3.5～4.5。在实际生产中配制栽培基质时常将 pH 调到 6.5～7，因为高温灭菌会导致栽培基质的 pH 略有下降。菌丝生长过程中也会产生乙酸、琥珀酸、草酸等有机酸，从而导致栽培基质的 pH 下降，酸化的栽培基质有助于子实体的发生。

二、品种类型与栽培季节

由于我国南北自然环境差异大，自然资源也多种多样，香菇代料栽培方式在全国各地常常因地制宜，结合不同的地域的气候和资源特点，创造了多种不同的栽培模式。一般根据栽培季节可以分成以下几种类型。

1. 秋栽冬菇 每年8月底至9月初制作菌袋并接种，到11月底至翌年5月底出菇。主要分布在浙江、福建等地。

2. 春栽秋菇 每年3～5月初制作菌袋并接种，菌棒要经历越夏管理，到10月至翌年4月底出菇。主要分布在河南、四川等地。

3. 冬栽夏菇 每年10～11月初制作菌袋并接种，翌年5～9月出菇。主要分布在河北、辽宁等地，属于夏季反季节香菇栽培。

三、栽培技术

香菇在我国有悠久的栽培历史和广泛的栽培区域，在不同的历史阶段和不同的自然地域，香菇的栽培方式也有所不同。总的来说，香菇的栽培方式包括砍花法、段木栽培、代料栽培和工厂化设施栽培。砍花法在我国宋代就已经出现，该方法主要的做法是在段木上砍出鱼鳞状刀口，利用自然环境中散布的香菇孢子落入刀口后萌发定植以培育香菇子实体。直到20世纪60年代，砍花法一直是我国香菇生产的主要方法。从20世纪60～80年代，我国从日本引进了香菇段木栽培技术，逐渐取代了传统砍花法。20世纪70年代，上海市农业科学院的食用菌科研人员经过数年的研究，建立了以纯菌种培养、基质配制、无菌接种、设施管理等为核心技术的香菇代料栽培模式。该技术经过推广后迅速取代了段木栽培技术，并使得香菇栽培区域从长江流域及以南地区，快速扩展到我国所有省份。目前在生产实践中主要采用的栽培方式是段木栽培、代料栽培和工厂化设施栽培。

1. 段木栽培 香菇的段木栽培方式在我国目前的香菇生产方式中比重很少，并呈现逐年下降的趋势。但是段木栽培方式生产出的香菇风味浓郁、口感独特，随着人们消费水平的提高和对香菇品质要求的提升，香菇段木栽培方式仍旧存在一定的发展空间。香菇段木栽培方式主要包括段木的选择、段木的准备、接种、菌丝定植、菌丝培养、出菇管理和采收等环节。

一般阔叶树都可以作为香菇段木栽培的基质，其中以壳斗科的栎类为最佳，一般选择胸径10～14cm、树龄10～15年的树木。通常在秋季到第二年初春季将选择的树木砍倒，在适宜的自然菇场放置一段时间，调节含水量（一般以40%～50%为宜），成为适宜栽培香菇的原木。原木一般截成1～1.2m的段木，然后当气温达到10℃左右时可以进入接种期。接种时，首先在段木上打接种孔，接种孔的直径为12mm，深度为1.8～2.5cm。然后在接种孔里接上香菇纯菌种，并用石蜡封口。接种后的段木进入菌丝生长期，一般在15～25℃的环境中需要培育6个月，段木转变为能够出菇的成熟菇木，这时候菇木树皮下的表层已经布满菌丝，菌丝体开始成熟扭结成为菇蕾。成熟菇木要经常喷水保湿，保持菌丝的旺盛生长，通常在秋季到第二年的春季，选择合适的时节将成熟菇木进行架木出菇，当月平均气温在5～18℃时，加以合适的通风、喷水管理，香菇子实体会大量发生。段木栽培香菇的产菇期较长，一般可以连续出菇5年以上。

2. 代料栽培 代料栽培就是一种利用木屑代替段木栽培香菇的生产方式。通常的做法是在木屑中添加其他营养物质人工合成适合香菇生长的栽培基质，然后装入聚乙烯或者聚丙烯塑料袋中，常温或者高温灭菌后制成菌袋，再接种培养成菌棒，菌棒在合适的环境条件下会产生大量的子实体。代料栽培目前在我国已逐渐代替段木栽培，是我国香菇栽培的主要方式。

香菇代料栽培的生产工艺主要包括栽培基质配制、菌袋制作、灭菌、接种、菌丝培养、越夏管理、出菇管理、采收和转潮管理等步骤。

（1）栽培基质配制 香菇代料栽培基质中的主要成分是杂木屑，目前香菇代料栽培中应用最广泛的经典配方是：杂木屑78%，麦麸20%，糖1%，石膏1%，不同地域也可以根据资源实际情况采用不同的配方。栽培基质配方确定后，按照配方称足所需的麦麸、糖、石膏粉原辅材料，均匀撒入杂木屑料中搅拌均匀。杂木屑在配制前 1～2d 可以进行预湿处理，使其内部充分吸收水分。配制好的栽培基质的含水量一般控制在 58%～60%，pH 保持在 5.5～6.5。

（2）菌袋制作　栽培基质充分搅拌均匀后要立即装入耐高温的塑料袋中，制成菌袋。目前我国已经研发出多种类型的自动或半自动的装袋机，极大地提高了装袋效率。

（3）灭菌　菌袋制备好了以后可用采用常压或者高压方式灭菌。常压灭菌通常是将菌袋堆放在灭菌灶中或者堆积罩上塑料薄膜，然后用蒸汽使栽培基质的温度达到 100℃后保持 12～16h 以达到灭菌的效果，常压灭菌方法的要点是要排净冷空气和高温维持足够时长。高压灭菌是将菌袋堆放在高压灭菌锅等专门设备中，然后用蒸汽使菌袋温度达到 121℃后保持 2～4h 以达到灭菌效果。栽培基质装袋后要抓紧时间灭菌以避免发酵酸化。

菌袋完成灭菌后通常移入洁净的冷却室内进行冷却，通常冷却 24～48h 后，当菌袋温度降到 30℃以下时即可进行接种。

（4）接种　接种就是将香菇菌种接入灭菌后的菌袋中，使得香菇菌丝能够在栽培基质中生长。香菇菌袋接种方式一般有两种：接种室接种法和接种箱接种法。无论采用哪种方法，接种过程必须严格执行无菌操作。无菌操作的目的就是避免其他微生物进入菌袋生长，从而造成菌袋污染，影响香菇菌丝的正常生长。

接种室接种法的操作空间大、菌袋堆放多、操作效率高。接种室使用前通常可采用含氯气雾消毒剂或臭氧进行消毒。挑选合格的香菇菌种，仔细清洁菌种容器外壁，提前放入接种室备用。接种前要去除菌种的上部老菌皮，用有活力的部分接种。接种时，先用 75%乙醇将菌袋用于接种的一面擦洗 1 遍，然后用专用的打孔器或者打孔棒在菌袋表面均匀打 3～5 个直径 1.5cm、深 2～2.5cm 的接种穴。菌种块立即塞入接种穴并压实，各孔均接好菌种后，可采用套袋方式，也可以采用蜡、胶布等方式封住接种穴。

（5）菌丝培养　菌袋接种后即进入菌丝培养期，也常称为养菌期，通常到菌丝转色前结束，这个时期一般需要 40～70d。菌丝培养期的管理任务主要包括脱袋、翻堆、挑除污染菌袋、刺孔、控温和通风等。

菌袋接完种后一般采用一层四袋“井”字形排放在培养室中，接种孔朝侧面排放。接种穴的菌丝在适宜条件下会生长延伸形成肉眼可见的菌落圈，当菌落圈直径达 8cm 左右时进行第一次翻堆检查，挑除污染菌袋，并将生长良好菌袋的套袋去掉或将封膜撕去，同时重新按照“井”字形码堆。

菌袋在菌丝培养期要经过 2 或 3 次刺孔处理，即在菌袋上铁钉或者竹签刺出通气小孔。刺孔的目的是增加菌袋中的含氧量，排除菌丝生长中产生的二氧化碳，同时降低栽培基质的含水量。第一次刺孔与第一次翻堆检查同时进行，在每个接种穴菌落圈边内侧 2cm 处刺 8 个孔，孔深 1～2cm；第二次刺孔时间一般在菌落圈在接种穴背面相连时进行，在每个接种穴背面刺 20～30 个孔，孔深 1～2cm；第三次刺孔一般安排在脱袋前 7～10d，这次刺孔通常称为大通气或放大气，在菌袋上均匀刺 40～60 个孔，孔深 3cm。

转色是指香菇菌丝长满菌袋的栽培基质后，菌棒表面的白色菌丝会分泌色素形成一层深褐色菌丝体薄膜（也称为菌皮）的生理过程，这是香菇菌丝培养期中最重要的生理现象，棕色菌皮具有保湿、保温、避光和抗菌的作用。转色快慢及菌皮的厚薄均影响到之后菌棒出菇的快慢和产量的高低。影响菌棒转色的因素主要有温度、湿度和光照。其中温度是影响菌棒转色快慢的决定因素，最佳转色温度为 19～23℃。转色的空气湿度一般要求为 70%～85%，光照充足时转色快且菌皮色泽深。

（6）*越夏管理* 春季接种栽培的香菇菌棒要经过夏季高温季节，这个时期称为越夏期，一般是从 6 月开始到 10 月出菇前结束。越夏管理的主要工作就是通风降温，以防止菌棒烂棒。越夏管理要选择干净牢固、易于通风、光照均匀、排灌方便的室外菇棚作为越夏场所，一般 5～6 月最后一次刺孔完成后一周左右是菌棒移入室外菇棚的适宜时段。越夏管理过程中要经常观察菌棒情况，发现烂棒要及时移出菇棚。高温时节要通过喷水、灌水、通风等措施调节菇棚内温度，确保菌棒内部温度不超过 32℃。

（7）*出菇管理* 在合适的外界环境条件下，需要将成熟的菌棒移入出菇场所进行出菇管理。一般需要进行的管理操作是脱袋和排场。脱袋方法通常是用刀片将菌棒外面的塑料袋沿竖直方向交叉划割两下，然后把塑料袋脱去，菌棒进行排场。如果环境气温过高（超过 25℃）或者过低（低于 12℃），以及对脱袋时机掌握不好，可以把菌棒外面的塑料袋按要求划破后并不立即脱去，而将菌棒斜靠在菇架上，待菇蕾形成后再脱袋。

菌棒排场目前最常用的是层架排列和立棒斜置两种方式。层架排列方式空间利用率高，每亩可排放 3 万个菌棒，栽培花菇一般需用层架方式进行出菇管理。立棒斜置方式菇棚利用率低，每亩可排放 1 万个菌棒，栽培鲜菇一般采用立棒斜置方式进行出菇管理。

菌棒脱袋排场后，要利用菇棚设施和自然温度制造温差对菌棒进行催蕾，如白天覆盖塑料薄膜增温、夜间揭膜通风降温，菇棚内保持 85%以上湿度。经过 3～5d 的连续温差刺激，菇蕾就会形成，这时菇棚内要保持恒定的温湿度及一定通风量，使菇蕾健壮生长。

（8）*采收* 菌棒上菇蕾逐步生长为子实体，子实体生长时要适当喷水，当子实体 7～8 分成熟（即菌盖背面的菌膜已破裂，菌盖少许内卷）时即可采收。采收时注意不可将菇柄残余基部留在菌棒上，以免导致霉菌侵染。

（9）*转潮管理* 香菇菌棒具有连续出菇的能力，每一批出菇成为一个潮次。菌棒的第一潮菇采收后，要进入转潮管理。这时候停止喷水，增加通风，降低空气湿度，以减少菌棒内的水分，增加菌棒内的氧气含量，让菌丝恢复生长，这样养菌 7d 左右后，如果菌棒上采菇后留下的凹陷处发白，即表明菌丝生长得到恢复。养菌后，菌棒含水量较高的情况不需要补水处理，一般要覆盖薄膜，拉大温湿差，刺激新的菇蕾形成；如果菌棒较轻（原重的 1/3～1/2），在养菌后需要采取注水方式补充菌棒内的水分，使菌棒含水量达 60%～65%，实际注水操作时以菌棒表面有淡黄色水珠涌出为宜，然后再拉大温差刺激 3～4d 后，新的菇蕾就会出现，形成第二潮菇。

3．工厂化设施栽培 香菇工厂化设施栽培主要是指在可控温、控湿的设施化菇房或菇棚中周年化栽培香菇的一种生产方式。

香菇工厂化栽培通常采用大型机械搅拌机混匀栽培基质，然后使用自动装袋机和封口机制作菌袋。菌袋的规格目前有砖式透气袋、圆柱长菌棒和圆柱短菌棒等。菌袋制作后采用高压蒸汽灭菌方式进行灭菌，冷却区和接种区都按照有空调设施和空气过滤净化设备，接种也多采用专用的自动接种机进行。成功接种的菌袋通常放在大型的装有空调设备的培养房中进行菌丝培养，完成菌丝培养的菌棒会放入可人工控温、控湿的菇房或菇棚中进行出菇管理，从而可以实现周年化出菇。

香菇工厂化栽培对栽培设施、设备的要求较高，建设投资大，运营成本高，对香菇品种的特性也有特定的要求，因此目前这种香菇栽培模式的发展还没有得到规模化的应用。

第二节　平　　菇

糙皮侧耳［*Pleurotus ostreatus*（Jacq. ex Fr.）Quel.］是平菇在分类学上的学名。平菇是一种通俗名称，狭义的平菇就是指糙皮侧耳，广义的平菇泛指可以人工栽培的侧耳属的一些物种，包括糙皮侧耳、凤尾菇、佛罗里达侧耳、美味侧耳、鲍鱼侧耳、姬菇等，这些物种都具有相似的外观形态和相近的栽培方法。

本节内容主要介绍狭义的平菇栽培方法，平菇因其子实体厚实鲜美、质地肥嫩、滋味独特、营养丰富而深受消费者喜爱，平菇生长的适应性较强，栽培方法较简单，在全世界都有广泛的栽培。

一、生物学特性

1．植物学性状　平菇子实体由菌盖、菌褶和菌柄等构成，菌柄通常侧生在菌盖的一侧，菌盖较大，呈贝壳状或扇形，栽培品种的菌盖表面有白、灰、深灰、浅褐和深褐等色泽，菌褶位于菌盖背面，呈刀片状，质脆易短。在栽培过程中，平菇子实体常丛生或者叠生。

2．生长发育周期　平菇和香菇一样，在生活史中主要以双核菌丝形式存在。平菇双核菌丝在马铃薯培养基上呈现绒毛状，洁白、浓密，气生菌丝发达，在显微镜下观察可见平菇菌丝粗壮，有大而明显的锁状联合。平菇双核菌丝同样是由单核菌丝间发生可亲和的杂交而形成的，单核菌丝由担孢子在适宜的条件下萌发生长而成。菌丝聚集在一起称为菌丝体，只有双核菌丝体才能够生长出子实体。

平菇菌丝体在栽培袋中的生长阶段一般需 35d，然后在适宜的温度、湿度、光照、通风等条件刺激下，菌丝体会扭结形成原基，此时称为原基期。原基进一步发育成白色或浅蓝色米粒状的菇蕾，外观如桑葚状，此阶段称为桑葚期。菇蕾不断生长伸长，几天后出长短不一的短菌柄，顶端有扁球形的菌盖，形如珊瑚，开始称为珊瑚期。此后菌柄进一步伸长和长粗，同时形成小菌盖，称为成型期，然后菌盖不断长大并逐渐展开，就进入了成熟期。

3．对环境条件的要求　平菇的人工栽培生长过程主要包括菌丝体生长和子实体生长两个阶段，平菇菌丝体是营养器官，具有很强的分解栽培基质和吸取各种营养的能力。平菇生长发育所需要的营养物质可分为碳源、氮源、无机盐和维生素等。

（1）温度　平菇菌丝生长的温度范围为 3～35℃，最适生长温度为 20～25℃。平菇是一种变温结实性食用菌，适当的温差刺激有利于原基的分化。子实体生长阶段的温度要求随着品种温型不同而变化，低温型平菇品种一般需要的最适生长温度为 8～13℃，中温型品种的最适生长温度为 15～20℃，高温型品种的最适生长温度为 20～30℃。在最适生长温度范围内，较低的温度使得子实体生长速度变慢，但是菌盖厚实，商品价值高。

（2）光照　平菇在菌丝生长阶段一般不需要光照，可以在完全黑暗的条件下生长。在子实体生长阶段需要一定强度的散射光，一般以 3.6～18μmol/（m^2·s）的光强为宜，光照过弱、过强都不利于子实体生长。适当的散射光可以刺激原基分化，同时能够使得子实体菌盖厚实、色泽自然、菌柄粗壮。

（3）水分和湿度　平菇菌丝生长阶段栽培基质的含水量维持在 65%～70%为佳，空气相对湿度需要维持在 70%以下。子实体生长阶段栽培基质的含水量需要继续保持在 65%～70%，空气相对湿度要提高到 85%～95%。在此阶段，如果空气相对湿度过低，原基难以刺激分化，幼小菇蕾也容易干枯死亡，但是如果空气相对湿度过高，不仅子实体生长受到抑制，而且还容易引发病害。

（4）*矿质营养* 平菇是一种木腐菌类，具有很强的分解木质纤维素的能力，木屑、秸秆、玉米芯、棉籽壳、花生壳、甘蔗渣、菌渣等都能够成为碳源，作为栽培的主要基质。麸皮、米糠、豆饼、豆粕、棉籽粕等含氮丰富的物质都能够成为氮源，作为栽培的辅助基质。平菇生长发育过程中需要适量的矿质元素，在配制栽培基质中可以添加钙镁磷肥、轻质碳酸钙、石灰等作为来源。

（5）*空气* 平菇也是一种好氧型的食用菌，在生长过程中对氧气的需求量也很大。菌丝生长阶段二氧化碳浓度以小于0.3%为宜，子实体生长阶段二氧化碳浓度要维持在0.1%～0.2%，如果通风不良导致二氧化碳浓度过高，原基会难以分化，或容易形成菌柄长、菇盖小的畸形菇。

（6）*酸碱度* 平菇菌丝生长和子实体生长过程中，栽培基质中最适pH均为5.5～6。平菇菌丝生长过程中能够产生有机酸导致栽培基质中pH下降，在配制基质时可以加入适量石灰，中和代谢产生的有机酸，避免栽培基质酸化。

二、栽培技术

在不同地域因气候条件、栽培原料的不同，创造出多种平菇栽培方法，按照栽培基质的不同可以分为棉籽壳栽培、玉米芯栽培、木屑栽培等；按照栽培出菇方式的不同可以分成袋栽、床栽、畦栽；按照栽培基质处理方式不同可以分成熟料栽培、生料栽培和发酵熟料栽培。其中发酵熟料栽培是一种使用广泛的栽培方法，本节将重点描述这种栽培方法。

玉米芯和棉籽壳都是常用的栽培平菇的主要栽培原材料，使用玉米芯作为主料的一个栽培配方是：玉米芯87%，麸皮7%，豆饼2%，复合肥0.7%，石膏粉1.3%，石灰粉2%，培养料含水量60%。混合使用玉米芯和棉籽壳作为主料的配方是：玉米芯60%，棉籽壳21%，麸皮10%，稻糠4%，尿素0.3%，过磷酸钙1%，磷酸二氢钾0.2%，石膏1.5%，石灰粉2%，培养料含水量60%。

1．配料与发酵 栽培基质配方中的主料要用水预湿，再将含氮素量较高的麸皮、豆饼辅料与石膏、石灰等混拌均匀后撒到主料堆上，加水搅拌，栽培基质含水量达到60%～65%为宜。简单快速的鉴别经验是用手抓起一把栽培基质用力握紧，如果有少量水分从指缝间水渗出，但不成滴，松开手后栽培基质能够成团不松散，这种状态表明含水量比较合适。把拌好的栽培基质堆成梯形堆（高80～100cm，宽200cm）。料堆表面每隔60cm打一个透气孔。发酵过程首先使堆料中心温度达到65℃维持24h，然后进行第一次翻料，翻料的原则是将料堆里温度低的栽培基质翻到温度高的部位，从而保证充分发酵。一般来说，从料堆纵切面颜色看，偏黄色堆料的发酵温度低，偏棕色的堆料发酵温度高。反复经过四次翻堆后完成发酵，成熟的发酵料松散而有弹性，有酵香味、无黑变、无酸味、无臭味、无氨味，颜色呈深棕色并可见适量白色放线菌丝。玉米芯为主料时，一般需要发酵7～11d，棉籽壳为主料时，一般需要发酵5～7d。栽培基质经过堆积发酵后，较硬的主料发生软化，易于菌丝分解生长从而可以提高产量。

2．装袋与灭菌 栽培基质结束发酵后要及时散堆降温，待料温降至30℃后开始装袋，可以采用人工或者装袋机装料。装料的塑料袋一般采用直径22～24cm、长45～50cm的聚乙烯塑料袋。

如果采取发酵料栽培方式，在人工装袋过程中就可以接种，通常采用层播法，即在栽培塑料袋的底部先放一层菌种，再放入栽培基质至塑料袋的1/2处，然后放入另外一层菌种，继续装满塑料袋，最后再撒一层菌种封口，可以在栽培基质中心用直径 1.5cm 的锥形木棒打一个两端相通的通气孔，然后扎紧袋口即可，接种量一般为栽培基质干重的 10%～15%为佳。接种后栽培袋就可以进入菌丝培养期。

如果采用发酵熟料栽培方式，在装袋过程中不需要接种，而是直接将栽培基质装入塑料袋中。如果人工装料，要边装料边压实，注意上下松紧一致。完成装袋后，栽培袋要进行灭菌处理，有高温蒸汽灭菌和常压蒸汽灭菌两种方法，高温蒸汽灭菌需要专门的设备才能够完成，通常在 121℃下维持 3～4h。常压蒸汽灭菌方法简单，通常是将栽培袋呈“井”字形摆放后盖上塑料布，塑料布外再用帆布覆盖形成密闭空间，然后向其中通入蒸汽，当内部温度达到 100℃时维持 10～12h 后停止通入蒸汽，再过 5h 以后取出栽培袋冷却。

3．接种 栽培袋冷却至 30℃以下时可进行接种，接种需要在非常洁净的接种室中进行。接种人员在进入接种室之前要洗手、更衣、换鞋，接种时用 75%乙醇擦拭双手和菌种瓶（袋）外壁。接种工具灭菌后将菌种表面的老菌皮去掉，扒松菌种，然后将栽培袋打开，取适量菌种至栽培袋两端，栽培袋口套上直径为 10～12cm 的套环，塞上灭菌的棉花团或者盖上灭菌的报纸或牛皮纸，用橡皮筋拴紧套环。

4．培养 接好菌种的栽培袋要放入洁净、通风、干燥、避光的培养室中培养菌丝，栽培袋通常采用单排叠堆或者“井”字形方式排放，培养室温度控制在 25～30℃。如果栽培袋温度超过 30℃要通风换气降温，并及时散堆。要经常检查栽培袋污染杂菌情况，发现杂菌污染的栽培袋要及时拣出处理。一般经 25～30d 菌丝可以长满整个栽培袋。在菌丝培养过程中如果菌丝生长速度缓慢，难以在栽培基质内部中蔓延生长（通常称为不吃料），可能与温度过高或过低有关，或者湿度过大或酸碱度不适。

5．出菇管理 平菇栽培过程中，接种至子实体原基的形成一般需 35d 左右，这个时间长短常常与品种、培养温度、昼夜温差等因素密切相关。菌丝长满栽培袋后，可以就地出菇或搬到专门的出菇场地出菇。一般将栽培袋码成墙式，堆放 5 层，在栽培袋的两头出菇。

平菇从原基长成子实体需 7～10d，这个阶段子实体生长发育迅速，要密切关注管理参数的控制，才能够获得优质高产的子实体。菌丝扭结形成原基过程中要给予更多的无直射光的光照，增加空气湿度，一般维持在 80%～85%，加强通风管理，同时温度降至 15～20℃，并设法拉大昼夜温差，达到 5～10℃温差为宜，以促使原基形成。当原基呈现米粒大小时，即进入桑葚期，这个时期最重要的管理是保持环境足够的湿度，可以通过向栽培环境的四周（如墙上、地下）喷雾状水来增加空气相对湿度，注意不能直接往栽培基质表面的原基喷水。米粒状原基继续生长形成半球形菇蕾，同时菇柄形成，就进入了珊瑚期，这个时期最重要的管理是做好通风、增光和保湿工作。菌盖开始生长时就进入成型期，这个时期最重要的管理是保持湿度适宜，一般维持在 85%～90%的空气相对湿度。当菌盖继续增大达八分成熟时即进入成熟期，这个阶段成熟的子实体要及时采收。一般菌盖边缘由内翻变成平展，颜色由深逐渐变浅，就是适合采收的子实体。平菇子实体一般是丛生转态，菇丛较小的时候，采摘时一手按住培养料，一手旋转菇柄，轻轻拧下整个菇丛；菇丛较大时要用刀紧贴栽培基质表面切下。采收完毕后，将栽培基质表面的残菇、死菇清除干净，使料面干几天，然后减少通风，适量喷水，必要时可以使用补水器直接往栽培袋中注水，保持培养室内一定湿度，促进菌丝恢复生长，经 10d 左右，新的原基就可以形成，进入第二潮菇的生长时期。在一般情况下，平菇一次栽培可以采收 4 或 5 潮菇，出菇期 3～4 个月的跨度。

第三节 黑 木 耳

黑木耳［*Auricularia auricula*（L. ex Hook.）Underw.］是我国广泛栽培的食用菌之一，其年产量仅次于香菇，是我国第二大栽培食用菌品种。黑木耳人工栽培起源于中国，据记载有着上千年的历史。目前黑木耳的主要栽培方式是代料栽培，东北地区是我国黑木耳主产区。

黑木耳质地爽脆、口感清新、滋味细嫩，并且因富含蛋白质、多糖、矿物质和维生素而具有丰富营养，尤其是黑木耳含有的胶质成分使得其具有很高的保健价值（孔祥辉等，2019），长期以来其一直是我国人民餐桌上的佳肴，深受广大消费者的喜爱。

一、生物学特性

1．植物学性状 黑木耳子实体是一种胶状半透明的耳状物，直径一般为 4～10cm，完全不同于香菇等伞菌的形态。耳状的黑木耳中凹，正面（腹面）平滑，有脉状皱纹，红褐色；背面有短绒毛，青褐色。栽培的黑木耳常呈单生或者群生状态。

2．生长发育周期 黑木耳的子实体是由双核菌丝构成的，双核菌丝在马铃薯培养基上生长缓慢，均匀密集，菌落边缘整齐，长时间培养时有褐色色素分泌。在显微镜下观察，黑木耳双核菌丝纤细，有分枝，有锁状联合。双核菌丝由担孢子萌发而来的单核菌丝经可亲和交配后生成，担孢子着生于子实体的腹面，成熟时弹射出来。

黑木耳双核菌丝体在栽培袋中的生长阶段一般需 40～45d，双核菌丝体在栽培基质中不断生长、延伸，有吸收、输送和积累营养物质的作用。双核菌丝体达到生理成熟后，会交织扭结，在栽培基质表面形成耳芽，耳芽继续生长并不断胶质化，发育成子实体。黑木耳子实体生长阶段包括耳芽期、耳片生长期、耳片成熟期。

3．对环境条件的要求 黑木耳的人工栽培生长过程中与其他食用菌一样，主要包括菌丝体生长和子实体生长两个阶段。其对环境条件的要求具体如下。

（1）温度 黑木耳菌丝生长的温度为 6～36℃，最适生长温度为 22～28℃。黑木耳是一种恒温结实性食用菌，原基分化不需要温差刺激。子实体可以在 15～32℃发生，一般需要的最适生长温度为 20～25℃，在最适生长温度范围内，较低的温度使得黑木耳子实体生长缓慢，但是耳片厚实、色泽加深，商品价值高。在高温高湿生长环境中，容易发生流耳、烂耳现象。

（2）光照 黑木耳的菌丝在黑暗和有散射光的条件下都能够正常生长。菌丝生长阶段以黑暗或者弱光培养为宜，如果在菌丝体达到生理成熟之前给予较强光照刺激会导致菌丝聚集形成褐色胶质物，或者刺激原基过早发生，从而造成减产甚至绝产。当菌丝达到生理成熟之后，要给予大量散射光及一定量的直射光刺激，从而诱导原基和耳芽在刺孔处大量发生。另外，光照强度对黑木耳子实体的商品品质和色泽也有很大的影响，通常在子实体生长阶段以 4.5～18μmol/（$m^2 \cdot s$）的散射光为宜，能够形成正常的深黄褐色子实体。光照过弱不利于子实体生长，会使得耳片小而薄，色泽淡黄色甚至白色，商品价值低。

（3）水分 黑木耳菌丝生长阶段栽培基质的含水量维持在 60%～65%为佳，空气相对湿度需要维持在 60%～70%。子实体生长阶段栽培基质的含水量需要继续保持在 60%～65%，空气相对湿度要提高到 85%～95%。在子实体生长阶段，如果空气相对湿度低于 80%，原基难以刺激分化。

黑木耳生长过程中水分和湿度管理的特点是干湿交替，即在菌丝生长阶段栽培基质和空气相对湿度要低一些，偏干为宜，这样可以促进菌丝向栽培基质内部生长蔓延，并起到抑制杂菌生长的作用；当菌丝生长发育到较成熟的阶段，要通过浇水增加湿度，促进耳芽分化和子实体生长。

（4）空气　黑木耳是一种好氧型的食用菌，在生长过程中对氧气的需求量也很大。空气中二氧化碳浓度要维持在 1%以下为宜，超过这个浓度会阻碍菌丝生长，导致子实体形成珊瑚状畸形，耳片不能够展开；当二氧化碳浓度超过 5%，子实体会死亡。

（5）酸碱度　黑木耳菌丝在偏酸环境中生长较有利，栽培基质中最适菌丝生长的 pH 均为 5～6.5。在配制黑木耳栽培基质时常加入碳酸钙等成分将 pH 调到 6 以上，控制栽培基质的酸碱度。

二、栽培技术

黑木耳在我国南北地区均有栽培，方法因气候条件、栽培原料的不同而有所差异，一般来说可以根据黑木耳出耳所需的最适温度来确定栽培季节，通常有春季栽培和秋季栽培两种方式。北方地区春栽在 2 月底至 3 月初制备栽培袋，4 月底至 5 月初摆袋，开始催芽管理；秋栽方式可在 5～6 月制备栽培袋，7～8 月下地摆袋。南方地区春栽一般安排在 11～12 月制备栽培袋，秋栽一般安排在 7 月中旬至 9 月制备栽培袋。

木屑是栽培黑木耳的主要原材料，也可以加入适量的玉米芯、豆秸粉和棉籽壳代替部分木屑。长期使用的经典栽培配方是木屑 78%、麸皮或米糠 20%、糖 1%、石膏 1%。其他一些替代栽培基质配方有：木屑玉米芯配方（木屑 50%、玉米芯 38%、麸皮或米糠 10%、糖 1%、石膏 1%），木屑豆秸粉配方（木屑 58%、豆秸粉 30%、麦麸 10%、豆粉 1%、石膏 0.5%、石灰 0.5%），木屑棉籽壳配方（木屑 50%、棉籽壳 25%、麦麸 10%、米糠 10%、玉米粉 2%、蔗糖 1%、石膏 1%、石灰 1%）等。

1．栽培基质配制　栽培黑木耳的木屑以露天堆积一段时间的陈年木屑为佳，麦麸、米糠等辅料使用新鲜材料，注意检查无霉变、无酸败，石膏要选用饲料用或者食用石膏。栽培原材料准备好了以后，先按配方的比例称好主料和辅料，木屑、玉米芯、棉籽壳等主料要充分预湿，再将麸皮、石膏、稻糠、石灰等辅料充分混合，加水搅拌均匀，规模化生产可以使用搅拌机，栽培基质含水量控制在 60%～65%，pH 控制在 7～8。

2．装袋和灭菌　黑木耳一般采用袋栽模式，栽培基质均匀搅拌后要立即装入栽培袋中。栽培袋通常选用聚乙烯低压折角塑料袋。装袋可以手工操作，也可以使用机械装袋。栽培基质装入袋中要松紧适度，栽培袋表面光滑，注意不要被木屑等硬物刺穿，栽培袋口的料面要压实、平整，大多采用塑料插棒插入栽培袋中用于形成一个固定的接种口，栽培袋套上套环，环口上塞紧棉塞，袋口朝上装入灭菌筐中准备灭菌。

栽培袋准备好后要及时灭菌，将栽培袋装满灭菌锅后，尽快使得灭菌锅内的温度上升至 100℃，并排放掉锅内的冷空气，然后维持在 98～100℃保持 8～10h，期间火力要猛，温度稳定，不能忽高忽低；随后进入闷锅阶段，维持 3h，待袋温降到 80℃以下时可以将栽培袋移出灭菌锅，放到洁净的冷却室内自然冷却至 30℃以下后进行接种。

3．接种　接种要求在洁净的接种室中进行，人员进入接种室时要洗手、更衣、换鞋。菌种袋表面要用 75%乙醇进行表面消毒。接种时，要去掉菌种表面老化层，将栽培袋中的塑料棒拔出，往塑料棒所形成的接种孔及料面表面进行接种，接种后袋口用棉塞塞紧或在套环后加上配套的封盖。

4. 菌丝培养 接种后栽培袋移入培养室中培养菌丝，培养室通常要求洁净、避光、干燥、通风。栽培袋培养的前 3d，培养室温度维持在 28～30℃，避光不通风，促进菌种萌发；之后培养温度可以逐步降至 22～24℃，当培养半个月后培养室温度维持在 15～18℃即可。在 10～20d，栽培袋中的菌丝进入快速生长状态，呼吸作用加强，释放大量热量，要注意加强通风，保持空气新鲜，防止菌袋伤热。同时及时翻堆检查杂菌污染，发现污染栽培袋要及时处理。一般经过 35d 左右菌丝开始进入生理成熟期，此后再继续培养 7～10d，让菌丝充分降解栽培基质，达到生理成熟，这个过程称为后熟。一般 45d 左右菌丝长满栽培袋，这时可将培养室温度降到 5～10℃，在低温条件下保藏栽培袋等候合适条件下地摆袋。

5. 催芽管理 黑木耳栽培袋完成充分生理成熟后，就可以进入催芽栽培阶段。春栽方式中，当气温稳定在 10℃时即可以开始催芽管理，一般时间是 4 月下旬至 5 月上旬；秋栽方式中，一般为 7 月下旬开始催芽管理。

首先将栽培袋摆放在事先整理做好的畦地中，一般畦高 10cm，宽 1.5～2m，长度根据栽培袋的数量确定，畦面摆袋前撒石灰消毒。栽培袋堆放在畦地上，一般每垛两行、4 或 5 个栽培袋高，在菌堆上盖上塑料布和事先用水浸透的草帘，每堆之间预留足够空间便于翻垛。经过 4～5d 培养菌丝变白，这时候翻一次垛，之后继续养菌 4～5d。栽培袋再次生长的气生菌丝可保护黑木耳菌包不感染杂菌，同时可以缓解运输中菌丝断裂并产生袋料分离现象。这个阶段要求栽培袋温低于 24℃，如遇到高温天气可以通过向草帘上浇水的办法来降温。

菌丝生长恢复后要及时进行扎孔处理。春栽时，扎孔一般在白天最高气温稳定在 10℃时进行；秋栽时，扎孔一般在夜间气温下降至 20℃以下时进行。目前基本上采用专用的设备进行扎孔，扎孔设备使用前要注意用 0.1%高锰酸钾溶液进行消毒，防止杂菌污染扎孔口。扎孔方式有多种类型，一般包括“V”形口、斜“一”形口及圆钉形口，扎孔方式、扎孔大小和扎孔数量常常根据品种特性、商品要求、菌袋大小而有所不同。“V”形扎孔口宽度为 2～2.5cm，深度为 0.5～0.8cm，每袋菌包扎 12 个口左右，这种扎孔方式主要用于生产朵型较大的大片黑木耳；斜“一”形扎孔口为 0.5cm，深度为 0.5～0.8cm，每袋菌包扎 160～180 个眼；圆钉形扎孔口直径为 0.4cm，深度为 0.5～0.8cm，每袋菌包扎 180～200 个眼，生产中较常见的为斜“一”形口和圆钉形口，这两种扎孔方式主要用于生产单片黑木耳。

扎孔的栽培袋进入原基分化和耳芽形成阶段。栽培袋垛堆通过盖上塑料布和草帘来保温保湿，并防止阳光直射和暴晒栽培袋，垛堆内空气湿度应达到 75%～85%，温度控制在 18～22℃。栽培袋经过刺孔后，菌丝受伤会加强呼吸作用，一般菌丝恢复 3～4d 后当刺孔口被白色菌丝封住即可进入摆袋催芽环节。

将地面整理干净并浇一次透水，铺上带孔塑料薄膜，然后将栽培袋平放在上面，栽培袋之间距离为 2～3cm。摆放好栽培袋上面要覆盖塑料布和草帘进行遮阳保湿，必要时在菌床上方建小拱棚以便于调节湿度和温度。一般白天温度控制在 18～22℃，温度高于 22℃时，进行喷水降温。保持菌床湿度 85%～90%，要求菌袋膜上有水汽即可。通常早晨打开薄膜和草帘通风一次，使得菌床中的空气新鲜，氧气充足。当扎孔口的菌丝开始逐渐扭结成为原基时，可以撤下薄膜，并早晚浇水保持草帘湿度。当黑木耳原基发育为耳芽并展片达到绿豆粒大小时，要将栽培袋分散到新的畦床上，栽培袋间按“品”字形摆放，袋间距以 8～10cm 为宜。一般每平方米摆放 25 袋，每亩可摆放 1 万袋。

6. 出耳管理 栽培袋分散摆放后进入出耳管理期，这个阶段要保持畦床地面湿度为

85%～90%，即床面见干见湿。耳芽生长初期不需要浇水，当耳芽长大后要适当浇水，因耳芽幼嫩，浇水过多会使细胞破裂引起流耳，切忌勤浇水，浇大水。新鲜的空气、充足的光照、适宜的湿度能够促进幼嫩的耳片迅速展开。耳片生长期最重要的是水分管理，原则上根据黑木耳的生长特点，要求干干湿湿、大干大湿。较干条件下，菌丝生长积累养分；较湿条件下，耳片开始生长。通常早晚各浇水 2 次，浇水时间不宜过长，浇水间隔时间为 30～60min。气温较高时可以选择在夜间浇水，气温大于 26℃时浇水，栽培袋容易出现红耳、流耳，并产生杂菌污染等现象。

当黑木耳耳片充分展开，直径达 3～3.5cm，颜色为淡黑褐色，耳根收缩变细，耳片腹面略有白色孢子出现时，即要及时采收，此时黑木耳呈碗状、耳片厚、外形好，商品价值高。通常选择晴天采收，要摘大留小，采收时用手抓住耳片基部旋转摘下，也可以用刀片切下耳基。耳片采收后去除基部栽培料等杂质，要摊放在竹帘或筛网上晾晒。晴朗天气晾晒时，1～2d 即可晒干，晾晒时不要随意翻动，以免耳片破碎和卷团，形成拳耳影响质量。耳片晾晒至半干，要堆厚晾晒，耳型更佳。也可以将新鲜耳片烘干处理，一般烘干温度不超过 40℃。当耳片含水量达到 14%以下时即可放入编织袋或者塑料袋内包装，置于通风干燥阴凉处贮存。

三、采后管理

通常情况下，黑木耳代料栽培方式的栽培袋可以生产两潮子实体，头潮产量一般占采收期总产量的 85%～90%，并且耳片朵大、片厚、色泽深，商品价值高。

头潮耳片采收后，要及时清除出耳口的残留耳根，防止污染杂菌发生霉变。采收后要停止喷水并净晒 2d，使得出耳口表面干燥，袋内菌丝恢复继续吸收营养，畦床温度控制在 24～26℃，第 3 天晚间开始勤喷、少喷水，经过 7～10d 的修复生长，在栽培袋上重新扎孔，刺激菌丝从营养生长再次进入生殖生长，开始催第二潮耳芽，后继管理同头潮催耳和出耳管理。

第四节　草　　菇

草菇［*Volvariella volvacea*（Bull. ex Fr.）Sing.］是生长于热带、亚热带高温多雨地区的食用真菌，又名中国蘑菇。草菇主要生长在稻草等农业秸秆上，是草腐类食用菌的典型代表。草菇在我国的栽培历史超过 300 年，目前我国也是全球草菇的主要栽培国家，草菇的风味独特，滋味鲜美，营养丰富，一直深受广大消费者的喜爱。

一、生物学特性

1. 植物学性状　草菇在栽培过程中根据子实体形态变化，可分为针头期、小纽扣期、纽扣期、蛋形期、伸长期、成熟期等 6 个阶段。成熟期的草菇子实体呈现典型的伞菌结构，由菌盖、菌褶、菌柄和菌托构成。栽培草菇子实体一般在蛋形期采收才会具有较高的商品价值，蛋形期的草菇子实体由外菌幕包裹，呈蛋形，上半部呈灰色至深灰色。进入伸长期后，草菇子实体的菌柄迅速伸长，突破菌幕。菌柄继续伸长后，菌盖完全展开，担孢子完全成熟并弹射散发，菌幕残留在菌柄末端形成菌托。

2. 生长发育周期　草菇最初被认为是一种初级同宗结合的担子菌，即从单个担孢子萌发形成的同核菌丝体不经过交配过程就可以形成子实体，但是目前的研究结果表明，草菇产生的担孢子中，一部分萌发以后形成的菌丝体可以直接产生子实体，完成生活史，另一部分萌发后形成的菌丝单独不能够出菇，但是能够在发生可亲和的交配后产生子实体，这表明草菇有性生殖具有同宗异宗兼性配合的生物学特性。草菇菌丝是一种具有多核的菌丝，隔膜很少，并缺少锁状联合用于在形态上区别同核体和异核体。

3．对环境条件的要求 草菇也是一种异养生物，擅长分解稻草等秸秆中的木质纤维素获得生长所需的养分，是一种典型的草腐菌。草菇的人工栽培生长过程主要包括菌丝体生长和子实体生长两个阶段。草菇菌丝体生长阶段一般为 6～10d，菌丝体在栽培基质中不断生长、延伸，有吸收、输送和积累营养物质的作用。菌丝培养初期为灰白色或银灰色，老化时呈浅黄褐色。菌丝成熟后，经喷施重水等条件刺激后，开始出现小粒状原基，再经 4～5d，子实体就可以完全成熟并散发担孢子。草菇生长发育的只有各种营养物质和环境要素都适合的情况下，草菇栽培才能获得高产。

（1）*温度* 草菇菌丝生长的温度为 20～40℃，最适生长温度为 30～35℃，在 15℃以下会生长停止，当处于 5℃以下低温和 45℃以上高温时菌丝易发生死亡。草菇菌丝可以产生无性孢子（通常称为厚垣孢子）抵御不良环境。

草菇子实体生长的最适温度为 30～32℃，低于 25℃和高于 38℃，草菇不宜形成原基。在 25～38℃，温度越高，子实体生长越快，但是个头较小并易开伞。草菇子实体生长发育过程中，不需要变温刺激，属于恒温结实性食用菌，温度有利于子实体发育，原基形成后如果遇到显著降温将会导致菇蕾死亡。

（2）*光照* 草菇生长过程中对光照的需求不高，菌丝可以在完全黑暗的条件下正常生长。子实体在生长过程中，需要一定量的散射光，适宜的光照强度在 6～9μmol/（$m^2 \cdot s$）。草菇子实体在有光照条件下生长，颜色较深，呈现灰黑色；若光照不足，子实体颜色较浅，呈现灰白色。

（3）*水分* 草菇生长过程中需要较高的含水量和空气相对湿度，在菌丝生长时栽培基质的含水量需要维持在 65%～70%，空气相对湿度维持在 80%～85%。如果水分不足，菌丝会生长缓慢，易失水死亡；如果水分过多，栽培基质透气性不好，易造成厌氧菌大量生长。草菇原基形成后，空气相对湿度需要提高到 85%～90%，如果空气相对湿度较低，容易造成菌丝徒长，子实体形成时，需要进一步提高空气相对湿度到 90%～95%。

（4）*矿质营养* 在草菇栽培实践中，稻草、废棉、棉籽壳、麦秸、麻杆、金针菇和杏鲍菇的菌渣等都可以用作栽培原材料，其中稻草栽培出的草菇具有较优的品质，废棉用于栽培基质可以获得较高的产量。为了提高栽培基质中的氮源含量，通常会在培养基质中添加一些含氮素较高的麸皮或牛粪等，以促进草菇菌丝生长。

（5）*空气* 草菇在生长过程中对氧气的需求量较大，是一种好氧型的食用菌。使用稻草、废棉等不同原材料配制栽培基质时，由于通气性不同，需要注意调节栽培基质的松紧度。在原基和菇蕾生长阶段，草菇生理代谢产生的二氧化碳量达到最高值，这时候通常需要加强通风，增大菇房换气量，二氧化碳的浓度保持在 0.15%～0.25%为宜，否则大量二氧化碳的积累会抑制子实体的生长。但是通风换气过程中需要注意不可使菇房的温度和湿度波动过大，否则容易引起子实体畸形生长，影响商品品质。

（6）*酸碱度* 草菇菌丝生长过程中，栽培基质中最适 pH 为 7.8，在子实体生长阶段，最适 pH 为 7.2。

二、栽培技术

适合栽培草菇的原材料主要有稻草、废棉和一些食用菌栽培菌渣，采用的原材料不同，栽培基质配方和栽培过程也有所不同。采用稻草为主要原料的配方为：稻草 83%、干牛粪 15%、石灰 2%，这是一种传统的栽培草菇的方法，虽然产量较低，但是子实体风味十足。20 世纪 70 年代发现废棉具有丰富的短纤维，也很适宜栽培草菇，于是开发出废棉为主要原材料栽培草菇的配方为废棉 88%、稻草 10%、石灰 2%，废棉栽培草菇能够获得较高的生物学转化率。近年来，大量食用菌栽培菌渣也被利用作为栽培草菇的原材料，主要配方为金针菇菌渣 78%、稻草 20%、石灰 2%，这种配方的使用可以充分利用菌渣等废弃物，起到发展生态循环农业的效果。

草菇的栽培流程完全不同于香菇的代料栽培方法，草菇栽培流程主要包括栽培基质前发酵、栽培基质后发酵、接种、菌丝培养、出菇管理、采收等环节。

1．栽培基质前发酵　以稻草为主要栽培基质时，通常取稻草平铺至水池中，分层加入石灰后加水浸泡稻草 4～6h，然后捞起沥干。将沥干后的稻草堆成长 4m、宽 1.8m 的草堆进行发酵，通常是每层（10～15cm）撒上一层牛粪，如果没有牛粪也可以使用麸皮代替，建堆后一般发酵 3d 进行翻堆，重新建堆后再发酵 2d 即可以进入菇房。当以金针菇菌渣为主要栽培原料时，将金针菇菌渣和稻草（通常切断成 5～10cm 长）用 0.5%的石灰水充分预湿后，加入 1.5%石灰混合均匀，并堆成高 0.7～1m、宽 1.2～1.5m 的料堆进行发酵，料堆隔天翻堆一次，第 3 天即可进入菇房。

2．栽培基质后发酵　经过前发酵的栽培基质一般已经可以直接用于草菇栽培了，但如果有设施条件较好可以进行一次后发酵。后发酵的作用主要是可以比较彻底地杀死栽培基质中的有害微生物及病虫，同时通过嗜热微生物的作用使栽培基质具有选择性，有利于草菇菌丝体的生长而不利于杂菌菌丝体的生长。

栽培基质结束前发酵后尽量趁热转运至菇房中，平铺于层架上，料层的厚度以 12～15cm 为宜，根据含水量不同调整料层的疏松紧实程度，通常 1t 湿栽培基质可以铺 20～25m^2。料层铺好后，向室内通入蒸汽加热，待各层栽培基质的温度都达到 58～63℃后维持 8～10h，然后通风缓慢降温。当培养料温度降至 40℃即可进行播种。

3．接种　草菇栽培的播种一般采用撒播法。撒播法是将菌种均匀播撒在培养料表面。接种量以每平方米 1 袋菌种（干料重 0.14～0.15kg）为宜。

4．菌丝培养　菌丝培养阶段包括从接种到菌丝长满料层，这个阶段的管理工作要点是保障菌丝正常生长。

接种结束后，可以马上用塑料膜覆盖在栽培基质表面，使得料面温度保持在 35～36℃。如果以废棉和食用菌菌渣为主要栽培原材料，通常覆盖 24h 即可；如果以稻草为主要栽培原材料，覆盖时间可适当延长。在覆膜保温期间，每天至少两次揭膜通气。接种后第 5～7 天，当菌丝长满至栽培基质表面后，重水喷淋（0.5～1kg/m^2）至料底部有水珠渗出为止，并将室温 28～30℃维持 5～6h 后，待料面干爽后，将门窗关闭，使室温上升至 33℃左右并保持 12h。喷施重水后的第 2 天需要再喷一次水以刺激菇蕾形成，一般 100m^2 栽培面积喷水 20kg。喷施重水之后，同时需要加强光照以帮助刺激菇蕾形成，适当增加光照可以提高草菇产量和质量。

5．出菇管理　一般从接种后的第 6 天开始菇蕾开始形成进入子实体生长阶段，需要进行出菇管理，重点对温、光、水、气进行调节。通常料面温度需要保持在 30～32℃；菇房里以保持 0.9μmol/（$m^2\cdot s$）光强的散射光为宜。栽培基质的湿度需要保持在 65%～70%，菇房中空气相对湿度需要保持在85%～90%。如果湿度达不到要求就需要进行喷水保湿（通常用水温30℃左右的洁净水），如果菇蕾刚刚形成，只能空间加湿，不能向料面上直接喷水；如果菇蕾有花生米粒大小可以直接向料面喷雾状水。喷水后需要加大通风量使得待料面尽快干爽。草菇是好氧性真菌，当菇蕾形成后，菇房里的二氧化碳浓度控制在1500～2500mg/L为宜。

6. 采收 草菇子实体的最佳采收阶段是蛋形期，即草菇子实体的菌柄没有伸长突破外面的菌幕。草菇子实体的生长速度非常快，一定及时采收。采摘时注意不要搅动料面，破坏其他菇蕾的生长。草菇采收后要注意保鲜以维持商品品质，草菇不耐低温，不能够放入冷库或者冰箱中冷藏；在较高温度下，草菇子实体会继续生长至开伞状态，失去商品价值。

第二十二章 芽苗类蔬菜

一、定义和营养价值

利用植物种子或其他营养贮存器官，在黑暗或光照条件下直接生长出可供食用的嫩芽、芽球、芽苗、幼梢或幼茎，均可称为芽苗类蔬菜，简称芽苗菜。

芽苗菜营养丰富，味美清香，鲜嫩可口，除了富含植物蛋白、维生素等外，还含有酚类物质、黄酮醇和花青素等生物活性物质，具有延缓衰老、防治肥胖、抗辐射等功能性作用。芽苗菜在培育过程中产生了一系列的物质转换，将种子或者贮藏器官中的贮藏物质转为可溶性小分子化合物、人体易吸收的简单物质，因此芽苗菜不仅色泽美观、口感脆嫩、易消化吸收，还增加了营养成分（表 22-1）。芽苗菜中含有大量的维生素 C，豆芽、香椿芽、萝卜苗中的维生素 C 含量超出番茄、黄瓜等蔬菜很多；萝卜芽中的维生素 A 相当于大白菜的 10 倍；苜蓿芽苗含有钙、钾等矿物质和多种维生素；香椿芽中含有与性激素相似的物质；枸杞芽中含芸香苷和肌苷等；三色姜芽含有多种氨基酸及钙、铁、磷等；黑豆芽含有丰富蛋白质、糖类、纤维素、烟碱酸、大豆皂苷、大豆黄酮等成分。芽苗菜中所含有的膳食纤维，能帮助胃肠蠕动，防止便秘。

表 22-1 几种芽苗菜与常见蔬菜的营养成分比较（冯玉珠等，2007）

蔬菜名称	可食率（%）	热量（kJ）	水分（g）	蛋白质（g）	胡萝卜素（μg）	硫胺素（mg）	核黄素（mg）	尼克酸（mg）	维生素 C（mg）	维生素 E（mg）
豌豆苗	98	96.3	92.7	3.1	4960	0.03	—	1	83	3.06
香椿芽	92	100.5	90.5	1.7	780	0.08	0.13	0.9	12	0.99
萝卜芽	93	16.62	94.8	1.4	870	0.03	0.08	0.2	41	0.48
荞麦苗	65	4.868	95.6	0.7	290	0.02	0.02	1.8	5	0.27
苜蓿芽	100	251.2	81.8	3.9	20.4	0.01	0.73	2.2	118	—
黄瓜	100	54.43	96	0.9	—	0.01	0.02	—	6	—
大白菜	70	41.87	96	0.8	1.3	0.01	0.04	—	21	0.04

蔬菜名称	K（mg）	Na（mg）	Ca（mg）	Mg（mg）	Fe（mg）	Mn（mg）	Zn（mg）	Cu（mg）	P（mg）	Se（mg）
豌豆苗	174	26.3	59	13	1.8	0.26	0.47	0.02	41	0.06
香椿芽	180	0.5	70	36	2	0.35	1.05	0.09	37	0.42
萝卜芽	424	31.4	110	27	1.4	0.86	0.3	0.03	27	0.46
荞麦苗	262	109.4	89	9	1.1	0.19	0.42	0.05	26	1.5
苜蓿芽	497	5.8	71	61	0.9	0.79	2.01	0.5	78	—
黄瓜	72	2	16	9	0.4	0.06	0.24	0.04	33	0.2
大白菜	93	48.4	43	9	0.7	0.17	0.87	0.05	33	0.37

芽苗类蔬菜速生、清洁，产品形成所需要的营养主要依靠种子或根、茎等营养贮藏器官所累积的养分，一般不施肥，只需在适宜的温度、湿度环境下，保证其水分供应便可培育出芽苗、嫩芽或幼茎，其中大多数的芽苗菜生长迅速，产品形成周期很短，一般只需 7～15d，较少感染病虫害，不需要使用农药。因此，只要所采用的种子等养分贮藏器官及栽培环境清洁无污染，芽苗菜就能够达到绿色食品的要求。

二、对环境条件的要求

温度、水分、空气（氧气）是种子发芽所必须具备的三大要素。在芽苗菜的生产过程中，光照也决定了产品的品质。芽苗菜对环境条件的要求具体如下。

（1）*温度*　芽苗菜的生产过程要求适宜的温度条件。一般要求催芽室温度达到和保持20～30℃，夜晚最低不低于 16℃，过高或过低的温度不仅影响到种子的发芽，而且影响芽苗菜生产的速度和质量。一般芽苗菜发芽和生长的适温为 20～25℃。温度低，发芽生长速度慢或停滞，产量低；温度过高，有的种子发芽受到抑制，或发芽过快，胚轴细长，纤维多，品质差。所以，在芽苗菜的生产中，要选择适宜的温度种植区域，或者在温度最适宜的时间进行，在温度不适宜时，采取增温或者降温措施，保障芽苗菜的萌发和培育。

（2）*水分和湿度*　水分在芽苗菜的生产过程中有三个作用。第一，它是种子发芽的重要条件之一。种子只有吸足水分才能进行发芽等一系列生理生化的生命活动。第二，满足种子萌发以后继续生长的需要。第三，起到排污、带走过量氧气和调节温度的作用。种子不是在达到最大吸水量时才可以满足发芽的需要，而是当吸水达到最大吸水量的 50%～70%（豆类为 50%，其他为 70%）时就可以满足发芽的需要。浸种时间过长、水分过多或泡于水中，会导致缺氧窒息或在体内产生有害物质，抑制发芽。

芽苗菜的生产场地空气相对湿度应保持在 60%～90%。无论是用保护地设施还是室内进行生产，均必须设置通风口或排风扇等，确保室内空气清新。芽苗菜生产需大量的水分，需要配备储水设备等水源，以保证芽苗菜生产用水，并且要求水质清洁、无污染。生产场地应具有隔水和防漏能力，并配备排水系统。当遇到夏季栽培室温度过高，超过最适值范围时，可采用微喷系统进行地下水的喷雾降温，当栽培室的湿度不宜芽体发育时，可通过弥雾来增湿，当种子或芽体表面缺水而影响发育时，可进行补水。

（3）*空气*　芽苗菜要进行呼吸作用，氧气充足，芽苗菜的呼吸加快，新陈代谢旺盛，芽苗菜生长细弱，纤维化严重，影响品质。如果采取控制空气流通的方法，适度降低芽苗菜周围空气中氧气的含量，就可以减少呼吸消耗，有利于生产出胚轴粗壮、纤维化轻、质脆鲜嫩的芽苗菜。

（4）*光照*　芽苗菜生产既需要避光，又要满足一定的光照条件。催芽室应保持弱光或黑暗，芽苗菜栽培时只需 200～5000μmol/（$m^2 \cdot s$）的光照强度，光照过强，芽苗易纤维化，降低品质；光照过弱，芽苗易徒长。

植物幼苗个体发育对光照敏感。张欢等（2009）研究发现，不同光质对萝卜芽苗菜生长和营养品质的影响显著，红光处理后萝卜芽苗菜的下胚轴长、子叶面积、植株鲜质量及干质量等显著高于对照，红光与红蓝光组合处理下可溶性糖与淀粉含量均显著高于对照。杜建芳等（2002）研究表明，光质对油菜幼苗生长影响显著，用白光和红光对油菜幼苗进行照光处理，发现红光促进油菜幼苗的生长。顾卫红等（1997）研究了光照和温度对豌豆芽质量和产量的影响，发现光照处理时间对豌豆芽的质量影响大，绿化时间过短造成叶色不均匀，商品性下降；光照时间过长，则芽体粗纤维增加，食用质量大大下降，豌豆芽的光照处理以24h为宜。

光与芽苗菜的质地和颜色有密切关系。有的芽苗菜，如绿豆芽、黄豆芽等以粗壮、质脆、洁白（子叶淡黄）为上乘。这些芽苗菜在生产过程中采取遮光的办法。而豌豆苗、香椿芽、萝卜芽等不仅要求质脆鲜嫩，还要求带有鲜艳的绿色。光线充足时，叶绿素形成得多，绿色浓，但纤维化提高，质地受到影响。一般前期在光线比较暗的条件下生长，采收前1～3d移至比较强一些的散射光下完成绿化过程，随后立即采收上市。

（5）营养　芽菜通过自体的营养转换和释放成苗，不需要补充营养；绿体芽菜在光照条件下形成叶绿素，也不用添加营养；穴盘苗菜生产过程中，需要苗菜短期的养分供给，以氮肥为主。育苗常用的有机基质有草炭、菇渣、蔗渣、椰糠等，草炭质轻、具有较强的吸水保水力，最为常用；菇渣质地轻、孔隙度大、通气性好、具有一定的保水性，且富含营养成分；蔗渣、椰糠等新型基质的开发与研制，提高了资源的利用率，变废为宝。

为了提高芽苗菜的产量和质量，缩短生产周期，有较多的专家学者研究了生长激素、富营养元素、抑制剂等对芽苗菜生长的影响。刘志敏（2001）研究发现，钙的存在有利于萝卜和豌豆种子的萌发；钙、碘元素对萝卜、豌豆或黄豆幼苗生长有促进作用，萝卜、豌豆、黄豆三种作物均能吸收碘，其中以萝卜对碘的富集能力最强。谢友荣等（2009）研究发现，尿素、过磷酸钙、硫酸钾等肥料，在促进芽苗菜生长的同时，能够富集锌、铁等元素。

（6）无菌环境　芽苗菜的生产分为芽菜和苗菜两大类。为了确保芽菜的正常萌发和健康生长，需要尽量营造无菌的环境，避免细菌和病原菌对生长发育带来的影响，保障芽菜的产量和质量。通常采用泡沫板将生产车间隔离成多个小空间，实际空间大小的设计可以根据生产要求确定，避免病菌传播；芽菜生产车间建成后，对生产设备采取消毒杀菌处理措施，操作人员更换无菌衣物之后方可入内，保持车间的无菌环境，避免人为携带病菌对芽菜生产环境造成不良影响。多数芽菜生产车间内设置电场杀菌和紫外线杀菌等物理杀菌系统，电场杀菌适用于栽培过程，在电场的作用下不仅能够消灭存活于芽菜表层的细菌，静电处理过程中所产生的臭氧还可以促进多种酶的活性，对促进芽菜生长发育具有积极作用；而紫外灯杀菌则更适用于采收之后的杀菌处理。苗菜可以选择无土栽培的生产方式，避免土壤中的细菌传播对芽苗菜生长造成污染。

三、品种类型与栽培方式

（一）品种类型

根据芽苗类蔬菜产品形成所利用营养的不同来源，又可将芽苗类蔬菜分为种芽菜和体芽菜两类。种芽菜是指利用种子中贮存的养分直接培育成幼嫩的芽或芽苗，如黄豆、绿豆、赤豆、蚕豆、花生、玉米等，以及油葵、松柳、香椿、豌豆、萝卜、荞麦、小麦、小白菜、生菜、蕹菜、苜蓿芽苗等；体芽菜是指利用二年生或多年生作物的宿根、肉质直根、根茎或枝条中累积的养分，培育成芽球、嫩芽、幼茎或幼梢，如由肉质直根在黑暗条件下培育的芽球菊苣，由宿根培育的菊花脑、苦菜芽等，由根茎培育成的姜芽，以及由植株、枝条培育的树芽，如香椿、枸杞头、花椒脑和豌豆尖、辣椒尖、佛手瓜尖等。

从商品形状的角度，芽苗菜分为4种类型（图22-1）：一是芽菜类，它是利用种子，通过遮光等措施培育出来的幼嫩洁白的芽体，如绿豆芽、黄豆芽等；二是菜芽类，它是利用蔬菜的撇、茎、枝、芽等组织培育出来的幼芽、芽球、嫩茎、嫩枝幼茎等幼嫩蔬菜，如利用粗壮根培育的甘蓝芽球，根茎培育出来的姜芽，由枝条培育的空心菜、木耳菜的幼嫩梢，用鳞茎培育的蒜苗等；三是苗菜类，即各种蔬菜的秧苗，如豌豆苗、葱苗、蒜苗、空心菜苗、木耳菜苗、玉米苗等；四是整型苗菜，指在育苗盆中栽种蔓生蔬菜，并搭架，如栽种木耳菜、红薯苗、佛手瓜等，采收嫩芽时留几个侧芽，使其继续生长。

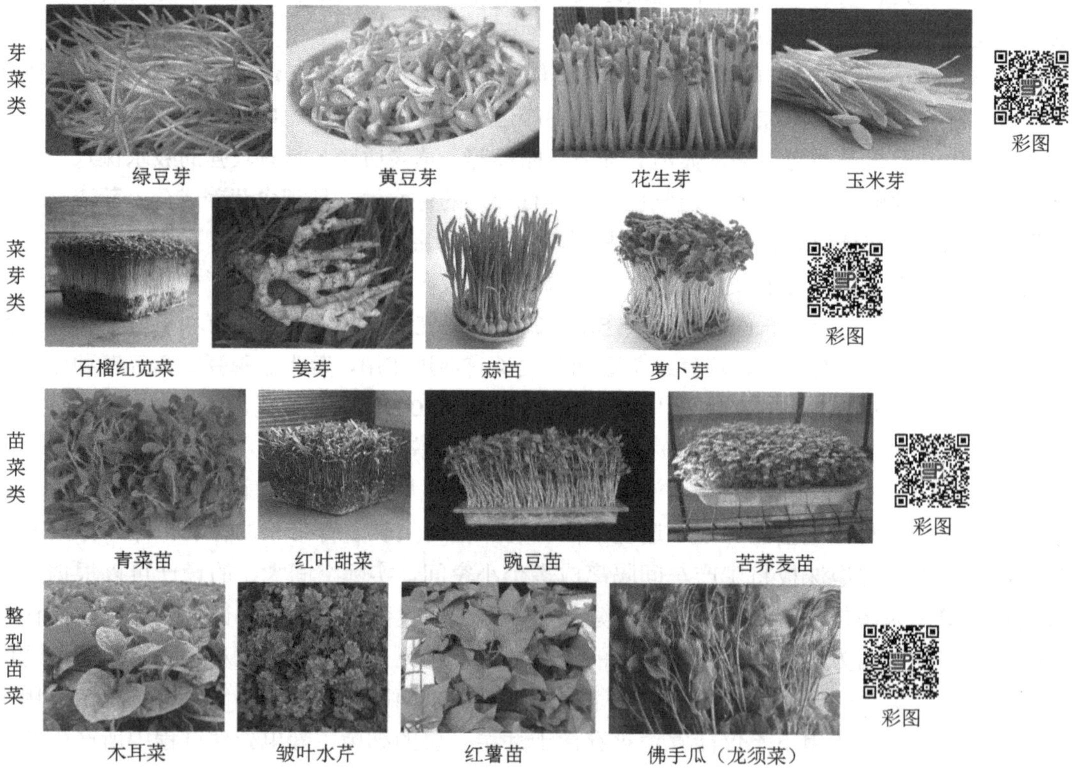

图 22-1　芽苗菜的商品分类

（二）栽培方式

芽苗菜生产方法简单，场地不限，而且生产周期短、投资少、见效快，可多层次、立体化、规模化、集约化生产，具有较高的经济效益。芽苗菜不使用农药，属于纯天然、无公害的绿色食品，深受广大消费者青睐。

1．栽培历史　芽苗菜在我国具有十分悠久的历史，我国人民很早就有采集植物嫩芽食用的习惯，香椿芽、柳树芽、苦菜芽等经常出现在餐桌上，还创造了黄豆芽、绿豆芽、蚕豆芽等豆芽菜的栽培技术。豆芽的栽培制作已有几千年的历史，由我国传至日本、泰国等周边国家。在商品化之前，芽苗菜早在千年以前就已经被纳入《神农本草经》中，因其具备清热解毒、利尿除湿的功效在最初是用于食疗。

荷兰、英国、美国和加拿大、新加坡等国家将无土栽培等现代技术应用于芽苗菜的规模化生产，尤其是在自然条件比较差的地区，带动当地农民进行庭院芽苗菜无土栽培，只需将培苗架、培苗盘安置在阳台或洁净的空房内，既不占面积，又不需土壤，只要菜种和纯净水即可种出鲜嫩和卫生的芽苗菜，不仅供给家庭食用，还可调节市场，增加花色品种。日本在 20 世纪 70 年代后期开始进行芽苗菜商品化生产的研究，80 年代后利用现代无土栽培技术，在先进的塑料温室等园艺设施中进行芽苗菜的大规模商业化生产，其中以萝卜芽生产面积最大，成为日本人民吃生鱼片时必备的调味食品。当前发达国家的芽苗菜生产已开始走植物工厂之路，并全面结合自动控制及智能管理技术，实现了计算机控制智能化管理，芽苗菜生产渐渐向无人化无菌化生产方向发展，成为保健蔬菜生产中最为先进高效的模式。

我国的绿豆芽、黄豆芽生产，在农村多以陶缸作为培育暗室，家庭作坊式生产。近年来相继出现了全自动高智能系列豆芽机，逐步实现了豆芽的机械化生产。20 世纪 90 年代初期，北京等地开始试种新型芽菜，从日本引进全封闭式植物工厂，以萝卜芽等芽菜作为试种蔬菜进行无土栽培试验，突破了传统芽菜生产模式，创制了利用轻工业用厂房等适宜房舍，在室内弱光条件下进行芽苗菜半封闭式生产，基本与外界条件隔离，多层立体、无土纸床栽培规范化集约生产新模式相继出现，建立了“以移动式立体栽培架、苗盘纸床栽培”“二段式播种催芽”“叠盘催芽”“雾化喷淋”“活体销售”等新型芽苗菜生产技术体系及其管理标准，并筛选出种香椿芽、豌豆苗、萝卜芽、荞麦苗、赤豆苗、蕹菜苗、花生芽等种芽苗菜的专用品种，拓展了芽苗菜的种类，芽苗菜及其规范化生产技术趋于成熟并推广应用。进入 21 世纪，随着先进人工栽培技术的出现，芽苗菜的栽培和生产手段更加现代化，芽苗菜产业得到突飞猛进的发展。

2. 栽培模式　芽苗菜的生产，包括设施栽培和工厂化生产两大模式。从生产条件、栽培设施、生产设备、采后冷藏设施等设施设备的配置，到芽苗菜生产的温度、湿度、光照等管理技术，根据生产设备和栽培技术的差异，分为芽苗菜的设施栽培、芽苗菜植物工厂、家庭种养三大栽培模式。

（1）*芽苗菜设施栽培*　芽苗菜的设施栽培，主要是指在露地、温室、大棚内生产的生产模式。芽苗菜的设施栽培对生产场地的条件要求不高，主要是保证清洁、高产、高效，达到绿色食品标准的要求，适合在日光温室、塑料大棚等设施内生产，温度偏低的生产区域安装水暖、炉火等加温设施；外界气温过高时，应采用遮阳网、强制通风、空中喷雾等降温措施，有条件的可安装空调等温度调控装置。

（2）*芽苗菜植物工厂*　有条件的芽苗菜生产企业可以建设芽苗菜植物工厂，根据所生产的产品绿化与否及植株形态，又分为豆芽菜、绿体芽菜和穴盘苗菜植物工厂。芽苗菜植物工厂根据是否利用日光，又分为室内芽苗菜工厂的和日光型植物工厂，后者的能源成本更低，生产效益更高。

（3）*家庭种养*　芽苗菜是进入家庭种养的首选种类。家庭生产芽苗菜能够确保不使用生长激素类物质、化肥、农药，在家中实现安全、优质、无污染的绿色食品生产。芽苗菜栽培工艺比较简单，四季都可进行，可以利用家庭阳台、客厅、地下室、车库等场所进行栽培，生长期很短，投资少，自种自吃，是很好的庭院经济作物。

四、栽培技术

1. 设施栽培

（1）*生产设施*　芽苗菜可以利用露地或大棚、日光温室、连栋温室等设施进行生产。设置苗盘床架，便于进行田间操作，提高苗盘的温度，防止幼苗的根扎入地下。保护地生产时，在通风口和门口设置防虫网，阻止害虫侵入。保护地内悬挂黄板和蓝板诱杀害虫，悬挂密度为 20～30 块/亩。一般选用与精量播种机配套的 200 孔穴盘，穴盘重复使用时要进行消毒，防止感染病虫害。用于消毒的药物有甲醛、漂白粉和高锰酸钾等。

（2）品种选择　适合芽苗菜生产的蔬菜种类包括普通白菜、直立生菜、红叶生菜、橡叶生菜、罗莎红生菜、苦苣、结球红菊苣、羽衣甘蓝、京水菜、苋菜、叶用甜菜、细叶车前草、叶用萝卜、罗勒、芝麻菜、独行菜等。根据市场需求和作物生长期对温度的要求选择适宜种类。

（3）基质准备　基质可选用草炭加蛭石，其比例为2∶1或3∶1，每1000个苗盘需基质约3.65m^3。基质配制时可加入一定的大量元素，建议使用量为500g/m^3的三元复合肥，夏季用肥量减半。

（4）播种育苗　根据各类苗菜生长速度和目标产量，决定播种时间。例如，京水菜生长较快，冬季生长需晚播种3～5d；叶用甜菜出苗较慢，生长适宜温度比生菜高，冬季生长需早播种5～7d。苗菜生产需要选择发芽率高及发芽势强的种子，每穴播种1或2粒，播种深度依不同种类而异，如生菜、苦苣、菊苣、羽衣甘蓝等播种深度为0.5～0.8cm，叶用甜菜等种子稍大的种类为1～1.2cm；细叶车前草等种子很小的种类为0.1～0.2cm。播种后覆盖蛭石，浇透水，以穴盘底孔有水珠渗出为宜。

幼苗生长期管理：出苗后注意控制水分，防止徒长，幼苗1叶1心时，及时去除多余的小苗及杂草。浇水要均匀，应选择晴天上午进行。幼苗2叶1心后，结合喷水进行1或2次叶面喷肥，可选用0.2%～0.3%的尿素＋磷酸二氢钾或三元复合肥喷洒。

在保护地生产时，收获前3～5d应控制温度和水分，有利于收获和贮运。夏季生产要选择耐高温的种类和品种，要有遮阴防雨设备，夏季温度高、蒸发量大，应勤浇水，但也要注意防止烂心。

（5）收获与贮存　当幼苗4或5片叶时即可收获。对于叶片簇生的种类，在高于生长点处割下，使植株叶片分散。如果进行多茬栽培，留茬高度应在2～2.5cm。对于有主茎的品种，可以摘心，以利于侧枝生长。收获后贮存温度为0～9℃，贮存时注意控制湿度，在箱或袋中放一层苗菜放一层纸，既可保湿又不至于过湿。

2. 芽苗菜植物工厂

（1）豆芽菜工厂　黄豆芽、绿豆芽、花生芽等是豆芽菜工厂的主要产品，豆芽生产过程约需6d，生产工艺流程包括容器消毒、种子清洗、消毒浸种、制发育芽、豆芽清洗、去壳去根、脱水包装等。

1）设施设备。豆芽菜生产场地应遵循食品企业通用卫生规则GB 14881的选址要求，建在交通方便、水源充足，远离粉尘、烟雾、有害气体及污染源的地区。生产区应与生活区分开，配有单独专用的原料仓库。生产区应具有良好的通风、排水条件，配有加温、降温、排污等设施和防蝇、防虫、防鼠等设施。

豆芽制发容器的材料应选择符合有关卫生标准，同时应配有淋洗装置。生产用水应符合《生活饮用水卫生标准》（GB 5749）的要求。

2）原料要求。所选豆子要求发芽率在95%以上，质量应符合GB 1352的要求。通过百粒重、发芽率、发芽势的比较，结合依据感官观察，筛选出豆芽生产的优质原料。

每次制发豆芽之前将生产场地清洗干净，可采用0.3%消毒粉消毒。制发设备每次使用前，应采用符合食品卫生要求的方法消毒，可采用0.3%消毒粉消毒，不得使用其他化学药剂灭菌、虫、鼠、蝇、蚊和蟑螂。

3）豆种处理。

A. 清洗：提前24h将第二天需要的豆种放置好，用清水浇透。洗净泥沙、去除杂质，剔去虫蛀、破残、畸形、霉变、已发过芽、未成熟和特小颗粒。

B．消毒：用0.3%消毒粉溶液清洗孵化桶，晾干后，冲洗待用；车间用3%消毒粉溶液消毒地面，将所有地面全部用消毒粉溶液洒匀后，关闭车间门窗，封闭6h，让消毒彻底。不得使用农用杀菌剂、抗生素及其他防腐剂消毒。

C．浸豆：浸豆用水量至少应达到豆子重的2倍，浸豆期间应根据当时气温的高低酌情换清水1或2次，需要4～6h。浸豆过程不得添加使用防腐剂及抗生素。

4）制发育芽。以黑豆芽为例，制发育芽大约需要6d，不需要光照处理。在浸种处理、温度处理、湿度处理、不同淋水间隔处理的基础上，研究掌握豆发芽的特性，制定豆芽的工厂化生产的工艺流程和标准化操作规范，建立豆芽工厂化生产模式。

温度：豆芽发芽温度可以通过调温设施进行温度调控，豆芽发芽温度宜控制在22～25℃。

湿度和水分：发芽设备内的空气相对湿度保持在99%以上，调节湿度主要靠淋水解决，6～8h淋水一次。每次淋水应确保豆芽制发容器底部沥出水，制发前期淋水量小，中期适当加乙烯、二氧化碳。

5）采收。根据豆芽营养成分检测分析，确定最佳营养成分与发芽的时间、芽生长长度的关系，确定制发时间和采收标准。茎长8～13cm时采收，主茎饱满、色泽洁白，无腐烂、无变色、萎缩，具纯正的豆芽香味，无异味，清脆可口。

豆芽采收后清洗去壳切根脱水，清洗过程中不得使用增白保鲜剂。清洗去壳率达98%以上，切根率达90%以上，切除豆芽根3～5cm，根据豆芽粗细调节切根的长度。

6）包装储运。豆芽清洗后称重包装，小包装或直接塑箱散装，送入0～5℃冷库贮藏待配送。

在销售储运过程中，豆芽在温度为4℃、相对湿度为85%的条件下保存最适宜。

（2）绿体苗菜工厂　以豌豆芽苗菜生产为例，绿体苗菜生产工艺流程见图22-2。

1）品种选择。用于绿体苗菜生产的豌豆，一般选用青豌豆和麻豌豆，种子入库前对种子质量进行检查与筛选，主要勘察种子含水量和是否霉变。要求种子含水量保持在7%以下，剔除霉变、虫蛀、破残、畸形种子，进入7℃种子冷藏库储存。在进入正式生产流程前，可以用种子处理机对出库的种子进行高压电场处理，提高种子的吸水率、吸水量、发芽势和发芽率，高压直流电产生大量的臭氧，对种子有很强的消毒杀菌作用，可有效防止种子霉变，同时种子内部多种酶（如淀粉酶、过氧化物酶及其同工酶等）的活性得到提高。通过高压电场处理后的种子，可以不用化学药剂进行消毒，还能提高发芽率和整齐度。

2）播种催芽。使用芽苗菜专用播种机精准定量地把种子播到种植盒中，种植盒133cm^2，每盒播豌豆25g（不同的品种会有不同的播种量），每20个种植盒放在一个种植篮中，每36个种植篮放一个苗床，每个苗床的面积为9.6m^2，播种完后用科迪马的物流系统将苗床转移进多层架构的暗室。

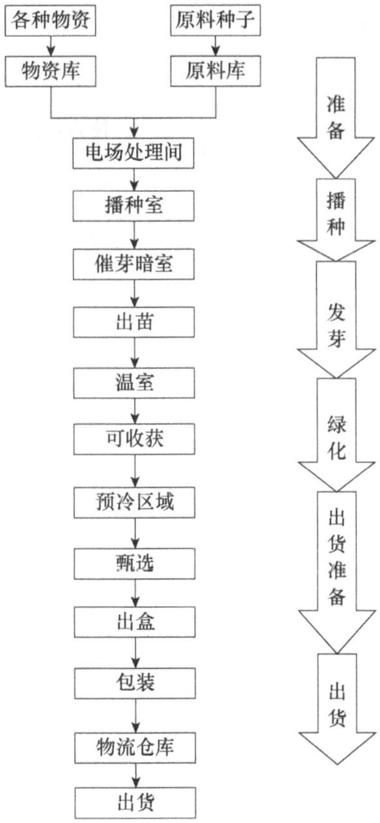

图22-2　绿体苗菜生产工艺流程图

暗室内催芽：保持暗室内温度为18～23℃，定期喷雾状水在种植盒内的豌豆种子上，保持种子湿润。种子在1～2d破壳，待幼芽长到4～5cm高时，幼芽颜色为黄白色，准备移出暗室进入温室绿化，在此期间定期喷水保湿。

3）出苗及温室管理。待豌豆芽长到4～5cm高时，通过自动化的物流系统将暗室内放有豌豆芽种植篮的苗床整个转移进温室。温室需要使用遮阳网遮阴，避免直射光照射，用自动喷灌车进行雾化浇水，注意气温较高的时候不浇水，一般在上午进行。夏季的灌溉水温度不高于25℃，室内温度超过27℃时，进行通风降温。豌豆苗菜的绿化过程在3d左右。

4）收获包装。芽苗绿色，苗高10～15cm，整齐，顶部复叶始展开或已充分展开时即可收获，由物流系统将种植篮转移到预冷区域，先进行病虫害甄选，挑出豌豆芽苗不合格的种植盒，合格豌豆芽在预冷区域预冷，等待包装。质量要求无烂根，无异味，未纤维化。

经过预冷4h的豌豆芽，在预冷区域进入包装机包装，脱去种植盒，带根的豌豆芽苗菜用食品级透气塑料袋进行包装，再直接放入包装纸箱中。用冷藏运输车进行运输。5℃可以保存7d左右。

（3）穴盘苗菜工厂　穴盘苗菜的生育阶段被划分为发芽期、培育期和收获期三个阶段，工厂化生产的关键技术包括品种选配、基质配制、肥水管理等关键环节，通过精量播种、潮汐灌溉、机械采收等生态高效栽培关键点控制（图22-3），使产品质量、生产环境、综合经济效益得到保障。以鸡毛菜为例，生产企业根据生产规模和日供应量编排鸡毛菜工厂化生产的年度生产计划和主生产计划、物料采购计划和产品供应计划；建立基于基质水分运移规律的潮汐灌溉水肥决策和控制系统，实现精准灌溉和科学施肥；通过病虫害预警和生物物理防治等绿色技术切断病虫害发生、传播途径；在建立温室温度、光照、湿度与穴盘苗菜生长模型的基础上，通过制订不同区域、不同生产能力的计划茬口，量化生产全过程的技术参数，通过“穴盘苗菜QACCP管理软件”，形成生产成本精确计算、基质精确配制、肥水灌溉科学决策、生态环境优化管理、产品优质高效的工厂化生产体系。

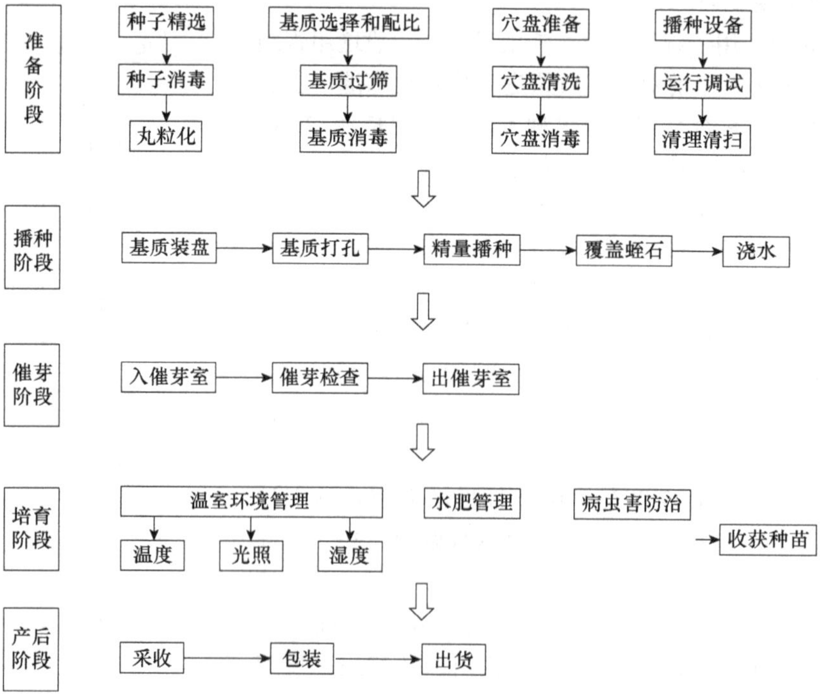

图22-3　穴盘苗菜工厂化生产工艺流程

1）优选品种。为了控制穴盘苗菜的生产成本，选择在自然光照和温度条件下进行温室生产，其较人工光照的植物工厂成本更低，资源和能源的节约效果更好。因此在品种选择上，首先要考虑的就是选择对夏季高温和冬季低温有较强耐性的品种。在种子处理和引发技术的应用中，选择种子萌发率高、出苗整齐，满足精量播种要求，产品质量一致的穴盘苗菜品种，同时满足机械采收的特殊要求。以鸡毛菜为例，出自长征种业的‘机收 1 号’和上海市农业科学院的‘新夏青 6 号’等几种直立性强、上胚轴较高的品种。

2）精量播种。穴盘苗菜的工厂化生产，智能机械的研发应用是关键。为了提升穴盘苗菜的高效生产问题，按照精量播种、精准催芽的技术需求，播种引发处理后的苗菜种子，在精量播种流水线上一次完成基质装填、装盘、打孔、精量播种、覆土、浇水六道工序，播种速度达到每工时 800 盘，播种深度整齐一致，壮苗齐苗有保障。

3）潮汐灌溉。源自美国的潮汐灌溉技术，改变了传统的蔬菜灌溉方式，利用潮涨潮落的原理实现循环灌溉，灌溉时间短，灌溉均匀；肥随水精准施入，循环灌溉零排放；过滤和渗透处理后的灌溉水清澈洁净，通过穴盘孔隙直接浸入穴盘苗菜的根部。在这种灌溉方式下生产的苗菜，叶面干燥，光合作用增强；通过阻止叶面沾湿，也防治了病害的发生与传播；同时配合基质消毒等绿色技术，实现了全季节的零农药生产。

4）机械采收。以鸡毛菜为例，传统苗菜的采摘，一般是在 38～45℃的温室大棚里进行，通常采收鸡毛菜的农民熟练工每 8h 也只能采收 64kg 鸡毛菜，仅采收人工费就需要 1.56 元/kg。穴盘苗菜自动收割设备突破了精准定位、运行匹配、精确收获等技术难点，实现了“不带子叶、3 叶 1 心”的机械收获标准。相对传统人工收割，机械收割每分钟可采摘 10 盘鸡毛菜，即每工时可采摘 1200kg，效率提高了 18.75 倍。

3.家庭种植 芽苗菜在种植过程中无须施用肥料、农药，同时也不使用生长素等物质，生产后现吃现采不会发生腐败，可有效避免蔬菜在存放过程中维生素的流失，是适合家庭种养的理想蔬菜。

（1）生产工具 选择可摆放多层苗盘的栽培架、塑料苗盘、喷壶，易吸水的包装纸、纸巾纸等，以及纱布和珍珠岩等。

（2）种类和品种 适合家庭种养的芽苗菜种类主要有大叶豌豆芽苗、萝卜苗、苜蓿苗、荞麦苗、黑豆苗、红小豆苗、小白菜苗、空心菜苗和绿豆芽、黄豆芽、花生芽等。青豌豆、褐豌豆、麻豌豆等都可以作为培育豌豆苗的种子；‘国光萝卜’‘大红袍萝卜’等秋冬萝卜品种适宜用于萝卜芽的培育；荞麦苗采用‘山西荞麦’或‘内蒙荞麦’等。首选籽粒大、饱满，无污染的种子和纯度、净度、发芽率、发芽势高的种子。

（3）浸种播种 在播种前进行种子清选，剔除虫蛀、破残、畸形、腐霉和瘪粒。浸种先用 20～30℃洁净清水淘洗种子 2 或 3 遍，然后浸泡种子，荞麦浸种需 36h，豌豆、香椿为 24h，萝卜为 6～8h。浸种结束后再淘洗种子 2 或 3 遍，然后捞出种子，沥去多余水分，等待播种。

播前清洗苗盘，重复使用的苗盘用石灰水或漂白粉进行消毒，再用清水冲净，然后在盘底铺 1 层纸张，即可播种所需要的芽苗菜。播种量以干种子重量计，豌豆为 500g/盘，萝卜为 75g/盘、荞麦为 150g/盘、香椿为 50～100g/盘、空心菜为 50～100g/盘、花生为 250g/盘。要求撒种均匀，以使芽苗生长整齐。

（4）叠盘催芽 播种完毕后，将苗盘叠摞在一起催芽。苗盘叠摞和摆放高度不超过 100cm，每摞之间要有间隔，以免通气不良影响出苗。苗盘上面覆盖湿纸、塑料膜或双层纱布。催芽应在湿度条件比较稳定的地方，多数蔬菜的催芽温度为 20～25℃。催芽期间每天喷 1 次水，同时调换苗盘上下前后的位置，使各苗盘的栽培环境尽量均匀一致，促进芽苗整齐生长。正常条件下 4d 左右即可出盘，将苗盘散放在栽培架上进行绿化。出盘时，豌豆芽苗高约 1cm，萝卜种皮脱落，荞麦苗高 1～3cm，香椿 0.5～1cm，子叶和真叶均未展开。

（5）出盘后的管理

1）光照管理。在苗盘出盘移到阳台时，放置在空气相对湿度较稳定的弱光区域过渡 1d，避免发生芽干等危害，然后将苗盘移至光照稍强的区域绿化 2～3d。夏季应避免过强的光照，用阳台上散射光，不可在烈日下照射。

2）温度与通风管理。根据不同种类、不同生长期分别进行管理。如果同时播种几种芽苗菜，室内温度夜间不低于 16℃、白天不高于 25℃。豌豆苗、香椿苗适宜温度较低，而萝卜苗、荞麦苗则较高。通风既有利于环境温度的调整又能够保持空气清新，因此在室内温度能得到保证的情况下，每天应至少通风换气 1 或 2 次。

3）水分管理。采取小水勤浇，冬天每天喷淋 3 次水，夏天每天喷淋 4 次水。浇水要均匀，先浇上层，然后依次浇下层，浇水量以掌握喷淋后苗盘内基质湿润、苗盘纸不大量滴水为度。生长前期水量宜小，生长中后期稍大；阴雨、低温天气水量宜小，晴朗高温天气宜稍大；室内空气相对湿度较大、蒸发量较小时水量宜小，相反则可稍大。

4）苗菜收获。不同的苗菜种类，收获期不一致。豌豆苗播种后 8～9d 即可收获，收获时苗高约 15cm，顶部小叶已展开，食用时切割梢部 7～9cm，每盘可产 350～500g。萝卜苗播种后经 5～7d 即可收获，收获时苗高 6～10cm，食用时齐根切割，每盘可产 500～600g。荞麦苗播种后 9～10d 即可收获，收获时苗高 10～12cm，食用时齐根切割，每盘可产 400～500g。香椿苗从催芽开始经 18d 左右即可收获，收获时苗高 7～10cm，食用时可齐根切割或带根拔出，每盘可产 400～500g。小白菜苗高 10～12cm，2 叶 1 心时收获。空心菜在芽苗高 10～12cm，子叶展开，真叶未露时采收。花生芽则是当苗长 5～6cm，种皮未脱落，子叶未打开时收获。

扩展 22-1